"十二五"江苏省高等学校重点教材(编号:2014-1-084)

混凝土结构与砌体结构

（第5版）

主　编　蓝宗建

副主编　梁书亭　钱声源

东南大学出版社
·南京·

内 容 简 介

本书是根据建筑工程专业和工业与民用建筑专业（本专科）的教学要求和培养应用型高级技术人才的需要，并根据国家标准《混凝土结构设计规范》(GB50010—2010)和《砌体结构设计规范》(GB50003—2011)等有关规范、规程编写的。

本书共分为三篇，包括混凝土（钢筋混凝土和预应力混凝土）基本构件、混凝土结构（楼盖、单层厂房和多高层房屋）设计和砌体结构。全书在讲清物理概念和计算原理的基础上，介绍了工程设计中实用的计算方法并列举了适量的实例，每章附有思考题和习题。

本书可作为建筑工程专业和工业与民用建筑专业的本科、大专的教学用书，也可供土建设计和施工技术人员参考。

图书在版编目(CIP)数据

混凝土结构与砌体结构／蓝宗建主编．—5版．—
南京：东南大学出版社，2021.8(2025.1重印)
ISBN 978－7－5641－9403－1

Ⅰ．混… Ⅱ．①蓝… Ⅲ．①混凝土结构—高等学校
—教材 ②砌体结构 Ⅳ．①TU37 ②TU209

中国版本图书馆CIP数据核字(2020)第270922号

东南大学出版社出版发行
(南京四牌楼2号 邮编210096)
出版人：江建中
江苏省新华书店经销 广东虎彩云印刷有限公司印刷
开本：787 mm×1092 mm 1/16 印张：37.25 字数：930千字
2025年1月第5版第3次印刷
ISBN 978－7－5641－9403－1
印数：36001~37000 定价：67.00元

(凡因印装质量问题，可直接向营销部调换。电话：025－83791830)

第 5 版前言

《混凝土结构与砌体结构》(第5版)是根据中华人民共和国建设部和国家质量监督检疫总局联合发布的《混凝土结构设计规范》GB 50010—2010、《建筑结构抗震设计规范》GB 50011—2010、《砌体结构设计规范》GB 50003—2011及其他有关规范和规程编写的。

为了更好地适应我国高等教育事业的发展,也为了更好地结合我国土木工程建设,尤其是城市和住房建设的实际,本书(第4版)更加突出了应用型本科教育的特点,密切结合我国工程设计和施工的实践及其新进展,对有关的内容,尤其是工程设计实例进行了较多的修改。

本版继承了前4版的优点,力求文字简练,深入浅出,使读者既能深入、系统地理解构件、结构的受力性能和破坏机理,又能正确地、灵活地掌握构件和结构的设计方法。

本书可作为土木工程专业及相关专业应用型本科的教学用书,也可供土木工程技术人员参考、阅读。

本书编写分工如下:1~3章由蓝宗建、任翠玲执笔;4~6章由蓝宗建、郭恒宁执笔;7~9章由蓝宗建、钱声源执笔;10~13章由蓝宗建、吴建霞执笔;14章由蓝宗建、杨国平、钱声源、吴建霞、钟定兰执笔;15章由梁书亭、任翠玲、钱声源执笔;16~20章由蓝宗建、张会、钱声源执笔。本书由蓝宗建担任主编,梁书亭、钱声源担任副主编。

由于作者水平所限,书中有不妥或疏忽之处,敬请读者指正。

作者
2021年5月

目　　录

第一篇　混凝土结构基本构件

1 绪论 ·· (3)
　1.1 钢筋混凝土的一般概念 ·· (3)
　1.2 混凝土结构的发展简况 ·· (5)

2 钢筋混凝土材料的物理和力学性能 ··· (8)
　2.1 混凝土 ·· (8)
　2.2 钢筋 ··· (16)
　2.3 钢筋和混凝土的粘结 ·· (20)
　2.4 钢筋的锚固和连接 ·· (22)

3 混凝土结构设计的基本原则 ··· (26)
　3.1 混凝土结构设计理论发展简史 ···································· (26)
　3.2 数理统计的基本概念 ·· (27)
　3.3 结构的功能要求和极限状态 ·· (28)
　3.4 结构的可靠度和极限状态方程 ···································· (30)
　3.5 可靠指标和目标可靠指标 ·· (32)
　3.6 极限状态设计表达式 ·· (33)
　3.7 材料强度指标 ·· (37)
　3.8 荷载代表值 ·· (38)
　3.9 混凝土结构耐久性设计规定 ·· (39)

4 钢筋混凝土受弯构件正截面承载力 ··· (42)
　4.1 受弯构件的一般构造要求 ·· (42)
　4.2 受弯构件正截面受力全过程和破坏特征 ···················· (44)
　4.3 受弯构件正截面承载力计算的基本原则 ···················· (47)
　4.4 单筋矩形截面受弯构件正截面承载力计算 ················ (51)
　4.5 双筋矩形截面受弯构件正截面承载力计算 ················ (57)
　4.6 单筋 T 形截面受弯构件正截面承载力计算 ··············· (63)

5 钢筋混凝土受弯构件斜截面承载力 ……………………………………… (72)
5.1 受弯构件斜截面的受力特点和破坏形态 ………………………… (72)
5.2 影响受弯构件斜截面受剪承载力的主要因素 …………………… (76)
5.3 受弯构件斜截面受剪承载力计算 ………………………………… (79)
5.4 纵向受力钢筋的弯起和截断 ……………………………………… (87)
5.5 箍筋和弯起钢筋的一般构造要求 ………………………………… (92)
5.6 受弯构件斜截面受剪承载力的计算方法和步骤 ………………… (94)

6 钢筋混凝土受扭构件扭曲截面承载力 ……………………………… (102)
6.1 受扭构件的分类 …………………………………………………… (102)
6.2 纯扭构件的破坏特征和扭曲截面承载力计算 …………………… (102)
6.3 在弯矩、剪力和扭矩共同作用下矩形截面构件扭曲截面承载力计算 …… (111)
*6.4 在弯矩、剪力和扭矩共同作用下T形和I形截面构件扭曲截面承载力计算
………………………………………………………………………… (115)
*6.5 在弯矩、剪力和扭矩共同作用下箱形截面构件扭曲截面的承载力计算 …… (118)
6.6 钢筋混凝土结构构件的协调扭转 ………………………………… (119)
6.7 受扭构件的一般构造要求 ………………………………………… (119)

7 钢筋混凝土受压构件承载力 ………………………………………… (122)
7.1 配有纵向钢筋和普通箍筋的轴心受压构件承载力计算 ………… (122)
7.2 配有纵向钢筋和螺旋箍筋的轴心受压构件承载力计算 ………… (126)
7.3 偏心受压构件正截面的受力特点和破坏特征 …………………… (129)
7.4 偏心受压构件的二阶效应 ………………………………………… (131)
7.5 偏心受压构件正截面承载力计算的基本原则 …………………… (135)
7.6 矩形截面偏心受压构件正截面承载力计算 ……………………… (136)
*7.7 I形截面偏心受压构件正截面承载力计算 ……………………… (151)
7.8 偏心受压构件正截面承载力 N_u 与 M_u 的关系 …………………… (156)
7.9 偏心受压构件斜截面受剪承载力计算 …………………………… (157)
7.10 受压构件的一般构造要求 ………………………………………… (158)

8 受拉构件正截面承载力计算 ………………………………………… (162)
8.1 轴心受拉构件正截面承载力计算 ………………………………… (162)
8.2 偏心受拉构件正截面承载力计算 ………………………………… (162)
8.3 偏心受拉构件斜截面受剪承载力计算 …………………………… (165)

9 钢筋混凝土构件裂缝和变形计算 …………………………………… (167)
9.1 裂缝和变形的计算要求 …………………………………………… (167)
9.2 钢筋混凝土构件的裂缝宽度计算 ………………………………… (167)

  9.3 受弯构件的刚度和挠度计算 ································· (178)

10 预应力混凝土结构的基本原理与计算原则 ························· (186)
  10.1 预应力混凝土的基本原理 ··································· (186)
  10.2 预应力混凝土的分类 ······································· (187)
  10.3 预应力混凝土的材料 ······································· (190)
  10.4 预应力钢筋张锚体系 ······································· (192)
  10.5 预应力混凝土结构计算的基本原则 ··························· (196)
  10.6 预应力混凝土的构造要求 ··································· (203)

11 预应力混凝土轴心受拉构件的计算 ································· (207)
  11.1 预应力混凝土轴心受拉构件受力全过程及各阶段的应力分析 ····· (207)
  11.2 预应力混凝土轴心受拉构件的计算 ··························· (214)

*12 预应力混凝土受弯构件的计算 ····································· (225)
  12.1 预应力混凝土受弯构件的受力全过程及各阶段的应力分析 ······· (225)
  12.2 预应力混凝土受弯构件的承载力计算 ························· (231)
  12.3 预应力混凝土受弯构件裂缝验算 ····························· (234)
  12.4 预应力混凝土受弯构件的变形验算 ··························· (237)
  12.5 预应力混凝土受弯构件在施工阶段的承载力和抗裂验算 ········· (239)

第二篇 混凝土结构设计

13 钢筋混凝土楼盖 ··· (251)
  13.1 现浇钢筋混凝土楼盖 ······································· (251)
  13.2 装配式钢筋混凝土楼盖 ····································· (294)
  13.3 楼梯和雨篷 ··· (297)

14 钢筋混凝土单层厂房 ··· (308)
  14.1 钢筋混凝土单层厂房的结构组成和结构布置 ··················· (308)
  14.2 钢筋混凝土单层厂房排架计算 ······························· (326)
  14.3 钢筋混凝土单层厂房结构构件的计算与构造 ··················· (356)

15 钢筋混凝土多层和高层房屋 ······································· (381)
  15.1 多层和高层房屋结构设计的一般原则 ························· (381)
  15.2 钢筋混凝土框架结构 ······································· (398)
  15.3 钢筋混凝土多层房屋的基础 ································· (448)

第三篇 砌体结构

16 砌体结构的材料及砌体的力学性能 (465)
    16.1 块体材料和砂浆 (465)
    16.2 砌体的种类 (467)
    16.3 砌体的抗压强度 (468)
    16.4 砌体的轴心抗拉、抗弯、抗剪强度 (470)
    16.5 砌体的弹性模量、摩擦系数、线膨胀系数和收缩率 (472)

17 砌体结构设计的基本原则 (474)
    17.1 设计方法 (474)
    17.2 砌体结构承载能力极限状态设计表达式 (474)
    17.3 砌体的强度指标 (475)

18 砌体结构构件的承载力计算 (480)
    18.1 受压构件承载力计算 (480)
    18.2 砌体局部受压承载力计算 (485)
    18.3 轴心受拉、受弯和受剪构件的承载力计算 (491)
    *18.4 配筋砖砌体的承载力计算 (495)

19 混合结构房屋墙体设计 (503)
    19.1 墙体设计的基本原则 (504)
    19.2 刚性方案房屋承重墙体的计算 (514)
    19.3 弹性和刚弹性方案房屋 (524)

20 过梁、墙梁、挑梁及墙体构造措施 (531)
    20.1 过梁 (531)
    20.2 墙梁 (534)
    20.3 挑梁 (541)
    20.4 墙体构造措施 (543)

附 录 (548)
    附表1 混凝土强度标准值 (548)
    附表2 混凝土强度设计值 (548)
    附表3 混凝土的弹性模量 (548)
    附表4 混凝土受压和受拉疲劳强度修正系数 γ_ρ (548)
    附表5 普通钢筋强度标准值 (549)

附表 6	预应力钢筋强度标准值	(549)
附表 7	普通钢筋强度设计值	(550)
附表 8	预应力钢筋强度设计值	(550)
附表 9	钢筋的弹性模量	(550)
附表 10	普通钢筋疲劳应力幅限值	(551)
附表 11	预应力钢筋疲劳应力幅限值	(551)
附表 12	受弯构件的挠度限值	(551)
附表 13	结构构件的裂缝控制等级及最大裂缝宽度的限值	(552)
附表 14	混凝土保护层最小厚度 c	(552)
附表 15	纵向受力钢筋的最小配筋百分率 ρ_{min}	(552)
附表 16	钢筋混凝土矩形和 T 形截面受弯构件正截面承载力计算系数 ξ、γ_s、α_s	(553)
附表 17	钢筋的计算截面面积及理论重量表	(554)
附表 18	钢绞线公称直径、截面面积及理论重量	(554)
附表 19	钢丝公称直径、公称截面面积及理论重量	(554)
附表 20	钢筋混凝土板每米宽的钢筋截面面积	(555)
附表 21	钢筋混凝土轴心受压构件的稳定系数 φ	(556)
附表 22	等截面等跨连续梁在均布荷载和集中荷载作用下的内力系数表	(556)
附表 23	双向板在均布荷载作用下的挠度和弯矩系数表	(562)
附表 24	钢筋混凝土结构伸缩缝最大间距	(565)
附表 25	单阶柱柱顶反力和位移系数表	(566)
附表 26	规则框架和壁式框架承受均布及倒三角形分布水平力作用时的反弯点高度比	(570)
附表 27	砌体抗压强度设计值	(575)
附表 28	沿砌体灰缝截面破坏时砌体的轴心抗拉强度设计值、弯曲抗拉强度设计值和抗剪强度设计值	(577)
附表 29	砌体的弹性模量	(577)
附表 30	摩擦系数	(578)
附表 31	砌体的线膨胀系数和收缩率	(578)
附表 32	影响系数 φ	(578)
附表 33	影响系数 φ_n	(580)
附表 34	组合砖砌体构件的稳定系数 φ_{com}	(581)
附表 35	砌体房屋伸缩缝的最大间距	(581)

参考文献 (582)

第一篇

混凝土结构基本构件

1 绪论

1.1 钢筋混凝土的一般概念

钢筋混凝土是由两种力学性能不同的材料——钢筋和混凝土结合成整体,共同发挥作用的一种建筑材料。

混凝土是一种人造石材,其抗压强度很高,而抗拉强度则很低(约为抗压强度的 1/18~1/8)。当用混凝土梁承受荷载时(图 1-1a),在梁的正截面(垂直于梁的轴线的截面)上受到弯矩作用,中和轴以上受压,以下受拉。随着荷载的逐渐增大,混凝土梁中的压应力和拉应力将增大,其增大的幅度大致相同。当荷载较小时,梁的受拉区边缘的拉应力未达到其抗拉强度,梁尚能承担荷载。当荷载达到某一数值 P_c 时,梁的受拉区边缘混凝土的拉应力达到其抗拉强度,即出现裂缝。这时,裂缝截面处的混凝土脱离工作,该截面处的受力高度减小,即使荷载不增加,拉应力也将增大。因而,裂缝继续向上发展,使梁很快裂断(图 1-1b)。这种破坏是很突然的,也就是说,当荷载达到 P_c 的瞬间,梁立即发生破坏,属于脆性破坏。P_c 为混凝土梁受拉区出现裂缝的荷载,一般称为混凝土梁的抗裂荷载,也是混凝土梁的破坏荷载。由此可见,混凝土梁的承载力是由混凝土的抗拉强度控制的,而受压区混凝土的抗压强度则远未被充分利用。如果要使梁承受更大的荷载,则必须将其截面加大很多,这是不经济的,有时甚至是不可能的。

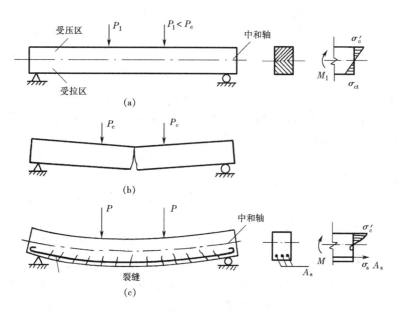

图 1-1 混凝土梁和钢筋混凝土梁

为了解决上述矛盾,可采用抗拉强度高的钢筋来加强混凝土梁的受拉区,也就是在混凝土梁的受拉边配置纵向钢筋,这就构成了钢筋混凝土梁。试验表明,和混凝土梁有相同截面尺寸的钢筋混凝土梁承受荷载时，其抗裂荷载虽然比混凝土梁要增大些，但增大的幅度是不大的。因此，当荷载略大于P_c时，达到某一数值P_{cr}时，梁仍出现裂缝。在出现裂缝的截面处，受拉区混凝土脱离工作，配置在受拉区的钢筋将承担几乎全部的拉应力。这时，钢筋混凝土梁不会像混凝土梁那样立即裂断，而能继续承担荷载（图1-1c），直至受拉钢筋应力达到屈服强度，裂缝向上延伸，受压区混凝土达到其抗压强度而被压碎，梁才达到破坏。因此，钢筋混凝土梁的受弯承载力可较混凝土梁提高很多，其提高的幅度与配置的纵向钢筋数量和强度有关。

由上述可知，钢筋混凝土梁充分发挥了混凝土和钢筋的特性，用抗压强度高的混凝土承担压力，用抗拉强度高的钢筋承担拉力，合理地做到了物尽其用。必须指出，与混凝土梁相比，钢筋混凝土梁的承载力提高很多，但抵抗裂缝的能力提高并不多。因此，在使用荷载下，钢筋混凝土梁一般是带裂缝工作的。当然，其裂缝宽度应控制在允许限值内。

图1-2所示的轴心受压柱，如果在混凝土中配置受压钢筋和箍筋，协助混凝土承受压力，也同样可提高柱的承载力，改善柱的受力性能。

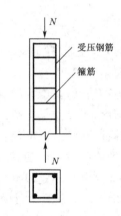

图1-2 钢筋混凝土柱

钢筋和混凝土这两种性质不同的材料之所以能有效地结合在一起共同工作，主要是由于混凝土和钢筋之间有着良好的粘结力，使两者可靠地结合成一个整体，在荷载作用下能共同变形，完成其结构功能。其次，钢筋和混凝土的温度线膨胀系数也较为接近（钢筋为1.2×10^{-5}，混凝土为$1.0\times10^{-5}\sim1.5\times10^{-5}$），因此，当温度变化时，不会产生较大的温度应力而破坏两者之间的粘结。

钢筋混凝土除了能合理地利用钢筋和混凝土两种材料的特性外，还有下述一些优点。

（1）在钢筋混凝土结构中，混凝土的强度是随时间而不断增长的，同时，钢筋被混凝土所包裹而不易锈蚀，所以，钢筋混凝土结构的耐久性是很好的。此外，还可根据需要，配制具有不同性能的混凝土，以满足不同的耐久性要求。因此，钢筋混凝土结构不像钢结构那样，需要经常性的保养和维修，其维修费用极少，几乎与石材相同。

（2）在钢筋混凝土结构中，混凝土包裹着钢筋，由于混凝土的传热性能较差，在火灾中将对钢筋起着保护作用，使其不会很快达到软化温度而造成结构破坏。所以，与钢结构相比，钢筋混凝土结构的耐火性能是较好的。

（3）钢筋混凝土结构，尤其是现浇钢筋混凝土结构的整体性较好，其抵抗地震、振动以及强烈爆炸时冲击波作用的性能较好。

（4）钢筋混凝土结构的刚性较大，在使用荷载下的变形较小，故可有效地应用于对变形要求较严格的建筑物中。

（5）新拌和的混凝土是可塑的，因此，可根据需要，浇筑成各种形状和尺寸的结构。

（6）在钢筋混凝土结构所用的原材料中，砂、石所占的分量较大，而砂、石易于就地取材。在工业废料（如矿渣、粉煤灰等）比较多的地区，可将工业废料制成人造骨料（如陶粒），用于钢筋混凝土结构中，这不但可解决工业废料处理问题，还有利于环境保护，而且可减轻结构的自重。

由于钢筋混凝土具有上述一系列优点，所以，在工程建筑中得到了广泛的应用。

钢筋混凝土结构也存在一些缺点，诸如：钢筋混凝土结构的截面尺寸一般较相应的钢结构大,因而自重较大,这对于大跨度结构、高层建筑结构以及抗震都是不利的;抗裂性能较差,在正常使用时往往是带裂缝工作的;建造时耗工较大;施工受气候条件的限制;现浇钢筋混凝土需耗用大量模板;隔热、隔声性能较差;修补或拆除较困难等等。这些缺点在一定条件下限制了钢筋混凝土结构的应用范围。但是,随着钢筋混凝土结构的不断发展,这些缺点已经或正在逐步得到克服。例如,采用轻质高强混凝土以减轻结构自重;采用预应力混凝土以提高构件的抗裂性(同时也可减轻自重);采用预制装配结构或工业化的现浇施工方法以节约模板和加快施工速度。

1.2 混凝土结构的发展简况

钢筋混凝土在19世纪中叶开始得到应用,至今只有大约160年的历史。从19世纪50年代到20世纪20年代,是钢筋混凝土结构发展的初期阶段。在这个阶段,开始用钢筋混凝土建造各种板、梁、柱和拱等简单的构件,所采用的混凝土强度和钢筋强度都较低,钢筋混凝土的计算理论尚未建立,内力计算和构件截面设计都是按弹性理论进行的。20世纪20年代以后,开始出现装配式钢筋混凝土结构、预应力混凝土结构和壳体空间结构,同时,构件强度开始按破坏阶段设计计算。第二次世界大战以后,钢筋混凝土结构有了更大的发展,混凝土强度和钢筋强度不断提高,钢筋混凝土结构的应用范围不断扩大,预应力混凝土结构也开始应用,工业化施工方法普遍采用,极限状态设计方法获得了愈来愈广泛的应用。

目前,常用的混凝土强度为 $20\sim40\ N/mm^2$。如果工程需要,也不难制成强度达 $80\sim100\ N/mm^2$ 的混凝土。为了减轻自重,轻质高强混凝土也有了较大的发展,轻质混凝土的容重一般为 $14\sim18\ kN/m^3$。目前,热轧钢筋的强度可达 $600\sim900\ N/mm^2$,高强钢丝、钢绞线的强度可达 $1\,800\ N/mm^2$ 以上。

由于材料强度的不断提高,钢筋混凝土和预应力混凝土的应用范围也不断扩大。近30年来,钢筋混凝土和预应力混凝土在大跨度结构和高层建筑结构中的应用有了令人瞩目的发展。如德国采用预应力轻混凝土建造了跨度为 90 m 的飞机库屋面梁;日本滨名大桥的预应力箱形截面桥梁的跨度达 239 m;阿拉伯联合酋长国的迪拜塔高度达 828 m。

在这期间,设计理论也有了新的发展。20世纪70年代以来,以统计数学为基础的结构可靠度理论已逐步进入工程实用阶段,使极限状态设计方法向着更为完善、更为科学的方向发展。同时,考虑混凝土非弹性变形的钢筋混凝土结构计算理论有了很大的发展,在板、连续梁和框架的设计中已得到了广泛的应用。20世纪60年代后期,随着对混凝土变形性能的深入研究和电子计算机的应用,已开始将有限元法用于钢筋混凝土应力状态的分析,此后发展很快,利用混凝土的本构方程(应力—应变关系式)以及粘结条件的模式化,借助于电算,可以对构件,以至结构的受力全过程进行弹塑性分析。通过不断地充实提高,一个新的分支学科——"近代钢筋混凝土力学"正在逐步形成。由于将电子计算机、有限元理论和现代测试技术应用到钢筋混凝土理论和试验研究中,钢筋混凝土结构的计算理论和设计方法正在日趋完善,向着更高的阶段发展。

在19世纪末和20世纪初,我国也开始有了钢筋混凝土建筑物。但直到新中国成立前夕,钢筋混凝土结构在我国发展缓慢,应用范围不广,大工程更是寥寥无几。钢筋混凝土结构的设计皆沿用国外的一些旧方法。新中国成立以后,随着社会主义建设事业的蓬勃发展,钢筋混凝土结构在我国工程建设中得到了迅速的发展和广泛的应用。

在 1952～1953 年,我国已开始采用装配式钢筋混凝土结构。目前,在单层厂房中已广泛采用定型构配件和标准设计,如屋面梁、屋架、托架、天窗架、吊车梁、连梁和基础梁等构件都已编制了全国通用标准图集及地区性标准设计图集。在多层厂房和民用建筑中,广泛采用了现浇钢筋混凝土框架结构。同时,升板结构、滑模结构已有所发展。北京、南宁等地区已兴建大批装配式大板住宅建筑。此外,不少地区还推广现浇大模板居住建筑。

近 20 多年来,钢筋混凝土高层建筑有较快的发展。如 48 层(高 165 m)的上海展览中心主楼,50 层(高 160 m)的深圳国际贸易大厦,81 层(高 325 m)的深圳地王大厦以及 91 层(高 395 m)的上海金茂大厦等。此外,北京、上海等地还建造了一批高层住宅建筑。

大跨度建筑也有一定的发展,一般常采用拱、门式刚架和壳体结构等。如北京体育学院田径房采用了跨度为 46.7 m 的钢筋混凝土落地拱,广州体育馆采用了跨度为 49.8 m 的现浇钢筋混凝土双铰门式刚架,北京火车站中央大厅采用了 35 m×35 m 的双曲扁壳。

预应力混凝土结构的应用也日益广泛。如北京民航机库采用了跨度达 60 m 的块体拼装式预应力混凝土拱形屋盖,四川泸州长江大桥采用了预应力混凝土 T 形结构,其三个主桥孔跨度达 170 m。此外,在工业与民用建筑中,预应力混凝土构件(如吊车梁、空心板等)的应用也较广泛。近年来,预应力混凝土楼盖和预应力混凝土框架结构也有较快的发展。

随着钢筋混凝土和预应力混凝土结构在工程建设中的广泛应用,我国在这一领域的科学研究和设计规范的制定工作也取得了较大的发展。1952 年东北人民政府工业部颁布《建筑结构设计暂行标准》,采用了破坏阶段的计算方法,从这时起,许多设计部门开始按这一标准进行钢筋混凝土结构的设计。1958 年建筑工程部制定了《钢筋混凝土结构设计暂行规范》规结 6-55,合理地采用了较小的安全系数,节约了材料,降低了工程造价。1956 起,不少设计部门先后参考了前苏联钢筋混凝土和预应力混凝土按极限状态计算的规范进行设计。1966 年建筑工程部又颁发了《钢筋混凝土结构设计规范》BJG 21-66,采用了按极限状态的计算方法。20 世纪 70 年代,在总结工程实践经验和科学研究成果的基础上,我国又编制了《预应力混凝土结构设计与施工》和《钢筋混凝土结构设计规范》TJ 10-74 以及有关的专门规范、规程和设计手册,这对于统一设计标准,保证工程质量,节约材料,降低造价,以及提高设计速度等方面都起了重要的作用。

20 世纪 70 年代以前,我国在这一领域已进行了不少试验研究工作,并取得了一定的成果,但大规模、有组织、有计划地开展科学研究工作还是从 20 世纪 70 年代初开始的。近 30 年来,我国在混凝土结构基本理论与计算方法、可靠度与荷载分析、单层厂房与多高层建筑结构、大板与升板结构、大跨度特种结构、结构抗震、工业化建筑体系、电子技术在钢筋混凝土结构中的应用和测试技术等方面取得了很多成果,为修订和制订有关规范和规程提供了大量原始数据和科学依据。

为了提高我国建筑结构设计规范的先进性和统一性,我国已编制了《建筑结构设计统一标准》GBJ 68-84 及其修订本《建筑结构可靠度设计统一标准》GB 50068-2001(以下简称《统一标准》),该标准采用了目前国际上正在发展和推行的,以概率理论为基础的极限状态设计方法,统一了我国建筑结构设计的基本原则,规定了适用于各种材料结构的可靠度分析方法和设计表达式,并对材料与构件质量控制和验收提出了相应的要求。

按照《统一标准》规定的基本原则,在总结工程建设的实践经验以及科学研究成果的基础上,我国又编制了《混凝土结构设计规范》GBJ 10-89 及其修订本《混凝土结构设计规范》GB 50010-2002 和新颁布的《混凝土结构设计规范》GB 50010-2010(以下简称《规范》),

把我国的混凝土结构设计提高到一个新的水平,对钢筋混凝土结构的发展起着重大的影响。

思 考 题

1.1 素混凝土梁和钢筋混凝土梁的破坏特点如何?
1.2 与素混凝土梁相比,钢筋混凝土梁抗裂弯矩的提高程度如何?为什么?
1.3 与素混凝土梁相比,钢筋混凝土梁受弯承载力的提高程度如何?为什么?
1.4 钢筋混凝土结构有哪些优点?哪些缺点?
1.5 钢筋和混凝土共同工作的基础是什么?

习 题

1.1 钢筋混凝土梁在即将开裂时,测得混凝土的极限拉应变为 $\varepsilon_{ctu}=1.3\times10^{-4}$,试估算此时的纵向受拉钢筋的应力,并与其屈服强度相比较。纵向受拉筋的弹性模量 $E_s=2.0\times10^5 \text{ N/mm}^2$,屈服强度 $f_y=335 \text{ N/mm}^2$。

2 钢筋混凝土材料的物理和力学性能

2.1 混凝土

2.1.1 混凝土的强度

在设计和施工中常用的混凝土强度可分为立方体强度、轴心抗压强度和轴心抗拉强度等。现分别叙述如下。

1) 混凝土立方体强度

混凝土的立方体抗压强度(简称立方体强度)是衡量混凝土强度的主要指标。混凝土立方体强度不仅与养护时的温度、湿度和龄期等因素有关,而且与试件的尺寸和试验方法也有密切关系。在一般情况下,试件的上下表面与试验机承压板之间将产生阻止试件向外自由变形的摩阻力,它将像两道套箍一样将试件套住,延缓了裂缝的发展,从而提高了试件的抗压强度。破坏时,试件中部剥落,其破坏形状如图 2—1a 所示。如果在试件的上下表面涂上润滑剂,试验时摩阻力就大大减小,所测得的抗压强度较低,其破坏形状如图 2—1b 所示。工程中实际采用的是不加润滑剂的试验方法。试验还表明,立方体的尺寸不同,试验时测得的强度也不同,立方体尺寸愈小,摩阻力的影响愈大,测得的强度也愈高。《规范》规定,混凝土立方体强度,系指按标准方法制作、养护的边长为 150 mm 的立方体试件,在 28 d 或设计规定龄期,用标准试验方法测得的抗压强度。

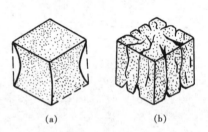

图 2—1 混凝土立方体受压破坏特征

由于粉煤灰等矿物掺合料在水泥及混凝土中大量应用,以及近年来混凝土工程发展的实际情况,确定混凝土立方体抗压强度标准值的试验龄期不仅限于 28 d,可由设计根据实际情况适当延长,故《规范》中增补了"或设计规定"的规定。

在生产实际中,有时也采用边长为 100 mm 或 200 mm 的立方体试件,则所测得的立方体强度应分别乘以换算系数 0.95 或 1.05。

《规范》规定的混凝土强度等级用符号 C 表示,系按立方体抗压强度标准值确定,亦即按上述方法测得的具有 95% 保证率的抗压强度(详见第三章 3.7.2 节)。

《规范》规定的混凝土强度等级有 14 级,为 C15、C20、C25、C30、C35、C40、C45、C50、C55、C60、C65、C70、C75 和 C80。

2) 混凝土轴心抗压强度(棱柱体强度)

如前所述,混凝土的抗压强度与试件尺寸和形状有关。在实际工程中,一般的受压构件不是立方体而是棱柱体,即构件的高度要比截面的宽度或长度大。因此,有必要测定棱柱体的抗压强度,以更好地反映构件的实际受力情况。试验表明,棱柱体试件的抗压强度较立方体试件的抗压强度低。棱柱体试件高度与截面边长之比愈大,则强度愈低。当高宽比由 1

增至2时,混凝土强度降低很快。当高宽比由2再增大到4时,其抗压强度变化不大。这是因为在此范围内,既可消除垫板与试件接触之间摩阻力对抗压强度的影响,又可避免试件因纵向弯曲而产生的附加偏心距对抗压强度的影响,测得的棱柱体抗压强度较稳定。因此,国家标准《普通混凝土力学性能试验方法》GBJ 81—85规定,混凝土的轴心抗压强度试验以150 mm×150 mm×300 mm的试件为标准试件。

棱柱体抗压强度与立方体抗压强度之间的关系很复杂,与很多因素有关。例如试件大小、混凝土组成材料的性质、试验方法等等。根据试验结果可得轴心抗压强度 f_c° 与立方体强度 f_{cu}° 的关系为

$$f_c^\circ = 0.88 \alpha_{c1} \alpha_{c2} f_{cu}^\circ \tag{2-1}$$

式中 α_{c1}——棱柱体强度与立方体强度的比值,对C50及以下,取 $\alpha_{c1}=0.76$;对C80,取 $\alpha_{c1}=0.82$,其间按线性插入;

α_{c2}——混凝土脆性折减系数,对C40及以下,取 $\alpha_{c2}=1.0$;对C80,取 $\alpha_{c2}=0.87$,其间按线性插入。

公式(2-1)中的系数0.88为对试件的混凝土强度修正系数。

3) 混凝土轴心抗拉强度

混凝土轴心抗拉强度和轴心抗压强度一样,都是混凝土的重要基本力学指标。但是,混凝土的抗拉强度比抗压强度低得多。它与同龄期混凝土抗压强度的比值大约在1/18～1/8,其比值随着混凝土强度的增大而减小。

混凝土抗拉强度的试验方法主要有三种:直接轴向拉伸试验、弯折试验和劈裂试验。

采用直接轴向拉伸试验时,由于安装试件时很难避免较小的歪斜和偏心,或者由于混凝土的不均匀性,其几何中心往往与物理中心不重合,所有这些因素都会对实测的混凝土轴心抗拉强度有较大的影响,试验结果的离散程度是较大的。采用弯折试验时,由于混凝土的塑性性能,不能测得混凝土的真实抗拉强度。因此,目前国内外常采用立方体或圆柱体的劈裂试验来测定混凝土轴心抗拉强度。

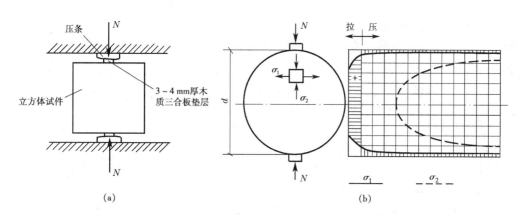

图 2-2 混凝土的劈裂试验

如图2-2所示,在卧置的立方体(或圆柱体)与加载板之间放置一压条,使上下形成对应条形加载。这样,在竖直面上就产生了拉应力,它的方向与加载方向垂直,并且基本上是均匀的(如图2-2b所示),从而形成劈裂破坏。对于立方体和圆柱体,其抗拉强度可采用下列公式计算:

$$f_t^o = \frac{2N}{\pi dl} = 0.637 \frac{N}{dl} \qquad (2-2)$$

式中 f_t^o——混凝土轴心抗拉强度(实测值);

N——劈裂荷载;

d——立方体边长或圆柱体直径;

l——立方体边长或圆柱体长度。

必须指出,加载压条、垫层和试件尺寸对劈裂试验的结果都有一定影响,垫层尺寸愈大,抗拉强度试验值愈大。由于混凝土是非匀质脆性材料,随着受拉断面尺寸的增大,内部薄弱环节增多,抗拉强度相应降低。

根据试验结果可得混凝土轴心抗拉强度 f_t^o 与立方体抗压强度 f_{cu}^o 的关系为

$$f_t^o = 0.88 \times 0.395 (f_{cu}^o)^{0.55} \alpha_{c2}$$

则
$$f_t^o = 0.348 (f_{cu}^o)^{0.55} \alpha_{c2} \qquad (2-3)$$

4) 复合应力状态下的混凝土强度

在钢筋混凝土结构中,混凝土一般都处于复合应力状态。例如,钢筋混凝土梁剪弯段的剪压区,框架中梁与柱的节点区,后张法预应力混凝土锚固区等等。在复合应力状态下,混凝土的强度和变形性能有明显的变化。

双向应力状态(在两个互相垂直的平面上,作用着法向应力 σ_1 和 σ_2,第三个平面上应力为零)下混凝土强度的变化曲线如图 2—3 所示,其强度变化规律的特点如下:

(1) 当双向受压时(图 2—3 中第三象限),一向的强度随另一向压应力的增加而增加,当横向应力与轴向应力之比为 0.5 时,其强度比单向抗压强度增加 25% 左右。而在两向压应力相等的情况下,其强度仅增加 16% 左右。

(2) 当双向受拉时(图 2—3 中第一象限),一向的抗拉强度基本上与另一向拉应力大小无关,即其抗拉强度几乎和单向抗拉强度一样。

(3) 当一向受拉、一向受压时(图 2—3 中第二、四象限),混凝土的抗压强度几乎随另一向拉应力的增加而线性降低。

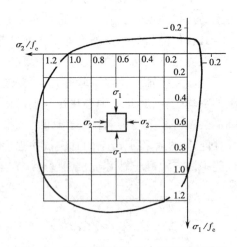

图 2—3 混凝土在双向应力状态下的强度

如果在单元体上,除作用着剪应力 τ 外,并在一个面上同时作用着法向应力 σ,就形成压剪或拉剪复合应力状态。这时,其强度变化曲线如图 2—4 所示。图 2—4 中的曲线表明,混凝土的抗压强度由

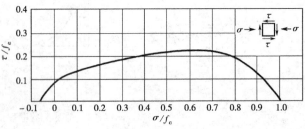

图 2—4 混凝土在法向应力和剪应力组合下的强度

于剪应力的存在而降低。当 $\sigma/f_c^o < 0.5 \sim 0.7$ 时,抗剪强度随着压应力的增大而增大;当 $\sigma/f_c^o > 0.5 \sim 0.7$ 时,抗剪强度随着压应力的增大而减小。

混凝土三向受压时,混凝土一向抗压强度随另二向压应力的增加而增加,并且混凝土的

极限应变也大大增加。

混凝土圆柱体三向受压的轴向抗压强度 f_{cc}^o 与侧压力 σ_r 之间的关系可用下列经验公式表示：

$$f_{cc}^o = f_c^o + k\sigma_r \tag{2-4}$$

式中 k 为侧压效应系数，侧向压力较低时，其值较大。为简化起见，可取为常数。一般可取 $k=4.0$。

在工程实践中，为了进一步提高混凝土的抗压强度，常常用横向钢筋来约束混凝土。例如，螺旋箍筋柱和装配式柱的接头等，它们都是用密排螺旋钢筋或矩形箍筋来约束混凝土以限制其横向变形，使其处于三向受压应力状态，从而大大提高混凝土的抗压强度和延性。

2.1.2 混凝土的变形

混凝土的变形可分为两类。一类是由于受力而产生的变形；另一类是由收缩和温湿度变化而产生的变形。

1) 混凝土在一次短期加荷时的变形性能

(1) 混凝土的应力－应变曲线

混凝土的应力－应变关系是混凝土力学特性的一个重要方面，在钢筋混凝土结构承载力计算、变形验算、超静定结构内力重分布分析、结构延性计算和有限元非线性分析等方面，它都是理论分析的基本依据。

典型的混凝土应力－应变曲线包括上升段和下降段两部分(图2-5)。在上升段，当应力较小时，一般在 $(0.3\sim0.4)f_c^o$ 以下时，混凝土可视为线弹性体，超过 $(0.3\sim0.4)f_c^o$ 时，应力－应变曲线逐渐弯曲(在图2-5中，ε_{ce} 为弹性应变，ε_{cp} 为塑性应变)。当应力达到峰值点 C 后，曲线开始下降。在下降段，曲线渐趋平缓，并有一个反弯点(D 点)。

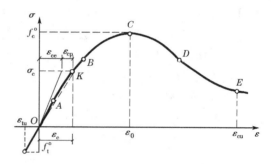

图2-5 混凝土应力－应变曲线

影响混凝土应力－应变曲线的因素很多，诸如混凝土的强度、组成材料的性质、配合比、龄期、试验方法以及箍筋约束等。试验表明，混凝土强度对其应力－应变曲线有一定的影响。如图2-6所示，对于上升段，混凝土强度的影响较小，与应力峰值点相应的应变大致为0.002，随着混凝土强度增大，则应力峰值

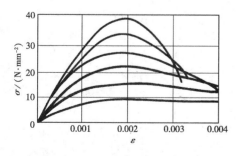

图2-6 不同强度混凝土的受压
应力－应变曲线

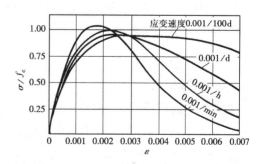

图2-7 不同应变速度下的混凝土
应力－应变曲线

点处的应变也稍大些。对于下降段,混凝土强度有较大的影响,混凝土强度愈高,应力下降愈剧烈,延性也就愈差。加荷速度也影响着混凝土应力-应变曲线的形状。图2-7所示为相同强度的混凝土在不同应变速度下的应力-应变曲线。由图中可见,应变速度愈大,下降段愈陡,反之,下降段要平缓些。

(2) 混凝土受压时纵向应变与横向应变的关系

在一次短期加压时,混凝土除了在纵向产生压缩应变外,还将在横向产生膨胀应变,横向应变与纵向应变的比值,称为横向变形系数,又称为泊松比ν_c。

在不同应力下,横向变形系数的变化如图2-8所示。当混凝土应力小于$0.5f_c^0$时,横向变形系数基本上保持为常数(《规范》中取$\nu_c=0.2$)。当混凝土压应力超过$0.5f_c^0$时,横向变形系数逐渐增大,应力愈大,增大的速度愈快。

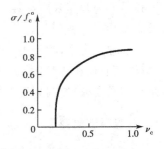

图2-8 混凝土横向变形系数与应力的关系

混凝土体积应变ε_v与应力的关系如图2-9所示。当混凝土压应力较小时,体积随压应力增大而减小。然后,随压应力增大,体积又重新增大,最后,竟超过了原来的体积。

(3) 混凝土的弹性模量、变形模量和剪变模量

在实际工程中,为了计算结构的变形、混凝土及钢筋的应力分布和预应力损失等,都必须要有一个材料常数——弹性模量。而混凝土的拉、压弹性模量与钢材不同,混凝土的拉、压应力与应变的比值不是常数,是随着混凝土的应力变化而变化。所以混凝土弹性模量的取值比钢材复杂得多。

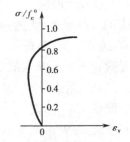

图2-9 混凝土体积应变与应力的关系

混凝土的弹性模量有三种表示方法(图2-10):

① 原点弹性模量

在混凝土受压应力-应变曲线的原点作切线,该切线的斜率即为原点弹性模量(简称弹性模量),即

$$E_c = \frac{\sigma_c}{\varepsilon_{ce}} = \tan\alpha_0 \quad (2-5)$$

② 变形模量

连接混凝土应力-应变曲线的原点O及曲线上某一点K作一割线,K点混凝土应力为σ_c,则该割线(OK)的斜率即为变形模量,也称为割线模量或弹塑性模量,即

$$E_c' = \frac{\sigma_c}{\varepsilon_c} = \tan\alpha_1 \quad (2-6)$$

③ 切线模量

在混凝土应力-应变曲线上某一应力σ_c

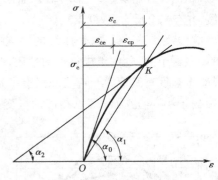

图2-10 混凝土的弹性模量、变形模和切线模量

处作一切线,该切线的斜率即为相应于应力σ_c时的切线模量,即

$$E_c'' = \frac{d\sigma_c}{d\varepsilon_c} = \tan\alpha_2 \quad (2-7)$$

在某一应力σ_c下,混凝土应变ε_c可认为是由弹性应变ε_{ce}和塑性应变ε_{cp}两部分组成。

于是混凝土的变形模量与弹性模量的关系为

$$E'_c = \frac{\sigma_c}{\varepsilon_c} = \frac{\varepsilon_{ce}}{\varepsilon_c} \cdot \frac{\sigma_c}{\varepsilon_{ce}} = \nu E_c \tag{2-8}$$

式中　ν——弹性特征系数，即 $\nu = \varepsilon_{ce}/\varepsilon_c$。

弹性特征系数 ν 与应力值有关。当 $\sigma_c = 0.5 f'_c$ 时，$\nu = 0.8 \sim 0.9$；当 $\sigma_c = 0.9 f'_c$ 时，$\nu = 0.4 \sim 0.8$。一般情况下，混凝土强度愈高，ν 值愈大。

对于混凝土弹性模量 E_c，目前各国还没有统一的试验方法。显然，在混凝土一次加荷的应力-应变曲线上作原点的切线，以求得 α_0 的准确值是不容易的（由于试验结果很不稳定）。我国《规范》规定的弹性模量是按下述方法确定的：在试验的棱柱体上先加荷至 $0.5 f'_c$，然后卸荷至零，再重复加荷、卸荷 5 次，并按应力为 $0.5 f'_c$ 时的变形值计算其弹性模量。《普通混凝土力学性能试验方法》GBJ 81-85 对上述试验方法略作修改，将加荷的应力改为 $0.4 f'_c$，加荷、卸荷重复次数改为 3 次。由于混凝土不是弹性材料，每次卸荷至应力为零时，变形不能全部恢复，即存在残余变形。随着加荷、卸荷次数的增加，应力-应变曲线渐趋于稳定，并基本上接近直线。该直线的斜率即为混凝土的弹性模量。试验结果表明，按上述方法测得的弹性模量比按应力-应变曲线原点切线斜率确定的弹性模量要略低一些。

根据试验结果，《规范》规定，混凝土受压弹性模量按下列公式计算：

$$E_c = \frac{10^5}{2.2 + \frac{34.7}{f_{cu,k}}} \tag{2-9}$$

式中 E_c 和 $f_{cu,k}$ 的计量单位为 N/mm^2。

混凝土的剪变模量可根据胡克定律，按下式确定：

$$G_c = \frac{\tau}{\gamma} \tag{2-10}$$

式中　τ——剪应力；

γ——剪应变。

由于目前还没有适当的抗剪试验方法，要通过试验求得混凝土的剪变模量是困难的，所以混凝土的剪变模量 G_c 一般可根据抗压试验测得的弹性模量 E_c 和泊松比按下式确定：

$$G_c = \frac{E_c}{2(\nu_c + 1)} \tag{2-11}$$

在《规范》中取 $\nu_c = 0.2$，故近似取 $G_c = 0.4 E_c$。

2）混凝土在长期荷载作用下的变形性能

在荷载的长期作用下，混凝土的变形将随时间而增加，亦即在应力不变的情况下，混凝土的应变随时间继续增长，这种现象称为混凝土的徐变。徐变对钢筋混凝土和预应力混凝土结构有着有利和不利两方面的影响。在某些情况下，徐变有利于防止结构物产生裂缝，同时还有利于结构或构件内力重分布。但在预应力混凝土结构中，徐变则引起预应力损失。徐变变形还可能超过弹性变形，甚至达到弹性变形的 2~4 倍，因而能够改变超静定结构的应力状态，所以对混凝土徐变的试验研究已为大家所重视。

混凝土徐变与时间的关系如图 2-11 所示，在图中，t 为时间，mon 表示以月（month）为单位。图 2-11 是混凝土立方强度为 $40.3\ N/mm^2$ 的 $100\ mm \times 100\ mm \times 400\ mm$ 棱柱体试件在相对湿度 65%、温度 20℃、承受 $\sigma_c = 0.5 f'_c$ 的徐变试验曲线。从图 2-11 可见，24 个月的徐变 ε_{cc} 约为加荷时立即产生的瞬时应变 ε_{ci} 的 2~4 倍，前期徐变增长很快，6 个月可达最终徐变的 70%～80%,以后徐变增长逐渐缓慢。从图 2—11 还可看到,在卸荷后,应变会恢复一部分,其中立即恢复的一部分应变称为混凝土瞬时弹性回缩应变(ε_{cir});再经过一段时间(约 20 天)后才逐渐恢复的那部分应变称为弹性后效(ε_{chr});最后剩下的不可恢复的应变称为永久应变或塑性应变(ε_{cp}),即残余应变。

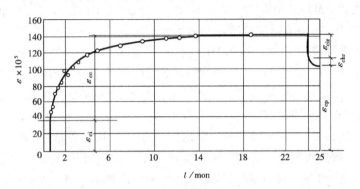

图 2—11 混凝土的徐变

ε_{ci}—加荷时瞬时应变; ε_{cir}—卸荷时瞬时弹性回缩应变;
ε_{chr}—卸荷后弹性后效; ε_{cc}—徐变; ε_{cp}—残余应变

影响混凝土徐变的因素很多,其主要规律如下:

(1) 施加的初应力对混凝土徐变有重要影响(图 2—12)。当压应力 $\sigma_c < 0.5 f_c^0$ 时,徐变大致与应力成正比,称为线性徐变。混凝土的徐变随着加荷时间的延长而逐渐增加,在加荷初期增加很快,以后逐渐减缓以致停止;当压应力 $\sigma_c > 0.5 f_c^0$ 时,徐变的增长较应力的增大为快,这种现象称为非线性徐变;应力过高(如 $\sigma_c > 0.8 f_c^0$)时的非线性徐变往往是不收敛的,从而导致混凝土的破坏。

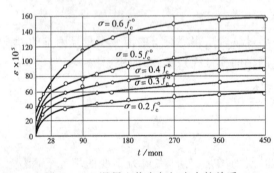

图 2—12 混凝土徐变与初应力的关系

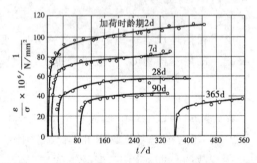

图 2—13 混凝土徐变与加荷龄期的关系

(2) 加荷龄期对徐变也有重要影响。加荷时的混凝土龄期越短,即混凝土越"年轻",徐变越大(图 2—13)。在图 2—13 中,t 为龄期,d 表示以天为单位。

(3) 养护和使用条件下的温湿度是影响徐变的重要环境因素。受荷前养护的温度愈高,湿度愈大,水泥水化作用就愈充分,徐变就愈小。加荷期间温度愈高,湿度愈低,徐变就愈大。

(4) 混凝土组成成分对徐变有很大影响。混凝土中水泥用量越多,或者水灰比越大,徐变越大。相同强度的水泥,徐变随所用水泥品种按下列顺序而增加:早强水泥,高强水泥,普通硅酸盐水泥,矿渣硅酸盐水泥。

(5) 结构尺寸越小,徐变越大,所以增大试件横截面可减少徐变。混凝土中骨料强度和弹性模量越高,徐变越小。

3) 混凝土在重复荷载作用下的变形性能

在重复荷载作用下混凝土的变形性能有着重要的变化。图 2—14 所示是混凝土受压棱柱体在一次加载、卸载时的应力－应变曲线。当混凝土棱柱体试件一次短期加载,其应力达到 A 点时,试件加荷的应力－应变曲线为 OA。这时,当全部卸载时,其卸载的应力－应变曲线为 AC,它的瞬时应变恢复值为 ε_{cir};经过一段时间,其应变又恢复一部分,即弹性后效 ε_{chr};最后剩下永远不能恢复的应变,即残余应变 ε_{cp}。

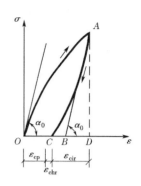

图 2—14 混凝土一次加卸载的应力－应变曲线

图 2—15 所示为混凝土棱柱体在多次重复加载、卸载作用下的应力－应变曲线。由图 2—15 可见。随着重复荷载作用下应力值的不同,其应力－应变曲线也不相同。曲线①是一次连续加载时的应力－应变关系(上升段);曲线②和③分别表示在压应力小于混凝土疲劳强度 f_c^f 的应力 σ_1 和 σ_2 作用下,循环重复加载、卸载的应力－应变曲线。曲线②和③的特点是卸载和随后加载的应力－应变曲线都形成一封闭应力－应变滞回环,而且滞回环所包围的面积是随荷载重复次数的增加而逐渐减少的。这说明在重复荷载作用下,混凝土内部能量逐渐消失,混凝土内部组织结构渐趋稳定,直至卸载和随后

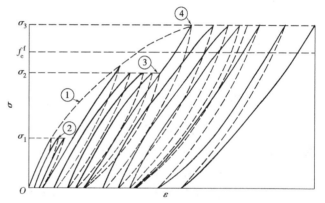

图 2—15 混凝土多次加载、卸载的应力－应变曲线

的加载应力－应变曲线变成重合的直线。继续重复加载,混凝土的应力－应变关系仍保持线性关系,混凝土不会因混凝土内部开裂或变形过大而破坏。试验表明,这条直线与一次加载曲线在 O 点的切线基本平行。在大于混凝土疲劳强度 f_c^f 的应力 σ_3 作用下,循环重复加载、卸载时应力－应变曲线如曲线④所示,在循环重复加载、卸载初期,其变化情况和曲线②、③相似,但这只是暂时的稳定平衡现象,由于 $\sigma_3 > f_c^f$,每次加载会引起混凝土内部微裂缝不断发展,加载的应力－应变曲线会由凸向应力轴,逐渐变为凸向应变轴。随着荷载重复次数的增加,应力－应变曲线的斜率不断降低,最后因混凝土试件严重开裂或变形太大而破坏。这种因荷载重复作用而引起的混凝土破坏称为混凝土疲劳破坏。

2.1.3 混凝土的收缩、膨胀和温度变形

混凝土在空气中结硬时体积会收缩,在水中结硬时体积会膨胀。

混凝土收缩随着时间增长而增加,收缩的速度随时间的增长而逐渐减缓。一般在 1 个月内就可完成全部收缩量的 50%,3 个月后增长缓慢,2 年后趋于稳定,最终收缩量约为 $(2 \sim 5) \times 10^{-4}$。

混凝土收缩主要是由于干燥失水和碳化作用引起的。混凝土收缩量与混凝土的组成有

密切的关系。水泥用量愈多,水灰比愈大,收缩愈大;骨料愈坚实(弹性模量愈高),更能限制水泥浆的收缩;骨料粒径愈大,愈能抵抗砂浆的收缩,而且在同一稠度条件下,混凝土用水量就愈少,从而减少了混凝土的收缩。

由于干燥失水引起混凝土收缩,所以养护方法、存放及使用环境的温湿度条件是影响混凝土收缩的重要因素。在高温下湿养时,水泥水化作用加快,使可供蒸发的自由水分较少,从而使收缩减小;使用环境温度越高,相对湿度愈小,其收缩愈大。

混凝土收缩对于混凝土结构起着不利的影响。在钢筋混凝土结构中,混凝土往往由于钢筋或相邻部件的牵制而处于不同程度的约束状态,使混凝土因收缩产生拉应力,从而加速裂缝的出现和开展。在预应力混凝土结构中,混凝土的收缩导致预应力的损失。对跨度变化比较敏感的超静定结构(如拱),混凝土收缩将产生不利的内力。

混凝土的膨胀往往是有利的,故一般不予考虑。

混凝土的温度线膨胀系数随骨料的性质和配合比不同而略有不同,以每摄氏度计,约为 $(1.0\sim1.5)\times10^{-5}$,《规范》取为 1.0×10^{-5}。它与钢的线膨胀系数(1.2×10^{-5})相近。因此,当温度发生变化时,在混凝土和钢筋之间仅引起很小的内应力,不致产生有害的影响。

2.2 钢筋

2.2.1 钢筋的类型

钢筋型式分为柔性钢筋和劲性钢筋两类。一般所称的钢筋系指柔性钢筋,劲性钢筋系指用于混凝土中的型钢(角钢、槽钢及工字钢等)。

柔性钢筋包括钢筋和钢丝。

钢筋有光面钢筋(图2-16a)和带肋钢筋(图2-16b~d)两种。带肋钢筋又分为螺纹钢筋(图2-16b)、人字纹钢筋(图2-16c)和月牙纹钢筋(图2-16d)。带肋钢筋直径是标志尺寸(和光面钢筋具有相同重量的当量直径),其截面按当量直径确定。

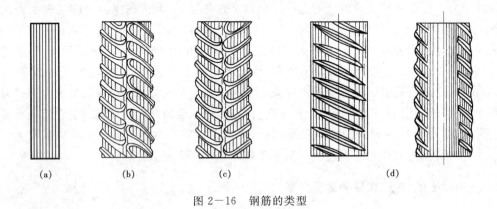

图2-16 钢筋的类型

钢丝(直径在5mm以内)可以是单根的,也可以编成钢绞线或钢丝束。

2.2.2 钢筋的成分、品种和级别

建筑工程中采用的钢材,不仅要强度高,而且要具有良好的塑性和可焊性,同时还要求

与混凝土有较好的粘结性能。

我国建筑工程中采用的钢材,按化学成分可分为碳素钢和普通低合金钢两大类。

碳素钢除含铁元素外,还含有少量的碳、锰、硅、磷、硫等元素。其中含碳量愈高,钢筋的强度愈大,但是钢筋的塑性和可焊性就愈差。含碳量小于0.25%的碳素钢称为低碳钢或软钢,含碳量为0.6%~1.4%的碳素钢称为高碳钢或硬钢。

在碳素钢的元素中加入少量的合金元素,就成为普通低合金钢,如20MnSi,20MnSiV、20MnSiNb、20MnTi等。

我国用于钢筋混凝土结构和预应力混凝土结构的钢筋、钢丝和钢绞线主要有如下几种。

1) 普通钢筋

普通钢筋系指热轧钢筋,它是由低碳钢或普通低合金钢在高温下轧制而成。《规范》规定的有 HPB300、HRB335、HRB400、HRBF400、RRB400、HRB500 和 HRBF500 等。

2) 预应力螺纹钢筋(精轧螺纹钢筋)

这是一种大直径的预应力螺纹钢筋,直径有 18 mm、25 mm、32 mm、40 mm 和 50 mm。

3) 钢丝

按制造工艺不同,钢丝有冷拉钢丝(由高碳镇静钢轧制成圆盘后,经多道冷拔后制成)、消除应力钢丝(由高碳镇静钢轧制成圆盘后,经多道冷拔,并进行应力消除、矫直、回火处理而制成)。按表面形状不同,钢丝有光面钢丝、螺旋肋钢丝等。

《规范》规定的有:

(1) 中强度预应力钢丝(光面和螺旋肋)。

(2) 消除应力钢丝(光面和螺旋肋)。

4) 钢绞线

钢绞线是由多根高强钢丝在绞丝机上绞合,再经低温回火制成。按其股数可分为3股和7股两种。

此外,还有冷拉钢筋(由热轧钢筋在常温下经机械拉伸而成)、冷轧带肋钢筋(由HPB235经冷轧机在常温下轧制而成,分为三个级别:LL550、LL650 和 LL800)和冷轧扭钢筋(由HPB235在常温下轧扭而成)以及冷拔低碳钢丝等,这类钢筋(丝)的延性较差,故在《规范》中未列入。若在建筑工程中采用时,应遵守专门规程的规定。

2.2.3 钢筋的强度和变形

钢筋的强度和变形性能主要由单向拉伸测得的应力—应变曲线来表征。试验表明,钢筋的拉伸应力—应变曲线可分为两类:有明显的流幅(图2-17)和没有明显的流幅(图2-18)。

图2-17所示为有明显流幅钢筋的应力—应变曲线,亦即软钢的应力—应变曲线。由图2-17可见,轴向拉伸时,在达到比例极限 a 点之前,材料处于弹性阶段,应力与应变的比值为常数,即为钢筋的弹性模量 E_s。此后应变比应力增加快,当应力达到 σ_{yh}(相当于 b_h 点)时,材料开始屈服,即荷载不增加,应变却继续增加很多,应力—应变图形接近水平线,称为屈服台阶(或流幅)。对于有屈服台阶的热轧钢筋来说,有两个屈服点,即屈服上限 σ_{yh} 和屈服下限 σ_{yl}(相当于 b_l 点)。屈服上限受加荷速度、截面形式和表面光洁度等因素的影响而波动;屈服下限则较稳定,故一般以屈服下限为依据,称为屈服强度。

过 c 点后,钢筋又恢复部分弹性。按曲线上升到最高点 d。d 点的应力称为极限强度。cd

段称为强化阶段或硬化阶段。过了 d 点,试件的薄弱处发生局部"颈缩"现象,应变迅速增加,应力随之下降(按原来的截面面积计算),到 e 点后发生断裂,e 点所对应的应变(用百分数表示)称为延伸率。延伸率是衡量钢筋塑性性能的一个指标,用 δ_{10} 或 δ_5 表示(分别对应于量测标距为 $10d$ 或 $5d$,d 为钢筋直径)。含碳量愈低的钢筋,流幅愈长,塑性愈大,延伸率也愈大。

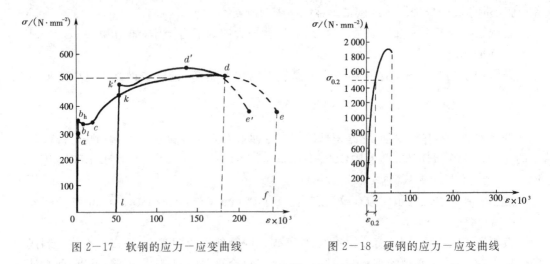

图 2—17 软钢的应力—应变曲线 　　　图 2—18 硬钢的应力—应变曲线

硬钢与软钢不同,它没有明显的屈服台阶,塑性变形小,延伸率亦小,但极限强度高。通常用残余应变为 0.2% 时的应力(用 $\sigma_{0.2}$ 表示)作为它的条件屈服强度,如图 2—18 所示。在《规范》中,取 $0.85\sigma_b$(σ_b 为国家标准规定的极限抗拉强度)作为条件屈服强度。

2.2.4　钢筋的冷拉和冷拔

1) 冷拉

冷拉是将钢筋拉到超过钢筋屈服强度的某一应力值,以提高钢筋的抗拉强度,达到节约钢材的目的。从图 2—17 可知,当钢筋拉到超过原屈服强度的 k 点时,卸荷至零,将产生残余变形 Ol,如果立刻重新加载,加载曲线实际上与卸载曲线重合,即应力—应变曲线将沿 lkd 进行,说明钢筋屈服点已提高到 k 点,如果不是立刻重新加载,而是经过一段时间再加载,则应力—应变曲线将沿 $lk'd'$ 进行,这时屈服强度提高到 k' 点,这一现象叫冷拉时效。由图 2—17 可知,经过冷拉时效的钢筋,虽然强度获得了提高,但延伸率和塑性都降低了。

时效硬化和温度有很大关系。例如,在常温时,HPB235 钢筋时效硬化需 20 天,若温度为 100℃ 时,仅需 2 小时。但若继续加温,则有可能得到相反的效果。例如,当加温至 450℃ 时,强度反而降低,而塑性性能却有所增加;当加温至 700℃ 时,钢材恢复到冷拉前的力学性能,这种现象称为软化。为了避免在焊接时因高温而使钢筋软化,对焊接的冷拉钢筋应先焊接后再进行冷拉。

控制钢筋冷拉质量的主要参数是冷拉应力和冷拉(伸长)率,即 k 点的应力和应变值。冷拉分双控和单控,张拉时对冷拉应力和冷拉率都进行控制的称为双控;如果仅控制冷拉率,则称为单控。

2) 冷拔

冷拔是将 Φ6～Φ8 的 HPB235 级钢筋(新颁布的《规范》已取消这个级别的钢筋),用强力从直径较小的硬质合金拔丝模拔过(图2-19),使它产生塑性变形,拔成较细直径的钢丝,以提高其强度的冷加工方法。图2-20表示Φ6钢筋经过三次冷拔后,拔成Φ3钢筋的应力-应变曲线。从图2-20可知,冷拔后钢筋的强度得到了较大的提高,但塑性却有较大的降低。

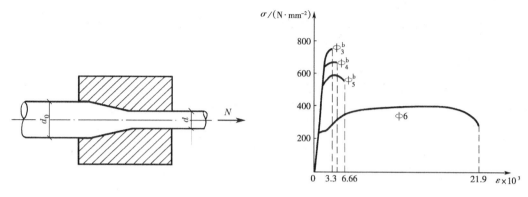

图2-19 钢筋的冷拔　　图2-20 冷拔钢筋的应力-应变曲线

冷拉只能提高钢筋的抗拉强度;冷拔可同时提高抗拉和抗压强度。

必须指出,近年来,强度高、性能好的钢筋(钢丝、钢绞丝)在我国已可充分供应,故冷拉钢筋和冷拔钢丝不再列入《规范》。

2.2.5 钢筋在重复荷载作用下的性能

钢筋在周期性的重复动荷载作用下,即使应力小于一次静载的强度,在经过一定次数后,突然发生断裂的现象,称为钢筋的疲劳破坏。这时,钢筋的最大应力低于静力荷载下的钢筋极限强度,有时还低于屈服强度。

钢筋疲劳破坏受到许多因素的影响。应力幅(即一次循环应力中最大应力σ_{max}^f与最小应力σ_{min}^f之差)是影响钢筋疲劳破坏的主要因素。此外,疲劳应力比值($\rho^f = \sigma_{max}^f/\sigma_{min}^f$)、最小应力值的大小、钢筋外表面的几何尺寸、钢筋直径、钢筋强度、钢筋的焊接和加工、使用环境和加载的频率等,对钢筋的疲劳破坏也有不同程度的影响。

《规范》规定了不同等级钢筋的疲劳应力幅限值,并规定该值与截面上同一纤维上钢筋最小应力与最大应力的比值(即疲劳应力比值$\rho^f = \sigma_{min}^f/\sigma_{max}^f$)有关。在确定疲劳应力幅限值时,需要确定循环荷载的次数。《规范》要求满足循环次数为200万次。

2.2.6 混凝土结构对钢筋性能的要求

建筑工程中采用的钢筋,不仅要强度高,而且要具有好的塑性和可焊性,同时还要求与混凝土有较好的粘结。此外,还应具有一定的耐火性。

1) 钢筋的强度

钢筋的强度是指钢筋的屈服强度及极限强度。

钢筋的屈服强度是设计计算的主要依据(对无明显流幅的钢筋,取条件屈服强度)。采用强度高的钢筋可以节约钢材,取得较好的经济效益。

2) 钢筋的塑性

钢材在拉伸时应具有良好的拉伸变形能力,钢材的拉伸变形能力可用拉伸率来衡量。

在拉伸前,在钢筋试件上取基本标距 l(10d 或 5d),在试件拉断后,该标距伸长为 l',则伸长率为 $\sigma=(l'-l)/l$,当 $l=10d$ 或 $5d$ 时,分别用 σ_{10} 或 σ_5 表示。新颁布的《规范》根据我国钢筋标准,明确提出了对钢筋延性的要求,将最大力下总伸长率(用 σ_{gt} 表示)作为控制钢筋延性的指标。最大力下总伸长率 σ_{gt} 不受断口颈缩区域变形的影响,反映了钢筋拉断前达到最大力(极限强度)时的均匀应变,故又称为均匀应变。

钢材在冷弯时也应具有良好的弯曲变形能力。钢材的弯曲变形能力可用冷弯角度来衡量。将钢筋沿一个直径为 D 的钢辊进行弯转,要求达到一定的角度 α 时,钢筋不发生裂纹。

3) 钢筋的可焊性

可焊性是评定钢筋焊接后的接头性能的指标。可焊性好,即要求在一定的工艺条件下,钢筋焊接后的接头强度不低于母材的强度,且不产生裂纹和过大的变形。

4) 钢筋与混凝土的粘结力

为了保证钢筋与混凝土的共同工作,钢筋与混凝土之间必须具有足够的粘结力。钢筋表面形状是影响粘结力的重要因素(详见 2.3 节)。

5) 钢筋的耐火性

钢筋应具有一定的耐火性。热轧钢筋的耐火性最好,冷轧钢筋次之,预应力钢筋最差。结构设计时应注意混凝土保护层厚度,以满足对结构耐火极限的要求。

2.3 钢筋和混凝土的粘结

2.3.1 粘结的作用

在钢筋混凝土结构中,钢筋和混凝土这两种性质不同的材料之所以能够共同工作,主要是依靠钢筋和混凝土之间的粘结力。由于这种粘结力的存在,使钢筋和周围混凝土之间的内力得到相互传递。

钢筋受力后,在钢筋和周围混凝土之间将产生粘结应力,从而使钢筋应力发生变化(图 2-21)。

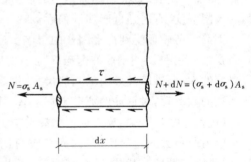

图 2-21 钢筋和混凝土的粘结

粘结强度的测定通常是采用拔出试验,即把钢筋一端埋入混凝土试件内,另一端施加拉力,将钢筋拔出,测出其拉力。试验表明,粘结应力的分布图形为曲线,最大粘结应力产生在离端头某一距离处,并且随拔出力的大小而变化。钢筋埋入混凝土的长度 l_a 越长,则拔出力越大。但如果 l_a 太长,靠近钢筋末端处的粘结应力很小,甚至等于零。由此可见,为了保证钢筋在混凝土中有可靠的锚固,钢筋应有足够的锚固长度,但也不必太长。钢筋与混凝土之间的粘结应力沿钢筋长度的分布情况如图 2-22 所示。

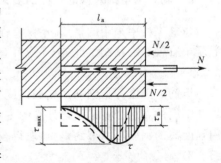

图 2-22 钢筋的拔出试验

2.3.2 粘结机理分析

钢筋和混凝土的粘结力,主要由三部分组成:胶结力、摩阻力和咬合力。第一部分是钢筋和混凝土接触面上的粘结——化学吸附力,亦称胶结力。这来源于浇注时水泥浆体向钢筋表面氧化层的渗透和养护过程中水泥晶体的生长和硬化,从而使水泥胶体与钢筋表面产生吸附胶着作用。这种化学吸附力只能在钢筋和混凝土的界面处于原生状态时才存在,一旦发生滑移,它就失去作用。第二部分是钢筋与混凝土之间的摩阻力。由于混凝土凝固时收缩,使钢筋与混凝土接触面上产生正应力,因此,当钢筋和混凝土产生相对滑移时(或有相对滑移的趋势时),在钢筋和混凝土的界面上将产生摩阻力。摩阻力的大小,取决于垂直于摩擦面上的压应力。由此可见,摩阻力与混凝土的弹性模量和收缩率有关。此外,还取决于摩擦系数,即钢筋与混凝土接触面的粗糙程度。光面钢筋与混凝土的粘结力主要靠摩阻力。第三部分是钢筋与混凝土的咬合力。对于光面钢筋,咬合力是指表面粗糙不平而产生的咬合作用;对于带肋钢筋,咬合力是指带肋钢筋肋间嵌入混凝土而形成的机械咬合作用,这是带肋钢筋与混凝土粘结力的主要来源。图2-23a表示带肋钢筋与混凝土的相互作用,肋对混凝土的挤压就像一个楔,斜向挤压力不仅产生沿钢筋表面的切向分力,而且产生沿钢筋径向的环向分力,当荷载增加时,因斜向挤压作用,在肋顶前方首先斜向开裂,形成内裂缝,同时肋前混凝土破碎形成楔的挤压面(图2-23b)。在环向分力作用下的混凝土,就好像承受内压力的管壁,管壁的厚度就是混凝土保护层厚度,径向分力使混凝土产生径向裂缝,即为纵向劈裂现象。随着肋前混凝土破碎,楔作用逐渐消失,起作用的实际是肋外圆柱面上的摩阻力。

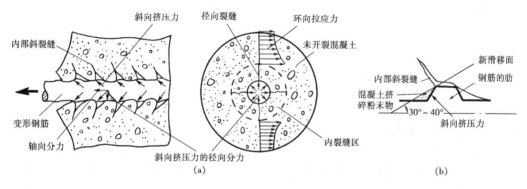

图2-23 钢筋和混凝土的粘结机理

2.3.3 影响粘结强度的因素

影响钢筋与混凝土粘结强度的因素很多,主要有钢筋表面形状、混凝土强度、浇注位置、保护层厚度、钢筋净间距、横向钢筋和横向压力等。

带肋钢筋的粘结强度比光面钢筋大。试验表明,带肋钢筋的粘结力比光面钢筋高出2～3倍。因而,带肋钢筋所需的锚固长度比光面钢筋短。试验还表明,月牙纹钢筋的粘结强度比螺纹钢筋的粘结强度低10%～15%。

带肋钢筋和光面钢筋的粘结强度均随混凝土强度的提高而提高,但并非线性关系。试验表明,带肋钢筋的粘结强度主要取决于混凝土的抗拉强度,二者大致成正比关系。

粘结强度与浇注混凝土时钢筋所处的位置有明显的关系。对于混凝土浇筑深度超过300 mm以上的"顶部"水平钢筋,其底面的混凝土由于水分、气泡的逸出和泌水下沉,与钢筋之间形成了空隙层,从而削弱了钢筋与混凝土的粘结作用。

混凝土保护层和钢筋间距对于粘结强度也有重要的影响。对于高强度的带肋钢筋,当混凝土保护层太薄时,外围混凝土将可能发生径向劈裂而使粘结强度降低;当钢筋净距太小时,将可能出现水平劈裂而使整个保护层崩落,从而使粘结强度显著降低。

横向钢筋(如梁中的箍筋)可以延缓径向劈裂裂缝的发展和限制劈裂裂缝的宽度,从而可以提高粘结强度。因此,在较大直径钢筋的锚固或搭接长度范围内,以及当一层并列的钢筋根数较多时,均应设置一定数量的附加箍筋,以防止混凝土保护层的劈裂崩落。

当钢筋的锚固区作用有侧向压应力时,粘结强度将会提高。

2.4 钢筋的锚固和连接

2.4.1 钢筋的锚固

为了使钢筋和混凝土能可靠地共同工作,钢筋在混凝土中必须有可靠的锚固。

1)受拉钢筋的锚固

当计算中充分利用钢筋的强度时,混凝土结构中纵向受拉钢筋的锚固长度应按下列公式计算:

(1)基本锚固长度

普通钢筋

$$l_{ab} = \alpha \frac{f_y}{f_t} d \tag{2-12}$$

预应力钢筋

$$l_{ab} = \alpha \frac{f_{py}}{f_t} d \tag{2-13}$$

式中 l_{ab}——受拉钢筋的基本锚固长度;

f_y、f_{py}——普通钢筋、预应力筋的抗拉强度设计值,按本书附表7、附表8采用;

f_t——混凝土轴心抗拉强度设计值,按本书附表2采用,当混凝土强度大于C60时,按C60取值;

d——钢筋的公称直径;

α——钢筋的外形系数,按表2-1取用。

表 2-1　　　　　　　　　　钢筋的外形系数 α

钢筋类型	光面钢筋	带肋钢筋	螺旋肋钢丝	3股钢绞线	7股钢绞线
α	0.16	0.14	0.13	0.16	0.17

注:光面钢筋系指HPB235级钢筋,其末端应做180°弯钩,弯后平直段长度不应小于3d,但作受压钢筋时可不做弯钩。

(2)锚固长度的修正

受拉钢筋的锚固长度尚应根据锚固条件按下述公式进行修正,且不应小于200 mm:

$$l_a = \zeta_a l_{ab} \tag{2-14}$$

式中 l_a——受拉钢筋的锚固长度；

ζ_a——锚固长度修正系数，对普通钢筋按下述规定取用，当多于一项时，可按连乘计算，但不应小于 0.6；对预应力筋可取 1.0。

对普通钢筋，ζ_a 的取值如下：

① 当带肋级钢筋的直径大于 25 mm 时，取 1.1。

② 环氧树脂涂层带肋钢筋，取 1.25。

③ 施工过程中易受扰动的钢筋（如滑模施工时），取 1.10。

④ 锚固钢筋的保护层厚度为 $3d$ 时，修正系数可取 0.8，保护层厚度为 $5d$ 时，修正系数可取 0.7，中间按内插值，此处 d 为锚固钢筋的直径。

⑤ 除构造需要的锚固长度外，当纵向受力钢筋实际配筋面积大于其设计计算值时，修正系数取设计计算面积与实际配筋面积的比值。但对有抗震设防要求及直接承受动力荷载的结构构件，不得考虑此项修正。

为了减小锚固长度，可在纵向受拉钢筋末端采用弯钩或机械锚固措施。当纵向受拉普通钢筋末端采用弯钩或机械锚固措施时，包括弯钩或锚固端头在内的锚固长度（投影长度）可取基本锚固长度 l_{ab} 的 60%。

弯钩和机械锚固形式和技术要求如图 2—24 所示（详可参阅《规范》8.3.3 条）。

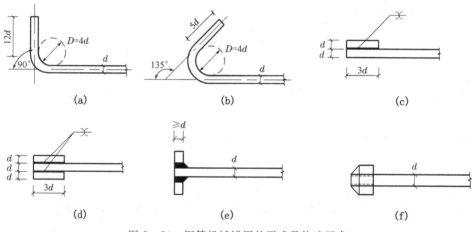

图 2—24 钢筋机械锚固的形式及构造要求

2) 受压钢筋的锚固

当计算中充分利用纵向钢筋的受压强度时，其锚固长度不应小于受拉钢筋锚固长度的 70%。

受压钢筋不应采用末端弯钩和一侧贴锚筋的锚固措施。

2.4.2 钢筋的连接

钢筋的连接头可分为两种类型：绑扎搭接、机械连接或焊接。

同一构件中相邻钢筋的绑扎搭接接头宜相互错开。钢筋绑扎搭接接头连接区段的长度为 1.3 倍搭接长度（图 2—25）。凡搭接接头中点位于该连接区段长度内的搭接接头均属于同一连接区段。例如，在图 2—25 中，搭接接头同一连接区段的搭接钢筋为两根。位于同一连接区段内的受拉搭接钢筋面积百分率:对梁类、板类及墙类构件不宜超过 25%;对柱类构件不宜超过 50%。当工程中确有必要增大受拉钢筋接头面积百分率时,对梁类构件不应大于 50%,对板类、墙类及柱类构件,可根据实际情况放宽。

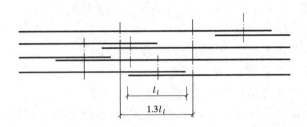

图 2—25 纵向受拉钢筋绑扎搭接接头同一连接区段搭接钢筋接头面积百分率的确定方法

同一连接区段内搭接钢筋接头面积百分率取为该区段内有搭接接头的纵向受力钢筋截面面积与全部纵向受力钢筋截面面积之比。例如,在图 2—24 中,搭接钢筋接头百分率为 50%。

纵向受拉钢筋绑扎搭接接头的搭接长度应根据位于同一连接区段内的搭接钢筋面积百分率按下列公式计算。

$$l_l = \zeta_l l_a \tag{2-15}$$

式中 l_l——受拉钢筋的搭接长度;

l_a——受拉钢筋的锚固长度,按公式(2—14)计算;

ζ_l——纵向受拉钢筋搭接长度修正系数,按表 2—2 的规定取用。

表 2—2 受拉钢筋搭接长度修正系数 ζ_l

纵向搭接钢筋接头面积百分率/%	≤25	50	100
ζ	1.2	1.4	1.6

构件中的受压钢筋,当采用搭接连接时,其受压搭接长度不应小于受拉钢筋锚固长度的 70%,且在任何情况下不应小于 200 mm。

关于钢筋搭接的其他规定,可参阅《规范》第 8.4 节的有关规定,本书从略。

思 考 题

2.1 混凝土立方体抗压强度是如何确定的?为什么采用非标准尺寸的立方体试块时,测得的立方体抗压强度应乘以换算系数?

2.2 混凝土强度等级是如何确定的?

2.3 混凝土轴心抗压强度与立方体抗压强度的关系如何?

2.4 混凝土轴心抗拉强度与立方体抗压强度的关系如何?

2.5 在双向受压、双向受拉及一向受拉一向受压的应力状态下,混凝土强度的变化规律如何?

2.6 在剪压应力状态下混凝土强度的变化规律如何?

2.7 在三向应力状态下混凝土强度的变化规律如何?

2.8 混凝土棱柱体在一次短期加荷下的应力—应变曲线的特点如何?ε_0、ε_{cu} 分别对应于曲线上哪一点的应变,其值大致为多少?

2.9 何谓混凝土的弹性模量、割线模量和切线模量？它们之间的关系如何？

2.10 何谓混凝土的徐变？影响混凝土徐变的主要因素有哪些？

2.11 何谓混凝土的线性徐变？何谓混凝土的非线性徐变？

2.12 何谓混凝土的收缩？影响混凝土收缩的主要因素有哪些？混凝土收缩对结构会产生什么不利影响？

2.13 什么是软钢？什么是硬钢？二者的应力－应变曲线的主要不同点是什么？

2.14 何谓软钢的屈服强度？何谓硬钢的条件屈服强度？

2.15 何谓钢筋的冷拉？冷拉后钢筋的力学性能有何变化？

2.16 何谓冷拔？冷拔后钢筋的力学性能有何变化？

2.17 混凝土结构对钢筋性能有哪些要求？

2.18 钢筋和混凝土之间的粘结作用由哪几部分组成？影响钢筋和混凝粘结强度的主要因素是什么？

习 题

2.1 混凝土的立方体抗压强度为 $30\ N/mm^2$，试计算其轴心抗压强度、轴心抗拉强度和弹性模量。

2.2 试写出普通钢筋的级别、符号及其屈服强度标准值。

2.3 钢筋混凝土结构的混凝土为C25，纵向受力钢筋为HRB400级，试计算其锚固长度应为钢筋直径的多少倍。

3 混凝土结构设计的基本原则

3.1 混凝土结构设计理论发展简史

建筑结构物的可靠性与经济性在很大程度上取决于设计方法。自从 19 世纪末钢筋混凝土结构在建筑工程中出现以来,随着生产实践的经验积累和科学研究的不断深入,钢筋混凝土结构的设计理论也在不断地发展。

最早的钢筋混凝土结构设计理论是采用以弹性理论为基础的容许应力计算法。这种方法要求在规定的标准荷载作用下,按弹性理论计算的应力不大于规定的容许应力。容许应力系由材料强度除以安全系数求得,安全系数则根据经验和主观判断来确定。

由于钢筋混凝土并不是一种弹性材料,而是有着明显的塑性性能,因此,这种以弹性理论为基础的计算方法不能如实地反映构件截面的应力状态,也就不能正确地计算出结构构件的承载力。

20 世纪 30 年代出现了考虑钢筋混凝土塑性性能的破坏阶段计算方法。这种方法以考虑了材料塑性性能的结构构件承载力为基础,要求按材料平均强度计算的承载力必须大于计算的最大荷载产生的内力。计算的最大荷载是由规定的标准荷载乘以单一的安全系数而得出的。安全系数仍是根据经验和主观判断来确定。

后来,由于对荷载和材料强度的变异性进行了研究,在 20 世纪 50 年代又提出了极限状态计算法。极限状态计算法是破坏阶段计算法的发展,它规定了结构的极限状态,并把单一安全系数改为三个分项系数,即荷载系数、材料系数和工作条件系数,故又称为"三系数法"。三系数法把不同的材料和不同的荷载用不同的系数区别开来,使不同的构件具有比较一致的可靠度,部分荷载系数和材料系数是根据统计资料用概率的方法确定的。我国 1966 年颁布的《钢筋混凝土结构设计规范》BJG 21-66 即采用这一方法,1974 年颁布的《钢筋混凝土结构设计规范》TJ 10-74 亦是采用极限状态计算法,但在承载力计算中采用了半经验、半统计的单一安全系数。

近年来,国际上在应用概率论来研究和解决结构可靠度问题,并统一各种结构的基本设计原则方面取得了显著的进展,使结构可靠度理论进入了一个新的阶段。

在学习国外科技成果和总结我国工程实践经验的基础上,我国于 1984 年颁布试行的《建筑结构设计统一标准》GBJ 68-84 及 2001 年颁布的修订本《建筑结构可靠度设计统一标准》GB 50068-2001(简称《统一标准》)也是采用以概率论为基础的极限状态设计法。《统一标准》把概率方法引入到工程设计中来,从而使结构可靠度具有比较明确的物理意义,使我国的建筑结构设计基本原则更为合理,把我国建筑结构可靠度设计提高到一个新的水平。

目前,国际上将概率方法按精确程度不同分为三个水准:水准Ⅰ——半概率法,如《钢筋混凝土结构设计规范》TJ 10-74 所采用的方法;水准Ⅱ——近似概率法,如《混凝土结构设计规范》GB 50010-2002 所采用的方法;水准Ⅲ——全概率法。本书将主要介绍近似概率法。

3.2 数理统计的基本概念

为了便于了解本章的内容,先对数理统计的基本概念作简要的介绍。

3.2.1 随机事件和随机变量

对于具有多种可能发生的结果,而究竟发生哪一种结果事先不能确定的事件,称为随机事件。表示随机事件各种结果的变量称为随机变量。譬如,钢筋的抽样是随机的,每一根钢筋都同样有被抽到的可能性,因此,钢筋的强度值即为随机变量。就个体而言,随机变量的取值具有不确定性,但就总体而言,随机变量的取值又具有一定的规律。

3.2.2 平均值、标准差和变异系数

算术平均值 μ、标准差 σ 和变异系数 δ 是离散型随机变量的三个主要统计参数。

1) 平均值

平均值 μ 表示随机变量的波动中心,亦即代表随机变量值 X_i 的平均水平的特征值,即

$$\mu = \sum_{i=1}^{n} X_i / n \tag{3-1}$$

式中 n——随机变量的个数。

譬如,有两组钢筋进行拉伸试验,第Ⅰ组的屈服强度为 387 N/mm²、382 N/mm²、371 N/mm²;第Ⅱ组为 402 N/mm²、375 N/mm²、363 N/mm²。Ⅰ、Ⅱ组的平均值均为 380 N/mm²。

2) 标准差

标准差 σ 是表示随机变量 X 取值离散程度的特征值,按下列公式计算:

$$\sigma = \sqrt{\frac{\sum_{i=1}^{n}(X_i - \mu)^2}{n}} \tag{3-2}$$

譬如,上述两组钢筋屈服强度的平均值相同,但其离散程度却不同,而每组各个试验值对平均值的偏差之和又都是零(因为偏差有正有负,互相抵消),由此将看不出二者的离散程度的不同。但是,如果将每个偏差平方,则将消去正负号,然后,总和后再除以试件数 n,则得方差。方差具有随机变量二次方的量纲。为了使量纲与随机变量相同,可将方差开方,则得标准差。由此可得上述两组试验值的标准差分别为 $\sigma_Ⅰ = 6.7 \text{ N/mm}^2$、$\sigma_Ⅱ = 16.3 \text{ N/mm}^2$,可见第Ⅱ组钢筋屈服强度的离散程度较大。

3) 变异系数

由上述可见,标准差 σ 只是反映绝对离散(波动)的大小,而在实践上,人们往往更关心相对离散的大小,因此,在数理统计数上又用变异系数来反映随机变量的离散程度。

变异系数 δ 是反映随机变量相对离散程度的特征值,按下列公式计算:

$$\delta = \sigma / \mu \tag{3-3}$$

3.2.3 频率和概率

设在 n 次试验中随机事件 A 出现的次数 n_A,则此值 $f_n(A) = n_A / n$ 称为该随机变量的频率。当 n 逐渐增多时,频率 $f_n(A)$ 逐渐稳定于某个常数 $P(A)$。当 n 很大时,就有 $f_n(A)$

$\approx P(A)$，则 $P(A)$ 称为随机事件 A 发生的概率。

3.2.4 正态分布

为了更完整地了解随机变量离散情况的规律，必须找出频率的分布情况。随机变量的分布频率（或称分布密度）有多种形式。实践中最常遇到的随机变量的分布密度具有如下形式：

$$f(x)=\frac{1}{\sigma\sqrt{2\pi}}e^{-\frac{(x-\mu)^2}{2\sigma^2}} \tag{3-4}$$

式中　$f(x)$——某一随机变量在大量事件中出现的频率。

公式(3-4)表示对称于通过平均值频率轴的钟形曲线，如图 3-1 所示。这种分布规律称为正态分布。正态分布曲线的特点是一条单峰值曲线，与峰值对应的横坐标为平均值 μ，曲线以峰值为中心，对称地向两边单调下降，在峰值两侧各一倍标准差处曲线有一个拐点，然后以横轴为渐近线趋向于正负无穷大。

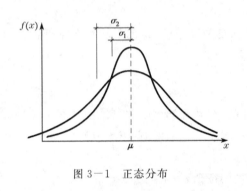

图 3-1　正态分布　　　　　图 3-2　随机变量位于区间
$(-\infty,\mu-1.645\sigma)$ 的概率 P

3.2.5 保证率

对随机变量数列中其数值不小于或不大于某一定值时随机变量出现的概率，称为保证率。

图 3-1 中曲线和横轴之间的总面积（$-\infty\rightarrow+\infty$）代表总概率，为 100% 或 1。对于 $-\infty<x\leqslant\mu$，曲线和横轴之间的面积为 50%，也就是随机变量位于区间 $(-\infty,\mu)$ 的概率 $P(-\infty<x\leqslant\mu)$ 为 50%，即 $x>\mu$ 的保证率为 50%，又称为分位数为 0.5。同理可得随机变量位于区间 $(-\infty,\mu-1.645\sigma)$ 的概率 $P(-\infty<x\leqslant\mu-1.645\sigma)$ 的概率为 5%，即 $x>\mu-1.645\sigma$ 的保证率为 95%（图 3-2），其分位数为 0.05。

3.3　结构的功能要求和极限状态

3.3.1　结构的功能要求

从事工程结构设计的基本目的是：在一定的经济条件下，使结构在预定的使用期限内能满足设计所预期的各种功能要求。结构的功能要求包括安全性、适用性和耐久性。《统一标准》规定，结构在规定的设计使用年限内应满足下列功能要求：

(1) 在正常施工和正常使用时能承受可能出现的各种作用(例如,荷载、温度、地震等)。

(2) 在正常使用时具有良好的工作性能(例如,不发生影响使用的过大变形或振幅,不发生过宽的裂缝等)。

(3) 在正常维护下具有足够的耐久性能。所谓足够的耐久性能,系指结构在规定的工作环境中,在预定时期内,其材料性能的恶化(例如,混凝土风化、脱落,钢筋锈蚀等)不导致结构出现不可接受的失效概率(详见3.4.2节)。换句话说,足够的耐久性就是指在正常维护条件下结构能正常使用到规定的设计使用年限。

(4) 在设计规定的偶然事件发生时及发生后,结构仍能保持必需的整体稳定性,即结构仅产生局部损坏而不致发生连续倒塌。

上述第(1)和(4)两项通常是指结构的承载力和稳定性,即安全性;第(2)和(3)两项分别指结构的适用性和耐久性。

3.3.2 结构的极限状态

在使用中若整个结构或结构的一部分超过某一特定状态就不能满足设计规定的某一功能要求,此特定状态称为该功能的极限状态。极限状态是区分结构工作状态是可靠或失效的标志。极限状态可分为两类:承载能力极限状态和正常使用极限状态。

1) 承载能力极限状态

承载能力极限状态是指对应于结构或结构构件达到最大的承载能力或不适于继续承载的变形。当结构或结构构件出现下列状态之一时,应认为超过了承载能力极限状态。

(1) 整个结构或结构的一部分作为刚体失去平衡(如倾覆等)。

(2) 结构构件或连接因超过材料强度而破坏(包括疲劳破坏),或因过度变形而不适于继续承载。

(3) 结构转变为机动体系。

(4) 结构或结构构件丧失稳定(如压屈等)。

(5) 地基丧失承载能力而破坏(如失稳等)。

2) 正常使用极限状态

正常使用极限状态是指对应于结构或结构构件达到正常使用或耐久性能的某项规定的限值。当结构或结构构件出现下列状态之一时,应认为超过了正常使用极限状态。

(1) 影响正常使用或外观的变形。

(2) 影响正常使用或耐久性能的局部损坏(包括裂缝)。

(3) 影响正常使用的振动。

(4) 影响正常使用的其他特定状态。

3.3.3 结构的设计状况

建筑结构设计时,应根据结构在施工和使用中的环境条件和影响,区分以下三种设计状况:

(1) 持久状况:在结构使用过程中一定出现,其持续期很长的状况。持续期一般与设计使用年限为同一数量级。

(2) 短暂状况:在结构施工和使用过程中出现概率较大,而与设计使用年限相比,持续期很短的状况,如施工和维修等。

（3）偶然状况：在结构使用过程中出现概率很小，且持续期很短的状况，如火灾、爆炸、撞击等。

对建筑结构的三种设计状况，均应进行承载能力极限状态设计；对持久状况，尚应进行正常使用极限状态设计；对短暂状况，可根据需要进行正常使用极限状态设计。

3.4 结构的可靠度和极限状态方程

3.4.1 作用效应和结构抗力

任何结构或结构构件中都存在对立的两个方面：作用效应 S 和结构抗力 R。这是结构设计中必须解决的两个问题。

结构上的作用分为直接作用和间接作用两种。直接作用是指施加在结构上的荷载，如恒荷载、活荷载、风荷载和雪荷载等。间接作用是指引起结构外加变形和约束变形的其他作用，如地基沉降、混凝土收缩、温度变化和地震等。

结构上的作用，可按下列原则分类。

1）按随时间的变异性分类

（1）永久作用　在设计基准期内量值不随时间变化或其变化与平均值相比可以忽略的作用。例如，结构自重、土压力、预加力等。

（2）可变作用　在设计基准期内量值随时间变化，且其变化与平均值相比不可忽略的作用。例如，安装荷载、楼面活荷载、风荷载、雪荷载、吊车荷载和温度变化等。

（3）偶然作用　在设计基准期内不一定出现，而一旦出现，其量值很大且持续时间很短的作用。例如，地震、爆炸、撞击等。

2）按随空间位置的变异分类

（1）固定作用　在结构上具有固定分布的作用。例如，工业与民用建筑楼面上的固定设备荷载、结构构件自重等。

（2）自由作用　在结构上一定范围内可以任意分布的作用。例如，工业与民用建筑楼面上的人员荷载、吊车荷载等。

3）按结构的反应特点分类

（1）静态作用　使结构产生的加速度可以忽略不计的作用。例如，结构自重、住宅和办公楼的楼面活荷载等。

（2）动态作用　使结构产生的加速度不可忽略的作用。例如，地震、吊车荷载、设备振动等。

作用效应 S 是指作用引起的结构或结构构件的内力、变形和裂缝等。

结构抗力 R 是指结构或结构构件承受作用效应的能力，如结构构件的承载力、刚度和抗裂度等。它主要与结构构件的材料性能和几何参数以及计算模式的精确性等有关。

3.4.2 结构的可靠性和可靠度

结构和结构构件在规定的时间内，规定的条件下完成预定功能的可能性，称为结构的可靠性。结构的作用效应小于结构抗力时，结构处于可靠工作状态。反之，结构处于失效状态。

由于作用效应和结构抗力都是随机的,因而结构不满足或满足其功能要求的事件也是随机的。一般把出现前一事件(不满足其功能要求)的概率称为结构的失效概率,记为 P_f;把出现后一事件(满足其功能要求)的概率称为可靠概率,记为 P_s。

结构的可靠概率亦称结构可靠度。更确切地说,结构在规定的时间内,规定的条件下,完成预定功能的概率称为结构可靠度。由此可见,结构可靠度是结构可靠性的概率度量。

由于可靠概率和失效概率是互补的,即 $P_f+P_s=1$。因此,结构可靠性也可用结构的失效概率来度量。目前,国际上已比较一致地认为,用结构的失效概率来度量结构的可靠性能比较确切地反映问题的本质。

3.4.3 设计基准期和设计使用年限

1) 设计基准期

必须指出,结构的可靠度与使用期有关。这是因为设计中所考虑的基本变量,如荷载(尤其是可变荷载)和材料性能等,大多是随时间而变化的,因此,在计算结构可靠度时,必须确定结构的使用期,即设计基准期。换句话说,设计基准期是为确定可变作用及与时间有关的材料性能等取值而选用的时间参数。我国取用的设计基准期为 50 年。还须说明,当结构的使用年限达到或超过设计基准期后,并不意味着结构立即报废,而只意味着结构的可靠度将逐渐降低。

2) 设计使用年限

设计使用年限是设计规定的结构或结构构件不需进行大修即可按其预定目的使用的时期。换句话说,在设计使用年限内,结构和结构构件在正常维护下应能保持其使用功能,而不需进行大修加固。结构的设计使用年限应按表 3-1 采用(详见《统一标准》GB 50068—2001)。若建设单位提出更高要求,也可按建设单位的要求确定。

表 3-1 设计使用年限分类

类别	设计使用年限/年	示 例
1	1~5	临时性建筑
2	25	易于替换的结构构件
3	50	普通房屋和构筑物
4	100 及以上	纪念性建筑和特别重要的建筑结构

3.4.4 极限状态方程和结构失效概率

结构的极限状态可用极限状态方程来表示。

当只有作用效应 S 和结构抗力 R 两个基本变量时,可令

$$U=R-S \tag{3-5}$$

显然,当 $U>0$ 时,结构可靠;$U<0$ 时,结构失效;当 $U=0$ 时,结构处于极限状态。U 是 S 和 R 的函数,一般记为 $U=g(S,R)$,称为极限状态函数。相应地,$U=g(S,R)=R-S=0$,称为极限状态方程。于是结构的失效概率为

$$P_f=P[U=R-S<0]=\int_{-\infty}^{0}f(U)\mathrm{d}U \tag{3-6}$$

图 3-3 中所示为 S 和 R 的概率密度分布曲线,作用效应分布的上尾部分和结构抗力

分布的下尾部分相重合,说明在较弱的构件上可能出现大于其结构抗力 R 的作用效应 S,导致结构失效。两曲线重叠部分(阴影部分)面积愈大表示结构失效概率愈大。

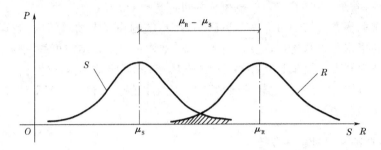

图 3-3 R、S 的概率密度分布曲线

3.5 可靠指标和目标可靠指标

3.5.1 可靠指标

如果已知 S 和 R 的理论分布函数,则可由公式(3-6)求得结构失效概率 P_f。由于 P_f 的计算在数学上比较复杂以及目前对于 S 和 R 的统计规律研究深度还不够,要按上述方法求得失效概率是有困难的。因此,《统一标准》采用了可靠指标 β 来代替结构失效概率 P_f。

结构的可靠指标 β 是指 U 的平均值 μ_U 与标准差 σ_U 的比值,即

$$\beta = \frac{\mu_U}{\sigma_U} \tag{3-7}$$

可以证明,β 与 P_f 具有一定的对应关系。表 3-2 表示了 β 与 P_f 在数值上的对应关系。

表 3-2 可靠指标 β 与失效概率 P_f 的对应关系

β	2.7	3.2	3.7	4.2
P_f	3.4×10^{-3}	6.8×10^{-4}	1.0×10^{-4}	1.3×10^{-5}

可靠指标 β 与失效概率 P_f 的对应关系也可用图 3-4 表示。可以证明,假定 S 和 R 是互相独立的随机变量,且都服从于正态分布,则极限状态函数 $U = R - S$ 亦服从正态分布,于是可得

$$\mu_U = \mu_R - \mu_S$$
$$\sigma_U = \sqrt{\sigma_R^2 + \sigma_S^2}$$

则 $\beta = (\mu_R - \mu_S) / \sqrt{\sigma_R^2 + \sigma_S^2}$ (3-8)

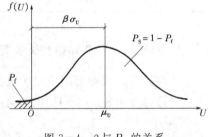

图 3-4 β 与 P_f 的关系

式中 μ_S、σ_S——结构构件作用效应的平均值和标准差;

μ_R、σ_R——结构构件抗力的平均值和标准差。

由公式(3-8)可看出,可靠指标不仅与作用效应及结构抗力的平均值有关,而且与两者的标准差有关。μ_R 与 μ_S 相差愈大,β 也愈大,结构愈可靠,这与传统的安全系数概念是一致

的;在 μ_R 和 μ_S 固定的情况下,σ_R 和 σ_S 愈小,即离散性愈小,β 就愈大,结构愈可靠,这是传统的安全系数无法反映的。

3.5.2 目标可靠指标和安全等级

在解决可靠性的定量尺度(即可靠指标)后,另一个必须解决的重要问题是选择结构的最优失效概率或作为设计依据的可靠指标,即目标可靠指标,以达到安全与经济上的最佳平衡。

目标可靠指标(又称设计可靠指标)可根据各种结构的重要性及失效后果以优化方法分析确定,也可采用类比法(协商给定法)或校准法确定。由于目前统计资料尚不完备,并考虑到标准和规范的继承性,《统一标准》采用了校准法。

校准法的实质就是在总体上接受原有各种设计规范规定的反映我国长期工程经验的可靠度水准,通过对原有规范的反演计算和综合分析,确定各种结构相应的可靠指标,从而制定出目标可靠指标。

根据对各种荷载效应组合情况以及各种结构构件大量的计算分析后,《统一标准》规定,对于一般工业与民用建筑,当结构构件属延性破坏时,目标可靠指标 β 取为 3.2,当结构构件属脆性破坏时,目标可靠指标 β 取为 3.7。

此外,《统一标准》根据建筑物的重要性,即根据结构破坏可能产生的后果(危及人的生命、造成经济损失、产生社会影响等)的严重性,将建筑物划分为三个安全等级,同时,《统一标准》规定,结构构件承载能力极限状态的可靠指标不应小于表 3-3 的规定。由表 3-3 可见,不同安全等级之间的 β 值相差 0.5,这大体上相当于结构失效概率相差一个数量级。

表 3-3 建筑结构的安全等级及结构构件承载能力极限状态的可靠指标

建筑结构的安全等级	破坏后果	建筑物类型	结构构件承载力极限状态的可靠指标	
			延性破坏	脆性破坏
一级	很严重	重要的建筑	3.7	4.2
二级	严重	一般的建筑	3.2	3.7
三级	不严重	次要的建筑	2.7	3.2

注:1. 延性破坏是指结构构件在破坏前有明显的变形或其他预兆;脆性破坏是指结构构件在破坏前无明显变形或其他预兆。
2. 当承受偶然作用时,结构构件的可靠指标应符合专门规范的规定。
3. 当有特殊要求时,结构构件的可靠指标不受本表限制。

建筑物中各类结构构件的安全等级宜与整个结构的安全等级相同,对其中部分结构构件的安全等级,可根据其重要程度适当调整,但不得低于三级。

3.6 极限状态设计表达式

根据上述规定的目标可靠指标,即可按照结构可靠度的概率分析方法进行结构设计。但是,直接采用目标可靠指标进行设计的方法过于繁琐,计算工作量很大。为了实用上简便,并考虑到工程技术人员的习惯,《统一标准》采用了以基本变量(荷载和材料强度)标准值和相应的分项系数来表示的设计表达式,其中,分项系数是按照目标可靠指标,并考虑工程经验,经优选确定的,从而使实用设计表达式的计算结果近似地满足目标可靠指标的要求。

3.6.1 承载能力极限状态设计表达式

任何结构构件均应进行承载力设计,以确保安全。承载能力极限状态设计表达式为

$$\gamma_0 S \leqslant R \tag{3-9}$$

$$R = R(f_c, f_s, a_k \cdots) \tag{3-10}$$

式中 γ_0——结构构件的重要性系数,对安全等级为一级或设计使用年限为 100 年及以上的结构构件,不应小于 1.1;对安全等级为二级或设计使用年限为 50 年的结构构件,不应小于 1.0;对安全等级为三级或设计使用年限为 5 年及以下的结构构件,不应小于 0.9;在抗震设计中,不考虑结构构件的重要性系数;

S——承载能力极限状态的荷载效应(内力)组合的设计值,按现行国家标准《建筑结构荷载规范》GB 50009—2012(以下简称《荷载规范》)《建筑抗震设计规范》GB 50011—2010(以下简称《抗震规范》)的规定进行计算;

R——结构构件的承载力设计值,在抗震设计时,应除以承载力抗震调整系数 γ_{RE};

$R(·)$——结构构件的承载力函数;

f_c、f_s——分别为混凝土、钢筋的强度设计值;

a_k——几何参数标准值,当几何参数的变异性对结构性能有明显的不利影响时,可另增减一个附加值。

对于承载能力极限状态,结构构件应按荷载效应的基本组合进行计算,必要时尚应按荷载效应的偶然组合进行计算。

对于基本组合,其荷载效应(内力)组合设计值应从下列组合中取最不利值确定:

由可变荷载效应控制的组合

$$S = \gamma_G S_{Gk} + \gamma_{Q1} S_{Q1k} + \sum_{i=2}^{n} \gamma_{Qi} \psi_{ci} S_{Qik} \tag{3-11}$$

由永久荷载效应控制的组合

$$S = \gamma_G S_{Gk} + \sum_{i=1}^{n} \gamma_{Qi} \psi_{ci} S_{Qik} \tag{3-12}$$

式中 γ_G——永久荷载分项系数,当永久荷载效应对结构构件的承载能力不利时,对由可变荷载控制的组合,应取 1.2,对由永久荷载效应控制的组合,应取 1.35;当永久荷载效应对结构构件承载能力有利时,一般情况下应取 1.0,对结构的倾覆、滑移或漂浮验算,应取 0.9;

γ_{Q1}、γ_{Qi}——第 1 个和第 i 个可变荷载分项系数,当可变荷载效应对结构构件承载能力不利时,在一般情况下取 1.4,对标准值大于 4 kN/m² 的工业房屋楼面结构的活荷载应取 1.3;当可变荷载效应对结构构件的承载能力有利时,取为 0;

S_{Gk}——按永久荷载标准值 G_k 计算的荷载效应值;

S_{Q1k}、S_{Qik}——按可变荷载标准值 Q_k 计算的荷载效应值,其中 S_{Q1k} 为诸可变荷载效应中起控制作用者;

ψ_{ci}——可变荷载 Q_i 的组合值系数,其值不应大于 1.0,详见《荷载规范》;

n——参与组合的可变荷载数。

按上述要求,在设计排架和框架结构时,往往是相当繁复的。因此,对于一般排架和框

架结构,可采用简化规则,并应按下列组合值中取最不利值确定：

由可变荷载效应控制的组合

$$S = \gamma_G S_{Gk} + \gamma_{Q1} S_{Q1k} \tag{3-13}$$

$$S = \gamma_G S_{Gk} + 0.9 \sum_{i=1}^{n} \gamma_{Qi} S_{Qik} \tag{3-14}$$

由永久荷载效应控制的组合仍按公式(3-12)采用。

采用上述公式时,应根据结构可能同时承受的可变荷载进行荷载效应组合,并取其中最不利的组合进行设计。各种荷载的具体组合规则,应符合现行国家标准《荷载规范》的规定。

对于偶然组合,其内力组合设计值应按有关的规范或规程确定。例如,当考虑地震作用时,应按现行国家标准《抗震规范》确定。

此外,根据结构的使用条件,在必要时,还应验算结构的倾覆、滑移等。

公式(3-9)中的$\gamma_0 S$,在本书各章中用内力设计值(N、M、V、T等)表示;对预应力混凝土结构,尚应考虑预应力效应。

3.6.2 正常使用极限状态设计表达式

按正常使用极限状态设计时,应验算结构构件的变形、抗裂度或裂缝宽度。由于结构构件达到或超过正常使用极限状态时的危害程度不如承载力不足引起结构破坏时大,故对其可靠度的要求可适当降低。因此,按正常使用极限状态设计时,对于荷载组合值,不需再乘以荷载分项系数,也不再考虑结构的重要性系数γ_0。同时,由于荷载短期作用和长期作用对于结构构件正常使用性能的影响不同,对于正常使用极限状态,应根据不同的设计目的,分别按荷载效应的标准组合和准永久组合,或标准组合并考虑长期作用影响,采用下列极限状态表达式：

$$S \leqslant C \tag{3-15}$$

式中 C——结构构件达到正常使用要求所规定的限值,例如变形、裂缝和应力等限值;

S——正常使用极限状态的荷载效应(变形、裂缝和应力等)组合设计值。

1) 荷载效应组合

在计算正常使用极限状态的荷载效应组合值S_d时,需首先确定荷载效应的标准组合和准永久组合。荷载效应的标准组合和准永久组合应按下列规定计算：

(1) 标准组合

$$S_k = S_{Gk} + S_{Q1k} + \sum_{i=2}^{n} \psi_{ci} S_{Qik} \tag{3-16}$$

(2) 准永久组合

$$S_q = S_{Gk} + \sum_{i=1}^{n} \psi_{qi} S_{Qik} \tag{3-17}$$

式中 S_k、S_q——分别为荷载效应的标准组合和准永久组合的设计值;

ψ_{ci}、ψ_{qi}——分别为第i个可变荷载的组合值系数和准永久值系数。

必须指出,在荷载效应的准永久组合中,只包括了在整个使用期内出现时间很长的荷载效应值,即永久荷载效应和荷载效应的准永久值$\psi_{qi} S_{ik}$;而在荷载效应的标准组合中,既包括了在整个使用期内出现时间很长的荷载效应值(永久荷载效应和出现时间很长的可变荷载效应),也包括了在整个使用期内出现时间不长的荷载效应值。因此,荷载效应的标准组合值出现的时间是不长的。

2) 验算内容

正常使用极限状态的验算内容有如下几项：变形验算和裂缝控制验算（抗裂验算和裂缝宽度验算）。

（1）变形验算

根据使用要求需控制变形的构件，应进行变形验算。对于钢筋混凝土受弯构件，应按荷载的准永久组合，对于预应力混凝土受弯构件，应按荷载的标准组合，并均应考虑荷载长期作用影响计算的最大挠度 Δ 不应超过挠度限值 $\Delta_{\lim}$（见附表12）。

（2）裂缝控制验算

结构构件设计时，应根据所处环境和使用要求，选用相应的裂缝控制等级（见附表13），并按下列规定进行验算。裂缝控制等级分为三级，其要求分别如下：

① 一级——严格要求不出现裂缝的构件

按荷载标准组合计算时，构件受拉边缘混凝土不应产生拉应力。

② 二级——一般要求不出现裂缝的构件

按荷载标准组合计算时，构件受拉边缘混凝土拉应力不应大于混凝土轴心抗拉强度标准值 f_{tk}。

③ 三级——允许出现裂缝的构件

对于钢筋混凝土构件，按荷载准永久组合计算，并考虑长期作用影响计算时，构件的最大裂缝宽度限值 $w_{\max}$ 不应超过裂缝宽度限值 $w_{\lim}$（见附表11）。对于预应力混凝土构件，按荷载标准组合并考虑长期作用影响的影响计算时，构件的最大裂缝宽度限值不应超过裂缝宽度限值 $w_{\lim}$；对于 a 类环境的预应力混凝土构件，尚应按荷载准永久组合计算，且构件受拉边缘混凝土的拉应力不应大于混凝土的抗拉强度标准值。

例题 3-1 两端简支的预应力混凝土空心板的宽度为 0.9 m，计算跨度 $l_0=3.3$ m。楼板自重标准值（包括灌缝）为 1.65 kN/m²，采用 25 mm 厚水泥砂浆抹面，板底采用 15 mm 厚纸筋石灰粉刷。由《荷载规范》查得楼面活荷载标准值为 2.0 kN/m²，水泥砂浆自重为 20 kN/m³，纸筋石灰粉刷自重为 16 kN/m³。安全等级为二级。试按基本组合计算沿板长的均布线荷载标准值及楼板跨度中点截面的弯矩设计值。

解 （1）计算板面的均布恒荷载标准值

25 mm 厚水泥砂浆面层	$0.025 \times 20 = 0.5$ kN/m²
预应力混凝土空心板	1.65 kN/m²
15 mm 厚纸筋石灰浆粉刷	$0.015 \times 16 = 0.24$ kN/m²
	2.39 kN/m²

（2）计算沿板长的均布线荷载标准值

板的宽度为 0.9 m。

均布线恒荷载　　　　$g_k = 2.39 \times 0.9 = 2.15$ kN/m

均布线活荷载　　　　$q_k = 2.0 \times 0.9 = 1.80$ kN/m

（3）计算跨度中点截面的弯矩设计值

安全等级为二级。取 $\gamma_0 = 1.0$。

$$M = \gamma_0 S = \gamma_0 \left(\frac{1}{8} \gamma_G g_k l_0^2 + \frac{1}{8} \gamma_Q q_k l_0^2 \right)$$

$$= 1.0 \times \left(\frac{1}{8} \times 1.2 \times 2.15 \times 3.3^2 + \frac{1}{8} \times 1.4 \times 1.80 \times 3.3^2 \right) = 6.94 \text{ kN·m}$$

3.7 材料强度指标

3.7.1 材料强度指标的取值原则

由上述极限状态设计表达式可知,材料的强度指标有两种:标准值和设计值。

材料强度标准值是结构设计时所采用的材料强度的基本代表值,也是生产中控制材料性能质量的主要指标。

按照《统一标准》规定,钢筋和混凝土的强度标准值一般按标准试验方法测得的具有不小于95%保证率的强度值确定,即

$$f_k = f_m - 1.645\sigma = f_m(1-1.645\delta) \quad (3-18)$$

式中 f_k、f_m——分别为材料强度的标准值和平均值;
σ、δ——分别为材料强度的标准差和变异系数。

钢筋和混凝土的强度设计值系由强度标准值除以相应的材料分项系数确定,即

$$f_d = f_k/\gamma_d \quad (3-19)$$

式中 f_d——材料强度设计值;
γ_d——材料分项系数。

钢筋和混凝土的材料分项系数及其强度设计值主要是通过对可靠指标的分析及工程经验校准确定。

为了明确起见,公式(3-19)可改写为

$$f_s = f_{sk}/\gamma_s \quad (3-20)$$
$$f_c = f_{ck}/\gamma_c \quad (3-21)$$

式中 f_s、f_c——分别为钢筋强度设计值和混凝土强度设计值;
f_{sk}、f_{ck}——分别为钢筋强度标准值和混凝土强度标准值;
γ_s、γ_c——分别为钢筋材料分项系数和混凝土材料分项系数,对延性较好的热轧钢筋,γ_s取1.10;500 MPa级高强钢筋,γ_s取1.15;预应力筋,γ_s取1.20。

3.7.2 混凝土的强度等级、强度标准值和强度设计值

1) 混凝土强度等级

混凝土强度等级($f_{cu,k}$)应按立方体抗压强度标准值确定。立方体抗压强度标准值系指按照标准方法制作和养护的边长为150 mm的立方体试件,在28 d或设计规定龄期用标准试验方法测得的具有95%保证率的抗压强度,即

$$f_{cu,k} = f_{cu,m} - 1.645\sigma_{cu} = f_{cu,m}(1-1.645\delta_{cu}) \quad (3-22)$$

式中 $f_{cu,m}$——混凝土立方体强度的平均值;
σ_{cu}——混凝土立方体强度的标准差;
δ_{cu}——混凝土立方体强度的变异系数。

《规范》规定的混凝土强度等级有14级,分别为C15、C20、C25、C30、C35、C40、C45、C50、C55、C60、C65、C70、C75和C80。C15代表$f_{cu,k}=15$ N/mm²的强度等级,C20代表$f_{cu,k}=20$ N/mm²的强度等级,余类推。

2) 混凝土的强度标准值和强度设计值

假定混凝土轴心抗压强度和抗拉强度的变异系数与立方体强度的变异系数 δ_{cu} 相同,则混凝土轴心抗压强度标准值 f_{ck} 和轴心抗拉强度标准值 f_{tk} 可按下列公式确定:

$$f_{ck}=f_{c,m}(1-1.645\delta_{cu})=0.88\alpha_{c1}\alpha_{c2}f_{cu,m}(1-1.645\delta_{cu})$$

即
$$f_{ck}=0.88\alpha_{c1}\alpha_{c2}f_{cu,k} \qquad (3-23)$$

式中 $f_{c,m}$——混凝土轴心抗压强度平均值;

α_{c1}——混凝土轴心抗压强度与立方体强度的比值;

α_{c2}——混凝土脆性折减系数,对 C40 取 $\alpha_{c2}=1.0$,对 C80 取 $\alpha_{c2}=0.87$,其间按线性插入。

$$f_{tk}=f_{t,m}(1-1.645\delta_{cu})=0.88\times0.395\alpha_{c2}f_{cu,m}^{0.55}(1-1.645\delta_{cu})$$

即
$$f_{tk}=0.348\alpha_{c2}f_{cu,k}^{0.55}(1-1.645\delta_{cu})^{0.45} \qquad (3-24)$$

式中 $f_{t,m}$——混凝土轴心抗拉强度平均值。

按照上述方法求得的混凝土轴心抗压强度和轴心抗拉强度的材料分项系数为1.4。将混凝土轴心抗压强度标准值和轴心抗拉强度标准值除以上述材料分项系数,即可得混凝土轴心抗压强度设计值和轴心抗拉强度设计值。

混凝土强度的标准值和设计值列于附表1和附表2。

3.7.3 钢筋的强度标准值和强度设计值

根据上述原则,钢筋强度标准值系按下述方法确定。对有明显流幅的热轧钢筋,钢筋强度标准值采用国家标准中规定的屈服强度标准值,即废品限值(国家标准中已规定了每一种钢材的废品限值。对无明显流幅的钢筋,根据国家标准中规定的极限抗拉强度确定。

将钢筋强度标准值除以相应的材料分项系数,即可得钢筋强度设计值。

钢筋抗压强度设计值 f'_y 取与相应的钢筋抗拉强度设计值相同,对轴心受压构件,当采用 HRB500、HRBF500 钢筋时,钢筋的抗压强度设计值 f'_y 应取 400 N/mm²。但用作受剪、受扭、受冲切承载力计算时,其数值大于 360 N/mm² f'_y 应取 360 N/mm²。

钢筋强度的标准值和强度设计值列于附表5~附表8。

3.8 荷载代表值

施加在结构上的荷载,不但具有随机性质,而且除永久荷载外,一般都是随时间变化的可变荷载。因此,在确定荷载的统计特征、代表值及效应组合时,必须考虑时间的参数,因此,结构可靠度应是时间的函数。例如,对于使用期不同的(如分别为 30、50 和 100 年)建筑结构,若欲使它们具有相同的失效概率,则所选择的截面尺寸或所采用的材料强度必然是使用期长的大于使用期短的。又如,日风、年风和使用期风的最大值概率分布的平均值,也必然是后者大于前者。考虑到我国的传统习惯,并与《国际结构安全度联合会》(JCSS)的建议一致,《统一标准》规定了计算结构可靠度的设计基准期 T 为 50 年,特殊建筑物可例外。

建筑结构设计时,对不同荷载效应采用不同的荷载代表值。荷载代表值主要有标准值、组合值和准永久值等。

荷载标准值是指其在结构的使用期间可能出现的最大荷载值,是结构设计时采用的荷载基本代表值,是现行国家标准《建筑结构荷载规范》中对各类荷载规定的设计取值。荷载的其他代表值是以它为基础乘以适当的系数后得到的。

可变荷载组合值 $\psi_c Q_k$ 是当结构承受两种或两种以上可变荷载时,承载能力极限状态按基本组合设计和正常使用极限状态按标准组合设计时采用的可变荷载代表值。由于施加在结构上的各可变荷载不可能同时达到各自的最大值,因此,必须考虑荷载组合值。

可变荷载准永久值 $\psi_q Q_k$ 是正常使用极限状态按准永久组合设计时采用的可变荷载代表值。

3.9 混凝土结构耐久性设计规定

混凝土结构在预期的自然环境的化学和物理作用下,应能满足设计工作寿命要求,亦即混凝土结构在正常维护下应具有足够的耐久性。为此,对混凝土结构,除了进行承载能力极限状态计算和正常使用极限状态验算外,尚应进行耐久性设计。

混凝土结构的耐久性应根据使用环境类别和设计使用年限进行设计。

根据工程经验,并参考国外有关规范,《规范》将混凝土结构的使用环境分为 5 类,并按表 3-4 的规定确定。

表 3-4　　　　　　　　　　混凝土结构的环境类别

环境类别	条　　件
一	室内干燥环境; 无侵蚀性静水浸没环境
二 a	室内潮湿环境; 非严寒和非寒冷地区的露天环境; 非严寒和非寒冷地区与无侵蚀性的水或土壤直接接触的环境; 严寒和寒冷地区的冰冻线以下与无侵蚀性的水或土壤直接接触的环境
二 b	干湿交替环境; 水位频繁变动环境; 严寒和寒冷地区的露天环境; 严寒和寒冷地区冰冻线以上与无侵蚀性的水或土壤直接接触的环境
三 a	严寒和寒冷地区冬季水位变动区环境; 受除冰盐影响环境; 海风环境
三 b	盐渍土环境; 受除冰盐作用环境; 海岸环境
四	海水环境
五	受人为或自然的侵蚀性物质影响的环境

注：1. 室内潮湿环境是指构件表面经常处于结露或湿润状态的环境;
　　2. 严寒和寒冷地区的划分应符合国家现行标准《民用建筑热工设计规范》GB 50176 的有关规定;
　　3. 海岸环境和海风环境宜根据当地情况,考虑主导风向及结构所处迎风、背风部位等因素的影响,由调查研究和工程经验确定;
　　4. 受除冰盐影响环境为受到除冰盐盐雾影响的环境;受除冰盐作用环境指被除冰盐溶液溅射的环境以及使用除冰盐地区的洗车房、停车楼等建筑。

设计使用年限为 50 年的混凝土结构,其混凝土材料宜符合表 3-5 的规定。

表 3—5　　　　　　　　　结构混凝土材料的耐久性基本要求

环境等级	最大水胶比	最低强度等级	最大氯离子含量(%)	最大碱含量(kg/m³)
一	0.60	C20	0.30	不限制
二 a	0.55	C25	0.20	3.0
二 b	0.50(0.55)	C30(C25)	0.15	
三 a	0.45(0.50)	C35(C30)	0.15	
三 b	0.40	C40	0.10	

注：1. 氯离子含量系指其占胶凝材料总量的百分比；
　　2. 预应力构件混凝土中的最大氯离子含量为0.05%；最低混凝土强度等级应按表中的规定提高两个等级；
　　3. 素混凝土构件的水胶比及最低强度等级的要求可适当放松；
　　4. 有可靠工程经验时，二类环境中的最低混凝土强度等级可降低一个等级；
　　5. 处于严寒和寒冷地区二 b、三 a 类环境中的混凝土应使用引气剂，并可采用括号中的有关参数；
　　6. 当使用非碱活性骨料时，对混凝土中的碱含量可不作限制。

(1) 一类环境中，设计使用年限为100年的混凝土结构应符合下列规定：

① 钢筋混凝土结构的最低混凝土强度等级为C30；预应力混凝土结构的最低混凝土强度等级为C40。

② 混凝土中最大氯离子含量为0.06%。

③ 宜使用非碱活性骨料；当使用碱活性骨料时，混凝土中的最大碱含量为3.0 kg/m³。

④ 混凝土保护层厚度应按本书附表14的规定增加40%；当采取有效的表面防护措施时，混凝土保护层厚度可适当减小。

⑤ 在使用年限内，应建立定期检测、维修的制度。

(2) 二类和三类环境中，设计使用年限100年的混凝土结构应采取专门的有效措施。

除上述规定外，严寒及寒冷地区的潮湿环境中，结构混凝土应满足抗冻要求，混凝土抗冻等级应符合有关标准的要求；有抗渗要求的混凝土结构，混凝土的抗渗等级应符合有关标准的要求；处于三类环境中的混凝土结构构件，可采用阻锈剂、环氧树脂涂层钢筋或其他具有耐腐蚀性能的钢筋，采取阴极保护措施或采用可更换构件等措施。对预应力钢筋、锚具及连接器，应采取专门防护措施(详见第10～12章)。

四类和五类环境中的混凝土结构，其耐久性要求应符合有关标准的规定。

对临时性混凝土结构，可不考虑耐久性要求。

最后，还需指出，未经技术鉴定或设计许可，不得改变结构的使用环境和用途。

思 考 题

3.1　结构设计时，必须使结构满足哪些功能要求？
3.2　什么是延性破坏？什么是脆性破坏？
3.3　按《统一标准》规定，建筑物分为几个安全等级？
3.4　何谓结构的极限状态？按我国《规范》规定，有哪几种极限状态？
3.5　何谓作用效应？何谓结构抗力？
3.6　什么是承载能力极限状态？什么是正常使用极限状态？

3.7　何谓设计基准期？何谓设计使用年限？
3.8　什么是可靠指标？可靠指标与失效概率的关系如何？
3.9　荷载代表值有几种？
3.10　按承载能力极限状态设计时，其实用的设计表达式如何？按正常极限状态设计时，其实用的设计表达式如何？二者有何不同？
3.11　何谓荷载的基本组合、标准组合和准永久组合？
3.12　什么是钢筋强度的标准值和设计值？
3.13　什么是混凝土强度的标准值和设计值？

习　题

3.1　两端简支的预制钢筋混凝土走道板的宽度为 0.6 m，板的折算厚度为 100 mm，计算跨度 $l_0 = 3.8$ m。采用 25 mm 厚水泥砂浆抹面，板底采用 15 mm 厚纸筋石灰浆粉刷。楼面活荷载标准值为 2.0 kN/m²。结构重要性系数 $\gamma_0 = 1.0$。试计算沿板长的均布线荷载标准值和按基本组合计算楼板跨度中点截面的弯矩设计值。

3.2　简支钢筋混凝土梁如图 3-5 所示。计算跨度 $l_0 = 4.0$ m。承受均布线恒荷载标准值 g_k（包括自重）= 8 kN/m，均布线活荷载标准值 $q_k = 4$ kN/m，跨中承受集中活荷载标准值 $Q_k = 6$ kN。结构安全等级为二级。试按基本组合计算该梁跨中截面弯矩设计值。

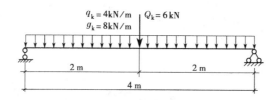

图 3-5　习题 3.2

4 钢筋混凝土受弯构件正截面承载力

4.1 受弯构件的一般构造要求

4.1.1 截面形式和尺寸

房屋建筑中的梁、板是典型的受弯构件,其截面一般为对称形状,常用的有矩形、T形、I形、槽形、空心形和环形等(图4—1)。有时也采用非对称形状,如倒L形。

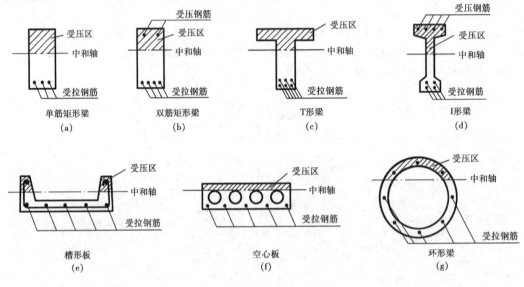

图4—1 受弯构件截面形式

梁中一般配置有如下钢筋:纵向受力钢筋、弯起钢筋、箍筋和架立筋(图4—2)。

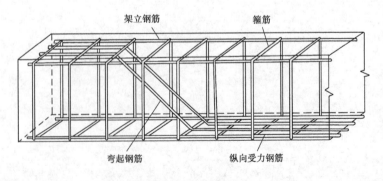

图4—2 梁的配筋

梁式板中一般布置有两种钢筋:受力钢筋和分布钢筋。受力钢筋沿板的跨度方向放置,分布钢筋则与受力钢筋互相垂直,放置在受力钢筋的内侧(图 4—3)。

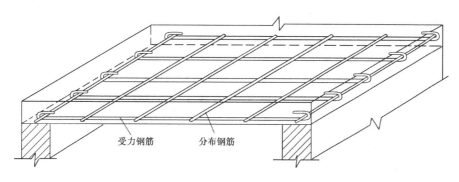

图 4—3 梁式板的配筋

在受弯构件中,如纵向受力钢筋仅配置于受拉区,这种截面称为单筋截面(图 4—1a)。如果在截面的受拉区和受压区都配置有纵向受力钢筋,这种截面称为双筋截面(图 4—1b)。

为了使构件截面尺寸统一,便于施工,对于现浇钢筋混凝土构件,其截面尺寸宜按下述采用:

(1) 矩形截面的宽度和 T 形截面的腹板宽度一般为 100 mm、120 mm、150 mm、180 mm、200 mm、220 mm、250 mm 和 300 mm,300 mm 以上每级差 50 mm。

(2) 矩形和 T 形截面的高度一般为 250 mm、300 mm……直至 800 mm,每级差 50 mm;800 mm 以上则每级差 100 mm。

(3) 板的厚度与使用要求有关。屋面板和楼板最小厚度为 60 mm;悬臂板的厚度,当悬臂长度不大于 500 mm,为 60 mm;大于 500 mm 时,为 80 mm;以下均每级差 10 mm。

对于预制构件,其级差可酌情调整。

对于截面的高宽比 $\dfrac{h}{b}$,在矩形截面中,一般为 2.0~2.5,在 T 形截面中,一般为 2.5~3.0。但这并非不可变更,如在浅梁中,高宽比可小些,在薄腹梁中,高宽比则大得多。

4.1.2 混凝土保护层

在钢筋混凝土构件中,为了保护钢筋不受空气的氧化和其他因素的作用,同时,也为了保证钢筋和混凝土有良好的粘结,钢筋的混凝土保护层应有足够的厚度。混凝土保护层最小厚度与钢筋直径、构件种类、环境条件和混凝土强度等级等因素有关。《规范》规定,最外层钢筋的混凝土保护层最小厚度(从钢筋的外缘算起)应遵守附表 14 的要求,且不宜小于受力钢筋的直径。

4.1.3 钢筋的间距和直径

为了保证混凝土能很好地将钢筋包裹住,使钢筋应力能可靠地传递到混凝土,以及避免因钢筋过密而妨碍混凝土的捣实,梁的上部纵向钢筋水平方向的净间距(钢筋外缘之间的最小距离)不应小于 30 mm 和 $1.5d$(d 为钢筋的最大直径)。梁的下部纵向钢筋净间距不得小于 25 mm 和 d(图 4—4)。为了满足上述间距,有时受力钢筋须配置成两层。某些情况下还有多于两层的。当构件下部钢筋配置多于两层时,两层以上钢筋水平方向的中距应比下面两层的中距增大 1 倍。各层钢筋之间的净间距不应小于 25 mm 和 d,d 为钢筋的最大直径。

为了便于浇注混凝土,保证钢筋周围混凝土的密实性,板内钢筋间距不宜太密。为了使板能正常地承受外荷载,钢筋间距也不宜过稀。当用绑扎钢筋配筋时,受力钢筋的间距(中距)一般为 70~200 mm;当板厚 $h \leqslant 150$ mm 时,不应大于 200 mm;当板厚 $h > 150$ mm 时,不应大于 $1.5h$,且不应大于 300 mm。

梁中常用的纵向受力钢筋直径为 10~28 mm。设计时若需要用两种不同直径的钢筋,其直径相差至少为 2 mm,以便在施工中能用肉眼识别。

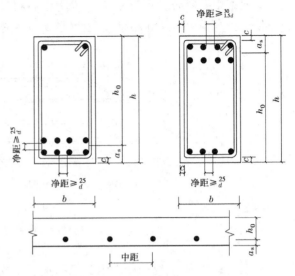

图 4-4 钢筋的间距

顺便指出,截面上配置钢筋的多少,通常用配筋率来衡量。对于矩形和 T 形截面,其受拉钢筋的配筋率可表示为 $\rho = A_s/(bh_0)$,A_s 为截面中纵向受拉钢筋截面面积;b 为矩形截面宽度或 T 形截面的腹板宽度;h_0 为截面有效高度,即从受拉钢筋截面重心至受压边缘的距离,亦即 $h_0 = h - a_s$(图 4-4)。a_s 可按实际尺寸计算,一般情况下(如一类环境)也可近似按下述确定:在梁内,当受拉钢筋为一层时,$a_s = 35$ mm(或 40 mm),当受拉钢筋为两层时,$a_s = 60$ mm(或 65 mm);在板内,$a_s = 20$ mm(或 25 mm)。当混凝土强度等级小于或等于 C25 时,宜用较大值。

4.2 受弯构件正截面受力全过程和破坏特征

钢筋混凝土受弯构件正截面的受力性能和破坏特征与纵向受拉钢筋的配筋率、钢筋强度和混凝土强度等因素有关。一般可按照其破坏特征分为三类:适筋截面、超筋截面和少筋截面。

4.2.1 适筋截面

根据在工程实践和科学研究中对钢筋混凝土梁的观察和试验,对于配筋率适当的钢筋混凝土梁跨中正截面(单筋截面),从施加荷载到破坏的全过程可分为三个阶段:

1) 第 I 阶段(整体工作阶段)

当弯矩很小时,在截面中和轴以上的混凝土处于受压状态,在中和轴以下的混凝土处于受拉状态。同时,配置在受拉区的纵向受拉钢筋也负担一部分拉力。这时,混凝土的压应力和拉应力都很小,混凝土的工作性能接近于匀质弹性体,应力分布图形接近于三角形(图 4-5a)。

当弯矩增大时,混凝土的应力(拉应力和压应力)和钢筋的拉应力都有不同程度的增大。由于混凝土抗拉强度远较抗压强度低,混凝土受拉区表现出明显的塑性特征,应变增大的速度比应力快,拉应力图形呈曲线分布,并将随荷载的增加而渐趋均匀。这阶段即为第 I 工作阶段。在这阶段中,受拉区混凝土尚未开裂,整个截面都参加工作,一般又称为整体工作阶段。当达到这个阶段的极限时(图4-5b),受拉区应力图形大部分呈均匀分布,拉应力达到混凝土抗拉强度 f_t^o(上角码 o 表示实际值,下同),受拉边缘纤维应变达到混凝土受弯时的极限拉应变 ε_{tu},截面处在将裂未裂的极限状态。由于混凝土的抗压强度很高,这时的受压区最大应力与其抗压强度相比是不大的,受压塑性变形发展不明显,故受压区混凝土应力图形仍接近三角形。这种应力状态称为抗裂极限状态,一般用 I_a 表示。这时,截面所承担的弯矩称为抗裂弯矩(M_{cr}),抗裂计算即以此为依据。

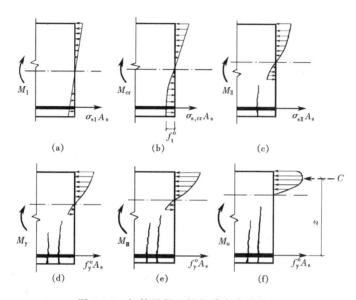

图4-5 钢筋混凝土梁的受力全过程

2) 第Ⅱ阶段(带裂缝工作阶段)

当弯矩继续增加时,受拉区混凝土拉应变超过其极限拉应变 ε_{tu},因而产生裂缝,截面进入第Ⅱ工作阶段,即带裂缝工作阶段。由整体工作阶段到带裂缝工作阶段的转化是比较突然的,截面的受力特点将产生明显变化。裂缝出现后,在裂缝截面处,受拉区混凝土大部分退出工作,拉力几乎全部由受拉钢筋承担;在裂缝出现的瞬间,钢筋应力将突然增大很多。因而,裂缝一出现就立即开展至一定的宽度,并延伸到一定的高度,中和轴位置也将随之上移。随着弯矩的增加,裂缝不断开展。由于受压区应变不断增大,受压区混凝土塑性特征将表现得越来越明显,应力图形呈曲线分布(图4-5c)。第Ⅱ工作阶段的应力状态代表了受弯构件在使用时的应力状态,使用阶段变形和裂缝宽度的计算即以此应力状态为依据。

当钢筋应力达到屈服强度 f_y^o 时,它标志着截面即将进入破坏阶段,这即为第Ⅱ阶段的结束,以 $Ⅱ_a$ 表示,这也是第Ⅲ阶段的起点(图4-5d),这时截面所能承担的弯矩称为屈服弯矩(M_y)。

3) 第Ⅲ阶段(破坏阶段)

当弯矩再增加时,由于受拉钢筋已屈服,截面进入第Ⅲ工作阶段,即破坏阶段。这时受拉钢筋应力将仍停留在屈服点而不再增大,但应变则迅速增大,这就促使裂缝急剧开展,并向上延伸,中和轴继续上移,混凝土受压区高度迅速减小。为了平衡钢筋的总拉力,混凝土受压区的总压力将保持不变,其压应力迅速增大,受压区混凝土的塑性特征将表现得更充分,压应力图形呈显著的曲线分布(图4-5e)。当弯矩再增加,直至混凝土受压区的压应力峰值达到其抗压强度 f_c',且边缘纤维混凝土压应变达到其极限压应变 ε_{cu} 时,受压区将出现一些纵向裂缝,混凝土被压碎甚至崩脱,截面即告破坏,亦即截面达到第Ⅲ工作阶段极限,以Ⅲ$_a$表示(图4-5f)。这时截面所承担的弯矩即为破坏弯矩(M_u),按极限状态设计方法的受弯承载力计算即以此应力状态为依据。

综上所述,对于适筋截面,其破坏是始于受拉钢筋屈服。在受拉钢筋应力刚达到屈服强度时,混凝土受压区应力峰值及边缘纤维的压应变并未达到其极限值,因而,混凝土并未立即被压碎,还需施加一定的弯矩(即弯矩将由 M_y 增大到 M_u)。在这阶段,由于钢筋屈服而产生很大的**塑性伸长**,随之引起裂缝急剧开展和梁的挠度急剧增大,这就给人以明显的破坏预兆。一般称这种破坏为延性破坏(图4-6a)。

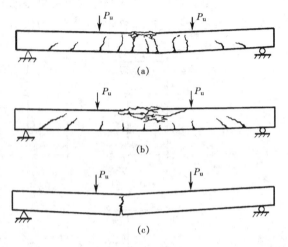

图4-6 钢筋混凝土梁的三种破坏形态

4.2.2 超筋截面

试验表明,在纵向受拉钢筋刚屈服的瞬间,混凝土受压边缘的应变和应力的大小与受拉钢筋的配筋率有密切的关系,它随着受拉钢筋配筋率的增加而增大。当受拉钢筋配筋率达到某种程度时,在钢筋屈服的瞬间,混凝土受压区边缘纤维的压应变将同时达到其极限压应变,亦即钢筋屈服的瞬间,截面也同时发生破坏。这种破坏形态一般称为界限破坏。如果受拉钢筋配筋率超过这一限值时,则在受拉钢筋屈服之前,混凝土受压区边缘纤维的压应变将先达到其极限压应变,受压区混凝土将先被压碎,截面即告破坏(图4-6b)。由于在截面破坏前受拉钢筋还没有屈服,所以裂缝延伸不高,开展也不大,梁的挠度也不大。也就是说,截面是在没有明显预兆的情况下,由于受压区被压碎而破坏,破坏是比较突然的,一般称这种破坏为脆性破坏。如上所述,当截面的配筋率超过某一界限后就会发生脆性破坏,则称这种截面为超筋截面。

超筋截面不仅破坏突然,而且用钢量大,不经济,因此,在设计中不应采用。

4.2.3 少筋截面

在钢筋混凝土受弯构件中,当受拉区一旦产生裂缝,在裂缝截面处,原受拉混凝土所承担的拉力将几乎全部移交给钢筋承担,钢筋应力将突然剧增。受拉钢筋配筋率愈少,钢筋应力增加也愈多。如果受拉钢筋配筋率极少,则当裂缝一产生,钢筋应力就立即达到其屈服强度,甚至经历整个流幅而进入强化阶段。一般称这种截面为少筋截面(图4-6c)。由于少筋截面的尺寸一般较大,承载力相对很低,因此也是不经济的,且破坏也较突然,故在工业与民用建筑中不应采用。

4.3 受弯构件正截面承载力计算的基本原则

4.3.1 基本假定

根据受弯构件正截面的破坏特征,《规范》规定,其正截面承载力计算采用下述基本假定:

(1) 截面应变保持平面。

国内外大量的试验证明,对于钢筋混凝土受弯构件,从开始加荷直至破坏的各阶段,截面的平均应变都能较好地符合平截面假定。对混凝土受压区来说,平截面假定是正确的,而对混凝土受拉区,在裂缝产生后,裂缝截面处钢筋和相邻的混凝土之间发生了某些相对滑移。因而,在裂缝附近区段,截面应变已不能完全符合平截面假定。然而,如果量测应变的标距较长(跨过一条或几条裂缝),则其平均应变还是能较好地符合平截面假定的。试验还表明,构件破坏时受压区混凝土的压碎是在沿构件长度一定范围内发生的,同时,受拉钢筋的屈服也是在一定长度范围内发生的。因此,在承载力计算时采用平截面假定是可行的。

当然,这一假定是近似的,它与实际情况或多或少存在某些差距。但是,分析表明,由此而引起的误差不大,完全能符合工程计算的要求。

(2) 不考虑混凝土的抗拉强度。

在裂缝截面处,受拉区混凝土已大部分退出工作,但在靠近中和轴附近,仍有一部分混凝土承担着拉应力。由于其拉应力较小,且内力臂也不大,因此,所承担的内力矩是不大的,故在计算中可忽略不计,其误差仅 1%~2%。

(3) 混凝土受压的应力-应变曲线按下列规定采用(图 4—7)。

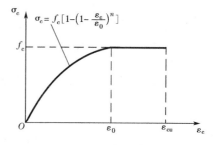

图 4—7 设计采用的混凝土受压应力-应变曲线

当 $\varepsilon_c \leqslant \varepsilon_0$ 时

$$\sigma_c = f_c \left[1 - \left(1 - \frac{\varepsilon_c}{\varepsilon_0}\right)^n\right] \tag{4-1}$$

当 $\varepsilon_0 < \varepsilon_c \leqslant \varepsilon_{cu}$ 时

$$\sigma_c = f_c \tag{4-1a}$$

$$\varepsilon_0 = 0.002 + 0.5(f_{cu,k} - 50) \times 10^{-5} \tag{4-1b}$$

$$\varepsilon_{cu} = 0.0033 - (f_{cu,k} - 50) \times 10^{-5} \tag{4-1c}$$

$$n = 2 - \frac{1}{60}(f_{cu,k} - 50) \tag{4-1d}$$

式中 ε_c——混凝土压应变;

σ_c——混凝土压应变为 ε_c 时的混凝土压应力;

f_c——混凝土轴心抗压强度设计值;

ε_0——对应于混凝土压应力刚达到 f_c 时的混凝土压应变,当计算的 ε_0 值小于 0.002 时,取为 0.002;

ε_{cu}——正截面的混凝土极限压应变,当处于非均匀受压时,按公式(4-1c)计算,如计

算的 ε_{cu} 值大于 0.0033 时，取为 0.0033；当处于轴心受压时，取为 ε_0；

$f_{cu,k}$——混凝土立方体抗压强度标准值；

n——系数，当计算的 n 值大于 2.0 时，取为 2.0。

必须指出，在受弯构件正截面的受压区，其应变是不均匀的，应变速度也是不同的，这些都将使其实际的应力－应变曲线与按轴心受压确定的应力－应变曲线不同。所以，按上述方法确定的受压区混凝土应力图形也必然存在一定的误差。然而，从工程设计所要求的精度出发，合理地选择一条混凝土受压应力－应变曲线，以描述混凝土受压区应力分布图形还是可行的。

（4）纵向钢筋应力取等于钢筋应变与其弹性模量的乘积，但其绝对值不大于其相应的强度设计值，纵向受拉钢筋的极限拉应变取 0.01。

这一假定意味着钢筋的应力－应变关系可采用弹性－全塑性曲线（图 4－8）。在纵向钢筋屈服以前，纵向钢筋应力和应变成正比；在纵向钢筋屈服以后，

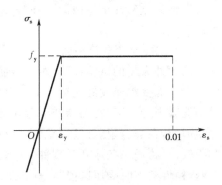

图 4－8 钢筋的应力－应变曲线

纵向钢筋应力保持不变。对纵向受拉钢筋的极限值应变规定为 0.01，这是构件达到承载能力极限状态的标志之一。同时，它也表示设计控制的钢筋均匀伸长率不得小于 0.01，以保证结构构件具有必要的延性。

4.3.2 等效矩形应力图形

当混凝土的应力－应变曲线为已知，同时，受压区混凝土的应变规律也已知，则可根据各点的应变值从混凝土应力－应变曲线上求得相应的应力值。于是，受压区混凝土的应力图形即可确定。在受压区混凝土应变符合平截面假定的前提下，其应力图形的确定是比较方便的。这时，只需以通过截面中和轴的法线为应力轴（σ_c），以位于截面内且垂直于中和轴的直线为应变轴（ε_c），并选择适当的比例尺，使其在混凝土受压区边缘的应变值为 ε_{cu}，然后，在此直角坐标系内绘出混凝土的应力－应变曲线，则该曲线即为受压区混凝土的应力图形（图 4－9）。当混凝土的应力－应变曲线按图 4－7 所示曲线采取时，其受压区应力图形也将和图 4－7 所示曲线相同。

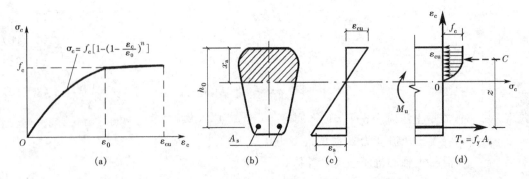

图 4－9 受压区混凝土的应力图形

为了简化计算，受压区混凝土的曲线应力图形可以用一个等效的矩形应力图形来代替。

由于在计算正截面受弯承载力时,只需知道受压区混凝土压应力合力的大小及其作用点位置,因此,等效矩形应力图形可按下列原则确定:保证压应力合力的大小和作用点位置不变。

分析表明,矩形应力图形的受压区高度 x 和应力值 f_{ce} 可按下列公式确定(图 4-10)。

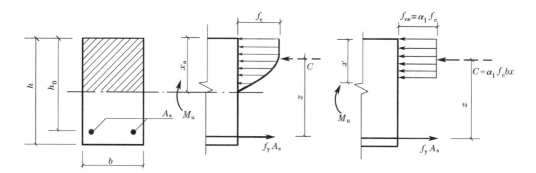

图 4-10 等效矩形应力图形的换算

$$x = \beta_1 x_a \quad (4-2)$$
$$f_{ce} = \alpha_1 f_c \quad (4-3)$$

式中 x_a——按截面应变保持平面的假定和规定的混凝土应力-应变曲线确定的受压区高度,简称为实际受压区高度;

x——等效矩形应力图形的换算受压区高度,简称受压区高度;

β_1——受压区高度 x 与实际受压区高度 x_a 的比值,当混凝土强度等级不超过C50时,β_1 取为 0.8;当混凝土强度等级为C80时,β_1 取为 0.74;其间按线性内插法确定;

f_{ce}——等效矩形应力图形的等效混凝土抗压强度;

α_1——等效混凝土抗压强度与混凝土轴心抗压强度的比值,当混凝土强度不超过C50时,α_1 取为 1.0,当混凝土强度等级为C80时,α_1 取为 0.94,其间按线性内插法确定。

4.3.3 适筋截面的界限条件

1) 界限受压区高度

如前面所述,当受拉钢筋达到屈服时,受压区混凝土也同时达到其抗压强度(受压区混凝土外边缘纤维达到其极限压应变),这种破坏称为界限破坏。

根据平截面假定,界限破坏时的实际受压区高度可按下列公式确定(图 4-11):

$$\frac{x_{ba}}{h_0} = \frac{\varepsilon_{cu}}{\varepsilon_{cu} + \varepsilon_y} \quad (4-4)$$

式中 x_{ba}——界限破坏时的实际受压区高度;

ε_{cu}——混凝土受压区边缘纤维的极限压应变;

ε_y——受拉钢筋的屈服应变,即 $\varepsilon_y = f_y / E_s$;

f_y——钢筋抗拉强度设计值;

E_s——钢筋弹性模量。

公式(4-4)可改写为

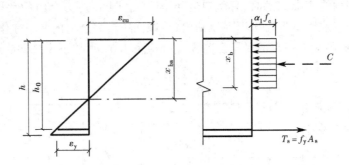

图 4—11 界限破坏时的应力状态和受压区高度

$$\xi_{ba}=\frac{1}{1+\dfrac{f_y}{\varepsilon_{cu}E_s}} \tag{4-5}$$

式中 ξ_{ba}——界限破坏时的实际相对受压区高度,即 $\xi_{ba}=x_{ba}/h_0$。

当简化为等效矩形应力图形时,界限破坏时的相对受压区高度 ξ_b 为

$$\xi_b=\beta_1\xi_{ba}$$

于是可得

$$\xi_b=\frac{\beta_1}{1+\dfrac{f_y}{\varepsilon_{cu}E_s}} \tag{4-6}$$

式中 ξ_b——界限破坏时的相对受压区高度(也可称为界限破坏时的受压区高度系数),即 $\xi_b=\dfrac{x_b}{h_0}$。

由公式(4—6)可知,ξ_b 与 ε_{cu}、f_y 和 E_s 有关,它随着混凝土极限压应变 ε_{cu} 的增大而增大,随着受拉钢筋屈服强度的增大而减小。

当混凝土强度等级不大于 C50 时,取 $\varepsilon_{cu}=0.0033$ 及 $\beta_1=0.8$,可得

$$\xi_b=\frac{0.8}{1+\dfrac{f_y}{0.0033E_s}} \tag{4-7}$$

于是,对于适筋截面,破坏时的相对受压区高度 ξ(即 x/h_0)应小于或等于 ξ_b,即

$$\xi\leqslant\xi_b \tag{4-8}$$

或

$$x\leqslant\xi_b h_0 \tag{4-8a}$$

2) 最小配筋率

如 4.2.3 节所述,在工业与民用建筑中,不应采用少筋截面,以免一旦出现裂缝后,构件因裂缝宽度或挠度很快达到规定的限值而失效。从原则上讲,最小配筋率规定了少筋截面和适筋截面的界限,亦即配有最小配筋率的钢筋混凝土受弯构件在破坏时所能承担的弯矩 M_u 等于相同截面的素混凝土受弯构件所能承担的弯矩 M_c。

《规范》规定的最小配筋率列于附表 15。必须指出,附表 15 中规定的受弯构件最小配筋率除按上述原则确定外,还考虑了温度和收缩应力的影响以及以往的设计经验。

必须注意,计算最小配筋率和计算配筋率的方法是不同的,详见公式(4—16)和附表 15。为了便于区别,最小配筋率用 $\rho_{1\min}$ 表示。

4.4 单筋矩形截面受弯构件正截面承载力计算

4.4.1 基本计算公式

1) 计算应力图形

根据适筋截面在破坏瞬间的应力状态,并考虑第三章所述的计算原则,采用材料的强度设计值进行计算,则单筋矩形截面受弯承载力的计算应力图形如图 4—12 所示。这时,受拉区混凝土不承担拉力,全部拉力由钢筋承担,钢筋的拉应力达到其抗拉强度设计值 f_y,受压区混凝土应力图形简化为矩形,其应力值取为等效混凝土抗压强度设计值 $\alpha_1 f_c$,受压区高度 x 取为 $\beta_1 x_a$。

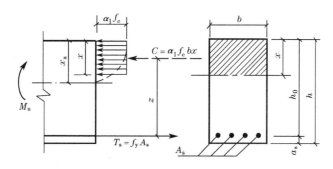

图 4—12 单筋矩形截面受弯承载力计算应力图形

2) 计算公式

按图 4—12 所示计算应力图形,单筋矩形截面构件正截面受弯承载力计算公式可根据力的平衡条件推导如下。

由截面上水平方向的内力之和为零,即 $\sum X = 0$,可得

$$\alpha_1 f_c bx = f_y A_s \tag{4-9}$$

式中 f_c——混凝土轴心抗压强度设计值;
b——截面宽度;
x——混凝土受压区高度;
f_y——钢筋抗拉强度设计值;
A_s——纵向受拉钢筋截面面积。

公式(4—9)可改变为

$$\alpha_1 f_c \xi b h_0 = f_y A_s \tag{4-9a}$$

式中 ξ——相对受压区高度(也可称为受压区高度系数)。

由截面上内、外力对受拉钢筋合力点的力矩之和等于零,即 $\sum M = 0$,可得

$$M_u = \alpha_1 f_c bx (h_0 - 0.5x) \tag{4-10}$$

式中 M_u——正截面受弯承载力设计值;
h_0——截面的有效高度。

公式(4—10)可改写为

$$M_u = \xi(1 - 0.5\xi) \alpha_1 f_c b h_0^2 \tag{4-10a}$$

如果截面上内、外力的力矩平衡条件不是对受拉钢筋合力点取矩,而是对受压区混凝土合力点取矩,则得

$$M_u = f_y A_s (h_0 - 0.5x) \tag{4-11}$$

或

$$M_u = f_y A_s h_0 (1 - 0.5\xi) \tag{4-11a}$$

3) 适用条件

公式(4-10)和公式(4-11)仅适用于适筋截面,而不适用于超筋截面,因为超筋截面破坏时钢筋的拉应力 σ_s 并未达到屈服强度,这时的钢筋应力 σ_s 为未知数,故在以上公式中不能按 f_y 考虑,上述平衡条件不能成立。由4.3.3节可知,对于适筋截面应满足公式(4-8)或(4-8a)的条件。

由公式(4-9)可得

$$\xi = \frac{x}{h_0} = \frac{f_y}{\alpha_1 f_c} \cdot \frac{A_s}{b h_0} = \rho \frac{f_y}{\alpha_1 f_c} \tag{4-12}$$

于是,适用条件,即公式(4-8)可改写为

$$\rho \leqslant \xi_b \frac{\alpha_1 f_c}{f_y} \tag{4-13}$$

由此可得适筋截面的最大配筋率 ρ_{max} 为

$$\rho_{max} = \xi_b \frac{\alpha_1 f_c}{f_y} \tag{4-13a}$$

由公式(4-10)可得适筋截面的最大受弯承载力设计值为

$$M_{max} = \alpha_1 f_c b x_b (h_0 - 0.5 x_b) \tag{4-14}$$

即

$$M_{max} = \xi_b (1 - 0.5\xi_b) \alpha_1 f_c b h_0^2 \tag{4-14a}$$

令

$$\xi_b (1 - 0.5\xi_b) = \alpha_{s,max} \tag{4-14b}$$

则

$$M_{max} = \alpha_{s,max} \alpha_1 f_c b h_0^2 \tag{4-14c}$$

于是,适用条件又可改写为

$$M \leqslant M_{max} = \xi_b (1 - 0.5\xi_b) \alpha_1 f_c b h_0^2 \tag{4-15}$$

当混凝土强度不大于C50时,对于常用的钢筋品种,ξ_b 和 $\alpha_{s,max}$ 可按表4-1采取。

表 4-1　　　　　　　　界限破坏时的相对受压区高度 ξ_b 和 $\alpha_{s,max}$

钢 筋 品 种	f_y/(N·mm^{-2})	ξ_b	$\alpha_{s,max}$
HPB300	270	0.576	0.410
HRB335	300	0.550	0.400
HRB400、HRBF400、RRB400	360	0.518	0.384
HRB500、HRBF500	435	0.482	0.364

试验表明,超筋截面(截面实际配筋率 $\rho \geqslant \rho_{max}$)的受弯承载力设计值基本上与配筋率无关,这时其受弯承载力设计值可按上述 M_{max} 确定。

此外,设计截面时还应满足最小配筋率的要求,亦即应符合下列条件:

$$\rho_1 = \frac{A_s}{bh} \geqslant \rho_{1\min} \tag{4-16}$$

必须注意,验算纵向受拉钢筋最小配筋时,计算配筋率的截面面积应取全截面面积($b \times h$),不应取有效截面面积($b \times h_0$),为区别起见,其配筋率用 ρ_1 表示。《规范》规定,对于矩形

截面,最小配筋率 $\rho_{1\min}$ 取 0.2% 和 $0.45\dfrac{f_t}{f_y}$ 二者的较大值,详见附表 15。

4.4.2 计算方法

受弯构件正截面的承载力计算一般分为两类问题:设计截面和复核截面。

1) 设计截面

设计截面是指根据截面所需承担的弯矩设计值 M 选定材料、确定截面尺寸和配筋量。设计时应满足 $M_u \geqslant M$。为了经济起见,一般按 $M_u = M$ 进行计算。计算的一般步骤如下。

(1) 选择混凝土强度等级和钢筋品种

纵向钢筋宜优先采用 HRB400 级和 HRB500 级钢筋,也可采用 HRB335 级钢筋。RRB 系列钢筋一般可用于对变形性能和加工性能要求不高的构件中。

混凝土强度等级不应低于 C20;当采用强度等级 400 MPa 及以上的级钢筋时,混凝土强度等级不应低于 C25。

(2) 确定截面尺寸

截面高度 h 一般是根据受弯构件的刚度、常用配筋率以及构造和施工要求等拟定。截面宽度 b 也应根据构造要求来确定。如果构造上无特殊要求,一般可根据设计经验给定 $b \times h$(当求得的钢筋截面面积不合适时,应修改截面尺寸后重算),也可按下列公式估算:

$$h_0 = (1.05 \sim 1.1)\sqrt{\dfrac{M}{\rho f_y b}} \tag{4-17}$$

公式(4-17)是根据 $\xi = 0.35 \sim 0.18$,按公式(4-11a)推算求得的。式中,M 的单位为 N·mm,h_0 的单位为 mm;ρ 可在较常用的配筋率范围内选用。当 ρ 较小时,取公式(4-17)的下限;当 ρ 较大时,则取上限。计算板时,取 $b = 1\,000$ mm,计算梁时,b 可按经验确定。

确定截面尺寸时,还应参照 4.1 节所述有关规定。

(3) 计算钢筋截面面积和选用钢筋

所需钢筋截面面积可按公式(4-9)、公式(4-10)进行计算。然后根据计算求得的钢筋截面面积 A_s,选择钢筋直径和根数,并进行布置。选择钢筋时应使其实际的截面面积和计算值接近,一般不应少于计算值,也不宜超过计算值的 5%。钢筋的直径、间距等应符合 4.1 节所述的有关规定。

2) 复核截面

复核截面时一般已知材料强度设计值(f_c、f_y)、截面尺寸(b、h 及 h_0)和钢筋截面面积(A_s),要求计算该截面受弯承载力设计值(M_u),并和已知弯矩设计值(M)比较,以确定构件是否安全和经济,必要时应修改设计。

对于适筋截面,M_u 可由公式(4-9)求得 x,然后由公式(4-10)或公式(4-11)求得 M_u,对于超筋截面,则按公式(4-14)计算 M_u。

例题 4-1 已知矩形截面承受弯矩设计值 $M = 172$ kN·m,环境类别为一类,试设计该截面。

解 本题属设计截面,要求选用材料、确定截面尺寸及配置钢筋。

(1) 选用材料

混凝土用 C30,由附表 2 查得 $f_c = 14.3$ N/mm²,$f_t = 1.43$ N/mm²。

采用 HRB400 级钢筋,由附表 7 查得 $f_y = 360$ N/mm²。

(2) 确定截面尺寸

选取 $\rho=1\%$，假定 $b=250$ mm，则

$$h_0=1.05\sqrt{\frac{M}{\rho f_y b}}=1.05\sqrt{\frac{172\times 10^6}{0.01\times 360\times 250}}=459 \text{ mm}$$

因 ρ 不高，假定布置一层钢筋，纵筋混凝土保护层厚度 $c_s=26$ mm，取 $a_s=35$ mm，则 $h=459+35=494$ mm，实际取 $h=500$ mm，此时 $\frac{b}{h}=\frac{250}{500}=\frac{1}{2}$，合适。于是，截面实际有效高度 $h_0=500-35=465$ mm。

(3) 计算钢筋截面面积和选择钢筋

由公式(4-10)可得

$$172\times 10^6=1.0\times 14.3\times 250x(465-0.5x)$$

$$x^2-930x+96\,224=0$$

$$x=\frac{930}{2}\pm\sqrt{\left(\frac{930}{2}\right)^2-96\,224}=465\pm 346.4$$

$$x=118.6 \text{ mm} \quad \text{或} \quad x=811.4 \text{ mm}$$

因为 x 不可能大于 h，所以不应取 $x=811.4$ mm，而应取 $x=118.6$ mm $<0.518h_0=241$ mm。

由公式(4-9)得

$$A_s=\frac{\alpha_1 f_c b x}{f_y}=\frac{1.0\times 14.3\times 250\times 118.6}{360}$$

$$=1\,178 \text{ mm}^2$$

查附表17，选用 4Φ20，$A_s=1\,256$ mm^2。

$$\rho_{1\min}=0.45\frac{f_t}{f_y}=0.45\times\frac{1.43}{360}=0.16\%<0.2\%，取$$

$\rho_{1\min}=0.2\%$。

$$\rho_1=\frac{1\,256}{250\times 500}=1.0\%>\rho_{1\min}=0.2\%$$

（符合要求）

钢筋布置如图 4-13 所示。

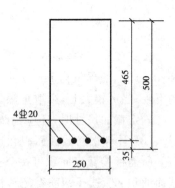

图 4-13 例题 4-1

例题 4-2 有一截面尺寸为 $b\times h=200$ mm$\times 450$ mm 的钢筋混凝土梁，环境类别为一类。采用 C25 混凝土和 HRB400 级钢筋，截面构造如图 4-14 所示，该梁承受弯矩设计值 $M=78$ kN·m，试复核该截面是否安全。

解 本题属复核截面。

由附表2、附表7及附表17查得 $f_c=11.9$ N/mm^2、$f_y=360$ N/mm^2 和 $A_s=603$ mm^2。取纵筋混凝土保护层厚度 $c_s=30$ mm。

钢筋净间距 $s_n=\frac{200-2\times 30-3\times 16}{2}=46$ mm $>d=16$ mm 或 25 mm （符合要求）

$$h_0=h-a_s=h-\left(c_s+\frac{d}{2}\right)=450-30-\frac{16}{2}=412 \text{ mm}$$

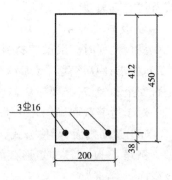

图 4-14 例题 4-2

由公式(4－9)可得

$$x=\frac{360\times603}{1.0\times11.9\times200}=91 \text{ mm}<0.518h_0=0.518\times412=213 \text{ mm} \quad (符合要求)$$

将 x 值代入公式(4－10)，得

$$M_\text{u}=1.0\times11.9\times200\times91\times(412-0.5\times91)=79.4\times10^6 \text{ N·mm}$$
$$=79.4 \text{ kN·m}>M=78 \text{ kN·m}$$

M_u 略大于 M，表明该梁正截面设计是安全和经济的。

4.4.3 计算表格的编制和应用

从上面的例题可以看到，在设计截面时，需由公式(4－9)和公式(4－10)联立求解二次方程式，并验算适用条件。为了便于应用，可将上述公式适当变换后，编制成计算表格。

公式(4－10a)可改写为

$$M_\text{u}=\alpha_\text{s}\alpha_1 f_c bh_0^2 \quad (4-18)$$

$$\alpha_\text{s}=\xi(1-0.5\xi) \quad (4-18\text{a})$$

则

$$\alpha_\text{s}=\frac{M_\text{u}}{\alpha_1 f_c bh_0^2} \quad (4-18\text{b})$$

α_s 称为截面抵抗矩系数。

在公式(4－11)中令 $z=h_0-\dfrac{x}{2}$ 及 $\dfrac{z}{h_0}=\gamma_\text{s}$，则可得

$$M_\text{u}=f_y A_s z \quad (4-19)$$

或

$$M_\text{u}=f_y A_s \gamma_\text{s} h_0 \quad (4-20)$$

$$\gamma_\text{s}=1-0.5\xi \quad (4-20\text{a})$$

式中 z——内力臂长度，即纵向受拉钢筋合力点至受压区混凝土应力合力点的距离；

γ_s——内力臂系数，即内力臂长度与截面有效高度的比值。

由公式(4－18a)和公式(4－20a)可得

$$\xi=1-\sqrt{1-2\alpha_\text{s}} \quad (4-21)$$

$$\gamma_\text{s}=\frac{1+\sqrt{1-2\alpha_\text{s}}}{2} \quad (4-22)$$

当取 $M_\text{u}=M$ 时，由公式(4－18b)、(4－20)和(4－9a)可得

$$\alpha_\text{s}=\frac{M}{\alpha_1 f_c bh_0^2}$$

$$A_s=\frac{M}{f_y \gamma_\text{s} h_0}$$

$$A_s=\xi\frac{\alpha_1 f_c}{f_y}bh_0$$

由上述可知，系数 ξ 和 γ_s 仅与 α_s 有关，可以预先算出，并编制成计算表格，以便应用(详见附表16)。

截面抵抗矩系数 α_s 类似于匀质弹性材料的矩形截面的截面抵抗矩(或称截面模量) W(等于 $\dfrac{1}{6}bh^2$)中的系数 $\dfrac{1}{6}$，这个系数为常数。而对于钢筋混凝土矩形截面，α_s 为变量。α_s 随着 ξ 的增大而增大，当 ξ 达到其界限值 ξ_b 时，α_s 也相应地达到其最大值，即 $\alpha_{\text{s,max}}$。

在附表 16 中最下一行及黑线处的值分别为对应于用 300 MPa 级、335 MPa 级、400 MPa 级和 500 MPa 级钢筋配筋时的 ξ_b，即 $\xi_b=0.576、0.550、0.518、0.482$，与其相应的 α_s 值即为 $\alpha_{s,max}$。因此，只要 ξ 小于相应的 ξ_b，或 α_s 小于相应的 $\alpha_{s,max}$，则满足第一个适用条件（$\xi \leqslant \xi_b$）。对于第二个适用条件，即 $\rho_1 \geqslant \rho_{1\,min}$，则必须进行验算。

从附表 16 可见，在受压区高度系数 ξ 为中等时，如果将混凝土强度提高一倍，即 $\alpha_1 f_c$ 提高一倍，γ_s 增加得很少，亦即截面受弯承载力提高不多。譬如，在 $\xi=0.20$ 时，$\gamma_s=0.9$，$M_u=0.9 h_0 f_y A_s$；若配筋不变，而混凝土强度提高一倍，则 $\xi=0.10$，$\gamma_s=0.95$，$M_u=0.95 h_0 f_y A_s$。这表明，混凝土强度提高一倍，而截面受弯承载力只提高 5%。但是，如果采用强度较高的钢筋，则截面受弯承载力将几乎和钢筋抗拉强度成正比增大。仍以 $\xi=0.20$ 为例，若原采用 HPB300 级钢筋配筋，其抗拉强度设计值 $f_{yI}=270\ \text{N/mm}^2$，截面受弯承载力 $M_{uI}=0.90 h_0 f_{yI} A_s$。现改用 HRB400 级钢筋配筋，其抗拉强度设计值 $f_{yII}=360\ \text{N/mm}^2$，钢筋截面面积不变，则 $\xi=\dfrac{360}{270}\times 0.2=0.267$，$\gamma_s=0.867$，截面受弯承载力 $M_{uII}=0.867 h_0 \times \dfrac{360}{270}\times f_{yI} A_s=1.166 h_0 f_{yI} A_s=1.284 M_{uI}$。这表明，钢筋抗拉强度设计值增大为 $\dfrac{360}{270}=1.333$ 倍，截面受弯承载力提高为 1.284 倍。由此可见，为了提高正截面的受弯承载力，采用强度较高的钢筋要比提高混凝土强度有效。所以，在一般情况下，从正截面受弯承载力考虑，应尽可能采用强度较高的钢筋，而不需采用高强度的混凝土。但是，必须指出，对一个构件的设计，还须综合考虑抗剪、刚度和裂缝开展宽度等各方面的问题，才能正确地作出材料的选择。

例题 4-3 用查表法计算例题 4-1。

解 由例题 4-1 已知 $M=172\ \text{kN·m}$，$b\times h=250\ \text{mm}\times 500\ \text{mm}$，$h_0=465\ \text{mm}$，$f_c=14.3\ \text{N/mm}^2$，$f_y=360\ \text{N/mm}^2$。

由公式 (4-18b) 可得（取 $M_u=M$）

$$\alpha_s=\frac{M}{\alpha_1 f_c b h_0^2}=\frac{172\times 10^6}{1.0\times 14.3\times 250\times 465^2}=0.223$$

查附表 16，得 $\gamma_s=0.872$，且可知 $\alpha_s<\alpha_{s,max}=0.384$ 或 $\xi<\xi_{max}=0.518$，属适筋截面。

由公式 (4-20) 得

$$A_s=\frac{M}{f_y \gamma_s h_0}=\frac{172\times 10^6}{360\times 0.872\times 465}=1\,178\ \text{mm}^2$$

说明：γ_s 也可按公式 (4-22) 计算。钢筋选配和最小配筋率验算与例题 4-1 相同。

例题 4-4 已知一单跨简支板（图 4-15），计算跨度 $l_0=2.4\ \text{m}$，承受均布荷载设计值为 $6.4\ \text{kN/m}^2$（包括板的自重），混凝土强度等级为 C25，用 HRB400 级钢筋配筋，环境类别为一类，试设计该板。

解 取宽度 $b=1\ \text{m}$ 的板带为计算单元。

(1) 计算跨中弯矩

板的计算简图如图 4-15 所示。板上均布线荷载设计值 $q=6.4\ \text{kN/m}$。跨中最大弯矩设计值为

$$M=\frac{q l_0^2}{8}=\frac{1}{8}\times 6.4\times 2.4^2=4.608\ \text{kN·m}$$

(2) 确定板厚

选取 $\rho=0.5\%$，按公式(4-17)可得

$$h_0=1.05\sqrt{\frac{4.608\times10^6}{0.005\times360\times1\,000}}=53.1\text{ mm}$$

取 $h=80$ mm，则 $h_0=80-25=55$ mm

（3）计算钢筋截面面积和选择钢筋

$$\alpha_s=\frac{M}{\alpha_1f_cbh_0^2}=\frac{4.608\times10^6}{1.0\times11.9\times1\,000\times55^2}=0.128$$

查附表16，得 $\gamma_s=0.931$，则

$$A_s=\frac{M}{f_y\gamma_sh_0}=\frac{4.608\times10^6}{360\times0.931\times55}=250\text{ mm}^2$$

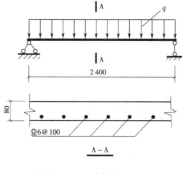

图 4-15 例题 4-4

查附表20，选用 $\Phi6@100$，实用 $A_s=283$ mm²，$\rho_1=0.35\%>\rho_{1\min}(0.45f_t/f_y=0.16\%<0.2\%$，$\rho_{1\min}$ 取 $0.2\%)$，配筋符合要求。受力钢筋布置见图 4-15。

例题 4-5 用查表法计算例题 4-2。

解 由例题 4-2 已知 $A_s=603$ mm²，$b=200$ mm，$h_0=412$ mm，$f_c=11.9$ N/mm²，$f_y=360$ N/mm²。

$$\xi=\rho\frac{f_y}{\alpha_1f_c}=\frac{603}{200\times412}\times\frac{360}{1.0\times11.9}=0.221$$

查附表16，得 $\alpha_s=0.197$，则

$$M_u=\alpha_s\alpha_1f_cbh_0^2=0.197\times1.0\times11.9\times200\times412^2=79.6\times10^6\text{ N}\cdot\text{mm}$$
$$=79.6\text{ kN}\cdot\text{m}>M=78\text{ kN}\cdot\text{m}$$

例题 4-6 用查表法计算例题 4-1，但混凝土强度等级为C35，仍采用 HRB400 级钢筋。

解 由例题 4-1 已知 $M=172$ kN·m，$b\times h=250$ mm$\times500$ mm，$h_0=465$ mm，$f_y=360$ N/mm²。

混凝土强度等级为 C35，$f_c=16.7$ N/mm²。

$$\alpha_s=\frac{172\times10^6}{1.0\times16.7\times250\times465^2}=0.191$$

查附表16，得 $\gamma_s=0.893$，则

$$A_s=\frac{172\times10^6}{360\times0.893\times465}=1\,151\text{ mm}^2$$

$\rho_1=0.92\%>\rho_{1\min}(0.45f_t/f_y=0.196\%<0.2\%$，$\rho_{1\min}$ 取 $0.2\%)$，配筋符合要求。与例题 4-1 相比，钢筋用量仅减少 2.3%。

4.5 双筋矩形截面受弯构件正截面承载力计算

4.5.1 双筋矩形截面的应用

当截面所需承受的弯矩较大，而截面尺寸由于某些条件限制不能加大，以及混凝土强度不宜提高时，常会出现这样的情况，如果按单筋截面设计，则受压区高度 x 将大于界限受压区高度 x_b 而成为超筋截面，亦即受压区混凝土在受拉钢筋应力达到屈服强度之前发生破

坏。因此，无论怎样增加钢筋，截面的受弯承载力基本上不再提高。也就是说，按单筋截面进行设计无法满足截面受弯承载力的要求。在这种情况下，可采用双筋截面，即在受压区配置钢筋以协助混凝土承担压力，而将受压区高度 x 减小到界限受压区高度 x_b 的范围内，使截面破坏时受拉钢筋应力可达到屈服强度，而受压区混凝土不至于过早被压碎。

此外，当截面上承受的弯矩可能改变符号时，也必须采用双筋截面。有时，由于构造上的原因而采用双筋截面（如某些连续梁的支座截面，由于跨中受拉钢筋伸入支座，且具有足够的锚固长度，而成为受压钢筋）。

双筋截面虽然可以提高截面的受弯承载力和延性，并可减小构件在荷载作用下的变形，但其耗钢量较大，在一般情况下是不经济的，应尽量少用。

4.5.2 基本计算公式

1) 计算应力图形

试验表明，双筋截面破坏时的受力特点与单筋截面相似。在受拉钢筋配置不过多的情况下，双筋矩形截面的破坏也是受拉钢筋的应力先达到其抗拉强度（屈服强度），然后，受压区混凝土的应力达到其抗压强度。这时，受压区混凝土的应力图形为曲线分布，边缘纤维的压应变已达极限压应变 ε_{cu}。由于受压区混凝土塑性变形的发展，受压钢筋的应力一般也将达到其抗压强度。

因此，在受弯承载力计算时，受拉钢筋的应力可取抗拉强度设计值 f_y，受压钢筋的应力一般可取抗压强度设计值 f_y'，受压区混凝土的应力图形可简化为矩形，其应力值取等效抗压强度设计值 $\alpha_1 f_c$。于是，受弯承载力计算的应力图形如图4-16a所示。

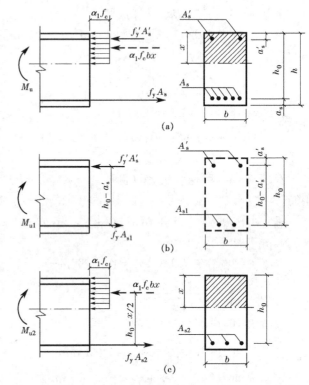

图4-16 双筋矩形截面受弯承载力计算应力图形

2) 计算公式

根据平衡条件，可写出下列计算公式：

$$\alpha_1 f_c b x + f_y' A_s' - f_y A_s = 0 \tag{4-23}$$

$$M_u = \alpha_1 f_c b x (h_0 - 0.5x) + f_y' A_s' (h_0 - a_s') \tag{4-24}$$

式中 f_y'——钢筋抗压强度设计值；

A_s'——受压钢筋截面面积；

a_s'——受压钢筋合力点至受压区边缘的距离。

分析公式（4-23）和公式（4-24）可以看出，双筋矩形截面受弯承载力设计值 M_u 可以分为两部分。一部分是由受压钢筋 A_s' 和相应的一部分受拉钢筋 A_{s1} 所承担的弯矩 M_{u1}（图

4—16b);另一部分是由受压区混凝土和相应的另一部分受拉钢筋 A_{s2} 所承担的弯矩 M_{u2}(图 4—16c),即

$$M_u = M_{u1} + M_{u2} \tag{4-25}$$
$$A_s = A_{s1} + A_{s2} \tag{4-26}$$

对第一部分(图 4—16b),由平衡条件可得

$$f_y A_{s1} = f'_y A'_s \tag{4-27}$$
$$M_{u1} = f'_y A'_s (h_0 - a'_s) \tag{4-28}$$

对第二部分(图 4—16c),由平衡条件可得

$$f_y A_{s2} = \alpha_1 f_c b x \tag{4-29}$$
$$M_{u2} = \alpha_1 f_c b x (h_0 - 0.5x) \tag{4-30}$$

3) 适用条件

(1) $\xi \leqslant \xi_b$

与单筋矩形截面相似,这一限制条件是为了防止截面发生脆性破坏。这一适用条件也可改写为

$$\rho_2 = \frac{A_{s2}}{bh_0} \leqslant \xi_b \frac{\alpha_1 f_c}{f_y} \tag{4-31}$$

(2) $x \geqslant 2a'_s$

如果 $x < 2a'_s$,则受压钢筋合力点将位于受压区混凝土合力点的内侧,这表明,受压钢筋的位置将离中和轴太近,截面破坏时其应力可能未达到其抗压强度,与计算中所采取的应力状态不符。因此,对受压区高度 x 的最小值应予以限制,即 x 应满足下述条件:

$$x \geqslant 2a'_s \tag{4-32}$$

这相当于限制了内力臂长度 z 的最大值,即

$$z \leqslant h_0 - a'_s \tag{4-32a}$$

对于双筋截面,其最小配筋率一般均能满足,可不必检查。

4.5.3 计算方法

1) 设计截面

设计双筋截面时,一般是已知弯矩设计值、截面尺寸和材料强度设计值。计算时有下面两种情况:

(1) 已知弯矩设计值 M,截面尺寸 $b \times h$ 及材料强度设计值,求受拉钢筋截面面积 A_s 和受压钢筋截面面积 A'_s。

由公式(4—23)和公式(4—24)可见,其未知数有 A'_s、A_s 和 x(亦即 ξ)三个,而计算公式只有两个。因此,可先指定其中一个未知数。可以证明,当充分利用混凝土受压,亦即取 $\xi = \xi_b$ 时,所需的用钢量最经济。

在公式(4—24)中令 $\xi = \xi_b$,则可得

$$A'_s = \frac{M - \xi_b(1 - 0.5\xi_b)\alpha_1 f_c bh_0^2}{f'_y(h_0 - a'_s)} \tag{4-33}$$

或

$$A'_s = \frac{M - M_{max}}{f'_y(h_0 - a'_s)} \tag{4-34}$$

式中

$$M_{max} = \alpha_{s,max} \alpha_1 f_c bh_0^2$$

在公式(4-23)中令 $x=\xi_b h_0$，可得

$$A_s = \xi_b \frac{\alpha_1 f_c}{f_y} b h_0 + \frac{f_y'}{f_y} A_s' \tag{4-35}$$

(2) 已知弯矩设计值 M、截面尺寸 $b \times h$、材料强度设计值及受压钢筋截面面积 A_s'，求受拉钢筋截面面积 A_s。

这类问题往往是由于变号弯矩的需要，或由于构造要求，已在受压区配置截面面积为 A_s' 的钢筋，因此，应充分利用 A_s'，以减少 A_s，达到节约钢材的目的。

当受压钢筋截面面积 A_s' 为已知时，由公式(4-27)和公式(4-28)可得

$$A_{s1} = \frac{f_y'}{f_y} A_s' \tag{4-36}$$

$$M_{u1} = f_y' A_s' (h_0 - a_s')$$

则 $$M_{u2} = M - M_{u1} = M - f_y' A_s' (h_0 - a_s') \tag{4-37}$$

这时，M_{u2} 为已知，与 M_{u2} 相应的 x 不一定等于 $\xi_b h_0$，因此，就不能简单地用公式(4-35)计算 A_s，而必须按与单筋截面相同的方法计算相应于 M_{u2} 所需的钢筋截面面积 A_{s2}，最后可得

$$A_s = A_{s1} + A_{s2}$$

在这类问题中，还可能遇到如下几种情况：

① 当求得的 $x > \xi_b h_0$（即 $\alpha_s > \alpha_{s,\max}$），说明已知的 A_s' 太少，不符合公式(4-31)的要求。这时应增加 A_s'，计算方法与第一类问题相同。

② 当求得的 $x < 2a_s'$，即表明受压钢筋 A_s' 不能达到其抗压强度设计值。这时，A_s 可按下列公式计算：

$$A_s = \frac{M}{f_y (h_0 - a_s')} \tag{4-38}$$

公式(4-38)系按下述方法导出：假想只考虑部分受压钢筋为有效，这时其应力可达到抗压强度设计值，而相应的混凝土受压区高度 x 等于 $2a_s'$，亦即受压区混凝土合力点与受压钢筋 A_s' 合力点相重合。于是，对受压钢筋 A_s' 合力点取矩，即可导出公式(4-38)。

③ 若 $\dfrac{a_s'}{h_0}$ 较大，以致按公式(4-38)求得的受拉钢筋截面面积比按单筋矩形截面（即不考虑受压钢筋）计算的受拉钢筋截面面积还大时，则计算时可不考虑受压钢筋的作用。这时即可不遵守公式(4-32)的规定。当 $M < 2\alpha_1 f_c b a_s' (h_0 - a_s')$ 时，就属于这种情况。

2) 复核截面

复核截面时，截面尺寸、材料强度设计值以及受拉钢筋 A_s 和受压钢筋 A_s' 均为已知，要求计算截面的受弯承载力设计值 M_u。

这时，首先由公式(4-23)求得 x，然后，按下列情况计算 M_u。

(1) 若 $\xi_b h_0 \geqslant x \geqslant 2a_s'$，按公式(4-24)计算截面的受弯承载力设计值 M_u；

(2) 若 $x < 2a_s'$，由公式(4-38)可得

$$M_u = f_y A_s (h_0 - a_s') \tag{4-39}$$

(3) 若 $x > \xi_b h_0$，这表明截面可能发生超筋破坏。由公式(4-33)可得

$$M_u = \xi_b (1 - 0.5\xi_b) \alpha_1 f_c b h_0^2 + f_y' A_s' (h_0 - a_s') \tag{4-40}$$

例题 4-7 有一矩形截面 $b \times h = 200 \text{ mm} \times 500 \text{ mm}$，承受弯矩设计值 $M = 244 \text{ kN} \cdot \text{m}$，混凝土强度等级为 C25（$f_c = 11.9 \text{ N/mm}^2$），用 HRB400 级钢筋配筋（$f_y = f_y' = $

360 N/mm^2),环境类别为二(a)类,求所需钢筋截面面积。

解 (1) 检查是否需采用双筋截面

假定受拉钢筋为二层,$h_0 = 500 - 65 = 435 \text{ mm}$

若为单筋截面,其所能承担的最大弯矩设计值为

$$M_{\max} = 0.384\alpha_1 f_c b h_0^2 = 0.384 \times 1.0 \times 11.9 \times 200 \times 435^2 = 172.9 \times 10^6 \text{ N·mm}$$
$$= 172.9 \text{ kN·m} < M = 244 \text{ kN·m}$$

计算结果表明,必须设计成双筋截面。

(2) 求 A_s'

假定受压钢筋为一层,则 $a_s' = 40 \text{ mm}$。

由公式(4-34)可得

$$A_s' = \frac{M - 0.384\alpha_1 f_c b h_0^2}{f_y'(h_0 - a_s')} = \frac{244 \times 10^6 - 172.9 \times 10^6}{360(435 - 40)}$$
$$= 500 \text{ mm}^2$$

(3) 求 A_s

由公式(4-35)可得

$$A_s = 0.518 \frac{\alpha_1 f_c}{f_y} b h_0 + \frac{f_y'}{f_y} A_s'$$
$$= 0.518 \times \frac{1.0 \times 11.9}{360} \times 200 \times 435 + \frac{360}{360} \times 500$$
$$= 1990 \text{ mm}^2$$

(4) 选择钢筋

受拉钢筋选用 3⫶22+3⫶20,$A_s = 2081 \text{ mm}^2$;受压钢筋选用 2⫶18,$A_s' = 509 \text{ mm}^2$。钢筋布置如图 4-17 所示。

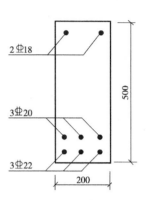

图 4-17 例题 4-7

例题 4-8 由于构造要求,在例题 4-7 中的截面上已配置 3⫶18 的受压钢筋,试求所需受拉钢筋截面面积。

解 (1) 验算适用条件 $x \geq 2a_s'$

$A_s' = 763 \text{ mm}^2$

$$M_{u1} = f_y' A_s'(h_0 - a_s') = 360 \times 763 \times (435 - 40)$$
$$= 108.5 \times 10^6 \text{ N·mm}$$

$$M_{u2} = M - M_{u1} = 244 \times 10^6 - 108.5 \times 10^6$$
$$= 135.5 \times 10^6 \text{ N·mm}$$

$$2\alpha_1 f_c b a_s'(h_0 - a_s') = 2 \times 1.0 \times 11.9 \times 200 \times 40$$
$$\times (435 - 40) = 75.2 \times 10^6 \text{ N·mm} < M_{u2}$$

这表明 $x > 2a_s'$。

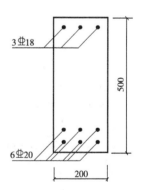

图 4-18 例题 4-8

(2) 求 A_s

$$A_{s1} = \frac{f_y'}{f_y} A_s' = \frac{360}{360} \times 763 = 763 \text{ mm}^2$$

按单筋矩形截面计算 A_{s2}。

$$\alpha_s = \frac{M_{u2}}{\alpha_1 f_c b h_0^2} = \frac{135.5 \times 10^6}{1.0 \times 11.9 \times 200 \times 435^2} = 0.301$$

查附表 16，得 $\gamma_s = 0.815$

$$A_{s2} = \frac{M_{u2}}{f_y \gamma_s h_0} = \frac{135.5 \times 10^6}{360 \times 0.815 \times 435} = 1\,062 \text{ mm}^2$$

$$A_s = A_{s1} + A_{s2} = 763 + 1\,062 = 1\,825 \text{ mm}^2$$

(4) 选择钢筋

受拉钢筋选用 6⌀20，$A_s = 1\,884 \text{ mm}^2$。钢筋布置如图 4-18 所示。

由计算结果可见，虽然所需 A_s 较例题 4-7 少，但所需钢筋总用量 $A_{sum} = A_s + A'_s = 1\,825 + 763 = 2\,588 \text{ mm}^2$，比例题 4-7 多。

例题 4-9 截面尺寸及材料与例题 4-7 相同，承受弯矩设计值 $M = 88.0 \text{ kN} \cdot \text{m}$，已配置 $A'_s = 226 \text{ mm}^2 (2⌀12)$，求所需的受拉钢筋截面面积。

解 (1) 验算适用条件 $x \geqslant 2a'_s$

因已知弯矩较小，假定布置一层钢筋，$a_s = a'_s = 40 \text{ mm}$，$h_0 = 500 - 40 = 460 \text{ mm}$。

$$M_{u1} = f'_y A'_s (h_0 - a'_s) = 360 \times 226 \times (460 - 40)$$
$$= 34.2 \times 10^6 \text{ N} \cdot \text{mm}$$
$$M_{u2} = M - M_{u1} = 88.0 \times 10^6 - 34.2 \times 10^6$$
$$= 53.8 \times 10^6 \text{ N} \cdot \text{mm}$$
$$2\alpha_1 f_c b a'_s (h_0 - a'_s) = 2 \times 1.0 \times 11.9 \times 200 \times 40 \times (460 - 40)$$
$$= 79.97 \times 10^6 \text{ N} \cdot \text{mm} > M_{u2}$$

这表明 $x < 2a'_s$。

(2) 求 A_s

$$A_s = \frac{M}{f_y (h_0 - a'_s)} = \frac{88.0 \times 10^6}{360 \times (460 - 40)} = 582 \text{ mm}^2$$

选用 3⌀16，$A_s = 603 \text{ mm}^2$，钢筋布置如图 4-19 所示。

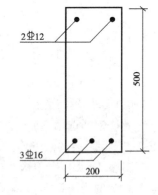

图 4-19 例题 4-9

例题 4-10 已知梁截面尺寸 $b \times h = 200 \text{ mm} \times 400 \text{ mm}$，混凝土强度等级为 C25 ($f_c = 11.9 \text{ N/mm}^2$)，采用 HRB400 级钢筋 ($f_y = f'_y = 360 \text{ N/mm}^2$)，受拉钢筋为 3⌀22 ($A_s = 1\,140 \text{ mm}^2$)，受压钢筋为 2⌀16 ($A'_s = 402 \text{ mm}^2$)，环境类别为一类。要求承受弯矩设计值 $M = 90 \text{ kN} \cdot \text{m}$。试验算该截面是否安全。

解 $h_0 = 400 - 40 = 360 \text{ mm}$

$$\xi = \frac{A_s - A'_s}{b h_0} \cdot \frac{f_y}{\alpha_1 f_c} = \frac{1\,473 - 402}{200 \times 360} \times \frac{360}{1.0 \times 11.9} = 0.310 < \xi_b = 0.518$$

查附表 16，得 $\alpha_s = 0.262$

$$M_u = \alpha_s \alpha_1 f_c b h_0^2 + f'_y A'_s (h_0 - a'_s)$$
$$= 0.262 \times 1.0 \times 11.9 \times 200 \times 360^2 + 360 \times 402 \times (360 - 40)$$
$$= 127.1 \times 10^6 \text{ N} \cdot \text{mm} = 127.1 \text{ kN} \cdot \text{m} > M = 90 \text{ kN} \cdot \text{m}$$

由此可见，设计是符合要求的。

4.6 单筋T形截面受弯构件正截面承载力计算

4.6.1 T形截面的应用及其受压翼缘计算宽度

由前所述,当矩形截面受弯构件发生裂缝后,在裂缝截面处,中和轴以下(受拉区)的混凝土将不再承担拉力。因此,可将受拉区混凝土的一部分去掉,即形成T形截面(图4—20)。这时,只要把原有纵向受拉钢筋集中布置在腹板内,且使钢筋截面重心位置不变,则此T形截面的受弯承载力将与原矩形截面相同。这不仅可节省混凝土用量,而且可减轻构件自重。

在工程实践中,T形截面受弯构件是很多的。例如,在整体式肋梁楼盖中,楼板和梁浇注在一起,形成了整体T形梁(图4—21a);T形檩条、T形吊车梁(图4—21b)和π型板是常见的独立T形梁、板。此外,如I形屋面大梁(图4—21c)、空心板(4—21d)以及箱形截面梁等,在正截面受弯承载力计算时,均可按T形截面考虑,因为裂缝截面处受拉翼缘将不参加工作。

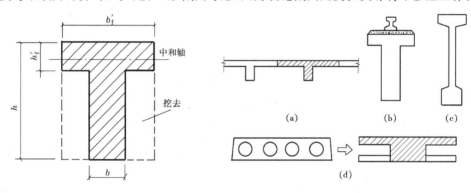

图4—20 T形截面的形成　　　　图4—21 T形、I形截面

为了发挥T形截面的作用,应充分利用翼缘受压,使混凝土受压区高度减小,内力臂增大,从而减少钢筋用量。但是,试验和理论分析表明,T形梁受弯后,翼缘上的纵向压应力的分布是不均匀的,距离腹板愈远,压应力愈小(图4—22a,图4—22c)。因此,当翼缘较宽时,计算中应考虑其应力分布不均匀对截面受弯承载力的影响。为了简化计算,可把T形截面的翼缘宽度限制在一定范围内,称为翼缘计算宽度 b'_f(图4—22b,图4—22d)。在这个宽度范围内,假定其应力均匀分布,而在这个范围以外,认为翼缘不起作用。

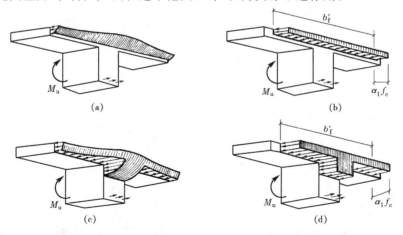

图4—22 T形截面受弯构件受压翼缘的应力分布和计算应力图形

翼缘的计算宽度 b'_f 是随着受弯构件的工作情况（整体肋形梁或独立梁）、跨度及翼缘的高度与截面有效高度之比（h'_f/h_0）有关。《规范》中规定的翼缘计算宽度 b'_f 列于表 4-2。确定 b'_f 时，应取表中有关各项的最小值（图 4-23）。

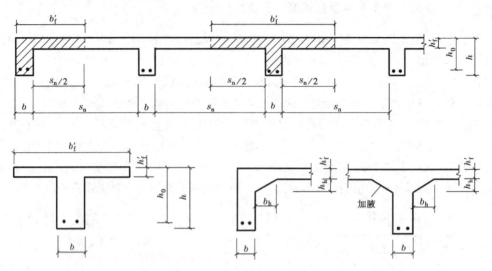

图 4-23 T 形截面受压翼缘的计算宽度

表 4-2　　T 形、I 形及倒 L 形截面受弯构件翼缘计算宽度 b'_f

项次	情况		T 形、I 形截面		倒 L 形截面（肋形梁、肋形板）
			肋形梁、肋形板	独立梁	
1	按计算跨度 l_0 考虑		$\frac{1}{3}l_0$	$\frac{1}{3}l_0$	$\frac{1}{6}l_0$
2	按梁（纵肋）净距 s_n 考虑		$b+s_n$	—	$b+\frac{s_n}{2}$
3	按翼缘高度 h'_f 考虑	$\frac{h'_f}{h_0} \geqslant 0.1$	—	$b+12h'_f$	—
		$0.1 > \frac{h'_f}{h_0} \geqslant 0.05$	$b+12h'_f$	$b+6h'_f$	$b+5h'_f$
		$\frac{h'_f}{h_0} < 0.05$	$b+12h'_f$	b	$b+5h'_f$

注：1. 表中 b 为梁的腹板宽度。
　　2. 如肋形梁在梁跨内设有间距小于纵肋间距的横肋时，则可不遵守表中项次 3 的规定。
　　3. 对有加腋的 T 形、I 形和倒 L 形截面，当受压区加腋的高度 $h_h \geqslant h'_f$ 且加腋的宽度 $b_h \leqslant 3h_h$ 时，其翼缘计算宽度可按表中项次 3 的规定分别增加 $2b_h$（T 形、I 形截面）和 b_h（倒 L 形截面）。
　　4. 独立梁受压区的翼缘板在荷载作用下经验算沿纵肋方向可能产生裂缝时，其计算宽度应取腹板宽度 b。

4.6.2　基本计算公式

T 形截面的受弯承载力计算，根据其受力后中和轴位置的不同，可以分为两种类型：第一种 T 形截面，其中和轴位于翼缘内；第二种 T 形截面，其中和轴通过腹板。

1）第一种 T 形截面的计算

（1）计算公式

当 $x \leqslant h'_f$ 时，为第一种 T 形截面，受弯承载力的计算应力图形如图 4-24 所示。受拉钢筋应力达抗拉强度设计值 f_y，中和轴以下受拉区的混凝土早已开裂，在承载力计算中不予考虑；中和轴以上混凝土受压区的形状为矩形，应力图形可简化为均匀分布（矩形），其应力值为混凝土等效抗压强度设计值 $\alpha_1 f_c$。

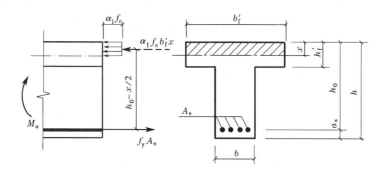

图 4-24　第一种 T 形截面受弯承载力计算应力图形

就正截面受弯承载力看，整个截面的作用实际上与尺寸为 $b'_f \times h$ 的矩形截面相同。因此，可按宽度为 b'_f 的单筋矩形截面进行计算。根据平衡条件可得

$$\alpha_1 f_c b'_f x = f_y A_s \tag{4-41}$$

$$M_u = \alpha_1 f_c b'_f x (h_0 - 0.5x) \tag{4-42}$$

（2）适用条件

由于第一种 T 形截面的正截面受弯承载力计算相当于宽度为 b'_f 的矩形截面的正截面受弯承载力计算，所以，也应符合 4.4.1 节所述的适用条件。

① $\xi \leqslant \xi_b$

比照公式（4-13）和公式（4-15）可得

$$\frac{A_s}{b'_f h_0} \leqslant \xi_b \frac{\alpha_1 f_c}{f_y}$$

即

$$\rho = \frac{A_s}{b h_0} \leqslant \xi_b \frac{\alpha_1 f_c}{f_y} \cdot \frac{b'_f}{b} \tag{4-43}$$

$$M \leqslant \xi_b (1 - 0.5\xi_b) \alpha_1 f_c b'_f h_0^2 \tag{4-44}$$

对于第一种 T 形截面，由于 $\xi \leqslant \dfrac{h'_f}{h}$，所以，一般均能满足 $\xi \leqslant \xi_b$ 的条件，故可不必验算。

② $\rho_1 \geqslant \rho_{1\min}$

由于最小配筋率 $\rho_{1\min}$ 是根据钢筋混凝土截面的最小受弯承载力不低于同样截面尺寸的素混凝土截面的受弯承载力的原则确定的，而素混凝土截面的受弯承载力主要取决于受拉区的强度，因此，T 形截面与同样高度和宽度为腹板宽度的矩形截面的受弯承载力相差不多。为了简化计算，并考虑以往的设计经验，在验算 $\rho_1 \geqslant \rho_{1\min}$ 时，T 形截面配筋率的计算方法与矩形截面相同，近似地按腹板宽考虑，即应满足下列条件：

$$\rho_1 = \frac{A_s}{bh} \geqslant \rho_{1\min} \tag{4-45}$$

2）第二种 T 形截面的计算

（1）计算公式

当 $x > h'_f$ 时，为第二种 T 形截面，受弯承载力的计算应力图形如图 4-25 所示。受拉

钢筋应力达到抗拉强度设计值 f_y，中和轴通过腹板，混凝土受压区的形状已不同于第一种 T 形截面，即由矩形变为 T 形。这时其翼缘挑出部分全部受压，应力分布近似于轴心受压的情况，而另一部分为腹板的矩形部分，其受力情况与单筋矩形截面的受压区相似。分析表明，由于翼缘高度一般不大，可将翼缘挑出部分和腹板的混凝土的抗压强度均取为等效混凝土抗压强度设计值 $\alpha_1 f_c$，这对受弯承载力的计算值影响很小。根据平衡条件可得

$$\alpha_1 f_c (b'_f - b) h'_f + \alpha_1 f_c b x = f_y A_s \tag{4-46}$$

$$M_u = \alpha_1 f_c (b'_f - b) h'_f \left(h_0 - \frac{h'_f}{2} \right) + \alpha_1 f_c b x \left(h_0 - \frac{x}{2} \right) \tag{4-47}$$

如同双筋矩形截面，可把第二种 T 形截面所承担的弯矩 M_u 分为以下两部分：一部分是由翼缘挑出部分的混凝土和相应的一部分受拉钢筋 A_{s1} 所承担的弯矩 M_{u1}（图 4-25b），另一部分是由腹板的混凝土和另一部分受拉钢筋 A_{s2} 所承担的弯矩 M_{u2}（图 4-25c）。不难看出，这实际和双筋截面相似，翼缘的挑出部分相当于双筋截面的受压钢筋。于是可得

$$M_u = M_{u1} + M_{u2} \tag{4-48}$$

$$A_s = A_{s1} + A_{s2} \tag{4-49}$$

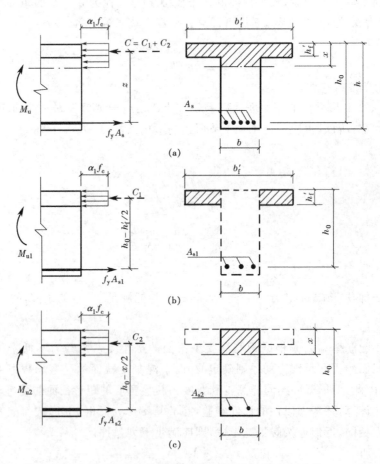

图 4-25 第二种 T 形截面受弯承载力计算应力图形

对第一部分（图 4-25b），由平衡条件可得

$$f_y A_{s1} = \alpha_1 f_c (b'_f - b) h'_f \tag{4-50}$$

$$M_{u1} = \alpha_1 f_c (b_f' - b) h_f' \left(h_0 - \frac{h_f'}{2} \right) \tag{4-51}$$

对第二部分(图 4-25c),由平衡条件可得

$$f_y A_{s2} = \alpha_1 f_c b x \tag{4-52}$$

$$M_{u2} = \alpha_1 f_c b x \left(h_0 - \frac{x}{2} \right) \tag{4-53}$$

(2) 适用条件

① $\xi \leqslant \xi_b$

与单筋矩形截面相似,这一限制条件是为防止截面发生超筋破坏。这时公式(4-13)可改写为

$$\rho_2 = \frac{A_{s2}}{bh_0} \leqslant \xi_b \frac{\alpha_1 f_c}{f_y} \tag{4-54}$$

② $\rho_1 \geqslant \rho_{1\min}$

对于第二种 T 形截面,一般均能满足 $\rho_1 \geqslant \rho_{1\min}$ 的要求,可不必验算。

3) 两种 T 形截面的鉴别

为了正确地应用上述公式进行计算,首先必须鉴别出截面属于哪一种 T 形截面。为此,可先以中和轴恰好在翼缘下边缘处(图 4-26)的这一界限情况进行分析。

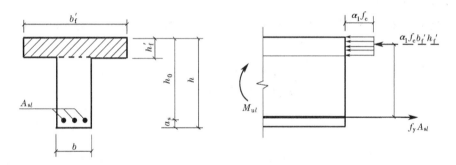

图 4-26 两种 T 形截面的界限

按照图 4-26,由平衡条件可得

$$\alpha_1 f_c b_f' h_f' = f_y A_{sl} \tag{4-55}$$

$$M_{ul} = \alpha_1 f_c b_f' h_f' \left(h_0 - \frac{h_f'}{2} \right) \tag{4-56}$$

式中　A_{sl}——第一种 T 形截面界限时所需的受拉钢筋截面面积;

M_{ul}——第一种 T 形截面界限时的受弯承载力设计值。

根据公式(4-55)和(4-56),两种 T 形截面的鉴别可按下述方法进行。

(1) 设计截面

这时弯矩设计值 M 为已知,若满足下列条件:

$$M \leqslant \alpha_1 f_c b_f' h_f' \left(h_0 - \frac{h_f'}{2} \right) \tag{4-57}$$

则说明 $x \leqslant h_f'$,即中和轴在翼缘内,属于第一种 T 形截面。反之,若满足下列条件:

$$M > \alpha_1 f_c b_f' h_f' \left(h_0 - \frac{h_f'}{2} \right) \tag{4-58}$$

则说明 $x>h'_f$，即中和轴与腹板相交，属于第二种 T 形截面。

(2) 复核截面

当钢筋截面面积为已知，若满足下列条件：

$$A_s \leqslant \frac{\alpha_1 f_c}{f_y} b'_f h'_f \tag{4-59}$$

则说明 $x \leqslant h'_f$，属于第一种 T 形截面。反之，若满足下列条件：

$$A_s > \frac{\alpha_1 f_c}{f_y} b'_f h'_f \tag{4-60}$$

则说明 $x>h'_f$，属于第二种 T 形截面。

4.6.3 计算方法

1) 设计截面

设计 T 形截面时，一般是已知弯矩设计值和截面尺寸，求受拉钢筋截面面积。

(1) 第一种 T 形截面

当满足公式(4-57)的条件时，则属于第一种 T 形截面，其计算方法与截面尺寸为 $b'_f \times h$ 的单筋矩形截面相同。

(2) 第二种 T 形截面

当满足公式(4-58)的条件时，则属于第二种 T 形截面。这时，由公式(4-50)可求得

$$A_{s1} = \frac{\alpha_1 f_c}{f_y}(b'_f - b)h'_f \tag{4-61}$$

相应的 M_{u1} 可由公式(4-51)求得，则由公式(4-48)可得

$$M_{u2} = M - \alpha_1 f_c(b'_f - b)h'_f\left(h_0 - \frac{h'_f}{2}\right) \tag{4-62}$$

于是，即可按截面尺寸为 $b \times h$ 的单筋矩形截面求得 A_{s2}。最后可得

$$A_s = A_{s1} + A_{s2}$$

同时，必须验算 $\xi \leqslant \xi_b$ 的条件。

2) 复核截面

(1) 第一种 T 形截面

当满足公式(4-59)的条件时，属于第一种 T 形截面，则可按截面尺寸为 $b'_f \times h$ 的单筋矩形截面计算。

(2) 第二种 T 形截面

当满足公式(4-60)的条件时，属于第二种 T 形截面，可按下述步骤进行计算：

① 计算 A_{s1} 和 M_{u1}

A_{s1} 和相应的 M_{u1} 仍可按公式(4-61)和公式(4-51)确定。

② 计算 A_{s2} 和 M_{u2}

$$A_{s2} = A_s - A_{s1}$$

M_{u2} 可按配置钢筋 A_{s2} 的单筋矩形截面($b \times h$)确定。

③ 计算 M_u

$$M_u = M_{u1} + M_{u2}$$

例题 4—11 有一 T 形截面(图 4—27),其截面尺寸为:$b=250$ mm,$h=750$ mm,$b_f'=1\,200$ mm,$h_f'=80$ mm,承受弯矩设计值 $M=450$ kN·m,混凝土强度等级为 C25($f_c=11.9$ N/mm²),采用 HRB400 级钢筋配筋($f_y=360$ N/mm²),环境类别为一类,试求所需钢筋截面面积。

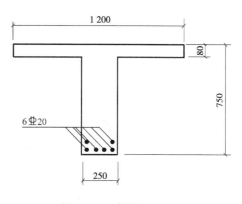

图 4—27 例题 4—11

解 (1) 类型鉴别

$$h_0=750-60=690 \text{ mm}$$

$$\alpha_1 f_c b_f' h_f' \left(h_0-\frac{h_f'}{2}\right)$$

$$=1.0\times11.9\times1\,200\times80\times\left(690-\frac{80}{2}\right)$$

$$=742.6\times10^6 \text{ N·mm}$$

$$=742.6 \text{ kN·m}>M$$

这表明属于第一种 T 形截面,按截面尺寸 $b_f'\times h=1\,200$ mm×750 mm 的矩形截面计算。

(2) 计算 A_s

$$\alpha_s=\frac{M}{\alpha_1 f_c b_f' h_0^2}=\frac{450\times10^6}{1.0\times11.9\times1\,200\times690^2}=0.0662$$

查附表 16,得 $\gamma_s=0.965$,则

$$A_s=\frac{M}{f_y \gamma_s h_0}=\frac{450\times10^6}{360\times0.965\times690}=1\,878 \text{ mm}^2$$

选用 6 ⌀ 20,$A_s=1\,885$ mm²。钢筋配置如图 4—27 所示。

(3) 验算适用条件

$$0.45\frac{f_t}{f_y}=0.45\times\frac{1.27}{360}=0.16\%<0.2\%,\text{取 }\rho_{1\min}=0.2\%$$

$$\rho_1=\frac{A_s}{bh}=\frac{1\,885}{250\times750}=1.0\%>0.2\% \quad (\text{符合要求})$$

例题 4—12 有一 T 形截面(图 4—28),其截面尺寸为:$b=300$ mm,$h=800$ mm,$b_f'=600$ mm,$h_f'=100$ mm,承受弯矩设计值 $M=650$ kN·m,混凝土强度等级为 C25,用 HRB400 级钢筋配筋,环境类别为一类。求受拉钢筋截面面积。

解 (1) 类型鉴别

$$h_0=800-65=735 \text{ mm}$$

$$\alpha_1 f_c b_f' h_f' \left(h_0-\frac{h_f'}{2}\right)$$

$$=1.0\times11.9\times600\times100\times\left(735-\frac{100}{2}\right)$$

$$=489.1\times10^6 \text{ N·m}=489.1 \text{ kN·m}<M$$

这表明属于第二种 T 形截面。

(2) 计算 A_{s1} 和 A_{s2}

① 求 A_{s1}：由公式(4-61)可得
$$A_{s1}=\frac{\alpha_1 f_c(b'_f-b)h'_f}{f_y}=\frac{1.0\times11.9\times(600-300)\times100}{360}=992\text{ mm}^2$$

② 求 A_{s2}：由公式(4-51)可得
$$M_{u1}=\alpha_1 f_c(b'_f-b)h'_f\left(h_0-\frac{h'_f}{2}\right)=1.0\times11.9\times(600-300)\times100\times\left(735-\frac{100}{2}\right)$$
$$=244.5\times10^6\text{ N·mm}=244.5\text{ kN·m}$$

则 $M_{u2}=M-M_{u1}=650-244.5=405.5$ kN·mm

$$\alpha_s=\frac{M_{u2}}{\alpha_1 f_c b h_0^2}=\frac{405.5\times10^6}{1.0\times11.9\times300\times735^2}=0.210$$

查附表 16，得 $\gamma_s=0.881$，则
$$A_{s2}=\frac{405.5\times10^6}{360\times0.881\times735}=1\,736\text{ mm}^2$$

(3) 计算 A_s
$$A_s=A_{s1}+A_{s2}=992+1\,736=2\,728\text{ mm}^2$$

选用 $4\Phi25+2\Phi22$，$A_s=2\,724\text{ mm}^2$。钢筋布置如图 4-28 所示。

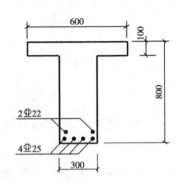

图 4-28 例题 4-12

思 考 题

4.1 混凝土保护层的作用是什么？梁、板的混凝土保护层厚度是多少？

4.2 在钢筋混凝土梁、板中，受力钢筋是如何布置的？对钢筋净距有哪些要求？

4.3 适筋梁正截面受力全过程分为几个阶段？各阶段的应变分布、应力分布、裂缝开展及中和轴位置的变化规律如何？各阶段的主要特征是什么？

4.4 承载能力极限状态计算和正常使用极限状态计算分别以哪个阶段为依据，该阶段的主要特征是什么？

4.5 钢筋混凝土受弯构件正截面有哪几种破坏形态？各种破坏形态的特点是什么？

4.6 受弯构件正截面承载力计算时，作了哪些基本假定？为什么？

4.7 钢筋混凝土受弯构件正截面承载力计算时，受压区混凝土应力分布图形是如何简化的？

4.8 在等效矩形应力图形中，等效混凝土受压区高度 x 与实际受压区高度 x_a 的关系如何？等效混凝土抗压强度与混凝土轴心抗压强度的关系如何？

4.9 何谓界限破坏？何谓相对界限受压区高度 ξ_b？其计算公式如何？ξ_b 主要与哪些因素有关？随着钢筋强度提高，ξ_b 是如何变化的？

4.10 在钢筋混凝土受弯构件中，纵向受拉钢筋最大配筋率 ρ_{max} 和最小配筋率 $\rho_{1\min}$ 是根据什么原则确定的？

4.11 判别适用条件 $\rho_1\geqslant\rho_{1\min}$ 时，ρ_1 应如何计算？为什么要考虑受拉翼缘的影响而不考虑受压翼缘的影响？

4.12 计算单筋矩形截面受弯承载力时，其计算应力图形如何？计算公式是如何建立的？有哪些适用条件？

4.13 用查表法计算单筋矩形截面受弯承载力时，公式 $M=\alpha_s\alpha_1 f_c b h_0^2$ 或 $M=f_y A_s \gamma_s h_0$ 中的 α_s、γ_s 的物理意义是什么？它与哪些因素有关？

4.14 对于适筋截面，ξ、α_s、γ_s 的变化范围怎样？用查表法计算受弯承载力时，适用条件是如何判别的？

4.15 复核单筋矩形截面受弯承载力时,如何判别截面的破坏形态?当截面为超筋破坏时,应如何处理?

4.16 对于单筋矩形截面,影响其受弯承载力的因素有哪些?各个因素(A_s、f_y、h、b、f_c)的影响规律如何?

4.17 计算双筋矩形截面受弯承载力时,其计算应力图形如何?计算公式是如何建立的?有哪些适用条件?与单筋矩形截面有何不同?

4.18 设计双筋矩形截面时,分为几种情况?

4.19 设计双筋截面时,当 A_s 和 A_s' 为未知时,其计算步骤如何?为什么要指定 $\xi=\xi_b$?

4.20 设计双筋截面时,当 A_s' 为已知时,其计算步骤如何?有哪些适用条件?当不满足适用条件 $x \geq 2a_s'$ 时,如何计算 A_s?当不满足 $\xi \leq \xi_b$ 时,意味着什么?应如何处理?

4.21 何谓 T 形截面的受压翼缘计算宽度 b_f'?其取值如何?

4.22 第一类 T 形截面受弯承载力的计算应力图形如何?计算公式如何建立?有哪些适用条件?与单筋矩形截面受弯承载力计算有哪些共同点?哪些不同点?

4.23 第二类 T 形截面受弯承载力的计算应力图形如何?计算公式如何建立?有哪些适用条件?与双筋矩形截面受弯承载力计算有哪些共同点?哪些不同点?

4.24 对于倒 T 形和 I 形截面,其受弯承载力如何计算?

4.25 在设计或复核 T 形截面时,如何判别第一类和第二类 T 形截面?

4.26 第一类、第二类 T 形截面的设计步骤如何?

习 题

4.1 单筋矩形梁的截面尺寸 $b \times h = 250 \text{ mm} \times 600 \text{ mm}$,弯矩设计值 $M=254 \text{ kN} \cdot \text{m}$,环境类别为一类。采用 C30 混凝土($f_c=14.3 \text{ N/mm}^2$,$f_t=1.43 \text{ N/mm}^2$)和 HRB400 级钢筋($f_y=360 \text{ N/mm}^2$)。试设计该截面。

4.2 用查表法计算习题 4.1,并比较两种方法的计算结果。

4.3 单跨简支板每米宽的跨中截面弯矩设计值 $M=5 \text{ kN} \cdot \text{m}$,环境类别为一类。采用 C25 混凝土($f_c=11.9 \text{ N/mm}^2$,$f_t=1.27 \text{ N/mm}^2$)和 HPB300 级钢筋($f_y=270 \text{ N/mm}^2$)。试设计该板。

4.4 单筋矩形截面梁的截面尺寸 $b \times h = 200 \text{ mm} \times 450 \text{ mm}$,采用 C25 混凝土,配置 3⏀20 钢筋,弯矩设计值 $M=92 \text{ kN} \cdot \text{m}$。试复核该截面是否安全、经济?

4.5 矩形截面梁的截面尺寸 $b \times h = 220 \text{ mm} \times 500 \text{ mm}$,弯矩设计值 $M=280 \text{ kN} \cdot \text{m}$。采用 C25 混凝土和 HRB400 级钢筋。试设计该截面。

4.6 已知条件同习题 4.5,但已配置受压钢筋 3⏀18($A_s'=763 \text{ mm}^2$),试设计该截面。

4.7 已知条件同习题 4.5,但已配置受压钢筋 4⏀22($A_s'=1520 \text{ mm}^2$),试设计该截面。

4.8 单筋 T 形截面的尺寸为:$b=250 \text{ mm}$,$h=750 \text{ mm}$,$b_f'=1200 \text{ mm}$,$h_f'=80 \text{ mm}$,弯矩设计值 $M=460 \text{ kN} \cdot \text{m}$。采用 C30 混凝土和 HRB400 级钢筋。试求纵向受拉钢筋截面面积。

4.9 单筋 T 形截面尺寸为:$b=200 \text{ mm}$,$h=800 \text{ mm}$,$b_f'=600 \text{ mm}$,$h_f'=100 \text{ mm}$,弯矩设计值 $M=560 \text{ kN} \cdot \text{m}$。采用 C25 混凝土和 HRB400 级钢筋。试求纵向受拉钢筋截面面积。

5 钢筋混凝土受弯构件斜截面承载力

5.1 受弯构件斜截面的受力特点和破坏形态

钢筋混凝土受弯构件在主要承受弯矩的区段内产生垂直裂缝,若受弯承载力不足,则将沿正截面发生弯曲破坏。受弯构件除承受弯矩外,往往还同时承受剪力。在同时承受剪力和弯矩的区段内,常产生斜裂缝,并可能沿斜截面(斜裂缝)发生破坏。因此,为了保证受弯构件的承载力,除了进行正截面承载力计算外,还须进行斜截面承载力计算。

为了防止受弯构件沿斜截面破坏,应使构件的截面符合一定的要求,并配置必要的箍筋,有时还须配置弯起钢筋。箍筋和弯起钢筋统称为腹筋。一般称配置了腹筋的梁为有腹筋梁。反之为无腹筋梁。

5.1.1 无腹筋梁斜截面的受力状态和破坏形态

1) 无腹筋梁斜裂缝的形成

图 5-1 所示为一矩形截面钢筋混凝土无腹筋简支梁在两集中荷载作用下的应力状态、弯矩图和剪力图。图 5-1a 中 CD 段为纯弯段,AC、DB 段为剪弯(同时作用有剪力和弯矩)段。在荷载较小,梁内尚未出现裂缝之前,梁处于整体工作阶段。此时,可将钢筋混凝土梁视作匀质弹性梁,而把纵向钢筋按钢筋与混凝土的弹性模量比 α_E(即 E_s/E_c)换算成等效的混凝土,成为一个换算截面(图 5-1c)。截面上任意一点的正应力 σ 和剪应力 τ 可用材料力学公式计算,即

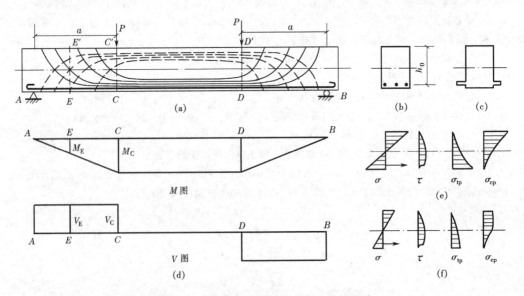

图 5-1 无腹筋梁在裂缝出现前的应力状态

$$\sigma = \frac{My_0}{I_0} \tag{5-1}$$

$$\tau = \frac{VS_0}{bI_0} \tag{5-2}$$

式中 M——作用在截面上的弯矩；
I_0——换算截面惯性矩；
y_0——所计算点至换算截面中和轴的距离；
V——作用在截面上的剪力；
S_0——通过所计算点且平行于中和轴的直线所切出的上部（或下部）换算截面面积对中和轴的面积矩。

由正应力 σ 和剪应力 τ 的共同作用，将形成主拉应力 σ_{tp} 和主压应力 σ_{cp}，其值可按下列公式计算：

$$\sigma_{tp} = \frac{\sigma}{2} + \sqrt{\frac{\sigma^2}{4} + \tau^2} \tag{5-3}$$

$$\sigma_{cp} = \frac{\sigma}{2} - \sqrt{\frac{\sigma^2}{4} + \tau^2} \tag{5-4}$$

主应力的作用方向与梁纵轴的夹角 α 按下式确定：

$$\alpha = \frac{1}{2} \arctan\left(-\frac{2\tau}{\sigma}\right) \tag{5-5}$$

截面 CC'（左边）的应力分布图如图 5-1e 所示，梁的主应力迹线如图 5-1a 所示。在纯弯段（CD 段），剪力和剪应力为零，主拉应力 σ_{tp} 的作用方向与梁纵轴的夹角 α 为零，即作用方向是水平的。最大主拉应力发生在截面的下边缘，当其超过混凝土的抗拉强度时，将出现垂直裂缝。在剪弯段（AC 及 DB 段），主拉应力的方向是倾斜的。在截面中和轴以上的受压区内，主拉应力 σ_{tp} 因压应力 σ_c 的存在而减小，作用方向与梁纵轴的夹角 α 大于 45°；中和轴处，$\sigma=0$，τ 最大，σ_{tp} 和 σ_{cp} 作用方向与梁纵轴的夹角 α 等于 45°；在中和轴以下的受拉区内，由于拉应力 σ_t 的存在，使 σ_{tp} 增大，σ_{cp} 减小，σ_{tp} 作用方向与梁纵轴的夹角 α 小于 45°，在受拉边缘，$\alpha=0$，即其作用方向仍是水平的。剪弯段 EE' 截面的应力分布如图 5-1f 所示。

由于中和轴附近的主拉应力的方向是倾斜的，所以，当主拉应力 σ_{tp} 和主压应力 σ_{cp} 的复合作用效应超过混凝土的抗拉强度时，在剪弯段将出现斜裂缝。但在截面的下边缘，由于主拉应力的方向仍是水平的，故仍可能出现较小的垂直裂缝。

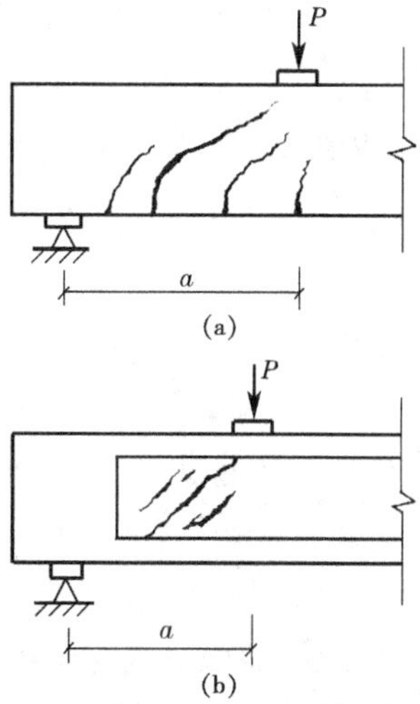

试验表明，在集中荷载作用下，无腹筋简支梁的斜裂缝出现过程有两种典型情况。当剪跨比（即 a/h_0；a 为剪跨，即竖向集中力作用线至支座间的距离；h_0 为截面有效高度）较大时，在剪跨范围内，梁底首先因弯矩的作用而出现垂直裂缝，随着荷载的增加，初始垂直裂缝将逐渐向上发展，并随主拉应力作用方向的改变而发生倾斜，即沿主压应力迹线向集中荷载作用点延伸，坡度逐渐减缓，裂缝下宽上细。此种裂缝称为弯剪斜裂缝，如图 5-2a 所示。当剪跨比较小，且梁腹很薄时，将首先在梁的中和轴附近出现大致与中和轴成 45°倾角的斜裂缝。随着

图 5-2 无腹筋简支梁的斜裂缝

荷载的增加,它将沿主压应力迹线向支座和集中荷载作用点延伸,此种裂缝两头细,中间粗,呈枣核形,称为腹剪斜裂缝,如图5-2b所示。

2) 无腹筋梁斜裂缝出现后的应力状态

无腹筋梁出现斜裂缝后,其应力状态发生了显著变化。这时已不可再将其视作为匀质弹性梁,截面上的应力亦不能用一般材料力学公式(5-1)、公式(5-2)进行计算。图5-3a为一出现斜裂缝 EF 的无腹筋梁。为研究斜裂缝出现后的应力状态,可沿斜裂缝将梁切开,取脱离体如图5-3c所示。在这个脱离体上,作用有由荷载产生的剪力 V、裂缝上端混凝土截面承受的剪力 V_c 及压力 C_c、纵向钢筋的拉力 T_s 以及纵向钢筋的销栓作用传递的剪力 V_d、斜裂缝交界面骨料的咬合与摩擦等作用传递的剪力 V_a。由于混凝土保护层厚度不大,难以阻止纵向钢筋在剪力作用下产生的剪切变形,故纵向钢筋联系斜裂缝两侧混凝土的销栓作用是很脆弱的;斜裂缝交界面上骨料的咬合作用及摩擦作用将随着斜裂缝的开展而逐渐减小。因此,为了便于分析,在极限状态下,V_d 和 V_a 可不予考虑。这样,由脱离体的平衡条件,可得下列公式:

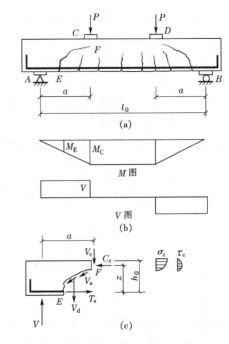

图5-3 无腹筋梁在斜裂缝出现后的应力状态

$$\sum X=0 \quad C_c=T_s \quad (5-6)$$
$$\sum Y=0 \quad V_c=V \quad (5-7)$$
$$\sum M=0 \quad T_s z=Va \quad (5-8)$$

在公式(5-8)中 z 为内力臂。公式(5-6)~公式(5-8)表明,在斜裂缝出现后,梁内应力状态发生了以下变化:

(1) 在斜裂缝出现前,荷载引起的剪力 V 由全截面承受,而在斜裂缝出现后,剪力 V 全部由斜裂缝上端混凝土截面上的 V_c 来平衡。同时,由 V 和 V_c 这两个力所组成的力偶由纵向钢筋的拉力 T_s 和混凝土的压力 C_c 所组成的力偶来平衡。换句话说,剪力 V 不仅引起 V_c,还引起 T_s 和 C_c。所以,斜裂缝上端混凝土截面既受剪,又受压,称为剪压区。由于剪压区截面面积远小于全截面面积,故其剪应力 τ_c 将显著增大。同时,剪压区混凝土压应力 σ_c 亦将显著增大。τ_c 和 σ_c 的分布大体如图5-3c所示。

(2) 在斜裂缝出现前,在剪弯段的某截面处(如图5-3a中 E 处),纵向钢筋的拉应力 σ_s 系由该处正截面的弯矩(M_E)所决定。在斜裂缝出现后,由 $T_s z=Va$ 得 $\sigma_s A_s z=Va$,即 $\sigma_s=Va/(A_s z)=M_C/(A_s z)$,这表明 σ_s 将由该处斜截面上端的弯矩(M_C)所决定。由于 M_C 远大于 M_E,故斜裂缝出现后,纵向钢筋的拉应力 σ_s 将突然增大。

此后,随着荷载的继续增加,剪压区混凝土承受的剪应力 τ_c 和压应力 σ_c 亦继续增大,混凝土处于剪压复合应力状态,当其应力达到混凝土在此种应力状态下的极限强度时,剪压区即破坏,则梁将沿斜截面发生破坏。

5.1.2 有腹筋梁斜截面的受力状态和破坏形态

为了提高钢筋混凝土梁的受剪承载力,防止梁沿斜裂缝发生脆性破坏,在实际工程结构中,除跨度很小的梁以外,一般梁中都配置有腹筋(箍筋和弯筋)。与无腹筋梁相比,有腹筋梁斜截面的受力性能和破坏形态有着相似之处,也有许多不同的特点。

对于有腹筋梁,在荷载较小、斜裂缝出现之前,腹筋中的应力很小,腹筋作用不大,对斜裂缝出现荷载影响很小,其受力性能与无腹筋梁相近。然而,在斜裂缝出现后,有腹筋梁的受力性能与无腹筋梁相比,将有显著的不同。

在有腹筋梁中,斜裂缝出现后,与斜裂缝相交的腹筋(箍筋和弯筋)应力显著增大,直接承担部分剪力。同时,腹筋能抑制斜裂缝的开展和延伸,增大斜裂缝上端混凝土剪压区的截面面积,提高混凝土剪压区的抗剪能力。此外,箍筋还将提高斜裂缝交界面骨料的咬合和摩擦作用,延缓沿纵向钢筋的粘结劈裂裂缝的发展,防止混凝土保护层的突然撕裂,提高纵向钢筋的销栓作用。因此,腹筋将使梁的受剪承载力有较大的提高。

5.1.3 斜截面的破坏形态

1) 无腹筋梁沿斜截面的破坏形态

国内外的试验指出,无腹筋梁在集中荷载作用下,沿斜截面的破坏形态主要与剪跨比 a/h_0 有关;在均布荷载作用下,则主要与跨高比 l_0/h_0 有关。一般沿斜截面破坏的主要形态有以下三种:

(1) 斜压破坏

当剪跨比较小时(集中荷载时为 $a/h_0<1$;均布荷载时为 $l_0/h_0<4$),可能发生这种破坏。图5-4所示为小剪跨比($a/h_0=0.5$)时梁内主应力轨迹线图。由图5-4中可以看出,荷载点与支座间的主压应力轨迹线近似于直线,且大体相互平行而稍倾斜。这表明在荷载点与支座间这一区段梁的受力情况类似于斜向短柱。随着荷载的增加,梁腹将首先出现一系列大体上相互平行的斜裂缝,这些斜裂缝将梁腹分割成若干根倾斜的受压杆件,最后由于混凝土沿斜向压酥而破坏。这种破坏称为斜压破坏,如图5-5所示。

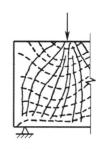

—— 主压应力轨迹线
---- 主拉应力轨迹线

图5-4 小剪跨比时主应力轨迹线

(2) 剪压破坏

在中等剪跨比(集中荷载时为 $1 \leqslant a/h_0 \leqslant 3$,均布荷载时为 $3 \leqslant l_0/h_0 \leqslant 9$)情况下可能发生这种破坏。如前所述,梁承受荷载后,在剪跨范围内出现弯剪斜裂缝。当荷载继续增加

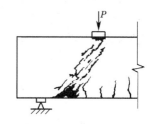

图5-5 斜压破坏

到某一数值时,在数条斜裂缝中,将出现一条延伸较长、开展相对较宽的主要斜裂缝,称为临界斜裂缝。随着荷载继续增大,临界斜裂缝将不断向荷载点延伸,使混凝土剪压区高度不断减小,导致剪压区混凝土在正应力 σ_c、剪应力 τ_c 和荷载引起的局部竖向压应力的共同作用下达到复合应力状态下的极限强度而破坏。这时剪压区混凝土有较明显的、类似于受弯破坏时的压碎现象,故又称其为弯剪破坏,如图5-6a所示。有时,临界斜裂缝贯通梁顶,破坏时,梁被临界斜裂缝分开的两部分有较明显的相对错动,剪压区裂缝内有混凝土碎屑,这种

破坏又称为剪切破坏,如图 5-6b 所示。

(3) 斜拉破坏

当剪跨比较大时(集中荷载时为 $a/h_0>3$,均布荷载时为 $l_0/h_0>9$)可能发生这种破坏。在这种情况下,弯剪斜裂缝一出现便很快发展,形成临界斜裂缝,并迅速向荷载点延伸而使混凝土截面裂通,梁即被分成两部分而丧失承载力。同时,沿纵向钢筋往往伴随产生水平撕裂裂缝。这种破坏称为斜拉破坏,如图 5-7 所示。这种破坏的发生是较突然的,破坏荷载等于或略高于临界斜裂缝出现的荷载,破坏面较整齐,无压碎现象。

无腹筋梁除上述三种主要破坏形态外,在不同条件下,尚可能发生其他破坏形态,例如荷载离支座很近时的纯剪破坏以及局部受压破坏和纵向钢筋锚固破坏等。

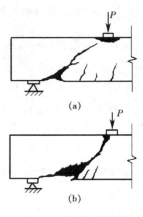

图 5-6 剪压破坏

2) 有腹筋梁沿斜截面的破坏形态

与无腹筋梁类似,有腹筋梁的斜截面破坏形态主要有三种:斜压破坏、剪压破坏和斜拉破坏。

当剪跨比较小或箍筋的配置数量过多,则在箍筋尚未屈服时,斜裂缝间混凝土即因主压应力过大而发生斜压破坏。梁的受剪承载力取决于构件的截面尺寸和混凝土强度,并与无腹筋梁斜压破坏时的受剪承载力相接近。

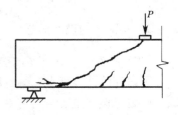

图 5-7 斜拉破坏

当箍筋的配置数量适当,则斜裂缝出现后,原来由混凝土承受的拉力转由与斜裂缝相交的箍筋承受,在箍筋尚未屈服时,由于箍筋的受力作用,延缓和限制了斜裂缝的开展和延伸,荷载尚能有较大的增长。当箍筋屈服后,其变形迅速增大,不再能有效地抑制斜裂缝的开展和延伸,最后斜裂缝上端的混凝土在剪压复合应力作用下,达到极限强度,发生剪压破坏。此时,梁的受剪承载力主要与混凝土强度和箍筋配置数量有关,而剪跨比和纵筋配筋率等因素的影响相对较小。

当剪跨比较大,且箍筋配置的数量过少,则斜裂缝一出现,截面即发生急剧的应力重分布,原来由混凝土承受的拉力转由箍筋承受,使箍筋很快达到屈服,变形剧增,不能抑制斜裂缝的开展,此时梁的破坏形态与无腹筋梁相似,也将产生脆性的斜拉破坏。

5.2 影响受弯构件斜截面受剪承载力的主要因素

影响受弯构件斜截面受剪承载力的因素很多,主要有剪跨比、混凝土强度、纵向钢筋配筋率、箍筋强度及其配筋率等。

5.2.1 剪跨比对斜截面受剪承载力的影响

对于承受集中荷载的梁,剪跨比 λ 系指剪跨 a 与截面有效高度 h_0 的比值(图 5-3),即

$$\lambda=\frac{a}{h_0}=\frac{Va}{Vh_0}=\frac{M}{Vh_0} \tag{5-9}$$

公式(5-9)表明,剪跨比 λ 实质上反映了截面上弯矩 M 与剪力 V 的相对比值。

于是,对于承受分布荷载或其他复杂荷载的梁(图 5-8),可用无量纲参数 $M/(Vh_0)$ 来反映截面上弯矩与剪力的相对比值。一般称 $M/(Vh_0)$ 为广义剪跨比 λ_0,即

$$\lambda_0 = \frac{M}{Vh_0} \qquad (5-10)$$

由于剪压区混凝土截面上的正应力大致与弯矩 M 成正比,而剪应力大致与剪力 V 成正比,因此,剪跨比 λ 或广义剪跨比 λ_0 实质上反映了截面上正应力和剪应力的相对关系。由于正应力和剪应力决定了主应力的大小和方向,同时,也将影响剪压区混凝土的抗剪强度,因而,也就影响着梁的斜截面受剪承载力和破坏形态。

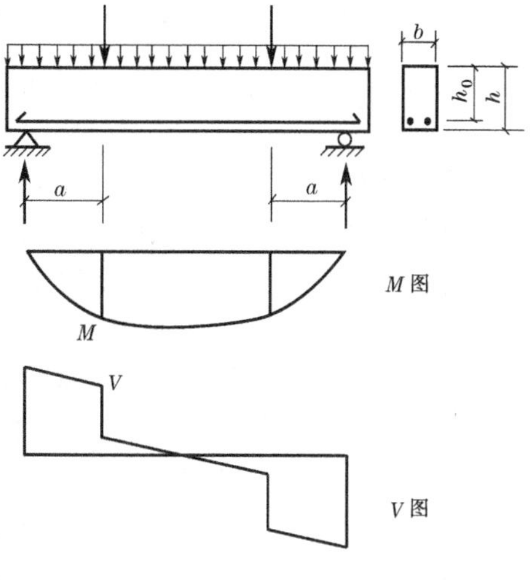

图 5-8 复杂荷载作用下梁的内力图和广义剪跨比

试验研究表明,剪跨比是影响集中荷载下无腹筋梁受剪承载力和破坏形态的最主要因素之一。图 5-9 所示为相同条件的无腹筋梁在各种剪跨比时的试验结果。从图 5-9 中可以看出,剪跨比对无腹筋梁受剪承载力和破坏形态的影响是显著的。随着剪跨比的增大,破坏形态发生显著变化,梁的受剪承载力显著降低。当小剪跨比时,发生斜压破坏,受剪承载力很高;中等剪跨比时,发生剪压破坏,受剪承载力次之;大剪跨比时,发生斜拉破坏,受剪承载力很低。当 $\lambda>3$,则剪跨比增大对受剪承载力的影响不明显。

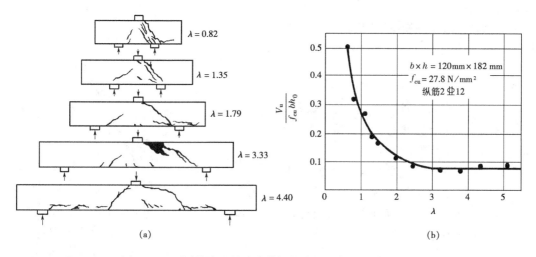

图 5-9 不同剪跨比的无腹筋梁的破坏形态和受剪承载力

对于有腹筋梁,在配箍率较低时,剪跨比的影响是较大的;在配箍率为中等时,剪跨比的影响要小些;而在配箍率较高时,剪跨比的影响则很小。

5.2.2 混凝土强度对斜截面受剪承载力的影响

梁的剪切破坏是由于混凝土达到相应应力状态下的极限强度而发生的。因此,混凝土的强度对梁的受剪承载力影响很大。图5-10所示为截面尺寸和纵筋配筋率相同的五组梁的试验结果。由图5-10可知,梁的受剪承载力随混凝土强度的提高而提高。但是,由于在不同剪跨比下梁的破坏形态不同,所以,这种影响的规律亦不尽相同。当$\lambda=1.0$时,为斜压破坏,梁的受剪承载力基本上与混凝土立方体抗压强度呈线性关系。当$\lambda>1.5$时,为剪压破坏或斜拉破坏,随着混凝土立方体抗压强度的增大,梁的受剪承载力增大的速率减缓。分析表明,梁的受剪承载力将基本上与混凝土的抗拉强度呈线性关系。

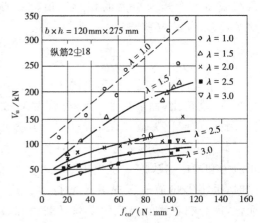

图5-10 受剪承载力与混凝土强度的关系

5.2.3 配箍率和箍筋强度对斜截面受剪承载力的影响

有腹筋梁出现斜裂缝后,箍筋不仅直接承受相当部分的剪力,而且有效地抑制斜裂缝的开展和延伸,对提高剪压区混凝土的抗剪能力和纵向钢筋的销栓作用有着积极的影响。试验表明,在配箍量适当的范围内,梁的受剪承载力随配箍量的增多、箍筋强度的提高而有较大幅度的增长。

配箍量一般用配箍率(又称箍筋配筋率)ρ_{sv}表示,即

$$\rho_{sv}=\frac{nA_{sv1}}{bs} \quad (5-11)$$

式中 ρ_{sv}——竖向箍筋配筋率;
   n——在同一截面内箍筋的肢数;
   A_{sv1}——单肢箍筋的截面面积;
   b——截面宽度;
   s——沿构件长度方向上箍筋的间距。

图5-11表示配箍率ρ_{sv}与箍筋强度f_{yv}的乘积对梁受剪承载力的影响。当其他条件相同时,两者大体呈线性关系。如前所述,剪切破坏属脆性破坏。

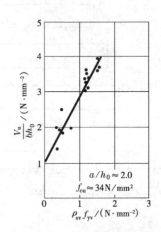

图5-11 受剪承载力与箍筋强度和配箍率的关系

5.2.4 纵向钢筋配筋率对斜截面受剪承载力的影响

试验表明,梁的受剪承载力随纵向钢筋配筋率ρ的提高而增大。一方面,因为纵向钢筋能抑制斜裂缝的开展和延伸,使斜裂缝上端的混凝土剪压区的面积较大,从而提高了剪压区混凝土承受的剪力V_c。显然,纵向钢筋数量增加,这种抑制作用也增大。另一方面,纵向钢筋数量增加,其销栓作用随之增大,销栓作用所传递的剪力亦增大。图5-12所示为纵向钢筋配筋率ρ对梁受剪承载力的影响,两者大体上成直线关系。随剪跨比的不同,ρ的影响程

度亦不同,所以,图 5-12 中各直线的斜率也不同。剪跨比小时,纵向钢筋的销栓作用较强,ρ 对受剪承载力的影响较大;剪跨比较大时,纵向钢筋的销栓作用减弱,则 ρ 对受剪承载力的影响较小。

5.2.5 弯起钢筋的配筋量和强度对斜截面受剪承载力的影响

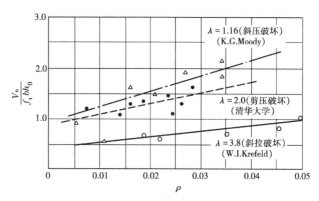

图 5-12 受剪承载力与纵筋配筋率的关系

有腹筋梁出现斜裂缝后,与斜裂缝相交的弯起钢筋将直接承受一部分剪力,并对斜裂缝的开展和延伸起着一定的抑制作用。因此,弯起钢筋的截面面积越大,强度越高,梁的斜截面受剪承载力也越高。

此外,国内外试验结果表明,随着截面高度增大,斜截面受剪承载力将增大。但是二者并不完全呈线性关系。随着截面高度的增大,斜截面受剪承载力的增大速率将减缓。这就是通常所说的"截面尺寸效应"。对于不配箍筋的钢筋混凝土板,截面尺寸效应更为明显。

除上述主要影响因素之外,构件的类型(如简支梁、连续梁、轴力杆件等)、构件截面形式(如矩形、T 形等)及荷载形式(如集中荷载、均布荷载、轴向荷载、复杂荷载等)、加载方式(如直接加载、间接加载等)诸因素,都将影响梁的受剪承载力。

5.3 受弯构件斜截面受剪承载力计算

5.3.1 基本原则

如前所述,钢筋混凝土梁沿斜截面的主要破坏形态有:斜压破坏、斜拉破坏和剪压破坏等。在设计时,对于斜压和斜拉破坏,一般是采取一定的构造措施予以避免。对于常见的剪压破坏,由于发生这种破坏形态时梁的受剪承载力变化幅度较大,故必须进行受剪承载力计算,《规范》的基本计算公式就是根据剪压破坏形态的受力特征而建立的。假定梁的斜截面受剪承载力 V_u 由斜裂缝上端剪压区混凝土的抗剪能力 V_c、与斜裂缝相交的箍筋的抗剪能力 V_{sv} 和与斜裂缝相交的弯起钢筋

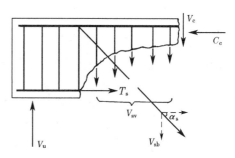

图 5-13 有腹筋梁斜截面破坏时的受力状态

的抗剪能力 V_{sb} 三部分所组成(图5-13)。由平衡条件 $\sum Y=0$ 可得

$$V_u = V_c + V_{sv} + V_{sb} \tag{5-12}$$

当无弯起钢筋时,则得

$$V_u = V_c + V_{sv} = V_{cs} \tag{5-13}$$

式中 V_{cs}——构件斜截面上混凝土和箍筋的受剪承载力设计值。

5.3.2 计算公式

由于影响梁斜截面受剪承载力的因素很多,尽管各国学者已进行了大量的试验研究,但迄今为止,梁的受剪承载力计算理论尚未得到圆满解决。目前各国规范采用的计算公式均为半经验、半理论的公式。我国《规范》所建议的计算公式也是采用理论与经验相结合的方法,通过对大量的试验数据的统计分析得出的。

1) 无腹筋受弯构件

(1) 矩形、T形和I形截面的一般受弯构件

根据试验资料的分析,对无腹筋的矩形、T形和I形截面的一般受弯构件的斜截面受剪承载力设计值可按下列公式计算(图5—14a):

$$V_u = 0.7 f_t b h_0 \quad (5-14)$$

式中 V_u——无腹筋梁受剪承载力设计值;
f_t——混凝土轴心抗拉强度设计值。

于是,《规范》规定,对于矩形、T形和I形截面的一般受弯构件,其斜截面受剪承载力应按下列公式计算,即

$$V \leqslant V_u = 0.7 f_t b h_0 \quad (5-14a)$$

(2) 集中荷载作用下的独立梁

试验表明,对于集中荷载作用下的无腹筋梁,剪跨比对受剪承载力的影响很大,在大剪跨比时,按公式(5—14)的计算值偏高。因此,对集中荷载作用下的独立梁,应改按下列公式计算(图5—14b):

$$V_u = \frac{1.75}{\lambda + 1.0} f_t b h_0 \quad (5-15)$$

式中 λ——计算截面的剪跨比,可取 λ 等于 a/h_0,a 为集中荷载作用点至支座截面或节点边缘的距离;当 $\lambda < 1.5$ 时,取 $\lambda = 1.5$;当 $\lambda > 3$ 时,取 $\lambda = 3$;集中荷载作用点至与支座之间的箍筋应均匀配置。

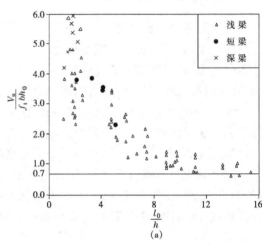
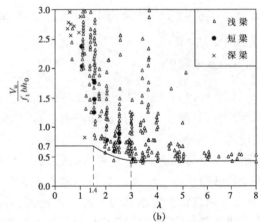

图5—14 无腹筋梁的受剪承载力计算公式与试验结果的比较

于是,《规范》规定,对于集中荷载作用下的独立梁(包括作用有多种荷载,且其中集中荷载对支座截面或节点边缘所产生的剪力值占总剪力值的75%以上的情况),其斜截面受剪承载力应按下列公式计算,即

$$V \leqslant V_u = \frac{1.75}{\lambda + 1.0} f_t b h_0 \quad (5-15a)$$

(3) 一般板类受弯构件

试验结果表明,截面尺寸效应对不配箍筋的钢筋混凝土板的斜截面受剪承载力的影响

较为显著。因此,对于板类受弯构件,其斜截面受剪承载力应按下列公式计算:

$$V_u = 0.7\beta_h f_t b h_0 \tag{5-16}$$

$$\beta_h = \left(\frac{800}{h_0}\right)^{1/4} \tag{5-16a}$$

式中 β_h——截面高度影响系数,按公式(5-16a)计算,当 $h_0 < 800$ mm 时,取 $h_0 = 800$ mm;当 $h_0 > 2\,000$ mm 时,取 $h_0 = 2\,000$ mm。

于是,《规范》规定,对于不配置箍筋和弯起钢筋的一般板类(单向板)受弯构件,其斜截面受剪承载力应按下列公式计算,即

$$V \leqslant V_u = 0.7\beta_h f_t b h_0 \tag{5-16b}$$

必须指出,上述的"一般板类受弯构件"主要是指均布荷载作用下的单向板。

必须指出,《规范》虽然列出了无腹筋梁的受剪承载力计算公式,但是,由于剪切破坏具有明显的脆性,特别是斜拉破坏,斜裂缝一出现,梁即剪坏,所以不能认为当梁承受的剪力设计值 V 不大于无腹筋梁受剪承载力设计值时都可以不配置箍筋。《规范》规定,仅对于截面高度 $h \leqslant 150$ mm 的小梁,才允许采用无腹筋梁。

2)配置箍筋的梁

(1)矩形、T 形和 I 形的一般受弯构件

根据试验资料的统计分析,《规范》规定,对矩形、T 形和 I 形截面的受弯构件,当仅配有箍筋时,其受剪承载力按下列公式计算(图 5-15)。

$$V \leqslant V_{cs} = 0.7 f_t b h_0 + f_{yv}\frac{A_{sv}}{s}h_0 \tag{5-17}$$

式中 V——构件斜截面上的最大剪力设计值;

V_{cs}——构件斜截面上混凝土和箍筋的受剪承载力设计值;

A_{sv}——配置在同一截面内箍筋各肢的全部截面面积,$A_{sv} = nA_{sv1}$;

n——在同一截面内箍筋肢数;

A_{sv1}——单肢箍筋的截面面积;

s——沿构件长度方向的箍筋间距;

f_t——混凝土轴心抗拉强度设计值;

f_{yv}——箍筋抗拉强度设计值。

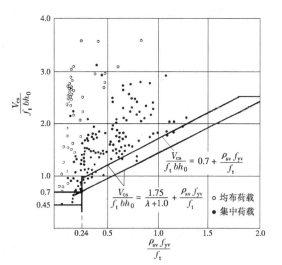

图 5-15 配置箍筋的梁受剪承载力
计算公式与试验结果的比较

(2)集中荷载作用下的独立梁

对集中荷载作用下(包括作用有多种荷载,且其中集中荷载对支座截面或节点边缘所产生的剪力值占总剪力值的 75% 以上的情况)的独立梁,改按下列公式计算:

$$V \leqslant V_{cs} = \frac{1.75}{\lambda+1} f_t b h_0 + f_{yv}\frac{A_{sv}}{s}h_0 \tag{5-18}$$

式中 λ——计算截面的剪跨比,其取值与公式(5-15)相同。

必须指出,由于配置箍筋后混凝土所能承受的剪力与无箍筋时所能承受的剪力是不同的,因

此,对于上述二项表达式,虽然其第一项在数值上等于无腹筋梁的受剪承载力,但不应理解为配置箍筋梁的混凝土所能承担的剪力;而第二项是表示在配置箍筋后受剪承载力可以提高的程度。换句话说,对于上述二项表达式应理解为二项之和代表有箍筋梁的受剪承载力。

3) 配置箍筋和弯起钢筋的梁

当配有箍筋和弯起钢筋时,弯起钢筋所能承担的剪力为弯起钢筋的总拉力在垂直于梁轴方向的分力,即 $V_{sb}=0.8f_y A_{sb}\sin\alpha_s$。系数 0.8 是考虑弯起钢筋在破坏时可能达不到其屈服强度的应力不均匀系数。因此,对于配有箍筋和弯起钢筋的矩形、T形和I形截面的受弯构件,其受剪承载力按下列公式计算:

$$V \leqslant V_{cs}+V_{sb}=V_{cs}+0.8f_y A_{sb}\sin\alpha_s \tag{5-19}$$

式中 V——配置弯起钢筋处的剪力设计值;

f_y——弯起钢筋的抗拉强度设计值;

A_{sb}——同一弯起平面内弯起钢筋的截面面积;

α_s——弯起钢筋与构件纵轴线之间的夹角,α_s 一般取 45°,梁截面高度较大时取 60°。

按公式(5-19)计算时,即使梁中配有几排弯起钢筋,式中 A_{sb} 也只考虑一排。因为间距较大的弯起钢筋对抑制斜裂缝的开展和延伸的效果不及密集的箍筋。

4) 计算截面位置

在计算斜截面受剪承载力时,其剪力设计值的计算截面位置应按以下规定采取(图 5-16):

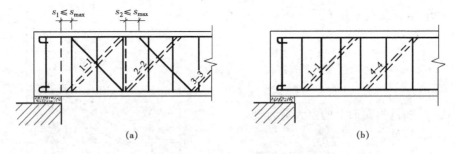

图 5-16 斜截面受剪承载力的计算截面

(1) 支座边缘处的截面 1-1(图 5-16a、图 5-16b);

(2) 受拉区弯起钢筋弯起点处的截面 2-2、3-3(图 5-16a);

(3) 箍筋数量(间距或截面面积)改变处的截面 4-4(图 5-16b)。

(4) 腹板宽度改变处的截面。

计算截面处的剪力设计值按下述方法采用(图 5-16):计算支座边缘处的截面时,取该处的剪力值;计算箍筋数量改变处的截面时,取箍筋数量开始改变处的剪力值;计算第一排(从支座算起)弯起钢筋时,取支座边缘处的剪力值,计算以后每一排弯起钢筋时,取前一排弯起钢筋弯起点处的剪力值。

5) 计算公式的适用范围——上、下限

(1) 上限值——最小截面尺寸及最大配箍率

由公式(5-17)、公式(5-18)可知,对于仅配箍筋的梁,其受剪承载力由斜截面上混凝土的抗剪能力和箍筋的抗剪能力所组成。但当梁的截面尺寸确定后,斜截面受剪承载力并不能随配箍量(一般用配箍系数 $\rho_{sv}f_{yv}/f_t$ 表示)的增大而无限提高。当配箍量超过一定数值后,梁的斜截面受剪承载力几乎不再增大,破坏时箍筋的拉应力达不到屈服强度,箍筋不能充分发挥作用。配箍量过大,梁还可能发生斜压破坏。因此,梁承受较大的剪力时,其截面尺寸不能太小,配箍量不能太大。根据我国工程实践经验及试验结果分析,为防止斜压破坏和限制在使用荷载下斜裂缝的宽度,对矩形、T 形和 I 形截面受弯构件,设计时必须满足下列截面限制条件:

当 $h_w/b \leqslant 4$ 时　　　　　$V \leqslant 0.25\beta_c f_c b h_0$　　　　　(5—20)

当 $h_w/b \geqslant 6$ 时　　　　　$V \leqslant 0.2\beta_c f_c b h_0$　　　　　(5—21)

当 $4 < h_w/b < 6$ 时　按直线内插法取用。

式中　V——构件斜截面上的最大剪力设计值;

　　　β_c——混凝土强度影响系数,当混凝土强度等级不超过 C50 时,取 $\beta_c=1.0$;当混凝土强度等级为 C80 时,取 $\beta_c=0.8$;其间按线性内插法取用;

　　　f_c——混凝土轴心抗压强度设计值;

　　　b——矩形截面宽度,T 形截面和 I 形截面的腹板宽度;

　　　h_w——截面的腹板高度,对矩形截面取有效高度 h_0;对 T 形截面取有效高度减去上翼缘高度;对 I 形截面取腹板净高。

以上各式表示梁在相应情况下斜截面受剪承载力的上限值,相当于限制了梁所必须具有的最小截面尺寸和不可超过的最大配箍率。如果上述条件不能满足,则必须加大截面尺寸或提高混凝土的强度等级。

对 T 形或 I 形截面的简支受弯构件,当有实践经验时,公式(5—20)可改为

$$V \leqslant 0.3\beta_c f_c b h_0 \qquad (5—22)$$

(2) 下限值——最小配箍率

钢筋混凝土梁出现斜裂缝后,斜裂缝处原来由混凝土承担的拉力全部转给箍筋承担,使箍筋的拉应力突然增大。如果配置的箍筋过少,则斜裂缝一出现,箍筋应力很快达到其屈服强度,不能有效地抑制斜裂缝的发展,甚至箍筋被拉断而导致梁发生斜拉破坏。当梁内配置一定数量的箍筋,且其间距又不过大,能保证与斜裂缝相交时,即可防止发生斜拉破坏。因此,对斜拉破坏可通过规定合适的最小配箍率来防止。《规范》规定最小配箍率为

$$\rho_{sv,\min}=\left(\frac{nA_{sv1}}{bs}\right)_{\min}=0.24\frac{f_t}{f_{yv}} \qquad (5—23)$$

即　　　　　　　　　$\rho_{sv,\min}\frac{f_{yv}}{f_t}=0.24$ 　　　　　(5—23a)

当梁承受的剪力较小而截面尺寸较大,满足下列条件时,可按构造要求配置箍筋(详见 5.5.1 节):

对一般受弯构件

$$V \leqslant 0.7 f_t b h_0 \qquad (5—24)$$

对于集中荷载作用下的独立梁,上述条件改为

$$V \leqslant \frac{1.75}{\lambda+1.0} f_t b h_0 \qquad (5—25)$$

关于对集中荷载的规定及 λ 的限值,与公式(5—15)和公式(5—15a)相同。

例题 5—1　钢筋混凝土简支梁(如图 5—17a 所示)的截面尺寸为 $b \times h = 180 \text{ mm} \times 450 \text{ mm}$,承受均布恒荷载设计值 $g=18.8 \text{ kN/m}$,均布活荷载设计值 $q=12.0 \text{ kN/m}$,混凝土强度等级为 C25($f_c=11.9 \text{ N/mm}^2$,$f_t=1.27 \text{ N/mm}^2$),采用 HRB400 级钢筋作箍筋($f_{yv}=$

360 N/mm²),按正截面受弯承载力计算配置的纵向受拉钢筋为 3 Φ 18。环境类别为二(a)类。试进行斜截面受剪承载力计算。

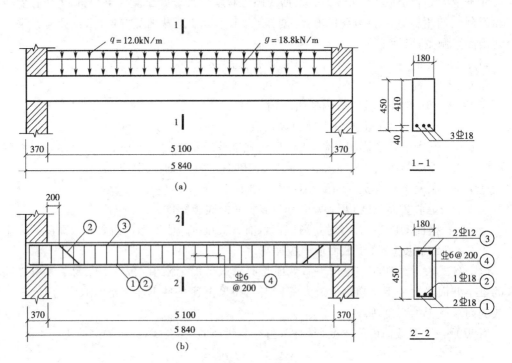

图 5-17 例题 5-1 中的简支梁

解 (1) 计算剪力设计值
总均布荷载设计值
$$p = g + q = 18.8 + 12.0 = 30.8 \text{ kN/m}$$
支座边缘处剪力设计值
$$V = \frac{1}{2} p l_n = \frac{1}{2} \times 30.8 \times 5.10 = 78.54 \text{ kN}$$

(2) 复核梁的截面尺寸
$$h_0 = h - a_s = 450 - 40 = 410 \text{ mm}$$
$$\frac{h_w}{b} = \frac{h_0}{b} = \frac{410}{180} = 2.3 < 4$$

按式(5-20)复核截面尺寸，即
$$0.25 \beta_c f_c b h_0 = 0.25 \times 1.0 \times 11.9 \times 180 \times 410$$
$$= 219\,600 \text{ N} = 219.6 \text{ kN} > V = 78.54 \text{ kN} \quad （满足要求）$$

(3) 确定是否需按计算配置腹筋
$$0.7 f_t b h_0 = 0.7 \times 1.27 \times 180 \times 410 = 65\,600 \text{ N} = 65.6 \text{ kN} < V = 78.54 \text{ kN}$$
需按计算配置腹筋。

(4) 配置箍筋，计算 V_{cs}
按构造要求，根据表 5-1，选用 Φ 6@200 双肢箍筋，则

$$\rho_{sv}=\frac{nA_{sv1}}{bs}=\frac{2\times 28.3}{180\times 200}=0.157\% > \rho_{sv,min}=0.24\frac{f_t}{f_{yv}}=0.24\times\frac{1.27}{360}=0.085\%$$

符合最小配箍率要求。

$$V_{cs}=0.7f_tbh_0+f_{yv}\frac{nA_{sv1}}{s}h_0$$

$$=0.7\times 1.27\times 180\times 410+360\times\frac{2\times 28.3}{200}\times 410$$

$$=65\,600+41\,771=107\,371\text{ N}=107.4\text{ kN}>V=78.54\text{ kN}$$

按计算可以不设置弯起钢筋,但构造上可弯起中间 1⌀18。配筋如图 5-17b 所示。

例题 5-2 钢筋混凝土 T 形截面简支梁(如图 5-18 所示),截面尺寸为 $b=200$ mm,$h'_f=60$ mm,$h=450$ mm,承受均布恒荷载设计值 $g=29.28$ kN/m,均布活荷载设计值 $q=19.04$ kN/m,混凝土强度等级为 C25,采用 HPB300 级钢筋作箍筋($f_{yv}=270$ N/mm²)、HRB400 级钢筋作纵向受拉钢筋,按正截面受弯承载力计算配置的纵向受拉钢筋为 6⌀18,试进行斜截面受剪承载力计算。

解 (1) 计算剪力设计值

总均布荷载设计值 $p=g+q=29.28+19.04=48.32$ kN/m

支座边缘处剪力设计值 $V_{max}=\frac{1}{2}pl_n=\frac{1}{2}\times 48.32\times 5.10=123.2$ kN

绘剪力图,如图 5-20a 所示。

(2) 复核梁的截面尺寸

$$h_0=h-a_s=450-60=390\text{ mm}$$
$$h_w=h_0-h'_f=390-60=330\text{ mm}$$
$$\frac{h_w}{b}=\frac{330}{200}=1.65<4$$
$$0.25\beta_cf_cbh_0=0.25\times 1.0\times 11.9\times 200\times 390=232\,100\text{ N}=232.1\text{ kN}$$
$$>V_{max}=123.2\text{ kN}\quad(\text{满足要求})$$

(3) 确定是否需按计算配置腹筋。

$$0.7f_tbh_0=0.7\times 1.27\times 200\times 390=69\,300\text{ N}=69.3\text{ kN}<V=123.2\text{ kN}$$

需按计算配置腹筋。

(4) 配置箍筋,计算 V_{cs}

按构造要求,选用 ⌀6@200 双肢箍筋,则

$$\rho_{sv}=\frac{nA_{sv1}}{bs}=\frac{2\times 28.3}{200\times 200}=0.142\% > \rho_{sv,min}$$

$$=0.24\frac{f_t}{f_{yv}}=0.24\times\frac{1.27}{270}=0.113\%\quad(\text{满足要求})$$

$$V_{cs}=0.7f_tbh_0+f_{yv}\frac{nA_{sv1}}{s}h_0$$

$$=0.7\times 1.27\times 200\times 390+270\times\frac{2\times 28.3}{200}\times 390$$

$$=69\,300+29\,800=99\,100\text{ N}=99.1\text{ kN}<V=123.2\text{ kN}$$

(5) 计算并布置弯起钢筋

弯起钢筋采用 HRB400 级钢筋,弯起角 $\alpha_s=45°$。

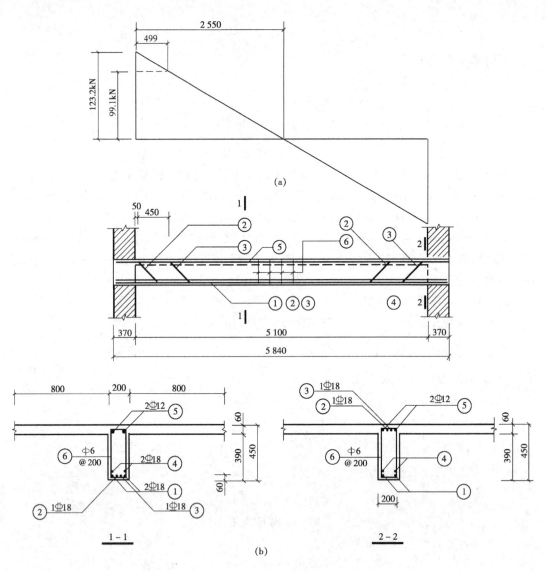

图 5—18 例题 5—2 中的 T 形截面简支梁

支座边缘截面 $A_{sb}=\dfrac{V-V_{cs}}{0.8f_y\sin45°}=\dfrac{123\,200-99\,100}{0.8\times360\times0.707}=118\text{ mm}^2$

需按计算配置弯起钢筋的范围 x 按下述方法确定：$V-px=V_{cs}$，则

$$x=\dfrac{V-V_{cs}}{p}=\dfrac{123\,200-99\,100}{48\,320}=0.499\text{ m}=499\text{ mm}$$

②、③号筋分两次弯起，即每次弯 1Φ18，$A_{sb}=254.5\text{ mm}^2$，第一排弯筋弯终点(下弯点)距支座边 50 mm，第二排弯筋弯终点(下弯点)距支座边 500 mm。则弯起钢筋的实际配置范围为 900 mm，大于计算所要求的 499 mm。

(6) 绘制构件配筋图

配筋图如图 5—18b 所示。

5.4 纵向受力钢筋的弯起和截断

受弯构件斜截面受剪承载力的基本计算公式(5-12)主要是根据竖向力的平衡条件而建立的。显然,按照这个基本公式计算是能够保证斜截面的受剪承载力的。但是,在实际工程中,纵筋往往要弯起,有时要截断,这就有可能影响构件的承载力,尤其是斜截面的受弯承载力。因此,除了按上述基本公式计算斜截面受剪承载力外,还必须研究斜截面受弯承载力和纵筋弯起和切断对斜截面受剪承载力的不利影响。假定纵向受拉钢筋达到屈服强度,则根据斜截面力矩平衡条件可得(图5-19)

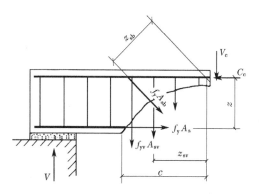

图 5-19 斜截面受弯承载力的计算简图

$$M \leqslant f_y A_s z + \sum f_y A_{sb} z_{sb} + \sum f_{yv} A_{sv} z_{sv} \tag{5-26}$$

式中 M——沿斜截面作用的弯矩设计值;

A_{sb}——同一弯起平面内弯起钢筋的截面面积;

A_{sv}——配置在同一截面内箍筋各肢的全部截面面积;

z——纵向受拉钢筋的合力至受压区合力点的距离,可近似取 $z=0.9h_0$;

z_{sb}——同一弯起平面内弯起钢筋的合力至斜截面受压区合力点的距离;

z_{sv}——同一截面内箍筋的合力至斜截面受压区合力点的距离。

因为只有靠近受压区的腹筋才未能充分发挥强度,但其相应的内力臂较小,对斜截面受弯承载力影响不大,所以,在公式(5-26)中,对腹筋未考虑应力不均匀系数。

此时,斜截面的水平投影长度 c 可按下列条件确定:

$$V = \sum f_y A_{sb} \sin\alpha_s + \sum f_{yv} A_{sv} \tag{5-27}$$

在实际工程中,对于斜截面的受弯承载力,一般是采取构造措施来保证的。主要的构造措施有下述几方面。

5.4.1 纵向钢筋的弯起

对于受弯构件,为了保证其受弯承载力,纵向钢筋的弯起应满足下列两个条件:

(1) 为了保证斜截面受弯承载力,在钢筋混凝土梁的受拉区中,纵向受力钢筋弯起点应设在按正截面受弯承载力计算时该钢筋强度被充分利用的截面(可称为充分利用点)以外,其水平距离不小于 $h_0/2$ 处。譬如图 5-20 中,1-1 截面处的 4 根钢筋恰好承担该截面的弯矩 M_A,即在 1-1 截面处钢筋的强度被充分利用。如果先弯起①号钢筋,应使其弯起点 D 与充分利用点 A 的水平距离 $l_{AD} \geqslant h_0/2$。同理,如果再弯起②号钢筋,应使其弯起点 E 与充分利用点 B 的水平距离 $l_{BE} \geqslant h_0/2$。

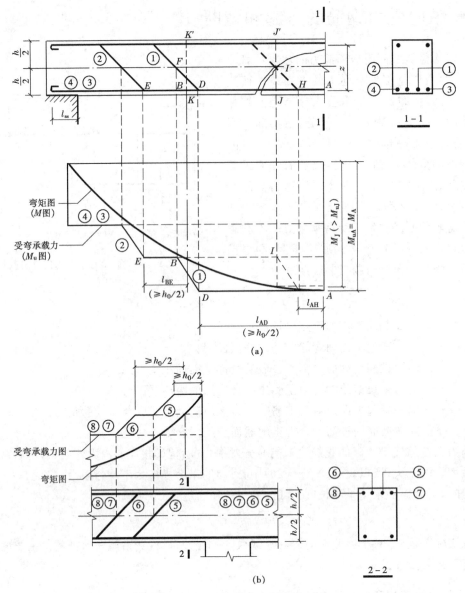

图 5—20 纵向钢筋弯起的构造要求

为什么当纵向钢筋充分利用点与弯起点的水平距离等于或大于 $\frac{h_0}{2}$ 时,才能保证斜截面受弯承载力呢?如图 5—21 所示,在截面 $A-A'$,承受的弯矩为 M_A,按正截面受弯承载力需要配置纵向钢筋截面面积 A_s,在 D 处弯起一根(或一排)钢筋,其截面面积为 A_{sb},则留下来的纵向钢筋截面面积 $A_{sl}=A_s-A_{sb}$。

由正截面 $A-A'$ 的受弯承载力计算可得(图 5—21)

$$M_A=f_yA_sz$$

如果出现斜裂缝 FG,则作用在斜截面上的弯矩仍为

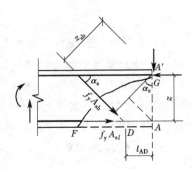

图 5—21 弯起钢筋对截面受弯承载力的作用

M_A,而斜截面所能承担的弯矩 M_{uA} 为

$$M_{uA} = f_y(A_s - A_{sb})z + f_y A_{sb} z_{sb}$$

为了保证沿斜截面 FG 不发生破坏,必须满足 $M_{uA} \geq M_A$,即

$$z_{sb} \geq z$$

又

$$z_{sb} = l_{AD}\sin\alpha_s + z\cos\alpha_s$$

式中　α_s——弯起钢筋与构件纵轴的夹角。

于是可得

$$l_{AD}\sin\alpha_s + z\cos\alpha_s \geq z$$

则

$$l_{AD} \geq \frac{1-\cos\alpha_s}{\sin\alpha_s} z$$

一般 $z=(0.91\sim 0.77)h_0$,则可得 l_{AD} 为

当 $\alpha_s=45°$ 时　　$l_{AD} \geq (0.372\sim 0.319)h_0$

当 $\alpha_s=60°$ 时　　$l_{AD} \geq (0.525\sim 0.445)h_0$

为方便起见,《规范》取 $l_{AD} \geq h_0/2$。

由此可见,当纵向钢筋弯起点满足上述要求时,则斜截面受弯承载力将大于或等于正截面受弯承载力,因此,可不必按公式(5-26)进行计算。

(2) 为了保证正截面受弯承载力,在钢筋混凝土梁中,弯起钢筋的弯起点可设在按正截面受弯承载力计算不需要该钢筋的截面之前,但弯起钢筋与构件纵轴线的交点应位于按正截面受弯承载力计算不需要该钢筋的截面(可称为不需要点)以外。换句话说,也就是要求抵抗弯矩图(M_u 图)不得切入设计弯矩图(M 图),如图 5-20 所示。如果将①号钢筋在 H 点弯起,与构件纵轴交于 I 点,由于该处已接近于正截面抗弯的受压区,故在正截面受弯承载力计算中,不宜再考虑①号钢筋的作用。因此,在 $J-J'$ 截面留下的纵向钢筋所能承受的弯矩为 M_{uJ},小于作用于该截面上的弯矩 M_J。由此可见,虽然弯起点 H 的位置满足了 $l_{AH} \geq h_0/2$ 的要求,但仍然是不允许的。只有当①号钢筋在 D 点弯起,与纵轴的交点 F 位于按正截面受弯承载力计算时不需要该钢筋的截面 $K-K'$ 以外,才是安全的。

同理,在负弯矩区段,为了保证斜截面受弯承载力,纵向受拉钢筋向下弯折时也应符合上述(1)、(2)的要求(图 5-20b)。

5.4.2　纵向钢筋的截断和锚固

1) 纵向钢筋的截断

钢筋混凝土梁支座截面负弯矩纵向受拉钢筋不宜在受拉区截断。当必须截断时,应符合下列规定(图 5-22):

(1) 当 $V \leq 0.7 f_t b h_0$ 时,应延伸至按正截面受弯承载力计算不需要该钢筋的截面(简称为理论截断点)以外不小于 $20d$ 处截断;且从该钢筋强度充分利用截面(简称为充分利用点,如图 5-22 中①号钢筋的 A 点)伸出的长度不应小于 $1.2 l_a$。

(2) 当 $V > 0.7 f_t b h_0$ 时,应延伸至按正截面受弯承载力不需要该钢筋的截面以外不小于 h_0 且不小于 $20d$ 处截断;且从该钢筋强度充分利用截面伸出的长度尚不应小于 $1.2 l_a + h_0$。

(3) 若按上述规定确定的截断点仍位于与支座最大负弯矩对应的受拉区内,则应延伸

至按正截面受弯承载力计算不需要该钢筋的截面以外不小于 $1.3h_0$ 且不小于 $20d$;同时,从该钢筋强度充分利用截面伸出的延伸长度不应小于 $1.2l_a+1.7h_0$。

近年来,国内对连续梁支座截面负弯矩钢筋向跨中方向延伸,且分批截断时钢筋拉应力沿其长度方向的分布特征作了较精确的测定。试验结果表明,当作用剪力较大,斜裂缝发展较充分时,沿每根钢筋的延伸长度可分为两个受力区段。靠近支座的为"内力重分布区段",在该区段中,由于斜裂缝中的斜弯作用,钢筋应力较大,接近或达到屈服强度。远离支座的为"锚固区段",在该区段中,销栓剪力作用可能撕裂混凝土保护层,而使钢筋粘结应力遭到一定的损伤。同时,试验结果还表明,"锚固区段"的长度可取为 $1.2l_a$(略大于受拉钢筋锚固长度 l_a),而"内力重分布区段"的长度则与支座一侧负弯

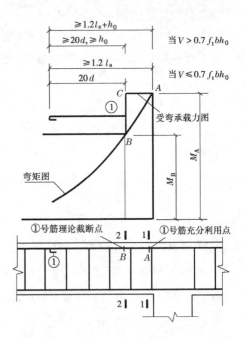

图5-22 受弯纵向钢筋截断时的延伸长度

矩区水平长度和梁截面的有效高度 h_0 的比值有关。因此,根据试验研究结果和我国的工程实验,《规范》作了上述规定。

在悬臂梁中,应有不少于 2 根上部纵向钢筋伸至悬臂外端,并向下弯折不小于 $12d$;其余钢筋不应在梁的上部截断,而应向下弯折,并符合弯起钢筋的构造要求(例如,弯起钢筋的弯终点外应留有平行于梁轴向方向的锚固长度,其长度在受拉区不应小于 $20d$,在受压区不应小于 $10d$;外层钢筋中的角部钢筋不应弯起;弯起钢筋的弯起角宜取 45°或 60°)。

2) 纵向钢筋在支座和节点中的锚固

(1) 下部纵向钢筋的锚固

伸入支座的纵向钢筋应有足够的锚固长度,以防止斜裂缝形成后纵向钢筋被拔出而导致构件的破坏。

① 简支端支座

钢筋混凝土简支梁和连续梁简支端的下部纵向受力钢筋伸入支座内的锚固长度 l_{as} 应符合下列条件(图5-23):

当 $V<0.7f_tbh_0$ 时
$$l_{as} \geq 5d$$

当 $V \geq 0.7f_tbh_0$ 时

对带肋钢筋 $\quad l_{as} \geq 12d$

对光面钢筋 $\quad l_{as} \geq 15d$

此处,d 为纵向受力钢筋的直径。

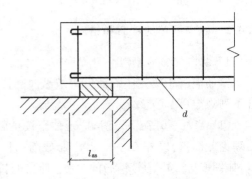

图5-23 纵筋在支座处的锚固

如果纵向受力钢筋伸入支座的锚固长度不符合上述规定时,应采取有效的锚固措施,见本书 2.4.1 节。

支承在砌体结构上的钢筋混凝土独立梁,在纵向受力钢筋锚固长度 l_{as} 范围内应配置不

少于2个箍筋。箍筋直径不应小于纵向受力钢筋最大直径的0.25倍,间距不宜大于纵向受力钢筋最小直径的10倍;当采用机械锚固措施时,箍筋间距尚不宜大于纵向受力钢筋最小直径的5倍。

对混凝土强度等级小于或等于C25的简支梁和连续梁的简支端,在距支座边$1.5h$范围内作用有集中荷载(包括作用有多种荷载,且其中集中荷载在支座产生的剪力值占总剪力值的75%以上的情况),且$V>0.7f_tbh_0$时,对带肋钢筋宜采用附加锚固措施,或取锚固长度$l_{as} \geqslant 15d$。

② 中间节点和中间支座

框架梁或连续梁下部纵向钢筋在中间节点或支座处的锚固应符合下列要求:

A. 当计算中不利用钢筋强度时,其伸入节点或支座的锚固长度应符合简支端支座中$V>0.7f_tbh_0$时的规定。

B. 当计算中充分利用钢筋抗拉强度时,下部纵向钢筋应锚固在节点或支座内。此时,可采用直线锚固形式(图5—24a),钢筋的锚固长度不应小于受拉钢筋锚固长度l_a(见本书2.4.1节);亦可采用带90°弯折的锚固形式(图5—24b),其中竖直段应向上弯折,锚固端的水平投影长度取为$0.4l_a$,弯折后的垂直投影长度取为$15d$。下部纵向钢筋亦可贯穿节点或支座范围,并在节点或支座外梁内弯矩较小部位设置搭接接头(图5—24)。

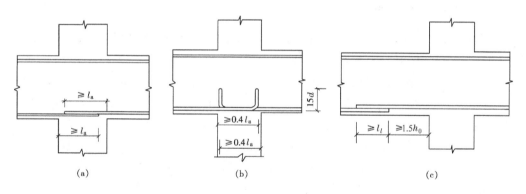

图5—24 梁下部纵向钢筋在中间节点或支座范围的锚固和搭接

C. 当计算中充分利用钢筋的抗压强度时,下部纵向钢筋应按受压钢筋锚固在中间节点或支座内,其直线锚固长度不应小于$0.7l_a$。下部纵向钢筋亦可贯穿节点或支座范围,在节点或支座范围以外梁中弯矩较小位置设置搭接接头。

③ 框架梁端节点

框架梁下部纵向钢筋在端节点的锚固要求与中间节点处梁下部纵向钢筋的锚固要求相同。

(2) 上部纵向钢筋的锚固

① 中间层端节点

框架梁上部纵向钢筋伸入中间层端节点的锚固长度,当采用直线锚固形式时,不应小于受拉钢筋锚固长度l_a,且伸过柱中心线不小于$5d$(d为梁上部纵向钢筋直径);当柱截面尺寸不足时,梁上部纵向钢筋可采用钢筋端部加机械锚头的锚固方式(图5—25a);梁上部纵向钢筋也可采用90°弯折锚固方式(图5—25b),此时,梁上部纵向钢筋应伸至节点外侧边并向下弯折,其包含弯弧段在内的水平投影长度应取为 $0.4l_a$,包含弯弧段在内的垂直投影长度应取为 $15d$。

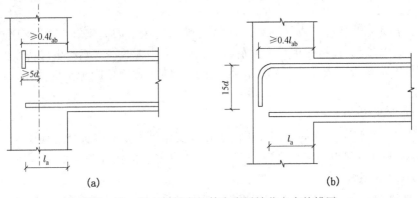

图 5-25 梁上部纵向钢筋在中层端节点内的锚固

② 中间节点和中间支座

框架梁或连续梁的上部纵向钢筋应贯穿中间节点或中间支座范围(图 5-24),该钢筋自节点或支座边缘伸向跨中的截断位置应符合本节中的有关规定。

5.4.3 弯矩抵抗图的绘制

在弯矩(设计值)图(M 图)上用同一比例尺,按实际布置的纵向钢筋绘出的正截面所能承担的弯矩(设计值)图称为正截面受弯承载力图(M_u 图)或抵抗弯矩图。由图 5-20 可见,在等截面构件中,在纵向钢筋截面面积不变的区段,梁的受弯承载力为常值,抵抗弯矩图形为水平线;在纵向钢筋弯起的范围内,从钢筋弯起点到其与构件纵轴的交点为止,梁的受弯承载力逐渐降低,抵抗弯矩图形为斜线。如图 5-22 所示,在纵向钢筋理论截断点,梁的受弯承载力发生突变(降低),抵抗弯矩图形为竖直线。显然,当抵抗弯矩图与弯矩图按同一比例尺绘制时,则抵抗弯矩图必须在弯矩图的外边,构件才不会因受弯承载力不足而破坏。如果抵抗弯矩图截到弯矩图里面,如 I 点那样是不允许的。为了节省钢材,抵抗弯矩图应尽可能贴近弯矩图,但弯筋形式不宜过多,以便于施工。

5.5 箍筋和弯起钢筋的一般构造要求

5.5.1 箍筋的构造要求

1) 形式和肢数

箍筋通常有开口式和封闭式两种(图 5-26 所示)。为了使箍筋更好地发挥作用,应将其端部锚固在受压区内。对于封闭式箍筋,其在受压区的水平肢将约束混凝土的横向变形,有助于提高混凝土抗压强度。所以,在一般梁中通常采用封闭式箍筋。对于现浇 T 形截面梁,当不承受扭矩和动荷载时,在承受正弯矩的区段内,可采用开口式箍筋。

箍筋的肢数有单肢、双肢和四肢等,如图 5-27 所示。当梁的截面宽度 $b<350$ mm 时,一般采用双肢箍筋;当 $b\geqslant 350$ mm 或一层中受拉钢筋超过 4 根或按计算配置的纵向受压钢筋超过 3 根(或当梁宽不大于 400 mm,一层内的纵向受压钢筋多于 4 根)时,宜采用四肢箍

筋。只有在某些特殊情况下(如梁宽较小等)才采用单肢箍筋。

图 5-26 箍筋的形式　　　　　图 5-27 箍筋的肢数

2) 直径

箍筋除承受剪力外,尚能固定纵向钢筋的位置,与纵筋一起构成钢筋骨架。为了使钢筋骨架具有足够的刚度。对截面高度 $h>800$ mm 的梁,其箍筋直径不宜小于 8 mm;对截面高度 $h\leqslant800$ mm 的梁,其箍筋直径不宜小于 6 mm;梁中配有计算需要的纵向受压钢筋时,箍筋直径尚不应小于 $d/4$(d 为纵向受压钢筋的最大直径)。

3) 间距

试验表明,箍筋的分布对斜裂缝开展宽度有显著的影响。如果箍筋的间距过大,则斜裂缝可能不与箍筋相交,或者相交在箍筋不能充分发挥作用的位置,以致箍筋不能有效地抑制斜裂缝的开展和提高梁的受剪承载力。因此,一般宜采用直径较小、间距较密的箍筋。《规范》规定,箍筋的最大间距 s_{max} 应符合表 5-1 的要求,当 $V>0.7f_tbh_0$ 时,箍筋配筋率 ρ_{sv}(即 $A_{sv}/(bs)$)尚不应小于 $0.24f_t/f_{yv}$。

表 5-1　　　　　　　　　梁中箍筋的最大间距 s_{max}　　　　　　　　　单位:mm

项次	梁高 h	$V>0.7f_tbh_0$	$V\leqslant0.7f_tbh_0$
1	$150<h\leqslant300$	150	200
2	$300<h\leqslant500$	200	300
3	$500<h\leqslant800$	250	350
4	$h>800$	300	400

当梁中配有按计算需要的纵向受压钢筋时,应采用封闭式箍筋,此时,箍筋间距不应大于 $15d$(d 为纵向受压钢筋的最小直径),同时,不应大于 400 mm;当一层内的纵向受压钢筋多于 5 根,且直径大于 18 mm 时,箍筋间距不应大于 $10d$;当梁的宽度大于 400 mm,且一层内的纵向受压钢筋多于 3 根时,或当梁的宽度不大于 400 mm,但一层内的纵向受压钢筋多于 4 根时,应设置复合箍筋。

此外,《规范》规定,如按计算不需要设置箍筋时,对截面高度 $h>300$ mm 的梁,仍应沿梁全长设置箍筋;对截面高度 $h=150\sim300$ mm 的梁,可仅在构件端部 1/4 跨度范围内(即容易出现斜裂缝的区段)设置箍筋,但当在构件中部 1/2 跨度范围内有集中荷载作用时,则应沿梁全长设置箍筋;对截面高度 $h<150$ mm 以下的梁,可不设置箍筋。

5.5.2　弯起钢筋的构造要求

1) 弯筋的锚固

为了防止弯筋因锚固不善而发生滑动,导致斜裂缝开展过大及弯筋的强度不能充分发挥,弯筋的弯终点以外应有足够的平行于梁轴向方向的锚固长度。当锚固在受压区时,其锚固长度不应小于 $10d$(图 5-28a);锚固在受拉区时,其锚固长度不应小于 $20d$(图 5-28b、c),此处,d 为弯起钢筋的直径。对于光面钢筋,在末端尚应设置弯钩。

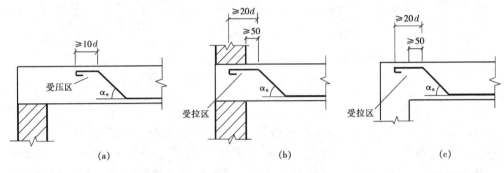

图 5-28 弯起钢筋的锚固

2) 弯筋间距

为了防止因弯筋间距过大,可能在相邻两排弯筋之间出现不与弯筋相交的斜裂缝,使弯筋不能发挥抗剪作用,因此,当按抗剪计算需设置两排及两排以上弯起钢筋时,前一排(从支座算起)弯筋的弯起点到后一排弯筋的弯终点之间的距离(包括支座边缘至第一排弯筋的弯终点之间的距离)不应大于表 5-1 中 $V>0.7f_tbh_0$ 栏规定的箍筋的最大间距 s_{max}(图 5-16a)。

为了避免由于钢筋尺寸误差而使弯筋的弯终点进入梁的支座范围,以致不能充分发挥其作用,且不利于施工,靠近支座的第一排弯筋的弯终点到支座边缘的距离不宜小于 50 mm,但不应大于 s_{max}(图 5-16a)。

3) 弯筋的设置

位于梁侧的底层钢筋不宜弯起。当充分利用弯筋强度时,宜将其配置在靠梁侧面不小于 $2d$ 的位置处,以防止弯转点处混凝土过早破坏,以致弯筋强度不能充分发挥。如前所述,弯筋的数量和弯起位置必须满足构件材料图的要求。同时,又必须满足上述关于最大间距等方面的构造要求。因此,二者有时会互相矛盾。为了解决这一矛盾,可附加按抗剪计算所需的弯筋,而不从纵向受力钢筋中弯起。这种专为抗剪而设置的弯筋,一般称为"鸭筋",如

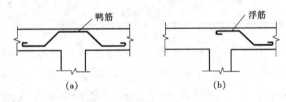

图 5-29 鸭筋和浮筋

图 5-29a 所示,但决不可采用"浮筋",如图 5-29b 所示。为了满足弯起钢筋的需要,亦可重新选配按正截面承载力计算所需的纵向受力钢筋的直径和根数。

5.6 受弯构件斜截面受剪承载力的计算方法和步骤

在实际工程中,梁的斜截面受剪承载力计算通常有两类问题,即设计截面和复核截面。

5.6.1 设计截面

当已知剪力设计值 V（必要时应包括剪力图）、材料强度设计值（f_c、f_t、f_{yv}、f_y）和截面尺寸，要求确定箍筋和弯起钢筋的数量时，其计算步骤如下：

(1) 复核截面尺寸

梁的截面尺寸通常先由正截面受弯承载力计算和刚度要求等确定，在斜截面受剪承载力计算时，应再按公式(5—20)～公式(5—21)进行复核。如不满足要求，则应加大截面尺寸或提高混凝土强度等级。

(2) 确定是否需按计算配置腹筋

当满足公式(5—24)～公式(5—25)的条件时，可按构造要求配置腹筋，否则按计算配置。

(3) 计算斜截面上受压区混凝土和箍筋的受剪承载力 V_{cs}

当需按计算配置腹筋时，一般可根据构造要求等选定箍筋的直径、肢数和间距，然后按公式(5—17)～公式(5—18)计算 V_{cs}。

(4) 确定是否需配置弯起钢筋

如果剪力设计值 $V \leqslant V_{cs}$，则可不配置弯起钢筋或只按构造要求配置弯起钢筋。否则，按计算配置弯起钢筋。

(5) 计算弯起钢筋截面面积

当需按计算配置弯起钢筋时，可按公式(5—19)计算弯起钢筋截面面积 A_{sb}，即

$$A_{sb} = \frac{V - V_{cs}}{0.8 f_y \sin\alpha_s} \tag{5-28}$$

然后，根据计算和构造规定以及弯矩图布置弯筋，并绘制构件配筋图。

例题 5—3 钢筋混凝土矩形截面简支梁如图 5—30a 所示，梁的截面尺寸为 $b \times h = 250 \text{ mm} \times 700 \text{ mm}$，承受均布荷载设计值 $p = 13.5 \text{ kN/m}$，集中荷载设计值 $P = 179 \text{ kN}$。混凝土强度等级为 C25，采用 HRB400 级钢筋作箍筋，按正截面受弯承载力计算配置的纵向受拉钢筋为 6⌽20＋2⌽18，环境类别为一类。试进行斜截面受剪承载力计算。

解 (1) 计算剪力设计值，并绘剪力图

支座边缘截面处的剪力设计值为

$$V = \frac{1}{2} p l_n + P = \frac{1}{2} \times 13.5 \times 6.0 + 179 = 40.5 + 179 = 219.5 \text{ kN}$$

(2) 复核梁的截面尺寸

$$h_0 = h - a_s = 700 - 65 = 635 \text{ mm}$$

$$\frac{h_w}{b} = \frac{h_0}{b} = \frac{635}{250} = 2.54 < 4$$

$$0.25\beta_c f_c b h_0 = 0.25 \times 1.0 \times 11.9 \times 250 \times 635 = 472\,000 \text{ N}$$
$$= 472 \text{ kN} > V = 219.5 \text{ kN} \quad (满足要求)$$

(3) 确定是否需要按计算配置腹筋

由于集中荷载在支座截面产生的剪力值已占总剪力值的 75% 以上，故需考虑剪跨比 λ 的影响。

$$\lambda = \frac{a}{h_0} = \frac{2\,000}{635} = 3.15 > 3 \quad 取 \lambda = 3$$

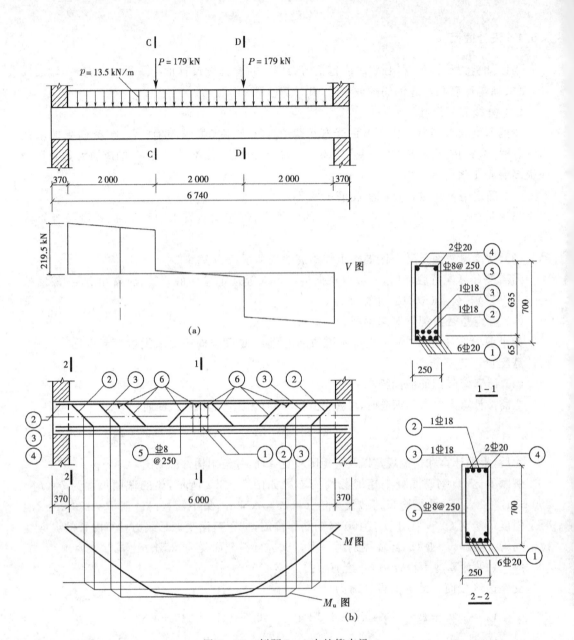

图 5-30 例题 5-3 中的简支梁

$$\frac{1.75}{\lambda+1.0}f_t bh_0 = \frac{1.75}{3+1.0} \times 1.27 \times 250 \times 640 = 88\,900 \text{ N}$$

$$= 88.9 \text{ kN} < V = 219.5 \text{ kN}$$

故必须按计算配置腹筋。

(4) 配置箍筋,计算 V_{cs}

选用 ⌀8@250 双肢箍筋,则

$$\rho_{sv} = \frac{nA_{sv1}}{bs} = \frac{2 \times 50.3}{250 \times 200} = 0.20\% > \rho_{sv,\min} = 0.24\frac{f_t}{f_{yv}} = 0.24 \times \frac{1.27}{360} = 0.085\%$$

(满足要求)

$$V_{cs}=\frac{1.75}{\lambda+1.0}f_tbh_0+f_{yv}\frac{nA_{sv1}}{s}h_0=\frac{1.75}{3+1.0}\times1.27\times250\times635+360\times\frac{2\times50.3}{250}\times635$$
$$=88\ 210+91\ 990=180\ 200\ \text{N}=180.2\ \text{kN}<V=219.5\ \text{kN}$$

故必须按计算配置弯筋。

(5) 计算弯起钢筋截面面积 A_{sb} 和布置弯起钢筋

取 $\alpha_s=45°$，则

$$A_{sb}=\frac{V-V_{cs}}{0.8f_y\sin\alpha_s}=\frac{219\ 500-180\ 200}{0.8\times360\times0.707}=183\ \text{mm}^2$$

将②、③号钢筋分两次弯起，如图 5—30 所示。C—C 和 D—D 截面的弯矩与跨中弯矩十分接近，故 C、D 点可近似视为钢筋强度充分利用点。由于纵筋弯起点与充分利用点的距离必须大于 $\frac{h_0}{2}=320\ \text{mm}$，同时，又必须小于箍筋最大间距 $s_{max}=250\ \text{mm}$（见表 5—1），故集中荷载作用点 C、D 处应配置附加钢筋⑥（鸭筋）。

例题 5—4 钢筋混凝土矩形截面带伸臂简支梁如图 5—31a，梁的截面尺寸为 $b\times h=250\ \text{mm}\times700\ \text{mm}$，支承于砖墙上。简支跨承受均布荷载设计值 $p_1=70\ \text{kN/m}$，伸臂跨承受均布荷载设计值 $p_2=140\ \text{kN/m}^2$。混凝土强度等级为 C25，纵向钢筋采用 HRB400 级钢筋，箍筋采用 HPB300 级钢筋，环境类别为一类。试设计该梁。

解 (1) 计算弯矩设计值、剪力设计值，并绘制设计弯矩图、设计剪力图

AB 跨内（距支座 A 为 3 m 处）最大正弯矩设计值 $M_0=316\ \text{kN}\cdot\text{m}$，支座 B 最大负弯矩设计值 $M_B=242\ \text{kN}\cdot\text{m}$；支座 A 边缘剪力设计值 $V_A=197\ \text{kN}$，支座 B 左、右边缘剪力设计值 $V_{Bl}=267\ \text{kN}$，$V_{Br}=235\ \text{kN}$。计算过程从略。

弯矩图和剪力图如图 5—31b 所示。

(2) 计算梁的纵向受力钢筋

经计算（计算过程从略），AB 跨最大正弯矩截面配筋选用 4 $\underline{\Phi}$ 22，$A_s=1\ 520\ \text{mm}^2$；支座 B 最大负弯矩截面配筋选用 2$\underline{\Phi}$22+2$\underline{\Phi}$16，$A_s=1\ 162\ \text{mm}^2$。

(3) 计算梁的腹筋（箍筋、弯筋）

① 复核梁的梁的截面尺寸

$h_0=700-40=660\ \text{mm}$

$\frac{h_w}{b}=\frac{h_0}{b}=\frac{660}{250}=2.56<4$

$0.25\beta_cf_cbh_0=0.25\times11.9\times250\times660$

$=490\ 900\ \text{N}$

$=490.9\ \text{kN}>V_{Bl}$

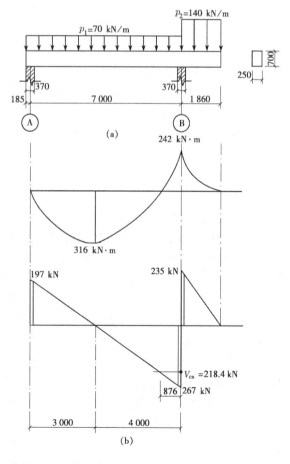

图 5—31 例题 5—4 中的简支伸臂梁及其内力图

$$= 267 \text{ kN}$$

② 确定是否需按计算配置腹筋

$$0.7 f_t b h_0 = 0.7 \times 1.27 \times 250 \times 660 = 146\ 700 \text{ N} = 146.7 \text{ kN}$$
$$< V_A = 197 \text{ kN}$$

故必须按计算配置腹筋。

③ 配置箍筋,计算 V_{cs}

选用 $\Phi 8@250$ 双肢箍筋,$A_{sv} = 2 \times 50.3 = 100.6 \text{ mm}^2$,则

$$\rho_{sv} = \frac{A_{sv}}{bs} = \frac{100.6}{250 \times 250} = 0.16\% > \rho_{sv,\min} = 0.24 \frac{f_t}{f_{yv}}$$

$$= 0.24 \times \frac{1.27}{270} = 0.113\% \quad (\text{满足要求})$$

$$V_{cs} = 0.7 f_t b h_0 + f_{yv} \frac{A_{sv}}{s} h_0 = 146\ 700 + 270 \times \frac{100.6}{250} \times 660$$

$$= 146\ 700 + 71\ 707 = 218\ 400 \text{ N} = 218.4 \text{ kN}$$

计算结果表明,$V_{cs} > V_A$,$V_{cs} < V_{Br}$,$V_{cs} < V_{Bl}$,故支座 A 处不需配置弯筋,而支座 B 左、右边均需配置弯筋。

④ 计算弯筋截面面积 A_{sb} 和布置弯筋

支座 B 左边,按 V_{Bl} 进行计算。取 $\alpha_s = 45°$,则

$$A_{sb} = \frac{V - V_{cs}}{0.8 f_y \sin \alpha_s} = \frac{267\ 000 - 218\ 400}{0.8 \times 360 \times 0.707} = 239 \text{ mm}^2$$

支座 B 左边布置 2 排弯筋(即②号筋、③号筋),每排 1Φ22,$A_{sb} = 380.1 \text{ mm}^2$。在支座 B 上部,②号筋的弯起点 C(向下弯折)距支座 B 左边缘 250 mm,等于 $s_{\max}$,满足斜截面受剪构造要求。同时,②号筋的弯起点 C 距支座 B 中心线(②号筋的充分利用点)435 mm,大于 $h_0/2$,满足斜截面受弯构造要求。在跨中,②号筋的弯起点 D(向上弯起)距支座 B 左边缘 900 mm,D 点处的剪力设计值略小于 V_{cs},偏安全地再布置第二排弯筋,即③号筋,③号筋的弯起点 F 距支座 B 左边缘 1 800 mm,F 点处的剪力设计值已小于 V_{cs}。

同理,在支座 B 右边布置弯筋 1Φ22(将②号筋向下弯折)。

(4) 绘制抵抗弯矩图(M_u 图)

按上述初步确定纵向钢筋的弯折点后,还需绘制抵抗弯矩图(M_u 图),以进一步检查弯起钢筋的布置和确定纵向受力钢筋截断点的位置。梁的钢筋布置和抵抗弯矩图(M_u 图)如图 5-32 所示,现简略说明几点。

① 在布置弯起钢筋时,应将跨中正弯矩区段所需纵向受力钢筋和支座负弯矩区段所需纵向受力钢筋统一规划。例如,本例中②号、③号纵向受力钢筋在 AB 跨内承受正弯矩,然后分别弯起,以承受支座 B 和伸臂的负弯矩。

② 在绘制抵抗弯矩图时,计算所弯起或截断的纵向受力钢筋所能承受的弯矩时,可近似按钢筋截面面积的比例确定。

③ 为保证全梁所有截面的正截面受弯承载力,抵抗弯矩图不得切入设计弯矩图。

④ 为保证斜截面受弯承载力,纵向受力钢筋的弯起点与其充分利用点的距离应不小于 $h_0/2$。

⑤ 当按受剪承载力计算需设置两排及两排以上弯起钢筋时,前一排(从支座算起)弯筋的弯起点到后一排弯筋的弯终点之间的距离(包括支座边缘到第一排弯筋的弯终点之间的

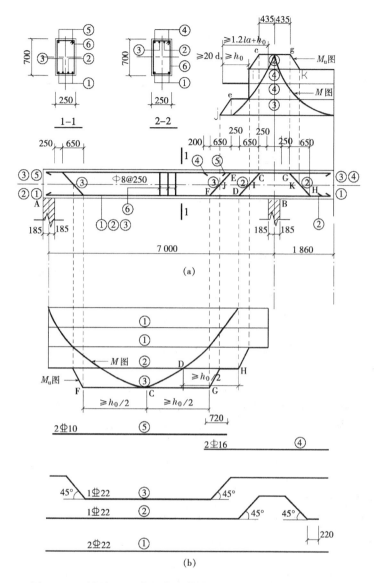

图 5-32 例题 5-4 中的简支伸臂的配筋图及其抵抗弯矩图

距离)不应大于表 5-1 中 $V>0.7f_t bh_0$ 栏规定的箍筋的最大间距 s_{max}。

⑥ 上述第 4、5 条的规定,有时可同时满足,有时则难以同时满足。在本例题中,②号筋和③号筋都能同时满足上述第 4、5 条的规定。假如出现第 4、5 条的规定不能同时满足的情况,一般可将纵向钢筋的弯起点向跨内移动,使其满足斜截面受弯的规定,同时,在支座 B 处,另增设鸭筋(见图 5-29a),以满足斜截面受剪承载力的需要。

5.6.2 复核截面

当已知材料强度设计值(f_c、f_{yv}、f_y),截面尺寸(b、h_0),配箍量(n、A_{sv1}、s)和弯起钢筋截面面积(A_{sb})等,要求复核斜截面受剪承载力设计值 V_u 时,只要将各已知数代入公式(5-17)或公式(5-18)或公式(5-19),即可求得解答。同时,还应校核公式的适用范围,即公式(5-20)、公式(5-21)和公式(5-23)或公式(5-23a)。

思 考 题

5.1 在简支钢筋混凝土梁的支座附近为什么会出现斜裂缝？斜裂缝有几种？其特点如何？

5.2 斜截面破坏的主要形态有哪几种？其破坏特征如何？

5.3 有腹筋梁斜截面受剪承载力由哪几部分组成？影响有腹筋梁斜截面受剪承载力的主要因素有哪些？

5.4 何谓剪跨比？何谓广义剪跨比？剪跨比对斜截面的破坏形态和受剪承载力有何影响？

5.5 有腹筋梁斜截面受剪承载力计算的基本原则是什么？对各种破坏形态是用什么方法来防止？

5.6 有腹筋梁斜截面受剪承载力计算公式是以何种破坏形态为依据建立的？为什么？

5.7 配箍筋梁斜截面受剪承载力的计算公式如何？其中各项的物理意义是什么？

5.8 一般板类受弯构件的斜截面受剪承载力如何计算？计算公式中 β_h 的物理意义是什么？

5.9 受剪截面的限制条件的物理意义是什么？截面限制条件与腹板的高宽比(h_w/b)有何关系？

5.10 配箍率 ρ_{sv} 如何计算？它对斜截面受剪承载力有何影响？规定最小配箍率的目的是什么？

5.11 集中荷载下独立梁的斜截面受剪承载力计算与一般梁有何不同？为什么？

5.12 配置箍筋和弯筋后，梁的斜截面受剪承载力如何计算？

5.13 计算斜截面受剪承载力时，其计算截面应取哪几个？剪力设计值应如何取用？

5.14 限制箍筋和弯起钢筋的最大间距 s_{max} 的目的是什么？当满足 $s \leqslant s_{max}$ 的要求时，是否一定满足 $\rho_{sv} \geqslant \rho_{sv,min}$ 的要求？

5.15 何谓抵抗弯矩图(M_u图)？其物理意义如何？怎样绘制抵抗弯矩图？

5.16 何谓纵向受力钢筋的充分利用点？何谓纵向受力钢筋的理论截断点(不需要点)？

5.17 当弯起纵向受力钢筋时，如何保证斜截面受弯承载力？为什么？如何保证正截面受弯承载力？为什么？

5.18 当按斜截面受剪承载力计算需布置弯筋时，对弯筋布置有何要求？为什么？如果与受弯承载力的要求有矛盾时，应如何处理？

5.19 当纵筋截断时，应符合哪些构造要求？为什么？

5.20 钢筋混凝土受弯构件斜截面承载力计算的步骤怎样？各个步骤的物理概念是什么？

5.21 对矩形、T形和I形截受弯构件，当 $V < 0.7 f_t b h_0$ (或 $V < \dfrac{1.75}{\lambda+1.0} f_t b h_0$)时，其物理意义如何？这时应如何配置箍筋？

5.22 梁内箍筋有哪些作用？主要构造要求有哪些？

5.23 什么叫"鸭筋"？什么叫"浮筋"？"浮筋"为什么不能用作抗剪钢筋？

5.24 纵向受拉钢筋在简支支座及框架边支座和中间支座的锚固有何要求？

习 题

5.1 承受均布线荷载的矩形截面简支梁的截面尺寸 $b \times h = 180 \text{ mm} \times 450 \text{ mm}$，支座边缘截面剪力设计值 $V = 118$ kN。混凝土强度等级为 C25，箍筋采用 HRB400。环境类别为一类。试配置箍筋。

5.2 两端支承在砖墙上的矩形截面简支梁(图5-33)，$b \times h = 250 \text{ mm} \times 550 \text{ mm}$，承受均布线荷载设计值 $p = 60$ kN/m(包括自重)。采用 C25 混凝土。按正截面受弯承载力计算，已配置纵向受拉钢筋 6⊈22。试求：(1)若只配置箍筋，确定箍筋直径和间距，箍筋采用 HPB300 级钢筋；(2)按构造要求已配置箍筋 Φ6@180，计算所需的弯起钢筋的直径、根数及排数。

5.3 钢筋混凝土矩形截面简支独立梁(图5-34)，$b \times h = 220 \text{ mm} \times 550 \text{ mm}$，承受位于3分点处的两个集中荷载的作用，集中荷载设计值 $P = 160$ kN(梁自重已折算为集中荷载)。采用 C25 混凝土，纵向受拉

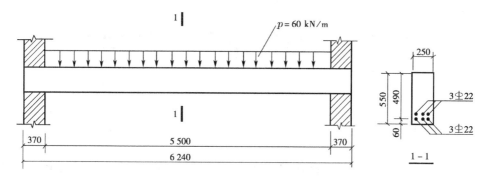

图 5－33 习题 5.2

钢筋采用 HRB400 级，箍筋采用 HRB400 级。环境类别为一类。试按下列两种情况进行斜截面受剪承载力计算：(1) 仅配箍筋，要求选择箍筋直径和间距；(2) 按构造要求配置双肢箍筋Φ6@200，试设计该梁(经计算，纵向受拉钢筋 A_s 选用 6Φ20，要求布置弯起钢筋)。

5.4 钢筋混凝土 T 形截面带伸臂简支梁的截面尺寸如图 5－35 所示，$b=250$ mm，$h=700$ mm，$b'_f=600$ mm，$h'_f=100$ mm。采用 C25 混凝土，纵向受拉钢筋采用 HRB400 级，箍筋采用 HRB400 级。试设计该梁(计算纵向受拉钢筋；配置箍筋和弯起钢筋)。

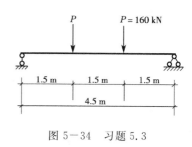

图 5－34 习题 5.3

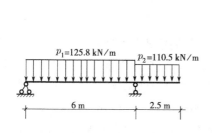

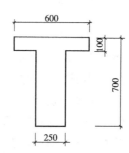

图 5－35 习题 5.4

6 钢筋混凝土受扭构件扭曲截面承载力

6.1 受扭构件的分类

在钢筋混凝土结构中,承受扭矩作用的构件,称为受扭构件。在实际结构中,处于纯扭矩作用的情况是极少的,绝大多数都是处于弯矩、剪力、扭矩共同作用下的复合受扭情况。例如,吊车梁(图6-1a)、现浇框架的边梁(图6-1b)、雨篷梁、曲梁、槽形墙板等均属弯、剪、扭复合受扭构件。

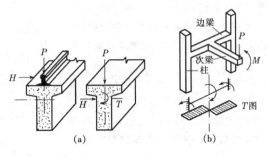

图 6-1 受扭构件

对于钢筋混凝土受扭构件,按照其产生扭矩的原因不同,可分为平衡扭转和协调扭转。在静定的受扭构件中,其所承受的扭矩由构件的静力平衡条件确定,而与受扭构件的扭转刚度和相关构件的刚度无关。也就是说,受扭构件的内扭矩平衡外扭矩,是满足静力平衡条件所必需的,这种扭转称为平衡扭转。例如,图6-1a所示的吊车梁,其截面所承受的外扭矩 T 是由吊车横向水平制动力和轮压偏心作用所引起的。在超静定结构中,由于相邻构件的弯曲转动受到支承梁的约束,在支承梁内将引起扭矩,这种扭转称为协调扭转。协调扭转构件所承受的扭矩的大小将由变形协调条件确定。也就是说,受扭构件的内扭矩 T 与受扭构件的扭转刚度和相关构件的刚度有密切关系。例如,图6-1b所示的现浇框架边梁,其所承受的外扭矩即为楼盖次梁的支座负弯矩,并由楼盖次梁支承点处的转角与该处边梁扭转角的协调条件所决定。当梁开裂后,由于楼盖次梁的弯曲刚度和边梁的扭转刚度发生了显著的变化(后者的影响更大),楼盖次梁和边梁都产生内力重分布,此时边梁的扭转角急剧增大,从而作用于边梁的外扭矩迅速减少。

6.2 纯扭构件的破坏特征和扭曲截面承载力计算

6.2.1 纯扭构件的开裂扭矩和抗扭塑性抵抗矩

钢筋混凝土构件受扭时,在开裂前,应变很小,因此,钢筋的应力也很小,对开裂扭矩的影响不大。所以,在研究受扭构件开裂前的应力状态时,可以忽略钢筋的影响。

由材料力学可知,弹性材料矩形截面构件在扭矩作用下,截面上的剪应力分布如图6-2a和图6-2b所示,最大剪应力发生在截面长边的中点,其主拉应力和主压应力轨迹线呈45°正交螺旋线,且在数值上等于扭剪应力。

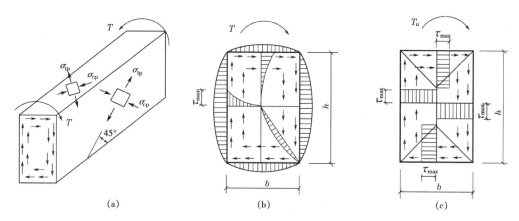

图6-2 纯扭构件在裂缝出现前的应力状态

对塑性材料来说,截面上某一点应力达到材料的屈服强度时,只意味着局部材料开始进入塑性状态,构件仍能继续承担荷载,直到截面上的应力全部达到材料的屈服强度时,构件才达到其极限承载能力。这时截面上剪应力的分布如图6-2c所示,截面上各点的剪应力值均等于材料的抗拉强度。对截面的扭转中心取矩,可求得截面所能承担的极限扭矩T_u为

$$T_u = \{2 \times \frac{b}{2}(h-b)\frac{b}{4} + 4 \times \frac{1}{2} \times \frac{b}{2} \times \frac{b}{2} \times \frac{2}{3} \times \frac{b}{2} + 2 \times \frac{b}{2} \times \frac{b}{2}[\frac{2}{3} \times \frac{b}{2} + \frac{(h-b)}{2}]\}\tau_{max}$$

则
$$T_u = \frac{b^2}{6}(3h-b)\tau_{max}$$

令
$$W_t = \frac{b^2}{6}(3h-b) \tag{6-1}$$

则
$$T_u = W_t \tau_{max} \tag{6-2}$$

式中 W_t——截面受扭塑性抵抗矩;

b——矩形截面的短边尺寸;

h——矩形截面的长边尺寸;

τ_{max}——截面上的剪应力,等于材料的抗拉强度。

在工程中,除了上面所讨论的矩形截面受扭构件外,还常遇到T形、I形和箱形截面的受扭构件,对于这类构件,可近似地将其视为由若干个矩形截面所组成。当构件受扭,整个截面扭转θ角时,组成截面的各个矩形分块也将各自扭转同样的角度θ。因此,在计算复杂截面受扭构件的抗扭塑性抵抗矩时,可认为构件的抗扭塑性抵抗矩等于各个矩形分块的抗扭矩性抵抗矩之和。于是,对于T形和I形截面,其抗裂扭矩塑性抵抗矩可按下列公式计算:

$$W_t = W_{tw} + W'_{tf} + W_{tf} \tag{6-3}$$

式中 W_{tw}——腹板部分矩形截面抗扭塑性抵抗矩;

W'_{tf}——上翼缘矩形截面抗扭塑性抵抗矩;

W_{tf}——下翼缘矩形截面抗扭塑性抵抗矩。

将组合截面划分成矩形截面的原则是：先按截面总高度确定腹板截面，然后再划分上、下翼缘（如图6-3a所示）。当腹板较薄时，虽然也可采用图6-3b的划分方法，但这种划分方法会给剪扭构件的计算带来很大的困难，故不予采用。

对于I形截面，各矩形分块的抗扭塑性抵抗矩可近似按下列公式计算：

对于腹板

$$W_{tw}=\frac{b^2}{6}(h-b) \quad (6-3a)$$

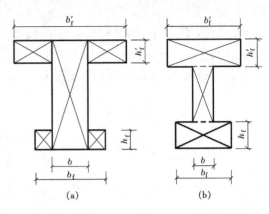

图6-3 截面受扭塑性抵抗矩计算示意图

对于上翼缘

$$W'_{tf}=\frac{h'^2_f}{2}(b'_f-b) \quad (6-3b)$$

式中 b'_f、h'_f——截面上翼缘的宽度和高度。

对于下翼缘

$$W_{tf}=\frac{h^2_f}{2}(b_f-b) \quad (6-3c)$$

式中 b_f、h_f——截面下翼缘的宽度和高度。

计算时取用的翼缘宽度尚应符合 $b'_f \leqslant b+6h'_f$ 及 $b_f \leqslant b+6h_f$ 的规定。

同理，对于箱形截面，可得

$$W_t=\frac{b^2_h}{6}(3h_h-b_h)-\frac{(b_h-2t_w)^2}{6}[3h_w-(b_h-2t_w)] \quad (6-4)$$

式中 b_h、h_h——箱形截面的短边尺寸和长边尺寸；

t_w——箱形截面壁厚。

6.2.2 纯扭构件的破坏特征

扭矩在构件中引起的主拉应力轨迹线与构件轴线成45°角，从这一点看，最合理的抗扭配筋应是沿45°方向布置的螺旋箍筋。螺旋箍筋在受力上只能适应一个方向的扭矩，而在实际工程中，扭矩在构件全长中不改变方向的情形是很少的。当扭矩改变方向时，螺旋箍筋也必须相应地改变方向，这在构造上是很困难的。所以，在实际结构中，一般都采用横向箍筋与纵向钢筋组成的空间骨架来承担扭矩。

试验表明，配置适当数量的受扭钢筋对提高构件的受扭承载力有着明显的作用。

当配筋适量时，在扭矩作用下，裂缝出现后并不立即破坏。随着扭矩的增加，在构件的表面逐渐形成多条大体连续、近于45°倾角的螺旋形裂缝。当其中一条裂缝所穿越的纵向钢筋和箍筋达到屈服强度后，这条裂缝就向相邻面迅速延伸，并在最后一个面上形成受压面而破坏。破坏过程表现出明显的塑性特征，破坏扭矩与配筋数量有着明显的关系。当箍筋和纵向钢筋的配筋强度相差较大时，在破坏阶段，可能出现箍筋较早达到屈服强度而纵筋较迟达到屈服强度的现象（当箍筋相对较少时）或纵筋较早达到屈服强度而箍筋较迟达到屈服强度的现象（当纵筋相对较少时）的现象。破坏过程表现出一定的塑性特征。这种破坏形态称为适筋破坏。

当配筋过少或箍筋间距过大,在构件受扭开裂后,构件先在一个面上(对于矩形截面,通常是在一个长边面上)出现斜裂缝,并向相邻面上沿45°螺旋方向延伸,而在最后一个面上形成受压面而破坏。破坏过程急速而突然,破坏扭矩基本上等于抗裂扭矩。这种破坏形态称为少筋破坏。

当纵筋和箍筋配置过多时,在扭矩作用下,螺旋裂缝多而密,在纵向钢筋及箍筋未达到屈服强度时,构件即可能由于混凝土被压碎而破坏。破坏具有脆性特征,破坏扭矩取决于截面尺寸和混凝土抗压强度。这种破坏形态称为超筋破坏。当箍筋和纵向钢筋配筋强度相差较大时,在破坏时可能出现箍筋屈服而纵筋不屈服的现象或纵筋屈服而箍筋不屈服的现象。这种破坏形态称为部分超筋破坏。

6.2.3 纯扭构件扭曲截面承载力计算

1)基本计算公式

(1)矩形截面

试验表明,受扭构件开裂以后,由于钢筋的约束,裂缝开展受到一定的限制,增加了骨料之间的咬合力,使混凝土具有一定的抗扭能力。同时,受扭裂缝往往是许多分布在四个侧面上相互平行、断断续续、前后交错的斜裂缝(图6-4)。这些斜裂缝只从表面向内延伸到一定的深度,而不会贯穿整个截面,最终也不完全形成连续的、通长的螺旋形裂缝。因此,混凝土仍然可承担一部分扭矩。由此可见,钢筋混凝土构件的受扭承载力不仅与钢筋的抗扭能力有关,也与混凝土的抗扭能力有关。

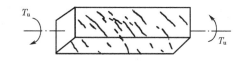

图6-4 纯扭构件的裂缝分布

根据国内大量的试验研究,《规范》建议按下列经验公式计算矩形截面纯扭构件的受扭承载力(图6-5):

$$T \leqslant T_u = 0.35 f_t W_t + 1.2\sqrt{\zeta}\frac{A_{st1}f_{yv}A_{cor}}{s}$$

(6-5)

$$\zeta = \frac{f_y A_{stl} s}{f_{yv} A_{st1} u_{cor}}$$

(6-6)

式中 T——扭矩设计值;

T_u——构件受扭承载力设计值;

A_{st1}——受扭计算中,沿截面周边所配置箍筋的单肢截面面积;

f_{yv}——箍筋的抗拉强度设计值;

s——沿构件长度方向的箍筋间距;

A_{cor}——截面核心部分的面积 $b_{cor}h_{cor}$;

b_{cor}——截面核心部分的短边尺寸,按箍筋内表面计算;

h_{cor}——截面核心部分的长边尺寸,按箍筋内表面计算;

f_t——混凝土抗拉强度设计值;

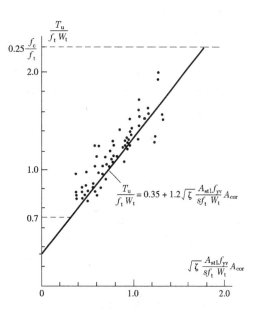

图6-5 矩形截面钢筋混凝土纯扭构件承载力计算公式与试验结果的比较

W_t——截面受扭塑性抵抗矩;

ζ——受扭构件纵向钢筋与箍筋配筋强度的比值;

A_{stl}——受扭计算中取对称布置的全部纵向钢筋截面面积;

f_y——纵向钢筋抗拉强度设计值;

u_{cor}——截面核心部分的周长,其取值为 $2(b_{cor}+h_{cor})$。

公式(6-5)中的 ζ 应符合下列条件:

$$0.6 \leqslant \zeta \leqslant 1.7 \tag{6-7}$$

当 $\zeta > 1.7$ 时,取 $\zeta = 1.7$。

钢筋混凝土矩形截面受扭构件的截面尺寸如图 6-6a 所示。

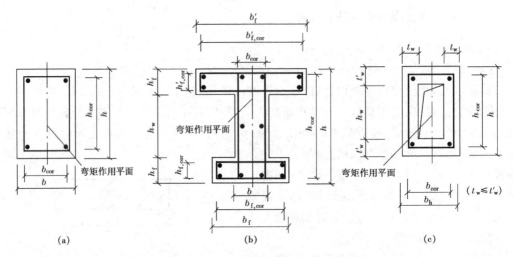

图 6-6 混凝土受扭构件截面尺寸

试验表明,由于纵筋与箍筋间的内力重分布,构件内的纵筋与箍筋配筋强度的比值 ζ 可在一定范围内变化。当 $0.6 \leqslant \zeta \leqslant 1.7$ 时,所配置的纵筋和箍筋基本上都能达到屈服。但当 $\zeta = 1.2$ 左右时,纵筋和箍筋能够更好地同时达到屈服。所以,设计时一般可取 $\zeta = 1.2$。还须指出,箍筋用量愈多,施工愈复杂,故设计时一般以纵筋用量略多一些较为合理。因此,当箍筋间距过密时,也可在上述范围内调整 ζ 的取值,适当减少箍筋用量,增加纵筋用量,以方便施工。

(2) T 形和 I 形截面

计算 T 形、I 形截面纯扭构件的受扭承载力时,也可和计算抗裂扭矩一样,将截面划分为几个矩形截面(图6-3),并将扭矩 T 按各个矩形分块的受扭塑性抵抗矩分配给各个矩形分块,以求得各个矩形分块所承担的扭矩。各个矩形分块所承担的扭矩可按下列公式计算(I 形截面的截面尺寸如图 6-6b 所示):

对于腹板部分矩形分块

$$T_w = \frac{W_{tw}}{W_t} T \tag{6-8}$$

对于上翼缘矩形分块

$$T'_f = \frac{W'_{tf}}{W_t} T \tag{6-9}$$

对于下翼缘矩形分块

$$T_{\mathrm{f}}=\frac{W_{\mathrm{tf}}}{W_{\mathrm{t}}}T \tag{6-10}$$

式中　T——构件截面所承受的扭矩设计值；

T_{w}——腹板所承受的扭矩设计值；

T_{f}'、T_{f}——上翼缘、下翼缘所承受的扭矩设计值。

根据公式(6-8)～公式(6-10)，各个矩形分块的钢筋所承担的扭矩按下列公式计算：

对于腹板部分矩形截面，钢筋所承担的扭矩为

$$T_{\mathrm{ws}}=\frac{W_{\mathrm{tw}}}{W_{\mathrm{t}}}T-0.35f_{\mathrm{t}}W_{\mathrm{tw}}$$

即

$$T_{\mathrm{ws}}=\frac{W_{\mathrm{tw}}}{W_{\mathrm{t}}}(T-0.35f_{\mathrm{t}}W_{\mathrm{t}}) \tag{6-11}$$

对于上翼缘矩形截面，钢筋所承担的扭矩为

$$T_{\mathrm{fs}}'=\frac{W_{\mathrm{tf}}'}{W_{\mathrm{t}}}T-0.35f_{\mathrm{t}}W_{\mathrm{tf}}'$$

即

$$T_{\mathrm{fs}}'=\frac{W_{\mathrm{tf}}'}{W_{\mathrm{t}}}(T-0.35f_{\mathrm{t}}W_{\mathrm{t}}') \tag{6-12}$$

对于下翼缘矩形截面，钢筋所承担的扭矩为

$$T_{\mathrm{fs}}=\frac{W_{\mathrm{tf}}}{W_{\mathrm{t}}}T-0.35f_{\mathrm{t}}W_{\mathrm{tf}}$$

即

$$T_{\mathrm{fs}}=\frac{W_{\mathrm{tf}}}{W_{\mathrm{t}}}(T-0.35f_{\mathrm{t}}W_{\mathrm{t}}) \tag{6-13}$$

公式(6-11)～公式(6-13)表明，对于 T 形、I 形等组合截面，可将钢筋所承担的扭矩 $(T-0.35f_{\mathrm{t}}W_{\mathrm{t}})$ 按各个矩形分块的受扭塑性抵抗矩分配给各个矩形分块的钢筋来承担。

对于配有封闭箍筋的翼缘，其截面受扭承载力随翼缘悬挑宽度的增加而提高。当悬挑宽度过小，其提高效果不显著。反之，悬挑宽度过大，翼缘与腹板连接时整体刚度减弱，同时，翼缘由于受弯曲而容易断裂，翼缘的抗扭作用将显著降低。因此，《规范》规定，计算的翼缘悬挑宽度应取不大于其高度的 3 倍，亦即计算时取用的翼缘宽度应符合 $b_{\mathrm{f}}'\leqslant b+6h_{\mathrm{f}}'$ 和 $b_{\mathrm{f}}\leqslant b+6h_{\mathrm{f}}$ 的规定。同时，其翼缘高度也不宜小于 60 mm。此外，当 $W_{\mathrm{tf}}'/W_{\mathrm{tw}}$ 或 $W_{\mathrm{tf}}/W_{\mathrm{tw}}$ 小于 0.1 时，翼缘的抗扭钢筋可按构造要求配置。

(3) 箱形截面

试验和理论分析表明，一定壁厚的箱形截面的受扭承载力可采用与实心截面相同的公式进行计算。同时，当壁厚较小时，将实心矩形截面构件受扭承载力计算公式中的混凝土项乘以与截面相对壁厚有关的折减系数 $(2.5t_{\mathrm{w}}/b_{\mathrm{h}})$，于是可得(箱形截面的截面尺寸如图 6-6c 所示)

$$T\leqslant T_{\mathrm{u}}=0.35\alpha_{\mathrm{h}}f_{\mathrm{t}}W_{\mathrm{t}}+1.2\sqrt{\zeta}f_{\mathrm{yv}}\frac{A_{\mathrm{stl}}A_{\mathrm{cor}}}{s} \tag{6-14}$$

式中　t_{w}——箱形截面侧壁厚度；

α_{h}——箱形截面壁厚影响系数，$\alpha_{\mathrm{h}}=2.5\,t_{\mathrm{w}}/b_{\mathrm{h}}$，当 $\alpha_{\mathrm{h}}>1.0$ 时，取 $\alpha_{\mathrm{h}}=1.0$。

计算中 b_{h} 应取箱形截面的短边尺寸；ζ 值应按公式(6-6)计算，且应符合 $0.6\leqslant\zeta\leqslant1.7$ 的要求，当 $\zeta>1.7$ 时，取 $\zeta=1.7$。

2) 抗扭配筋的上限和下限

(1) 抗扭配筋的上限

如 6.2.2 节所述,当配筋过多时,受扭构件可能在抗扭钢筋屈服以前便由于混凝土被压碎而破坏。这时,即使进一步增加钢筋,构件所能承担的破坏扭矩几乎不再增大。

因此,《规范》规定,对 $h/b<6$ 的矩形、T 形、I 形截面和 $h_w/t_w<6$ 的箱形截面钢筋混凝土纯扭构件,其截面应符合下列要求:

当 h_w/b(或 h_w/t_w)$\leqslant 4$ 时

$$\frac{T}{W_t} \leqslant 0.2\beta_c f_c \tag{6-15}$$

当 h_w/b(或 h_w/t_w)$=6$ 时

$$\frac{T}{W_t} \leqslant 0.16\beta_c f_c \tag{6-16}$$

当 $4<h_w/b$(或 h_w/t_w)<6 时,按线性内插法确定。

式中　T——扭矩设计值;
　　　W_t——纯扭构件的截面受扭塑性抵抗矩;
　　　b——矩形截面的宽度,T 形或 I 形截面腹板宽度,箱形截面侧壁总厚度 $2t_w$;
　　　β_c——混凝土强度影响系数,当混凝土强度等级不超过 C50 时,取 $\beta_c=1.0$,当混凝土强度等级为 C80 时,取 $\beta_c=0.8$,其间按线性内插法取用;
　　　h_w——截面的腹板高度,对矩形截面,取有效高度 h_0,对 T 形截面,取有效高度减去翼缘高度,对 I 形和箱形截面,取腹板净高;
　　　t_w——箱形截面壁厚,其值不应小于 $b_h/7$,此处,b_h 为箱形截面的宽度。

(2) 抗扭配筋的下限

如前面所述,当配筋过少或过稀时,配筋将无助于开裂后构件的抗扭能力,因此,为了防止纯扭构件在低配筋时混凝土发生脆断,应使配筋纯扭构件所能承担的扭矩不小于其抗裂扭矩。根据这一原则和试验结果的分析,《规范》规定,纯扭构件的最小配箍率和纵向受力钢筋的最小配筋率按下列公式确定:

$$\rho_{sv} \geqslant \rho_{sv,min} = \frac{A_{sv}}{bs} = 0.28\frac{f_t}{f_{yv}} \tag{6-17}$$

式中　A_{sv}——配置在同一截面内箍筋各肢的全部截面面积。

$$\rho_{tl} \geqslant \rho_{tl,min} = \frac{A_{stl,min}}{bh} = 0.6\sqrt{2}\frac{f_t}{f_y} = 0.85\frac{f_t}{f_y} \tag{6-18}$$

式中　ρ_{tl}——受扭纵向钢筋配筋率,$\rho_{tl}=A_{stl}/(bh)$;
　　　$\rho_{tl,min}$——受扭纵向钢筋最小配筋率。

当作用于构件上的扭矩小于构件的抗裂扭矩时,该扭矩将由混凝土承担。于是,《规范》规定,对于 $h/b<6$ 的矩形、T 形、I 形截面和 $h_w/t_w<6$ 的箱形截面钢筋混凝土纯扭构件,当符合公式(6-19)的条件时,可按构造要求配置抗扭钢筋。

$$\frac{T}{W_t} \leqslant 0.7 f_t \tag{6-19}$$

例题 6-1　钢筋混凝土矩形截面纯扭构件的截面尺寸 $b\times h=200\text{ mm}\times 300\text{ mm}$,承受扭矩设计值 $T=9.3\text{ kN}\cdot\text{m}$,纵向钢筋混凝土保护层厚度 $c_s=30\text{ mm}$。混凝土强度等级为 C30($f_c=14.3\text{ N/mm}^2$,$f_t=1.43\text{ N/mm}^2$),纵向钢筋和箍筋均采用 HRB400 级钢筋($f_y=$

$f_{yv} = 360 \text{ N/mm}^2$),试计算其配筋。

解 (1) 验算构件截面尺寸

$$W_t = \frac{1}{6}b^2(3h-b) = \frac{200^2}{6} \times (3 \times 300 - 200) = 4.67 \times 10^6 \text{ mm}^3$$

$$\frac{T}{W_t} = \frac{4.6 \times 10^6}{4.67 \times 10^6} = 0.99 \text{ N/mm}^2 < 0.20\beta_c f_c$$

$$= 0.20 \times 1.0 \times 14.3 = 2.86 \text{ N/mm}^2 \quad (\text{满足要求})$$

(2) 抗扭钢筋计算

$$b_{cor} = 200 - 60 = 140 \text{ mm} \qquad h_{cor} = 300 - 60 = 240 \text{ mm}$$

$$u_{cor} = 2(140 + 240) = 760 \text{ mm} \qquad A_{cor} = 140 \times 240 = 33\,600 \text{ mm}^2$$

取 $\zeta = 1.3$,则由公式(6-5)可得

$$\frac{A_{st1}}{s} = \frac{T - 0.35 f_t W_t}{1.2\sqrt{\zeta} f_{yv} A_{cor}} = \frac{9.3 \times 10^6 - 0.35 \times 1.43 \times 4.67 \times 10^6}{1.2\sqrt{1.3} \times 360 \times 33\,600} = 0.421 \text{ mm}$$

取用箍筋直径为 $\Phi 8$, $A_{st1} = 50.3 \text{ mm}^2$,则

$$s = \frac{50.3}{0.421} = 119 \text{ mm}$$

$$\rho_{sv} = \frac{A_{sv}}{bs} = \frac{2A_{st1}}{bs} = \frac{2 \times 0.421}{200} = 0.421\% > \rho_{sv,\min} = 0.28\frac{f_t}{f_{yv}} = 0.28 \times \frac{1.43}{360} = 0.111\%$$

由公式(6-6)中 ζ 的定义可得

$$A_{stl} = \zeta \frac{A_{st1} f_{yv} u_{cor}}{f_y s} = 1.3 \times \frac{50.3 \times 360 \times 760}{360 \times 119} = 418 \text{ mm}^2 > A_{stl,\min} = \rho_{tl,\min} bh = 0.85\frac{f_t}{f_y}bh$$

$$= 0.85 \times \frac{1.43}{360} \times 200 \times 300 = 203 \text{ mm}^2 \quad (\text{满足要求})$$

箍筋取 $\Phi 8@100$,纵筋选用 $4\Phi 10$, $A_{stl} = 314 \text{ mm}^2$。

例题 6-2 钢筋混凝土 T 形截面纯扭构件的截面尺寸为(图 6-7): $b = 200 \text{ mm}$, $h = 450 \text{ mm}$, $b'_f = 400 \text{ mm}$, $h'_f = 80 \text{ mm}$,纵筋混凝土保护层厚度 $c_s = 30 \text{ mm}$,承受扭矩设计值 $T = 12.6 \text{ kN·m}$。混凝土强度等级为 C30,纵筋和箍筋均采用 HRB400 级钢筋($f_{yv} = 360 \text{ N/mm}^2$),试计算其配筋。

解 (1) 验算构件截面尺寸

$$W_{tw} = \frac{b^2}{6}(3h-b)$$

$$= \frac{200^2}{6} \times (3 \times 450 - 200) = 7.67 \times 10^6 \text{ mm}^3$$

$$W'_{tf} = \frac{h'^2_f}{2}(b'_f - b)$$

$$= \frac{80^2}{2} \times (400 - 200) = 0.64 \times 10^6 \text{ mm}^3$$

$$W_t = W_{tw} + W'_{tf} = (7.67 + 0.64) \times 10^6 = 8.31 \times 10^6 \text{ mm}^3$$

$$\frac{T}{W_t} = \frac{12.6 \times 10^6}{8.31 \times 10^6} = 1.52 \text{ N/mm}^2 < 0.20\beta_c f_c = 0.20 \times 1.0 \times 14.3$$

$$= 2.86 \text{ N/mm}^2 \quad (\text{满足要求})$$

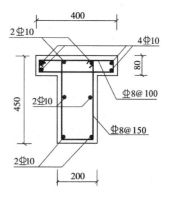

图 6-7 例题 6-2

(2) 扭矩分配

对腹板

$$T_\mathrm{w} = \frac{W_\mathrm{tw}}{W_\mathrm{t}} T = \frac{7.67 \times 10^6}{8.31 \times 10^6} \times 12.6 = 11.63 \text{ kN·m}$$

对上翼缘

$$T_\mathrm{f}' = \frac{W_\mathrm{tf}'}{W_\mathrm{t}} T = \frac{0.64 \times 10^6}{8.31 \times 10^6} \times 12.6 = 0.97 \text{ kN·m}$$

(3) 腹板配筋计算

$$b_\mathrm{cor} = 200 - 60 = 140 \text{ mm} \qquad h_\mathrm{cor} = 450 - 60 = 390 \text{ mm}$$

$$u_\mathrm{cor} = 2 \times (140 + 390) = 1\,060 \text{ mm} \qquad A_\mathrm{cor} = 140 \times 390 = 54\,600 \text{ mm}^2$$

取 $\zeta = 1.1$，则

$$\frac{A_\mathrm{stl}}{s} = \frac{T_\mathrm{w} - 0.35 f_\mathrm{t} W_\mathrm{tw}}{1.2\sqrt{\zeta} f_\mathrm{yv} A_\mathrm{cor}} = \frac{11.63 \times 10^6 - 0.35 \times 1.43 \times 7.67 \times 10^6}{1.2\sqrt{1.1} \times 360 \times 54\,600} = 0.315 \text{ mm}^2/\text{mm}$$

取用箍筋直径为$\Phi 8$，$A_\mathrm{stl} = 50.3 \text{ mm}^2$，则

$$s = \frac{50.3}{0.315} = 160 \text{ mm}$$

$$A_{stl} = \zeta \frac{A_\mathrm{stl} f_\mathrm{yv} u_\mathrm{cor}}{f_\mathrm{y} s} = 1.1 \times \frac{50.3 \times 360 \times 1\,060}{360 \times 160} = 367 \text{ mm}^2 > 0.85 \frac{f_\mathrm{t}}{f_\mathrm{y}} bh$$

$$= 0.85 \times \frac{1.43}{360} \times 200 \times 450 = 304 \text{ mm}^2 \quad \text{（满足要求）}$$

箍筋间距取 150 mm，纵筋选用 6Φ10，$A_{stl} = 471 \text{ mm}^2$。

(4) 上翼缘配筋计算

$$b_\mathrm{f,cor}' = 400 - 200 - 60 = 140 \text{ mm} \qquad h_\mathrm{f,cor}' = 80 - 60 = 20 \text{ mm}$$

$$u_\mathrm{f,cor}' = 2 \times (140 + 20) = 320 \text{ mm} \qquad A_\mathrm{f,cor}' = 140 \times 20 = 2\,800 \text{ mm}^2$$

取 $\zeta = 1.3$，则

$$\frac{A_\mathrm{stl}}{s} = \frac{T_\mathrm{f}' - 0.35 f_\mathrm{t} W_\mathrm{tf}'}{1.2\sqrt{\zeta} f_\mathrm{yv} A_\mathrm{f,cor}'} = \frac{0.97 \times 10^6 - 0.35 \times 1.43 \times 0.64 \times 10^6}{1.2\sqrt{1.3} \times 360 \times 2\,800} = 0.471 \text{ mm}^2/\text{mm}$$

取用箍筋直径为$\Phi 8$，$A_\mathrm{stl} = 50.3 \text{ mm}^2$，则

$$s = \frac{50.3}{0.471} = 107 \text{ mm}$$

$$A_{stl} = \zeta \frac{A_\mathrm{stl} f_\mathrm{yv} u_\mathrm{f,cor}'}{f_\mathrm{y} s}$$

$$= 1.3 \times \frac{50.3 \times 360 \times 320}{360 \times 107}$$

$$= 196 \text{ mm}^2 > 0.85 \times \frac{1.43}{360} \times 200 \times 80 = 54 \text{ mm}^2 \quad \text{（满足要求）}$$

箍筋间距取 100 mm，纵筋选用 4Φ10，$A_{stl} = 314 \text{ mm}^2$。

6.3 在弯矩、剪力和扭矩共同作用下矩形截面构件扭曲截面承载力计算

6.3.1 破坏特征

对于在弯矩和扭矩或弯矩、剪力和扭矩共同作用下的钢筋混凝土矩形截面构件,简称弯剪扭构件,其破坏面属于空间扭曲面的形式,随着弯矩、剪力、扭矩的比值不同和配筋的不同,可有三种斜裂面破坏的类型,如图6-8所示。

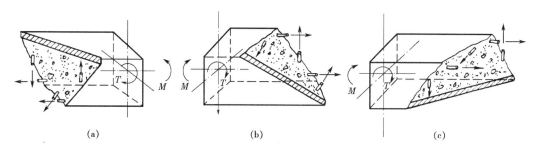

图6-8 钢筋混凝土弯剪扭构件的破坏特征

第Ⅰ类型:受压区在构件的顶面(图6-8a)。

对于弯、扭共同作用的构件,弯矩作用使构件顶部受压,底部受拉。因此,顶部的受扭斜裂缝受到抑制而出现较迟,也可能一直不出现。但底部的受扭斜裂缝却开展较大,当底部钢筋应力达到屈服强度时,裂缝迅速发展,即形成第Ⅰ类型的破坏形态。

对于弯、扭共同作用的构件,若底部配筋很多或混凝土强度过低时,也会发生顶部的混凝土先被压碎的破坏形式,这也仍属第Ⅰ类型的破坏形态。

第Ⅱ类型:受压区在构件的一个侧面(图6-8b)。

对于弯、剪、扭共同作用的构件,剪力使构件两侧面产生主拉应力,当主拉应力的方向与扭矩引起的主拉应力方向一致时,将加剧裂缝的开展;当二者方向相反时,将抑制裂缝的开展,甚至于不出现裂缝,这就造成一侧面受压,另一侧面受拉的破坏形态。

第Ⅲ类型:受压区在构件的底面(图6-8c)。

对于弯、扭共同作用的构件,当弯矩较小时,虽然也使顶部受压,但其抑制受扭裂缝的作用较小,若配筋不对称,顶部纵筋比底部纵筋少,而扭矩较大,这时扭矩所产生的斜拉力会使顶部钢筋先达到屈服强度,从而发生底部混凝土被压碎的破坏形态。

6.3.2 弯剪扭构件的承载力计算

1) 在弯、扭共同作用下的承载力计算

在弯、扭共同作用下,构件处于空间受力状态,问题较为复杂。因此,为了简化计算,《规范》建议采用叠加法进行计算,即先按受弯构件的正截面受弯承载力和纯扭构件的受扭承载力分别计算其纵筋和箍筋的截面面积,然后,将所求得的相应的钢筋(纵筋和箍筋)截面面积相叠加,并配置在相应的位置。

2) 在剪、扭共同作用下的承载力计算

由于在剪、扭共同作用下的构件受力性能比较复杂，目前对其破坏机理尚未取得一致的认识。因此，《规范》在试验研究的基础上，对在剪、扭共同作用下矩形截面构件的承载力计算采用了混凝土项相关、钢筋项不相关的近似拟合公式。

（1）计算公式

① 剪扭构件受剪承载力

对于一般剪扭构件，受剪承载力按下列公式计算：

$$V \leqslant V_u = 0.7(1.5-\beta_t)f_t bh_0 + \frac{f_{yv}A_{sv}}{s}h_0 \qquad (6-20)$$

式中 V——有腹筋剪扭构件的剪力设计值；

V_u——有腹筋剪扭构件受剪承载力设计值；

β_t——剪扭构件混凝土受扭承载力降低系数。

β_t 按下列公式计算：

$$\beta_t = \frac{1.5}{1+0.5\frac{V}{T}\frac{W_t}{bh_0}} \qquad (6-21)$$

且

$$0.5 \leqslant \beta_t \leqslant 1.0$$

对于集中荷载作用下的独立剪扭构件（包括作用有多种荷载，且其中集中荷载对支座截面或节点边缘所产生的剪力值占总剪力值的75%以上的情况），公式（6-20）和公式（6-21）应改为

$$V \leqslant V_u = \frac{1.75}{\lambda+1}(1.5-\beta_t)f_t bh_0 + \frac{f_{yv}A_{sv}}{s}h_0 \qquad (6-22)$$

$$\beta_t = \frac{1.5}{1+0.2(\lambda+1)\frac{V}{T}\frac{W_t}{bh_0}} \qquad (6-23)$$

且

$$0.5 \leqslant \beta_t \leqslant 1.0$$

式中 λ——计算截面的剪跨比，其取值与无扭矩时的受剪承载力计算相同，见公式（5-15）。

② 剪扭构件受扭承载力

对于一般剪扭构件，受扭承载力按下列公式计算：

$$T \leqslant T_u = 0.35\beta_t f_t W_t + 1.2\sqrt{\zeta}\frac{f_{yv}A_{stl}A_{cor}}{s} \qquad (6-24)$$

式中 T——有腹筋剪扭构件的扭矩设计值；

T_u——有腹筋剪扭构件的受扭承载力设计值。

对于集中荷载作用下的独立剪扭构件，受扭承载力仍按公式（6-24）计算，但式中的 β_t 应按公式（6-23）计算。

（2）抗剪扭配筋的上下限

① 抗剪扭配筋的上限

当构件截面尺寸过小而配筋量过大时，构件将由于混凝土首先被压碎而破坏。因此，必须规定截面的限制条件，以防止出现这种破坏现象。

试验表明，剪扭构件截面限制条件基本上符合剪、扭叠加的线性分布规律（图6-9）。

因此,《规范》规定,在弯矩、剪力和扭矩共同作用下,对于 $h_0/b \leqslant 6$ 的矩形剪扭构件,其截面应符合下列条件:

当 h_w/b(即 h_0/b)$\leqslant 4$ 时

$$\frac{V}{bh_0} + \frac{T}{0.8W_t} \leqslant 0.25\beta_c f_c \qquad (6-25)$$

当 h_w/b(即 h_0/b)$= 6$ 时

$$\frac{V}{bh_0} + \frac{T}{0.8W_t} \leqslant 0.2\beta_c f_c \qquad (6-26)$$

当 $4 < h_w/b$(即 h_0/b)< 6 时,按线性内插法确定。

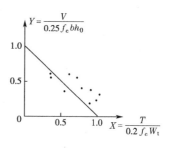

图 6-9 剪扭构件的截面限制条件

公式(6-25)、公式(6-26)中的符号与公式(6-15)、公式(6-16)相同。

② 抗剪扭配筋的下限

剪扭构件箍筋最小配筋率和纵向钢筋最小配筋率应按下列公式确定:

$$\rho_{sv} \geqslant \rho_{sv,\min} = 0.28 \frac{f_t}{f_{yv}} \qquad (6-27)$$

$$\rho_{tl} \geqslant \rho_{tl,\min} = \frac{A_{stl,\min}}{bh} = 0.6\sqrt{\frac{T}{Vb}} \cdot \frac{f_t}{f_y} \qquad (6-28)$$

式中,当 $\frac{T}{Vb} > 2$ 时,取 $\frac{T}{Vb} = 2$。

与纯扭构件类似,《规范》规定,对于 h_w/b(即 h_0/b)$\leqslant 6$ 的剪扭构件,当符合下列条件时,可按构造要求配置钢筋(纵向钢筋和箍筋)。

$$\frac{V}{bh_0} + \frac{T}{W_t} \leqslant 0.7 f_t \qquad (6-29)$$

3) 在弯、剪、扭共同作用下的承载力计算

对于在弯矩、剪力和扭矩共同作用下的构件,其纵向钢筋截面面积可由受弯承载力和受扭承载力所需的纵向钢筋截面面积相叠加,同时,其纵向受力钢筋的配筋率不应小于受弯构件纵向受力钢筋最小配筋率与受剪扭构件纵向受力钢筋最小配筋率之和,并应配置在相应的位置(配置在截面弯曲受拉边的纵向受力钢筋,其截面面积不应小于按受弯构件受拉钢筋最小配筋率计算出的钢筋截面面积与按受扭纵向钢筋最小配筋率计算并分配到弯曲受拉边的钢筋截面面积之和);而其箍筋截面面积可由受剪承载力和受扭承载力所需的箍筋截面面积相叠加,并应配置在相应的位置,同时,其箍筋最小配筋率不应小于剪扭构件的箍筋最小配筋率。

(1) 当符合下列条件时,可仅按弯矩和扭矩共同作用下的情况进行计算。

$$V \leqslant 0.35 f_t bh_0 \qquad (6-30)$$

对于集中荷载(条件同受剪承载力计算),公式(8-30)应改为

$$V \leqslant \frac{0.875}{\lambda + 1} f_t bh_0 \qquad (6-31)$$

(2) 当符合下列条件时,可仅按弯矩和剪力共同作用下的情况进行计算。

$$T \leqslant 0.175 f_t W_t \qquad (6-32)$$

例题 6-3 均布荷载作用下的钢筋混凝土矩形截面构件,其截面尺寸为 $b \times h = 250 \text{ mm} \times 600 \text{ mm}$,纵向钢筋的混凝土保护层厚度 $c_s = 30 \text{ mm}$,承受弯矩设计值 $M =$

175 kN·m,剪力设计值 $V=155$ kN,扭矩设计值 $T=13.95$ kN·m。混凝土强度等级为 C30($f_c=14.3$ N/mm², $f_t=1.43$ N/mm²)纵向钢筋和箍筋均采用 HRB400 级钢筋($f_y=f_{yv}=360$ N/mm²)。试计算其配筋。

解 (1) 验算构件截面尺寸

$$h_0 = 600 - 40 = 560 \text{ mm}$$

$$W_t = \frac{b^2}{6}(3h-b) = \frac{250^2}{6} \times (3 \times 600 - 250) = 16.15 \times 10^6 \text{ mm}^3$$

$$\frac{V}{bh_0} + \frac{T}{0.8W_t} = \frac{155 \times 10^3}{250 \times 560} + \frac{13.95 \times 10^6}{0.8 \times 16.15 \times 10^6} = 1.107 + 1.08 = 2.19 \text{ N/mm}^2$$

$$< 0.25\beta_c f_c = 0.25 \times 1.0 \times 14.3 = 3.58 \text{ N/mm}^2 \quad (\text{满足要求})$$

(2) 抗弯纵向钢筋

$$\alpha_s = \frac{M}{\alpha_1 f_c b h_0^2} = \frac{175 \times 10^6}{1.0 \times 14.3 \times 250 \times 560^2} = 0.156 \leqslant \alpha_{s,\max} \quad (\text{满足要求})$$

查附表 16,得 $\gamma_s = 0.914$,则

$$A_s = \frac{M}{\gamma_s h_0 f_y} = \frac{175 \times 10^6}{0.914 \times 560 \times 360} = 950 \text{ mm}^2 > \rho_{l\min} bh = \frac{0.2}{100} \times 250 \times 600 = 300 \text{ mm}^2$$

(满足要求)

$$\rho_{l\min} = 0.45 \times \frac{f_t}{f_y} = 0.45 \times \frac{1.43}{360} = 0.18\% \leqslant 0.2\%, \text{取 } \rho_{l\min} = 0.2\%$$

(3) 抗剪箍筋

$$\beta_t = \frac{1.5}{1 + 0.5 \frac{V}{T} \frac{W_t}{bh_0}} = \frac{1.5}{1 + 0.5 \times \frac{155 \times 10^3}{13.95 \times 10^6} \times \frac{16.15 \times 10^6}{250 \times 560}} = 0.914$$

$$\frac{A_{sv}}{s} = \frac{V - 0.7(1.5 - \beta_t) f_t b h_0}{f_{yv} h_0}$$

$$= \frac{155 \times 10^3 - 0.7(1.5 - 0.914) \times 1.43 \times 250 \times 560}{360 \times 560} = 0.361 \text{ mm}^2/\text{mm}$$

(4) 抗扭钢筋

$$b_{cor} = 250 - 60 = 190 \text{ mm} \qquad h_{cor} = 600 - 60 = 540 \text{ mm}$$

$$u_{cor} = 2 \times (190 + 540) = 1460 \text{ mm} \qquad A_{cor} = 190 \times 540 = 102600 \text{ mm}^2$$

取 $\zeta = 1.3$,则

$$\frac{A_{stl}}{s} = \frac{T - 0.35\beta_t f_t W_t}{1.2\sqrt{\zeta} f_{yv} A_{cor}}$$

$$= \frac{13.95 \times 10^6 - 0.35 \times 0.914 \times 1.43 \times 16.15 \times 10^6}{1.2\sqrt{1.3} \times 360 \times 102600} = 0.130 \text{ mm}^2/\text{mm}$$

$$A_{stl} = \zeta \frac{A_{stl}}{s} \cdot \frac{f_{yv}}{f_y} u_{cor} = 1.3 \times 0.130 \times \frac{360}{360} \times 1460 = 247 \text{ mm}^2$$

(5) 钢筋配置

受拉区配置纵筋截面面积 $A_{s,\text{sum}} = A_s + \frac{1}{4} A_{stl} = 950 + \frac{1}{4} \times 247 = 1012 \text{ mm}^2$,选用 4 Φ 18($A_{s,\text{sum}} = 1016 \text{ mm}^2$)。受压区配置纵筋截面面积为 $A'_{s,\text{sum}} = \frac{1}{4} A_{stl} = \frac{1}{4} \times 247 =$

124 mm², 腹部配置纵筋截面面积为 $\frac{1}{2}A_{stl} = \frac{1}{2} \times 247 = 124$ mm²。腹部构造纵筋最小截面面积应为 $\frac{0.1}{100} \times 250 \times 600 = 150$ mm²。受压区和腹部分别选用 2 ⌀ 10（157 mm²）和 4 ⌀ 10（314 mm²）。

单肢箍筋总面积 $\frac{A_{st1,sum}}{s} = \frac{A_{stl}}{s} + \frac{1}{2}\frac{A_{sv}}{s} = 0.130 + \frac{1}{2} \times 0.361 = 0.311$ mm²/mm，取用箍筋直径为 ⌀ 8，单肢箍筋截面面积 $A_{sv,sum} = 50.3$ mm²，则 $s = \frac{50.3}{0.311} = 162$ mm，取用 $s = 150$ mm。

钢筋布置如图 6-10 所示。

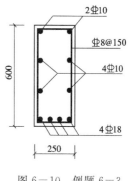

图 6-10 例题 6-3

*6.4 在弯矩、剪力和扭矩共同作用下 T 形和 I 形截面构件扭曲截面承载力计算

对于在弯、剪、扭共同作用下的 T 形和 I 形截面构件的承载力计算，可与承受纯扭的 T 形和 I 形截面一样，先将截面划分为几个矩形截面，并将扭矩 T 按各个矩形分块的抗扭塑性抵抗矩分配给各个矩形分块，然后按下述方法进行配筋计算。

（1）按受弯构件的正截受弯承载力计算所需的纵向钢筋截面面积。

（2）按剪、扭共同作用下的承载力计算承受剪力所需的箍筋截面面积和承受扭矩所需的纵向钢筋截面面积和箍筋截面面积。

对于腹板，考虑其同时承受剪力（全部剪力）和相应的分配扭矩，按上节所述剪、扭共同作用下的情况进行计算，即按公式（6-20）～公式（6-24）计算，但应将公式中的 T 和 W_t 改为 T_w 和 W_{tw}。

对于受压翼缘和受拉翼缘，不考虑其承受剪力，按承受相应的分配扭矩的纯扭构件进行计算，但应将 T、W_t 分别以 T'_f、W'_{tf} 和 T_f、W_{tf} 来代替。

（3）叠加上述二者所求得的纵向钢筋截面面积和箍筋截面面积，即得最后所需的纵向钢筋截面面积和箍筋截面面积，并配置在相应的位置。

与矩形截面构件一样，当符合公式（6-30）或公式（6-31）和公式（6-32）的要求时，可仅按弯矩和扭矩共同作用或弯矩和剪力共同作用的情况进行计算。

与矩形截面相同，配筋的上、下限仍按公式（6-25）、公式（6-26）和公式（6-27）、公式（6-28）确定，但公式中的 b 应取腹板的宽度，h_w 应按公式（6-15）、公式（6-16）的规定确定。

例题 6-4 均布荷载作用下的钢筋混凝土 T 形截面构件，其截面尺寸和材料强度与例题 6-2 相同。承受弯矩设计值 $M = 54$ kN·m，剪力设计值 $V = 60$ kN，扭矩设计值 $T = 10.8$ kN·m。试计算其配筋。

解 （1）验算构件截面尺寸

由例题 6-2 已知:$W_{tw}=7.67\times10^6$ mm^3,$W'_{tf}=0.64\times10^6$ mm^3,$W_t=8.31\times10^6$ mm^3

$h_0=450-40=410$ mm

$$\frac{V}{bh_0}+\frac{T}{0.8W_t}=\frac{60\times10^3}{200\times410}+\frac{10.8\times10^6}{0.8\times8.31\times10^6}=0.732+1.625=2.36\ \text{N/mm}^2$$

$$<0.25\beta_c f_c=0.25\times1.0\times14.3=3.58\ \text{N/mm}^2\quad（满足要求）$$

(2) 扭矩分配

$$T_w=\frac{7.67\times10^6}{8.31\times10^6}\times10.8=9.97\ \text{kN}\cdot\text{m}$$

$$T'_f=\frac{0.64\times10^6}{8.31\times10^6}\times10.8=0.83\ \text{kN}\cdot\text{m}$$

(3) 抗弯纵向钢筋

$$\alpha_1 f_c b'_f h'_f\left(h_0-\frac{h'_f}{2}\right)=1.0\times14.3\times400\times80\times\left(410-\frac{80}{2}\right)$$

$$=169.3\times10^6\ \text{N}\cdot\text{mm}=169.3\ \text{kN}\cdot\text{m}>M=54\ \text{kN}\cdot\text{m}$$

故属于第一类 T 形梁。

$$\alpha_s=\frac{M}{\alpha_1 f_c b'_f h_0^2}=\frac{54\times10^6}{1.0\times14.3\times400\times410^2}=0.056$$

查附表 16,得 $\gamma_s=0.971$,则

$$A_s=\frac{M}{\gamma_s h_0 f_y}=\frac{54\times10^6}{0.971\times410\times360}=377\ \text{mm}^2>\rho_{1\min}bh=180\ \text{mm}^2\quad（满足要求）$$

(4) 腹板抗剪和抗扭钢筋

腹板的配筋按剪扭构件计算。

$$\beta_t=\frac{1.5}{1+0.5\dfrac{V}{T_w}\dfrac{W_{tw}}{bh_0}}=\frac{1.5}{1+0.5\times\dfrac{60\times10^3}{9.97\times10^6}\times\dfrac{7.67\times10^6}{200\times410}}=1.17>1,\text{取}\ \beta_t=1$$

① 抗剪箍筋

$$\frac{A_{sv}}{s}=\frac{V-0.7(1.5-\beta_t)f_t bh_0}{1.25 f_{yv}h_0}$$

$$=\frac{60\times10^3-0.7(1.5-1)\times1.43\times200\times410}{360\times410}=0.128\ \text{mm}^2/\text{mm}$$

② 抗扭箍筋和纵筋

$b_{cor}=200-60=140$ mm $h_{cor}=450-60=390$ mm

$u_{cor}=2\times(140+390)=1\,060$ mm $A_{cor}=140\times390=54\,600$ mm^2

取 $\zeta=1.2$,则

$$\frac{A_{stl}}{s}=\frac{T_w-0.35\beta_t f_t W_{tw}}{1.2\sqrt{\zeta}f_{yv}A_{cor}}$$

$$=\frac{9.97\times10^6-0.35\times1\times1.43\times7.67\times10^6}{1.2\times\sqrt{1.2}\times360\times54\,600}=0.237\ \text{mm}^2/\text{mm}$$

$$A_{stl}=\zeta\frac{A_{stl}}{s}\cdot\frac{f_{yv}}{f_y}u_{cor}=1.2\times0.237\times\frac{360}{360}\times1\,060=301\ \text{mm}^2$$

$$\frac{T}{Vb}=\frac{9.97\times10^6}{60\times10^3\times200}=0.83<2$$

$$\rho_{tl} = \frac{A_{stl}}{bh} = \frac{301}{200 \times 450} = 0.334\% > \rho_{tl,\min} = 0.6\sqrt{\frac{T}{Vb}} \cdot \frac{f_t}{f_y}$$

$$= 0.6\sqrt{\frac{9.97 \times 10^6}{60 \times 10^3 \times 200}} \times \frac{1.43}{360} = 0.217\% \quad (\text{符合要求})$$

(5) 受压翼缘抗扭钢筋

按纯扭构件计算。

$b'_{f,cor} = 400 - 200 - 60 = 140 \text{ mm}$ \qquad $h'_{f,cor} = 80 - 60 = 20 \text{ mm}$

$u'_{f,cor} = 2 \times (140 + 20) = 320 \text{ mm}$ \qquad $A'_{f,cor} = 140 \times 20 = 2\,800 \text{ mm}^2$

取 $\zeta = 1.2$，则

$$\frac{A_{stl}}{s} = \frac{T'_f - 0.35 f_t W'_{tf}}{1.2\sqrt{\zeta} f_{yv} A'_{f,cor}}$$

$$= \frac{0.83 \times 10^6 - 0.35 \times 1.43 \times 0.64 \times 10^6}{1.2 \times \sqrt{1.2} \times 360 \times 2\,800} = 0.385 \text{ mm}^2/\text{mm}$$

$$A_{stl} = \zeta \frac{A_{stl}}{s} \cdot \frac{f_{yv}}{f_y} u'_{f,cor}$$

$$= 1.2 \times 0.385 \times \frac{360 \times 100}{360} = 148 \text{ mm}^2$$

$$> \rho_{tl,\min} bh = 0.85 \frac{f_t}{f_y} bh$$

$$= 0.85 \times \frac{1.43}{360} \times 200 \times 80 = 54 \text{ mm}^2$$

(符合要求)

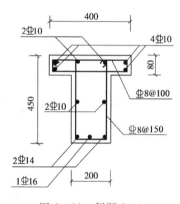

图 6-11 例题 6-4

(6) 钢筋配置

钢筋配置如图 6-11 所示。

腹板受拉区纵筋截面面积 $A_{s,\text{sum}} = A_s + \frac{1}{3} A_{stl}$

$= 377 + \frac{1}{3} \times 301 = 477 \text{ mm}^2$，选用 2 Φ 14 + 1 Φ 16

($A_{s,\text{sum}} = 509 \text{ mm}^2$)。

腹板受压区及腹部纵筋截面面积各为 $\frac{1}{3} A_{stl} = \frac{1}{3} \times 301 = 100 \text{ mm}^2$，各选用 2 Φ 10。

腹板单肢箍筋所需总用量：$\frac{A_{sv,\text{sum}}}{s} = \frac{A_{stl}}{s} + \frac{1}{2} \times \frac{A_{sv}}{s} = 0.237 + \frac{1}{2} \times 0.128 = 0.301 \text{ mm}^2/\text{mm}$，箍筋直径选用 Φ 8，$A_{sv,\text{sum}} = 50.3 \text{ mm}^2$，则 $s = \frac{50.3}{0.301} = 167 \text{ mm}$，取用 $s = 150 \text{ mm}$。

受压翼缘纵筋采用 4 Φ 10，箍筋采用 Φ 8，$A_{stl} = 50.3 \text{ mm}^2$，则 $s = \frac{50.3}{0.385} = 131 \text{ mm}$，取 $s = 100 \text{ mm}$。

*6.5 在弯矩、剪力和扭矩共同作用下箱形截面构件扭曲截面的承载力计算

1) 在弯、扭共同作用下的承载力计算

对于在弯、扭共同作用下的箱形截面构件,也可采用叠加法进行计算,先按受弯构件正截面承载力和纯扭构件受扭承载力分别计算其纵筋和箍筋的截面面积,然后,将所求得的钢筋截面面积相叠加,并配置在相应的位置。

2) 在剪、扭共同作用下的承载力计算

如同矩形截面一样,对于在剪、扭共同作用下的箱形截面构件的承载力计算也采用混凝土项相关,钢筋项不相关的近似拟合公式。

(1) 计算公式

① 剪扭构件受剪承载力

对于剪扭构件,受剪承载力可按公式(6-20)、公式(6-21)计算,但公式(6-21)的 W_t 用 $\alpha_h W_t$ 代替,即

$$V \leqslant V_u = 0.7(1.5-\beta_t)f_t bh_0 + 1.25\frac{f_{yv}A_{sv}}{s}h_0$$

$$\beta_t = \frac{1.5}{1+0.5\frac{V\alpha_h W_t}{T bh_0}} \tag{6-33}$$

对于集中荷载作用下的独立剪扭构件,受剪承载力可按公式(6-22)、公式(6-23)计算,但公式(6-23)中的 W_t 用 $\alpha_h W_t$ 代替,即

$$V \leqslant V_u = \frac{1.75}{\lambda+1}(1.5-\beta_t)f_t bh_0 + \frac{f_{yv}A_{sv}}{s}h_0$$

且
$$0.5 \leqslant \beta_t \leqslant 1.0$$

对于集中荷载作用下的独立剪扭件(包括作用有多种荷载,且其中集中荷载对支座截面或节点边缘所产生的剪力值占总剪力值的75%以上的情况),受剪承载力可按公式(6-22)、公式(6-23)计算,但公式(6-23)中的 W_t 用 $\alpha_h W_t$ 代替,即

$$V \leqslant V_u = \frac{1.75}{\lambda+1.0}(1.5-\beta_t)f_t bh_0 + \frac{f_{yv}A_{sv}}{s}h_0$$

$$\beta_t = \frac{1.5}{1+0.2(\lambda+1)\frac{V\alpha_h W_t}{T bh_0}} \tag{6-34}$$

且
$$0.5 \leqslant \beta_t \leqslant 1.0$$

式中 λ——计算截面剪跨比,其取值与无扭矩的受剪承载力计算相同。

② 剪扭构件受扭承载力

对于一般剪扭构件,受扭承载力按下列公式计算:

$$T \leqslant T_u = 0.35\alpha_h\beta_t f_t W_t + 1.2\sqrt{\zeta}\frac{f_{yv}A_{stl}A_{cor}}{s} \tag{6-35}$$

公式(6-35)中的 β_t 仍按公式(6-33)计算。

对于集中荷载作用下的剪扭构件,仍按公式(6-35)计算,但式中的 β_t 值应按公式(6-34)计算。

(2) 抗扭配筋的上下限

与矩形截面相同,抗剪扭配筋的上、下限仍按公式(6-25)、公式(6-26)和公式(6-27)、公式(6-28)确定,但公式中的 b 应取箱形截面的侧壁总厚度 $2t_w$。

3) 在弯、剪、扭共同作用下的承载力计算

对于在弯、剪、扭共同作用下的箱形截面构件,其承载计算方法与矩形截面构件相同,但有关公式应采用箱形截面构件的相应公式。同时,公式(6-32)中的 W_t 应乘以 $\alpha_h W_t$ 代替。

6.6 钢筋混凝土结构构件的协调扭转

如前所述,在超静定结构中,由于相邻构件的弯曲转动受到支承梁的约束,在支承梁内将引起扭矩,这种扭转称为协调扭转。协调扭转构件所承受的扭矩将由变形协调条件确定。也就是说,协调扭转构件的内扭矩 T 与受扭构件的扭转刚度和其两端的约束条件及相邻构件的弯曲刚度有关。当构件开裂后,构件的刚度将显著降低,从而产生明显的内力重分布,其扭矩将降低。因此,《规范》规定,对属于协调扭转的钢筋混凝土结构构件,受相邻构件约束的支承梁的扭矩宜考虑内力重分布,考虑内力重分布后的支承梁,仍应按弯剪扭构件进行承载力计算,且其配置的纵向钢筋和箍筋应符合受扭构件的构造要求(如纵筋的最小配筋率、箍筋的最小配箍率等)。

对独立的支承梁(相当于现浇混凝土框架梁,而梁上搁置预制板的情况),当扭矩调幅不超过 40% 时,相应的裂缝宽度一般能够满足《规范》的要求。

对框架梁、板、柱均为现浇的情况,由于结构的整体刚度较好,在考虑内力重分布时,对扭矩的调幅值可适当放宽。

为了简化计算,在工程设计中也可采用零刚度法,也就是取支承梁的扭转刚度为零,即取支承梁所承受的扭矩为零。这时,为了保证支承梁有足够的延性和裂缝控制能力,必须至少配置相当于开裂扭矩所需的构造钢筋。

6.7 受扭构件的一般构造要求

在纯扭和弯剪扭构件中,抗扭纵向钢筋可沿截面核心周边均匀对称布置。在截面的四角必须设有纵向钢筋,也可以利用架立钢筋或侧面纵向构造钢筋作为抗扭纵筋。抗扭纵向钢筋间距不应大于 200 mm 和构件截面短边尺寸。当矩形截面短边小于 400 mm 时,抗扭纵筋可集中配置在四角。角部纵筋直径一般不宜小于 10 mm。抗扭纵向钢筋的接头和锚固长度与纵向受拉钢筋相同。抗扭纵向钢筋应按受拉钢筋锚固在支座内。

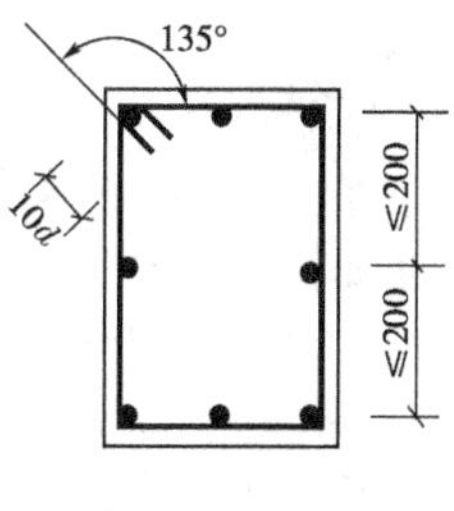

抗扭箍筋沿周边全长各肢所受拉力基本相同,为保证抗扭箍筋可靠工作,箍筋应制成封闭式,且应沿截面周边布置。当采用绑扎骨架时,箍筋的末端应做成不小于 135° 弯钩,弯钩末端的直线长度不应小于 $10d$(d 为箍筋直径)和 50 mm,如图 6-12 所示。当箍筋间距较小时,这种弯钩位置宜错开。抗扭箍筋间距不应大于 300 mm,也不应大于构件截面的宽度。以往的规范曾规定箍筋末端应具有 $30d$ 的搭接长度。但试验表明,这种要求是不需要的,当

图 6-12 抗扭箍筋和纵筋的布置

箍筋间距较密时甚至是有害的，因此，不应采用。

此外，箍筋的直径和间距尚应符合本书 5.5 节的有关规定。

思 考 题

6.1 钢筋混凝土矩形截面纯扭构件的破坏形态有哪几种？其特点如何？

6.2 何谓截面受扭塑性抵抗矩？矩形截面的受扭塑性抵抗矩是如何求得的？T形和I形截面的受扭塑性抵抗矩如何计算？

6.3 钢筋混凝土矩形截面纯扭构件的受扭承载力是如何计算的？计算公式中各项的物理意义是什么？各个符号的物理意义是什么？其适用条件是什么？

6.4 何谓纯扭构件的纵向钢筋和箍筋配筋强度比 ζ？它对纯扭构件的破坏形态和受扭承载力有何影响？在设计时，ζ 值如何确定？

6.5 T形和I形截面纯扭构件的受扭承载力如何计算？

6.6 箱形截面纯扭构件的受扭承载力如何计算？它与矩形截面的主要不同点是什么？

6.7 何谓剪扭相关？其相互影响的规律如何？

6.8 矩形截面剪扭构件的受扭承载力和受剪承载力如何计算？系数 β_t 的物理意义是什么？其箍筋截面面积如何计算？如何配置？

6.9 矩形截面剪扭构件的截面限制条件如何？其物理意义是什么？它与受弯构件斜截面受剪时的截面限制条件有何联系？

6.10 矩形截面弯扭构件的受弯、受扭承载力是如何计算的？其纵向钢筋截面面积如何计算？如何配置？

6.11 矩形截面弯剪扭构件的受弯、受剪、受扭承载力如何计算？其箍筋和纵筋的截面面积如何计算？如何配置？

6.12 纯扭构件中箍筋的最小配筋率是如何规定的？弯剪扭构件中箍筋的最小配筋率如何规定的？它们与受弯构件中箍筋的最小配筋率有何不同？

6.13 纯扭构件中纵向钢筋的最小配筋率是如何规定的？弯剪扭构件中纵向钢筋的最小配筋率是如何规定的？它们与受弯构件纵向钢筋的最小配筋率有何不同？

6.14 T形和I形截面剪扭构件的受剪、受扭承载力如何计算？适用条件如何？与矩形截面构件有何异同？

6.15 箱形截面剪扭构件的受剪受扭承载力如何计算？适用条件如何？与矩形截面构件有何不同？

6.16 对受扭构件中的纵向钢筋和箍筋，有哪些构造要求？

习 题

6.1 矩形截面纯扭构件，$b \times h = 250 \text{ mm} \times 500 \text{ mm}$，纵筋混凝土保护层厚度为 35 mm。承受扭矩设计值 $T = 15 \text{ kN} \cdot \text{m}$，采用 C25 混凝土，纵向钢筋和箍筋均采用 HRB400 级。试设计该构件。

6.2 条件同习题 6.1，但在跨中 3 分点处除承受两个集中扭矩的作用外，还承受两个集中荷载的作用。由此在构件中产生的弯矩图、剪力图和扭矩图如图 6—13 所示。试设计该构件。

6.3 T形截面纯扭构件，$b = 250 \text{ mm}$，$h = 500 \text{ mm}$，$b'_f = 600 \text{ mm}$，$h'_f = 120 \text{ mm}$。承受扭矩设计值 $T = 15 \text{ kN} \cdot \text{m}$，采用 C30 混凝土，纵向受力钢筋和箍筋均采用 HRB400 级。试设计该构件。

6.4 条件同习题 6.3，但除承受扭矩设计值 $T = 15 \text{ kN} \cdot \text{m}$ 外，跨中还承受弯矩设计值 $M = 84 \text{ kN} \cdot \text{m}$，支座处还承受剪力设计值 $V = 56 \text{ kN}$（构件的弯矩图、剪力图和扭矩图与图 6—13 所示相同）。

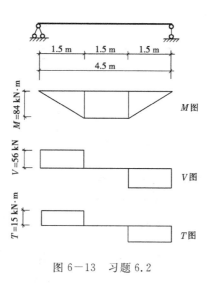

图 6-13 习题 6.2

7 钢筋混凝土受压构件承载力

7.1 配有纵向钢筋和普通箍筋的轴心受压构件承载力计算

在钢筋混凝土结构中实际上不存在理想的轴心受压构件。但是，在设计以恒荷载为主的多层房屋的内柱以及桁架的受压腹杆等构件时，常因实际存在的弯矩很小而略去不计，近似按轴心受压构件计算。

轴心受压构件最常见的配筋形式是配有纵向钢筋（沿构件纵向放置）及普通箍筋（配置在纵向钢筋外面，将纵向钢筋箍住，一般沿构件纵向方向等距离布置），如图 7—1 所示。

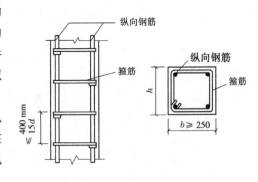

图 7—1 配有纵向钢筋和普通箍筋的轴心受压柱

7.1.1 受力特点和破坏形态

对于配有纵向钢筋（以下简称纵筋）和箍筋的短柱，在轴心荷载作用下，整个截面的应变基本上是均匀分布的。纵向钢筋压应力和混凝土压应力与轴向压力的关系如图 7—2 所示。当荷载较小时，纵向压应变的增加与荷载的增加成正比，钢筋和混凝土压应力增加也与荷载的增加成正比。当荷载较大时，由于混凝土的塑性变形，纵向压应变的增加速度加快，纵筋配筋率愈小，这个现象愈明显。同时，在相同荷载增量下，纵筋应力的增长加快，而混凝土应力的增长减缓。临近破坏时，纵筋屈服（当钢筋强度较高时，可能不会屈服），应力保持不变，混凝土压应力增长加快，最后，柱子出现与荷载平行的纵向裂缝，然后，箍筋间的纵筋压屈，向外鼓出，混凝土被压碎，构件即告破坏（图 7—3）。

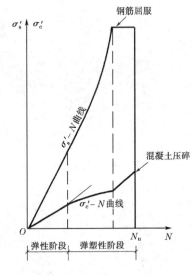

图 7—2 轴心受压柱的应力—荷载曲线

素混凝土棱柱体试件的极限压应变约为 0.0015～0.002，钢筋混凝土短柱达到最大承载力时的压应变一般为 0.0025～0.0035。因此，若纵筋强度不太高，纵筋将首先达到屈服强度。此后，随着荷载增加，钢筋应力保持不变，而混凝土应力增长加快（在相同荷载增量时，其应力增加值比弹性阶段还要大些）。当混凝土被压碎，柱即告破坏。若纵筋强度很高，则在混凝土达到其极限压应变而被压碎时，纵筋应力将尚未达到其屈服强度（或条件屈服强度）。在实际结构中，柱子承受的荷载大部分是长期荷载，因此，混凝土将产生徐变，使混凝土应力降低，而纵筋应力增大，柱中纵向钢筋的应力将有可能达到其屈服强度。

对于长细比较大的柱子,由于各种偶然因素造成的初始偏心距的影响,在荷载作用下,将产生附加弯曲和相应的侧向挠度,而侧向挠度又加大了荷载的偏心距。随着荷载的增加,附加弯矩和侧向挠度将不断增大。这样相互影响的结果,使长柱在轴力和弯矩的共同作用下而破坏。破坏时,首先在凹侧出现纵向裂缝,然后,混凝土被压碎,纵筋被压屈,向外鼓出,凸侧混凝土出现垂直于纵轴方向的横向裂缝,侧向挠度急速增大,柱子即告破坏(图 7—4)。此外,当荷载长期作用时,由于混凝土的徐变,侧向挠度将增大更多,因此,长柱的承载力将比短柱的承载力降低更多。长期荷载在全部荷载中所占的比例愈大,长柱的承载力降低愈多。由于上述原因,长细比较大的柱子的承载力将低于其他条件相同的短柱。长细比越大,由于各种偶然因素造成的初始偏心距将愈大,在荷载

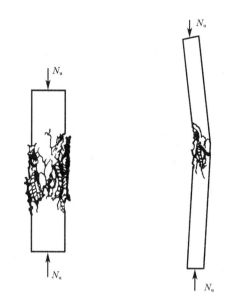

图 7—3 轴心受压短柱的破坏形态　　图 7—4 轴心受压长柱的破坏形态

作用下产生的附加弯曲和相应的侧向挠度也愈大,因而,其承载力降低也越多。对于长细比很大的细长柱,还可能发生失稳破坏。

7.1.2 正截面承载力计算公式

1) 基本计算公式

由上面所述,配有纵筋和箍筋的短柱在破坏时的应力图形如图 7—5 所示,混凝土应力达到其轴心抗压强度设计值,纵筋应力则与钢筋强度有关,对于热轧钢筋(如 HPB300、HRB335 和 HRB400 等),其应力均已达到屈服强度,而对于高强度钢筋,其应力则达不到屈服强度。设计时偏于安全地取混凝土极限压应变为 0.002,这时相应的纵筋应变也为 0.002,因此,其应力 $\sigma'_s = \varepsilon'_s E_s = 0.002 \times 2 \times 10^5 = 400 \text{ N/mm}^2$,即纵筋的抗压强度最多只能发挥 400 N/mm²。于是,短柱的承载力设计值 N_{us} 可按下列公式计算:

$$N_{us} = f_c A + f'_y A'_s \quad (7-1)$$

式中　f_c——混凝土轴心抗压强度设计值;
　　　A——构件截面面积;
　　　f'_y——纵向钢筋的抗压强度设计值;
　　　A'_s——全部纵向钢筋的截面面积。

对于长柱,其承载力设计值可由短柱承载力设计值乘以降低系数 φ 而得。换句话说,φ 代表长柱承载力 N_u 与短柱承载力 N_{us} 之比,称为稳定系数。长柱的承载力设计值可按

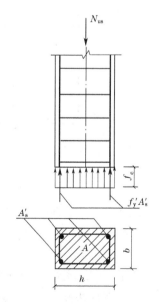

图 7—5 箍筋柱的轴心受压承载力计算应力图形

下列公式计算：

$$N_u = 0.9\varphi(f_c A + f'_y A'_s) \tag{7-2}$$

公式(7-2)中的系数 0.9 是为使轴心受压构件承载力设计值与偏心受压构件承载力设计值能相互协调而引入的修正系数。

当纵向钢筋配筋率大于 3% 时，公式(7-1)和公式(7-2)中的 A 应改用 $(A-A'_s)$ 代替。

此外，纵向钢筋配筋率还应满足最小配筋率的要求。《规范》规定，轴心受压构件的全部纵向钢筋级别为 300 MPa、335 MPa 时，最小配筋率 ρ_{min} 为 0.6%，钢筋级别为 400 MPa 时，最小配筋率 ρ_{min} 为 0.55%，钢筋级别为 500 MPa 时，最小配筋率 ρ_{min} 为 0.5%，且每侧的纵向钢筋最小配筋率应大于 0.2%。

2）稳定系数

稳定系数 φ 又称纵向弯曲系数，主要与柱子的长细比 $\dfrac{l_0}{i}$（此处，l_0 为柱的计算长度，i 为截面的回转半径）有关。此外，混凝土强度和配筋率对稳定系数也有一定影响，但影响较小。对于矩形截面，长细比可改用 $\dfrac{l_0}{b}$ 表示。图 7-6 是根据原国家建委建筑科学研究院的试验结果，并参考国外有关试验结果得到的 φ 与 $\dfrac{l_0}{b}$（b 为矩形截面的短边）的关系曲线。由图 7-6 可见，$\dfrac{l_0}{b}$ 越大，φ 值越小，当 $\dfrac{l_0}{b} < 8$ 时，$\varphi \approx 1$。

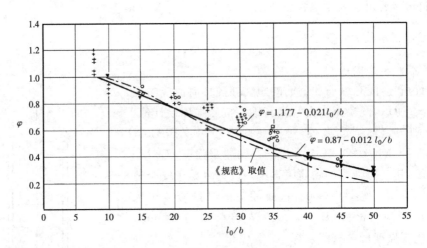

图 7-6 $\varphi - l_0/b$ 关系曲线

根据试验结果，并考虑了长期荷载的影响，《规范》给出 φ 值的计算表格，列于本书附表 21。

当需用公式计算 φ 值时，对于矩形截面，也可近似用下列公式计算：

$$\varphi = [1 + 0.002(l_0/b - 8)^2]^{-1} \tag{7-3}$$

构件计算长度 l_0 与构件两端支承情况有关。由材料力学可知，当两端不动铰支时，取 $l_0 = l$（l 为构件实际长度）；当两端固定时，取 $l_0 = 0.5l$；当一端固定，一端不动铰支时，取 $l_0 = 0.7l$；当一端固定，一端自由时，取 $l_0 = 2l$。但是，在实际结构中，构件端部的支承情况并非是理想的铰接或固定，因此，在确定构件计算长度 l_0 时，应根据具体情况进行分析。为了便于设计，《规范》对一些常遇的情况作了具体规定，详见第 14 章、第 15 章有关内容。

7.1.3 设计方法

轴心受压构件正截面承载力计算可分为设计截面和复核截面两种情况。

设计截面时,一般是已知轴心压力设计值 N 和材料强度设计值(即 f_c、f'_y),需确定截面面积 A(或截面尺寸 b、h 等)和纵向受压钢筋 A'_s。由于轴心受压构件承载力计算公式只有一个,而未知数却有三个,即 A、A'_s 和 φ。因此,可先根据设计经验初步给定构件截面尺寸以确定 A,也可先假定 ρ'(即 A'_s/A)和 φ,然后由公式(7-2)确定 A。求出 A 后,即可根据构件的实际长度和支承情况确定 l_0,并按 $\dfrac{l_0}{b}$(或 $\dfrac{l_0}{h}$,或 $\dfrac{l_0}{i}$),由附表 21 查得 φ。于是,可由公式(7-2)求得 A'_s。最后,还应检查是否满足最小配筋率 $\rho'_{\min}$(见附表 15)的要求。

复核截面时,截面尺寸及材料强度设计值均为已知,则可按与上述相类似的方法求得 l_0 和 φ。于是,可按公式(7-2)求得构件轴心受压承载力设计值。

例题 7-1 某无侧移多层现浇框架结构的第二层中柱,承受轴心压力设计值 $N = 1\,840$ kN,柱的计算长度 $l_0 = 3.9$ m,混凝土强度等级为 C30($f_c = 14.3$ N/mm^2),用 HRB400 级钢筋配筋($f'_y = 360$ N/mm^2),环境类别为一类。试设计该截面。

解 (1)假定 $\rho' = \dfrac{A'_s}{A} = 0.8\%$,$\varphi = 1.0$,则由公式(7-2)可求得

$$A = \dfrac{N}{0.9\varphi(f_c + \rho' f'_y)} = \dfrac{1\,840 \times 10^3}{0.9 \times 1.0 \times (14.3 + 0.008 \times 360)} = 119 \times 10^3 \text{ mm}^2$$

采用正方形截面,则

$$b = h = \sqrt{119\,000} = 345 \text{ mm}$$

取 $b = h = 350$ mm。

(2)计算 l_0 及 φ

$l_0 = 3.9$ m,则 $\dfrac{l_0}{b} = \dfrac{3\,900}{350} = 11.1$,由附表 21 查得 $\varphi = 0.965$。

(3)求 A'_s

$$A'_s = \dfrac{\dfrac{N}{0.9\varphi} - f_c A}{f'_y} = \dfrac{\dfrac{1\,840 \times 10^3}{0.9 \times 0.965} - 14.3 \times 350 \times 350}{360} = 1\,019 \text{ mm}^2$$

选用 4⌀18,$A'_s = 1\,017$ mm^2。

$$\rho' = \dfrac{A'_s}{bh} = \dfrac{1\,017}{350 \times 350} = 0.83\%$$

$\rho' < 3\%$,故计算中取 $A = 350$ mm $\times$ 350 mm 是可行的(如果所得 $\rho' > 3\%$,则在计算 A 值时,应扣除 A'_s 值,重新计算)。

$\rho' \geqslant \rho'_{\min} = 0.55\%$,符合最小配筋率的要求。

例题 7-2 某无侧移现浇框架结构底层中柱的柱高 $H = 3.5$ m($l_0 = 1.0H$),截面尺寸 $b \times h = 250$ mm $\times$ 250 mm,柱内配有 4⌀16 纵筋($A'_s = 804$ mm^2),混凝土强度等级为 C30。柱承受轴心压力设计值 $N = 810$ kN,试核算该柱是否安全。

解 (1)求 l_0 和 φ

$l_0 = 1.0H = 1.0 \times 3.5$ m $= 3.5$ m,则 $\dfrac{l_0}{b} = \dfrac{3\,500}{250} = 14.0$,由附表 21 查得 $\varphi = 0.92$。

(2) 求 N_u

$$N_u = 0.9\varphi(f_c A + f'_y A'_s)$$
$$= 0.9 \times 0.92(14.3 \times 250 \times 250 + 360 \times 804)$$
$$= 979\,700 \text{ N} = 979.7 \text{ kN} > 810 \text{ kN} \quad (满足要求)$$

7.2 配有纵向钢筋和螺旋箍筋的轴心受压构件承载力计算

在实际结构中,当柱承受很大的轴向压力,而截面尺寸又受到限制时(由于建筑上或使用上的要求),若仍采用有纵筋和普通箍筋的柱,即使提高混凝土强度和增加纵筋配筋量,也不足以承受该荷载时,可考虑采用螺旋箍筋柱或焊接环筋柱,以提高构件的承载力。螺旋箍筋柱或焊接环筋柱的用钢量较多,施工复杂,造价较高,故一般很少采用。螺旋箍筋柱或焊接环筋柱的截面形状一般为圆形或多边形,其构造形式如图7-7所示。由于螺旋箍筋柱和焊接环筋柱的受力性能相同。为了叙述方便,下面将不再区别,统称为螺旋箍筋柱。

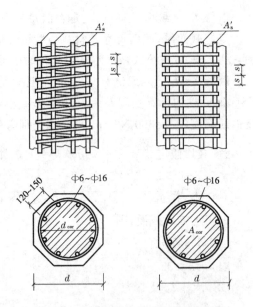

图7-7 螺旋箍筋柱和焊接环筋柱

7.2.1 受力特点和破坏特征

图7-8中分别表示普通箍筋柱和螺旋箍筋柱的荷载—应变曲线。在临界荷载(大致相当于 $\sigma'_c = 0.8 f_c$)以前,螺旋箍筋应力很小,螺旋箍筋柱的荷载—应变曲线与普通箍筋柱基本相同。当荷载继续增加,直至混凝土和纵筋的纵向压应变 $\varepsilon = 0.003 \sim 0.0035$ 时,纵筋已屈服,箍筋外面的混凝土保护层开始崩裂剥落,混凝土的截面减小,荷载略有下降。这时,核心部分混凝土由于受到螺旋箍筋的约束,仍能继续承受压力,其抗压强度超过了轴心抗压强度,补偿了剥落的外围混凝土所承担的压力,曲线逐渐回升。随

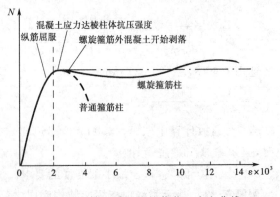

图7-8 轴心受压柱的荷载—应变曲线

着荷载不断增大,螺旋箍筋中环向拉应力也不断增大,直至螺旋箍筋达到屈服,不能再约束核心混凝土的横向变形,核心部分混凝土的抗压强度不再提高,混凝土被压碎,构件即告破坏。这时,荷载达到第二次峰值,柱子的纵向压应变可达0.01以上。第二次荷载峰值及相应的压应变值与螺旋箍筋的配筋率(箍筋直径和间距)有关。螺旋箍筋的配筋率越大,其值

越大。此外,螺旋箍筋柱具有很好的延性,在承载力不降低的情况下,其变形能力比普通钢筋混凝土柱提高很多。

由此可见,在螺旋箍筋柱中,沿柱高连续缠绕的、间距很密的螺旋箍筋犹如一个套筒,将核心部分的混凝土包住,有力地限制了核心混凝土的横向变形,使核心混凝土处于三向受压状态,从而提高了柱的承载力。因此,这种钢筋又称为"间接钢筋"。

7.2.2 正截面承载力计算

在螺旋箍筋柱中,螺旋箍筋或焊接环筋(又称间接钢筋)所包围的核心混凝土处于三向受压状态,其实际抗压强度高于混凝土的轴心抗压强度。根据圆柱体三向受压试验的结果,约束混凝土的轴心抗压强度 f_{cc} 可近似按下列公式计算:

$$f_{cc} = f_c + 4\sigma_c \tag{7-4}$$

式中　f_c——混凝土轴心抗压强度设计值;

　　　σ_c——作用于圆柱体的侧表面单位面积上的侧压力。

假设螺旋箍筋达到屈服时,它对混凝土施加的侧压力(径向压应力)为 σ_c(图 7-9)。沿径向把箍筋切开,则在间距 s 范围内,σ_c 的合力应与箍筋的拉力平衡,即

$$\sigma_c s d_{cor} = 2 f_y A_{ss1} \tag{7-5}$$

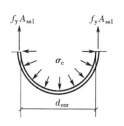

图 7-9　螺旋箍筋的受力状态

式中　A_{ss1}——螺旋式或焊接环式单根间接钢筋的截面面积;

　　　f_y——间接钢筋的抗拉强度设计值;

　　　s——沿构件轴线方向间接钢筋的间距;

　　　d_{cor}——构件的核心直径,按间接钢筋的内表面计算。

将公式(7-5)代入公式(7-4),则核心混凝土的抗压强度设计值为

$$f_{cc} = f_c + 8 \frac{f_y A_{ss1}}{s d_{cor}} \tag{7-6}$$

由于箍筋屈服时,外围混凝土已严重剥落,所以承受压力的混凝土截面面积应取核心混凝土的截面面积 A_{cor}。于是,根据轴向力的平衡条件,可得螺旋箍筋柱的承载力为

$$N_u = f_{cc} A_{cor} + f'_y A'_s \tag{7-7}$$

将公式(7-6)代入公式(7-7),则得

$$N_u = f_c A_{cor} + \frac{8 A_{cor} f_y A_{ss1}}{s d_{cor}} + f'_y A'_s \tag{7-7a}$$

公式(7-7a)右端第一项为核芯混凝土无约束时的承载力,第二项为配置螺旋箍筋后混凝土承载力的增量。为了使公式(7-7a)表达成更为简单的形式,可按体积相等的原则将间距为 s 的间接钢筋换算成纵向钢筋截面面积 A_{ss0},即

$$\pi d_{cor} A_{ss1} = s A_{ss0}$$

即

$$A_{ss0} = \frac{\pi d_{cor} A_{ss1}}{s} \tag{7-8}$$

则

$$A_{ss0} = \frac{4 A_{cor} A_{ss1}}{s d_{cor}}$$

于是

$$\frac{8 A_{cor} f_y A_{ss1}}{s d_{cor}} = 2 f_y A_{ss0} \tag{7-8a}$$

将公式(7-8a)代入公式(7-7a),则得

$$N_u = f_c A_{cor} + f'_y A'_s + 2 f_y A_{ss0} \tag{7-9}$$

试验结果表明,当混凝土强度等级大于 C50 时,间接钢筋对构件受压承载力的影响将减小。因此,公式(7-9)中的第 3 项应乘以折减系数 α。于是公式(7-9)改写为

$$N_u = f_c A_{cor} + f'_y A'_s + 2\alpha f_y A_{ss0} \tag{7-9a}$$

如同公式(7-2),为了使轴心受压构件承载力设计值与偏心受压构件承载力设计值互相协调,将按公式(7-9a)求得的 N_u 值乘以系数 0.9,于是可得

$$N_u = 0.9(f_c A_{cor} + f'_y A'_s + 2\alpha f_y A_{ss0}) \tag{7-10}$$

式中 α——间接钢筋对混凝土约束的修正系数,当混凝土强度等级不大于 C50 时,取 1.0,当混凝土强度等级为 C80 时,取 0.85,其间按线性内插法取用。

由公式(7-10)右端括号内第三项可见,螺旋箍筋所承担的轴向力比相同用钢量的纵筋所承担的轴向力大一倍左右。

为了保证螺旋箍筋外面的混凝土保护层不至于过早剥落,按公式(7-10)算得的柱的承载力设计值不应比按公式(7-2)算得的大 50%。

当遇到下列情况之一时,不考虑间接钢筋的影响,按公式(7-2)进行计算。

(1)当 l_0/d 大于 12 时(对长细比 $l_0/d>12$ 的柱子,由于纵向弯曲的影响,其承载力较低,破坏时混凝土压应力低于其轴心抗压强度,横向变形不显著,间接钢筋不能发挥作用,故不考虑间接钢筋的影响)。

(2)当按公式(7-10)算得的受压承载力小于公式(7-2)算得的受压承载力时。

(3)当间接钢筋的换算截面面积 A_{ss0} 小于纵向钢筋的全部截面面积的 25% 时。

对于螺旋箍筋柱,箍筋间距不应大于 $d_{cor}/5$,并不大于 80 mm。为了便于浇灌混凝土,箍筋间距也不应小于 40 mm。纵筋通常为 6~8 根,沿圆周等距离布置。

例题 7-3 某大楼底层门厅内现浇钢筋混凝土柱,承受轴心压力设计值 $N=2749$ kN,计算长度 $l_0=4.06$ m,根据建筑设计要求,柱的截面为圆形,直径 $d_c=400$ mm。混凝土强度等级为 C30($f_c=14.3$ N/mm²),纵筋采用 HRB400 级钢筋($f'_y=360$ N/mm²),箍筋采用 HRB335 级钢筋($f_y=300$ N/mm²),试确定柱的配筋。

解 (1)判别是否可采用螺旋箍筋柱

$$\frac{l_0}{d_c} = \frac{4\,060}{400} = 10.15 < 12 \quad (可设计成螺旋箍筋柱)$$

(2)求 A'_s

$$A = \frac{\pi d_c^2}{4} = \frac{3.142 \times 400^2}{4} = 125\,700 \text{ mm}^2$$

假定 $\rho' = 0.025$,则 $A'_s = 0.025 \times 125\,700 = 3\,142 \text{ mm}^2$。

选用 10 ⌀ 20,$A'_s = 3\,142$ mm²。

(3)求 A_{ss0}

混凝土保护层厚度为 30 mm,则

$$d_{cor} = 400 - 60 = 340 \text{ mm}$$

$$A_{cor} = \frac{3.142 \times 340^2}{4} = 90\,800 \text{ mm}^2$$

由公式(7-10)可得

$$A_{ss0} = \frac{\dfrac{N}{0.9} - (f_c A_{cor} + f'_y A'_s)}{2\alpha f_y}$$

$$= \frac{\frac{2749 \times 10^3}{0.9} - (14.3 \times 90\,800 + 360 \times 3\,142)}{2 \times 1.0 \times 300} = 1\,041 \text{ mm}^2$$

$A_{ss0} > 0.25 A'_s = 0.25 \times 3\,142 = 786 \text{ mm}^2$ （满足要求）

(4) 确定螺旋箍筋直径和间距

假定螺旋箍筋直径 $d = 8 \text{ mm}$，则单根螺旋箍筋截面面积 $A_{ss1} = 50.3 \text{ mm}^2$，由公式(7-8)可得

$$s = \frac{\pi d_{cor} A_{ss1}}{A_{ss0}} = \frac{3.142 \times 340 \times 50.3}{1041} = 51.6 \text{ mm}$$

取 $s = 50 \text{ mm}$，$40 \text{ mm} < s < 80 \text{ mm}$，$s < 0.2 d_{cor} = 0.2 \times 340 = 68 \text{ mm}$ （满足构造要求）

(5) 复核混凝土保护层是否过早脱落

按 $\frac{l_0}{d} = 10.15$ 查附表 21，得 $\varphi = 0.955$。

$$1.5 \times 0.9 \varphi (f_c A + f'_y A'_s) = 1.5 \times 0.9 \times 0.955 \times (14.3 \times 125\,700 + 360 \times 3\,142)$$
$$= 3\,776\,000 \text{ N} = 3\,776 \text{ kN} > N \quad \text{（满足要求）}$$

7.3 偏心受压构件正截面的受力特点和破坏特征

钢筋混凝土偏心受压构件正截面的受力特点和破坏特征与轴向压力的偏心率（偏心距与截面有效高度的比值，又称相对偏心距）、纵向钢筋的数量、钢筋强度和混凝土强度等因素有关。一般可分为大偏心受压破坏（又称为受拉破坏）和小偏心受压破坏（又称为受压破坏）两类。

7.3.1 大偏心受压破坏

当轴向压力的偏心率较大，且受拉钢筋配置不太多时，在荷载作用下，靠近轴向压力的一侧受压，另一侧受拉，随荷载的增加，首先在受拉区产生横向裂缝。轴向压力的偏心率愈大，横向裂缝出现愈早，裂缝的开展和延伸愈快，受拉变形的增长较受压变形快，受拉钢筋应力较大。随着荷载继续增大，主裂缝逐渐明显，主裂缝可能有 1~2 条。临近破坏荷载时，受拉钢筋的应力首先达到屈服强度，受拉区横向裂缝迅速开展，并向受压区延伸，从而导致混凝土受压区面积迅速减小，混凝土压应力迅速增大，在压应力较大的混凝土受压边缘附近出现纵向裂缝。当受压区边缘混凝土的应变达到其极限值，受压区混凝土被压碎，构件即告破坏。破坏时，如混凝土受压区不过小，受压区的纵筋应力也可达到其受压屈服强度。破坏时的情况如图 7-10 所示。

这种破坏的过程和特征与适筋的双筋受弯截面相似，有明显的预兆，为延性破坏。由于这种破坏特征一般是发生于轴向压力的偏心率较大的情况，故习惯上称为大偏心受压破坏。又

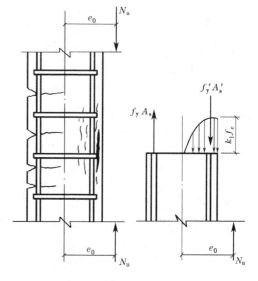

图 7-10 大偏心受压破坏

由于其破坏是始于受拉钢筋先屈服，故又称为受拉破坏。

7.3.2 小偏心受压破坏

当轴向压力的偏心率较小，或者偏心率虽不太小，但配置的受拉钢筋很多时，在荷载作用下，截面大部分受压或全部受压。当截面大部分受压时，其受拉区虽然也可能出现横向裂缝，但出现较迟，开展也不大。轴向压力的偏心率愈小，横向裂缝出现愈迟，开展也愈小，一般没有明显的主裂缝。临近破坏荷载时，在压应力较大的混凝土受压边缘附近出现纵向裂缝。当受压区边缘混凝土的应变达到其极限值，受压区混凝土被压碎，构件即告破坏。破坏时，靠近轴向压力一侧的受压钢筋达到其抗压屈服强度，而另一侧的钢筋受拉，但应力未达到其抗拉屈服强度。破坏时的情况如图 7-11a 所示。当轴向压力的偏心率更小时，截面将全部受压，构件不出现横向裂缝。一般是靠近轴向压力一侧的混凝土的压应力较大，由于靠近轴向压力一侧边缘混凝土的应变达到极限值，混凝土被压碎而破坏。破坏时，靠近轴向压力一侧的钢筋应力达到其抗压屈服强度，而离轴向压力较远一侧的钢筋可能达到其抗压屈服强度，也可能未达到其抗压屈服强度。破坏时的情况如图 7-11b 所示。此外，当轴向压力的偏心率很小，而离轴向压力较远一侧的钢筋相对较少时，离轴向压力较远一侧的混凝土的压应力有时反而大些，也可能由于离轴向压力较远的一侧边缘混凝土的应变达到极限值，混凝土被压碎而破坏。

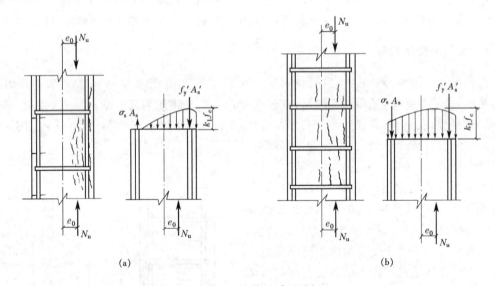

图 7-11 小偏心受压破坏

这种破坏过程和特征与超筋的双筋受弯截面或轴心受压截面的破坏相似，无明显的预兆，为脆性破坏。由于这种破坏特征是发生于轴向压力的偏心率较小的情况，故习惯上称为小偏心受压破坏。又由于其破坏是由混凝土先被压碎而引起的，故又称为受压破坏。

7.4 偏心受压构件的二阶效应

7.4.1 基本概念

钢筋混凝土偏心受压构件的长细比较大时,在偏心轴向力的作用下将产生弯曲变形,从而导致临界截面的轴向压力偏心距增大。图 7-12a 所示为一两端铰支柱,在其两端于对称平面内作用有偏心距为 e_0($e_{01} = e_{02} = e_0$)的轴向压力 N。因此,在弯矩作用平面内将产生弯曲变形,在临界截面处将产生挠度 Δ,从而使临界截面上轴向压力的偏心距由 e_{02} 增大为($e_{02} + \Delta$)。因而,最大弯矩也由 Ne_{02} 增大为 $N(e_{02} + \Delta)$,这种现象称为二阶效应,又称为纵向弯曲。对于长细比小的构件,即所谓"短柱",由于二阶效应的影响小,一般可忽略不计;对于长细比较大的构件,即所谓"长柱",二阶效应的影响较大,必须予以考虑。

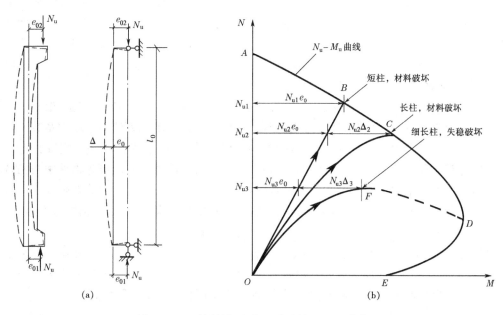

图 7-12 不同长细比偏心受压的 $N-M$ 曲线

7.4.2 偏心受压构件的破坏类型

偏心受压构件在二阶效应影响下的破坏类型与构件的长细比有密切关系。图 7-12b 中绘示了三个截面尺寸、配筋、材料强度、支承情况和轴向力偏心距等完全相同,仅长细比不同的偏心受压构件从加荷至破坏的 $N-M$ 关系线及其截面在破坏时的 N_u-M_u 关系曲线 $ABCDE$(即截面承载力曲线),N_u 和 M_u 为截面破坏时所能承担的轴向压力和相应的弯矩。对于理想短柱,其 $N-M$ 关系线为直线 OB,当 N 达到最大值时,$N-M$ 关系线与 N_u-M_u 曲线相交。这表明,当轴向压力达到最大值时,截面发生破坏。换句话说,构件的破坏是由于临界截面上的材料达到其极限强度而引起的。这种破坏称为短柱的材料破坏。对于长细比在某一范围内的长柱(或称中长柱),其 $N-M$ 关系线如 OC 所示。由于偏心距随轴向力的增大而非线性地增大,$N-M$ 关系线为曲线。当 N 达到最大值时,$N-M$ 关系线也与 N_u

—M_u 曲线相交,故其破坏类型亦属材料破坏。这种破坏称为在二阶效应影响下的材料破坏。对于长细比更大的细长柱,其 $N-M$ 关系线如 OFD 所示。$N-M$ 关系线也为曲线,且弯曲程度更大。当 N 达到最大值时,$N-M$ 关系线不与 N_u-M_u 曲线相交。这表明,当轴向压力达到最大值时,截面并未发生破坏。也就是说,构件的破坏不是由于临界截面上的材料达到其极限强度而引起的。这种破坏称为失稳破坏。

在建筑工程中,偏心受压构件的破坏类型一般都属于短柱的材料破坏或长柱在二阶效应影响下的材料破坏。因此,本书将主要介绍偏心受压构件在发生材料破坏时的计算方法。

7.4.3 轴向力偏心距增大系数

由上述可知,计算各类钢筋混凝土杆系结构中的偏心受压构件的承载力时,应考虑二阶效应引起的偏心距增大值 Δ 或附加弯矩 $N\Delta$(通常又称为二阶弯矩)。根据工程设计的不同要求,可分别采用精确法或近似法进行计算。

精确法——根据材料的本构关系(应力-应变关系),应用截面中的平衡条件和应变协调条件(平截面假定)以及各节点处的变形协调条件,对结构进行非线性分析,求出在承载能力极限状态下各个截面的内力(包括二阶效应)。这种方法还能同时反映出细长柱可能产生非线性失稳的特性。由于这种计算方法较为复杂,需借助计算机进行,故只在某些特殊的杆系结构的二阶效应分析中才采用。

近似法——首先用两端铰支、作用着等偏心距的轴向压力的构件进行试验,根据试验结果,并结合理论分析,导出在承载能力极限状态下构件中点的轴向力偏心距增大系数 η 的计算公式,公式中含有构件的计算长度 l_0(对于两端铰支构件,l_0 系指构件的长度)的平方项。然后,通过对各种杆系结构变形特性的分析(考虑轴向力二阶效应),求出各构件中与两端铰支、作用着等偏心距轴向压力构件的变形特性相当的等效长度,并把这一等效长度视为构件的计算长度,代入 η 的计算公式,以求得该结构各构件临界截面的弯矩(包括二阶弯矩)。

目前,在一般情况下,对于二阶效应的计算可采用近似法。

当按近似法考虑二阶效应对偏心受压构件承载力的影响时,为了确定极限状态下临界截面上轴向压力的实际偏心距,可在轴向力偏心距 e_0 上叠加以构件弯曲产生的偏心距增大值,也就是临界截面处的构件挠度 Δ。因此,轴向力实际偏心距 e'_0 可表示为

$$e'_0 = e_{02} + \Delta = \left(1 + \frac{\Delta}{e_{02}}\right) e_{02} \tag{7-11}$$

令 $\eta_{ns} = 1 + \dfrac{\Delta}{e_{02}}$ 为轴向力偏心距增大系数,则公式(7-11)可改写为

$$e'_0 = \eta_{ns} e_{02} \tag{7-12}$$

对于轴向力偏心距增大值 Δ 或偏心距增大系数 η,《规范》系按下述方法确定。

对于两端铰支等偏心距受压柱,其偏心距增大系数 η 的计算方法如下。

首先,由柱极限状态时临界截面的曲率,直接求临界截面处的挠度 Δ,然后再由公式 (7-11)计算 η。

由材料力学可知

$$\Delta = \varphi_u \frac{l_0^2}{\beta} \tag{7-13}$$

式中 φ_u——偏心受压构件临界截面的曲率;

l_0——偏心受压构件的计算长度;

β——挠度系数。

于是，η_{ns}可按下列公式计算：

$$\eta_{ns}=1+\frac{\varphi_u}{e_0}\cdot\frac{l_0^2}{\beta} \quad (7-14)$$

根据平截面假定，可求得当截面为界限破坏时极限曲率φ_{ub}为（图7-13）

$$\varphi_{ub}=\frac{\varepsilon_{cu}+\varepsilon_y}{h_0} \quad (7-15)$$

式中 ε_{cu}——界限破坏时截面受压区边缘混凝土的极限压应变；

ε_y——界限破坏时受拉钢筋的拉应变，即$\varepsilon_y=f_y/E_s$。

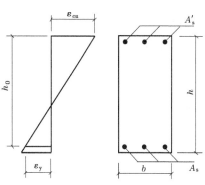

图7-13 临界截面界限破坏时的应变状态

试验表明，轴向力偏心率对偏心受压构件临界截面的极限曲率有一定的影响。因此，在公式（7-15）中乘以系数ζ_c（考虑轴向力偏心率对截面曲率的影响系数）进行修正。于是可得偏心受压构件临界截面的极限曲率φ_u为

$$\varphi_u=\frac{\varepsilon_{cu}+\varepsilon_y}{h_0}\zeta_c \quad (7-15a)$$

将公式（7-15a）代入公式（7-14），且取$\varepsilon_{cu}=0.0033$，$\varepsilon_y=0.002$，则可得

$$\eta_{ns}=1+\frac{0.0053}{e_{02}h_0}\cdot\frac{l_0^2}{\beta}\zeta_c \quad (7-16)$$

挠度系数β与沿构件长度方向的曲率分布有关。当曲率分布曲线为矩形时，$\beta=8$；为三角形时，$\beta=12$；为正弦曲线时，$\beta=10$。实际构件的曲率分布曲线可认为介于三角形和矩形之间的某种曲线，故近似取$\beta=10$。又近似取$\frac{h}{h_0}=1.1$，则由公式（7-16）可得

$$\eta_{ns}=1+\frac{1}{1550\frac{e_{02}}{h_0}}\left(\frac{l_0}{h}\right)^2\zeta_c \quad (7-16a)$$

当考虑荷载长期作用影响时，可将ε_{cu}乘以系数1.25，则可得

$$\eta_{ns}=1+\frac{1}{1300\frac{e_{02}}{h_0}}\left(\frac{l_0}{h}\right)^2\zeta_c \quad (7-16b)$$

当用M_2/N代替e_{02}时，则公式（7-16b）可改写为

$$\eta_{ns}=1+\frac{1}{1300(M_2/N)/h_0}\left(\frac{l_0}{h}\right)^2\zeta_c \quad (7-17)$$

ζ_c按下列公式计算：

$$\zeta_c=\frac{0.5f_cA}{N}\leqslant 1 \quad (7-17a)$$

式中 ζ_c——截面曲率修正系数，当$\zeta_c>1.0$时，取$\zeta_c=1.0$。

按照《规范》规定，计算偏心受压构件承载力时，应计入附加偏心距e_a（详见下节），则公式（7-17）可改写为

$$\eta_{ns}=1+\frac{1}{1300(M_2/N+e_a)/h_0}\left(\frac{l_0}{h}\right)^2\zeta_c \quad (7-18)$$

对于I形、T形、环形和圆形截面，η也可采用类似的方法确定。η_{ns}仍可按公式(7-18)计算，只需将公式中的h_0和h用相应的截面有效高度和截面高度(或直径)代替即可。

公式(7-17)和(7-18)是根据杆件两端轴向力偏心距相等的情况导出的。试验研究表明，对于杆件两端轴心力偏心距不等的情况，必须进行修正。

根据试验研究结果和借鉴国外有关规范，《规范》规定，除排架结构柱以外的偏心受压构件，在其偏心方向上考虑杆件自身挠曲影响的控制截面弯矩设计值可按下列公式计算：

$$M = C_m \eta_{ns} M_2 \tag{7-19}$$

即

$$e_0 = C_m \eta_{ns} e_{02} \tag{7-19a}$$

式中　C_m——柱端截面偏心弯矩调节系数；

　　　η_{ns}——弯矩增大系数，又可称为偏心距增大系数。

在经典弹性解析解的基础上，考虑了钢筋混凝土柱非弹性性能的影响，并根据有关的试验资料，《规范》规定，C_m可按下列公式计算：

$$C_m = 0.7 + 0.3 \frac{M_1}{M_2} \geqslant 0.7 \tag{7-20}$$

式中　M_1、M_2——分别为偏心受压构件两端截面按结构分析确定的对同一主轴的弯矩设计值，绝对值较大端为M_2，绝对值较小端为M_1；当构件为单曲率时，M_1/M_2为正值，否则为负值。

根据国内对不同杆端弯矩比、不同轴压比和不同长细比的杆件进行的分析计算结果表明，当柱端弯矩比不大于0.9且轴压比不大于0.9时，若杆件长细比满足一定的要求，则考虑杆件自身挠曲后中间区段截面的弯矩值一般不会超过杆端弯矩，即可以不考虑该方向自身挠曲产生的附加弯矩影响。因此，《规范》规定，弯矩作用平面内截面对称的偏心受压构件，当同一主轴方向的杆端弯矩比$\frac{M_1}{M_2}$不大于0.9且设计轴压比(即$\frac{N}{f_c A}$)不大于0.9时，若构件长细比满足公式(5-21)的要求，可不考虑该方向构件自身挠曲产生的附加弯矩影响。

$$l_0/i \leqslant 34 - 12(M_1/M_2) \tag{7-21}$$

式中　l_0——构件的计算长度，可近似取偏心受压构件相应主轴方向两支撑点之间的距离；

　　　i——偏心方向的截面回转半径；

对于排架结构，由于作用在排架结构上绝大多数荷载都会引起排架的侧移，因此，可以近似用$P-\Delta$效应增大系数η_s统乘引起排架侧移荷载产生的端弯矩M_s与不引起排架侧移荷载产生的端弯矩M_{ns}之和，即

$$M = \eta_s (M_{ns} + M_s) \tag{7-22}$$

《规范》还规定，排架结构中的η_s可按下列公式计算：

$$\eta_s = 1 + \frac{1}{1\,500 e_i/h_0} \left(\frac{l_0}{h}\right)^2 \zeta_c \tag{7-23}$$

$$e_i = e_0 + e_a \tag{7-23a}$$

式中　ζ_c——截面曲率修正系数；按公式(7-17a)计算，当$\zeta_c > 1.0$时，取$\zeta_c = 1.0$；

　　　e_a——附加偏心距；

e_0——轴向压力对截面偏心中心的偏心距；
e_i——初始偏心距；
l_0——柱的计算长度；
h、h_0——分别为所考虑弯曲方向柱的截面高度和截面有效高度；
A——柱的截面面积,对于 I 形截面,$A=bh+2(b'_f-b)h'_f$。

7.4.4　轴向力的附加偏心距和初始偏心距

在设计计算时,按照一般力学方法并考虑二阶效应后求得作用于截面上的弯矩 M,即可求得轴向力 N 对截面中心的偏心距 $e_0(=M/N)$。但是,由于荷载作用位置和大小的不定性,混凝土质量的不均匀性以及施工造成的截面尺寸偏差等因素,将使轴向力产生附加偏心距 e_a。对于附加偏心距 e_a,其值应取 20 mm 和偏心方向截面尺寸的 1/30 两者中的较大值。

于是可得轴向压力的初始偏心距 $e_i=e_0+e_a$,即公式(7—23a)。

当 $l_0/h>30$ 时,在承载能力极限状态下,柱的临界截面应变值较小,离材料破坏还相当远,接近弹性失稳破坏,按上述公式计算的 η_{ns} 和 η_s 值误差较大。因此,当 l_0/h(或 l_0/d)>30 时,建议采用较为准确的一般方法进行计算。

对于两端铰支不等偏心距受压柱,柱中弯矩可能出现不同的分布规律。理论分析表明,对于两端铰支不等偏心距受压构件,其二阶效应的影响一般将小于两端铰支等偏心距受压构件。因此,仍可按上述公式进行计算,这是偏于安全的。

7.5　偏心受压构件正截面承载力计算的基本原则

7.5.1　基本假定

由于偏心受压构件正截面破坏特征与受弯构件破坏特征是相似的。因此,对于偏心受压构件正截面承载力计算可采用与受弯构件正截面承载力计算相同的假定。同样地,受压区混凝土的曲线应力图形也可以用等效的矩形应力图形来代替,并且取受压区高度 $x=\beta_1 x_a$ 和等效混凝土抗压强度设计值为 $\alpha_1 f_c$(详见本书 4.3 节)。

7.5.2　两种破坏形态的界限

偏心受压构件正截面界限破坏与受弯构件正截面界限破坏是相似的。因此,与受弯构件正截面承载力计算一样,也可用界限受压区高度 x_b 或界限相对受压区高度 ξ_b 来判别两种不同的破坏形态。这样,4.3.3 节所述的公式均可采用。于是,当符合下列条件时,截面为大偏心受压破坏,即

$$\xi \leqslant \xi_b \tag{7-24}$$

或

$$x \leqslant \xi_b h_0 \tag{7-24a}$$

$$\xi_b=\frac{\beta_1}{1+\dfrac{f_y}{\varepsilon_{cu}E_s}} \tag{7-25}$$

当混凝土强度等级不大于 C50 时,公式(7-24)可简化为

$$\xi_b = \frac{0.8}{1+\dfrac{f_y}{0.0033E_s}} \quad (7-25a)$$

反之,截面为小偏心受压破坏。

7.6 矩形截面偏心受压构件正截面承载力计算

7.6.1 基本计算公式

对于矩形截面偏心受压构件的两种不同破坏形态,其破坏时截面的应力状态是不同的,因此,计算公式也不同。现分别叙述如下。

1) 大偏心受压破坏

(1)计算公式

当截面为大偏心受压破坏时,在承载能力极限状态下截面的实际应力图形和计算应力图形分别如图 7-14a 和 7-14b 所示。这时,受拉区混凝土不承担拉力,全部拉力由钢筋承担,钢筋的拉应力达到其抗拉强度设计值 f_y,受压区混凝土应力图形可简化为矩形分布,其应力达到等效混凝土抗压强度设计值 $\alpha_1 f_c$。在一般情况下,受压钢筋应力也达到其抗压强度设计值 f'_y。

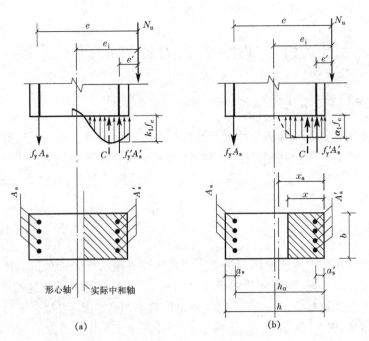

图 7-14　矩形截面大偏心受压承载力计算应力图形

按图 7-14b 所示计算应力图形,由轴向内、外力之和为零,以及对受拉钢筋合力点的力矩之和为零的条件可得

$$N_u = \alpha_1 f_c b x + f'_y A'_s - f_y A_s \quad (7-26)$$

$$N_u e = \alpha_1 f_c b x \left(h_0 - \frac{x}{2}\right) + f'_y A'_s (h_0 - a'_s) \tag{7-27}$$

$$e = e_i + h/2 - a_s \tag{7-27a}$$

式中　N_u——偏心受压承载力设计值；

　　　e——轴向力作用点至受拉钢筋 A_s 合力点的距离；

　　　x——混凝土受压区高度。

(2) 适用条件

为了保证截面为大偏心受压破坏，亦即破坏时，受拉钢筋应力能达到其抗拉强度设计值，必须满足下列条件：

$$\xi \leqslant \xi_b \tag{7-28}$$

即

$$x \leqslant \xi_b h_0 \tag{7-28a}$$

与双筋受弯构件相似，为了保证截面破坏时受压钢筋应力能达到其抗压强度设计值，必须满足下列条件：

$$x \geqslant 2a'_s \tag{7-29}$$

当 $x < 2a'_s$，可偏安全地取 $z = h_0 - a'_s$，并对受压钢筋合力点取矩，则可得

$$N_u e' = f_y A_s (h_0 - a'_s) \tag{7-30}$$

式中　e'——轴向力作用点至受压钢筋 A'_s 合力点的距离，即 $e' = e_i - \frac{h}{2} + a'_s$。

此外，尚应验算配筋率是否满足最小配筋率的要求，即 $\rho \geqslant \rho_{min}$，$\rho' \geqslant \rho'_{min}$。

2) 小偏心受压破坏

(1) 计算公式

当截面为小偏心受压破坏时，一般情况下，靠近轴向力一侧的混凝土先被压碎。这时截面可能部分受压，也可能全部受压。当部分截面受压，部分截面受拉时，其实际应力图形和计算应力图形分别如图 7—15a 和 7—15c 所示，受压区混凝土应力图形可简化为矩形分布，其应力达到等效混凝土抗压强度设计值 $\alpha_1 f_c$，受压钢筋应力达到其抗压强度设计值 f'_y，而受拉钢筋应力 σ_s 小于其抗拉强度设计值。和大偏心受压破坏一样，可取 $x = \beta_1 x_a$，而 σ_s 可根据平截面假定，由变形协调条件确定。当全截面受压时，在一般情况下，靠近轴向力一侧的混凝土先被压碎，其实际应力图形和计算应力图形分别如图 7—15b 和 7—15d 所示。这时，受压区混凝土应力图形也可简化为矩形分布，其应力达到等效混凝土抗压强度设计值 $\alpha_1 f_c$。靠近轴向力一侧的受压钢筋应力达到其抗压强度设计值，而离轴向力较远一侧的钢筋应力可能未达到其抗压强度设计值，也可能达到其抗压强度设计值。如前面所述，这时 x 与 x_a 的关系较为复杂。为了简化计算，近似取 $x = \beta_1 x_a$。离轴向力较远一侧的钢筋 A_s 的应力 σ_s 也可根据平截面假定，由变形协调条件确定。由此可得

$$\sigma_s = \varepsilon_{cu} E_s \left(\frac{\beta_1 h_0}{x} - 1\right) \tag{7-31}$$

当混凝土强度等级不大于 C50 时，可取 $\varepsilon_{cu} = 0.0033$ 和 $\beta_1 = 0.8$，于是可得

$$\sigma_s = 0.0033 E_s \left(\frac{0.8 h_0}{x} - 1\right) \tag{7-31a}$$

按公式(7—31)和公式(7—31a)计算的 σ_s，正号代表拉应力，负号代表压应力。显然，σ_s 的计算值必须符合下列条件：

$$-f'_y \leqslant \sigma_s \leqslant f_y \tag{7-32}$$

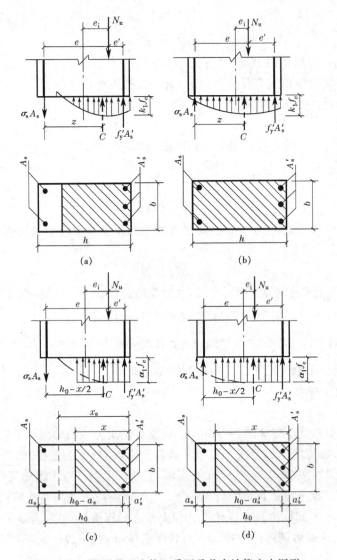

图 7-15 矩形截面小偏心受压承载力计算应力图形

当利用公式(7-31)和(7-31a)及相应的平衡条件计算截面承载力设计值时将出现三次方程,计算较复杂。

不难看出,当 $\xi=\xi_b$ 时,$\sigma_s=f_y$;当 $\xi=\beta_1$ 时,$\sigma_s=0$;当 ξ 为其他值时,为了简化计算,σ_s 可线性内插或外插,于是公式(7-31)和公式(7-31a)可分别改写为

$$\sigma_s=\frac{\xi-\beta_1}{\xi_b-\beta_1}f_y \tag{7-33}$$

$$\sigma_s=\frac{\xi-0.8}{\xi_b-0.8}f_y \tag{7-33a}$$

σ_s 的计算值也必须符合公式(7-32)的要求。

按图 7-15b 和 7-15d 所示计算应力图形,根据平衡条件可得

$$N_u=\alpha_1 f_c bx+f_y' A_s'-\sigma_s A_s \tag{7-34}$$

式中 σ_s——钢筋 A_s 的应力,按公式(7-31)和(7-31a)或公式(7-33)和(7-33a)计算。

$$N_u e = \alpha_1 f_c b x (h_0 - \frac{x}{2}) + f'_y A'_s (h_0 - a'_s) \quad (7-35)$$

或
$$N_u e' = \alpha_1 f_c b x \left(\frac{x}{2} - a'_s\right) - \sigma_s A_s (h_0 - a'_s) \quad (7-36)$$

式中
$$e' = \frac{h}{2} - a'_s - e_i \quad (7-36a)$$

(2) 适用条件

当靠近轴向力一侧的混凝土先被压碎时，必须满足下列条件：

$$\xi > \xi_b \quad (7-37)$$

$$\xi \leqslant 1 + \frac{a_s}{h_0} \quad (7-38)$$

当不满足公式（7-38）的要求，即 $x > h$ 时，在公式（7-34）～公式（7-36）中，取 $x = h$。

当离轴向力较远一侧的混凝土先被压碎时，必须满足下列条件：

$$\xi' \leqslant 1 + \frac{a'_s}{h'_0} \quad (7-39)$$

在实际计算中，σ_s 或 σ'_s 均可采用简化的线性公式，即公式（7-33）或（7-33a），其计算的准确性是较好的。

此外，为了避免离轴向力较远一侧混凝土先发生破坏，其界限情况为截面处于轴心受压状态，亦即 N_u 作用点与截面的物理重心相重合，此时，截面的计算应力图形如图7-16所示。同时，计算时不考虑偏心距增大系数，并取初始偏心距 $e_i = e_0 - e_a$，以确保安全。

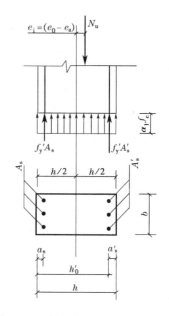

图 7-16 轴向力作用于截面物理重心时的承载力计算应力图形

按照图7-16所示计算应力图形，对钢筋 A'_s 的截面重心取矩，可得

$$N_u \left[\frac{h}{2} - a'_s - (e_0 - e_a)\right] = \alpha_1 f_c b h (h'_0 - \frac{h}{2}) + f'_y A_s (h'_0 - a_s) \quad (7-40)$$

式中 h'_0——钢筋 A'_s 合力点至离轴向力较远一侧边缘的距离，即 $h'_0 = h - a'_s$。

必须注意，对于小偏心受压构件，尚应按轴心受压构件验算垂直于弯矩作用平面的承载力。

7.6.2 非对称配筋矩形截面的计算方法

1) 设计截面

当作用于构件正截面上的轴向压力设计值 N（设计时取 $N_u = N$）和弯矩设计值 M（或轴向力偏心距 e_0）为已知，欲设计该截面时，一般可先选择混凝土强度等级和钢筋种类，确定截面尺寸，然后再计算钢筋截面面积和选用钢筋。由于混凝土强度对偏心受压构件承载力的影响比对受弯构件大，所以宜选用较高强度等级的混凝土，以便节省钢材，一般可采用C20～C40。当构件承受的荷载较小，而按刚度要求截面尺寸不宜过小时，则可适当选用较低强度等级的混凝土。纵向受力钢筋一般宜采用HRB400、HRB500和HRB335级钢筋。构造钢筋常采用HPB300级或HRB335级钢筋。箍筋采用HPB300或HRB335级钢筋。偏心受压构件除应具有一定的承载力外,还必须具有足够的刚度。因此,其截面尺寸往往是由经验(如参考类似的设计资料)或其他构造条件确定。计算钢筋截面面积时,应首先由公式(7-18)和(7-23a)求得轴向力偏心距增大系数 η_{ns} 和轴向力初始偏心距 e_i,然后判别截面的破坏形态,最后,应用相应的公式计算钢筋截面面积和选用钢筋。

由于截面的破坏形态不仅与轴向力的偏心距有关,还与轴向力的大小、混凝土强度和钢筋强度以及配筋形式和数量有关。设计截面时,由于 A_s 和 A_s' 尚未确定,所以,x 也未能确定。这时,要根据公式(7-24)来判定截面的破坏形态是困难的。理论分析结果表明,当 $e_i < 0.3h_0$ 时,截面总是属于小偏心受压破坏;当 $e_i \geqslant 0.3h_0$ 时,截面则可能属于大偏心受压破坏,也可能属于小偏心受压破坏。因此,在一般情况下,当 $e_i < 0.3h_0$ 时,可按小偏心受压破坏进行计算;当 $e_i \geqslant 0.3h_0$ 时,可先按大偏心受压破坏进行计算,然后再判断其适用条件是否满足。

(1) 大偏心受压破坏

大偏心受压破坏的计算可分为两种情况。

① 当钢筋 A_s 和 A_s' 均为未知时

与双筋受弯构件一样,为使钢筋总用量(A_s+A_s')为最少,可取 $x=\xi_b h_0$。于是,由公式(7-27)可得(取 $N_u=N$)

$$A_s' = \frac{Ne-\xi_b(1-0.5\xi_b)\alpha_1 f_c b h_0^2}{f_y'(h_0-a_s')} \tag{7-41}$$

将求得 A_s' 及 $x=\xi_b h_0$ 代入公式(7-26),则得

$$A_s = \xi_b b h_0 \frac{\alpha_1 f_c}{f_y} + \frac{f_y'}{f_y} A_s' - \frac{N}{f_y} \tag{7-42}$$

当 $f_y = f_y'$ 时,公式(7-42)简化为

$$A_s = \xi_b b h_0 \frac{\alpha_1 f_c}{f_y} + A_s' - \frac{N}{f_y} \tag{7-43}$$

若按公式(7-41)求得的 A_s' 小于最小配筋率(见附表15)或为负值,A_s' 应按最小配筋率或构造要求配置。这时,A_s 可按 A_s' 为已知的情况计算。

若按公式(7-42)或(7-43)求得的 A_s 不能满足最小配筋率的要求或为负值,A_s 应按最小配筋率或构造要求配置。

② 当钢筋 A_s' 为已知时

这类问题往往是由于承受变号弯矩的需要或由于构造要求,必须在受压区配置截面面积为 A_s' 的钢筋,设计时应充分利用 A_s' 以减少 A_s,节省用钢量。这时混凝土受压区高度 x 将不等于 $\xi_b h_0$,因此,也就不能用公式(7-42)或公式(7-43)来计算 A_s。

为了便于计算,可将图 7-17a 所示计算应力图形转化为图 7-17b 所示的计算应力图形,这与承受弯矩 $M=Ne$ 的双筋受弯截面是类似的。因此,可仿照双筋受弯截面的计算方法,将 $M=Ne$ 分解为两部分,一部分是由受压钢筋 A_s' 的压力 $f_y'A_s'$ 和相应的一部分受拉钢筋 A_{sI} 的拉力 $f_y A_{sI}$ 所承担的弯矩 M_{u1}(图 7-17c);另一部分是由受压区混凝土的压力 $\alpha_1 f_c b x$ 和相应的另一部分受拉钢筋 A_{sII} 的拉力 $f_y A_{sII}$ 及轴向力 N 所承担的弯矩 M_{u2}(图 7-17d)。必须注意,图 7-17c 中的 A_{sI} 相当于图 4-16 中的 A_{s1},而图 7-17d 中的 A_{sII} 并不相当于图 4-16 中的 A_{s2},必须是 $\left(A_{sII}+\dfrac{N}{f_y}\right)$ 才相当于图 4-16 中的 A_{s2}。同时,A_{sII} 可能为正值,也可能为负值。于是,即

可按与双筋受弯截面相同的方法求得 A_{s1}(即 A_{sI})和 A_{s2}(即 $A_{sII}+\dfrac{N}{f_y}$)。

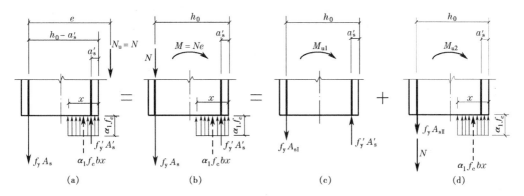

图 7-17 矩形截面大偏心受压承载力计算应力图形的分解

由图 7-17c 可得

$$A_{sI}=A_{s1}=\frac{f_y'}{f_y}A_s' \tag{7-44}$$

于是可得

$$M_{u1}=f_y'A_s'(h_0-a_s') \tag{7-45}$$

或

$$M_{u1}=f_yA_{sI}(h_0-a_s') \tag{7-46}$$

则

$$M_{u2}=Ne-M_{u1}$$

这时,M_{u2} 为已知,与 M_{u2} 相应的 x 不一定等于 $\xi_b h_0$,因此,必须按与单筋矩形截面相同的方法求得 A_{s2},即 $\left(A_{sII}+\dfrac{N}{f_y}\right)$。由此可得

$$A_{sII}=A_{s2}-\frac{N}{f_y} \tag{7-47}$$

因此,所必须配置的钢筋 A_s 为

$$A_s=A_{sI}+A_{sII}$$

即

$$A_s=A_{s1}+A_{s2}-\frac{N}{f_y} \tag{7-48}$$

必须注意,在计算 A_{s2} 时,若求得的 $x>\xi_b h_0$,则表明给定的 A_s' 偏少,可改按 A_s' 为未知的情况重新计算,使其满足 $x\leqslant \xi_b h_0$;若求得的 $x<2a_s'$,则可仿照双筋受弯截面,直接对受压钢筋 A_s' 合力点取矩,以计算 A_s,即

$$A_s=\frac{Ne'}{f_y(h_0-a_s')} \tag{7-49}$$

$$e'=e_i-\frac{h}{2}+a_s' \tag{7-49a}$$

式中 e'——轴向力作用点到受压钢筋 A_s' 合力点的距离。

当所求得的 $x<2a_s'$ 很多时,还可再按不考虑受压钢筋 A_s',即取 $A_s'=0$,利用公式(7-26)和公式(7-27)或采用公式(7-46)~公式(7-48)所述相同步骤求 A_s 值,然后与按公式(7-49)所求得的 A_s 比较,取二者之较小者来配筋。为了简化计算,也可不必进行这一计算,因二者的用钢量一般相差不多,且按公式(7-49)求得的 A_s 是偏于安全的。

(2) 小偏心受压破坏

① 计算 A_s

由公式(7-34)和公式(7-35)可见,未知数有三个,而独立的方程只有两个,故可先指定其中一个未知数。为节省钢材,应充分利用混凝土受压。于是,可按最小配筋率确定 A_s (即取 $A_s = \rho_{\min} bh$, $\rho_{\min}$ 见附表 15)或按构造要求确定 A_s。

同时,为了防止离轴向力较远一侧的混凝土先发生破坏,在设计时,可配置适量的钢筋 A_s,使截面上混凝土应力为均匀分布。因此,截面的计算应力图形将如图 7-16 所示,这时的初始偏心距 e_i 应取为 $(e_0 - e_a)$,且偏心距增大系数 η 应取为 1.0。由公式(7-40)可得

$$A_s = \frac{N[h/2 - a_s' - (e_0 - e_a)] - \alpha_1 f_c bh(h_0' - h/2)}{f_y'(h_0' - a_s)} \quad (7-50)$$

钢筋 A_s 应取上述二者的较大值。

分析表明,对采用非对称配筋的小偏心受压构件,当 $N > f_c bh$ 时,应按公式(7-50)进行计算;当 $N \leq f_c bh$ 时,按公式(7-50)计算的 A_s 不起控制作用,故不需进行计算。

② 计算 A_s'

确定 A_s 以后,A_s' 可由公式(7-34)和(7-35)求得。

当混凝土强度等级不大于 C50 时 ($\alpha_1 = 1.0, \beta_1 = 0.8$),可得下列公式:

$$\xi = u + \sqrt{u^2 + v} \quad (7-51)$$

式中

$$u = \frac{a_s'}{h_0} + \frac{A_s f_y}{(\xi_b - 0.8)\alpha_1 f_c bh_0}\left(1 - \frac{a_s'}{h_0}\right)$$

$$v = \frac{2Ne'}{\alpha_1 f_c bh_0^2} - \frac{1.6 A_s f_y}{(\xi_b - 0.8)\alpha_1 f_c bh_0}\left(1 - \frac{a_s'}{h_0}\right)$$

$$e' = \frac{h}{2} - a_s' - e_i$$

$$e_i = e_0 + e_a$$

则

$$A_s' = \frac{N - \alpha_1 f_c bh_0 \xi + \sigma_s A_s}{f_y'} \quad (7-52)$$

式中

$$\sigma_s = \frac{\xi - 0.8}{\xi_b - 0.8} f_y$$

ξ 必须满足下列条件:

$$\xi \leq 0.8 + (0.8 - \xi_b)\frac{f_y'}{f_y} \quad (7-53)$$

当 $f_y = f_y'$ 时,公式(7-53)简化为

$$\xi \leq 1.6 - \xi_b \quad (7-54)$$

如果上述条件不满足,表明钢筋 A_s 已受压屈服。这时,可将原来确定的 A_s 乘以修正系数 $\frac{\xi - 0.8}{0.8 - \xi_b}$。为区别起见,修正后的 A_s 用 A_{sa} 表示,则有

$$A_{sa} = \frac{\xi - 0.8}{0.8 - \xi_b} A_s \quad (7-55)$$

2) 复核截面

复核截面时,一般已知截面尺寸 $b \times h$、混凝土强度等级、钢筋级别、钢筋截面面积 A_s 和 A_s' 以及构件计算长度 l_0、轴向力设计值 N 及其偏心距 e_0,需验算截面是否能承担该轴向

力。

当混凝土强度等级不大于 C50 时 ($\alpha_1=1.0, \beta_1=0.8$) 其计算步骤和计算公式如下。

按公式 (7-18) 和公式 (7-23a) 确定轴向力偏心距增大系数 η_{ns} 和初始偏心距 e_i。

当 $e_i < 0.3 h_0$ 时，按小偏心受压破坏计算。这时对轴向力 N 作用点取矩可得（图 7-15）

$$\alpha_1 f_c b x \left(\frac{x}{2} - e' - a'_s \right) - f'_y A'_s e' + \sigma_s A_s e = 0 \tag{7-56}$$

式中

$$e = e_i + \frac{h}{2} - a_s$$

$$e' = \frac{h}{2} - a'_s - e_i$$

$$e_i = e_0 + e_a$$

$$\sigma_s = \frac{\dfrac{x}{h_0} - 0.8}{\xi_b - 0.8} f_y = \frac{\xi - 0.8}{\xi_b - 0.8} f_y$$

于是可得

$$\xi = p_1 + \sqrt{p_1^2 + q_1} \tag{7-57}$$

式中

$$p_1 = \frac{0.5h - e_i}{h_0} + \frac{f_y A_s e}{(\xi_b - 0.8) \alpha_1 f_c b h_0^2}$$

$$q_1 = \frac{2 f'_y A'_s e'}{\alpha_1 f_c b h_0^2} - \frac{1.6 f_y A_s e}{(\xi_b - 0.8) \alpha_1 f_c b h_0^2}$$

则

$$N_u = \alpha_1 f_c b h_0 \xi + f'_y A'_s - \frac{\xi - 0.8}{\xi_b - 0.8} f_y A_s \tag{7-58}$$

按公式 (7-57) 求得的 ξ 必须满足公式 (7-53) 或公式 (7-54) 的要求，当 ξ 不能满足公式 (7-53) 或公式 (7-54) 的要求，尚应按下列公式计算：

$$N_u = \frac{\alpha_1 f_c b h \left(h'_0 - \dfrac{h}{2} \right) + f'_y A_s (h'_0 - a_s)}{\dfrac{h}{2} - a'_s - (e_0 - e_a)} \tag{7-59}$$

这时，截面的偏心受压承载力设计值 N_u 应取按公式 (7-58) 和公式 (7-59) 的计算值的较小者。

当 $e_i \geqslant 0.3 h_0$ 时，先按大偏心受压破坏计算。这时，对轴向力 N_u 作用点取矩可得（图 7-14）

$$\alpha_1 f_c b x \left(e - h_0 + \frac{x}{2} \right) - f_y A_s e + f'_y A'_s e' = 0 \tag{7-60}$$

由公式 (7-60) 可得

$$\xi = -\left(\frac{e}{h_0} - 1 \right) + \sqrt{\left(\frac{e}{h_0} - 1 \right)^2 + \frac{2(f_y A_s e - f'_y A'_s e')}{\alpha_1 f_c b h_0^2}} \tag{7-61}$$

式中

$$e = e_i + \frac{h}{2} - a_s$$

$$e' = e_i - \frac{h}{2} + a'_s$$

若 $2 \dfrac{a'_s}{h_0} \leqslant \xi \leqslant \xi_b$

$$N_{\mathrm{u}} = \alpha_1 f_{\mathrm{c}} b h_0 \xi + f'_{\mathrm{y}} A'_{\mathrm{s}} - f_{\mathrm{y}} A_{\mathrm{s}} \tag{7-62}$$

若 $\xi < 2\dfrac{a'_{\mathrm{s}}}{h_0}$，则由公式（7-30）可得

$$N_{\mathrm{u}} = \dfrac{f_{\mathrm{y}} A_{\mathrm{s}}(h_0 - a'_{\mathrm{s}})}{e'} \tag{7-63}$$

式中

$$e' = e_{\mathrm{i}} - \dfrac{h}{2} + a'_{\mathrm{s}}$$

若 $\xi > \xi_{\mathrm{b}}$，则应按小偏心受压破坏计算。

当混凝土强度等级大于 C50 时，可按类似的方法推导出计算公式，此处从略。

例题 7-4 某框架结构底层钢筋混凝土边柱，其上下端承受的弯矩设计值分别为 $M_{\mathrm{c}}^{\mathrm{t}} = 178.4$ kN·m，$M_{\mathrm{c}}^{\mathrm{b}} = 179.1$ kN·m（均使该柱左侧受拉），轴向力弯矩设计值 $N = 355.5$ kN。已知柱计算长度 $l_0 = 4.5$ m，柱截面尺寸为 $b \times h = 300$ mm $\times 400$ mm。环境类别为一类，混凝土强度等级采用 C30（$f_{\mathrm{c}} = 14.3$ N/mm²，$f_{\mathrm{t}} = 1.43$ N/mm²），钢筋采用 HRB400 级（$f_{\mathrm{y}} = f'_{\mathrm{y}} = 360$ N/mm²），$a_{\mathrm{s}} = a'_{\mathrm{s}} = 40$ mm，试计算该柱所需的钢筋截面面积 A_{s} 和 A'_{s}。

解 （1）判别是否需考虑构件自身挠曲引起的附加弯矩

$M_1 = M_{\mathrm{c}}^{\mathrm{t}} = 178.4$ kN·m　　$M_2 = M_{\mathrm{c}}^{\mathrm{b}} = 179.1$ kN·m

$$\dfrac{M_1}{M_2} = \dfrac{178.4}{179.1} = 0.996 > 0.9$$

$$\mu = \dfrac{N}{f_{\mathrm{c}} A} = \dfrac{355.5 \times 10^3}{14.3 \times 300 \times 400} = 0.207 < 0.9$$

$$i = \dfrac{h}{2\sqrt{3}} = \dfrac{400}{2\sqrt{3}} = 115.5 \text{ mm}$$

$$\dfrac{l_0}{i} = \dfrac{4\,500}{115.5} = 39 > 34 - 12 \times \dfrac{M_1}{M_2} = 34 - 12 \times 0.996 = 22$$

需考虑构件自身挠曲引起的附加弯矩。

（2）计算柱控制截面的弯矩设计值

$h_0 = h - a_{\mathrm{s}} = 400 - 40 = 360$ mm

$M = C_{\mathrm{m}} \eta_{\mathrm{ns}} M_2$

$$C_{\mathrm{m}} = 0.7 + 0.3 \dfrac{M_1}{M_2} = 0.7 + 0.3 \times 0.996 = 0.998\,8 > 0.7$$

$$\zeta_{\mathrm{c}} = \dfrac{0.5 f_{\mathrm{c}} A}{N} = \dfrac{0.5 \times 14.3 \times 300 \times 400}{355.5 \times 10^3} = 2.4 > 1.0，取 \zeta_{\mathrm{c}} = 1.0$$

$$e_{\mathrm{a}} = \max(20 \text{ mm}, \dfrac{h}{30} = \dfrac{400}{30} = 13.3 \text{ mm}) = 20 \text{ mm}$$

$$\eta_{\mathrm{ns}} = 1 + \dfrac{1}{1\,300(M_2/N + e_{\mathrm{a}})/h_0} \left(\dfrac{l_0}{h}\right)^2 \zeta_{\mathrm{c}}$$

$$= 1 + \dfrac{1}{1\,300 \times (179.1 \times 10^6/355.5 \times 10^3 + 20)/360} \times \left(\dfrac{4\,500}{400}\right)^2 \times 1.0 = 1.067$$

$C_{\mathrm{m}} \eta_{\mathrm{ns}} = 0.998\,8 \times 1.067 = 1.066 > 1.0$

$M = C_{\mathrm{m}} \eta_{\mathrm{ns}} M_2 = 1.066 \times 179.1 = 190.9$ kN·m

（3）配筋计算

$$e_0 = \dfrac{M}{N} = \dfrac{190.9 \times 10^6}{355.5 \times 10^3} = 537 \text{ mm}$$

$e_i = e_0 + e_a = 537 + 20 = 557$ mm $> 0.3h_0 = 0.3 \times 360 = 108$ mm

故可先按大偏心受压破坏计算。

$e = e_i + \dfrac{h}{2} - a_s = 557 + 200 - 40 = 717$ mm

① 计算 A_s'

$$A_s' = \dfrac{Ne - \xi_b(1 - 0.5\xi_b)\alpha_1 f_c b h_0^2}{f_y'(h_0 - a_s')}$$

$$= \dfrac{355.5 \times 10^3 \times 717 - 0.518 \times (1 - 0.5 \times 0.518) \times 1.0 \times 14.3 \times 300 \times 360^2}{360 \times (360 - 40)}$$

$= 360$ mm$^2 > \rho'_{\min} bh = 0.2\% \times 300 \times 500 = 300$ mm^2

② 计算 A_s

$$A_s = \dfrac{\xi_b \alpha_1 f_c b h_0 + f_y' A_s' - N}{f_y}$$

$$= \dfrac{0.518 \times 1.0 \times 14.3 \times 300 \times 360 + 360 \times 360 - 355.5 \times 10^3}{360} = 1\,595 \text{ mm}^2$$

③ 选择钢筋

受拉钢筋选用 5⌀20，$A_s = 1\,570$ mm^2，受压钢筋选择 2⌀16，$A_s' = 402$ mm^2。

例题 7-5 由于构造要求，在例题 7-4 中的截面上已配置受压钢筋 $A_s' = 942.6$ mm^2 (3⌀20)，试计算所需的受拉钢筋截面面积 A_s。

解 C_m、η_{ns}、e_i 等的计算与例题 7-4 相同。已知 $e_i = 557$ mm，$e = 717$ mm。A_s 按下述计算。

(1) 计算 A_{s2}

$M_{u1} = f_y' A_s'(h_0 - a_s') = 360 \times 942.6 \times (360 - 40) = 108.59 \times 10^6$ N·mm

$M_{u2} = Ne - M_{u1} = 355.5 \times 10^3 \times 717 - 108.59 \times 10^6 = 146.3 \times 10^6$ N·mm

$\alpha_s = \dfrac{M_{u2}}{\alpha_1 f_c b h_0^2} = \dfrac{146.3 \times 10^6}{1.0 \times 14.3 \times 300 \times 360^2} = 0.263$

查附表 16，得 $\gamma_s = 0.844 < 1 - \dfrac{a_s'}{h_0} = 1 - \dfrac{40}{360} = 0.889$

则 $A_{s2} = \dfrac{M_{u2}}{\gamma_s f_y h_0} = \dfrac{146.3 \times 10^6}{0.844 \times 360 \times 360} = 1\,338$ mm^2

(2) 计算 A_s

$A_s = A_{s1} + A_{s2} - \dfrac{N}{f_y} = 942.6 + 1\,338 - \dfrac{355.5 \times 10^3}{360} = 1\,293.1$ mm^2

选用 2⌀18 + 2⌀22，$A_s = 1\,269$ mm^2。

由计算结果可见，在例题 7-4 中，总用钢量为 $402 + 1\,570 = 1\,972$ mm^2，在本例题中，总用钢量为 $942.6 + 1\,269 = 2\,211.6$ mm^2，较前者用钢量增加 12.2%。

例题 7-6 由于构造要求，在例题 7-4 中的截面上已配置受压钢筋 $A_s' = 1\,520$ mm^2 (4⌀22)，试计算所需的受拉钢筋截面面积 A_s。

解 C_m、η_{ns}、e_i 等的计算与例题 7-4 相同。已知 $e_i = 557$ mm，$e = 717$ mm。A_s 按下述计算。

$M_{u1} = f_y' A_s'(h_0 - a_s') = 360 \times 1\,520 \times (360 - 40) = 175.1 \times 10^6$ N·mm

$M_{u2} = Ne - M_{u1} = 355.5 \times 10^3 \times 717 - 175.1 \times 10^6 = 79.8 \times 10^6$ N·mm

$$\alpha_s = \frac{M_{u2}}{\alpha_1 f_c b h_0^2} = \frac{79.8 \times 10^6}{1.0 \times 14.3 \times 300 \times 360^2} = 0.14$$

查附表 16，得 $\gamma_s = 0.924 > 1 - \frac{a_s'}{h_0} = 1 - \frac{40}{360} = 0.889$，表明混凝土受压区高度 $x < 2a_s'$。

$$e' = e_i - \frac{h}{2} + a_s' = 557 - \frac{400}{2} + 40 = 397 \text{ mm}$$

$$A_s = \frac{Ne'}{f_y(h_0 - a_s')} = \frac{355.5 \times 10^3 \times 397}{360 \times (360 - 40)} = 1\,225 \text{ mm}^2$$

选用 4 ⊈ 20，$A_s = 1\,256$ mm²。

例题 7-7 某框架结构钢筋混凝土柱，其上下端承受的弯矩设计值分别为 $M_c^t = 108.1$ kN·m，$M_c^b = 119.1$ kN·m（均使该柱左侧受拉），轴向力弯矩设计值 $N = 1\,386$ kN。已知柱计算长度 $l_0 = 5.0$ m，柱截面尺寸为 $b \times h = 300 \text{ mm} \times 500 \text{ mm}$，环境类别为一类。混凝土强度等级采用 C30（$f_c = 14.3$ N/mm²，$f_t = 1.43$ N/mm²），钢筋采用 HRB400 级（$f_y = f_y' = 360$ N/mm²），$a_s = a_s' = 40$ mm，试计算该柱所需的钢筋截面面积 A_s 和 A_s'。

解 （1）判别是否需考虑构件自身挠曲引起的附加弯矩

$M_1 = M_c^t = 108.1$ kN·m $M_2 = M_c^b = 119.1$ kN·m

$$\frac{M_1}{M_2} = \frac{108.1}{119.1} = 0.908 > 0.9$$

$$\mu = \frac{N}{f_c A} = \frac{1\,386 \times 10^3}{14.3 \times 300 \times 500} = 0.646 < 0.9$$

$$i = \frac{h}{2\sqrt{3}} = \frac{500}{2\sqrt{3}} = 144.34 \text{ mm}$$

$$\frac{l_0}{i} = \frac{5\,000}{144.3} = 34.7 > 34 - 12 \times \frac{M_1}{M_2} = 34 - 12 \times 0.908 = 23.1$$

需考虑构件自身挠曲引起的附加弯矩。

（2）计算柱控制截面的弯矩设计值

$h_0 = h - a_s = 500 - 40 = 460$ mm

$M = C_m \eta_{ns} M_2$

$$C_m = 0.7 + 0.3 \frac{M_1}{M_2} = 0.7 + 0.3 \times 0.908 = 0.972 > 0.7$$

$$\zeta_c = \frac{0.5 f_c A}{N} = \frac{0.5 \times 14.3 \times 300 \times 500}{1\,386 \times 10^3} = 0.774$$

$$e_a = \max(20 \text{ mm}, \frac{h}{30} = \frac{500}{30} = 16.7 \text{ mm}) = 20 \text{ mm}$$

$$\eta_{ns} = 1 + \frac{1}{1\,300(M_2/N + e_a)/h_0} \left(\frac{l_0}{h}\right)^2 \zeta_c$$

$$= 1 + \frac{1}{1\,300 \times (119.1 \times 10^6/1\,386 \times 10^3 + 20)/460} \times \left(\frac{5\,000}{500}\right)^2 \times 0.774$$

$$= 1.259$$

$C_m \eta_{ns} = 1.259 \times 0.972 = 1.223 > 1.0$

$M = C_m \eta_{ns} M_2 = 1.223 \times 119.1 = 145.7$ kN·m

（3）配筋计算

$$e_0 = \frac{M}{N} = \frac{152.4 \times 10^6}{1\,386 \times 10^3} = 109.9 \text{ mm}$$

$$e_i = e_0 + e_a = 109.9 + 20 = 129.9 \text{ mm} < 0.3h_0 = 0.3 \times 460 = 138 \text{ mm}$$

属于小偏心受压破坏。

① 确定 A_s

取 $A_s = \rho_{\min} bh = 0.002 \times 300 \times 500 = 300 \text{ mm}^2$，选用 2$\Phi$14，$A_s = 308 \text{ mm}^2$

② 计算 A_s'

$$e' = \frac{h}{2} - a_s' - e_i = 250 - 40 - 129.9 = 80.1 \text{ mm}$$

$$u = \frac{a_s'}{h_0} + \frac{A_s f_y}{(\xi_b - 0.8)\alpha_1 f_c b h_0}\left(1 - \frac{a_s'}{h_0}\right)$$

$$= \frac{40}{460} + \frac{308 \times 360}{(0.518 - 0.8) \times 1.0 \times 14.3 \times 300 \times 460}\left(1 - \frac{40}{460}\right) = -0.095$$

$$v = \frac{2Ne'}{\alpha_1 f_c b h_0^2} - \frac{1.6 A_s f_y}{(\xi_b - 0.8)\alpha_1 f_c b h_0}\left(1 - \frac{a_s'}{h_0}\right)$$

$$= \frac{2 \times 1\,386 \times 1\,000 \times 80.1}{1.0 \times 14.3 \times 300 \times 460^2} - \frac{1.6 \times 308 \times 360}{(0.518 - 0.8) \times 1.0 \times 14.3 \times 300 \times 460}\left(1 - \frac{40}{460}\right)$$

$$= 0.535\,7$$

$$\xi = u + \sqrt{u^2 + v} = -0.095 + \sqrt{(-0.095)^2 + 0.535\,7} = 0.643$$

$$\sigma_s = \frac{\xi - 0.8}{\xi_b - 0.8} f_y = \frac{0.643 - 0.8}{0.518 - 0.8} \times 360 = 200.4 \text{ N/mm}^2$$

$$A_s' = \frac{N - \alpha_1 f_c b h_0 \xi + \sigma_s A_s}{f_y'}$$

$$= \frac{1\,386 \times 10^3 - 1.0 \times 14.3 \times 300 \times 460 \times 0.643 + 200.4 \times 308}{360}$$

$$= 497 \text{ mm}^2$$

选用 2Φ18，$A_s' = 509 \text{ mm}^2$。

(3) 验算垂直于弯矩作用平面方向的轴心受压承载力

本例从略。

例题 7-8 某框架结构钢筋混凝土柱，其上下端承受的弯矩设计值分别为 $M_c^t = 376$ kN·m，$M_c^b = 396$ kN·m（均使该柱左侧受拉），轴向力弯矩设计值 $N = 1\,186$ kN。已知柱计算长度 $l_0 = 7.0$ m，柱截面尺寸为 $b \times h = 400 \text{ mm} \times 600 \text{ mm}$。环境类别为一类，混凝土强度等级采用 C30（$f_c = 14.3 \text{ N/mm}^2$，$f_t = 1.43 \text{ N/mm}^2$），钢筋采用 HRB400 级（$f_y = f_y' = 360 \text{ N/mm}^2$），$a_s = a_s' = 40 \text{ mm}$，$A_s = 1\,256 \text{ mm}^2$（4$\Phi$20），$A_s' = 1\,520 \text{ mm}^2$（4$\Phi$22）试复核该截面。

解 (1) 判别是否需考虑构件自身挠曲引起的附加弯矩

$$M_1 = M_c^t = 376 \text{ kN·m} \qquad M_2 = M_c^b = 396 \text{ kN·m}$$

$$\frac{M_1}{M_2} = \frac{376}{396} = 0.95 > 0.9$$

$$\mu = \frac{N}{f_c A} = \frac{1\,186 \times 10^3}{14.3 \times 400 \times 600} = 0.346 < 0.9$$

$$i = \frac{h}{2\sqrt{3}} = \frac{600}{2\sqrt{3}} = 173.2 \text{ mm}$$

$$\frac{l_0}{i}=\frac{7\,000}{173.2}=40.4>34-12\times\frac{M_1}{M_2}=32-12\times0.95=22.6$$

需考虑构件自身挠曲引起的附加弯矩。

(2) 计算柱控制截面的弯矩设计值

$h_0=h-a_s=600-40=560$ mm

$M=C_m\eta_{ns}M_2$

$C_m=0.7+0.3\dfrac{M_1}{M_2}=0.7+0.3\times0.95=0.985>0.7$

$\zeta_c=\dfrac{0.5f_cA}{N}=\dfrac{0.5\times14.3\times400\times600}{1\,186\times10^3}=1.45>1.0$，取 $\zeta_c=1.0$

$e_a=\max(20\text{ mm},\dfrac{h}{30}=\dfrac{600}{30}=20\text{ mm})=20$ mm

$\eta_{ns}=1+\dfrac{1}{1\,300(M_2/N+e_a)/h_0}\left(\dfrac{l_0}{h}\right)^2\zeta_c$

$\quad=1+\dfrac{1}{1\,300\times(396\times10^6/1\,186\times10^3+20)/560}\times\left(\dfrac{7\,000}{600}\right)^2\times1.0$

$\quad=1.166$

$C_m\eta_{ns}=1.166\times0.985=1.15>1.0$

$M=C_m\eta_{ns}M_2=1.15\times396=455.4$ kN·m

(3) 截面复核计算

$e_0=\dfrac{M}{N}=\dfrac{455.4\times10^6}{1\,186\times10^3}=384$ mm

$e_i=e_0+e_a=384+20=404$ mm $>0.3h_0=0.3\times560=168$ mm

按大偏心受压破坏计算。

① 计算 ξ

$e=e_i+\dfrac{h}{2}-a_s=404+300-40=664$ mm

$e'=e_i-\dfrac{h}{2}+a'_s=404-300+40=144$ mm

$\xi=-\left(\dfrac{e}{h_0}-1\right)+\sqrt{\left(\dfrac{e}{h_0}-1\right)^2+\dfrac{2(f_yA_se-f'_yA'_se')}{\alpha_1f_cbh_0^2}}$

$\quad=-\left(\dfrac{664}{560}-1\right)+\sqrt{\left(\dfrac{664}{560}-1\right)^2+\dfrac{2\times(360\times1\,256\times664-360\times1\,520\times144)}{1.0\times14.3\times400\times560^2}}$

$\quad=0.345$

② 计算 N_u

$\xi<\xi_b=0.518$，且 $\xi>2\dfrac{a'_s}{h_0}=2\times\dfrac{40}{560}=0.143$

$N_u=\alpha_1f_cbh_0\xi+f'_yA'_s-f_yA_s$

$\quad=1.0\times14.3\times400\times560\times0.345+360\times1\,520-360\times1\,256$

$\quad=1\,200.1$ kN $>1\,186$ kN

可见设计是安全和经济的。

7.6.3 对称配筋矩形截面的计算方法

在实际工程中,偏心受压构件在各种不同荷载效应组合作用下可能承受相反方向的弯矩,当两种方向的弯矩相差不大时,应设计成对称配筋截面($A_s=A_s'$)。当弯矩相差虽较大,但按对称配筋设计求得的纵向钢筋总用量比按不对称配筋设计增加不多时,亦宜采用对称配筋。装配式柱一般采用对称配筋,以免吊装时发生差错。设计时,取 $N_u=N$。

1) 设计截面

对称配筋时,$A_s=A_s'$,$f_y=f_y'$,则由公式(7-26)可得

$$x=\frac{N}{\alpha_1 f_c b} \tag{7-64}$$

当 $x \leqslant \xi_b h_0$,按大偏心受压破坏计算;当 $x > \xi_b h_0$,按小偏心受压破坏计算。

(1) 大偏心受压破坏

若 $2a_s' \leqslant x \leqslant \xi_b h_0$,则由公式(7-27)可得

$$A_s=A_s'=\frac{Ne-N(h_0-0.5x)}{f_y(h_0-a_s')} \tag{7-65}$$

若 $x < 2a_s'$,则由公式(7-30)可得

$$A_s=A_s'=\frac{Ne'}{f_y(h_0-a_s')} \tag{7-66}$$

式中

$$e'=e_i-\frac{h}{2}+a_s'$$

当 a_s' 较大时,按公式(7-66)求得的钢筋 A_s 有可能比不考虑受压钢筋 A_s' 时还多,故尚应按不考虑 A_s' 的作用进行计算,并取求得的 A_s 的较小者。但一般相差不大,为简化计算,亦可不必进行验算。

必须注意,若求得的 A_s、A_s' 不能满足最小配筋率的要求,应按最小配筋率的要求或有关构造要求配置钢筋。

(2) 小偏心受压破坏

对于小偏心受压破坏,当 $A_s=A_s'$,$f_y=f_y'$ 时,由公式(7-33)~(7-35)可得

$$N=\alpha_1 f_c b x+f_y A_s-\frac{\dfrac{x}{h_0}-\beta_1}{\xi_b-\beta_1} f_y A_s \tag{7-67}$$

$$Ne=\alpha_1 f_c b x\left(h_0-\frac{x}{2}\right)+f_y A_s(h_0-a_s') \tag{7-68}$$

为了求得混凝土受压区高度 x,必须联立求解公式(7-67)和(7-68),这将导致三次方程式,计算较为复杂。

理论分析表明,x 可按下列近似公式求得。

$$x=\xi h_0 \tag{7-69}$$

$$\xi=\frac{N-\xi_b \alpha_1 f_c b h_0}{\dfrac{Ne-0.43\alpha_1 f_c b h_0^2}{(\beta_1-\xi_b)(h_0-a_s')}+\alpha_1 f_c b h_0}+\xi_b \tag{7-70}$$

当混凝土强度不大于 C50 时(此时,$\alpha_1=1.0$,$\beta_1=0.8$),公式(7-70)简化为

$$\xi=\frac{N-\xi_b f_c b h_0}{\dfrac{Ne-0.43 f_c b h_0^2}{(0.8-\xi_b)(h_0-a_s')}+f_c b h_0}+\xi_b \tag{7-70a}$$

2）复核截面

复核截面可按非对称配筋的方法进行计算，但在有关公式中，取 $A_s=A'_s$，$f_y=f'_y$。同时，在小偏心受压破坏时，只需考虑在靠近轴向力一侧的混凝土先破坏的情况。

例题 7－9 已知条件同例题 7－4，但要求设计成对称配筋。

解 同例题 7－4，$e_i=557$ mm，$e=717$ mm。

$$x=\frac{N}{\alpha_1 f_c b}=\frac{355.5\times 10^3}{1.0\times 14.3\times 300}=82.9 \text{ mm}$$

$x<\xi_b h_0=0.518\times 360=186.5$ mm，且 $x>2a'_s=2\times 40=80$ mm

$$A_s=A'_s=\frac{Ne-N(h_0-0.5x)}{f_y(h_0-a'_s)}=\frac{355.5\times 10^3\times 717-355.5\times 10^3\times(360-0.5\times 82.9)}{360\times(360-40)}$$

$$=1\,230 \text{ mm}^2$$

A_s 和 A'_s 各选用 4⏀20，$A_s=A'_s=1\,256$ mm²。

与例题 7－4 相比，对称配筋截面的总用钢量要多些。

例题 7－10 某框架结构底层钢筋混凝土边柱，其上下端承受的弯矩设计值分别为 $M^t_c=178.4$ kN·m，$M^b_c=209.1$ kN·m（均使该柱左侧受拉），轴向力弯矩设计值 $N=257.5$ kN。已知柱计算长度 $l_0=2.8$ m，柱截面尺寸为 $b\times h=300$ mm×400 mm。环境类别为一类，混凝土强度等级采用 C30（$f_c=14.3$ N/mm²，$f_t=1.43$ N/mm²），钢筋采用 HRB400 级（$f_y=f'_y=360$ N/mm²），$a_s=a'_s=40$ mm，采用对称配筋。试计算该柱所需的钢筋截面面积 $A_s=A'_s$。

解 （1）判别是否需考虑构件自身挠曲引起的附加弯矩

$M_1=M^t_c=178.4$ kN·m $M_2=209.1$ kN·m

$$\frac{M_1}{M_2}=\frac{178.4}{209.1}=0.853<0.9$$

$$\mu=\frac{N}{f_c A}=\frac{257.5\times 10^3}{14.3\times 300\times 400}=0.15<0.9$$

$$i=\sqrt{\frac{h}{12}}=\sqrt{\frac{400^2}{12}}=115.5 \text{ mm}$$

$$\frac{l_0}{i}=\frac{2\,800}{115.5}=24.2>34-12\times\frac{M_1}{M_2}=34-12\times 0.853=23.8$$

需考虑构件自身挠曲引起的附加弯矩。

（2）计算柱控制截面的弯矩设计值

$h_0=h-a_s=400-40=360$ mm

$M=C_m \eta_{ns} M_2$

$$C_m=0.7+0.3\frac{M_1}{M_2}=0.7+0.3\times 0.853=0.956>0.7$$

$$\zeta_c=\frac{0.5 f_c A}{N}=\frac{0.5\times 14.3\times 300\times 400}{257.5\times 10^3}=3.33>1.0，取 \zeta_c=1.0$$

$$e_a=\max(20 \text{ mm}, \frac{h}{30}=\frac{400}{30}=13.3 \text{ mm})=20 \text{ mm}$$

$$\eta_{ns}=1+\frac{1}{1\,300(M_2/N+e_a)/h_0}\left(\frac{l_0}{h}\right)^2 \zeta_c$$

$$=1+\frac{1}{1\,300\times(209.1\times 10^6/257.5\times 10^3+20)/360}\times\left(\frac{2\,800}{400}\right)^2\times 1.0$$

$$=1.016$$

$C_m \eta_{ns} = 1.016 \times 0.956 = 0.971 < 1.0$ 取 $\eta_{ns} C_m = 1.0$

$M = C_m \eta_{ns} M_2 = 1.0 \times 209.1 = 209.1 \text{ kN} \cdot \text{m}$

3. 配筋计算

$$e_0 = \frac{M}{N} = \frac{209.1 \times 10^6}{257.5 \times 10^3} = 812 \text{ mm}$$

$$e_a = \max(20 \text{ mm}, \frac{h}{30} = \frac{400}{30} = 13.3 \text{ mm}) = 20 \text{ mm}$$

$$e_i = e_0 + e_a = 812 + 20 = 832 \text{ mm}$$

$$x = \frac{N}{\alpha_1 f_c b} = \frac{257.5 \times 10^3}{1.0 \times 14.3 \times 300} = 60 \text{ mm}$$

$x < \xi_b h_0 = 0.518 \times 360 = 186.5 \text{ mm}$，且 $x < 2a'_s = 2 \times 40 = 80 \text{ mm}$

$$e' = e_i - \frac{h}{2} + a'_s = 832 - 200 + 40 = 672 \text{ mm}$$

$$A_s = A'_s = \frac{Ne'}{f_y(h_0 - a'_s)} = \frac{257.5 \times 10^3 \times 672}{360 \times (360 - 40)} = 1502 \text{ mm}^2$$

A_s 和 A'_s 各选用 4 Φ 22，$A_s = A'_s = 1520 \text{ mm}^2$。

例题 7-11 已知条件同例题 7-7，但采用对称配筋。

解 同例题 7-7，已知 $e_i = 129.9 \text{ mm}$，$e = 339.9 \text{ mm}$。

$$x = \frac{N}{\alpha_1 f_c b} = \frac{1386 \times 10^3}{1.0 \times 14.3 \times 300} = 323 \text{ mm}$$

$x > \xi_b h_0 = 0.518 \times 460 = 238.3 \text{ mm}$，属小偏心受压破坏。

应按公式(7-69)和公式(7-70a)重新进行计算。

$$\xi = \frac{N - \alpha_1 f_c b h_0 \xi_b}{\dfrac{Ne - 0.43 \alpha_1 f_c b h_0^2}{(0.8 - \xi_b)(h_0 - a'_s)} + \alpha_1 f_c b h_0} + \xi_b$$

$$= \frac{1386 \times 10^3 - 1.0 \times 14.3 \times 300 \times 460 \times 0.518}{\dfrac{1386 \times 10^3 \times 339.9 - 0.43 \times 1.0 \times 14.3 \times 300 \times 460^2}{(0.8 - 0.518) \times (460 - 40)} + 1.0 \times 14.3 \times 300 \times 460}$$

$$+ 0.518$$

$$= 0.655$$

$x = \xi h_0 = 0.655 \times 465 = 304.6 \text{ mm}$

$$A_s = A'_s = \frac{Ne - \alpha_1 f_c b x(h_0 - 0.5x)}{f'_y(h_0 - a'_s)}$$

$$= \frac{1386 \times 10^3 \times 339.9 - 1.0 \times 14.3 \times 300 \times 304.6 \times (460 - 0.5 \times 304.6)}{360 \times (460 - 40)}$$

$$= 456 \text{ mm}^2$$

A_s 和 A'_s 各选用 2 Φ 16，$A_s = A'_s = 509 \text{ mm}^2$。

*7.7 I形截面偏心受压构件正截面承载力计算

7.7.1 基本计算公式

为了节省混凝土和减轻柱子自重，对于较大尺寸的装配式柱往往采用I形截面。I形截面的破坏特征与矩形截面是相似的。因此,其计算方法也与矩形截面相似。

1)大偏心受压破坏

按照混凝土受压区高度 x 不同,可分为两种情况。

(1)当中和轴通过受压翼缘时

① 计算公式

计算应力图形如图 7-18a 所示。这时,与截面宽度为 b_f' 的矩形截面相似,由力的平衡条件可得

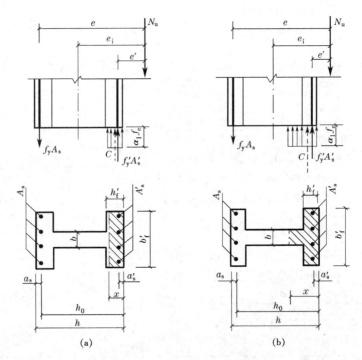

图 7-18 I 形截面大偏心受压承载力计算应力图形

$$N_u = \alpha_1 f_c b_f' x + f_y' A_s' - f_y A_s \tag{7-71}$$

$$N_u e = \alpha_1 f_c b_f' x \left(h_0 - \frac{x}{2}\right) + f_y' A_s' (h_0 - a_s') \tag{7-72}$$

式中 b_f'——I 形截面受压翼缘宽度。

② 适用条件

$$2a_s' \leqslant x \leqslant h_f' \tag{7-73}$$

式中 h_f'——I 形截面受压翼缘高度。

(2)当中和轴通过腹板时

① 计算公式

计算应力图形如图 7-18b 所示。这时,翼缘和腹板的混凝土抗压强度均取为 $\alpha_1 f_c$。由力的平衡条件可得

$$N_u = \alpha_1 f_c [bx + (b_f' - b) h_f'] + f_y' A_s' - f_y A_s \tag{7-74}$$

$$N_u e = \alpha_1 f_c bx \left(h_0 - \frac{x}{2}\right) + \alpha_1 f_c (b_f' - b) h_f' \left(h_0 - \frac{h_f'}{2}\right) + f_y' A_s' (h_0 - a_s') \tag{7-75}$$

② 适用条件
$$h'_f < x \leqslant \xi_b h_0 \tag{7-76}$$

2）小偏心受压破坏

小偏心受压破坏时，一般是靠近轴向力一侧的混凝土先被压碎。按照受压区高度不同，可分为两种情况。

（1）当中和轴通过腹板时

① 计算公式

计算应力图形如图 7—19a 所示。由力的平衡条件可得

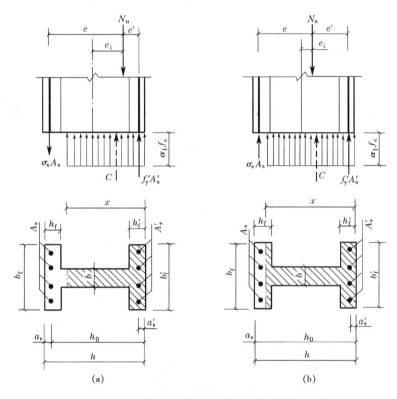

图 7—19 I 形截面小偏心受压承载力计算应力图形

$$N_u = \alpha_1 f_c [bx + (b'_f - b)h'_f] + f'_y A'_s - \sigma_s A_s \tag{7-77}$$

式中

$$\sigma_s = \frac{\dfrac{x}{h_0} - \beta_1}{\xi_b - \beta_1} f_y \qquad 且 -f'_y \leqslant \sigma_s \leqslant f_y$$

$$N_u e = \alpha_1 f_c bx \left(h_0 - \frac{x}{2}\right) + \alpha_1 f_c (b'_f - b) h'_f \left(h_0 - \frac{h'_f}{2}\right) + f'_y A'_s (h_0 - a'_s) \tag{7-78}$$

② 适用条件
$$\xi_b h_0 < x \leqslant h - h_f \tag{7-79}$$

（2）当中和轴通过受压较小一侧的翼缘时

① 计算公式

计算应力图形如图 7—19b 所示。由平衡条件可得

$$N_u = \alpha_1 f_c [bx + (b'_f - b)h'_f + (b_f - b)(x - h + h_f)] + f'_y A'_s - \sigma_s A_s \tag{7-80}$$

式中
$$\sigma_s = \frac{\frac{x}{h_0} - \beta_1}{\xi_b - \beta_1} f_y \quad 且 \quad -f'_y \leq \sigma_s \leq f_y$$

$$N_u e = \alpha_1 f_c b x \left(h_0 - \frac{x}{2}\right) + \alpha_1 f_c (b'_f - b) h'_f \left(h_0 - \frac{h'_f}{2}\right)$$
$$+ \alpha_1 f_c (b_f - b)(x - h + h_f) \left(\frac{h}{2} + \frac{h_f}{2} - a_s - \frac{x}{2}\right) + f'_y A'_s (h_0 - a'_s) \tag{7-81}$$

② 适用条件
$$h - h_f < x \leq h \tag{7-82}$$

此外,如同矩形截面,当轴向力的偏心率很小,若靠近轴向力一侧的钢筋 A'_s 较多,而离轴向力较远一侧的钢筋 A_s 相对较少时,离轴向力较远一侧的混凝土也可能先被压碎。设计时应予避免,其计算公式与矩形截面相似,此处从略。

7.7.2 对称配筋 I 形截面的计算方法

在实际工程中,对称配筋 I 形截面应用较多。设计截面时可按下述方法进行计算。

1) 大偏心受压破坏

由于对称配筋, $A_s = A'_s$, $f_y = f'_y$, 假定中和轴通过翼缘,则由公式(7-71)可得
$$x = \frac{N}{\alpha_1 f_c b'_f} \tag{7-83}$$

若 $x \leq h'_f$, 表明中和轴通过翼缘,可按宽度为 b'_f 的矩形截面计算。

当 $2a'_s \leq x \leq h'_f$ 时
$$A_s = A'_s = \frac{Ne - N\left(h_0 - \frac{x}{2}\right)}{f_y(h_0 - a'_s)} \tag{7-84}$$

当 $x < 2a'_s$
$$A_s = A'_s = \frac{Ne'}{f_y(h_0 - a'_s)} \tag{7-85}$$

式中
$$e' = \eta e_i - \frac{h}{2} + a'_s$$

若 $x > h'_f$, 表明中和轴通过腹板,混凝土受压区高度 x 应按下列公式重新计算:
$$x = \frac{N - \alpha_1 f_c (b'_f - b) h'_f}{\alpha_1 f_c b} \tag{7-86}$$

当按公式(7-86)求得的 $x \leq \xi_b h_0$, 表明截面为大偏心受压破坏,则
$$A_s = A'_s = \frac{Ne - \alpha_1 f_c (b'_f - b) h'_f \left(h_0 - \frac{h'_f}{2}\right) - \alpha_1 f_c b x \left(h_0 - \frac{x}{2}\right)}{f_y(h_0 - a'_s)} \tag{7-87}$$

2) 小偏心受压破坏

当按公式(7-86)求得的 $x > \xi_b h_0$, 表明截面为小偏心受压破坏。此时,应按公式(7-77)和公式(7-78)或公式(7-80)和公式(7-81)联立求解。

例题 7-12 对称配筋 I 形截面柱,承受轴心压力设计值 $N = 726$ kN, 其上下端承受的弯矩设计值分别为 $M_c^t = 325.4$ kN·m, $M_c^b = 365$ kN·m (均使该柱左侧受拉)。$b_f = b'_f = 400$ mm, $b = 100$ mm, $h_f = h'_f = 100$ mm, $h = 600$ mm, 柱的计算长度 $l_0 = 4.2$ m。环境类别为一类,混凝土强度等级为 C30 ($f_c = 14.3$ N/mm²), 采用 HRB400 级钢筋配筋 $f_y = f'_y =$

400 N/mm^2, $a_s = a_s' = 40 \text{ mm}$。试计算该柱所需的钢筋截面面积 $A_s = A_s'$。

解 （1）判别是否需考虑构件自身挠曲引起的附加弯矩

$$\frac{M_1}{M_2} = \frac{325.4}{365} = 0.892 < 0.9$$

$$A = 400 \times 100 \times 2 + (600 - 2 \times 100) \times 100 = 12 \times 10^4 \text{ mm}^2$$

$$I = 2\left[\frac{1}{12} \times 400 \times 100^3 + 400 \times 100 \times (300-50)^2\right] + \frac{1}{12} \times 400^3 \times 100$$

$$= 56 \times 10^8 \text{ mm}^4$$

$$\mu = \frac{N}{f_c A} = \frac{726 \times 10^3}{14.3 \times 12 \times 10^4} = 0.423 < 0.9$$

$$i = \sqrt{\frac{I}{A}} = \sqrt{\frac{56 \times 10^8}{12 \times 10^4}} = 216 \text{ mm}$$

$$\frac{l_0}{i} = \frac{4\,200}{216} = 19.4 < 34 - 12 \times \frac{M_1}{M_2} = 34 - 12 \times 0.892 = 23.3$$

不需考虑构件自身挠曲引起的附加弯矩。

（2）计算柱控制截面的弯矩设计值

$$h_0 = h - a_s = 600 - 40 = 560 \text{ mm}$$

$$M = C_m \eta_{ns} M_2 = 1.0 \times 365 = 365 \text{ kN} \cdot \text{m}$$

（3）配筋计算

$$x = \frac{N}{\alpha_1 f_c b} = \frac{726 \times 10^3}{1.0 \times 14.3 \times 400} = 126.9 \text{ mm} > h_f' = 100 \text{ mm}$$

中和轴通过腹板，重新计算 x。

$$x = \frac{N - \alpha_1 f_c (b_f' - b) h_f'}{\alpha_1 f_c b} = \frac{726 \times 10^3 - 1.0 \times 14.3 \times (400-100) \times 100}{1.0 \times 14.3 \times 100}$$

$$= 207.7 \text{ mm} < \xi_b h_0 = 0.518 \times 560 = 290.1 \text{ mm}$$

属大偏心受压破坏。

$$e_0 = \frac{M}{N} = \frac{365 \times 10^6}{726 \times 10^3} = 502.8 \text{ mm}$$

$$e_a = \max\left(20 \text{ mm}, \frac{h}{30} = \frac{600}{30} = 20 \text{ mm}\right) = 20 \text{ mm}$$

$$e_i = e_0 + e_a = 502.8 + 20 = 522.8 \text{ mm}$$

$$e = e_i + \frac{h}{2} - a_s = 522.8 + 300 - 40 = 782.8 \text{ mm}$$

$$A_s = A_s' = \frac{Ne - \alpha_1 f_c (b_f' - b) h_f' \left(h_0 - \frac{h_f'}{2}\right) - \alpha_1 f_c b x (h_0 - 0.5x)}{f_y' (h_0 - a_s')}$$

$$= \frac{726 \times 10^3 \times 782.8 - 1.0 \times 14.3 \times (400-100) \times 100 \times \left(560 - \frac{100}{2}\right) - 1.0 \times 14.3 \times 100 \times 207.7 \times (560 - 0.5 \times 207.7)}{360 \times (560 - 40)}$$

$$= 1\,166 \text{ mm}^2$$

A_s 和 A_s' 各选用 2⾲18+2⾲20，$A_s = A_s' = 1\,137.4 \text{ mm}^2$。

7.8 偏心受压构件正截面承载力 N_u 与 M_u 的关系

7.8.1 N_u 与 M_u 关系曲线的绘制

偏心受压构件正截面破坏时,截面所能承受的轴向力 N_u 和弯矩 M_u 并不是独立的,而是相关的。也就是说,在一定的轴向力 N_u 下,有其唯一对应的弯矩 M_u。现以对称配筋矩形截面为例,来绘制其 $N_u - M_u$ 关系曲线。

1) 大偏心受压时的 $N_u - M_u$ 曲线

当 $f_y = f_y'$, $A_s = A_s'$,由公式(7-26)可得

$$x = \frac{N_u}{\alpha_1 f_c b} \qquad (7-88)$$

将公式(7-88)、公式(7-27a)代入公式(7-27),并令 $M_u = N_u e_i$,则可得

$$M_u = \frac{N_u}{2}(h - \frac{N_u}{\alpha_1 f_c b}) + f_y' A_s'(h_0 - a_s') \qquad (7-89)$$

由公式(7-89)可见,N_u 与 M_u 之间是二次函数关系,如图 7-20 中曲线 ab 所示。

2) 小偏心受压时的 $N_u - M_u$ 曲线

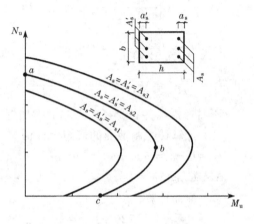

图 7-20 $N_u - M_u$ 关系曲线

将公式(7-27a)代入公式(7-35),并令 $M_u = N_u e_i$,可得

$$M_u = -N_u(\frac{h}{2} - a_s) + \frac{x}{h_0}(1 - \frac{x}{2h_0})\alpha_1 f_c b h_0^2 + f_y' A_s'(h_0 - a_s') \qquad (7-90)$$

将公式(7-33)代入公式(7-34),可求得

$$x = \frac{(\xi_b - \beta_1)h_0}{\alpha_1 f_c b h_0 (\xi_b - \beta_1) - f_y' A_s'} N_u + \frac{(\xi_b - 2\beta_1)f_y' A_s' h_0}{\alpha_1 f_c b h_0 (\xi_b - \beta_1) - f_y' A_s'} \qquad (7-91)$$

由公式(7-90)和公式(7-91)可见,N_u 与 M_u 之间也是二次函数关系,如图 7-20 中曲线 bc 所示。

纵向钢筋截面面积不同,将对应着不同的 $N_u - M_u$ 曲线,如图 7-20 所示。

7.8.2 $N_u - M_u$ 关系曲线的特点

由图 7-20 可见,$N_u - M_u$ 关系曲线有着下述特点:

(1) 在大偏心受压时,M_u 随 N_u 的增加而增加;在小偏心受压时,M_u 随 N_u 的增加而减小。换句话说,在大偏心受压破坏时,若 M_u 不变,则随着 N_u 增大,所需的钢筋截面面积将减少;在小偏心受压破坏时,若 M_u 不变,则随着 N_u 增大,所需的钢筋截面面积将增大。

(2) 在界限破坏时,M_u 达到最大值。

7.9 偏心受压构件斜截面受剪承载力计算

7.9.1 轴向压力对斜截面受剪承载力的影响

偏心受压构件斜截面受剪承载力除了与受弯构件一样,受剪跨比、混凝土强度、配箍率和纵向钢筋配筋率等因素影响外,还将受轴向压力的影响。

试验表明,轴向压力对受剪承载力起着有利的作用,受剪承载力随着轴向压力的增大而增大。轴向压力将延迟斜裂缝的出现和抑制斜裂缝的开展,增大斜裂缝末端剪压区的高度,因而提高了受压区混凝土所承担的剪力和裂缝处骨料的咬合力。当有轴向压力作用时,临界斜裂缝的倾角较小,而斜裂缝水平投影长度与对应的无轴向压力梁基本相同,故轴向压力对箍筋的抗剪作用无明显影响。轴向压力对受剪承载力的提高程度与剪跨比的关系不明显。

试验还表明,轴向压力对受剪承载力的有利作用是有一定限度的。随着轴压比(即 $N/(f_c A)$,N 为轴向压力,f_c 为混凝土轴心抗压强度,A 为构件的截面面积)的增大,斜截面的受剪承载力将增大,当轴压比 $N/(f_c A)=0.3\sim0.5$ 时,斜截面受剪承载力达到最大值。若轴压比继续增大,受剪承载力将降低,并转变为带有斜裂缝的正截面小偏心受压破坏。

对于承受轴向压力的框架柱,由于两端受到约束,使柱上、下端承受着反向的弯矩,即柱中部有一个反弯点,其受力情况犹如一根受有轴向压力的连续梁。试验表明,当柱高宽比 $H_n/(2h_0)>2$ 时(H_n 为柱的净高,h_0 为柱截面沿弯矩作用方向的有效高度),随着轴压比增大,柱的受剪承载力将提高;当 $H_n/(2h_0)\leqslant 2$ 时,随轴压比增大,受剪承载力没有明显的提高,甚至比无轴向压力时还要低,而且破坏是脆性的,延性差。因此,在设计中宜尽量避免采用高宽比接近于 2 或小于 2 的框架柱。

7.9.2 计算公式

为了与梁的受剪承载力计算公式相协调,对于钢筋混凝土偏心受压构件,其斜截面受剪承载力设计值 V_u 可按下列公式计算:

$$V_u = V_0 + V_N \tag{7-92}$$

式中 V_0——无轴向力构件的受剪承载力设计值;
V_N——轴向压力对受剪承载力的提高值。

根据试验结果分析,V_N 可按下列公式计算:

$$V_N = 0.07N \tag{7-93}$$

式中 N——与剪力设计值 V 相应的轴向压力设计值,当 $N>0.3f_c A$ 时,取 $N=0.3f_c A$;
A——构件的截面面积。

于是,对仅配有箍筋的矩形、T 形和 I 形截面的钢筋混凝土偏心受压构件,其斜截面受剪承载力可按下式计算:

$$V \leqslant \frac{1.75}{\lambda+1.0} f_t b h_0 + f_{yv} \frac{A_{sv}}{s} h_0 + 0.07N \tag{7-94}$$

式中 λ——偏心受压构件计算截面的剪跨比。
计算截面的剪跨比应按下列规定取用:
(1) 对各类结构的框架柱,宜取 $\lambda=M/(Vh_0)$;对框架结构中的框架柱,当其反弯点在层高范围内时,可取 $\lambda=H_n/(2h_0)$;当 $\lambda<1$ 时,取 $\lambda=1$;当 $\lambda>3$ 时,取 $\lambda=3$;此处,M 为计算截面上与剪力设计值 V 相应的弯矩设计值,H_n 为柱净高。

(2) 对其他偏心受压构件,当承受均布荷载时,取 $\lambda=1.5$;当承受集中荷载时(包括作用有多种荷载,且集中荷载对支座截面或节点边缘所产生的剪力值占总剪力值的 75% 以上的情况),取 $\lambda=a/h_0$;当 $\lambda<1.5$ 时,取 $\lambda=1.5$;当 $\lambda>3$ 时,取 $\lambda=3$;此处,a 为集中荷载至支座或节点边缘的距离。

对于矩形、T 形和 I 形截面的钢筋混凝土偏心受压构件,当符合下列条件,可不需进行斜截面受剪承载力计算,而仅需按构造要求配置箍筋。

$$V \leqslant \frac{1.75}{\lambda+1.0}f_t bh_0 + 0.07N \tag{7-95}$$

对于矩形、T 形和 I 形截面的钢筋混凝土偏心受压构件,其受剪要求的截面应符合下列条件:

$$V \leqslant 0.25\beta_c f_c bh_0 \tag{7-96}$$

7.10 受压构件的一般构造要求

7.10.1 截面形式和尺寸

轴心受压构件一般采用方形或矩形截面,有时也采用圆形、多边形或环形截面。

偏心受压构件通常采用矩形截面。为了节省混凝土和减轻自重,对于较大尺寸的柱,特别是装配式构件,常采用 I 形截面,拱结构的肋,则往往做成 T 形截面,框架柱有时也做成 T 形截面。采用离心法制造的柱、桩、电杆以及工厂的烟囱等,常采用环形截面。

对于 I 形和矩形柱,其截面尺寸不宜小于 250 mm×250 mm。为了避免构件长细比过大,常取 $l_0/b \leqslant 30$,$l_0/h \leqslant 25$(l_0 为柱的计算长度,b 为矩形截面短边边长,h 为矩形截面长边边长)。对于 I 形截面,其翼缘高度不宜小于 120 mm,因为翼缘太薄,会使构件过早出现裂缝。同时,靠近柱脚处的混凝土易被碰坏而降低柱的承载力和缩短柱的使用年限。腹板厚度不应小于 100 mm,否则浇捣混凝土较困难。

为了使模板尺寸模数化,柱截面边长在 800 mm 以下者,宜取 50 mm 的倍数,在 800 mm 以上者,可取 100 mm 的倍数。

7.10.2 纵向钢筋

轴心受压构件的纵向钢筋宜沿截面四周均匀布置,根数不得少于 4 根,并应取偶数。偏心受压构件的纵向钢筋设置在垂直于弯矩作用平面的两边。圆柱中纵向钢筋一般应沿周边均匀布置,根数不宜少于 8 根,不应少于 6 根。

受压构件纵向受力钢筋直径 d 不宜小于 12 mm。通常在 16~32 mm 内选用。一般宜采用较粗的钢筋,以使在施工中可形成较刚劲的钢筋骨架,且受荷时钢筋不易压屈。

与受弯构件相类似,受压构件纵向钢筋的配筋率也应满足最小配筋率的要求,对于 500 MPa、400 MPa、335 MPa 和 300 MPa 级钢筋,全部纵向钢筋的最小配筋率分别为 0.50%、0.55%、0.6%,一侧纵向钢筋的最小配筋率为 0.2%(详见附表 15)。

在一般情况下,对于轴心受压构件,其配筋率可取 0.5%~2%;对于轴向力偏心率较小的受压柱,其总配筋率建议采用 0.5%~1.0%;对于轴向力偏心率较大的受压柱,其总配筋率建议采用 1.0%~2.0%。在两种情况下,偏心受压柱的总配筋率均不宜超过5%。

受压柱中纵向钢筋的净距不应小于50 mm,在水平位置浇筑的装配式柱,其纵向钢筋最小净距可参照梁的有关规定采用。

偏心受压柱中配置在垂直于弯矩作用平面的纵向受力钢筋以及轴心受压柱中各边的纵向受力钢筋,其中距不应大于300 mm。当偏心受压柱的截面高度 h≥600 mm 时,在侧面应设置直径不小于10 mm 的纵向构造钢筋,并相应地设置复合箍筋或拉筋。

纵向钢筋的混凝土保护层厚度应遵守附表14的要求。

7.10.3 箍筋

为了防止纵向钢筋压屈,受压构件中的箍筋应做成封闭式的;对圆柱中的箍筋,搭接长度不应小于钢筋的锚固长度 l_a,且末端应做成135°的弯钩,弯钩末端平直段长度不应小于箍筋直径的5倍。箍筋间距不应大于400 mm,亦不应大于构件横截面的短边尺寸,且不应大于15d(d 为纵向钢筋的最小直径)。

箍筋直径不应小于 d/4(d 为纵向钢筋的最大直径),且不应小于6 mm。

当柱中全部纵向钢筋配筋率超过3%时,箍筋直径不宜小于8 mm,间距不应大于10d(d 为纵向钢筋的最小直径),且不应大于200 mm。箍筋末端应做成135°的弯钩,弯钩末端平直段长度不应小于10倍箍筋直径。箍筋也可焊成封闭环式。

当柱截面短边大于400 mm,且各边纵向钢筋多于3根时,或当柱的短边不大于400 mm,但各边纵向钢筋多于4根时,为了防止中间纵向钢筋压屈,应设置复合箍筋。

在柱内纵向钢筋搭接长度范围内,箍筋直径不宜小于搭接钢筋直径的1/4,且箍筋的间

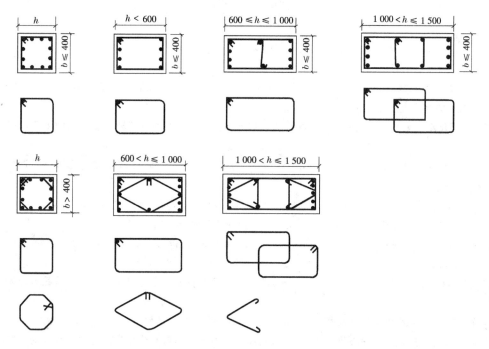

图 7—21 方形柱和矩形柱的箍筋形式

距应加密,当搭接钢筋为受拉时,其间距不应大于 $5d$,且不应大于 100 mm;当搭接钢筋为受压时,其间距不应大于 $10d$,且不应大于 200 mm。此处,d 为搭接钢筋较小直径。当受压钢筋直径大于 25 mm 时,应在搭接接头两端面外 100 mm 范围内各设置两个箍筋。

在配置螺旋式或焊接环式间接钢筋的柱中,如计算中考虑间接钢筋的作用,则间接钢筋的间距不应大于 80 mm 及 $d_{cor}/5$(d_{cor} 为按间接钢筋内表面确定的核心截面直径),且不小于 40 mm。

图 7-21 和图 7-22 所示为几种常用的箍筋形式。对于截面形状复杂的柱,不可采用内折角的箍筋,以免产生向外的拉力,致使折角处混凝土保护层崩脱。

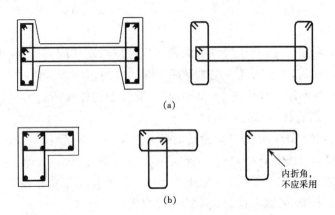

图 7-22 I 形柱和 L 形柱的箍筋形式

思 考 题

7.1 普通箍筋轴心受压短柱的受力特点和破坏特征如何?

7.2 普通箍筋轴心受压长柱的破坏特征如何?它与普通箍筋轴心受压短柱主要不同点是什么?

7.3 普通箍筋轴心受压柱的承载力计算公式是如何得出的?系数 φ 的物理意义是什么?在计算时,对于 A 和 f_c 的取值应注意些什么?

7.4 螺旋箍筋轴心受压柱的受力特点和破坏特征如何?它与普通箍筋轴心受压柱的主要不同点是什么?

7.5 螺旋箍筋轴心受压柱的承载力计算公式是如何得出的?A_{ss0} 和 α 的物理意义是什么?该公式的适用条件有哪些?

7.6 钢筋混凝土偏心受压构件正截面的破坏形态有哪两类?其破坏特征如何?

7.7 何谓偏心受压构件的二阶效应?偏心受压构件的破坏类型有几类?

7.8 偏心距增大系数 η_{ns} 的物理意义是什么?它主要与哪些因素有关?其影响规律如何?

7.9 计算偏心受压构件承载力时,为什么要考虑附加偏心距 e_a?如何取值?

7.10 偏心受压构件正截面承载力计算时,做了哪些基本假定?与受弯构件正截面承载力计算是否相同?

7.11 判别偏心受压构件正截面的破坏形态的基本准则(即界限条件)是什么?

7.12 计算矩形截面大偏心受压承载力时,其计算应力图形如何?计算公式是如何建立的?有哪些适用条件?与双筋矩形截面受弯构件有何异同?

7.13 计算矩形截面小偏心受压承载力时,其计算应力图形如何?计算公式是如何建立的?有哪些适用条件？与计算大偏心受压承载力的主要不同点是什么？

7.14 对于偏心受压矩形截面，在设计时，为什么要用 $e_i \geqslant 0.3h_0$ 或 $e_i < 0.3h_0$ 来判别大、小偏心受压破坏？当 $e_i < 0.3h_0$ 时，意味着什么？当 $e_i \geqslant 0.3h_0$ 时，意味着什么？为什么还必须用 $\xi \leqslant \xi_b$ 的条件进行校核？

7.15 设计非对称配筋矩形截面时，当 A_s 和 A_s' 为未知时，其计算步骤如何？为什么要指定 $\xi = \xi_b$？

7.16 设计非对称配筋大偏心受压矩形截面时，当 A_s' 已知时，其计算步骤如何？有哪些限制条件？当不满足适用条件 $x \geqslant 2a_s'$ 时，如何计算 A_s？当不满足 $\xi \leqslant \xi_b$ 时，意味着什么？应如何处理？

7.17 设计非对称配筋小偏心受压矩形截面时，其计算步骤如何？为什么要先指定 $A_s = \rho_{1\min} bh$？

7.18 对于对称配筋偏心受压矩形截面，在设计时，为什么可用 $\dfrac{N}{\alpha_1 f_c b h_0} \leqslant \xi_b$ 或 $\dfrac{N}{\alpha_1 f_c b h_0} > \xi_b$ 来判别大、小偏心受压破坏？当小偏心受压破坏时，为什么不能取 $\xi = \dfrac{N}{\alpha_1 f_c b h_0}$，而应重新计算 ξ？

7.19 对于偏心受压矩形截面，当其他条件均相同时，破坏时的弯矩 M_u 随轴向力 N_u 的变化规律如何？

7.20 偏心受压构件在何种情况下应进行垂直于弯矩作用平面的受压承载力的验算？如何验算？

7.21 I形截面偏心受压正截面承载力计算有哪几种类型？与矩形截面相比，有何不同？

7.22 对于对称配筋I形截面，在设计截面时，如何判别其破坏类型？

7.23 轴向压力对斜截面受剪承载力的影响如何？偏心受压构件的斜截面受剪承载力如何计算？

习 题

7.1 轴心受压柱的截面尺寸 $b \times h = 400\ \text{mm} \times 400\ \text{mm}$，$l_0 = 6.0\ \text{m}$，轴心压力设计值 $N = 2700\ \text{kN}$。采用 C30 混凝土，纵向钢筋采用 HRB400 级钢筋，环境类别为一类。试设计该柱（配置纵向钢筋和箍筋）。

7.2 圆形截面柱的直径 $d_c = 450\ \text{mm}$，$l_0 = 4.5\ \text{m}$，混凝土保护层厚度为 30 mm，轴心压力设计值 $N = 3750\ \text{kN}$，采用 C30 混凝土，纵向钢筋及螺旋箍筋均采用 HRB400 级钢筋。试设计该柱。

7.3 非对称配筋矩形截面柱的截面尺寸 $b \times h = 400\ \text{mm} \times 600\ \text{mm}$，$a_s = a_s' = 40\ \text{mm}$，$l_0 = 6\ \text{m}$。轴心压力设计值 $N = 500\ \text{kN}$，弯矩设计值为：$M^t = 630\ \text{kN} \cdot \text{m}$，$M^b = 600\ \text{kN} \cdot \text{m}$。采用 C30 混凝土，纵向钢筋采用 HRB400 级钢筋。试求 A_s 和 A_s'。

7.4 同习题 7.3，但已知 $A_s' = 1\ 742\ \text{mm}^2$（2⊕25+2⊕22）。试求 A_s，并与习题 7.3 进行比较和分析。

7.5 非对称配筋矩形截面柱的截面尺寸 $b \times h = 400\ \text{mm} \times 500\ \text{mm}$，$a_s = a_s' = 40\ \text{mm}$，$l_0 = 5.0\ \text{m}$。轴心压力设计值 $N = 2\ 100\ \text{kN}$，弯矩设计值 $M^t = M^b = 190\ \text{kN} \cdot \text{m}$。采用 C30 混凝土，纵向钢筋采用 HRB400 级钢筋。试求 A_s 和 A_s'。

7.6 同习题 7.3，但采用对称配筋。试求 $A_s = A_s'$，并与习题 7.3 进行比较和分析。

7.7 同习题 7.5，但采用对称配筋。试求 $A_s = A_s'$，并与习题 7.5 进行比较和分析。

7.8 矩形截面偏心受压柱的截面尺寸 $b \times h = 300\ \text{mm} \times 400\ \text{mm}$，柱的计算长度 $l_0 = 2.8\ \text{m}$，$a_s = a_s' = 40\ \text{mm}$，采用 C30 混凝土。对称配筋，$A_s = A_s' = 1742\ \text{mm}^2$（2⊕25+2⊕22）。承受轴心压力设计值 $N = 323\ \text{kN}$，弯矩设计值 $M^t = 200\ \text{kN} \cdot \text{m}$，$M^b = 190\ \text{kN} \cdot \text{m}$。试复核该截面。

7.9 矩形截面偏心受压柱的截面尺寸 $b \times h = 300\ \text{mm} \times 500\ \text{mm}$，柱的计算长度 $l_0 = 6\ \text{m}$，$a_s = a_s' = 40\ \text{mm}$。采用 C30 混凝土。对称配筋，$A_s = A_s' = 603\ \text{mm}^2$（3⊕16）。承受轴心压力设计值为 $N = 1360\ \text{kN}$，弯矩设计值为 $M^t = M^b = 111.7\ \text{kN} \cdot \text{m}$。试复核该截面。

8 受拉构件正截面承载力计算

8.1 轴心受拉构件正截面承载力计算

在钢筋混凝土结构中,几乎没有真正的轴心受拉构件。在实际工程中,对于拱和桁架中的拉杆,各种悬杆以及有内压力的圆管和圆形水池的环向池壁等,一般均按轴心受拉构件计算。

对于轴心受拉构件,在开裂以前,混凝土和钢筋共同承担拉力;在开裂以后,裂缝截面处的混凝土已完全退出工作,全部拉力由钢筋承担。当钢筋应力达到屈服强度时,构件即告破坏。于是,轴心受拉构件正截面承载力可按下列公式计算:

$$N \leqslant N_u = f_y A_s \tag{8-1}$$

式中 N_u——轴心受拉构件正截面承载力设计值;
A_s——截面上全部纵向受拉钢筋截面面积。

8.2 偏心受拉构件正截面承载力计算

在钢筋混凝土结构工程中,按偏心受拉构件计算的通常有单层厂房双肢柱的某些肢杆、矩形水池池壁、浅仓仓壁以及带有节间荷载的桁架和拱的下弦杆等。

按轴向力作用点位置的不同,偏心受拉构件正截面承载力计算可分为两种情况:① 轴向力作用在钢筋 A_s 合力点和钢筋 A_s' 合力点之间;② 轴向力作用在钢筋 A_s 合力点和钢筋 A_s' 合力点范围以外。由于偏心受拉构件一般采用矩形截面,故本节中仅叙述矩形截面偏心受拉构件正截面承载力计算。

8.2.1 矩形截面小偏心受拉构件正截面承载力计算

对于小偏心受拉,也就是轴向力作用在钢筋 A_s 合力点和钢筋 A_s' 合力点之间的情况,临破坏前,截面已全部裂通,拉力全部由钢筋承受。破坏时,钢筋 A_s 和 A_s' 的应力与轴向力作用点的位置及钢筋 A_s 和 A_s' 的比值有关,或者均达到其抗拉强度,或者仅一侧钢筋达到其抗拉强度,而另一侧钢筋的应力未能达到其抗拉强度。这种破坏特征称为小偏心受拉破坏。

由上所述,矩形截面小偏心受拉构件正截面承载力计算的应力图形如图8-1所示。设计截面时,为了使钢筋总用量($A_s + A_s'$)为最小,应使钢筋 A_s 和 A_s' 均达到其抗拉强度设计值。根据内外力分别对 A_s 合力点和 A_s' 合力点取矩的平衡条件可得

$$N_u e = f_y A_s' (h_0 - a_s') \tag{8-2}$$

$$N_u e' = f_y A_s (h_0 - a_s') \tag{8-3}$$

式中 $$e = \frac{h}{2} - a_s - e_0$$

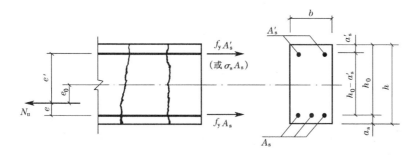

图 8-1 矩形截面小偏心受拉构件正截面承载力计算应力图形

$$e' = \frac{h}{2} - a_s' + e_0$$

设计时,取 $N_u = N$,则由公式(8-2)和公式(8-3)可得

$$A_s' = \frac{Ne}{f_y(h_0 - a_s')} \tag{8-4}$$

$$A_s = \frac{Ne'}{f_y(h_0 - a_s')} \tag{8-5}$$

当对称配筋时,离轴向力较远一侧的钢筋 A_s' 的应力达不到其抗拉强度设计值。因此,设计截面时,钢筋 A_s 和 A_s' 均按公式(8-5)确定。

8.2.2 矩形截面大偏心受拉构件正截面承载力计算

对于正常配筋的矩形截面,当轴向力作用在钢筋 A_s 合力点和 A_s' 合力点范围以外时,离轴向力较近一侧将产生裂缝,而离轴向力较远一侧的混凝土仍然受压。因此,裂缝不会贯通整个截面。破坏时,钢筋 A_s 的应力达到其抗拉强度,裂缝开展很大,受压区混凝土被压碎。当受拉钢筋配筋率不很大时,受压区混凝土压碎程度往往不明显。在这种情况下,一般以裂缝开展宽度超过某一限值(例如,取 1.5 mm)作为截面破坏的标志。这种破坏特征称为大偏心受拉破坏。

由此可见,矩形截面大偏心受拉构件正截面承载力计算的应力图形如图 8-2 所示,纵向受拉钢筋 A_s 的应力达到其抗拉强度设计值 f_y,受压区混凝土应力图形可简化为矩形,其应力达到等效混凝土抗压强度设计值 $\alpha_1 f_c$。受压钢筋 A_s' 的应力可假定达到其抗压强度设计值。

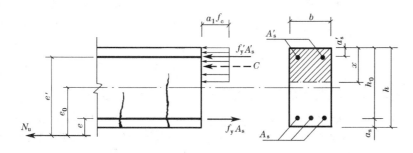

图 8-2 矩形截面大偏心受拉构件正截面承载力计算应力图形

根据平衡条件可得基本计算公式如下:

$$N_u = f_y A_s - f_y' A_s' - \alpha_1 f_c b x \tag{8-6}$$

$$N_u e = \alpha_1 f_c bx(h_0 - \frac{x}{2}) + f_y' A_s'(h_0 - a_s') \qquad (8-7)$$

式中
$$e = e_0 - \frac{h}{2} + a_s$$

公式(8—6)和公式(8—7)的适用条件为
$$2a_s' \leqslant x \leqslant \xi_b h_0 \qquad (8-8)$$

比较公式(8—6)~公式(8—8)和公式(7—26)、公式(7—27)和(7—27a)可见,大偏心受拉与大偏心受压破坏的计算公式是相似的,所不同的是 N_u 为拉力。因此,其计算方法也与大偏心受压破坏相似,可参照进行。

当已知截面尺寸 $b \times h$ 及轴向拉力设计值 N 和偏心距 e_0 需计算钢筋截面面积 A_s 和 A_s' 时,可在公式(8—7)和公式(8—6)中令 $N_u = N$,且 $x = \xi_b h_0$,则得

$$A_s' = \frac{Ne - \xi_b(1 - 0.5\xi_b)\alpha_1 f_c b h_0^2}{f_y'(h_0 - a_s')} \qquad (8-9)$$

$$A_s = \xi_b \frac{\alpha_1 f_c}{f_y} b h_0 + \frac{f_y'}{f_y} A_s' + \frac{N}{f_y} \qquad (8-10)$$

若按公式(8—9)求得的 A_s' 过小或为负值,可按最小配筋率或有关的构造要求配置 A_s',然后再按公式(8—6)~公式(8—8)计算 A_s。一般情况下,计算的 x 往往小于 $2a_s'$。这时 A_s 可按公式(8—5)计算。

例题 8—1 偏心受拉构件的截面尺寸为 $b \times h = 300\ mm \times 500\ mm$,$a_s = a_s' = 40\ mm$,承受轴心拉力设计值 $N = 750\ kN$,弯矩设计值 $M = 71.25\ kN \cdot m$,混凝土强度等级为 C30,用 HRB400 级钢筋配筋,试求钢筋截面面积 A_s 和 A_s'。

解 (1) 判别破坏类型

$$h_0 = 500 - 40 = 460\ mm$$

$$e_0 = \frac{71.25 \times 10^6}{750 \times 10^3} = 95\ mm < \frac{h}{2} - a_s' = \frac{500}{2} - 40 = 210\ mm$$

属小偏心受拉破坏。

(2) 求 A_s 和 A_s'

$$e = \frac{h}{2} - e_0 - a_s = \frac{500}{2} - 95 - 40 = 115\ mm$$

$$e' = \frac{h}{2} + e_0 - a_s' = \frac{500}{2} + 95 - 40 = 305\ mm$$

$$A_s' = \frac{Ne}{f_y(h_0 - a_s')} = \frac{750 \times 10^3 \times 115}{360 \times (460 - 40)} = 570\ mm^2$$

$$A_s = \frac{Ne'}{f_y(h_0 - a_s')} = \frac{750 \times 10^3 \times 305}{360 \times (460 - 40)} = 1\ 513\ mm^2$$

A_s' 选用 2 ⊈ 20,$A_s' = 628\ mm^2$;A_s 选用 4 ⊈ 22,$A_s = 1\ 520\ mm^2$。

例题 8—2 偏心受拉板的截面厚度 $h = 200\ mm$,$a_s = a_s' = 25\ mm$,每米宽板承受轴心拉力设计值 $N = 315\ kN$,弯矩设计值 $M = 63\ kN \cdot m$,混凝土强度等级为 C30($f_c = 14.3\ N/mm^2$),用 HRB335 级钢筋配筋。试求钢筋截面面积 A_s 和 A_s'。

解 (1) 判断破坏类型

取 $b = 1\ 000\ mm$ 宽的板进行计算。

$$h_0 = 200 - 25 = 175\ mm$$

$$e_0 = \frac{M}{N} = \frac{63 \times 10^6}{315 \times 10^3} = 200 \text{ mm} > \frac{h}{2} - a_s = \frac{200}{2} - 25 = 75 \text{ mm}$$

属于大偏心受拉破坏。

(2) 计算 A_s'

$$e = e_0 - \frac{h}{2} + a_s = 200 - \frac{200}{2} + 25 = 125 \text{ mm}$$

由公式(8-9)可得

$$A_s' = \frac{Ne - \xi_b(1-0.5\xi_b)\alpha_1 f_c b h_0^2}{f_y'(h_0 - a_s')}$$

$$= \frac{315 \times 10^3 \times 125 - 0.55 \times (1-0.5 \times 0.55) \times 1.0 \times 14.3 \times 1\,000 \times 175^2}{300 \times (175 - 25)} < 0$$

按构造要求配置 ⏀10@200, $A_s' = 393 \text{ mm}^2$。这时,本题转化为已知 A_s',求 A_s 的问题。计算方法与大偏心受压构件相似。

(3) 求 A_s

$$M_{u1} = f_y' A_s'(h_0 - a_s') = 300 \times 393 \times (175 - 25) = 17.685 \times 10^6 \text{ N·mm}$$

$$M_{u2} = Ne - M_{u1} = 315 \times 10^3 \times 125 - 17.685 \times 10^6 = 21.69 \times 10^6 \text{ N·mm}$$

$$\alpha_s = \frac{M_{u2}}{\alpha_1 f_c b h_0^2} = \frac{21.69 \times 10^6}{1.0 \times 14.3 \times 1\,000 \times 175^2} = 0.0495$$

由附表 16 查得 $\gamma_s = 0.974 > 1 - \frac{a_s'}{h_0} = 1 - \frac{25}{175} = 0.857$

表明 $x < 2a_s'$,则 A_s 按公式(8-5)计算。

$$e' = e_0 + \frac{h}{2} - a_s' = 200 + \frac{200}{2} - 25 = 275 \text{ mm}$$

$$A_s = \frac{Ne'}{f_y(h_0 - a_s')} = \frac{315 \times 10^3 \times 275}{300 \times (175 - 25)} = 1\,925 \text{ mm}^2$$

若不考虑 A_s' 的作用,即取 $A_s' = 0$,则 $A_{s1} = 0$,于是

$$\alpha_s = \frac{Ne}{\alpha_1 f_c b h_0^2} = \frac{315 \times 10^3 \times 125}{1.0 \times 14.3 \times 1\,000 \times 175^2} = 0.089\,9$$

由附表 16 查得 $\gamma_s = 0.952$。

$$A_{s2} = \frac{Ne}{f_y \gamma_s h_0} = \frac{315 \times 10^3 \times 125}{300 \times 0.952 \times 175} = 788 \text{ mm}^2$$

$$A_s = A_{s1} + A_{s2} + \frac{N}{f_y} = 0 + 788 + \frac{315 \times 10^3}{300} = 788 + 1\,050 = 1\,838 \text{ mm}^2$$

计算表明,应按不考虑受压钢筋作用的情况来配筋,选用 ⏀14@80, $A_s = 1\,924 \text{ mm}^2$。

8.3 偏心受拉构件斜截面受剪承载力计算

8.3.1 轴向拉力对斜截面受剪承载力的影响

当轴向拉力先作用于构件上时,构件将先产生横贯全截面的垂直裂缝。再施加横向荷载时,构件上部裂缝闭合,而下部裂缝加宽,斜裂缝可能直接穿过初始垂直裂缝向上发展,亦可能沿初始裂缝延伸一小段再斜向发展。与无轴向拉力构件相比,承受轴向拉力构件的斜

裂缝宽度一般较大,倾角也较大,斜裂缝末端剪压区高度较小,甚至没有剪压区,因而其受剪承载力也较低。

8.3.2 计算公式

与偏心受压构件受剪承载力的计算相类似,偏心受拉构件受剪承载力可按下列公式计算：

$$V_u = V_0 + V_N \tag{8-11}$$

式中　V_0——无轴向力构件的受剪承载力设计值；

　　　V_N——轴向拉力对受剪承载力的降低值。

根据试验结果分析,V_N 可按下列公式计算：

$$V_N = -0.2N \tag{8-12}$$

式中　N——与剪力设计值 V 相应的轴向拉力设计值。

于是,对于仅配有箍筋的矩形、T 形和 I 形截面的钢筋混凝土偏心受拉构件,其斜截面受剪承载力设计值可按下列公式计算：

$$V \leqslant \frac{0.2}{\lambda + 1.5} f_c b h_0 + f_{yv} \frac{A_{sv}}{s} h_0 - 0.2N \tag{8-13}$$

式中　λ——偏心受拉构件的计算截面处的剪跨比,按公式(7—94)的规定取用。

当公式(8—13)右边的计算值小于 $f_{yv} \dfrac{A_{sv}}{s} h_0$ 时,应取等于 $f_{yv} \dfrac{A_{sv}}{s} h_0$,且 $f_{yv} \dfrac{A_{sv}}{s} h_0$ 值不得小于 $0.36 f_t b h_0$,这相当于不考虑混凝土的抗剪作用。

对于偏心受拉构件,其受剪要求的截面也可按公式(7—96)验算。

思 考 题

8.1　钢筋混凝土偏心受拉构件正截面的破坏形态有哪两类？其破坏特征如何？

8.2　计算小偏心受拉承载力时,其计算应力图形如何？计算公式是如何建立的？

8.3　计算大偏心受拉承载力时,其计算应力图形如何？计算公式是如何建立的？它与大偏心受压有何异同？

8.4　轴向拉力对斜截面受剪承载力的影响如何？偏心受拉构件的斜截面受剪承载力如何计算？

习 题

8.1　偏心受拉构件的截面尺寸 $b \times h = 500 \text{ mm} \times 500 \text{ mm}$,采用 C30 混凝土。纵向受力钢筋采用 HRB335 级钢筋。承受轴心拉力设计值 $N = 210 \text{ kN}$,弯矩设计值 $M = 105 \text{ kM} \cdot \text{m}$,$a_s = a_s' = 40 \text{ mm}$。试确定钢筋截面面积。

8.2　条件同习题 8.1。但承受轴心拉力设计值 $N = 210 \text{ kN}$,弯矩设计值 $M = 31.5 \text{ kN} \cdot \text{m}$。试确定钢筋截面面积。

9 钢筋混凝土构件裂缝和变形计算

9.1 裂缝和变形的计算要求

钢筋混凝土构件除了可能由于发生破坏而达到承载能力极限状态以外,还可能由于裂缝宽度和变形过大,超过了允许限值,使结构不能正常使用,超出正常使用极限状态。如前面所述,对于所有结构构件,都应进行承载力计算,此外,对某些构件,还应根据使用条件,进行裂缝宽度和变形验算。例如:裂缝宽度过大会影响结构物的观瞻,引起使用者的不安,还可能使钢筋产生锈蚀,影响结构的耐久性。又如:楼盖梁、板变形过大会影响支承在其上面的仪器,尤其是精密仪器的正常使用和引起非结构构件(如粉刷、吊顶和隔墙)的破坏,吊车梁的挠度过大,会妨碍吊车正常运行。

裂缝宽度和变形的验算应按下列规定进行。

(1)裂缝宽度验算:对于钢筋混凝土构件,按荷载的准永久组合,并考虑长期作用影响计算的最大裂缝宽度 w_{max} 不应超过规定的裂缝宽度限值 w_{lim},即

$$w_{max} \leqslant w_{lim}$$

(2)变形验算:对于钢筋混凝土受弯构件,按荷载的准永久组合,并考虑荷载长期作用影响计算的最大挠度 Δ 不应超过规定的挠度限值 Δ_{lim},即

$$\Delta \leqslant \Delta_{lim}$$

《规范》规定的最大裂缝宽度值和受弯构件挠度限值按附表 13 和附表 12 确定。

关于受弯构件的挠度限值是根据以往经验确定的。

关于最大裂缝宽度限值,除了考虑结构的观瞻外,主要是根据防止钢筋锈蚀,保证结构耐久性的要求确定的。

进行正常使用极限状态计算时,材料强度应按标准值取用。

9.2 钢筋混凝土构件的裂缝宽度计算

9.2.1 受弯构件裂缝宽度的计算

1)裂缝的发生及其分布

在钢筋混凝土受弯构件的纯弯区段内,在未出现裂缝以前,各截面受拉区混凝土应力 σ_{ct} 大致相同。因此,第一条(或第一批)裂缝将首先出现在混凝土抗拉强度 f_t 最弱的截面,如图 9—1 中的 $a-a$ 截面。在开裂的瞬间,裂缝截面处混凝土拉应力降低至零,受拉混凝土分别从 $a-a$ 截面向两边回缩,混凝土和钢筋表面将产生变形差。由于混凝土和钢筋的粘结,混凝土回缩受到钢筋的约束。因此,随着离 $a-a$ 截面的距离增大,混凝土的回缩减小,即混凝土和钢筋表面的变形差减小,也就是说,混凝土仍处在一定程度的张紧状态。当达到离 $a-a$ 截面某一距离 $l_{cr,min}$ 处,混凝土和钢筋不再有变形差,σ_{ct} 又恢复到未开裂前的状态;

当荷载继续增大时,σ_{ct}亦增大,当σ_{ct}达到混凝土实际抗拉强度f_t^o时,在该截面(如图9—1中的$b-b$截面)又将产生第二条(批)裂缝。

假设第一批裂缝截面间(例如图9—1中的$a-a$和$c-c$截面)的距离为l,如果$l \geqslant 2l_{cr,min}$,则在$a-a$和$c-c$截面间有可能形成新的裂缝。如果$l<2l_{cr,min}$,则在$a-a$和$c-c$截面间将不可能形成新的裂缝。这意味着裂缝的间距将介于$l_{cr,min}$和$2l_{cr,min}$之间,其平均值l_{cr}将为$1.5l_{cr,min}$。由此可见,裂缝间距的分散性是比较大的。理论上它可能在平均裂缝间距l_{cr}的0.67~1.33倍范围内变化。

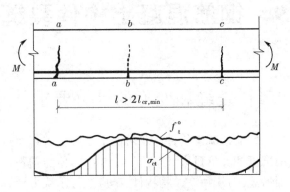

图9—1 受弯构件纯弯段的裂缝分布

从上述可见,即使在钢筋混凝土受弯构件的纯弯区段内,裂缝是不断发生的,分布是不均匀的。然而,试验表明,对于具有常用或较高配筋率的受弯构件,在使用荷载下裂缝的出现一般已稳定或基本稳定。

2) 平均裂缝间距

裂缝分布规律与混凝土和钢筋之间粘结应力的变化规律有密切关系。显然,在某一荷载下出现的第二条裂缝离开第一条裂缝应有足够的距离,以便通过粘结力将混凝土拉应力从第一条裂缝处为零提高到第二条裂缝处为f_t^o(图9—2)。

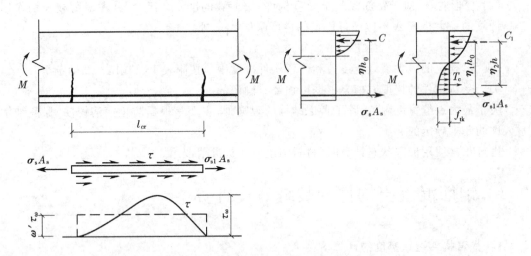

图9—2 裂缝出现后纵向受拉钢筋和混凝土间的应力传递

试验研究和理论分析表明,平均裂缝间距不仅与钢筋和混凝土的粘结特性有关,而且与混凝土的保护层厚度有关。根据试验资料分析,平均裂缝间距l_{cr}可按下列公式计算。

$$l_{cr}=1.9c_s+0.08\frac{d}{\nu\rho_{te}} \tag{9-1}$$

$$\rho_{te}=\frac{A_s}{A_{te}} \tag{9-2}$$

$$A_{te}=0.5bh+(b_f-b)h_f \tag{9-3}$$

式中 c_s——最外层纵向受拉钢筋外边缘至受拉边缘的距离(mm),当 $c_s<20$ 时,取 $c_s=20$,当 $c_s>65$ 时,取 $c_s=65$;

d——纵向受拉钢筋公称直径;

ν——纵向受拉钢筋的相对粘结特性系数;

ρ_{te}——按有效受拉混凝土截面面积计算的纵向受拉钢筋配筋率,当 $\rho_{te}<0.01$ 时,取 $\rho_{te}=0.01$;

A_{te}——有效受拉混凝土截面面积;

b_f、h_f——受拉翼缘的宽度、高度。

若令 $d_{eq}=d/\nu$,则公式(9-1)可改写为

$$l_{cr}=1.9c_s+0.08\frac{d_{eq}}{\rho_{te}} \tag{9-4}$$

此处,d_{eq} 称为纵向受拉钢筋的等效直径。

当构件中采用不同直径和(或)不同类别的钢筋时,按照钢筋和混凝土粘结力等效的原则,可求得纵向受拉钢筋等效钢筋直径的计算公式如下:

$$d_{eq}=\frac{\sum n_i d_i^2}{\sum n_i \nu_i d_i} \tag{9-5}$$

式中 d_i——第 i 种纵向受拉钢筋的公称直径(mm);

ν_i——第 i 种纵向受拉钢筋的相对粘结特性系数,对带肋钢筋,取 $\nu_i=1.0$,对光面钢筋,取 $\nu_i=0.7$,对环氧树脂涂层的带肋钢筋,其相对粘结特性系数应按上述数值的 0.8 倍取用。

当采用并筋时,其纵向受拉钢筋等效直径 d_i 也可按钢筋和混凝土粘结力等效的原则确定。由此可得,对于双并筋,$d_i=\sqrt{2}d$;对于 3 并筋,$d_i=\sqrt{3}d$;此处,d 为单根纵向受拉钢筋的公称直径。

3)平均裂缝宽度

(1)计算公式

裂缝的开展是由于混凝土的回缩所造成的,亦即在裂缝出现后受拉钢筋与相同水平处的受拉混凝土的伸长差异所造成的。因此,平均裂缝宽度即为在裂缝间的一段范围内钢筋平均伸长和混凝土平均伸长之差(图 9-3),即

$$w_{cr}=\varepsilon_{sm}l_{cr}-\varepsilon_{cm}l_{cr} \tag{9-6}$$

式中 w_{cr}——平均裂缝宽度;

ε_{sm}——纵向受拉钢筋的平均拉应变;

ε_{cm}——与纵向受拉钢筋相同水平处表面混凝土的平均拉应变。

由公式(9-6)可得

$$w_{cr}=\varepsilon_{sm}l_{cr}\left(1-\frac{\varepsilon_{cm}}{\varepsilon_{sm}}\right) \tag{9-7}$$

由图 9-3 可见,裂缝截面处受拉钢筋应变(或应力)最大,由于受拉区混凝土参加工作,裂缝间受拉钢筋应变(或应力)将减小。因

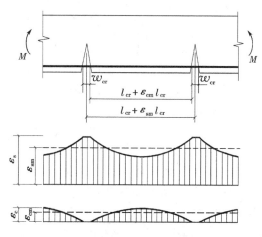

图 9-3 平均裂缝宽度计算简图

此,受拉钢筋的平均应变可由裂缝截面处钢筋应变乘以裂缝间纵向受拉钢筋应变不均匀系数 ψ 求得。ψ 可称为考虑裂缝间受拉混凝土工作影响系数。由此可得

$$\varepsilon_{sm}=\psi\frac{\sigma_s}{E_s} \qquad (9-8)$$

式中　σ_s——裂缝截面处纵向受拉钢筋的拉应力；

　　　E_s——钢筋弹性模量。

将公式(9-8)代入公式(9-7),并令 $1-\dfrac{\varepsilon_{cm}}{\varepsilon_{sm}}=\alpha_c$（$\alpha_c$ 可称为考虑裂缝间混凝土伸长对裂缝开展宽度的影响系数），则得

$$w_{cr}=\alpha_c\psi\frac{\sigma_s}{E_s}l_{cr} \qquad (9-9)$$

(2) 钢筋应力 σ_s

由图 9-2 可见,裂缝截面处受拉钢筋的应力 σ_s 可按下列公式计算:

$$\sigma_s=\frac{M}{\eta h_0 A_s} \qquad (9-10)$$

式中　M——作用在裂缝截面上的弯矩；

　　　η——裂缝截面处的内力臂系数。

试验表明,在使用荷载范围内,量测的平均受压区高度 x_m 变化不大,亦即平均受压区高度系数 $\xi_m(=\dfrac{x_m}{h_0})$ 变化不大。因此,内力臂系数 η 的变化将更小,可近似取为常数。

分析表明,可近似取 $\eta=0.87$,则

$$\sigma_s=\frac{M}{0.87h_0 A_s} \qquad (9-11)$$

(3) 系数 ψ

根据试验结果和理论分析,裂缝间纵向受拉钢筋应变不均匀系数 ψ 可按下列公式计算：

$$\psi=1.1-\frac{0.65f_t^0}{\rho_{te}\sigma_s} \qquad (9-12)$$

当 $\psi<0.2$ 时,取 $\psi=0.2$；当 $\psi>1.0$ 时,取 $\psi=1.0$。同时,当 $\rho_{te}\leqslant0.01$ 时,取 $\rho_{te}=0.01$。

必须指出,对直接承受重复荷载的构件,由于钢筋和混凝土之间的粘结将受到一定程度的损伤,为此,应取 $\psi=1.0$。

(4) 系数 α_c

系数 α_c 与配筋率、截面形状和混凝土保护层厚度等因素有关,但在一般情况下,其数值变化不大,对裂缝开展宽度的影响也不大。考虑到在这方面的研究资料还较少,为简化计算,可近似取为常数。试验资料统计分析表明,对受弯构件,可取 $\alpha_c=0.77$。

根据上述分析可得

$$w_{cr}=0.77\psi\frac{\sigma_s}{E_s}l_{cr} \qquad (9-13)$$

4) 最大裂缝宽度

如前所述,由于材料质量的不均匀性,裂缝的出现是随机的,裂缝间距和裂缝宽度的分散性是比较大的。因此,必须考虑裂缝分布和开展的不均匀性。

(1) 短期荷载作用下的最大裂缝宽度

短期荷载作用下的最大裂缝宽度 $w_{s,max}$ 可根据平均裂缝宽度乘以增大系数 τ_s 求得,即

$$w_{s,\max}=\tau_s w_{cr} \qquad (9-14)$$

τ_s 可按裂缝宽度的概率分布规律确定。根据东南大学(原南京工学院)试验的 40 根梁,1400 多条裂缝的量测数据,求得各试件上各条裂缝宽度 w_i 与同一试件的平均裂缝宽度 w_{cr} 的比值 τ_i,并以 τ_i 为横坐标,绘制直方图,如图 9-4 所示,其分布规律为正态分布。离散系数 $\sigma=0.398$,若按 95% 的保证率考虑,可求得 $\tau_s=1.66$。

根据上述分析,并参照以往的使用经验,取 $\tau_s=1.66$。于是可得短期荷载作用下最大裂缝宽度为

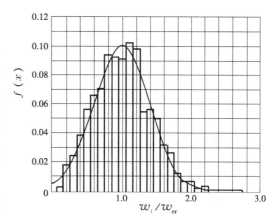

图 9-4 钢筋混凝土受弯构件裂缝宽度的概率分布

$$w_{s,\max}=1.66\times 0.77\psi \frac{\sigma_s}{E_s}l_{cr}$$

即
$$w_{s,\max}=1.28\psi\frac{\sigma_s}{E_s}l_{cr} \qquad (9-15)$$

(2) 长期荷载作用下的最大裂缝宽度

在长期荷载作用下,由于混凝土收缩将使裂缝宽度不断增大。此外,由于受拉区混凝土的应力松弛和滑移徐变,裂缝间受拉钢筋的平均应变将不断增大,从而也使裂缝宽度不断增大。

长期荷载作用下的最大裂缝宽度 $w_{\max}$ 可由短期荷载作用下的最大裂缝宽度 $w_{s,\max}$ 乘以长期荷载作用下的裂缝宽度扩大系数 τ_l 求得,即

$$w_{\max}=\tau_l w_{s,\max} \qquad (9-16)$$

根据东南大学两批长期荷载梁的试验研究结果,可取 $\tau_l=1.5$。

因此,当考虑裂缝分布和开展的不均匀性以及长期作用影响时,最大裂缝宽度 $w_{\max}$ 可按下列公式计算:

$$w_{\max}=\tau_l w_{s,\max}=1.5\times 1.28\psi\frac{\sigma_s}{E_s}l_{cr}$$

即
$$w_{\max}=1.9\psi\frac{\sigma_s}{E_s}l_{cr} \qquad (9-17)$$

将公式(9-4)代入公式(9-17),则可得

$$w_{\max}=1.9\psi\frac{\sigma_s}{E_s}(1.9c_s+0.08\frac{d_{eq}}{\rho_{te}}) \qquad (9-18)$$

*9.2.2 轴心受拉和偏心受力构件裂缝宽度的计算

钢筋混凝土轴心受拉和偏心受力构件裂缝宽度可采用与受弯构件相同的方法计算,现仅就有关问题作些补充说明。

1) 基本计算公式

与受弯构件一样,轴心受拉和偏心受力构件的最大裂缝宽度 $w_{\max}$ 可按下列公式计算:

$$w_{\max}=\tau_l \tau w_{cr}=\tau_l \tau \alpha_c \psi\frac{\sigma_s}{E_s}l_{cr} \qquad (9-19)$$

2) 平均裂缝间距

试验结果表明,轴心受拉构件平均裂缝间距比受弯构件大些,因此,根据试验资料统计分析,l_{cr}可按下列公式计算：

$$l_{cr}=1.1(1.9c_s+0.08\frac{d_{eq}}{\rho_{te}}) \tag{9-20}$$

式中 ρ_{te}——纵向受拉钢筋配筋率,$\rho_{te}=\frac{A_s}{A}$,A为构件截面面积,A_s为全部纵向受拉钢筋截面面积。

偏心受拉构件和偏心受压构件的平均裂缝间距也采用与受弯构件相同的公式。

3) 系数 ψ、α_c、τ_s 和 τ_l

对于偏心受压构件,系数 ψ、α_c、τ_s 和 τ_l 均与受弯构件相同。

对于轴心受拉构件和偏心受拉构件,系数 ψ 和 τ_l 仍与受弯构件相同,即 ψ 按公式(9-12)计算,$\tau_l=1.5$。

系数 α_c、τ_s,根据试验资料统计,可按下列取值:$\alpha_c=0.85$;$\tau_s=1.9$。

4) 钢筋应力计算

纵向受拉钢筋应力 σ_s 可分别按下述公式计算。

(1) 轴心受拉构件

$$\sigma_s=\frac{N}{A_s} \tag{9-21}$$

式中 N——作用于构件截面上的轴向拉力;

A_s——全部纵向受拉钢筋截面面积。

(2) 偏心受拉构件

当轴向力作用在钢筋 A_s 合力点和 A'_s 合力点之间时,其应力图形如图(9-5a)所示,对 A'_s 合力点取矩,可得

$$\sigma_s=\frac{Ne'}{A_s(h_0-a'_s)} \tag{9-22}$$

$$e'=e_0+y_c-a'_s \tag{9-22a}$$

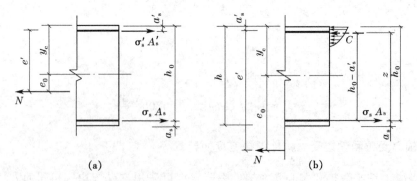

图 9-5 钢筋混凝土偏心受拉构件裂缝截面计算应力图形

式中 N——作用于构件截面上的轴向拉力;

e'——轴向拉力 N 作用点至受拉较小边纵向钢筋合力点的距离;

e_0——轴向拉力 N 的偏心距;

y_c——截面重心轴至较小受拉边缘的距离;

a'_s——钢筋A'_s合力点至截面近边的距离。

当轴向拉力作用在较大受拉边钢筋A_s合力点之外时,其应力图形如图9-5b所示。对受压区合力点取矩可得

$$\sigma_s = \frac{Ne'}{A_s z} \tag{9-23}$$

式中 e'——轴向拉力作用点至受压区纵向钢筋合力点的距离;

z——大偏心受拉构件裂缝截面处的内力臂。

当近似取$z = h_0 - a'_s$,公式(9-23)与公式(9-22)相同。由此可见,对于偏心受拉构件,不论轴向拉力偏心距大小,其钢筋应力均可按公式(9-22)计算。

(3) 偏心受压构件

偏心受压构件裂缝截面处的应力图形如图9-6所示。对受压区合力点取矩可得

$$\sigma_s = \frac{N(e - \eta h_0)}{\eta h_0 A_s} \tag{9-24}$$

或

$$\sigma_s = \frac{N(e - z)}{z A_s} \tag{9-24a}$$

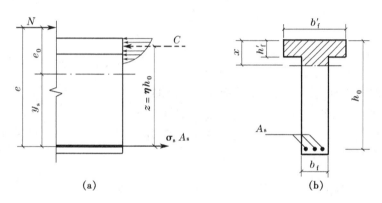

图9-6 钢筋混凝土偏心受压构件裂缝截面计算应力图形

式中 N——作用于构件截面上的轴向压力;

e——轴向压力N作用点至纵向受拉钢筋合力点的距离;

z——偏心受压构件裂缝截面处的内力臂(即纵向受拉钢筋合力点至受压区合力点的距离);

η——偏心受压构件裂缝截面处的内力臂系数。

由公式(9-24)可见,求解η是计算钢筋应力的关键。根据理论分析,并进行适当简化,η可按下列公式计算:

$$\eta = 1 - \frac{0.4\sqrt{\alpha_E \rho}}{1 + 2\gamma'_f} - 0.12(1 - \gamma'_f)\left(\frac{h_0}{e}\right)^2 \tag{9-25}$$

公式(9-25)与理论分析结果的比较(矩形截面)如图9-7所示,可见其符合程度是令人满意的。

公式(9-25)可进一步简化为

$$\eta = 0.87 - 0.12(1 - \gamma'_f)\left(\frac{h_0}{e}\right)^2 \tag{9-26}$$

$$\gamma'_f = \frac{(b'_f - b)h'_f}{bh_0} \quad (9-26a)$$

式中 γ'_f——受压翼缘截面面积与腹板有效截面面积的比值,其中 b'_f、h'_f 为受压翼缘的宽度和高度,当 $h'_f > 0.2h_0$ 时,取 $h'_f = 0.2h_0$。

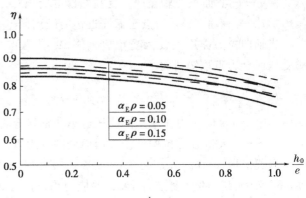

图 9-7 η 与 $\frac{h_0}{e}$ 的相关关系

试验表明,在使用荷载阶段,当 $\frac{l_0}{h} \leqslant 14$ 时,偏心受压构件的侧向挠度不大,故计算裂缝宽度时,可不考虑侧向挠度的影响。当 $\frac{l_0}{h} > 14$ 时,则应考虑侧向挠度的影响,亦即应将轴向力偏心距 e_0 乘以偏心距增大系数 η_s。这时,为了简化计算,可近似按下列公式计算:

$$\eta_s = 1 + \frac{1}{4000 e_0/h_0}\left(\frac{l_0}{h}\right)^2 \quad (9-27)$$

式中 l_0——构件计算长度。

于是可得

$$e = \eta_s e_0 + y_s \quad (9-28)$$

式中 y_s——构件截面重心至纵向受拉钢筋合力点的距离。

对 $e_0/h_0 \leqslant 0.55$ 的偏心受压构件,可不验算裂缝宽度。

于是轴心受拉和偏心受力构件在长期荷载作用下的最大裂缝宽度可按下列公式计算:

对于轴心受拉构件

$$w_{max} = 1.9 \times 1.5 \times 0.85 \psi \frac{\sigma_s}{E_s} \times 1.1\left(1.9 c_s + 0.08 \frac{d_{eq}}{\rho_{te}}\right)$$

即

$$w_{max} = 2.7 \psi \frac{\sigma_s}{E_s}\left(1.9 c_s + 0.08 \frac{d_{eq}}{\rho_{te}}\right) \quad (9-29)$$

对于偏心受拉构件

$$w_{max} = 1.9 \times 1.5 \times 0.85 \psi \frac{\sigma_s}{E_s} \times \left(1.9 c_s + 0.08 \frac{d_{eq}}{\rho_{te}}\right)$$

即

$$w_{max} = 2.4 \psi \frac{\sigma_s}{E_s}\left(1.9 c_s + 0.08 \frac{d_{eq}}{\rho_{te}}\right) \quad (9-30)$$

对于偏心受压构件

$$w_{max} = 1.66 \times 1.5 \times 0.77 \psi \frac{\sigma_s}{E_s}\left(1.9 c_s + 0.08 \frac{d_{eq}}{\rho_{te}}\right)$$

即

$$w_{max} = 1.9 \psi \frac{\sigma_s}{E_s}\left(1.9 c_s + 0.08 \frac{d_{eq}}{\rho_{te}}\right) \quad (9-31)$$

9.2.3 钢筋混凝土构件最大裂缝宽度统一计算公式

按《规范》规定,对于裂缝宽度,应按荷载的准永久组合和材料强度标准值进行计算,则可将上述有关公式改写和汇总如下。

$$w_{\max}=\alpha_{cr}\psi\frac{\sigma_{sq}}{E_s}(1.9c_s+0.08\frac{d_{eq}}{\rho_{te}}) \qquad (9-32)$$

$$\psi=1.1-0.65\frac{f_{tk}}{\rho_{te}\sigma_{sq}} \qquad (9-33)$$

$$d_{eq}=\frac{\sum n_id_i^2}{\sum n_i\nu_id_i} \qquad (9-34)$$

$$\rho_{te}=\frac{A_s}{A_{te}} \qquad (9-35)$$

式中 α_{cr}——构件受力特征系数,对受弯构件和偏心受压构件,取 $\alpha_{cr}=1.9$;对偏心受拉构件,取 $\alpha_{cr}=2.4$,对轴心受拉构件,取 $\alpha_{cr}=2.7$;

$w_{\max}$——矩形、T 形、倒 T 形和 I 形截面钢筋混凝土受拉、受弯和偏心受力构件中,按荷载的准永久组并考虑长期作用影响计算的最大裂缝宽度;

σ_{sq}——按荷载的准永久组合计算的钢筋混凝土构件纵向受拉钢筋应力;

ψ——裂缝间纵向受拉钢筋应变不均匀系数,当 $\psi<0.2$ 时,取 $\psi=0.2$;当 $\psi>1.0$ 时,取 $\psi=1.0$;对直接承受重复荷载的构件,取 $\psi=1.0$;

c_s——最外层纵向受拉钢筋外边缘至受拉区底边的距离(mm),当 $c_s<20$ 时,取 $c_s=20$,当 $c_s>65$ 时,取 $c_s=65$;

ρ_{te}——按有效受拉混凝土截面面积计算的纵向受拉钢筋配筋率,当 $\rho_{te}<0.01$ 时,取 $\rho_{te}=0.01$;

A_{te}——有效受拉混凝土截面面积:对轴心受拉构件,取构件截面面积;对受弯、偏心受压和偏心受拉构件,取 $A_{te}=0.5bh+(b_f-b)h_f$,此处,b_f、h_f 为受拉翼缘的宽度、高度;

A_s——纵向受拉钢筋截面面积;

d_{eq}——纵向受拉钢筋等效直径;

d_i——第 i 种纵向受拉钢筋的公称直径;

n_i——第 i 种纵向受拉钢筋的根数;

ν_i——第 i 种纵向受拉钢筋的相对粘结特征系数,对带肋钢筋取 1.0,对光面钢筋取 0.7。

对直接承受吊车且需作疲劳验算的受弯构件,可将计算求得的最大裂缝宽度乘以系数 0.85。

在上述公式中,纵向受拉钢筋应力按下列公式计算:

对于轴心受拉构件

$$\sigma_{sq}=\frac{N_q}{A_s} \qquad (9-36)$$

对于偏心受拉构件

$$\sigma_{sq}=\frac{N_qe'}{A_s(h_0-a'_s)} \qquad (9-37)$$

对受弯构件

$$\sigma_{sq}=\frac{M_q}{0.87h_0A_s} \qquad (9-38)$$

对于偏心受压构件

$$\sigma_{sq} = \frac{N_q(e-z)}{zA_s} \quad (9-39)$$

$$z = \left[0.87 - 0.12(1-\gamma'_f)\left(\frac{h_0}{e}\right)^2\right]h_0 \quad (9-40)$$

$$\gamma'_f = \frac{(b'_f - b)h'_f}{bh_0} \quad (9-41)$$

$$e = \eta_s e_0 + y_s \quad (9-42)$$

$$\eta_s = 1 + \frac{1}{4000 e_0/h_0}\left(\frac{l_0}{h}\right)^2 \quad (9-43)$$

式中 σ_{sq}——按荷载的准永久组合计算的钢筋混凝土构件纵向受拉钢筋应力;

A_s——纵向受拉钢筋截面面积,对轴心受拉构件,取全部纵向钢筋截面面积;对受弯、偏心受拉构件,取受拉较大边的纵向钢筋截面面积;对受弯和偏心受压构件,取受拉区纵向钢筋截面面积;

e'——轴向拉力作用点至受压区或受拉较小边纵向钢筋合力点的距离;

e——轴向压力作用点至纵向受拉钢筋合力点的距离;

z——纵向受拉钢筋合力点至受压区合力点之间的距离,且不大于 $0.87h_0$;

γ'_f——受压翼缘截面面积与腹板有效截面面积的比值,其中,b'_f、h'_f 为受压翼缘的宽度、高度,当 $h'_f > 0.2h_0$ 时,取 $h'_f = 0.2h_0$;

η_s——使用阶段的轴向压力偏心距增大系数,当 $l_0/h_0 \leq 14$ 时,取 $\eta_s = 1.0$;

N_q、M_q——按荷载的准永久组合计算的轴向力值、弯矩值。

例题 9-1 简支矩形截面梁的截面尺寸 $b \times h = 200 \text{ mm} \times 500 \text{ mm}$,混凝土强度等级为 C25,配置 HRB400 级钢筋 4⌀12,纵向钢筋混凝土保护层厚度 $c_s = 30 \text{ mm}$,按荷载的准永久组合计算的跨中弯矩值 $M_q = 52.5 \text{ kN·m}$,最大裂缝宽度限值 $w_{lim} = 0.3 \text{ mm}$,试验算其最大裂缝宽度是否符合要求。

解 $f_{tk} = 2.01 \text{ N/mm}^2$ $E_s = 200 \text{ kN/mm}^2$

$$h_0 = 500 - \left(30 + \frac{12}{2}\right) = 464 \text{ mm} \quad A_s = 452 \text{ mm}^2$$

$$\rho_{te} = \frac{A_s}{0.5bh} = \frac{452}{0.5 \times 200 \times 500} = 0.0091 < 0.01 \quad 取 \rho_{te} = 0.01$$

$$\sigma_{sq} = \frac{M_q}{0.87 h_0 A_s} = \frac{52.5 \times 10^6}{0.87 \times 464 \times 452} = 288 \text{ N/mm}^2$$

$$\psi = 1.1 - \frac{0.65 f_{tk}}{\rho_{te} \sigma_{sq}} = 1.1 - \frac{0.65 \times 2.01}{0.01 \times 285} = 0.646$$

$$w_{max} = 1.9 \psi \frac{\sigma_{sq}}{E_s}\left(1.9 c_s + 0.08 \frac{d_{eq}}{\rho_{te}}\right)$$

$$= 2.1 \times 0.646 \times \frac{288}{200 \times 10^3}\left(1.9 \times 30 + 0.08 \times \frac{12}{0.01}\right)$$

$$= 0.270 \text{ mm} < 0.3 \text{ mm} \quad (满足要求)$$

例题 9-2 矩形截面轴心受拉杆件的截面尺寸 $b \times h = 160 \text{ mm} \times 200 \text{ mm}$,配置 4⌀16 钢筋($A_s = 804.0 \text{ mm}^2$),混凝土强度等级为 C30($f_{tk} = 2.01 \text{ N/mm}^2$),纵向钢筋混凝土保护层厚度 $c_s = 26 \text{ mm}$,按荷载的准永久组合计算的轴向拉力值 $N_q = 144 \text{ kN}$,最大裂缝宽度限值 $w_{lim} = 0.2 \text{ mm}$。试验算最大裂缝宽度是否符合要求。

解 $\rho_{te} = \dfrac{A_s}{bh} = \dfrac{804}{160 \times 200} = 0.025\ 1$

$\sigma_{sq} = \dfrac{N_q}{A_s} = \dfrac{144 \times 10^3}{804} = 179\ \text{N/mm}^2$

$\psi = 1.1 - \dfrac{0.65 f_{tk}}{\rho_{te}\sigma_{sq}} = 1.1 - \dfrac{0.65 \times 2.01}{0.025\ 1 \times 179} = 0.808$

$w_{max} = 2.7\psi \dfrac{\sigma_{sq}}{E_s}\left(1.9c_s + 0.08\dfrac{d_{eq}}{\rho_{te}}\right)$

$\qquad = 2.7 \times 0.808 \times \dfrac{179}{2 \times 10^5} \times \left(1.9 \times 26 + 0.08 \times \dfrac{16}{1.0 \times 0.025\ 1}\right)$

$\qquad = 0.196\ \text{mm} < w_{lim} = 0.2\ \text{mm}$ （符合要求）

例题 9-3 矩形截面偏心受拉构件的截面尺寸、配筋和混凝土强度等级均与例题 9-2 相同，按荷载的准永久组合计算的轴向拉力值 $N_q = 144$ kN，偏心距 $e_0 = 30$ mm，$w_{lim} = 0.3$ mm。试验算最大裂缝宽度是否符合要求。

解 $a_s = a'_s = c_s + \dfrac{d}{2} = 26 + \dfrac{16}{2} = 34$ mm

$h_0 = h - a_s = 200 - 33 = 166$ mm

$A_s = A'_s = 402\ \text{mm}^2 \quad e' = e_0 + y_c - a'_s = 30 + 0.5 \times 200 - 34 = 96$ mm

$\rho_{te} = \dfrac{A_s}{0.5bh} = \dfrac{402}{0.5 \times 160 \times 200} = 0.025\ 1$

$\sigma_{sq} = \dfrac{Ne'}{A_s(h_0 - a'_s)} = \dfrac{144 \times 10^3 \times 96}{402 \times (166 - 34)} = 261\ \text{N/mm}^2$

$\psi = 1.1 - \dfrac{0.65 f_{tk}}{\rho_{te}\sigma_{sk}} = 1.1 - \dfrac{0.65 \times 2.01}{0.025\ 1 \times 261} = 0.901$

$w_{max} = 2.4\psi \dfrac{\sigma_{sq}}{E_s}\left(1.9c_s + 0.08\dfrac{d_{eq}}{\rho_{te}}\right)$

$\qquad = 2.4 \times 0.901 \times \dfrac{261}{2 \times 10^5} \times \left(1.9 \times 25 + 0.08 \times \dfrac{16}{1.0 \times 0.025\ 1}\right)$

$\qquad = 0.281\ \text{mm} < w_{lim} = 0.3\ \text{mm}$ （符合要求）

例题 9-4 矩形截面偏心受压柱的截面尺寸 $b \times h = 400\ \text{mm} \times 600\ \text{mm}$，受压钢筋和受拉钢筋均为 4⊕20（$A_s = A'_s = 1\ 256\ \text{mm}^2$），混凝土强度等级为 C30（$f_{tk} = 2.01\ \text{N/mm}^2$），混凝土保护层厚度 $c_s = 30$ mm，按荷载的准永久组合计算的轴向压力值 $N_q = 324$ kN，弯矩值 $M_q = 162$ kN·m。柱的计算长度 $l_0 = 4$ m，最大裂缝宽度限值 $w_{lim} = 0.2$ mm，试验算最大裂缝宽度是否符合要求。

解 $\dfrac{l_0}{h} = \dfrac{4000}{600} = 6.67 < 14 \qquad$ 取 $\eta_s = 1.0$

$a_s = c_s + \dfrac{d}{2} = 30 + \dfrac{20}{2} = 40$ mm

$h_0 = h - a_s = 600 - 40 = 560$ mm

$e_0 = \dfrac{M_q}{N_q} = \dfrac{162}{324} = 0.50\ \text{m} = 500$ mm

$e = \eta_s e_0 + \dfrac{h}{2} - a_s = 1.0 \times 500 + \dfrac{600}{2} - 40 = 760$ mm

$$z = \eta h_0 = \left[0.87 - 0.12\left(\frac{h_0}{e}\right)^2\right]h_0 = \left[0.87 - 0.12\left(\frac{560}{760}\right)^2\right] \times 560$$
$$= 0.805 \times 560 = 451 \text{ mm}$$
$$\sigma_{sq} = \frac{N_q(e-z)}{A_s z} = \frac{324 \times 10^3 \times (760-451)}{1256 \times 443} = 177 \text{ N/mm}^2$$
$$\rho_{te} = \frac{A_s}{0.5bh} = \frac{1256}{0.5 \times 400 \times 600} = 0.0105$$
$$\psi = 1.1 - \frac{0.65 f_{tk}}{\rho_{te}\sigma_{sq}} = 1.1 - \frac{0.65 \times 2.01}{0.0105 \times 177} = 0.397$$
$$w_{max} = 1.9\psi \frac{\sigma_{sq}}{E_s}\left(1.9c_s + 0.08\frac{d_{eq}}{\rho_{te}}\right)$$
$$= 1.9 \times 0.397 \times \frac{177}{2 \times 10^5}\left(1.9 \times 40 + 0.08 \times \frac{20}{1.0 \times 0.0105}\right)$$
$$= 0.140 \text{ mm} < w_{lim} = 0.2 \text{ mm} \quad \text{（符合要求）}$$

9.3 受弯构件的刚度和挠度计算

9.3.1 短期荷载作用下的刚度

在使用荷载下,钢筋混凝土受弯构件是带裂缝工作的。即使在纯弯曲区段内,钢筋和混凝土的应变(或应力)分布也是不均匀的,其特点如下(图9—8):

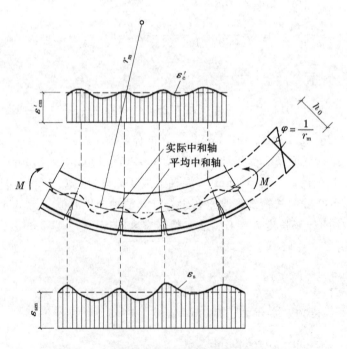

图9—8 钢筋混凝土梁纯弯段的应变分布

(1) 受拉钢筋应变沿梁的分布是不均匀的。在裂缝截面处,由于受拉区混凝土退出工作,绝大部分拉力由受拉钢筋承担,使受拉钢筋应变明显增大,而在裂缝之间,由于钢筋和混凝土间的粘结，钢筋的拉力将逐渐向混凝土传递，使混凝土承担一部分拉力。距裂缝截面愈远，混凝土参加受拉的程度愈大，受拉钢筋应变就愈小。随着弯矩增大，裂缝截面处的钢筋应变将增大，而由于裂缝处钢筋和混凝土间粘结力逐渐遭到破坏，混凝土参加受拉的程度逐渐减小，裂缝处和裂缝间受拉钢筋的应变差逐渐减小，因而，受拉钢筋的平均应变将愈接近裂缝处受拉钢筋的应变。

（2）受压区混凝土的应变沿梁长的分布也是不均匀的。裂缝截面处应变最大，裂缝之间应变较小，但其波动幅度比受拉钢筋应变的波动幅度小得多。

（3）混凝土受压区高度是变化的，裂缝截面处的受压区高度较小，裂缝间的受压区高度较大（图9—8）。因此，中和轴位置呈波浪形的变化。

（4）平均应变沿截面高度基本上呈直线分布。也就是说，虽然在裂缝截面处应变分布不再保持平面，但就裂缝间区段的平均应变而言，仍然能符合平截面假定。

显然，上述的钢筋和混凝土应变分布的不均匀性，将给构件挠度的计算带来一定的复杂性。但是，由于构件挠度是反映沿构件跨长变形的综合效应，因此，可通过沿构件长度的平均曲率和平均刚度来表示截面曲率和截面刚度。

现在首先讨论构件纯弯曲区段的情况。

如上所述，在钢筋屈服前，沿构件截面高度量测的平均应变基本上呈直线分布，因此，可以认为沿构件截面高度平均应变符合平截面假定。于是，可采用与材料力学相类似的方法来计算截面的平均曲率和平均刚度。

根据平均应变平截面假定，可求得平均曲率 φ 为（图9—8）

$$\varphi=\frac{1}{r_\mathrm{m}}=\frac{M}{B_\mathrm{s}}=\frac{\varepsilon_\mathrm{sm}+\varepsilon'_\mathrm{cm}}{h_0} \qquad (9-44)$$

式中　r_m——平均曲率半径；

　　　B_s——短期荷载作用下的截面刚度；

　　　ε_sm——受拉钢筋平均应变；

　　　ε'_cm——受压区边缘混凝土平均应变。

受拉钢筋平均应变可按下列公式计算：

$$\varepsilon_\mathrm{sm}=\psi\frac{M}{\eta h_0 A_\mathrm{s}E_\mathrm{s}} \qquad (9-45)$$

受压区边缘混凝土平均应变可按下述方法计算：

裂缝截面处的计算应力图形如图9—9所示。对T形截面，受压区面积为

$$A'_\mathrm{c}=(b'_\mathrm{f}-b)h'_\mathrm{f}+bx=(\gamma'_\mathrm{f}+\xi)bh_0$$

$$\gamma'_\mathrm{f}=\frac{(b'_\mathrm{f}-b)h'_\mathrm{f}}{bh_0}$$

$$\xi=\frac{x}{h_0}$$

式中　γ'_f——受压翼缘截面面积与腹板有效截面面积的比值；

　　　ξ——裂缝截面处受压区高度系数。

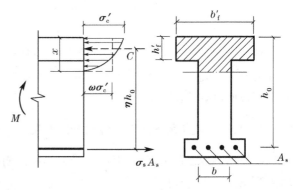

图9—9　钢筋混凝土梁裂缝截面的计算应力图形

由于受压区混凝土的应力图形为曲线分布，在计算受压区边缘混凝土应力 σ'_c 时，应引入应力图形丰满度系数 ω，于是受压混凝土压应力合力可表示为

$$C = \omega \sigma'_c (\gamma'_f + \xi) b h_0$$

由对受拉钢筋合力点取矩的平衡条件可得

$$\sigma'_c = \frac{M}{\omega(\gamma'_f + \xi) b h_0 \eta h_0}$$

当由应力 σ'_c 计算受压区边缘混凝土平均应变 ε'_{cm} 时，考虑混凝土的弹塑性变形性能，取变形模量 $E'_c = \nu_c E_c$（ν_c 为混凝土弹性特征系数），同时，引入受压区混凝土应变不均匀系数 ψ'_c，则

$$\varepsilon'_{cm} = \psi'_c \varepsilon'_c = \psi'_c \frac{M}{\omega(\gamma'_f + \xi) b h_0 \eta h_0 \nu_c E_c} = \frac{M}{\dfrac{\omega \nu_c (\gamma'_f + \xi) \eta}{\psi'_c} b h_0^2 E_c}$$

式中 ε'_c——裂缝截面处受压区边缘混凝土的压应变。

令

$$\zeta = \frac{\omega \nu_c (\gamma'_f + \xi) \eta}{\psi'_c}$$

则

$$\varepsilon'_{cm} = \frac{M}{\zeta b h_0^2 E_c} \tag{9-46}$$

ζ 可称为受压区边缘混凝土平均应变综合系数，也可称为截面的弹塑性抵抗矩系数。

将公式(9-45)和公式(9-46)代入公式(9-44)，可得

$$\frac{M}{B_s} = \frac{\dfrac{\psi M}{\eta h_0 A_s E_s} + \dfrac{M}{\zeta b h_0^2 E_c}}{h_0}$$

化简后可得

$$B_s = \frac{E_s A_s h_0^2}{\dfrac{\psi}{\eta} + \dfrac{\alpha_E \rho}{\zeta}} \tag{9-47}$$

根据试验资料统计分析可得

$$\frac{\alpha_E \rho}{\zeta} = 0.2 + \frac{6 \alpha_E \rho}{1 + 3.5 \gamma'_f} \tag{9-48}$$

式中 ρ——纵向受拉钢筋配筋率，$\rho = A_s / b h_0$。

将公式(9-48)代入公式(9-47)及取 $\eta = 0.87$，可得

$$B_s = \frac{E_s A_s h_0^2}{1.15 \psi + 0.2 + \dfrac{6 \alpha_E \rho}{1 + 3.5 \gamma'_f}} \tag{9-49}$$

必须注意，按照《规范》的规定，在计算短期刚度时，应按荷载的准永久组合进行计算。也就是说，在《规范》中，B_s 系指受弯构件在荷载的准永久组合作用下的短期刚度（即不考虑其中的长期荷载长期作用的影响）。

9.3.2 长期荷载作用下受弯构件的长期刚度

在长期荷载作用下，钢筋混凝土受弯构件的刚度随时间增长而降低，挠度随时间增长而增大。在前 6 个月挠度增大较快，以后逐渐减缓，一年后趋于收敛，但即使在 5~6 年后仍在不断变动，不过变化很小。因此，对一般尺寸的构件可取 3 年或 1000 天的挠度值作为最终挠度值。

在长期荷载作用下,受弯构件挠度不断增大的原因有如下几方面:

(1) 受压混凝土发生徐变,使受压应变随时间而增大。同时,由于受压混凝土塑性发展,应力图形变曲,使内力臂减小,从而引起受拉钢筋应力的某些增加。

(2) 受拉混凝土和受拉钢筋间的粘结滑移徐变,受拉混凝土的应力松弛以及裂缝的向上发展,导致受拉混凝土不断退出工作,从而使受拉钢筋平均应变随时间增大。

(3) 混凝土的收缩。

在上述因素中,受压混凝土的徐变是最主要的因素。影响混凝土徐变和收缩的因素,如受压钢筋的配筋量、加荷龄期和使用环境的温湿度等,都对长期荷载作用下挠度的增大有影响。

在长期荷载作用下受弯构件挠度的增大可用挠度增大系数 θ 来反映。挠度增大系数 θ 为长期荷载作用下的挠度 Δ_l 与短期荷载作用下的挠度 Δ_s 的比值,即 $\theta=\Delta_l/\Delta_s$。

东南大学(原南京工学院)和天津大学的长期荷载试验表明,在一般情况下,对单筋矩形、T形和I形截面梁,可取 $\theta=2.0$。

对于双筋梁,由于受压钢筋对混凝土的徐变起着约束作用,因此,将减少长期荷载作用下挠度的增大。减少的程度与受压钢筋和受拉钢筋的相对数量有关。根据试验结果,θ 可按下列公式计算:

$$\theta=2-0.4\frac{\rho'}{\rho}\geqslant 1.6 \qquad (9-50)$$

截面形式对长期荷载作用下的挠度也有影响,对于翼缘在受拉区的倒T形截面,由于在短期荷载作用下受拉混凝土参加工作较多,在长期荷载作用下退出工作的影响就较大,从而使挠度增大较多。《规范》规定,对翼缘在受拉区的倒T形截面,θ 应增大20%。必须指出,当按这样计算的长期挠度大于按相应矩形截面(即不考虑受拉翼缘)计算的长期挠度时,长期挠度值应按后者采用。

按《规范》规定,对于矩形、T形、倒T形和I形截面受弯构件的刚度 B,应按荷载的准永久组合,并考虑荷载长期作用影响进行计算,则由公式(9-49)、公式(9-33)等可得:

$$B_s=\frac{E_s A_s h_0^2}{1.15\psi+0.2+\dfrac{6\alpha_E\rho}{1+3.5\gamma_f'}}$$

$$\psi=1.1-0.65\frac{f_{tk}}{\rho_{te}\sigma_{sq}}$$

$$B=\frac{B_s}{\theta} \qquad (9-51)$$

式中 B——按荷载的准永久组合,并考虑荷载长期作用影响的刚度;

θ——考虑荷载长期作用对挠度增大的影响系数,按公式(9-50)计算;

B_s——荷载的准永久组合作用下受弯构件的短期刚度。

9.3.3 挠度

在求得截面刚度后,构件的挠度可按结构力学方法进行计算。但是,必须指出,即使在承受对称集中荷载的简支梁内,除两集中荷载间的纯弯曲区段外,剪跨各截面的弯矩是不相等的。越靠近支座,弯矩 M 越小,因而,其刚度越大。在支座附近的截面将不出现裂缝,其刚度将较已出现裂缝的区段大很多（图 9-10b）。由此可见，沿梁长不同区段的平均刚度是变值，这就给挠度计算带来了一定的复杂性。为了简化计算，在实用上，在同一符号弯矩区段内，各截面的刚度均可按该区段的最小刚度（用 $B_{\min}$ 表示）计算，亦即按最大弯矩处的截面刚度计算（如图 9-10b 虚线所示）。换句话说，也就是曲率 φ 按 $M/B_{\min}$ 计算（图 9-10c 中虚线所示）。这一计算原则通常称为最小刚度原则。

采用最小刚度原则计算挠度，虽然会产生一些误差，但在一般情况下其误差是不大的。

对于等截面的连续梁，也可假定各同号弯矩区段内刚度相等，并取用该区段内的最大弯矩处的刚度。当计算跨度内的支座截面刚度不大于跨中截面刚度的两倍或不小于跨中截面刚度的二分之一时，该跨也可按等刚度梁进行计算，其截面刚度可取该跨跨中最大弯矩处的截面刚度。按这种简化方法计算的挠度值的误差是较小的，一般不会大于 5%。

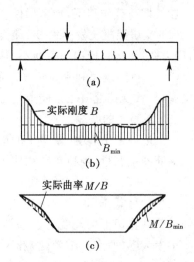

图 9-10　钢筋混凝土梁截面刚度和截面曲率的分布

例题 9-5　简支矩形截面梁的截面尺寸 $b \times h = 250 \text{ mm} \times 600 \text{ mm}$，混凝土强度等级为 C30，配置 4⌀18 钢筋，纵向钢筋混凝土保护层厚度 $c_s = 30 \text{ mm}$，承受均布荷载，按荷载的准永久组合计算的跨中弯矩值 $M_q = 120 \text{ kN·m}$，梁的计算跨度 $l_0 = 6.5 \text{ m}$，挠度限值为 $l_0/250$。试验算挠度是否符合要求。

解　$f_{tk} = 2.01 \text{ N/mm}^2$　　$E_s = 2.0 \times 10^5 \text{ N/mm}^2$

$$E_c = 3.0 \times 10^4 \text{ N/mm}^2 \quad \alpha_E = \frac{E_s}{E_c} = \frac{2.0 \times 10^5}{3.0 \times 10^4} = 6.67$$

$$h_0 = 600 - \left(30 + \frac{18}{2}\right) = 561 \text{ mm}$$

$$A_s = 1\,017 \text{ mm}^2 \quad \rho = \frac{A_s}{bh_0} = \frac{1\,017}{250 \times 561} = 0.007\,25$$

$$\rho_{te} = \frac{A_s}{0.5bh} = \frac{1\,017}{0.5 \times 250 \times 600} = 0.013\,6$$

$$\sigma_{sq} = \frac{M_q}{0.87 h_0 A_s} = \frac{120 \times 10^6}{0.87 \times 561 \times 1\,017} = 242 \text{ N/mm}^2$$

$$\psi = 1.1 - \frac{0.65 f_{tk}}{\rho_{te} \sigma_{sq}} = 1.1 - \frac{0.65 \times 2.01}{0.013\,6 \times 242} = 0.703$$

$$B_s = \frac{E_s A_s h_0^2}{1.15\psi + 0.2 + 6\alpha_E \rho} = \frac{2.0 \times 10^5 \times 1\,017 \times 561^2}{1.15 \times 0.703 + 0.2 + 6 \times 6.67 \times 0.007\,25}$$
$$= 4.930 \times 10^{13} \text{ N·mm}^2$$

$$B = \frac{B_s}{\theta} = \frac{4.930 \times 10^{13}}{2} = 2.465 \times 10^{13} \text{ N·mm}^2$$

$$\Delta = \frac{5}{48} \cdot \frac{M_q l_0^2}{B} = \frac{5}{48} \times \frac{120 \times 10^6 \times 6\,500^2}{2.465 \times 10^{13}} = 14.3 \text{ mm} < \frac{l_0}{250} = 26 \text{ mm} \quad \text{（满足要求）}$$

例题 9-6　图 9-11a 所示八孔空心板，配置 9⌀6 钢筋，混凝土强度等级为 C30，混凝土保护层厚度 $c_s = 15 \text{ mm}$，按荷载的准永久组合计算的跨中弯矩值 $M_q = 6.5 \text{ kN·m}$，计

算跨度 $l_0 = 3.04$ m,挠度限值为 $l_0/200$。试验算挠度是否符合要求。

解 （1）截面特征

按截面形心位置、面积和对形心轴惯性矩不变的原则,将圆孔换算成 $b_e \times h_e$ 的矩形孔,即

$$b_e \times h_e = \frac{\pi}{4}d_h^2 \qquad \frac{b_e h_e^3}{12} = \frac{\pi}{64}d_h^4$$

则

$$h_e = \frac{\sqrt{3}}{2}d_h = \frac{\sqrt{3}}{2} \times 80 = 69.3 \text{ mm}$$

$$b_e = \frac{\pi}{2\sqrt{3}}d_h = \frac{3.14}{2\sqrt{3}} \times 80 = 72.5 \text{ mm}$$

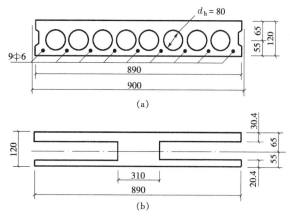

图 9-11 例题 9-5 中的空心板

于是,可将圆孔板截面换算成 I 形截面。换算后的 I 形截面尺寸为(图 9-11b)

$$b = 890 - 8 \times 72.5 = 310 \text{ mm} \qquad h_f' = 65 - \frac{69.3}{2} = 30.4 \text{ mm}$$

$$h_f = 55 - \frac{69.3}{2} = 20.4 \text{ mm} \qquad b_f' = b_f = 890 \text{ mm} \qquad h = 120 \text{ mm}$$

$$h_0 = 120 - (15 + \frac{6}{2}) = 102 \text{ mm}$$

（2）计算截面刚度 B_s、B

$$\alpha_E = \frac{E_s}{E_c} = \frac{2.0 \times 10^5}{3.0 \times 10^4} = 6.67 \qquad A_s = 9 \times 28.3 = 254.7 \text{ mm}^2$$

$$\rho = \frac{A_s}{bh_0} = \frac{254.7}{310 \times 102} = 0.00806$$

$$\rho_{te} = \frac{A_s}{0.5bh + (b_f - b)h_f} = \frac{254.7}{0.5 \times 310 \times 120 + (890-310) \times 20.4} = 0.00837 < 0.01$$

取 $\rho_{te} = 0.01$

$$\sigma_{sq} = \frac{M_q}{0.87 h_0 A_s} = \frac{4.5 \times 10^6}{0.87 \times 102 \times 254.7} = 199 \text{ N/mm}^2$$

$$\psi = 1.1 - \frac{0.65 f_{tk}}{\rho_{te}\sigma_{sk}} = 1.1 - \frac{0.65 \times 2.01}{0.01 \times 199} = 0.443$$

$$\frac{h_f'}{h_0} = \frac{30.4}{102} = 0.298 > 0.2 \qquad 取 h_f' = 0.2 h_0 = 0.2 \times 107 = 21.4 \text{ mm}$$

$$\gamma_f' = \frac{(b_f' - b)h_f'}{bh_0} = \frac{(890-310) \times 20.4}{310 \times 102} = 0.374$$

$$B_s = \frac{E_s A_s h_0^2}{1.15\psi + 0.2 + \frac{6\alpha_E \rho}{1+3.5\gamma_f'}} = \frac{2.0 \times 10^5 \times 254.7 \times 102^2}{1.15 \times 0.443 + 0.2 + \frac{6 \times 6.67 \times 0.00806}{1 + 3.5 \times 0.374}}$$

$$= 6.241 \times 10^{11} \text{ N} \cdot \text{mm}^2$$

$$B = \frac{B_s}{\theta} = \frac{6.241 \times 10^{11}}{2} = 3.121 \times 10^{11} \text{ N} \cdot \text{mm}^2$$

（3）验算挠度

$$\Delta = \frac{5}{48} \cdot \frac{M_q l_0^2}{B} = \frac{5}{48} \times \frac{4.5 \times 10^6 \times 3040^2}{3.121 \times 10^{11}}$$

$$= 13.9 \text{ mm} < \frac{l_0}{200} = \frac{3040}{200} = 15.2 \text{ mm} \quad \text{（符合要求）}$$

思 考 题

9.1 进行承载能力极限状态计算和正常使用极限状态验算时,对荷载组合是如何考虑的？对材料强度是如何取值的？二者有何不同？为什么？

9.2 对于钢筋混凝土受弯构件,其正常使用极限状态验算包括哪些内容？

9.3 影响钢筋混凝土构件裂缝间距的主要因素有哪些？其影响规律如何？

9.4 在钢筋混凝土构件的裂缝宽度计算公式中,ψ 的物理意义是什么？影响 ψ 值的主要因素有哪些？当 $\psi=1$ 时,意味着什么？

9.5 影响钢筋混凝土构件最大裂缝宽度的主要因素有哪些？

9.6 在长期作用下,钢筋混凝土构件的裂缝宽度为什么会增大？主要的影响因素有哪些？其中,最主要的影响因素是什么？

9.7 验算钢筋混凝土构件的最大裂缝宽度时,若 $w_{max} > w_{lim}$,可采用哪些措施来减小裂缝宽度？为什么？

9.8 受弯构件的抗弯刚度的物理意义是什么？钢筋混凝土受弯构件的抗弯刚度为何不能采用均质弹性材料构件的抗弯刚度 EI？

9.9 何谓钢筋混凝土受弯构件的短期刚度和长期刚度？

9.10 钢筋混凝土受弯构件的短期刚度主要与哪些因素有关？

9.11 在长期荷载作用下,钢筋混凝土受弯构件的挠度为什么会增大？主要的影响因素有哪些？其中,最主要的影响因素是什么？

9.12 纵向受压钢筋配筋率对钢筋混凝土受弯构件短期刚度和长期刚度的影响如何？在计算中是如何考虑的？

9.13 什么是"最小刚度原则"？为什么在验算钢筋混凝土受弯构件的挠度时可采用"最小刚度原则"？

9.14 纵向受拉钢筋配筋率对钢筋混凝土受弯构件正截面承载力、抗裂能力、裂缝宽度和挠度的影响如何？

习 题

9.1 矩形截面梁的截面尺寸 $b \times h = 200 \text{ mm} \times 500 \text{ mm}$, $c_s = 30 \text{ mm}$, 采用 C30 混凝土, 配置纵向受拉钢筋 4⌀18。按荷载的准永久组合计算的跨中弯矩值 $M_q = 102 \text{ kN} \cdot \text{m}$, $w_{lim} = 0.3 \text{ mm}$。试验算最大裂缝宽度是否符合要求。

9.2 I 形截面梁的截面尺寸如下: $b = 80 \text{ mm}$, $h = 1300 \text{ mm}$, $b_f = 200 \text{ mm}$, $h_f = 120 \text{ mm}$, $b'_f = 300 \text{ mm}$, $h'_f = 140 \text{ mm}$。$h_0 = 1240 \text{ mm}$。$c_s = 30 \text{ mm}$。采用 C30 混凝土,配置纵向受拉钢筋 8⌀16。按荷载的准永久组合计算的跨中弯矩值 $M_q = 450 \text{ kN} \cdot \text{m}$, $w_{lim} = 0.3 \text{ mm}$。试验算最大裂缝宽度是否符合要求。

9.3 矩形截面轴心受拉杆件的截面尺寸 $b \times h = 160 \text{ mm} \times 200 \text{ mm}$, $c_s = 30 \text{ mm}$。采用 C30 混凝土。配置纵向受拉钢筋 4⌀18。轴心拉力标准值 $N_q = 220 \text{ kN}$。$w_{lim} = 0.2 \text{ mm}$。试验算最大裂缝宽度是否符合要求。

9.4 矩形截面偏心受拉构件的截面尺寸 $b \times h = 160 \text{ mm} \times 200 \text{ mm}$。$c_s = 35 \text{ mm}$。$a_s = a'_s = 45 \text{ mm}$。采

用 C30 混凝土。每侧配置纵向受拉钢筋 3 ⌽ 14。按荷载准永久组合计算的轴向拉力标准值 $N_q = 60$ kN，沿 h 方向的偏心距 $e_0 = 60$ mm。$w_{lim} = 0.2$ mm。试验算最大裂缝宽度是否符合要求。

9.5 单跨简支矩形截面梁的截面尺寸 $b \times h = 250$ mm $\times 550$ mm，$h_0 = 510$ mm。计算跨度 $l_0 = 6.5$ m。采用 C25 混凝土，配置纵向受拉钢筋 4 ⌽ 20。承受均布恒荷载标准值 $g_k = 15.2$ kN/m，均布活荷载标准值 $q_k = 9.2$ kN/m（准永久值系数 $\psi_q = 0.4$）。梁的挠度限值为 $l_0/200$。试验算梁的挠度是否符合要求。

10 预应力混凝土结构的基本原理与计算原则

10.1 预应力混凝土的基本原理

如前面所述,混凝土的极限拉应变很小,约为$(0.1\sim0.15)\times10^{-3}$,因此,在钢筋混凝土受弯构件的整体工作阶段,纵向受拉钢筋的应力仅为$20\sim30\ \text{N/mm}^2$(其值远小于钢筋的屈服强度)。当钢筋应力超过此值时,混凝土将产生裂缝。所以,在正常使用条件下,普通钢筋混凝土结构的受拉区一般均已出现裂缝,这将导致构件刚度降低,变形增大。为了限制构件的裂缝宽度和结构的变形,往往需要增大构件截面尺寸和用钢量,这是不经济的,尤其是对于跨度大、荷载重的结构和对裂缝宽度限制较严的结构,构件将很笨重,既费钢材,又不利于施工。当采用高强混凝土和高强钢筋时,可以有效地减轻结构自重、节省钢材和降低造价,但是,在普通钢筋混凝土结构中采用高强钢筋,在使用荷载下钢筋应力更高,裂缝宽度也将更大,往往难以满足使用要求。由上述可见,由于在使用荷载下,普通钢筋混凝土结构的受拉区往往已出现裂缝,这在一定程度上限制了普通钢筋混凝土的应用范围,同时也限制了高强材料,特别是高强钢筋的应用。

为了避免混凝土过早开裂,并有效地利用高强材料,采用预应力混凝土结构是最有效的方法之一。预应力混凝土结构的基本原理是:在结构承载时将发生拉应力的部位,预先用某种方法对混凝土施加一定的压应力,这样,当结构承载而产生拉应力时,必须先抵消混凝土的预压应力,然后才能随着荷载的增加使混凝土产生拉应力,进而出现裂缝。由此可见,采用预应力混凝土可延缓受拉混凝土的开裂或裂缝开展,使结构在使用荷载下不出现裂缝或不产生过大裂缝。

现在以图10-1中所示的轴心受拉构件为例,来进一步说明预应力混凝土的概念。

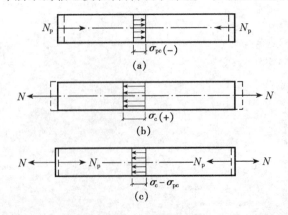

图10-1 预应力混凝土轴心受拉构件基本原理示意图

在外荷载作用之前,用张拉预应力钢筋的方法,使构件截面产生预压应力σ_{pc},如图10-1a所示。在外荷载(轴心拉力)作用下,构件截面将产生拉应力σ_c,如图10-1b所示。显然,在预应力和外荷载共同作用下,构件截面的应力图形为上述两种情况叠加的结果。根据预压应力值σ_{pc}和荷载产生的拉应力σ_c的大小不同,其叠加后的应力状态可以有下列几种情况:当$\sigma_{pc} > \sigma_c$时,即外荷载作用下产生的拉应力σ_c还不足以抵消预压应力σ_{pc},截面仍处于受压状态;当$\sigma_{pc} = \sigma_c$时,即预应力σ_{pc}和外荷载作用下产生的拉应力σ_c互相抵消,截面的应力为零;当$\sigma_{pc} < \sigma_c$时,即外荷载作用下产生的拉应力σ_c不仅全部抵消预压应力σ_{pc},而且还将产生拉应力,这时,截面已处于受拉状态。当截面的拉应力未达到混凝土的抗拉强度时,构件不会开裂;当截面的拉应力达到或超过混凝土的抗拉强度时,构件将出现裂缝。可以看出,由于预压应力σ_{pc}全部(或部分)抵消了外荷载作用下产生的拉应力σ_c,因而使构件不开裂或延迟裂缝的出现和延缓裂缝的开展。

预应力混凝土与钢筋混凝土相比,在增强结构构件的抗裂性与耐久性、提高结构构件刚度、改善结构疲劳性能及节约工程材料等方面均有明显的优越性,具体分述如下:

(1) 增强结构抗裂性和抗渗性。

由于对结构构件的受拉区可能开裂的部位施加了预压应力,这就避免了混凝土在使用荷载下出现裂缝。如钢筋混凝土屋架的下弦和水池、压力管等,当施加预应力后,便可增强结构的抗裂和抗渗性能。

(2) 改善结构的耐久性。

预应力混凝土构件在使用荷载下不产生裂缝或裂缝宽度较小,因此,结构中的钢筋将可避免或较少受外界有害因素的侵蚀,从而大大提高了构件的耐久性。

(3) 提高了结构与构件的刚度,减小结构变形。

结构构件开裂后,刚度将显著下降,而预应力混凝土构件在使用荷载下可避免产生裂缝(或减小裂缝宽度),这就使结构的弹性范围增大,相对地提高了构件的截面刚度。同时,预应力还可使梁等构件产生一定的反拱(即向上的反挠度)。所以,在使用荷载下,预应力混凝土梁的挠度与变形比同样的普通钢筋混凝土梁要小许多,故预应力混凝土构件特别适用于大跨度、大悬臂等对变形控制要求较严格的结构。

(4) 合理利用高强度材料,减轻结构的自重。

由于预应力混凝土具有提高结构抗裂性、刚度等优点,这就为利用高强材料,尤其是高强钢筋创造了条件。由于预应力混凝土可以采用高强度混凝土及高强度钢筋等高效材料,从而可大大地减轻了结构的自重,有利于大跨、重载、超高层等结构的应用发展。

(5) 提高工程质量。

对于预应力混凝土结构,由于在张拉预应力钢筋阶段相当于对构件作了一次荷载检验,能及时发现结构构件的薄弱点,因而对保证工程质量是很有效的。

此外,预应力混凝土可提高结构的抗疲劳能力和增强结构的稳定性。

采用预应力混凝土也有某些不足之处,如需要张拉设备和锚固装置,制作结构要求较高,施工周期较长。

10.2 预应力混凝土的分类

预应力混凝土有多种不同的分类方法,按预加应力的方法可分为先张法预应力混凝土和后张法预应力混凝土;按预加应力的程度可分为全预应力混凝土和部分预应力混凝土;按预应力钢筋与混凝土的粘结状况可分为有粘结预应力混凝土和无粘结预应力混凝土。

10.2.1 先张法预应力混凝土和后张法预应力混凝土

使混凝土获得预压预应力的方法有多种。目前,一般是通过张拉钢筋,利用钢筋回弹力来压缩混凝土,在混凝土中建立预压应力。根据张拉钢筋与混凝土浇筑的先后关系,可将预加应力的方法分为先张法和后张法两大类。现分别叙述如下。

1) 先张法预应力混凝土

先张法是在浇筑混凝土前张拉预应力钢筋(图10-2a),并将张拉后的预应力钢筋用夹具固定在台座或钢模上,然后浇灌混凝土(图10-2b)。待混凝土达到一定强度(一般不低于设计规定的强度的75%)后,放松预应力钢筋。当预应力钢筋回缩时,将压缩混凝土(图10-2c),从而使混凝土获得预压应力。采用先张法时,预应力的建立主要依靠钢筋与混凝土之间的粘结力。

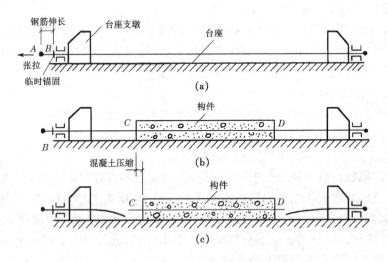

图10-2 先张法预应力混凝土构件施工工序

先张法生产有台座法和钢模机组流水法。前者有直线和折线配筋两种形式。为了便于运输,先张法一般只用于中小型预应力混凝土构件的施工,如楼板、屋面板、檩条、芯棒及中小型吊车梁等,当采用工具式台座,先张法也可用于预应力混凝土拱板、桥面板等大型构件的现场施工。

先张法工艺简单,质量易保证,成本低,所以先张法是目前我国生产预应力混凝土构件的主要方法之一。

2) 后张法预应力混凝土

后张法是先浇筑构件(或块体),并在设置预应力钢筋的部位预留孔道(图10-3a),待混凝土达到一定强度后(一般不低于设计规定的强度的75%),在孔道内穿入预应力钢筋(也可在成孔材料中先穿入预应力筋),利用构件本身作为施加预应力的台座,用液压千斤顶张拉预应力钢筋,并同时压缩混凝土(图10-3b),张拉到控制应力σ_{con}后,将预应力钢筋用锚具固定在构件上,然后往孔道内压入水泥浆(图10-3c)。采用后张法时,预应力的建立主要是依靠构件两端的锚固装置。

后张法不需要台座，而且预应力钢筋可采用折线或曲线布置，因而可以更好地适应设计荷载的分布状况。后张法预应力混凝土适用于现场施工的大型构件和结构。后张法的主要缺点是预应力钢筋的锚固需要锚具，成本较高，工艺也较复杂。

10.2.2 全预应力混凝土和部分预应力混凝土

如前面所述，在荷载作用下，预应力混凝土构件受拉区的应力状态与预应力和荷载引起的应力大小有关。应力状态可能有三种情况，根据预应力混凝土构件受

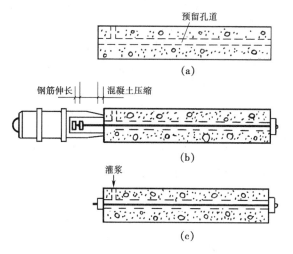

图 10-3 后张法预应力混凝土构件施工工序

拉区混凝土在预应力和荷载引起的应力共同作用下的应力状态，一般可把预应力混凝土结构分为全预应力混凝土结构和部分预应力混凝土结构。

1) 全预应力混凝土

全预应力混凝土结构系指在全部荷载（按荷载的标准组合计算，下同）及预应力共同作用下受拉区不出现拉应力的预应力混凝土结构。

全预应力混凝土结构具有抗裂性好、刚度大等优点，但也存在一些缺点，主要有以下几个方面：

(1) 在全预应力混凝土构件中，纵向预应力钢筋的用量往往较大，且张拉控制应力值较高。因此，对张拉设备要求较高，对锚具的要求也较高，且用量较大，费用也较大。在张拉或放松预应力钢筋时，锚具下混凝土受到较大的局部压力，需配置较多的钢筋网片或螺旋筋。

(2) 在制作、运输、堆放、安装过程中，截面的预拉区往往会开裂，以致需在预拉区设置预应力钢筋。

(3) 在张拉或放松预应力钢筋时，构件反拱较大。因此，在使用阶段，对于恒荷载较小而活荷载较大的构件，特别是在活荷载最大值很少出现而长期作用的荷载值较小的情况下，反拱将不断增大，从而影响结构的正常使用和引起非结构构件的损坏。

2) 部分预应力混凝土

部分预应力混凝土结构系指在全部使用荷载作用下受拉区已出现拉应力或裂缝的预应力混凝土结构，其中，在全部使用荷载下出现拉应力、但不出现裂缝的预应力混凝土结构，可称为有限预应力混凝土结构。

实现部分预应力混凝土结构的方法有多种。在采用钢绞线或碳素钢丝为预应力钢筋的构件中，采用高强度预应力钢筋与非预应力钢筋（即普通钢筋，如 HRB335、HRB400 级钢筋）混合配筋，是当前较普遍的方法。由于非预应力钢筋的延性较好，且部分预应力混凝土构件从裂缝出现至破坏的过程较长，裂缝开展较宽，挠度也较大，故部分预应力混凝土结构的延性性能较好。

采用部分预应力混凝土结构可以较好地克服上述全预应力混凝土结构的缺点，取得较好的技术经济效果。与全预应力混凝土结构相比，部分预应力混凝土结构虽然抗裂性能稍

差,刚度稍小,但只要能满足使用要求,仍然是允许的。越来越多的研究成果和工程实践表明,采用部分预应力混凝土结构是正确的、合理的。可以认为,部分预应力混凝土结构的出现是预应力混凝土结构设计和应用的一个重要发展。

部分预应力混凝土结构的优点主要有:

(1) 部分应力混凝土结构在使用荷载下受拉边缘混凝土允许出现拉应力或产生裂缝,所需预加力较少,因而有利于节约预应力钢筋。

(2) 部分预应力混凝土结构由于预应力较小,可避免长期反拱过大的问题。

(3) 与钢筋混凝土结构相比,部分预应力混凝土具有适量的预应力,在正常使用状态下,其裂缝经常是闭合的。即使当全部活荷载偶然出现时,构件将出现裂缝,但这些裂缝的宽度均较小,且将随活荷载的移去而闭合或仅有微细裂缝。由此可见,裂缝对部分预应力结构的危害性并不像对钢筋混凝土结构那样严重,因为后者的裂缝始终存在,是不会闭合的。

10.2.3 有粘结预应力混凝土和无粘结预应力混凝土

1) 有粘结预应力混凝土

有粘结预应力混凝土是指预应力钢筋与周围的混凝土有可靠的粘结强度使得在荷载作用下预应力钢筋与相邻的混凝土有同样的变形。先张法预应力混凝土及后张灌浆的预应力混凝土都是有粘结预应力混凝土。

2) 无粘结预应力混凝土

无粘结预应力混凝土是指预应力钢筋与其相邻的混凝土没有任何粘结强度,在荷载作用下,预应力钢筋与相邻的混凝土各自变形。对于现浇平板、密肋板和一些扁梁框架结构,后张法有粘结工艺中孔道的成型和灌浆工序较麻烦且质量难于控制,因而常采用无粘结预应力混凝土结构。这种结构中的钢材与混凝土之间是无粘结的,仅靠两端锚具建立预应力。在实际工程中一般采取专用油脂将预应力钢筋与混凝土隔开的办法形成无粘结。目前,无粘结预应力钢筋有专门的工厂生产。后张法有粘结预应力钢

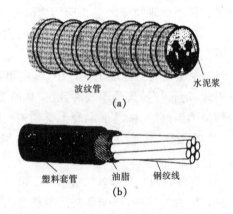

图10-4 无粘结预应力钢筋与粘结预应力钢筋横截面的比较

筋和无粘结预应力钢筋的截面形状分别如图10-4a和图10-4b所示。无粘结预应力钢筋由三种材料构成:①Φ^s12.7、Φ^s15.2钢绞线或光面钢丝束(7Φ^p5);②润滑油脂;③注塑机注塑成形的高压聚乙烯套管。

无粘结预应力混凝土结构已广泛应用于多层及高层建筑的楼板结构中。

10.3 预应力混凝土的材料

10.3.1 混凝土

在预应力混凝土结构中,应尽量采用较高强度等级的混凝土。这是因为:①使混凝土建

立尽可能高的预压应力,以提高预应力混凝土构件的抗裂性和刚度;② 保证先张法预应力混凝土构件中的预应力钢筋在混凝土中有较好的自锚能力,不产生滑移;③ 使混凝土具有足够的局部抗压强度,以承受后张法预应力混凝土结构构件的端部锚具下很大的集中压力;④ 可减小构件截面尺寸以减轻自重,节约材料;⑤ 使混凝土有较高的早期强度以便尽早地施加预应力。对于先张法预应力混凝土,可提高施工设备和台座的周转利用率;对于后张法预应力混凝土结构,可加快现场施工进度。

《规范》规定,在预应力混凝土结构中的混凝土强度等级不宜低于C40,且不应低于C30。

对构件施加预应力时,所需的混凝土立方强度应经计算确定,但不宜低于设计的强度等级值的75%。必须指出,对于预应力混凝土结构中采用的混凝土,为了使其具有早强和微膨胀性能并节约水泥,可以掺入附加剂,但不得使用含硝酸盐、氯化物(氯化钙、氯化钠)和硫化物等对预应力钢筋有锈蚀作用的附加剂。

10.3.2 钢筋

在预应力混凝土结构中,预应力钢筋应采用高强度钢筋(钢丝),因为混凝土预压应力的大小主要取决于预应力钢筋的数量及其张拉应力。在预应力混凝土构件的制作和使用过程中,由于各种因素的影响,预应力钢筋的张拉应力将会产生各种预应力损失(有时,预应力损失总值可达 200 N/mm² 左右)。因此,必须使用高强度钢筋(丝),才有可能建立较高的预应力值,以达到预期的效果。同时,预应力钢筋(丝)应具有一定的塑性,当预应力钢筋(丝)被拉断时,应具有一定的伸长率,以使构件在破坏时不至于过于突然。当构件处于低温环境或受到冲击荷载作用时,更应注意塑性和冲击韧性,以避免钢筋(丝)发生脆断。钢筋(丝)还应具有良好的加工性能(可焊性以及冷镦或热镦后原有的物理力学性能基本不受影响)。此外,钢筋(丝)还应具有低松弛、耐腐蚀性能以及良好的粘结性能等。

目前,我国《规范》建议的预应力钢筋(丝)有如下几种:

(1) 高强钢丝(消除应力钢丝):高强钢丝是用高碳钢轧制成丝条后,再经过多次冷拔等工艺加工而成。主要有消除应力钢丝(光面钢丝、螺旋肋钢丝)等。这类钢丝的强度很高,其抗拉强度可达 1 500 N/mm² 以上,但较脆,其极限拉应变仅为 2‰~6‰。

(2) 钢绞线:钢绞线是把多根高强钢丝在绞线机上绞合,再经低温回火制成。由于钢绞线直径大,且比较柔软,施工方便,先张法和后张法均可使用,因此,它具有广阔的发展前景。目前,低松弛的、抗拉强度标准值为 1 860 N/mm² 的钢绞线是最常采用的预应力钢筋。

(3) 中强度预应力钢丝:这种预应力钢丝补充了中等强度预应力钢筋的空缺,可用于中、小跨度的预应力混凝土构件。

(4) 预应力螺旋钢筋:这是大直径预应力螺纹钢筋(精轧螺纹钢筋),其直径有 18、25、32、40 和 50 mm 等。

上述钢筋(丝)的规格及其强度标准值和设计值列于附表 6 和附表 8。

除上述外,我国建筑工程中采用的预应力钢筋还曾采用过冷拔低碳钢丝、冷拉钢筋和热处理钢筋等。这几种钢筋(丝)在工程中的应用已日渐减少。

在预应力混凝土结构中的非预应力钢筋与钢筋混凝土结构中采用的钢筋相同。

10.3.3 留孔及灌浆材料

1) 留孔

在后张预应力混凝土构件中,在浇灌混凝土构件时需预留预应力钢筋的孔道。预留孔道可采用预埋金属波纹管、预埋钢管和抽芯成型等方法。目前,对于配有大吨位曲线预应力钢筋束、多跨连续曲线预应力钢筋束和空间曲线预应力钢筋束的后张预应力混凝土结构构件,其留孔方法已较少采用过去的胶管抽芯和预埋钢管等方法,而普遍采用预埋金属波纹管的方法。金属波纹管是由薄钢带用卷管机压波后卷成,具有重量轻、刚度好、弯折和连接简便、与混凝土粘结性好等优点,是预留后张预应力钢筋孔道的理想材料。波纹管一般为圆形,也有扁形。其波纹有单波纹和双波纹之分(图10-5)。

2) 灌浆材料

对于后张预应力混凝土结构或构件,在预应力钢筋张拉之后,孔道中应灌入水泥浆,灌浆的目的有两个:一是用水泥浆保护预应力钢筋,避免预应力钢筋受腐蚀;二是使得预应力钢筋与它周围的混凝土共同工作,变形一致。因此,水泥浆应具有一定的粘结强度,且收缩也不能过大。

图10-5 圆形及扁形波纹管

10.4 预应力钢筋张锚体系

预应力混凝土结构和构件中锚固预应力钢筋的工具可分为两类:用于临时锚固先张预应力混凝土构件中的预应力钢筋、可重复使用的工具称为夹具。用于锚固后张预应力混凝土结构或构件中的预应力钢筋、永久锚固在结构构件上的工具称为锚具。目前,我国采用的预应力钢筋张锚体系主要有夹片式和支承式两类。此外,也有采用浇铸式。

10.4.1 夹片式张锚体系

夹片式锚具是利用楔块原理锚固单根或多根预应力钢筋的锚具。

1) JM型锚具

JM型锚具由锚环和呈扇形的夹片组成(图10-6)。锚环分甲型和乙型两种,甲型锚环为一个具有锥形孔的圆柱体,外形比较简单,使用时直接放置在构件端部的垫板上。乙型锚环在圆柱体外部增添正方形肋板,使用时锚环预埋在构件端部,不另放置垫板。因为甲型锚环加工和使用方便,所以较常采用。

JM型锚具(图10-6)可用于锚固多根钢绞线。它既可用于张拉端,也可用于固定端。张拉时需采用双作用千斤顶(所谓双作用,即千斤顶操作时有两个动作同时进行,其一是夹住钢筋进行张拉,其二是将夹片顶入锚环,挤紧预应力钢筋)。

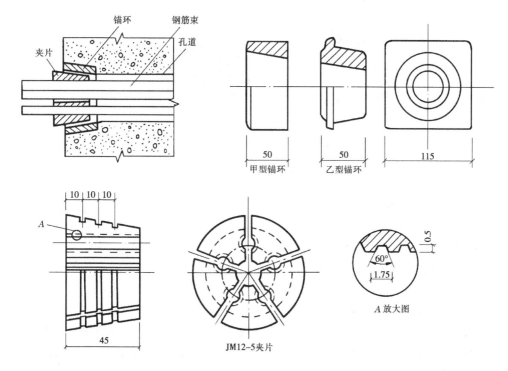

图 10-6 JM 型锚具

2) QM 型、XM 型和 OVM 型锚具

QM 型锚具由锚板（图 10-7a）和夹片（图 10-7b）组成，分单孔和多孔两类，根据钢绞线（或钢丝束）的根数可选用不同孔数的锚具。多孔锚具又称群锚，其特点是每根钢绞线均分开锚固，由一组（三片）按 120°均分的开缝楔形夹片夹紧，各自独立地放置在一个锥孔内。任何一组夹具滑移、碎裂或钢绞线拉断，都不会影响同束中其他钢绞线的锚固，具有锚固可靠、互换性好、自锚性能强的优点。图 10-7 所示为锚固 6 根外径 $d=15$ mm 的钢绞线的 QM15-6 型锚具。

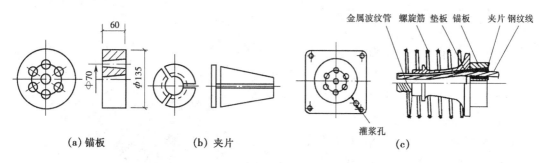

图 10-7 QM 型锚具和锚头

锚具下的锚头由铸铁喇叭管和螺旋筋组成（图 10-7c）。铸铁喇叭管是将端头垫板与喇叭管铸成整体，可解决混凝土承受大吨位局部压力及预应力孔道与端头垫板的问题。

XM 型锚具的工作原理与 QM 型锚具相似。它与 QM 型锚具的主要差别是夹片的结构不同。XM 型锚具的夹片沿轴向有偏转角（图 10-8），以进一步提高锚固性能。

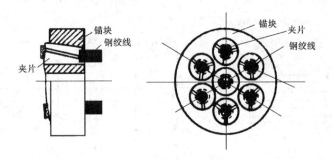

图 10-8 XM型锚具

QM型和XM型锚具是20世纪80年代后期研制出来的,已应用于钱塘江二桥和北京、天津、南京等地的电视塔工程以及大跨度建筑、高层建筑的部分预应力混凝土结构中。

OVM型锚具是在QM型锚具的基础上,将夹片改为二片,并在夹片背面上锯有一条弹性槽,以方便施工和提高锚固性能。在张拉空间较小或在环形预应力混凝土结构中,当采用与OVM型锚具配套的变角张拉工艺时,张拉十分方便。

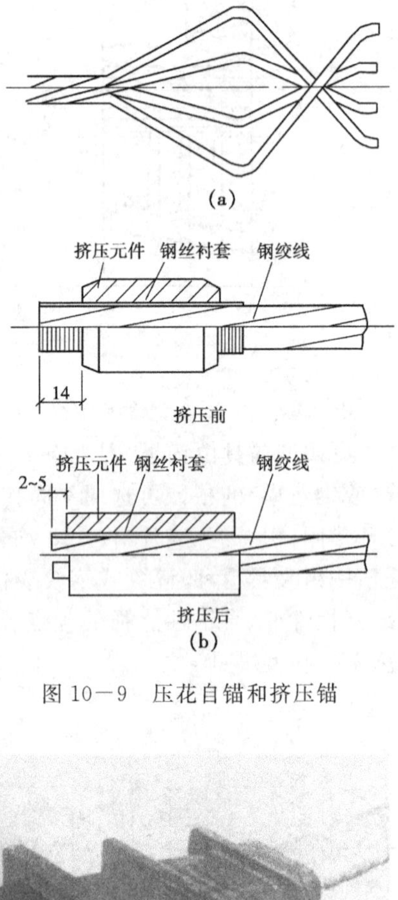

对于QM型、XM型和OVM型锚具,当用于一端张拉时,其固定端可采用压花自锚(图10-9a)和挤压锚(图10-9b)。压花自锚的构造是使用一个小型专用千斤顶将钢绞线端头顶压成梨形的散花状,并将端部裸露的钢绞线的每根丝弯折埋入混凝土内,待混凝土结硬后,弯折的钢丝将可靠地锚固于混凝土内。这种锚固方式可节省造价,但占用空间大,需进行专门的构造设计,只适用于有粘结预应力混凝土结构的受力较小的部位。挤压锚的优点是尺寸小,且锚固性能好。

图 10-9 压花自锚和挤压锚

3) 夹片式扁型锚具(BM型)

夹片式扁锚体系由夹片、扁型锚板、扁型喇叭管等组成(图10-10),也是群锚的一种。采用扁锚的优点是:可减少混凝土板厚、增大预应力钢筋的内力臂、减小张拉槽口尺寸等。扁锚可用于房屋建筑的有粘结平板结构和扁梁结构等中的预应力钢筋的锚固。这种锚固体系配有单根张拉的前卡式千斤顶。预留孔道采用扁波纹管。

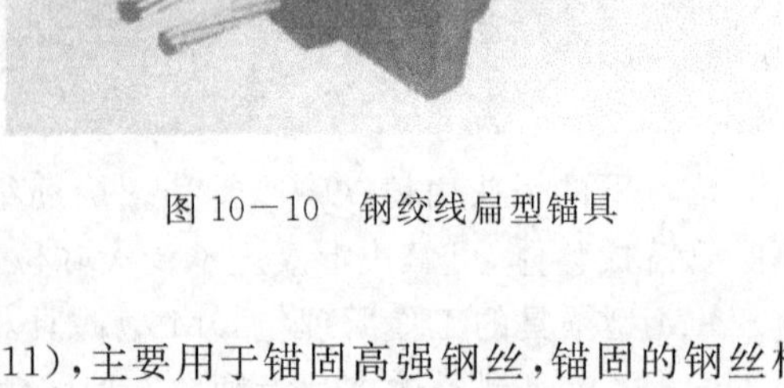

图 10-10 钢绞线扁型锚具

4) 锥塞式锚具(GZ)

钢制锥塞式锚具由锚环、锚塞组成(图10-11),主要用于锚固高强钢丝,锚固的钢丝根数为 12～28 根。配套的千斤顶为 YZ60、85 锥锚式双作用、三作用千斤顶。在建筑工程中的预应力混凝土屋架、屋面梁和桥梁的简支板梁中的应用较为广泛。

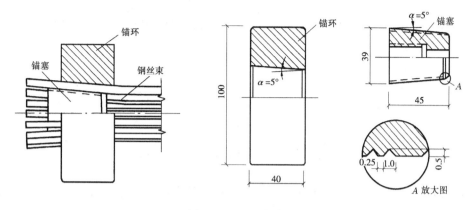

图 10-11 锥塞式锚具

10.4.2 支承式张锚体系

1）螺杆式张锚体系（LM）

螺丝端杆锚具由螺丝端杆和螺帽两部分组成（图 10-12）。主要用于锚固冷拉粗钢筋（直径为 22～32 mm）的螺丝端杆及精轧螺纹粗钢筋（直径为 25～32 mm）。这种锚固体系主要曾用于预应力混凝土屋架的下弦杆等配有直线预应力钢筋的结构构件中,目前已很少采用。

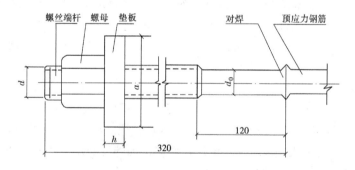

图 10-12 螺杆式张锚体系

2）镦头式张锚体系（DM）

镦头式锚具是利用钢丝的镦粗头来锚固预应力钢丝的一种支承式锚具（图 10-13）。镦头式锚具由锚环、螺母及锚板组成。主要用于锚固高强钢丝。配套的千斤顶有 YC-20、YC-120、YCQ-600 型。镦头锚具适用于直线预应力钢筋,可多次反复张拉,但这种锚固体系的下料长度要求严格。

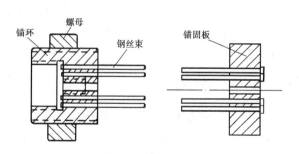

图 10-13 钢丝镦头式张锚体系

10.4.3 浇铸式张锚体系

1) 热铸张锚体系(ZM)

热铸张锚体系是将高强钢丝镦头后,用合金浇铸成锥形整体,通过锚环螺杆张拉、螺帽锚固,每束的张拉力最大可达 700 kN 左右。一般用于体外预应力钢筋的锚固。

2) 冷铸张锚体系(LZH)

冷铸张锚体系是将高强钢丝镦头后,在锚环内用钢砂及环氧等材料冷铸而成,主要用于斜拉桥拉索的锚固,每束张拉力最大可达 7000 kN 左右。

10.5 预应力混凝土结构计算的基本原则

预应力混凝土结构构件计算的基本原则与普通钢筋混凝土结构构件计算基本相同,但也有其不同的特点。

10.5.1 计算要求

预应力混凝土结构构件应根据设计状态进行承载力计算及正常使用极限状态验算,并应按具体情况对构件的制作、运输和安装等施工阶段进行验算。

承载力计算是结构构件不发生破坏的基本保证,所有结构构件均应进行承载力计算。承载力计算的方法与普通钢筋混凝土结构构件基本相同。

除承载力计算外,还应进行裂缝(抗裂性或裂缝宽度)验算。如第 3 章所述,按不同要求将结构构件的裂缝控制等级分为三级,即一级——严格要求不出现受力裂缝,二级——一般要求不出现受力裂缝和三级——允许出现受力裂缝(详见 3.6.2 节)。

由于预应力混凝土结构构件在使用荷载下不出现裂缝或较迟出现裂缝,其截面刚度较普通钢筋混凝土构件大,而且,施加预应力时会产生反拱。因此,预应力混凝土构件的变形(挠度)一般较容易满足要求。

由于预应力混凝土结构构件在制作、运输和安装等施工阶段的受力状态与使用阶段的受力状态不同,且混凝土实际强度也往往较使用阶段低。所以,设计时应根据具体情况,分别对制作、运输和安装阶段进行验算(包括构件端部局部受压承载力和先张法构件端部和后张法构件的应力扩散区的抗裂性)。

在进行上述计算或验算时,预应力有时需作为荷载效应考虑。对承载能力极限状态,当预应力作用效应对结构有利时,预应力作用分项系数 γ_p 应取 1.0;不利时 γ_p 取 1.2。对正常使用极限状态,预应力作用分项系数 γ_p 取 1.0。当预应力作为荷载效应考虑时,其设计值在第 10~12 章中的有关计算公式中给出。

10.5.2 张拉控制应力

张拉控制应力 σ_{con} 是指张拉预应力钢筋时预应力钢筋必须达到的拉应力值,即张拉设备(如千斤顶油压表)所控制的总张拉力除以预应力钢筋的截面面积所得出的应力值。预应力钢筋张拉控制应力的大小直接影响预应力效果。张拉控制应力越高,建立的预应力值越大,构件的抗裂性越好。但是抗裂度过高,则预应力钢筋在使用过程中经常处于过高的应力状态,构件出现裂缝的荷载与破坏荷载很接近,破坏前没有明显的预兆。同时,如果张拉控制应力过大,将造成构件反拱过大或预拉区(即在施加预应力时处于受拉状态的区段)出现裂缝,对后张法预应力混凝土构件还可能造成端头混凝土局部受压破坏。此外考虑到钢筋屈服强度的误差、张拉操作中的超张拉及组成预应力钢筋束的每根钢绞线或钢丝的应力不均匀等因素,如果张拉控制应力过高,张拉时可能使某些钢绞线或钢丝应力接近甚至进入屈服阶段,产生塑性变形而达不到预期的预应力效果。有时还可能由于张拉应力控制不准确,焊接质量不好等因素,使预应力钢筋被拉断。因此,预应力钢筋的张拉控制应力不应定得过高。《规范》规定,张拉控制应力 σ_{con} 不宜超过表 10－1 规定的张拉控制应力限值,且不宜小于 $0.4f_{ptk}$。

表 10－1　　　　　　　　　预应力钢筋张拉控制应力限值

项　次	钢筋种类	张拉控制应力限值
1	消除应力钢丝、钢绞线	$0.75f_{ptk}$
2	中强度预应力钢丝	$0.70f_{ptk}$
3	预应力螺纹钢筋	$0.85f_{pyk}$

当符合下列情况之一时,表 10－1 中的张拉控制应力允许值可提高 $0.05f_{ptk}$ 或 f_{pyk}。

(1) 要求提高构件在施工阶段的抗裂性能而在使用阶段受压区内设置的预应力钢筋。

(2) 要求部分抵消由于应力松弛、摩擦、钢筋分批张拉以及预应力钢筋与张拉台座之间的温差等因素产生的预应力损失。

由表 10－1 可知,张拉控制应力 σ_{con} 的取值主要与钢筋种类有关。对于先张法预应力混凝土构件,在张拉预应力钢筋时,混凝土尚未受压,当放松预应力钢筋,预压混凝土时,预应力钢筋将回缩,从而导致预应力钢筋的应力降低。对于后张法预应力混凝土构件,在张拉预应力钢筋的同时,混凝土已受到弹性压缩,在按张拉控制应力 σ_{con} 计算预应力钢筋中实际建立的预应力时,对仅配一束预应力钢筋的构件不必考虑由于混凝土弹性压缩而引起的应力降低;同时,由于混凝土收缩、徐变引起的预应力损失也较先张法预应力混凝土构件小些。因此,在实际工程中,后张法预应力混凝土构件的张拉控制应力 σ_{con} 的取值可低一些。

当构件的抗裂性要求很高,且预应力钢筋为连续多跨布置时,为提高内跨的有效预应力,节省钢材,可适当提高 σ_{con} 值。反之,若对构件的抗裂要求较低,甚至在使用荷载下允许出现裂缝,或预应力钢筋的曲率半径较小,每根预应力钢筋的应力不均匀现象较严重,则可适当降低张拉控制应力。但是,为了能获得必要的预应力效果,σ_{con} 的取值也不宜过低。所以,《规范》规定,对于消除应力钢丝、钢绞线、中强度预应力钢丝的张拉控制应力 σ_{con} 不应小于 $0.4f_{ptk}$,预应力螺纹钢筋的张应力控制值不宜小于 $0.5f_{pyk}$。

10.5.3　预应力损失

预应力钢筋张拉完毕或经历一段时间后,由于张拉工艺和材料本身的性能等因素,预应力钢筋中的拉应力值将逐渐降低,这种现象称为预应力损失。预应力损失会降低预应力的效果,降低构件的抗裂性和刚度,有时还可能影响构件的受弯承载力。如果预应力损失过大,会使构件过早地出现裂缝,使有粘结预应力混凝土构件的界限破坏受压区高度减小,使无粘结预应力混凝土结构的受弯承载力明显降低。因此,正确估算和尽可能减小预应力损失是设计预应力混凝土结构构件的重要问题。

引起预应力损失的因素很多,下面我们将分项讨论各种预应力损失值的计算方法。

1) 张拉端锚具变形和预应力钢筋内缩引起的预应力损失 σ_{l1}

预应力钢筋在锚固时,由于锚具各部件之间和锚具与构件之间的缝隙被挤紧或预应力钢筋在锚具中滑移等因素,使预应力钢筋回缩,引起预应力损失 σ_{l1}。

(1) 直线预应力钢筋的预应力损失 σ_{l1}

对于直线预应力钢筋,σ_{l1} 可按下列公式计算:

$$\sigma_{l1} = \frac{a}{l} E_s \tag{10-1}$$

式中 a——张拉端锚具变形和预应力钢筋内缩值(以 mm 计),按表 10-2 采用;

l——预应力钢筋张拉端至锚固端的距离,两端张拉时 l 取为构件长度的一半。

表 10-2　　　　　锚具变形和预应力钢筋内缩值 a　　　　　单位:mm

锚具类别		a
支承式锚具(钢丝束镦头锚具等)	螺帽缝隙	1
	每块后加垫板的缝隙	1
夹片式锚具	有顶压时	5
	无顶压时	6~8

注:1. 表中的锚具变形和钢筋内缩值也可根据实测数据确定。
　　2. 其他类型的锚具变形和钢筋内缩值应根据实测数据确定。

对于块体拼成的结构,其预应力损失尚应计及块体间填缝的预压变形。当采用混凝土或砂浆为填缝材料时,每条填缝的预压变形值可取为 1 mm。

公式(10-1)没有考虑反向摩擦的作用,计算的预应力损失值沿预应力钢筋全长是相等的。

(2) 曲线和折线预应力钢筋

对于后张法构件的曲线或折线预应力钢筋,张拉预应力钢筋时,预应力钢筋将沿孔道向张拉端方向移动,此时摩擦力阻止预应力钢筋向张拉端方向移动而产生摩擦损失 σ_{l2}(详见下节),但锚固时,预应力钢筋回缩,其移动方向与张拉方向相反,因而将产生反向摩擦。由于反向摩擦的作用,锚具变形引起的预应力损失在张拉端最大,随着与张拉端的距离增大而逐步减小,直至消失(图 10-14)。

对于曲线或折线预应力钢筋,由锚具变形和预应力钢筋内缩引起的预应力损失值 σ_{l1}(以下简称锚固损失)应根据曲线或折线预应力钢筋与孔壁之间的反向摩擦的影响长度 l_f 范围内的预应力钢筋变形值与锚具变形和预应力钢筋内缩值相等的条件确定。

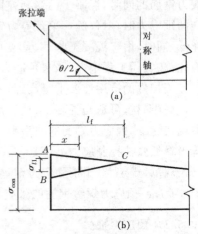

图 10-14　曲线预应力钢筋由于锚具变形而引起的预应力损失

当预应力钢筋为圆弧形曲线(抛物线可近似为圆弧形),且圆弧对应的圆心角 θ 不大于 30°时,距构件端部 $x(x \leqslant l_f)$ 处的 σ_{l1} 可按下列近似公式计算:

$$\sigma_{l1} = 2\sigma_{con} l_f \left(\frac{\mu}{r_c}+\kappa\right)\left(1-\frac{x}{l_f}\right) \quad (10-2)$$

式中　r_c——圆弧形曲线预应力钢筋的曲率半径(m);

　　　μ——预应力钢筋与孔道壁之间的摩擦系数,按表10-3取用;

　　　κ——考虑孔道每米长度局部偏差的摩擦系数,按表10-3取用;

　　　x——张拉端至计算截面的距离(以 m 计),可近似取该段孔道在纵轴上的投影长度,且不应大于l_f;

　　　l_f——反向摩擦的影响长度(以 m 计,自构件张拉端计算)。

l_f 可按下列公式计算:

$$l_f = \sqrt{\frac{aE_s}{1000\sigma_{con}\left(\frac{\mu}{r_c}+\kappa\right)}} \quad (10-3)$$

式中　a——锚具变形和钢筋回缩值(以 mm 计),按表10-2取用;

　　　E_s——预应力钢筋弹性模量(N/mm^2)。

当预应力钢筋为其他曲线形状时,其预应力损失值可按《规范》附录 D 的有关公式计算。

2) 预应力钢筋与孔道壁之间的摩擦引起的损失 σ_{l2}

在后张法预应力混凝土结构构件的张拉过程中,由于预应力钢筋与混凝土孔道壁之间的摩擦,随着计算截面距张拉端距离的增大,预应力钢筋的实际预拉应力将逐渐减小。各截面实际拉应力与张拉控制应力之间的这种应力差额称为摩擦损失 σ_{l2}。

摩擦损失 σ_{l2} 可按下列公式计算(图10-15):

$$\sigma_{l2} = \sigma_{con}\left(1-\frac{1}{e^{\kappa x+\mu\theta}}\right) \quad (10-4)$$

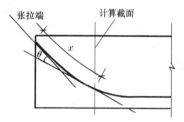

图10-15　预应力摩擦损失计算

式中　x——张拉端至计算截面的孔道长度(m),可近似取该段孔道在纵轴上的投影长度;

　　　θ——张拉端至计算截面曲线孔道部分切线的夹角(rad)。

当 $\kappa x+\mu\theta \leq 0.3$ 时,近似取 $\frac{1}{e^{\kappa x+\mu\theta}} = 1-\kappa x-\mu\theta$,则 σ_{l2} 可按下列公式计算:

$$\sigma_{l2} = \sigma_{con}(\kappa x+\mu\theta) \quad (10-5)$$

影响 κ 和 μ 这两个参数取值的因素较多,主要有孔道的成型方法和质量、预应力钢筋接头的外形、预应力钢材的种类(尤其是表面形状)、预应力钢筋与孔壁的接触程度(如孔道尺寸)、预应力钢筋束外径与孔道内径的差值和预应力钢筋在孔道中的偏心距、曲线预应力钢筋的曲率半径和张拉力等。《规范》建议的 κ 和 μ 的取值列于表10-3。由于影响因素较多,表10-3中的建议值只是一般的情况,对重要结构及连续结构,建议由实测确定。

表 10-3　　　　　　　　　　　摩擦系数

孔道成型方式	κ	μ	
		钢绞线、钢丝束	预应力螺纹钢筋
预埋金属波纹管	0.0015	0.25	0.50
预埋塑料波纹管	0.0015	0.15	—
预埋钢管	0.0010	0.30	—
抽芯成型	0.0014	0.55	0.60
无粘结预应力筋	0.0040	0.09	—

注：摩擦系数也可根据实测数据确定。

为了减少摩擦损失，当预应力钢筋较长或弯曲角度较大时，应在两端进行张拉，两端张拉可使摩擦损失大约减小一半。此外，采用超张拉的方法也可减少摩擦损失。

3）温度引起的预应力损失 σ_{l3}

先张法预应力混凝土构件常采用蒸汽养护。当温度升高时，新浇混凝土尚未硬结，与钢筋未粘结成整体，这时，预应力钢筋因受热膨胀而产生的伸长较台座多，而钢筋又被拉紧并锚固在台座上，其总长度将保持与台座相同，从而造成钢筋放松，拉应力减小。降温时，因混凝土已硬结并与预应力钢筋粘结成整体，且钢材与混凝土的膨胀系数又相近，两者将一起回缩，所损失的钢筋应力已不能恢复。

当被张拉的钢筋蒸汽养护的温差为 Δt，钢材的线膨胀系数为 $\alpha_t = 1 \times 10^{-5}/℃$，则 σ_{l3} 按下列公式计算：

$$\sigma_{l3} = E_s \alpha_t \Delta t = 2 \times 10^5 \times 1.0 \times 10^{-5} \Delta t$$

即
$$\sigma_{l3} = 2\Delta t \tag{10-6}$$

为了减少温差损失，可采用两次升温养护，即首先按设计允许的温差（一般不超过 20℃）养护，待混凝土强度达到 10 N/mm^2 以后，再按一般升降温制度养护。

对于在钢模上张拉预应力钢筋的构件，因钢模和构件一起加热养护，可不考虑这项预应力损失。

4）钢筋应力松弛引起的预应力损失 σ_{l4}

钢筋在高应力下，具有随时间增长而产生塑性变形的性能，在钢筋长度保持不变的条件下，钢筋应力会随时间的增长而降低，这种现象称为应力松弛，由此引起的钢筋应力的降低值称为应力松弛损失 σ_{l4}。

应力松弛值与初应力、极限强度及时间有关。张拉应力越大，则松弛值越大。在第 1 min 内的松弛值大约为总松弛的 30%，5 min 内为 40%，24 h 内完成 80%~90%，以后逐渐收敛。

根据国内试验资料，由钢筋应力松弛引起的预应力损失可按下列公式计算：

（1）消除应力钢丝、钢绞线

普通松弛：

$$\sigma_{l4} = 0.4\left(\frac{\sigma_{con}}{f_{ptk}} - 0.5\right)\sigma_{con} \tag{10-7}$$

低松弛：

当 $\sigma_{con} \leqslant 0.7 f_{ptk}$ 时

$$\sigma_{l4} = 0.125 \left(\frac{\sigma_{con}}{f_{ptk}} - 0.5 \right) \sigma_{con} \tag{10-8}$$

当 $0.7 f_{ptk} < \sigma_{con} \leqslant 0.8 f_{ptk}$ 时

$$\sigma_{l4} = 0.20 \left(\frac{\sigma_{con}}{f_{ptk}} - 0.575 \right) \sigma_{con} \tag{10-9}$$

(2) 中强度预应力钢丝

$$\sigma_{l4} = 0.08 \sigma_{con} \tag{10-10}$$

(3) 预应力螺纹钢筋

$$\sigma_{l4} = 0.03 \sigma_{con} \tag{10-11}$$

预应力钢筋的松弛损失与张拉控制应力有关，当预应力钢筋的拉应力小于 $0.5 f_{ptk}$ 时，松弛损失可近似取为零。

5) 混凝土收缩、徐变引起的预应力损失 σ_{l5}

在一般温度条件下，混凝土会发生体积收缩；在持续压应力作用下，混凝土会产生徐变。混凝土的收缩和徐变都会使构件缩短，从而使预应力钢筋产生预应力损失 σ_{l5}。

混凝土收缩和徐变引起的预应力损失值往往是同时发生且相互影响。为简化计算，在《规范》中，将它们合并考虑。

混凝土收缩和徐变引起的受拉区和受压区预应力钢筋 A_p 和 A_p' 中的预应力损失 σ_{l5} 和 σ_{l5}' 可按下列方法确定。

(1) 在一般情况下，对先张法、后张法构件的预应力损失 σ_{l5}、σ_{l5}' 可按下列公式计算：

先张法构件

$$\sigma_{l5} = \frac{60 + 340 \frac{\sigma_{pc}}{f_{cu}'}}{1 + 15\rho} \tag{10-12}$$

$$\sigma_{l5}' = \frac{60 + 340 \frac{\sigma_{pc}'}{f_{cu}'}}{1 + 15\rho'} \tag{10-13}$$

后张法构件

$$\sigma_{l5} = \frac{55 + 300 \frac{\sigma_{pc}}{f_{cu}'}}{1 + 15\rho} \tag{10-14}$$

$$\sigma_{l5}' = \frac{55 + 300 \frac{\sigma_{pc}'}{f_{cu}'}}{1 + 15\rho'} \tag{10-15}$$

式中 σ_{pc}、σ_{pc}'——在受拉区、受压区预应力钢筋合力点处的混凝土法向压应力；

f_{cu}'——施加预应力时的混凝土立方体抗压强度；

ρ、ρ'——受拉、受压区预应力钢筋和非预应力钢筋的配筋率：对先张法构件，$\rho = \frac{A_p + A_s}{A_0}$，$\rho' = \frac{A_p' + A_s'}{A_0}$；对后张法构件，$\rho = \frac{A_p + A_s}{A_n}$，$\rho' = \frac{A_p' + A_s'}{A_n}$；对于对称配置预应力钢筋和非预应力钢筋的构件，配筋率 ρ、ρ' 应分别按钢筋总截面面积的一半进行计算。

在受拉区、受压区预应力钢筋合力点处的混凝土法向压应力 σ_{pc}、σ'_{pc} 应根据构件制作情况，考虑张拉时结构自重的影响确定，此时，预应力损失值仅考虑混凝土预压前（第一批）的损失，非预应力钢筋中的应力 σ_{l5}、σ'_{l5} 值应取为零。当 $\sigma_{pc}/f''_{cu} \leqslant 0.5$ 时，混凝土仅产生线性徐变；当 $\sigma_{pc}/f''_{cu} > 0.5$ 时，混凝土将产生非线性徐变，由徐变引起的预应力损失将增加较多。因此，《规范》规定，σ_{pc}、σ'_{pc} 值不得大于 $0.5f'_{cu}$；当 σ'_{pc} 为拉应力时，则公式（10－13）、公式（10－15）中的 σ'_{pc} 应取为零。

对处于干燥环境（在年平均相对湿度低于40%的条件下）的结构，σ_{l5} 及 σ'_{l5} 值应增加30%。

（2）对重要结构构件，当需要考虑施加预应力时混凝土龄期、理论厚度的影响，以及需要考虑预应力钢筋松弛及混凝土收缩、徐变引起的应力损失随时间变化时，宜按《规范》附录K建议的公式计算（由于篇幅所限，此处从略）。

由上述可见，在 σ_{pc}/f''_{cu} 值相同的情况下，后张法的 σ_{l5} 及 σ'_{l5} 比先张法小，这是因为后张法构件在施加预应力时，混凝土已经完成了部分收缩，所以，收缩引起的预应力损失较小。

必须指出，混凝土收缩徐变损失 σ_{l5} 及 σ'_{l5}（其中徐变损失较收缩大）在总的预应力损失中所占比重较大。在曲线配筋构件中，一般占总预应力损失的 30% 左右；在直线配筋构件中，一般可达 60% 左右，因此，降低混凝土收缩和徐变损失是预应力混凝土结构设计和施工中应予着重考虑的问题。

6）螺旋式钢筋挤压混凝土所引起的预应力损失 σ_{l6}

在采用螺旋式预应力钢筋的环形构件中，混凝土在预应力钢筋的挤压下，沿构件截面径向将产生局部挤压变形，使构件截面的直径减小，造成已张拉锚固的预应力钢筋的应力降低。构件截面直径 d 越小，预应力损失越大。所以，《规范》规定：

当 $d \leqslant 3$ m 时　　　$\sigma_{l6} = 30$ N/mm^2

当 $d > 3$ m 时　　　　$\sigma_{l6} = 0$

除了上述几种预应力损失外，在后张预应力混凝土构件中，当预应力钢筋采用分批张拉时，由于受后一批张拉的预应力钢筋所产生的混凝土弹性压缩的影响，先一批张拉锚固的预应力钢筋将产生预应力损失，其值为 $\alpha_E \sigma_{pci}$，此处，σ_{pci} 为后一批张拉的预应力钢筋在已张拉的钢筋截面重心处产生的混凝土法向应力。

10.5.4　预应力损失值的组合

上述各项预应力损失不是同时产生的，而是按不同的张拉方法分批产生的。通常把混凝土预压结束前产生的预应力损失称为第一批损失值 σ_{lI}，预压结束后产生的预应力损失称为第二批损失值 σ_{lII}。预应力混凝土构件在各阶段预应力损失值的组合可按表10－4进行。

表10－4　　　　　　　各阶段预应力损失值的组合

项次	预应力损失值组合	先张法构件	后张法构件
1	混凝土预压前的损失（第一批）	$\sigma_{l1} + \sigma_{l2} + \sigma_{l3} + \sigma_{l4}$	$\sigma_{l1} + \sigma_{l2}$
2	混凝土预压后的损失（第二批）	σ_{l5}	$\sigma_{l4} + \sigma_{l5} + \sigma_{l6}$

注：先张法预应力混凝土构件由于钢筋应力松弛引起的损失 σ_{l4} 在第一批和第二批损失中所占的比例，如需区分，可根据实际情况确定。

考虑到预应力损失的计算值与实际值可能有一定误差,而且有时误差较大。为了确保构件的抗裂性,参考过去的经验,《规范》规定了总预应力损失的最小值,即当计算所得的总预应力损失值($\sigma_l = \sigma_{lI} + \sigma_{lII}$)小于下列数值时,应按下列数值取用:

先张法预应力混凝土构件　　　　100 N/mm²
后张法预应力混凝土构件　　　　80 N/mm²

10.5.5　预应力钢筋的传递长度和锚固长度

在先张法预应力混凝土构件中,预应力钢筋端部的预应力是靠钢筋和混凝土间的粘结力逐步建立的。当放松预应力钢筋后,在构件端部,预应力钢筋的应力为零,由端部向中部逐渐增加,至一定长度处才达到最大预应力值。预应力钢筋中的应力由零增大到最大值的这段长度称为预应力传递长度 l_{tr}。

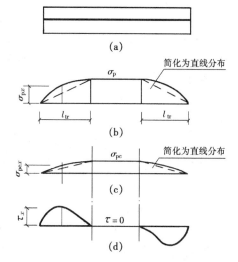

图 10-16　预应力钢筋的预应力传递长度

由图 10-16 知,在传递长度范围内,应力差由预应力钢筋和混凝土的粘结力来平衡,预应力钢筋的应力和混凝土的应力按某种曲线规律变化(如图 10-16 中的实线所示)。为了简化计算,《规范》规定,可近似按线性变化考虑(如图 10-16 中的虚线所示)。

预应力钢筋的预应力传递长度 l_{tr} 按下列公式计算:

$$l_{tr} = \alpha \frac{\sigma_{pe}}{f'_{tk}} d \tag{10-16}$$

式中　σ_{pe}——放张时预应力钢筋的有效预应力值;
　　　α——预应力钢筋的外形系数,按表 2-1 取用;
　　　d——预应力钢筋的公称直径;
　　　f'_{tk}——与放张时混凝土立方体抗压强度 f'_{cu} 相应的轴心抗拉强度标准值,可按附表 1 以线性内插法采用。

当采用骤然放松预应力钢筋的施工工艺时,对光面预应力钢丝,l_{tr} 的起点应从距构件末端 $0.25l_{tr}$ 处开始计算。

在验算先张法构件端部锚固区的抗裂能力时,应考虑预应力钢筋在其传递长度范围内的实际预应力值的变化,预应力钢筋的实际应力可考虑为线性分布,在构件端部取为零,在其预应力传递长度的末端取有效预应力值 σ_{pe}。

类似地,在计算先张法预应力混凝土构件端部锚固区的正截面和斜截面受弯承载力时,预应力钢筋必须在经过足够的锚固长度后才可考虑其充分发挥作用(即其应力才可能达到预应力钢筋抗拉强度设计值 f_{py})。因此,锚固区内的预应力钢筋抗拉强度设计值可按下列规定取用:在锚固起点处为零,在锚固终点处为 f_{py},在两点之间按直线内插。

10.6　预应力混凝土的构造要求

预应力混凝土结构构件的构造要求,除应满足普通钢筋混凝土结构构件的有关规定外,尚应根据其特点,采取相应的构造措施。

10.6.1 一般构造要求

1) 截面形式和尺寸

预应力混凝土构件的截面形式应根据构件的受力特点进行合理选择。对于轴心受拉构件,通常采用正方形或矩形截面;对于受弯构件,除荷载和跨度均较小的梁、板可采用矩形截面外,通常宜采用 T 形或 I 形截面。此外,沿受弯构件纵轴,其截面宽度可以根据受力要求予以改变。例如,对于预应力混凝土屋面大梁和吊车梁,其跨中可采用薄壁 I 形截面,而在支座处,为了承受较大的剪力以及能有足够的面积布置曲线预应力钢筋和锚具,往往要加宽截面厚度。

由于预应力混凝土构件的抗裂性和刚度较大,预应力的作用使构件产生反拱,其截面尺寸可比普通钢筋混凝土构件小些。对于预应力混凝土受弯构件,截面高度 h 一般可取 $(1/30 \sim 1/15)l_0$,最小可取 $l_0/45$(l_0 为构件计算跨度),这大致相当于相同跨度的普通钢筋混凝土构件的截面高度的 70%。翼缘宽度一般可取 $(1/3 \sim 1/2)h$,在 I 形屋面梁中,可减小至 $h/5$。翼缘高度一般可取 $(1/10 \sim 1/6)h$。腹板宽度应尽可能薄些,可根据构造要求和施工条件,取 $(1/10 \sim 1/8)h$。

2) 预应力纵向钢筋

在受弯构件中,当仅在受拉区配置直线预应力钢筋 A_p 时(图 10-17a),在张拉过程中,预拉区可能出现较大的拉应力,甚至产生裂缝。在构件运输或吊装时,此拉应力还可能增大。同时,在使用荷载下,靠近梁支座处截面的上部,由于弯矩产生的压应力很小,可能出现不容许的拉应力。为了改善这种情况,可在预拉区设置预应力钢筋 A_p'(图 10-17b)。根据截面形状和尺寸的不同,A_p' 一般可取 $(1/6 \sim 1/4)A_p$。在预拉区设置 A_p',会降低预压区(使用荷载下的受拉区)抗裂性,同时,还将略为降低梁的受弯承载力。因此,在大跨度预应力混凝土梁中,一般宜将部分预应力钢筋在靠近支座区段向上弯起(图 10-17c),而不在受压区设置预应力钢筋 A_p',这不仅能提高斜截面的抗裂性和承载力,而且可避免梁端头的锚具过于集中。有时,也可采用折线式钢筋(图 10-17d),这一般用于先张法预应力混凝土构件。

《规范》规定,预应力混凝土受弯构件中的纵向钢筋最小配筋率应符合下列要求:

$$M_u \geqslant M_{cr} \tag{10-17}$$

式中 M_u——按实配钢筋计算的构件的正截面受弯承载力设计值;

M_{cr}——构件的正截面开裂弯矩值。

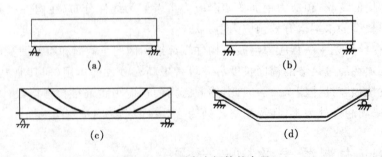

图 10-17 预应力钢筋的布置

3) 非预应力纵向钢筋

在预应力混凝土构件中,除配置预应力钢筋外,往往还配置数量、长度和位置等都比较灵活的非预应力纵向钢筋。当受拉区部分钢筋施加预应力已能满足裂缝控制的要求时,则其余的、按承载力计算所需的受拉钢筋可采用非预应力钢筋。

10.6.2 先张法预应力混凝土构件的构造要求

1) 预应力钢筋(丝)的净距

对于先张法预应力混凝土构件,预应力钢筋(丝)的净距应根据钢筋与混凝土粘结锚固的可靠性,便于浇灌混凝土和施加预应力以及布置锚具、夹具的要求等因素确定。

预应力钢筋的净距不应小于其公称直径或等效直径的 2.5 倍和混凝土粗骨料最大直径的 1.25 倍(当混凝土振捣密实性具有可靠保证时,净间距可减小至最大粗骨料直径 1.0 倍),且应符合下列规定:对预应力钢丝不应小于 15 mm;对 3 股钢绞线,不应小于 20 mm;对 7 股钢绞线,不应小于 25 mm。

单根配置的预应力筋,其端部宜设置螺旋筋、分散布置的多根预应力筋,在构件端部 $10d$(d 为预应力钢筋的公称直径)且不小于 100 mm 范围内宜设置 3~5 片与预应力钢筋垂直的钢筋网片。采用预应力钢丝配筋的薄板,在板端 100 mm 范围内宜适当加密横向钢筋。

2) 锚固措施

对于先张法预应力混凝土构件,为了保证钢筋(丝)与混凝土之间有可靠的粘结锚固,宜采用带肋钢筋、钢绞线等。由于碳素钢丝与混凝土的粘结力较低,当采用碳素钢丝作预应力配筋时,应根据钢丝的强度、直径及构件受力特点,采取适当的措施,以保证钢丝在混凝土中可靠地锚固,防止因钢丝与混凝土粘结力不足造成钢丝滑移。

3) 构件端部加强措施

先张法预应力混凝土构件在放松预应力钢筋时(尤其是突然放松时),在端部会产生劈裂裂缝。因此,除采取一定的施工工艺外,对预应力钢筋端部周围混凝土还应采取加强措施。

10.6.3 后张法预应力混凝土构件的构造要求

1) 预留孔道

孔道的布置应考虑张拉设备和锚具的尺寸以及端部混凝土局部受压承载力等要求。后张法预应力钢丝束(包括钢绞线束)的预留孔道应符合下列要求:

(1) 对预制构件,预留孔道之间的水平净距不宜小于 50 mm,且不宜小于粗骨料直径的 1.25 倍,孔道至构件边缘的净距不宜小于 30 mm,且不宜小于孔道直径的一半。

(2) 在现浇混凝土梁中,预留孔道在竖直方向的净距不应小于孔道外径,水平方向的净距不宜小于 1.5 倍孔道外径,且不应小于粗骨料直径的 1.25 倍;从孔道外壁至构件边缘的净间距,梁底不宜小于 50 mm,梁侧不宜小于 40 mm,裂缝控制等级为三级的梁,梁底、梁侧分别不宜小于 70 mm 和 50 mm。

(3) 预留孔道的内径应使预应力钢筋能顺利通过孔道,并保证孔道灌浆质量。因此,预留孔道的内径比预应力束外径及需穿过孔道的连接器外径大 6 mm~15 mm;且孔道的截面积宜为穿入预应力筋截面积的 3.0~4.0 倍。

(4) 凡制作时需要预先起拱的构件,预留孔道宜随构件同时起拱。

(5) 在构件两端设置灌浆孔或排气泌水孔,其孔距不宜大于 20 m。

2) 构件端部加强措施

对于后张法预应力混凝土构件,在张拉预应力过程中及预应力钢筋锚固后,构件端部承受很大的局部压力,发生局部受压破坏易产生裂缝,因此,对后张法预应力混凝土构件端部的锚固区(包括张拉设备支承处)除应进行局部受压承载力计算,还应采取加强措施,详见《规范》10.3 节。

思 考 题

10.1 何谓预应力混凝土构件?对构件施加预应力的主要目的是什么?

10.2 与普通钢筋混凝土构件相比,预应力混凝土构件有何优点?

10.3 何谓先张法预应力混凝土构件?何谓后张法预应力混凝土构件?

10.4 何谓全预应力混凝土构件?何谓部分预应力混凝土构件?

10.5 何谓有粘结预应力混凝土构件?何谓无粘结预应力混凝土构件?

10.6 在预应力混凝土构件中,对钢材和混凝土的性能有何要求?为什么?

10.7 预应力钢筋张锚体系主要可分为几类?

10.8 何谓张拉控制应力?确定张拉控制应力值时,应考虑哪些因素?

10.9 引起预应力损失的因素有哪些?如何减少各项预应力损失?

10.10 为什么预应力损失要分组?第一批和第二批预应力损失各包括哪几项预应力损失?什么情况下只考虑第一批预应力损失?什么情况下需考虑全部预应力损失?

10.11 何谓预应力钢筋的预应力传递长度?影响预应力钢筋预应力传递长度的因素有哪些?

习 题

10.1 18 m 预应力混凝土屋架下弦杆的截面尺寸 $b \times h = 200 \text{ mm} \times 150 \text{ mm}$。采用后张法制作,在一端张拉,并采用超张拉。锚具用 JM12 型,孔道为预埋金属波纹管,直径为 55 mm。混凝土强度等级为 C40,达到设计规定的强度后张拉预应力钢筋。预应力钢筋采用钢绞线($f_{ptk} = 1720 \text{ N/mm}^2$),配置 1 束 5 Φ^s10.8($A_p = 297 \text{ mm}^2$)。非预应力钢筋为 4 $\underline{\Phi}$10。张拉控制应力 $\sigma_{con} = 0.75 f_{ptk} = 1290 \text{ N/mm}^2$。试计算预应力损失值。

11 预应力混凝土轴心受拉构件的计算

11.1 预应力混凝土轴心受拉构件受力全过程及各阶段的应力分析

预应力混凝土轴心受拉构件从张拉预应力钢筋开始到在荷载作用下构件破坏为止,通常可分为两个阶段:施工阶段和使用阶段。这两个阶段又各包括若干个不同的受力过程。

11.1.1 先张法预应力混凝土轴心受拉构件

先张法预应力混凝土轴心受拉构件的受力全过程和各阶段的应力状态如图 11-1 所示。

1) 施工阶段

(1) 张拉预应力钢筋

在混凝土灌筑前,在台座上张拉截面面积为 A_p 的预应力钢筋,钢筋的一端锚固在台座上,另一端用千斤顶张拉至控制应力 σ_{con},这时钢筋总预拉力 $\sigma_{con}A_p$ 全部由台座承受(图 11-1b)。

(2) 完成第一批预应力损失

张拉钢筋后,将钢筋临时锚固在台座上,即可浇灌混凝土并进行养护。在这过程中,由于锚夹具变形、蒸汽养护的温差和钢筋松弛将引起预应力损失 σ_{l1}、σ_{l3} 和 σ_{l4}(一部分或全部),亦即预应力钢筋将完成第一批预应力损失 σ_{lI}。这时,预应力钢筋应力降低为 $\sigma_{pI} = \sigma_{con} - \sigma_{lI}$,而混凝土应力为零(图 11-1c)。因此,对于先张法构件,σ_{p0I} 可定义为在完成第一批预应力损失后,当相邻(对轴拉构件,也就是全截面)混凝土法向应力为零时,预应力钢筋的应力。相应地,$\sigma_{p0I} A_p = (\sigma_{con} - \sigma_{lI}) A_p$ 可定义为在完成第一批预应力损失后,当全截面混凝土法向应力为零时,预应力钢筋的合力,用 N_{p0I} 表示。

(3) 放松预应力钢筋、预压混凝土

当混凝土达到一定强度(一般不低于设计规定的强度等级的 75%),使预应力钢筋与混凝土有足够粘结力时,放松预应力钢筋,则钢筋回缩并借助于混凝土与预应力钢筋的粘结,使混凝土产生预压应力 σ_{pcI}(图 11-1d)。由于钢筋与混凝土变形的协调,预应力钢筋的拉应力将减少 $\alpha_E \sigma_{pcI}$,这时预应力钢筋的应力为

$$\sigma_{peI} = \sigma_{con} - \sigma_{lI} - \alpha_E \sigma_{pcI} \tag{11-1}$$

式中 α_E —— 钢筋弹性模量与混凝土弹性模量之比,即 $\alpha_E = E_s/E_c$。

显然,这时构件中非预应力钢筋获得的预压应力为

$$\sigma_{seI} = -\alpha_E \sigma_{pcI} \tag{11-2}$$

在这里,为了简单起见,假定预应力钢筋和非预应力钢筋的弹性模量相同。当预应力钢筋和非预应力钢筋的弹性模量不同时,只需各自采用相应的 α_E 即可。

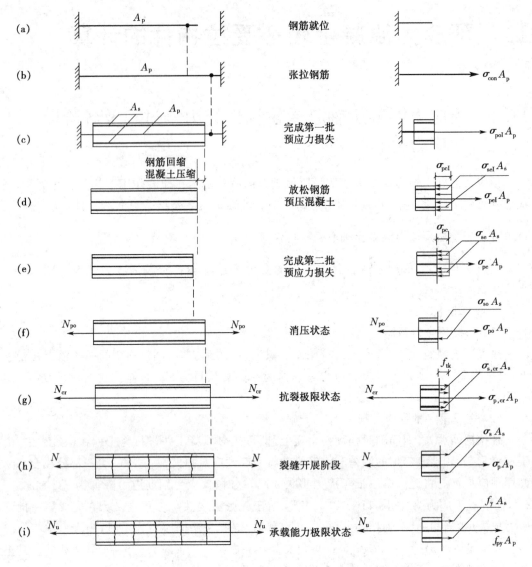

图 11-1 先张法预应力混凝土轴心受拉构件各阶段的应力状态

混凝土的预压应力 σ_{pcI} 可由截面内力的平衡条件 $\sum X=0$ 求得，即

$$\sigma_{peI}A_p + \sigma_{seI}A_s = \sigma_{pcI}A_c$$

将 σ_{peI} 和 σ_{seI} 代入上式，则可得

$$\sigma_{pcI} = \frac{(\sigma_{con}-\sigma_{lI})A_p}{A_c+\alpha_E A_s+\alpha_E A_p} = \frac{(\sigma_{con}-\sigma_{lI})A_p}{A_0} \quad (11-3)$$

或

$$\sigma_{pcI} = \frac{N_{p0I}}{A_0} \quad (11-3a)$$

$$A_0 = A_c + \alpha_E A_s + \alpha_E A_p \quad (11-3b)$$

$$N_{p0I} = (\sigma_{con}-\sigma_{lI})A_p \quad (11-3c)$$

式中 A_c——混凝土截面面积；

A_0——换算截面面积;

$N_{p0\mathrm{I}}$——产生第一批预应力损失后,当全截面混凝土法向应力为零时,预应力钢筋的合力。

由公式(11-3a)可见,放松预应力钢筋时的应力状态可视为将 $N_{p0\mathrm{I}}$ 反向作用于换算截面 A_0 所产生的应力状态。

当考虑预应力钢筋和非预应力钢筋的弹性模量不同时,公式(11-1)、公式(11-2)和公式(11-3)可分别改写为

$$\sigma_{pe\mathrm{I}} = \sigma_{con} - \sigma_{l\mathrm{I}} - \alpha_{Ep}\sigma_{pc\mathrm{I}}$$

式中 α_{Ep}——预应力钢筋弹性模量与混凝土弹性模量之比(即 E_p/E_c),此处,E_p 为预应力钢筋弹性模量。

$$\sigma_{se\mathrm{I}} = -\alpha_{Es}\sigma_{pc\mathrm{I}}$$

式中 α_{Es}——非预应力钢筋弹性模量与混凝土弹性模量之比(即 E_s/E_c),此处,E_s 为非预应力钢筋弹性模量。

$$\sigma_{pc\mathrm{I}} = \frac{(\sigma_{con}-\sigma_{l\mathrm{I}})A_p}{A_c+\alpha_{Es}A_s+\alpha_{Ep}A_p} = \frac{(\sigma_{con}-\sigma_{l\mathrm{I}})A_p}{A_0} \tag{11-3d}$$

$$A_0 = A_c + \alpha_{Es}A_s + \alpha_{Ep}A_p \tag{11-3e}$$

式中 A_0——换算截面面积。

(4) 完成第二批预应力损失

由于混凝土的收缩、徐变和预应力钢筋的继续松弛等,预应力钢筋将产生预应力损失 σ_{l5} 和 σ_{l4}(另一部分),亦即预应力钢筋将完成第二批预应力损失 $\sigma_{l\mathrm{II}}$,则预应力钢筋的总预应力损失为 $\sigma_l = \sigma_{l\mathrm{I}} + \sigma_{l\mathrm{II}}$。在这过程中,钢筋和混凝土进一步缩短,预应力钢筋的应力将由 $\sigma_{pe\mathrm{I}}$ 降低到 σ_{pe},混凝土的预压应力也将相应地由 $\sigma_{pc\mathrm{I}}$ 降低到 σ_{pc},非预应力钢筋的应力也相应地由 $\sigma_{se\mathrm{I}}$ 变化为 σ_{se}(图 11-1e)。

由于第二批预应力损失完成,预应力钢筋的应力将减少 $\sigma_{l\mathrm{II}}$,这将使混凝土预压应力减少($\sigma_{pc\mathrm{I}} - \sigma_{pc}$),亦即使混凝土的弹性压缩有所恢复(即伸长),因此,钢筋的拉应力将恢复 $\alpha_E(\sigma_{pc\mathrm{I}} - \sigma_{pc})$。这时,预应力钢筋的有效预应力可按下列公式确定:

$$\sigma_{pe} = \sigma_{con} - \sigma_{l\mathrm{I}} - \alpha_E\sigma_{pc\mathrm{I}} - \sigma_{l\mathrm{II}} + \alpha_E(\sigma_{pc\mathrm{I}} - \sigma_{pc})$$

即

$$\sigma_{pe} = \sigma_{con} - \sigma_l - \alpha_E\sigma_{pc} \tag{11-4}$$

类似地,非预应力钢筋的应力为

$$\sigma_{se} = -(\sigma_{l5} + \alpha_E\sigma_{pc}) \tag{11-5}$$

第二批预应力损失完成后,混凝土的预应力 σ_{pc} 可由截面上的应力平衡条件求得,即

$$\sigma_{pe}A_p + \sigma_{se}A_s = \sigma_{pc}A_c$$

将 σ_{pe} 和 σ_{se} 代入上式得

$$\sigma_{pc} = \frac{(\sigma_{con}-\sigma_l)A_p - \sigma_{l5}A_s}{A_c+\alpha_E A_s+\alpha_E A_p} \tag{11-6}$$

即

$$\sigma_{pc} = \frac{N_{p0}}{A_0} \tag{11-6a}$$

$$N_{p0} = (\sigma_{con}-\sigma_l)A_p - \sigma_{l5}A_s \tag{11-6b}$$

式中 N_{p0}——完成全部预应力损失后,当截面混凝土法向应力为零时,预应力钢筋和非预应力钢筋的合力。

同样地,完成全部预应力损失后的应力状态,也可视为将 N_{p0} 反向作用于换算截面 A_0 上所产生的应力状态。

2) 使用阶段

从加荷到破坏,先张法预应力混凝土轴心受拉构件的受力过程可分为三个阶段。

(1) 开裂前阶段

① 加荷至混凝土应力为零

在荷载(轴向拉力)作用下,先张法预应力混凝土轴心受拉构件正截面由荷载产生的法向应力为

$$\sigma_c = \frac{N}{A_0} \tag{11-7}$$

式中 N——作用在截面上的轴向拉力。

随着轴向拉力 N 增加,预应力钢筋的拉应力逐渐增加,非预应力钢筋的压应力逐渐减小,由轴向拉力在混凝土中产生的拉应力 σ_c 将逐渐抵消混凝土的预压应力 σ_{pc},混凝土的压应力将逐渐减小。当 $\sigma_c < \sigma_{pc}$,即 $\sigma_c - \sigma_{pc} < 0$ 时,混凝土仍处于受压状态;当 $\sigma_c = \sigma_{pc}$,即 $\sigma_c - \sigma_{pc} = 0$ 时,混凝土应力为零,一般称这种应力状态为消压状态,相应地,称这时所承担的轴向拉力为消压轴向拉力 N_0(图 11-1f)。

由 $\dfrac{N_0}{A_0} - \sigma_{pc} = 0$,则

$$N_0 = \sigma_{pc} A_0 = N_{P0} \tag{11-8}$$

由此可见,消压轴向力即为 N_{p0}。

相应地,这时预应力钢筋中的应力为

$$\sigma_{p0} = \sigma_{pe} + \alpha_E \sigma_{pc} = (\sigma_{con} - \sigma_l - \alpha_E \sigma_{pc}) + \alpha_E \sigma_{pc}$$

即

$$\sigma_{p0} = \sigma_{con} - \sigma_l \tag{11-9}$$

类似地,非预应力钢筋的应力 σ_{s0} 为

$$\sigma_{s0} = \sigma_{se} + \alpha_E \sigma_{pc} = -(\sigma_{l5} + \alpha_E \sigma_{pc}) + \alpha_E \sigma_{pc}$$

即

$$\sigma_{s0} = -\sigma_{l5} \tag{11-10}$$

② 加荷至裂缝即将出现

当荷载(轴向拉力)继续增大,超过 N_{p0} 时,这时,$\sigma_c > \sigma_{pc}$,即 $\sigma_c - \sigma_{pc} > 0$ 时,混凝土已出现拉应力,随着荷载的增加,混凝土的拉应力不断增大,当达到混凝土抗拉强度(设计时,取混凝土轴心抗拉强度标准值 f_{tk})时,混凝土即将出现裂缝(图 11-1g),构件已达到其抗裂极限状态,这时截面所承受的轴向拉力即为抗裂轴向拉力 N_{cr}。同时,在这个过程中,预应力钢筋和非预应力钢筋的拉应力增加 $\alpha_E f_{tk}$。于是在裂缝即将出现时,预应力钢筋的应力 $\sigma_{p,cr}$、非预应力钢筋的应力 $\sigma_{s,cr}$ 和抗裂轴向拉力 N_{cr} 可按下列公式计算:

$$\sigma_{p,cr} = \sigma_{con} - \sigma_l + \alpha_E f_{tk} \tag{11-11}$$

$$\sigma_{s,cr} = -\sigma_{l5} + \alpha_E f_{tk} \tag{11-12}$$

$$N_{cr} = \sigma_{p,cr} A_p + \sigma_{s,cr} A_s + f_{tk} A_c$$
$$= (\sigma_{con} - \sigma_l + \alpha_E f_{tk}) A_p + (-\sigma_{l5} + \alpha_E f_{tk}) A_s + f_{tk} A_c$$
$$= (\sigma_{con} - \sigma_l) A_p - \sigma_{l5} A_s + f_{tk} (A_c + \alpha_E A_s + \alpha_E A_p)$$

即

$$N_{cr} = N_{p0} + f_{tk} A_0 \tag{11-13}$$

或

$$N_{cr} = (\sigma_{pc} + f_{tk}) A_0 \tag{11-13a}$$

(2) 开裂阶段

当轴向力继续增加,超过抗裂轴向拉力 N_{cr} 后,混凝土出现裂缝,在裂缝截面处轴心拉力全

部由钢筋承担。随着荷载的增加,钢筋应力逐渐增大,裂缝宽度也逐渐增大(图 11-1h)。

(3) 破坏阶段

随着荷载继续增大,钢筋应力将继续增大,当预应力钢筋 A_p 和非预应力钢筋 A_s 均达到屈服强度时,构件即告破坏(图 11-1i)。

11.1.2 后张法预应力混凝土轴心受拉构件

后张法预应力混凝土轴心受拉构件的受力全过程及各阶段的应力状态如图 11-2 所示。

1) 施工阶段

(1) 张拉预应力钢筋、预压混凝土

后张法预应力混凝土构件与先张法预应力混凝土构件不同,它是首先浇灌混凝土构件,待混凝土达到一定强度后(一般不低于设计规定的强度等级的 75%),在构件上直接张拉预应力钢筋。因此,在张拉预应力钢筋的同时,混凝土已受到弹性压缩(图 11-2b)。在张拉过程中,摩擦损失 σ_{l2} 已产生,所以,预应力钢筋中的应力为

$$\sigma_{pe(I)} = \sigma_{con} - \sigma_{l2}$$

非预应力钢筋的应力为

$$\sigma_{se(I)} = -\alpha_E \sigma_{pc(I)}$$

这时混凝土中的预压应力可由截面上内力平衡条件求得,即

$$\sigma_{pe(I)} A_p + \sigma_{se(I)} A_s = \sigma_{pc(I)} A_c$$

将 $\sigma_{pe(I)}$、$\sigma_{se(I)}$ 代入上式后可得

$$\sigma_{pc(I)} = \frac{(\sigma_{con} - \sigma_{l2}) A_p}{A_c + \alpha_E A_s}$$

即

$$\sigma_{pc(I)} = \frac{(\sigma_{con} - \sigma_{l2}) A_p}{A_n} \tag{11-14}$$

$$A_n = A_c + \alpha_E A_s \tag{11-14a}$$

式中 A_c——混凝土截面面积;

A_n——净换算截面面积,可简称为净截面面积(换算截面面积减去全部纵向预应力钢筋截面面积换算成混凝土的截面面积)。

(2) 完成第一批预应力损失

当预应力钢筋张拉完毕并加以锚固后,由于锚具变形引起预应力损失 σ_{l1},这时预应力钢筋完成了第一阶段应力损失 $\sigma_{lI} = \sigma_{l1} + \sigma_{l2}$(图 11-2c)。

于是,预应力钢筋的应力为

$$\sigma_{peI} = \sigma_{con} - \sigma_{lI} \tag{11-15}$$

非预应力钢筋中的压应力为

$$\sigma_{seI} = -\alpha_E \sigma_{pcI} \tag{11-16}$$

混凝土的预压应力 σ_{pcI} 可由截面内力平衡条件求得,即

$$\sigma_{peI} A_p + \sigma_{seI} A_s = \sigma_{pcI} A_c$$

将 σ_{peI} 和 σ_{seI} 代入上式可得

$$\sigma_{pcI} = \frac{(\sigma_{con} - \sigma_{lI}) A_p}{A_c + \alpha_E A_s} \tag{11-17}$$

或

$$\sigma_{pcI} = \frac{N_{peI}}{A_n} \tag{11-17a}$$

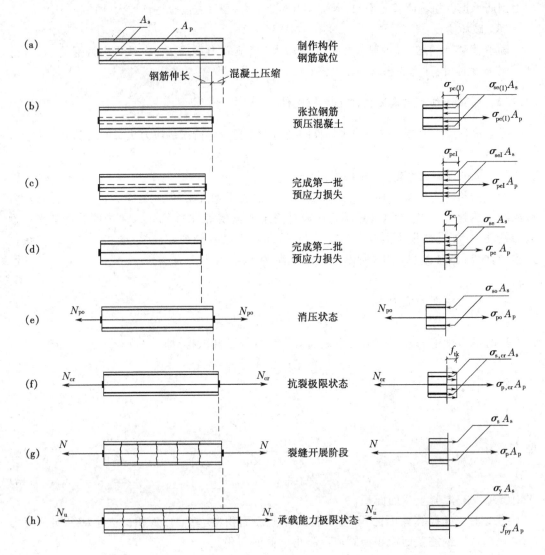

图 11-2 后张法预应力混凝土轴心受拉构件各阶段的应力状态

$$N_{peI} = (\sigma_{con} - \sigma_{lI})A_p \qquad (11-17b)$$

式中 N_{peI} ——完成第一批预应力损失后预应力钢筋的合力。

(3) 完成第二批预应力损失

在出现预应力钢筋应力松弛、混凝土收缩徐变以及用螺旋式预应力钢筋作配筋的环形截面中由混凝土局部挤压引起的预应力损失 σ_{l4}、σ_{l5} 及 σ_{l6} 后,即预应力钢筋完成了第二批预应力损失 σ_{lII} 后,这时预应力钢筋的总预应力损失为 $\sigma_l = \sigma_{lI} + \sigma_{lII}$,预应力钢筋的拉应力将从 σ_{peI} 降低到 σ_{pe},非预应力钢筋应力将从 σ_{seI} 变化为 σ_{se};混凝土的预压应力也从 σ_{pcI} 降低到 σ_{pc} (图 11-2d)。

于是,σ_{pe} 可按下列公式确定:

$$\sigma_{pe} = \sigma_{con} - \sigma_{lI} - \sigma_{lII} = \sigma_{con} - \sigma_l \qquad (11-18)$$

又

$$\sigma_{se} = -(\alpha_E \sigma_{pc} + \sigma_{l5}) \qquad (11-19)$$

由截面内力平衡条件可得

$$\sigma_{pe}A_p + \sigma_{se}A_s = \sigma_{pc}A_c$$

将 σ_{pe} 和 σ_{se} 代入上式可得

$$\sigma_{pc} = \frac{(\sigma_{con} - \sigma_l)A_p - \sigma_{l5}A_s}{A_c + \alpha_E A_s} \tag{11-20}$$

或

$$\sigma_{pc} = \frac{N_{pe}}{A_n} \tag{11-20a}$$

$$A_n = A_c + \alpha_E A_s \tag{11-20b}$$

$$N_{pe} = (\sigma_{con} - \sigma_l)A_p - \sigma_{l5}A_s \tag{11-20c}$$

式中 A_n——净截面面积；

N_{pe}——完成第二批预应力损失后预应力钢筋和非预应力钢筋的合力。

2) 使用阶段

与先张法预应力混凝土轴心受拉构件一样，从加荷到破坏，后张法预应力混凝土轴心受拉构件的受力过程可分为三个阶段，即开裂前阶段、开裂阶段和破坏阶段。

(1) 开裂前阶段

开裂前阶段又可分为两个过程。

① 加荷至混凝土应力为零

在荷载（轴心拉力）作用下，后张法预应力混凝土轴心受拉构件正截面由荷载产生的法向应力 σ_c 仍可按公式(11-7)计算。当 $\sigma_c - \sigma_{pc} < 0$ 时，混凝土处于受压状态，当 $\sigma_c - \sigma_{pc} = 0$ 时，混凝土应力为零，处于消压状态（图 11-2e）。这时，预应力钢筋的拉应力 σ_{p0} 是在 σ_{pe} 的基础上增加 $\alpha_E \sigma_{pc}$，即

$$\sigma_{p0} = \sigma_{pe} + \alpha_E \sigma_{pc} = \sigma_{con} - \sigma_l + \alpha_E \sigma_{pc} \tag{11-21}$$

类似地，非预应力钢筋的应力 σ_{s0} 为

$$\sigma_{s0} = -(\alpha_E \sigma_{pc} + \sigma_{l5}) + \alpha_E \sigma_{pc} = -\sigma_{l5}$$

由此可见，σ_{s0} 仍可按公式(11-10)计算。

于是，这时截面所承担的轴向拉力，即消压轴向拉力 N_{p0} 可根据截面上平衡条件求得，即

$$N_{p0} = \sigma_{p0}A_p - \sigma_{l5}A_s = (\sigma_{con} - \sigma_l + \alpha_E \sigma_{pc})A_p - \sigma_{l5}A_s \tag{11-22}$$

或

$$N_{p0} = N_{pe} + \alpha_E \sigma_{pc} A_p \tag{11-23}$$

N_{p0} 也可由 $\sigma_c - \sigma_{pc} = 0$ 求得，即

$$\frac{N_{p0}}{A_0} - \sigma_{pc} = 0$$

$$N_{p0} = A_0 \sigma_{pc} = \sigma_{pc}(A_n + \alpha_E A_p) = N_{pe} + \alpha_E \sigma_{pc} A_p$$

② 加荷至裂缝即将出现

当轴向力继续增加，超过 N_{p0} 时，即 $\sigma_c - \sigma_{pc} > 0$ 时，混凝土已出现拉应力。随荷载继续增加，混凝土的拉应力不断增大，当达到混凝土的抗拉强度（设计时，取混凝土轴心抗拉强度标准值 f_{tk}）时，混凝土即将出现裂缝。这时截面所承担的轴心拉力即为抗裂轴心拉力 N_{cr}（图 11-2f）。在这过程中，预应力钢筋和非预应力钢筋的拉应力增加了 $\alpha_E f_{tk}$。

于是，在裂缝即将出现时，预应力钢筋的应力 $\sigma_{p,cr}$、非预应力钢筋的应力 $\sigma_{s,cr}$ 和抗裂轴向拉力 N_{cr} 可按下列公式计算：

$$\sigma_{p,cr} = (\sigma_{con} - \sigma_l + \alpha_E \sigma_{pc}) + \alpha_E f_{tk} \tag{11-24}$$

$$\sigma_{s,cr} = \alpha_E f_{tk} - \sigma_{l5} \tag{11-25}$$

$$N_{cr} = \sigma_{p,cr}A_p + \sigma_{s,cr}A_s + f_{tk}A_c$$

$$= (\sigma_{con} - \sigma_l + \alpha_E \sigma_{pc} + \alpha_E f_{tk})A_p + (\alpha_E f_{tk} - \sigma_{l5})A_s + f_{tk}A_c$$
$$= (\sigma_{con} - \sigma_l + \alpha_E \sigma_{pc})A_p + f_{tk}A_c + \alpha_E f_{tk}A_p + \alpha_E f_{tk}A_s - \sigma_{l5}A_s$$
$$= (\sigma_{con} - \sigma_l + \alpha_E \sigma_{pc})A_p - \sigma_{l5}A_s + f_{tk}(A_c + \alpha_E A_p + \alpha_E A_s)$$

即 $$N_{cr} = N_{p0} + f_{tk}A_0$$

或 $$N_{cr} = (\sigma_{pc} + f_{tk})A_0$$

显然,上述公式与公式(11-13)和公式(11-13a)相同。

(2) 开裂阶段和破坏阶段

开裂阶段(图11-2g)和破坏阶段(图11-2h)与先张法预应力轴心受拉构件相同,不再赘述。

11.2 预应力混凝土轴心受拉构件的计算

对于预应力混凝土轴心受拉构件,一般应进行使用阶段的承载力计算,裂缝控制(抗裂和裂缝宽度)验算。此外,还应进行构件制作、运输和安装等施工阶段的验算。

11.2.1 使用阶段的计算

1) 承载力计算

如上所述,当构件破坏时,全部轴向拉力由预应力钢筋 A_p 和非预应力钢筋 A_s 承受,而且,预应力钢筋 A_p 和非预应力钢筋 A_s 均达到其屈服强度(设计时取为抗拉强度设计值 f_{py} 或 f_y),于是,破坏时,截面应力分布如图11-3所示。其承载力按下式计算:

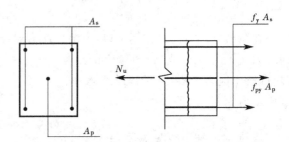

图11-3 预应力混凝土轴心受拉构件的承载力计算简图

$$N \leqslant N_u = f_{py}A_p + f_y A_s \qquad (11-26)$$

式中 N——轴心拉力设计值;

N_u——轴心受拉构件承载力设计值;

f_{py}、f_y——预应力钢筋和非预应力钢筋抗拉强度设计值,按附表8和附表7采用;

A_p、A_s——预应力钢筋和非预应力钢筋的截面面积。

2) 裂缝控制验算

对于预应力混凝土轴心受拉构件,应按所处环境类别和结构类别,由附表13选用相应的裂缝控制等级,并按下列规定进行正截面应力验算(抗裂验算)或正截面裂缝宽度验算。预应力混凝土轴心受拉构件的裂缝控制等级分为三级,其验算要求如下。

(1) 一级——严格要求不出现裂缝的构件

在荷载的标准组合下应符合下列要求:

$$\sigma_{ck} - \sigma_{pc} \leqslant 0 \qquad (11-27)$$

式中 σ_{ck}——荷载的标准组合下抗裂验算边缘的混凝土法向应力;

σ_{pc}——扣除全部预应力损失后在抗裂验算边缘的混凝土预压应力,按公式(11-6)或公式(11-6a)及公式(11-20)或公式(11-20a)计算。

σ_{ck} 可按下列公式计算:

$$\sigma_{ck}=\frac{N_k}{A_0} \tag{11-28}$$

式中 N_k——按荷载的标准组合计算的轴心拉力值。

当符合公式(11-27)的要求时,抗裂验算边缘混凝土将处于受压状态。

(2) 二级——一般要求不出现裂缝的构件

在荷载的标准组合下应符合下列要求:

$$\sigma_{ck}-\sigma_{pc}\leqslant f_{tk} \tag{11-29}$$

式中 f_{tk}——混凝土轴心抗拉强度标准值。

显然,在公式(11-29)中,若取等号,则有

$$\sigma_{ck}-\sigma_{pc}=f_{tk} \tag{11-30}$$

即

$$\frac{N_k}{A_0}-\sigma_{pc}=f_{tk} \tag{11-31}$$

或

$$N_k=(\sigma_{pc}+f_{tk})A_0 \tag{11-32}$$

与公式(11-13a)相比,可见构件处于抗裂极限状态。

(3) 三级——允许出现裂缝的构件

对于允许出现裂缝的预应力混凝土轴心受拉构件,按荷载的标准组合,并考虑长期作用影响的最大裂缝宽度应符合下列要求:

$$w_{max}\leqslant w_{lim} \tag{11-33}$$

式中 w_{max}——按荷载的标准组合,并考虑长期作用影响计算的构件最大裂缝宽度;

w_{lim}——裂缝宽度限值,按环境类别由附表13取用。

对环境类别为二a类的预应力混凝土构件,在荷载的准永久组合下,受拉边缘应力尚应符合下列要求:

$$\sigma_{cq}-\sigma_{pc}\leqslant f_{tk} \tag{11-33a}$$

在荷载的标准组合下,如符合公式(11-27)或公式(11-29)的要求时,该构件可不必按公式(11-33)进行最大裂缝宽度的验算。

公式(11-33)中的 w_{max} 按下述方法进行计算。

为了便于说明起见,首先讨论截面上仅配置预应力钢筋 A_p 的情况。

如图11-4所示,对于使用阶段允许出现裂缝的轴心受拉构件,其受力状态(图11-4c)可视为下述两种受力状态的叠加:全截面消压状态(图11-4a)和轴心受拉状态(图11-4b)。

全截面消压状态系指构件截面上各点的混凝土法向应力均为零时的状态(图11-4a),这时,预应力钢筋 A_p 的合力为 $N_{p0}=\sigma_{p0}A_p$。除了预应力损失值不同外,这一状态与先张法预应力混凝土轴心受拉构件在放松预应力钢筋前的状态是相似的。

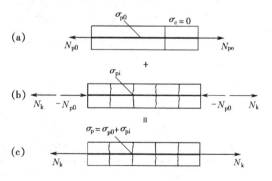

图11-4 预应力混凝土轴心受拉构件裂缝宽度计算原理示意图

轴心受拉状态系指在预应力钢筋合力点处作用有一个与 N_{p0} 大小相等但方向相反的力 $(-N_{p0})$ 以及作用着外荷载产生的轴向力 N_k 的情况。这时截面上的应力状态如图11-4b所示。在 N_k 和 $(-N_{p0})$ 的作用下,截面将处于轴心受

拉状态。不难看出,构件的裂缝开展情况将取决于这一受力状态。因此,对于在使用阶段允许出现裂缝的轴心受拉构件,其裂缝宽度可仿照钢筋混凝土轴心受拉构件的方法计算。

比照钢筋混凝土轴心受拉构件,当轴心拉力取按荷载的标准组合计算的轴心拉力值时,在上述应力状态(轴心受拉状态)下预应力受拉钢筋的应力增量 σ_{pi}(在《规范》中,用 σ_{sk} 表示)可按下列公式计算:

$$\sigma_{sk}=\sigma_{pi}=\sigma_p-\sigma_{p0}=\frac{N_k-N_{p0}}{A_p} \quad (11-34)$$

式中 σ_p——预应力受拉钢筋 A_p 的应力;

σ_{p0}——当相同水平处混凝土应力为零时,预应力受拉钢筋在扣除相应阶段预应力损失后的应力。

当截面上不仅配置预应力钢筋 A_p,而且也配置非预应力钢筋 A_s 时,情况是类似的,只需将公式(11-35)中的 A_p 改为 (A_p+A_s) 即可,亦即将公式(11-35)改写为

$$\sigma_{sk}=\frac{N_k-N_{p0}}{A_p+A_s} \quad (11-35)$$

于是,比照钢筋混凝土轴心受拉构件,对于使用阶段允许出现裂缝的预应力混凝土轴心受拉构件,按荷载的标准组合,并考虑长期作用影响的最大裂缝宽度 w_{max} 可按下列公式计算:

$$w_{max}=\alpha_{cr}\psi\frac{\sigma_{sk}}{E_s}(1.9c_s+0.08\frac{d_{eq}}{\rho_{te}}) \quad (11-36)$$

$$\psi=1.1-\frac{0.65f_{tk}}{\rho_{te}\sigma_s} \quad (11-37)$$

$$d_{eq}=\frac{\sum n_id_i^2}{\sum n_i\nu_id_i} \quad (11-38)$$

$$\rho_{te}=\frac{A_s+A_p}{A_{te}} \quad (11-39)$$

式中 α_{cr}——构件受力特征系数,取 $\alpha_{cr}=2.2$;

ψ——裂缝间纵向受拉钢筋应变不均匀系数,$\psi<0.2$ 时取 $\psi=0.2$,当 $\psi>1$ 时取 $\psi=1$;对直接承受重复荷载的构件,取 $\psi=1$。

n_i——第 i 种纵向受拉钢筋的根数;

ν_i——第 i 种纵向受拉钢筋的相对粘结特征系数,按表 11-1 的规定取用;

d_i——第 i 种纵向受拉钢筋的公称直径;

A_{te}——有效受拉混凝土截面面积,取构件截面面积。

对于预应力混凝土构件,由于在计算预应力损失时已考虑了混凝土收缩徐变的影响,因此,将 α_{cr} 由 2.7 改为 2.2。

公式(11-34)~公式(11-37)中的其他符号的意义与公式(9-32)~公式(9-35)相同。

表 11-1 钢筋的相对粘结特性系数 ν_i

钢筋类别	非预应力钢筋		先张法预应力钢筋			后张法预应力钢筋		
	光面钢筋	带肋钢筋	带肋钢筋	螺旋肋钢筋	钢绞线	带肋钢筋	钢绞线	光面钢丝
ν_i	0.7	1.0	1.0	0.8	0.6	0.8	0.5	0.4

注:对环氧树脂涂层的带肋钢筋,其相对粘结特性系数应按表中系数的 0.8 倍取用。

11.2.2 施工阶段的验算

对于后张法预应力混凝土构件张拉预应力钢筋时或先张法预应力混凝土构件放松预应力钢筋时,由于预应力损失尚未全部完成,混凝土将受到最大的预压应力,而这时混凝土的强度往往尚未达到设计规定的强度等级(一般只达到设计规定的强度等级的75%)。此外,对于后张法预应力混凝土构件,这个预压力还往往在构件端部的锚具下形成巨大的局部压力。所以,不论后张法预应力混凝土构件或先张法预应力混凝土构件,在施工阶段,除应进行承载能力极限状态验算外,还应进行混凝土应力验算。

1) 预压混凝土时混凝土应力的验算

对于预应力混凝土轴心受拉构件,在预压时,一般处于全截面受压状态,此时截面上混凝土法向应力应符合下列条件:

$$\sigma_{cc} \leqslant 0.8 f'_{ck} \qquad (11-40)$$

式中 f'_{ck}——与预压时混凝土立方体抗压强度 f'_{cu} 相应的轴心抗压强度标准值;

σ_{cc}——预压时混凝土的压应力。

为了安全起见,对于先张法预应力混凝土构件,按第一批预应力损失后计算;对于后张法预应力混凝土构件,按不考虑预应力损失计算,即

对于先张法预应力混凝土构件

$$\sigma_{cc} = \frac{(\sigma_{con} - \sigma_{l\mathrm{I}})A_p}{A_0} \qquad (11-41)$$

对于后张法预应力混凝土构件

$$\sigma_{cc} = \frac{\sigma_{con} A_p}{A_n} \qquad (11-42)$$

对于后张法预应力混凝土构件,必要时,应考虑孔道及预应力钢筋偏心的影响。

2) 构件端部锚固区局部受压承载力验算

对于后张法预应力混凝土构件,预应力是通过锚具经垫板传给混凝土的,由于锚具的总预压力很大,使锚具下混凝土承受很大的局部应力,有可能使构件端部混凝土出现裂缝或因局部受压承载力不足而破坏,所以应进行锚固区局部受压承载力计算。现将局部受压承载力计算方法介绍如下。

(1) 局部受压区的应力状态和破坏特征

如图 11-5 所示,设混凝土构件截面面积为 A_c,总宽度为 b,在其左端面(AB)中心部分的较小面积 A_l(宽度为 c_l)上作用有压力 F_l,其平均压应力为 p_l。此应力从左向右逐渐扩散

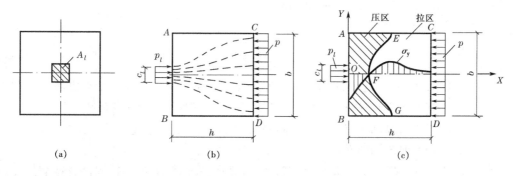

图 11-5 局部受压区的应力状态

到一个较大的面积上。分析表明,在离左端 h(h 等于 b)处的横截面 CD 上,压应力基本上已均匀分布,其压应力为 p,$p<p_l$。也就是说,构件已属于全截面均匀受压。$ABCD$ 就是局部受压区。

在 p_l 和 p 的共同作用下,局部受压区的应力状态较为复杂。当近似按平面应力问题分析时,在局部受压区中任何一点将产生三种应力,即 σ_x、σ_y 和 τ。σ_x 为沿 X 方向(即纵向)的正应力。在块体 $ABCD$ 内,绝大部分 σ_x 都是压应力,在纵轴 OX 上压应力较大,其中又以 O 点处为最大,即等于 p_l。σ_y 为沿 Y 方向(即横向)的正应力,在块体的 $AOBGFE$ 部分,σ_y 为压应力,在其余部分,σ_y 为拉应力。σ_y 沿纵轴 OX 的分布如图 11-5c 所示。由图中可见,最大的横向拉应力发生在块体 $ABCD$ 的中点附近。当荷载 F_l 逐渐增大,以致最大拉应力 σ_y 超过混凝土的抗拉强度时,混凝土将开裂,形成纵向裂缝。随着荷载的增加,裂缝逐渐发展,形成通缝,此时,承压板下的混凝土常被冲出一个楔形体,试件被劈成两半或数块,发生劈裂破坏。

(2) 局部受压承载力计算

根据试验资料分析,局部受压承载力可按下列方法计算。

① 局部受压面积验算

局部受压面积应符合下列公式的要求:

$$F_l \leq 1.35 \beta_c \beta_l f_c' A_{ln} \tag{11-43}$$

式中　F_l——局部受压面上作用的局部压力设计值,在后张法预应力混凝土构件中的锚头局压区,应取 1.2 倍张拉控制力,即取 $F_l=1.2\sigma_{con}A_p$(为了偏于安全,忽略了锚具变形损失 σ_{l1});

　　　f_c'——与预压时混凝土立方体抗压强度 f_{cu}' 相应的轴心抗压强度设计值;

　　　A_{ln}——锚具(或承力架)下混凝土的局部受压面积(净面积),当有垫板时,可考虑预压力沿锚具边缘在垫板中按 45°扩散后传至混凝土的受压面积(图 11-6),计算时应扣除孔道面积和凹槽部分的面积;

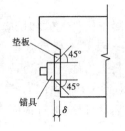

图 11-6　构件端部锚固区局部受压面积

　　　β_c——混凝土强度影响系数,当混凝土强度等级不超过 C50 时,取 $\beta_c=1.0$;当混凝土强度等级为 C80 时,取 $\beta_c=0.8$;其间按线性内插法确定;

　　　β_l——混凝土局部受压强度的提高系数。

β_l 可按下列公式计算:

$$\beta_l = \sqrt{\frac{A_b}{A_l}} \tag{11-44}$$

式中　A_b——局部受压时计算底面积(毛面积),可由局部受压面积与计算底面积按同心、对称的原则确定,按图 11-7 取用,但计算时不扣除孔道面积;

　　　A_l——混凝土局部受压面积(毛面积),取用方法与 A_{ln} 相同,但计算时不扣除孔道面积。

当不符合公式(11-43)的要求时,可以根据具体情况,扩大端部锚固区的截面尺寸,调整锚具位置或者提高混凝土强度等级。

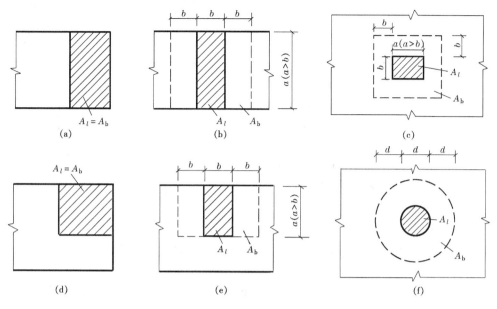

图 11-7 局部受压面积与局部受压计算底面积

② 局部受压承载力计算

为了提高局部受压的承载力,可在局部受压区配置间接钢筋。间接钢筋可采用方格钢筋网,如焊接钢筋网、正交叠置的回形钢筋网(图 11-8a)或螺旋式钢筋(图 11-8b)等。间接钢筋应配置在图 11-8 所规定的 h 范围内。对方格钢筋网式钢筋,不应少于 4 片,对螺旋式钢筋,不应少于 4 圈。

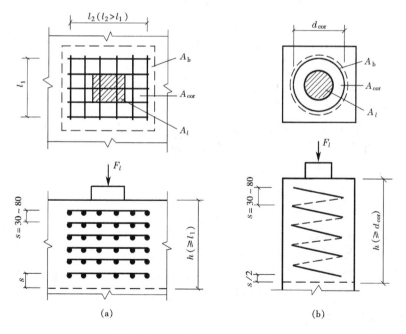

图 11-8 局部受压区的配筋

对于配置间接钢筋(方格网式或螺旋式钢筋)的锚固区段,当 $A_l \leqslant A_{cor}$ 时,其局部受压承载力可按下列公式计算:

$$F_l \leqslant 0.9(\beta_c \beta_l f_c' + 2\alpha \rho_v \beta_{cor} f_y) A_{ln} \tag{11-45}$$

式中 β_{cor}——配置间接钢筋的混凝土局部受压承载力提高系数,仍按公式(11-44)计算,但应以 A_{cor} 代替 A_b,当 $A_{cor} > A_b$ 时,应取 $A_{cor} = A_b$;

A_{cor}——方格网式或螺旋式间接钢筋内表面范围以内的混凝土核心面积(毛面积),其重心应与 A_l 的重心相重合,计算中仍按同心、对称的原则取值,且不扣除孔道面积;

f_y——间接钢筋的抗拉强度设计值;

ρ_v——间接钢筋的体积配筋率(即核心面积 A_{cor} 范围内单位混凝土体积所含间接钢筋体积);

α——间接钢筋对混凝土约束的折减系数,当混凝土强度等级不超过 C50 时,取 1.0,当混凝土强度等级为 C80 时,取 0.85,其间接线性内插法确定。

ρ_v 应按下列公式计算(图 11-8):

当为方格网式钢筋时,钢筋网两个方向上单位长度的钢筋截面面积的比值不大于 1.5,其体积配筋率应按下列公式计算:

$$\rho_v = \frac{n_1 A_{s1} l_1 + n_2 A_{s2} l_2}{A_{cor} s} \tag{11-46}$$

当为螺旋式钢筋时,其体积配筋率应按下列公式计算:

$$\rho_v = \frac{4 A_{ss1}}{d_{cor} s} \tag{11-47}$$

式中 n_1、A_{s1}——分别为方格网沿 l_1 方向的钢筋根数及单根钢筋的截面面积;

n_2、A_{s2}——分别为方格网沿 l_2 方向的钢筋根数及单根钢筋的截面面积;

A_{ss1}——单根螺旋式间接钢筋的截面面积;

d_{cor}——螺旋式间接钢筋内表面范围内的混凝土截面直径;

s——方格网式或螺旋式间接钢筋的间距,宜取 30~80 mm。

例题 11-1 已知后张法一端张拉的轴心受拉构件(屋架下弦)的截面如图 11-9 所示。混凝土强度等级为 C40($f_c =$ 19.1 N/mm², $f_{tk} = 2.40$ N/mm², $E_c = 3.25 \times 10^4$ N/mm²)。当混凝土达到设计规定的强度后张拉预应力钢筋(采用超张拉),预应力钢筋采用钢绞线($f_{ptk} = 1720$ N/mm², $f_{py} = 1220$ N/mm², $E_p = 1.95 \times 10^5$ N/mm²)。非预应力钢筋采用 HRB400 级钢筋($f_y = 360$ N/mm², $E_s = 2.0 \times 10^5$ N/mm²),构件长度为 24 m,采用夹片式锚具,孔道为预埋金属波纹管。构件承受的荷载为:轴心拉力设计值 $N = 830$ kN,按荷载的标准组合计算的轴心拉力值 $N_k = 630$ kN。裂缝控制等级为二级。试计算构件承载力和抗裂能力,并验算张拉预应力钢筋时构件的承载力和局部受压承载力。

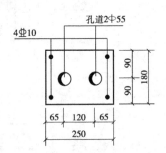

图 11-9 例题 11-1 中屋架下弦截面尺寸

解 (1)承载力计算

按构造要求配置 $4\Phi10$,$A_s = 314$ mm²。

由公式(11-26)可得

$$A_p = \frac{N - f_y A_s}{f_{py}} = \frac{830 \times 10^3 - 360 \times 314}{1\,220} = 588 \text{ mm}^2$$

选用2束钢绞线,每束5 Φ^s10.8, $A_p = 593 \text{ mm}^2$。

(2) 裂缝控制验算

① 截面几何特征

$$A_c = 250 \times 180 - 2 \times \frac{3.14}{4} \times 55^2 = 40\,250 \text{ mm}^2$$

预应力钢筋弹性模量与混凝土弹性模量比

$$\alpha_{Ep} = \frac{E_p}{E_c} = \frac{1.95 \times 10^5}{3.25 \times 10^4} = 6.00$$

非预应力钢筋弹性模量与混凝土弹性模量比

$$\alpha_{Es} = \frac{2.0 \times 10^5}{3.25 \times 10^4} = 6.15$$

净截面面积

$$A_n = A_c + \alpha_{Es} A_s = 40\,250 + 6.15 \times 314 = 42\,180 \text{ mm}^2$$

换算截面面积

$$A_0 = A_c + \alpha_{Es} A_s + \alpha_{Ep} A_p = 40\,250 + 6.15 \times 314 + 6.00 \times 593 = 45\,740 \text{ mm}^2$$

② 张拉控制应力

按照《规范》规定(表10-1),取 $\sigma_{con} = 0.7 f_{ptk} = 0.7 \times 1\,720 = 1\,204 \text{ N/mm}^2$

③ 预应力损失值

锚具变形损失

$$\sigma_{l1} = \frac{a}{l} E_p = \frac{3}{24\,000} \times 1.95 \times 10^5 = 24.4 \text{ N/mm}^2$$

孔道摩擦损失

$$\sigma_{l2} = \sigma_{con}(\kappa x + \mu\theta) = 1\,204 \times (0.001\,5 \times 24) = 43.3 \text{ N/mm}^2$$

第一批预应力损失

$$\sigma_{l\,I} = \sigma_{l1} + \sigma_{l2} = 24.4 + 43.3 = 67.7 \text{ N/mm}^2$$

钢筋松弛损失(采用超张拉)

$$\sigma_{l4} = 0.4\psi\left(\frac{\sigma_{con}}{f_{ptk}} - 0.5\right)\sigma_{con} = 0.4 \times 0.9 \times (0.7 - 0.5) \times 1\,204 = 86.7 \text{ N/mm}^2$$

混凝土收缩、徐变损失

$$\sigma_{pc\,I} = \frac{(\sigma_{con} - \sigma_{l\,I})A_p}{A_n} = \frac{(1\,204 - 67.7) \times 593}{42\,180} = 16.0 \text{ N/mm}^2$$

$$\frac{\sigma_{pc\,I}}{f'_{cu}} = \frac{16.0}{40} = 0.40$$

$$\rho = \frac{0.5(A_p + A_s)}{A_n} = \frac{0.5(593 + 314)}{42\,180} = 0.010\,8$$

由公式(10-14)可得

$$\sigma_{l5} = \frac{55 + 300\dfrac{\sigma_{pc\,I}}{f'_{cu}}}{1 + 15\rho} = \frac{55 + 300 \times 0.40}{1 + 15 \times 0.010\,8} = 150.6 \text{ N/mm}^2$$

第二批预应力损失

$$\sigma_{l\text{II}} = \sigma_{l4} + \sigma_{l5} = 86.7 + 150.6 = 237.3 \text{ N/mm}^2$$

总预应力损失

$$\sigma_l = \sigma_{l\text{I}} + \sigma_{l\text{II}} = 67.7 + 237.3 = 305.0 \text{ N/mm}^2$$

④ 抗裂度验算

混凝土有效预压应力为

$$\sigma_{pc} = \frac{(\sigma_{con} - \sigma_l)A_p - \sigma_{l5}A_s}{A_n} = \frac{(1\,204 - 305.4) \times 593 - 150.6 \times 314}{42\,180} = 11.51 \text{ N/mm}^2$$

在荷载的标准组合下

$$\sigma_{ck} = \frac{N_k}{A_0} = \frac{630 \times 10^3}{45\,740} = 13.77 \text{ N/mm}^2$$

$$\sigma_{ck} - \sigma_{pc} = 13.77 - 11.51 = 2.26 \text{ N/mm}^2 < f_{tk} = 2.4 \text{ N/mm}^2 \quad (\text{满足要求})$$

(3) 施工阶段混凝土应力验算

$$\sigma_{cc} = \frac{\sigma_{con}A_p}{A_n} = \frac{1\,204 \times 593}{42\,180} = 16.9 \text{ N/mm}^2$$

$$< 0.8 f'_{ck} = 0.8 \times 26.8 = 21.44 \text{ N/mm}^2 \quad (\text{满足要求})$$

(4) 局部受压验算

① 局部受压面积验算

$$F_l = 1.2 A_p \sigma_{con} = 1.2 \times 593 \times 1\,204 = 856\,800 \text{ N}$$

因为采用夹片式锚具,其直径为 106 mm,垫板厚度 16 mm,按 45°扩散后,受压面积的直径增加到 $106 + 2 \times 16 = 138$ mm,受压面积中有一部分相重合,如图 11-10 a 中的阴影部分所示。另有一部分超出构件外侧,其面积较上述阴影面积略小些,为简化起见,按相等考虑。因此,计算每一锚具的受压面积应扣除 2 块月牙形面积,经计算,每块月牙形面积为 414 mm²,所以 2 个锚具通过垫板传递后,实际局部受压面积为

$$A_l = 2 \times \left(\frac{\pi}{4} \times 138^2 - 2 \times 414\right) = 28\,260 \text{ mm}^2$$

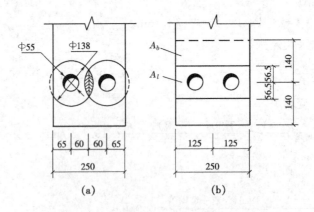

图 11-10 例题 11-1 中局部受压面积

将此面积换算成宽 250 mm 的矩形时,其长度应为 $28\,260/250 = 113$ mm(图 11-10b)。
在屋架端部,由预留孔中心至下边缘的距离为 $90 + 50 = 140$ mm(图 11-10),于是可得

$$A_b = 2 \times 140 \times 250 = 70\,000 \text{ mm}^2$$

$$\beta_l = \sqrt{\frac{A_b}{A_l}} = \sqrt{\frac{70\,000}{28\,260}} = 1.57$$

$$A_{ln} = 2(113 \times 125 - \pi \times 27.5^2) = 23\,500 \text{ mm}^2$$

$$1.35\beta_c\beta_l f'_c A_{ln} = 1.35 \times 1.0 \times 1.57 \times 19.1 \times 23\,500$$
$$= 951\,300 \text{ N} > F_l = 856\,800 \text{ N}$$

（满足要求）

② 局部受压承载力验算

屋架端部配置 HPB300 级钢筋焊接网（图 11-11），钢筋直径为 Φ8，网片间距 $s = 50$ mm，共 5 片，$l_1 = 220$ mm，$l_2 = 230$ mm，$A_{s1} = A_{s2} = 50.3$ mm^2，$n_1 = n_2 = 4$。

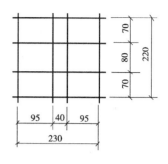

图 11-11 例题 11-1 中的钢筋网片

$$A_{cor} = 230 \times 220 = 50\,600 \text{ mm}^2$$

$$\rho_v = \frac{n_1 A_{s1} l_1 + n_2 A_{s2} l_2}{A_{cor} s}$$
$$= \frac{4 \times 50.3 \times 220 + 4 \times 50.3 \times 230}{50\,600 \times 50} = 0.036$$

$$\beta_{cor} = \sqrt{\frac{A_{cor}}{A_l}} = \sqrt{\frac{230 \times 220}{28\,260}} = 1.34$$

$$F_{lu} = 0.9(\beta_c \beta_l f'_c + 2\alpha \rho_v \beta_{cor} f_y) A_{ln}$$
$$= 0.9 \times (1.0 \times 1.57 \times 19.1 + 2 \times 1.0 \times 0.036 \times 1.34 \times 270) \times 23\,500$$
$$= 1\,185\,200 \text{ N} > F_l = 856\,800 \text{ N} \quad \text{（满足要求）}$$

思 考 题

11.1 先张法和后张法预应力混凝土轴心受拉构件在各阶段的应力状态如何？二者有何异同？

11.2 预应力混凝土轴心受拉构件在抗裂极限状态的应力状态如何？为什么预应力混凝土轴心受拉构件的抗裂荷载比钢筋混凝土轴心受拉构件大？

11.3 σ_{p0} 的物理概念如何？N_{p0} 的物理概念如何？

11.4 预应力混凝土轴心受拉构件在计算裂缝宽度时的应力状态如何？在其他条件相同的情况下，预应力混凝土轴心受拉构件的裂缝宽度比钢筋混凝土轴心受拉构件小，为什么？

11.5 混凝土局部受压的应力状态和破坏特征如何？

11.6 混凝土局部受压承载力如何计算？为什么要控制 $F_l \leqslant 1.35\beta_c\beta_l f'_c A_{ln}$？在确定 β_l 时，为什么 A_b 和 A_l 均不应扣除孔道面积？

11.7 预应力混凝土轴心受拉构件的裂缝控制等级分为几级？各级的验算要求如何？

习 题

11.1 条件同习题 10.1。若该下弦杆承受轴心拉力设计值 $N = 470$ kN，按荷载的标准组合计算的轴心拉力 $N_k = 345$ kN，按荷载的准永久组合计算的轴心拉力 $N_q = 270$ kN。试进行下列计算或验算：(1) 受拉承载力计算；(2) 使用阶段裂缝控制验算（裂缝控制等级为二级）；(3) 施工阶段验算；(4) 构件端局部受压承载力验算（横向钢筋采用 4Φ6 焊接网片，如图 11-12 所示）。

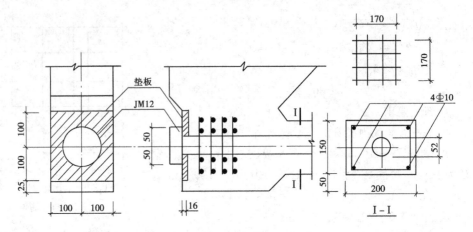

图 11-12 习题 11.1

*12 预应力混凝土受弯构件的计算

12.1 预应力混凝土受弯构件的受力全过程及各阶段的应力分析

如同预应力混凝土轴心受拉构件一样，从张拉预应力钢筋开始到构件破坏为止，预应力混凝土受弯构件的应力状态可分为两个阶段：施工阶段和使用阶段。这两个阶段又各包括若干个不同的受力过程。现分别叙述如下。

12.1.1 施工阶段

1) 先张法预应力混凝土受弯构件

在施工阶段，先张法预应力混凝土受弯构件的受力过程如下：首先在台座上张拉预应力钢筋，然后浇灌混凝土，待混凝土达到一定强度后，放松预应力钢筋，使混凝土受到预压应力。和预应力混凝土轴心受拉构件一样，放松预应力钢筋时，可以看作为在截面上施加一个与预应力钢筋合力 $N_{p0 \mathrm{I}}$ 大小相等，但方向相反的压力 $(-N_{p0 \mathrm{I}})$。如果截面上只配置 A_p 而未配置 A_p'，则 $N_{p0 \mathrm{I}}$ 即作用在 A_p 的合力点上（图 12—1a）。由于预应力钢筋 A_p 的合力点靠近截面的下边缘（即使用阶段的受拉边缘），所以，混凝土受到的预压应力是不均匀的。这时，上下边缘混凝土的应力不相等，分别用 $\sigma_{pc\mathrm{I}}'$ 和 $\sigma_{pc\mathrm{I}}$ 表示，并且 $\sigma_{pc\mathrm{I}}'$ 往往是拉应力，混凝土的应力图形呈两个三角形。如果截面上同时配置 A_p 和 A_p'，由于 A_p 往往大于 A_p'，所以，$N_{p0\mathrm{I}}$ 不作用于截面的重心轴，而是作用于靠近 A_p 的某处。这时，混凝土的应力图形有两种可能的情况（图 12—1b）。如果 A_p' 较少，则应力图形为两个三角形，$\sigma_{pc\mathrm{I}}'$ 为拉应力；如果 A_p' 较多（但仍小于 A_p），则应力图形为梯形，$\sigma_{pc\mathrm{I}}'$ 为压力，但其值小于 $\sigma_{pc\mathrm{I}}$。

不论应力图形是三角形或梯形，在分析截面上的应力状态时，都可将混凝土视为匀质弹性体，按材料力学公式计算。

在放松预应力钢筋前，第一批预应力损失已产生，这时，预应力钢筋合力 $N_{p0\mathrm{I}}$ 及其作用点至换算截面重心轴的偏心距 $e_{p0\mathrm{I}}$ 可按下列公式计算：

$$N_{p0 \mathrm{I}} = (\sigma_{con} - \sigma_{l\mathrm{I}})A_p + (\sigma_{con}' - \sigma_{l\mathrm{I}}')A_p' \tag{12-1}$$

$$e_{p0\mathrm{I}} = \frac{(\sigma_{con} - \sigma_{l\mathrm{I}})A_p y_p - (\sigma_{con}' - \sigma_{l\mathrm{I}}')A_p' y_p'}{N_{p0\mathrm{I}}} \tag{12-2}$$

式中 y_p、y_p'——受拉区及受压区的预应力钢筋 A_p 合力点和 A_p' 合力点至换算截面重心的距离。

由预加力在截面下边缘和上边缘产生的混凝土法向应力 $\sigma_{pc\mathrm{I}}$、$\sigma_{pc\mathrm{I}}'$ 为

$$\left.\begin{array}{r}\sigma_{pc\mathrm{I}} \\ \sigma_{pc\mathrm{I}}'\end{array}\right\} = \frac{N_{p0\mathrm{I}}}{A_0} \pm \frac{N_{p0\mathrm{I}} e_{p0\mathrm{I}}}{I_0} y_0 \tag{12-3}$$

式中 A_0——换算截面面积；
I_0——换算截面惯性矩；

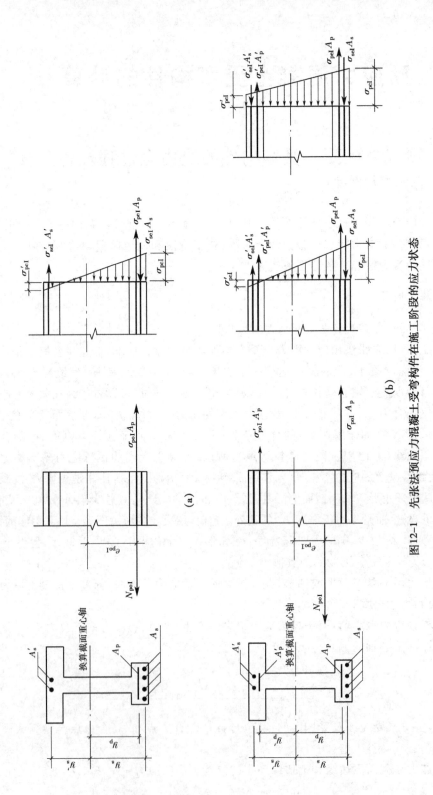

图12-1 先张法预应力混凝土受弯构件在施工阶段的应力状态

y_0——所计算纤维至换算截面重心轴的距离。

在出现第一批预应力损失后,预应力钢筋 A_p 和 A_p' 的应力 $\sigma_{pe\mathrm{I}}$ 和 $\sigma_{pe\mathrm{I}}'$ 以及非预应力钢筋 A_s 和 A_s' 的应力 $\sigma_{se\mathrm{I}}$ 和 $\sigma_{se\mathrm{I}}'$ 为

$$\sigma_{pe\mathrm{I}} = \sigma_{con} - \sigma_{l\mathrm{I}} - \alpha_E \sigma_{pc\mathrm{I},p} \tag{12-4}$$

$$\sigma_{pe\mathrm{I}}' = \sigma_{con}' - \sigma_{l\mathrm{I}}' - \alpha_E \sigma_{pc\mathrm{I},p}' \tag{12-5}$$

$$\sigma_{se\mathrm{I}} = -\alpha_E \sigma_{pc\mathrm{I},s} \tag{12-6}$$

$$\sigma_{se\mathrm{I}}' = -\alpha_E \sigma_{pc\mathrm{I},s}' \tag{12-7}$$

式中 $\sigma_{l\mathrm{I}}$、$\sigma_{l\mathrm{I}}'$——分别为在预应力钢筋 A_p 和 A_p' 中产生的第一批预应力损失;

$\sigma_{pc\mathrm{I},p}$、$\sigma_{pc\mathrm{I},p}'$——分别为相应于预应力钢筋 A_p 合力点和 A_p' 合力点处的混凝土预应力,也可按公式(12-3)计算,但其中的 y_0 分别取 y_p 和 y_p';

$\sigma_{pc\mathrm{I},s}$、$\sigma_{pc\mathrm{I},s}'$——分别为相应于非预应力钢筋 A_s 截面重心和 A_s' 截面重心处的混凝土预应力,也可按公式(12-3)计算,但其中的 y_0 分别取 y_s 和 y_s';

y_s、y_s'——分别为非预应力钢筋 A_s 截面重心和 A_s' 截面重心至换算截面重心轴的距离;

α_E——钢筋弹性模量与混凝土弹性模量的比值。

为简化起见,在这里和以下的计算中,假定预应力钢筋和非预应力钢筋的弹性模量相同。而当考虑预应力钢筋和非预应力钢筋弹性模量不同时,只需将上述公式中的 α_E 分别用 α_{Ep} 或 α_{Es} 代替即可。

在出现第二批预应力损失后,当分析截面的应力状态时,尚应考虑混凝土收缩和徐变对非预应力钢筋 A_s 和 A_s' 的影响。这时,预应力钢筋和非预应力钢筋合力 N_{p0} 及其作用点至换算截面重心轴的偏心距 e_{p0}、截面下边缘和上边缘混凝土的预应力 σ_{pc} 和 σ_{pc}'、预应力钢筋 A_p 和 A_p' 的应力 σ_{pe} 和 σ_{pe}' 以及非预应力钢筋 A_s 和 A_s' 的应力 σ_{se} 和 σ_{se}' 可按下列公式计算:

$$N_{p0} = (\sigma_{con} - \sigma_l)A_p + (\sigma_{con}' - \sigma_l')A_p' - \sigma_{l5}A_s - \sigma_{l5}'A_s' \tag{12-8}$$

$$e_{p0} = \frac{(\sigma_{con} - \sigma_l)A_p y_p - (\sigma_{con}' - \sigma_l')A_p' y_p' - \sigma_{l5}A_s y_s + \sigma_{l5}'A_s' y_s'}{N_{p0}} \tag{12-9}$$

$$\left.\begin{array}{c}\sigma_{pc}\\ \sigma_{pc}'\end{array}\right\} = \frac{N_{p0}}{A_0} \pm \frac{N_{p0}e_{p0}}{I_0}y_0 \tag{12-10}$$

$$\sigma_{pe} = \sigma_{con} - \sigma_l - \alpha_E \sigma_{pc,p} \tag{12-11}$$

$$\sigma_{pe}' = \sigma_{con}' - \sigma_l' - \alpha_E \sigma_{pc,p}' \tag{12-12}$$

$$\sigma_{se} = -\sigma_{l5} - \alpha_E \sigma_{pc,s} \tag{12-13}$$

$$\sigma_{se}' = -\sigma_{l5}' - \alpha_E \sigma_{pc,s}' \tag{12-14}$$

式中 σ_l、σ_l'——分别为在预应力钢筋 A_p 和 A_p' 中产生的全部预应力损失;

$\sigma_{pc,p}$、$\sigma_{pc,p}'$——分别为相应于预应力钢筋 A_p 合力点和 A_p' 合力点处的混凝土的预应力,也可按公式(12-10)计算,但其中的 y_0 分别取 y_p 和 y_p';

$\sigma_{pc,s}$、$\sigma_{pc,s}'$——分别为相应于非预应力钢筋 A_s 截面重心和 A_s' 截面重心处的混凝土的预应力,也可按公式(12-10)计算,但其中的 y_0 分别取 y_s 和 y_s'。

在公式(12-3)和公式(12-10)中,右边第二项的应力为受压时取正号,反之取负号。

2) 后张法预应力混凝土受弯构件

在施工阶段,后张法预应力混凝土受弯构件与先张法预应力混凝土构件的受力过程不同。对于后张法构件,当在构件上张拉预应力钢筋的同时,混凝土已受到弹性压缩。因此,在计算应力时,应采用净截面面积 A_n(即换算截面 A_0 扣除预应力钢筋换算成混凝土的截面面积)及相应的特征值(如净截面惯性矩 I_n 等)。

在出现第一批预应力损失后,预应力钢筋合力 N_{peI} 作用点至净截面重心轴的偏心距 e_{pnI}、截面下边缘和上边缘混凝土的预应力 σ_{pcI} 和 σ'_{pcI}、预应力钢筋 A_p 和 A'_p 的应力 σ_{peI} 和 σ'_{peI} 以及非预应力钢筋 A_s 和 A'_s 的应力 σ_{seI} 和 σ'_{seI} 可按下列公式计算(图 12-2):

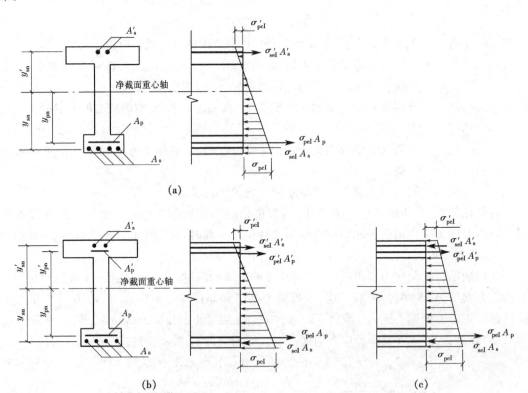

图 12-2 后张法预应力混凝土受弯构件在施工阶段的应力状态

$$N_{peI} = (\sigma_{con} - \sigma_{lI})A_p + (\sigma'_{con} - \sigma'_{lI})A'_p \tag{12-15}$$

$$e_{pnI} = \frac{(\sigma_{con} - \sigma_{lI})A_p y_{pn} - (\sigma'_{con} - \sigma'_{lI})A'_p y'_{pn}}{N_{peI}} \tag{12-16}$$

$$\left.\begin{array}{r}\sigma_{pcI} \\ \sigma'_{pcI}\end{array}\right\} = \frac{N_{peI}}{A_n} \pm \frac{N_{peI} e_{pnI}}{I_n} y_n \tag{12-17}$$

$$\sigma_{peI} = \sigma_{con} - \sigma_{lI} \tag{12-18}$$

$$\sigma'_{peI} = \sigma'_{con} - \sigma'_{lI} \tag{12-19}$$

$$\sigma_{seI} = -\alpha_E \sigma_{pcI,s} \tag{12-20}$$

$$\sigma'_{seI} = -\alpha_E \sigma'_{pcI,s} \tag{12-21}$$

式中 y_{pn}、y'_{pn}——分别为预应力钢筋 A_p 合力点和 A'_p 合力点至净截面重心轴的距离;

$\sigma_{pcI,s}$、$\sigma'_{pcI,s}$——分别为相应于非预应力钢筋 A_s 截面重心和 A'_s 截面重心处的混凝土的预应力,也可按公式(12-17)计算,但其中的 y_n 分别取 y_{sn} 和 y'_{sn};

y_{sn}、y'_{sn}——分别为非预应力钢筋 A_s 截面重心和 A'_s 截面重心至净截面重心轴距离；

y_n——所计算纤维至净截面重心轴的距离。

在出现第二批预应力损失后，预应力钢筋应力和非预应力钢筋应力的合力 N_{pe} 及其作用点至净截面重心轴的偏心距 e_{pn}、截面下边缘和上边缘混凝土的应力 σ_{pc} 和 σ'_{pc}、预应力钢筋 A_p 和 A'_p 的应力 σ_p 和 σ'_p 以及非预应力钢筋 A_s 和 A'_s 的应力 σ_{se} 和 σ'_{se} 应按下列公式计算：

$$N_{pe} = (\sigma_{con} - \sigma_l)A_p + (\sigma'_{con} - \sigma'_l)A'_p - \sigma_{l5}A_s - \sigma'_{l5}A'_s \tag{12-22}$$

$$e_{pn} = \frac{(\sigma_{con} - \sigma_l)A_p y_{pn} - (\sigma'_{con} - \sigma'_l)A'_p y'_{pn} - \sigma_{l5}A_s y_{sn} + \sigma'_{l5}A'_s y'_{sn}}{N_{pe}} \tag{12-23}$$

$$\left.\begin{array}{r}\sigma_{pc} \\ \sigma'_{pc}\end{array}\right\} = \frac{N_{pe}}{A_n} \pm \frac{N_{pe} e_{pn}}{I_n} y_n \tag{12-24}$$

$$\sigma_{pe} = \sigma_{con} - \sigma_l \tag{12-25}$$

$$\sigma'_{pe} = \sigma'_{con} - \sigma'_l \tag{12-26}$$

$$\sigma_{se} = -\sigma_{l5} - \alpha_E \sigma_{pc,s} \tag{12-27}$$

$$\sigma'_{se} = -\sigma'_{l5} - \alpha_E \sigma'_{pc,s} \tag{12-28}$$

式中 $\sigma_{pc,s}$、$\sigma'_{pc,s}$——分别为相应于非预应力钢筋 A_s 截面重心和 A'_s 截面重心处的混凝土应力，也可按公式（12-24）计算，但其中的 y_n 分别取 y_{sn} 和 y'_{sn}。

在公式（12-17）和公式（12-24）中，右边第二项的应力为受压时取正号，反之取负号。

12.1.2 使用阶段

在使用阶段，先张法和后张法预应力混凝土受弯构件的应力变化情况相同。和预应力混凝土轴心受拉构件一样，受力过程可分为如下三个阶段。

1) 开裂前阶段

如上所述，预应力混凝土受弯构件在预压后的应力状态如图 12-3b 所示。

在荷载作用下，预应力混凝土受弯构件正截面产生的应力为（图 12-3c）

$$\sigma_i = \frac{M y_0}{I_0}$$

式中 σ_i——截面上任一纤维 i 由荷载产生的法向应力；

M——作用在截面上的弯矩；

y_0——所计算纤维 i 至换算截面重心轴的距离；

I_0——换算截面惯性矩。

最大拉应力发生在截面下边缘，该处由荷载产生的法向应力 σ_c 为

$$\sigma_c = \frac{M y_{max}}{I_0} \tag{12-29}$$

或

$$\sigma_c = \frac{M}{W_0} \tag{12-29a}$$

式中 y_{max}——截面下边缘至换算截面重心轴的距离；

W_0——换算截面抗裂验算边缘（下边缘）的截面抵抗矩。

由公式（12-10）或公式（12-24）可知，在荷载作用以前，截面下边缘混凝土的预压应力如下：

对于先张法预应力混凝土构件

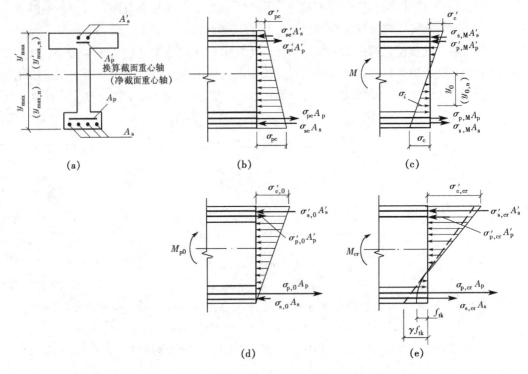

图 12-3 预应力混凝土受弯构件在使用阶段的应力状态

$$\sigma_{pc}=\frac{N_{p0}}{A_0}+\frac{N_{p0}e_{p0}}{I_0}y_{max} \tag{12-30}$$

对于后张法预应力混凝土构件

$$\sigma_{pc}=\frac{N_{pe}}{A_n'}+\frac{N_{pe}e_{pn}}{I_n}y'_{max,n} \tag{12-31}$$

式中 $y_{max,n}$——截面下边缘至净截面重心轴的距离。

随着荷载的增大，由荷载在截面下边缘混凝土产生的拉应力 σ_c 将逐渐抵消截面下边缘混凝土的预压应力 σ_{pc}，当 $\sigma_c<\sigma_{pc}$，即 $\sigma_c-\sigma_{pc}<0$ 时，截面下边缘混凝土仍处于受压状态。当 $\sigma_c=\sigma_{pc}$，即 $\sigma_c-\sigma_{pc}=0$ 时，截面下边缘混凝土应力为零，一般称这种应力状态为截面下边缘的消压状态，这时，截面所承担的弯矩为消压弯矩 M_{p0}（图 12-3d）。

由 $M_{p0}/W_0-\sigma_{pc}=0$，则

$$M_{p0}=\sigma_{pc}W_0 \tag{12-32}$$

必须指出，对于轴心受拉构件，当轴向拉力增大到 N_{p0} 时，整个截面的混凝土应力全部为零，即处于全截面消压状态。而对于受弯构件，当弯矩增大到 M_{p0} 时，只有截面下边缘的混凝土应力为零，截面上其他各点的应力都不等于零。

当荷载继续增大，$\sigma_c>\sigma_{pc}$，即 $\sigma_c-\sigma_{pc}>0$ 时，截面上部分混凝土（靠近下边缘）已出现拉应力。随着荷载不断增大，截面下边缘的拉应力将不断增大，当其拉应力达到混凝土抗拉强度（设计时取混凝土轴心抗拉强度标准值），即 $\sigma_c-\sigma_{pc}=f_{tk}$ 时，构件尚不至出现裂缝。由于混凝土的塑性，受拉区应力并不按线性变化而呈曲线分布，按曲线应力分布图形所能抵抗的弯矩较下边缘应力为 f_{tk} 的三角形应力图形所能抵抗的弯矩大。为便于抗裂度计算，可将此曲线应力图形折算成下边缘为 $\gamma f_{tk}(\gamma>1)$ 的等效（承受的弯矩相同）三角形应力图形（图

12-3e)。因此,只有当 $\sigma_c - \sigma_{pc} = \gamma f_{tk}$ 时,截面才可能出现裂缝,亦即才达到抗裂极限状态。这时,截面所承担的弯矩即为抗裂弯矩 M_{cr}。由上述可得

$$\frac{M_{cr}}{W_0} - \sigma_{pc} = \gamma f_{tk}$$

即
$$M_{cr} = (\sigma_{pc} + \gamma f_{tk})W_0 \tag{12-33}$$

或
$$M_{cr} = M_{p0} + \gamma W_0 f_{tk} \tag{12-34}$$

2) 开裂阶段

当荷载超过抗裂荷载时,受拉区出现垂直裂缝。这时,在裂缝截面上受拉区混凝土退出工作,全部拉力由受拉区钢筋承受。随着荷载的增大,裂缝逐步向上延伸和开展。

3) 破坏阶段

对于只在受拉区配置预应力钢筋 A_p 且配筋率适当的受弯构件(适筋梁),在荷载作用下,受拉区全部钢筋(包括预应力钢筋和非预应力钢筋)将先达到屈服强度,裂缝迅速向上延伸,而后受压区混凝土被压碎,构件即告破坏。破坏时,截面的应力状态与钢筋混凝土受弯构件相似。对于受压区还配置有预应力钢筋 A_p' 的构件,破坏时,受压区预应力钢筋 A_p' 的应力状态将与钢筋混凝土双筋梁的受压钢筋有较大的不同。它可能受拉或受压,但不屈服。

12.2 预应力混凝土受弯构件的承载力计算

对于预应力混凝土受弯构件,一般应进行使用阶段承载力计算(正截面和斜截面)、裂缝验算(抗裂度或裂缝宽度)和变形验算。对承受疲劳荷载作用的构件,尚应进行疲劳验算。此外,还应进行构件制作、运输和吊装等施工阶段的验算。

12.2.1 正截面受弯承载力计算

预应力混凝土受弯构件破坏时,其正截面的应力状态和钢筋混凝土受弯构件相似,所不同的是当受压区配置有预应力钢筋时,其应力 σ_p' 与钢筋混凝土双筋受弯构件中的受压钢筋 A_s' 的应力不同,σ_p' 可能是拉应力,也可能是压应力。

为了简化计算,当 $x \geqslant 2a'$ 时,σ_p' 可近似按下列公式计算:

$$\sigma_p' = \sigma_{p0}' - f_{py}' \tag{12-35}$$

确定了 σ_p' 值后,即可参照钢筋混凝土受弯构件进行计算。

1) 矩形截面

(1) 基本公式

对于矩形截面,其计算应力图形如图 12-4 所示。按照平衡条件 $\sum X = 0$ 和 $\sum M = 0$ 可得

$$\alpha_1 f_c b x = f_{py} A_p + f_y A_s + (\sigma_{p0}' - f_{py}')A_p' - f_y' A_s' \tag{12-36}$$

$$M \leqslant M_u = \alpha_1 f_c b x \left(h_0 - \frac{x}{2}\right) - (\sigma_{p0}' - f_{py}')A_p'(h_0 - a_p') + f_y' A_s'(h_0 - a_s') \tag{12-37}$$

(2) 适用条件

和钢筋混凝土受弯构件一样,受压区高度 x 也应符合下列条件:

$$x \leqslant \xi_b h_0 \tag{12-38}$$

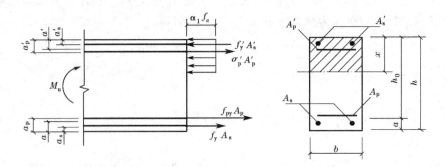

图 12-4 矩形截面预应力混凝土受弯构件正截面承载力的计算应力图形

对于预应力混凝土受弯构件，根据平截面假定，并考虑预应力钢筋已有预拉应变 $\varepsilon_{p0}=\sigma_{p0}/E_s$，则可得

$$\xi_b=\frac{\beta_1}{1+\dfrac{0.002}{\varepsilon_{cu}}+\dfrac{f_{py}-\sigma_{p0}}{E_s\varepsilon_{cu}}} \tag{12-39}$$

当混凝土强度等级不大于 C50 时，公式(12-39)可改写为

$$\xi_b=\frac{0.8}{1.6+\dfrac{f_{py}-\sigma_{p0}}{0.0033E_s}} \tag{12-39a}$$

由于在公式(12-36)、公式(12-37)中取 $\sigma'_p=\sigma'_{p0}-f_{py}$ 和 $\sigma'_s=f'_y$，故还需满足下列条件：

$$x\geqslant 2a' \tag{12-40}$$

式中 a'——受压区全部纵向受压钢筋合力点至受压区边缘的距离，当受压区未配置纵向预应力钢筋或受压区纵向预应力钢筋应力$(\sigma'_{p0}-f'_{py})$为拉应力时，公式(12-40)中的 a' 用 a'_s 代替。

若不能符合公式(12-40)的条件时，可按下列公式计算：

$$M\leqslant M_u=f_{py}A_p(h-a_p-a'_s)+f_yA_s(h-a_s-a'_s)+(\sigma'_{p0}-f'_{py})A'_p(a'_p-a'_s) \tag{12-41}$$

这时 σ'_p 仍可按公式(12-35)计算。

如按公式(12-41)求得的正截面承载力比不考虑非预应力受压钢筋 A'_s 还小时，则应按不考虑非预应力受压钢筋计算。

上述计算方法也可适用于翼缘位于受拉边的倒 T 形截面受弯构件。

2) T 形截面

对于翼缘处于受压区的 T 形截面，其正截面受弯承载力应按下列方法计算。

(1) 第一类 T 形截面(图 12-5a)

当 $x\leqslant h'_f$，亦即符合下列条件时：

$$f_{py}A_p+f_yA_s+(\sigma'_{p0}-f'_{py})A'_p-f'_yA'_s\leqslant \alpha_1f_cb'_fh'_f \tag{12-42}$$

可按宽度为 b'_f 的矩形截面计算。

(2) 第二类 T 形截面(图 12-5b)

当 $x>h'_f$，亦即符合下列条件时：

$$f_{py}A_p+f_yA_s+(\sigma'_{p0}-f'_{py})A'_p-f'_yA'_s>\alpha_1f_cb'_fh'_f \tag{12-43}$$

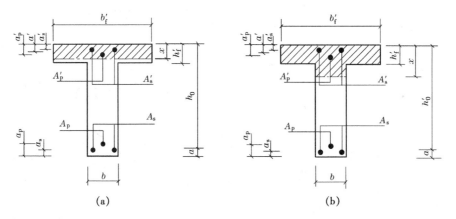

图 12-5 T形截面预应力混凝土受弯构件正截面承载力计算的分类

可按下列公式计算

$$f_{py}A_p + f_y A_s + (\sigma'_{p0} - f'_{py})A'_p - f'_y A'_s = \alpha_1 f_c bx + \alpha_1 f_c(b'_f - b)h'_f \tag{12-44}$$

$$M \leqslant M_u = \alpha_1 f_c bx\left(h_0 - \frac{x}{2}\right) + \alpha_1 f_c (b'_f - b)h'_f\left(h_0 - \frac{h'_f}{2}\right)$$
$$+ f'_y A'_s (h_0 - a'_s) - (\sigma'_{p0} - f'_{py})A'_p(h_0 - a'_p) \tag{12-45}$$

对于 T 形截面,其混凝土受压区高度 x 也应符合公式(12-38)的要求。

上述计算方法也可适用于 I 形截面受弯构件。

12.2.2 斜截面承载力计算

由于预应力的作用延缓了斜裂缝的出现和发展,增加了混凝土剪压区的高度,提高了裂缝截面上混凝土的咬合作用。因此,预应力混凝土受弯构件比相应的钢筋混凝土受弯构件具有较高的抗剪能力。预应力程度愈大,抗剪能力提高愈多。但是,预应力对抗剪能力提高作用是有一定限度的。当换算截面重心处的混凝土预压应力 σ_{pc} 与混凝土抗压强度 f_c 之比超过 0.3~0.4 时,预应力的有利影响就有下降的趋势。

对于预应力混凝土受弯构件受剪承载力的计算,可以钢筋混凝土受弯构件受剪承载力计算公式为基础,再加上预加力作用所提高的抗剪能力 V_p。根据试验结果,偏安全地取

$$V_p = 0.05 N_{p0} \tag{12-46}$$

式中 V_p——由预加力所提高的受弯构件斜截面受剪承载力设计值;

N_{p0}——计算截面上的混凝土法向预应力为零时纵向预应力钢筋及非预应力钢筋的合力,当 $N_{p0} > 0.3 f_c A_0$ 时,取 $N_{p0} = 0.3 f_c A_0$。

必须注意,对于先张法预应力混凝土受弯构件,在计算预应力钢筋的预加力时,应考虑预应力钢筋传递长度的影响(见 10.5.5 节)。

于是,斜截面受剪承载力可按下列公式计算(图 12-6):

对于仅配置箍筋的矩形、T 形和 I 形截面

$$V \leqslant V_u = V_{cs} + V_p \tag{12-47}$$

式中 V_{cs}——构件斜截面上混凝土和箍筋的受剪承载力设计值,按公式(5-17)或公式(5-18)计算。

对于配置箍筋和弯起钢筋的矩形、T 形和 I 形截面

$$V \leqslant V_u = V_{cs} + V_p + 0.8 f_y A_{sb} \sin\alpha_s + 0.8 f_{py} A_{pb} \sin\alpha_p \qquad (12-48)$$

式中　A_{sb}、A_{pb}——同一平面内的非预应力弯起钢筋及预应力弯起钢筋的截面面积；

α_s、α_p——斜截面上非预应力弯起钢筋及预应力弯起钢筋的切线与构件纵向轴线的夹角；

V_p——由预加力所提高的构件斜截面受剪承载力设计值，按公式(12-46)计算。

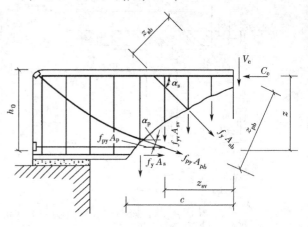

图12-6　预应力混凝土受弯构件斜截面受剪承载力计算简图

上述斜截面受剪承载力计算公式的适用范围，即上、下限值可按钢筋混凝土受弯构件采取。

和钢筋混凝土受弯构件一样，预应力混凝土受弯构件斜截面受弯承载力一般也不进行计算，而是用构造措施来保证。具体要求可参见5.4节。

12.3　预应力混凝土受弯构件裂缝验算

对于预应力混凝土受弯构件，应按所处环境类别和结构类别，由附表13选用相应的裂缝控制等级，并按下列规定进行正截面受拉边缘应力或裂缝宽度验算及斜截面主拉应力和主压应力验算。

12.3.1　抗裂验算

1) 正截面抗裂验算

预应力混凝土受弯构件正截面抗裂验算要求与预应力混凝土轴心受拉构件相同。仅对于验算边缘的混凝土应力的计算方法有所不同。

(1) 一级——严格要求不出现裂缝的构件

在荷载的标准组合下应符合下列要求：

$$\sigma_{ck} - \sigma_{pc} \leqslant 0 \qquad (12-49)$$

式中　σ_{ck}——荷载的标准组合下抗裂验算边缘的混凝土法向应力；

σ_{pc}——扣除全部预应力损失后在抗裂验算边缘的混凝土预压应力，按公式(12-10)和公式(12-24)计算。

σ_{ck}可按下列公式计算：

$$\sigma_{ck} = \frac{M_k}{W_0} \qquad (12-50)$$

式中　M_k——按荷载的标准组合计算的弯矩值。

(2) 二级——一般要求不出现裂缝的构件

在荷载的标准组合下应符合下列要求：

$$\sigma_{ck} - \sigma_{pc} \leqslant f_{tk} \tag{12-51}$$

2) 斜截面抗裂验算

(1) 基本计算公式

对于斜截面抗裂验算，主要是验算斜截面上的混凝土主拉应力和主压应力。

① 混凝土主拉应力验算

在荷载的标准组合下，混凝土主拉应力应满足下列条件：

A. 一级——严格要求不出现裂缝的构件

$$\sigma_{tp} \leqslant 0.85 f_{tk} \tag{12-52}$$

B. 二级——一般要求不出现裂缝的构件

$$\sigma_{tp} \leqslant 0.95 f_{tk} \tag{12-53}$$

式中 σ_{tp}——混凝土主拉应力。

② 混凝土主压应力验算

对于一、二级裂缝控制等级构件

$$\sigma_{cp} \leqslant 0.6 f_{ck} \tag{12-54}$$

式中 σ_{cp}——混凝土主压应力；

f_{ck}——混凝土轴心抗压强度标准值。

(2) 主应力计算

预应力混凝土受弯构件在斜截面开裂前，基本上处于弹性工作状态，所以，主应力可按材料力学方法计算。构件中各混凝土微元除了承受由荷载引起的正应力和剪应力外，还承受由预应力钢筋所引起的预应力以及集中荷载产生的局部应力。于是，主拉应力 σ_{tp} 和主压应力 σ_{cp} 可按下列公式计算：

$$\left.\begin{array}{r}\sigma_{tp}\\ \sigma_{cp}\end{array}\right\} = \frac{\sigma_x + \sigma_y}{2} \pm \sqrt{\left(\frac{\sigma_x - \sigma_y}{2}\right)^2 + \tau^2} \tag{12-55}$$

$$\sigma_x = \sigma_{pc} + \frac{M_k y_0}{I_0} \tag{12-56}$$

$$\sigma_y = \frac{0.6 F_k}{bh} \tag{12-57}$$

$$\tau = \frac{(V_k - \sum \sigma_{pe} A_{pb} \sin \alpha_p) S_0}{I_0 b} \tag{12-58}$$

式中 σ_x——由预加力和弯矩值 M_k 在计算纤维处产生的混凝土法向应力，对超静定后张法混凝土构件，尚应考虑预加力引起的次弯矩的影响；

σ_y——由集中荷载标准值 F_k 在计算纤维处产生的混凝土竖向压应力，对预应力混凝土吊车梁在集中荷载作用点两侧各 $0.6h$ 的范围内，可按图 12-7b 所示线性分布取值；

τ——由剪力值 V_k 和预应力弯起钢筋的预加力在计算纤维处产生的混凝土剪应力，对预应力混凝土吊车梁在集中荷载作用点两侧各 $0.6h$ 的范围内可按图 12-7c 所示线性分布取值，当计算截面上作用有扭矩时，尚应考虑扭矩引起的剪应力，对后张法预应力混凝土超静定构件，在计算剪力时，尚应考虑预加力引起的次剪力；

σ_{pc}——扣除全部预应力损失后,在计算纤维处由预加力产生的混凝土法向应力;

y_0——换算截面重心至所计算纤维处的距离；

V_k——按荷载效应的标准组合计算的剪力值；

S_0——计算纤维以上部分的换算截面面积对换算截面重心轴的面积矩；

σ_{pe}——预应力弯起钢筋的有效预应力；

A_{pb}——计算截面上同一弯起平面内的预应力弯起钢筋的截面面积；

α_p——计算截面上预应力弯起钢筋的切线与构件纵向轴线的夹角。

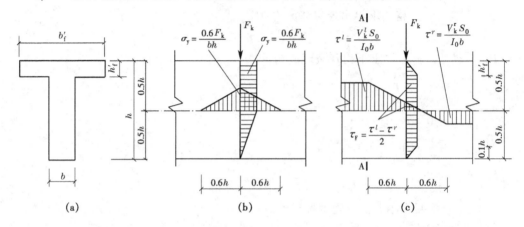

图 12-7 预应力混凝土吊车梁集中力作用点附近的应力分布的计算

在公式(12-52)、公式(12-53)中的 σ_x、σ_y、σ_{pc} 和 $M_k y_0/I_0$，当为拉应力时，以正值代入，当为压应力时，以负值代入。

验算斜截面抗裂度时，应选择跨度内不利位置的截面，对该截面的换算截面重心处和截面宽度剧烈改变处进行验算。

12.3.2 裂缝宽度验算

与预应力混凝土轴心受拉构件相同，对于允许出现裂缝的预应力混凝土受弯构件，在荷载的标准组合下，并考虑长期作用影响的效应计算的最大裂缝宽度应符合下列公式的要求，即

$$w_{max} \leqslant w_{lim} \tag{12-59}$$

在荷载的标准组合下，如符合公式(12-49)或公式(12-51)的要求时，该构件可不必按公式(12-59)进行最大裂缝宽度的验算。

对环境类别为二 a 类的三级预应力混凝土构件，在荷载准永久组合下，受拉边缘应力尚应符合下列规定：

$$\sigma_{cq} - \sigma_{pc} \leqslant f_{tk} \tag{12-60}$$

式中 σ_{cq}——准永久组合下拉裂验算边缘的混凝土法向应力。

公式(12-59)中的 w_{max} 按下述方法进行计算。

理论分析表明，对于在使用阶段允许出现裂缝的构件，其裂缝宽度可仿照钢筋混凝土偏心受压构件的方法计算。但是，其中的有关参数，如 α_{cr}、σ_{sk} 应做适当修改。

(1) 由于在计算预应力损失时已考虑了混凝土收缩徐变的影响，因此，将 α_{cr} 由 1.9 改为

1.5。

(2) 对于纵向受拉钢筋应力应以纵向受拉钢筋等效应力代替。

于是,对于在使用阶段允许出现裂缝的预应力混凝土受弯构件,按荷载效应的标准组合,并考虑长期作用影响计算的最大裂缝宽度 w_{max} 可按下列公式计算:

$$w_{max} = \alpha_{cr}\psi\frac{\sigma_{sk}}{E_s}\left(1.9c_s + 0.08\frac{d_{eq}}{\rho_{te}}\right) \quad (12-61)$$

$$\psi = 1.1 - \frac{0.65f_{tk}}{\rho_{te}\sigma_{sk}} \quad (12-62)$$

$$d_{eq} = \frac{\sum n_i d_i^2}{\sum n_i \nu_i d_i} \quad (12-63)$$

$$\rho_{te} = \frac{A_p + A_s}{0.5bh + (b_f - b)h_f} \quad (12-64)$$

$$\sigma_{sk} = \frac{M_k - N_{p0}(z - e_p)}{(A_p + A_s)z} \quad (12-65)$$

$$z = \left[0.87 - 0.12(1-\gamma_f')\left(\frac{h_0}{e}\right)^2\right]h_{0s} \quad (12-66)$$

式中 σ_{sk}——受拉区纵向钢筋(包括预应力钢筋和非预应力钢筋)的等效应力(即受拉区纵向钢筋的应力增量);

z——受拉区纵向预应力钢筋和非预应力钢筋(即普通钢筋)合力点至受压区合力点的距离;

e_p——全截面混凝土法向应力等于零时全部纵向预应力和非预应力钢筋合力 N_{p0} 的作用点至受拉区纵向预应力和非预应力钢筋合力点的距离。

12.4 预应力混凝土受弯构件的变形验算

预应力混凝土受弯构件的挠度可由两部分叠加而得,一部分是由荷载产生的挠度,另一部分是由预加力产生的反拱。挠度或反拱均可根据构件刚度 B 按一般结构力学方法计算。

12.4.1 在荷载作用下的挠度

1) 刚度

预应力混凝土构件并非理想的弹性匀质体,有时还可能出现裂缝。因此,《规范》规定,预应力混凝土受弯构件的刚度可按下述方法计算。

(1) 短期荷载作用下的刚度

在荷载的标准组合作用下,预应力混凝土受弯构件的短期刚度 B_s 可按下列公式计算:

$$B_s = \beta E_c I_0 \quad (12-67)$$

式中 β——刚度折减系数;

I_0——换算截面惯性矩。

① 要求不出现裂缝的构件

对于在使用阶段不出现裂缝的构件,考虑混凝土受拉区开裂前已出现一定的塑性变形,取 $\beta=0.85$。

② 允许出现裂缝的构件

对于在使用阶段已出现裂缝的构件，β 与 $\dfrac{M_{cr}}{M_k}$（此处，M_{cr} 为正截面开裂弯矩，M_k 为按荷载的标准组合计算的弯矩值）、$\alpha_E\rho$ 和 γ_f 有关。根据试验资料分析可得

$$\beta=\dfrac{0.85}{\kappa_{cr}+(1-\kappa_{cr})\omega} \tag{12-68}$$

$$\kappa_{cr}=\dfrac{M_{cr}}{M_k} \tag{12-69}$$

$$\omega=\left(1.0+\dfrac{0.21}{\alpha_E\rho}\right)(1+0.45\gamma_f)-0.7 \tag{12-70}$$

$$M_{cr}=(\sigma_{pc}+\gamma f_{tk})W_0 \tag{12-71}$$

式中　κ_{cr}——预应力混凝土受弯件正截面的开裂弯矩 M_{cr} 与按荷载的标准组合计算的弯矩 M_k 的比值，当 $\kappa_{cr}>1.0$ 时，取 $\kappa_{cr}=1.0$；

　　　σ_{pc}——扣除全部预应力损失后，由预加力在抗裂验算边缘产生的混凝土预压应力；

　　　γ——混凝土构件的截面抵抗矩塑性影响系数。

混凝土构件的截面抵抗矩塑性影响系数 γ 可按下列公式计算：

$$\gamma=\left(0.7+\dfrac{120}{h}\right)\gamma_m \tag{12-72}$$

式中　γ_m——混凝土构件的截面抵抗矩塑性影响系数的基本值，可按正截面应变保持平面的假定，并取受拉区混凝土应力图形为梯形，受拉边缘混凝土极限拉应变为 $2f_{tk}/E_c$ 确定；对于常用的截面形状，γ_m 值可近似按表 12-1 取用；

　　　h——截面高度（按 mm 计），当 $h<400$ 时，取 $h=400$；当 $h>1600$ 时，取 $h=1600$；对于圆形、环形截面，取 $h=2r$，此处 r 为圆形截面半径和环形截面的外环半径。

公式(12-68)仅适用于 $0.4\leqslant M_{cr}/M_k\leqslant 1$ 的情况。

必须指出，对预压时预拉区出现裂缝的构件，B_s 应降低 10%。

(2) 部分荷载长期作用时的刚度

当荷载仅部分长期作用时，可近似认为，构件总挠度等于短期荷载作用下的短期挠度与长期荷载作用下的长期挠度之和。若短期荷载和长期荷载的分布形式相同，则有

$$\beta\dfrac{M_s l_0^2}{B_s}+\theta\beta\dfrac{M_l l_0^2}{B_s}=\beta\dfrac{M l_0^2}{B_l} \tag{12-73}$$

式中　M_s——短期荷载所产生的弯矩；

　　　M_l——长期荷载所产生的弯矩；

　　　M——全部荷载所产生的弯矩，即 $M=M_s+M_l$；

　　　B_l——考虑部分荷载长期作用时的刚度；

　　　β——挠度系数。

由公式(12-73)可得

$$B_l=\dfrac{M}{M_l(\theta-1)+M}B_s \tag{12-74}$$

按《规范》，计算矩形、T 形、倒 T 形和 I 形截面预应力混凝土受弯构件的刚度 B 时，全部荷载应按荷载的标准组合进行计算，长期荷载应按荷载的准永久组合进行计算，则公式(12-74)应改写为

$$B=\dfrac{M_k}{M_q(\theta-1)+M_k}B_s \tag{12-75}$$

式中　B——按荷载的标准组合,并考虑荷载长期作用影响的刚度;
　　　M_k——按荷载的标准组合计算的弯矩值,取计算区段的最大弯矩值;
　　　M_q——按荷载的准永久组合计算的弯矩值,取计算区段的最大弯矩值;
　　　θ——考虑荷载长期作用对挠度增大的影响系数,取 $\theta=2.0$;
　　　B_s——荷载的标准组合作用下受弯构件的短期刚度,按公式计算。

当取 $\theta=2.0$,则由公式(12-75)可得

$$B=\frac{M_k}{M_q+M_k}B_s \tag{12-75a}$$

表 12-1　　　　　　　　截面抵抗矩塑性影响系数基本值 γ_m

项次	1	2	3		4		5
截面形状	矩形截面	翼缘位于受压区的 T 形截面	对称 I 形截面或箱形截面		翼缘位于受拉区的倒 T 形截面		圆形和环形截面
			$b_f/b \leq 2$ h_f/h 为任意值	$b_f/b > 2$ $h_f/h < 0.2$	$b_f/b \leq 2$ h_f/h 为任意值	$b_f/b > 2$ $h_f/h < 0.2$	
γ_m	1.55	1.50	1.45	1.35	1.50	1.40	$1.6-0.24r_1/r$

注:1. 对 $b_f'>b_f$ 的 I 形截面,可按项次 2 与项次 3 之间的数值采用;对 $b_f'<b_f$ 的 I 形截面,可按项次 3 与项次 4 之间的数值采用。
　　2. 对于箱形截面,表中 b 系指各肋宽度的总和。
　　3. r 为圆形截面半径、环形截面的外环半径;r_1 为环形截面的内环半径,对圆形截面取 $r_1=0$。

2)挠度

在求得刚度 B 后,即可按一般结构力学方法计算构件的挠度。

12.4.2　预加力产生的反拱值

由于偏心预压力的作用,预应力构件将产生反拱。在施加预应力阶段,构件基本上按弹性体工作。因此,当计算短期反拱值(即刚施加预应力后的反拱值)时,截面刚度 B_s 可按弹性刚度 EI_0 确定,同时,应按产生第一批预应力损失后的情况计算。

由于预加力的长期作用,混凝土产生徐变,梁的反拱值将增加。因此,计算长期反拱值时,截面刚度可取为 $B=0.5E_cI_0$,同时,应按产生第二批预应力损失后的情况计算。

12.5　预应力混凝土受弯构件在施工阶段的承载力和抗裂验算

预应力混凝土受弯构件在制作、运输、堆放和安装等施工阶段的受力状态往往和使用阶段不同。在制作时,构件受到预压力而处于偏心受压状态(图 12-8a)。在运输、堆放和安装时,通常搁置点或吊点距梁端有一段距离,两端成为悬臂,在自重作用下将产生负弯矩,其方向与偏心预压力产生的负弯矩相同(图 12-8b)。因此,在截面上边缘(预拉区)的混凝土可能开裂。在截面的下边缘(预压区),混凝土的压应力可能太大,以致出现纵向裂缝。

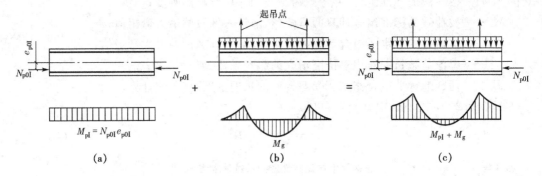

图 12-8 预应力混凝土受弯构件在吊装阶段的受力状态

由上述可见,预应力混凝土受弯构件在施工阶段的受力状态与使用阶段是不同的。因此,在设计时除必须进行使用阶段的承载力计算以及裂缝和变形验算外,还应进行施工阶段的验算。

(1) 对制作、运输及吊装等施工阶段,除进行承载能力极限状态的验算外,还应符合下列规定。

对制作、运输、安装等施工阶段预拉区允许出现拉应力的构件或预压时全截面受压的构件,在预加力、自重及施工荷载(必要时,应考虑动力系数)作用下,其截面边缘混凝土法向应力宜符合下列条件(图 12-9):

$$\sigma_{ct} \leqslant f'_{tk} \tag{12-76}$$

$$\sigma_{cc} \leqslant 0.8 f'_{ck} \tag{12-77}$$

式中 σ_{ct}、σ_{cc}——相应施工阶段计算截面边缘的混凝土拉应力及压应力;

f'_{tk}、f'_{ck}——与各施工阶段的混凝土立方体抗压强度 f'_{cu} 相应的轴心抗拉强度标准值、轴心抗压强度标准值。

简支构件的端截面预拉区边缘纤维的混凝土拉应力允许大于 f'_{tk},但不应大于 $1.2 f'_{tk}$。

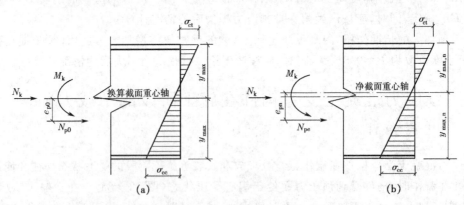

图 12-9 预应力混凝土受弯构件在施工阶段的应力状态

σ_{cc}、σ_{ct} 可按下列公式计算:

$$\sigma_{cc} \text{ 或 } \sigma_{ct} = \sigma_{pc} + \frac{N_k}{A_0} + \frac{M_k}{W_0} \tag{12-78}$$

式中 N_k、M_k——构件自重及施工荷载标准组合在计算截面产生的轴向力值、弯矩值;

W_0——验算边缘的换算截面弹性抵抗矩。

必须注意,在公式(12-78)中,当 σ_{pc} 为压应力时,取正值,σ_{pc} 为拉应力时,取负值;当 N_k 为轴向压力时,取正值;N_k 为轴向拉力时,取负值;当 M_k 在验算边缘产生的应力为压应力时,取正值,为拉应力时,取负值。

(2) 对制作、运输及安装等施工阶段预拉区允许出现裂缝的构件,预拉区纵向钢筋的配筋率 $(A_s' + A_p')/A$ 不宜小于 0.15%,对后张法构件不应计入 A_p',其中,A 为构件截面面积。预拉区纵向普通钢筋(即非预应力钢筋)的直径不宜大于 14 mm,并应沿构件预拉区边缘均匀配置。

例题 12-1 先张法预应力混凝土梁的跨度为 9 m(计算跨度为 8.75 m),截面尺寸和配筋如图 12-10 所示。承受的均布恒荷载标准值 $g_k = 14.0$ kN/m(荷载分项系数 $\gamma_g = 1.2$),均布活荷载标准值 $q_k = 12.0$ kN/m(荷载分项系数 $\gamma_q = 1.4$,准永久值系数 $\psi_q = 0.4$)。混凝土强度等级为 C50($f_c = 23.1$ N/mm², $f_{tk} = 2.64$ N/mm², $E_c = 3.45 \times 10^4$ N/mm²), $f_{ck} = 26.8$ N/mm²。预应力钢筋采用钢绞线($f_{py} = 1\,320$ N/mm², $f_{py}' = 390$ N/mm², $f_{ptk} = 1\,860$ N/mm², $E_p = 1.95 \times 10^5$ N/mm²), $A_p = 593$ mm², $A_p' = 118.6$ mm²,具体配筋情况见图 12-10 所示。箍筋采用 HPB300 级钢筋($f_y = 270$ N/mm²)。在 50 m 长线台座上生产,施工时采用超张拉,养护温度差 $\Delta t = 20\,°C$,当混凝土强度达到设计规定的强度等级时放松钢筋。裂缝控制等级为一级,挠度限值为 $l_0/300$。试验算该梁各阶段的承载力、抗裂能力和变形。

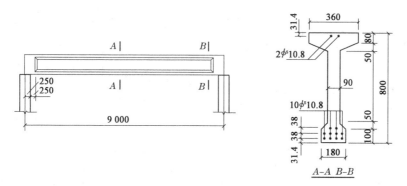

图 12-10 例题 12-1 中先张法预应力混凝土简支梁的尺寸和配筋示意图

解 (1) 内力计算

$l_0 = 8.75$ m $l_n = 8.5$ m

① 内力设计值

均布荷载设计值 $p = 14 \times 1.2 + 12 \times 1.4 = 33.6$ kN/m

跨中弯矩设计值 $M = \dfrac{1}{8} p l_0^2 = \dfrac{1}{8} \times 33.6 \times 8.75^2 = 321.6$ kN·m

支座剪力设计值 $V = \dfrac{1}{2} p l_n = \dfrac{1}{2} \times 33.6 \times 8.5 = 142.8$ kN

② 内力标准值和准永久值

A. 在荷载的标准组合下

均布荷载标准值 $p_k = 14.0 + 12.0 = 26.0$ kN/m

跨中弯矩标准值 $M_k = \frac{1}{8}p_k l_0^2 = \frac{1}{8} \times 26 \times 8.75^2 = 248.8 \text{ kN·m}$

支座剪力标准值 $V = \frac{1}{2}p_k l_n = \frac{1}{2} \times 26 \times 8.5 = 110.5 \text{ kN}$

(2) 截面几何特征

下部预应力钢筋截面重心至构件截面下边缘的距离为

$a = 64.3 \text{ mm}$ $h_0 = 800 - 64.3 = 735.7 \text{ mm}$ $\alpha_E = \frac{1.95 \times 10^5}{3.45 \times 10^4} = 5.65$

为了计算简便,将有关参数值列于表 12-2,表中各分块的编号如图 12-11 所示。于是可得

表 12-2   例题 12-1 中的截面特性计算

序号	A_{0i} /10^3 mm²	a_i / mm²	$S_{0i} = A_{0i}a_i$ /10^6 mm³	y_i / mm	$A_{0i}y_i^2$ /10^9 mm⁴	I_i / 10^9 mm⁴
①	360×80=28.8	760	21.888	314	2.840	360×80³/12=0.015 4
②	0.5×270×50=6.75	703	4.745	257.3	0.447	2×135×50³/36=0.001 0
③	90×620=55.8	410	22.878	36	0.072	90×620³/12=1.787 5
④	0.5×90×50=2.25	117	0.263	329.3	0.244	2×45×50³/36=0.000 3
⑤	100×180=18.0	50	0.900	396	2.823	180×100³/12=0.015 0
⑥	(5.65-1)×118.6 =0.552	768.6	0.424	322.6	0.057	≈0
⑦	(5.65-1)×593=2.76	64.3	0.177	381.7	0.402	≈0
∑	114.912×10³		51.275		6.885	1.819 2

换算截面面积 $A_0 = 114.912 \times 10^3 \text{ mm}^2$

换算截面重心至底边、上边的距离

$$y_{\max} = \frac{\sum S_{0i}}{A_0} = \frac{51.275 \times 10^6}{114.912 \times 10^3} = 446 \text{ mm}$$

$$y'_{\max} = 800 - 446 = 354 \text{ mm}$$

换算截面惯性矩

$$I_0 = \sum A_{0i}y_i^2 + \sum I_i$$
$$= 6.885 \times 10^9 + 1.819\ 2 \times 10^9$$
$$= 8.704\ 2 \times 10^9 \text{ mm}^4$$

(3) 张拉控制应力和预应力损失

① 张拉控制应力

A. 受拉区

$\sigma_{con} = 0.7 f_{ptk} = 0.7 \times 1\ 860 = 1\ 302 \text{ N/mm}^2$

B. 受压区

$\sigma'_{con} = 0.5 f_{ptk} = 0.5 \times 1\ 860 = 930 \text{ N/mm}^2$

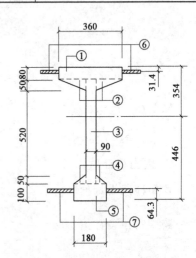

图 12-11 例题 12-1 中先张法预应力混凝土简支梁的截面几何特征计算示意图

② 预应力损失

A. 第一批预应力损失

$$\sigma_{l1} = \sigma'_{l1} = \frac{a}{l}E_p = \frac{5}{50\,000} \times 1.95 \times 10^5 = 19.5 \text{ N/mm}^2$$

$$\sigma_{l3} = \sigma'_{l3} = 2\Delta t = 2 \times 20 = 40 \text{ N/mm}^2$$

$$\sigma_{l4} = 0.04\psi\left(\frac{\sigma_{con}}{f_{ptk}} - 0.5\right)\sigma_{con} = 0.4 \times 0.9 \times \left(\frac{1\,302}{1\,860} - 0.5\right) \times 1\,302 = 93.74 \text{ N/mm}^2$$

$$\sigma'_{l4} = 0.04\psi\left(\frac{\sigma_{con}}{f_{ptk}} - 0.5\right)\sigma_{con} = 0.4 \times 0.9 \times \left(\frac{930}{1\,860} - 0.5\right) \times 930 = 0 \text{ N/mm}^2$$

第一批预应力损失值：

$$\sigma_{l\,I} = \sigma_{l1} + \sigma_{l3} + \sigma_{l4} = 19.5 + 40 + 93.74 = 153.24 \text{ N/mm}^2$$

$$\sigma'_{l\,I} = \sigma'_{l1} + \sigma'_{l3} + \sigma'_{l4} = 19.5 + 40 + 0 = 59.5 \text{ N/mm}^2$$

第一批预应力损失后的 $N_{p0\,I}$ 和 $e_{p0\,I}$ 为

$$N_{p0\,I} = (\sigma_{con} - \sigma_{l\,I})A_p + (\sigma'_{con} - \sigma'_{l\,I})A'_p$$
$$= (1\,302 - 153.24) \times 593 + (930 - 59.5) \times 118.6 = 784\,460 \text{ N} = 784.46 \text{ kN}$$

$$y_p = 446 - 64.3 = 381.7 \text{ mm} \qquad y'_p = 354 - 31.4 = 322.6 \text{ mm}$$

$$e_{p0\,I} = \frac{(\sigma_{con} - \sigma_{l\,I})A_p y_p - (\sigma'_{con} - \sigma'_{l\,I})A'_p y'_p}{N_{p0\,I}}$$

$$= \frac{(1\,302 - 153.24) \times 593 \times 381.7 - (930 - 59.5) \times 118.6 \times 322.6}{784\,460} = 289 \text{ mm}$$

第一批预应力损失后，在预应力钢筋 A_p 合力点和 A'_p 合力点水平处的混凝土预压应力 $\sigma_{pc\,I}$ 和 $\sigma'_{pc\,I}$ 为

$$\sigma_{pc\,I} = \frac{N_{p0\,I}}{A_0} + \frac{N_{p0\,I} e_{p0\,I} y_p}{I_0}$$

$$= \frac{784.46 \times 10^3}{114.912 \times 10^3} + \frac{784.46 \times 10^3 \times 289 \times 381.7}{8.704\,2 \times 10^9} = 16.77 \text{ N/mm}^2$$

$$\sigma'_{pc\,I} = \frac{N_{p0\,I}}{A_0} - \frac{N_{p0\,I} e_{p0\,I} y'_p}{I_0}$$

$$= \frac{784.46 \times 10^3}{114.912 \times 10^3} - \frac{784.46 \times 10^3 \times 289 \times 322.6}{8.704\,2 \times 10^9} = -1.58 \text{ N/mm}^2$$

B. 第二批预应力损失

$$f'_{cu} = 50 \text{ N/mm}^2$$

$$\rho = \frac{A_p}{A_0} = \frac{593}{114.912 \times 10^3} = 0.005\,2$$

则 $$\sigma_{l5} = \frac{60 + 340\dfrac{\sigma_{pc\,I}}{f'_{cu}}}{1 + 15\rho} = \frac{60 + 340 \times \dfrac{16.77}{50}}{1 + 15 \times 0.005\,2} = 161.44 \text{ N/mm}^2$$

$$\rho' = \frac{A'_p}{A_0} = \frac{118.6}{114.912 \times 10^3} = 0.001$$

由于 $\sigma'_{pc\,I}$ 为拉应力，故计算 σ'_{l5} 时，应取 $\sigma'_{pc\,I} = 0$

则 $$\sigma'_{l5} = \frac{60 + 340\dfrac{\sigma'_{pc\,I}}{f'_{cu}}}{1 + 15\rho'} = \frac{60 + 340 \times \dfrac{0}{40}}{1 + 15 \times 0.001\,0} = 59.11 \text{ N/mm}^2$$

第二批预应力损失为

$$\sigma_{l\text{II}}=\sigma_{l5}=161.44 \text{ N/mm}^2$$
$$\sigma_{l\text{II}}'=\sigma_{l5}'=59.11 \text{ N/mm}^2$$

C. 总预应力损失为

$$\sigma_l=\sigma_{l\text{I}}+\sigma_{l\text{II}}=153.24+161.44=314.68 \text{ N/mm}^2$$
$$\sigma_l'=\sigma_{l\text{I}}'+\sigma_{l\text{II}}'=59.5+59.11=118.61 \text{ N/mm}^2$$

第二批预应力损失后的 σ_{p0}、σ_{p0}'、N_{p0} 和 e_{p0} 为

$$\sigma_{p0}=\sigma_{con}-\sigma_l=1\,302-314.68=987.32 \text{ N/mm}^2$$
$$\sigma_{p0}'=\sigma_{con}'-\sigma_l'=930-118.61=811.39 \text{ N/mm}^2$$
$$N_{p0}=\sigma_{p0}A_p+\sigma_{p0}'A_p'=987.32\times593+811.39\times118.6=681\,710 \text{ N}=681.71 \text{ kN}$$
$$e_{p0}=\frac{\sigma_{p0}A_p y_p-\sigma_{p0}'A_p'y_p'}{N_{p0}}=\frac{987.32\times593\times381.7-811.39\times118.6\times322.6}{681.71\times10^3}$$
$$=282.3 \text{ mm}$$

(4) 使用阶段的正截面受弯承载力计算

假定中和轴通过翼缘,属于第一种 T 形截面。

$$h_f'\approx80+\frac{50}{2}=105 \text{ mm}$$
$$\sigma_p'=\sigma_{p0}'-f_{py}'=811.39-390=421.39 \text{ N/mm}^2$$
$$x=\frac{f_{py}A_p+\sigma_p'A_p'}{\alpha_1 f_c b_f'}=\frac{1\,320\times593+421.39\times118.6}{1.0\times23.1\times360}=100.1 \text{ mm}<h_f'=105 \text{ mm}$$

按第一种 T 形截面计算。$x>2a_p'=2\times25.4=50.8 \text{ mm}$,$x$ 很小,$x<\xi_b h_0$ 的条件可不必验算。

$$M_u=\alpha_1 f_c b_f' x(h_0-\frac{x}{2})-\sigma_p'A_p'(h_0-a_p')$$
$$=1.0\times23.1\times360\times100.1\times(735.7-\frac{100.1}{2})-421.39\times118.6\times(735.7-31.4)$$
$$=535.6\times10^6 \text{ N}\cdot\text{mm}=535.6 \text{ kN}\cdot\text{mm}>M=321.6 \text{ kN}\cdot\text{mm} \quad (\text{满足要求})$$

(5) 使用阶段的斜截面受剪承载力计算

① 验算截面尺寸

$$0.25\beta_c f_c bh_0=0.25\times1.0\times23.1\times90\times735.7=382.4\times10^3 \text{ N}$$
$$=382.4 \text{ kN}>V=142.8 \text{ kN}(\text{满足要求})$$

② 计算箍筋

$$\sigma_{pe\text{I}}=\sigma_{p0\text{I}}-\alpha_E\sigma_{pc\text{I}}=(\sigma_{con}-\sigma_{l\text{I}})-\alpha_E\sigma_{pc\text{I}}$$
$$=(1\,302-153.24)-5.65\times16.77=1\,054 \text{ N/mm}^2$$

梁端至支座边缘的距离为 $l_{as}=500 \text{ mm}$。

$$l_{tr}=\alpha\frac{\sigma_{pe\text{I}}}{f_{tk}'}d=0.16\times\frac{1\,054}{2.64}\times10.8=689.9 \text{ mm}<500 \text{ mm}$$

计算斜截面受剪承载力时,须考虑预应力传递长度的影响。

$$0.7f_t bh_0=0.7\times1.89\times90\times735.7=88\,350 \text{ N}=87.6 \text{ kN}<V=142.6 \text{ kN}$$

需按计算配置箍筋。

采用Φ6@150双肢箍筋，$A_{sv}=2\times 28.3=56.6$ mm²。

$$V_{cs}=0.7f_t bh_0+f_{yv}\frac{A_{sv}}{s}h_0$$

$$=0.7\times 1.89\times 90\times 735.7+270\times \frac{56.6}{150}\times 735.7=162\,550\text{ N}=162.55\text{ kN}$$

$$0.3f_c A_0=0.3\times 23.1\times 114.912\times 10^3=796.34\times 10^3>N_{p0}=\frac{500}{689.9}\times 681.71$$

$$=494\times 10^3\text{ N}$$

故计算V_p时应取$N_{p0}=494\times 10^3$ N，则

$$V_p=0.05N_{p0}=0.05\times 494\times 10^3=24.7\times 10^3\text{ N}$$

$$V_u=V_{cs}+V_p=162.55\times 10^3+24.7\times 10^3$$

$$=187.25\times 10^3\text{ N}=187.25\text{ kN}>V=142.36\text{ kN}\quad（满足要求）$$

（6）使用阶段的正截面抗裂验算

截面下边缘混凝土预压应力为

$$\sigma_{pc}=\frac{N_{p0}}{A_0}+\frac{N_{p0}e_{p0}y_{max}}{I_0}$$

$$=\frac{681.71\times 10^3}{114.912\times 10^3}+\frac{681.71\times 10^3\times 282.3\times 446}{8.704\,2\times 10^9}=15.8\text{ N/mm}^2$$

在荷载的标准组合下截面下边缘混凝土的拉应力为

$$\sigma_{ck}=\frac{M_k y_{max}}{I_0}=\frac{248.8\times 10^6\times 446}{8.704\,2\times 10^9}=12.75\text{ N/mm}^2$$

$$\sigma_{ck}-\sigma_{pc}=12.75-15.8=-3.05\text{ N/mm}^2<0\quad（满足要求）$$

（7）使用阶段的斜截面抗裂验算

取$B-B$截面（即腹板厚度改变处）中的三个点，即上、下翼缘与腹板的交界处及截面重心处进行验算（如图12-12所示）。

在$B-B$截面处，按荷载的标准组合计算的弯矩值和剪力值可近似取

$$M_k=0\quad V_k=110.5\text{ kN}$$

① 1-1截面

由荷载引起的应力按下述计算：

$$S_{01}=28.8\times 10^3\times 314+6.75\times 10^3\times 257.3+0.552\times 10^3\times 322.6+90\times 50\times 249$$

$$=12.10\times 10^6\text{ mm}^3$$

$$\tau=\frac{V_k S_{01}}{bI_0}$$

$$=\frac{110.5\times 10^3\times 12.10\times 10^6}{90\times 8.704\,2\times 10^9}$$

$$=1.7\text{ N/mm}^2$$

$$\sigma_{ck}=0$$

第二批预应力损失后的混凝土预应力为

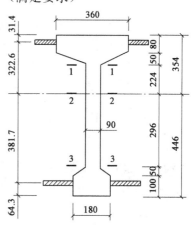

图12-12 例题12-1中的预应力混凝土简支梁斜截面抗裂验算位置

$$\sigma_{pc} = \frac{N_{p0}}{A_0} - \frac{N_{p0}e_{p0}}{I_0}y_0$$

$$= \frac{681.71 \times 10^3}{114.912 \times 10^3} - \frac{681.71 \times 10^3 \times 282.3 \times 224}{8.7042 \times 10^9}$$

$$= 0.98 \text{ N/mm}^2 \quad \text{（压应力）}$$

即 $\sigma_x = \sigma_{pc} + \sigma_{ck} = 0.98 \text{ N/mm}^2$（压应力）

$$\sigma_{tp} = \frac{\sigma_x}{2} + \sqrt{\left(\frac{\sigma_x}{2}\right)^2 + \tau^2} = \frac{-0.98}{2} + \sqrt{\left(\frac{-0.98}{2}\right)^2 + 1.7^2}$$

$$= -0.49 + 1.77 = 1.28 \text{ N/mm}^2$$

$$\sigma_{cp} = \frac{\sigma_x}{2} - \sqrt{\left(\frac{\sigma_x}{2}\right)^2 + \tau^2} = \frac{-0.98}{2} - \sqrt{\left(\frac{-0.98}{2}\right)^2 + 1.7^2} = -2.26 \text{ N/mm}^2$$

② 2-2 截面

由荷载引起的应力按下述计算：

$$S_{02} = 28.8 \times 10^3 \times 314 + 6.75 \times 10^3 \times 257.3 + 0.552 \times 10^3 \times 322.6$$

$$+ 90 \times 50 \times 249 + 90 \times 224 \times 112 = 14.34 \times 10^6 \text{ mm}^3$$

$$\tau = \frac{V_k S_{01}}{b I_0} = \frac{110.5 \times 10^3 \times 14.34 \times 10^6}{90 \times 8.7042 \times 10^9} = 2.02 \text{ N/mm}^2$$

$$\sigma_{ck} = 0$$

$$\sigma_{pc} = \frac{N_{p0}}{A_0} - \frac{N_{p0}e_{p0}y_0}{I_0}$$

$$= \frac{681.71 \times 10^3}{114.912 \times 10^3} - \frac{681.71 \times 10^3 \times 282.3 \times 0}{8.7042 \times 10^9} = 5.93 \text{ N/mm}^2 \quad \text{（压应力）}$$

即 $\sigma_x = \sigma_{pc} + \sigma_{ck} = 5.93 \text{ N/mm}^2$ （压应力）

$$\sigma_{tp} = \frac{\sigma_x}{2} + \sqrt{\left(\frac{\sigma_x}{2}\right)^2 + \tau^2} = \frac{-5.93}{2} + \sqrt{\left(\frac{-5.93}{2}\right) + 2.02^2}$$

$$= -2.97 + 3.58 = 0.62 \text{ N/mm}^2$$

$$\sigma_{cp} = \frac{\sigma_x}{2} + \sqrt{\left(\frac{\sigma_x}{2}\right)^2 + \tau^2} = \frac{-5.93}{2} + \sqrt{\left(\frac{-5.93}{2}\right)^2 + 2.02^2} = -6.55 \text{ N/mm}^2$$

3-3 截面

由荷载引起的应力按下述计算：

$$S_{02} = 18.0 \times 10^3 \times 396 + 2.25 \times 10^3 \times 329.3 + 2.76 \times 10^3 \times 381.7$$

$$+ 90 \times 50 \times 321 = 10.37 \times 10^6 \text{ mm}^3$$

$$\tau = \frac{V_k S_{01}}{b I_0} = \frac{110.5 \times 10^3 \times 10.37 \times 10^6}{90 \times 8.7042 \times 10^9} = 1.46 \text{ N/mm}^2$$

$$\sigma_{ck} = 0$$

$$\sigma_{pc} = \frac{N_{p0}}{A_0} - \frac{N_{p0}e_{p0}y_0}{I_0}$$

$$= \frac{681.71 \times 10^3}{114.912 \times 10^3} + \frac{681.71 \times 10^3 \times 282.3 \times 296}{8.7042 \times 10^9} = 12.48 \text{ N/mm}^2 \quad \text{（压应力）}$$

即 $\sigma_x = \sigma_{pc} + \sigma_{ck} = 12.48 \text{ N/mm}^2$ （压应力）

$$\sigma_{tp} = \frac{\sigma_x}{2} + \sqrt{\left(\frac{\sigma_x}{2}\right)^2 + \tau^2} = \frac{-12.48}{2} + \sqrt{\left(\frac{-12.54}{2}\right) + 1.46^2}$$

$$= -6.24 + 6.41 = 0.17 \text{ N/mm}^2$$

$$\sigma_{cp} = \frac{\sigma_x}{2} + \sqrt{\left(\frac{\sigma_x}{2}\right)^2 + \tau^2} = \frac{-12.48}{2} + \sqrt{\left(\frac{-12.48}{2}\right) + 1.46^2}$$

$$= -6.24 - 6.41 = -12.65 \text{ N/mm}^2$$

由此可得

$$\sigma_{tp,max} = 1.28 \text{ N/mm}^2 < 0.85 f_{tk} = 0.85 \times 2.64 = 2.244 \text{ N/mm}^2 \quad (\text{满足要求})$$

$$\sigma_{cp,max} = 12.65 \text{ N/mm}^2 < 0.6 f_{ck} = 0.6 \times 32.4 = 19.44 \text{ N/mm}^2 \quad (\text{满足要求})$$

(8) 使用阶段的挠度验算

由抗裂度验算可知，梁在荷载的标准组合下不出现裂缝。则

$$B_s = 0.85 E_c I_0 = 0.85 \times 3.45 \times 10^4 \times 8.7042 \times 10^9 = 2.55 \times 10^{14} \text{ N} \cdot \text{mm}^2$$

$$\theta = 2.0$$

$$B = \frac{M_k}{M_q(\theta - 1) + M_k} B_s = \frac{248.8}{179.9 \times (2.0 - 1) + 248.8} \times 2.55 \times 10^{14}$$

$$= 1.48 \times 10^{14} \text{ N} \cdot \text{mm}^2$$

按荷载的标准组合，并考虑荷载长期作用影响的挠度为

$$\Delta_0 = \frac{5}{384} \cdot \frac{p_k l_0^4}{B} = \frac{5}{384} \cdot \frac{26 \times 8750^4}{1.48 \times 10^{14}} = 13.4 \text{ mm}$$

由预应力引起的长期反拱为

$$\Delta_p = \frac{N_{p0} e_{p0} l_0^2}{4 E_c I_0} = \frac{681.71 \times 10^3 \times 282.3 \times 8750^2}{4 \times 3.25 \times 10^4 \times 8.7042 \times 10^9} = 12.27 \text{ mm}$$

梁的长期挠度 Δ 为

$$\Delta = \Delta_0 - \Delta_p = 13.4 - 12.27 = 1.13 \text{ mm}$$

$$\frac{\Delta}{l_0} = \frac{1.13}{8750} = \frac{1}{7743} < \frac{1}{300} \quad (\text{满足要求})$$

(9) 放松钢筋时的混凝土应力验算

截面上边缘混凝土的预应力：

$$\sigma'_{pcI} = \frac{N_{p0I}}{A_0} - \frac{N_{p0I} e_{p0I} y'_{max}}{I_0} = \frac{784.46 \times 10^3}{114.912 \times 10^3} - \frac{784.46 \times 10^3 \times 289 \times 354}{8.7042 \times 10^9}$$

$$= -2.39 \text{ N/mm}^2 \quad (\text{拉应力})$$

$$\sigma_{ct} = |\sigma'_{pcI}| = 2.39 \text{ N/mm}^2 < f'_{tk} = 2.64 \text{ N/mm}^2 \quad (\text{满足要求})$$

截面下边缘混凝土的预压应力：

$$\sigma_{pcI} = \frac{N_{p0I}}{A_0} + \frac{N_{p0I} e_{p0I} y_{max}}{I_0} = \frac{784.46 \times 10^3}{114.912 \times 10^3} + \frac{784.46 \times 10^3 \times 289 \times 446}{8.7042 \times 10^9}$$

$$= 18.44 \text{ N/mm}^2$$

$$\sigma_{cc} = \sigma_{pcI} = 18.44 < 0.8 f'_{ck} = 0.8 \times 32.4 = 25.92 \text{ N/mm}^2 \quad (\text{满足要求})$$

(10) 吊装时的正截面承载力和抗裂验算

大梁自重：

$$g_b = (28.8 + 6.75 + 55.8 + 2.25 + 18) \times 10^{-3} \times 25000 = 2790 \text{ N/m} = 2.79 \text{ kN/m}$$

设吊点距构件端部 700 mm，动力系数为 1.5，则由梁自重在吊点处产生的弯矩为

$$M_b = \frac{1}{2} \times 2.79 \times 0.7^2 \times 1.5 = 1.025 \text{ kN} \cdot \text{m}$$

吊装时由梁自重在吊点处截面的上、下边缘产生的应力 σ_b' 和 σ_b 为

$$\sigma_b' = -\frac{M_b y_{max}'}{I_0} = -\frac{1.025 \times 10^6 \times 354}{8.704\ 2 \times 10^9} = -0.042\ \text{N/mm}^2 \quad (拉应力)$$

$$\sigma_b = \frac{M_b y_{max}}{I_0} = \frac{1.025 \times 10^6 \times 446}{8.704\ 2 \times 10^9} = 0.053\ \text{N/mm}^2 \quad (压应力)$$

由预应力和梁自重在吊点处截面的上边缘混凝土产生的拉应力为

$$\sigma_{ct} = |\sigma_{pcI}'| + |\sigma_b'| = 2.39 + 0.042 = 2.432\ \text{N/mm}^2 \quad (压应力)$$

$$< f_{tk}' = 2.64\ \text{N/mm}^2 \quad (满足要求)$$

由预应力和梁自重在吊点处截面的下边缘混凝土产生的压应力为

$$\sigma_{cc} = \sigma_{pcI} + \sigma_b = 18.44 + 0.053 = 18.493\ \text{N/mm}^2$$

$$< 0.8 f_{ck}' = 25.92\ \text{N/mm}^2 \quad (满足要求)$$

思 考 题

12.1　先张法和后张法预应力混凝土受弯构件在各阶段的应力状态如何？二者有何异同？

12.2　预应力混凝土受弯构件正截面承载力的计算应力图形如何？它与钢筋混凝土受弯构件有何异同？

12.3　预应力混凝土受弯构件斜截面受剪承载力如何计算？它与钢筋混凝土受弯构件有何不同？

12.4　预应力混凝土受弯构件正截面抗裂验算和斜截面抗裂验算如何进行？集中荷载对斜截面抗裂性能有何影响？

12.5　预应力混凝土受弯构件的最大裂缝宽度如何计算？它与钢筋混凝土偏心受压构件有何异同？

12.6　预应力混凝土构件在施工阶段应进行哪些验算？各项验算的要求如何？

第二篇

混凝土结构设计

13 钢筋混凝土楼盖

13.1 现浇钢筋混凝土楼盖

13.1.1 现浇钢筋混凝土楼盖的类型

现浇钢筋混凝土楼盖主要可分为二大类：肋梁楼盖和无梁楼盖。

1）肋梁楼盖

肋梁楼盖可分为单向板肋梁楼盖、双向板肋梁楼盖、密肋楼盖和井字楼盖等。此外，还有现浇空心楼盖。

(1) 单向板、双向板肋梁楼盖

肋梁楼盖由板、次梁和主梁组成(图13-1)。板的四周支承在次梁、主梁上，一般将四周由主、次梁支承的板称为一个板区格。

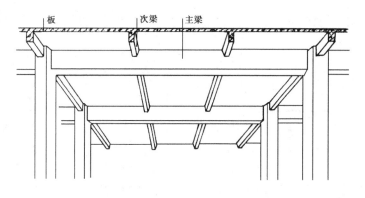

图13-1 肋梁楼盖

当板区格的长边 l_2 与短边 l_1 的比值大于3时，板上荷载主要沿短边 l_1 的方向传递到支承梁上，而沿长边 l_2 方向传递的荷载很小，可以忽略不计。板仅沿单方向(短向)受力时，这种肋梁楼盖称为单向板肋梁楼盖。

当板区格的长边 l_2 与短边 l_1 的比值小于或等于3时，板上荷载将通过两个方向传递到板相应的支承梁上。板沿两个方向受力时，这种肋梁楼盖称为双向板肋梁楼盖。

必须注意，按《规范》规定，当板区格的长边 l_2 与短边 l_1 之比不大于2.0时，应按双向板计算；当板区格的长边 l_2 与短边 l_1 之比大于2.0，但小于3.0时，宜按双向板计算；当按沿短边方向受力的单向板计算时，应沿长边方向布置足够数量的构造钢筋。

(2) 密肋楼盖

当肋梁楼盖的梁(肋)间距较小(其肋间距约为0.5~1.0m)，这种楼盖称为密肋楼盖。在相同条件下，密肋楼盖梁高度较小，这可增大楼层净空或降低层高。在密肋之间，可以放置填充物，如塑料盒、加气混凝土块或其他块材。这样，密肋楼盖的下表面就成为平整底面，可省去吊顶。密肋楼盖也可分为单向和双向密肋楼盖两种(图 13-2)。当柱网接近于正方形时,常采用双向密肋楼盖。

(3) 井字楼盖

当柱间距较大时,如用单向板肋梁楼盖,则主梁的梁高很大,不经济。这时可采用井字楼盖。所谓井字楼盖,即其梁格布置呈"井"字形,且两个方向的梁截面相同(图 13-3)。而且,梁间距比密肋楼盖的肋间距要大得多。井字楼盖梁间距一般可取 3.0~5.0 m。井字楼盖梁的跨度在 3.5~6.0 m 之间。

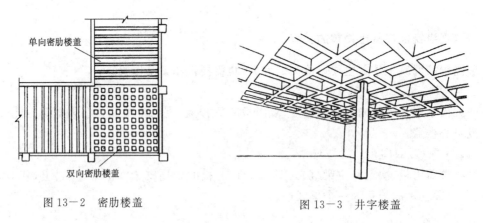

图 13-2 密肋楼盖　　　　图 13-3 井字楼盖

井字楼盖的次梁支承于主梁或墙上,次梁可平行于主梁或墙(图 13-4a),也可按 45°对角线布置(图 13-4b)。

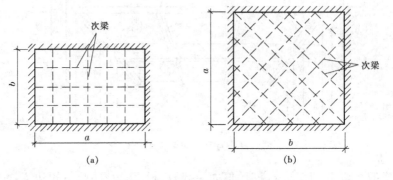

图 13-4 井字楼盖结构布置

2) 无梁楼盖

楼盖板不设梁,而将板直接支承在柱上的楼盖,称为无梁楼盖。无梁楼盖又可分为无柱帽平板和有柱帽平板。前者将板直接支承在柱子上(图 13-5a);后者则将板支承在柱帽上(图 13-5b)。这种结构的传力体系简单,楼层净空高,架设模板方便,且穿管、开孔也较方便。

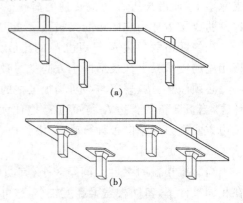

图 13-5 无梁楼盖

13.1.2 钢筋混凝土单向板肋梁楼盖

1) 结构布置

钢筋混凝土单向板肋梁楼盖的结构布置主要是主梁、次梁的布置。一般在建筑设计阶段已确定了建筑物的柱网尺寸或承重墙的布置。而柱网或承重墙的间距决定了主梁的跨度,主梁间距决定了次梁的跨度,次梁间距又决定了板的跨度。因此,如何根据建筑平面以及使用功能、工程造价等因素合理地确定肋梁楼盖的主、次梁布置,就成为一个十分重要的问题。

主梁的布置方案有两种,一种沿房屋横向布置,另一种沿房屋纵向布置。

当主梁沿房屋横向布置,次梁沿纵向布置时(图13-6a),在建筑物横向,一般可由主梁与柱形成横向框架受力体系,通过纵向次梁将各榀横向框架联成整体。由于主梁与外纵墙面垂直,纵墙上窗洞高度可较大,有利于室内自然采光。

当横向柱距比纵向柱距大得多或房屋有集中通风的要求时,可采用主梁沿房屋纵向布置,次梁沿房屋横向布置方案(图13-6b)。当主梁沿房屋纵向布置时,可增加房屋净空,但房屋的横向刚度较差,而且常由于次梁支承在窗过梁上而限制了窗洞的高度。

如果建筑物为办公楼、病房楼、客房楼和集体宿舍楼等,常见的平面布置是中间为走道、两侧为房间的形式,则可利用纵墙承重,此时可仅布置次梁而不设主梁(图13-6c)。

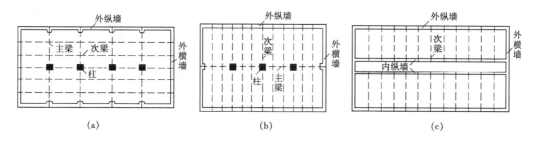

图13-6 肋梁楼盖结构布置

对于沿街的底层为大空间的商店,上部几层为住宅的民用建筑以及一些公共建筑的门厅,往往在楼盖上有承重墙、隔断墙。此时,在墙下受有较大集中荷载的楼盖处,应设置承重梁。在楼板上开有较大洞口时,在洞口周边也应设置小梁。

梁格布置应尽量做到规则、整齐,荷载传递直接。梁宜在整个建筑平面范围内拉通。

在楼盖结构中,板的混凝土用量约占整个楼盖混凝土用量的50%~70%,因此板厚宜取较小值,在梁格布置时应考虑这一因素。此外,当主梁跨间布置的次梁多于一根时,主梁弯矩变化平缓,受力较有利。根据设计经验,板的跨度一般为1.7~2.7m,不宜超过3.0m;次梁的跨度一般为4.0~6.0m;主梁的跨度一般为5.0~8.0m。

2) 单向板肋梁楼盖内力的弹性理论计算法

现浇钢筋混凝土单向板肋梁楼盖的板、梁往往是多跨连续的板、梁,其内力分析方法有两种:按弹性理论的计算方法和按塑性理论的计算方法。本节讨论板、梁内力按弹性理论的计算方法。

(1) 计算简图和荷载

① 计算简图

肋梁楼盖中的板和次梁分别由次梁和主梁支承。确定计算简图时，一般不考虑板与次梁、次梁与主梁的整体连接，将连续板和次梁的支座视为铰支座。

当主梁支承在砖墙（或砖墩）上时，简化为铰支座。当主梁支承在钢筋混凝土柱上时，应根据梁和柱的线刚度比值而定。若柱子与梁的线刚度比值大于 1/4 时，应按框架分析梁、柱内力；若柱子与梁的线刚度比值小于或等于 1/4 时，主梁可按铰支于钢筋混凝土柱上的连续梁进行计算。

对于连续板、梁的某一跨，其相邻两跨以外的其余各跨的荷载对其内力的影响很小。因此，对超过五跨的等刚度连续板、梁，若各跨荷载相同，且跨度相差不超过 10% 时，除距端部的两边跨外，所有中间跨的内力是十分接近的。为简化计算，可将所有中间跨均以第三跨来代表，即可按五跨等跨连续板、梁进行计算，其计算简图如图 13-7 所示。当板、梁的跨度少于五跨时，则按实际跨数计算。

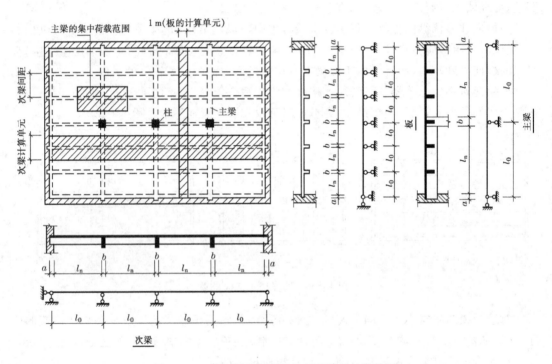

图 13-7 单向板肋梁楼盖的板和梁的计算简图

连续板、梁的计算跨度 l_0 按表 13-1 选用。

表 13-1 按弹性理论计算时连续板、梁的计算跨度 l_0

支承情况	计算跨度	
	梁	板
两端与梁（柱）整体连接	l_c	l_c
两端搁置在墙上	$1.05 l_n \leqslant l_c$	$l_n + h \leqslant l_c$
一端与梁整体连接，另一端搁置在墙上	$1.025 l_n + b/2 \leqslant l_c$	$l_n + b/2 + h/2 \leqslant l_c$

注：表中的 l_c 为支座中心线间的距离，l_n 为净跨，h 为板的厚度，b 为板、梁在梁或柱上的支承长度。

② 荷载

作用在楼盖上的荷载有永久荷载(恒荷载)和可变荷载(活荷载)。恒荷载包括结构自重、构造层重等,对于工业建筑,还有永久性设备自重。活荷载包括使用时的人群、家具、办公设备以及堆料等产生的重力。

恒荷载的标准值可按选用的构件尺寸、材料和结构构件的单位重计算。民用建筑楼面上的均布活荷载可由《荷载规范》查得。工业建筑楼面在生产使用中由设备、运输工具等所引起的局部荷载及集中荷载,均按实际情况考虑,也可用等效均布活荷载代替。《荷载规范》附录 C 中列有工业建筑楼面活荷载值,可供查取。

对于承受均布荷载的楼盖,板和次梁均承受均布线荷载,主梁则承受次梁传来的集中荷载。为了简化计算,在确定板、次梁和主梁间的荷载传递时,可忽略板、梁的连续性,按简支板、简支梁确定反力值。图 13-7 示出了在均布活荷载下板、次梁、主梁在确定荷载时所考虑的负荷面积。必须注意,对于民用建筑的楼盖,楼盖梁的负荷面积愈大,则楼面活荷载满布的可能性愈小。因此,在设计民用建筑楼面梁时,楼面活荷载标准值应乘以折减系数 α,α 值在 0.6~1.0 之间(可查阅《荷载规范》)。

确定荷载基本组合的设计值时,恒荷载的分项系数取 1.2(当其效应对结构不利时)或 1.0(当其效应对结构有利时);活荷载的分项系数一般取 1.4,当楼面活荷载标准值大于 4 kN/m² 时,取 1.3。

(2) 荷载的最不利布置与内力包罗图

① 荷载的最不利布置

在连续梁中,恒荷载作用于各跨,而活荷载的位置是变化的。在计算连续板、梁内力时,并非各跨都有活荷载作用时为最不利。为了简便,在设计时,活荷载以一个整跨为变动单元。下面用一根五跨连续梁(或板)来说明活荷载最不利位置的概念(图 13-8)。

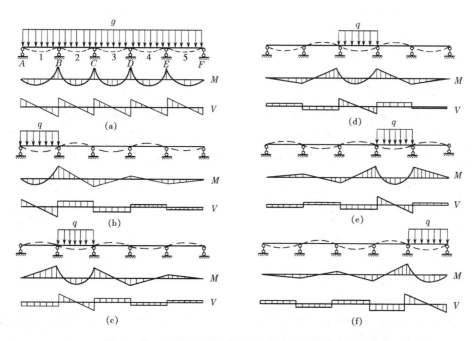

图 13-8 五跨连续梁(或板)在六种荷载下的内力图

图 13—8b、c、d、e、f 示出了一根五跨连续梁(或板)在每跨单独作用活荷载时的弯矩图(M图)和剪力图(V图),由图可见,任一计算截面上的最不利内力与活荷载布置有密切关系,主要有如下规律:

A. 求某跨跨中最大弯矩时,应在该跨布置活荷载,然后每隔一跨布置活荷载。

B. 求某跨跨中最小弯矩(最大负弯矩)时,该跨不应布置活荷载,而在该跨左右两跨布置活荷载,然后每隔一跨布置活荷载。

C. 求某支座最大负弯矩和某支座截面最大剪力时,应在该支座左、右两跨布置活荷载,然后每隔一跨布置活荷载。

上述活荷载的布置一般称为活荷载的最不利布置,根据上述活荷载的最不利布置,可进一步求出各截面可能产生的最不利内力,即最大正弯矩($+M$)、最大负弯矩($-M$)和最大剪力(V)。

附表 22 列出了等跨连续梁(或板)在均布荷载和几种常用集中荷载作用下的内力系数,计算时可直接查用。

②内力包罗图

图 13—9 表示承受均布荷载的五跨连续梁(或板)的恒荷载和活荷载的各种最不利布置情况产生的弯矩图、剪力图。将图 13—9 中所示的弯矩图、剪力图分别叠画在同一坐标图上,则其外包线即为各截面可能出现的弯矩、剪力的上、下限,由这些外包线围成的图形称为弯矩包罗图、剪力包罗图(图 13—10)。

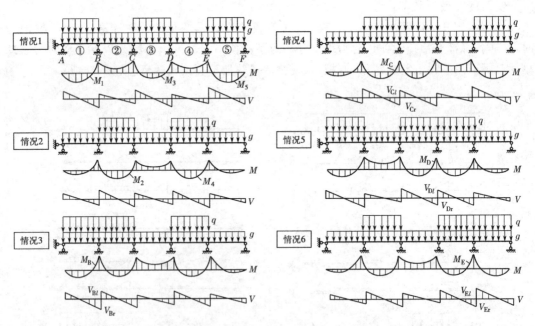

图 13—9 五跨连续梁(或板)的荷载布置与各截面的最不利内力图

绘制弯矩包罗图的步骤是:

A. 列出恒荷载及其与各种可能的最不利活荷载布置的组合。

B. 对上述每一种荷载组合求出各支座的弯矩,并以支座弯矩的连线为基线,绘出各跨在相应荷载作用下的简支弯矩图。

绘出上述弯矩图的外包线,即得所求的弯矩包罗图。

剪力包罗图的绘制方法与弯矩包罗图的绘制方法类似。

为了绘制每一跨的弯矩包罗图,一般需考虑四种荷载组合,即产生左、右端支座截面最大负弯矩的荷载组合和产生跨中最大正、负弯矩的荷载组合。为了绘制每一跨的剪力包罗图,一般只需考虑二种荷载组合,即产生左、右端支座截面最大剪力的荷载组合(图13-10)。

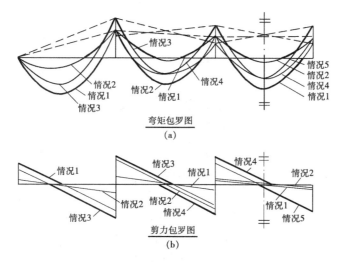

图 13-10 内力包罗图

(3) 折算荷载和内力设计值

在现浇肋梁楼盖中,对于支座为整体连接的板、梁,在确定其计算简图时,将支座视为铰支,这使得内力计算较为简便,但与实际情况有一定的差别。这一差别可以通过折算荷载的方法进行适当的修正。

① 折算荷载

将板、梁整体连接的支座简化为铰支承,其实质是没有考虑次梁对板、主梁对次梁在支座处的转动约束。实际上,当板受荷发生弯曲转动时,将使支承它的次梁产生扭转,而次梁对此扭转的抵抗将部分地阻止板自由转动,亦即此时板支座截面的实际转角 θ'(图 13-11b)比理想铰支承时的转角 θ(图 13-11a)小,即 $\theta'<\theta$,其效果相当于降低了板的弯矩。次梁与主梁间的情况与此类似。

目前一般采用增大恒荷载和相应地减小活荷载的方法来考虑这一有利影响。即以折算荷载来代替实际荷载(图 13-11c)。板和次梁的折算荷载按下列公式取值:

对于板

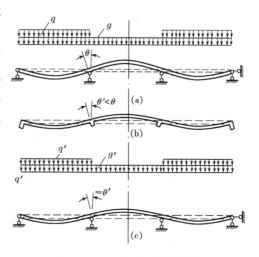

图 13-11 板、梁的折算荷载

$$g'=g+\frac{1}{2}q \quad q'=\frac{1}{2}q \tag{13-1}$$

对于次梁

$$g' = g + \frac{1}{4}q \quad q' = \frac{3}{4}q \tag{13-2}$$

式中　g'——折算恒荷载设计值；
　　　q'——折算活荷载设计值；
　　　g——实际恒荷载设计值；
　　　q——实际活荷载设计值。

当板或梁搁置在砖墙或钢梁上时，支座处所受到的约束较小，因而可不进行这种荷载调整。

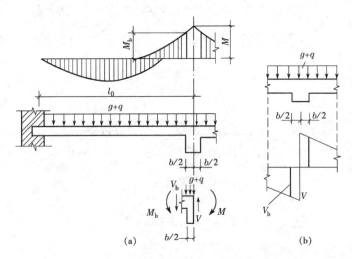

图 13-12　内力设计值的修正

② 弯矩和剪力的设计值

按弹性理论计算连续板（或梁）的内力时，在截面设计时，支座处的内力应取支承梁（或柱）的侧面所在位置的内力，这是因为在支座中心处（即最大负弯矩处），由于支承梁（或柱）的存在，板（或梁）的截面高度较大，该截面不是最危险的截面。工程实践也证明，在该截面不会发生破坏，破坏将出现在支承梁（或柱）的侧面处，故弯矩设计值和剪力设计值应按支座边缘处确定。支座边缘弯矩设计值 M_b 可按下式计算（图 13-12a）：

$$M_b = M - \frac{V_b b}{2} \tag{13-3}$$

式中　　M——支座中心处弯矩设计值；
　　　　V_b——支座边缘处剪力设计值；
　　　　b——支座宽度。

支座边缘处剪力设计值 V_b 可按下列公式计算：

均布荷载时
$$V_b = V - \frac{(g+q)b}{2} \tag{13-4a}$$

集中荷载时
$$V_b = V \tag{13-4b}$$

式中　V——支座中心处的剪力设计值（图 13-12b）。

3）单向板肋梁楼盖内力的塑性理论计算法

钢筋混凝土构件的截面承载力计算是按极限平衡理论进行的，在截面承载力的计算中充分考虑了钢材和混凝土的塑性性质，然而在按上述弹性理论分析连续板、梁的内力时，实际上是采用了材料为匀质弹性体的假定，将构件视为理想弹性体而不考虑材料的塑性。显然,用弹性理论分析结构内力,并按塑性方法设计截面,这两者是不协调的。同时,在超静定结构中,结构的内力与结构各部分的刚度大小有直接关系,当结构中某截面发生塑性变形后,刚度降低,结构上的内力也将发生变化,也就是说,在加载的全过程中,由于材料的非弹性性质,各截面间的内力分布规律是不断发生变化的(这种现象一般称为内力重分布),按弹性理论求得的内力实际上已不能准确反映结构的实际内力。同时,连续板、梁是超静定结构,即使其中某处正截面的受拉钢筋达到屈服,整个结构还不是几何可变的,仍能继续承受荷载。因此,在楼盖设计中,考虑材料的塑性性能来分析结构的内力,确定结构的承载力,将能更准确地反映结构的实际受力状态,充分发挥结构的承载力,具有一定的经济意义。

(1) 钢筋混凝土受弯构件的塑性铰

图 13-13a 所示为一受弯构件跨中截面曲率 φ 与弯矩 M 的关系曲线。由图 13-13a 可见,钢筋屈服以前,$M-\varphi$ 关系线已略呈曲线,这表明,梁在第 II 工作阶段(带裂缝工作阶段)时,由于受拉区出现裂缝和受压区混凝土产生了一定的塑性变形,截面刚度已逐渐降低。当纵向受拉钢筋屈服时,在弯矩增加不多的情况下,曲率 φ 急剧增大,$M-\varphi$ 关系线接近于水平线,这表明该截面已进入"屈服"阶段。纵向受拉钢筋屈服时的弯矩称为屈服弯矩,用 M_y 表示,相应的曲率称为屈服曲率,用 φ_y 表示;在纵向受拉钢筋屈服后,在"屈服"截面形成的一个集中的转动区域,相当于一个铰,这种"铰"称为"塑性铰"(图 13-13b)。塑性铰的形成主要是由于纵向受拉钢筋屈服后产生塑性变形,而塑性铰的转动能力则取决于混凝土与纵向受拉钢筋的变形能力。随着曲率增加,混凝土受压边缘的应变将增加,当混凝土受压边缘的应变达到其极限压应变 ε_{cu} 时,混凝土压坏,截面达到其极限弯矩 M_u,这时,相应的曲率称为极限曲率,用 φ_u 表示。

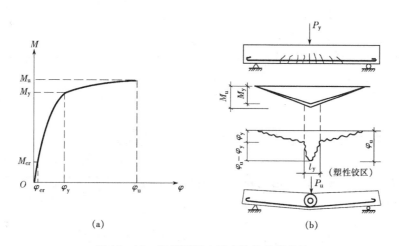

图 13-13 钢筋混凝土受弯构件的塑性铰

图 13-14 所示为不同配筋率的梁的弯矩 M 与曲率 φ 的关系。由图可见,纵向受拉钢筋配筋率 ρ 愈大,则从截面屈服至截面破坏的曲率增量 $(\varphi_u-\varphi_y)$ 愈小,即随着纵向受拉钢筋配筋率的增加,塑性铰的转动能力减小,延性降低。当配筋率 ρ 达最大配筋率 ρ_{max} 时,钢筋屈服的同时受压区混凝土压坏,即 $\varphi_y=\varphi_u$,这时塑性转动能力很小。

必须注意,钢筋混凝土受弯构件的塑性铰与理想铰有本质上的不同,两者主要区别如下:①理想铰不能传递弯矩,而塑性铰能传递相应于截面"屈服"的弯矩 M_y,弯矩 M_y 可近似认为等于该截面的极限弯矩 M_u;②理想铰可以在两个方向自由转动,而塑性铰却是单向铰,只能沿弯矩作用方向做有限的转动,塑性铰的转动能力与配筋率 ρ 及混凝土极限压应变 ε_{cu} 有关;③理想铰集中于一点,而塑性铰有一定的长度。

(2) 钢筋混凝土连续梁的塑性内力重分布

钢筋混凝土连续梁是超静定结构,其内力分布规律与各截面的刚度有关。在整个加荷过程中,钢筋混凝土连续梁各个截面的刚度是不断变化的,因此,其内力也是不断发生重分布的。

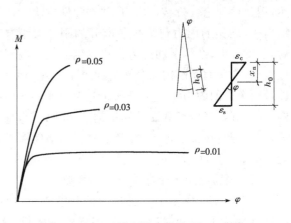

图13-14 不同配筋率梁的 $M-\varphi$ 曲线

钢筋混凝土连续梁的内力重分布现象,在裂缝出现前即已产生,但不明显。在裂缝出现后,内力重分布逐渐明显。而在纵向受拉钢筋屈服后,内力将产生显著的重分布。下面,我们将主要研究纵向受拉钢筋屈服后的内力重分布现象。

对于钢筋混凝土静定结构,当某一截面出现塑性铰,则结构变成机动体系,即达到承载能力极限状态。对于钢筋混凝土超静定结构,当某一截面出现塑性铰,即弯矩达到其屈服弯矩后,该截面处的弯矩将不再增加,但其转角仍可继续增大,这就相当于使超静定结构减少了一个约束,结构可以继续承受增加的荷载而不破坏,只有当结构上出现足够数量的塑性铰而使结构成为几何可变体系(对连续梁当某中间跨出现3个塑性铰,该跨将成为几何可变体系。)时,结构才达到承载能力极限状态。

下面以两跨连续梁为例说明连续梁的塑性内力重分布。

设在跨中作用有集中荷载的两跨连续梁,如图13-15所示,梁的计算跨度 $l_0=4.0$ m,梁的截面尺寸 $b \times h = 200$ mm $\times 450$ mm,混凝土强度等级为C20($f_c = 9.6$ N/mm^2),中间支座及跨中均配置受拉钢筋 3Φ18($f_y = 300$ N/mm^2)。按受弯构件正截面承载力计算,跨中截面和中间支座截面的极限弯矩 $M_{uD} = M_{uB} = 81.3$ kN·m。按照弹性理论计算,当 $P_1 = 108.1$ kN 时,支座 B 的弯矩已达到其极限弯矩,即 $M_B = 81.3$ kN·m。因此,P_1 就是这个连续梁所能承受的最大荷载,但此时跨中截面的弯矩 $M_{D1} = 67.5$ kN·m,尚未达到其极限弯矩(图13-15a)。

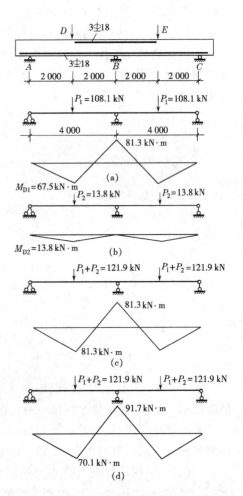

图13-15 两跨梁的塑性内力重分布

由于两跨连续梁为一次超静定结构,在 P_1 作用下,结构并未丧失承载力,只是在支座 B 附近形成塑性铰。在进一步加载过程中,塑性铰截面 B 在屈服状态下工作,转角可继续增大,但截面所承受的弯矩不变,仍为 81.3 kN·m。因此,在继续加载过程中,梁的受力将相当于两跨简支梁,跨中还能承受的弯矩增量为 $M_{D2}=M_{uD}-M_{D1}=81.3-67.5=13.8$ kN·m,这时,相应荷载增量应按简支计算,于是可得 $P_2=\dfrac{4(M_{uD}-M_{D1})}{l_0}=13.8$ kN 时(图 13-15b)。由此可见,当跨中的总弯矩 $M_D=M_{D1}+M_{D2}=67.5+13.8=81.3$ kN·m,这时,$M_D=M_{uD}$,在截面 D 处也形成塑性铰,整个结构成为机构,达到其承载能力极限状态。因此考虑塑性内力重分布时,该连续梁的极限承载力 $P=P_1+P_2=121.9$ kN,梁的最终弯矩图如图 13-15c 所示,$M_{uD}=M_{uB}=81.3$ kN$=0.167(P_1+P_2)l_0$。若按弹性理论计算,在 $P=P_1+P_2$ 作用下,B 支座的弯矩 $M_{Be}=0.188(P_1+P_2)l_0=91.7$ kN·m,跨中 D 的弯矩 $M_{De}=0.156(P_1+P_2)l_0=70.1$ kN·m,弯矩图如图 13-15d 所示。由此可见,对于上述两跨连续梁,按塑性理论计算的支座弯矩 M_{uB} 较弹性理论计算所得的支座弯矩 M_{Be} 下调的幅度为

$$\frac{M_{Be}-M_{uB}}{M_{Be}}=\frac{91.7-81.3}{91.7}=\frac{0.188-0.1666}{0.188}=11.3\%。$$

由上述可得出一些具有普遍意义的结论:

①对于钢筋混凝土多跨连续板、梁,某一个截面出现塑性铰,不一定表明该结构已丧失承载力。只有当结构上出现足够数量的塑性铰,以至于整个结构或某一部位形成破坏机构,结构才丧失其承载力。因此,当考虑塑性内力重分布,按塑性理论计算时,可充分发挥各截面的承载力,从而提高整个结构的极限承载力。

②对于钢筋混凝土多跨连续板、梁,在塑性铰出现后的加载过程中,结构的内力经历了一个重新分布的过程(这个过程称为塑性内力重分布)。因此,在结构形成破坏机构(即结构形成机动体系)时,结构的内力分布规律和塑性铰出现前按弹性理论计算的内力分布规律不同。

③对于钢筋混凝土多跨连续板、梁,按弹性理论计算时,在荷载与跨度确定后,内力解是确定的,即解答是唯一的,这时内力和外力平衡,且变形协调。而按塑性内力重分布理论计算时,内力的解答不是唯一的,内力分布可随各截面配筋比值的不同而变化,这时只满足平衡条件,而转角相等的变形协调条件不再适用,即在塑性铰截面处,梁的变形曲线不再有共同切线。所以超静定结构的内力塑性重分布在一定程度上可以由设计者通过改变构件各截面的极限弯矩 M_u 来控制。不仅调幅的大小可以改变,而且调幅的方向(即增大或减小内力)也可以改变。

④对于钢筋混凝土多跨连续板、梁,当按弹性理论方法计算时,连续板、梁内支座截面的弯矩一般较大,造成配筋密集,施工不便。当考虑塑性内力重分布,按塑性理论计算时,可降低支座截面的弯矩值,减少支座截面配筋量,改善施工条件。

(3) 影响塑性内力重分布的因素

钢筋混凝土连续板、梁的内力重分布有两种情况,一种是充分的内力重分布,一种是非充分的内力重分布。若钢筋混凝土连续板、梁中的各塑性铰均具有足够的转动能力,使连续板、梁能按照预定的顺序,先后形成足够数目的塑性铰,直至最后形成机动体系而破坏,这种情况称为充分的内力重分布。反之,如果在完成充分的内力重分布以前,由于某些局部破坏(如某个或某几个塑性铰转动能力不足而先行破坏等)导致连续板、梁的破坏,这种情况称为

非充分的内力重分布。

影响钢筋混凝土连续板、梁内力重分布的主要因素有如下几个方面:塑性铰的转动能力、斜截面承载力以及结构的变形和裂缝开展性能。

① 塑性铰转动能力对塑性内力重分布的影响

塑性铰的转动能力是影响钢筋混凝土连续板、梁内力重分布的主要因素。如果完成内力重分布过程中所需要的转角超过了塑性铰的转动能力,则在尚未形成预期的破坏机构以前,该塑性铰就会因受压区混凝土被压碎而破坏。

影响塑性铰转动能力的主要因素有纵向钢筋配筋率(包括纵向受拉钢筋配筋率和纵向受压钢筋配筋率)、钢筋的延性和混凝土的极限压应变等。纵向钢筋配筋率直接影响截面的相对受压区高度 ξ,截面的相对受压区高度愈小,塑性铰的转动能力愈大。钢筋的延性愈高,塑性铰的转动能力也愈大。普通热轧钢筋具有明显的屈服台阶,延伸率较高,因此,考虑塑性内力重分布计算的连续梁,宜采用 HRB400、HRB335 和 HPB300 级热轧钢筋。

② 斜截面承载力对塑性内力重分布的影响

要实现充分的内力重分布,除了塑性铰不能过早破坏外,斜截面也不能因承载力不足而先行破坏,否则将影响内力重分布的继续进行。试验研究表明,在支座出现塑性铰后,斜截面承载力有所降低。因此,为了保证连续梁实现充分的内力重分布,其斜截面应具有足够的承载力。

③ 结构的变形和裂缝开展性能对塑性内力重分布的影响

在连续板、梁实现充分的内力重分布过程中,如果最早和较早出现的塑性铰的转动幅度过大,塑性铰区段的裂缝将开展过宽,板、梁的挠度将过大,以致不能满足正常使用阶段对裂缝宽度和变形的要求。因此,在考虑塑性内力重分布时,应控制塑性铰的转动量,也就是应控制内力重分布的幅度,即弯矩的调幅值。

(4) 连续板、梁考虑塑性内力重分布的计算方法——调幅法

连续板、梁考虑塑性内力重分布的分析方法很多,其中,最简便的方法是弯矩调幅法。所谓弯矩调幅法(简称调幅法)是先按弹性理论求出结构控制截面的弯矩值,然后根据设计需要,适当调整某些截面的弯矩值,通常是对那些弯矩(按绝对值)较大的截面的弯矩进行调整。

截面弯矩调幅值与按弹性理论计算的截面弯矩值的比值,称为调幅系数。截面弯矩调幅系数 β 用下式表示:

$$\beta = (M_e - M_p)/M_e \tag{13-5}$$

式中 M_e——按弹性理论计算的弯矩;

M_p——调幅后的弯矩。

① 按调幅法计算的一般原则

在采用塑性内力重分布方法计算钢筋混凝土板、梁时,宜采用塑性较好的 HRB400、HRB335 和 HPB300 级钢筋。同时,根据对钢筋混凝土连续板、梁的塑性内力重分布受力机理和影响因素的分析,钢筋混凝土连续板、梁在调整其控制截面的弯矩时,应符合下列规定:

A. 截面的弯矩调幅系数 β 不宜超过 0.25。如前所述,如果弯矩调整的幅度过大,结构在达到设计所要求的内力重分布以前,将可能因塑性铰的转动能力不足而发生破坏,从而导致结构承载力不能充分发挥。同时,由于塑性内力重分布的历程过长,将使裂缝开展过宽、挠度过大,影响结构的正常使用。因此,对截面的弯矩调幅系数应予以控制。

B. 弯矩调整后的截面相对受压区高度系数 ξ 不应超过 0.35,也不宜小于 0.10;如果截面按计算配有受压钢筋,在计算 ξ 时,可考虑受压钢筋的作用。

截面相对受压区高度 ξ 是影响截面塑性转动能力的主要因素。控制截面相对受压区高度上限值的目的是为了保证塑性铰具有足够的转动能力。控制截面相对受压区高度的下限值是为了使结构的塑性内力重分布的过程不过长,裂缝开展不过宽,以满足使用阶段的裂缝宽度要求。

C. 弯矩调幅后,板、梁各跨两支座弯矩平均值的绝对值与跨中弯矩值之和不得小于该跨按简支计算的跨中弯矩值的 1.02 倍;同时,各控制截面的弯矩值不宜小于简支弯矩的 1/3。即

$$\left|\frac{M_{Ap}+M_{Bp}}{2}\right|+M_{0p} \geqslant 1.02 M_0 \qquad (13-6)$$

$$|M_{Ap}|(或 |M_{Bp}|) \geqslant \frac{1}{3} M_0 \qquad (13-7)$$

式中 M_{Ap}、M_{Bp}——分别为按考虑塑性内力重分布计算的支座 A、B 的弯矩;

M_{0p}——按考虑塑性内力重分布计算的跨度中点的弯矩;

M_0——按简支板、梁计算的跨度中点的弯矩。

假想把承受均布荷载的某连续板、梁的一跨取出,如图 13-16 所示,显然,该跨的受力情况与两支座处分别承受着弯矩 M_{Ap} 和 M_{Bp},而在跨内承受着相同均布荷载 q 的简支梁相同。此时,由静力平衡条件可知跨中的弯矩 M_{0p} 与支座 A、B 的弯矩 M_{Ap}、M_{Bp} 有如下关系:

$$\left|\frac{M_{Ap}+M_{Bp}}{2}\right|+M_{0p}=M_0 \qquad (13-8)$$

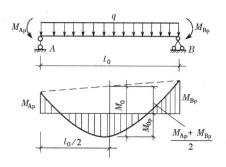

图 13-16 连续板、梁任意跨内、外力的平衡条件

由于钢筋混凝土板、梁的正截面从纵向钢筋开始屈服到承载力极限状态尚有一段距离,当梁的任意一跨出现三个塑性铰而开始形成机构时,三个塑性铰截面并不一定都同时达到极限强度。因此,为了保证结构在形成机构前达到设计要求的承载力,故应使经弯矩调幅后的板、梁的任意一跨两支座弯矩的平均值与跨中弯矩之和略大于该跨的简支弯矩(将 M_0 乘以系数 1.02)。

D. 连续板、梁考虑塑性内力重分布后的斜截面受剪承载力的计算方法与未考虑塑性内力重分布的计算方法相同。但考虑弯矩调幅后,连续梁在下列区段内应将计算的箍筋截面面积增大 20%。对集中荷载,取支座边至最近一个集中荷载之间的区段;对均布荷载,取支座边至距支座边为 $1.05h_0$ 的区段(h_0 为梁的有效高度)。此外,箍筋的配筋率 ρ_{sv} 应满足下列要求:

$$\rho_{sv} \geqslant 0.3 \frac{f_t}{f_{yv}} \qquad (13-9)$$

这条规定的目的是为了防止结构在实现弯矩调幅所要求的内力重分布之前发生剪切破坏。同时,在可能产生塑性铰的区段适当增加箍筋数量可改善混凝土的变形性能,增强塑性铰的转动能力。

E. 经弯矩调幅后,构件在使用阶段不应出现塑性铰;同时,构件在正常使用极限状态下的变形和裂缝宽度应符合有关要求(详见附表 12 和附表 13 的规定)。

此外,在进行弯矩调幅时,应尽可能减少支座上部承受负弯矩的钢筋,尽可能使各跨最大正弯矩与支座弯矩相等,以便于布置钢筋。

②等跨连续板、梁的计算

A. 连续板

对于承受均布荷载的等跨单向连续板,各跨跨中及支座截面的弯矩设计值 M 可按下列公式计算:

$$M = \alpha_{mp}(g+q)l_0^2 \quad (13-10)$$

式中 α_{mp}——单向连续板考虑塑性内力重分布的弯矩系数,按表 13-2 采用;

　　　g——沿板跨单位长度上的恒荷载设计值;

　　　q——沿板跨单位长度上的活荷载设计值;

　　　l_0——计算跨度,按表 13-3 采用。

表 13-2　　连续板考虑塑性内力重分布的弯矩系数 α_{mp}

端支座支承情况	截面					
	端支座 A	边跨跨中 Ⅰ	离端第二支座 B	离端第二跨跨中 Ⅱ	中间支座 C	中间跨跨中 Ⅲ
搁置在墙上	0	1/11	−1/10(用于两跨连续板) −1/11(用于多跨连续板)	1/16	−1/14	1/16
与梁整体连接	−1/16	1/14				

注:1. 表中弯矩系数适用于荷载比 q/g 大于 0.3 的等跨连续板;
　　2. 表中 A、B、C 和 Ⅰ、Ⅱ、Ⅲ 分别为从两端支座截面和边跨跨中截面算起的截面代号。

表 13-3　　按塑性理论计算时连续板、梁的计算跨度 l_0

支承情况	计算跨度	
	梁	板
两端与梁(或柱)整体连接	l_n	l_n
两端搁置在墙上	$1.05 l_n \leqslant l_c$	$l_n + h \leqslant l_c$
一端与梁(或柱)整体连接,另一端搁置在墙上	$1.025 l_n \leqslant l_n + a/2$	$l_n + h/2 \leqslant l_n + a/2$

注:表中的 l_c 为支座中心线间距离,l_n 为净跨,h 为板的厚度,a 为板、梁在墙上的支承长度。

对于相邻两跨的长跨与短跨之比小于 1.10 的不等跨单向连续板,在均布荷载作用下,各跨跨中及支座截面的弯矩设计值可按式(13-10)进行计算。此时,计算跨中弯矩应取本跨的跨度值;计算支座弯矩应取相邻两跨的较大跨度值。

B. 连续梁

a. 弯矩

对于承受均布荷载的等跨连续梁,各跨跨中及支座截面的弯矩设计值 M 可按下列公式计算:

$$M = \alpha_{mb}(g+q)l_0^2 \tag{13-11}$$

式中 α_{mb}——连续梁考虑塑性内力重分布的弯矩系数,按表13-4采用;

　　　g——沿梁单位长度上的恒荷载设计值;

　　　q——沿梁单位长度上的活荷载设计值;

　　　l_0——计算跨度,按表13-3采用。

表13-4　　　　　　　连续梁考虑塑性内力重分布的弯矩系数 α_{mb}

端支座支承情况	截　面					
	端支座	边跨跨中	离端第二支座	离端第二跨跨中	中间支座	中间跨跨中
	A	Ⅰ	B	Ⅱ	C	Ⅲ
搁置在墙上	0	1/11	−1/10(用于两跨连续梁) −1/11(用于多跨连续梁)	1/16	−1/14	1/16
与梁整体连接	−1/24	1/14				
与柱整体连接	−1/16	1/14				

注:1. 表中弯矩系数适用于荷载比 q/g 大于0.3的等跨连续梁;
　　2. 表中 A、B、C 和 Ⅰ、Ⅱ、Ⅲ 分别为从两端支座截面和边跨跨中截面算起的截面代号。

对于承受间距相同、大小相等的集中荷载的等跨连续梁,各跨跨中及支座截面的弯矩设计值 M 可按下列公式计算:

$$M = \eta \alpha_{mb}(G+Q)l_0 \tag{13-12}$$

式中 η——集中荷载修正系数,依据一跨内集中荷载的不同情况按表13-5确定;

　　　α_{mb}——连续梁考虑塑性内力重分布的弯矩系数,按表13-4采用;

　　　G——一个集中恒荷载设计值;

　　　Q——一个集中活荷载设计值;

　　　l_0——计算跨度,按表13-3采用。

表13-5　　　　　　　集中荷载修正系数 η

荷　载　情　况	截　面					
	A	Ⅰ	B	Ⅱ	C	Ⅲ
当在跨中中点处作用一个集中荷载时	1.5	2.2	1.5	2.7	1.6	2.7
当在跨中三分点处作用有两个集中荷载时	2.7	3.0	2.7	3.0	2.9	3.0
当在跨中四分点处作用有三个集中荷载时	3.8	4.1	3.8	4.5	4.0	4.8

为了简化,η 也可对各截面均取相同值。当在跨中中点处作用一个集中荷载时,取 $\eta=2$;当在跨中三分点处作用有两个集中荷载时,取 $\eta=3$;当在跨中四分点处作用有三个集中荷载时,取 $\eta=4$。

b. 剪力

对于承受均布荷载的等跨连续梁,其剪力设计值按下式计算:

$$V = \alpha_{vb}(q+g)l_n \tag{13-13}$$

式中 V——剪力设计值;

　　　α_{vb}——考虑内力重分布的剪力系数,按表13-6采用;

　　　l_n——净跨度。

对于承受间距相同、大小相等的集中荷载的等跨连续梁，其剪力设计值按下式计算：

$$V = \alpha_{vb} n(G+Q) \tag{13-14}$$

式中　n——一跨内集中荷载的个数；
　　　G——一个集中恒荷载设计值；
　　　Q——一个集中活荷载设计值。

表13-6　　　　　连续梁考虑塑性内力重分布的剪力系数 α_{vb}

荷载情况	端支座支承情况	截面			
		端支座内侧 A_{in}	离端第二支座外侧 B_{ex}	离端第二支座内侧 B_{in}	中间支座内、外侧 C_{in}、C_{ex}
均布荷载	搁置在墙上	0.45	0.60	0.55	0.55
	梁与梁或梁与柱整体连接	0.50	0.55		
集中荷载	搁置在墙上	0.42	0.65	0.60	0.55
	梁与梁或梁与柱整体连接	0.50	0.60		

注：表中 A_{in} 为端支座内侧的代号；B_{in}、B_{ex} 离端第二支座内、外侧截面的代号；C_{in}、C_{ex} 为中间支座内、外侧截面的代号。

对于相邻两跨的长跨与短跨之比小于 1.10 的不等跨连续梁，在均布荷载或间距相同、大小相等的集中荷载作用下，梁各跨跨中及支座截面的弯矩和剪力设计值可按式（13-11）～（13-14）计算确定，但在计算跨中弯矩和支座剪力时，应取该跨的跨度值；在计算支座弯矩时，应取相邻两跨中的较大跨度值。

当结构承受动力与疲劳荷载、不允许开裂或处于侵蚀环境中时，通常不进行调幅设计。这是因为在设计中考虑塑性内力重分布的方法，虽然利用了塑性铰出现后的承载力储备，比按弹性理论计算节省材料，但不可避免地会导致使用荷载下构件变形较大，应力较高，裂缝宽度较宽的结果。

4）单向板肋梁楼盖中板、梁的截面计算与构造

当求得连续板、梁的内力后，即可进行截面计算和配筋。连续板、梁的截面计算和配筋与简支板、梁有相同之处，但也有其不同的特点。

（1）板的设计要点

① 截面计算

在连续板中，支座截面由于负弯矩的作用，顶面开裂；而跨中截面由于正弯矩作用，底面开裂，这就使板的实际中性轴线变成了拱形（图13-17）。因此，在荷载作用下，当支座不能自由移动时，板将犹如拱的作用而产生推力。板中推力可减少板中各计算截面的弯矩。因此，在设计截面时可将计算得出的弯矩值乘以折减系数，以考虑这一有利因素。对于四周与梁整体连接的板的中间跨的跨中截面及中间支座，折减系数为 0.8。对于边跨跨中截面和第一内支座截面（从楼板边缘算起）不予折减（图13-18）。

板的宽度较大，而荷载相对较小，仅混凝土就足以承担剪力，一般不需进行斜截面受剪承载力计算，也不配置箍筋。

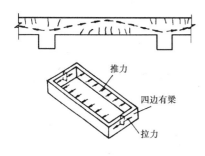

图 13-17 板的拱作用示意图

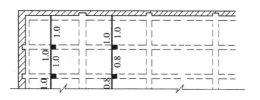

图 13-18 板中弯矩的折减

② 构造要求

A. 板厚　板的厚度应在满足建筑功能和方便施工的条件下,尽可能薄些,但也不应过薄。现浇钢筋混凝土板的厚度不应小于表 13-7 的规定。

表 13-7　　　　　　　　现浇钢筋混凝土板的最小厚度

板的类别		最小厚度/mm
单向板	屋面板	60
	民用建筑楼板	60
	工业建筑楼板	70
	行车道下的楼板	80
悬臂板	悬臂长度不大于 500 mm	60
	悬臂长度 1200mm	100
双向板		80

为了使板具有足够的刚度,单向板的厚度宜取跨度的 1/40(连续板)或 1/35(简支板)。密肋楼盖、无梁楼板和现浇空心楼盖中板的最小厚度可参阅《规范》9.1.2 条,本书从略。

B. 受力钢筋　连续板中受力钢筋的布置有两种形式:分离式和弯起式。

分离式(图 13-19a):承担跨中正弯矩的钢筋和承担支座负弯矩的钢筋各自独立配置。

弯起式(图 13-19b):将承受正弯矩的跨中钢筋在支座附近弯起 1/2～1/3,以承担支座负弯矩,如钢筋截面面积不满足支座截面的需要,再另加直钢筋。这种配筋方式锚固可靠、节省钢材,但施工略复杂,目前,在实际工程中已较少采用。

连续板受力钢筋的弯起和截断,一般可不按弯矩包罗图确定,而按图(13-19)所示进行布置。但是,当板的相邻跨度相差超过 20%,或各跨荷载相差较大时,仍应按弯矩包罗图配置。

简支板或连续板下部纵向受力钢筋伸入支座的锚固长度不应小于 $5d$(d 为纵向受力钢筋的直径)。当连续板内温度、收缩应力较大时,伸入支座的锚固长度宜适当增大。

弯起钢筋的弯起点距支座边缘的距离为 $l_n/6$,弯起角度一般为 30°,当板厚大于 120 mm 时,可为 45°。下部伸入支座的钢筋截面面积应不少于跨中钢筋截面面积的 1/3,且间距不应大于 400 mm。

支座附近承受负弯矩的钢筋可在距支座边不小于 a 的距离处切断(13-19),a 的取值如下:

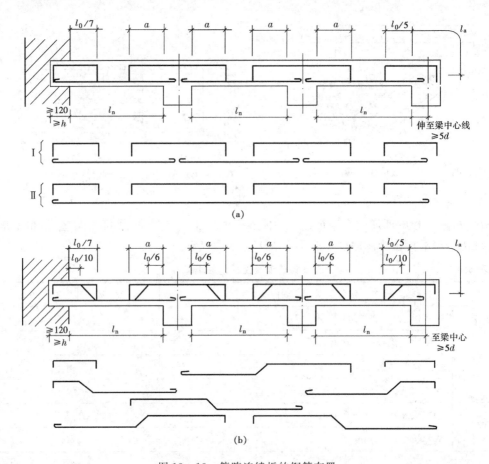

图 13-19 等跨连续板的钢筋布置

当 $\dfrac{q}{g} \leqslant 3$ 时 $a = \dfrac{1}{4} l_0$

当 $\dfrac{q}{g} > 3$ 时 $a = \dfrac{1}{3} l_0$

式中 g、q——作用于板上的恒荷载设计值和活荷载设计值;

l_0——板的计算跨度,当按塑性理论计算时,$l_0 = l_n$。

板的支座处承受负弯矩的上部钢筋,一般做成直钩,以便施工时撑在模板上。

受力钢筋的直径通常用 8 mm、10 mm 等。为了便于施工架立,支座承受负弯矩的上部钢筋直径不宜太小。

受力钢筋的间距不应小于 70 mm;受力钢筋的间距也不应太大,当板厚 $h \leqslant 150$ mm 时,不宜大于 200 mm;当板厚 $h > 150$ mm 时,不宜大于 $1.5h$,且不应大于 300 mm。

C. 构造钢筋

a. 与支承结构整体浇筑或嵌固时的附加钢筋 对于与支承结构整体浇筑或嵌固在承重砌体墙内的现浇钢筋混凝土板,应沿支承周边配置上部构造钢筋,其直径不宜小于 8 mm,间距不宜大于 200 mm,并应符合下列规定:

(a) 现浇楼盖周边与混凝土梁或混凝土墙整体浇筑的单向板或双向板,应在板边上部设置垂直于板边的构造钢筋,其截面面积不宜小于板跨中相应方向纵向钢筋截面面积的 1/3;该钢筋自梁边或墙边伸入板内的长度,在单向板中不宜小于受力方向板计算跨度的 1/5,在双向板中不宜小于板短跨方向计算跨度的 1/4；在板角处该钢筋应沿两个垂直方向布置或按放射状布置；当柱角或墙的阳角突出到板内且尺寸较大时，亦应沿柱边或墙阳角布置构造钢筋，该构造钢筋伸入板内的长度应从柱边或墙边算起。上述上部构造钢筋应按受拉钢筋锚固在梁内、墙内或柱内。

(b) 嵌固在砌体墙内的现浇钢筋混凝土板，其上部与板边垂直的构造钢筋伸入板内的长度，从墙边算起，不宜小于板短边跨度的 1/7（图 13-20）；在两边嵌固于墙内的板角部分，应配置双向上部构造钢筋，该钢筋伸入板内的长度从墙边算起不宜小于板短边跨度的 1/4（图 13-20）；沿板的受力方向配置的上部构造钢筋，其截面面积不宜小于该方向跨中受力钢筋截面面积的 1/3；沿非受力方向配置的上部构造钢筋，可根据经验适当减少。

b. 垂直于主梁的附加钢筋　在单向板中，虽然板上的荷载基本上是沿短跨方向传给次梁，受力钢筋垂直于次梁方向，但在靠近主梁附近，有部分荷载将直接传给主梁，使板在与主梁交界处也产生一定的负弯矩。为防止主梁与板交界处产生过大的裂缝，应在主梁与板交界处，在板的上部沿主梁方向每米长度内配置不少于 5Φ8 的附加钢筋（方向与主梁垂直），且其单位长度上的钢筋截面面积不宜少于板内单位宽度上受力钢筋截面面积的 1/3，该构造钢筋伸入板中的长度不少于 $l_0/4$（从主梁边缘算起），如图 13-20 所示。

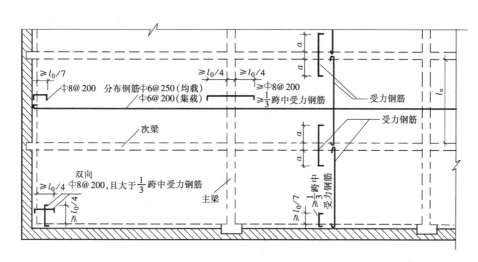

图 13-20　单向板的构造钢筋

c. 分布钢筋　单向板除在受力方向布置受力钢筋以外，还应在垂直于受力钢筋方向布置分布钢筋。它的作用是：承担由于温度变化或收缩引起的内力；对四边支承的单向板，可以承担长跨方向实际存在的一些弯矩；有助于将板上作用的集中荷载分布在较大的面积上，以使更多的受力钢筋参与工作；与受力钢筋组成钢筋网，便于在施工中固定受力钢筋的位置。

分布钢筋应放在跨中受力钢筋及支座处负弯矩钢筋的内侧，单位长度上的分布钢筋的截面面积不应小于单位长度上受力钢筋截面面积的 15%，且不小于该方向板截面面积的 0.15%，分布钢筋的直径不宜小于 6 mm，间距不应大于 250 mm（图 13-20）；对集中荷载较大的情况，分布钢筋的截面面积应适当增加，其间距不宜大于 200 mm。

必须注意，在温度、收缩应力较大的现浇板区域内，钢筋间距宜取为 150～200 mm，并应在板的未配筋表面布置温度收缩钢筋。板的上、下表面沿纵、横两个方向的配筋率均不宜小于 0.1%。温度收缩钢筋可利用原有钢筋贯通布置,也可另行设置,并与原有钢筋按受拉钢筋的要求搭接或在周边构件中锚固。

(2) 次梁的设计要点

① 截面计算

在截面计算时,当次梁与板整体连接时,板可作为次梁的上翼缘。因此,在正弯矩作用下,跨中截面按 T 形截面计算;在负弯矩作用下,跨中截面按矩形截面计算。在支座附近负弯矩区段的截面,按矩形截面计算。

② 构造要求

次梁的一般构造要求在前述有关章节中已经介绍。当次梁跨中及支座截面分别按最大弯矩确定配筋量后,沿梁长钢筋布置应按弯矩及剪力包罗图确定,但对于相邻跨度相差不大于 20%,活荷载和恒荷载的比 $q/g \leqslant 3$ 的次梁,可按图 13-21 所示配筋方式布置钢筋。

当按斜截面承载力计算不需配置弯起钢筋时,按图 13-21a 布置钢筋;当按斜截面承载力计算需配置弯起钢筋时,按图 13-21b 布置钢筋。

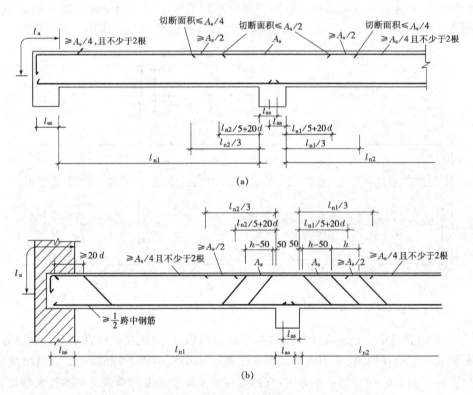

图 13-21 等跨次梁的钢筋布置

按图 13-21a 布置钢筋时,支座处上部纵向受力钢筋总截面面积为 A_s,第一批截断的钢筋截面面积不得超过 $A_s/2$,延伸长度(以支座边缘算起)不小于 $(l_n/5+20d)$,此处,d 为截断钢筋的直径,第二批截断的钢筋截面面积不得超过 $A_s/4$,延伸长度不小于 $l_n/3$。所余下的钢筋截面面积不小于 $A_s/4$,且不少于两根(用来承担部分负弯矩,并作为架立钢筋),其伸入支座的锚固长度不得小于 l_a。

按图 13-21b 布置钢筋时,在内支座处,第一排弯筋的上弯点距支座边缘为 50 mm,第二排、第三排上弯点距支座边缘分别为 h 和 $2h$。注意,第一排弯筋的截面面积不应计入 A_s

中。第一排弯筋也可用鸭筋代替。

位于下部的纵向钢筋,除弯起外,应全部伸入支座,不得在跨中截断。下部纵向钢筋伸入支座的锚固长度应符合要求(见 5.4.2 节)。

连续次梁因截面上、下均配置受力钢筋,所以一般均沿梁全长配置封闭箍筋。箍筋可从距支座边缘 50 mm 处开始布置。在简支端的支座范围内,一般宜布置一根箍筋。

(3) 主梁的设计要点

① 截面计算

在截面计算中,与次梁相似,在正弯矩作用下,跨中截面按 T 形截面计算,在负弯矩作用下,跨中截面按矩形截面计算。在支座附近负弯矩区段的截面,按矩形截面计算。按支座负弯矩计算支座截面时,要注意由于次梁和主梁承受负弯矩的钢筋相互交叉,主梁的纵筋位置须放在次梁的纵筋下面,则主梁的截面有效高度 h_0 有所减小,当主梁支座负弯矩钢筋为单层时,$h_0 = h - (55\sim60)$ mm(图 13-22);当主梁支座钢筋为两层时,$h_0 = h - (80\sim90)$ mm。

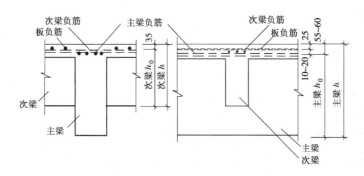

图 13-22 主次梁相交处的配筋构造

② 构造要求

主梁的配筋应根据内力包罗图,通过作抵抗弯矩图(M_u 图)来布置。对于相邻跨度相差不大于 20%,活荷载和恒荷载的比值 $q/g \leqslant 3$ 的主梁,也可参照图 13-21 所示配筋方式布置钢筋。

在主、次梁相交处应设置附加横向钢筋(箍筋或吊筋),以防止由于次梁的支座位于主梁截面的受拉区而产生拽裂裂缝。附加横向钢筋应布置在长度为 $s(s=2h_1+3b)$ 的范围内(图 13-23)。附加横向钢筋应优先采用箍筋。附加横向钢筋的截面面积应满足下列要求:

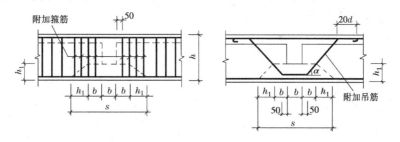

图 13-23 附加横向钢筋布置

$$F \leqslant 2f_y A_{sb}\sin\alpha + mf_{yv}A_{sv} \qquad (13-15)$$

式中 F——次梁传来的集中力;

A_{sb}——附加吊筋截面面积;

f_y——附加吊筋的抗拉强度设计值;

α——附加吊筋与梁轴线的夹角;

m——附加箍筋个数;

A_{sv}——一个附加箍筋截面面积,$A_{sv}=nA_{sv1}$;

A_{sv1}——单支箍筋截面面积;

n——箍筋肢数;

f_{yv}——附加箍筋的抗拉强度设计值。

当梁的腹板高度 $h_w \geqslant 450$ mm 时,在梁的两个侧面应沿高度配置纵向构造钢筋,每侧纵向构造钢筋(不包括梁上、下部受力钢筋及架立筋)的截面面积不应小于腹板截面面积 bh_w 的 0.1%,且其间距不宜大于 200 mm。此外,h_w 按公式(5-20)中的规定取用。上述纵向构造钢筋通常简称为腰筋。配置腰筋是为了抑制梁的腹板高度范围内垂直裂缝(由荷载作用或混凝土收缩而引起的)的开展。

例题 13-1 某多层工业建筑楼盖,建筑轴线及柱网平面如图 13-24 所示。层高 5 m,楼面活荷载标准值为 6.0 kN/m²,其分项系数为 1.5。楼面面层为 20 mm 厚水泥砂浆,梁、板下面用 15 mm 厚混合砂浆抹灰。环境类别为一类。梁、板混凝土强度等级均采用 C25,钢筋均采用 HRB400 级钢筋。设主梁与柱的线刚度比大于 4。试进行结构设计。

解 1) 结构布置

楼盖采用单向板肋梁楼盖方案,梁、板结构布置及构造尺寸如图 13-24 所示。

确定主梁跨度为 7.2 m,次梁跨度为 5 m,主梁跨内布置 2 根次梁,板的跨度为 2.4 m。

板、梁截面尺寸:

板厚 $h \geqslant l_0/40 = 2400/40 = 60$ mm,对于工业建筑的楼盖板,要求 $h \geqslant 70$ mm,取板厚 $h = 80$ mm。

次梁截面尺寸 $h = l_0/18 \sim l_0/12 = 5000/18 \sim 5000/12 = 278 \sim 417$ mm,取 $h = 400$ mm,$b = 200$ mm。

主梁截面尺寸 $h = l_0/15 \sim l_0/10 = 7200/15 \sim 7200/10 = 480 \sim 720$ mm,取 $h = 700$ mm,$b = 250$ mm。

2) 板的计算

板按考虑塑性内力重分布的方法计算,取 1 m 宽板带为计算单元,板厚 $h = 80$ mm,有关尺寸及计算简图如图 13-25 所示。

(1) 荷载

①荷载标准值

A. 恒荷载标准值

20 mm 厚水泥砂浆面层	$20 \times 0.02 = 0.4$ kN/m²
80 mm 厚钢筋混凝土板	$25 \times 0.08 = 2.0$ kN/m²
15 mm 厚混合砂浆抹灰	$17 \times 0.015 = 0.26$ kN/m²
全部恒荷载标准值	2.66 kN/m²
1 m 板宽恒荷载标准值	$g_k = 2.66$ kN/m

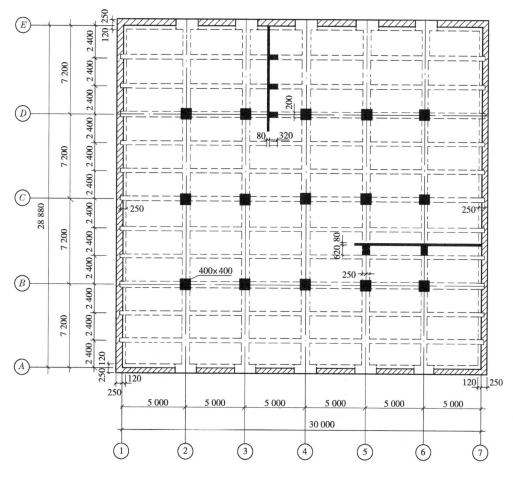

图 13-24 例题 13-1 中梁、板结构布置

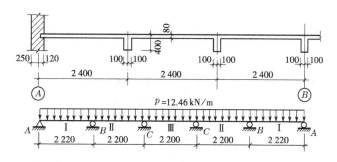

图 13-25 例题 13-1 中板的计算简图

B. 活荷载标准值 6.0 kN/m^2

1 m 板宽活荷载标准值 $q_k = 6.0 \text{ kN/m}$

②荷载设计值

1 m 板宽恒荷载设计值 $g = 1.3 \times 2.66 = 3.46 \text{ kN/m}$

1 m 板宽活荷载设计值 $q = 1.5 \times 6.0 = 9 \text{ kN/m}$

1 m 板宽全部荷载设计值 $p = g + q = 3.46 + 9 = 12.46 \text{ kN/m}$

(2) 内力

① 计算跨度

板厚 $h=80$ mm

次梁截面尺寸 $b\times h=200$ mm$\times 400$ mm

边跨 $l_{01}=2400-100-120+80/2=2220$ mm

中间跨 $l_{02}=2400-200=2200$ mm

跨度差 $(2220-2200)/2200=0.91\% <10\%$

板有 12 跨,可按 5 跨等跨连续板进行计算。

② 板的弯矩

板的各跨跨中弯矩设计值和各支座弯矩设计值计算列于表 13-8。

表 13-8　　　　　　　　例题 13-1 中板的弯矩设计值

截面位置	边跨跨中(Ⅰ)	离端第二支座(B)	离端第二跨跨中(Ⅱ) 和中间跨跨中(Ⅲ)	中间支座(C)
弯矩系数 α_{mp}	1/11	$-1/11$	1/16	$-1/14$
$M/(kN\cdot m)$	5.58	-5.58	3.77	-4.31

注:$M=\alpha_{mp}pl_0^2$,系数 α_{mp} 由表 13-2 查取。

(3) 配筋计算

$b=1000$ mm　$h=80$ mm　$h_0=h-a_s=80-25=55$ mm

$f_c=11.9$ N/mm^2　$f_t=1.27$ N/mm^2　$f_y=360$ N/mm^2

板的各跨跨中截面和各支座截面的配筋计算列于表 13-9。

表 13-9　　　　　　　　例题 13-1 中板的配筋计算

截面位置	边跨跨中(Ⅰ)	离端第二支座(B)	离端第二跨跨中(Ⅱ)和中间跨跨中(Ⅲ)		中间支座(C)	
			①～②间 ⑥～⑦间	②～⑥间	①～②间 ⑥～⑦间	②～⑥间
$M/(kN\cdot m)$	5.58	-5.58	3.77	3.77×0.8	-4.31	-4.31×0.8
α_s	0.155	0.155	0.105	0.084	0.120	0.096
ξ	0.169	0.169	0.111	0.088	0.128	0.101
A_s/mm^2	307	307	202	160	233	184
实配钢筋直径、间距和截面面积	⌀8@150 335 mm^2	⌀8@150 335 mm^2	⌀8@200 251 mm^2	⌀6@150 189 mm^2	⌀8@200 251 mm^2	⌀8@200 251 mm^2

注:1. 表中,$\alpha_s=M/(\alpha_1 f_c b h_0^2)$,$\xi=1-\sqrt{1-2\alpha_s}$(或由附表 16 查得),$A_s=\xi\dfrac{\alpha_1 f_c}{f_y}bh_0$;

2. 对轴线②～⑥之间的板带,其离端第二跨跨中截面、中间跨跨中截面和支座截面的弯矩值可减小 20%,故乘以系数 0.8。

计算结果表明,ξ 均小于 0.35,符合塑性内力重分布的条件。$\rho_{1\min}=0.45\dfrac{f_t}{f_y}=0.45\times\dfrac{1.27}{360}$

$=0.16\%<0.2\%$,取 $\rho_{1\min}=0.20\%$。$\rho_1=\dfrac{168}{1000\times 80}=0.21\%>\rho_{1\min}=0.20\%$,符合要求。

板的配筋图如图 13-26 所示。

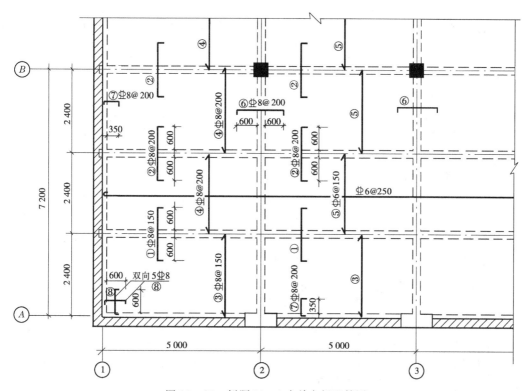

图 13-26 例题 13-1 中单向板配筋图

3）次梁计算

次梁按考虑塑性内力重分布方法计算，截面尺寸及计算简图如图 13-27 所示。

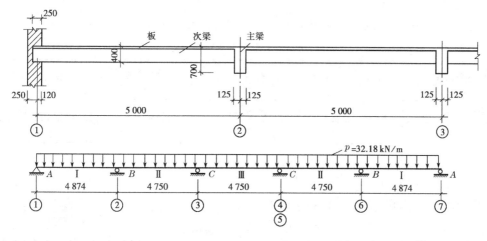

图 13-27 例题 13-1 中次梁计算简图

（1）荷载

① 荷载标准值

A. 恒荷载标准值

由板传来恒荷载 $2.66 \times 2.4 = 6.38 \text{ kN/m}$

次梁自重 $25 \times 0.2 \times (0.40 - 0.08) = 1.60 \text{ kN/m}$

次梁抹灰 $2 \times 17 \times 0.015 \times (0.40 - 0.08) = 0.16 \text{ kN/m}$

$$g_k = 8.14 \text{ kN/m}$$

B. 活荷载标准值 $q_k = 6 \times 2.4 = 14.4 \text{ kN/m}$

② 荷载设计值

恒荷载设计值 $g = 1.3 \times 8.14 = 10.58 \text{ kN/m}$

活荷载设计值 $q = 1.5 \times 14.40 = 21.6 \text{ kN/m}$

全部荷载设计值 $p = g + q = 32.18 \text{ kN/m}$

(2) 内力

① 计算跨度

次梁在墙上的支承长度 $a = 250 \text{ mm}$，主梁截面尺寸 $b \times h = 250 \text{ mm} \times 700 \text{ mm}$

A. 边跨

净跨度 $l_{n1} = 5000 - 120 - \dfrac{250}{2} = 4755 \text{ mm}$

计算跨度 $l_{01} = 4755 + 250/2 = 4880 \text{ mm} > 1.025 l_n = 1.025 \times 4755 = 4874 \text{ mm}$

取 $l_{01} = 4874 \text{ mm}$

B. 中间跨

净跨度 $l_{n2} = 5000 - 250 = 4750 \text{ mm}$

计算跨度 $l_{02} = l_{n2} = 4750 \text{ mm}$

跨度差 $(4874 - 4750)/4750 = 2.6\% < 10\%$

故次梁可按等跨连续梁计算

② 次梁的弯矩计算

次梁的各跨跨中弯矩设计值和各支座弯矩设计值计算列于表13-10。

表13-10   例题13-1中次梁弯矩设计值

截面位置	边跨跨中（Ⅰ）	离端第二支座（B）	离端第二跨跨中（Ⅱ）和中间跨跨中（Ⅲ）	中间支座（C）
弯矩系数 α_{mb}	1/11	−1/11	1/16	−1/14
$M/(\text{kN} \cdot \text{m})$	69.50	−69.50	45.38	−51.86

注：$M = \alpha_{mb} p l_0^2$，系数 α_{mb} 由表13-4查取。

③ 次梁的剪力计算

次梁各支座剪力设计值计算列于表13-11。

表13-11   例题13-1中次梁剪力设计值

截面位置	端支座（A）内侧截面	离端第二支座（B）		中间支座（C）	
		外侧截面	内侧截面	外侧截面	内侧截面
剪力系数 α_{vb}	0.45	0.60	0.55	0.55	
V/kN	68.86	91.81	84.07	84.07	

注：$V = \alpha_{vb} p l_n$，系数 α_{vb} 由表13-6查取。

(3)配筋计算

①正截面承载力计算

次梁跨中截面按 T 形截面计算,其翼缘宽度为

边跨　$b_f = 1/3 \times 4\,874 = 1\,624$ mm $< b + s_n = 2\,400$ mm　取 $b_f = 1\,624$ mm

中间跨　$b_f = 1/3 \times 4\,750 = 1\,583$ mm $< b + s_n = 2\,400$ mm　取 $b_f = 1\,583$ mm

$b = 200$ mm　$h = 400$ mm　$h_0 = 400 - 40 = 360$ mm　$h_f = 80$ mm

$f_c = 11.9$ N/mm^2　$f_y = 360$ N/mm^2

对于边跨 $f_c b_f h_f (h_0 - h_f/2) = 11.9 \times 1\,624 \times 80 \times (360 - 80/2) = 494\,735 \times 10^3$ N·mm $= 494.74$ kN·m $> M$

故次梁边跨跨中截面按第一类 T 形截面计算。同理可得,中间跨跨中截面也按第一类 T 形截面计算。

次梁支座截面按矩形截面计算。

次梁各跨中截面和各支座截面的配筋计算列于表 13-12 中。

计算结果表明:ξ 均小于 0.35,符合塑性内力重分布的条件。

取中间跨跨中截面验算最小配筋率。

$0.45 \dfrac{f_t}{f_y} = 0.45 \times \dfrac{1.27}{360} = 0.16\% < 0.2\%$,取 $\rho_{1\min} = 0.2\%$

$\rho_1 = \dfrac{402}{200 \times 400} = 0.50\% > \rho_{1\min} = 0.20\%$　　(符合要求)

②斜截面受剪承载力计算

$b = 200$ mm　$h_0 = 360$ mm　$f_c = 11.9$ N/mm^2　$f_t = 1.27$ N/mm^2　$f_{yv} = 360$ N/mm^2

A. 验算截面尺寸

$h_w = h_0 - h_f = 360 - 80 = 280$ mm

$h_w/b = 280/200 = 1.4 < 4$

表 13-12　　　　　　　　　　　例题 13-1 中次梁的配筋计算

截面位置	边跨跨中(Ⅰ)	离端第二支座(B)	离端第二跨跨中(Ⅱ)和中间跨跨中(Ⅲ)	中间跨支座(C)
M/(kN·m)	69.50	−69.50	45.38	−51.86
b 或 b_f/mm	1624	200	1583	200
h_0/mm	360	360	360	360
α_s	0.028	0.225	0.019	0.168
ξ	0.028	0.259	0.019	0.185
A_s/mm^2	541	616	358	440
实配 A_s/mm^2	3⏀16 (603)	4⏀18+1⏀16 (710)	2⏀16 (402)	2⏀18 (509)

注:1. 对于跨中截面,$\alpha_s = \dfrac{M}{\alpha_1 f_c b_f h_0^2}$;对于支座截面,$\alpha_s = \dfrac{M}{\alpha_1 f_c b h_0^2}$;

2. $\xi = 1 - \sqrt{1 - 2\alpha_s}$(或由附表 16 查得);$A_s = \xi \dfrac{f_c}{f_y} b h_0$。

$0.25 \beta_c f_c b h_0 = 0.25 \times 1.0 \times 11.9 \times 200 \times 360 = 214\,200$ N $= 214.2$ kN $> V_{B,\text{ex}} = 91.81$ kN 截面尺寸满足要求。

$0.7f_tbh_0 = 0.7 \times 1.27 \times 200 \times 360 = 64\,008$ N $= 64.01$ kN $< V_{A,in} = 68.86$ kN

所有截面均需按计算配置箍筋。

B. 计算腹筋

以支座 B 外侧截面进行计算。

$V_{B,ex} = 91.81$ kN

$$V \leqslant V_{cs} = 0.7f_tbh_0 + f_{yv}\frac{A_{sv}}{s}h_0$$

$$\frac{A_{sv}}{s} = \frac{V - 0.7f_tbh_0}{f_{yv}h_0} = \frac{91\,810 - 64\,008}{360 \times 360} = 0.215 \text{ mm}^2/\text{mm}$$

采用$\Phi 6$ 双肢箍筋，$A_{sv} = 2 \times 28.3 = 56.6 \text{ mm}^2$，则 $s = \frac{56.6}{0.215} = 263$ mm。

考虑弯矩调幅对受剪承载力的不利影响，应在距梁支座边 $1.05h_0$ 区段内将计算的箍筋截面面积增大 20%（或箍筋间距减小 20%）。于是，箍筋间距应减小为 $s = 0.8 \times 263 = 211$ mm，实际取 $s = 200$ mm。

C. 验算最小配箍率

采用调幅法计算时，最小配箍率为

$\rho_{sv,min} = 0.3f_t/f_{yv} = 0.3 \times 1.27/360 = 0.001\,06$

实际配箍率为

$$\rho_{sv} = \frac{A_{sv}}{bs} = \frac{56.6}{200 \times 200} = 0.001\,42 > 0.001\,06 \quad \text{（满足要求）}$$

次梁钢筋布置如图 13-28 所示。

4) 主梁计算

主梁按弹性理论计算。因主梁与柱线刚度比大于4，故主梁可视为铰支在柱顶的连续梁。主梁的截面尺寸及计算简图如图 13-29 所示。

(1) 荷载

①荷载标准值

A. 恒荷载标准值

由次梁传来恒荷载	$8.14 \times 5 = 40.70$ kN
主梁自重	$25 \times 0.25(0.7 - 0.08) \times 2.4 = 9.30$ kN
主梁侧抹灰	$17 \times 0.015 \times (0.7 - 0.08) \times 2.4 \times 2 = 0.76$ kN
全部恒荷载标准值	$G_k = 50.76$ kN
活荷载标准值	$Q_k = 14.4 \times 5 = 72.00$ kN
全部荷载标准值	$P_k = G_k + Q_k = 50.76 + 72.00 = 122.76$ kN

②荷载设计值

恒荷载设计值 $G = 1.3 \times 50.76 = 65.99$ kN

活荷载设计值 $Q = 1.5 \times 72 = 108$ kN

全部荷载设计值 $P = G + Q = 65.99 + 108 = 173.99$ kN

(2) 内力

①计算跨度

主梁在墙上的支承长度 $a = 370$ mm，柱的截面尺寸为 $b \times h = 400$ mm $\times 400$ mm

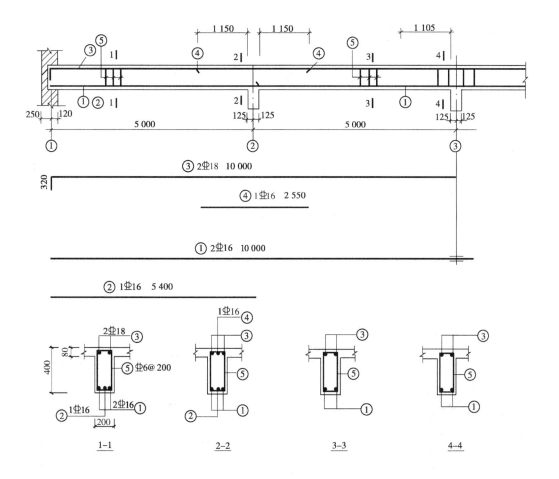

图 13-28 例题 13-1 中次梁钢筋布置

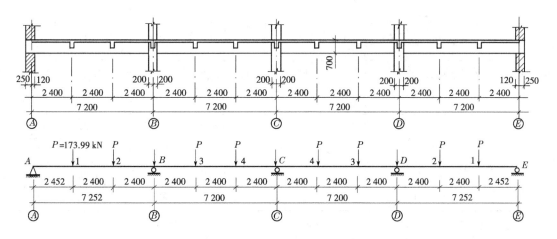

图 13-29 例题 13-1 中主梁计算简图

A. 边跨

边跨净跨 $l_{n1} = 7200 - 120 - 200 = 6880$ mm

边跨计算跨度 $l_{01} = 6880 + \dfrac{400}{2} + \dfrac{370}{2} = 7265$ mm $> 1.025 l_n + b/2 = 1.025 \times 6880 + 200$
$= 7252$ mm

取 $l_{01} = 7252$ mm

B. 中间跨

中间跨净跨 $l_{n2} = 7200 - 400 = 6800$ mm

中间跨计算跨度 $l_{02} = l_c = 7200$ mm

跨度差 $(7252 - 7200)/7200 = 0.72\% < 10\%$，故按等跨连续梁计算。

②弯矩、剪力计算

主梁弯矩和剪力计算列于表 13—13 和表 13—14。

表 13—13　　　　　　　　例题 13—1 中主梁弯矩计算

项次	荷载图		边跨跨中		中间跨跨中		支座 B	支座 C
			截面 1	截面 2	截面 3	截面 4		
			k_m / M_1/(kN·m)	k_m / M_2/(kN·m)	k_m / M_3/(kN·m)	k_m / M_4/(kN·m)	k_m / M_B/(kN·m)	k_m / M_C/(kN·m)
1	$G=60.91$ kN		0.238 / 113.90	0.143 / 68.43	0.080 / 38.01	0.111 / 52.74	−0.286 / −136.87	−0.191 / −90.25
2	$Q=93.60$ kN		0.286 / 224.00	0.238 / 186.41	−0.127 / −98.76	−0.111 / −86.31	−0.143 / −112.00	−0.095 / −73.87
3	$Q=93.60$ kN		−0.048 / −37.59	−0.096 / −75.19	0.206 / 160.19	0.222 / 172.63	−0.143 / −112.00	−0.095 / −73.87
4	$Q=93.60$ kN		0.226 / 177.01	0.111 / 86.94	0.099 / 76.98	0.194 / 150.85	−0.321 / −251.41	−0.048 / −37.32
5	$Q=93.60$ kN		−0.032 / −25.06	−0.063 / −49.34	0.175 / 136.08	0.112 / 87.09	−0.095 / −74.41	−0.286 / −222.39
6	内力不利组合	①+②	**337.90**	**254.84**	−60.75	−33.57	−248.87	−164.62
		①+③	76.31	−6.76	**198.20**	**225.37**	−248.87	−164.62
		①+④	290.91	155.37	114.99	203.59	**−388.28**	−128.07
		①+⑤	—	—	174.09	139.83	−211.28	**−313.14**

注：1. $M = k_m Q l_0$ 或 $M = k_m G l_0$，系数 k_m 由附表 22—3 查取（此处 k_m 即为该表中的 k_{mG} 或 k_{mQ}）；

2. 表中第 6 项中的黑体字为该截面的 $+M_{\max}$ 或 $-M_{\max}$，其余为绘制弯矩包罗图所需弯矩值。

表 13-14　　　　　　　　　例题 13-1 中主梁剪力计算

项次	荷载简图	支座 A $\dfrac{k_v}{V_A/(kN)}$	支座 B 外侧截面 $\dfrac{k_v}{V_{B,ex}/(kN)}$	支座 B 内侧截面 $\dfrac{k_v}{V_{B,in}/(kN)}$	支座 C 外侧截面 $\dfrac{k_v}{V_{C,ex}/(kN)}$	支座 C 内侧截面 $\dfrac{k_v}{V_{C,in}/(kN)}$
1	$G=65.99$ kN，A↓B↓C↓B↓A	$\dfrac{0.714}{47.12}$	$\dfrac{-1.286}{-84.86}$	$\dfrac{1.095}{72.26}$	$\dfrac{-0.905}{-59.72}$	$\dfrac{0.905}{59.72}$
2	$Q=108$ kN（边跨加载）	$\dfrac{0.857}{92.56}$	$\dfrac{-1.143}{-123.44}$	$\dfrac{0.048}{5.18}$	$\dfrac{0.048}{5.18}$	$\dfrac{0.952}{102.82}$
3	$Q=108$ kN（中跨加载）	$\dfrac{-0.143}{-15.44}$	$\dfrac{-0.143}{-15.44}$	$\dfrac{1.048}{113.18}$	$\dfrac{-0.952}{-102.82}$	$\dfrac{-0.048}{-5.18}$
4	$Q=108$ kN	$\dfrac{0.679}{73.33}$	$\dfrac{-1.321}{-142.67}$	$\dfrac{1.274}{137.59}$	$\dfrac{-0.726}{-78.41}$	$\dfrac{-0.107}{-11.56}$
5	$Q=108$ kN	$\dfrac{-0.095}{-10.26}$	$\dfrac{-0.095}{-10.26}$	$\dfrac{0.810}{87.48}$	$\dfrac{-1.190}{-128.52}$	$\dfrac{1.190}{128.52}$
6 内力不利组合	①+②	**139.68**	−208.3	—	—	—
	①+③	—	—	—	—	—
	①+④	120.45	**−227.53**	**209.85**	−138.13	48.16
	①+⑤	—	−95.12	159.74	**−188.24**	**188.24**

注：1. $V=k_v Q$ 或 $V=k_v G$，系数 k_v 由附表 22-3 查取（k_v 即为该表中的 k_{vG} 或 k_{vQ}）；
　　2. 表中第 6 项中的黑体字为该截面的 $|V_{\max}|$，其余为绘制包罗图所需剪力值。

(3) 内力包罗图

主梁的弯矩包罗图如图 13-30a 所示。

对于边跨，考虑三种荷载组合：跨中最大正弯矩（①+②）；跨中最小正弯矩或最大负弯矩（①+③）；支座 B 最大负弯矩（①+④）。

对于中间跨（由左算起的第二跨），考虑四种荷载组合：跨中最大正弯矩（①+③）；跨中最小负弯矩（①+②）；支座 B 最大负弯矩（①+④）；支座 C 最大负弯矩（①+⑤）。

主梁剪力包罗图如图 13-30b 所示。

对于边跨，考虑二种荷载组合：支座 A 最大剪力（①+②）；支座 B 左截面最大剪力（①+④）。

对于中间跨，考虑二种荷载组合：支座 B 右截面最大剪力（①+④）；支座 C 左截面最大剪力（①+⑤）。

(4) 配筋计算

① 正截面承载力计算

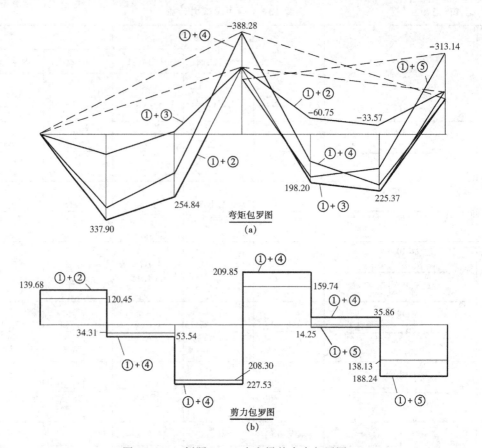

图 13-30 例题 13-1 中主梁的内力包罗图

主梁跨中截面按 T 形截面,其翼缘宽度为:

边跨 $b_f'=7252/3=2417$ mm $< b+s_n=5000$ mm 取 $b_f'=2417$ mm

中间跨 $b_f'=1/3\times 7200=2400$ mm $< b+s_n=5000$ mm 取 $b_f'=2400$ mm

$h_f'=80$ mm $h=700$ mm $h_0=640$ mm

对于边跨 $f_c b_f' h_f'(h_0-h_f'/2)=11.9\times 2417\times 80\times(640-80/2)=1\,380.6$ kN·m $>M_1$

所以主梁边跨跨中截面按第一类 T 形截面计算。同理可得,中间跨跨中截面也按第一类 T 形截面计算。

主梁支座截面按矩形截面计算。

$b=250$ mm $h_0=700-80=620$ mm

支座 B 边缘 $M=-388.28+\dfrac{1}{2}\times 173.99\times 0.4=-353.48$ kN·m

支座 C 边缘 $M=-313.14+\dfrac{1}{2}\times 173.99\times 0.4=-278.34$ kN·m

$f_c=11.9$ N/mm² $f_y=360$ N/mm²

主梁各跨跨中截面和各支座截面的配筋计算列于表 13-15。

表 13-15　　　　　　　例题 13-1 中主梁的配筋计算

截面位置	边跨跨中(1)	支座 B	中间跨跨中(4)	支座 C
$M/(\text{kN}\cdot\text{m})$	337.9	-353.48	225.37	-278.34
b/mm	250	250	250	250
b'_f	2417		2400	
h_0/mm	640	620	640	620
α_s	0.029	0.309	0.019	0.243
ξ	0.029	0.382	0.019	0.283
A_s/mm^2	1 483	1 957	965	1 450
实配钢筋/mm^2	4 ⊈ 22 (1 520)	4 ⊈ 25 (1 964)	3 ⊈ 22 (1 140)	3 ⊈ 25 (1 473)

注：1. 对于支座截面，$\alpha_s = \dfrac{M}{\alpha_1 f_c b h_0^2}$；对于跨中截面，$\alpha_s = \dfrac{M}{\alpha_1 f_c b'_f h_0^2}$。

2. $\xi = 1 - \sqrt{1 - 2\alpha_s}$（或由附表 16 查得）。

3. 对于支座截面，$A_s = \xi \dfrac{f_c}{f_y} b h_0$；对于跨中截面，$A_s = \xi \dfrac{f_c}{f_y} b'_f h_0$。

计算结果表明，ξ 均小于 ξ_b（满足要求）。

取中间跨跨中截面负弯矩验算最小配筋率。该截面实配负弯矩钢筋 $A_s = 982 \text{ mm}^2$（2 ⊈ 25）。

由于翼缘中已配有板的受力钢筋，验算最小配筋率时，可按矩形截面进行验算。

$$\rho_1 = \frac{A_s}{bh} = \frac{982}{250 \times 700} = 0.56\% > \rho_{1\min} = 0.20\% \quad (\text{满足要求})$$

② 斜截面受剪承载力计算

$b = 250 \text{ mm}$　$h_0 = 620 \text{ mm}$　$f_c = 11.9 \text{ N/mm}^2$　$f_{yv} = 360 \text{ N/mm}^2$

A. 验算截面尺寸

$h_w = h_0 - h_f = 620 - 80 = 540 \text{ mm}$

$h_w/b = 540/250 = 2.16 < 4$

$0.25\beta_c f_c b h_0 = 0.25 \times 1.0 \times 11.9 \times 250 \times 620 = 461.1 \text{ kN} > V_{B,\text{ex}} = 227.53 \text{ kN}$

截面尺寸满足要求。

$0.7 f_t b h_0 = 0.7 \times 1.27 \times 250 \times 620 = 137\,795 \text{ N} = 137.8 \text{ kN} < V_A = 139.68 \text{ kN}$

所有截面剪力均大于 137.8 kN，故均应按计算配置腹筋。

B. 计算腹筋

采用 ⊈ 8@200 双肢箍筋，$A_{sv} = 2 \times 50.3 = 100.6 \text{ mm}^2$

$$V_{cs} = 0.7 f_t b h_0 + f_{yv} \frac{A_{sv}}{s} h_0 = 137\,795 + 360 \times \frac{100.6}{200} \times 620 = 250.1 \text{ kN}$$

计算结果表明，配置箍筋后，各支座截面的受剪承载力均能满足要求，可不配置弯起钢筋。

$$\rho_{sv} = \frac{A_{sv}}{bs} = \frac{100.6}{250 \times 200} = 0.201\% > \rho_{sv,\min} = 0.24 \frac{f_t}{f_{yv}} = 0.24 \times \frac{1.27}{360} = 0.085\% \quad (\text{满足要求})$$

C. 主梁附加横向钢筋计算

由次梁至主梁的集中力（集中力应不包括主梁的自重和粉刷重，为简化起见，近似取 $F=P$）

$F=P=173.99$ kN

$h_1=700-400=300$ mm

$s=2h_1+3b=2\times300+3\times200=1200$ mm

所需附加箍筋总截面面积为

$$mA_{sv}=\frac{F}{f_{yv}}=\frac{173.99}{360}=483 \text{ mm}^2$$

在长度 s 范围内，在次梁两侧各布置三排⌀8双肢附加箍筋。

$mA_{sv}=6\times2\times50.3=603.6$ mm² （满足要求）

(5) 抵抗弯矩图及钢筋布置

主梁抵抗弯矩图（M_u图）及钢筋布置如图 13-31 所示。其设计步骤如下。

① 按比例绘出主梁的弯矩包罗图。

② 按同样比例绘出主梁的纵向配筋图。底部纵向钢筋全部伸入支座，不配置弯起钢筋，仅需确定 B 支座上部钢筋的切断点。

③ 支座负弯矩钢筋的切断位置：由于切断处剪力 V 全部大于 $0.7f_tbh_0$，故应从该钢筋的充分利用点外伸 $1.2l_a+h_0$。此时，该切断点仍位于与支座最大负弯矩对应的受拉区，切断点离钢筋充分利用点的距离应大于 $1.2l_a+1.7h_0$，同时离钢筋不需要点的距离应大于 $1.3h_0$ 和 $20d$。$l_a=0.14(f_y/f_t)d=0.14(360/1.27)=39.7d$。对于⌀25，$1.2\times39.7\times25+1.7\times620=2245$ mm，$1.3\times39.7\times25=1290$ mm，$20\times25=500$ mm，接第一个条件 $1016+1290=2306$ mm，B 支座 2⌀25，取 2400 mm，同理对于 C 支座 1⌀25，$1.2\times39.7\times25+1.7\times620=2245$ mm $>533+1290=1823$ mm，取 2300 mm。

④ 对于支座 A，构造要求负弯矩钢筋截面面积应大于 1/4 跨中正弯矩钢筋截面面积，配置 2⌀25，$A_s=982$ mm² $>1/4\times1389$ mm²，满足要求。要求负弯矩钢筋伸入支座的长度应大于 $15d$，对于⌀25，$15d=15\times25=375$ mm，下弯长度取 400 mm。

⑤ 跨中正弯矩钢筋伸入支座长度 l_{as} 应大于 $12d$。对于⌀22，$12\times22=264$ mm，取 300 mm。

⑥ 梁的腹板高度 $h_w=h_0-h_f=640-80=560$ mm。因 $h_w>450$ mm，梁的每侧均沿高度布置腰筋 2⌀12，$A_s=226$ mm² $>\frac{0.1}{100}bh_w=\frac{0.1}{100}\times250\times560=140$ mm²，满足要求。

13.1.3 钢筋混凝土双向板肋梁楼盖

对于四边支承的板，当其两个方向的边长比 $\frac{l_2}{l_1}\leq2$ 时，作用于板上的荷载将沿两个方向传给支承结构，板在两个方向均产生较大的弯矩，这种板称为双向板。《规范》规定，当 $2<\frac{l_2}{l_1}\leq3$ 时，也宜按双向板计算。当两个方向的边长越接近相等时，板在两个方向的受力也越接近相等。

与钢筋混凝土单向板肋梁楼盖一样，对于双向板肋梁楼盖，板的内力和配筋可按弹性理论计算，也可按塑性理论计算。

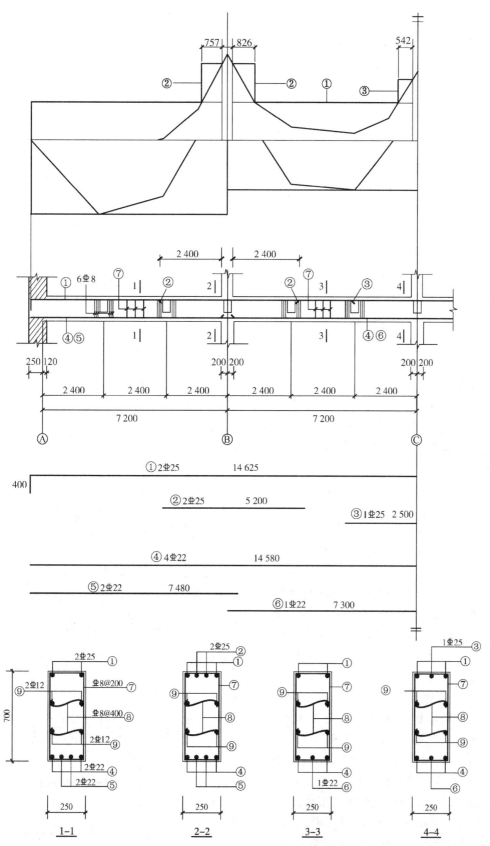

图 13-31 例题 13-1 中主梁的抵抗弯矩图和钢筋布置图

1) 双向板肋梁楼盖的弹性理论计算法

(1) 单跨双向板的弹性理论计算法

双向板的受力特性与单向板有明显的不同。图 13-32 所示为四边均有支承(简支)的双向板。当双向板承受荷载后,板在四周不能产生向下的位移(如果向上的位移没有受到约束,板的四角将向上翘起),但越往板的中心,板的挠度越大。整个板在两个方向都产生弯曲,因而两个方向都有弯矩。

从图 13-32 还可以看出,在短跨方向,Ⅰ—Ⅰ截面的弯曲程度比Ⅱ—Ⅱ截面的弯曲程度大,在长跨方向,与Ⅰ—Ⅰ、Ⅱ—Ⅱ截面上距支座相同距离处(例如,在Ⅲ—Ⅲ截面处)的挠曲线的斜率也不同。由此可见,这两个截面所在的板带之间有扭转角产生。相应地,也就有扭矩存在。考虑扭矩

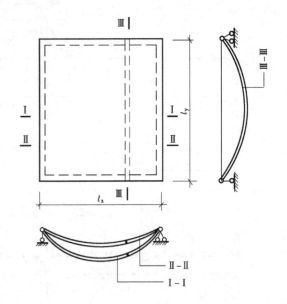

图 13-32 双向板的受力特征

存在的双向板计算要涉及材料的双向应力和变形等许多问题,比较复杂。在实际工程设计中,常采用现成的计算表格或按一些实用的简化方法进行计算。

目前,对于常用荷载分布及支承情况的板的内力和位移已编制成了计算表格。设计时可根据表中系数简便地求出板中两个方向的弯矩以及板的中点挠度和最大挠度。附表 23 给出了六种边界条件下,单跨双向板在均布荷载作用下的挠度系数、支座弯矩系数,供设计时查阅。

(2) 多跨连续双向板的弹性理论计算法

多跨连续双向板的内力计算比单跨板还要复杂。在设计中,通常采用一种近似的,以单跨双向板弯矩计算为基础的实用计算法,其计算精度完全可以满足工程设计的要求。

① 跨中弯矩

与多跨连续单向板内力分析相似,多跨连续双向板也存在活荷载不利布置的问题。当计算某区格板的跨中最大弯矩时,应在该区格布置活荷载,在其他区格按图 13-33a 所示棋盘式布置活荷载。图 13-33b 为剖面 A—A 中第 2、第 4 区格板跨中弯矩的最不利活荷载布置。

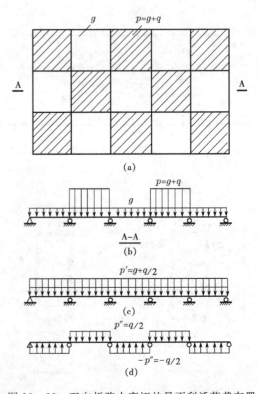

图 13-33 双向板跨中弯矩的最不利活荷载布置

为了能利用单跨双向板的弯矩系数表格,图 13-33b 的荷载分布可分解为图 13-33c 中的对称荷载情况(即各区格均作用有向下的均布荷载 $p'=g+q/2$)和图 13-33d 中的反对称荷载情况(即第 2、4 跨作用有向下的荷载 $p''=q/2$,第 1、3、5 跨作用有向上的荷载 $p''=q/2$)。此处,g、q 分别为作用于板上的恒荷载、活荷载。

在对称荷载 p' 的作用下,由于区格板均作用有荷载 p',板在中间支座处的转角很小,可近似地假定板在所有中间支座处均为固定支承。因此,中间区格板可视为四边固定;若边支座为简支,则边区格板可视为三边固定,一边简支;角区格可视为二邻边固定,二邻边简支。

在反对称荷载 p'' 的作用下,板在中间支座处的弯矩很小,基本上等于零,可近似地假定板在中间支座为简支。因此,每一个区格均可视为四边简支。

最后,将上述两种荷载作用下求得的弯矩叠加,即为棋盘式活荷载不利布置下板的跨中最大弯矩。

②支座弯矩

计算多跨双向板的支座最大弯矩时,其活荷载的最不利布置与单向板相似,即应在该支座两侧跨内布置活荷载,然后再隔跨布置活荷载。对于双向板来说,计算将十分复杂。考虑到隔跨荷载的影响很小,为简化计算,可近似认为,当楼盖所有区格上都满布活荷载时得出的支座弯矩为最大。这样就把板区格的中间支座视为固定,板的边支座按实际情况考虑(一般为简支)。则支座弯矩可直接由附表 23 查得的弯矩系数进行计算。必须指出,当相邻两区格板的支承条件不同或跨度不等,但相差小于 20% 时,其公共支座处的弯矩可偏安全地取相邻两区格板得出的支座弯矩的较大值。

2) 双向板肋梁楼盖的塑性理论计算法

(1) 双向板的破坏特征

对于均布荷载作用下的四边简支单区格正方形板,第一批裂缝出现在板底中央部分,随着荷载增加,裂缝沿对角线方向向四角延伸。荷载不断增加,裂缝继续向四角发展,直至板底钢筋屈服,形成塑性铰线。在临近破坏时,板顶面的四周附近将出现垂直于对角线方向、且大体呈环状的裂缝。

对于均布荷载作用下的四边简支矩形板,第一批裂缝出现在板底中部,裂缝方向平行于长边。随着荷载增加,裂缝不断开展,并沿与板边大体呈 45° 的方向向四角延伸,直至板底钢筋屈服,形成塑性铰线。临近破坏时,板顶面也出现大体呈环状的裂缝。板底、板顶裂缝形状如图 13-34a、b 所示。

对于均布荷载作用下的四边固定矩形板,第一批裂缝出现在板顶面沿长边的支座处,第二批裂缝出现在板顶面沿短边支座处及板底短跨跨中,裂缝方向平行于长边。随着荷载增加,板顶裂缝沿支座边向四周延伸,板底裂缝沿与板边大约是 45° 的方向向四角延伸。最后,当板形成机构,达到极限承载力时,板顶面塑性铰如图 13-34c 所示。

此外,在荷载作用下,简支的单区格正方形板或矩形板,其四角均有翘起的趋势。

(2) 按塑性铰线法计算双向板的极限荷载

按塑性理论计算双向板的方法很多。目前在工程设计中较常采用的方法有塑性铰线法、板带法等。本节介绍塑性铰线法。

①基本假设

由图 13-34 可见,板的屈服区是在板的受拉面形成,且分布在一条窄带上,如将屈服带宽度上板的角变位看成是集中在屈服带中心线上,形成假想的屈服线,则称其为塑性铰线。

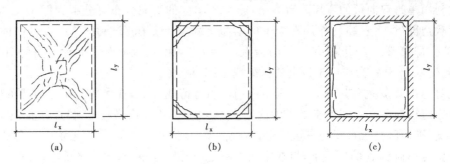

图 13－34　均布荷载作用下双向板的裂缝

塑性铰线和塑性铰的概念是相似的，塑性铰发生在杆件结构中，塑性铰线发生在板式结构中。裂缝出现在板顶的塑性铰线称为负塑性铰线，裂缝出现在板底的塑性铰线称为正塑性铰线。双向板的极限荷载可采用塑性铰线法进行计算。

塑性铰线法的基本假定为：

A．板即将破坏时，塑性铰线发生在弯矩最大处，塑性铰线将板分成若干个以铰线相连接的板块，使板成为可变体系。

B．塑性铰线是由钢筋屈服而产生的，沿塑性铰线上的弯矩为常数，它等于相应配筋板的极限弯矩值，但转角可继续增大，塑性铰线上的扭矩和剪力很小，可认为等于零。

C．塑性铰线之间的板块处于弹性阶段，变形很小，可忽略不计。因此，在均布荷载作用下，各板块可视为平面刚体，变形集中于塑性铰线处，两相邻板块之间的塑性铰线为直线。

D．板的破坏机构的形式可能不止一个，在所有可能的破坏机构形式中，必有一个是最危险的，其极限荷载为最小。

②均布荷载作用下的四边固定板的极限荷载

按照塑性铰线法计算双向板的极限荷载的关键是找出最危险的塑性铰线位置。塑性铰线的位置不仅与板的形状、边界条件和荷载形式有关，而且与配筋形式（纵、横方向跨中和支座的配筋情况）和数量有关。

一般情况下，塑性铰线和转动轴有如下一些规律：负塑性铰线位于固定边；固定边和简支边为转动轴线；转动轴线通过支承板的柱；两板块之间的塑性铰线必通过两板块转动轴的交点。图 13－35 为板的塑性铰线的一些例子。

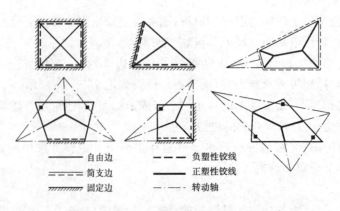

图 13－35　板的塑性铰线

对于均布荷载作用下的四边固定（或连续）矩形双向板，其破坏机构基本形式是倒锥形。如图 13－36 所示。为了简化计算，对于倒锥形破坏机构可近似地假定：正塑性铰线为跨中平行于长边的塑性铰线和斜向塑性铰线，斜向塑性铰线与板的夹角为 45°；负塑性铰线位于固定边。

确定了塑性铰线的位置后，即可利用虚功原理求得双向板的极限荷载。

图 13－37 所示为四边固定（或连续）矩形双向板，短跨跨度为 l_x，长跨跨度为 l_y。设板内两个方向的跨中配筋为等间距布置，并伸入支座。其短跨方向跨中单位长度上截面的极限弯矩为 m_x，长跨方向跨中单位长度上截面的极限弯矩 $m_y = \alpha m_x$。同时，设支座上承受负弯矩的钢筋也是均匀布置，其沿支座 AB、BC、CD、DA 的单位长度上截面的极限弯矩分别为 m'_x、m''_x、m'_y 和 m''_y。

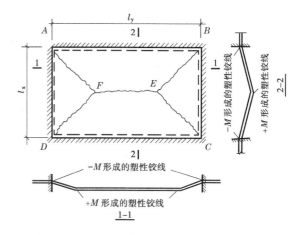

图 13－36 四边固定矩形双向板的塑性铰线

这时，在 45°斜塑性铰线上单位长度的极限弯矩为 $m_c = \dfrac{m_x}{\sqrt{2}\sqrt{2}} + \dfrac{m_y}{\sqrt{2}\sqrt{2}} = 0.5m_x + 0.5m_y$。

当跨中塑性铰线 EF 上发生一虚位移 $\delta = 1$ 时，则各板块间的相对转角如图 13－37 所示。

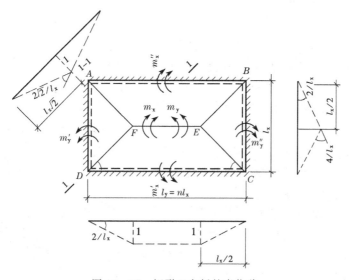

图 13－37 矩形双向板的虚位移

内功 W_i 可根据各塑性铰线上的极限弯矩在相对转角上所做的功求得，即

$$W_i = -\left[(l_y - l_x)m_x \cdot \dfrac{4}{l_x} + 4\dfrac{\sqrt{2}}{2}l_x(0.5m_x + 0.5m_y) \cdot \dfrac{2\sqrt{2}}{l_x}\right.$$
$$\left. + (m'_x + m''_x)l_y \cdot \dfrac{2}{l_x} + (m'_y + m''_y)l_x \cdot \dfrac{2}{l_x}\right]$$
$$= -\dfrac{2}{l_x}[2m_x l_y + 2m_y l_x + (m'_x + m''_x)l_y + (m'_y + m''_y)l_x]$$

即
$$W_i = -\frac{2}{l_x}(2M_x + 2M_y + M'_x + M''_x + M'_y + M''_y) \quad (13-16)$$

式中 M_x、M_y——分别为沿 l_x、l_y 方向跨中塑性铰线上的总极限弯矩，$M_x = m_x l_y$，$M_y = m_y l_x$；

M'_x、M''_x——分别为沿 l_x 方向两对支座铰线上的总极限弯矩，$M'_x = m'_x l_y$，$M''_x = m''_x l_y$；

M'_y、M''_y——分别为沿 l_y 方向两对支座铰线上的总极限弯矩，$M'_y = m'_y l_x$，$M''_y = m''_y l_x$。

荷载 p 所作的外功 W_p 为荷载 p 与 $ABCDEF$ 锥体体积的乘积，即

$$W_p = p\left[\frac{1}{2}l_x(l_y - l_x) \times 1 + \frac{1}{3}\left(2 \times l_x \times \frac{l_x}{2} \times 1\right)\right]$$

即
$$W_p = \frac{p}{6}l_x(3l_y - l_x) \quad (13-17)$$

令内功与外功之和为零，即式（13—16）和（13—17）之和等于零，则可得计算四边固定（或连续）双向板的基本公式为

$$M_y + M_y + \frac{1}{2}(M'_x + M''_x + M'_y + M''_y) = \frac{p}{24}l_x^2(3l_y - l_x) \quad (13-18)$$

对于四边简支矩形双向板，其支座弯矩为零，故在公式（13—18）中 M'_x、M''_x、M'_y、M''_y 均为零。于是可得

$$M_x + M_y = \frac{1}{24}pl_x^2(3l_y - l_x) \quad (13-19)$$

简支双向板受荷后，其角部有翘起的趋势，以致在角部板底形成 Y 形塑性铰线，如图13—38a所示，使板的极限荷载有所降低。如支座为可承受拉力的铰支座，则将限制板的翘起，这时，角部的板顶面将出现与支座边成 45°的斜向裂缝，如图 13—38b 所示。为了控制这种裂缝的开展，并补偿由于板底 Y 形塑性铰线引起的极限荷载的降低，可在简支矩形双向板的角区配置一定数量的板顶构造钢筋。因此，计算中可不考虑上述不利影响。

(3) 双向板按塑性理论设计要点

设计双向板时，通常已知板的荷载设计值 p 和计算跨度 l_x、l_y（内跨为净跨、边跨视支座情况，按与单向板相同的方法取值），要求确定内力和配筋。在工程设计中一般有下面两种情况。

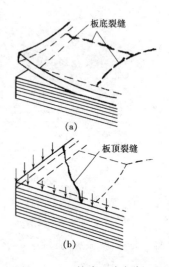

图 13—38 简支双向板板角塑性铰线

① 支座配筋均为未知时

当支座配筋均为未知时，也就是支座截面的极限弯矩均为未知时，由公式（13—18）可见，弯矩未知量有六个，即 m_x、m_y、m'_x、m''_x、m'_y、m''_y。这时，可按下述方法计算。

A. 先设定两个方向跨中弯矩的比值以及各支座弯矩与相应跨中弯矩的比值。

两个方向跨中弯矩的比值 α 可按下述确定

$$\alpha = \frac{m_y}{m_x} = \frac{1}{n^2}$$

式中 n——长边计算跨度 l_y 与短边计算 l_x 跨度的比值,即 $n = l_y/l_x$。

支座与跨中弯矩的比值 β 可取 1.5～2.5,一般常取 2.0。于是可得 $m_y = \alpha m_x$,$m'_x = \beta'_x m_x$,$m''_x = \beta''_x m_x$,$m'_y = \beta'_y \alpha m_x$,$m''_y = \beta''_y \alpha m_x$,此处 β'_x、β''_x、β'_y、β''_y 分别为 m'_x、m''_x、m'_y、m''_y 与相应跨中弯矩 m_x、m_y 的比值。

B. 将上述各式代入公式(13-18),则可求得 m_x。

当跨中钢筋全部伸入支座,且取 $\beta'_x = \beta''_x = \beta'_y = \beta''_y = \beta$ 时,则可得

$$m_x = \frac{3n-1}{(n+\alpha)(1+\beta)} \cdot \frac{pl_x^2}{24} \qquad (13-20)$$

有时,为了合理利用钢筋,可将两个方向的跨中正弯矩钢筋在距支座 $l_x/4$(l_x 为短跨跨度)处弯起。这时,若仍取 $\beta'_x = \beta''_x = \beta'_y = \beta''_y = \beta$,则可得

$$m_x = \frac{3n-1}{n\beta + \alpha\beta + (n-1/4) + 3\alpha/4} \cdot \frac{pl_x^2}{24} \qquad (13-21)$$

C. 由设定的 α、β'_x、β''_x、β'_y、β''_y,依次求出 m_y、m'_x、m''_x、m'_y、m''_y。

然后,根据这些弯矩,计算跨中和支座的配筋。

② 部分支座配筋已知时

当部分支座配筋为已知,也就是部分支座截面的极限弯矩已知,这时,仍可由公式(13-18),用类似的方法求解,但应将已知支座配筋的支座截面的极限弯矩作为已知量代入。

现以图 13-39 所示的双向板楼盖为例来说明设计步骤。在设计多跨连续双向板时,通常从最中间的区格板 B_1 开始计算,若已知作用于区格板 B_1 的荷载设计值 p 和区格板 B_1 的计算跨度 l_x、l_y,即可用上述方法计算出其 m_x、m_y、m'_x、m''_x、m'_y、m''_y。然后再计算出相邻区格板(例如 B_2 或 B_3)的配筋。在计算上述相邻区格板(B_2 或 B_3)的配筋时,与区格板 B_1 相邻的支座配筋是已知量。用上述方法可求得该区格板的其余各截面的配筋。如此依次向外扩展,逐块计算,便可求出全部多跨连续双向板的配筋。

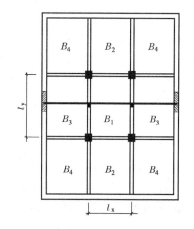

图 13-39 连续双向板设计步骤示意图

对于多跨连续双向板的边区格板,无论板最外侧边是支承在砖墙上,还是支承在边梁上(若边梁刚度不大,可忽略边梁的扭转约束作用),设计中通常近似取该边缘支承为简支,即该支座塑性铰线弯矩为零。

3) 双向板的设计要点

(1) 截面计算

① 弯矩设计值

对于四边与梁整体连接的双向板,由于周边梁的约束,对板产生很大的推力,可使板的弯矩减小。因此,不论按弹性理论还是按塑性理论计算方法得到的弯矩,均可按下述规定予以折减。

A. 对于连续板的中间区格的跨中截面及中间支座,弯矩减少 20%。

B. 对于边区格的跨中截面及从楼板边缘算起的第二支座截面,当 $l_b/l_0<1.5$ 时,弯矩减少20%;当 $1.5 \leqslant l_b/l_0 \leqslant 2$ 时,弯矩减少10%。此处,l_0 为垂直于楼板边缘方向的计算跨度,l_b 为沿楼板边缘方向的计算跨度,如图13-40所示。

C. 对于角区格各截面,弯矩不应减少。

②截面的有效高度

由于双向板内钢筋是两个方向重叠布置的,因此,沿短跨方向(弯矩较大方向)的

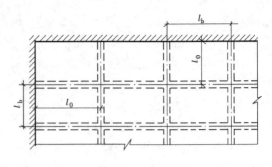

图13-40 双向板边区格跨度 l_0、l_b 示意图

钢筋应放在沿长跨方向钢筋的外侧。在截面计算时,应根据具体情况,取各自截面的有效高度 h_0。

(2) 构造要求

①板厚

双向板的厚度一般为 80~160 mm。任何情况下不得少于 80 mm。为了使双向板具有足够的刚度,对于单跨简支板,其板厚不宜小于 $l_0/45$,对于多跨连续板,其板厚不宜小于 $l_0/50$,此处,l_0 为短跨的计算跨度。

②钢筋的配置

双向板的受力钢筋沿纵、横两个方向配置,其配筋形式与单向板相似,有弯起式和分离式。

当按弹性理论计算时,其单位长度上的板底钢筋数量是按最大跨中弯矩求得的。但跨中弯矩不仅沿弯矩作用平面的方向向支座逐渐减少,而且沿垂直于弯矩作用平面的方向向两边逐渐减少,因此,跨中钢筋数量亦可向两边逐渐减少。考虑到施工方便,可按下述方法配置:将板在 l_1 和 l_2 方向各分为三个板带,两个边板带的宽度各为短跨计算跨度的 1/4,其余为中间板带,如图13-41所示。在中间板带上,按跨中最大正弯矩求得的单位长度内的板底钢筋数量均匀配置;在边板带上,按中间板带内的单位长度上的钢筋数量的一半均匀配置。支座处的负弯矩钢筋

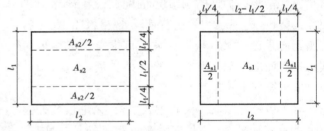

图13-41 双向板配筋的分区和配筋量

不予减少,应按计算值沿支座均匀配置。

当按塑性理论分析内力时,应事先确定边缘板带是否减少一半配筋。如果边缘板带减少一半配筋,则在内力分析时,必须按边缘板带减少一半配筋后的极限弯矩值来计算塑性铰线上的总极限弯矩值。

板中受力钢筋的直径、间距及弯起点、切断点的位置等规定,与单向板相同,沿墙边、墙角处的构造钢筋,也与单向板相同。板中配筋的构造要求如图13-42所示,满足这些要求,则可保证板的所有截面的受弯承载力。

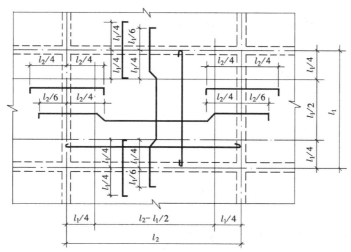

图 13-42　多跨连续双向板的弯起式配筋构造

4）双向板支承梁的计算

支承梁的荷载,亦即双向板的支座反力,其分布比较复杂。设计时,可近似地将每一区格板从板的四角作 45° 线,将板分成四块,每块面积内的荷载传给其相邻的支承梁,这样,长跨支承梁（沿板的长跨方向）上的荷载为梯形分布,短跨（沿板的短跨方向）支承梁上的荷载为三角形分布,如图 13-43 所示。

对于承受三角形、梯形分布荷载作用的多跨连续梁,当按弹性理论计算其内力时,也可以将梁上的三角形或梯形荷载,折算成等效均布荷载,然后利用附表 22 计算梁的支座弯矩。此时,仍应考虑梁各跨活荷载的最不利布置。等效荷载是按实际荷载产生

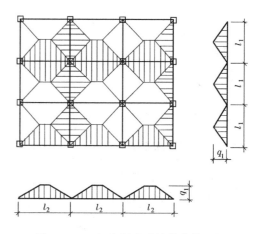

图 13-43　双向板支承梁的荷载面积

的支座弯矩与均布荷载产生的支座弯矩相等的原则确定的。图 13-44 所示为梁上承受三角形、梯形荷载的等效均布荷载值。

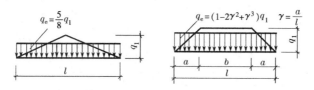

图 13-44　连续支承梁的等效均布荷载

在按等效荷载 q_e 查表求得连续梁各支座弯矩之后,以此支座弯矩的连线为基线,叠加按三角形或梯形分布荷载求各跨的简支梁弯矩图,即为所求的支承梁的弯矩图。

当按塑性理论计算支承梁内力时,可在按弹性理论求得的支座弯矩的基础上进行调幅,计算方法同单向板肋梁楼盖梁。

13.2 装配式钢筋混凝土楼盖

13.2.1 预制板和预制梁的形式

铺板式楼盖是应用最广泛的一种装配楼盖。组成铺板式楼盖的主要构件有预制板和预制梁。现将其主要形式介绍如下。

目前,常见的预制楼板有:实心板、空心板、槽形板、倒槽形板、T形板等,其中空心板的应用最为广泛。目前各省均有地区性的空心板标准图集或通用图集,其他各种预制楼板也基本上都有标准图集或通用图集。随着高层建筑的发展,大块预制楼板(平板或双向肋形板)的使用日趋广泛,一般一个房间用一块或两块大楼板就可以覆盖。

现将几种常见预制楼板的形式、尺寸、特点及适用范围列于表 13-16。

表 13-16 常用预制钢筋混凝土铺板

构件名称	形　式	特点及适用范围
实心板		表面平整、制作简单、材料用量较多 常用跨度 $l=1.2\sim2.4$ mm,板厚 $h\geqslant l/30$,常用板厚 $h=50\sim100$ mm,常用板宽 $B=500\sim1\,000$ mm 适用于走廊楼板和楼梯平台板等
空心板		上下表面平整、模板用量少、较实心板材料用量省、自重轻、刚度大、隔音效果好,但板面不能任意开洞 钢筋混凝土空心板:$l=1.8\sim3.3$ m,$h=120$mm; $\qquad l=3.3\sim4.8$ m,$h=180$mm 预应力混凝土空心板:$l=2.4\sim4.2$ m,$h=120$mm; $\qquad l=4.2\sim6.0$ m,$h=180$mm; $\qquad l=6.0\sim7.5$ m,$h=240$mm 常用板宽 $B=500\sim1\,200$ mm 适用于各种房屋的装配式楼盖,但不宜用于厕所等开洞较多的房间
槽形板		自重轻、材料省、受力合理、开洞方便,但天花不平整、隔音效果差 常用跨度 $l=1.5\sim5.6$ m,常用板宽 $B=600\sim1\,200$ mm 肋高 $h=120,180,240$ mm,肋宽 $b=50\sim80$ mm,板面厚度 $h'_f=25\sim30$ mm 适用于无较重设备的工业房屋的楼盖、屋盖及天花要求不高的民用房屋的楼盖、屋盖
倒槽形板		天花平整,但受力没有槽形板合理 常用跨度、板宽和肋高与槽形板相同 适用于无需保温、防水的屋盖,如厂房内部库房等房屋的屋盖,或与槽形板一起组成双层屋盖(中间铺放保温材料)

续表 13-16

构件名称	形　式	特点及适用范围
T形板		受力性能好、制作简便、布置灵活、能适应较大跨度楼盖的需要，开洞灵活 常用板跨 $l=6\sim 12$ m，常用板宽 $B=1\,500\sim 2\,100$ mm，高度 $h=300\sim 500$ mm 适用于单层和多层厂房的屋盖、楼盖以及多层和高层民用房屋的屋盖、楼盖

预制梁的截面形式有矩形、T形、倒T形和I形等（图 13-45）。当梁较高时，其截面往往采用花篮形，预制板搁置在梁侧挑出的小牛腿上，可以增大室内净高。预制梁一般是简支梁或带伸臂的简支梁，有时也可通过现浇节点，做成连续梁，花篮梁可以是全部预制的，也可以做成叠合梁。

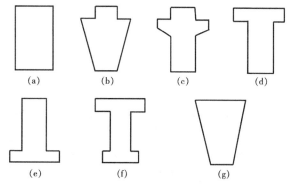

图 13-45 预制梁的截面型式

13.2.2 铺板式楼盖的结构布置和连接

1) 铺板式楼盖板的结构布置

铺板式楼盖板的布置一般根据房屋的承重方案确定，可以采用横向承重，纵向承重或纵横向共同承重。选择预制板时，应根据房屋平面尺寸以及施工吊装能力综合考虑，一般宜选用中等宽度的板，且板的型号不宜过多。板的实际宽度一般比图集中的标志尺寸少 10 mm，因此，按标志尺寸布置板时，板与板间将留有 10～20 mm 的空隙。安装后用细石混凝土灌缝，以加强板间的连结。布置板时应优先选择同一种型号的板，需要时再辅以其他型号的板。当布板后板面剩余宽度小于 120 mm 时，

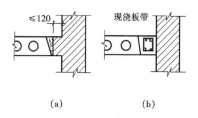

图 13-46 铺板式楼盖的局部构造

可采用沿墙挑砖的做法（图 13-46a），如剩余宽度较大，可采用现浇混凝土板带的处理方法（图 13-46b），应尽量避免将板边嵌入墙内。当有较大竖管穿越楼板，或楼板需凿较多的洞时，可局部改用槽形板（便于凿洞）或设置现浇带。一般板上不应承受砖隔墙等恒荷载。

2) 铺板式楼盖的连接

在铺板式楼盖中，板与板、板与梁、板与墙的连接要比现浇整体式楼盖差得多，因而，楼盖的整体性也差得多，如何保证在水平荷载作用下墙体、梁和楼板的共同工作，保证荷载直接可靠地传至基础，就要求改善楼盖整体性。同时，由于楼盖在其水平面内像一根两端支承在横墙上的深梁一样工作，在水平力作用下，楼盖内将产生弯曲应力和剪切应力，预制板缝间的连接应能承担该应力以保证预制楼盖水平方向的整体性。此外，在竖向荷载作用下，增强各预制板间的连结，也可增加楼盖竖直方向的整体性，改善各独立铺板的工作性能，因而设计中应简单而妥善地处理好各构件之间的连接。

(1) 板与板的连接

板与板的连接一般采用灌缝方法,即用强度不低于 M15 的水泥砂浆或 C20 的细石混凝土灌缝,灌缝应密实(图 13－47a)。当楼面有振动荷载,不允许板缝开裂,或房屋有抗震设防要求时,应于板缝中设置拉结钢筋(图 13－47b),必要时,可在板上现浇一层配有钢筋网的混凝土面层。

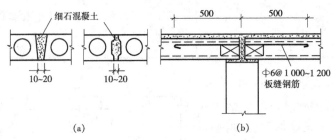

图 13－47 板与板的连接构造

(2) 板与墙和板与梁的连接

预制板在墙上的支承长度不宜小于 100 mm,在预制梁上支承长度不应小于 80 mm。板与支承墙、支承梁的连接,一般依靠支承处的坐浆,坐浆厚度为 10～20 mm(图 13－48a、b)。对于空心板,为避免在灌缝或浇筑混凝土面层时漏浆,空心板两端的孔洞应用混凝土块或砖堵实(图 13－48a)。

板与非支承墙的连结,一般采用细石混凝土填实(图 13－48c)。当板长等于和大于 5 m 时,应配置锚拉筋加强其联系(图 13－48d)。若将墙中圈梁设置于楼层平面,则板与墙的连接性能最好(图 13－48e)。

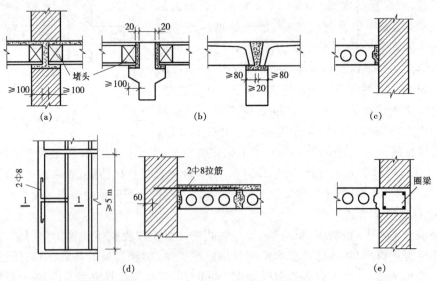

图 13－48 板与墙、板与支承梁的连接构造

(3) 梁与墙的连接

梁在墙上的支承长度应保证梁内受力纵向钢筋在支座处有足够的锚固长度,并应满足梁端砌体局部受压承载力的要求。必要时,应按计算设置垫块或垫梁。预制梁在墙上的支

承长度应不小于180 mm，预制梁支承处应坐浆，必要时，应在梁端设拉结钢筋。对于有抗震设防要求的装配式楼盖，其连接应予以加强，详见《建筑抗震设计规范》(GB50011－2010)，此处从略。

13.2.3 铺板式楼盖的计算要点

对于装配式楼盖的构件，无论是板还是梁，其使用阶段的承载力计算以及变形和裂缝控制（抗裂或裂缝宽度验算）与现浇整体式结构相同。装配式楼盖的构件在制作、运输和吊装阶段的受力状态与使用阶段不同，因此，还需进行施工阶段的验算和吊环设计。现将其计算要点介绍如下。

1）施工阶段验算

预制板、预制小梁应分别按 0.8 kN 或 1.0 kN 的施工或检修集中荷载（人和小工具自重）出现在最不利位置的情况进行验算，但此集中荷载与设计采用的活荷载不应同时考虑。

预制构件在吊装阶段验算时，其自重应乘以动力系数，动力系数一般取 1.5。

施工阶段验算的计算简图应按运输时的实际堆放情况和吊点位置确定。

2）吊环计算与构造

为方便吊装，预制构件一般应埋置吊环。吊环应采用 HPB300 级钢筋或 Q235B 圆钢，严禁采用冷加工钢筋。吊环锚入混凝土的深度应不小于 $30d$（d 为吊环钢筋或圆钢直径），并应焊接或绑扎在钢筋骨架上。每个吊环可按二个截面计算，在构件自重标准值作用下，吊环拉应力不应大于 65 N/mm²（构件自重的动力系数已考虑），对 Q235B 圆钢，吊环应力不应大于 50 N/mm²。于是，吊环截面面积可按下式计算：

$$A_s = \frac{G_k}{2n[\sigma_s]} \tag{13-22}$$

式中　G_k——构件自重标准值；

n——受力吊环的数目，当一个构件上设有四个吊环时，计算中仅考虑其中三个同时发挥作用；

$[\sigma_s]$——吊环钢筋的容许应力，取 $[\sigma_s] = 65$ N/mm²。

13.3 楼梯和雨篷

13.3.1 钢筋混凝土楼梯

楼梯是多层、高层建筑中不可缺少的竖向交通工具。目前，绝大多数多层、高层建筑中都采用钢筋混凝土楼梯。

1）楼梯的种类

按照结构形式和受力特点，楼梯主要分为板式楼梯和梁式楼梯，一般当楼梯梯段的水平投影跨度小于或等于3 m时，宜采用板式楼梯，超过3 m时，用板式楼梯就不太经济，此时宜采用梁式楼梯。板式楼梯（图13－49）由梯段板、平台板和平台梁组成，其优点是下表面平整，施工支模方便、外观轻巧。梯段板厚度一般取其跨度的 1/25～1/30。梁式楼梯（图13－50）由踏步、斜梁（梯段梁）、平台板和平台梁组成，斜梁可设在踏步下面，也可设在踏步上面，还可以利用现浇楼梯栏板来代替斜梁。根据梯段宽度大小，梁式楼梯的梯段可采用双梁式

(图13-51a、b)或单梁式(图13-51c)。

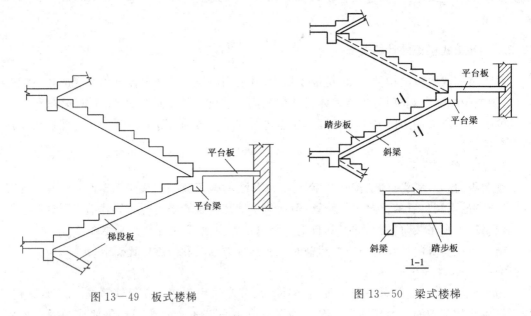

图13-49 板式楼梯　　　　　图13-50 梁式楼梯

当房屋层高较大,楼梯间进深不够时,可做成三折式楼梯(图13-52),该楼梯由板式楼梯和梁式楼梯组成。

除上述两种基本形式外,在一些住宅和公共建筑中还可以见到如下几种形式的楼梯,如悬臂板式楼梯、剪刀式楼梯和螺旋式楼梯等。悬臂板式楼梯是将每个预制的踏步板依次砌筑于墙体中,通过墙体的自重压力来嵌固它们。这种楼梯构造简单,安装方便,造价低,但承载力不大,其楼梯宽度一般不宜大于1.5 m。有抗震设防要求时不应采用悬臂板式楼梯。剪刀式楼梯(图13-53)和螺旋式楼梯(图13-54)均属空间受力体系,外形较美观,但计算较困难,用钢量也较大。本章主要介绍板式楼梯和梁式楼梯的设计计算与构造。

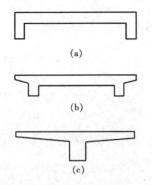

图13-51 斜梁的布置及截面型式

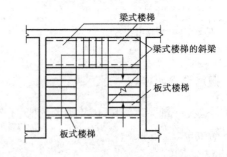

图13-52 三折式楼梯的结构布置

2)楼梯的内力计算和构造要求

(1)板式楼梯的内力计算和构造要求

①内力计算

板式楼梯的内力计算,包括梯段板、平台板和平台梁的内力计算,其计算简图如图13-55所示。

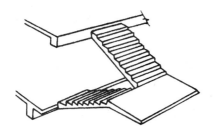

图 13-53　剪刀式楼梯　　　　图 13-54　螺旋式楼梯

A. 梯段板　板式楼梯的梯段板一般由平台梁支承，可以取 1 m 宽的板作为计算单元，并将梯段板与平台板的连接简化为简支。其计算简图如图 13-55b 所示。如果梯段板上单位水平长度上竖向均布荷载为 p（与水平面垂直），则沿斜板方向的单位长度上的竖向均布荷载 $p_c = p\cos\alpha$，如图 13-56a 所示。此处，α 为楼段板与水平线之间的夹角。

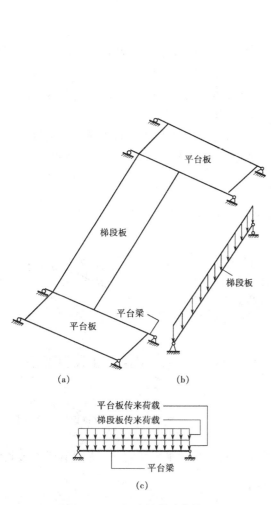
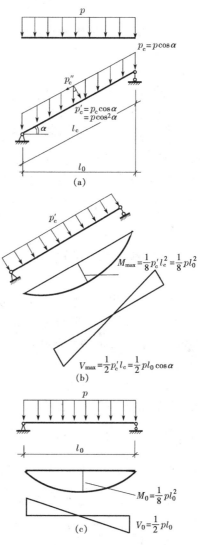

图 13-55　板式楼梯计算简图　　　　图 13-56　梯段板的计算简图与内力

均布荷载 p_c 可分解为垂直于板面的荷载分量 p_c' 和平行于板面的荷载分量 p_c''，垂直于板面的荷载分量 p_c' 将使梯段板产生弯矩和剪力；平行于板面的荷载分量 p_c'' 将使楼段板产生轴向力，但其值不大，可予以忽略。

在垂直板面的荷载分量 p_c' 作用下，梯段板的弯矩图和剪力图如图 13-56b 所示，其跨中最大弯矩 M_{max} 和支座处剪力 V_{max} 可按下列公式计算：

$$M_{max}=\frac{1}{8}p_c'l_c^2 \tag{13-23}$$

$$V_{max}=\frac{1}{2}p_c'l_c \tag{13-24}$$

由于 $p_c'=p_c\cos\alpha=p\cos^2\alpha$，$l_c=l_0/\cos\alpha$，则公式(13-23)、(13-24)可改写成

$$M_{max}=\frac{1}{8}p\cos^2\alpha(l_0/\cos\alpha)^2=\frac{1}{8}pl_0^2 \tag{13-25}$$

$$V_{max}=\frac{1}{2}p\cos^2\alpha(l_0/\cos\alpha)=\frac{1}{2}pl_0\cos\alpha \tag{13-26}$$

式中　p——梯段板上单位水平长度上竖向均布荷载(与水平面垂直)；

　　　l_0——梯段板计算跨度的水平投影长度。

由公式(13-25)、(13-26)可得如下结论：

a. 简支斜板(或梁)在竖向均布荷载 p(沿单位水平长度)作用下的最大弯矩等于跨度为其水平投影长度的简支水平梁在均布荷载 p 作用下的最大弯矩。

b. 简支斜板(或梁)在竖向均布荷载 p(沿单位水平长度)作用下的最大剪力等于跨度为其水平投影长度的简支水平梁在均布荷载 p 作用下的最大剪力乘以 $\cos\alpha$。

考虑到梯段板与平台梁并非理想铰接，平台板、平台梁对楼段板的板端有一定的约束作用，使得按铰接时计算的跨中最大弯矩偏大，因此，板式楼梯梯段板的跨中最大弯矩可取为 $M_{max}=\frac{1}{10}pl_0^2$。

必须注意，截面承载力计算时，梁的截面应取与斜面相垂直的截面。

对于折线形斜板，也可与普通简支板一样计算。一般将梯段上的荷载统一化成沿水平单位长度内分布，然后再计算其 M_{max} 及 V_{max}，如图 13-57 所示。在图 13-57 中，p_1 为倾斜段单位水平长度上的均布荷载，p_2 为水平段单位水平长度上的均布荷载。

B. 平台板　平台板一边与平台梁整体连接，另一边支承在墙上或与过梁整体连接。当平台外端简支于墙上时，可近似按简支板计算，取跨中弯矩 $M_{max}=\frac{1}{8}pl_0^2$ (l_0 为平台板计算跨度)；当平台板外端与过梁整体连接时，取 $M_{max}=\frac{1}{10}pl_0^2$。

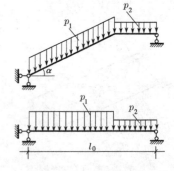

图 13-57　折线斜板的计算简图

C. 平台梁　平台梁承受由梯段板、平台板传来的荷载和平台梁自重，荷载沿梁长按均布考虑，计算简图如图 13-55c 所示。

②构造要求

梯段板厚度不小于梯段跨度的 1/25～1/30，一般可取板厚 $h=80\sim120$ mm。

梯段板配筋应满足图 13-58 的各项构造要求，配筋可采用弯起式，也可采用分离式。

平台板、平台梁的构造要求与一般现浇整体式梁板结构的构造要求相同。

对于折线形斜板,板折角处的钢筋不可按图 13-59a 所示形式配筋,而应将钢筋断开,并伸至受压区锚固(图 13-59b、c),否则,由于钢筋的拉力将使该处混凝土崩脱。

梯段板支座处实际上存在一定的负弯矩,必须配置适当的支座负钢筋,其构造方式如图 13-58 所示。

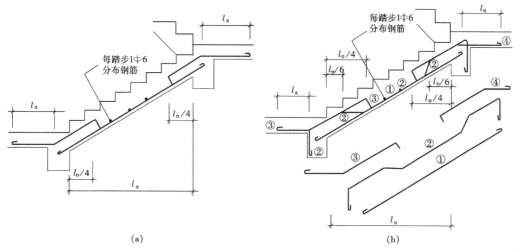

图 13-58 板式楼梯的配筋构造

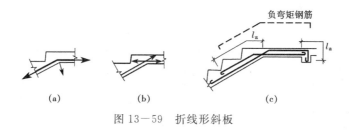

图 13-59 折线形斜板

(2) 梁式楼梯的内力计算与构造要求

① 内力计算

A. 踏步板　梁式楼梯的踏步板可视为铰支于两侧斜向梯段梁上的简支板(对于双梁式梁式楼梯)或一端固定于斜向梯段梁上的悬臂板(对于单梁式梁式楼梯),承受均布线荷载(包括踏步板自重、面层自重和活荷载等),如图 13-60 所示。

B. 斜梁　楼梯斜梁承受由踏步板传来的均布荷载和自重,可简化为支承于两侧平台梁上的简支梁(图 13-61),斜梁的跨中最大弯矩 M_{max} 和支座处最大剪力 V_{max} 可按与板式楼梯的梯段板相同的方法进行计算,即按公式(13-25)、公式(13-26)进行计算。其中,p 为作用于斜梁上的单位水平长度上的竖向均布线荷载;l_0 为斜梁计算跨度的水平投影长度,$l_0 = l_n + b$,此处,l_n 为斜梁净跨度的水平投影长度。

C. 平台梁和平台板　平台梁承受平台板和斜梁传来的荷载及平台梁自重,其中平台板传来的荷载和平台梁自重为均布线荷载,而斜梁传给平台梁的荷载则是集中荷载,平台梁一般按简支梁进行内力计算(图 13-62)。

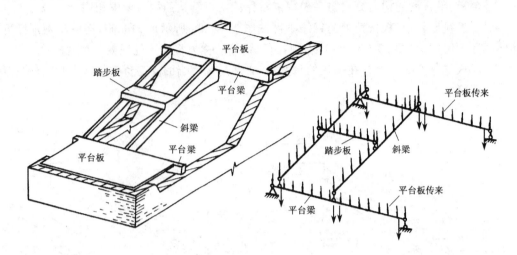

图 13—60 梁式楼梯荷载传递示意图

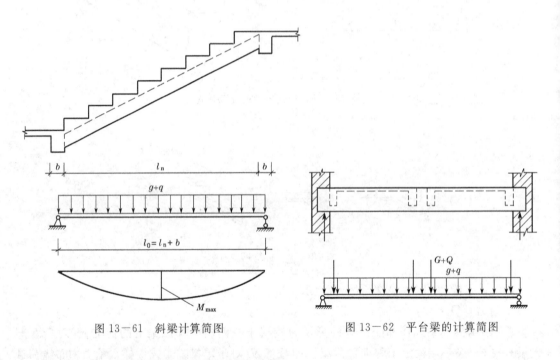

图 13—61 斜梁计算简图　　　　图 13—62 平台梁的计算简图

平台板内力计算与板式楼梯的平台板相同。

②截面设计要点

在进行踏步板承载力计算时,一般取一个踏步板作为计算单元。踏步板的截面为梯形,其计算高度可近似取平均高度(图 13—63),即 $h=\dfrac{h_1}{2}+\dfrac{h_2}{2}=\dfrac{c}{2}+\dfrac{h_p}{\cos\alpha}$(此处,$\alpha$ 为斜梁与水平面的夹角,其余符号如图 13—63 中所示)。

斜梁与平台梁应考虑整浇踏步板与平台板参加工作,按 T 形截面计算配筋。

平台梁在梯段梁支承处应设置附加横向钢筋,其计算方法与肋梁楼盖主梁中的附加横向钢筋的计算方法相同。

③构造要求

现浇踏步板底部斜向连通的板的最小厚度 h_p 一般应为 30～40 mm。为了使斜梁与平台梁具有足够的刚度,斜梁的截面高度一般应大于其跨度水平投影长度的 1/20,平台梁的截面高度一般应大于其跨度的 1/12。

每个踏步板范围内的受力钢筋应不少于 2 根。同时,应沿垂直于受力钢筋的方向布置分布筋,其间距不大于 300 mm(图 13-64a)。

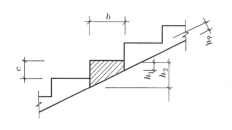

图 13-63 踏步板的截面高度

斜梁的纵向受力钢筋在平台梁中应有足够的锚固长度(图 13-64b)。

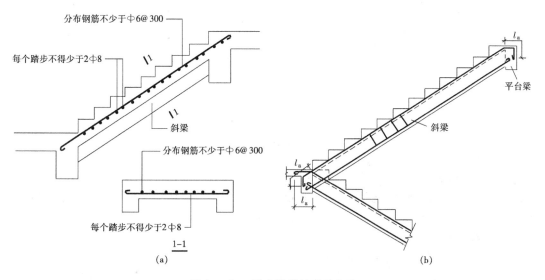

图 13-64 梁式楼梯的配筋构造

13.3.2 钢筋混凝土雨篷

雨篷是建筑工程中常见的悬挑构件,根据悬挑的长度,有两种基本的结构布置方案:当悬挑较长时,在雨篷中要布置悬挑边梁来支承雨篷板,称为梁板式雨篷。当悬挑较小时,则布置雨篷梁来支承悬挑的雨篷板,称为板式雨篷。一般雨篷梁除支承雨篷板外,还兼作门窗过梁,承受上部墙体的重量和楼盖梁、板或楼梯平台传来的荷载,其他悬挑构件,如挑檐、外阳台等的计算方法与雨篷类似。

1) 雨篷的计算

现以板式雨篷来说明雨篷的设计方法。

雨篷是悬挑结构,除了须按梁板结构进行计算外,还须进行抗倾覆验算。

(1) 雨篷板的计算

雨篷板承受的荷载有恒荷载(板自重、粉刷重等)以及雪荷载、活荷载等。此外,还必须考虑施工或检修的集中荷载 Q ($Q=1$ kN,每米一个),且按作用于板端(图 13-65)考虑,雨篷承受的均布活荷载可按不上人的钢筋混凝土屋面考虑,取 0.7 kN/m²。必须注意,活荷载和雪荷载不同时考虑,应取两者的较大值。施工

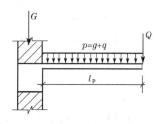

图 13-65 雨篷荷载简图

集中荷载和活荷载也不同时考虑。雨篷板常取1 m板宽进行计算。

(2) 雨篷梁的计算

雨篷梁除承受雨篷板传来的恒荷载与活荷载外,还承受雨篷梁上的墙体重量及楼盖的梁板或楼梯平台板通过墙传来的恒荷载与活荷载。楼盖的梁板传来的荷载与墙体自重按下列规定采用(图13-66):

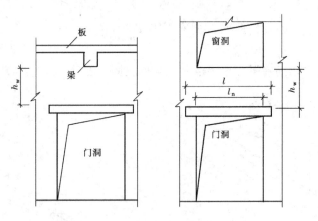

图13-66 雨篷梁上墙体荷载示意图

① 梁、板荷载

对砖和小型砌块砌体,当梁、板下墙体高度 $h_w < l_n$(l_n 为梁的净跨)时,应计入梁、板传来的荷载;当 $h_w \geq l_n$ 时,可不考虑梁、板传来的荷载。

② 墙体荷载

对砖砌体,当梁上的墙体高度 $h_w < l_n/3$ 时,应按全部墙体的均布自重采用;当 $h_w \geq l_n/3$ 时,应按高度为 $l_n/3$ 的墙体的均布自重采用。

对混凝土砌块砌体,当梁上的墙体高度 $h_w < l_n/2$ 时,应按墙体的均布自重采用;当 $h_w \geq l_n/2$ 时,应按高度为 $l_n/2$ 墙体的均布自重采用。

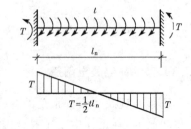

图13-67 雨篷梁的扭矩计算简图

在自重、梁上墙体重及梁板传来的荷载作用下,雨篷梁将受弯和受剪,而在雨篷板传来的荷载作用下,雨篷梁不仅受弯和受剪,而且还受扭,因此,雨篷梁应按弯、剪、扭构件进行设计(详见第6章)。

雨篷板上均布荷载在雨篷梁上产生的单位长度上的扭矩 t 为(图13-67)

$$t = pl_p \frac{(l_p + b)}{2} \tag{13-27}$$

式中 l_p——雨篷板的悬臂长度;

b——雨篷梁的截面宽度。

由 t 在雨篷梁端产生的最大扭矩 T_{max} 为

$$T_{max} = \frac{1}{2} t l_n \tag{13-28}$$

必须注意,当施工或检修的集中荷载 Q 与恒荷载组合产生的扭矩更为不利时,梁端最大扭矩应按这种荷载组合进行计算。

（3）抗倾覆验算

由于雨篷为悬挑结构，雨篷板上的荷载可能使整个雨篷绕墙体边缘旋转而倾覆，而雨篷梁自重及作用于雨篷梁上的墙体重和梁板传来的荷载将阻止雨篷的旋转，使其具有抵抗这种倾覆的能力。为了保持雨篷的稳定，其抗倾覆验算应满足以下条件：

$$M_{ov} \leqslant M_r \tag{13-29}$$

式中 M_{ov}——按雨篷板上最不利荷载组合计算的绕 o 点（墙体边缘）的倾覆力矩，对恒荷载和活荷载应分别乘以荷载分项系数；

M_r——按恒荷载计算的绕 o 点的抗倾覆力矩设计值，此时，荷载分项系数按 0.8 采用，抗倾覆荷载 G_r 可按图 13—68b 中阴影所示范围内的恒荷载进行计算。

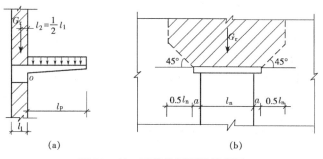

图 13—68 雨篷抗倾覆计算简图

必须指出，由于砌砖时，边缘砂浆可能不够饱满，以致在发生倾覆时，砌体边缘砂浆可能已有局部压碎，故建议将旋转点向墙内移动 10～20 mm。

当不满足式（13—29）的要求时，可适当增加雨篷梁的支承长度 a 或设拖梁以增大抗倾覆力矩 M_r。

2）构造要求

根据雨篷板为悬臂板的受力特点，可将其设计成渐变厚度板，其端部板厚一般不小于 60 mm，根部板厚为悬挑长度的 1/10，并不小于 80 mm。雨篷板周围往往设置凸缘，以便有组织地排水。雨篷板受力钢筋按悬臂板计算确定，并不得少于 Φ8@200。受力钢筋须伸入雨篷梁中，并应有足够的锚固长度。此外，还必须按构造要求配置分布钢筋，一般不少于 Φ6@250。

雨篷梁宽度一般与墙厚相同，高度按计算确定。为防止雨水渗入墙内，梁顶可设置高于板面 60 mm 的凸缘。为保证雨篷梁的嵌固，雨篷梁伸入墙内的支承长度应按抗倾覆的要求确定，并不小于 300 mm。雨篷梁按弯、剪、扭构件设计配筋，其箍筋必须按抗扭箍筋要求设置。具体配筋构造如图 13—69 所示。

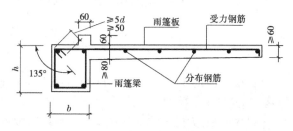

图 13—69 雨篷截面及配筋构造

思 考 题

13.1 整体式钢筋混凝土楼盖结构有哪几种类型?它们的受力特点如何?

13.2 何谓单向板?何谓双向板?作用于板上的荷载是怎样传递的?在设计时是如何区分的?

13.3 单向板肋梁楼盖的柱网和梁格的布置原则是什么?板、次梁和主梁的常用跨度是多少?

13.4 单向板、次梁的计算跨度如何确定?按弹性理论方法计算和按塑性内力重分布方法计算时有何不同?

13.5 计算连续梁、板的最不利内力时,其活荷载应如何布置?

13.6 绘制内力包罗图和正截面受弯承载力图(抵抗弯矩图)的作用是什么?如何绘制?

13.7 计算连续次梁和连续板的内力时,为什么要采用折算荷载?连续次梁和连续板的折算荷载如何取值?

13.8 支座处控制截面的内力设计值如何计算?

13.9 何谓塑性铰?塑性铰与普通铰有哪些不同?

13.10 何谓塑性内力重分布?影响塑性内力重分布的主要因素有哪些?

13.11 何谓弯矩调幅?按弯矩调幅法计算连续板、梁的一般原则有哪些?为什么?

13.12 截面的弯矩调幅系数不宜超过 25%,为什么?

13.13 弯矩调幅后,梁、板各跨的弯矩必须满足下列公式:

$$\left|\frac{M_A + M_B}{2}\right| + M_C \geq 1.02 M_0$$

为什么?公式中各符号的物理意义是什么?

13.14 在塑性铰区段,应将斜截面受剪承载力所需箍筋截面面积增加 20%,且 $\rho_{sv} > 0.3 f_t / f_{yv}$,为什么?

13.15 对周边与梁整体连接的单向板的中间跨,在计算弯矩时,可将其计算求得的弯矩值折减,为什么?

13.16 单向板中有哪些受力钢筋和构造钢筋?各起什么作用?如何设置?

13.17 对于等跨连续次梁,当 $q/g \leq 3$ 时,其简化的配筋构造如何?

13.18 多跨多列连续双向板按弹性理论计算时,计算跨中最大正弯矩和支座最大负弯矩时活荷载如何布置?

13.19 在均布荷载作用下,四边简支单跨矩形双向板的破坏特征如何?

13.20 如何利用计算表格计算单跨双向板的跨中弯矩和支座弯矩?

13.21 多跨多列双向板的弯矩及其截面配筋如何计算?

13.22 塑性铰线法的基本假定是什么?塑性铰线和转动轴有些什么规律?

13.23 双向板的构造要点是什么?

13.24 双向板支承梁上的荷载是如何计算的?按弹性理论计算时,其内力如何计算?

13.25 常用的现浇楼梯有哪几种?它们的优缺点和适用范围如何?

13.26 板式楼梯和梁式楼梯的计算简图如何?其踏步板配筋有何不同?

13.27 作用在雨篷梁上荷载有哪些?其受力特点如何?

13.28 如何进行雨篷的抗倾覆验算?有哪些措施可提高雨篷的抗倾覆能力?

习 题

13.1 在例题 13-1 中,若按弹性理论方法计算,试计算板的边跨跨中和离端第二支座的最大弯矩,并与按塑性内力重分布方法的计算结果进行比较。

13.2 在例题 13-1 中,若按弹性理论方法计算,试计算次梁的离端第二支座的最大剪力,并与按塑性内力重分布方法的计算结果进行比较。

13.3 在例题 13-1 中，试重新绘制主梁中间跨的弯矩包罗图，并标明各种荷载组合下的弯矩值和剪力值。

13.4 已知某双向肋梁楼盖平面尺寸如图 13-70 所示。楼面活荷载标准值 $q_k = 5 \text{ kN/m}^2$，荷载分项系数 $\gamma_q = 1.3$。楼面面层用 20 mm 厚水泥砂浆抹面，板底用 15 mm 厚混合砂浆粉刷。混凝土强度等级为 C30。板中受力钢筋采用 HRB400 级钢筋。试按弹性理论方法设计该板，并画出配筋示意图。

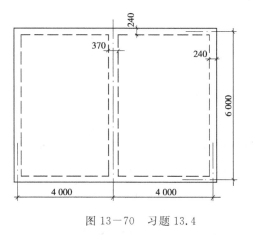

图 13-70 习题 13.4

13.5 某教学楼楼梯的平面图和剖面图如图 13-71 所示。楼面均布活荷载标准值 $q_k = 2.5 \text{ kN/m}^2$。楼面采用水磨石(可按 35 mm 厚的水泥砂浆面层计算其荷载标准值)，底面采用 20 mm 厚纸筋石灰粉刷。混凝土强度等级为 C25，板中受力钢筋采用 HRB400 级钢筋。试设计梯段板 TB1。

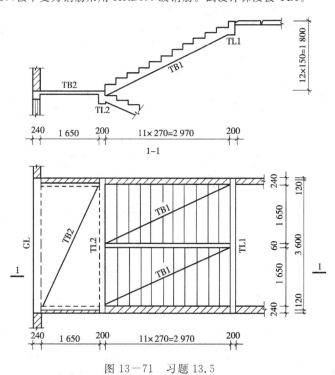

图 13-71 习题 13.5

14 钢筋混凝土单层厂房

14.1 钢筋混凝土单层厂房的结构组成和结构布置

14.1.1 单层厂房的结构组成和结构体系

单层工业厂房能较好地适应不同类型工业生产的需要。单层厂房可以构成较大的空间,便于布置大型设备、机器,生产重型产品。同时,单层厂房结构便于定型设计,其大部分构配件已标准化、系列化、通用化,因而可提高构配件生产工厂化、现场施工机械化的程度,缩短设计时间,加快施工速度。因此,单层厂房的应用较为广泛。

1) 单层厂房的结构组成和传力途径

在单层工业厂房中,使用最多的是铰接排架结构(图14-1)。

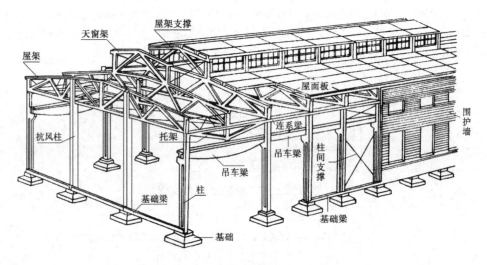

图14-1 单层厂房(排架)的结构组成

单层厂房通常由下列构件组成:屋盖结构(包括屋面板、屋架或屋面梁、托架、天窗架等)、柱(包括排架柱和抗风柱)、吊车梁、基础、支撑(包括屋盖支撑和柱间支撑)及围护结构等。

在上述结构构件中,由屋架(或屋面梁)横向柱列和基础构成了横向平面排架。它是厂房的基本承重结构,厂房的竖向荷载和横向水平荷载都是通过它传给地基的;由纵向柱列、连系梁、吊车梁、柱间支撑和基础等构成了纵向排架,它不仅将各榀横向排架联系起来,构成了整体的空间结构,而且承受该厂房纵向的各种水平荷载以及温度应力等,并通过柱间支撑把它传至基础。

(1) 排架结构体系

钢筋混凝土排架由屋面梁(或屋架)、柱和基础组成。排架柱与屋架铰接,而与基础刚接。

根据厂房生产工艺和使用要求不同,排架结构可采用单跨结构(图 14-2a)和多跨结构,多跨结构又可分为等高多跨结构(图 14-2b)、不等高多跨结构(图 14-2c)和锯齿形结构(图 14-2d)等。为使结构受力明确合理,构件简化统一,应尽量做成等高厂房。根据工艺要求,当相邻跨度高差不大于 1 m 时,也应做成等高厂房,当高差大于 2 m,且低跨面积超过厂房总面积 40%~50% 时,则应做成不等高厂房。

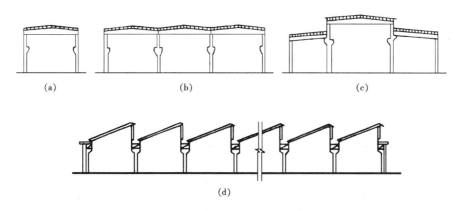

图 14-2 单层厂房排架结构体系

排架结构体系应用广泛,其跨度可超过 30 m,高度可达 20~30 m 或更高,吊车吨位可达 150 t 或更大。

(2) 门式刚架结构体系

门式刚架是一种梁柱合一的钢筋混凝土结构,梁与柱为刚接,柱与基础通常为铰接,顶节点可为铰接或刚接。当顶节点为铰接时,称为三铰门式刚架(图 14-3a),当顶节点为刚接时,称为两铰门式刚架(图 14-3b)。门式刚架可做成单跨或多跨结构(图 13-3c)。门式刚架一般仅用于吊车起重量不超过 10 t、跨度不超过 18 m 的厂房。

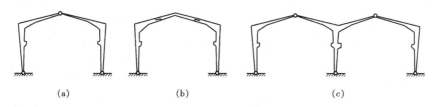

图 14-3 单层厂房门式刚架结构体系

14.1.2 单层厂房的结构布置

单层工业厂房的结构布置主要包括:柱网的布置和变形缝的设置;屋盖结构(屋面板、天沟板、屋面梁、屋架、天窗架等)及其各种支撑等的布置;吊车梁、柱(包括抗风柱)及柱间支撑的布置;连系梁及过梁的布置;基础及基础梁的布置。

1) 柱网布置、定位轴线和厂房高度

(1) 柱网布置

单层厂房承重柱的纵向和横向定位轴线在平面上形成的网络,称为柱网。柱网布置就是确定柱子纵向定位轴线之间的距离(跨度)和横向定位轴线之间的距离(柱距)。

柱网布置的一般原则是：符合生产工艺和正常使用的要求；建筑和结构经济合理；施工方法先进；符合厂房建筑统一化基本规则，适应生产发展和技术进步的要求。

厂房柱网的尺寸应符合模数化的要求(图14-4)。厂房跨度在18 m和18 m以下时，应采用3 m的倍数；在18 m以上时，应采用6 m的倍数。厂房柱距应采用6 m或6 m的倍数。当工艺布置和技术经济有明显的优越性时，亦可采用21 m、27 m和33 m的跨度和9 m柱距或其他柱距。

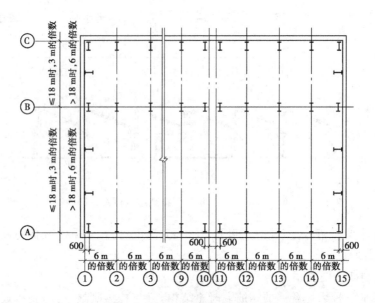

图14-4 单层厂房柱纵、横定位轴线

目前，工业厂房大多数采用6 m柱距，因为从经济指标、材料消耗和施工条件等方面衡量，6 m柱距比12 m柱距优越。从现代化工业发展趋势来看，扩大柱距，对增加车间有效面积、提高工艺设备布置的灵活性、减少结构构件的数量和加快施工进度等都是有利的。当然，由于构件尺寸增大，给制作和运输带来不便，对机械设备的能力也有更高的要求。12 m柱距和6 m柱距，在大小车间相结合时，两者可配合使用。此时，如布置托架，则屋面板的跨度仍可采用6 m。

(2) 定位轴线

为了准确地标定柱网尺寸和各构配件的相互关系，减少构配件的类型和规格，使不同结构类型的构配件具有互换性，需要合理地确定厂房的定位轴线。定位轴线有横向轴线和纵向轴线两种。平行于跨度方向的轴线称为横向轴线，垂直于跨度方向的轴线称为纵向轴线。根据《厂房建筑模数协调标准》(GBJ6-86)，柱、墙与定位轴线的关系应遵守下述规定。

① 墙、边柱与纵向定位轴线的关系

在无吊车的厂房(包括有悬挂吊车的厂房)和柱距为6 m、吊车起重量等于或小于20t的厂房中，边柱外缘和墙内缘应与纵向定位轴线重合(图14-5a)，一般称为封闭结合。在柱距为6 m、吊车起重量为30 t或50 t的厂房中，以及吊车起重量大于50 t、柱距为12 m的厂房中，吊车外轮廓尺寸和柱截面尺寸都较大，为了保证柱内边缘与吊车外轮廓之间留有必要的间距，边柱外缘与纵向定位轴线间可加设联系尺寸(a_c)，联系尺寸可为150 mm(图14-

5b);当 150 mm 不能满足要求时,应采用 300 mm或其整数倍数。在这种情况下,墙内缘与屋架端部之间存在一定间距,一般称为非封闭结合。

② 中柱与纵向定位轴线的关系

当相邻两跨等高时,中柱的上柱中心线应与纵向定位轴线相重合。当相邻两跨不等高时,纵向定位轴线按下列两种情况确定:A. 当高低跨处采用单柱时,高跨上柱外边缘与封墙内边缘应与纵向定位轴线相重合(图 14－6a);当高跨设有起重量等于或大于 30 t 的吊车,上柱外缘与纵向定位轴线不能重合时,应采用两条定位轴线,插入距(a_i)与联系尺寸(a_c)相同(如图 14－6b 所示),或等于墙体厚度 t。B. 当高低跨处采用双柱时,应采用两条定位轴线,并设插入距(图 14－6c,d)。

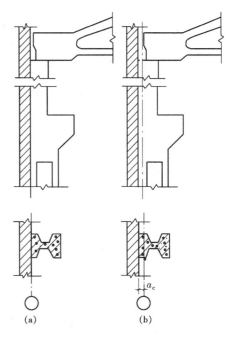

图 14－5 墙、边柱与纵向定位轴线的定位

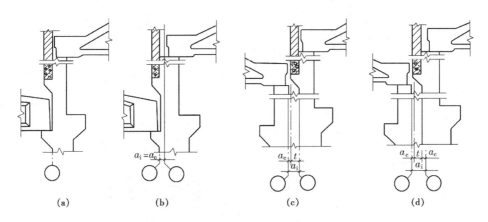

图 14－6 中柱与纵向定位轴线的定位

③ 墙、柱与横向定位轴线的关系

除伸缩缝和防震缝处的柱和端部柱外,柱的中心线应与横向定位轴线相重合。

伸缩缝、防震缝处的柱应采用双柱及两条横向定位轴线,柱的中心线均应自定位轴线向两侧各移 600 mm,两条横向定位轴线间所需缝的宽度,即插入距(a_i)应符合有关规范的规定(图 14－7a)。

山墙为非承重墙时,墙内缘应与横向定位轴线相重合,且端部柱的中心线应自横向定位轴线向内移 600 mm(图 14－7b)。

山墙为砌体承重时,墙内缘与横向定位轴线间的距离应按砌体块材的类别,分别为块材的半块或半块的整倍数,或墙厚的一半(图 14－7c)。

(3) 变形缝

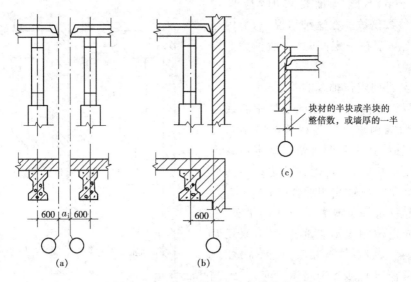

图 14-7 墙、柱与横向定位轴线的定位

变形缝包括伸缩缝、沉降缝和防震缝三种。

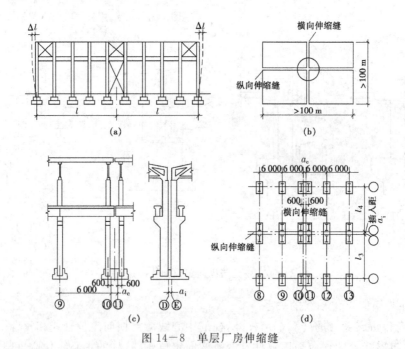

图 14-8 单层厂房伸缩缝

① 伸缩缝

如果厂房长度和宽度过大,当气温变化时,在结构内部产生的温度内力将较大,严重的可使墙面、屋面和构件等拉裂,影响正常使用。为减少厂房结构的温度应力,可设置伸缩缝,将厂房结构分成若干温度区段。伸缩缝可从基础顶面开始,将两个温度区段的上部结构分开,并留出一定宽度的缝隙,使上部结构在气温变化时沿水平方向可自由变形(图14-8)。温度区段的形状应力求简单,并应使伸缩缝的数量最少。温度区段的长度(伸缩缝之间的距离),根据《规范》规定,装配式钢筋混凝土排架结构伸缩缝最大间距为 100 m(室内或土中)、

70 m(露天),详见附表 24。伸缩缝的一般做法是从基础顶面开始将相邻温度区段的上部结构完全分开,在伸缩缝两侧设置并列的双排柱、双榀屋架,而基础可做成将双排柱连在一起的双杯口基础。

② 沉降缝

由于单层厂房结构主要是由简支构件装配而成,因地基发生不均匀沉降在构件中产生的附加内力不大,所以,在单层厂房结构中,除主厂房与生活间等附属建筑物相连接处外,很少采用沉降缝。只有在下列特殊情况下才考虑设置沉降缝。例如,厂房相邻两部分高差很大(超过 10 m 以上),两跨间吊车起重量相差悬殊,地基承载力或下卧层土质有很大差别,厂房各部分施工时间先后相差很久,土壤压缩程度不同等情况。沉降缝应将建筑物从基础到屋顶全部分开,以使缝两边发生不同沉降时不至于相互影响。

③ 防震缝

防震缝是为了减轻地震震害而采取的措施之一,当厂房平面、立面复杂,结构高度或刚度相差很大,以及在厂房侧边布置附属用房(如生活间、变电所、炉子间等)时,应设置防震缝。防震缝两侧的上部结构应完全分开,防震缝的宽度在厂房纵横跨交接处可采用 100~150 mm,其他情况可采用 50~90 mm。地震区的厂房,其伸缩缝和沉降缝均应符合防震缝的要求。

2) 厂房的剖面尺寸

(1) 厂房高度的确定

厂房的高度是指自室内地面(其标高为±0.00)至屋盖承重结构底面(即柱顶)的高度,以屋盖承重结构底面标高(即柱顶标高)H 表示。

屋盖承重结构底面标高由设备的高度和吊车需要的高度确定。同时,考虑到屋盖承重结构(如屋架、屋面大梁等)的挠度和地基不均匀沉降等不利影响,屋盖承重结构底面与吊车外轮廓线最高点(吊车小车顶面)之间的净空尺寸(即吊车安全行车所必要的孔隙)不应小于 220 mm。于是,厂房屋盖承重结构底面标高 H 可按下列公式确定(图 14-9):

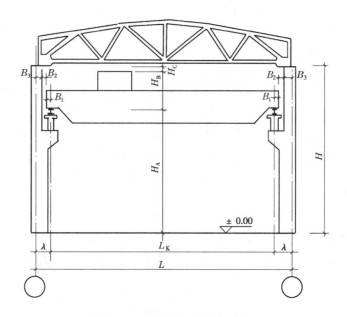

图 14-9 有吊车厂房剖面图

$$H = H_A + H_B + H_C \tag{14-1}$$

式中 H_A——吊车轨顶标志高度；

H_B——吊车轨顶至吊车小车顶面间的距离；

H_C——屋盖承重结构底面(即柱顶)至吊车小车顶面之间的净空尺寸。

吊车轨顶标志高度 H_A 一般由建设单位根据生产工艺要求确定。吊车轨顶至吊车小车顶面间的距离 H_B 可根据吊车规格确定(查阅有关吊车规格表)。

吊车轨顶标高减去吊车轨道连接高度和吊车梁端高度(均可查有关标准图集)，即为牛腿顶面标高。

在确定屋盖承重结构底面标高和牛腿顶面标高时，均应为 300 mm 的整倍数。吊车轨顶标志高度应为 600 mm 的整倍数。在设计时，吊车轨顶的构造高度(即设计时的实际高度)与标志高度之间允许有 ±200 mm 的差值。

(2) 厂房跨度的确定

厂房跨度 L 主要由生产工艺和有关厂房跨度的模数要求来决定。对于有吊车的厂房，在确定厂房跨度和布置厂房纵向定位轴线时，主要应保证吊车正常行车的空间尺寸，也就是应考虑吊车跨度 L_k、吊车外形尺寸 B_1、吊车桥架外缘与上柱内边缘之间预留安全行车所必需的空隙 B_2 和上柱内边缘与纵向定位轴线之间的距离 B_3 等因素(图 14-9)。厂房跨度 L 可按下列公式确定：

$$L = L_k + 2\lambda \tag{14-2}$$
$$\lambda = B_1 + B_2 + B_3 \tag{14-3}$$

式中 L_k——吊车跨度，即吊车轨道中心线之间的距离，根据生产工艺要求，由有关吊车规格表查得；

λ——吊车轨道中心线至边柱或中柱纵向定位轴线间的距离，在设有桥式(或梁式)吊车的厂房中，一般取 $\lambda = 750$ mm；当构造需要或吊车起重量大于 75 t 时，宜取 $\lambda = 1000$ mm；

B_1——吊车的外形尺寸，根据吊车起重量和跨度，由有关吊车规格表查得；

B_2——吊车桥架外缘与上柱内边缘之间的预留空隙，当吊车起重量 $Q_{ck} \leqslant 50$ t 时，不应小于 80 mm；当 $Q_{ck} \geqslant 75$ t 时，不应小于 100 mm；

B_3——边柱上柱内缘或中柱边缘至该柱纵向定位轴线之间的距离。

3) 屋盖结构

单层厂房的屋盖结构分无檩体系和有檩体系两种。无檩体系由大型屋面板、天窗架、屋架(或屋面梁)和屋盖支撑组成。有檩体系由小型屋面板(或瓦材)、檩条、天窗架、屋架和屋盖支撑组成。有檩体系由于构件种类多、传力途径长、承载力低、屋盖的刚度和整体性差，较少采用。

(1) 屋面板和檩条

表 14-1 列出了几种常用屋面板的形式、特点和适用条件。其中第 1~4 种用于无檩屋盖体系，第 5~7 种用于有檩屋盖体系，第 8 种用于粘土瓦屋面，不需檩条。

表 14-1　　　　　　　　　　　屋面板类型

序号	构件名称	形式	特点及适用条件
1	预应力混凝土大型屋面板	5970.8970 × 1490 × 240.300	屋面有卷材防水及非卷材防水两种，屋面水平刚度好 适用于中、重型和振动较大、对屋面刚度要求较高的厂房 屋面坡度：卷材防水为1/5，非卷材防水为1/4
2	预应力混凝土F形屋面板	5370 × 1490 × 200	屋面自防水，板沿纵向互相搭接，横缝及脊缝加盖瓦和脊瓦，屋面材料省，屋面水平刚度及防水效果较预应力混凝土屋面板差，如构造和施工不当，易飘雨、飘雪 适用于中小型非保温厂房，不适用于对屋面刚度及防水要求高的厂房 屋面坡度为1/4
3	预应力混凝土单肋板	3980.5980 × 935.1200 × 180.250	屋面自防水，板沿纵向互相搭接，横缝及脊缝加盖瓦和脊瓦，主肋只有一个，屋面材料省，但屋面刚度差 适用于中小型非保温厂房，不适用于对屋面刚度及防水要求高的厂房 屋面坡度为1/8~1/5
4	预应力混凝土夹心保温屋面板（三合一板）	5950 × 1490 × 130	具有承重、保温、防水三种作用，屋面材料省，如处理不当，易开裂、渗漏 适用于一般保温厂房，不适用于气候严寒、冻融频繁地区和有腐蚀性气体及温度高的厂房，屋面坡度为1/8~1/12
5	钢筋混凝土槽瓦	3300~3900 × 990 × 100	在檩条上互相搭接，沿横缝及脊缝加盖瓦及脊瓦，屋面材料省，构造简单，施工方便，刚度较差，如构造和施工处理不当，易渗漏 适用于轻型厂房，不适用于有腐蚀性气体、有较大振动、对屋面刚度及隔热要求高的厂房，屋面坡度为1/3~1/5
6	钢丝网水泥波形瓦	1700, 2000 × 990	在纵、横向互相搭接，加脊瓦；屋面材料省，施工方便，刚度较差，运输、安装不当，易损坏 适用于小型厂房，不适用于有腐蚀性气体、有较大振动、对屋面刚度及隔热要求高的厂房，屋面坡度为1/3~1/5
7	石棉水泥瓦	1820~1800 × 720~994	重量轻，耐火及防腐蚀性好，施工方便，刚度差，易损坏 适用于小型厂房、仓库 屋面坡度为1/2.5~1/5
8	钢筋混凝土挂瓦板	2380~5980 × 635 × 100~160	挂瓦板密排，上铺粘土瓦，有平整的平顶适用于用粘土瓦的小型厂房、仓库 屋面坡度为1/2~1/2.5

国内目前常用的大型屋面板的板底设有双肋,每肋两端底部设有预埋钢板与屋架上弦或屋面梁顶面预埋钢板在现场三点焊接,如图14-10a所示,从而形成水平刚度较大的屋盖结构。其他形式屋面板与屋面大梁(或屋架)、檩条的连接如图14-10b所示。

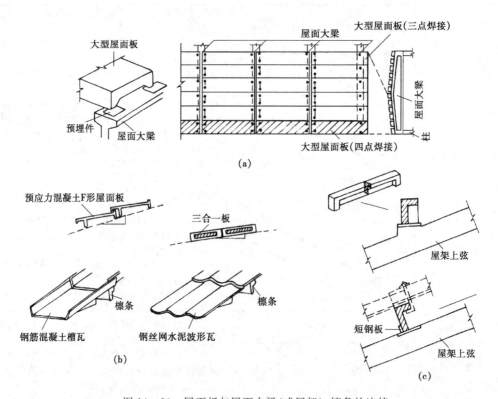

图14-10 屋面板与屋面大梁(或屋架)、檩条的连接

檩条起着支承屋面材料并将屋面荷载传给屋架的作用。它与屋架和墙身应有良好的连结(钢筋混凝土檩条一般均用焊接),使其与有关构件(包括支撑杆件)共同组成屋盖的支撑体系,以保证厂房的刚度,并传递水平力。常用的钢筋混凝土檩条形式列于表14-2。

目前应用较多的是钢筋混凝土和预应力混凝土倒L形檩条,它在屋架上有正放和斜放两种(图14-10c)。

(2) 屋架和屋面梁

屋架和屋面梁是厂房结构最主要的承重构件,它除了承受屋面板传来的荷载及其自重外,有时还承受悬挂吊车、高架管道等荷载。同时,屋架或屋面梁对于保证厂房的刚度起着重要作用。因此,屋架或屋面梁的选择,对于厂房的安全性、耐久性、经济性和施工速度有很大的影响。

屋架按其结构形式可分为拱式屋架、桁架式屋架两大类。

拱式屋架可分为二铰拱和三铰拱(表14-3)。二铰拱的支座节点为铰接,顶节点为刚接;三铰拱的支座节点和顶点均为铰接。二铰拱的上弦一般为钢筋混凝土构件,三铰拱的上弦可为钢筋混凝土构件或预应力混凝土构件。

表 14－2　　　　　　　　　　钢筋混凝土檩条的类型

序号	构件名称	形式	跨度 l / m
1	钢筋混凝土倒 L 形檩条	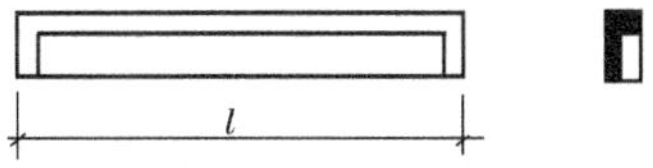	4～6
2	钢筋混凝土 T 形檩条	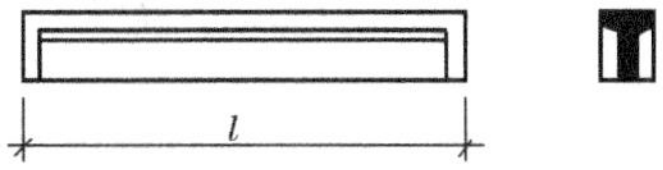	4～6
3	预应力混凝土倒 L 形檩条	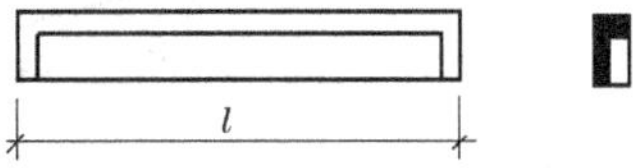	6
4	预应力混凝土 T 形檩条	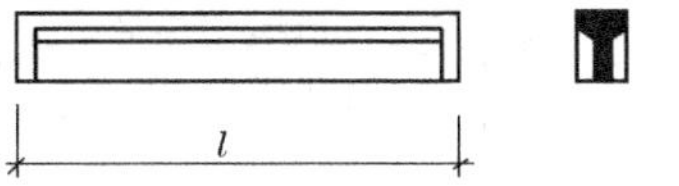	6

表 14－3　　　　　　　　钢筋混凝土二铰和三铰拱屋架类型

序号	构件名称	形式	跨度 / m	特点及适用条件
1	钢筋混凝土二铰拱屋架		9～15	上弦为钢筋混凝土构件,下弦为角钢,顶节点刚接,自重较轻,构造简单,应防止下弦受压 适用于跨度不大的中、轻型厂房 屋面坡度:卷材防水为 1/5,非卷材防水为 1/4
2	钢筋混凝土三铰拱屋架	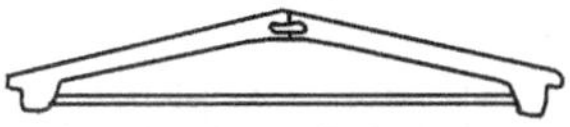	9～15	顶节点铰接,其他同上
3	预应力混凝土三铰拱屋架	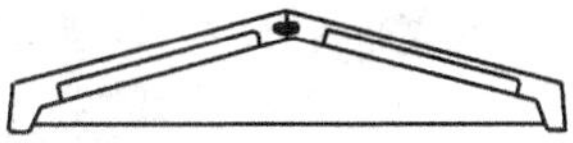	9～18	上弦为先张法预应力混凝土构件,下弦为角钢,其他同上

注:屋架跨度的模数为 3 m。

拱式屋架比屋面梁轻,构造也简单,其适用跨度为 9～18 m。当采用钢下弦时,屋架刚度较差,不宜用于重型和振动较大的厂房。

桁架式屋架的类型较多,有三角形、折线形、梯形、拱形等,此外,还有空腹桁架(表 14－4)。当厂房跨度较大时,采用桁架式屋架较经济,它在单层厂房中应用非常普遍。

三角形屋架坡度大,适用于有檩屋盖。梯形屋架坡度小,可避免屋面沥青、油膏流淌,屋面施工、检修时较方便;设置天窗时,选用梯形屋架较为适宜。拱形屋架的上、下弦杆受力均匀,腹杆内力很小,自重较轻,材料较省,节点构造较简单,但曲线形的上弦杆制作不便,端部坡度大,卷材屋面的沥青易流淌,施工不便。折线形屋架具有拱形屋架的优点,且改善了端部的坡度,是目前应用较多的一种屋架。

表 14—4　　　　　　　　　　钢筋混凝土桁架式屋架类型

序号	构件名称	形　式	跨度/m	特点及适用条件
1	钢筋混凝土组合式屋架	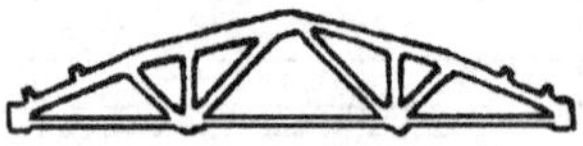	12~18	上弦及受压腹杆为钢筋混凝土构件,下弦及受拉腹杆为角钢,自重较轻,刚度较差 适用于中、轻型厂房 屋面坡度为 1/4
2	钢筋混凝土三角形屋架		9~15	自重较大,屋架上设檩条或挂瓦板适用于跨度不大的中、轻型厂房 屋面坡度为 1/2~1/3
3	钢筋混凝土折线形屋架（卷材防水屋面）		15~24	外形较合理,屋面坡度合适 适用于卷材防水屋面的中型厂房 屋面坡度为 1/5~1/15
4	预应力混凝土折线形屋架（卷材防水屋面）		15~30	外形较合理,屋面坡度合适,自重较轻 适用于卷材防水屋面的中、重型厂房 屋面坡度为 1/5~1/15
5	预应力混凝土折线形屋架（非卷材防水屋面）		18~24	外形较合理,屋面坡度合适,自重较轻 适用于非卷材防水屋面的中型厂房 屋面坡度为 1/4
6	预应力混凝土梯形屋架		18~30	自重较大,刚度好 适用于卷材防水的重型、高温及采用井式或横向天窗的厂房 屋面坡度为 1/10~1/12
7	预应力混凝土空腹屋架	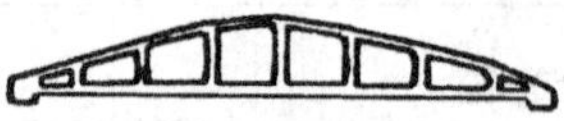	15~36	无斜腹杆,构造简单 适用于采用横向天窗或井式天窗的厂房

注:屋架跨度的模数为 3 m。

屋面梁的外形有单坡和双坡两种。梁的截面可做成 T 形或 I 形。T 形截面屋面梁的腹板较薄,下翼缘受拉主筋布置往往过密,不便浇捣混凝土,易产生裂缝,故现在一般都设计成 I 形截面。为了提高抗裂度和节约材料,屋面梁以采用预应力混凝土为宜。

屋面梁构造简单,高度小,重心低,侧向刚度好,施工方便,便于在工厂预制,但其自重大,跨度较大时显得笨重。为了减轻自重,有些工程中采用了空腹式屋面梁(表 14—5 中第 3 种)。屋面梁的跨度一般不大于 18 m。

(3) 天窗架

天窗架的作用是形成天窗,以便采光和通风,同时承受屋面板传来的荷载和天窗的风荷载,并将它们传给屋架。常用的天窗架跨度有 6 m、9 m 等。目前常用的天窗架形式如图 14—11 所示。

表 14—5　　　　　　　　　　　　　屋面梁类型

序号	构件名称	形　式	跨度/m	特点及适用条件
1	预应力混凝土单坡屋面梁		6 9	自重较大 适用于跨度不大、有较大振动或有腐蚀性介质的厂房 屋面坡度为 1/8～1/12
2	预应力混凝土双坡屋面梁		12 15 18	
3	预应力混凝土空腹屋面梁		12 15 18	

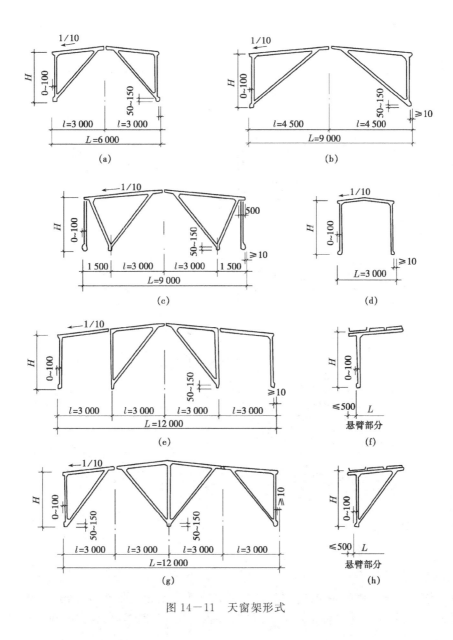

图 14—11　天窗架形式

(4) 托架

当厂房全部或一部分柱距为 12 m 或 12 m 以上,而屋架(或屋面梁)间距仍用 6 m 时,需在柱顶设置托架,以支承中间屋架(或屋面梁)。

12 m 跨度预应力混凝土托架的形式如图 14-12 所示,其上弦为钢筋混凝土压杆,下弦为预应力混凝土拉杆。当预应力钢筋为粗钢筋时,采用图 14-12a 的形式,当预应力钢筋为钢丝束时,采用图 14-12b 的形式。

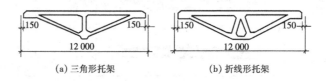

(a) 三角形托架　　　　(b) 折线形托架

图 14-12　托架

(5) T 形板、折板和壳体结构

除上述外,还有将屋面板和屋面梁浇筑为一个整体的构件,如 T 形板(图 14-13a)、V 形折板(图 14-13b)和壳体结构(图 14-14)等。

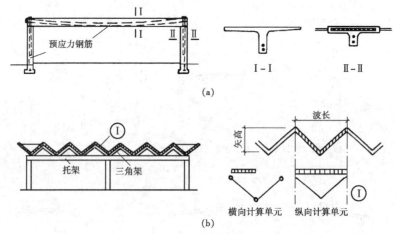

图 14-13　T 形板和 V 形折板

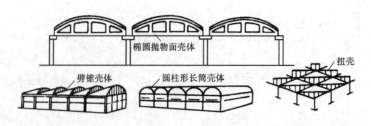

图 14-14　壳体结构

4) 吊车梁和抗风柱

(1) 吊车梁

吊车梁是单层厂房的主要承重构件之一,它直接承受桥式吊车(包括起重量 5 t 以下的单梁桥式吊车和 5 t 以上的桥架式吊车)传来的垂直荷载和吊车启动或制动时产生的水平荷载以及山墙的风荷载。同时,吊车梁又是厂房的纵向构件,对加强厂房的整体刚度和空间工作起着重要作用。

目前,我国常用的吊车梁有钢筋混凝土和预应力钢筋混凝土等截面(图 14—15)或变截面吊车梁(图 14—16)。变截面吊车梁有鱼腹式(图 14—16a)和折线式(图 14—16b)两种。这两种吊车梁的外形较接近于弯矩包罗图,各正截面的受弯承载力接近等强,同时,靠近支座区段的受拉边为倾斜的,受拉主筋的竖向分力可承受部分剪力,因此,可取得较好的经济效益。但是这种吊车梁的外形较复杂,施工不够方便,当采用机械张拉预应力钢筋时,预应力摩擦损失较大。此外,也有采用钢筋混凝土和钢组合式吊车梁(图 14—16c、d)。组合式吊车梁的下弦杆为钢材,由于焊缝的疲劳性能不易保证,一般只用于起重量不大于 5 t 的 A1~A5 级工作制吊车,且无侵蚀性气体的小型厂房中。

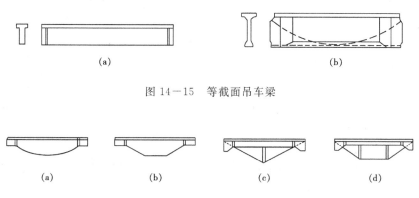

图 14—15　等截面吊车梁

图 14—16　变截面吊车梁和组合式吊车梁

吊车梁一般根据吊车起重量、工作制、跨度和吊车台数以及排架柱间距(吊车梁跨度)选用定型构件。在一般情况下,6 m 跨起重量 5~10 t 的吊车梁采用钢筋混凝土吊车梁;6 m 跨起重量 15~30 t 的吊车梁可采用钢筋混凝土吊车梁,也可采用预应力混凝土吊车梁;6 m 跨起重量 30~50 t 以上的吊车梁和 12 m 跨吊车梁一般采用预应力混凝土吊车梁。

(2) 抗风柱

单层厂房端墙(山墙)的受风面积较大,一般需设置抗风柱以承受作用于山墙上的风荷载。抗风柱将山墙分成几个区格,这时,山墙承受的风荷载的一部分将由山墙直接传给纵向柱列;另一部分将传给抗风柱,其中一部分经抗风柱上端传给屋盖结构,再传给纵向柱列,另一部分由抗风柱下端传给基础。

当厂房高度和跨度均不大(如柱顶在 8 m 以下,跨度为 9~12 m)时,可采用砖壁柱作为抗风柱;当高度和跨度较大时,一般都采用钢筋混凝土抗风柱,钢筋混凝土抗风柱一般设置在山墙内侧,并用钢筋与山墙拉接(图 14—17)。当厂房高度很大时,为减少抗风柱的截面尺寸,可加设水平抗风梁或桁架,作为抗风柱的中间支点。

抗风柱一般与基础刚接,与屋架上弦铰接,根据具体情况,也可与下弦铰接或同时与上、下弦铰接。

钢筋混凝土抗风柱间距视厂房跨度及山墙门洞而定,一般 6 m 间距设一根。其上柱宜采用矩形截面,下柱宜采用矩形或 I 形截面。

抗风柱主要承受山墙风荷载,一般情况下可忽略其自重的影响,按受弯构件计算(考虑正反两个方向的弯矩)。当抗风柱还承受承重墙梁、墙板及平台板传来的竖向荷载时,应按偏心受压构件计算。

5) 圈梁、连系梁、过梁和基础梁

当用砖砌体作为厂房围护墙时,一般要设置圈梁、连系梁、过梁和基础梁。

圈梁的作用是将墙体同厂房柱箍在一起,以加强厂房的整体刚度,防止由于地基不均匀沉降、较大振动荷载或地震对厂房引起的不利影响。圈梁设在墙内,并与柱用钢筋拉接。圈梁不承受墙体重量,故柱上不设置支承圈梁的牛腿。

圈梁的布置与墙体高度、厂房的刚度要求及地基情况有关。一般单层厂房可参照下列原则布置:

(1) 对无桥式吊车的厂房,当砖墙厚 $h \leqslant 240$ mm、檐口标高为 5～8 m 时,应在檐口附近布置一道;当檐口标高大于 8 m 时,宜适当增设一道。

(2) 对无桥式吊车的厂房,当砌块或石砌体房屋檐口标高为 4～5 m 时,应设置圈梁一道,檐口标高大于 5 m 时,宜适当增设一道。

(3) 对有桥式吊车或较大振动设备的厂房,除在檐口或窗顶标高处设置圈梁外,尚宜在吊车梁标高处或其他适当位置增设。

圈梁应连续设置在墙体的同一水平面上,并尽可能沿整个建筑物形成封闭状。当圈梁被门窗洞口切断时,应在洞口上部墙体内设置一道附加圈梁(过梁),其截面尺寸不应小于被切断的圈梁,两者搭接长度不应小于其垂直距离的 2 倍,且不得小于 1 m(如图 14-18)。

圈梁的截面宽度宜与墙厚相同。当墙厚 $h \geqslant 240$ mm 时,其宽度不宜小于 $\frac{2}{3}h$。圈梁高度应为砌体每皮厚度的整倍数,且不小于 120 mm。圈梁的纵向钢筋不宜小于

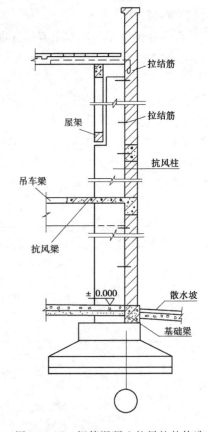

图 14-17 钢筋混凝土抗风柱的构造

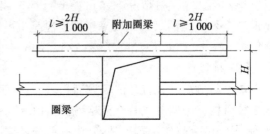

图 14-18 圈梁的搭接长度

4Φ10,箍筋间距不大于 300 mm。当圈梁兼作过梁时,过梁部分的配筋应按计算确定。

连系梁的作用是连系纵向柱列,以增强厂房的纵向刚度,并将风荷载传给纵向柱列。此外,连系梁还承受其上面墙体的重量。连系梁通常是预制的,两端搁置在柱牛腿上,用螺栓或电焊与牛腿连接。

过梁的作用是承托门窗洞口上部墙体的重量。

在进行厂房结构布置时,应尽可能将圈梁、连系梁、过梁结合起来,使一个构件起到两种或三种构件的作用,以节约材料,简化施工。

在一般厂房中,通常用基础梁来承受围护墙体的重量,而不另设置墙基础,基础梁搁置在柱的独立基础上,基础梁下方应留 100 mm 的空隙,使基础梁可随柱基础一起沉降,基础

梁顶面应低于室内地坪至少 50 mm(图 14-19)。

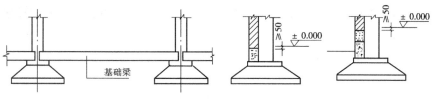

图 14-19 基础梁的搁置

6) 基础

单层厂房柱下基础所承受的荷载较大,一般采用钢筋混凝土独立基础。按受力性能,柱下独立基础有轴心受压和偏心受压两种。在以恒荷载为主的多层框架的中间柱下的独立基础可按轴心受压基础考虑,而在单层厂房中,柱下独立基础则为偏心受压基础。

单层厂房柱下独立基础一般采用扩展基础。这种基础有阶形(图 14-20a)和锥形(图 14-20b)两种。按照施工方法,柱下独立基础可分为预制柱基础和现浇柱基础。对于预制柱基础,由于它们与预制柱的连接部分做成杯口,故又称为杯形基础。

伸缩缝两侧双柱下的基础,则需要在构造上做成双杯口基础,甚至四杯口基础。

当由于设置设备基础和地坑的需要,以及地质条件差等原因,柱下独立基础必须深埋时,为不使预制柱过长,且能与其他柱一致,可做成高杯口基础(图 14-20c)。

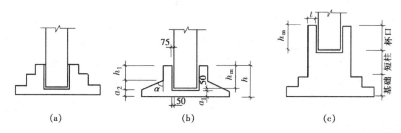

图 14-20 柱下杯形基础

整个厂房的基础顶面原则上宜在同一标高,而各种杯口基础和设备基础底面因地质和工艺条件不同有时并不在同一标高;这时基础间净距 l 与基底高差 z 应满足下式要求(图 14-21):

$$\frac{z}{l}=\tan\alpha\leqslant\tan\varphi \quad (14-4)$$

式中,φ 为地基土的内摩擦角,通常可取 $\tan\alpha$ 为 0.5~1.0,视土质而定。

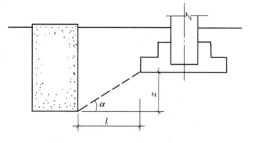

图 14-21 相邻基础底面高差示意图

在上部结构荷载大,地质条件差,对地基不均匀沉降要求严格控制的厂房中,可在独立基础下采用桩基础。

7) 支撑系统

在装配式钢筋混凝土单层厂房结构中,支撑并不是主要构件,但却是连系主要结构构件以构成整体的重要组成部分。支撑的主要作用是:保证结构构件的稳定性和正常工作;增强厂房的整体稳定性和空间刚度；传递水平荷载（如纵向风荷载、吊车水平荷载和水平地震作用）。如果支撑布置不当，厂房的整体性和空间刚度差，不仅会影响厂房的正常使用，而且可能引起工程事故（例如，某些构件产生局部失稳破坏，甚至可能造成厂房的整体倒塌），因此，应予以足够重视。

单层厂房中的支撑有屋盖支撑和柱间支撑。

(1) 屋盖支撑

屋盖支撑系统包括屋盖上弦水平支撑、屋盖下弦水平支撑、屋盖垂直支撑、天窗支撑以及水平系杆等。

① 屋盖上弦水平支撑

屋盖上弦水平支撑（图14－22）系指布置在屋架上弦（或屋面梁上翼缘）平面内的水平支撑。设置上弦水平支撑的目的是为了保证屋盖整体刚度和上弦杆（或屋面梁上翼缘）在平面外的稳定。同时，将抗风柱传来风荷载传至纵向排架柱顶和柱间支撑上。

当屋盖为有檩体系时，应在屋架上弦或屋面梁上翼缘平面内设置横向水平支撑，支撑应布置在伸

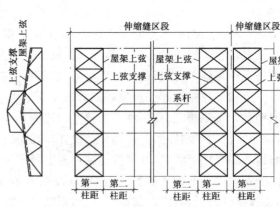

图14－22 屋盖上弦水平支撑

缩缝两端的第一个或第二个柱距内（图14－22）。当屋盖采用大型屋面板且连接可靠时（如屋面板与屋架上弦或屋面梁上翼缘的焊接不少于3点），可不设置横向水平支撑。但当屋盖上的天窗通过伸缩缝时，应在伸缩缝两端开间天窗下面设置上弦横向水平支撑。同时，应在屋脊点设置一道水平刚性系杆（压杆），将天窗区段内各榀屋架上弦横向水平支撑连系起来。

② 屋盖下弦水平支撑

屋盖下弦水平支撑（图14－23）系指布置在屋架下弦平面内的水平支撑，包括下弦横向水平支撑和下弦纵向水平支撑。

设置下弦横向水平支撑的目的是作为屋盖垂直支撑的支点，并将山墙和屋面的风荷载传至两侧柱和柱间支撑上。

当厂房跨度$L \geq 18$m时，应在每一伸缩缝区段两端第一柱距内设置屋盖下弦横向水平支撑（图

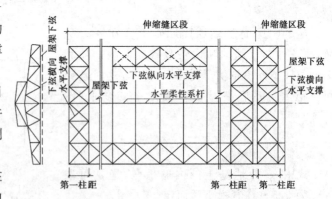

图14－23 屋盖下弦水平支撑

14－23）。当厂房跨度$L < 18$m，且山墙上风荷载由屋盖上弦支撑传递时，可以不设置屋盖下弦水平支撑。

设置下弦纵向水平支撑的目的是为了提高厂房的空间刚度，增强排架间的空间作用，保证横向水平力沿纵向分布。

当厂房柱距为 6 m,且属下列情况之一时,应设置下弦纵向水平支撑:厂房内设有 5 t 或 5 t 以上的悬臂吊车;厂房内设有较大振动设备,如 5 t 或 5 t 以上的锻锤、重型水压机、锻压机或其他类似的振动设备;厂房内设有硬钩吊车;厂房内设有普通桥式吊车,吊车吨位大于 10 t 时,跨间内设有托架;厂房排架分析考虑空间工作。

当设置下弦纵向水平支撑时,为保证厂房空间刚度,必须同时设置相应的下弦横向水平支撑,形成封闭的水平支撑系统。

③ 屋盖垂直支撑

屋盖垂直支撑(图 14-24)系指布置在相邻两榀屋架(或屋面梁)之间的竖向支撑。设置屋盖垂直支撑的目的是保证屋架(或屋面梁)承受荷载后平面的稳定,并传递纵向水平力,因而垂直支撑应与下弦横向水平支撑布置在同一柱距内。

一般情况下,当厂房跨度 $L<18$ m 时,可不设垂直支撑;当厂房跨度为 $18\sim30$ m 时,在屋架中部布置一道垂直支撑;当厂房跨度 $L>30$ m 时,在屋架跨度 1/3 左右布置两道垂直支撑。当屋架端部高度大于 1.2 m 时,还应在屋架两端各布置一道垂直支撑,其目的是使屋面传来的纵向水平力能可靠地传递给柱和柱间支撑,并使施工时能保证屋架平面外的稳定。

图 14-24 屋盖垂直支撑

垂直支撑一般在伸缩缝区段两端各设置一道。当厂房伸缩缝区段长度大于 60 m 时,应在设有柱间支撑的柱距内增设一道垂直支撑。当屋盖设置垂直支撑时,应在未设垂直支撑的屋架间,在相应于垂直支撑平面内的屋架上弦和下弦节点处,设置通长的水平系杆。

④ 天窗支撑

天窗支撑包括天窗上弦横向水平支撑和天窗垂直支撑。前者的作用是传递天窗端壁所受的风荷载和保证天窗架上弦的侧向稳定。当屋盖为有檩体系或虽为无檩体系,但大型屋面板的连接不能起整体作用时,应在天窗端部的第一柱距内设置上弦水平支撑。后者的作用是保证天窗架的整体稳定。天窗垂直支撑应设置在天窗架两端的第一柱距内,垂直支撑应尽可能与屋架上弦水平支撑布置在同一柱距内。

(2) 柱间支撑

设置柱间支撑(图 14-25)的目的是为了提高厂房的纵向刚度和稳定性,承受由山墙、抗风柱和屋盖横向水平支撑传来的风荷载和由屋盖结构传来的纵向水平地震作用以及由吊车梁传来的吊车纵向水平荷载,将它们传给基础。柱间支撑分为上柱柱间支撑和下柱柱间支撑两种。位于吊车梁上部的称为上柱柱间支撑,它设置在伸缩缝区段两端与屋盖横向水平支撑相对应的柱距以及伸缩缝区段中央或临近中央的柱距,并在柱顶设置通长的刚性连系杆以传递水平作用力。位于吊车梁下部的称为下柱柱间支撑,设置在伸缩缝区段中部与上柱柱间支撑相应的位置,这样做的目的是为了使厂房在温度变化或混凝土收缩时,可较自由地向两端伸缩,不至于产生过大的温度和收缩应力。

在下列情况时应设置柱间支撑:

(1) 厂房跨度 $L\geqslant18$ m,或柱高 $H\geqslant8$ m;

(2) 设有起重量等于和大于 10 t 的 A1~A5 工作制吊车或设有 A6~A8 工作制吊车;

(3) 设有起重量等于和大于 3 t 的悬挂吊车或悬臂式吊车;

(4) 露天吊车栈桥的柱列;

(5) 纵向柱列的总柱数少于 7 根时。

柱间支撑一般由十字交叉钢杆件组成,交叉杆件的倾角为 35°~55°(图 14-25a)。当柱间需要通行、放置设备,或柱距较大时,也可采用门架式支撑(图 14-25b)。杆件截面尺寸应经承载力和稳定性验算。

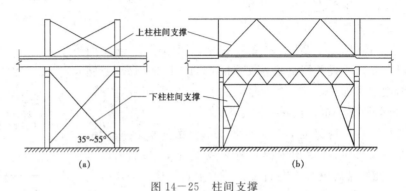

图 14-25 柱间支撑

14.2 钢筋混凝土单层厂房排架计算

14.2.1 排架结构的计算简图

单层厂房结构实际上是一空间结构体系,为了计算方便,一般分别按纵、横两个方向作为平面排架来分析,即假定各个横向平面排架(或纵向平面排架)均单独工作。

纵向平面排架的柱较多,且往往设置柱间支撑,其水平刚度较大,每根柱子所承受的荷载不大,一般不必计算(仅当柱子数量少,或需要考虑地震作用或温度内力时才进行计算)。因此,本章将着重讨论横向排架的计算。

1) 计算单元

作用于厂房上的屋面荷载、雪荷载和风荷载等沿纵向都是均匀分布的,而厂房的柱距一般是相等的,这样,我们就可以通过任意相邻纵向柱距的中线,截取一个典型区段来进行计算,这个典型区段称为计算单元,如图 14-26 阴影部分所示。

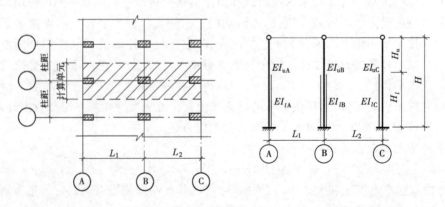

图 14-26 排架各列柱距相等时的计算单元和计算简图

当单层厂房因生产工艺要求各列柱距不等时,如果屋盖结构刚度很大,或设有可靠的下弦纵向水平支撑,可认为厂房的纵向屋盖构件把各横向排架连接成一个空间整体,这样就有可能根据具体情况,选取较宽的计算单元进行内力分析。例如,厂房边列柱距为 6 m,中列柱为 12 m,这时,可取 2 个开间作为计算单元,如图 14-27 所示。

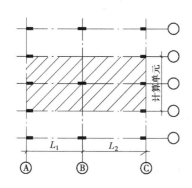 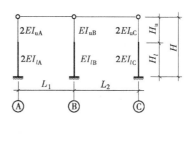

图 14-27 排架各列柱距不等时的计算单元和计算简图

2) 计算简图

(1) 基本假定

为了简化计算,在确定其计算简图时可采用以下基本假定:

① 屋架(或屋面梁)与柱顶为铰接,只能传递竖向轴力和水平剪力,不能传递弯矩;

② 柱底嵌固于基础,固定端位于基础顶面,不考虑各种荷载引起的基础转动;

③ 横梁(屋架或屋面梁)的轴向刚度很大,排架受力后,横梁的轴向变形忽略不计,横梁两侧柱顶水平位移相等。

必须注意,上述假定是有条件的,不是在任何情况下都适用。例如,当柱插入杯口有一定深度,并用细石混凝土填实,与基础紧密地结成一体,且地基变形是受到控制的,基础转动很小,假定②是成立的。但遇到地质条件差,变形较大或有较大的地面堆载时,则假定②将不成立,此时应考虑基础位移和转动对排架内力的影响。又如,对于屋面梁或下弦杆刚度较大的屋架,假定③是成立的,但当采用组合式屋架或二铰、三铰拱屋架,假定③将不成立,此时应考虑其轴向变形(称为跨变)对排架内力的影响。

(2) 排架柱的轴线、尺寸和刚度

在排架的计算简图中,柱的轴线取上柱和下柱截面重心的连线,变截面柱的轴线为一折线。柱的计算高度(总高度) H 取基础顶面至柱顶的距离。上部柱高 H_u 取吊车梁底支承面至柱顶的距离。

上柱和下柱的截面抗弯刚度分别取 $E_c I_u$ 和 $E_c I_l$。其中,E_c 为混凝土弹性模量,I_u 和 I_l 分别为上柱和下柱的截面惯性矩。

14.2.2 排架结构的荷载计算

作用在排架上的荷载分为恒荷载和活荷载两类(图 14-28),现分别叙述如下。

1) 排架结构的屋面荷载

(1) 屋面恒荷载

屋面恒荷载包括各构造层(如保温层、隔热层、防水层、找平层等)、屋面板、天沟板、屋

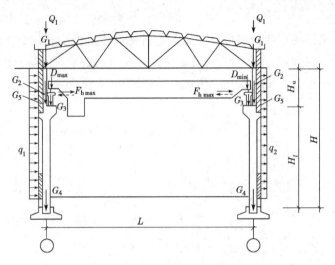

图 14-28 排架上的荷载

架、天窗架及其支撑等的重量,可按屋面构造详图、屋面构件标准图以及《荷载规范》等进行计算。它们都以集中力的形式施加于柱顶(标准值用 G_{1k} 表示,设计值用 G_1 表示),其作用点位于屋架上、下弦几何中心线交汇处(一般在纵向定位轴线内侧 150 mm 处)。G_1 对上柱截面中心往往有偏心距 e_1,对下柱截面中心又增加另一偏心距 e_2(e_2 为上、下柱中心线的距离),如图 14-29a 所示。因此,屋盖恒荷载作用下的计算简图和排架柱的内力图分别如图 14-29b、c 所示。

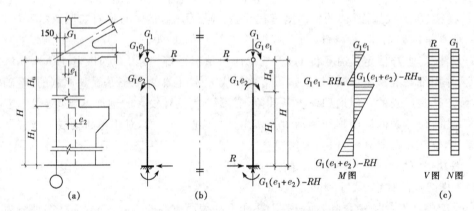

图 14-29 排架在屋面恒荷载作用下的计算简图和柱的内力图

(2) 屋面活荷载

屋面活荷载包括屋面均布活荷载、雪荷载和积灰荷载三种,均按屋面水平投影面积计算。屋面活荷载按《荷载规范》采用,当施工荷载较大时,应按实际情况考虑。

屋面雪荷载根据建筑地区和屋面形式按《荷载规范》采用。屋面水平投影面上的雪荷载标准值 s_k 按下式计算:

$$s_k = \mu_r s_0 \tag{14-5}$$

式中 μ_r ——屋面积雪分布系数,根据屋面形式由《荷载规范》查得,如单跨厂房,当屋面坡度不大于 25° 时,$\mu_r = 1.0$;

s_0 ——基本雪压,由《荷载规范》中全国基本雪压分布图查得。

基本雪压系指该地区空旷平坦地面上50年一遇最大雪压(最大积雪重量)。

屋面积灰荷载应按《荷载规范》的规定值采用(对于生产中有大量排灰的厂房及其相邻的建筑物)。

屋面均布活荷载不与雪荷载同时考虑,仅取两者中的较大值。同样,积灰荷载也只与雪荷载或屋面均布活荷载同时考虑,并选其较大者。

这三种屋面活荷载都以竖向集中力的形式作用于柱顶(其标准值用Q_{1k}表示,设计值用Q_1表示),作用点和计算简图与屋盖恒荷载相同(图14-29b)。当厂房为多跨排架结构时,必须考虑它们在排架结构上的不利布置。

2) 排架结构的吊车荷载

吊车按生产工艺要求和吊车本身构造特点有多种不同的型号和规格。不同型号的吊车,作用在单层厂房结构上的荷载是不同的。

吊车按其在使用期内要求的总工作循环次数以及吊车荷载达到其额定值的频繁程度分为8个工作级别(A1~A8)。吊钩种类分为软钩和硬钩两种,软钩吊车是用钢索通过滑轮组带动吊钩起吊重物,而硬钩是用刚臂起吊重物。

桥式吊车由大车(桥架)和小车组成(图14-30)。大车在吊车梁的轨道上沿厂房纵向行驶,小车在大车的导轨上沿厂房横向运行,小车上装有带吊钩的卷扬机。吊车对排架的作用有吊车竖向荷载(简称垂直荷载)、横向水平制动力(作用于横向排架上)和纵向水平制动力(作用于纵向排架上)。现分别叙述如下。

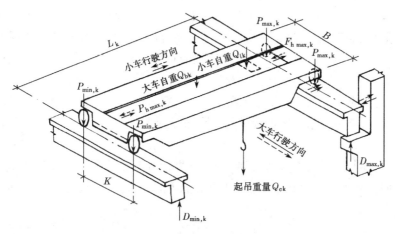

图14-30 桥式吊车荷载

(1) 吊车竖向荷载

吊车竖向荷载是一种通过轮压传给排架柱的移动荷载,由吊物重(吊车额定起重量Q_{ck})、吊车桥架重Q_{bk}和卷扬机小车重Q_{lk}三部分组成,随桥架和小车运行所在位置和吊重大小的不同而不同。当吊车满载且小车行驶到桥架一侧的极限位置时,小车所在一侧轮压将出现最大值,称为最大轮压标准值$P_{max,k}$,另一侧吊车轮压被称作最小轮压标准值$P_{min,k}$。吊车的$P_{max,k}$和有关参数都应由工艺提供,可参阅有关产品目录和设计手册,本书从略。

对于四轮吊车,$P_{min,k}$可按下列公式计算:

$$P_{min,k} = \frac{Q_{bk}+Q_{lk}+Q_{ck}}{2} - P_{max,k} \tag{14-6}$$

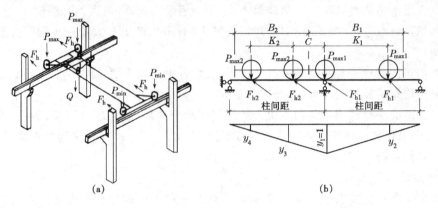

图 14-31 吊车竖向荷载和横向水平荷载

式中　Q_{bk}——吊车桥架重（标准值）；

Q_{lk}——卷扬机小车重（标准值）；

Q_{ck}——吊车额定起重量（标准值）。

吊车最大轮压设计值 P_{max} 和最小轮压设计值 P_{min} 可按下列公式计算：

$$P_{max}=1.5P_{max,k} \tag{14-7}$$

$$P_{min}=1.5P_{min,k} \tag{14-8}$$

同时，厂房中同一跨内可能有多台吊车。因此，计算排架时应考虑多台吊车的不利组合。《荷载规范》规定，对于一层吊车单跨厂房的每个排架，参与组合的吊车台数不宜多于二台，对于一层吊车多跨厂房的每个排架，不宜多于四台。所以，每榀排架上作用的吊车竖向荷载指的是几台吊车组合后通过吊车梁传给柱的可能的最大反力（一侧为几个 $P_{max,k}$ 产生的最大反力，另一侧为几个 $P_{min,k}$ 产生的最大反力）。

由于吊车荷载是移动荷载，每榀排架上作用的吊车竖向荷载组合值需用影响线原理求出。作用在厂房排架上的吊车竖向荷载的组合值不仅与吊车台数有关，而且与各吊车沿厂房纵向运行所处位置有关。分析表明，当两台吊车挨紧并行，且其中一台起重量较大的吊车轮子（轮压为 P_{max}）正好运行至计算排架柱上，而两台吊车的其余轮子分布在相邻两柱距之间时，吊车竖向荷载组合值可达最大值，其标准值 $D_{max,k}$、$D_{min,k}$ 和设计值 D_{max} 和 D_{min} 按下列公式求得（图 14-31）：

$$D_{max,k}=\zeta\sum P_{max,k}y_i \tag{14-9}$$

$$D_{min,k}=\zeta\sum P_{min,k}y_i \tag{14-10}$$

$$D_{max}=\zeta\sum P_{max}y_i \tag{14-11}$$

$$D_{min}=\zeta\sum P_{min}y_i \tag{14-12}$$

式中　y_i——各轮压对应反力影响线的横向坐标值；

ζ——折减系数。

由于多台吊车共同作用时，各台吊车荷载不可能同时达到最大值，因此应将各台吊车荷载的最大值进行折减，折减系数 ζ 按表 14-6 采用。

D_{max}、D_{min} 对下部柱都是偏心压力，应把它们换算成下部柱顶面的轴心压力 D_{max}、D_{min} 和力矩 $D_{max}e$、$D_{min}e'$，此处，e、e' 分别为两侧排架柱上的吊车梁中心线和下柱中心线的距离。求出 D_{max}、$D_{max}e$、D_{min}、$D_{min}e'$ 后，即可得到排架结构在吊车竖向荷载作用下的计算简图

(图 14—32)。在图 14—32 中，D_{max}、D_{min} 作用在下柱中心线上。

表 14—6　　　　　　　　　多台吊车的荷载折减系数 ζ

参与组合的吊车台数	吊车工作级别	
	A1～A5	A6～A8
2	0.9	0.95
3	0.85	0.90
4	0.8	0.85

必须注意，D_{max} 既可能施加在 A 柱上(图 14—32a)，也可能施加在 B 柱上(图 14—32b)，因此，计算排架时，应考虑这两种不同的荷载情况。

(2) 吊车横向水平荷载

桥式吊车的卷扬机小车起吊重物后，在启动或制动时将产生惯性力，即横向水平制动力。横向水平制动力通过小车制动轮与桥架上轨道之间的摩擦力传给桥架，再通过桥架两侧车轮

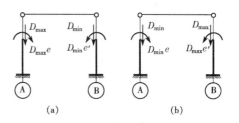

图 14—32　吊车竖向荷载作用下的计算简图

与钢轨间的摩擦传给排架结构。实测表明，小车制动力可近似考虑由支承吊车的两侧相应的承重结构(即排架柱)共同承受，各负担 50%。

由于吊车横向水平制动力是经轨道和埋设在吊车梁顶面的连接件传给上柱，因此，对于排架结构，吊车横向水平荷载将作用于吊车梁顶面标高处。

按照以上规定，当一般四轮桥式吊车满载运行时，每一轮上产生的横向水平制动力标准值按 F_{hk} 和设计值 F_h 下列公式确定：

$$F_{hk} = \frac{1}{4}\alpha(Q_{ck} + Q_{lk}) \tag{14—13}$$

$$F_h = 1.5 F_{hk} \tag{14—14}$$

式中　α——吊车横向水平制动力系数，对于软钩吊车，当额定起重量 $Q_{ck} \leq 10$ t 时，取 0.12；当 $Q_{ck} = 15 \sim 50$ t 时，取 0.1；当 $Q_{ck} \geq 75$ t 时，取 0.08；对于硬钩吊车，取 0.2。

横向水平制动力也是移动荷载，其位置必然与吊车的竖向轮压相同。《荷载规范》规定，对单跨或多跨厂房的每个排架，参与水平荷载组合的吊车台数不应多于两台。显然，吊车横向水平荷载最大值也要用影响线原理求出(图 14—31b)。

确定 F_{hk}、F_h 后，可按与公式(14—9)～(14—12)相似的方法求得吊车施加在排架结构上的横向水平荷载最大值的标准值 $F_{h\,max,k}$ 和设计值 $F_{h\,max}$。

$$F_{h\,max,k} = \zeta \sum F_{hk} y_i \tag{14—15}$$

$$F_{h\,max} = \zeta \sum F_h y_i \tag{14—16}$$

必须注意，由于小车是沿横向左、右运行，有左、右两种制动情况，因此，对于吊车横向水平制动力，必须考虑向左和向右两种作用。于

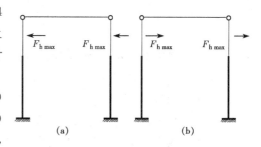

图 14—33　单跨厂房在吊车横向水平
荷载作用下的计算简图

是，对于单跨厂房，吊车横向水平荷载作用下的计算简图有两种情况，如图14-33所示。对于双跨厂房，相应的计算简图有四种情况，如图14-34所示。还须注意，吊车横向水平制动力应同时作用于支承该吊车的两侧的柱上。

(3) 吊车纵向水平荷载

吊车纵向水平荷载与横向水平荷载相比，有如下两点重要差别：

① 吊车纵向水平荷载是桥式吊车在厂房纵向启动或制动时产生的惯性力。所以，它与桥式吊车每侧的制动轮数有关，也与吊车的最大轮压 P_{max} 有关，而不是与 (Q_c+Q_l) 有关。

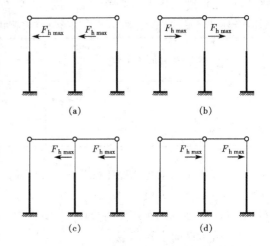

图14-34　双跨厂房在吊车横向水平荷载作用下的计算简图

② 吊车纵向水平荷载由吊车每侧制动轮传至两侧轨道，并通过吊车梁传给纵向柱列或柱间支撑，而与横向排架结构无关。在横向排架结构内力分析中不涉及吊车纵向水平荷载。

吊车纵向水平荷载标准值 F_{lk} 可按作用在一侧轨道上所有制动轮的最大轮压之和的10%采用，即按下式确定：

$$F_{lk}=nP_{max,k}/10 \qquad (14-17)$$

式中　n——吊车每侧制动轮数，当考虑一台四轮桥式吊车时，$n=1$；当考虑两台四轮桥式吊车时，$n=2$。

吊车纵向水平荷载设计值可按下式计算：

$$F_l=1.5F_{lk} \qquad (14-18)$$

当厂房有柱间支撑时，全部吊车纵向水平荷载由柱间支撑承受；当厂房无柱间支撑时，全部吊车纵向水平荷载由同一伸缩缝区段内的所有各柱共同承受。

在计算吊车纵向水平荷载引起的厂房纵向结构的内力时，不论单跨或多跨厂房，参与组合的吊车台数不应多于两台。

3) 排架结构的风荷载

《荷载规范》规定，垂直于厂房各部分表面的风荷载标准值 w_k (kN/m²) 按下式计算：

$$w_k=\mu_s\mu_z w_0 \qquad (14-19)$$

式中　w_0——基本风压值，按《荷载规范》中"全国基本风压分布图"查取，但不得小于 0.3 kN/m²；

　　　μ_s——风荷载体型系数，按建筑物的体型由《荷载规范》的风压体型系数表查取；

　　　μ_z——风压高度变化系数，按地面粗糙度由表14-7查取，地面粗糙度分 A、B、C、D 四类；A 类指近海海面、海岛、海岸、湖岸及沙漠地区；B 类指田野、乡村、丛林、丘陵以及房屋比较稀疏的乡镇和郊区；C 类指有密集建筑群的城市市区；D 类指有密集建筑群且房屋较高的城市市区。

基本风压是指该地区平坦空旷地面离地 10 m 高、50 年一遇、10 min 平均最大风速所确定的风压。

风荷载体型系数是指建筑物某处表面实际风压值与 $\mu_s w_0$ 的比值。正值表示压力，负值表示吸力。对于单跨双坡屋面厂房，其 μ_s 如图 14-35a 所示。屋面的 μ_s 值与屋面坡度 α 有关，当 $\alpha \leq 15°$，$\mu_s = -0.6$；当 $\alpha = 30°$，从 $\mu_s = 0$；当 $\alpha \geq 60°$，$\mu_s = +0.8$；当 α 为中间值，按插入法计算（图 14-35a）。

风压高度变化系数是指不同高度处风压值与基本风压值 w_0 的比值。

表 14-7　　　　　　　　　风压高度变化系数 μ_z

离地面或海平面高度(m)	地面粗糙度类别			
	A	B	C	D
5	1.09	1.00	0.65	0.51
10	1.28	1.00	0.65	0.51
15	1.42	1.13	0.65	0.51
20	1.52	1.23	0.74	0.51
30	1.67	1.39	0.88	0.51
40	1.79	1.52	1.00	0.60
50	1.89	1.62	1.10	0.69
60	1.97	1.71	1.20	0.77
70	2.05	1.79	1.28	0.84
80	2.12	1.87	1.36	0.91
90	2.18	1.93	1.43	0.98
100	2.23	2.00	1.50	1.04
150	2.46	2.25	1.79	1.33
200	2.64	2.46	2.03	1.58
250	2.78	2.63	2.24	1.81
300	2.91	2.77	2.43	2.02
350	2.91	2.91	2.60	2.22
400	2.91	2.91	2.76	2.40
450	2.91	2.91	2.91	2.58
500	2.91	2.91	2.91	2.74
≥ 550	2.91	2.91	2.91	2.91

根据公式(14-19)算得的风荷载标准值是厂房高度 z 处的风压力（或风吸力）值，故沿厂房高度作用的风荷载为变值。但为简化计算，柱顶以下的风荷载可近似假定为沿厂房高度不变的均布风荷载 q_k（q_k 为排架计算单元宽度范围内风荷载标准值，迎风面为 q_{1k}，背风面为 q_{2k}），并按柱顶标高处的风压高度变化系数 μ_z 值进行计算。柱顶以上的风荷载可按作用于柱顶的水平集中力 F_{wk} 计算。水平集中力 F_{wk} 包括柱顶以上的屋架（或屋面梁）高度内墙体迎风面、背风面的风荷载和屋面风荷载的水平分力（有天窗时，还包括天窗的迎风面、背风面的风荷载）。这时，风压高度变化系数按下述采取：无天窗时，按厂房檐口标高处取值，有天窗时，按天窗檐口标高处取值。

根据上面所述，排架计算单元宽度范围内的风荷载设计值按下列公式计算（图14-35）：

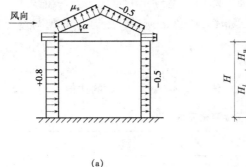 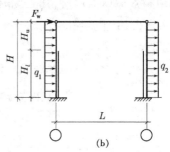

图 14-35 单层厂房排架在风荷载作用下的计算简图

柱顶以下水平均布风荷载设计值 $q(q_1$ 或 $q_2)$ 为

$$q=\gamma_w q_{wk} \quad (14-20)$$

式中 γ_w——风荷载的荷载分项系数,取 $\gamma_w=1.5$。

柱顶以上水平集中风荷载设计值 F_w 为

$$F_w=\gamma_w F_{wk} \quad (14-21)$$

风荷载的方向是变化的,因此,设计时,既要考虑风从左边吹来的受力情况,又要考虑风从右边吹来的受力情况。q_{wk} 和 F_{wk} 的计算详见例题 14-1。

4) 其他荷载

除了上述荷载外,作用在排架上的荷载还有柱、吊车梁、轨道联结件及围护墙体等重力荷载。

(1) 上柱自重 沿上柱中心线作用(图 14-28),其标准值用 G_{2k} 表示,设计值用 G_2 表示。

(2) 吊车梁及轨道等零件自重 可按吊车梁及轨道连接构造的标准图采用,其标准值用 G_{3k} 表示,设计值用 G_3 表示。G_3 沿吊车梁中心线作用于牛腿顶面,一般吊车梁中心线到柱外边缘(边柱)或柱中心线(中柱)的距离为 750 mm。

(3) 下柱自重 沿下柱中心线作用(图 14-28),其标准值用 G_{4k} 表示,设计值用 G_4 表示。对于 I 形截面柱,可按 I 形截面进行计算,但考虑到沿柱高方向部分为矩形截面(如柱的底部及牛腿部分),可将计算值乘以 1.1~1.2 的增大系数。

(4) 支承于柱牛腿上的承墙梁传来的围护结构自重 根据围护结构的构造和《荷载规范》规定的材料重量计算,其标准值用 G_{5k} 表示,设计值用 G_5 表示。G_5 沿承墙梁中心线作用于柱牛腿顶面。

14.2.3 平面排架的内力计算

单层厂房排架结构是个空间结构,目前,其内力计算方法有两种:考虑厂房整体空间作用和不考虑厂房整体空间作用。本节主要讨论不考虑厂房整体空间作用的平面排架的计算方法。

1) 阶梯形柱的位移计算

排架是超静定结构,进行内力分析时,除了静力条件外,还需利用变形条件。由于排架柱通常是阶梯形的(最常见的是单阶柱,即上柱与下柱的截面不同)。因此,要先知道变阶柱,尤其是单阶柱位移的计算方法,才能进行排架的内力分析。

图 14-36 是一单阶柱柱顶受水平集中荷载作用时的位移计算简图。如图 14-36 中,I_u 为上柱截面惯性矩,I_l 为下柱截面惯性矩,H_u 为上柱长度,H_l 为下柱长度,H 为柱全高。

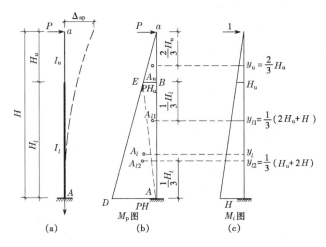

图 14－36 柱顶受水平集中荷载作用时位移计算简图

由结构力学可知,柱中(截面刚度为 EI)的任意一点 i 在外荷载作用下的位移 Δ_{ip} 为

$$\Delta_{ip}=\int_0^H \frac{M_i M_p}{EI}dx$$

式中　M_p——外荷载作用所产生的弯矩;

M_i——在柱中计算位移的位置处作用一个与所要求的位移方向相同的单位力所产生的弯矩。

单阶柱上、下柱的截面惯性矩不相同,应进行分段积分,即

$$\Delta_{ip}=\int_0^{H_l}\frac{M_i M_p}{EI_l}dx+\int_{H_l}^H\frac{M_i M_p}{EI_u}dx=\frac{1}{EI_l}\int_0^{H_l}M_i M_p dx+\frac{1}{EI_u}\int_{H_l}^H M_i M_p dx \quad (14-22)$$

分段积分可以用分段图乘法来求解。应用图乘法在实际运算时工作量还是比较大的,为了加快计算速度,已将单阶柱在各类荷载下的位移制成了图表(附表25),设计时可直接查取。现以柱顶 a 作用一集中力的情况为例,简略说明计算图表的编制方法。

$$\Delta_{ip}=\frac{1}{EI_l}A_l y_l+\frac{1}{EI_u}A_u y_u \quad (14-23)$$

式中　A_u、A_l——分别为上、下柱 M_p 图的面积,其中 $A_l=A_{l1}+A_{l2}$,A_{l1} 为 $\triangle ABE$ 的面积,A_{l2} 为 $\triangle ADE$ 的面积;

y_u、y_l——分别为与上、下柱 M_p 图形心相对应的 M_i 图的弯矩值。

于是,在柱顶作用一单位水平集中力($P=1$)时(图 14－37a)产生的柱顶水平位移 δ(称为柱的柔度)为

$$\delta=\frac{1}{3EI_l}\left[H^3+\left(\frac{I_l}{I_u}-1\right)H_u^3\right] \quad (14-24)$$

以 $n=\dfrac{I_u}{I_l}$ 和 $\lambda=\dfrac{H_u}{H}$ 代入上式得

$$\delta=\frac{H^3}{3EI_l}\left[1+\left(\frac{1}{I_u/I_l}-1\right)\left(\frac{H_u}{H}\right)^3\right]=\frac{H^3}{EI_l\beta_0} \quad (14-25)$$

式中

$$\beta_0=\frac{3}{1+\lambda^3\left(\dfrac{1}{n}-1\right)}$$

由公式(14-25)可见,单阶悬臂柱柱顶作用单位水平力时的柱顶位移值 δ 仅与柱的材料弹性模量、尺寸和形状有关,故称为形常数。

常用的 λ、n 都有一定的变化范围,将不同的 λ 及 n 代入上式,就可以计算出 β_3,并绘制成计算图表,如附表25-1所示。其他荷载情况的计算图表也可用类似的方法给出,详见附表25。

由上述可见,若要使柱顶产生单位水平位移,则需要在柱顶施加 $1/\delta$ 的水平力(图14-37b),显然,当材料相同时,柱的截面尺寸越大,需施加的力将越大。可见 $1/\delta$ 反映了柱抵抗侧移的能力,一般称为侧移刚度。

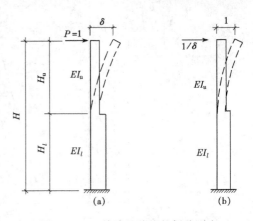

图14-37 单阶悬臂柱的侧移刚度

2) 等高排架内力计算方法——剪力分配法

对于等高的多跨排架,其内力可以简便地用剪力分配法求得。

(1) 柱顶水平集中力作用下

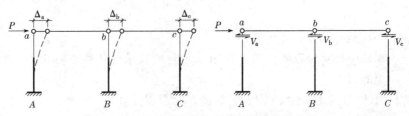

图14-38 在柱顶水平集中力作用下的剪力分配

设等高多跨排架有 n 根柱(图14-38),任一柱 i 的侧移刚度为 $1/\delta_i$。根据上述的基本假定和计算简图,在柱顶水平集中力作用下,各柱顶端的位移相同,设均为 Δ,即 $\Delta_i = \Delta$(Δ_i 为柱 i 顶端的水平位移,$i=1,2\cdots n$)。于是任一柱 i 分担的柱顶剪力 V_i 为

$$V_i = \frac{1}{\delta_i}\Delta$$

由平衡条件可得

$$\sum_{i=1}^{n} V_i = P$$

即

$$\sum_{i=1}^{n} \frac{1}{\delta_i}\Delta = P$$

则

$$\Delta = \frac{1}{\sum_{i=1}^{n}\frac{1}{\delta_i}} P$$

故

$$V_i = \frac{\frac{1}{\delta_i}}{\sum_{i=1}^{n}\frac{1}{\delta_i}} P = \eta_i P \quad (14-26)$$

$$\eta_i = (1/\delta_i)/\sum_{i=1}^{n} 1/\delta_i \quad (14-26a)$$

式中 η_i——柱 i 的剪力分配系数。

求得 V_i 后,就可得到相应的内力图。下面对公式(14-26)的物理意义做进一步的说明。

① δ_i 为第 i 柱的柔度,$(1/\delta_i)$ 为第 i 柱的侧移刚度,$\eta_i=(1/\delta_i)/(\sum 1/\delta_i)$ 为第 i 柱的剪力分配系数,$\sum \eta_i=1$。

② 当排架结构柱顶作用有水平集中力 P 时,各柱的柱顶剪力按其侧移刚度与各柱侧移刚度总和的比例进行分配,故称剪力分配法。

③ 集中力 P 作用于排架的左侧或右侧时,各柱的柱顶所分配的剪力是相同的,但排架横梁的轴力将不同(轴力的符号改变,轴力的绝对值也可能改变)。

(2) 在任意荷载作用下

在任意荷载作用下,等高排架的内力可按下述方法进行计算(图 14-39)。图中绘示了在吊车水平荷载作用下的情况。

① 在排架柱顶附加不动铰支座以阻止水平位移,并求出其支座反力 R(图 14-39b)及排架内力。各种荷载作用下的不动铰支座反力 R,可以利用附表 25 求得。

② 撤除附加的不动铰支座,即在排架柱顶施加与支座反力 R 相反的作用力(图 14-39c),利用剪力分配法求出各柱的柱顶剪力 V_i 和排架内力。

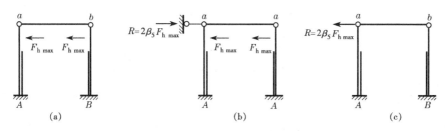

图 14-39 在任意荷载作用下的剪力分配

③ 叠加上述两个步骤中求得的内力,即得排架的实际内力。

当对称排架承受对称荷载时(如屋盖恒荷载),排架结构顶端无侧移,排架柱可简化为柱顶有不动铰支座的情况进行内力计算,如图 14-40 所示。

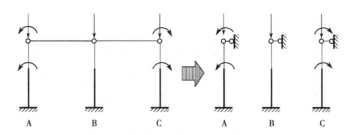

图 14-40 对称排架在对称荷载作用下的内力计算

3) 不等高排架内力计算方法简述

不等高排架结构在任意荷载作用下,高低列柱的柱顶水平位移不等。因此,其内力不能用剪力分配法求解。这时,用力法求解较为方便。

现以图 14-41a 所示高跨作用有水平集中力 P 的两跨不等高排架为例来说明其内力计算方法。这时高、低跨排架横梁产生的内力为未知,分别为 x_1、x_2。按照变形协调条件,高跨两柱的柱顶水平位移相等,低跨柱顶标高处两柱的水平位移也相等。即 $\Delta_a = \Delta_b$,$\Delta_c = \Delta_d$,此处 Δ_a、Δ_b、Δ_c、Δ_d 分别为 a、b、c、d 点的水平位移。于是,可得到下列联立方程(图 14—40b):

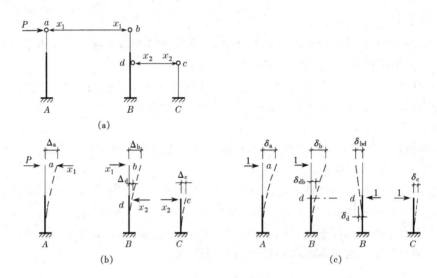

图 14—41 不等高两跨排架结构的内力计算

$$(P-x_1)\delta_a = x_1\delta_b - x_2\delta_{bd} \tag{14-27a}$$

$$x_2\delta_c = x_1\delta_{db} - x_2\delta_d \tag{14-27b}$$

式中,δ_a、δ_b、δ_c、δ_d 分别为单柱 A、B、C 的柱顶 a、b、c 及单柱 B 的结点 d 处作用有单位水平力时在该处(水平力作用点)产生的水平位移;δ_{bd}、δ_{db} 分别为单位水平力作用在单柱 B 结点 d 处时,在 B 柱柱顶 b 产生的水平位移,以及单位水平力作用在单柱的柱顶 b 时在结点 d 处产生的水平位移。按照结构力学中的位移互等定理,$\delta_{bd} = \delta_{db}$。

显然,δ_a、δ_b、δ_c、δ_d、δ_{bd}、δ_{db} 均可按照排架柱的高度和截面尺寸用图乘法求出,解联立方程就可求得 x_1、x_2。于是,该不等高排架结构的内力即可求得。

对于其他荷载情况,其内力计算方法相同,不另赘述。

14.2.4 排架的内力组合

内力组合的目的是把作用在排架结构上各种单项荷载算得的内力,按照它们各自在使用过程中同时出现的可能性进行组合,求出起控制作用的构件截面的最不利内力设计值,作为排架结构中两个主要构件——柱和基础按承载能力极限状态进行设计的依据。

1) 控制截面

在图 14—42 所示的单阶排架柱中,整个上柱各截面的配筋相同,而上柱底部截面Ⅰ—Ⅰ的内力一般比上柱其他截面大,因此,可以取它作为上柱的控制截面。对于下柱,截面Ⅱ—Ⅱ在吊车竖向荷载作用下弯矩最大,截面Ⅲ—Ⅲ在吊车横向水平荷载和风荷载作用下的弯矩最大,因此,可以取截面Ⅱ—Ⅱ和截面Ⅲ—Ⅲ作为下柱的控制截面。一般下柱钢筋统一按数值大的取用。如果Ⅱ—Ⅱ截面需要的钢筋较少,为了节约钢材,有时也可在下柱中部再取一个控制截面,以便切断部分钢筋。

此外,对基础计算来说,需要的是通过截面Ⅲ—Ⅲ传来的内力。

2）荷载组合原则

在前述的排架内力分析中，只是求出了各种荷载单独作用下控制截面的内力，为了求得控制截面的最不利内力，就必须按这些荷载同时出现的可能性进行组合，即进行荷载组合。

对于一般排架结构，荷载的基本组合可采用简化规则，并按下列组合值中取最不利值确定：

（1）"恒荷载"+任一种"活荷载"

$$\gamma_0 S = \gamma_0 (\gamma_G S_{Gk} + \gamma_{Q1} S_{Q_{1k}}) \tag{14-28}$$

（2）"恒荷载"+0.9（任意两种或两种以上"活荷载"）

$$\gamma_0 S = \gamma_0 (\gamma_G S_{Gk} + 0.9 \sum_{i=1}^{n} \gamma_{Q_i} S_{Q_{ik}}) \tag{14-29}$$

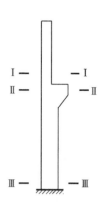

图 14-42 单阶排架柱的控制截面

式中 γ_0——结构重要性系数；

γ_G——永久荷载的分项系数，应取 1.3；

γ_{Q_i}——第 i 个可变荷载的分项系数，一般情况下应取 1.5；

S_{Gk}、S_{Qik}——分别为永久荷载标准值 G_k 和第 i 个可变荷载标准值 Q_{ik} 计算的荷载效应值；

在以上各种组合中，吊车荷载都应考虑表 14-6 规定的折减系数 ζ。

进行单层厂房结构的内力组合时，还应注意以下特点：① 恒荷载在任何一种内力组合下都存在；② 风荷载虽然是活荷载，但由于风荷载有向左吹、向右吹两种情况，其中，总有一种情况起不利作用，故在任何一种内力组合下一般都存在，但只能考虑其中一种情况参与组合；③ 吊车竖向荷载 D_{max} 可分别作用在一跨的左柱或右柱，对于这两种情况，每次只能选择其中一种情况参与内力组合，对单跨厂房，参与组合的吊车不宜多于两台，对多跨厂房，参与组合的吊车不宜多于四台。④ 在考虑吊车横向水平荷载时，该跨必然相应作用有该吊车的竖向荷载；但在考虑吊车竖向荷载时，该跨不一定作用有该吊车的横向水平荷载；⑤ 在考虑吊车横向水平荷载时，对于单跨或多跨厂房，参与组合的吊车不应多于两台；对于多跨厂房，可能有两种情况：任意一跨内的两台吊车引起的；任意两跨内的吊车引起的（每跨一台吊车）；对上述两种情况均应考虑不同方向制动的两种情况，但只能选其中一种情况参与组合；⑥ 对有吊车的厂房，当不考虑吊车荷载时，柱的计算长度应按无吊车厂房采用。

此外，由于基础设计的需要，对于截面Ⅲ—Ⅲ，尚应考虑荷载的标准组合。荷载的标准组合的效应设计值 S_k 按下列公式确定：

$$S_k = S_{Gk} + S_{Q1k} + \sum_{i=2}^{n} \psi_{ci} S_{Qik} \tag{14-30}$$

3）内力组合

控制截面上的内力有轴向力 N、弯矩 M 和剪力 V。对同一控制截面，这三种内力应该怎样组合，其截面的承载力是最不利的？这就需要进行内力组合，以便作出判断。

由偏心受压正截面的 M_u—N_u 相关曲线（承载力曲线）可知：对于大偏心受压截面，当 M 不变，N 越小，或当 N 不变，M 越大，则配筋量越多；对于小偏心受压截面，当 M 不变，N 越大，或当 N 不变，M 越大，则配筋量越多。因此，对于矩形、I 形截面排架柱，为了求得其能承受最不利内力的最大配筋量，一般应考虑以下四种内力组合。

（1）$+M_{max}$ 及相应的 N、V；

(2) $-M_{max}$ 及相应的 N、V；

(3) N_{max} 及相应的 $+M$（或 $-M$）、V；

(4) N_{min} 及相应的 $+M$（或 $-M$）、V。

当柱截面采用对称配筋及采用对称基础时，第(1)、(2)两种组合可合并为一种，即 $|M|_{max}$ 及相应的 N、V。

除上述四种内力之外，还可能存在更不利的内力组合。例如，对大偏心受压构件，偏心距 $e_0 = M/N$ 越大（即 M 越大，N 越小）时，截面配筋量越多。因此，有时 M 不是最大值，但仅比最大值略小，而它所对应的 N 若减小许多，那么这组内力所要求的截面配筋量反而会大些。但是，在一般情况下，按上述四项进行内力组合，已能满足工程设计要求。需要指出的是：排架结构受力后，柱内同时产生弯矩 M、轴力 N 和剪力 V，但对柱的截面配筋说来，一般 V 不起控制作用，因此，除双肢柱外，都不需要考虑 V。但对基础设计来说，Ⅲ—Ⅲ 截面的 M、N、V 的影响都是不可忽视的。

*14.2.5 考虑整体空间作用的排架内力分析

任何一个厂房结构，严格说来都是一个空间结构，当某一局部受到荷载作用时，整个厂房结构中的所有构件，都将或大或小地受到影响，产生一些内力。

厂房的空间工作主要反映在吊车荷载作用下的受力情况，由于吊车荷载为局部荷载，通过厂房屋盖、山墙等的整体作用，未直接承受吊车荷载的排架将协助直接承受吊车荷载的排架工作，从而使直接承受吊车荷载的排架的负荷减轻。而在均布荷载作用下，厂房虽然也存在整体空间工作的特性，但其作用较小，一般不予考虑。

1) 集中荷载作用时厂房的空间作用分配系数

图 14-43 所示的厂房，当在其中某个排架的柱顶上作用一个水平集中荷载 P 时，由于屋盖及纵向构件等将相邻各排架联成一个空间整体，因此，荷载 P 不仅由直接受力排架承受，而且将通过屋盖沿纵向传给相邻的其他排架，由整个厂房共同承担。如果我们把屋盖系统看成一根"梁"，而横向排架作为"梁"的弹性支座（图 14-43b），则在外荷载（水平力）P 作用下，直接受力的排架分担到的荷载 P_0 将小于 P。我们把 P_0 与 P 之比称为单个集中荷载作用下的空间作用分配系数，以 μ_0 表示，即

$$\mu_0 = \frac{P_0}{P} \qquad (14-31)$$

从公式(14-31)可以看出，空间作用分配系数 μ_0 的物理意义是：当单位水平集中力作用于排架柱顶时，直接受力排架所分担到的水平集中力。由于排架的柱顶位移与该排架所受荷载成正比，所以空间作用分配系数 μ_0 又可表示为

$$\mu_0 = \frac{\Delta_0}{\Delta} \qquad (14-31a)$$

式中 Δ_0——考虑空间作用时直接受力排架的柱顶位移（图 14-43b）；

Δ——平面排架的柱顶位移（图 14-43c）。

上述的空间作用分配系数 μ_0，只是考虑承受一个集中荷载时的情况。实际上，厂房在吊车荷载作用下，并不是单个荷载，而是多个荷载。所以在确定多个荷载作用下的空间作用分配系数 μ 值时，需要考虑排架的相互影响。

根据实测和理论分析，单层单跨厂房排架在吊车荷载作用下的空间作用分配系数 μ 可按表 14-8 采用。

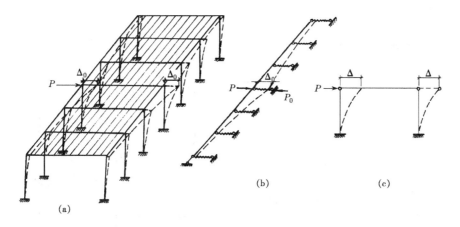

图 14-43 单层厂房的空间工作

表 14-8　　　　　　　单跨厂房空间作用分配系数 μ

厂房情况		吊车吨位 /t	厂房长度/m			
			≤60		>60	
			跨度/m			
			12~27	>27	12~27	>27
无檩屋盖	两端无山墙或一端有山墙	≤75	0.90	0.85	0.85	0.80
	两端有山墙	≤75	0.80			
有檩屋盖	两端无山墙或一端有山墙	≤30	0.90		0.85	
	两端有山墙	≤30	0.85			

采用表 14-8 的空间作用分配系数时，应注意下列情况：

① 厂房山墙应为实心砖墙；如山墙上开有孔洞时，其削弱面积不应大于山墙全部面积的 50%，否则应按无山墙情况考虑；对将来扩建时拟拆除山墙的厂房，亦应按无山墙情况考虑。

② 当厂房设有温度伸缩缝时，表 14-8 中的厂房长度，应按一个伸缩缝区段为单元进行考虑，此时应将伸缩缝处视为无山墙情况。

2) 多跨等高排架的空间作用分配系数

对于多跨等高排架，其空间作用分配系数 μ 值按下列方法确定：

$$\frac{1}{\mu}=\frac{1}{n}\left(\frac{1}{\mu_1'}+\frac{1}{\mu_2'}+\cdots+\frac{1}{\mu_n'}\right)=\frac{1}{n}\sum_{i=1}^n\frac{1}{\mu_i'} \qquad (14-32)$$

式中　μ_i'——第 i 跨的单跨空间作用分配系数，按表 14-8 采用；

　　　n——排架跨数。

对于两端有山墙的两跨或两跨以上的等高厂房，当屋盖为大型屋面板无檩体系，且吊车吨位小于或等于 30 t 时，可根据经验按柱顶为不动铰支承进行计算。

3) 等高厂房排架在吊车荷载作用下考虑空间作用时的内力计算

(1) 计算方法

等高厂房排架（图 14-44a 和图 14-45a）在吊车荷载作用下考虑空间作用时的内力计算，除了引入空间作用分配系数 μ 外，其计算方法与 14.2.3 所述的剪力分配法相类似。其计算步骤如下：

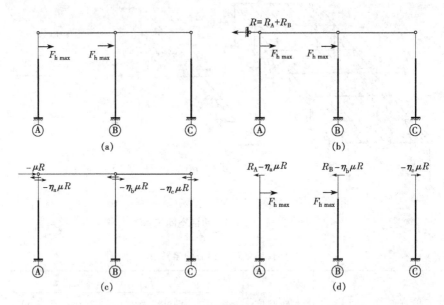

图 14-44　等高排架在吊车水平荷载作用下考虑空间工作时的内力计算

① 在直接承受吊车荷载的排架柱顶增设水平不动铰支座，使排架柱顶不产生水平位移，然后求出在吊车横向水平荷载 $F_{h\,max}$（或竖向吊车荷载 D_{max} 和 D_{min}）作用下的各柱柱顶反力以及附加支杆的反力 R（等于各柱柱顶反力的代数和），如图 14-44b、14-45b 所示。

② 根据厂房条件，由表 14-8 确定空间作用分配系数 μ，将 μ 乘以附加水平支杆反力 R，并反向作用于排架上（图 14-44c 和图 14-45c），然后按剪力分配法求出各柱的分配剪力；

③ 叠加上述两种情况求得的柱顶剪力，即得柱顶剪力（图 14-44d 和图 14-45d）；

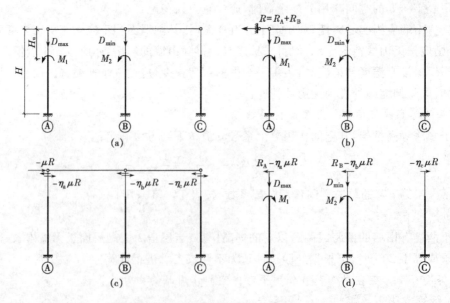

图 14-45　等高排架在吊车竖向荷载作用下考虑空间工作时的内力计算

④ 根据各柱的柱顶剪力及柱中所受的外荷载,分别按悬臂柱计算出各柱的内力。

(2) 适用范围

必须指出,在下列情况下,排架计算不考虑空间作用(即取 $\mu=1$):

① 当厂房一端有山墙或两端均无山墙,且厂房长度小于 36 m 时;

② 天窗跨度大于厂房跨度的 1/2,或者天窗布置使厂房屋盖沿纵向不连续时;

③ 厂房柱距大于 12 m 时(包括一般柱距小于 12 m,但有个别柱距不等且最大柱距超过 12 m 的情况);

④ 当屋架下弦为柔性拉杆时。

此外,对于有大吨位吊车的厂房,例如,对于大型屋面板屋盖体系,当吊车额定起重量 $Q_{ck} \geqslant 75$ t 时;对于有檩屋盖体系,当 $Q_{ck} > 30$ t 时,为了慎重起见,也不宜考虑空间工作。

例题 14-1 某工厂金工车间为双跨等高排架结构,每跨跨度为 18 m,柱距为 6 m,厂房长度为 60 m,每跨均有 15 t A5 级工作制吊车一台,轨顶标高不低于 8.4 m,建筑平面如图 14-46 所示。

已知该厂房所在地区基本风压 $w_0=0.45$ kN/m², 地面粗糙度为 B 类基本雪压 $s_0=0.2$ kN/m², 不要求抗震设防,试进行排架内力分析和内力组合。

解 1) 结构方案选择

(1) 平面、剖面布置

① 根据任务书和模数要求,采用 18 m×6 m 柱网,双跨。吊车为 15 t,轨顶标志高度为 8.4 m,A5 工作级别,边柱与纵向定位轴线的联系采用封闭结合。总长度为 60 m,不设伸缩缝。采用独立柱基础,基础梁承托围护墙。山墙为非承重墙,设抗风柱。端部柱的中心线与横向定位轴线间的距离为 600 mm。

② 选用 A5 级工作制双钩吊车,吊车主钩为 15 t,副钩为 3 t,最大轮压为 15.2 t,小车总重为 7.186 t,吊车总重为 28.5 t。

吊车外形尺寸及有关参数:吊车跨度 $L_k=16.5$ m,大车轮距 $K=4\,400$ mm,吊车最大宽度 $B=5\,500$ mm,轨道中心线至吊车外端距离 $B_1=200$ mm,轨顶至吊车顶距离 $H_B=2\,137$ mm,最小安全间隙 $B_2=80$ mm,要求吊车顶面至屋架下弦底面的预留尺寸 $H_C \geqslant 220$ mm。

由吊车梁标准图集查出配用的吊车梁高为 1.2 m,由吊车轨道联结标准图集查出轨道面至梁顶面距离为 170 mm,轨道中心线至轴线距离 $\lambda=750$ mm。

③ 柱子(包括牛腿)的尺寸初步确定如下(图 14-47)。

设牛腿顶面标高为 6.9 m,吊车轨顶构造高度 $H_{Aa}=6.9+(1.2+0.17)=8.27$ m(牛腿顶面标高+吊车梁高度+吊车轨道构造高度),构造高度与标志高度差值 $\Delta H=H_A-H_{Aa}=8.40-8.27=0.13$ m<0.2 m(满足要求)。

柱顶高度 $H=H_{Aa}+H_B+H_C=8.27+2.137+0.22=10.627$ m,为满足模数制要求,且使 $H_2 \geqslant 220$ mm,采用 $H=10.80$ m。

边柱 上柱为矩形截面,$b×h=400$ mm×400 mm,则 $B_2=\lambda-(B_1+h)=750-(200+400)=150$ mm>80 mm(满足要求);下柱为 I 形截面,$b×h=400$ mm×800 mm。

中柱 上柱为矩形截面,$b×h=400$ mm×600 mm,同理可知 B_2 满足要求;下柱为 I 形截面,$b×h=400$ mm×800 mm。

柱的截面几何特征列于表 14-9。表中,I 为沿平面内方向(x 轴)的截面惯性矩;r_x、r_y 分别

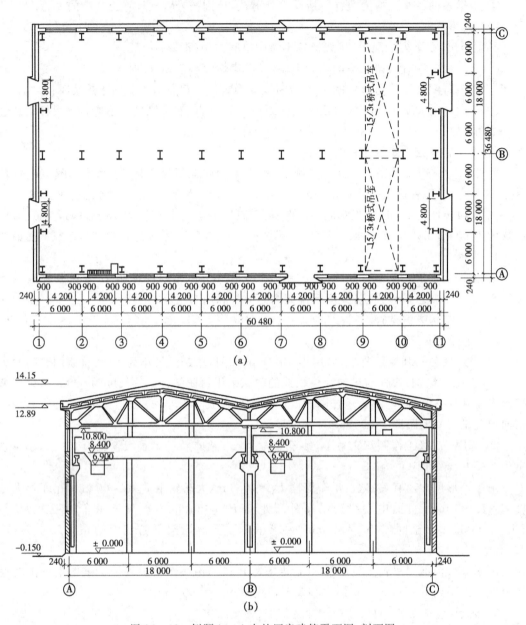

图 14-46 例题 14-1 中的厂房建筑平面图、剖面图

为平面内方向(x轴)和平面外方向(y轴)截面的回转半径;A为截面面积;g为单位长度重。

表 14-9 例题 14-1 中的柱截面特征

柱号		b / mm	h / mm	I / mm⁴	g /(kN·m⁻¹)	r_x / mm	r_y / mm	A / mm²	备注
柱 A、C	上柱	400	400	21.33×10⁸	4	/	/	16.00×10⁴	矩形截面
	下柱	400	800	143.63×10⁸	4.44	284.5	98.6	17.75×10⁴	I形截面
柱 B	上柱	400	600	72.00×10⁸	6	/	/	24.00×10⁴	矩形截面
	下柱	400	800	143.63×10⁸	4.44	284.5	98.6	17.75×10⁴	I形截面

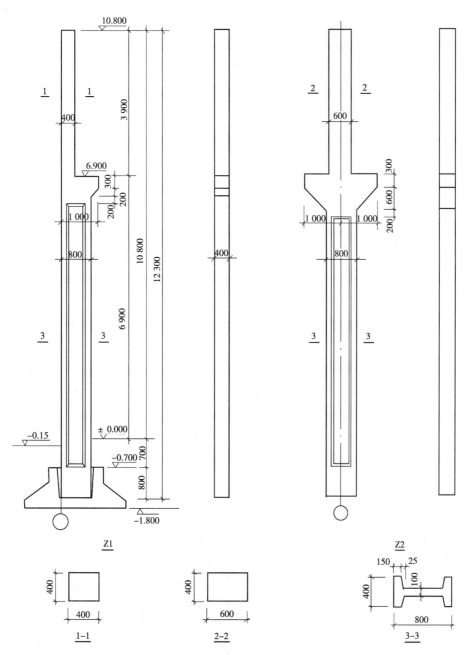

图14-47 例题14-1中的柱的几何尺寸

基础 基础底标高为-1.8m,底板厚为250mm,柱伸入基础800mm,细石混凝土找平层为50mm,故基础全高为1100mm。

牛腿 初选牛腿外边缘高度$h_1=300$mm,底边倾斜角$\alpha=45°$,柱的定位轴线(中柱为柱中心线,边柱为柱的外边线)至牛腿外缘距离选用1000mm,故边柱牛腿高度$h=500$mm,中柱牛腿高度$h=900$mm,均满足$h_1 \geqslant h/3$,$h_1 \geqslant 200$mm的构造要求(详见本书14.3.1节)。

(2) 构件选用

屋架、屋面板等构件可由有关标准图集中选用,此处从略。

(3) 结构平面布置

结构平面布置图包括基础和基础梁布置图、柱和吊车梁布置图、屋面结构布置图。现将柱和吊车梁布置图绘示于图 14-48,其余从略。

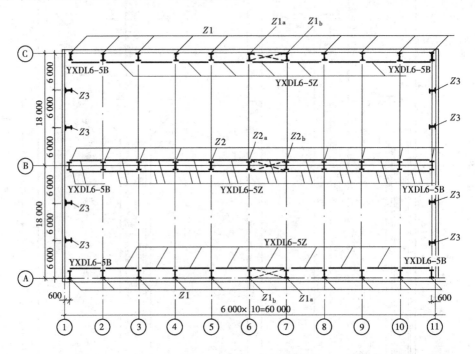

图 14-48 例题 14-1 中的柱和吊车梁布置图

2) 荷载计算和计算简图

(1) 恒荷载标准值

① 屋盖恒荷载标准值

二毡三油防水层	0.35 kN/m²
找平层	0.40 kN/m²
屋面板	1.30 kN/m²
灌缝	0.10 kN/m²
合计	2.15 kN/m²

按照结构布置,屋盖外侧有外天沟板,中间部分有内天沟板、嵌板,均较屋面板重。为简化计算,设外天沟板重量作用在边柱上,内天沟板及嵌板与层面板的重量差值可简化为集中力,作用在中柱上。外天沟板内防水层、找平层、找坡层等取 1.6 kN/m,内天沟板上因扣除原屋面板上已计算的部分重量,取为 0.8 kN/m,屋架自重 60.5 kN/榀,天沟板自重 2.02 kN/m (屋架和天沟板自重可由标准图集中查得)。

② 柱顶集中力

A. A、C 柱 $G_{1k}=2.15\times 6\times \dfrac{18}{2}+\dfrac{1}{2}\times 60.5+(2.02+1.6)\times 6=168.1 \text{ kN}$,$G_{1k}$

对上柱偏心距 $e_1=\dfrac{400}{2}-150=50 \text{ mm}$

B. B 柱 同理可得 $G_{1k}=159.2$ kN $e_1=0$

③ 柱和吊车梁自重

A. A、C 柱

上柱自重 $G_{2k}=0.4\times0.4\times3.9\times25$
$=15.6$ kN

吊车梁及轨道自重 吊车梁自重 44.2 kN/根（可由标准图集查得），轨道及垫层重 $0.8\times6=4.8$ kN，$G_{3k}=44.2+4.8=49.0$ kN，

对下柱的偏心距 $e_3=750-\dfrac{800}{2}=350$ mm

下柱自重 $G_{4k}=4.44\times6.9+0.4(0.2\times0.3+\dfrac{1}{2}\times0.2\times0.2)\times25+8\times0.7=37$ kN

由上述可得，柱 A、C 所承受的恒荷载如图 14-49a 所示。

B. B 柱

同理可得，柱 B 所承受的恒荷载如图 14-49b 所示。

(2) 屋面活荷载标准值

活荷载 0.7 kN/m²（不上人）

雪荷载 $s_0=0.2$ kN/m²

由 $\alpha=6.34°<25°$，查《荷载规范》可得分布系数 $\mu_r=1.0$，雪荷载标准值 $s_k=1.0\times0.2=0.2$ kN/m²，取屋面活荷载标准值 0.7 kN/m²。

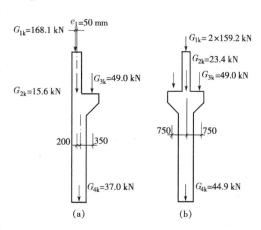

图 14-49 例题 14-1 中柱的恒荷载示意图

于是可得作用于 A、C 柱上的活荷载标准值 $Q_{1k}=40.8$ kN。同理可得作用于 B 柱上的活荷载标准值 $Q_{1k}=37.8+37.8=75.6$ kN。

不考虑积灰荷载。

(3) 吊车荷载标准值

$$P_{min,k}=\dfrac{Q_{bk}+Q_{lk}+Q_{ck}}{2}-P_{max,k}=\dfrac{28.5+15}{2}-15.2=6.55\ t=65.5\ kN$$

$$D_{max,k}=P_{max,k}\sum_{i=1}^{4}y_i=15.2\times(1+\dfrac{1.6+4.9+0.5}{6})=32.93\ t=329.3\ kN$$

$$D_{min,k}=D_{max,k}\dfrac{P_{min,k}}{P_{max,k}}=32.93\times\dfrac{6.55}{15.2}=14.19\ t=141.9\ kN$$

$$F_{hk}=\dfrac{Q_{ck}+Q_{lk}}{40}=\dfrac{15+7.186}{40}=0.555\ t=5.55\ kN$$

$$F_{h\,max,k}=D_{max,k}\dfrac{F_{hk}}{P_{max,k}}=32.93\times\dfrac{0.555}{15.2}=1.20\ t=12.0\ kN$$

(4) 风荷载标准值

$w_0=0.45$ kN/m²

① 风荷载体型系数 μ_s

屋面坡度如图 14-51 所示。$\alpha=6.34°<15°$，查《荷载规范》可得，体型系数 μ_s 如图 14-52 所示。

② 风荷载高度系数 μ_z

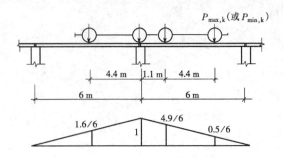

图 14-50　例题 14-1 中吊车荷载不利位置示意图

对柱子,按柱顶标高 10.80 m 处计算。

$$\mu_z = 1 + \frac{1.13 - 1.0}{15 - 10}(10.80 - 10) = 1.021$$

对屋盖部分,因无天窗,按檐口标高 12.89 m 处计算。

$$\mu_z = 1 + \frac{1.13 - 1.0}{15 - 10}(12.89 - 10) = 1.075$$

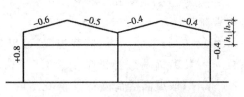

图 14-51　例题 14-1 中屋面坡度示意图

说明:在计算某点(例如柱顶或檐口)的 μ_z 值时,该点离室外地面的高度应取其标高与室内外地面高差之和。在本例中,因室内外地面高差较小,为了简化,近似取其标高,忽略了室内外高差。

③ 柱上均布风荷载标准值和柱顶集中风荷载标准值

图 14-52　例题 14-1 中风荷载体型系数

A. 左风

柱上均布风荷载标准值

$q_{wk1} = \mu_s \mu_z w_0 B = 0.8 \times 1.021 \times 0.45 \times 6 = 2.21$ kN/m(压力)

$q_{wk2} = \mu_s \mu_z w_0 B = 0.4 \times 1.021 \times 0.45 \times 6 = 1.10$ kN/m(吸力)

柱顶集中风荷载标准值

$Q_{wk1} = \mu_s \mu_z w_0 h_1 B = (0.8 + 0.4) \times 1.075 \times 0.45 \times 2.09 \times 6 = 7.28$ kN

$Q_{wk2} = \mu_s \mu_z w_0 h_2 B = (-0.6 + 0.5 - 0.4 + 0.4) \times 1.075 \times 0.45 \times 1.26 \times 6$
　　　$= -0.37$ kN

$Q_{wk} = Q_{wk1} + Q_{wk2} = 7.28 - 0.37 = 6.91$ kN

B. 右风

右风与左风方向相反,数值相同。

(5) 计算简图

由上述计算结果可得排架的计算简图如图 14-53 所示(图中,风荷载仅为左风;吊车荷载仅为 AB 跨,且吊车水平荷载仅为向左;BC 跨吊车荷载未表示)。

3) 内力分析

(1) 计算剪力分配系数

柱 A、C(图 14-54)

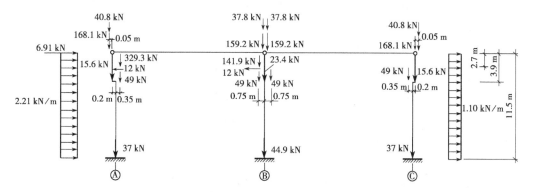

图 14-53 例题 14-1 中荷载简图

$$\lambda = \frac{H_u}{H} = \frac{3.9}{11.5} = 0.34$$

$$n = \frac{I_u}{I_l} = \frac{2.133}{14.363} = 0.149$$

由附表 25-1 查得 $\beta_0 = 2.450$。

$$\delta_A = \delta_C = \frac{11.5^3}{E \times 14.363 \times 2.45} = 43.22 \frac{1}{E}$$

柱 B 同理可得 $\lambda = 0.34$, $n = 0.50$, $\beta_0 = 2.887$, $\delta_B = 36.68 \frac{1}{E}$, 于是可得

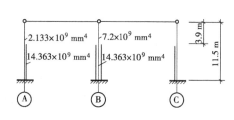

图 14-54 例题 14-1 中各柱的几何特征

$$\eta_a = \eta_c = \frac{\frac{1}{43.22}}{2 \times \frac{1}{43.22} + \frac{1}{36.68}} = 0.315 \qquad \eta_b = \frac{\frac{1}{36.68}}{2 \times \frac{1}{43.22} + \frac{1}{36.68}} = 0.370$$

(2) 内力计算

① 在恒荷载作用下(包括柱、吊车梁自重等),其计算简图如图 14-55a 所示。

将偏心竖向力(恒荷载)化为等效力矩和轴向力,则可得图 14-55b。

A、C 柱柱顶等效力矩 $M_{G1k} = 168.10 \times 0.05 = 8.41$ kN·m

A、C 柱下柱顶面等效力矩 $M'_{Gk} = (168.10 + 15.6) \times 0.20 - 49 \times 0.35 = 19.59$ kN·m

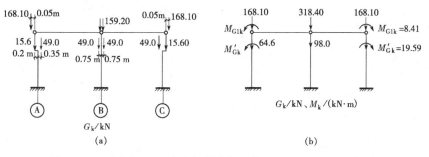

图 14-55 例题 14-1 中在恒荷载标准值作用下的排架计算简图

必须注意,对于上、下柱轴线不一致的柱,计算 M'_{Gk} 时(由 G_{1k}、G_{2k} 和 G_{3k} 引起的),除考虑吊车梁自重 G_{3k} 的偏心影响外,还应考虑由上柱传来的荷载(G_{1k}、G_{2k})的偏心影响,其作用点位于上柱轴线上。

由于结构对称,荷载也对称,故柱顶无侧移,各柱可按上端为不动铰支座进行计算。则可得中柱 $M_k=0, V_k=0$。

柱 A、C

根据 λ、n 由附表 25-2,25-3 查得 $\beta_1=2.034$, $\beta_2=1.083$。

则 $R_k = V_k = \dfrac{M_{G1k}}{H}\beta_1 + \dfrac{M'_{Gk}}{H}\beta_2 = \dfrac{8.41}{11.50} \times 2.034 + \dfrac{19.59}{11.50} \times 1.083 = 3.33 \text{ kN}$

内力图(剪力只示出底部剪力值)如图 14-56 所示。

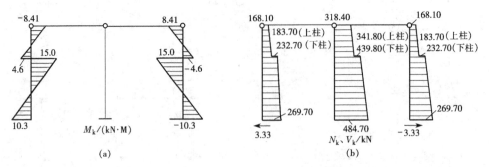

图 14-56 例题 14-1 中恒荷载标准值作用下的排架内力图

② 在屋面活载荷作用下

同理可得在屋面活荷载作用下的计算简图和内力图如图 14-57 和图 14-58 所示。

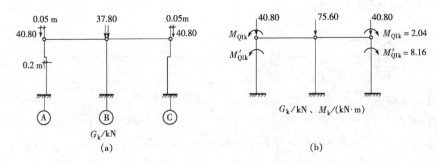

图 14-57 例 14-1 中在屋面活荷载标准值作用下排架计算简图

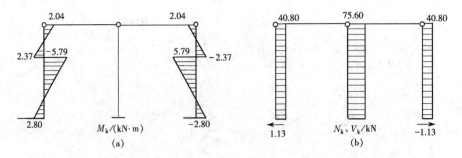

图 14-58 例题 14-1 中屋面活荷载标准值作用下的排架内力图

③ 在吊车竖向荷载作用下

A. $D_{\max,k}$ 在边柱,$D_{\min,k}$ 在中柱

在 AB 跨内有吊车时,其计算简图如图 14-59a 所示。

将偏心竖向力(吊车轮压)化为等效弯矩和轴向力,则可得图14-59b。

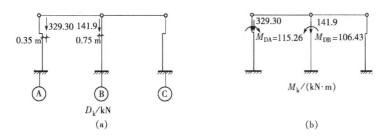

图14-59 例题14-1中当$D_{max,k}$作用于AB跨的边柱(A柱)时排架计算简图

$M_{DA}=329.3×0.35=115.26$ kN·m $\qquad M_{DB}=141.9×0.75=106.43$ kN·m

根据λ、n、y由附表25-3查得:

对于柱A,$\beta_3=1.083$,对于柱B,$\beta_3=1.276$。

则 $R_{Ak}=\dfrac{M_{DA}}{H}\beta_3=-\dfrac{115.26}{11.5}×1.083=-10.85$ kN

$R_{Bk}=\dfrac{M_{DB}}{H}\beta_3=\dfrac{106.43}{11.50}×1.276=11.81$ kN

则 $R_k=R_{Ak}+R_{Bk}=-10.85+11.81=0.96$ kN

将R_k反向作用于排架柱顶,进行剪力分配,则分配给各柱顶的剪力分别为$-\eta_a R_k$、$-\eta_b R_k$及$-\eta_c R_k$,则各柱顶的剪力分别为

$V_{Ak}=-\eta_a R_k+R_{Ak}=-0.315×0.96-10.85=-11.15$ kN

$V_{Bk}=-\eta_b R_k+R_{Bk}=-0.370×0.96+11.85=11.45$ kN

$V_{Ck}=-\eta_c R_k=-0.315×0.96=-0.3$ kN

于是可得其内力图如图14-60所示。

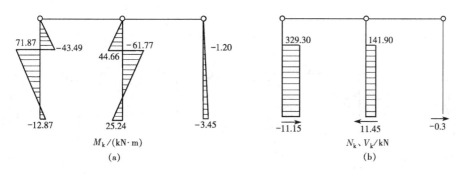

图14-60 例题14-1中当$D_{max,k}$作用于AB跨的边柱(A柱)时的排架内力图

在BC跨内有吊车时,其计算方法与AB跨内有吊车的情况相同,其内力图如图14-61所示。

B. $D_{min,k}$在边柱,$D_{max,k}$在中柱

AB跨内有吊车

计算方法与上述相同,其计算简图和内力图如图14-62和图14-63所示。

BC跨内有吊车

计算方法与AB跨内有吊车的情况相同,其内力图如图14-64所示。

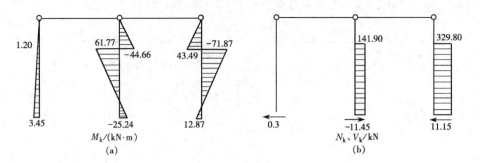

图 14-61　例题 14-1 中当 $D_{max,k}$ 作用于 BC 跨的边柱（C 柱）时的排架内力图

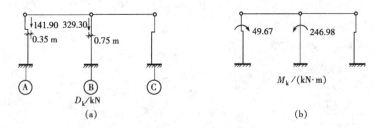

图 14-62　例题 14-1 中当 $D_{max,k}$ 作用于 AB 跨的中柱（B 柱）时的排架计算简图

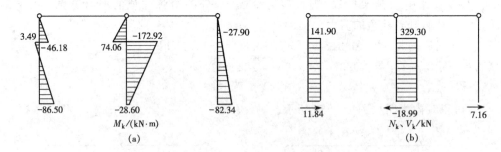

图 14-63　例题 14-1 中当 $D_{max,k}$ 作用于 AB 跨的中柱（B 柱）时的排架内力图

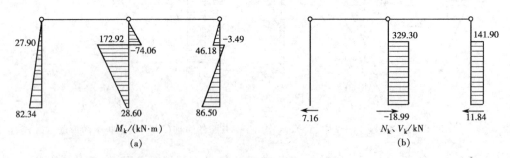

图 14-64　例题 14-1 中当 $D_{max,k}$ 作用于 BC 跨的中柱（B 柱）时的排架内力图

④ 在吊车横向水平荷载作用下

A. AB 跨内有吊车

对于柱 A，根据 λ、n、$y(y/H_u=2.7/3.9=0.7)$ 由附表 25-5 查得 $\beta_5=0.553$。

对于柱 B，同理可得 $\beta_5=0.630$

内力计算方法与吊车竖向荷载作用下的情况相类似,于是可得其计算简图如图 14—65 所示,内力图如图 14—66 所示。

B. BC 跨内有吊车

同理可得其内力图(图 14—67)

⑤ 在风荷载标准值作用下

A. 左风

在左风作用下,其计算简图如图 14—68 所示。

根据 λ、n 由附表 25—8 查得 $\beta_{11}=0.330$。

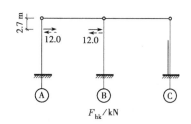

图 14—65 例题 14—65 例题 14—1 中当 $F_{h\max,k}$ 作用于 AB 跨时的排架计算简图

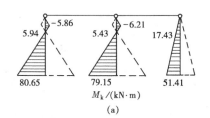
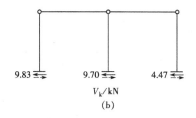

图 14—66 例题 14—1 中当 $F_{h\max,k}$ 作用于 AB 跨时的排架内力图

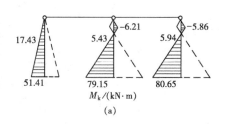
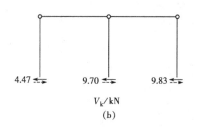

图 14—67 例题 14—1 中当 $F_{h\max,k}$ 作用于 BC 跨时的排架内力图

则 $R_{Ak}=\beta_{11}q_{wk1}H$
$=-0.330\times2.21\times11.5$
$=-8.38\ \text{kN}$

$R_{Ck}=-8.38\times\dfrac{1.10}{2.21}=-4.17\ \text{kN}$

由均布风荷载产生的固定支座反力为

$R_k=R_{Ak}+R_{Ck}=-8.38+(-4.17)=-12.55\ \text{kN}$

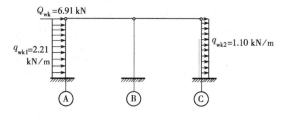

图 14—68 例题 14—1 中在左风标准值作用下的排架计算简图

于是可得

$V_{Ak}=R_{Ak}-\eta_a R_k+\eta_a Q_{wk}=-8.38-0.315\times(-12.55)+0.315\times6.91=-2.25\ \text{kN}$

$V_{Bk}=-\eta_b R_k+\eta_b Q_{wk}=-0.370\times(-12.55)+0.370\times6.91=7.20\ \text{kN}$

$V_{Ck}=R_{Ck}-\eta_c R_k+\eta_c Q_{wk}=-4.17-0.315\times(-12.55)+0.315\times6.91=1.96\ \text{kN}$

内力图如图 14—69 所示。

表 14-10　例题 14-1 中的中柱 B 按基本组合的内力组合表

荷载种类	恒荷载	屋面活荷载	AB跨内吊车 D_{max}作用于A柱	AB跨内吊车 D_{max}作用于B柱	AB跨内吊车 F_{hmax}	BC跨内吊车 D_{max}作用于B柱	BC跨内吊车 D_{max}作用于C柱	BC跨内吊车 F_{hmax}	风荷载 左风	风荷载 右风	±M_{max}及相应 N,V 组合项	组合值	N_{max}及相应 M,V 组合项	组合值	N_{min}及相应 M,V 组合项	组合值
组合序号 内力 截面	①	②	③	④	⑤	⑥	⑦	⑧	⑨	⑩						
Ⅰ-Ⅰ M/(kN·m)	0	0	44.66	74.06	±5.43	−74.06	−44.66	±5.43	28.10	−28.10	1.3①+1.5×0.9×〔(④+⑤)+⑨〕	134.52	1.3①+1.5×0.9×〔②+0.9×(④+⑤)+⑨〕	135.25	1.3①+1.5×0.9×〔②+(④+⑤)+⑨〕	134.52
Ⅱ-Ⅱ M/(kN·m)	0	75.60	−61.77	−122.92	±5.43	172.92	61.77	±5.43	28.10	−28.10	1.3①+1.5×0.9×〔(⑥+⑧)+②+⑨〕	444.34	1.3①+1.5×0.9×〔②+0.8(④+⑥)+⑨〕	546.4	1.3①+1.5⑨	444.34
Ⅱ-Ⅱ N/kN	341.80	75.60	141.90	329.30	0	329.30	141.90	0	0	0		254.63		43.80		42.15
Ⅲ-Ⅲ M/(kN·m)	0	75.60	25.24	−28.60	±79.15	28.60	−25.24	±79.15	82.80	−82.80	1.3①+1.5×0.9〔②+0.8(③+⑤)+(⑥+⑨)〕	255.41	1.3①+1.5×0.9〔②+0.8(④+⑤)+(⑥)+⑨〕	1385.09	1.3①+1.5⑨	571.74
Ⅲ-Ⅲ N/kN	439.80	75.60	141.90	329.30	0	329.30	141.90	0	0	0		1073.90		197.26		124.20
Ⅲ-Ⅲ V/kN	484.70	75.60	11.45	18.99	±9.70	−18.99	−11.45	±9.70	7.20	−7.20		1241.07		1443.46		630.11
	0	0										12.05		20.20		10.80

注：表中①～⑩所列为内力标准值；当考虑 4 台吊车参与组合时，吊车荷载折减系数 ζ=0.8，当考虑 2 台吊车参与组合时，ζ=0.9。

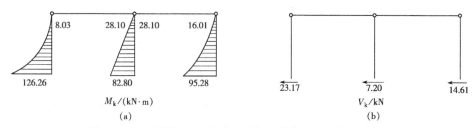

图 14-69 例题 14-1 中在左风标准值作用下的排架内力图

B. 右风

计算右风方法与左风作用下相同,其内力图如图 14-70 所示。

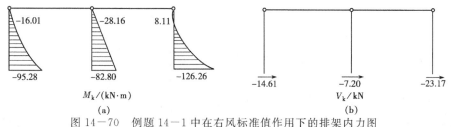

图 14-70 例题 14-1 中在右风标准值作用下的排架内力图

⑥ 内力组合

现以中柱为例说明内力组合的方法。

A. 按基本组合,中柱 B 各控制截面的内力组合列于表 14-10。

内力组合时应注意 14.2.4 节中提到的组合原则和特点,尤其应注意 D_{max} 与 $F_{h\,max}$ 之间的关系。由于吊车横向水平荷载不可能脱离竖向荷载单独存在,因此,当取用 $F_{h\,max}$ 时,必定要将同跨的 D_{max}(或 D_{min})同时组合进去。即"有 F_h 必有 D"。但另一方面,吊车竖向荷载是可以脱离吊车横向水平荷载而单独存在,即"有 D 未必有 F_h"。但考虑到 $F_{h\,max}$ 既可向左又可向右的特性,在取用 D_{max} 的同时,只有又取用 $F_{h\,max}$ 才能得到最不利的内力情况,因此,在组合时,对于只有两台吊车的情况,"有 $F_{h\,max}$ 必有 D_{max},有 D_{max} 一般也要有 $F_{h\,max}$"。此外,对于单层多跨厂房,根据参与组合的吊车台数及其工作级别,应乘以相应的折减系数 ζ(见表 14-6)。

B. 按标准组合,中柱 B 截面Ⅲ-Ⅲ的内力组合值列于表 14-10。

表 14-11　例题 14-1 中的中柱 B 截面Ⅲ-Ⅲ按标准组合的内力组合值

内力	$\pm M_{k,max}$ 及相应的 N_k、V_k		$N_{k,max}$ 及相应的 M_k、V_k		$N_{k,min}$ 及相应的 M_k、V_k	
	组合项	组合值	组合项	组合值	组合项	组合值
M_k	①+⑨+0.7×②+0.7×0.9×(⑥+⑧)	150.68	①+②+0.7×⑨+0.7×0.8×(④+⑥+⑤)	102.28	①+⑨	82.08
N_k		745.08		929.12		484.70
V_k		1.35		10.47		7.20

注:表中组合项的荷载编号同表 14-10,但荷载取标准值。表中,0.7 为活荷载组合值系数,0.8 为多台吊车的荷载折减系数。

14.3 钢筋混凝土单层厂房结构构件的计算与构造

14.3.1 钢筋混凝土柱的设计

钢筋混凝土柱的设计包括选择柱的形式,确定截面尺寸、配筋和构造,以保证使用和施工中具有足够的承载力和刚度。

1) 钢筋混凝土柱的形式

钢筋混凝土柱的形式可分两类:单肢柱(矩形、I形和环形截面等)和双肢柱。

矩形截面柱(图14-71a)外形简单,施工方便,但自重大,费材料,一般在 $h \leqslant 600$ mm 时采用。

I形截面柱(图14-71b)截面形式合理,施工比较简单,适用范围较广,一般在 $h = 600 \sim 1400$ mm 时采用。应该指出,I形截面柱并非沿全柱都是I形截面,在上柱和牛腿附近的高度内,由于受力较大以及构造需要,仍应为矩形截面,柱底插入基础杯口及柱间支撑下端高度内也宜做成矩形截面。

双肢柱分平腹杆(图14-71c)和斜腹杆

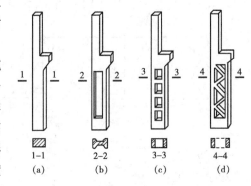

图 14-71 常用排架柱型式

(图14-71d)两种,宜在 $h > 1400$ mm 时采用。斜腹杆双肢柱的内力以轴力为主,混凝土的承载力能得到比较充分利用;平腹杆双肢柱实为空腹刚架构件,在柱截面高度较大时,比I形截面合理。双肢柱往往可使吊车竖向荷载通过肢杆中心线,以省去牛腿,简化构造,肢杆间还便于通过管道;但它的刚度较差,节点较多,制作较复杂,用钢量较多。

2) 钢筋混凝土柱的计算与构造

由于生产工艺要求的不同,厂房的高度、跨度、跨数、剖面形状和吊车起重量也各不相同,因而要使单层厂房柱完全定型化和标准化是极其困难的。目前,虽然对常用的、柱顶标高不超过13.2 m、跨度不超过24 m、吊车起重量不超过30 t(300 kN)和单跨、等高双跨、等高三跨和不等高三跨厂房柱给出了标准设计(如标准图集CG335),但在许多情况下设计者要自行设计。

(1) 矩形及I形柱

① 截面尺寸

为了保证厂房柱有足够的刚度,以免影响厂房的正常使用(例如,由于结构变形过大,影响吊车的正常运行或导致墙体和屋盖产生裂缝),对于6 m柱距的矩形和I形截面厂房柱或露天栈桥柱,其截面尺寸可参考表14-12选用。

② 截面设计

矩形和I形截面柱是典型的偏心受压构件。根据排架计算求得的控制截面的最不利内力后,即可按偏心受压构件进行截面设计(详见第7章)。

在截面设计时,对于刚性屋盖的单层厂房柱和露天吊车栈桥柱的计算长度 l_0 按表14-13采用。

表 14－12　　　　　　　　　　6 m 柱距矩形和 I 形截面尺寸选用表

厂房类型	截面高度 h					截面宽度 b
有吊车厂房	$Q_{ck} \leqslant 10$ t	$Q_{ck} = 15 \sim 20$ t	$Q_{ck} = 30$ t	$Q_{ck} = 50$ t	$Q_{ck} = 75 \sim 100$ t	$\geqslant H_l/20$，且 $\geqslant 400$ mm
	$H_k/14$	$H_k/12$	$H_k/10$	$H_k/9$	$H_k/8$	
单跨无吊车厂房	$\geqslant H/18$					$\geqslant H_l/30$，且 $\geqslant 300$ mm
多跨无吊车厂房	$\geqslant H/20$					
露天栈桥	$Q_{ck} \leqslant 10$ t		$Q_{ck} = 15 \sim 30$ t		$Q_{ck} = 50$ t	$\geqslant H_l/25$，且 $\geqslant 500$ mm
	$H_k/10$		$H_k/9$		$H_k/8$	

注：表中 Q_{ck} 为吊车起重量，H 为基础顶至柱顶的总高度，H_k 为基础顶至吊车梁顶的高度，H_l 为基础顶至吊车梁底的高度。

表 14－13　　　　刚性屋盖单层房屋排架柱、露天吊车柱和栈桥柱的计算长度 l_0

项次	柱的类型		排架方向	垂直排架方向	
				有柱间支撑	无柱间支撑
1	无吊车厂房柱	单跨	$1.5H$	$1.0H$	$1.2H$
		两跨及多跨	$1.25H$	$1.0H$	$1.2H$
2	有吊车厂房柱	上柱	$2.0H_u$	$1.25H_u$	$1.5H_u$
		下柱	$1.0H_l$	$0.8H_l$	$1.0H_l$
3	露天吊车栈桥柱		$2.0H_l$	$1.0H_l$	—

注：1. 表中 H 为从基础顶面算起的柱子全高，H_l 为从基础顶面至装配式吊车梁底面或现浇吊车梁顶面的柱子下部高度，H_u 为从装配式吊车梁底面或从现浇吊车梁顶面算起的柱子上部高度。
2. 表中有吊车厂房的计算长度，当计算中不考虑吊车荷载时，可按无吊车厂房柱的计算长度采用，但上柱的计算长度仍按有吊车房屋采用。
3. 表中有吊车房屋排架柱的上柱在排架方向的计算长度，仅适用于 $H_u/H_l \geqslant 0.3$ 的情况。当 $H_u/H_l < 0.3$ 时，宜采用 $2.5H_u$。

(2) 双肢柱

①截面尺寸

双肢柱截面高度 h 可参照表 14－12 给出的数值再增大 10% 选用。肢杆厚度 h_c 宜取 $h/5$，并不宜小于 150 mm。平腹杆的截面高度 h_w 宜为 $1.4h_c$。肢节间长度 l_c 宜取 $8h_c$ 左右，截面宽度 b_w 宜与柱宽相等或比柱宽小 100 mm（图 14－72）。斜腹杆与水平面夹角 β 宜取 45°，且不大于 60°；斜腹杆截面高度 h_w 应大于 120 mm，宜小于 $0.5h_c$，截面宽度 b_w 宜与柱宽相等或比柱宽小 100 mm（图 14－73）。肩梁高度 h_t 应不小于 $2h_c$，且不小于 500 mm，并应满足上柱与肢杆纵向钢筋的锚固要求。为了防止肢杆交接处的应力集中而引起混凝土过早开裂，宜采用三角形加腋。

平腹杆双肢柱（图 14－72）实际上是一单跨多层框架，肢杆大多为偏压构件，腹杆为受弯构件，可用解超静定的方法求得各杆件的内力。

斜腹杆双肢柱（图 14－73）的受力性能相当于超静定平行弦桁架，各杆件内力可近似按铰接桁架计算，但应考虑次弯矩的影响。至于次弯矩对肢杆的影响，一般是采取配筋时取提高系数 1.05～1.1 的方法来考虑。

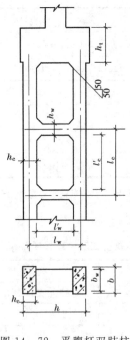 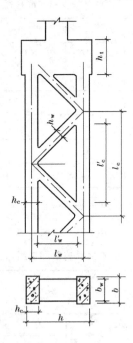

图 14-72 平腹杆双肢柱　　　图 14-73 斜腹杆双肢柱

② 截面刚度计算

在进行排架计算时,必须首先计算双肢柱的截面刚度。由于双肢柱除整体弯曲外,还有局部变形的影响(对于平腹杆双肢柱,主要是肢杆和腹杆的弯曲变形,对于斜腹杆双肢柱,主要是腹杆的轴向变形),因此,其截面刚度较实腹柱小。在设计中,为了简化计算,一般仍将双肢柱视为实腹柱,但将其截面刚度乘以折减系数 α。对于实腹柱,其截面刚度一般取为 $0.85E_cI$。于是,对于双肢柱,其截面刚度可按下式确定:

$$B = 0.85\alpha E_c I \qquad (14-33)$$

式中　E_c——混凝土弹性模量;

　　　I——双肢柱的截面惯性矩,可取 $I = 2\left[\dfrac{bh_c^3}{12} + bh_c\left(\dfrac{1}{2}l_w\right)^2\right]$,其中,$l_w$ 为肢杆中心线间的距离。

截面刚度折减系数 α 可按下述简化方法确定:在竖向荷载作用下,取 $\alpha=1.0$;在水平荷载作用下,对斜腹杆双肢柱,取 $\alpha=0.9$;对于平腹杆双肢柱,取 $\alpha=0.7\sim0.8$。

③ 截面设计和构造

平腹杆双肢柱的肢杆按偏心受压构件设计(图 14-74a),腹杆按受弯构件设计。斜腹杆双肢柱的各杆件按轴心受拉或轴心受压杆件进行设计(图 14-74b)。

双肢柱肩梁承受上柱传来的压力 N、弯矩 M 和剪力 V,可求出内力 R'_c 和 R_c,当 $a \leqslant h_{t0}$ 时(h_{t0} 为肩梁的有效高度,a 为肢杆轴线至上柱边缘的距离),可按倒置牛腿设计;当 $a \geqslant h_{t0}$ 时,可按梁设计(图 14-74)。

双肢柱的混凝土强度等级不宜低于 C30。肢杆全部纵向钢筋的配筋率不宜超过 3%,也不应小于 0.6%。腹杆纵向受拉钢筋配筋率宜在 0.5%~2% 范围内。对绑扎骨架,箍筋间距应不大于 15d,当 h_c(或 h_w)$\leqslant$300 mm 时,应不大于 200 mm,当 300<h_c(或 h_w)$\leqslant$500 mm 时,应不

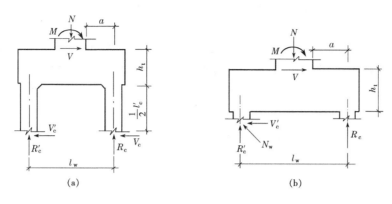

图 14-74 双肢柱肩梁的受力状态

大于 300 mm,当 h_c(或 h_w)>500 mm 时,应不大于 350 mm。肩梁受力钢筋应不少于 4 根,直径不应小于 16 mm。肩梁、平腹杆和斜腹杆配筋构造见图 14-75、图 14-76、图 14-77。

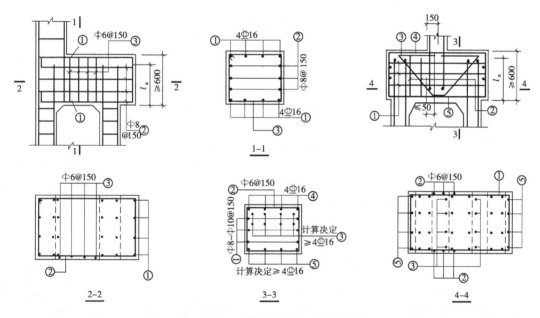

图 14-75 双肢柱肩梁的配筋与构造

(3) 柱的预制与吊装验算

在预制及吊装过程中,柱的受力状态和使用阶段有很大不同,而且这时的混凝土强度往往还未达到设计规定的强度(为了加快施工进度,在混凝土未达到设计规定的强度时就起吊),故预制柱有可能在吊装时出现裂缝,甚至折断。因而对预制柱还需进行施工阶段的承载力和裂缝宽度验算。预制柱的吊装可以采用平吊,也可以采用翻身吊。当柱中配筋能满足运输、吊装时的承载力和裂缝宽度验算的要求时,宜采用平吊(图 14-78a),以方便施工。但是,当平吊需较多地增加柱中配筋时,则应采用翻身吊(图 14-78b),以减少钢筋用量。

无论是平吊还是翻身吊,柱子的吊点一般都设在牛腿的下边缘处,其计算简图如图 14-78c 所示。考虑到起吊时的动力作用,柱的自重须乘以动力系数 1.5。柱的混凝土强度一般按设计规定的强度的 70% 考虑(当吊装验算要求高于设计规定的强度的 70% 时,应在施工图上注明)。当采用翻身吊时,截面的受力方向与使用阶段一致,因而承载力和裂缝均能满足要求,一般不必进行验算。当平吊时,截面的受力方向是柱的平面外方向,截面有效高度大为减小。对于 I 形截面,腹部位于中和轴处,其作用甚微,可忽略。故可将 H 形截面(图 14—78e)简化为宽度为 $2h_f$、高度为 b_f 的矩形截面。此时,受力钢筋 A_s 和 A_s' 只考虑两翼缘最外边的一根钢筋(每翼缘取一根,故 A_s 和 A_s' 均为两根。如翼缘外边缘还有构造用的架立钢筋,也可考虑其参加工作,计入 A_s 和 A_s' 中)。

施工阶段的承载力按双筋受弯构件的公式进行验算。柱在施工阶段的弯矩图及控制截面如图 14—78d 所示。

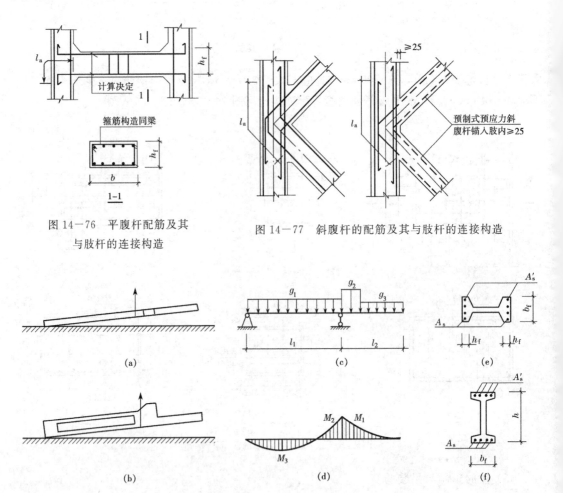

图 14—76 平腹杆配筋及其与肢杆的连接构造

图 14—77 斜腹杆的配筋及其与肢杆的连接构造

图 14—78 柱吊装阶段的验算

施工阶段的最大裂缝宽度允许值可取 0.2 mm。此时,计算最大裂缝宽度时,不考虑荷载长期作用的影响(详见第 9 章)。

3) 牛腿的设计

在单层厂房柱中,常用牛腿(图 14—79 阴影部分)来支承吊车梁、屋架(或屋面梁)、托架和连系梁。牛腿负荷大、应力状态复杂,所以在设计柱时必须予以重视。按照竖向荷载合力作用点至牛腿根部(柱边缘)的水平距离 a 的不同,牛腿分为两种情况:$a>h_0$(a 为竖向力作用点至下柱边缘的水平距离,h_0 为牛腿与下柱交接处的垂直截面的有效高度)时为长牛腿,按悬臂梁进行设计;$a \leqslant h_0$ 时为短牛腿,按本节介绍的方法进行设计。

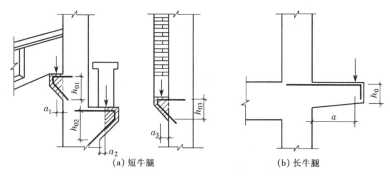

图 14-79 牛腿的类型

(1) 牛腿的破坏形态

牛腿的加载试验表明,在 20%~40% 极限荷载时,在上柱根部与牛腿交界处出现自上而下的竖向裂缝 1(图 14-80b、c、d),它一般很细;大约在 40%~60% 极限荷载时,在加载垫板内侧附近产生第一条斜裂缝 2,其方向大体与主压应力轨迹平行;继续加载,牛腿将发生破坏,随 a/h_0 的不同,牛腿产生如下几种不同的破坏形态。

① 弯压破坏

当 $1>a/h_0>0.75$ 或向钢纵向钢筋配置较少时,随着荷载增加,斜裂缝 2 不断向受压区延伸,同时纵向钢筋拉应力不断增加,以至屈服,而后,受压区混凝土被压碎而破坏(图 14-80a)。

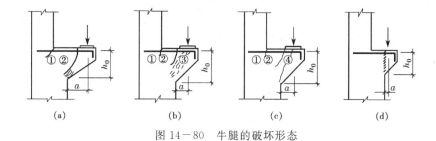

图 14-80 牛腿的破坏形态

② 斜压破坏

当 $a/h_0=0.1$~0.75 时,随着荷载增加,斜裂缝 2 外侧出现许多短而细的斜裂缝 3,意味着裂缝 2、3 间斜向主压应力超过混凝土抗压强度,这些裂缝逐渐贯通,直至混凝土剥落而破坏(图 14-80b)。也有一些牛腿在裂缝 1 出现后,并不出现裂缝 3,而是在加载板下突然出现一条通长斜裂缝 4 而破坏(图 14-80c)。

③ 剪切破坏

当 $a/h_0<0.1$ 时,在牛腿与柱边交接面上,产生一系列大体平行的短斜裂缝而破坏(图 14-80d)。

除以上三种主要破坏形态外,还有因传力垫板过小、牛腿宽度过窄而在牛腿顶面产生局部受压破坏,也有因牛腿外侧截面高度过小(牛腿下部边缘坡度过陡)以致由于存在竖向荷载和横向水平荷载的共同作用而产生的非根部受拉破坏等现象。

为了防止上述各种破坏现象的发生,牛腿应有足够的截面和钢筋,并应遵循一定的构造要求。

(2) 牛腿的设计

①牛腿几何尺寸的确定

在实际工作中,牛腿的截面宽度一般与柱宽相同。因此,确定牛腿的截面尺寸主要是确定其截面高度 h。

牛腿在使用阶段一般要求不出现裂缝或仅出现细微裂缝,因为牛腿出现裂缝后易给人以不安全感,同时加固也较困难。所以牛腿的截面尺寸应符合下列裂缝控制要求(图14—81):

$$F_{vk} \leqslant \beta(1-0.5\frac{F_{hk}}{F_{vk}})\frac{f_{tk}bh_0}{0.5+a/h_0} \tag{14-34}$$

式中 F_{vk}——作用于牛腿顶部按荷载效应标准组合计算的竖向力值;

F_{hk}——作用在牛腿顶部按荷载效应标准组合计算的水平拉力值;

β——裂缝控制系数,对支承吊车梁的牛腿,取0.65,对其他牛腿,取0.80;

a——竖向力的作用点至下柱边缘的水平距离,此时,应考虑安装偏差20 mm,当竖向力作用点位于下柱截面以内,即 $a<0$ 时,取 $a=0$;

b——牛腿宽度;

h_0——牛腿与下柱交接处垂直截面的有效高度,取 $h_0=h_1-a_s+c\cdot\tan\alpha$,当 $\alpha>45°$ 时,取 $\alpha=45°$,此处,α 为牛腿底面的倾斜角,c 为牛腿外边缘至柱边缘的水平距离,h_1 为牛腿外边缘的高度。

同时,牛腿的几何尺寸还应符合下列要求:牛腿外边缘高度不应太小,否则,当 a/h_0 较大而竖向力靠近外边缘时,斜裂缝将不能向下发展到与柱相交,而发生沿加载板内侧边缘的近似垂直截面的剪切破坏。因此,《规范》规定,h_1 不应小于 $h/3$,且不应小于200 mm。牛腿底面倾斜角 α 不应大于45°(一般取45°),以防止与下柱交接处产生严重的应力集中。

此外,为了防止牛腿发生局部受压破坏,在上述竖向力 F_{vk} 作用下,其受压面的局部压应力应满足下列要求:

$$\frac{F_{vk}}{A} \leqslant 0.75 f_c \tag{14-35}$$

式中 A——牛腿支承面上的局部受压面积(图14—81);

f_c——混凝土轴心抗压强度设计值。

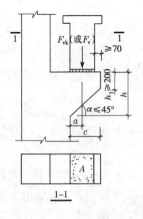

图14—81 牛腿尺寸的确定

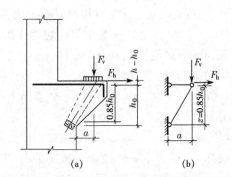

图14—82 牛腿的计算模型

当不满足公式(14—35)的要求时,应采取必要措施,如加大承压面积,提高混凝土强度等级或设置钢筋网等。

② 牛腿的承载力计算与配筋构造

A. 纵向钢筋的计算和构造。

根据上述牛腿弯压和斜压两种破坏形态,在一般情况下,牛腿可近似看作是一个以顶面纵向钢筋为水平拉杆,以混凝土斜向压力带为压杆的三角形桁架(图14-82)。

当牛腿受有竖向力设计值 F_v 和横向水平拉力设计值 F_h 共同作用时,其计算简图如图 14-82b 所示。则由力矩平衡条件可得 $f_y A_s z = F_v a + F_h(z + a_s)$,若近似取 $z = 0.85h_0$,则可得

$$A_s = \frac{F_v a}{0.85 h_0 f_y} + (1 + \frac{a_s}{0.85 h_0}) \frac{F_h}{f_y}$$

在上式中近似取 $a_s / 0.85 h_0 = 0.2$,则得

$$A_s = \frac{F_v a}{0.85 h_0 f_y} + 1.2 \frac{F_h}{f_y} \quad (14-36)$$

式中 A_s——纵向受拉钢筋截面面积;

h_0——牛腿根部截面的有效高度,$h_0 = 0.95h$;

f_y——纵向钢筋抗拉强度设计值。

在公式(14-36)中,当 $a < 0.3h_0$ 时,取 $a = 0.3h_0$。

由于牛腿顶部边缘拉应力沿长度方向为均匀分布,故纵向钢筋不得兼作弯起筋,应全部伸至牛腿外边缘,再沿外边缘向下移入柱内 150 mm 后截断(图 14-83)。纵向钢筋宜采用 HRB335 级或 HRB400 级钢筋,应有足够的锚固长度(与梁的上部钢筋在框架节点中的锚固相同)。纵向钢筋配筋率(按全截面计算)不应小于 0.20% 及 $0.45 f_t / f_y$,也不宜大于 0.6%,根数不宜少于 4 根,直径不应小于 12 mm。

当牛腿设于上柱柱顶时,宜将牛腿对边的柱外侧纵向受力钢筋沿

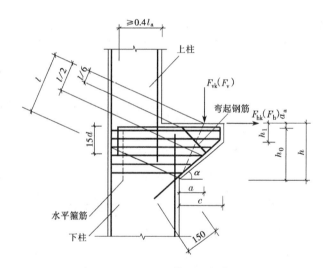

图 14-83 牛腿的外形及钢筋配置

柱顶水平弯入牛腿,作为牛腿纵向受拉钢筋使用;当牛腿顶面纵向受拉钢筋与牛腿对边的柱外侧纵向钢筋分开配置时,牛腿顶面纵向受拉钢筋应弯入柱外侧,并应符合有关搭接的规定。

B. 箍筋和弯筋的设置。

在牛腿设计中,可以认为,若符合斜裂缝控制条件,即符合公式(14-34)的要求时,也就能满足斜截面受剪承载力的要求,因此,可不再进行斜截面受剪承载力计算,只需按下述构造要求设置水平箍筋和弯筋(图 14-83):

a. 水平箍筋的直径宜取 6~12 mm;间距宜为 100~150 mm;且在上部 $\frac{2}{3} h_0$ 范围内的水平箍筋总截面面积不宜小于承受竖向力的受拉钢筋截面面积的 1/2。

b. 当牛腿的剪跨比 $a/h_0 \geqslant 0.3$ 时,宜设置弯起钢筋。弯起钢筋宜采用 HRB335 级或 HRB400 级钢筋,并宜使其与集中荷载作用点到牛腿斜边下端点连线的交点位于牛腿上部 $l/6 \sim l/2$ 之间的范围内,l 为该连线的长度,其截面面积不宜少于承受竖向力的受拉钢筋截面面积的 $1/2$,且不宜小于 $0.0015bh$,根数不宜少于 2 根,直径不应小于 12 mm。

例题 14－2 试设计例题 14－1 中双跨排架中柱。

解 柱设计包括截面配筋、牛腿设计和吊装验算等。

1) 截面配筋

根据上述求得的截面内力,选取最不利内力,进行截面配筋计算。一般采用对称配筋,详见第 7 章,本处从略。

计算结果如下：上柱每边配置 3 ⊕ 16,下柱每边配置 3 ⊕ 16；混凝土强度等级为 C30。

2) 牛腿设计

(1) 抗裂验算及局部受压承载力验算

$F_{vk} = D_{max,k} + G_{3k} = 329.3 + 49.0 = 378.3$ kN

$F_{hk} = F_{h\,max,k} = 12.0$ kN

$F_v = 1.3 \times 49.0 + 1.5 \times 329.3 = 557.65$ kN

$F_h = 1.5 \times 12.0 = 18.0$ kN

根据已选用尺寸,$b = 400$ mm,$h_0 = 900 - 40 = 860$ mm,考虑安装偏差 20 mm,则

$a = 350 + 20 = 370$ mm

$$\beta(1 - 0.5 \frac{F_{hk}}{F_{vk}}) \frac{f_{tk}bh_0}{0.5 + a/h_0} = 0.65(1 - 0.5 \frac{12.0}{378.3}) \times \frac{2.01 \times 400 \times 860}{0.5 + 370/860}$$
$$= 4.75 \times 10^5 \text{ N} = 475 \text{ kN} > F_{vk}$$
$$= 378.3 \text{ kN} \quad (\text{满足要求})$$

又 $0.75 f_c A = 0.75 \times 14.3 \times 400 \times 340 = 1.49 \times 10^6$ N
$= 1490$ kN $> F_{vk} = 378.3$ kN （满足要求）

(2) 配筋计算

受拉钢筋采用 HRB400 级钢筋

$$A_s \geqslant \frac{F_v a}{0.85 h_0 f_y} + 1.2 \frac{F_h}{f_y} = \frac{557.65 \times 10^3 \times 370}{0.85 \times 860 \times 360} + 1.2 \times \frac{18.0 \times 10^3}{360} = 844 \text{ mm}^2$$

选用 4 ⊕ 18(实用 $A_s = 1017$ mm²)。

$\rho_{min} = 0.45 \frac{f_t}{f_y} = 0.45 \times \frac{2.01}{360} = 0.25\% > 0.2\%$

取 $\rho_{min} = 0.25\%$

$\frac{A_s}{bh} = \frac{1017}{400 \times 900} = 0.28\% > \rho_{min}$

所以配筋满足要求

根据构造要求,箍筋选用 Φ 8@100,弯起钢筋选用 4 ⊕ 14,$A_s = 615$ mm² $\geqslant \frac{1}{2} A_s = 393.5$ mm²。

3) 吊装验算

(1) 荷载计算

柱插入杯口部分为矩形截面,取动力系数为 1.5,柱自重的重力分项系数取 1.0(悬臂端荷载对 AB 跨中弯矩有利,系数取 1.0)考虑采用单点起吊,吊点选在牛腿根部。为简化计

算,近似取计算简图如图14-84。

柱全长 $l=3.9+6.9+0.7+0.8=12.3$ m

上柱 $g_1=0.4\times0.6\times25\times1.5\times1.0=9$ kN/m

下柱 $g_2=\dfrac{0.1775\times(6.9+0.7)\times25+0.4\times0.8\times0.8\times25}{6.9+0.7+0.8}$

$\quad\quad\quad\times1.5\times1.0$

$\quad=7.2$ kN/m

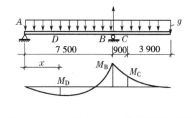

图14-84 例题14-2中排架柱吊装验算时的计算简图

为简化计算,偏安全地近似取 $g=g_1=9$ kN/m

(2) 弯矩计算

$M_C=-\dfrac{1}{2}\times9.0\times3.9^2=68.45$ kN·m

$M_B=-\dfrac{1}{2}\times9.0\times(3.9+0.9)^2=103.7$ kN·m

$R_A=\dfrac{9\times12.3\times(12.3/2-3.9-0.9)}{7.5}=19.93$ kN

$x=\dfrac{19.93}{9.0}=2.21$ m

$M_D=19.93\times2.21-\dfrac{1}{2}\times9\times2.21^2=22.0$ kN·m

(3) 截面验算

由上述计算结果可见,应对截面 C、B 进行验算,考虑混凝土达设计规定的强度的 70% 后翻身起吊,此时,$f'_c=0.7\times14.3=10.01$ N/mm²。吊装验算时,结构重要性系数取 1.0。现以截面 C 为例,来说明其验算方法。

① 正截面受弯承载力验算

$b\times h=400$ mm$\times 600$ mm,$h_0=600-40=560$ mm,截面配筋 3⏊16 ($A_s=603$ mm²)

$\alpha_s=\dfrac{M_c}{\alpha_1 f'_c bh_0^2}=\dfrac{68.45\times10^6\times1.0}{1.0\times10.01\times400\times560^2}=0.0545$

$\gamma_s=0.977$

$A_s=\dfrac{M_c}{\gamma_s h_0 f_y}=\dfrac{68.45\times10^6\times1.0}{0.977\times560\times360}=341$ mm² <603 mm² （满足要求）

② 裂缝宽度验算

裂缝宽度验算按第9章所述方法计算,但不考虑长期作用的影响,裂缝宽度允许值可取 0.2 mm。

$\sigma_{sk}=\dfrac{M_c}{0.87h_0 A_s}=\dfrac{68.45\times10^6}{0.87\times560\times603}=233.0$ N/mm²

$\rho_{te}=\dfrac{A_s}{0.5bh}=\dfrac{603}{0.5\times400\times600}=0.0050<0.01$

取 $\rho_{te}=0.01$ $\quad \nu=\nu_i=1.0$ $\quad f_{tk}=2.01$ N/mm²

$\psi=1.1-\dfrac{0.65 f_{tk}}{\rho_{te}\sigma_{sk}}=1.1-\dfrac{0.65\times2.01}{0.01\times233.0}=0.539$

$w_{max}=1.28\psi\dfrac{\sigma_{sk}}{E_s}(1.9c+0.08\dfrac{d}{\rho_{te}\nu})$

$\quad=1.28\times0.539\times\dfrac{233.0}{2.0\times10^5}\times(1.9\times30+0.08\times\dfrac{16}{0.01\times1.0})=0.149$ mm <0.2 mm

（满足要求）

4）施工图

柱的施工图如图14-85所示。

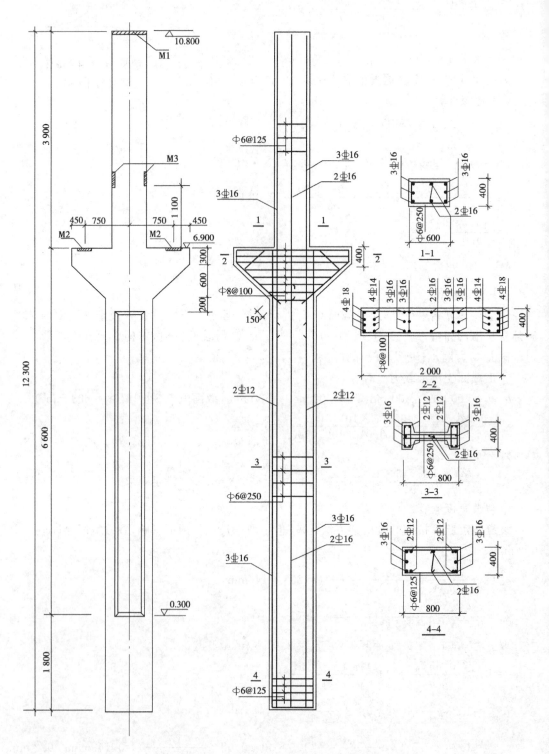

图14-85　例题14-2中的中柱（Z2）施工图

14.3.2 钢筋混凝土柱下独立基础的设计

钢筋混凝土柱下独立基础常采用矩形扩展基础。矩形扩展基础又可分为无短柱的矩形扩展基础(一般简称矩形扩展基础)和带短柱的矩形扩展基础。

在选定地基持力层和埋置深度后,钢筋混凝土独立基础的设计,主要包括以下几项内容:确定基础底面尺寸,确定基础高度(包括变阶处高度);确定基础底板配筋和构造。

1) 矩形扩展基础

(1) 基础底面尺寸

基础底面尺寸是根据地基承载力和上部荷载确定的。对于一般单层工业厂房的柱下独立基础,一般不作地基变形验算。

① 轴心受压基础

轴心受压时,假定基础底面的压力为均匀分布(图 14—86)。这时,在上部荷载、基础自重和基础上部土重作用下,其基础底面压力应满足下列条件:

$$p_k = \frac{N_k + G_k}{A} \leqslant f_a \tag{14-37}$$

式中　N_k——相应于荷载效应标准组合时,上部结构传至基础顶面的竖向力值;

　　　G_k——基础自重和基础上的土重标准值;

　　　A——基础底面面积;

　　　f_a——修正后的地基承载力特征值(即经宽度和深度修正后的承载力特征值)。

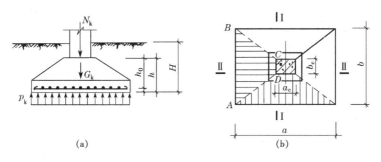

图 14—86　轴心受压基础的计算简图

若基础埋深为 H,取基础及其上填土的平均重度为 γ_p(一般取为 $20\ \text{kN/m}^3$),则 $G_k = \gamma_p HA$,此处,H 为基础埋深,将 G_k 代入上式得

$$A \geqslant \frac{N_k}{f_a - \gamma_p H} \tag{14-38}$$

算出 A 后,可先选定一个边长 a,则另一边长为 $b = A/a$;若采用正方形,则 $a = b = \sqrt{A}$ (图 14—86)。

② 偏心受压基础

偏心受压时,假定基础底面压力按线性分布(图 14—87)。此时,基础底面边缘最大压应力 $p_{k,\max}$ 和最小压应力 $p_{k,\min}$ 按下式计算(图 14—87a):

$$\begin{aligned} p_{k,\max} \\ p_{k,\min} \end{aligned} = \frac{N_k + G_k}{A} \pm \frac{M_k}{W} \tag{14-39}$$

式中 M_k——相应于荷载效应的标准组合时作用于基础底面的力矩值;

W——基础底面的抵抗矩,$W=\frac{1}{6}ba^2$,b 为基础底面宽度(即垂直于弯矩作用平面的边长),a 为基础底面的长度(即平行于弯矩作用平面的边长)。

力矩 M_k 包括作用于基础顶面的力矩值 M_{0k} 和作用于基础顶面剪力值 V_k 对基础底面产生的力矩,即 $M_k = M_{0k} \pm V_k h$,此处,h 为基础高度。

令 $e_0 = M_k/(N_k+G_k)$,则公式(14-39)可改写为

$$\begin{matrix} p_{k,\max} \\ p_{k,\min} \end{matrix} = \frac{N_k+G_k}{A}(1 \pm \frac{6e_0}{a}) \qquad (14-40)$$

当 $e_0 < a/6$ 时,$p_{k,\min} > 0$,基础底面压力图形为梯形(图 14-87b);当 $e_0 = a/6$ 时,$p_{k,\min} = 0$,基础底面压力图形为三角形(图 14-87c);当 $e_0 > a/6$ 时,$p_{k,\min} < 0$,由于基础与地基土接触面不能受拉,基础底面压力图形也为三角形(图 14-87d),此时承受基础底面压力的基础底面积将不是 $a \times b$ 而是 $3c \times b$,故 $p_{k,\max}$ 应改按下列公式计算:

$$p_{k,\max} = \frac{2(N_k+G_k)}{3cb} \qquad (14-41)$$

式中 c——偏心荷载作用点至 $p_{k,\max}$ 处的距离,$c = \frac{a}{2} - e_0$。

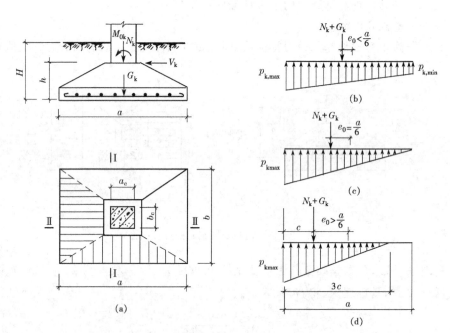

图 14-87 偏心受压基础的计算简图

偏心受压基础底面压力应同时满足下列两个条件:

$$\frac{p_{k,\max} + p_{k,\min}}{2} \leqslant f_a \qquad (14-42)$$

$$p_{k,\max} \leqslant 1.2 f_a \qquad (14-43)$$

偏心受压基础底面尺寸一般需采用试算法,即先按轴心受压计算所需的基础底面积,并增大 20%~40%,初步选定基础底面的尺寸,再复核 $p_{k,\max}$ 与 $p_{k,\min}$ 是否满足要求,如不符合要求,应重新假定基础底面尺寸,并重新复核。

(2) 基础高度

基础高度主要按受冲切承载力确定。对于矩形截面柱的矩形基础,在柱与基础交接处及其基础变阶处的受冲切承载力按下列公式计算(图14—88)。

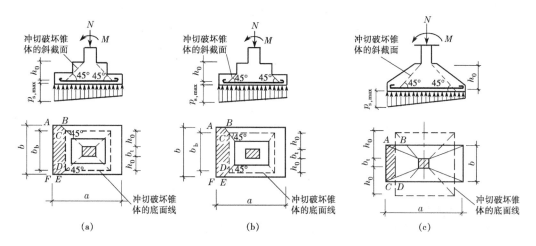

图14—88 计算阶形基础的受冲切承载力截面位置

$$F_l \leqslant 0.7\beta_h f_t b_m h_0 \tag{14-44}$$

$$F_l = p_s A_l \tag{14-45}$$

$$b_m = \frac{b_t + b_b}{2} \tag{14-46}$$

式中 β_h——受冲切承载力截面高度影响系数,当 $h \leqslant 800$ mm 时,β_h 取 1.0;当 $h \geqslant 2000$ mm 时,β_h 取 0.9,其间按线性内插法取用;

f_t——混凝土轴心抗拉强度设计值;

h_0——柱与基础交接处或基础变阶处的截面有效高度,取两个配筋方向的截面有效高度的平均值;

b_m——冲切破坏锥体最不利一侧计算长度(取上边长和下边长的平均值);

b_t——冲切破坏锥体最不利一侧斜截面的上边长,当计算柱与基础交接处的受冲切承载力时,取柱宽;当计算基础变阶处的受冲切承载力时,取上阶宽;

b_b——冲切破坏锥体最不利一侧斜截面在基础底面积范围内的下边长,当冲切破坏锥体的底面落在基础底面以内,计算柱与基础交接处的受冲切承载力时,取柱宽加两倍基础有效高度;当计算基础变阶处的受冲切承载力时,取上阶宽加两倍该处的基础有效高度;当冲切破坏锥体的底面在 b 方向落在基础底面以外,即 $b_t + 2h_0 \geqslant b$ 时,$b_b = b$(图14—88c);

p_s——扣除基础自重及其上土重后相应于荷载效应基本组合计算并考虑结构重要性系数的基础底面净压力设计值,对偏心受压基础可取基础边缘处最大地基土单位面积净压力;

A_l——考虑冲切荷载时取用的多边形面积(图14—88a、b 中的阴影面积 $ABCDEF$ 或图14—88c 中的阴影面积 $ABCD$);

F_l——相应于荷载效应基本组合时作用在多边形面积 A_l 上的基础底面净反力设计值。

(3) 基础底板配筋计算

基础底板在地基反力作用下，长、短两个方向均产生弯曲，因此，在底板的两个方向都应配置受力钢筋。配筋计算的控制截面取柱与基础交接处和变阶处。

对于轴心受压基础，沿长边 b 方向的柱边截面 Ⅰ—Ⅰ 处的弯矩 $M_Ⅰ$ 为作用在梯形面积（图 14-86b 中 $ABCD$）上的基础底面净压力设计值的合力对截面 Ⅰ—Ⅰ 的力矩。

$$M_Ⅰ = \left[\frac{1}{4}p_s(b+b_t)(a-a_t)\right]\left[\frac{1}{6}(a-a_t)\left(\frac{2b+b_t}{b+b_t}\right)\right]$$

即

$$M_Ⅰ = \frac{1}{24}p_s(a-a_t)^2(2b+b_t) \tag{14-47}$$

式中 a_t、b_t——分别为柱截面（或变阶处）的长边和短边的长度。

沿长边 a 方向的受拉钢筋截面面积可按下式计算：

$$A_{sⅠ} = \frac{M_Ⅰ}{0.9h_{01}f_y} \tag{14-48}$$

式中 h_{01}——截面 Ⅰ—Ⅰ 的有效高度（图 14-85），$h_{01}=h-a_s$。

同理，沿短边 b 方向的柱边截面 Ⅱ—Ⅱ 的弯矩 $M_Ⅱ$ 为

$$M_Ⅱ = \frac{1}{24}p_s(b-b_t)^2(2a+a_t) \tag{14-49}$$

沿短边 b 方向的钢筋一般放在沿长边方向的钢筋的上面，若双向钢筋直径 d 相同时，截面 Ⅱ—Ⅱ 的有效高度 $h_{02}=h_{01}-d$，则沿短边 b 方向的受拉钢筋截面面积可按下式计算：

$$A_{sⅡ} = \frac{M_Ⅱ}{0.9(h_{01}-d)f_y} \tag{14-50}$$

对于偏心受压基础（图 14-87），基础底板配筋仍可按上述公式计算，但在计算 $M_Ⅰ$、$M_Ⅱ$ 时，分别用 $(p_{s,\max}+p_{s,Ⅰ})/2$ 和 $(p_{s,\max}+p_{s,\min})/2$ 代替 p_s，此处 $p_{s,\max}$ 和 $p_{s,\min}$ 为基础底面最大净压力和最小净压力，$p_{s,Ⅰ}$ 为截面 Ⅰ—Ⅰ 处的基础底面净压力。

对于变阶处，截面的配筋计算方法与柱边截面的配筋计算方法相同，但上述公式中的 a_t、b_t 应采用变阶处的截面边长。

(4) 构造要求

轴心受压基础的底面一般采用正方形，偏心受压基础一般采用矩形，其长边与弯矩作用方向平行，长、短边边长的比值一般为 1.5~2.0。锥形基础边缘高度不宜小于 200 mm，阶形基础每阶高度应为 300~500 mm。

柱下独立基础除满足上述各项计算要求和尺寸的规定外，还应满足下列构造要求：

①混凝土强度等级　基础混凝土强度等级不应低于 C20。

②垫层的厚度不宜小于 70 mm，垫层混凝土强度等级应为 C10。

③钢筋保护层　当基础未设垫层时，基础受力钢筋的混凝土保护层厚度不小于 70 mm；当基础设厚度不小于 70 mm 的混凝土垫层时，受力钢筋的混凝土保护层厚度不应小于 40 mm。

④基底受力钢筋　受力钢筋宜采用 HRB335 级或 HRB400 级钢筋，其直径不宜小于 10 mm，间距不应大于 200 mm，但也不宜小于 100 mm；当基础底面尺寸大于或等于 2.5 m 时，为节约钢材，受力钢筋的长度可缩短 10%，并交错布置，如图 14-89b 所示，图中 $l=a-100$ mm。

⑤现浇柱下独立基础的插筋和箍筋　为施工方便，往往在基础顶面留施工缝。因此，需

在基础中配置插筋(图 14—89),其直径、根数和种类与底层柱中的纵向受力钢筋相同。插筋伸入基础的长度应满足锚固长度 l_a 的要求,插筋与柱的纵向受力钢筋的连接方法与柱中纵向受力钢筋的连接方法相同。插筋的下端宜做成直钩放在基础底板钢筋网上。当符合下列条件之一时,可仅将四角的插筋伸至板底钢筋网上,其余插筋锚固在基础顶面下 l_a 或 l_{aE}(有抗震设防要求时)处:柱为轴心受压或小偏心受压,基础高度大于 1200 mm;或柱为大偏心受压,基础高度大于或等于 1400。

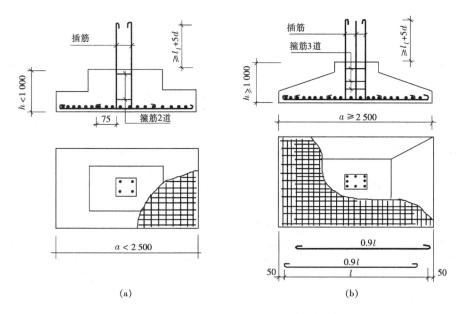

图 14—89 现浇柱下独立基础的构造要求

为固定插筋的位置,在基础内需设置水平箍筋,其直径和形式与柱中的箍筋相同。当基础高度 $h \geqslant 1$ m 时,常采用三道箍筋;当基础高度 $h < 1$ m 时,可只设置二道箍筋。插筋与柱中钢筋搭接长度范围内的箍筋应按构造要求加密。这部分加密箍筋应在柱的配筋图中绘出。

⑥ 预制柱下基础的杯壁加强钢筋 当柱根部截面为轴心受压或小偏心受压,且 $t/h_2 \geqslant 0.65$ 时;或大偏心受压,且 $t/h_2 \geqslant 0.75$ 时,杯壁内一般可不设加强钢筋。当柱根部截面为轴心受压或小偏心受压,且 $0.5 \leqslant t/h_2 \leqslant 0.65$ 时,杯壁内可按图 14—90 和表 14—14 的规定设置加强钢筋。此处,t 为杯壁厚度,h_2 为杯壁高度,对于双杯口基础(如伸缩缝处的基础),当两个杯口之间的宽度 $a_3 < 400$ mm 时,该处宜按图 14—90c 的要求配筋。其他情况下,应按计算配筋。

表 14—14　　　　　　　　　　杯壁内加强钢筋

柱截面长边尺寸 h_c/ mm	$h_c<1000$	$1000 \leqslant h_c <1500$	$1500 \leqslant h_c <2000$
加强钢筋直径/ mm	8~10	10~12	12~16

注:表中钢筋置于杯口顶部,每边两根。

⑦ 预制柱插入基础杯口的深度 h_1　为了使柱子能够可靠地嵌固在基础上,预制柱插入基础杯口的深度,可按表 14—15 选用,并应满足柱纵向钢筋锚固长度的要求和柱吊装时的稳定性要求(即 h_1 应大于 5%柱长)。

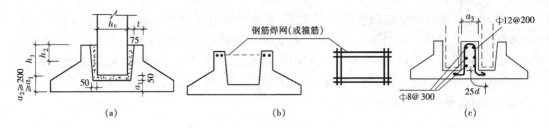

图 14-90 无短柱杯形基础的构造和配筋

表 14-15　　　　　　　　　　柱的插入深度 h_1　　　　　　　　　　单位：mm

矩形或 I 形柱				双 肢 柱
$h_c<500$	$500{\leqslant}h_c<800$	$800{\leqslant}h_c{\leqslant}1000$	$h_c>1000$	
$(1{\sim}1.2)h_c$	h_c	$0.9h_c$，且${\geqslant}800$	$0.8h_c$，且${\geqslant}1000$	$(1/3{\sim}2/3)h_a$ $(1.5{\sim}1.8)h_b$

注：1. h_c 为柱截面长边尺寸；h_a 为双肢柱全截面长边尺寸；h_b 双肢柱全截面短边尺寸。
　　2. 柱为轴心受压或小偏心受压时，h_1 可适当减小，偏心距大于 $2h_c$ 时，h_1 应适当加大。

⑧ 基础杯底厚度和杯壁厚度可按表 14-16 选用。

表 14-16　　　　　　　　　　基础杯底厚度和杯壁厚度　　　　　　　　　　单位：mm

柱截面长边尺寸	杯底厚度 a_1	杯壁厚度 t
$h_c<500$	${\geqslant}150$	$150{\sim}200$
$500{\leqslant}h_c<800$	${\geqslant}200$	${\geqslant}200$
$800{\leqslant}h_c<1000$	${\geqslant}200$	${\geqslant}300$
$1000{\leqslant}h_c<1500$	${\geqslant}250$	${\geqslant}350$
$1500{\leqslant}h_c<2000$	${\geqslant}300$	${\geqslant}400$

注：1. 当有基础梁时，基础梁下的杯壁厚度应满足基础梁支承宽度的要求。
　　2. 柱插入杯口的部分表面应尽量凿毛，柱与杯口的空隙应用比基础混凝土强度等级高一级的细石混凝土填实，若无其他可靠措施时，当填充混凝土应达其强度设计值的 70% 方能进行上部吊装。
　　3. 双肢柱的杯底厚度可适当加大。

2）带短柱的矩形扩展基础

带短柱的矩形扩展基础又称高杯口基础。高杯口基础尺寸的确定和受冲切承载力及配筋的计算等与一般的矩形扩展基础相同，但其高杯口（或称短柱）应专门计算，并满足构造要求。

例题 14-3　试设计例题 14-1 中双跨排架中柱的基础。已知 $f_a=150\,\mathrm{kN/m^2}$，基础埋置深度为 1.8 m。

解　1）材料

采用 C20 混凝土（$f_c=9.6\,\mathrm{N/mm^2}$，$f_t=1.1\,\mathrm{N/mm^2}$）和 HPB300 级钢筋（$f_y=270\,\mathrm{N/mm^2}$）。

2）基础尺寸

根据构造要求，杯底厚度取 250 mm（$>$200 mm），杯壁厚度 $t=300$ mm，杯壁高度 $h_1=$

450 mm，$t/h_1=300/450=0.67>0.65$，柱插入基础深度 $h_1=800$ mm，则杯口深度为 850 mm，杯口顶部尺寸宽度为550 mm，长度为 950 mm，（柱与杯壁的间距每边大于 50 mm）。

基础尺寸如图 14-91 所示。

3）计算底面积

由排架分析可知，相应于荷载效应标准组合的基础顶面内力组合值为

第一组 $M_k=150.68$ kN·m，$N_k=745.08$ kN，$V_k=1.35$ kN

第二组 $M_k=102.28$ kN·m，$N_k=929.12$ kN，$V_k=10.47$ kN

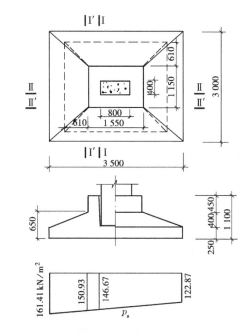

图 14-91 例题 14-3 中的柱基础尺寸

（1）估算基底底面尺寸

先按第二组内力（轴力最大）估计基础底面尺寸，取 $\gamma_G=20$ kN/m³。

$$A \geqslant \frac{1.2N_k}{f_k-\gamma_G D}=\frac{1.2\times929.12}{150-20\times1.8}=9.78 \text{ m}^2$$

初选 $A=a\times b=3.5\times3.0=10.5$ m²

（2）验算基底地基承载力

$$W=\frac{1}{6}\times3.0\times3.5^2=6.13 \text{ m}^3$$

$$G_k=\gamma_G AD=20\times10.5\times1.8=378 \text{ kN}$$

① 按第一组内力进行验算

$$\begin{matrix}p_{k,max}\\p_{k,min}\end{matrix}=\frac{N_k+G_k}{ab}\pm\frac{M_k}{W}=\frac{745.08+378}{3.0\times3.5}\pm\frac{150.68+1.1\times1.35}{6.13}$$

$$=\begin{cases}131.78 \text{ kN/m}^2<1.2f_a=1.2\times150=180 \text{ kN/m}^2\\82.14 \text{ kN/m}^2>0\end{cases}$$

$\frac{1}{2}(p_{k,max}+p_{k,min})=\frac{1}{2}(131.78+82.14)=106.96$ kN/m² $<f_a=150$ kN/m²（满足要求）

② 按第二组内力进行验算

$$\begin{matrix}p_{k,max}\\p_{k,min}\end{matrix}=\frac{929.12+378}{3.0\times3.5}\pm\frac{102.28+1.1\times10.47}{6.13}$$

$$=\begin{cases}143.05 \text{ kN/m}^2<1.2f_a=1.2\times150=180 \text{ kN/m}^2\\105.92 \text{ kN/m}^2>0\end{cases}$$

$\frac{1}{2}(p_{k,max}+p_{k,min})=\frac{1}{2}(143.24+105.74)=124.49$ kN/m² $<f_a=150$ kN/m²（满足要求）

故可认为底面积选用合适。

4）验算基础高度

相应于荷载效应基本组合的基础顶面内力为 $M=186.00$ kN·m，$N=1340.34$ kN，$V=19.01$ kN。

(1) 地基净反力 $\begin{matrix}p_{s,max}\\p_{s,min}\end{matrix}=\dfrac{1443.46}{3.0\times 3.5}\pm\dfrac{197.26+1.1\times 20.02}{6.13}=\begin{cases}173.24\text{ kN/m}^2\\101.70\text{ kN/m}^2\end{cases}$

$$p_s=\dfrac{1}{2}(p_{s,max}+p_{s,min})=137.47\text{ kN/m}^2$$

(2) 变阶处截面受冲切承载力验算

$h_0=650-40=610$ mm,$a_t=950+2\times 300=1550$ mm,$b_t=550+2\times 300=1150$ mm,$b_b=b_t+2h_0=1150+2\times 610=2370$ mm$<b=3000$ mm。

则 $A=\left[\left(\dfrac{a-a_t-2h_0}{2}\right)b-\left(\dfrac{b-b_t-2h_0}{2}\right)^2\right]$

$=\left[\left(\dfrac{3.5-1.55-2\times 0.61}{2}\right)\times 3.0-\left(\dfrac{3.0-1.15-2\times 0.61}{2}\right)^2\right]$

$=0.996\text{ m}^2$

$b_m=\dfrac{b_t+b_b}{2}=b_t+h_0=1.15+0.61=1.76$ m

$F_l=Ap_{s,max}=0.996\times 173.24=172.55$ kN

$<0.7\beta_h f_t b_m h_0=0.7\times 1.0\times 1.1\times 1.76\times 0.61=0.827\times 10^5$ N$=827$ kN （满足要求）

同理，对柱与基础交接处截面进行受冲切承载力验算，也满足要求。

5）计算底板钢筋

(1) 长边方向 （验算截面Ⅰ-Ⅰ、Ⅰ'-Ⅰ'）

① 截面Ⅰ-Ⅰ

$M_\mathrm{I}=\dfrac{1}{48}(p_{s,max}+p_{s,\mathrm{I}})(a-a_c)^2(2b+b_c)$

$=\dfrac{1}{48}(173.24+145.65)(3.5-0.8)^2(2\times 3.0+0.4)=309.96$ kN·m

$A_{s,\mathrm{I}}=\dfrac{M_\mathrm{I}}{0.9h_0\times f_y}=\dfrac{309.96\times 10^6}{0.9\times 1060\times 270}=1203\text{ mm}^2$

截面Ⅰ'-Ⅰ'

$M_{\mathrm{I}'}=\dfrac{1}{48}(173.24+153.31)(3.5-1.55)^2(2\times 3.0+1.15)=184.96$ kN·m

$A_{s\mathrm{I}'}=\dfrac{184.96\times 10^6}{0.9\times 610\times 270}=1248\text{ mm}^2$

按构造要求选配 18Φ10，$A_s=1413\text{ mm}^2$。

② 截面Ⅱ-Ⅱ

$M_\mathrm{II}=\dfrac{1}{48}(p_{s,max}+p_{s,min})(b-b_c)^2(2a+a_c)$

$=\dfrac{1}{48}(173.24+101.70)(3.0-0.4)^2(2\times 3.5+0.8)=302.02$ kN·m

$A_{s,\mathrm{II}}=\dfrac{M_\mathrm{II}}{0.9(h_0-d)\times f_y}=\dfrac{302.02\times 10^6}{0.9(1060-10)\times 270}=1184\text{ mm}^2$

截面Ⅱ'-Ⅱ'

$M_{\mathrm{II}'}=\dfrac{1}{48}(173.24+101.74)(3.0-1.15)^2(2\times 3.5+1.55)=167.61$ kN·m

$$A_{sII'} = \frac{167.61 \times 10^6}{0.9 \times (610-10) \times 270} = 1150 \text{ mm}^2$$

选配 16 ⌀ 10，$A_s = 1256 \text{ mm}^2$。

14.3.3 单层厂房结构标准构件的选用

在单层厂房的主要结构构件中，除柱和基础需要自行设计外，其他构件，如屋面板、屋架、天窗架、吊车梁、基础梁等，一般都可以根据工程的具体情况，从工业厂房结构构件标准图集中，选用合适的标准构件，不必另行设计。

在根据标准图集选用构件时，要注意以下几方面问题：

(1) 必须了解图集中构件的适用范围和规定的选用条件，这是选用构件的前提。若图集中构件的形式和功能能够满足厂房建筑、工艺等设计要求，则可初步考虑选用该图集中的构件。

(2) 要考虑图集中所要求的制作和安装构件时需提供的材料和施工设施（如制作水平和吊装能力等）是否能够满足，必要时须会同施工单位协商确定。

(3) 在各标准图集中，都根据不同的荷载等级设计出几个型号的标准构件，并将其列成构件选用表。若厂房的实际荷载不大于某型号构件的允许荷载，就可以从构件选用表中直接选出合适的构件。当厂房的荷载情况和标准图集中所要求的荷载情况不一致时，也可根据构件的内力条件进行选用，只要根据设计条件计算某构件所得的最大内力值不大于标准图集中该构件的允许最大内力值，就仍可选用这种型号的构件。

(4) 选用构件时，还必须参考选用表中所列出的构件的技术经济指标，必要时应与其他标准构件的相应指标进行比较分析后，才能最后决定是否选用。

(5) 决定选用某类、某型号构件后，即应列出该构件的自重，作为设计或选用支承该构件的其他构件时的荷载值。同时，还必须详细阅读该图集中的结构布置图和连接大样图，以便确定与所选用的构件相配套的其他构件及该构件与其他构件的连接构造。

14.3.4 构件预埋件连接设计及构件间的连接构造

装配式钢筋混凝土结构除了单个构件的设计之外，还必须进行构件间的连接构造设计。这是由于各种构件只有通过彼此间可靠的连接构造，才能使厂房结构成为一个整体。同时，构件的连接构造关系到构件设计时的计算简图，也关系到施工质量及施工进度。因此，连接构造设计是保证构件可靠传力及保证结构整体性的重要环节。

1) 预埋件设计

预埋件的类型和数量较多，耗钢量较大，在设计中应予以足够重视。

(1) 预埋件的构造要求

预埋件由锚板和锚筋组成。受力预埋件的锚板，宜采用 Q235 级钢，受力预埋件的锚筋应采用 HPB300 级或 HRB400 级钢筋，严禁采用冷加工钢筋，以免产生脆断现象。预埋件的受力直锚筋不宜少于 4 根，且不宜多于 4 排；其直径不宜小于 8 mm，且不宜大于 25 mm。受剪预埋件的直锚筋，可采用 2 根。预埋件的锚筋应位于构件的外层主筋内侧。

直锚筋与锚板应采用 T 形焊。当锚筋直径不大于 20 mm 时，宜采用压力埋弧焊；当锚筋直径大于 20 mm 时，宜采用穿孔塞焊。当采用手工焊时，焊缝高度不宜小于 6 mm，且对 300 Mpa 级钢筋，不宜小于 $0.5d$；对其他钢筋不宜小于 $0.6d$。当锚筋为 HPB300 级钢筋时，对于受力预埋件,其端头需加弯钩。

锚板厚度应根据受力情况确定,锚板的厚度宜大于锚筋直径的0.6倍。受拉和受弯预埋件的锚板厚度尚应大于$b/8$(b为锚筋间距,图14—92);锚筋中心至锚板边缘的距离不应小于$2d$及20 mm。对于受拉和受弯预埋件,其锚筋的间距b、b_1和锚筋至构件边缘的距离c、c_1,均不应小于$3d$及45 mm;对受剪预埋件,其锚筋的间距b及b_1不应大于300 mm,且b_1不应小于$6d$和70 mm,锚筋至构件边缘的距离c_1不应小于$6d$及70 mm,b、c不应小于$3d$及45 mm。当预埋件受拉、弯、剪三种力的复合作用时,应同时满足上述各项要求。

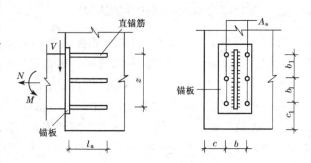

图14—92 由锚板和直锚筋组成的预埋件

受拉直锚筋和弯折锚筋的锚固长度不应小于受拉钢筋锚固长度l_a,当锚筋采用HPB300级钢筋时,尚应设置弯钩。当无法满足锚固长度的要求时,应采取其他有效的锚固措施。受剪和受压直锚筋的锚固长度不应小于$15d$(d为锚筋直径)。

(2) 预埋件的计算

由锚板和对称配置的直锚筋所组成的受力预埋件(图14—92),其锚筋的总截面面积A_s可按下列公式计算。

① 当有剪力、法向拉力和弯矩共同作用时,取下列两个公式计算值的较大值:

$$A_s \geqslant \frac{V}{\alpha_r \alpha_v f_y} + \frac{N}{0.8\alpha_b f_y} + \frac{M}{1.3\alpha_r \alpha_b f_y z} \quad (14-51)$$

$$A_s \geqslant \frac{N}{0.8\alpha_b f_y} + \frac{M}{0.4\alpha_r \alpha_b f_y z} \quad (14-52)$$

② 当有剪力、法向压力和弯矩共同作用时,应按下列两个公式计算,并取其中的较大值:

$$A_s \geqslant \frac{V-0.3N}{\alpha_r \alpha_v f_y} + \frac{M-0.4Nz}{1.3\alpha_r \alpha_b f_y z} \quad (14-53)$$

$$A_s \geqslant \frac{M-0.4Nz}{0.4\alpha_r \alpha_b f_y z} \quad (14-54)$$

当$M<0.4Nz$时,取$M-0.4Nz=0$。

式中 V——剪力设计值;

N——法向拉力或法向压力设计值,法向压力设计值应符合$N \leqslant 0.5f_c A$,此处,A为锚板的面积;

M——弯矩设计值;

α_r——锚筋层数的影响系数,当钢筋按等间距配置时,二层取1.0,三层取0.9,四层取0.85;

α_v——锚筋的受剪承载力系数,按公式(14—55)计算,当$\alpha_v>0.7$时,取$\alpha_v=0.7$;

d——锚筋直径(mm);

z——沿剪力作用方向最外层锚筋中心线之间的距离;

α_b——锚板的弯曲变形折减系数,按公式(14—56)计算。

公式(14—51)~公式(14—54)中的α_v、α_b按下列公式计算:

$$\alpha_v = (4.0-0.08d)\sqrt{\frac{f_c}{f_y}} \qquad (14-55)$$

$$\alpha_b = 0.6+0.25\frac{t}{d} \qquad (14-56)$$

式中 t——锚板厚度。

③由锚板和对称配置的弯折钢筋与直锚筋共同承受剪力的预埋件(图 14—93),其弯折锚筋与钢板间的夹角,不宜小于 15°,且不宜大于 45°。弯折锚筋的截面面积 A_{sb} 应按下列公式计算:

$$A_{sb} \geqslant 1.4\frac{V}{f_y}-1.25\alpha_v A_s \qquad (14-57)$$

当直锚筋按构造要求设置时,取 $A_s=0$。

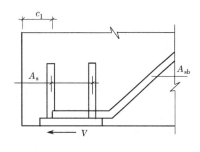

图 14—93 弯折锚筋

2) 主要构件的连接构造

(1) 屋架与柱头的连接

在单层厂房中,屋架与柱头的连接有两种形式,一种是采用柱顶和屋架端部的预埋件进行电焊的方式(图 14—94a);另一种是考虑到屋架安装后不能及时进行电焊的施工情况,采用柱顶预埋螺栓作为屋架就位时的临时固定措施(图 14—94b)。后者预埋件加工比较麻烦,且屋架吊装就位时,螺栓易与屋架碰撞。

柱与屋架连接处的预埋件承受由屋架传来的垂直压力。排架柱顶的水平剪力则由连接焊缝传递。

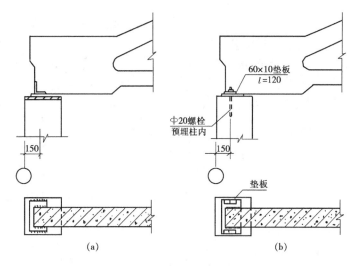

图 14—94 柱与屋架的连接

(2) 吊车梁与柱的连接

厂房柱子承受由吊车梁传来的竖向及水平荷载。因此,吊车梁与柱在垂直方向及水平方向都应有可靠的连接。吊车梁的竖向压力通过吊车梁梁底支承板与牛腿顶面预埋件连接钢板来传递。当吊车吨位大于 30 t 时,为了安装调整方便,并使竖向压力传递明确,宜在梁底设置厚度不小于 10 mm、宽度较梁底大 60 mm 的垫板。吊车梁的水平力主要通过吊车梁顶面预埋件与柱子预埋件间的连接钢板(或角钢)来传递。此外,为了改善吊车梁支点在水平荷载作用下的受力条件,梁、柱间宜用 C20 混凝土填实。

(3) 抗风柱与屋架的连接

抗风柱柱顶在水平方向应与屋架上弦有可靠的连接,以保证能有效地通过屋盖系统把水平风荷载传给纵向排架;而在竖向应允许屋架和抗风柱有相对的竖向位移,以防止厂房与抗风柱沉降不均匀时产生不利影响。因此,屋架和抗风柱,一般采用竖向可以移动、水平方向又具有一定刚度的弹簧板连接,如图 14—95 和图 14—96a 所示,并在屋架下弦底与抗风柱下柱顶面之间留有大于 150 mm 的空隙。若厂房沉降较大时,则宜采用图 14-96b 所示的螺栓连接方式。

(4) 柱与连系梁的连接

位于厂房外墙或内部隔墙内的连系梁(过梁),有时需承受梁以上部分的墙体重,将该部分墙重先通过连系梁传给柱子,再传至基础。这种承重的连系梁与柱的连接需有可靠的传力性能,如采用钢筋混凝土牛腿来支承连系梁,会增加柱的制作上的困难,所以往往采用钢牛腿。图 14-97 表示连系梁支承于钢牛腿上的连接构造。

设置在内列柱柱顶处或其他部位的纵向连系梁,有时候也需采用钢牛腿连接,但这种牛腿的受

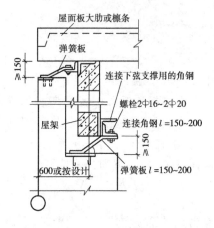

图 14-95　抗风柱与屋架上、下弦的连接

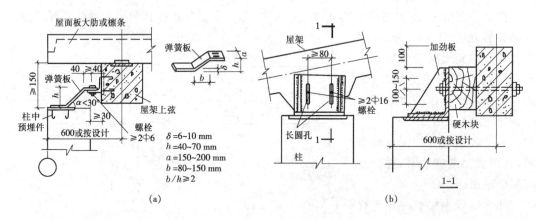

图 14-96　抗风柱与屋架上弦的连接

力很小,不需要计算。

(5) 柱间支撑与柱的连接

柱间支撑是单层厂房结构中用以承受山墙传来的风荷载、吊车梁传来的纵向水平制动力以及纵向水平地震作用的主要构件,对保证单层厂房结构的纵向刚度和空间整体性有重要影响,它一般由型钢构成。较小截面柱的柱间支撑(如阶形柱的上柱柱间支撑),布置在上柱截面形心轴线上,其上下节点分别在上柱柱顶和上柱根部附近;较大截面柱的柱间支撑(如下柱柱间支撑),布置在下柱截面翼缘部分的形心轴线上,其上下节点分别在牛腿顶面和基础顶面附近(图 14-98)。

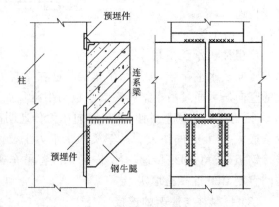

图 14-97　连系梁支承于钢牛腿上的构造

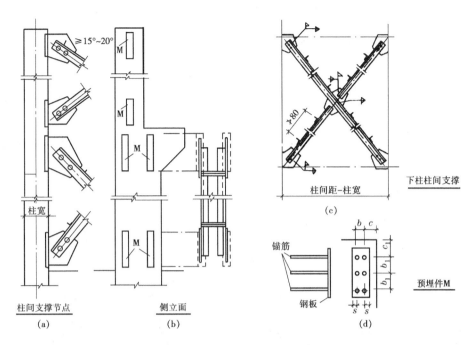

图 14-98 柱与柱间支撑的连接

思 考 题

14.1 在单层厂房中,横向排架和纵向排架分别由哪些构件组成?它们的传力路线如何?

14.2 单层厂房中常用的柱网尺寸如何?

14.3 单层厂房中剖面尺寸是如何确定的?

14.4 在单层厂房中,变形缝有哪几种?各有何作用?

14.5 在单层厂房中,为什么要设置支撑系统?它主要由哪几种支撑系统组成?其中,层盖支撑由哪几种支撑组成?它们起什么作用?

14.6 在单层厂房中,为什么要设置柱间支撑?柱间支撑应设置在什么部位?为什么?

14.7 怎样选取一个横向排架的计算单元?单层厂房排架内力分析时一般采用哪些基本假定?

14.8 作用在排架结构上的荷载有哪些?试分别绘出每种荷载作用下的计算简图?

14.9 何谓柱的侧移刚度?柱的侧移刚度如何计算?

14.10 排架柱的剪力分配系数如何计算?用剪力分配法计算等高排架的基本步骤如何?

14.11 设计排架柱时,应选取哪些截面作为控制截面?

14.12 如何求得控制截面的最不利内力?最不利内力组合有哪几组?为什么选择这些内力组合?

14.13 单层厂房结构整体空间作用的物理意义是什么?

14.14 考虑整体空间工作时,吊车荷载作用下的排架内力如何计算?

14.15 排架柱的截面尺寸和配筋应如何确定?

14.16 牛腿的受力特点和破坏特征如何?影响其破坏形态的主要因素是什么?

14.17 如何确定牛腿的截面尺寸?如何计算牛腿的受拉钢筋?对牛腿有哪些构造要求?

14.18 柱下单独基础的截面尺寸、基础高度(包括变阶处的高度)以及基础底板配筋是根据什么条件确定的?在计算时对基础底面压力应如何取值?

14.19 对柱下单独杯形基础有哪些构造要求？

14.20 单层厂房柱吊装时，应如何验算？

14.21 常用的屋面板、屋面梁和屋架有哪些形式？其适用范围如何？

14.22 常用的吊车梁有哪些形式？吊车梁的受力有何特点？

习　题

14.1 某两跨等高排架计算简图如图 14-99 所示。边柱 A、C 的截面惯性矩 $I_{uA}=I_{uC}=2.13\times10^9$ mm², $I_{lA}=I_{lC}=8.75\times10^9$ mm⁴；中柱 B 的截面惯性矩 $I_{uB}=2.13\times10^9$ mm⁴，$I_{lB}=14.4\times10^9$ mm⁴。上柱高 $H_u=3.6$ m，全柱高 $H=12.0$ m，试求（图 14-99）：

(1) 在柱顶作用集中风荷载设计值 $F_w=7.18$ kN 时，各柱柱顶剪力和内力图。

(2) 在排架上作用均布风荷载设计值 $q_1=1.96$ kN/m 和 $q_2=0.98$ kN/m 时，各柱的柱顶剪力和内力图。

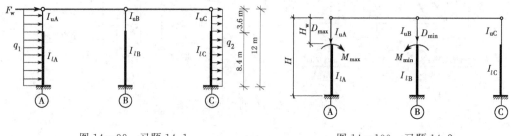

图 14-99　习题 14.1　　　　　　　　图 14-100　习题 14.2

14.2 已知条件同例题 1，但作用的荷载为吊车竖向荷载（图 14-100），在 A 柱由 D_{max} 产生的 $M_{max}=83.0$ kN·m；在 B 柱由 D_{min} 产生的 $M_{min}=57.0$ kN·m。试求各柱的内力。

14.3 某单层厂房柱的尺寸、截面配筋和吊点位置如图 14-101 所示。试验算吊装时（采用平吊）的承载力和裂缝宽度是否满足要求。

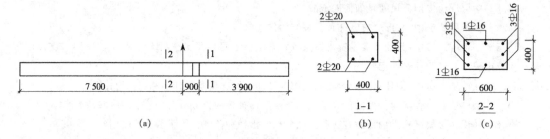

图 14-101　习题 14.3

15 钢筋混凝土多层和高层房屋

15.1 多层和高层房屋结构设计的一般原则

15.1.1 多层和高层建筑结构的受力特点

多层和高层建筑结构的受力特性和单层房屋有着明显的不同。这主要有如下几方面。

(1) 随着房屋高度增加,由水平力(风荷载和水平地震作用等)产生的内力和位移迅速增大。如果把建筑物视为一根竖立的悬臂梁(图 15-1),则其底部轴向压力将与房屋高度成正比,由水平力产生的底部弯矩将与房屋高度的二次方成正比,由水平力产生的顶点水平位移将与房屋高度的四次方成正比。由此可见,随着房屋高度增加,由水平力产生的内力在总内力中所占的比例将迅速增大,房屋的水平位移也将迅速增大。因此,结构的抗侧力问题愈加突出。

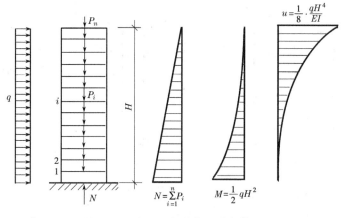

图 15-1 多层和高层房屋受力简图

(2) 随着房屋高度增加,竖向荷载和水平力在基底处产生的内力大大增加。因此,地基基础的问题也愈显得重要。

(3) 随着房屋高度增加,结构自重对结构受力的影响愈显得重要。结构自重不仅产生竖向力,而且还增大地震作用。减轻结构自重,既可减少竖向荷载下结构构件的内力,又可减少地震作用下结构构件的内力和房屋的侧向位移,从而可减小结构构件的截面,节省材料,降低造价,增加使用空间。因此,减轻结构自重对于多层和高层房屋,尤其是高层房屋,具有十分重要的意义。

15.1.2 多层和高层房屋的结构体系

多层房屋和高层房屋之间没有明确的界限。对于高层房屋的起始高度和层数,世界各国的规定都不一致。由于高层房屋的建设标准比多层房屋高,因此,对于高层房屋的起始高度和层数的规定,与各国的建筑技术、消防设施和经济条件等因素有关。

按照我国现行《钢筋混凝土高层建筑结构设计与施工规程》(JGJ3－2002)的规定,10层及10层以上或高度超过28 m的建筑物为高层建筑。对于《钢筋混凝土高层建筑结构设计与施工规程》(JGJ 3－2002),以下简称为《规程》。

由上述可见,就结构设计而言,对于9层及9层以下的建筑物,应按多层房屋进行设计,对于10层及10层以上的建筑物,应按高层建筑进行设计。

此外,目前国际上一般将层数在30层以上或高度在100 m以上的高层建筑称为超高层建筑。

1) 结构体系的类型

对于钢筋混凝土多层和高层建筑,常用的结构体系有:框架结构体系、剪力墙结构体系、框架－剪力墙结构体系和筒体结构体系。此外,还有巨型框架结构体系和悬挂结构体系等。

顺便指出,在多层建筑中,还常采用混合结构体系(由砖墙或砌块墙与钢筋混凝土楼盖组成,见第三篇)。

(1) 框架结构体系

框架结构体系是由横梁和柱子连结而成。梁、柱连接处(称为节点)一般为刚性连接(图15－2a、b),有时为便于施工或由于其他构造要求,也可将部分节点做成铰接或半铰接(图15－2c)。柱支座一般为固定支座,必要时也可设计成铰支座。

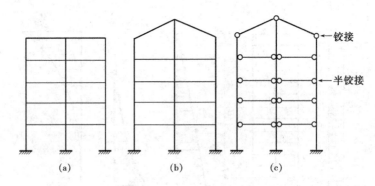

图15－2 框架结构简图

框架结构的布置灵活,容易满足建筑功能和生产工艺的多种要求。同时,经过合理设计,框架结构可以具有较好的延性和抗震性能。但是,框架结构承受水平力(如风荷载和水平地震作用)的能力较小。当层数较多或水平力较大时,水平位移较大,在强烈地震作用下往往由于变形过大而引起非结构构件(如填充墙)的破坏。因此,为了满足承载力和侧向刚度的要求,柱子的截面往往较大,既耗费建筑材料,又减小使用面积。这就使框架结构的建造高度受到一定的限制。目前,框架结构一般用于多层建筑和不考虑抗震设防、层数较少的高层建筑(譬如,层数为10层或高度为30 m以下)。

(2) 剪力墙结构体系

剪力墙结构体系是由一系列钢筋混凝土墙(建筑物的承重内墙和外墙)组成(图15－3)。剪力墙既承受竖向荷载,又承受水平力。剪力墙水平截面的厚度很小,而高度很大。因此,剪力墙的出平面刚度很小,而墙身平面内的侧向刚度很大。由于剪力墙结构的侧向刚度很大,整体性好,能承受较大的水平力,并且侧移很小,因而可建造较高的建筑物。但是,剪力墙的布置受到楼板跨度的制约,间距较小,使建筑布置受到一定限制,难以满足大空间的使用要求。因此,剪力墙结构体系常用于高层住宅、公寓和旅馆等居住建筑中,因为这类建筑需要划分居室和客房,隔墙数量较多且位置较为固定,可将隔墙与作为结构主体的剪力墙结合为一体。这类建筑的高度一般在 15 层以上,最高可达 40 层左右。

当建筑物的底层或底部几层需要大空间时(例如,在沿街建造的高层住宅中,往往要求在底层或底部几层布置商店),这就需要在建筑物的底部取消部分剪力墙,以形成大空间。为此,在结构布置时,可将部分剪力墙的底部改为框架。这种底部为框架的剪力墙称为框支剪力墙(图 15-4)。

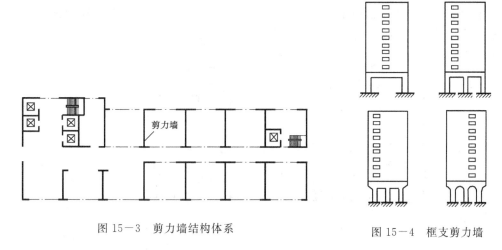

图 15-3 剪力墙结构体系　　图 15-4 框支剪力墙

(3) 框架-剪力墙结构体系

框架-剪力墙结构体系(简称框剪结构体系)是由框架和剪力墙组成,二者共同作为承重结构。如上所述,框架结构的建筑布置比较灵活,可以形成较大空间,但侧向刚度较差,抵抗水平力的能力较小;剪力墙结构的侧向刚度较大,抵抗水平力的能力较大,但建筑布置不灵活,难以形成大空间。框架-剪力墙结构把两者结合起来,既弥补了剪力墙结构建筑布置不灵活的缺陷,又克服了框架结构侧向刚度小的缺点,对于常见的 30 层以下的高层建筑,可提供足够的侧向刚度。图 15-5 为框架-剪力墙结构平面布置的一个实例。

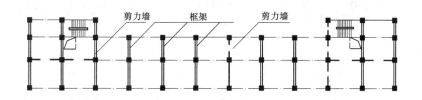

图 15-5 框架-剪力墙结构体系

框架-剪力墙结构常用于高层公寓、旅馆、办公楼以及底部为商店的高层住宅。

(4) 筒体结构体系

筒体结构体系是由核心筒和框筒等结构单元组成(图 15-6)。核心筒一般由电梯间、楼梯间和设备管线井道周围的钢筋混凝土墙组成。框筒是由布置在建筑物四周的密集的立柱和高跨比很大的窗裙梁所组成的多孔筒体,它如同四榀框架在角部连接而成。

筒体结构如同一个固定于基础顶面的筒形悬臂梁。它不仅可以抵抗弯矩和剪力,而且可以抵抗扭矩,是一种整体刚度很大的空间结构体系。同时,它能够提供很大的建筑空间和建筑高度,因此,建筑内部空间的布置比较灵活。筒体结构广泛应用于多功能、多用途的超高层建筑中。

(5) 巨型框架结构体系

巨型框架结构体系是由巨型框架和次级框架(楼层框架)组成(图15-7)。巨型框架是以电梯间、楼梯间和设备管线井道等形成的井筒作为巨型框架柱,以每隔若干楼层设置的大梁(由整个层高的墙板和上、下层楼板形成的I形梁)作为巨型框架梁而形成的具有强大侧移刚度和承载力的结构。次级框架为支承于巨型框架上的多层框架结构。次级框架上的竖向荷载和水平荷载(包括水平地震作用)全部传给巨型框架。

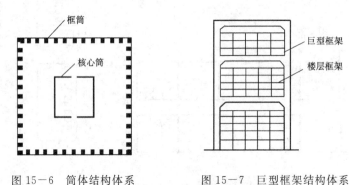

图15-6 筒体结构体系　　图15-7 巨型框架结构体系

巨型框架结构体系具有宽阔的使用空间,建筑布置灵活,能够满足建筑多功能的要求,适用于高层住宅、旅馆以及高层和超高层办公楼,有着广阔的应用前景。

除上述的结构体系外,还有其他多种结构体系,如悬挂式结构体系(图15-8a)、竖向桁架结构体系(图15-8b)和伸臂承托结构体系(图15-8c)。

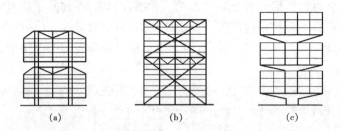

图15-8 悬挂式结构体系、竖向桁架结构体系和伸臂承托结构体系

由上述可见,随着建筑物由多层向高层发展,结构抵抗侧力的问题逐渐成为结构设计的关键问题,结构体系也就由框架结构体系发展为框架-剪力墙结构体系、剪力墙结构体系;由平面结构体系发展为空间结构体系(如筒体结构体系)。

2) 结构体系的选择

(1) 抗侧力结构体系的选择

建筑物的高度是选择结构体系需要考虑的重要因素之一。如上所述,不同的结构体系所具有的刚度和承载力是不同的。因此,它们适用的高度也不同。一般说来,框架结构适用于多层建筑和高度较低、层数较少、设防烈度较低的高层建筑。框架－剪力墙结构和剪力墙结构可以满足大多数高层建筑的高度要求。当建筑物高度很高、层数很多或设防烈度很高时,可采用筒体结构和巨型框架结构。

按照《建筑抗震设计规范》GB 50011－2010 的规定,现浇钢筋混凝土房屋的结构类型和最大高度应符合表 15－1 的规定。

表 15－1　　　　　　　现浇钢筋混凝土房屋适用的最大高度　　　　　　　单位:m

结构类型		烈度				
		6	7	8(0.2g)	8(0.3g)	9
框架		60	50	40	35	24
框架－抗震墙		130	120	100	80	50
抗震墙		140	120	100	80	60
部分框支抗震墙		120	100	80	50	不应采用
筒体	框架－核心筒	150	130	100	90	70
	筒中筒	180	150	120	100	80
板柱－抗震墙		80	70	55	40	不应采用

注:1. 房屋高度指室外地面到主要屋面板板顶的高度(不包括局部突出屋顶部分)。
　　2. 框架－核心筒结构指周边稀柱框架与核心筒组成的结构。
　　3. 部分框支抗震墙结构指首层或底部两层为框支层的结构,不包括仅个别框支墙的情况。
　　4. 表中框架,不包括异型柱框架。
　　5. 板柱－抗震墙结构指板柱、框架和抗震墙组成抗侧力体系的结构。
　　6. 乙类建筑可按本地区抗震设防烈度确定其适用的最大高度。
　　7. 超过表内高度的房屋,应进行专门研究和论证,采取有效的加强措施。

建筑物的用途也是选择结构体系时需要考虑的另一个重要因素。

目前,我国的高层建筑按用途大体可分为三类:住宅、旅馆及公共建筑(办公、商业、医院、教学等建筑)。对于住宅建筑,一般采用剪力墙结构。剪力墙结构体系可减少非承重隔墙,用钢量也少于框架－剪力墙结构,同时,室内无外露梁柱,便于室内布置。旅馆建筑可采用剪力墙结构或框架－剪力墙结构,两者各有优缺点。当建筑物高度在 50 m 以上时,也常采用筒体结构,以形成较大的使用空间。

对于多层厂房,由于工艺使用要求,需要大空间,且层数又不多,宜采用框架结构。

此外,在实际工程中,还必须考虑施工、材料和经济指标等多种因素。

(2) 楼盖结构体系的选择

我国在多层和高层建筑中常用的楼盖结构有现浇肋梁楼盖、现浇密肋楼盖、现浇无梁楼盖(钢筋混凝土或预应力混凝土)以及装配整体式楼盖和预制装配式楼盖等。

在选用楼盖结构体系时,除考虑建筑物的使用要求和施工条件外,还应考虑建筑物的高度、层高和结构跨度等。

在多层和高层建筑结构中,楼盖、屋盖不仅承受竖向荷载,而且是建筑物的刚性水平隔板,起着传递水平力的作用。因此,为了保证楼盖、屋盖具有良好的整体性和足够的刚度,可靠地传递水平力和增强建筑物的空间整体性,楼盖、屋盖应符合下列规定。

当房屋高度超过 50 m 时,框架－剪力墙结构和筒体结构等应采用现浇楼盖结构,剪力墙结构和框架结构宜采用现浇楼盖结构;现浇楼盖的混凝土强度等级不宜低于 C20,不宜高于C40。当房屋高度不超过50 m时,8、9度抗震设计的框架－剪力墙结构宜采用现浇楼盖结构,6、7度抗震设计的框架－剪力墙结构采用装配整体式楼盖。也可采用与框架梁或剪力墙有可靠连接的预制大楼板楼盖。对于框架－剪力墙结构,在采用装配整体式楼盖时,每层宜设现浇层。现浇层厚度不应小于50 mm,混凝土强度等级不应低于C20,不宜高于C40,并应双向配置Φ6～Φ8、间距为150～250 mm的钢筋网,钢筋应锚固在剪力墙内;楼盖预制板板缝宽度不宜小于40 mm,板缝大于40 mm时,应在板缝内配置钢筋,并宜贯通整个结构单元。预制板板缝、板缝梁的混凝土强度等级应高于预制板的混凝土强度等级,且不应低于C20。对于房屋的顶层、结构的转换层、平面复杂或开洞过大的楼层,应采用现浇楼盖结构。

15.1.3 多层和高层建筑结构布置的一般原则

1) 结构平面布置

多层和高层建筑结构的平面布置必须有利于抵抗水平力和竖向荷载,受力明确,传力途径简捷。

对于需要抗震设防的多层和高层建筑,其平面布置应符合下列要求:

(1) 平面宜简单、规则、对称,并尽量使结构的侧向刚度中心和建筑物的质量中心重合,以减少扭转效应。否则,应考虑其不利影响。

(2) 平面长度 L 不宜过长,以避免地震时两端振动不一致而加重震害。平面应尽量避免过大的外伸或内收。平面的凹角处容易产生应力集中,宜采取加强措施(例如,楼盖应适当增加配筋)。平面长度和外伸的有关尺寸应符合表15－2的规定。一般的建筑结构平面如图15－9所示。

表15－2　　　　　　　　　　L、l、l' 的限值

设防烈度	L/B	l/B_{max}	l/b	l'/B_{max}
6度和7度	≤6	≤0.35	≤2	≥1
8度和9度	≤5	≤0.30	≤1.5	≥1

当平面局部突出部分的长度不大于其宽度(即 $l/b \leqslant 1$),且不大于该方向总长度的30%(即 $l/B_{max} < 0.3$),质量与刚度平面分布基本均匀时,可按规则建筑进行抗震分析。

除上述外,对于高层建筑,其平面宜选用风压较小的形状,并应考虑邻近建筑对其风压分布的影响。

2) 结构竖向布置

震害表明,竖向刚度突变、外挑和内收等,都会使变形集中于刚度和承载力较小的楼层。因此,对于需要抗震设防的多层和高层建筑,竖向体型应力求均匀、规则,避免有过大的外挑、内收、错层和局部夹层。

在实际工程中,往往沿竖向分段改变截面尺寸和混凝土强度,这将使结构刚度沿竖向发生改变。这种改变应是逐渐的、均匀的。混凝土强度等级每次改变一级,截面尺寸每次改变不宜大于100 mm,而且二者不宜在同一楼层同时改变。

此外,竖向刚度的改变还有下列几种情况:

(1) 底层或底部若干层由于取消一部分剪力墙或柱子而产生刚度突变(图15－10a)。这时,应适当加大落地剪力墙、柱的截面及其混凝土强度,以减少刚度改变的程度。

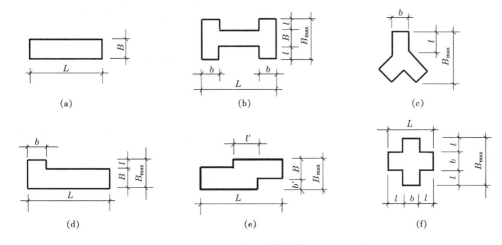

图 15-9 多层和高层建筑结构的平面尺寸

(2) 中部楼层剪力墙中断(图 15-10b)或顶层取消部分剪力墙而形成空旷大房间(图 15-10c)。这时,取消的剪力墙不得超过半数,其余的剪力墙、柱应加强配筋。

(3) 顶部收进(图 15-10d)或带有塔楼,由于地震中高振型的影响,上、下段连接处或塔楼根部将产生应力集中,并导致开裂,甚至破坏。因此,应加强上、下段交接处的连接构造,并尽量减少刚度突变的程度。

抗震设计时,当 H_1/H 大于 0.2 时(H_1 为结构上部楼层收进部位到室外地面的高度;H 为房屋高度),B_1/B 不宜小于 0.75(图 15-10d);当上部结构楼层相对于上部楼层外挑时,B_1/B 不宜小于 0.9,且外挑尺寸不宜大于 4 m。

此外,高层建筑宜设地下室,设地下室可减轻震害,减小地基土压力,便于管道的布置。

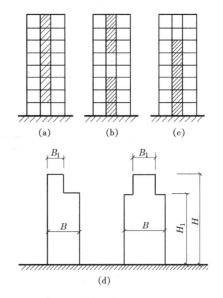

图 15-10 剪力墙截断和立面收进

3) 建筑高宽比限值

为了保证建筑物在水平力作用下不发生倾覆和建筑物的整体稳定性,高层建筑的高宽比不宜过大。按《高层建筑混凝土结构技术规程》JGJ3-2002 的规定,A 级高度钢筋混凝土高层建筑结构适用的高宽比(H/B)宜满足表 15-3 的要求。

4) 变形缝

(1) 变形缝的设置

变形缝有伸缩缝、沉降缝和防震缝三种。

伸缩缝的设置主要与结构的长度有关。对于多层和高层建筑,当未采取可靠措施时,其伸缩缝间距不宜超过附录中附表 24 的规定。

表15-3　A级高度钢筋混凝土高层建筑结构适用的高宽比的限值

结构类型	非抗震设计	抗震设防烈度		
		6度、7度	8度	9度
框架、板柱-剪力墙	5	4	3	2
框架-剪力墙	5	5	4	3
剪力墙	6	6	5	4
筒中筒、框架-核心筒	6	6	5	4

沉降缝的设置主要与基础受到的上部荷载、场地的地质条件和基础类型有关。当基础受到的上部荷载差异较大，或地基土的物理力学指标相差较大，则应设置沉降缝。沉降缝可采用挑梁方案(图15-11a、b)或预制梁、板铰支方案(图15-11c、d)。

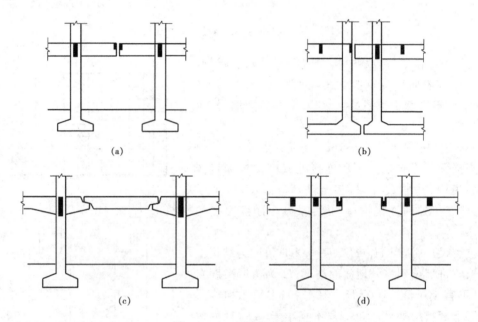

图15-11　沉降缝的构造

防震缝的设置主要与建筑物的平面形状、高差、刚度和质量的分布等因素有关，下列情况宜设置防震缝：

① 平面尺寸超过表15-2的限值而无加强措施。
② 房屋有较大的错层。
③ 各部分结构的刚度或荷载相差悬殊(例如，采用不同的材料和结构体系)而又未采取有效措施。

(2) 变形缝的构造

伸缩缝的宽度不宜小于30 mm，沉降缝的宽度一般不宜小于50 mm。当基础可能倾斜时，应考虑基础倾斜的影响，予以适当增大，增大值可取$(\theta_1+\theta_2)H$，此处，θ_1、θ_2分别为沉降两侧结构单元基础的倾角，H为高度相对较低的结构单元的高度(从基础底面算起)。

防震缝的最小宽度应符合下列要求：框架结构房屋的防震缝宽度，当高度不超过15 m时可采用70 mm；超过15 m时，6度、7度、8度和9度相应每增加高度5 m、4 m、3 m和2 m，宜加宽 20 mm。框架—剪力墙结构、剪力墙结构的防震缝宽度可分别采用上述规定数值的 70%、50%。且均不宜小于 70 mm。防震缝两侧结构类型不同时，宜按需要较宽防震缝的结构类型和较低房屋高度确定缝宽。

防震缝应沿房屋全高设置，基础可不设防震缝，但在防震缝处基础应加强构造和连接。对抗震设防的建筑物，其伸缩缝和沉降缝均应符合防震缝的要求。

各结构单元之间或高、低层之间（如主楼与裙房之间）不应采用牛腿托梁的做法设置防震缝。

(3) 减少变形缝的措施

必须指出，在多层和高层建筑结构中，应尽量少设或不设变形缝，以简化构造，方便施工，降低造价，增强结构整体性和空间刚度。为了避免设置变形缝，可采取如下一些措施。

在建筑设计方面，采用合理的平面形状、尺寸和体型，做好保温、隔热层等。在结构设计方面，选择合理的节点连接方式，配置适量的构造钢筋，设置刚性层等。在施工方面，采取分阶段施工，设置后浇带等。

① 当采用以下的构造措施和施工措施以减少温度和收缩应力时，可增大伸缩缝的间距：

A. 在顶层、底层、山墙和内纵墙端开间等温度影响较大的部位提高配筋率。

B. 顶层加强保温隔热措施或采用架空通风屋面。

C. 顶部楼层采用刚度较小的结构形式或顶部设局部伸缩缝，将结构划分为长度较短的区段。

D. 每 30～40 m 间距留出施工后浇带，带宽 800～1000 mm，钢筋可采用搭接接头。后浇带宜在主体结构混凝土浇灌两个月后再浇灌，后浇带混凝土浇灌时的温度宜低于主体混凝土浇灌时的温度。后浇带应贯通整个横截面，同时应设置在对结构受力影响最小的部位。

② 当采用以下措施时，高层部分与裙房之间可连为整体而不设置沉降缝：

A. 采用桩基，桩支承在基岩上，或采取减少沉降的有效措施，并经计算，沉降差在允许范围内。

B. 主楼与裙房采用不同的基础形式，并宜先施工主楼，后施工裙房，调整土压力，使后期沉降基本接近。

C. 地基承载力较高，沉降计算较为可靠，主楼与裙房的标高预留沉降差，先施工主楼，后施工裙房，使最后两者的标高基本一致。

在 B、C 两种情况下，施工时应在主楼与裙房之间先留出后浇带，待沉降基本稳定后再连为整体。设计时应考虑后期沉降差的不利影响。

15.1.4 多层和高层建筑结构的风荷载和地震作用

在多层和高层建筑结构上有竖向荷载、风荷载和地震作用。

在多层建筑中，竖向荷载一般是起控制作用的。而在高层建筑中，水平作用（风荷载、水平地震作用）将是起控制作用的，竖向荷载将成为第二位的，这是高层建筑不同于多层建筑的一个显著特点。

竖向荷载在前面已作了介绍，此处不再重述。下面将主要介绍水平作用。

1) 风荷载

(1) 风荷载的特性

风荷载是指风在建筑物表面上产生的一种压力或吸力。作用在建筑上的风力是经常变动的,从图15-12所示的风压时程曲线可以看出,风压的变化可分为两部分:一个是长周期部分,其周期常在10 min以上;另一个是短周期部分,其周期常常只有几秒钟。为便于分析,通常可将实际风压分解为平均风压 w_m 和脉动风压 w_f 两部分。

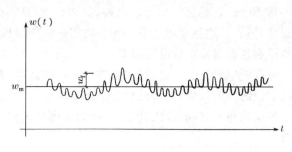

图15-12 风压时程曲线

平均风压的周期远大于一般结构的自振周期。因此,平均风压对结构的作用相当于静力作用。脉动风压的强度随时间而变化、周期短。因此,脉动风压对结构的作用是动力作用,将引起结构的振动。由此可见,风具有静态和动态两种特性。

对于单层厂房和多层房屋,其自振周期较短,风压产生的动力作用效应一般很小。因此,在设计中只需考虑风压的静力作用效应。对于高层房屋,其自振周期较长,风压产生的动力作用效应较显著。因此,在强风作用下,高层建筑会产生较大的振动,甚至导致建筑物的破坏。由上述可见,对于高层建筑,除了考虑风压的静力作用效应外,还必须考虑风压的脉动作用效应——风振。

(2) 风荷载的计算

垂直作用在多层和高层建筑物表面的风荷载按下式计算:

$$w_k = \beta_z \mu_s \mu_z w_0 \tag{15-1}$$

式中 w_k——风荷载标准值(kN/m^2);

β_z——高度 z 处的风振系数;

μ_s——风荷载体型系数;

μ_z——风压高度变化系数;

w_0——基本风压(kN/m^2)。

公式(15-1)与第14章中的公式(14-19)的形式相似,但有关参数或系数的取值并不完全相同,且增加了风振系数 β_z。现将不同之处补充说明如下。

① 基本风压

在《建筑结构荷载规范》(GB 50009-2001)中的《全国基本风压分布图》规定的风压值是根据50年一遇的10 min最大平均风压确定的。对于多层房屋,其基本风压可按《全国基本风压分布图》查得的基本风压值采用。对《建筑结构荷载规范》(GB 50009-2001)。

② 风振系数

风振系数 β_z 反映了风力作用下的动力性质。建筑物的自振周期越长,风力振动越显著,风振系数 β_z 就越大。对于高度大于30 m,高宽比大于1.5,且可忽略扭转影响的高层建筑,风振系数 β_z 可按下列公式计算:

$$\beta_z = 1 + \frac{\xi \nu \varphi_z}{\mu_z} \tag{15-2}$$

式中 φ_z——振型系数;

ξ——脉动增大系数;

ν——脉动影响系数；

μ_z——风压高度变化系数,按表 14-7 采用(见第 14 章)。

(3) 风载体型系数

风载体型系数 μ_s 与体型、平面尺寸有关。圆形或椭圆形平面的建筑所受到的风压力最小；十字形、Y 形、六边形等平面的建筑所受到的风压力也比矩形平面的建筑小。此外,如对矩形平面的角隅进行适当的平滑处理,也可减小风压力。

脉动增大系数 ξ、脉动影响系数和不同建筑平面的风载体型系数的取值可查阅《荷载规范》和《规程》,此处从略。

此外,在计算风荷载时,还需注意如下几个问题：

(1) 对于同一幢建筑,不同的风向,有不同的风载体型系数。

(2) 当建筑物立面有竖线条、横线条、遮阳板和阳台等,其风载体型系数将比平整的墙面大,一般要增大 6%～8%。

(3) 作用在建筑物表面上的风荷载是不均匀的,在某些局部会出现很大的风力。因此,对悬挑构件、围护构件及其连接件进行局部风压下的承载力验算时,应采用局部风压体型系数。

2) 地震作用

(1) 一般计算原则

对于有抗震设防要求的多层和高层建筑,按其重要性可分为甲类、乙类、丙类和丁类建筑。

甲类建筑——重大建筑工程和地震时可能产生严重次生灾害的建筑。

乙类建筑——地震时使用功能不能中断或需尽快恢复的建筑。

丙类建筑——除甲、乙、丁类以外的一般建筑。

丁类建筑——抗震次要建筑。

甲类建筑,地震作用应高于本地区抗震设防烈度的要求,其值应按批准的地震安全性评价结果确定；抗震措施,当抗震设防烈度为 6～8 度时,应符合本地区抗震设防烈度提高 1 度的要求,当为 9 度时,应符合比 9 度抗震设防更高的要求。

乙类建筑,地震作用应符合本地区抗震设防烈度的要求；抗震措施,一般情况下,当抗震设防烈度为 6～8 度时,应符合本地区抗震设防烈度提高 1 度的要求,当为 9 度时,应符合比 9 度抗震设防更高的要求；地基基础的抗震措施,应符合有关规定。

对较小的乙类建筑,当其结构改用抗震性能较好的结构类型时,应允许仍按本地区抗震设防烈度的要求采取抗震措施。

丙类建筑,地震作用和抗震措施均应符合本地区抗震设防烈度的要求。

丁类建筑,一般情况下,地震作用仍应符合本地区抗震设防烈度的要求；抗震措施应允许比本地区抗震设防烈度的要求适当降低,但抗震设防烈度为 6 度时不应降低。

抗震设防烈度为 6 度时,除本规范有具体规定外,对乙、丙、丁类建筑可不进行地震作用计算。

多层和高层建筑结构的地震作用应按以下原则考虑：

① 一般情况下,可在建筑结构的两个主轴方向分别计算水平地震作用,并进行抗震验算,各方向的水平地震作用应全部由该方向抗侧力结构和构件承担。

② 有斜交抗侧力构件的结构,当相交角大于 15°时,应分别计算各抗侧力构件方向的水

平地震作用。

③ 质量和刚度分布明显不对称的结构,应计入双向水平地震作用下的扭转影响,其他情况,应允许采用调整地震作用效应的方法计入扭转影响。

④ 9度时的高层建筑,应计算竖向地震作用。

(2) 计算方法

地震作用的计算方法主要有底部剪力法、振型分解反应谱法和时程分析法。多层和高层建筑结构应按不同情况,分别采用相应的地震作用计算方法。

① 高度不超过40 m,以剪切变形为主,且质量和刚度沿高度分布比较均匀的结构,可采用底部剪力法。

② 除第①项以外的多高层建筑宜采用振型分解反应谱法。

③ 下列情况宜采用时程分析法进行补充计算:特别不规则的建筑;甲类建筑;表15-4所列的高层建筑。

表15-4　　　　　　　　采用时程分析的房屋高度范围

烈度、场地类别	房屋高度范围/m
7度和8度的Ⅰ、Ⅱ类场地	>100
8度的Ⅲ、Ⅳ类场地	>80
9度	>60

(3) 重力荷载代表值

计算地震作用时,建筑的重力荷载代表值应取结构和构配件自重标准值(即全部恒荷载)和各可变荷载的组合值之和。各可变荷载的组合值系数按下列取用:雪荷载为0.5,藏书库、档案库的楼面荷载为0.8,其他民用建筑的楼面荷载为0.5,当楼面活荷载按实际情况计算时为1.0,屋面活荷载不计入。

关于地震作用的计算方法,本章从略,读者可参阅《建筑抗震设计规范》GB 50011—2010。

3) 荷载效应和地震作用效应组合

在多层和高层建筑结构上,作用有竖向荷载和风荷载。在抗震设计时,还有水平地震作用和竖向地震作用。在结构设计时,应首先分别计算上述各种荷载和地震作用所产生的效应(内力和位移),然后将这些效应(内力和位移)分别按建筑物的设计要求进行组合,以求得构件的作用效应(内力和位移)设计值。

(1) 非抗震设计时的作用效应组合

对于非抗震设计时的作用效应(荷载)组合设计值 S 按第3章公式(3-11)或(3-12)进行计算。由可变荷载控制的组合

$$S = \gamma_G S_{Gk} + \gamma_{Q1} S_{Q1k} \tag{15-3}$$

或

$$S = \gamma_G S_{Gk} + 0.9 \sum_{i=1}^{n} \gamma_{Qi} S_{Qik} \tag{15-4}$$

由永久荷载控制的组合

$$S = \gamma_G S_{Gk} + \sum_{i=1}^{n} \gamma_{Qi} \psi_{ci} S_{Qik} \tag{15-5}$$

有关符号的意义和系数的取值,详见第 3 章。

对于高层建筑,非抗震设计时的作用(荷载)组合设计值 S 按下列公式计算:

$$S=\gamma_G S_{Gk}+\psi_Q \gamma_Q S_{Qk}+\psi_w \gamma_w S_{wk} \tag{15-6}$$

式中 γ_G、γ_Q、γ_w——分别为恒荷载、活荷载和风荷载的分项系数;

S_{Gk}、S_{Qk}、S_{wk}——分别为恒荷载、活荷载和风荷载的效应标准值;

ψ_Q、ψ_w——分别为楼面活荷载组合值系数和风荷载的组合值系数,可由《荷载规范》中查取。

荷载分项系数按下列规定采用:

① 进行承载力计算时

恒荷载的分项系数 γ_G,当其效应对结构不利时,对由可变荷载控制的组合,取 $\gamma_G=1.2$;对由永久荷载控制的组合,取 $\gamma_G=1.35$;当其效应对结构有利时,一般情况下取 $\gamma_G=1.0$。

楼面活荷载的分项系数 γ_Q,一般情况下取 $\gamma_Q=1.4$;当活荷载标准值大于 4 kN/m^2 时,取 $\gamma_Q=1.3$。

风荷载的分项系数 γ_w,取 $\gamma_w=1.4$。

② 进行位移计算时

公式(15-6)中所有荷载分项系数均取为 1.0。

在高层建筑中,活荷载所占比例很小,而且一般不考虑活荷载的不利布置,按满载计算。所以,常常将恒荷载和活荷载合并为一项竖向荷载进行计算。这时,竖向荷载的分项系数可取为 1.25。

此外,对于多层和高层建筑,在设计墙、柱和基础时,活荷载标准值尚应按《荷载规范》的规定进行折减。

(2) 抗震设计时的作用效应组合

对于多层和高层建筑,抗震设计时的作用效应组合设计值 S 按下列公式计算:

$$S=\gamma_G S_{GE}+\gamma_{Eh} S_{Ehk}+\gamma_{Ev} S_{Evk}+\psi_w \gamma_w S_{wk} \tag{15-7}$$

式中 S_{GE}、S_{Ehk}、S_{Evk}、S_{wk}——分别为重力荷载代表值、水平地震作用标准值、竖向地震作用标准值、风荷载标准值的作用效应;

γ_G、γ_{Eh}、γ_{Ev}、γ_w——分别为重力荷载、水平地震作用、竖向地震作用、风荷载的分项系数;

ψ_w——风荷载组合值系数,对多层建筑可不考虑,对风荷载起控制作用的高层建筑,取 $\psi_w=0.2$。

荷载和地震作用的分项系数按下列规定采用:

① 进行承载力计算时

重力荷载的分项系数 γ_G 一般情况应采用 $\gamma_G=1.2$;当其效应对结构有利时,取 $\gamma_G=1.0$。

水平地震作用的分项系数 γ_{Eh} 和竖向地震作用的分项系数 γ_{Ev} 根据不同的作用效应组合,按表 15-5 采用。

表 15—5　　　　　　　地震作用分项系数

地　震　作　用	γ_{Eh}	γ_{Ev}
仅考虑水平地震作用	1.3	不考虑
仅考虑竖向地震作用	不考虑	1.3
同时考虑水平与竖向地震作用	1.3	0.5

风荷载的分项系数 γ_w 取 1.4。

② 进行位移计算时

公式(15—7)中所有荷载分项系数均取为 1.0。

15.1.5　多层和高层结构内力和位移计算的一般原则

1) 基本假定

多层和高层建筑结构，尤其是高层建筑结构，是复杂的三维空间结构，在竖向有各种抗侧力结构，在水平方向有刚度很大的楼盖互相连接，受力情况非常复杂。因此，在进行内力和位移计算时，必须根据具体情况，进行不同程度的简化。在一般情况下，主要采用如下一些假定。

（1）多层和高层建筑结构的内力和位移一般按弹性方法计算。在计算中，所有构件均采用弹性刚度。框架梁和连梁等构件可按有关规定考虑局部塑性变形内力重分布（例如，在框架—剪力墙结构中，对连梁适当地考虑了局部塑性变形内力重分布，将其刚度予以折减）。

（2）楼盖在自身平面内刚度无限大，平面外刚度不考虑。多层和高层建筑的楼盖如同水平放置的深梁，其平面内刚度非常大，所以在内力和位移计算时，一般可作为刚性隔板，在平面内只有位移（平移或转动），不改变形状。因此，整个楼盖的位移可用直角坐标的三个位移 u、v、θ 来表示（u 为沿 x 方向的位移，v 为沿 y 方向的位移，θ 为绕坐标原点的扭转角，如图 15—13 所示）。只要 u、v、θ 确定，与楼盖相连接的任一片抗侧力结构（框架或剪力墙等）的位移就完全确定，从而使未知数大大减少，计算大为简化。

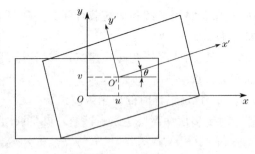

图 15—13　楼盖的位移

由于计算中采用了楼盖刚度无限大的假定，在楼盖设计时就应采取措施，保证楼盖的刚度和整体性。

当楼盖整体性较弱，楼盖有大开孔，楼盖有较长的外伸段或为转换层楼盖时，楼盖在自身平面内变形会使刚度较小的抗侧力结构承受的水平力增大。这时，计算中宜考虑楼盖在自身平面内的变形，或对采用楼盖刚度无限大假定的计算方法的计算结果进行调整。

（3）考虑各抗侧力结构的共同工作，并按位移协调条件分配荷载或地震作用。在荷载（或地震作用）计算后，各楼层的水平力是已知的，但各片抗侧力结构（如框架、剪力墙等）所受的水平力则是未知的。由于各片抗侧力结构是用刚度很大（计算时假定为无限大）的楼盖连接在一起，它们的位移是互相协调的。因此，必须按位移协调的原则来分配楼层水平力。如果简单地按抗侧力结构的间距（如柱间距、剪力墙间距等）进行分配，会使刚度很大、起主要作用的结构所分配的水平力过小,这是不合理的,而且是偏于不安全的。

除上述三个基本假定外,在计算内力和位移时,如何考虑轴向变形和剪切变形的影响,也是必须研究的一个重要问题。

对于多层框架结构的内力和位移计算,一般只需考虑弯曲变形的影响,而忽略轴向变形和剪切变形的影响。

对于层数较多、高宽比较大的高层建筑结构,轴向变形对结构内力和位移的影响较大,在计算内力和位移时,一般应考虑轴向变形的影响。在采用计算机进行分析时,考虑轴向变形不会增加很多的计算工作量。因此,一般都考虑了轴向变形的影响。在一些手算方法中,考虑轴向变形会有较大的困难。因此,仅对于 50 m 以上或者高宽比(H/B)大于 4 的高层建筑结构才必须考虑轴向变形的影响,而对于高度较小,高宽比小于 4 的高层建筑结构,可适当放宽要求。

对于由高梁、宽柱组成的壁式框架和有剪力墙的高层建筑结构,剪切变形对结构内力和位移的影响也较大。尤其是在框架-剪力墙结构中,其影响更为显著。因此,对上述类型的结构,在计算内力和位移时,一般应考虑剪切变形的影响。在采用计算机进行分析时,一般都考虑了剪切变形的影响。在许多手算的近似方法中,也不同程度地考虑了剪切变形的影响。

2)计算图形的简化

多层和高层建筑结构,尤其是高层建筑结构,实际上是复杂的三维空间结构。若进行较准确的计算,将是十分复杂的。在实际工程设计中,尤其在方案和初步设计阶段,经常采用简化的计算方法。

目前,多层和高层建筑结构的计算,按其复杂程度,一般可分为以下三类。

(1)平面结构分析法

在进行结构内力和位移计算时,将多层和高层建筑结构沿两个正交主轴方向划分为若干个平面抗侧力结构,每一个方向上的水平力只由该方向的抗侧力结构承受,垂直于水平力作用方向的抗侧力结构不参加工作。同时,按各片抗侧力结构在同一楼层标高处的水平位移相等的条件进行水平力的分配。

对于比较规则的框架结构,还可进一步简化,取出单独一片框架作为计算单元。

(2)双向平面抗侧力结构协同工作分析法

在进行结构内力和位移计算时,将多层和高层建筑结构沿两个正交主轴方向划分为若干个平面抗侧力结构,但考虑纵横两个方向的抗侧力结构协同工作。在这种情况下,楼盖有三个自由度(u、v、θ),可以分别建立对应于两个互相垂直的水平力和一个水平扭矩的三个平衡方程式,以求解位移和内力。

(3)三维空间结构分析法

在进行结构内力和位移计算时,将高层建筑结构作为三维空间结构体系,每一个节点有六个自由度(如果考虑截面翘曲,自由度还要多)。这种计算方法要求采用大容量高速电子计算机。

3)水平位移验算

(1)正常使用条件下弹性水平位移的验算

在正常使用条件下,多层和高层建筑结构应处于弹性工作状态,并且有足够的刚度,以避免产生过大的水平位移而影响结构的承载力、稳定性和使用要求(例如,人们不致因位移过大而感到不舒适),减少或防止非结构构件和室内装修的破坏,降低地震后的维修费用。

在正常使用条件下,多层和高层建筑结构的水平位移验算包括两方面:①在风荷载作用下的水平位移验算;②在多遇地震作用下的水平位移验算。

根据试验研究结果和震害调查,对于高度不大于150 m的多层和高层建筑结构的层间弹性位移与层高之比($\Delta u/H_c$,可称为层间弹性位移角θ_e)不宜超过表15-6的限值。

表15-6　　　　　　　楼层层间最大位移与层高之比的限值

结　构　类　型	$[\theta_e]$
框架	1/550
框架-剪力墙、框架-核心筒、板柱-剪力墙	1/800
筒中筒、剪力墙	1/1000
框支层	1/1000

(2) 罕遇地震作用下薄弱层的抗震变形验算

在强烈地震作用下,结构进入弹塑性大位移状态,产生显著的破坏。为了防止建筑物倒塌,对多层和高层建筑结构罕遇地震作用下薄弱层(部位)的弹塑性变形验算应符合下列要求:

① 下列结构应进行弹塑性变形验算:

A. 7~9度时楼层屈服强度系数小于0.5的钢筋混凝土框架结构。

B. 甲类建筑和9度时乙类建筑中的钢筋混凝土结构。

C. 采用隔震和消能减震设计的结构;

D. 高度大于150 m的结构。

② 下列结构宜进行弹塑性变形验算:

A. 表15-4所列高度范围且属于《抗震规范》所列竖向不规则类型的高层建筑结构。

B. 7度Ⅲ、Ⅳ类场地和8度时乙类建筑中的钢筋混凝土结构。

C. 板柱-抗震墙结构。

结构薄弱层(部位)层间弹塑性位移应符合下列要求:

$$\Delta u_p \leqslant [\theta_p] H_c \tag{15-8}$$

式中　Δu_p——层间弹塑性位移;

　　　$[\theta_p]$——层间弹塑性位移角限值,一般可按表15-7采用;

　　　H_c——薄弱层楼层高度。

表15-7　　　　　　　层间弹塑性位移角限值

结　构　类　型	$[\theta_p]$
框架结构	1/50
框架-剪力墙结构、框架-核心筒结构、板柱-剪力墙结构	1/100
剪力墙结构、筒中筒结构	1/120
框支层	1/120

除上述外,高层建筑结构的高宽比往往较大,而所承受的竖向荷载和水平力(风荷载或水平地震作用)又较大,因此,高层建筑结构的整体稳定性和抗倾覆能力较差,必须予以足够的重视,进行整体稳定验算和抗倾覆验算。

15.1.6 截面设计和结构构造的一般原则

1）截面承载力计算

多层和高层建筑结构构件承载力应按下列公式计算：

无地震作用组合

$$\gamma_0 S \leqslant R \tag{15-9}$$

有地震作用组合

$$S \leqslant R/\gamma_{RE} \tag{15-10}$$

式中 γ_0——结构重要性系数；

S——作用效应组合的设计值；

R——结构构件的承载力设计值，按非抗震设计和抗震设计两种情况分别采用；

γ_{RE}——承载力抗震调整系数，按表15-8采用。

表15-8 承载力抗震调整系数

结构构件类别	正截面承载力计算				斜截面承载力计算	局部受压承载力计算
	受弯构件	偏心受压柱	偏心受拉构件	剪力墙	各类构件及框架节点	
γ_{RE}	0.75	0.8	0.85	0.85	0.85	1.0

注：1. 轴压比小于0.15的偏心受压柱的承载力抗震调整系数应取 $\gamma_{RE}=0.75$。
2. 预埋件锚筋截面计算的承载力抗震调整系数应取 $\gamma_{RE}=1.0$。

2）结构的抗震等级

对于不同的多层和高层建筑结构，其抗震设计的要求是不同的。建筑物愈重要，高度愈大，层数愈多，设防烈度愈高，其设计要求就愈高，构造措施就愈严格，以保证抗震的可靠度。因此，在《规范》和《抗震规范》等有关规范、规程中采用结构抗震等级这一指标来反映不同建筑物对抗震设计的不同要求。

《规范》规定多层和高层建筑结构的抗震等级按表15-9确定。

表15-9 混凝土结构的抗震等级

结构类型		设防烈度						
		6		7		8		9
框架结构	高度/m	≤24	>24	≤24	>24	≤24	>24	≤24
	普通框架	四	三	三	二	二	一	一
	大跨度框架	三		二		一		一
框架-剪力墙结构	高度/m	≤60	>60	≤24	>24且≤60	>60	≤24	>24且≤60	>60	≤24	>24且≤50
	框架	四	三	四	三	二	三	二	一	二	一
	剪力墙	三	三	三	二	二	一	一
剪力墙结构	高度/m	≤80	>80	≤24	>24且≤80	>80	≤24	>24且≤80	>80	≤24	24~60
	剪力墙	四	三	四	三	二	三	二	一	二	一
部分框支剪力墙结构	高度/m	≤80	>80	≤24	>24且≤80	>80	≤24	>24且≤80		
	剪力墙 一般部位	四	三	四	三	二	三	二		
	剪力墙 加强部位	三	二	三	二	一	二	一		
	框支层框架	二		二		一			

续表 15-9

结构类型			设防烈度					
			6	7		8		9
筒体结构	框架—核心筒	框架	三	二		一		一
		核心筒	二	二		一		一
	筒中筒	内筒	三	二		一		一
		外筒	三	二		一		一
板柱—剪力墙结构	高度/m		≤35	>35	≤35	>35	≤35	>35
	板柱及周边框架		三	二	二	二	一	一
	剪力墙		二	二	二	一	二	一
单层厂房结构	铰接排架		四	三		二		一

注：1. 建筑场地为Ⅰ类时，除6度设防烈度外应允许按表内降低一度所对应的抗震等级采取抗震构造措施，但相应的计算要求不应降低；
2. 接近或等于高度分界时，应允许结合房屋不规则程度及场地、地基条件确定抗震等级；
3. 大跨度框架指跨度不小于18m的框架；
4. 表中框架结构不包括异形柱框架；
5. 对房屋高度不大于60m的框架—核心筒结构，应允许按框架—剪力墙结构选用抗震等级。

15.2 钢筋混凝土框架结构

15.2.1 框架结构的组成和布置

1）框架结构的组成

框架结构是由梁和柱连结而成的承重结构体系。框架结构的梁柱一般为刚性连接，有时也可以将部分节点做成铰节点或半铰节点。柱支座通常设计成固定支座，必要时也可设计成铰支座。有时由于屋面排水或其他方面的要求，将屋面梁和板做成斜梁和斜板。

框架结构房屋的墙体一般只起围护作用，通常采用较轻质的墙体材料，以减轻房屋的自重，降低地震作用。墙体与框架梁、柱应有可靠的连接，以增强结构的侧移刚度。

2）框架结构的类型

钢筋混凝土框架结构按施工方法的不同，可分为现浇整体式、装配式和装配整体式等。

(1) 现浇整体式框架结构

梁、柱、楼盖均为现浇钢筋混凝土的框架结构（图15-14a），即为现浇整体式框架结构。这种框架一般是逐层施工，每层柱与其上部的梁板同时支模、绑扎钢筋，然后一次浇捣混凝土，自基础顶面逐层向上施工。板中的钢筋应伸入梁内锚固，梁的纵筋应伸入柱内锚固。因此，现浇整体式框架结构的整体性好，抗震、抗风能力强，对工艺复杂、构件类型较多的建筑适应性较好，但其模板用量大，劳动强度高，工期也较长。近年来采用组合钢模板、泵送混凝土等新的施工方法后，现浇整体式框架的应用更为普遍。

(2) 装配式框架结构

梁、柱、楼板均为预制，然后在现场吊装，通过焊接拼装连接成整体的框架结构（图15—

14b),即为装配式框架结构。由于所有构件均为预制,可实现标准化、工厂化、机械化生产。装配式框架施工速度快、效率高。由于机械运输吊装费用高,焊接接头耗钢量较大,装配式框架相应的造价较高。同时,由于结构的整体性差,抗震能力弱,故不宜在地震区应用。

（3）装配整体式框架结构

梁、柱、楼板均为预制,吊装就位后,焊接或绑扎节点区钢筋,浇筑节点区混凝土,形成框架节点,从而将梁、柱及楼板连接成整体的框架结构（图15-14c）,即为装配整体式框架结构。这种结构兼有现浇整体式框架和装配式框架的优点,既具有良好的整体性和抗震能力,又可采用预制构件,减少现场浇筑混凝土的工作量,且可节省接头耗钢量。但节点区现浇混凝土施工较复杂。

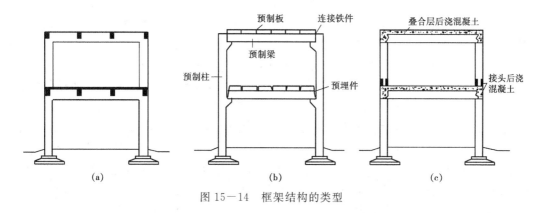

图15-14 框架结构的类型

3）框架结构的布置

（1）柱网布置和层高

① 柱网布置

框架结构的柱网布置既要满足生产工艺、使用功能和建筑平面布置的要求,又要使结构受力合理、施工方便。柱网尺寸宜符合模数化的规定,力求规则、整齐。

多层厂房柱距大多采用6m,柱网形式主要取决于跨度,常见的有内廊式和等跨式柱网两种。

内廊式柱网（图15-15a）一般为对称三跨,边跨跨度常为6m、6.6m和6.9m;中间跨为走廊,跨度常为2.4m、2.7m和3.0m。内廊式柱网多用于对工艺环境有较高要求和防止各工艺间相互干扰的工业厂房,如仪表、电子和电气工业等厂房。

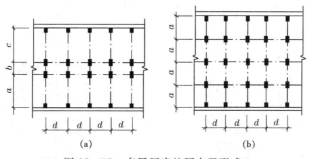

图15-15 多层厂房柱网布置形式

等跨式柱网（图15-15b）主要用于要求有大统间、便于布置生产流水线的厂房,如机械加工厂、仓库、商店等,常用跨度为6m、7.5m、9m和12m四种。随着预应力混凝土技术的发展,已可建造大柱网、灵活隔断的通用厂房。

民用房屋的种类较多,功能要求各不相同,因此,柱网变化较大,柱网尺寸一般均在 4 m 以上,每级级差一般为 300 mm。

② 层高

多层厂房的层高主要取决于采光、通风和工艺要求,常用层高为 4.2~6.0 m,每级级差 300 mm。民用房屋的常用层高为 3 m、3.6 m、3.9 m 和 4.2 m 等,在住宅中常用层高为 2.8 m。

(2) 承重框架的布置方案

框架结构是梁与柱连接起来而形成的空间受力体系。其传力路径为:楼板将楼面荷载传给梁,由梁传给柱子,再由柱子传到基础和地基上。为计算方便起见,可把空间框架分解为纵横两个方向的平面框架:沿建筑物长方向的称为纵向框架;沿建筑物短方向的称为横向框架。纵向框架和横向框架分别承受各自方向上的水平力,而楼面荷载则按楼盖结构布置方式确定其传递方向。按楼板布置方式的不同,框架结构的承重方案可分为以下三种。

① 横向框架承重方案　以框架横梁作为楼盖的主梁,楼面荷载主要由横向框架承担,如图 15-16a 所示,这种结构方案称为横向框架承重方案。由于横向框架跨数往往较少,主梁沿横向布置有利于增强房屋的横向刚度。同时,主梁沿横向布置还有利于建筑物的通风和采光。但由于主梁截面尺寸较大,当房屋需要大空间时,其净空较小,且不利于布置纵向管道。

② 纵向框架承重方案　以框架纵梁作为楼盖的主梁,楼面荷载由框架纵梁承担,如图 15-16b 所示。这种结构方案称为纵向框架承重方案。由于横梁截面尺寸较小,有利于设备管线的穿行,可获得较高的室内净空。但是,这类房屋的横向刚度较差,同时进深尺寸受到预制板长度的限制。

③ 纵横向框架混合承重方案　纵横向框架混合承重方案是沿纵横两个方向上均布置有框架梁作为楼盖的主梁,楼面荷载由纵、横向框架梁共同承担,这种结构方案称为纵横向框架混合承重方案。当采用预制板楼盖时,其布置如图 15-16c 所示;当采用现浇楼盖时,

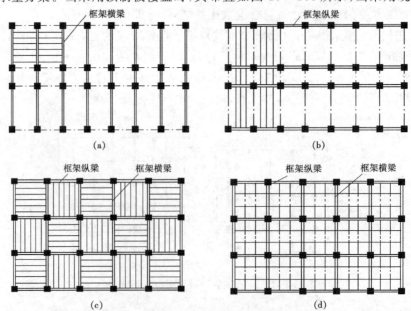

图 15-16　框架结构的承重方案

其布置如图15—16d所示。当楼面上作用有较大荷载,或楼面有较大开洞,或当柱网布置为正方形或接近于正方形时,常采用这种承重方案。纵横向框架混合承重方案具有较好的整体工作性能,框架柱均为双向偏心受压构件,为空间受力体系,故又称为空间框架。

(3) 变形缝的设置

变形缝有伸缩缝、沉降缝和防震缝三种,详见15.1.3节。

15.2.2 框架结构内力和水平位移的近似计算方法

框架结构是一个空间受力体系(图15—17a)。由于纵向和横向的结构布置基本上是均匀的,竖向荷载和水平荷载也基本上是均匀的,在实际工程设计中,常常忽略结构纵向和横向的联系,将空间结构简化为平面结构进行内力分析。在横向水平荷载作用下,按横向框架计算,在纵向水平荷载作用下,按纵向框架计算;在竖向荷载作用下,根据实际情况确定按纵向框架或横向框架计算。框架的内力分析方法很多,如弯矩分配法、迭代法等。当结构的跨数和层数较多时,用上述方法进行手算仍较复杂。因此,在实际工程设计中,尤其是在初步设计阶段,往往采用一些更为简化的近似计算方法,如竖向荷载作用下的分层法,水平荷载作用下的反弯点法和修正反弯点法(D值法)。

1) 框架结构的计算简图

(1) 计算单元

在实际工程设计时,通常选一榀或几榀有代表性的纵、横向平面框架进行内力分析。

横向框架计算单元的取法与单层厂房排架相似,即取一个有代表性的典型区段作为计算单元,如图15—17b所示。计算单元的宽度取框架左、右侧各半个柱距。当有抽柱时,如楼盖刚度较大,可与单层厂房相似,采用扩大的计算单元进行计算。

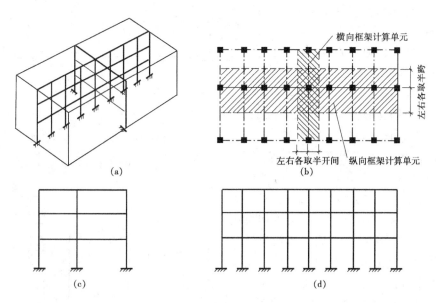

图15—17 框架结构的计算单元

纵向框架的计算单元可按中列柱和边列柱分别考虑。中列柱纵向框架计算单元的宽度可取左、右侧各半个跨度,如图15—17b中所示;边列柱计算单元的宽度可取一侧跨度的一半。

(2) 计算简图

① 杆件轴线

当将一榀具体的框架结构抽象为计算模型时,梁柱的位置是以杆件的轴线来确定的。等截面柱的轴线取该截面的形心线,变截面柱的轴线取其小截面的形心线;横梁的轴线原则上取截面形心线(图15-18)。为了简便,并使横梁轴线位于同一水平线上,也可以楼板顶面作为横梁轴线。这时,各层柱高即为相应的层高,底层柱高应取基础顶面至二层楼板顶面之间的距离。

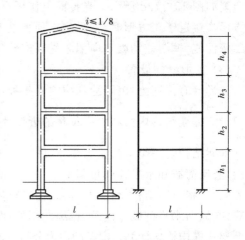

图15-18 框架结构的计算模型

在实际工程设计中,还可以对计算模型作如下的简化:

对于框架横梁为坡度 $i \leqslant 1/8$ 的折梁,可简化为直杆。

对于不等跨度的框架,当各跨跨度相差不大于10%时,可简化为等跨框架,计算跨度取原框架各跨跨度的平均值。

当框架横梁为有加腋的变截面梁时,且有 $I_m/I < 4$ 或 $h_m/h < 1.6$ 时,可以不考虑加腋的影响,按等截面梁进行内力计算。此处,I_m、h_m 为加腋端最高截面的惯性矩和梁高,I、h 为跨中等截面梁的惯性矩和梁高。

② 节点

框架梁、柱的交汇点称为框架节点。框架节点往往处于复杂受力状态,但当按平面框架进行结构分析时,则可根据施工方案和构造措施,将其简化为刚性节点、铰节点和半铰节点。

在现浇整体式框架结构中,梁和柱内的纵向受力钢筋都将穿过节点(图15-19a)或锚入节点区(图15-19b),并现浇成整体,因此,应简化为刚性节点。

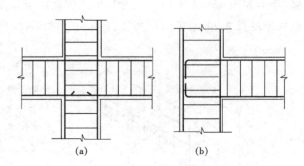

图15-19 现浇框架节点构造

在装配式框架结构中,梁、柱的连接是在梁底和柱子的某些部位预埋钢板,安装就位后再焊接起来(图15-20)。由于钢板在其自身平面外的刚度很小,同时焊接质量随机性很大,难以保证结构受力后梁柱间没有相对转动,因此,常将此类节点简化为铰节点(图15-20a)或半铰节点(图15-20b)。

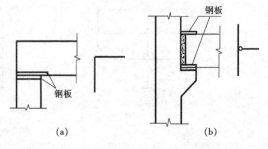

图15-20 装配式框架节点构造和计算简图

在装配整体式框架中,梁、柱中的钢筋在节点处可为焊接或搭接,并在现场浇筑部分混凝土,节点左右梁端均可有效地传递弯矩,因此可认为是刚性节点。但这种节点的刚性不如现浇整体式框架好,节点处梁端实际承受的弯矩要小于计算值。同时,必须注意,在施工阶段,在尚未形成整体前,应按铰节点考虑。

框架支座可分为固定支座和铰支座两种。当为现浇钢筋混凝土柱时,一般设计成固定支座(图 15-21a);当为预制柱杯形基础时,根据具体的构造措施可分别简化为固定支座(图 15-21a)或铰支座(图 15-21c)。

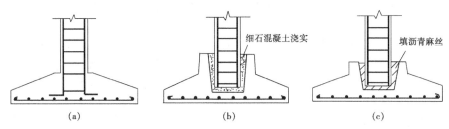

图 15-21 框架柱与基础的连接

③ 框架结构的荷载

作用于框架结构上的荷载有竖向荷载和水平荷载两类。竖向荷载包括结构自重及楼(屋)面活荷载,一般为分布荷载,有时也有集中荷载。水平荷载包括风荷载和水平地震作用,一般均简化成节点水平集中力。详见 15.1.4 节。

为简化计算,对作用在框架上的荷载可作适当简化。例如:为构成对称的荷载图式,集中荷载的位置可略作调整,但移动不超过 $l_{b0}/20$ (l_{b0} 为梁的计算跨度);计算次梁传给框架主梁的荷载时,可不考虑次梁的连续性,按简支梁计算;作用在框架上的次要荷载可以简化成与主要荷载形式相同的荷载,转化的原则是对应结构的主要受力部位保持内力等效。

(3) 梁、柱截面尺寸

在现浇钢筋混凝土框架中,框架横梁大多为 T 形截面(图 15-22a)。当采用装配式或装配整体式楼面时,框架横梁可做成矩形或花篮形截面(图 15-22b、c、d);花篮形框架横梁可增加房间的净空,加强楼板和大梁的整体性,应用较广泛。当采用预制楼板时,框架纵梁常做成 T 形或倒 L 形(图 15-22e、f)。框架柱一般采用正方形或矩形。

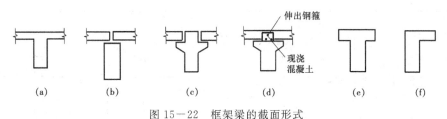

图 15-22 框架梁的截面形式

框架梁、柱的截面尺寸,一般可参考已有的设计资料或近似地按以下方法确定。

① 框架梁的截面尺寸

框架梁的截面尺寸的确定方法与楼盖主梁相类似,一般取梁高 $h_b=(1/8\sim 1/12)l_b$(此处,l_b 为梁的跨度),单跨取较大值,多跨取较小值;当楼面上安置机床和机械设备时,取 $h_b=(1/7\sim 1/10)l_b$;当采用预应力混凝土梁时,其截面高度可以乘以 0.8 的系数。梁的宽度取为 $b_b=(1/2\sim 1/3)h_b$,但 b_b 不应小于 $h_b/4$。在初步确定截面尺寸后,还可按全部荷载的 0.6~0.8 倍作用在框架梁上,按简支梁受弯承载力和受剪承载力进行核算。

② 框架柱的截面尺寸

确定框架柱的截面尺寸时,不但要考虑承载力的要求,而且要考虑框架的侧向刚度和延性的要求,可按下述方法取用:

对于主要承受轴向力的框架柱,例如中柱,可取$(1.2\sim 1.4)N$,按轴心受压构件估算。当水平荷载较大时,其引起的弯矩可近似按反弯点法确定,然后与轴向力$1.2N$组合,按偏心受压承载力估算。此处,N为柱的轴向力设计值,可按竖向恒荷载标准值为$10\sim 14$ kN/m^{2}和实际负荷面积确定。

框架柱的截面高度和宽度均不小于$(1/15\sim 1/20)H_c$,H_c为层高,亦即柱的高度。通常框架柱的截面高度不宜小于400 mm,截面宽度不宜小于350 mm。此外,框架柱的轴压比$N/(f_c A_c)$应满足表15-14的要求。此处,A_c为框架柱的截面面积,f_c为混凝土轴心抗压强度设计值。

③ 框架梁、柱的截面抗弯刚度

在进行框架结构的内力分析时,所有构件均采用弹性刚度。在计算框架梁截面惯性矩I_{b0}时应考虑楼板的影响。一般情况下,框架梁跨中承受正弯矩,楼板处于受压区,楼板对梁的截面抗弯刚度影响较大;而在梁柱节点附近,框架梁承受负弯矩,楼板处于受拉区,楼板对梁的截面抗弯刚度影响较小。在工程设计中,通常假定梁的截面惯性矩I_{b0}沿轴线不变,并按表15-10取值,表中I'_{b0}为按矩形截面计算的截面惯性矩。柱截面惯性矩按其截面尺寸确定。将梁、柱的截面惯性矩乘以相应的混凝土弹性模量,即可求得梁、柱的截面抗弯刚度。同时,考虑到结构在正常使用阶段可能是带裂缝工作的,其刚度将降低,因此,对整个框架的各个构件引入一个统一的刚度折减系数,并以折减后的刚度作为该构件的抗弯刚度。在风荷载作用下,对现浇整体式框架,折减系数取0.85;对装配式框架,折减系数取$0.70\sim 0.80$。

表15-10　　　　　　　　　框架梁的截面惯性矩I_{b0}

框架类别	中框架	边框架
现浇整体式	$2I'_{b0}$	$1.5I'_{b0}$
装配式	I'_{b0}	I'_{b0}
装配整体式	$1.5I'_{b0}$	$1.2I'_{b0}$

2) 竖向荷载作用下的框架内力近似计算——分层法

通常,多层或高层多跨框架在竖向荷载作用下的侧移是不大的,可近似地按无侧移框架进行分析。当某层框架梁上作用有竖向荷载时(图15-23),在该层梁和相邻柱中产生的弯矩和剪力较大,而在其他楼层的梁和柱中产生的弯矩和剪力则较小,梁的线刚度越大,内力衰减越快。因此,在进行竖向荷载作用下框架的内力(弯矩和剪力)分析时,可以作如下两点假定:

(1) 忽略框架在竖向荷载作用下的侧移和由它引起的侧移弯矩。

(2) 忽略本层荷载对其他各层内力(弯矩和剪力)的影响。即竖向荷载只在本层的梁以

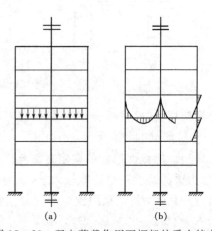

图15-23　竖向荷载作用下框架的受力特点

及与本层梁相连的框架柱内产生弯矩和剪力,而对其他楼层框架梁和隔层框架柱都不产生弯矩和剪力。

基于以上两点假定,在分析竖向荷载作用下框架结构的内力时,可以将各层作用有竖向荷载的多层或高层多跨框架(图15-24a),分解成若干个作用有竖向荷载的单层多跨开口框架(图15-24b),并用弯矩分配法进行内力分析;然后将各个开口框架的内力叠加起来,即可求得整个框架的内力。

在上述简化过程中,假定开口框架上、下柱的远端是固定的。但是,实际上其他楼层对开口框架上、下柱的约束作用是有限的,开口框架上、下柱远端是有

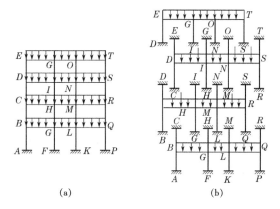

图15-24 竖向荷载作用下内力分析的分层法

转角产生的。为了减小由此带来的误差,在按上述开口框架(图15-24b)进行计算时,应做以下修正:①除底层以外的其他各层柱的线刚度均乘以0.9的折减系数;②柱的弯矩传递系数取为1/3(远端固定时,弯矩传递系数仍为1/2;远端为铰支座时,传递系数仍为零)。

必须注意,除底层柱以外,其他各层柱都是属于上、下两层的,因此,每根柱的最终弯矩应由相邻的两个分层单元(上、下层开口框架)相应柱的弯矩叠加而得。然而,这样得到的框架弯矩图中的节点弯矩往往是不平衡的,对于不平衡弯矩较大的节点,可将不平衡弯矩再分配一次,予以修正,但不再传递。

分层法适用于节点梁柱线刚度比 $\sum i_b / \sum i_c \geqslant 3$,结构与荷载沿高度比较均匀的多层框架。

例题 15-1 试用分层法计算图15-25所示框架在竖向荷载作用下的弯矩,并绘制弯矩图。图中括号内为相对线刚度值。

解 首先将整个框架(图15-25a)分解成两个开口框架(图15-25b、c),并将二层柱的线刚度乘以系数0.9予以折减。然后用弯矩分配法分别对两个开口框架进行计算,此时,除底层柱外,柱的弯矩传递系数取为1/3。

最后,将两个开口框架的计算结果(图15-25d、e)叠加,则得整个框架的弯矩图(图15-25f),如A柱A_2端的弯矩$M_{A2}=11.25+2.18=13.43$ kN·m。由弯矩图知,节点弯矩都是不平衡的,如节点A_2,梁端弯矩为11.25 kN·m柱端弯矩为13.42 kN·m,节点不平衡弯矩为13.43-11.25=2.18 kN·m,再将此不平衡弯矩作一次分配,得梁端弯矩为11.25+2.18×$\frac{3}{4}$=12.89 kN·m,柱端弯矩为13.43-2.18×$\frac{1}{4}$=12.89 kN·m(示于括号内)。

3) 水平荷载作用下的框架内力近似计算

(1) 反弯点法

① 计算假定

作用在框架结构上的水平荷载,一般都简化为作用于框架节点上的水平力。由精确法分析可知,框架结构在节点水平力作用下,各杆件的弯矩图都呈线性分布(图15-26),且一般都有一个反弯点。然而,各柱的反弯点位置未必相同。这时,各柱上、下端既有角位移,又

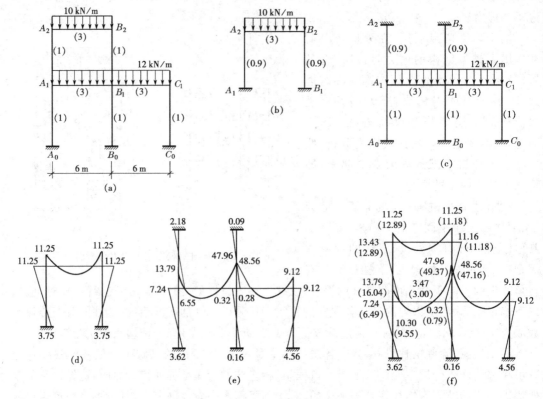

图 15-25 例题 15-1 中的框架内力计算

有水平位移。通常认为楼板是不可压缩的刚性杆,故同一层各节点的侧移是相同的,即同一层内的各柱具有相同的层间位移。

由于反弯点处弯矩为零,因此,如能确定各柱所能承受的剪力及其反弯点的位置,便可求得柱端弯矩,进而利用节点平衡条件可求得梁端弯矩及整个框架结构的内力。根据框架的实际受力状态,在分析内力时,可作如下假定:

A. 在同层各柱间分配层间剪力时,假定横梁为无限刚性,即各柱端无转角。

B. 在确定各柱的反弯点位置时,假定底层柱的反弯点位于距柱下端 0.6 倍柱高处,其他各层柱的反弯点均位于柱高的中点处。

梁端弯矩可由节点平衡条件求出,并按节点左、右梁的线刚度进行分配。

② 计算步骤

根据上述的分析和假定,反弯点法计算的要点与步骤可归纳如下:

A. 由假定 A,可求出任一楼层的楼层剪力在各柱之间的分配。设框架结构共有 n 层,每层有 m 个柱子,将框架沿第 j 层各柱的反弯点处切开,代以剪力和轴力(图 15-26),则由平衡条件知

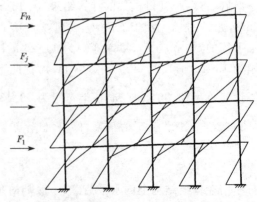

图 15-26 水平荷载作用下框架的弯矩图

$$V_s = \sum_{i=1}^{m} V_{ci} \qquad (15-11)$$

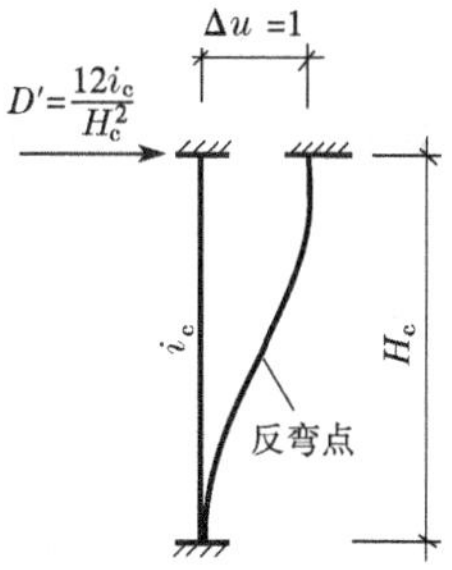

式中 V_{ci}——所计算层 j 第 i 根柱承受的水平剪力；

V_s——所计算层 j 的楼层剪力，即 $V_s = \sum_{k=j}^{n} F_k$；

F_k——作用于第 k 层节点上的水平荷载。

B. 与单层工业厂房排架分析相似，楼层剪力 V_s 可近似地按同层各柱的侧移刚度（$D' = 12i/H_c^2$）的比例分配给各柱。

$$V_{ci} = \frac{D'_i}{\sum_{i=1}^{m} D'_i} V_s = \eta_i V_s \qquad (15-12)$$

图 15-27 两端固定杆的侧移刚度

式中 D'_i——所计算层第 i 根柱的侧移刚度（图 15-27）；

η_i——所计算层第 i 根柱的剪力分配系数。

C. 求得各柱所承受的剪力 V_{ci} 以后，由假定 B 便可求得各柱子的杆端弯矩。

对于底层柱

$$M_{ci}^t = 0.4 H_c V_{ci} \qquad (15-13)$$
$$M_{ci}^b = 0.6 H_c V_{ci} \qquad (15-14)$$

对于上部各层柱

$$M_{ci}^t = M_{ci}^b = 0.5 H_c V_{ci} \qquad (15-15)$$

式中 M_{ci}^t、M_{ci}^b——分别表示 i 柱的顶端和底端的弯矩。

在求得柱端弯矩以后，由节点的弯矩平衡条件，即可求得梁端弯矩（图 15-28）

$$M_b^l = \frac{i_b^l}{i_b^l + i_b^r} \sum M_c \qquad (15-16)$$

$$M_b^r = \frac{i_b^r}{i_b^l + i_b^r} \sum M_c \qquad (15-17)$$

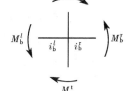

式中 M_b^l、M_b^r——分别为节点左、右梁端的弯矩；

$\sum M_c$——节点上柱下端和下柱上端的弯矩的总和；

i_b^l、i_b^r——分别为节点左、右梁的线刚度。

反弯点法一般用于梁、柱线刚度比 $\sum i_b / \sum i_c \geqslant 3$，且各层结构比较均匀的多层框架。

例题 15-2 试用反弯点法计算图 15-29 所示框架在节点水平荷载作用下的弯矩，并绘出弯矩图。图中括号内的数值为该杆的相对线刚度。

解 求各层的楼层剪力和剪力分配系数

图 15-28 节点弯矩平衡

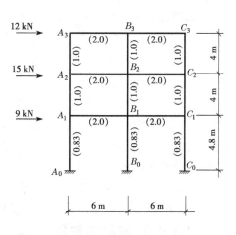

图 15-29 例题 15-2 中的框架计算简图

第三层　$V_3 = 12$ kN

第二层　$V_2 = 12 + 15 = 27$ kN

第一层　$V_1 = 12 + 15 + 9 = 36$ kN

由于同层各柱线刚度相同,柱高相同,故 $\eta_{1i} = \eta_{2i} = \eta_{3i} = 1/3$。

求各柱柱端弯矩

三层各柱上、下端弯矩　$M_{3i}^t = M_{3i}^b = 0.5 H_{c3} \eta_{3i} V_3 = 0.5 \times 4 \times \dfrac{1}{3} \times 12 = 8.0$ kN·m

二层各柱上、下柱端弯矩　$M_{2i}^t = M_{2i}^b = 0.5 H_{c2} \eta_{2i} V_2 = 0.5 \times 4 \times \dfrac{1}{3} \times 27 = 18.0$ kN·m

一层各柱上端弯矩　$M_{1i}^t = 0.4 H_{c1} \eta_{1i} V_1 = 0.6 \times 4.8 \times \dfrac{1}{3} \times 36 = 23.0$ kN·m

一层各柱下端弯矩　$M_{1i}^b = 0.6 H_{c1} \eta_{1i} V_1 = 0.6 \times 4.8 \times \dfrac{1}{3} \times 36 = 34.6$ kN·m

求各层横梁梁端的弯矩

以 $A_1 B_1$ 横梁为例。

$M_{A_1 B_1} = M_{A_1 A_0} + M_{A_1 A_2} = 18.0 + 23.0 = 41.0$ kN·m

$M_{B_1 A_1} = \dfrac{i_{B_1 A_1}}{i_{B_1 A_1} + i_{B_1 C_1}} (M_{B_1 B_0} + M_{B_1 B_2}) = \dfrac{2}{2+2} \times (18 + 23.0) = 20.5$ kN·m

绘制框架的弯矩图(图15-30)。

*(2) D 值法(改进反弯点法)

如前所述,反弯点法假定梁、柱线刚度比为无穷大,且框架柱的反弯点高度为一定值,从而使框架结构在水平荷载作用下的内力计算大为简化。但上述假定与实际情况往往存在一定差距。首先,实际工程中梁的线刚度可能接近或小于柱的线刚度,尤其是在高层建筑中或按抗震设计要求"强柱弱梁"的情况下(详见15.2.4节),此时柱的侧移刚度除了与柱本身的线刚度和层高有关外,还与柱两端的梁的线刚度有关,因此,不能简单地按上述方法计算。同时,框架各层节点转角将不可能相等,柱的反弯点高度

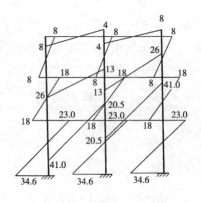

图15-30　例题15-2中框架的弯矩图

也就不是定值,而与柱上、下端的刚度有关。反弯点将偏向较柔的一端。影响柱反弯点高度的主要因素是:柱与梁的线刚度比,柱所在楼层的位置,上、下层梁的线刚度比,上、下层层高以及框架的总层数等。日本武藤清教授在分析了上述影响因素的基础上,提出了修正框架柱的侧移刚度和调整框架柱的反弯点高度的改进反弯点法。修正后的柱侧移刚度以 D 表示,故称此法为"D 值法"。

① 柱的修正侧移刚度 D

首先,取不在底层的 AB 柱作为研究对象(图15-31)。

框架受力变形后,柱 AB 产生相对横向位移 Δu,相应地柱的弦转角为 $\phi (= \Delta u / H_c)$,同时,柱 AB 的上、下端都产生转角 θ。

为简化计算,作出如下假定:

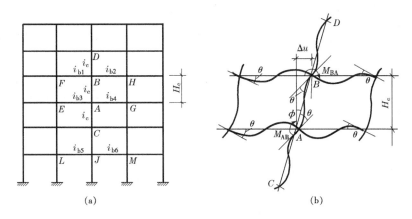

图 15-31 柱侧移刚度计算简图

A. 柱 AB 及其相邻的上、下柱子(即柱 AC 及柱 BD)的线刚度均为 i_c；

B. 柱 AB 及其相邻的上、下柱的弦转角均为 ϕ；

C. 柱 AB 及其相邻的上、下、左、右各杆两端的转角均为 θ。

由节点 A 和节点 B 的弯矩平衡条件可得

$$4(i_{b3}+i_{b4}+i_c+i_c)\theta+2(i_{b3}+i_{b4}+i_c+i_c)\theta-6(i_c\phi+i_c\phi)=0$$

$$4(i_{b1}+i_{b2}+i_c+i_c)\theta+2(i_{b1}+i_{b2}+i_c+i_c)\theta-6(i_c\phi+i_c\phi)=0$$

将以上两式相加,即得

$$\theta=\frac{2}{2+\dfrac{\sum i_b}{2i_c}}\phi=\frac{2}{2+K}\phi \tag{15-18a}$$

式中

$$\sum i_b = i_{b1}+i_{b2}+i_{b3}+i_{b4}$$

$$K=\frac{\sum i_b}{2i_c}$$

K 可称为梁柱线刚度比。

柱 AB 所受到的剪力为

$$V_c=\frac{12i_c}{H_c}(\phi-\theta) \tag{15-18b}$$

将(15-18a)式代入(15-18b)式,得

$$V_c=\frac{K}{2+K}\cdot\frac{12i_c}{H_c^2}\Delta u$$

令

$$\alpha_c=\frac{K}{2+K} \tag{15-18c}$$

则

$$V_c=\alpha_c\frac{12i_c}{H_c^2}\Delta u \tag{15-18d}$$

由此可得柱 AB 的修正侧移刚度 D(即 $V_c/\Delta u$)为

$$D=\alpha_c\frac{12i_c}{H_c^2} \tag{15-19}$$

式(15-19)中的 α_c 值反映了梁柱线刚度比对柱侧移刚度的影响,称为柱侧移刚度修正

系数。

当框架梁柱线刚度比为无穷大时，$K=\infty$，$\alpha_c=1$；在一般情况下，$\alpha_c<1$。同理可得底层柱的侧移刚度修正系数 α_c。表 15-11 列出了各种情况下的 α_c 值及相应的 K 值的计算公式。

表 15-11　　　　　　　　　　　柱侧移刚度修正系数

楼层	简图		K	α_c
	边柱	中柱		
一般层	i_c　i_{b2}　i_{b4}	i_{b1}　i_{b2}　i_c　i_{b3}　i_{b4}	$K=\dfrac{i_{b1}+i_{b2}+i_{b3}+i_{b4}}{2i_c}$	$\alpha_c=\dfrac{K}{2+K}$
底层 柱底固定	i_c　i_{b6}	i_{b5}　i_{b6}　i_c	$K=\dfrac{i_{b5}+i_{b6}}{i_c}$	$\alpha_c=\dfrac{0.5+K}{2+K}$
底层 柱底铰支	i_c　i_{b6}	i_{b5}　i_{b6}　i_c	$K=\dfrac{i_{b5}+i_{b6}}{i_c}$	$\alpha_c=\dfrac{0.5K}{1+2K}$

注：对于边柱，计算 K 值时，取 $i_{b1}=0$，$i_{b3}=0$，$i_{b5}=0$。

求得柱的修正侧移刚度 D 值后，与反弯点法相似，可将所计算层的楼层剪力 V_s 按该层各柱的修正侧移刚度的比例分配给各柱，即

$$V_i=\dfrac{D_i}{\sum D}V_s \tag{15-20}$$

式中　V_i——所计算层第 i 柱承受的剪力；

　　　D_i——所计算层第 i 柱的修正侧移刚度；

　　　$\sum D$——所计算层各柱的修正侧移刚度的总和。

② 柱的修正反弯点高度

各柱的反弯点位置与该柱上、下端转角的比值有关。对于等截面柱，如果柱上、下端转角相同，反弯点在柱高的中点；如果柱上、下端转角不同，则反弯点偏向转角较大的一端。影响柱两端转角大小的主要因素有：梁柱线刚度比，该柱所在楼层的位置，上、下梁线刚度及上、下层层高等。

为了便于分析，将多层多跨框架的计算简图进行适当的简化。

多层多跨框架在节点水平荷载作用下，可假定同层各节点的转角相等，即假定各层横梁的反弯点在各横梁跨度的中央，且该点又无竖向位移。这样，一个多层多跨的框架可简化成半框架（图 15-32）。

A. 梁柱线刚度比及楼层层数和楼层层次的影响。

假定框架各层横梁的线刚度、各层柱的线刚度和各层的层高都相同，其计算简图如图 15-32a 所示。将柱在各层下端截面处的弯矩作为未知量，用力法解出这些未知量后，则可求得各楼层柱的反弯点高度 y_0H_c。y_0H_c 称为标准反弯点高度，y_0 称为标准反弯点高度

比，其值与结构总层数 n、该柱所在的层次 m、框架梁柱线刚度比 K 及水平荷载的形式有关，可由附表 26-1、26-2 查取。

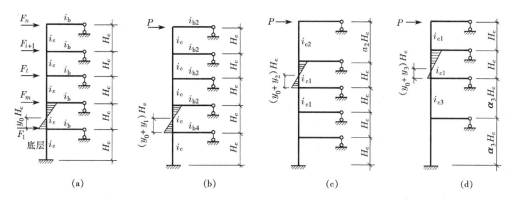

图 15-32 柱的修正反弯点高度

B. 上、下横梁线刚度比的影响。

若某柱的上、下横梁线刚度不同，则该柱的反弯点位置将向横梁刚度较小的一端偏移，也就是说，该柱的反弯点位置将与上述标准反弯点位置不同，必须予以修正。这时，柱的反弯点位置应按 $(y_0 H_c + y_1 H_c)$ 确定。其中，修正值 $y_1 H_c$ 为反弯点上移（或下移）的增量，如图 15-32b 所示。y_1 值可根据上下横梁的线刚度比 I（此处，$I = \dfrac{i_{b1} + i_{b2}}{i_{b3} + i_{b4}}$）和梁柱线刚度比 K 由附表 26-3 查得。对于底层柱，不考虑修正值 y_1，即 $y_1 = 0$。

C. 层高对反弯点的影响。

若某柱所在楼层的层高与相邻上层或下层的层高不同，则该柱的反弯点位置也将与上述标准反弯点不同，因此，也需要修正。当上层层高发生变化时，反弯点高度用 $y_2 H_c$ 予以修正（图 15-32c）；当下层层高发生变化时，反弯点高度用 $y_3 H_c$ 予以修正（图 15-32d）。$y_2 H_c$ 和 $y_3 H_c$ 分别表示反弯点的上移增量和下移增量。y_2、y_3 可由附表 26-4 查得。当上层层高大于所在层层高时（图 15-32c），即 $\alpha_2 > 1$（此处，α_2 为上层层高与所在层层高的比值），上端较柔，反弯点上移，y_2 取正值；当下层层高大于所在层层高时（图 15-32d），即 $\alpha_3 > 1$（此处，α_3 为下层层高与所在层层高的比值），下端较柔，反弯点下移，y_3 取负值。对于顶层柱，不考虑修正值 $y_2 H_c$，即 $y_2 = 0$；对于底层柱，不考虑修正值 $y_3 H_c$，即 $y_3 = 0$。

综上所述，各层柱的反弯点高度 $y H_c$ 可由下式求得：

$$y H_c = (y_0 + y_1 + y_2 + y_3) H_c \tag{15-21}$$

当各层框架柱的修正侧移刚度 D 和修正反弯点高度 $y H_c$ 确定后，可采用与反弯点法一样的方法求得框架的内力。

例题 15-3 试用 D 值法求图 15-29 所示框架的弯矩图。

解 （1）计算梁柱线刚度比 K、各柱的侧移刚度修正系数 α_c、修正侧移刚度 D 及剪力 V（图 15-33）。

（2）根据梁柱线刚度比、总层数 n、所在层次 m、上下层梁线刚度比以及层高等，查附表 26，求出 y_0、y_1、y_2 和 y_3，计算出各层柱的杆端弯矩（图 15-33）。

$K=\frac{2+2}{2\times 1.0}=2.0$ $\alpha_c=\frac{2.0}{2+2.0}=0.5$ $D=0.5\times\frac{12i_c}{H_c^2}$ $V=\frac{0.5}{0.5+0.667+0.5}\times 12=3.6$ kN $y_0=0.40,y_1=y_3=0$ $M^t=3.6\times 0.6\times 4=8.64$ kN·m $M^b=3.6\times 0.4\times 4=5.76$ kN·m	$K=\frac{2+2+2+2}{2\times 1.0}=4.0$ $\alpha_c=\frac{4.0}{2+4.0}=0.667$ $D=0.667\times\frac{12i_c}{H_c^2}$ $V=\frac{0.667}{0.5+0.667+0.5}\times 12=4.8$ kN $y_0=0.45,y_1=y_3=0$ $M^t=4.8\times 0.55\times 4=10.56$ kN·m $M^b=4.8\times 0.45\times 4=8.64$ kN·m	$K=2.0$ $\alpha_c=0.5$ $D=0.5\times\frac{12i}{H_c^2}$ $V=3.6$ kN $y_0=0.40,y_1=y_3=0$ $M^b=8.64$ kN·m $M^d=5.76$ kN·m
$K=2.0$ $\alpha_c=0.5$ $D=0.5\times\frac{12i_c}{H_c^2}$ $V=0.3\times 27=8.1$ kN $y_0=0.45,y_1=y_2=y_3=0$ $M^t=8.1\times 0.55\times 4=17.82$ kN·m $M^b=8.1\times 0.45\times 4=14.58$ kN·m	$K=4.0$ $\alpha_c=0.667$ $D=0.667\times\frac{12i_c}{H_c^2}$ $V=0.4\times 27=10.8$ kN $y_0=0.50,y_1=y_2=y_3=0$ $M^t=10.8\times 0.5\times 4=21.6$ kN·m $M^b=10.8\times 0.5\times 4=21.6$ kN·m	$K=2.0$ $\alpha_c=0.5$ $D=0.5\times\frac{12i}{H_c^2}$ $V=8.1$ kN $y_0=0.45,y_1=y_2=y_3=0$ $M^t=17.82$ kN·m $M^b=14.58$ kN·m
$K=\frac{2}{0.83}=2.4$ $\alpha_c=\frac{0.5+2.4}{2+2.4}=0.66$ $D=0.66\times\frac{12i_c}{H_c^2}$ $V=\frac{0.66}{0.66+0.78+0.66}\times 36=11.3$ kN $y_0=0.55,y_1=y_2=0$ $M^t=11.3\times 0.45\times 4.8=24.4$ kN·m $M^b=11.3\times 0.55\times 4.8=29.8$ kN·m	$K=\frac{2+2}{0.83}=4.8$ $\alpha_c=\frac{0.5+4.8}{2+4.8}=0.78$ $D=0.78\times\frac{12i_c}{H_c^2}$ $V=\frac{0.78}{0.66+0.78+0.66}\times 36=13.4$ kN $y_0=0.55,y_1=y_2=0$ $M^t=13.4\times 0.45\times 4.8=28.9$ kN·m $M^b=13.4\times 0.55\times 4.8=35.4$ kN·m	$K=2.4$ $\alpha_c=0.66$ $D=0.66\times\frac{12i}{H_c^2}$ $V=11.3$ kN $y_0=0.55,y_1=y_2=0$ $M^t=24.4$ kN·m $M^b=29.8$ kN·m

图 15-33 例题 15-3 中框架柱剪力和柱端弯矩的计算

(3) 求各梁的梁端弯矩,绘框架弯矩图,如图 15-34 所示。

4) 水平荷载作用下框架位移的近似计算及弹性位移验算

多层多跨框架在水平荷载作用下的位移 u 可近似地看作由梁、柱弯曲变形所引起的位移 u_1 与柱轴向变形所引起的位移 u_2 之和。即

$$u=u_1+u_2 \qquad (15-22)$$

(1) 由梁、柱的弯曲变形所引起的位移

由前面的分析可知,第 j 层框架层间位移 Δu_j 可按下式计算:

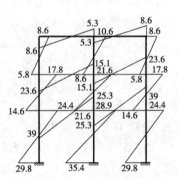

图 15-34 例题 15-3 框架弯矩图

$$\Delta u_j = \frac{V_{sj}}{\sum_{i=1}^{m} D_{ji}} \tag{15-23a}$$

式中 V_{sj}——第 j 层的楼层剪力；

m——第 j 层柱的根数；

D_{ji}——第 j 层第 i 根柱的侧移刚度。

框架柱弯曲变形引起的框架顶点位移 u_1 应为

$$u_1 = \sum_{j=1}^{n} \Delta u_j \tag{15-23b}$$

式中 n——框架的总层数。

由梁、柱弯曲变形所引起的框架位移呈"剪切型"，即层间位移由下往上逐渐减小，如图 15-35a 所示。

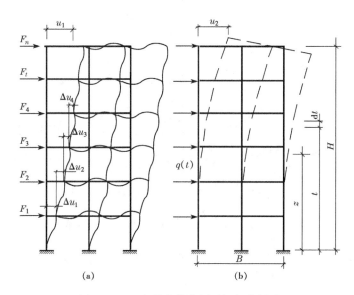

图 15-35 水平荷载作用下框架的侧移

(2) 由柱轴向变形所引起的位移

在水平荷载作用下，框架各杆件除产生弯矩和剪力外，还产生轴向力。例如，在风荷载作用下，迎风面一侧的柱将产生轴向拉力，而背风面一侧的柱则产生轴向压力。外柱的轴力较大，内柱的轴力较小；愈靠近框架中部，柱的轴力愈小，为简化起见，近似认为内柱的轴力为零。于是，在离底部 z 处，外柱中的轴力可近似地由下式求出（图 15-35b）：

$$N_z = \pm \frac{M_z}{B}$$

式中 M_z——水平荷载在离底部 z 处产生的弯矩；

B——外柱轴线间的距离。

设两根外柱截面相同，则框架柱轴向变形引起的框架顶点位移 u_2 为

$$u_2 = 2\int_0^H \frac{\overline{N}_z N_z}{EA} dz \tag{15-24a}$$

式中 $\overline{N}_z$——单位水平力作用于框架顶端时，在离底部 z 处的框架外柱中产生的轴力，

$$\overline{N}_z = \pm \frac{H-z}{B};$$

N_z——外荷载在离底部 z 处的框架外柱中产生的轴力；
A——框架外柱的截面面积；
E——框架外柱材料的弹性模量。

当房屋层数较多时，可近似地把框架节点水平荷载作为连续荷载，用 $q(t)$ 表示，则 N_z 可按下式计算

$$N_z = \pm \int_z^H \frac{q(t)}{B}(t-z)\mathrm{d}t$$

于是可得

$$u_2 = \frac{2}{EB^2 A} \int_0^H (H-z) \int_z^H q(t)(t-z)\mathrm{d}t\mathrm{d}z \tag{15-24b}$$

化简后，则得

$$u_2 = \begin{cases} \dfrac{1}{4} \cdot \dfrac{V_0 H^3}{EAB^2} & \text{（均布水平荷载）} \\ \dfrac{11}{30} \cdot \dfrac{V_0 H^3}{EAB^2} & \text{（倒三角形分布水平荷载）} \\ \dfrac{2}{3} \cdot \dfrac{V_0 H^3}{EAB^2} & \text{（顶点集中水平荷载）} \end{cases} \tag{15-25a}$$

式中 V_0——水平荷载在框架底部产生的总剪力。

V_0 按下列公式计算：

$$V_0 = \begin{cases} qH & \text{（均布水平荷载）} \\ \dfrac{1}{2} q_{\max} H & \text{（倒三角形分布水平荷载）} \\ Q & \text{（顶点集中水平荷载）} \end{cases} \tag{15-25b}$$

式中 q——作用于框架上的均布水平荷载；
$q_{\max}$——作用于框架上的倒三角形分布水平荷载最大值；
Q——作用于框架顶点的集中水平荷载。

当柱截面沿高度变化时，令 $\eta_a = \dfrac{A_n}{A_1}$（$A_n$、$A_1$ 分别为顶层与底层外柱的截面面积），则

$$u_2 = \frac{V_0 H^3}{EA_1 B^2} f(n) \tag{15-26}$$

式中 $f(n)$——与 η_a 有关的一个值，可由图 15-36 查得。

从上式可以看出，房屋越高，高宽比越大，则由柱轴向变形所引起的位移就越大。一般情况下，对于 50 m 以上或高宽比 H/B 大于 4 的房屋，由柱轴向变形产生的位移在总位移中所占的比例是较大的，必须加以考虑。而对于房屋总高度不大于 50 m 的小旅馆和住宅楼，由柱轴向变形所产生的顶点位移较小，约为由框架梁、柱弯曲变形所产生的顶点位移量的 5%～11%，一般可不予考虑。

由框架柱的轴向变形引起的框架位移呈"弯曲型"，如图 15-35b 所示。

(3) 弹性位移的验算

框架结构除要保证梁的挠度不超过规定值外，尚应验算结构的侧向位移不过大。结构

的层间位移 Δu 应满足以下要求：
$$\Delta u/H_c \leqslant [\Delta u/H_c] \quad (15-27)$$
式中 Δu——按弹性方法计算的最大层间位移，对装配整体式结构应增大 20%；

H_c——结构楼层高度。

框架结构层间位移角限值 $[\Delta u/H_c]$ 见表 15-6。

15.2.3 框架结构的内力组合

1) 控制截面

对于框架柱，由于其弯矩、轴力和剪力沿柱高为线性变化，因此可取各柱的上、下端截面作为控制截面。

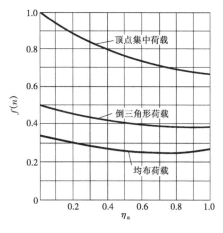

图 15-36 $f(n)-\eta_a$ 曲线

对于高度不大、层数不多的框架，整根框架柱通常可只取两个控制截面，即框架顶层的柱顶和框架底层的柱底。对于高度大或层数较多的框架，则应把整根柱分成几段进行配筋，每一段中取该段的上端和下端截面作为控制截面，每一段一般取 2~3 层。

对于框架梁，在水平荷载和竖向荷载的共同作用下，其剪力沿梁轴线呈线性变化，而弯矩则呈曲线变化（在竖向荷载作用下为抛物线，在水平荷载作用下为线性变化），因此，除取梁的两端为控制截面外，还应在跨间取最大正弯矩的截面为控制截面。为了简单起见，可不用求极值的方法确定最大正弯矩控制截面，而直接以梁的跨中截面作为控制截面。

此外，在对梁进行截面配筋计算时，应采用构件端部截面的内力，而不是轴线处的内力，如图 15-37 所示。梁端弯矩设计值和剪力设计值应按下式计算：

$$V' = V - (g+q)\frac{b}{2} \quad (15-28)$$

$$M' = M - V'\frac{b}{2} \quad (15-29)$$

式中 V、M——分别为内力分析求得的柱轴线处的剪力设计值和弯矩设计值；

V'、M'——分别为柱边截面的剪力设计值和弯矩设计值；

g、q——分别为作用在梁上的竖向均布恒荷载设计值和均布活荷载设计值；

b——支座宽度。

当计算水平荷载或竖向集中荷载产生的内力时，取 $V' = V$。

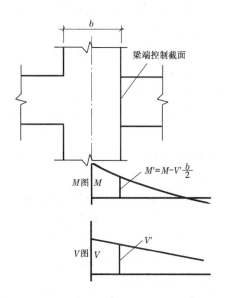

图 15-37 梁端控制截面的弯矩和剪力

2) 最不利内力组合

最不利内力组合系指对控制截面的配筋起控制作用的内力组合。对于某一控制截面，可能有多组最不利内力组合。例如，对于梁端，需求得最大负弯矩以确定梁端顶部的配筋，需求得最大正弯矩以确定梁端底部的配筋，还需求得最大剪力以计算梁端受剪承载力。框架柱的最不利内力组合与单层厂房柱相同。因此，框架结构梁、柱的最不利内力组合有如下几项：

对梁端截面　　$+M_{max}$、$-M_{max}$、V_{max}；

对梁跨中截面　　$+M_{max}$、$-M_{max}$（必要时）；

对柱端截面　　$\pm M_{max}$ 及相应的 N、V；

N_{max} 及相应的 M、V；

N_{min} 及相应的 M、V。

对于柱子，一般采用对称配筋。对称配筋时，$\pm M_{max}$ 只需取 $|M_{max}|$。

根据 3.5 节和 15.1.4 节所述荷载效应基本组合，对于非抗震设计的一般的框架结构，为了求得控制截面的最不利内力，一般需考虑如下几种荷载组合：

(1) 恒荷载+活荷载；

(2) 恒荷载+0.9(活荷载+风荷载)；

(3) 恒荷载+风荷载。

(4) 当由恒荷载效应控制组合时，应按公式(15-5)计算。

对于需抗震设计的框架结构，其荷载效应组合应遵守 15.1.4 节所述的规定。

3) 竖向荷载的最不利布置

作用在框架结构上的竖向荷载有恒荷载和活荷载两种。对于恒荷载，其对结构作用的位置和大小是不变的，所有组合中都必须考虑；对于活荷载，则要考虑其最不利布置。对于活荷载的最不利布置，在荷载组合时，有如下几种方法。

(1) 最不利荷载布置法

为求某一指定截面的最不利内力，可以根据影响线法，直接确定产生最不利内力的活荷载布置。现从某多层多跨框架中取出四层四跨(如图 15-38 所示)为例，讨论求梁跨中截面 A 最大正弯矩、梁端截面 B 最大负弯矩和柱端截面 C 弯矩最大时的活荷载最不利布置。按照影响线法，为了求得某截面的弯矩，可先解除该截面相应的约束，使之产生相应的单位虚位移。例如，欲求某跨跨中截面 A 的最大正弯矩，可解除 M_A 的相应约束，亦即将 A 点改为铰，代之以正向约束力，并使其沿约束力的正向产生单位虚位移 $\theta=1$，由此可得到整个结构的虚位移图，如 15-38a 所示。根据虚位移原理，凡产生正向虚位移的跨间均布置活荷载，这样的活荷载布置将得到最不利内力。于是，对于跨中截面 A 的最大正弯矩的最不利活荷载位置如图 15-38b 所示。

从上面的分析可知，活荷载的最不利布置有如下规律：

① 当求某层某跨横梁跨中最大正弯矩时，除在该跨布置活荷载外，同层其他各跨应相间布置，同时在竖向也相间布置，形成棋盘形间隔布置(图 15-38b)。

② 当求某层某跨梁端最大负弯矩时，所在层应如同连续梁一样布置活荷载，即在该梁端的左、右跨布置活荷载，然后再隔跨布置；对于相邻上、下层，则以梁的另一端产生最大负弯矩的要求，如同连续梁一样布置活荷载；对于其他楼层则按上述方法隔层交替布置(图 15-38c)。

③ 当求相应于某柱柱底截面右侧和柱顶截面左侧受拉的最大弯矩时，则在该柱右跨的上、下两层的横梁布置活荷载，然后再隔跨隔层布置(图 15-38d)。与 $|M_{max}|$ 相应的轴力 N 可由该柱在此截面以上左、右两跨梁端的实际剪力累计算出。对于 $|N_{max}|$ 及其相应的 M，则应在该柱此截面以上的相邻两跨均满布活荷载。

由于对每一个控制截面的每一种内力组合都需找出与其相应的最不利荷载布置，并分

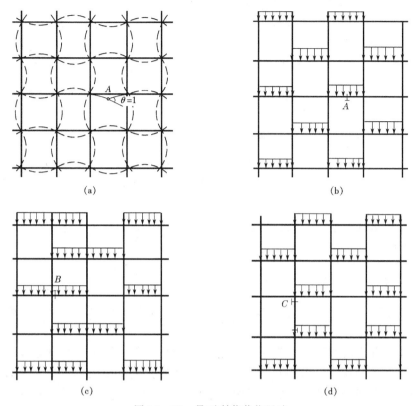

图 15-38 最不利荷载位置法

别进行内力分析,故计算繁冗,不便于实际应用;但此法物理概念清楚,故常用于复核计算。

(2) 逐跨布置荷载组合法

逐跨加荷方法是将活荷载逐层逐跨单独地作用在结构上,分别计算出整个结构的内力,根据不同的杆件,不同的截面,不同的内力种类,组合出最不利内力。因此,对于一个 n 层 m 跨框架,共有 $n \cdot m$ 种不同的活荷载布置方式,亦即需要计算 $n \cdot m$ 次结构的内力,计算工作量很大。但当求得这些内力后,即可求得任意截面上的最大内力。这种方法思路较为清晰,过程较为简单,当采用计算机分析框架内力时,常采用这种方法。

(3) 满布荷载法

当活荷载所产生的内力远小于恒荷载及水平荷载所产生的内力时,可不考虑活荷载的最不利布置,而把活荷载同时作用在所有框架梁上,这样求得的支座内力与按最不利荷载布置法求得的内力很相近,但求得的梁跨中弯矩却比最不利荷载布置法的计算结果要小。因此,对梁的跨中弯矩应乘以 1.1～1.2 的系数予以增大。

对于高层建筑,一般采用满布荷载法。

4) 梁端弯矩调幅

如前所述,框架内力是按弹性理论求得的,在竖向荷载作用下,其梁端的弯矩一般较大。然而,对于超静定钢筋混凝土结构,考虑到塑性内力重分布,可将其梁端弯矩乘以调幅系数 β 予以降低。对于现浇框架,可取 $\beta=0.8\sim0.9$;对于装配整体式框架,由于节点的附加变形,可取 $\beta=0.7\sim0.8$。

梁端弯矩调幅后,在相应荷载作用下的跨中弯矩必将增加,这时应校核梁的静力平衡条件(图 15-39)。亦即调幅后梁端负弯矩正截面承载力设计值 M_A、M_B 的平均值与跨中正弯矩正截面承载力设计值 M_c 之和应大于按简支梁计算的跨中弯矩值 M_0,如 13.1.2 节所述,此时应满足下列条件:

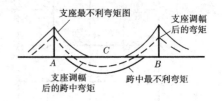

图 15-39 梁端弯矩调幅

$$\frac{|M_A+M_B|}{2}+M_c \geqslant 1.02M_0 \quad (15-30)$$

应该指出,一般只对竖向荷载作用下的弯矩进行调幅,而对水平荷载作用下产生的弯矩不进行调幅。因此,弯矩调幅应在内力组合之前进行。同时还应注意,梁截面设计时所采用的跨中弯矩设计值不应小于按简支梁计算的跨中弯矩设计值的一半。

对于非地震区的框架结构,也可按《钢筋混凝土连续梁和框架考虑内力重分布设计规程》CECS 51:93 的方法进行调幅,本书从略。

15.2.4 框架结构构件设计的一般要求

对于框架结构构件,无论非抗震设计或抗震设计,均应进行承载力计算,必要时,尚应进行变形和裂缝宽度验算。

框架梁正截面和斜截面的配筋计算,可按受弯构件进行。纵向钢筋的弯起和切断位置,应根据弯矩包罗图计算。但当均布活荷载和恒荷载的比例不很大($q/g \leqslant 3$,q 为活荷载,g 为恒荷载)时,可参照梁板结构中的次梁的构造要求,确定钢筋的弯起和切断位置。框架梁一般可不进行变形和裂缝宽度验算。

框架柱属于偏心受力构件(一般为偏心受压构件,有时也可能成为偏心受拉构件)。框架柱一般采用对称配筋。设计时,框架柱除按偏心受压(或偏心受拉)构件计算其正截面承载力外,在平面外尚应按轴心受压柱验算其承载力。同时,框架柱还应进行斜截面承载力计算。对框架的边柱,若偏心距 $e_0 > 0.55h_0$ 时,还应进行裂缝宽度验算。

计算柱的正截面承载力时,其计算长度 l_0 按下列规定采取。

(1) 一般多层房屋中梁柱为刚接的框架结构,各层柱的计算长度可按下述采用:

现浇楼盖　　底层柱　　$l_0 = 1.0 H_c$
　　　　　　其余各层柱　$l_0 = 1.25 H_c$
装配式楼盖　底层柱　　$l_0 = 1.25 H_c$
　　　　　　其余各层柱　$l_0 = 1.5 H_c$

对底层柱,H_c 为从基础顶面到一层楼盖顶面的高度;对其余各层柱,H_c 为各层的上、下两层楼盖顶面之间的高度。

(2) 当水平荷载产生的弯矩设计值占总弯矩设计值的 75% 以上时,框架柱的计算长度可按下列两个公式计算,并取其中的较小值:

$$l_0 = [1 + 0.15(\psi_u + \psi_l)] H_c \quad (15-31)$$

$$l_0 = (2 + 0.2 \psi_{\min}) H_c \quad (15-32)$$

式中　ψ_u、ψ_l——柱的上端、下端节点交汇的各柱线刚度之和与交汇的各梁线刚度之和的比值;

　　　$\psi_{\min}$——比值 ψ_u、ψ_l 中的较小值;

H_c——柱的高度。

对于特殊情况的框架(例如不设楼板或楼板上开孔较大的多层钢筋混凝土框架等),柱的计算长度应根据可靠设计经验或按计算确定。

对于框架结构构件,除了应满足上述承载力、变形和裂缝宽度等方面的要求外,尚应具有较好的延性(尤其是对于抗震设计)。

15.2.5 无抗震设防要求时框架结构构件的设计

对于非抗震设计,框架结构构件的设计与一般梁、柱相同。这里,仅简略介绍有关节点的构造要求。

节点设计是框架结构设计中的重要内容之一。在非地震区,框架节点的承载力一般通过采取适当的构造措施来保证。节点设计应保证整个框架结构安全可靠,经济合理,且便于施工。

框架节点区的混凝土强度等级应不低于柱的混凝土强度等级。在装配整体式框架中,现浇节点的混凝土强度等级宜比预制柱的混凝土强度等级提高一级。

现浇框架一般均做成刚接节点。现浇节点应满足下列构造要求:

(1) 框架梁上部纵向钢筋伸入中间层端节点的锚固长度,当采用直线锚固形式时,不应小于 l_a,且伸过柱中心线不宜小于 $5d$(d 为梁上部纵向钢筋直径)。当柱截面尺寸不足时,梁上部纵向钢筋应伸至节点对边并向下弯折,其包括弯弧段在内的水平投影长度不应小于 $0.4l_a$(l_a 为受拉钢筋锚固长度),包括弯弧段在内的竖直投影长度应取 $15d$(见图 5—25)。

框架梁下部纵向钢筋在端节点处的锚固要与中间节点处梁下部纵向钢筋的锚固要求相同(见下面)。

(2) 框架梁(或连续梁)的上部纵向钢筋应贯穿中间节点或中间支座范围(见图 5—24)。该钢筋自节点或支座边缘伸向跨中的截断位置应符合有关构造规定(详见 5.4 节及图 5—24)。

(3) 框架梁(或连续梁)下部纵向钢筋在中间节点或中间支座处应满足下列锚固要求:

① 当计算中不利用该钢筋的强度时,其伸入节点或支座的锚固长度应符合 $V \geqslant 0.7f_t bh_0$ 时的规定(详见 5.4.2 节)。

② 当计算中充分利用钢筋的抗拉强度时,下部纵向钢筋应锚固在节点或支座内。此时,可采用直线锚固形式(见图 5—24a),钢筋的锚固长度不应小于受拉钢筋锚固长度 l_a;下部纵向钢筋也可采用带 90°弯折的锚固形式(见图 5—24b)。其中,竖直段应向上弯折,锚固端的水平投影长度不应小于上述对端节点处梁上部钢筋带 90°弯折锚固的规定。下部纵向钢筋也可伸过节点或支座范围,并在梁中弯矩较小处设置搭接接头(见图 5—24c)。

③ 当计算中充分利用钢筋的抗压强度时,下部纵向钢筋应按受压钢筋锚固在中间节点或中间支座内,此时,其直线锚固长度不应小于 $0.7l_a$;下部纵向钢筋也可伸过节点或支座范围,并在梁中弯矩较小处设置搭接接头。

(4) 框架柱的纵向钢筋应贯穿中间层中间节点和中间层端节点,柱纵向钢筋接头应设在节点区以外。

顶层中间节点的柱纵向钢筋及顶层端节点的内侧柱纵向钢筋可用直线方式锚入顶层节点,其自梁底标高算起的锚固长度不应小于受拉钢筋锚固长度 l_a,且柱纵向钢筋必须伸至柱顶。当顶层节点处梁截面高度不足时,柱纵向钢筋应伸至柱顶并向节点内水平弯折(图 15—40)。当充分利用柱纵向钢筋的抗拉强度时,柱纵向钢筋锚固段弯折前的竖直投影长度不

应小于 $0.5l_{ab}$,弯折后的水平投影长度不宜小于 $12d$。当柱顶有现浇板,且板厚不小于 80 mm、混凝土强度等级不低于 C20 时,柱纵向钢筋也可向外弯折,弯折后的水平投影长度不宜小于 $12d$(d 为纵向钢筋直径)。柱纵向钢筋也可采用端头加锚板锚固。

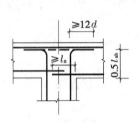
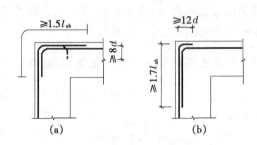

图 15—40 柱中纵向钢筋在顶层中间节点范围内的锚固

图 14—41 梁上部纵向钢筋与柱外侧纵向钢筋在顶层端节点的搭接

(5) 框架顶层端节点处,可将柱外侧纵向钢筋的相应部分弯入梁内作梁上部纵向钢筋使用,也可将梁上部纵向钢筋与柱外侧纵向钢筋在顶层端节点及其附近部位搭接。搭接可采用下列方式:

① 搭接接头可沿顶层端节点外侧及梁端顶部布置(图 15—41a),搭接长度不应小于 $1.5l_{ab}$,其中,伸入梁内的外侧柱纵向钢筋截面面积不宜小于外侧柱纵向钢筋全部截面面积的 65%;梁宽范围以外的外侧柱纵向钢筋宜沿节点顶部伸入柱内边,当柱纵向钢筋位于柱顶第一层时,至柱内边后向宜向下弯折不小于 $8d$ 后截断;当柱纵向钢筋位于柱顶第二层时,可不向下弯折。当有现浇板且板厚不小于 80 mm、混凝土强度等级不低于 C20 时,梁宽范围以外的外侧柱纵向钢筋可伸入现浇板内,其长度与伸入梁内的柱纵向钢筋相同。当外侧柱纵向钢筋配筋率大于 1.2% 时,伸入梁内的柱纵向钢筋除应满足以上规定外,且宜分两批截断,其截断点之间距离不宜小于 $20d$(d 为柱外侧纵向钢筋直径)。梁上部纵向钢筋应伸至节点外侧并向下弯折至梁下边缘高度后截断。

② 搭接接头也可沿柱顶外侧布置(图 15—41b),此时,搭接长度竖直段不应小于 $1.7l_{ab}$。当梁上部纵向钢筋的配筋率大于 1.2% 时,弯入柱外侧的梁上部纵向钢筋除应满足以上规定的搭接长度外,且宜分两批截断,其截断点之间的距离不宜小于 $20d$(d 为梁上部纵向钢筋的直径)。柱外侧纵向钢筋伸至柱顶后宜向节点内水平弯折,弯折段的水平投影长度不宜小于 $12d$(d 为柱外侧纵向钢筋的直径)。

(6) 框架顶层端节点处梁上部纵向钢筋的截面面积 A_s 应符合下列规定:

$$A_s \leqslant \frac{0.35\beta_c f_c b_b h_{b0}}{f_y} \tag{15-33}$$

式中 b_b——梁腹板宽度;
h_{b0}——梁截面有效高度;
β_c——混凝土强度影响系数。

梁上部纵向钢筋与柱外侧纵向钢筋在节点角部的弯弧内半径,当钢筋直径 $d \leqslant 25$ mm 时,不宜小于 $6d$;当钢筋直径 $d > 25$ mm 时,不宜小于 $8d$。

(7) 在框架节点内应设置水平箍筋,箍筋直径应符合对柱中箍筋的有关规定,但间距不宜大于 250 mm。对四边均有梁与之相连的中间节点,节点内可只设置沿周边的矩形箍筋。当顶层端节点内设有梁上部纵向钢筋和柱外侧纵向钢筋的搭接接头时,节点内水平箍筋应符合纵向受力钢筋搭接长度范围内的有关规定。

梁柱节点除采用上述构造措施外,还可采用钢筋端部加机械锚头的锚固方式。详可参阅《规范》9.3节(Ⅱ)。

*15.2.6 有抗震设防要求时框架结构构件的设计

1) 一般构造要求

(1) 混凝土强度等级

为保证构件在地震作用下的承载力和延性,有抗震设防要求的混凝土强度等级应符合下列要求:剪力墙不宜超过C60;其他构件,9度时,混凝土强度等级不宜超过C60,8度时,混凝土强度等级不宜超过C70;框支梁、框支柱及一级抗震等级的框架梁、柱、节点,混凝土强度等级不应低于C30;其他各类结构构件,混凝土强度等级不应低于C20。

(2) 钢筋种类

按一、二、三级抗震等级设计的框架中的纵向受力钢筋,当采用普通钢筋时,其检验所得的强度实测值应符合下列要求:钢筋的抗拉强度实测值与屈服强度实测值的比值不应小于1.25;钢筋的屈服强度实测值与屈服强度标准值的比值不应大于1.3;钢筋最大拉力下的总伸长率实测值不应小于9%。

(3) 钢筋锚固

纵向钢筋最小锚固长度 l_{aE} 应按下式确定:

一、二级抗震等级 $\qquad l_{aE}=1.15\, l_a$

三级抗震等级 $\qquad l_{aE}=1.05\, l_a$

四级抗震等级 $\qquad l_{aE}=l_a$

式中 l_a——纵向受拉钢筋的锚固长度。

(4) 钢筋的接头

考虑抗震要求的纵向受力钢筋宜优先采用焊接或机械连接的接头。当允许采用非焊接的搭接接头时,其搭接长度不应小于下列规定:

$$l_{lE}=\zeta_l l_{aE} \tag{15-34}$$

式中 ζ_l——纵向受拉钢筋搭接长度修正系数,见表2-2。

纵向受力钢筋连接接头的位置宜避开梁端、柱端箍筋加密区;当无法避开时,应采用满足等强度的高质量机械连接接头,且钢筋接头百分率不应超过50%。

(5) 箍筋

箍筋必须做成封闭箍,并加135°弯钩,弯钩端头平直段长度不应小于 $10\,d$(d 为箍筋直径)。当采用附加拉结筋时,附加拉结筋必须同时钩住箍筋和纵筋。在纵向受力钢筋搭接长度范围内的箍筋,其直径不应小于搭接钢筋较大直径的0.25倍,其间距不应大于搭接钢筋较小直径的5倍,且不应大于100 mm。

对于框架结构构件的抗震等级及其承载力计算和变形验算的要求,已在15.1节作了介绍,本节不再重述。

2) 框架梁设计

框架梁在竖向荷载和地震的共同作用下,梁端的弯矩和剪力均为最大且为反复作用,在靠近柱边处往往出现贯通的竖向裂缝或交叉斜裂缝,形成梁端塑性铰。根据梁端的实际配筋情况不同,梁端可能出现弯曲破坏、剪切破坏或梁内纵筋锚固失效等,这些应通过承载力计算和采取适当的构造措施予以避免,并使梁端具有足够的延性。

(1) 承载力计算

框架梁的承载力计算包括正截面受弯承载力计算和斜截面受剪承载力计算两方面。

① 正截面受弯承载力计算

对于考虑地震作用组合的框架梁,其正截面受弯承载力的计算与一般梁相同,但应考虑相应的抗震调整系数 γ_{RE}。同时,在计算中,梁端混凝土受压区高度 x 应符合下列要求:

a. 一级抗震等级　　$x \leqslant 0.25 h_{b0}$(h_{b0} 为框架梁的截面有效高度);

b. 二、三级抗震等级　　$x \leqslant 0.35 h_{b0}$。

此外,纵向受拉钢筋的配筋率均不应大于 2.5%。

② 斜截面受剪承载力计算

A. 剪力设计值的调整　　为了遵守"强剪弱弯"的原则,考虑地震作用组合的框架梁端剪力设计值 V_b 应按下列规定计算:

a. 9 度设防烈度的一级抗震等级框架和一级抗震等级的框架结构

$$V_b = 1.1 \frac{(M_{bua}^l + M_{bua}^r)}{l_{bn}} + V_{Gb} \tag{15-35}$$

b. 其他情况

一级抗震等级　　$$V_b = 1.3 \frac{(M_b^l + M_b^r)}{l_{bn}} + V_{Gb} \tag{15-36}$$

二级抗震等级　　$$V_b = 1.2 \frac{(M_b^l + M_b^r)}{l_{bn}} + V_{Gb} \tag{15-37}$$

三级抗震等级　　$$V_b = 1.1 \frac{(M_b^l + M_b^r)}{l_{bn}} + V_{Gb} \tag{15-38}$$

四级抗震等级,取地震作用组合下的剪力设计值。

式中　M_{bua}^l、M_{bua}^r——框架梁左、右端按实配钢筋截面面积(计入受压钢筋及梁有效翼缘宽度范围内的楼板钢筋)、材料强度标准值,且考虑承载力抗震调整系数的正截面抗震受弯承载力所对应的弯矩值;

　　　　M_b^l、M_b^r——考虑地震作用组合的框架梁左、右端弯矩设计值;

　　　　V_{Gb}——考虑地震作用组合时的重力荷载代表值产生的剪力设计值,可按简支梁计算确定(图 15-42);

　　　　l_{bn}——梁的净跨。

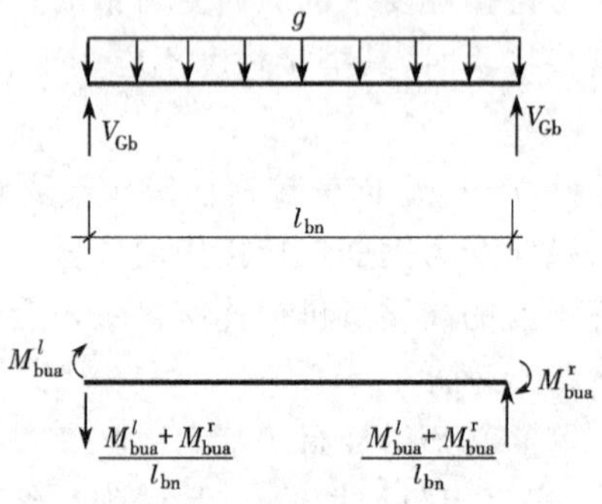

图 15-42　梁端剪力计算

必须注意,在公式(15-35)中,M_{bua}^l 和 M_{bua}^r 之和应分别按顺时针和逆时针方向进行计算,并取其较大值。在公式(15-36)~公式(15-38)中,M_b^l 与 M_b^r 之和,应分别取顺时针和逆时针计算的两端考虑地震组合的弯矩设计值之和的较大值;一级抗震等级,当两端弯矩均为负弯矩时,绝对值较小的弯矩值应取零。

B. 截面限制条件　　对于矩形、T 形和 I 形截面的框架梁,当跨高比 $l_0/h > 2.5$ 时,其受剪截面应符合下列条件：

无地震作用组合时

$$V_b \leqslant 0.25\beta_c f_c b_b h_{b0} \qquad (15-39)$$

有地震作用组合时

$$V_b \leqslant \frac{1}{\gamma_{RE}}(0.2\beta_c f_c b_b h_{b0}) \qquad (15-40)$$

式中 b_b——框架梁的截面宽度（矩形截面）或腹板厚度（T形截面）；

h_{b0}——框架梁的截面有效高度；

β_c——混凝土强度影响系数，当混凝土强度等级不超过 C50 时，取 $\beta_c=1.0$；当混凝土强度等级为 C80 时，取 $\beta_c=0.8$；其间按线性内插法确定。

C. 斜截面受剪承载力计算公式

a. 一般框架梁　矩形、T形和I形截面框架梁，其斜截面受剪承载力应按下列公式计算：

无地震作用组合时

$$V_b \leqslant 0.7 f_t b_b h_{b0} + f_{yv}\frac{A_{sv}}{s}h_{b0} \qquad (15-41)$$

有地震作用组合时

$$V_b \leqslant \frac{1}{\gamma_{RE}}(0.42 f_t b_b h_{b0} + f_{yv}\frac{A_{sv}}{s}h_{b0}) \qquad (15-42)$$

b. 集中荷载作用下的框架梁　对集中荷载作用下的框架梁（包括有多种荷载，且其中集中荷载对节点边缘产生剪力值占总剪力值的 75% 以上的情况），其斜截面受剪承载力应按下列公式计算

无地震作用组合时

$$V_b \leqslant \frac{1.75}{\lambda+1.0} f_t b_b h_{b0} + f_{yv}\frac{A_{sv}}{s}h_{b0} \qquad (15-43)$$

有地震作用组合时

$$V_b \leqslant \frac{1}{\gamma_{RE}}(\frac{1.05}{\lambda+1.0} f_t b_b h_{b0} + f_{yv}\frac{A_{sv}}{s}h_{b0}) \qquad (15-44)$$

此处，有关符号（λ、s、A_{sv}、f_{yv} 等）同第 5 章。

(2) 截面尺寸和配筋构造

① 截面尺寸

框架梁截面宽度不宜小于 200 mm，截面高度和截面宽度的比值不宜大于 4，以保证梁平面外的稳定性；净跨与截面高度的比值不宜小于 4。其余与非抗震设计相同。

② 配筋构造

A. 纵向钢筋　框架梁纵向受拉钢筋的配筋率，不应小于表 15-12 的规定。

表 15-12　　　　纵向受拉钢筋最小配筋百分率　　　　单位：%

抗震等级	梁中位置	
	支座	跨中
一级	0.4 和 $80f_t/f_y$ 中的较大值	0.3 和 $65f_t/f_y$ 中的较大值
二级	0.3 和 $65f_t/f_y$ 中的较大值	0.25 和 $55f_t/f_y$ 中的较大值
三、四级	0.25 和 $55f_t/f_y$ 中的较大值	0.2 和 $45f_t/f_y$ 中的较大值

沿梁全长顶面和底面至少应各配置两根通长的纵向钢筋,对一、二级抗震等级,钢筋直径不应小于 14 mm,且不应少于梁端顶面和底面纵向钢筋中较大截面面积的 1/4;对三、四级抗震等级,钢筋直径不应小于 12 mm。

梁端的底面和顶面纵筋量比值对梁的变形能力有较大影响,底面钢筋可增加负弯矩时塑性铰的转动能力,防止正弯矩时屈服过早或破坏过重而影响负弯矩时的承载力和变形能力的正常发挥。因此,为提高框架梁的延性,框架梁端截面的底部和顶部纵向受力钢筋截面面积的比值,除按计算确定外,应符合下列规定:

一级抗震等级 $\dfrac{A_s'}{A_s} \geqslant 0.5$ (15—45)

二、三级抗震等级 $\dfrac{A_s'}{A_s} \geqslant 0.3$ (15—46)

B. 箍筋 梁端破坏主要集中在 1.5～2 倍梁高的长度范围内,且当箍筋间距小于 $6d$～$8d$ 时,混凝土压溃前受压钢筋一般不至于压屈,延性较好。因此,框架梁梁端箍筋应予以加密。梁端箍筋的加密区的长度,箍筋最大间距和最小直径应按表 15—13 采用。当梁端纵向受拉钢筋配筋率大于 2.5% 时,表中箍筋最小直径应增加 2 mm。加密区箍筋肢距,对一级抗震等级不宜大于 200 mm 和 20 倍箍筋直径的较大值,对二、三级抗震等级不宜大于 250 mm 和 20 倍箍筋直径的较大值;各抗震等级下均不宜大于 300 mm。

表 15—13 框架梁端加密区的长度、箍筋最大间距和最小直径

抗震等级	箍筋加密区长度/mm	箍筋最大间距/mm	箍筋最小直径/mm
一级	取 $2h_b$ 和 500 中的较大值	纵向钢筋直径的 6 倍、梁高的 1/4 和 100 中的最小值	10
二级		纵向钢筋直径的 8 倍、梁高的 1/4 和 100 中的最小值	8
三级	取 $1.5h_b$ 和 500 中的较大值	纵向钢筋直径的 8 倍、梁高的 1/4 和 150 中的最小值	8
四级		纵向钢筋直径的 8 倍、梁高的 1/4 和 150 中的最小值	6

注:箍筋直径大于 12 mm,数量不少于 4 肢且肢距不大于 150 mm 时,一、二级的最大间距应允许适当放宽,但不得大于 150 mm。

梁端设置的第一个箍筋应距框架节点边缘不大于 50 mm。非加密区的箍筋间距不宜大于加密区箍筋间距的 2 倍。沿梁全长箍筋的配筋率 ρ_{sv} 应符合下列规定:

一级抗震等级 $\rho_{sv} \geqslant 0.30 f_t / f_{yv}$ (15—47)

二级抗震等级 $\rho_{sv} \geqslant 0.28 f_t / f_{yv}$ (15—48)

三、四级抗震等级 $\rho_{sv} \geqslant 0.26 f_t / f_{yv}$ (15—49)

3) 框架柱设计

框架柱在地震作用下,柱端弯矩最大,因此常在柱端出现水平或斜向裂缝,甚至柱端混凝土压碎、钢筋压屈。因此,应通过承载力计算和采取适当的构造措施予以避免,并使柱端具有足够的承载力和延性。

(1) 承载力计算

框架柱的承载力计算包括正截面承载力计算和斜截面承载力计算两方面。

① 正截面偏心受压承载力计算

A. 内力设计值的调整 根据"强柱弱梁"的设计原则,考虑地震作用组合的框架柱,除框架顶层柱、轴压比小于0.15的柱以及框支梁与框支柱的节点外,框架柱节点上、下端和框支柱的中间层节点上、下端的截面内力设计值应按下列公式计算:

a. 节点上、下柱端的弯矩设计值

(a) 9度设防烈度的一级抗震等级框架和一级抗震等级的框架结构

$$\sum M_c = 1.2 \sum M_{bua} \tag{15-50}$$

(b) 框架结构

二级抗震等级

$$\sum M_c = 1.5 \sum M_b \tag{15-51}$$

三级抗震等级

$$\sum M_c = 1.3 \sum M_b \tag{15-52}$$

四级抗震等级

$$\sum M_c = 1.2 \sum M_b \tag{15-53}$$

(c) 其他情况

一级抗震等级

$$\sum M_c = 1.4 \sum M_b \tag{15-54}$$

二、四级抗震等级

$$\sum M_c = 1.2 \sum M_b \tag{15-55}$$

三级抗震等级

$$\sum M_c = 1.1 \sum M_b \tag{15-56}$$

式中 $\sum M_c$ ——考虑地震作用组合的节点上、下柱端的弯矩设计值之和;柱端的弯矩设计值的确定,在一般情况下,可将公式(15-50)~(15-56)计算的弯矩值之和按上柱下端和下柱上端弹性分析所得的考虑地震作用组合的弯矩比进行分配;

$\sum M_{bua}$ ——同一节点左、右梁端按逆时针或顺时针方向采用实配钢筋截面面积和材料强度标准值,且考虑承载力抗震调整系数计算的正截面抗震受弯承载力所对应的弯矩值之和的较大值;当有现浇板时,梁端的实配钢筋应包含梁有效翼缘宽度范围内楼板的纵向钢筋;

$\sum M_b$ ——同一节点左、右梁端按顺时针或逆时针方向计算的两端考虑地震作用组合的弯矩设计值之和的较大值;一级抗震等级,当两端均为负弯矩时,绝对值较小的弯矩值应取为零。

此外,对按一、二、三、四级抗震等级设计的框架底层柱底端截面组合的弯矩设计值,应分别乘以增大系数1.7、1.5、1.3和1.2。底层柱纵向钢筋按柱上、下端的不利情况配置。

还须指出,抗震设计时,框架角柱应按双向偏心受压计算,按一、二级抗震等级设计的角柱的弯矩、剪力值宜乘以增大系数1.30。

b. 节点上、下柱端的轴向力设计值 节点上、下柱端的轴向压力设计值,应取地震作用组合下各自的轴向压力设计值。

B. 正截面承载力计算 偏心受压正截面承载力的计算方法与一般柱相同,但应考虑承载力抗震调整系数。

② 斜截面受剪承载力计算

A. 内力设计值的调整 根据上述的"强剪弱弯"的设计原则,框架柱、框支层柱考虑抗震等级的剪力设计值 V_c 应按下列规定计算:

a. 9度设防烈度的一级抗震等级框架和一级抗震等级的框架结构

$$V_c = 1.2 \frac{(M_{cua}^t + M_{cua}^b)}{H_{cn}} \quad (15-57)$$

b. 框架结构

二级抗震等级

$$V_c = 1.3 \frac{(M_c^t + M_c^b)}{H_n} \quad (15-58)$$

三级抗震等级

$$V_c = 1.2 \frac{(M_c^t + M_c^b)}{H_n} \quad (15-59)$$

四级抗震等级

$$V_c = 1.1 \frac{M_c^t + M_c^b}{H_n} \quad (15-60)$$

式中 M_{cua}^t、M_{cua}^b——框架柱上、下端按实配钢筋截面面积和材料强度标准值,且考虑承载力抗震调整系数计算的正截面抗震受弯承载力所对应的弯矩值;

M_c^t、M_c^b——考虑地震作用组合,且经调整后的框架柱上、下端弯矩设计值;

H_{cn}——柱的净高。

公式(15-57)中,M_{cua}^t 与 M_{cua}^b 之和应分别按顺时针和逆时针方向进行计算,并取其较大值。N 可取重力荷载代表值产生的轴向压力设计值。在公式(15-58)~公式(15-60)中,M_c^t 与 M_c^b 之和应分别按顺时针和逆时针方向进行计算,并取其较大值。

B. 截面限制条件 矩形截面框架柱、框支柱的受剪截面应符合下列条件:

无地震作用组合时

$$V_c \leqslant 0.25 f_c b_c h_{c0} \quad (15-61)$$

有地震作用组合时

剪跨比 $\lambda > 2$ 的框架柱 $\qquad V_c \leqslant \dfrac{1}{\gamma_{RE}}(0.2\beta_c f_c b_c h_{c0}) \quad (15-62)$

框支柱和剪跨比 $\lambda \leqslant 2$ 的框架柱 $\quad V_c \leqslant \dfrac{1}{\gamma_{RE}}(0.15\beta_c f_c b_c h_{c0}) \quad (15-62a)$

式中 b_c、h_{c0}——矩形框架柱的截面宽度和截面有效高度;

λ——框架柱和框支柱的计算剪跨比,取 $\lambda = M/(Vh_{c0})$,此处,M 宜取柱上、下端考虑地震作用组合的弯矩设计值的较大值,V 取与 M 对应的剪力设计值,当框架结构中的框架柱的反弯点在柱层高范围内时,可取 $\lambda = H_{cn}/(2h_{c0})$,此处,$H_{cn}$ 为柱净高,h_{c0} 为柱截面有效高度;当 $\lambda \leqslant 1$ 时,取 $\lambda = 1$;当 $\lambda > 3$ 时,取 $\lambda = 3$。

C. 斜截面受剪承载力计算公式

a. 偏心受压时框架柱、框支柱的斜截面受剪承载力应按下列公式计算：

无地震作用组合时

$$V_c \leqslant \frac{1.75}{\lambda+1.0} f_t b_c h_{c0} + f_{yv} \frac{A_{sv}}{s} h_{c0} + 0.07N \tag{15-63}$$

有地震作用组合时

$$V_c \leqslant \frac{1}{\gamma_{RE}} \left(\frac{1.05}{\lambda+1.0} f_t b_c h_{c0} + f_{yv} \frac{A_{sv}}{s} h_{c0} + 0.056N \right) \tag{15-64}$$

式中 N——考虑地震作用组合的框架柱和框支柱的轴向压力设计值，当 $N > 0.3 f_c A_c$ 时，取 $N = 0.3 f_c A_c$，A_c 为柱的截面面积。

b. 偏心受拉时框架柱、框支柱的斜截面抗震受剪承载力应按下列公式计算：

无地震作用组合时

$$V_c \leqslant \frac{1.75}{\lambda+1.0} f_t b_c h_{c0} + f_{yv} \frac{A_{sv}}{s} h_{c0} - 0.2N \tag{15-65}$$

有地震作用组合时

$$V_c \leqslant \frac{1}{\gamma_{RE}} \left(\frac{1.05}{\lambda+1.0} f_t b_c h_{c0} + f_{yv} \frac{A_{sv}}{s} h_{c0} - 0.2N \right) \tag{15-66}$$

式中 N——考虑地震作用组合的框架柱轴向拉力设计值。

当公式(15-65)和公式(15-66)右边括号内的计算值小于 $f_{yv} \frac{A_{sv}}{s} h_{c0}$ 时，取等于 $f_{yv} \frac{A_{cv}}{s} h_{c0}$，且不应小于 $0.36 f_t b_c h_{c0}$。

(2) 截面尺寸和配筋构造

① 截面尺寸

轴压比是影响柱的破坏形态和变形能力的重要因素，地震区的框架柱设计，应使框架柱具有足够的延性，对于考虑地震作用组合的框架柱、框支柱的轴压比，即 $N/(f_c A_c)$，不宜大于表15-14中规定的限值。对Ⅳ类场地上的较高的高层建筑，轴压比限值应适当减小。同时，柱的截面尺寸应符合下列要求：A. 矩形截面柱，抗震等级为四级或层数不超过2层时，其最小截面宽度和高度不宜小于300 mm，一、二、三级抗震等级且层数超过2层时不宜小于400 mm；圆柱的截面直径，抗震等级为四级或层数不超过2层时不宜小于350 mm；一、二、三级抗震等级且层数超过2层时不宜小于450 mm；B. 柱的剪跨比宜大于2；C. 柱截面高度与宽度之比不宜大于3；D. 框架柱截面尺寸的其他要求与非抗震设计相同。

② 配筋构造

A. 纵向受力钢筋 框架柱的纵向受力钢筋宜对称配。抗震设计时，框架柱和框支柱中全部纵向受力钢筋的配筋率不应小于表15-15规定的数值；同时，每一侧配筋率不应小于0.2%；对Ⅳ类场地上较高的高层建筑，最小配筋率应按表中数值增加0.1采用。此外，柱中全部纵向受力钢筋的配筋率不应大于5%。对按一级抗震等级设计，且柱的剪跨比 $\lambda \leqslant 2$ 时，柱每侧纵向钢筋配筋率不宜大于1.2%。必须指出，由于角柱的震害比边柱、中柱的震害都要严重，因此对角柱的纵向钢筋最小配筋率的限值要高于对中柱和边柱的限值。另外，为使柱截面核心区混凝土有较好的约束，抗震设计时，对截面边长大于400 mm 的柱，纵向钢筋间距不宜大于200 mm。

B. 箍筋 框架柱内常用的箍筋形式如图15-43所示。试验结果表明，箍筋类型对柱核芯区混凝土的约束作用有明显的影响。当配置复合箍筋或螺旋形箍筋时,柱的延性将比配置普通矩形箍筋时有所提高。

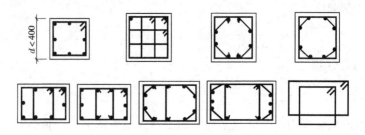

图 15-43 柱的箍筋形式

表 15-14 框架柱轴压比限值

结 构 体 系	抗 震 等 级			
	一级	二级	三级	四级
框架结构	0.65	0.75	0.85	0.90
框架-剪力墙结构、筒体结构	0.75	0.85	0.95	0.95
部分框支剪力墙结构	0.6	0.7	—	—

注:1. 轴压比 $N/(f_c A_c)$ 指考虑地震作用组合的框架柱和框支柱轴向压力设计值 N 与柱全截面面积 A_c 和混凝土轴心抗压强度设计值 f_c 乘积之比值;对不进行地震作用计算的结构,取无地震作用组合的轴力设计值。
2. 当混凝土强度等级为 C65~C70 时,轴压比限值宜按表中数值减小 0.05;混凝土强度等级为 C75~C80 时,轴压比限值宜按表中数值减小 0.10。
3. 表内限值适用于剪跨比大于 2,混凝土强度等级不高于 C60 的柱;剪跨比 $\lambda \leqslant 2$ 的柱,其轴压比限值应按表中数值减小 0.05;对剪跨比 $\lambda < 1.5$ 的柱,轴压比限值应专门研究并采取特殊构造措施。
4. 沿柱全高采用井字复合箍,且箍筋间距不大于 100 mm、肢距不大于 200 mm、直径不小于 12 mm,或沿柱全高采用复合螺旋箍,且螺距不大于 100 mm、肢距不大于 200 mm、直径不小于 12 mm,或沿柱全高采用连续复合矩形螺旋箍,且螺距不大于 80 mm、肢距不大于 200 mm、直径不小于 10 mm 时,轴压比限值均可按表中数值增加 0.10。
5. 当柱截面中部设置由附加纵向钢筋形成的芯柱,且附加纵向钢筋的总面积不少于柱截面面积的 0.8% 时,其轴压比限值可按表中数值增加 0.05。此项措施与注 4 的措施同时采用时,轴压比限值可按表中数值增加 0.15,但箍筋的配箍特征值 λ_v 仍可按轴压比增加 0.10 的要求确定。
6. 调整后的轴压比限值不应大于 1.05。

表 15-15 柱全部纵向受力钢筋最小配筋百分率 单位:%

柱类型	抗 震 等 级			
	一级	二级	三级	四级
中柱、边柱	0.9(1.0)	0.7(0.8)	0.6(0.7)	0.5(0.6)
角柱、框支柱	1.1	0.9	0.8	0.7

注:1. 表中括号内数值用于框架结构的柱。
2. 当采用 335MPa、400MPa 级纵向受力钢筋时,应分别按表中数值增加 0.1 和 0.05 采用。
3. 当混凝土强度等级为 C60 及以上时,应按表中数值增加 0.1 采用。

框架柱和框支柱上、下两端箍筋应加密,加密区的箍筋最大间距和箍筋最小直径应按表 15-16 的规定取用。对框支柱和剪跨比 $\lambda \leqslant 2$ 的框架柱应沿柱全高范围内加密箍筋,且箍筋间距应符合表 15－16 中一级抗震等级的要求。框架柱的箍筋加密区长度,应取柱截面长边尺寸(或圆形截面直径)、柱净高的 1/6 和 500 mm 中的最大值;一、二级抗震等级的角柱应沿柱全高加密箍筋。底层柱根箍筋加密区长度应取不小于该层柱净高的 1/3;当有刚性地面时,除柱端箍筋加密区外尚应在刚性地面上、下各 500 mm 的高度范围内加密箍筋。

表 15－16　　　　　　　　　柱端箍筋加密区的构造要求　　　　　　　　　单位:mm

抗震等级	箍筋最大间距	箍筋最小直径
一级	纵向钢筋直径的 6 倍和 100 二者中的较小值	
二级	纵向钢筋直径的 8 倍和 100 二者中的较小值	
三级	纵向钢筋直径的 8 倍和 150(柱根 100)二者中的较小值	8
四级		6(柱根 8)

注:柱根指柱下端箍筋加密区范围。

柱箍筋加密区箍筋的体积配筋率应符合下列规定:

a. 柱箍筋加密区箍筋的体积配筋率,应符合下列规定:

$$\rho_v \geqslant \lambda_v \frac{f_c}{f_{yv}} \tag{15－67}$$

式中　ρ_v——柱箍筋加密区的体积配筋率,计算中应扣除重叠部分的箍筋体积;

f_c——混凝土轴心抗压强度设计值;当强度等级低于 C35 时,按 C35 取值;

f_{yv}——箍筋及拉筋抗拉强度设计值;

λ_v——最小配箍特征值,按表 15－17 采用。

表 15－17　　　　　　柱箍筋加密区的箍筋最小配箍特征值 λ_v

抗震等级	箍筋型式	轴压比								
		≤0.3	0.4	0.5	0.6	0.7	0.8	0.9	1.0	1.05
一级	普通箍、复合箍	0.10	0.11	0.13	0.15	0.17	0.20	0.23	—	
	螺旋箍、复合或连续复合矩形螺旋箍	0.08	0.09	0.11	0.13	0.15	0.18	0.21		
二级	普通箍、复合箍	0.08	0.09	0.11	0.13	0.15	0.17	0.19	0.22	0.24
	螺旋箍、复合或连续复合矩形螺旋箍	0.06	0.07	0.09	0.11	0.13	0.15	0.17	0.20	0.22
三、四级	普通箍、复合箍	0.06	0.07	0.09	0.11	0.13	0.15	0.17	0.20	0.22
	螺旋箍、复合或连续复合矩形螺旋箍	0.05	0.06	0.07	0.09	0.11	0.13	0.15	0.18	0.20

注:1. 普通箍指单个矩形箍筋或单个圆形箍筋;螺旋箍指单个螺旋箍筋;复合箍指由矩形、多边形、圆形箍筋或拉筋组成的箍筋;复合螺旋箍指由螺旋箍与矩形、多边形、圆形箍筋或拉筋组成的箍筋;连续复合矩形螺旋箍指全部螺旋箍为同一根钢筋加工成的箍筋。

2. 在计算复合螺旋箍的体积配筋率时,其中非螺旋箍筋的体积应乘以换算系数 0.8。

3. 混凝土强度等级高于 C60 时,箍筋宜采用复合箍、复合螺旋箍或连续复合矩形螺旋箍;当轴压比不大于 0.6 时,其加密区的最小配箍特征值宜按表中数值增加 0.02;当轴压比大于 0.6 时,宜按表中数值增加 0.03。

b. 对一、二、三和四级抗震等级的柱,其箍筋加密区的箍筋体积配筋率分别不应小于 0.8%、0.6%、0.4% 和 0.4%。

c. 框支柱宜采用复合螺旋箍或井字复合箍,其最小配箍特征值应按表15-17中的数值增加0.02取用,且体积配筋率不应小于1.5%。

d. 当剪跨比 $\lambda \leqslant 2$ 时,宜采用复合螺旋箍或井字复合箍,其箍筋体积配筋率不应小于1.2%;9度设防烈度时,不应小于1.5%。

在柱箍筋加密区外,箍筋的体积配筋率不宜小于加密区配筋率的一半;对一、二级抗震等级,箍筋间距不应大于 $10d$;对三、四级抗震等级,箍筋间距不应大于 $15d$,此处,d 为纵向钢筋直径。

4) 框架节点设计

(1) 框架节点的破坏形态

在竖向荷载和地震作用下,框架梁柱节点区受力比较复杂,不仅承受柱子传来的轴向力、弯矩、剪力,而且承受梁传来的弯矩、剪力,如图15-44所示。在这些内力的综合作用下,节点区主要处于压剪受力状态,节点区将发生由于剪切及主拉应力所造成的脆性破坏。震害和试验研究表明,梁柱节点的破坏形态主要有两种:剪切破坏和锚固破坏。剪切破坏主要是由于梁柱节点区未设箍筋或箍筋过少,受剪承载力不足而引起的。破坏时,节点区出现多条交叉斜裂缝,斜裂缝间混凝土被压酥,柱内纵向钢筋压屈。锚固破坏主要是梁内纵筋伸入节点锚固长度不足而引起的,破坏时,纵筋在节点内产生滑移或被拔出,以致梁端部塑性铰难以充分发挥作用。

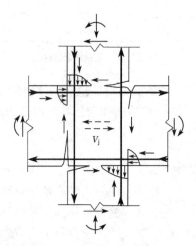

图15-44 节点核心区受力图

影响框架节点承载力和延性的主要因素有混凝土强度、箍筋抗拉强度、配箍率、轴压比以及正交梁对节点核芯区的约束作用等。

(2) 地震作用在节点产生的剪力

取某中间节点为脱离体(图15-45),当梁端出现塑性铰时,梁内受拉纵筋应力达到其屈服强度(计算时,取钢筋抗拉强度标准值)。若忽略框架梁内的轴向力及交叉梁对节点受力的影响,则节点的受力状态如图15-45a所示。设节点水平截面上的剪力为 V_j,由节点上半部的平衡条件可得

$$V_j = C^l + T^r - V_c = f_{yk} A_s^b + f_{yk} A_s^t - V_c \tag{15-68}$$

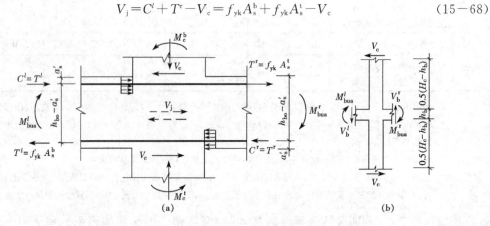

图15-45 节点受力计算简图

式中 C^l——节点左边梁上部压力的合力,$C^l=T^l$,T^l 为节点左边下部纵向受拉钢筋的拉力;
T^r——节点右边上部纵向受拉钢筋的拉力,$T^r=C^r$,C^r 为节点右边梁下部压力的合力;
A_s^b、A_s^t——分别为节点左边梁下部纵向受拉钢筋截面面积和节点右边梁上部纵向受拉钢筋截面面积;
f_{yk}——钢筋抗拉强度标准值。

当近似取截面内臂长度 $z=h_{b0}-a_s$ 时,则可得

$$f_{yk}A_s^b = \frac{M_{bua}^l}{h_{b0}-a_s'} \tag{15-69}$$

$$f_{yk}A_s^t = \frac{M_{bua}^r}{h_{b0}-a_s'} \tag{15-70}$$

式中 h_{b0}——梁截面的有效高度。

若近似假定在节点处上、下柱反弯点在层高的中点,且上、下柱的剪力均为 V_c(图 15-46b),则由节点的弯矩平衡条件得

$$V_c(H_c-h_b) = M_{bua}^l + M_{bua}^r \tag{15-71}$$

即

$$V_c = \frac{M_{bua}^l + M_{bua}^r}{h_{b0}-a_s'} \cdot \frac{h_{b0}-a_s}{H_c-h_b} \tag{15-72}$$

式中 H_c——节点上柱和下柱反弯点之间的距离;
h_b——梁的截面高度。

将式(15-69)、(15-70)和(15-71)代入式(15-68),则得

$$V_j = \frac{M_{bua}^l + M_{bua}^r}{h_{b0}-a_s'}\left(1-\frac{h_{b0}-a_s'}{H_c-h_b}\right) \tag{15-73}$$

(3)节点抗震设计要求

一、二、三级抗震等级的框架应进行节点核心区抗震受剪承载力验算;四级抗震等级的框架可不进行计算,但应符合抗震构造措施的要求。框支层中间层节点的抗震受剪承载力验算方法及抗震构造措施与框架中间层节点相同。

(4)节点剪力设计值

根据"强节点、弱构件"的设计原则及地震作用对节点产生的剪力,一、二、三级抗震等级的框架梁柱节点核心区的剪力设计值 V_j,应按下列规定计算:

① 顶层中间节点和端节点

A. 一级抗震等级的框架结构和 9 度设防烈度的一级抗震等级框架:

$$V_j = \frac{1.15\sum M_{bua}}{h_{b0}-a_s'} \tag{15-74}$$

B. 其他情况:

$$V_j = \frac{\eta_{jb}\sum M_b}{h_{b0}-a_s'} \tag{15-75}$$

② 其他层中间节点和端节点

A. 一级抗震等级的框架结构和 9 度设防烈度的一级抗震等级框架:

$$V_j = \frac{1.15\sum M_{bua}}{h_{b0}-a_s'}\left(1-\frac{h_{b0}-a_s'}{H_c-h_b}\right) \tag{15-76}$$

B. 其他情况:

$$V_j = \frac{\eta_{jb} \sum M_b}{h_{b0} - a'_s} \left(1 - \frac{h_{b0} - a'_s}{H_c - h_b}\right) \tag{15-77}$$

式中 $\sum M_{bua}$ ——节点左、右两侧的梁端逆时针或顺时针方向的正截面抗震受弯承载力所对应的弯矩值之和,可根据实配钢筋面积(计入纵向受压钢筋)和材料强度标准值确定;

$\sum M_b$ ——节点左、右两侧的梁端逆时针或顺时针方向组合弯矩设计值之和,一级抗震等级框架节点左右梁端均为负弯矩时,绝对值较小的弯矩应取零;

η_{jb} ——节点剪力增大系数,对于框架结构,一级取 1.50,二级取 1.35,三级取 1.20;对于其他结构中的框架,一级取 1.35,二级取 1.20,三级取 1.10;

h_{b0}、h_b ——分别为梁的截面有效高度、截面高度,当节点两侧梁高不相同时,取其平均值;

H_c ——节点上柱和下柱反弯点之间的距离;

a'_s ——梁纵向受压钢筋合力点至截面近边的距离。

(5) 节点受剪承载力的计算

① 截面限制条件

为防止节点区混凝土承受过大的斜压应力以致混凝土先被压碎而破坏,框架梁柱节点受剪的水平截面应符合下列条件:

$$V_j \leqslant \frac{1}{\gamma_{RE}} (0.3 \eta_j \beta_c f_c b_j h_j) \tag{15-78}$$

式中 h_j ——框架节点核心区的截面高度,可取验算方向的柱截面高度 h_c;

b_j ——框架节点核心区的截面有效验算宽度,当 $b_b \geqslant \frac{b_c}{2}$ 时,可取 b_c;当 $b_b < \frac{b_c}{2}$ 时,可取 $(b_b + 0.5h_c)$ 和 b_c 中的较小值;当梁与柱的中线不重合且偏心距 e_0 不大于 $\frac{b_c}{4}$ 时,可取 $(b_b + 0.5h_c)$、$(0.5b_b + 0.5b_c + 0.25h_c - e_0)$ 和 b_c 三者中的最小值。此处,b_b 为验算方向梁截面宽度,b_c 为该侧的柱截面宽度;

η_j ——正交梁对节点的约束影响系数:当楼板为现浇、梁柱中线重合、四侧各梁截面宽度不小于该侧的柱截面宽度的 $\frac{1}{2}$,且正交方向梁高度不小于较高框架梁高度的 $\frac{3}{4}$ 时,可取 $\eta_j = 1.50$,对 9 度设防烈度宜取 $\eta_j = 1.25$;当不满足上述约束条件时,应取 $\eta_j = 1.0$。

② 节点受剪承载力计算公式

根据试验结果并考虑承载力抗震调整系数,框架梁柱节点的抗震受剪承载力应按下列公式计算:

一级抗震等级的框架结构和 9 度设防烈度的一级抗震等级框架

$$V_j \leqslant \frac{1}{\gamma_{RE}} \left[0.9 \eta_j f_t b_j h_j + f_{yv} A_{svj} \frac{h_{b0} - a'_s}{s}\right] \tag{15-79}$$

其他情况

$$V_j \leqslant \frac{1}{\gamma_{RE}} \left[1.1 \eta_j f_t b_j h_j + 0.05 \eta_j N \frac{b_j}{b_c} + f_{yv} A_{svj} \frac{h_{b0} - a'_s}{s}\right] \tag{15-80}$$

式中 N——对应于考虑地震组合剪力设计值的节点上柱底部的轴向力设计值；当 N 为压力时，取轴向压力设计值的较小值，且当 $N>0.5f_cb_ch_c$ 时，取 $0.5f_cb_ch_c$；当 N 为拉力时，取为 0；

A_{svj}——核心区有效验算宽度范围内同一截面验算方向箍筋各肢的全部截面面积；

h_{b0}——框架梁截面有效高度，节点两侧梁截面高度不等时取平均值。

(6) 框架节点的构造要求

① 箍筋

框架节点中箍筋的最大间距、最小直径宜按表 15—16 采用。对一、二、三级抗震等级的框架节点核心区，配箍特征值 λ_v 分别不宜小于 0.12、0.10 和 0.08，且其箍筋体积配筋率分别不宜小于 0.6%、0.5% 和 0.4%。对于框架柱剪跨比 $\lambda \leqslant 2$ 的框架节点核心区，其配箍特征值不宜小于核心区上、下柱端配箍特征值中的较大值。

② 纵向受力钢筋的锚固和搭接

框架梁和框架柱的纵向受力钢筋在框架节点区的锚固和搭接应符合下列要求（图 15—46）：

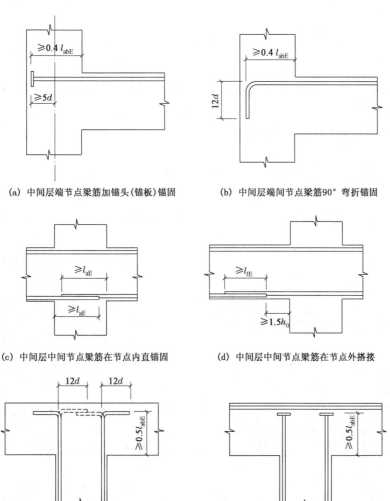

(a) 中间层端节点梁筋加锚头（锚板）锚固　　(b) 中间层端节点间点梁筋90°弯折锚固

(c) 中间层中间节点梁筋在节点内直锚固　　(d) 中间层中间节点梁筋在节点外搭接

(e) 顶层中间节点柱筋90°弯折锚固　　(f) 顶层中间节点柱筋加锚头（锚板）锚固

图 15—46　梁和柱的纵向受力钢筋在节点区的锚固和搭接(a)～(f)

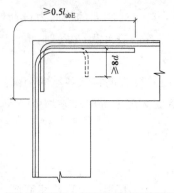
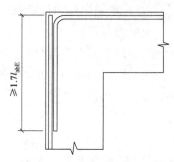

(g) 钢筋在顶层端节点外侧和梁端顶部弯折搭接　　(h) 钢筋在顶层端节点外侧直线搭接

图 15-46　梁和柱的纵向受力钢筋在节点区的锚固和搭接(g)~(h)

框架中间层中间节点处，框架梁的上部纵向钢筋应贯穿中间节点。贯穿中柱的每根梁纵向钢筋直径，对于 9 度设防烈度的各类框架和一级抗震等级的框架结构，当柱为矩形截面时，不宜大于柱在该方向截面尺寸的 $\frac{1}{25}$，当柱为圆形截面时，不宜大于纵向钢筋所在位置柱截面弦长的 $\frac{1}{25}$；对一、二、三级抗震等级，当柱为矩形截面时，不宜大于柱在该方向截面尺寸的 $\frac{1}{20}$，对圆柱截面，不宜大于纵向钢筋所在位置柱截面弦长的 $\frac{1}{20}$。

对于框架中间层中间节点、中间层端节点、顶层中间节点以及顶层端节点，梁、柱纵向钢筋在节点部位的锚固和搭接，应符合图 15-46 的相关构造规定。图中 l_{lE} 按《规范》第 11.1.7 条规定取用，见本章公式(15-34)；l_{abE} 按下式取用：

$$l_{abE} = \zeta_{aE} l_{ab} \tag{15-81}$$

式中　ζ_{aE}——纵向受拉钢筋锚固长度修正系数，按《规范》第 11.1.7 条规定取用。

例题 15-4　某棉织厂生产车间主厂房为 5 层钢筋混凝土框架（两端楼梯间为砖混结构），厂房平面图及主厂房剖面图如图 15-47 所示，位于非地震区。试设计该框架结构。

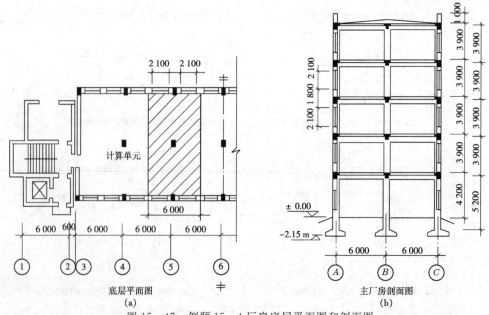

图 15-47　例题 15-4 厂房底层平面图和剖面图

解 1)设计资料

(1)气象资料

① 基本风压值:$w_0 = 0.35 \text{ kN/m}^2$。

② 基本雪压值:$s_0 = 0.3 \text{ kN/m}^2$。

(2)地质水文资料(略)

(3)荷载资料

① 车间楼面活荷载标准值:4 kN/m^2。

② 屋面构造:30 mm 厚架空隔热板,二毡三油绿豆砂,15 mm 厚 1:3 水泥砂浆找平层,40 mm 厚混凝土整浇层,180 mm 厚预制空心板,板底 12 mm 厚纸筋灰粉刷。

③ 楼面构造:27 mm 厚水磨石面层,40 mm 厚细石混凝土整浇层,180 mm 厚预制空心板,板底 12 mm 厚纸筋灰粉刷。

④ 围护墙构造:墙身为 240 mm 厚、MU10KP1 型多孔砖,M2.5 水泥砂浆砌筑、双面粉刷。每一开间采用 2 个 2.10 m×2.10 m 钢窗。

2)结构方案、材料选择及梁、柱截面尺寸

① 结构方案

结构方案采用现浇整体式横向承重框架、预制空心板楼(屋)盖结构方案和钢筋混凝土条形基础(基底标高 -2.15 m)。

② 材料选择

混凝土:底层柱采用 C30,其余均为 C25。

钢筋:直径大于 10 mm 的采用 HRB400 级钢筋,其余采用 HPB300 级钢。

③ 柱、梁截面尺寸

A. 柱

参考类似工程,取柱截面尺寸为

边柱 400 mm×400 mm

中柱 400 mm×500 mm

柱的截面尺寸也可按下述方法估算。

估算荷载:恒荷载(包括楼盖、墙体等)标准值可按 10~13 kN/m² 估算。在本例中没有横隔墙,取恒荷载标准值为 10 kN/m²,活荷载标准值为 4 kN/m²。

估算柱的轴向力:以中柱为例,中柱负荷面积为 6 m×6 m,则中柱柱底承受的轴向力标准值和设计值为

$N_k = 5 \times (10+4) \times 6 \times 6 = 2520 \text{ kN}$

$N = 5 \times (1.3 \times 10 + 1.5 \times 4) \times 6 \times 6 = 3420 \text{ kN}$

估算柱的截面尺寸:取柱的轴向力为 1.2 N,按轴心受压柱进行估算。此时可假定柱的纵向钢筋配筋率为 1%,稳定系数 $\varphi = 1$,混凝土强度为 C30,于是可得

$1.2 \times 3420 \times 10^3 = 0.9 \times 1 \times (14.3 A_c + 0.01 A_c \times 360)$

则 $A_c = 254749 \text{ mm}^2$

取 $b_c \times h_c = 400 \text{ mm} \times 500 \text{ mm}$,实际 $A_c = 2 \times 10^5 \text{ mm}^2$。

B. 梁

横向框架梁:$h_b = \frac{1}{11} l_b = \frac{1}{11} \times 6000 = 545 \text{ mm}$,取 $h_b = 550 \text{ mm}$;$b_b = \frac{h_b}{2} = \frac{550}{2} = 275 \text{ mm}$,取 $b_b = 250 \text{ mm}$(图 15-48a)。

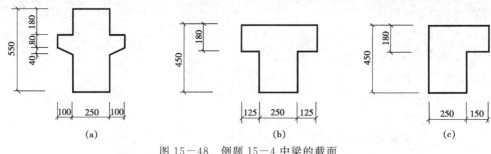

图 15—48 例题 15—4 中梁的截面

纵向连系梁:同理,取 $h_b=450$ mm,$b_b=250$ mm(图 15—48b、c)。

3) 框架的计算单元和计算简图

① 计算单元

由上述可得主厂房的结构平面布置图如图 15—49 所示。本工程系横向承重框架,可采用一个开间作为计算单元(以中间横向框架 KJ—2 为例),如图 15—47a 中阴影部分所示。

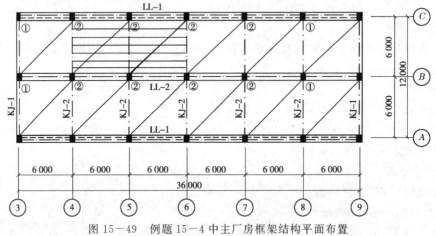

图 15—49 例题 15—4 中主厂房框架结构平面布置

② 计算简图

采用现浇框架结构,假定底层柱下端固定于基础顶面,梁柱节点为刚接。

横梁的计算跨度,取柱中心线间的距离 $l_b=6000$ mm。

柱子的高度按下述采用:底层柱高取基础顶面至 2 层楼盖梁中心线间的距离;其余各层柱高取该层上、下相邻楼盖梁中心线间的距离,即层高。

初步假定基础高度为 0.8 m,则底层柱高为

$H_{c1}=4.2+2.15-0.027-0.04-0.275-0.8$
$=5.208$ m

2～5 层柱高为

$H_{c2}=H_{c3}=H_{c4}=H_{c5}=3.9$ m

计算简图如图 15—50 所示。

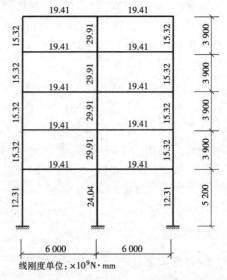

图 15—50 例题 15—4 中框架计算简图

③ 梁、柱线刚度

梁、柱混凝土弹性模量：

底层，C30，$E_b=E_c=30.0\text{ kN/mm}^2$；其余各层，C25，$E_b=E_c=28.0\text{ kN/m}^2$。

横梁的线刚度：

考虑到楼（屋）面整浇层的影响，计算横梁的线刚度时，取 $I_{b0}=1.2I'_{b0}$（I'_{b0} 为矩形截面惯性矩），故横梁线刚度为

$$i_b = \frac{1.2E_b I'_{b0}}{l_b}$$

$$= \frac{1.2\times 28\times 10^3 \times \frac{1}{12}\times 250\times 550^3}{6000}$$

$$= 19.41\times 10^3 \text{ kN}\cdot\text{m}$$

柱的线刚度：

底层　边柱 $i_{cA}=\dfrac{E_c I_c}{H_{cl}}=\dfrac{30.0\times 10^3\times \frac{1}{12}\times 400^4}{5200}=12.31\times 10^3 \text{ kN}\cdot\text{m}$

中柱 $i_{cB}=\dfrac{E_c I_c}{H_{cl}}=\dfrac{30.0\times 10^3\times \frac{1}{12}\times 400\times 500^3}{5300}=24.04\times 10^3 \text{ kN}\cdot\text{m}$

2～5 层　边柱 $i_{cA}=\dfrac{28.0\times 10^3\times \frac{1}{12}\times 400^4}{3900}=15.32\times 10^3 \text{ kN}\cdot\text{m}$

中柱 $i_{cB}=\dfrac{28.0\times 10^3\times \frac{1}{12}\times 400\times 500^3}{3900}=29.91\times 10^3 \text{ kN}\cdot\text{m}$

梁、柱线刚度如图 15-50 所示。

4）荷载计算

（1）竖向荷载

① 楼（屋）面荷载标准值

A. 屋面恒荷载标准值

架空隔热板	0.95 kN/m²
二毡三油绿豆砂	0.35 kN/m²
15 mm 厚水泥砂浆找平层	0.015×20=0.3 kN/m²
40 mm 厚混凝土整浇层	0.04×25=1.0 kN/m²
180 mm 厚预制空心板	2.5 kN/m²
12 mm 厚板底纸筋灰粉刷	0.012×17=0.21 kN/m²
屋面恒荷载标准值	5.31 kN/m²

B. 屋面活荷载标准值（不上人屋面）　　　　　　　　　　　0.7 kN/m²

C. 楼面恒荷载标准值

27 mm 厚水磨石面层　　　　　　　　　　　　　　　　0.65 kN/m²

40 mm 厚混凝土整浇层　　　　　　　　0.04×25=1.0 kN/m²

180 mm 厚预制空心板	2.5 kN/m²
12 mm 厚板底纸筋灰粉刷	0.012×17=0.21 kN/m²
楼面恒荷载标准值	4.36 kN/m²

D. 楼面活荷载标准值（计算主梁、柱时）　　　　　　　4.0 kN/m²

② 横向框架承受的竖向荷载设计值（以中框架为例）

A. 屋面横梁竖向均布线荷载设计值

恒荷载：屋面传来　　　　　　　　　1.3×5.31×6=41.42 kN/m

　　　　横梁自重　　　　　1.2×1.3×0.25×0.55×25=5.36 kN/m

　　　　　　　　　　　　　　　　　　　　　　　　g=46.78 kN/m

活荷载：屋面传来　　　　　　　　　　q=1.5×0.7×6=6.30 kN/m

说明：计算横梁自重时，考虑花篮形截面悬挑部分的影响，乘以增大系数 1.2。

B. 楼面横梁竖向均布线荷载设计值

恒荷载：楼面传来　　　　　　　　　1.3×4.36×6=34.01 kN/m

　　　　横梁自重　　　　　　　　　　　　　　　　　5.36 kN/m

　　　　　　　　　　　　　　　　　　　　　　　　g=39.37 kN/m

活荷载：楼面传来　　　　　　　　q=1.5×4.0×6=36.00 kN/m

C. 传至节点的集中荷载设计值

传至节点的集中荷载包括纵向连系梁传来的荷载和柱自重。

顶层边节点

集中荷载：恒荷载　女儿墙　　　　　　1.3×1.0×5.24×5.6=38.15 kN

　　　　　　　　　屋面传来 1.3×(0.4−0.24)×(0.95+0.35+0.3+1.0)×5.6=3.03 kN

　　　　　　　　　梁自重　1.3×(0.25×0.45+0.18×0.15)×25×5.6=25.39 kN

　　　　　　　　　梁粉刷重　　　(0.45+0.27)×0.012×17×5.6=0.82 kN

　　　　　　　　　本层柱自重　　　　　1.3×0.4²×25×3.9/2=10.14 kN

　　　　　　活荷载　　　　　　1.5×(0.4−0.24)×0.7×5.6=0.94 kN

　　　　　合计　　　　　　　　　　　　　　　　　　　78.47 kN

附加节点弯矩：　　　　$(78.47-10.14)\times\dfrac{(0.40-0.25)}{2}=5.12$ kN·m

说明：女儿墙高度为 1 m；屋面传来荷载包括架空隔热板、二毡三油绿豆砂、水泥砂浆找平层、整浇层；附加节点弯矩是由纵向连系梁传来的荷载对柱轴线的偏心距引起的弯矩，为方便计算，将连系梁传来的恒荷载与活荷载合并计算。

顶层中节点

集中荷载：恒荷载　屋面传来　1.3×0.5×(0.95+0.35+0.3+1.0)×5.6=9.46 kN

　　　　　　　　　梁自重　1.3×(0.25×0.45+0.18×0.25)×25×5.6=28.67 kN

　　　　　　　　　梁粉刷重　　　(0.27+0.27)×0.012×17×5.6=0.62 kN

　　　　　　　　　本层柱自重　　　　　1.3×0.4×0.5×25×3.9/2=12.68 kN

活荷载		$1.5 \times 0.5 \times 0.7 \times 5.6 = 2.94$ kN
合计		54.37 kN

3～5 层边节点

集中荷载：恒荷载　墙及窗重　　$1.3 \times (3.45 \times 5.6 - 2 \times 2.1 \times 2.1) \times 5.24$
$\qquad\qquad\qquad\qquad\qquad\qquad +1.3 \times 2 \times 2.1 \times 2.1 \times 0.4 = 76.11$ kN

	梁自重	25.39 kN
	梁粉刷重	0.82 kN
	本层柱自重	$1.3 \times 0.4^2 \times 25 \times 3.9 = 20.28$ kN
活荷载		$1.5 \times 0.16 \times 4 \times 5.6 = 5.38$ kN
合计		127.98 kN

附加节点弯矩　　　　　　　　$(127.98 - 20.28) \times \dfrac{(0.40 - 0.25)}{2} = 8.08$ kN·m

3～5 层中节点

集中荷载：恒荷载	楼面传来	$1.3 \times 0.5 \times (0.65 + 1.0) \times 5.6 = 6.01$ kN
	梁自重	28.67 kN
	梁粉刷重	0.62 kN
	本层柱自重	$1.3 \times 0.4 \times 0.5 \times 25 \times 3.9 = 25.35$ kN
活荷载		$1.5 \times 0.50 \times 4 \times 5.6 = 16.80$ kN
合计		77.45 kN

2 层边节点

集中荷载：　$76.11 + 25.39 + 0.82 + 5.38 + 1.3 \times 0.4^2 \times 25 \times (5.2 + 3.9)/2 = 131.36$ kN

附加节点弯矩　　　　　　　　　　　　　　　　　　8.08 kN·m

2 层中节点

集中荷载　$6.01 + 28.67 + 0.62 + 16.80$
$\qquad\qquad + 1.3 \times 0.4 \times 0.5 \times 25 \times (5.2 + 3.9)/2 = 81.68$ kN

底层边节点（柱底）的集中荷载包括由基础梁传来的荷载和柱自重，在基础设计时考虑，此处从略。

根据上述计算结果，框架在恒荷载和活荷载作用下的计算简图分别如图 15-51a 和图 15-51b 所示。

(2) 风荷载

本工程建于城郊，地面粗糙度属 B 类。计算多层框架风荷载时，一般可取高度为 10 m 处风压高度变化系数 $\mu_z = 1.0$，即 10 m 以下认为风荷载为均匀分布，10 m 以上按梯形直线分布。因本例层数不多，总高度不大，为简化计算，均按均布考虑，10 m 以下取 $\mu_z = 1.0$，10 m 以上的风压高度变化系数按女儿墙顶标高处确定（为简化起见，近似以 2 层和 3 层之间的中点为分界）。

女儿墙顶面标高为 20.8 m，故 $\mu_z = 1.26$。

查《荷载规范》得风载体型系数，迎风面为 $\mu_s = 0.8$，背风面 $\mu_s = -0.5$。故风荷载标准值如下（图 15-52a）：

对于 10 m 以下

$q_{1k} = \beta_z \mu_s \mu_z w_0 B = 1.0 \times (0.8 + 0.5) \times 1.0 \times 0.35 \times 6 = 2.73$ kN/m

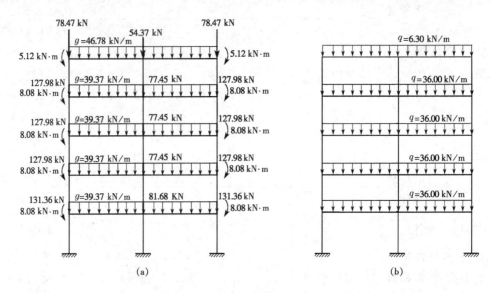

图 15-51 例题 15-4 中框架 KJ-2 在恒荷载和活荷载设计值作用下的计算简图

对于 10 m 以上

$q_{2k}=1.0\times(0.8+0.5)\times1.26\times0.35\times6=3.44\ \text{kN/m}$

楼层处相应的集中风荷载设计值为(图 15-52b)：

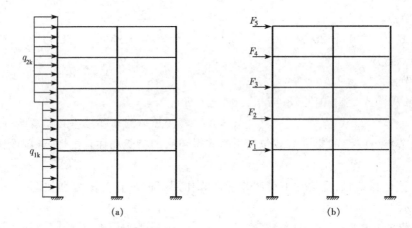

图 15-52 例题 15-4 中框架 KJ-2 风荷载作用下的计算简图

$F_1=1.5\times2.73\times\dfrac{(3.9+5.2)}{2}=18.63\ \text{kN}$

$F_2=1.5\times2.73\times3.9=15.97\ \text{kN}$

$F_3=F_4=1.5\times3.44\times3.9=20.12\ \text{kN}$

$F_5=1.5\times3.44\times(\dfrac{3.9}{2}+1.0)=15.22\ \text{kN}$

5) 横向框架内力分析

作用在框架上的荷载有竖向荷载(包括恒荷载与活荷载)和水平风荷载,根据这些荷载对框架产生的荷载效应不同,可采用不同的计算方法。

各层横梁的线刚度相同。为了方便计算,假定横梁的相对线刚度为 1,则各柱的相对线刚度如图15-53所示。

(1) 恒荷载作用下的框架内力计算

采用分层法进行计算，由于结构对称，荷载对称，故可简化为单跨框架。

① 分层框架内力计算

各分层的计算简图如图15-54所示。第2、3、4层的分层计算简图相同(图15-54 b、c)。

A. 节点弯矩分配系数和杆端弯矩

采用分层法计算框架内力时，底层柱刚度不折减，弯矩传递系数仍为1/2；其他层柱线刚度乘以0.9，例如，对柱A_1、A_2 $0.9 \times 0.789 = 0.710$；弯矩传递系数取为1/3。如A_1B_1杆端弯矩分配系数和杆端弯矩为

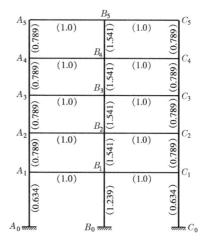

图15-53 梁柱相对线刚度

$$\mu_{A_1B_1} = \frac{1.0}{1.0+0.634+0.710} = 0.427$$

$$M_{A_1B_1} = -\frac{1}{12} \times 36.34 \times 6^2 = -109.02 \text{ kN·m}$$

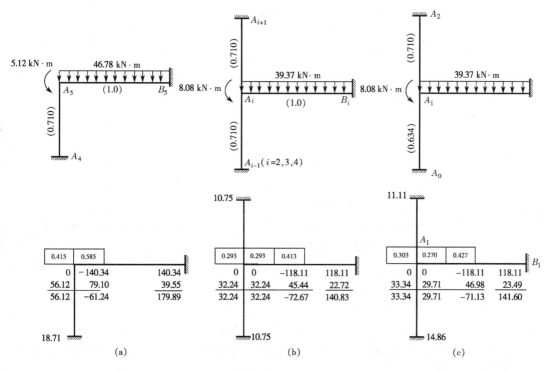

图15-54 分层法计算恒荷载作用下的框架内力

B. 采用弯矩分配法计算分层框架的弯矩(图15-54)。求得弯矩后，即可求得相应的剪力和轴力。注意：在节点作用有集中力矩时，应考虑集中力矩的分配。例如，在图15-54中，由楼盖恒荷载在横梁A_1B_1的A_1端产生的固端弯矩$\overline{M}_{A_1B_1}=118.11$ kN·m，由上部荷载在节点A_1产生的集中力矩为8.08 kN·m，则横梁A_1B_1的A_1端的分配弯矩$M'_{A_1B_1}=$

$0.427\times(118.11-8.08)=46.98$ kN·m,则横梁 A_1B_1 的 A_1 端的弯矩 $M_{A_1B_1}=-118.11+46.98=-71.13$ kN·m。

② 框架内力计算

将分层法求得的各层内力叠加,可得整个框架结构在恒荷载作用下的内力,并可绘制内力图(图 15-55)。

框架梁的内力可直接取开口框架的梁的内力。

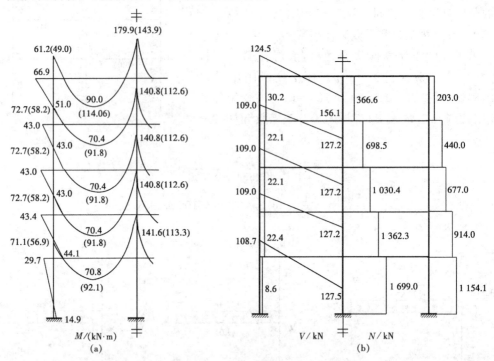

图 15-55 例题 15-4 中恒荷载作用下的框架内力

框架柱的内力应取该柱上、下开口框架的柱的内力之和。例如,$M_{A_5A_4}=51.75+9.92=61.67\approx61.7$ kN·m。

显然,叠加后框架内各节点弯矩将不平衡(这是由于分层法计算误差而引起的)。当不平衡弯矩较小时,可不再进行分配。当不平衡弯矩较大时,宜将不平衡弯矩再分配一次。

③ 弯矩调幅和控制截面的内力计算

考虑梁端弯矩调幅,并将跨中弯矩作相应的调整。本例题中取调幅系数为 0.8,调幅后的梁端弯矩示于图 15-55a 中的括号内。剪力和轴力应按照调幅后的弯矩计算。

(2) 活荷载作用下的框架内力计算

活荷载作用下的框架内力也采用分层法计算。为简化计算,不考虑活荷载的最不利布置,采用满布荷载法,最后将跨中弯矩乘以 1.2 的系数予以增大,以弥补未考虑活荷载最不利布置带来的差距。

计算过程与恒载作用下类似,注意在本题中活荷载作用下没有集中力和节点附加弯矩。

(3) 风荷载作用下的框架内力计算

风荷载作用下的框架内力采用 D 值法计算。计算过程详见表 15-18。图 15-57 中示出左风作用下框架的弯矩、剪力和轴力(右风作用下的内力与此相同,但符号相反且柱 A 和柱 C 内力互换)。

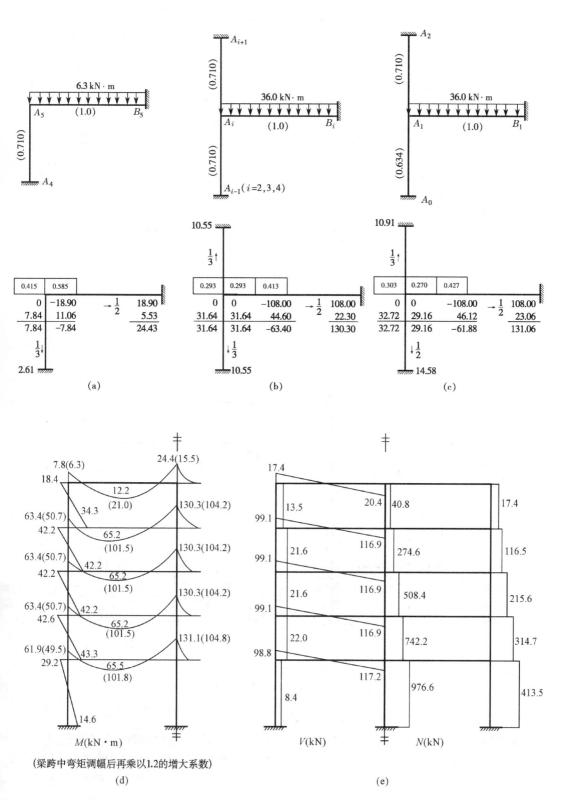

图 15—56 例题 15—4 中活荷载作用下的框架内力

表 15-18　　　　　　例题 15-4 中风荷载作用下的框架内力计算

项次	项目	5层		4层		3层		2层		1层	
		边柱	中柱	边柱	中柱	边柱	中柱	边柱	中柱	边柱	中柱
1	K	1.267	1.298	1.267	1.298	1.267	1.298	1.267	1.298	1.577	1.614
2	α_c	0.388	0.394	0.388	0.394	0.388	0.394	0.388	0.394	0.581	0.585
3	$D/(\text{kN}\cdot\text{m}^{-1})$	4690	9297	4690	9297	4690	9297	4690	9297	3176	6241
4	V_c/kN	3.82	7.58	8.87	17.59	13.93	27.61	17.94	35.56	22.71	44.63
5	y	0.363	0.365	0.45	0.45	0.463	0.465	0.500	0.500	0.6	0.65
6	$M_c^t/(\text{kN}\cdot\text{m})$	9.49	18.77	19.03	37.73	29.17	57.61	34.98	69.34	47.24	81.23
7	$M_c^b/(\text{kN}\cdot\text{m})$	5.41	10.79	15.57	30.87	25.15	50.07	34.98	69.34	70.86	150.85

注：1. K 按下列公式计算：底层 $K=\dfrac{\sum i_b}{i_c}$；其他层 $K=\dfrac{\sum i_b}{2i_c}$。

2. α_c 按下列公式计算：底层 $\alpha_c=\dfrac{0.5+K}{2+K}$；其他层 $K=\dfrac{K}{2+K}$。

3. y 由附表 26 查取。

4. $D=\alpha_c\dfrac{12i_c}{H_c^2}$；$V_c=\dfrac{D_i}{\sum D}V_s$；$M_c^t=(1-y)H_cV_c$；$M_c^b=yH_cV_c$。

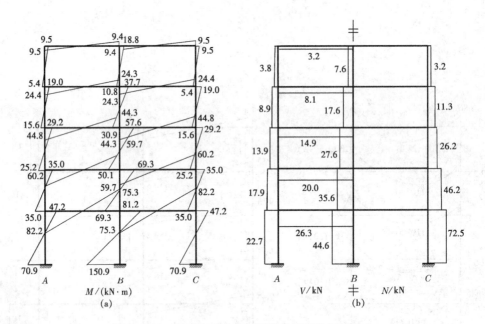

图 15-57　例题 15-4 中风荷载作用下的框架内力

(4) 风荷载标准值作用下的框架位移验算

验算框架位移时，应取风荷载标准值。在风荷载标准值作用下框架的位移计算列于表 15-19。考虑框架的弹塑性影响，应对框架刚度作适当降低。对现浇框架，取降低系数 0.85。

最大相对层间位移　$\dfrac{\Delta u_1}{H_{c1}}=\dfrac{5.613}{5200}=\dfrac{1}{926}<\dfrac{1}{550}$　（满足要求）

表 15－19　　例题 15－4 中风荷载作用下框架的位移验算

层次	H_c/ m	F/ kN	V_s/ kN	$\sum D$	Δu/ mm	$\dfrac{\Delta u}{H_c}$	u_i/ mm
5	3.9	15.22/1.5	10.15	18677	0.640	$\dfrac{1}{6094}$	13.070
4	3.9	20.12/1.5	23.57	18677	1.485	$\dfrac{1}{2626}$	12.430
3	3.9	20.12/1.5	36.99	18677	2.331	$\dfrac{1}{1673}$	10.945
2	3.9	15.97/1.5	47.64	18677	3.001	$\dfrac{1}{1299}$	8.614
1	5.2	18.63/1.5	60.06	12589	5.613	$\dfrac{1}{926}$	5.613

注：表中，H_c 为柱的高度，u_5 为顶点位移 u，$\Delta u = V_s / \sum D_i$，$V_s$ 为所计算楼层的楼层剪力，$\sum D$ 为所计算楼层各柱的修正侧移刚度的总和。

6）内力组合

根据上述内力计算结果，即可进行框架梁、柱控制截面的内力组合。

本工程是位于非地震区的多层框架结构，故考虑如下三种荷载组合：①恒荷载＋活荷载；②恒荷载＋风荷载；③恒荷载＋0.9(活荷载＋风荷载)。在进行荷载组合时，风荷载应考虑左风和右风两种情况，并择其最不利方向的内力值与其他荷载作用下的内力进行组合。

内力组合种类如下：

横梁梁端　　$-M_{max}$ 及相应的 V。

横梁跨中　　$+M_{max}$（有时还需考虑$-M_{max}$）。

柱上下端　　$|M_{max}|$ 及相应的 N、V；N_{max} 及相应的 M、V；N_{min} 及相应的 M、V。

对于多层框架柱，特别是非地震区，柱中截面剪力一般较小，通常采取一定的构造措施后，均可满足要求。故除底层柱下端需进行剪力组合以便设计基础时使用外，其余截面一般可不计算剪力。

在同一框架中，顶层和 2 层横梁必须进行组合，其他层次可根据荷载分布的差异，取代表性层次的横梁进行组合。在本例中，对于横梁，取顶层为一组，2 层为一组，3、4、5 层为一组，根据结构和荷载的对称性，各组横梁取单跨左、右两个梁端以及跨中截面进行内力组合；对于柱，取底层边柱、中柱和顶层边柱的上、下端截面进行内力组合。控制截面的位置和编号如图 15－58 所示。框架梁、柱的内力组合详见表 15－20 和表 15－21。

表 15－20 和表 15－21 中梁端节点弯矩应换算至柱边截面后再进行截面设计。框架梁、柱截面设计从略。

图 15－58　例题 15－4 中框架的控制截面

表 15-20　　　例题 15-4 中横梁内力组合表

杆件号	截面	内力种类	荷载种类				内力组合		
			g	q	w(左)	w(右)	$g+q$	$g+w$	$g+0.9(q+w)$
A_1B_1	1	$-M_{max}/(kN \cdot m)$	−56.9	−49.5	+82.2	−82.2	−106.4	−139.1	−175.4
		V/kN	+108.7	98.8	+26.3	−26.3	207.5	135.0	221.3
	2	$-M_{max}/(kN \cdot m)$	+92.1	+101.8	3.5	−3.5	193.9	—	—
	3	$-M_{max}/(kN \cdot m)$	−113.3	−104.8	−75.3	+75.3	−218.1	−188.6	−275.4
		V/kN	−127.5	−117.2	+26.3	−26.3	−244.7	−153.8	−256.7
A_3B_3	1	$-M_{max}/(kN \cdot m)$	−58.2	−50.7	+44.8	−44.8	−108.9	−103.0	−144.2
		V/kN	+109.0	+21.6	+14.9	−14.9	130.6	123.9	141.9
	2	$-M_{max}/(kN \cdot m)$	+91.8	+101.5	0.3	−0.3	193.3	—	
	3	$-M_{max}/(kN \cdot m)$	−112.6	−104.2	−44.3	+44.3	−216.8	−156.9	−246.3
		V/kN	−127.2	−116.9	+14.9	−14.9	−244.1	−142.1	−245.8
A_5B_5	1	$-M_{max}/(kN \cdot m)$	−49.0	−6.3	+9.5	−9.5	−55.3	−58.5	−63.2
		V/kN	+124.5	+17.4	+3.2	−3.2	141.9	127.7	143.0
	2	$-M_{max}/(kN \cdot m)$	+114.1	+21.0	0.0	0.0	135.1	—	—
	3	$-M_{max}/(kN \cdot m)$	−143.9	−15.5	−9.4	+9.4	−159.4	−153.3	−166.3
		V/kN	−156.1	−20.4	+3.2	−3.2	−176.5	−159.3	−177.3

注：1. g 为恒荷载，q 为活荷载，w 为风荷载。
　　2. 恒荷载、活荷载作用下的梁端弯矩取调幅后的弯矩。

表 15-21　　　例题 15-4 中框架柱内力组合表

杆件号	截面	内力种类	荷载种类				内力组合		
			g	q	w(左)	w(右)	$g+q$	$g+w$	$g+0.9(q+w)$
A_0A_1	4	$\|M\|_{max}/(kN \cdot m)$	29.7	29.2	−47.2	47.2	58.9	76.9	98.5
		N/kN	1154.1	413.5	−72.5	72.5	1567.6	1226.6	1591.5
		$N_{max}/(kN)$	1154.1	413.5	−72.5	72.5	1567.6	1226.6	1591.5
		$M/(kN \cdot m)$	29.7	29.2	−47.2	47.2	58.9	76.9	98.5
		$N_{min}/(kN)$	1154.1	413.5	−72.5	72.5	1567.6	1081.6	1461.0
		$M/(kN \cdot m)$	29.7	29.2	−47.2	47.2	58.9	−17.5	13.5
	5	$\|M\|_{max}/(kN \cdot m)$	14.9	14.6	−70.9	70.9	29.5	85.8	91.9
		N/kN	1154.1	413.5	−72.5	72.5	1567.6	1226.6	1591.5
		V/kN	−8.6	−8.4	22.7	−22.7	−17.0	−31.3	−36.6
		$N_{max}/(kN)$	1154.1	413.5	−72.5	72.5	1567.6	1226.6	1591.5
		$M/(kN \cdot m)$	14.9	14.6	−70.9	70.9	29.5	85.8	91.9

续表 15-21

杆件号	截面	内力种类	荷载种类				内力组合		
			g	q	w(左)	w(右)	$g+q$	$g+w$	$g+0.9(q+w)$
A_0A_1	5	V/kN	−8.6	−8.4	22.7	−22.7	−17.0	−31.3	−36.6
		$N_{\min}/(\text{kN})$	1154.1	413.5	−72.5	72.5	1567.6	1081.6	1461.0
		$M/(\text{kN}\cdot\text{m})$	14.9	14.6	−70.9	70.9	29.5	−56	−35.8
		V/kN	−8.6	−8.4	22.7	−22.7	−17.0	14.1	4.3
	6	$\|M\|_{\max}/(\text{kN}\cdot\text{m})$	0	0	−81.2	81.2	0.0	81.2	73.1
		N/kN	1699	976.6	0	0	2675.6	1699	2577.9
		$N_{\max}/(\text{kN})$	1699	976.6	0	0	2675.6	1699	2577.9
		$M/(\text{kN}\cdot\text{m})$	0	0	−81.2	81.2	0.0	81.2	73.1
		$N_{\min}/(\text{kN})$	1699	976.6	0	0	2675.6	1699	2577.9
		$M/(\text{kN}\cdot\text{m})$	0	0	−81.2	81.2	0.0	81.2	73.1
B_0B_1	7	$\|M\|_{\max}/(\text{kN}\cdot\text{m})$	0	0	−150.9	150.9	0.0	150.9	135.8
		N/kN	1699	976.6	0	0	2675.6	1699	2577.9
		V/kN	0	0	44.6	−44.6	0.0	44.6	40.1
		$N_{\max}/(\text{kN})$	1699	976.6	0	0	2675.6	1699	2577.9
		$M/(\text{kN}\cdot\text{m})$	0	0	−150.9	150.9	0.0	150.9	135.8
		V/kN	0	0	44.6	−44.6	0.0	44.6	40.1
		$N_{\min}/(\text{kN})$	1699	976.6	0	0	2675.6	1699	2577.9
		$M/(\text{kN}\cdot\text{m})$	0	0	−150.9	150.9	0.0	150.9	135.8
		V/kN	0	0	44.6	−44.6	0.0	44.6	40.1
A_4A_5	8	$\|M\|_{\max}/(\text{kN}\cdot\text{m})$	66.9	18.4	−9.5	9.5	85.3	76.4	92.0
		N/kN	203	17.4	−3.2	3.2	220.4	206.2	221.5
		$N_{\max}/(\text{kN})$	203	17.4	−3.2	3.2	220.4	206.2	221.5
		$M/(\text{kN}\cdot\text{m})$	66.9	18.4	−9.5	9.5	85.3	76.4	92.0
		$N_{\min}/(\text{kN})$	203	17.4	−3.2	3.2	220.4	199.8	215.8
		$M/(\text{kN}\cdot\text{m})$	66.9	18.4	−9.5	9.5	85.3	57.4	74.9
	9	$\|M\|_{\max}/(\text{kN}\cdot\text{m})$	51	34.3	−5.4	5.4	85.3	56.4	86.7
		N/kN	203	17.4	−3.2	3.2	220.4	206.2	221.5
		V/kN	−30.2	−13.5	3.8	−3.8	−43.7	−34	−45.8

续表 15—21

杆件号	截面	内力种类	荷载种类				内力组合		
			g	q	w(左)	w(右)	$g+q$	$g+w$	$g+0.9(q+w)$
A_4A_5	9	N_{max}/(kN)	203	17.4	−3.2	3.2	220.4	206.2	221.5
		M/(kN·m)	51	34.3	−5.4	5.4	85.3	56.4	86.7
		V/kN	−30.2	−13.5	3.8	−3.8	−43.7	−34	−45.8
		N_{min}/(kN)	203	17.4	−3.2	3.2	220.4	199.8	215.8
		M/(kN·m)	51	34.3	−5.4	5.4	85.3	45.6	77.0
		V/kN	−30.2	−13.5	3.8	−3.8	−43.7	−26.4	−38.9

注：g 为恒荷载，q 为活荷载，w 为风荷载。

15.3 钢筋混凝土多层房屋的基础

15.3.1 基础设计的一般原则

基础是多层和高层建筑结构的重要组成部分，它将房屋的上部荷载较均匀地传至地基，并使地基的承载力和沉降满足有关要求。

1) 基础的类型

多层和高层房屋的基础，除钢筋混凝土独立基础外，一般可做成钢筋混凝土柱下条形基础（图 15—59a）、十字交叉条形基础（图 15—59b）、筏形基础（图 15—59c）、箱形基础（图 15—59d）、桩基础和桩箱复合基础等多种形式。

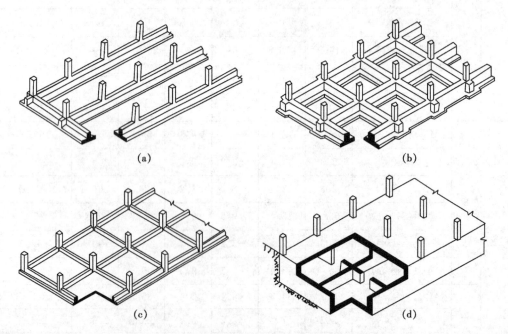

图 15—59 基础的类型

在层数不多、荷载不大而地基又较坚实时,多层框架房屋的基础可采用独立基础。在其他情况下,独立基础的底面积将很大,这时可做成柱下条形基础,即将单个基础在一个方向连成条形。为了增大条形基础的刚度,以适当调节可能产生的基础不均匀沉降,条形基础可做成肋梁式的。图15—60a、b分别为在横向和纵向布置肋梁的条形基础,而另一个方向布置构造连系梁。至于肋梁沿横向布置或沿纵向布置,应视结构类型和荷载情况而定。

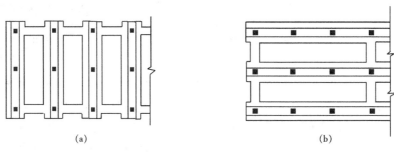

图15—60 条形基础的布置

当需要在两个方向增大基础的整体刚度时,则做成十字交叉条形基础,即在结构的两个方向均匀布置条形基础(图15—59b),从而使上部结构在纵横两方向均有联系。

若十字交叉条形基础的底面积不能满足地基上的承载力和上部结构的容许变形的要求,需要将基础底面积再扩大,从而使基础底板连成整片时,则基础就成为筏形基础。筏形基础可做成平板式或肋梁式。图15—61a为最常见和最简单的钢筋混凝土等厚度平板式筏基,它适用于较小或中等的柱荷载以及柱间距较小且基本相等的情况。当柱荷载较大时,可加大柱底局部区域的板厚,以承受柱底处的剪力和弯矩,如图15—61b所示。如果柱距过大和柱荷载差别较大,可能产生较大的弯曲应力,则可沿轴线设置肋梁。肋梁可以位于底板的顶面(如图15—61c所示),也可位于底板的底面(如图15—61d所示)。前者施工方便,但要设置架空地坪;后者一般采用地模,地坪自然形成,较经济。

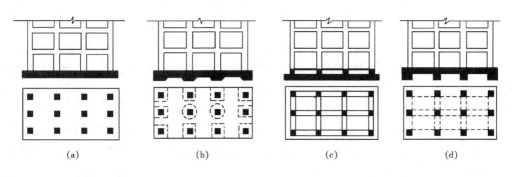

图15—61 片筏基础的种类

若需要进一步增大基础的刚度和减小沉降差时,可把基础做成箱形基础,如图15—62所示。箱形基础是由钢筋混凝土顶板、底板和内外纵横墙组成的具有很大刚度的空间结构。箱形基础埋置于地下一定深度,能与基底和周围土体共同工作,从而增加建筑物的整体稳定性,并对抗震有良好的作用。由于挖除了相当厚度的土层,且无需回填,减少了基底的附加压力,因而相应提高了地基的有效承载力,可使高层建筑直接建造在地基较软弱的天然土层上,形成所谓补偿性基础。箱形基础还可以作为设备层、贮藏室、地下商店和人防等。因此,近年来新建的高层建筑,很多采用箱形基础。

当上部结构的荷载大而地基又软弱,即使采用箱形基础也难以满足地基土的承载力和变形要求时,常采用桩基础。桩基础包括桩基承台与基桩两部分,桩基承台把荷载传给基桩,并将桩群连成整体,而基桩又把荷载传至地基深处。桩顶端的桩基承台也可利用地下室的底板或筏形基础的底板,甚至以条形基础来替代。桩箱复合基础是在桩基础上做箱形基础。桩箱基础如图15-62所示。

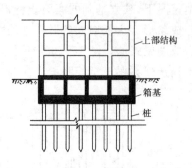

图15-62 桩箱基础

基础类型的选择,应根据现场的工程地质与水文地质条件、建筑物的使用要求(有无地下室、建筑体型、结构类型及荷载情况等)、上部结构对地基土不均匀沉降以及倾斜的敏感程度、施工条件和工程造价等进行综合分析。浅埋基础一般比桩基础经济,且施工方便、工期短。如采用条形基础或筏形基础,其造价约占土建总造价的15%以下;桩箱基础的造价很可能超过土建总造价的25%。因此,应尽可能选用浅埋基础。

2) 基础埋置深度的确定

基础埋深对基础尺寸、建筑物的安全使用、基础施工与造价有很大影响,因此,在满足地基稳定和变形要求前提下,基础应尽量浅埋,但岩石地基除外。基础埋深不宜小于0.5 m。为避免基础外露而遭受外界影响受损,基础顶面应低于设计地面100 mm。

基础的埋置深度应依据建筑物的用途、结构类型、作用于地基上的荷载大小和性质、工程地质和水文地质条件、相邻建筑物的基础埋深,以及地基土冻胀和融陷情况来确定。位于土质地基上的高层建筑,其基础埋深应满足稳定要求,一般基础埋深应大于建筑物地面以上高度的1/8~1/12。位于岩石地基上的高层建筑,其基础埋深可较浅,但应采取地锚等措施,以满足稳定要求。基础宜埋置在地下水位以上,当必须埋置在地下水位以下时,应采取措施,使地基土在施工时不受扰动。当存在相邻建筑物时,新建筑物的基础埋深不宜大于原有建筑物的基础;当埋深大于原有建筑物的基础时,两基础之间应保持一定净距,其数值应根据荷载大小和土质情况而定,一般取相邻两基础底面高差的1~2倍,否则应采用相应的施工措施或加固原有建筑物的地基。对于埋在冻胀土中的基础,其最小埋深应满足《建筑地基基础设计规范》(GB 50007—2002)的有关规定。

3) 基础底面尺寸的确定

基础的类型、埋深确定以后,其底面尺寸常取决于地基的承载力和变形。对于可不作变形计算的地基,只要按地基承载力确定基底尺寸;对于需作地基变形计算的建筑物地基,先按地基承载力初步拟定基底尺寸,然后再进行地基变形验算。确定基础底面尺寸所考虑的荷载,通常包括上部结构荷载、基础自重和基础底面以上的回填土重。

基础底面尺寸的大小,应使基底应力和变形不超过地基的承载力和变形的容许值。

按地基承载力计算时,基础底面压力应符合下列要求:

当轴心荷载作用时

$$p_k \leqslant f_a \tag{15-82}$$

式中 p_k——相应于荷载标准组合时基础底面的平均压力值;

f_a——修正后的地基承载力特征值。

当偏心荷载作用时，除符合式(15-82)的要求外，尚应符合下列要求：

$$p_{k,max} \leqslant 1.2 f_a \tag{15-83}$$

此外，对箱形基础尚应满足下式要求：

$$p_{k,min} \geqslant 0 \tag{15-84}$$

式中 $p_{k,max}$、$p_{k,min}$——分别为相应于荷载标准组合的基底边缘的最大和最小压力值。

当地基受力层范围内有软弱下卧层时，应按下式验算：

$$p_z + p_{cz} \leqslant f_{az} \tag{15-85}$$

式中 p_z——相应于荷载标准组合时软弱下卧层顶面处的附加压力值；

p_{cz}——软弱下卧层顶面处土的自重压力值；

f_{az}——软弱下卧层顶面处经深度修正后的地基承载力特征值。

对需进行变形验算的地基尚应满足下式要求：

$$s \leqslant [s] \tag{15-86}$$

式中 s——建筑物地基的变形计算值；

$[s]$——建筑物的地基变形允许值。

15.3.2 柱下条形基础的计算和构造

1) 条形基础的内力计算

条形基础既承受上部结构传来的荷载，又承受地基土的反力。然而，地基土的反力分布规律和大小不仅与荷载有关，而且与上部结构的刚度、条形基础的刚度和地基土的物理力学性能有关。因此，如何确定地基土的反力是求解条形基础内力的关键。在比较均匀的地基上，上部结构刚度较好，荷载分布较均匀，且条形基础梁的高度不小于1/6柱距时，地基反力可按直线分布，条形基础梁的内力可按连续梁计算，此时边跨跨中弯矩及第一内支座的弯矩宜乘以1.2的系数。不满足上述要求时，宜按弹性地基梁计算。为了确定条形基础地基上的反力，目前有多种不同的假设和计算方法，如静定分析法、倒梁法和地基系数法。现简要介绍如下。

(1) 静定分析法

静定分析法假定土反力是线性分布的，同时假定上部结构为柔性的，只起传递荷载的作用。于是，经过对上部结构分析得到作用于条形基础的荷载后，即可由静力平衡条件求出土反力的最大值和最小值(图15-63)。

$$\begin{matrix} p_{max} \\ p_{min} \end{matrix} = \frac{\sum F}{b_b l} \pm \frac{6 \sum M}{b_b l^2} \tag{15-87}$$

式中 $\sum F$——上部结构传至基础梁顶面的竖向荷载（不包括基础自重和覆土重）设计值的总和；

$\sum M$——上部结构传至基础梁顶面的竖向荷载（不包括基础自重和覆土重）对基底形心的力矩设计值的总和；

b_b、l——分别为基础的宽度和长度。

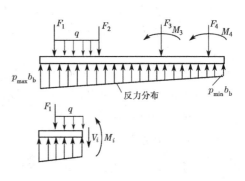

图15-63 静定分析法示意图

由式(15-87)求得基底土反力后,便可按静力平衡条件计算出基础任一截面上的内力(弯矩 M_i 和剪力 V_i)。

(2) 倒梁法

倒梁法假定土反力呈线性分布(这与静定分析法相同),同时假定上部结构为绝对刚性,不仅起传递荷载的作用,而且作为基础梁的不动铰支座(这与静定分析法不同)。因此,可将基础梁视作铰支于柱端的倒置的多跨连续梁。于是,在按静力平衡条件求出土反力后,即可将土反力作为作用在基础梁的荷载,按多跨连续梁计算基础梁任一截面的内力,如图15-64所示。

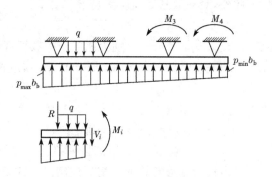

图15-64 倒梁法示意图

显然,按上述方法求得的支座反力一般不等于上部柱传来的竖向荷载,其差值称为不平衡力。为解决这个矛盾,可通过对土反力进行局部调整的方法予以修正。具体调整方法如下:将支座反力与柱荷载的差值均匀分布在该支座两侧各 1/3 跨度内,作为基底反力的调整值,这时反力分布呈阶梯状,然后按连续梁重新计算,直至支座反力和柱荷载基本相同为止。

必须指出,上述两种简化方法的计算结果往往会有一定的差别,只有当倒梁法求出的支座反力未经调整就恰好与柱荷载一致时,两者的结果才会相同。在工程设计中,必要时可参考上述两种简化方法求得的内力包罗图进行截面设计。

例题 15-5 图 15-65a 为一条形基础,柱子传来的荷载分别为 $F_A=F_E=333$ kN,$F_C=1138$ kN,试用倒梁法计算其内力。

解 由于该梁结构对称、荷载对称,故基底土反力均匀分布,其集度为

$$p=\frac{333\times2+1138}{12}=150.33 \text{ kN/m}$$

图 15-65b 为倒梁法计算简图,利用连续梁的弯矩分配法求得该基础梁的弯矩和剪力,并绘于图 15-65c 和图 15-65d。由图 15-65d 可求得支座反力 $R_A=338.24$ kN,$R_C=1127.48$ kN,$R_E=338.24$ kN。

按倒梁法求得的支座反力 R_A、R_C、R_E 分别与柱荷载 F_A、F_C、F_E 进行比较可知,二者之差均小于 1.6%,故不进行不平衡力的调整。

(3) 地基系数法

地基系数法假定基础梁底面任意点的地基反力 p 与该点的地基变形(沉降)s 成正比(一般称为文克尔假定),其计算模型如图 15-66a 所示。即

$$p=ks \tag{15-88}$$

式中 p——基础底面某点的地基土反力;

k——地基系数,即基础某点产生单位沉降时作用在该点单位面积上的土反力值;

s——地基在相应点的沉降量。

由基础梁中取出微元体,其静力平衡方程为(图 15-66b)

$$\frac{dV}{dx}=b_b p(x)-q(x) \tag{15-89}$$

式中 V——基础梁截面剪力;

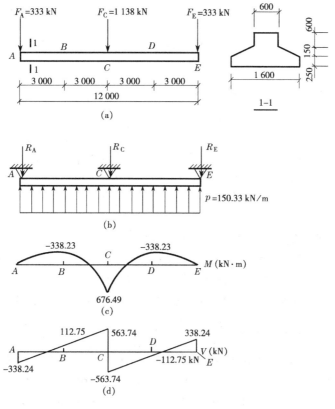

图 15-65 例题 15-5 中的基础梁的计算简图和内力图

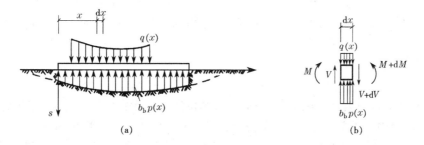

图 15-66 地基系数法分析简图

b_b——基础梁底面宽度；

$q(x)$——上部结构传至基础梁的线荷载。

梁的挠曲微分方程为

$$EI\frac{d^2s}{dx^2} = -M \tag{15-90}$$

式中 E——基础梁材料的弹性模量；

I——基础梁的截面惯性矩；

M——基础梁的截面弯矩。

因 $V = \dfrac{dM}{dx}$，则有 $\dfrac{dV}{dx} = \dfrac{d^2M}{dx^2}$，代入式(15-90)、(15-89)，可得

$$EI\frac{\mathrm{d}^4 s}{\mathrm{d}x^4}=q(x)-b_\mathrm{b} p(x) \tag{15-91}$$

将式(15-88)代入式(15-91),则得

$$EI\frac{\mathrm{d}^4 s}{\mathrm{d}x^4}+b_\mathrm{b} k s=q(x) \tag{15-92}$$

令 $\lambda_\mathrm{b}=\sqrt[4]{\dfrac{b_\mathrm{b} k}{4EI}}$,代入式(15-92),可得

$$\frac{\mathrm{d}^4 s}{\mathrm{d}x^4}+4\lambda_\mathrm{b}^4 s=\frac{4\lambda_\mathrm{b}^4}{b_\mathrm{b} k}q(x) \tag{15-93}$$

式(15-93)称为弹性地基梁的挠曲微分方程,λ_b 称为弹性地基梁的柔度特征值。

对于无线荷载的梁段,$q(x)=0$,式(15-93)简化为

$$\frac{\mathrm{d}_4 s}{\mathrm{d}x^4}+4\lambda_\mathrm{b}^4 s=0 \tag{15-94}$$

由上述可知,弹性地基梁挠曲微分方程为四阶常系数非齐次微分方程。

对于四阶常系数非齐次微分方程(15-93),其一般解为

$$s=e^{\lambda_\mathrm{b} x}(C_1\cos\lambda_\mathrm{b} x+C_2\sin\lambda_\mathrm{b} x)+e^{-\lambda_\mathrm{b} x}(C_3\cos\lambda_\mathrm{b} x+C_4\sin\lambda_\mathrm{b} x)+s_0 \tag{15-95}$$

其中,C_1、C_2、C_3、C_4 均为积分常数,可根据不同的边界条件确定;s_0 为微分方程(15-93)的特解,由荷载条件确定,例如:当 $q(x)=f(x^2,x^2,x)$ 时,$s_0=\dfrac{q(x)}{kb_\mathrm{b}}$;当 $q(x)=0$ 时,$s_0=0$,这时式(15-95)就是无线荷载梁段相应的微分方程(15-94)的通解,即

$$s(x)=e^{\lambda_\mathrm{b} x}(C_1\cos\lambda_\mathrm{b} x+C_2\sin\lambda_\mathrm{b} x)+e^{-\lambda_\mathrm{b} x}(C_3\cos\lambda_\mathrm{b} x+C_4\sin\lambda_\mathrm{b} x) \tag{15-96}$$

求得基础梁的挠度曲线后,由微分关系就可求得梁截面转角 θ、弯矩 M 和剪力 V。

采用地基系数法计算条形基础,首先应确定地基系数 k 值。k 的取值将影响基础的沉降,因而也将影响基础的弯矩和剪力。但是,地基系数 k 的取值却不易准确确定。这是因为地基系数 k 不但与地基土的物理力学性能有关,而且还与基础本身的尺寸、形状、刚度、荷载以及上部结构刚度等因素有关,它是一个综合的系数。读者在查阅 k 值表或应用 k 值计算公式时应予以注意。

2)条形基础的构造要求

条形基础的板一般在肋梁下面,因此条形基础的横截面常为倒 T 形。就正截面受弯承载力而言,跨中因承受负弯矩,应按 T 形截面计算;支座因承受正弯矩,应按矩形截面计算。条形基础梁的高度宜取为柱距的 1/4～1/8。翼板厚度不宜小于 200 mm,当翼板厚度为 200～250 mm 时,宜采取等厚度翼板(图 15-67 剖面 I-I);当翼板厚度大于 250 mm 时,可做成坡度 $i\leqslant 1:3$ 的变截面翼板(如图 15-67 剖面 II-II 所示)。当柱传来的荷载较大时,接近柱边的剪力较大,此时可在基础梁的支座处加腋(图 15-67c)。条形基础梁的腹板宽度应比墙的厚度或柱在垂直于梁轴线方向的截面边长稍大些,如图 15-69a 所示;当腹板宽度小于柱截面边长时,则在柱子与条形基础交接处,基础应放大,其平面尺寸不应小于图 15-68b 的要求。一般情况下,条形基础的端部应向外伸出,其长度宜为第一跨距的 0.25 倍,以增大基础底面积,减小基底反力,并尽可能使合力点与基础底面形心位置重合或接近,使沿整个梁长的反力分布比较合理(图 15-67),并使基础梁第一跨的跨中弯矩与支座弯矩绝对值较为接近,截面配筋更为合理。

条形基础混凝土强度等级可采用 C20,素混凝土垫层厚度宜为 100 mm,强度等级宜为 C10。

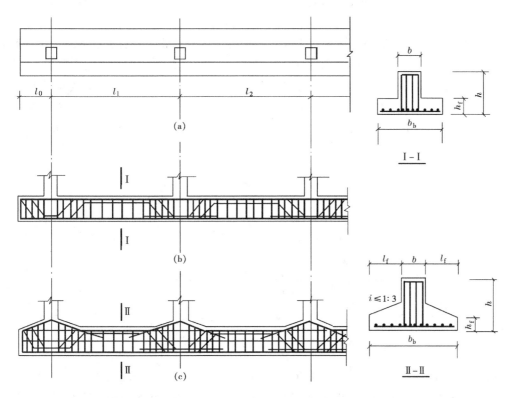

图 15-67 条形基础的构造

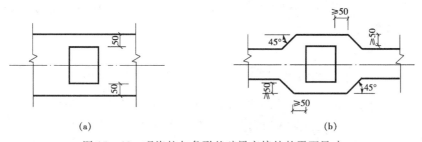

图 15-68 现浇柱与条形基础梁交接处的平面尺寸

基础梁下部纵向钢筋的搭接位置宜在跨中,上部纵向钢筋的搭接位置宜在支座处,且满足搭接长度要求。顶部钢筋按计算配筋全部贯通,底部通长钢筋不应少于底部受力钢筋总截面面积的 1/3。此外,纵向钢筋最小配筋率、腰筋和箍筋的设置等,应满足梁的有关构造要求。

基础梁翼板的受力钢筋,按翼板根部的弯矩配置。其受力钢筋的直径不小于 8 mm,间距宜为 100~200 mm。当翼板的悬伸长度 $l_f > 750$ mm 时,其受力钢筋有一半可在距翼板边为 $a(a = 0.5 l_f - 20 d)$ 处切断。

条形基础的混凝土强度等级不应低于 C20。

15.3.3 十字交叉条形基础的计算和构造

十字交叉条形基础为具有较大抗弯刚度的高次超静定结构体系,对地基的不均匀变形有较大的调节作用,因此十字交叉条形基础在一般工业与民用多、高层建筑中应用较为广泛。

1) 十字交叉条形基础的内力计算

十字交叉条形基础的内力计算较为复杂。较常采用的计算方法有节点荷载分配法和有限元法等。工程设计中,一般采用节点荷载分配法。当十字交叉条形基础的布置复杂、不规则或欲获得精度较高的计算结果时,宜采用有限元法。下面主要介绍节点荷载分配法。

如图 15-69 所示,在十字交叉条形基础的每个节点上作用着集中荷载 F_i 和分别沿 x、y 方向作用的弯矩 M_{ix}、M_{iy},欲求其内力,必须先将集中荷载在纵、横向梁上进行分配。

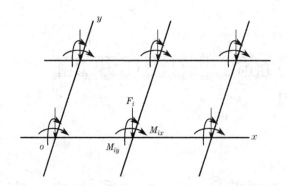

图 15-69 十字交叉条形基础节点受力简图

(1) 基本方程

为简化计算,可忽略基础扭转变形的影响,假定在十字交叉点处纵横两方向的基础梁是上下铰接的,即作用于基础纵向平面内的力矩 M_{ix} 全部由纵向基础梁承担,作用于基础横向平面内的力矩 M_{iy} 全部由横向基础梁承担。因此,根据节点 i 处的静力平衡条件及变形协调条件可得下列方程:

$$F_i = F_{ix} + F_{iy} \quad (15-97)$$

$$\sum_j \delta_{ijx} F_{jx} + \sum_j \bar{\delta}_{ijx} M_{jx} = \sum_k \delta_{iky} F_{ky} + \sum_k \bar{\delta}_{iky} M_{iy} \quad (15-98)$$

式中 F_{ix}、F_{iy}——分别为纵向基础梁和横向基础梁在节点 i 处所分担的竖向集中力;

δ_{ijx}——由同一根纵向基础梁上的节点 j 处作用单位集中力在节点 i 处所产生的沉降;

$\bar{\delta}_{ijx}$——由同一根纵向基础梁上的节点 j 处作用单位力矩在节点 i 处所产生的沉降;

δ_{iky}——由同一根横向基础梁上的节点 k 处作用单位集中力在节点 i 处所产生的沉降;

$\bar{\delta}_{iky}$——由同一根横向基础梁上的节点 k 处作用单位力矩在节点 i 处所产生的沉降。

由上述可见,每个节点有两个未知力 F_{ix} 和 F_{iy},同时每个节点可列出两个方程式。若十字交叉条形基础有 n 个节点,则就有 $2n$ 个未知数和 $2n$ 个方程式,解方程可得 $2n$ 个未知力的值。

对于十字交叉条形基础,如果结构对称、土层对称,则未知数 F_{ix}、F_{iy} 就可大量减少。单轴对称时,只需取 1/2 基础进行分析;双轴对称时,只需取 1/4 基础进行分析。

应用上述基本方程分析基础梁内力时,必须计算有关的系数 δ_{ijx}、$\bar{\delta}_{ijx}$ 和 δ_{ijy}、$\bar{\delta}_{ijy}$。对于系数 δ_{ijx}、$\bar{\delta}_{ijx}$ 和 δ_{iky}、$\bar{\delta}_{iky}$ 的计算有多种方法。现采用地基系数法进行分析。

当按地基系数法进行计算时,考虑到集中荷载对条形基础变形的影响随距离的增大而迅速减小,因此,当节点间的间距大于 $1.8/\lambda_b$ 时,可以认为力 F_i 作用处的沉降只与力 F_i 有关,而与其他节点处的作用力无关。于是,基本方程及其求解将大为简化,可很简便地求得集中力分配系数。

(2) 集中力分配系数

十字交叉条形基础的节点可分为内柱节点、边柱节点和角柱节点(图 15-70),现将集中力分配系数分别叙述如下:

① 内柱节点

内柱节点 i 作用着上部结构传来的集中力 F_i(图 15-71),F_i 可分成两个集中力 F_{ix} 和 F_{iy},分别作用在纵、横两向条形基础上。把纵、横两方向的条形基础都视作无限长梁,按节点 i 处的静力平衡条件及变形协调条件有

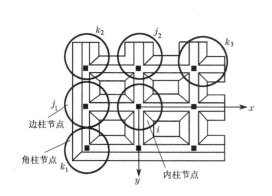

图 15-70 十字交叉条形基础示意图 　　图 15-71 十字交叉条形基础内柱节点 i

$$F_i = F_{ix} + F_{iy} \tag{15-99}$$

$$\frac{F_{ix}}{8\lambda_{bx}^3 EI_x} = \frac{F_{iy}}{8\lambda_{by}^3 EI_y} \tag{15-100}$$

于是得

$$F_{ix} = \frac{I_x \lambda_{bx}^3}{I_x \lambda_{bx}^3 + I_y \lambda_{by}^3} F_i \tag{15-101}$$

$$F_{iy} = \frac{I_y \lambda_{by}^3}{I_x \lambda_{bx}^3 + I_y \lambda_{by}^3} F_i \tag{15-102}$$

式中　λ_{bx}、λ_{by}——分别为纵向(x 向)和横向(y 向)基础梁的柔度特征值,$\lambda_{bx} = \sqrt[4]{\dfrac{b_{bx}k}{4EI_x}}$,

$$\lambda_{by} = \sqrt[4]{\frac{b_{by}k}{4EI_y}};$$

I_x、I_y——分别为纵、横向基础梁的截面惯性矩;

b_{bx}、b_{by}——分别为纵、横向基础梁的翼板宽度。

② 边柱节点

边柱节点又分为两种情况(图 15-72)。第一种边柱节点如图 15-72a 所示,该节点承受 F_j 的作用,F_j 可分解为作用于无限长梁的 F_{jx} 和作用于半无限长梁上的 F_{jy},与中柱节点

相类似，根据静力平衡条件与变形协调条件可求得

$$F_{jx} = \frac{4I_x\lambda_{bx}^3}{4I_x\lambda_{bx}^3 + I_y\lambda_{by}^3}F_j \qquad (15-103)$$

$$F_{jy} = \frac{I_y\lambda_{by}^3}{4I_x\lambda_{bx}^3 + I_y\lambda_{by}^3}F_j \qquad (15-104)$$

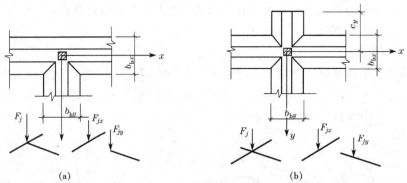

图 15-72 十字交叉条形基础边柱节点 j

第二种边柱节点如图 15-72b 所示，同理可求得

$$F_{jx} = \frac{\psi_s I_x\lambda_{bx}^3}{\psi_s I_x\lambda_{bx}^3 + I_y\lambda_{by}^3}F_j \qquad (15-105)$$

$$F_{jy} = \frac{I_y\lambda_{by}^3}{\psi_s I_x\lambda_{bx}^3 + I_y\lambda_{by}^3}F_j \qquad (15-106)$$

式中 ψ_s——与 $c_y\lambda_{by}$ 有关的系数，可由表 15-22 查得，此处，c_y 为沿 y 方向基础梁悬伸段长度（梁端至沿 x 方向基础梁轴线的距离）。

表 15-22　　　　　　　　　　ψ_s 与 ψ_c 值

$c\lambda_b$	0.60	0.62	0.64	0.65	0.66	0.67	0.68	0.69	0.70	0.71	0.73	0.75
ψ_s	1.43	1.41	1.38	1.36	1.35	1.34	1.32	1.31	1.30	1.29	1.26	1.24
ψ_c	2.80	2.84	2.91	2.94	2.97	3.00	3.03	3.05	3.08	3.10	3.18	3.23

注：表中的 $c\lambda_b$，应根据计算节点的情况，取 $c_x\lambda_{bx}$ 或 $c_y\lambda_{by}$。

③ 角柱节点

角柱节点 k 有三种情况。对于第一种角柱节点（图 15-73a），同理得

$$F_{kx} = \frac{I_x\lambda_{bx}^3}{I_x\lambda_{bx}^3 + I_y\lambda_{by}^3}F_k \qquad (15-107)$$

$$F_{ky} = \frac{I_y\lambda_{by}^3}{I_x\lambda_{bx}^3 + I_y\lambda_{by}^3}F_k \qquad (15-108)$$

对于第二种角柱节点（图 15-74b），一般取 $c_x = (0.6 \sim 0.75)/\lambda_{bx}$，同理可得

$$F_{kx} = \frac{\psi_c I_x\lambda_{bx}^3}{\psi_c I_x\lambda_{bx}^3 + I_y\lambda_{by}^3}F_k \qquad (15-109)$$

$$F_{ky} = \frac{I_y\lambda_{by}^3}{\psi_c I_x\lambda_{bx}^3 + I_y\lambda_{by}^3}F_k \qquad (15-110)$$

式中 ψ_c——与 $c_x\lambda_{bx}$ 有关的系数，可由表 15-22 查得，此处 c_x 为沿 x 方向基础梁悬伸段长度（梁端至沿 y 方向基础梁轴线的距离）。

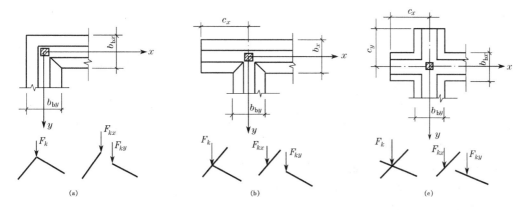

图 15-73 十字交叉条形基础角柱节点 k

对于第三种角柱节点(图 15-73c),当 $c_x=(0.6\sim 0.75)/\lambda_{bx}$, $c_y=(0.6\sim 0.75)/\lambda_{by}$ 时,则可得

$$F_{kx}=\frac{I_x\lambda_{bx}^3}{I_x\lambda_{bx}^3+I_y\lambda_{by}^3}F_k \tag{15-111}$$

$$F_{ky}=\frac{I_y\lambda_{by}^3}{I_x\lambda_{bx}^3+I_y\lambda_{by}^3}F_k \tag{15-112}$$

当十字交叉条形基础各节点的荷载分配完毕后,即可分别按条形基础求地基反力及其内力。

2) 十字交叉条形基础的构造要求

十字交叉条形基础的主梁布置方向一般与上部结构的主梁设置方向一致,以增加主要承重结构平面内的整体刚度,减少基础不均匀沉降。十字交叉条形基础梁的交叉节点处构造较复杂,应注意纵、横梁与柱中三个方向上主筋设置的实际可能性和合理性。纵向与横向基础梁交叉处翼板受力钢筋配置方式如图 15-74 所示。翼板下的地基土如有可能与翼板脱开时,应在翼板上部设置受力钢筋。此外,基础梁的构造尚应符合 15.3.2 节所述的要求。

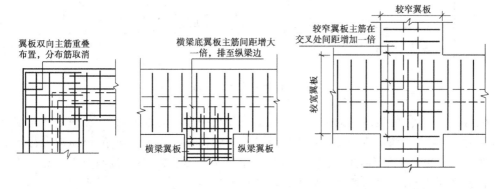

图 15-74 翼板交叉处主筋布置

当考虑基础梁的受扭作用时,应按弯、剪、扭构件进行设计。

15.3.4 筏形基础的计算和构造

1) 筏形基础的内力计算

筏形基础有平板式和梁板式两种。筏形基础的内力计算方法，依基底反力分布的不同假定，有倒楼盖法、地基系数法、链杆法、有限差分法和有限元法等。

当地基土比较均匀、上部结构刚度较好，梁板式筏基梁的高跨比或平板式筏基板的厚跨比不小于 1/6，且相邻柱荷载及柱距的变化不超过 20%时，筏形基础可仅考虑局部弯曲作用。筏形基础的内力可按基底反力直线分布(如倒楼盖法)进行计算。当不满足上述条件时，筏形基础的内力宜按弹性地基梁板法进行计算。

下面主要介绍倒楼盖法。

(1) 基底土反力的计算

倒楼盖法假定筏形基础的基底土反力按平面分布(图 15-75)，其大小按静力平衡条件确定。对于矩形筏板，当采用图 15-76 所示的坐标系时，在集中力系 F_i 作用下，任意一点 (x,y) 的土反力 $p(x,y)$ (为简化起见，用 p 表示)及最大反力 p_{max} 和最小反力 p_{min} 为

$$p = \frac{\sum F_i}{B_b L_b} \pm \frac{12\sum F_i e_{ix} x}{B_b L_b^3} \pm \frac{12\sum F_i e_{iy} y}{B_b^3 L_b} \quad (15-113)$$

$$\begin{matrix} p_{max} \\ p_{min} \end{matrix} = \frac{\sum F_i}{B_b L_b} \pm \frac{6\sum F_i e_{ix}}{B_b L_b^2} \pm \frac{6\sum F_i e_{iy}}{B_b^2 L_b} \quad (15-114)$$

(2) 梁板内力计算

将筏形基础视为倒置的楼盖，以柱子为支座，上述的地基土反力为荷载，按普通平面楼盖计算其内力。此即所谓的倒楼盖法。

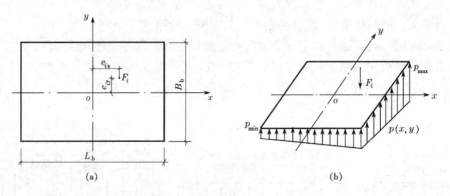

图 15-75 片筏基础反力计算示意图

值得注意的是，将板所受的地基土反力分别传至两个方向的主梁上，在两个方向按连续梁计算时，必定会遇到计算的支座反力与柱传来的轴向力不相等的问题，因而需进行不平衡力的调整。在进行不平衡力的调整时，可与十字交叉条形基础一样，按两个方向给出总反力不符合程度的比率，分别对两个方向的连续梁进行调整。

2) 筏形式基础的构造要求

筏板厚度一般不小于柱网较大跨度的 1/20，并不小于 200 mm，同时，应进行受冲切承载力计算。对 12 层以上建筑的梁板式筏板，其底板厚度与最大双向板格的短边净跨之比不应小于 1/14，且板厚不应小于 400 mm。筏形基础可适当加设悬臂部分以扩大基底面积和

调整基底形心,使其尽可能与上部荷载重心一致,以改善基础的受力状况和避免基础产生过大的倾斜。筏板的悬臂部分宜设于建筑物的宽度方向,并可做成坡度,但边缘处厚度不小于 200 mm。当肋梁不外伸时,板挑出长度不宜大于 2 m。

墙下筏板基础,宜为等厚度的钢筋混凝土平板,其厚度也可根据楼层层数按每层 500 mm 初步选定,但不得小于 200 mm。

混凝土强度等级不应低于 C30。垫层厚度宜为 100 mm。地下水位以下的地下室底板尚应考虑混凝土抗渗要求,其抗渗等级不低于 S6,并应进行抗裂验算。

筏板的配筋率一般在 0.5%～1.0%为宜。当板厚小于 300 mm 时,宜单层配筋;板厚大于或等于 300 mm 时,应双层配筋。钢筋宜为 HRB400、HRB335 和 HPB235 级钢筋。受力钢筋最小直径为 8 mm,一般不小于 12 mm,间距为 100～200 mm;分布钢筋直径为 8～10 mm,间距为 200～300 mm。当筏形基础下有素混凝土垫层时,钢筋保护层厚度不宜小于 35 mm。平板式筏基柱下板带和跨中板带的底部钢筋应有 1/2～1/3 贯通全跨,且配筋率不应小于 0.15%;顶部钢筋应按计算配筋,并全部贯通。筏板悬臂部分下的土体如可能与筏底脱离时,应在悬臂的上部设置受力钢筋。当双向悬臂挑出,但肋梁不外伸时,宜在板底布置放射状附加钢筋。

思 考 题

15.1 多层和高层房屋的混凝土结构体系有哪几种？其适用范围如何？多层房屋一般采用何种结构体系？

15.2 多层和高层建筑结构的受力特点如何？二者有何不同？

15.3 多层和高层建筑结构布置的一般原则主要有哪些？

15.4 作用在多层和高层建筑上的风荷载如何计算？二者有何不同？

15.5 多层和高层建筑结构的荷载作用效应组合设计值如何确定？非抗震设计和抗震设计时的设计表达式如何？

15.6 多层和高层结构的内力和位移计算时,一般采用哪些简化假定？

15.7 多层和高层结构的水平位移验算有哪几项内容？

15.8 对于多层和高层结构,其构件承载力的设计表达式如何？无地震组合时和有地震组合时有何不同？

15.9 多层和高层钢筋混凝土结构的抗震等级如何确定？与哪些因素有关？

15.10 框架结构有哪几种类型？目前常用的是哪种类型？

15.11 框架结构的布置方案有哪几种？

15.12 框架梁、柱的截面尺寸如何确定？

15.13 现浇框架的计算简图如何确定？

15.14 多层多跨框架内力计算的近似方法有哪几种？各种方法的适用范围如何？

15.15 在竖向荷载作用下,用分层法计算框架内力时有哪些基本假定？其计算步骤如何？

15.16 在水平荷载作用下,用反弯点法计算框架内力时有哪些基本假定？各梁、柱的反弯点在何处？其计算步骤如何？

15.17 在水平荷载作用下,用 D 值法计算框架内力时有哪些基本假定？与反弯点法有何不同？反弯点的位置与哪些因素有关？变化规律如何？

15.18 框架柱的柱端弯矩确定后,框架横梁的内力如何计算？

15.19 框架梁、柱的控制截面一般取在何处？

15.20 对于梁、柱截面,应考虑哪几种可能的最不利内力组合?

15.21 计算梁、柱控制截面的最不利内力组合时,应考虑哪几种荷载组合?应如何考虑活荷载的不利布置?

15.22 框架梁正截面承载力和斜截面受剪承载力如何计算?考虑地震作用组合时与不考虑地震作用组合时有何不同?为什么考虑地震作用组合时要对斜截面剪力设计值进行调整?

15.23 框架柱正截面承载力和斜截面受剪承载力如何计算?考虑地震作用组合时与不考虑地震作用组合时有何不同?为什么考虑地震作用组合时要对内力设计值进行调整?

15.24 在水平地震作用下框架梁柱节点的受力特点如何?有哪几种破坏形态?

15.25 框架梁柱节点的剪力设计值如何计算?受剪承载力如何计算?

15.26 对于有抗震设计要求的框架梁、柱有哪些构造要求?其箍筋加密区的长度如何确定?加密区箍筋如何配置?

15.27 在框架梁柱节点中,梁、柱的纵向受力钢筋如何布置?有抗震设防要求和无抗震设防要求时有何不同?

习 题

15.1 试用反弯点法计算图 15-76 所示框架结构的内力(弯矩、剪力和轴力)。

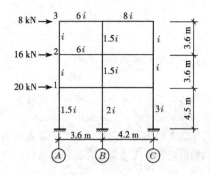

图 15-76 习题 15.1

15.2 试用 D 值法计算图 15-76 所示框架结构的内力(弯矩、剪力和轴力),并与习题 15.1 的计算结果相比较。

第三篇

砌体结构

16 砌体结构的材料及砌体的力学性能

由砖、石或砌块用砂浆砌筑的结构,统称为砌体结构。砖和石是古老的建筑材料,砖结构和石结构已有数千年的应用历史,而砌块的生产和应用时间则较晚,仅有百余年的历史。

砌体结构以它施工迅速,经济耐用,材料来源广,具有良好的热工、隔音性能和较好的耐久性等优点,在我国得到了广泛的应用。近年来,随着科学技术的发展,砌体材料的种类逐渐增多,扩大了砌体结构的应用范围,使得砌体结构在我国的基本建设中占有重要的位置。

砌体是由块体材料和砂浆两种材料组成的。

在进行砌体结构设计时,必须首先了解块体材料(砖、石、砌块)和砂浆的力学性能。

16.1 块体材料和砂浆

16.1.1 块体材料

组成砌体结构的块材大体分为砖、砌块和石材。它们的主要力学指标为强度。《砌体结构设计规范》GB 50003—2011(以下简称《砌体规范》)规定:块体材料的强度等级符号以"MU"表示,单位为 MPa。

目前我国常用的承重结构的块体材料的强度等级应按下列规定选用。

1) 砖

砖的种类有烧结粘土砖和非烧结硅酸盐砖两大类。

烧结粘土砖又分为烧结普通砖和烧结多孔砖。烧结普通砖是指以粘土、页岩、煤矸石和粉煤灰为主要原料,经过焙烧而成的实心和孔洞率不超过 25% 的粘土砖。烧结多孔砖是指孔洞率大于 25% 的粘土砖。较常采用的烧结多孔砖有 KM1 型(图 16—1a)、KP1 型(图 16—1b)和 KP2 型(图 16—1c)。此外,还有大孔空心砖(图 16—1d)。烧结普通砖和烧结多孔砖等的强度等级分为:MU30、MU25、MU20、MU15 和 MU10。

非烧结硅酸盐砖是指用硅酸盐材料压制成型并经高压釜蒸养而成的实心砖。较多采用的有蒸压灰砂普通砖、蒸压粉煤灰普通砖等。蒸压灰砂普通砖、蒸压粉煤灰普通砖的强度等级分为:MU25、MU20 和 MU15。混凝土普通砖、混凝土多孔砖的强度等级分为:MU30、MU25、MU20 和 MU15。

2) 砌块

砌块有以普通混凝土、多孔混凝土等材料生产的中小型空心砌块和以粉煤灰为主要原料生产的中型实心砌块。一般把高度在 350 mm 及其以下的砌块称小型砌块;高度在 360~900 mm 的称中型砌块;高度大于 900 mm 的称大型砌块。目前应用较多的是单排孔混凝土砌块,此外,轻混凝土砌块也已开始应用。

砌块(混凝土砌块、轻集料混凝土砌块)的强度等级分为:MU20、MU15、MU10、MU7.5 和 MU5。用于承重的双排孔或多排孔轻集料混凝土砌块砌体的孔洞率不应大于 35%。

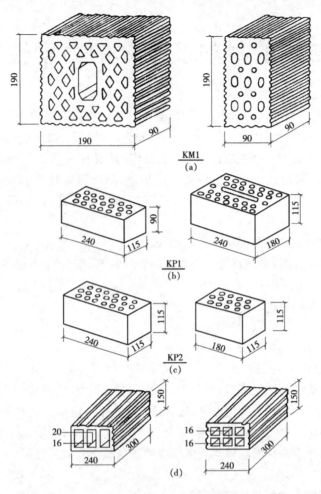

图 16-1 烧结多孔砖和空心砖

3) 石材

石材主要指天然岩石。按其容重大小分为重质岩石(容重大于 18 kN/m³)和轻质岩石(容重小于 18 kN/m³)。重质岩石抗压强度高、质地致密、抗冻性能好,但导热性较高。轻质岩石抗压强度较低,抗冻、抗水性能差,导热性能低,易于开采和加工。

石材的强度等级分为:MU100、MU80、MU60、MU50、MU40、MU30 和 MU20。

对于自承重墙的空心砖、轻集料混凝土砌块的强度等级,应符合《砌体规范》3.1.2 条的规定。限于篇幅,此处从略。

16.1.2 砂浆

砂浆是由胶凝材料(水泥、石灰)和细骨料(砂)加水搅拌而成的混合材料。

砂浆的作用是将单块的砖、石或砌块胶结为砌体,提高了砌体的强度和稳定性;抹平砖石表面,使砌体应力分布趋于均匀;填充块体之间的缝隙,减小砌体的透风性,提高了砌体的保温、隔热、隔音、防潮、防冻等性能。

砌筑用砂浆按其所含胶凝材料的不同,分为水泥砂浆(无增塑剂)、非水泥砂浆(石灰砂浆、石膏砂浆、粘土砂浆和石灰粘土浆等)及混合砂浆(水泥石灰砂浆、水泥粘土砂浆)等。

砂浆的强度等级符号以"M"表示,单位为 MPa。烧结普通砖、烧结多孔砖、蒸压灰砂普通砖和蒸压粉煤灰普通砖砌体采用的普通砂浆强度等级分为:M15、M10、M7.5、M5 和 M2.5。蒸压灰砂普通砖和蒸压粉煤灰普通砖砌体采用的专用砌筑砂浆强度等级分为:Ms15、Ms10、Ms7.5 和 Ms5。混凝土普通砖、混凝土多孔砖、单排孔混凝土砌块和煤矸石混凝土砌块砌体采用的砂浆强度等级分为:Mb20、Mb15、Mb10、Mb7.5 和 Mb5。双排孔或多排孔轻集料混凝砌块砌体采用的砂浆强度等级分为:Mb10、Mb7.5 和 Mb5。毛料石、毛石砌体采用的砂浆强度等级分为:M7.5、M5 和 M2.5。

砌筑用砂浆不仅应具有足够的强度,而且还应具有良好的流动性(可塑性)和保水性。砂浆中掺入适量的掺合量,可提高砂浆的流动性和保水性,既能节约水泥,又可提高砌筑质量。

确定砂浆强度等级时应采用同类块体为砂浆强度试块底模。

16.2 砌体的种类

砌体是由砖石或砌块用砂浆砌筑成的整体。砌体的种类主要取决于块材。目前,采用的砌体大致有砖砌体、石砌体、砌块砌体、配筋砌体和大型墙板。

16.2.1 砖砌体

在房屋建筑中,砖砌体主要用作内外承重墙、隔墙或围护墙。承重墙厚度是根据承载力和稳定性的要求来确定的。对于外墙尚需考虑保温和隔热的要求。

实砌标准砖墙的厚度一般为 240 mm、370 mm、490 mm、620 mm、740 mm 等。有时也采用 180 mm、300 mm、420 mm 等。

用多孔砖砌筑的砌体称为多孔砖砌体。多孔砖砌体与实心砖砌体比较,具有节约材料,造价较低,保温、隔热性能好等优点。

16.2.2 砌块砌体

当墙体是用砌块砌筑而成时,由于块材比标准砖的规格增大很多,这就意味着相同数量的墙体所具有的灰缝的数量将会减少。一般来讲,灰缝是墙体的薄弱部位。由于墙体单位长度或单位高度上灰缝数量的减少,砌块墙体抗压能力将增大。

砌块砌体的种类较多,我国目前采用的有混凝土小型空心砌块砌体,混凝土中型空心砌块砌体和粉煤灰中型砌块砌体。主要用作一般工业和民用建筑的围护墙和承重墙。目前,一般采用小型砌块,中型砌块已很少采用。

16.2.3 石砌体

石砌体按石材加工后的外形规则程度和胶结材料不同分为:料石砌体、毛石砌体和毛石混凝土砌体。

料石和毛石砌体系用砂浆砌筑而成。常用作一般房屋的基础、承重墙等。毛石混凝土砌体的做法是先浇灌一层 120~150 mm 厚的混凝土,在其上铺砌一层毛石,将毛石高度的 1/2 插入混凝土中,再浇灌一层混凝土。如此逐层交替进行。常用作一般建筑物和构筑物的基础。

16.2.4 配筋砌体

为了提高砌体强度,减小构件截面尺寸,常需要在砌体内配置钢筋,这样构成的砌体统称为配筋砌体。配筋砌体又分为横向配筋砌体和组合砌体。详见本书18.4节。

16.2.5 大型墙板

目前采用的大型墙板有大型预制墙板,如矿渣混凝土墙板、空心混凝土墙板、振动砖墙板等。这些墙板一般与一间房屋的一面墙做成相同的规格。在施工条件允许的情况下,大型墙板利于施工,可在较大程度上缩短工期,提高劳动生产率。此外,还有整体混凝土墙板。这种墙板采用滑模或大模板工艺施工,房屋整体性能好。大型墙板是今后砌体结构的发展方向。

16.3 砌体的抗压强度

砌体的抗压强度高,而抗拉、抗弯、抗剪强度很低。为了充分发挥材料的作用,砌体通常被用作受压构件。由于砌体是由块体材料和砂浆两种性能差别较大的材料组成的,因此它的受压工作性能和匀质的整体材料有很大差别。为了正确理解砌体的受压工作性能,下面我们以砖砌体在轴心压力作用下的破坏试验为例来加以说明。

16.3.1 砖砌体轴心受压时的破坏特征

试验结果表明,轴心受压砖砌体从开始加荷载直至破坏的整个过程,大致可分为以下三个阶段(图16-2)。

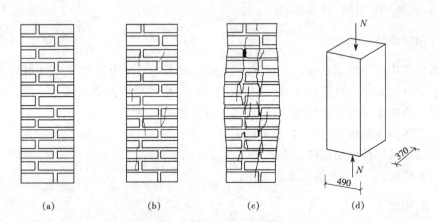

图16-2 砖砌体轴心受压时的破坏特征

第一阶段:从开始加荷载到个别砖内出现第一批裂缝。此时的压力约为破坏荷载的50%~70%,主要与砌体所用砂浆的强度等级有关。在这一阶段中,裂缝只在单块砖内出现,且荷载不增加时,裂缝不会继续发展(图16-2a)。

第二阶段:随着荷载的增加,单块砖内的裂缝向上下延伸,不断发展,竖向贯通若干皮砖,形成一段段连续的裂缝。当荷载达到破坏荷载的80%~90%时,即使荷载不再增加,裂缝仍将继续发展,砌体已临近破坏(图16-2b)。

第三阶段:荷载稍增加,砌体内裂缝迅速发展,加长加宽,连成几条贯通的裂缝,最终将砌体分成几个小立柱。各小立柱受力极不均匀,最后因小立柱丧失稳定(个别是由于砖被压坏)而导致砌体完全破坏(图16-3c)。

试验结果表明,砖砌体的抗压强度远低于它所用砖的抗压强度。其主要原因是由于单块砖在砌体内的应力比较复杂而不是均匀受压。首先,由于砂浆饱满度不足,密实性不均匀,灰缝厚度不一致以及砖本身不平整等因素的影响,使得砖在砌体内不仅不可能均匀受压,而且还将受到弯曲、剪切、甚至扭转的作用(图16-3)。其次,由于砖和砂浆的弹性模量及横向变形系数不同,一般情况下,砂浆的横向变形较砖大,而由于二者的粘结和摩擦作用,砖将受到砂浆的影响而增大了横向变形,使砖产生拉应力。再次,在砌体中,竖向灰缝的饱满度不易保证,在竖向灰缝上的砖内将发生应力集中(主要为剪应力)。最后,由于砌体内的每一块砖都置于水平灰缝上,我们可以将砖视为置于弹性地基上的梁,这种受力状态将使砖受弯、受剪。"地基"(砂浆)弹性模量的大小直接影响到其上砖的变形,砂浆的弹性模量愈小,这种受力状态将使砖受弯、受剪砖内产生的弯、剪应力也愈高。

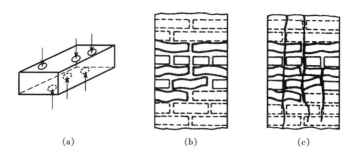

图16-3 受压砌体构件中砖块的受力状态

从以上试验结果可以看出,单块砖在砌体内并不是均匀受压,它除受压外,还将受到拉、弯、剪、扭的作用。由于砖的脆性,使砖的抗拉、抗弯、抗剪强度大大低于它的抗压强度,因此,当单块砖的抗压强度还未充分发挥时,砌体就因拉、弯、剪的作用而开裂,使砌体轴心受压构件分裂成几个小立柱而丧失稳定,导致构件破坏,最终使砖砌体的抗压强度远低于砖的抗压强度。

16.3.2 影响砌体抗压强度的因素

根据对砖砌体受压破坏特征的分析可知,砌体的抗压强度主要取决于块材和砂浆的性能以及砌筑质量等因素。现分述如下:

1) 块体强度对砌体强度的影响

由上节应力分析及破坏特征可见,砌体的破坏主要是由于单块砖内竖向受压、受剪、受扭和横向受拉而引起的。破坏时,砖的抗压强度未被充分利用,所以,砌体的抗压强度远低于砖的抗压强度。同时,试验表明,砖砌体的抗压强度不仅与砖的抗压强度有关,而且与砖的抗弯强度有关。砖砌体随着砖的抗压强度的提高而提高,也随着砖的抗弯强度的提高而提高。

2) 砂浆性能对砌体强度的影响

砂浆强度愈高,砌体的抗压强度也愈高。砂浆的弹塑性能对砌体的抗压强度也有重要影响。随着砂浆变形率的增大,砖内的弯剪应力和拉应力亦随之增大,砌体强度将有较大的降低。

砂浆的流动性和保水性对砌体的抗压强度也有明显的影响。砂浆的流动性和保水性好,容易铺成厚度和密实性较均匀的灰缝,因而可减小砖内的弯剪应力,从而可提高砌体的抗压强度。

3) 砌筑质量对砌体强度的影响

砌筑质量的主要标志之一是灰缝质量,它包括灰缝的均匀性、密实度和饱满程度。灰缝均匀、密实、饱满可显著改善砖在砌体中的受力状态,减小其弯剪应力,因而使砌体抗压强度显著提高。

4) 块体的形状和灰缝厚度的影响

砖的形状是否规则也显著影响砌体抗压强度。当块体表面歪曲时将砌成不同厚度的灰缝,因而增加了灰缝的不均性,引起砖内产生较大的弯剪应力而使砖过早断裂,从而降低砖砌体的抗压强度。

灰缝厚度应适当。灰缝砂浆可减轻铺砌面不平的不利影响,因此,灰缝不能太薄。灰缝厚度增大,上述的不利影响(使砖内产生弯剪应力和拉应力)也将增大,因此,灰缝也不能太厚。灰缝的适宜厚度与块体的种类和形状有关。对于砖砌体,灰缝厚度以 10~12 mm 为宜。

此外,还有一些次要因素(如砖的含水率、搭缝方式等)对砌体的抗压强度也有影响。

16.3.3 砌体抗压强度计算公式

《砌体规范》规定,砌体抗压强度平均值 f_m 按下列公式计算:

$$f_m = k_1 f_1^\alpha (1+0.07 f_2) k_2 \tag{16-1}$$

式中 f_1——块体(砖、石、砌块)的抗压强度等级值或平均值(MPa);

         f_2——砂浆抗压强度平均值(MPa);

k_1、α、k_2——系数,按表 16-1 采取。

表 16-1   系数 k_1、α、k_2

砌体种类	k_1	α	k_2
烧结普通砖、烧结多孔砖、蒸压灰砂砖、蒸压粉煤灰砖	0.78	0.5	当 $f_2<1$ 时,$k_2=0.6+0.4f_2$
混凝土砌块	0.46	0.9	当 $f_2=0$ 时,$k_2=0.8$
毛料石	0.79	0.5	当 $f_2<1$ 时,$k_2=0.6+0.4f_2$
毛石	0.22	0.5	当 $f_2<2.5$ 时,$k_2=0.4+0.24f_2$

注:1. k_2 在表列条件以外时均等于 1。

     2. 混凝土砌块砌体的轴心抗压强度平均值,当 $f_2>10$MPa 时,应乘系数 $(1.1-0.01f_2)$,MU20 的砌体应乘系数 0.95,且满足 $f_1 \geqslant f_2$,$f_1 \leqslant 20$MPa。

16.4 砌体的轴心抗拉、抗弯、抗剪强度

砌体结构抗压强度较高,而轴心抗拉、弯曲抗拉和抗剪强度较低,因而在建筑结构中主

要用作受压构件。有时也会遇到用来承受拉力、弯矩和剪力的情况,如小型水池、圆形筒仓、挡土墙、门窗过梁和拱支座等。砌体的受拉、受弯和受剪破坏一般发生在砂浆和块体的连接面上,因而其强度主要取决于灰缝强度,即灰缝中砂浆和块体的粘结强度。粘结强度分为切向粘结强度和法向粘结强度。当拉力平行于灰缝面作用时的粘结强度称为切向粘结强度

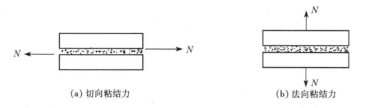

(a) 切向粘结力　　　　　　(b) 法向粘结力

图 16-4　砌体的粘结强度

(图 16-4a);拉力垂直于灰缝面作用时的粘结强度称为法向粘结强度(图 16-4b)。法向粘结强度不易保证,数值极低,在工程中不应设计成利用法向粘结强度的轴心受拉构件。在砌体的竖向灰缝内由于砂浆饱满度很低,加上砂浆硬化时的收缩,都将极大地削弱砂浆与块体的粘结,因此计算时不计竖向灰缝的粘结强度。以后本章中所提到的粘结强度均系指水平灰缝的切向粘结强度。

16.4.1　砌体的轴心抗拉、弯曲抗拉和抗剪性能

1) 砌体的轴心抗拉和弯曲抗拉性能

砌体轴心受拉时,有两种破坏形态。当块体强度较高,砂浆强度相应较低时,砌体的抗拉强度取决于粘结强度,这时砌体将发生沿齿缝截面的破坏,如图 16-5 的 a—a 截面。

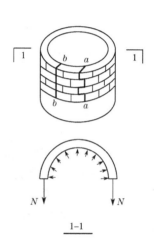

图 16-5　砌体轴心受拉破坏形态

当块体的强度较低,而砂浆强度相对较高时,砌体的抗拉强度取决于块体的抗拉强度,此时砌体将发生沿块体截面和竖向灰缝的破坏,如图 16-5 的 b—b 截面。

根据砌体受力方式的不同以及块体和砂浆强度的不同,砌体弯曲受拉时有三种破坏形态:沿齿缝截面的破坏,如图 16-6a 中的 a—a 截面;沿块体截面和竖向灰缝的破坏,如图 16-6a 中的 b—b 截面;沿通缝截面的破坏,如图 16-6b 中的 c—c 截面。

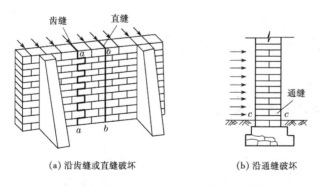

(a) 沿齿缝或直缝破坏　　　　(b) 沿通缝破坏

图 16-6　受弯构件破坏形态

2）砌体的抗剪性能

在工程中砌体受纯剪的情况几乎没有,砌体截面上常受到剪力和垂直压力的共同作用(图16-7)。垂直压应力的大小对砌体的剪切破坏形态有明显影响,因而对砌体的抗剪强度也有明显影响。当垂直压应力较小时,砌体沿通缝受剪,水平灰缝中砂浆产生较大的剪切变形,而受剪面上垂直压应力产生的摩擦力将减小或阻止砌体剪切面的水平滑移,即沿通缝截面剪切破坏；如图16-7中a-a截面。当垂直压应力增大到一定数值时,砌体的斜截面上有可能因抗主拉应力的强度不足而产生沿阶梯形裂缝的破坏,即沿阶梯形截面剪切破坏,如图16-7中b-b截面。

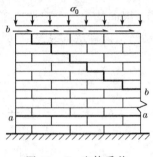

图16-7 砌体受剪

16.4.2 砌体的轴心抗拉、弯曲抗拉和抗剪强度计算公式

《砌体规范》规定,砌体的轴心抗拉、弯曲抗拉和抗剪强度平均值按下列公式计算：

$$f_{t,m}=k_3\sqrt{f_2} \tag{16-2}$$

$$f_{tm,m}=k_4\sqrt{f_2} \tag{16-3}$$

$$f_{v,m}=k_5\sqrt{f_2} \tag{16-4}$$

式中　$f_{t,m}$——砌体轴心抗拉强度平均值；
　　　$f_{tm,m}$——砌体弯曲抗拉强度平均值；
　　　$f_{v,m}$——砌体抗剪强度平均值；
　　　k_3、k_4、k_5——系数,按表16-2采取。

表16-2　系数 k_3、k_4、k_5

砌体种类	k_3	k_4		k_5
		沿齿缝	沿通缝	
烧结普通砖、烧结多孔砖	0.141	0.250	0.125	0.125
蒸压灰砂砖、蒸压粉煤灰砖	0.09	0.18	0.09	0.09
混凝土砌块	0.069	0.081	0.056	0.069
毛石	0.075	0.113	—	0.188

16.5　砌体的弹性模量、摩擦系数、线膨胀系数和收缩率

砌体是弹塑性材料,从加荷开始,其应力—应变关系就不是线性变化。试验表明,其应力—应变($\sigma-\varepsilon$)关系可用下列公式表示：

$$\varepsilon=-\frac{1}{\xi}\ln(1-\frac{\sigma}{f_m}) \tag{16-5}$$

式中　ξ——弹性特征值。

与混凝土类似,砌体的受压弹性模量有三种表示方法：砌体受压应力—应变曲线上原点切线的斜率称为"初始弹性模量"；曲线上任意点与坐标原点连成的割线的正切称为"割线模

量";曲线上任意点切线的斜率称为"切线模量"。通常我们取相当于砌体极限抗压强度 0.4 倍应力下的割线模量作为设计中取用的砌体弹性模量(图16-8)。

试验结果表明,砌体的弹性模量主要取决于砂浆强度,同时,与块体的强度也有明显关系。在砂浆的强度和变形性能相同的情况下,砌体弹性模量与砌体抗压强度成正比。砌体弹性模量的计算公式可按附表 29 采用。

对于石材,由于其弹性模量和强度远高于砂浆的弹性模量和强度,而砌体的变形又主要取决于砂浆的变形,因此对石砌体仅按砂浆强度等级确定其弹性模量。

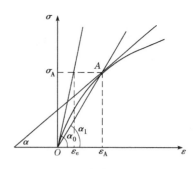

图 16-8 砌体受压弹性模量的表示方法

单排孔且对孔砌筑的混凝土砌块灌孔砌体的弹性模量应按下列公式计算：

$$E = 2\,000 f_g \tag{16-6}$$

式中 f_g——灌孔砌体的抗压强度设计值。

各类砌体的受压弹性模量、摩擦系数、线膨胀系数和收缩率分别列于附表 29、附表 30 和附表 31。

思 考 题

16.1 目前我国建筑工程中采用的砌体有哪几种？

16.2 砖砌体轴心受压的破坏特征如何？影响砖砌体抗压强度的主要因素有哪些？

17 砌体结构设计的基本原则

17.1 设计方法

与《混凝土结构设计规范》GB 50010—2010 相同，《砌体结构设计规范》GB 50003—2011 也是采用以概率理论为基础的极限状态设计方法，以可靠指标度量结构构件的可靠度，采用分项系数的设计表达式进行计算。但是，由于砌体结构和混凝土结构受力特性不同，二者在计算要求和方法上又有所不同。

砌体结构应按承载能力极限状态设计，并满足正常使用极限状态的要求。根据砌体结构的特点，砌体结构正常使用极限状态的要求，一般情况下可由相应的构造措施保证。

砌体结构和结构构件在设计使用年限内，在正常维护下，必须保持适合使用，而不需大修加固。设计使用年限见表 3—1。

根据建筑结构破坏可能产生的后果的严重性，砌体结构也划分为三个安全等级（参阅表 3—3）。

17.2 砌体结构承载能力极限状态设计表达式

砌体结构按承载能力极限状态设计时，应按下述公式中最不利组合进行计算：

$$\gamma_0(1.3S_{Gk}+1.5\gamma_L S_{Q1k}+\gamma_L \sum_{i=2}^{n}\gamma_{Qi}\psi_{ci}S_{Qik})\leqslant R(f,a_k\cdots) \quad (17-1)$$

式中 γ_0——结构重要性系数，对安全等级为一级或设计使用年限为 50 年以上的结构构件，不应小于 1.1；对安全等级为二级或设计使用年限为 50 年的结构构件，不应小于 1.0；对安全等级为三级或设计使用年限为 1～5 年的结构构件，不应小于 0.9；

S_{Gk}——永久荷载标准值的效应；

S_{Q1k}——在基本组合中起控制作用的一个可变荷载标准值的效应；

S_{Qik}——第 i 个可变荷载标准值的效应；

γ_L——结构构件的抗力模型不定性系数，对静力设计，考虑结构设计使用年限的荷载调整系数，设计使用年限为 50 a，取 1.0；设计使用年限为 100 a，取 1.1；

$R(\cdot)$——结构构件的抗力函数；

γ_{Qi}——第 i 个可变荷载的分项系数；

ψ_{ci}——第 i 个可变荷载的组合值系数，一般情况下应取 0.7；对书库、档案库、储藏室或通风机房、电梯房应取 0.9；

f——砌体强度设计值，$f=f_k/\gamma_f$；

f_k——砌体的强度标准值，$f_k=f_m-1.645\sigma_f$；

γ_f——砌体结构的材料性能分项系数，一般情况下，宜按施工质量控制等级为 B 级考虑,取 $\gamma_f=1.6$;当为 C 级时,取 $\gamma_f=1.8$;当为 A 级时,取 $\gamma_f=1.5$;

f_m——砌体的强度平均值;

σ_f——砌体强度的标准差;

a_k——几何参数标准值。

当砌体结构作为一个刚体,需验算整体稳定性(例如倾覆、滑移、漂浮等)时,应按下列公式中最不利组合进行验算:

$$\gamma_0(1.3S_{G2k}+1.5\gamma_L S_{Q1k}+\gamma_L\sum_{i=2}^{n}S_{Qik})\leqslant 0.8S_{G1k} \quad (17-2a)$$

式中 S_{G1k}——起有利作用的永久荷载标准值的效应;

S_{G2k}——起不利作用的永久荷载标准值的效应。

17.3 砌体的强度指标

17.3.1 砌体的强度标准值

砌体的强度标准值按下列公式确定:

$$f_k=f_m-1.645\sigma_f \quad (17-3)$$

式中 f_m——砌体的强度平均值;

σ_f——砌体的强度标准差。

17.3.2 砌体的强度设计值

砌体的强度设计值按下列公式确定:

$$f=f_k/\gamma_f \quad (17-4)$$

式中 γ_f——砌体结构的材料性能分项系数,一般情况下,宜按施工控制等级为 B 级考虑,取 $\gamma_f=1.6$;当为 C 级时,取 $\gamma_f=1.8$(施工控制等级分为 A、B、C 三级,详见《砌体工程施工质量验收规范》GB 50203—2002 的规定)。

1) 龄期为 28 d 的以毛截面计算的砌体抗压强度设计值,当施工质量控制等级为 B 级时,应根据块体和砂浆的强度等级分别按下列规定采用:

(1) 烧结普通砖和烧结多孔砖砌体的抗压强度设计值应按附表 27-1 采用。

(2) 混凝土普通砖和混凝土多孔砖砌体的抗压强度设计值应按附表 27-2 采用。

(3) 蒸压灰砂普通砖和蒸压粉煤灰普通砖砌体的抗压强度设计值应按附表 27-3 采用。

(4) 单排孔混凝土和轻集料混凝土砌块砌体的抗压强度设计值应按附表 27-4 采用。

(5) 单排孔混凝土砌块对孔砌筑时,灌孔砌体的抗压强度设计值应按下列方法确定:

① 混凝土砌块砌体的灌孔混凝土强度等级不应低于 Cb20,且不应低于 1.5 倍的块体强度等级。灌孔混凝土强度指标取同强度等级的混凝土强度指标。

② 灌孔混凝土砌块砌体的抗压强度设计值 f_g 应按下列公式计算:

$$f_g=f+0.6\alpha f_c \quad (17-5)$$

$$\alpha=\delta\rho \quad (17-5a)$$

式中 f_g——灌孔砌体的抗压强度设计值,该值不应大于未灌孔砌体抗压强度设计值的2倍;

f——未灌孔混凝土砌块砌体的抗压强度设计值,应按附表27-4采用;

f_c——灌孔混凝土的轴心抗压强度设计值;

α——混凝土砌块砌体中灌孔混凝土面积和砌体毛面积的比值;

δ——混凝土砌块的孔洞率;

ρ——混凝土砌块砌体的灌孔率,系截面灌孔混凝土面积和截面孔洞面积的比值,灌孔率应根据受力或施工条件确定,且不应小于33%。

(6) 双排孔或多排孔轻集料混凝土砌块砌体的抗压强度设计值应按附表27-5采用。

(7) 块体高度为180~350 mm的毛料石砌体的抗压强度设计值应按附表27-6采用。

(8) 毛石砌体的抗压强度设计值应按附表27-7采用。

2) 龄期为28 d的以毛截面计算的各类砌体的轴心抗拉强度设计值、弯曲抗拉强度设计值和抗剪强度设计值应符合下列规定:

(1) 当施工质量控制等级为B级时,强度设计值应按附表28采用。

(2) 单排孔混凝土砌块对孔砌筑时,灌孔砌体的抗剪强度设计值 f_{vg} 应按下列公式计算:

$$f_{vg}=0.2f_g^{0.55} \qquad (17-6)$$

式中 f_g——灌孔砌体的抗压强度设计值(MPa,即 N/mm²)。

必须注意,在下列情况的各类砌体,其砌体强度设计值应乘以调整系数 γ_a:

① 对无筋砌体构件,其截面面积小于0.3 m² 时

$$\gamma_a=0.7+A \qquad (17-7)$$

对配筋砌体构件,当其中砌体截面面积小于0.2 m² 时

$$\gamma_a=0.8+A \qquad (17-8)$$

式中 A——构件截面面积,以 m² 计。

② 当砌体用强度等级小于M5的水泥砂浆砌筑时,对附表27中各表中的数值,$\gamma_a=0.9$;对附表28中的数值,$\gamma_a=0.8$。

③ 当验算施工中房屋的构件时,$\gamma_a=1.1$。

17.4 耐久性规定

耐久性是指建筑结构在正常维护下,材料性能随时间变化,仍应能满足预定的功能要求。当块体材料耐久性不足时,在使用期间,会因风化、冻融等造成表面剥蚀。有时这种剥蚀相当严重,会直接影响到建筑物的强度和稳定性。

在选用块体材料、砂浆和钢材(钢筋和钢板等)时应本着因地制宜、就地取材、充分利用工业废料的原则,按建筑物对耐久性的要求、房屋的使用年限、房屋高度、砌体受力特点、工作环境和施工条件等各方面因素选用。

17.4.1 环境类别

砌体结构耐久性的环境类别应根据表17-1确定。

表17-1 砌体结构的环境类别

环境类别	条 件
1	正常居住及办公建筑的内部干燥环境
2	潮湿的室内或室外环境,包括与无侵蚀性土和水接触的环境
3	严寒和使用化冰盐的潮湿环境(室内或室外)
4	与海水直接接触的环境,或处于滨海地区的盐饱和的气体环境
5	有化学侵蚀的气体、液体或固态形式的环境,包括有侵蚀性土壤的环境

17.4.2 砌体材料的耐久性规定

《砌体规范》规定,设计使用年限为50年时,砌体材料的耐久性应符合下列规定:

1)地面以下或防潮层以下的砌体、潮湿房间的墙或环境类别2的砌体,所用材料的最低强度等级应符合表17-2的规定。

表17-2 地面以下或防潮层以下砌体,潮湿房间的墙所用材料最低强度等级

潮湿程度	烧结普通砖	混凝土普通砖、蒸压普通砖	混凝土砌块	石材	水泥砂浆
稍潮湿的	MU15	MU20	MU7.5	MU30	M5
很潮湿的	MU20	MU20	MU10	MU30	M7.5
含水饱和的	MU20	MU25	MU15	MU40	M10

注:1. 在冻胀地区,地面以下或防潮层以下的砌体,不宜采用多孔砖,如采用时,其孔洞应用不低于M10的水泥砂浆预先灌实。当采用混凝土空心砌块时,其孔洞应采用强度等级不低于Cb20的混凝土预先灌实;
2. 对安全等级为一级或设计使用年限大于50年的房屋,表中材料强度等级应至少提高一级。

2)处于环境类别3~5等有侵蚀性介质的砌体材料应符合下列规定:

(1)不应采用蒸压灰砂普通砖、蒸压粉煤灰普通砖;

(2)应采用实心砖,砖的强度等级不应低于MU20,水泥砂浆的强度等级不应低于M10;

(3)混凝土砌块的强度等级不应低于MU15,灌孔混凝土的强度等级不应低于Cb30,砂浆的强度等级不应低于Mb10;

(4)应根据环境条件对砌体材料的抗冻指标、耐酸、碱性能提出要求,或符合有关规范的规定。

17.4.3 钢材的耐久性规定

《砌体规范》规定,设计使用年限为50年时,砌体中钢材的耐久性应符合下列规定:

1)当设计使用年限为50年时,砌体中钢筋的耐久性选择应符合表17-3的规定。

表17-3 砌体中钢筋耐久性选择

环境类别	钢筋种类和最低保护要求	
	位于砂浆中的钢筋	位于灌孔混凝土中的钢筋
1	普通钢筋	普通钢筋
2	重镀锌或有等效保护的钢筋	当采用混凝土灌孔时,可为普通钢筋;当采用砂浆灌孔时应为重镀锌或有等效保护的钢筋
3	不锈钢或有等效保护的钢筋	重镀锌或有等效保护的钢筋
4 和 5	不锈钢或等效保护的钢筋	不锈钢或等效保护的钢筋

注:1. 对夹心墙的外叶墙,应采用重镀锌或有等效保护的钢筋;
　　2. 表中的钢筋即为国家现行标准《混凝土结构设计规范》GB50010 和《冷轧带肋钢筋混凝土结构技术规程》JGJ95 等标准规定的普通钢筋或非预应力钢筋。

2)设计使用年限为50年时,砌体中钢筋的保护层厚度,应符合下列规定:
(1)配筋砌体中钢筋的最小混凝土保护层应符合表17-4的规定。
(2)灰缝中钢筋外露砂浆保护层的厚度不应小于15 mm。
(3)所有钢筋端部均应有与对应钢筋的环境类别条件相同的保护层厚度。
(4)对填实的夹心墙或特别的墙体构造,钢筋的最小保护层厚度,应符合下列规定:
① 用于环境类别1时,应取20 mm厚砂浆或灌孔混凝土与钢筋直径较大者;
② 用于环境类别2时,应取20 mm厚灌孔混凝土与钢筋直径较大者;
③ 采用重镀锌钢筋时,应取20 mm厚砂浆或灌孔混凝土与钢筋直径较大者;
④ 采用不锈钢筋时,应取钢筋的直径。

表17-4 钢筋的最小保护层厚度

环境类别	混凝土强度等级			
	C20	C25	C30	C35
	最低水泥含量(kg/m³)			
	260	280	300	320
1	20	20	20	20
2	—	25	25	25
3	—	40	40	30
4	—	—	40	40
5	—	—	—	40

注:1. 材料中最大氯离子含量和最大碱含量应符合现行国家标准《混凝土结构设计规范》GB50010 的规定;
　　2. 当采用防渗砌体块体和防渗砂浆时,可以考虑部分砌体(含抹灰层)的厚度作为保护层,但对环境类别1、2、3,其混凝土保护层的厚度相应不应小于10 mm、15 mm 和20 mm;
　　3. 钢筋砂浆面层的组合砌体构件的钢筋保护层厚度宜比表17-4规定的混凝土保护层厚度数值增加5 mm~10 mm;
　　4. 对安全等级为一级或设计使用年限为50年以上的砌体结构,钢筋保护层的厚度应至少增加10 mm。

3)设计使用年限为50年时,夹心墙的钢筋连接件或钢筋网片、连接钢板、锚固螺栓或钢筋,应采用重镀锌或等效的防护涂层,镀锌层的厚度不应小于290 g/m²;当采用环氯涂层时,灰缝钢筋涂层厚度不应小于 290 μm,其余部件涂层厚度不应小于 450 μm。

思 考 题

17.1 砌体结构承载能力极限状态设计表达式如何?它与混凝土结构承载能力极限状态设计表达式有何不同?

17.2 砌体强度设计值如何确定?在什么情况下需乘以调整系数 γ_a?

18 砌体结构构件的承载力计算

18.1 受压构件承载力计算

18.1.1 受压构件承载力计算公式

砌体结构在房屋结构中多用于墙、柱、基础等受压构件。试验结果表明,对于短粗的受压构件,当构件承受轴心压力时,从加荷到破坏,构件截面上的应力分布可视为均匀的(图18-1a),破坏时截面所能承受的压应力可达到砌体的抗压强度,但是对于承受偏心压力的构件和高厚比较大的细长构件来说,其承载能力都将下降,其主要原因如下:

(1) 构件承受偏心压力时,截面中的应力分布不均匀,由于砌体的弹塑性性能,使应力呈曲线分布(图18-1b)。随着偏心距的增大,在远离轴向力作用一侧的截面中将出现拉应力。当受拉边缘的应力达砌体沿通缝截面的弯曲抗拉强度时,砌体将产生水平裂缝(图18-1c),裂缝不断向轴向力偏心方向延伸(图18-1d),致使截面的受压面积随之减小,承载力下降。纵向力的偏心距愈大,承载力降低愈多。

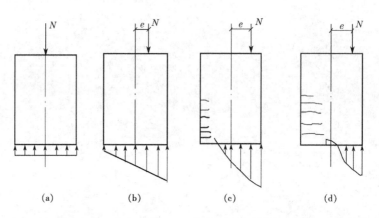

图18-1 受压构件截面上的应力分布

(2) 对于承受轴心压力的细长构件,由于砌体材料的不均匀性和施工质量的影响,轴向力作用线不可能完全与构件的纵轴线相重合,因而使构件的侧向变形增大,稳定性降低。对承受偏心压力的细长构件,随着受压面积的减小,构件的稳定性随之削弱。侧向变形增大后,引起附加偏心距,使荷载的偏心距加大,结果又增大了构件的侧向挠曲,致使构件稳定性继续降低(图18-2)。这样的相互作用加剧了柱的破坏,大大降低了构件的承载力。

在砌体结构中,构件的长细比常用高厚比来表示。高厚比是指墙、柱的计算高度 H_0 与墙厚或柱边长 h 的比值。

基于上述原因,对构件进行承载力计算时,应当考虑高厚比和偏心距对承载力的影响。

综合以上分析,受压构件的承载力可按下式计算:

$$N \leqslant \varphi f A \qquad (18-1)$$

式中 N——轴向力设计值;

φ——高厚比 β 和轴向力的偏心距 e 对受压构件承载力的影响系数,可按公式(18-3)和公式(18-4)计算或按附表32查用;

f——砌体抗压强度设计值,按附表27选用;

A——构件截面面积,对各类砌体均可按毛截面计算。

计算构件截面面积时,对带壁柱墙,其翼缘宽度 b_f 可按下列规定采用:对多层房屋,当有门窗洞口时,可取窗间墙宽度;当无门窗洞口时,每侧翼墙宽度可取壁柱高度的1/3;对单层房屋,可取壁柱宽加 2/3 墙高,但不大于窗间墙宽度和相邻壁柱间距离。

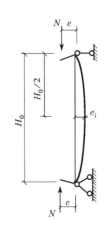

图 18-2 偏心受压构件的附加偏心距

由于偏心距较大时,很容易在截面远离轴向力一侧受拉区产生水平裂缝,而且裂缝开展较大,使得截面受压区的面积减小较多,构件刚度明显减小。此时纵向弯曲的不利影响增大,构件的承载力明显下降。因此《砌体规范》规定,按内力设计值计算的轴向力偏心距 e 不应超过 $0.6y$,即

$$e \leqslant 0.6y \qquad (18-2)$$

式中 y——截面重心到轴向力所在偏心方向截面边缘的距离。

必须指出,对矩形截面构件,当轴向力偏心方向的截面边长大于另一方向的边长时,除按偏心受压计算外,还应对较小边长方向按轴心受压进行验算。此时应按短边边长计算 β,并取 $e=0$,$\varphi=\varphi_0$,φ_0 可按式(18-4a)计算,也可从附表32中 $\frac{e}{h}=0$ 的栏内查出。

18.1.2 高厚比和轴向力偏心距对受压构件承载力的影响系数 φ

根据对试验资料的分析,《砌体规范》规定,对于无筋砌体矩形截面单向偏心受压构件,承载力影响系数 φ 可按下述公式计算:

当 $\beta \leqslant 3$ 时

$$\varphi = \frac{1}{1+12\left(\frac{e}{h}\right)^2} \qquad (18-3)$$

当 $\beta > 3$ 时

$$\varphi = \frac{1}{1+12\left[\frac{e}{h}+\sqrt{\frac{1}{12}\left(\frac{1}{\varphi_0}-1\right)}\right]^2} \qquad (18-4)$$

$$\varphi_0 = \frac{1}{1+\alpha\beta^2} \qquad (18-4a)$$

式中 e——轴向力的偏心距;

h——矩形截面的轴向力偏心方向的边长;

φ_0——轴心受压构件的稳定系数;

α——与砂浆强度等级有关的系数,当砂浆强度等级大于或等于 M5 时,$\alpha=0.0015$;当砂浆强度等级等于 M2.5 时,$\alpha=0.002$;当砂浆强度等于 0 时,$\alpha=0.009$;

β——构件高厚比。

计算 T 形截面受压构件的 φ 时,应以折算厚度 h_T 代替公式(18-2)和公式(18-3)中 h。按公式(18-2)和公式(18-3)计算的 φ 值已列于附表 32,供设计时查取。

计算影响系数 φ(用公式计算或查表)时,为了考虑不同种类砌体受力性能的差异,构件高厚比应按下列公式确定:

对矩形截面

$$\beta = \gamma_\beta \frac{H_0}{h} \tag{18-5}$$

对 T 形截面

$$\beta = \gamma_\beta \frac{H_0}{h_T} \tag{18-6}$$

式中 γ_β——不同砌体材料的高厚比修正系数,按表 18-1 采用;
H_0——受压构件的计算高度;
h——矩形截面轴向力偏心方向的边长,当轴心受压时为截面较小边长;
h_T——T 形截面的折算厚度,可近似取 $h_T = 3.5i$;
i——截面回转半径。

表 18-1　　　　　　　　　高厚比修正系数 γ_β

砌体材料类别	γ_β
烧结普通砖、烧结多孔砖	1.0
混凝土普通砖、混凝土多孔砖、混凝土及轻集料混凝土砌块	1.1
蒸压灰砂普通砖、蒸压粉煤灰普通砖、细料石、半细料石	1.2
粗料石、毛石	1.5

注:对灌孔混凝土砌块砌体,γ_β 取 1.0。

例题 18-1　截面为 490 mm×490 mm 的砖柱,采用强度等级为 MU10 的烧结普通砖和 M5 混合砂浆砌筑。柱的高度 H 和计算高度 H_0 为 4.2 m,柱顶承受轴心压力设计值 $N=250$ kN。试验算该柱的承载力。

解　该柱的控制截面在柱底。

用砂浆砌筑的机制砖砌体的重力密度为 19 kN/m³。

柱自重设计值　$G = 19 \times 0.49 \times 0.49 \times 4.2 \times 1.2 = 22.99 \approx 23$ kN

柱底截面承受轴心压力设计值　$N = 250 + 23 = 273$ kN

$$\beta = \gamma_\beta \frac{H_0}{h} = 1.0 \times \frac{4.2}{0.49} = 8.57 > 3$$

当 $e = 0$ 时,由式(18-4)和(18-4a)得　$\varphi = \varphi_0 = \dfrac{1}{1+\alpha\beta^2}$

砂浆强度等级为 M5 时,$\alpha = 0.0015$

$$\varphi = \varphi_0 = \frac{1}{1+0.0015 \times 8.57^2} = 0.900$$

φ 值也可由附表 32-1 查得。

由附表 27-1 可得 $f = 1.50$ N/mm²

$A = 0.49 \times 0.49 = 0.24$ m² < 0.3 m²

故 f 应乘以调整系数 γ_a。

由公式(17-8)得 $\gamma_a = 0.7 + A = 0.7 + 0.24 = 0.94$

$N_u = \varphi f A = 0.900 \times 1.5 \times 0.94 \times 0.24 \times 10^6 = 304560 \text{ N} > N = 273000 \text{ N}$

该柱承载力满足要求。

例题 18-2 某建筑物底层,横墙厚 240 mm,采用 MU15 蒸压粉煤灰普通砖和 M5 混合砂浆砌筑,计算高度 $H_0 = 3.5$ m,承受轴向压力设计值 $N = 250$ kN/m(包括自重)。试验算该墙体的承载力。

解 取 1 m 宽的墙体为计算单元。

$A = 1 \times 0.24 = 0.24 \text{ m}^2$

因是连续墙体,不用考虑 $A < 0.3 \text{ m}^2$ 时对 f 的修正。

$$\beta = \gamma_\beta \frac{H_0}{h} = 1.2 \times \frac{3.5}{0.24} = 17.5$$

$$\varphi = \frac{1}{1 + \alpha\beta^2} = \frac{1}{1 + 0.0015 \times 17.5^2} = 0.685$$

由附表 27-2 查得 $f = 1.83 \text{ N/mm}^2$。

$N_u = \varphi f A = 0.685 \times 1.83 \times 0.24 \times 10^6 = 300850 \text{ N/m} > 250000 \text{ N/m}$

该墙体承载力满足要求。

例题 18-3 有一砖柱采用 MU10 烧结多孔砖和 M5 混合砂浆砌筑,截面尺寸为 490 mm×620 mm(图 18-3),M 作用方向和垂直于 M 作用方向的 H_0 均为 6.0 m。承受轴向力设计值 $N = 168$ kN,沿长边方向作用的弯矩设计值 $M = 21$ kN·m。试验算该柱的承载力。

解 (1)验算柱弯矩作用方向的承载力

$e = \dfrac{M}{N} = \dfrac{21 \times 10^6}{168 \times 10^3} = 125 \text{ mm}$ $y = \dfrac{h}{2} = \dfrac{620}{2} = 310 \text{ mm}$

$0.6y = 0.6 \times 310 = 186 \text{ mm} > e = 125 \text{ mm}$

$\dfrac{e}{h} = \dfrac{125}{620} = 0.2016$

$\beta = \gamma_\beta \dfrac{H_0}{h} = 1.0 \times \dfrac{6000}{620} = 9.677$

砂浆强度等级为 M5 时,$\alpha = 0.0015$。

$\varphi_0 = \dfrac{1}{1 + \alpha\beta^2} = \dfrac{1}{1 + 0.0015 \times 9.677^2} = 0.877$

$\varphi = \dfrac{1}{1 + 12\left[\dfrac{e}{h} + \sqrt{\dfrac{1}{12}\left(\dfrac{1}{\varphi_0} - 1\right)}\right]^2} = \dfrac{1}{1 + 12\left[0.2016 + \sqrt{\dfrac{1}{12}\left(\dfrac{1}{0.877} - 1\right)}\right]^2}$

$= \dfrac{1}{1 + 12[0.2016 + 0.108]^2} = 0.465$

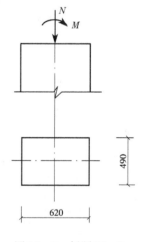

图 18-3 例题 18-3

φ 值也可由附表 32-1 查得。

由表 27-1 可查得 $f = 1.5 \text{ N/mm}^2$。

$A = 0.49 \times 0.62 = 0.3038 \text{ m}^2 > 0.3 \text{ m}^2$

故 f 不需乘调整系数 γ_a。

$N_u = \varphi f A = 0.465 \times 1.5 \times 0.3038 \times 10^6 = 211\,900 \text{ N} = 211.9 \text{ kN} > N = 168 \text{ kN}$

承载力满足要求。

(2) 验算垂直于 M 作用方向的承载力

对矩形截面构件，当轴向力偏心方向的截面边长大于另一方向的边长时，除按偏心受压计算外，还应对较小边长方向按轴心受压进行验算。

$$\beta = \gamma_\beta \frac{H_0}{h} = 1.0 \times \frac{6000}{490} = 12.24 \qquad e = 0$$

$$\varphi = \varphi_0 = \frac{1}{1+\alpha\beta^2} = \frac{1}{1+0.0015 \times 12.24^2} = 0.8165$$

$$N_u = \varphi f A = 0.8165 \times 1.5 \times 0.3038 \times 10^6 = 372\,100 \text{ N} = 372.1 \text{ kN} > N$$

承载力满足要求。

例题 18-4　某单层厂房纵墙，其窗间墙截面尺寸如图 18-4 所示。采用 MU10 烧结多孔砖和 M5 混合砂浆砌筑，墙的计算高度 $H_0 = 6$ m，承受弯矩设计值 $M = 60$ kN·m，轴向力设计值 $N = 350$ kN。轴向力作用点位于壁柱一侧，试验算该墙的承载力。

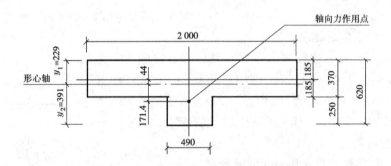

图 18-4　例题 18-4

解　(1) 截面几何特征值

$$A = 2000 \times 370 + 250 \times 490 = 862500 \text{ mm}^2$$

$$y_1 = \frac{2000 \times \frac{370^2}{2} + 490 \times 250 \times (620 - \frac{250}{2})}{862500} = 229 \text{ mm}$$

$$y_2 = 620 - 229 = 391 \text{ mm}$$

$$I = \frac{2000 \times 370^3}{12} + 2000 \times 370 \times 44^2 + \frac{490 \times 250^3}{12} + 490 \times 250 \times 266^2$$

$$= 191.8 \times 10^8 \text{ mm}^4$$

$$i = \sqrt{\frac{I}{A}} = \sqrt{\frac{191.8 \times 10^8}{862500}} = 149.1 \text{ mm}$$

$$h_T = 3.5i = 3.5 \times 149.1 = 521.9 \text{ mm}$$

(2) 承载力验算

$$y = y_2 = 391 \text{ mm}$$

$$e = \frac{M}{N} = \frac{60 \times 10^6}{350 \times 10^3} = 171.4 \text{ mm} < 0.6y = 0.6 \times 391 = 234.6 \text{ mm}$$

$$\frac{e}{h_T} = \frac{171.4}{521.9} = 0.328$$

$$\beta = \gamma_\beta \frac{H_0}{h_T} = 1.0 \times \frac{6000}{521.9} = 11.5$$

$$\varphi_0 = \frac{1}{1+\alpha\beta^2} = \frac{1}{1+0.0015 \times 11.5^2} = 0.834$$

$$\varphi = \frac{1}{1+12[\frac{e}{h_T}+\sqrt{\frac{1}{12}(\frac{1}{\varphi_0}-1)}]^2} = \frac{1}{1+12[0.328+\sqrt{\frac{1}{12}(\frac{1}{0.834}-1)}]^2} = 0.285$$

由附表 27-1 查得 $f = 1.5 \text{ N/mm}^2$。

$N_u = \varphi f A = 0.285 \times 1.5 \times 862500 = 368700 \text{ N} = 368.7 \text{ kN} > N = 350 \text{ kN}$

承载力满足要求。

18.2 砌体局部受压承载力计算

压力仅作用在砌体部分面积上的受力状态称为局部受压。根据局部受压面积上应力分布状况的不同,局部受压计算分为局部均匀受压和梁端支承处砌体局部受压两种情况。

局部受压的特点是:砌体支承着比自身强度高的构件,在较小的受压面积 A_l 上承受着较大的压力,因而单位面积上的压应力较高;局部受压面积四周未直接承受荷载的砌体对中部直接承受荷载砌体的横向变形起着约束作用,使承受荷载的砌体处于三向受压应力状态,所以砌体强度得以提高(图 18-5)。亦即局部受压面积 A_l 外围不受力的部分对直接受力的部分起着"套箍强化"的作用。对于处于砌体边缘或端部的局部受压情况,"套箍强化"作用则很小,甚至没有。但是,由于"力的扩散"作用(只要局部受压面积外存在着不受压力的面积,就存在力的扩散作用),也能在一定程度上提高局部受压面积上砌体的抗压强度。

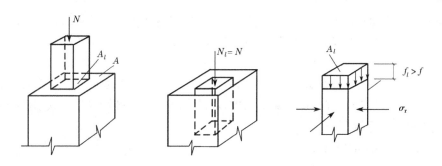

图 18-5 局部受压砌体的应力状态

18.2.1 局部均匀受压承载力计算

当局部压力均匀传递给砌体时,称局部均匀受压。砌体局部均匀受压时,承载力按下式计算:

$$N_l \leqslant \gamma f A_l \tag{18-7}$$

式中 N_l——局部受压面积上荷载设计值产生的轴向力;

f——砌体的抗压强度设计值,局部受压面积小于 0.3 m²,可不考虑强度调整系数 γ_a 的影响;

A_l——局部受压面积;

γ——砌体局部抗压强度的提高系数。

砌体局部抗压强度提高系数 γ 可按下列公式计算：

$$\gamma = 1 + 0.35\sqrt{\frac{A_0}{A_l} - 1} \tag{18-8}$$

式中 A_0——影响砌体局部抗压强度的计算面积，可按图 18-6 确定。

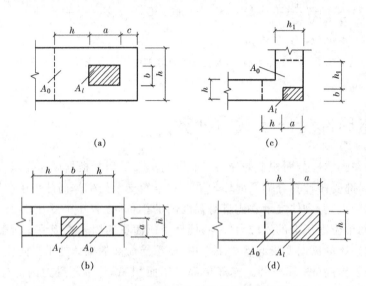

图 18-6 影响局部抗压强度的计算面积 A_0

在图 18-6a 的情况下，$A_0 = (a+c+h)h$；在图 18-6b 的情况下，$A_0 = (b+2h)h$；在图 18-6c 情况下，$A_0 = (a+h)h + (b+h_1-h)h_1$；在图 11-16d 的情况下，$A_0 = (a+h)h$。

此处，a、b 为矩形局部受压面积 A_l 的边长；h、h_1 为墙厚或柱的较小边长，墙厚；c 为矩形局部受压面积 A_l 的外边缘至构件边缘的较小距离，当大于 h 时，应取为 h。

由局压破坏试验可知，砌体局压强度的提高程度是随 A_0 的增加而增加的，但也不能无限制地加以提高。而且，若影响局压强度的面积太大时，一旦出现局压强度不足，砌体发生局压破坏时，破坏较突然，应予以避免。因此，对图 18-6 中四种情况按公式(18-8)计算出的 γ 值应分别作如下限制：

(1) 在图 18-6a 的情况下，$\gamma \leqslant 2.5$；

(2) 在图 18-6b 的情况下，$\gamma \leqslant 2.0$；

(3) 在图 18-6c 的情况下，$\gamma \leqslant 1.5$；

(4) 在图 18-6d 的情况下，$\gamma \leqslant 1.25$。

对多孔砖砌体和按构造要求灌孔的砌块砌体，在(1)、(2)、(3)条的情况下，尚应符合 $\gamma \leqslant 1.5$；对未灌孔的混凝土砌块砌体，取 $\gamma = 1.0$。

18.2.2 梁端支承处砌体的局部受压承载力计算

梁端支承处砌体局部受压时，梁在荷载作用下发生弯曲变形，由于梁端的转动，使梁端下砌体的局部受压呈现非均匀受压状态，应力图形为曲线，最大压应力在支座内边缘处（图 18-7）。

梁端下砌体除承受梁端作用的局部压力 N_l 外，还有上部墙体荷载作用产生的压力 N_0

(其在梁端支承处产生的压应力为 σ_0，即 $\sigma_0 = N_0/A_l$)。当梁上荷载较大时，梁端下砌体产生较大压缩变形，则梁端顶部与上面墙体的接触面减小，甚至有脱开的可能(图 18-8)。这时砌体形成了内拱结构，原来由上部墙体传给梁端支承面上的压力将通过内拱作用传给梁端周围的砌体。这种内拱作用随着 σ_0 的增加而逐渐减少，因为 σ_0 较大时，上部墙体的压缩变形增大，梁端顶部与上部砌体的接触面就大，内拱作用相应减小。

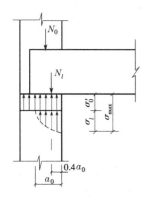
图 18-7　梁端支承处砌体局部受压

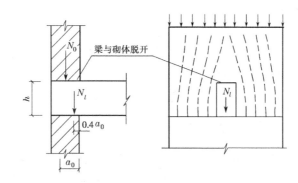
图 18-8　上部荷载的卸载作用

如果梁端局部受压面积为 A_l，梁端支承压力 N_l 在墙体内边缘产生的最大应力为 σ_l，由上部墙体荷载在 A_l 上实际产生的压应力为 σ_0'(小于 σ_0)，则局部受压面积 A_l 内边缘的最大压应力 $\sigma_{\max}$(图 18-7)应符合下列条件：

$$\sigma_{\max} = \sigma_0' + \sigma_l \leqslant \gamma f$$

式中，σ_l 是 N_l 所产生的曲线压应力图形上的最大值，若将曲线图形的平均应力与最大应力之比用"图形完整系数"η 来表示，则 σ_l 等于平均应力(N_l/A_l)除以 η，于是有

$$\sigma_0' + \frac{N_l}{\eta A_l} \leqslant \gamma f$$

即

$$\eta \sigma_0' A_l + N_l \leqslant \eta \gamma f A_l$$

由于上述的内拱作用，$\sigma_0' < \sigma_0$，则可近似取 $\eta \sigma_0' A_l = \psi \sigma_0 A_l = \psi N_0$，于是可得到梁端支承处砌体的局部受压承载力计算公式为

$$\psi N_0 + N_l \leqslant \eta \gamma f A_l \tag{18-9}$$

$$\psi = 1.5 - 0.5 \frac{A_0}{A_l} \tag{18-10}$$

$$N_0 = \sigma_0 A_l \tag{18-11}$$

$$A_l = a_0 b \tag{18-12}$$

式中　ψ——上部荷载的折减系数，当 $\frac{A_0}{A_l} \geqslant 3$ 时，取 $\psi = 0$；

N_l——梁端支承压力设计值(N)；

N_0——局部受压面积内上部轴向力设计值；

σ_0——上部平均压应力设计值(N/mm²)；

η——梁端底面压应力图形的完整系数，可取 0.7，对于过梁和墙梁可取 1.0；

A_l——局部受压面积(mm²)；

a_0——梁端有效支承长度(mm),当 $a_0>a$ 时,应取 $a_0=a$;

a——梁端实际支承长度(mm);

b——梁的截面高度(mm)。

当梁端转动时,梁端支承处末端将翘起,使梁的有效支承长度 a_0 小于梁的实际支承长度 a,从而减小了梁端支承处砌体的有效受压面积。因此,为了确定 A_l,必须求得 a_0。

根据试验结果分析,对直接支承在砌体上的梁端有效支承长度 a_0 可按下列近似公式计算(图18-8):

$$a_0 = 10\sqrt{\frac{h_c}{f}} \qquad (18-13)$$

式中 h_c——梁的截面高度(mm);

f——砌体的抗压强度设计值(MPa)。

18.2.3 梁端垫块下砌体局部受压承载力计算

当梁端支承处砌体局部受压承载力不满足时,其支承面下的砌体上应设置混凝土或钢筋混凝土垫块以增加局部受压面积。垫块可为预制的,也可与梁端整浇。

1)梁端设刚性垫块时

试验表明,采用刚性垫块时,垫块以外的砌体仍能提供有利影响,但考虑到垫块底面压应力的不均匀性,对垫块下的砌体局部抗压强度提高系数 γ 予以折减,偏于安全地取 $\gamma_l=0.8\gamma$。于是,梁端刚性垫块下砌体局部受压承载力可按下式计算:

$$N_0 + N_l \leqslant \varphi \gamma_l f A_b \qquad (18-14)$$

$$N_0 = \sigma_0 A_b \qquad (18-15)$$

$$A_b = a_b b_b \qquad (18-16)$$

式中 N_0——垫块面积 A_b 内上部轴向力设计值(N);

φ——垫块上 N_0 及 N_l 合力的影响系数,采用附表32中 $\beta \leqslant 3$ 时的 φ 值;

γ_l——垫块外砌体面积的有利影响系数,$\gamma_l=0.8\gamma$,但不小于1.0;

γ——砌体局部抗压强度提高系数,按公式(18-8)计算,但以 A_b 代替式中的 A_l;

A_b——垫块面积(mm^2);

a_b——垫块伸入墙内的长度(mm);

b_b——垫块的宽度(mm)。

刚性垫块的构造应符合下列规定:

(1)刚性垫块的高度不宜小于180 mm,自梁边算起的垫块挑出长度不宜大于垫块高度 t_b(图18-9)。

(2)在带壁柱墙的壁柱内设置刚性垫块时(图18-10),由于翼缘多数位于压应力较小处,翼墙参加的工作程度有限,因此在计算 A_0 时,只取壁柱面积而不取翼墙部分,同时壁柱上垫块伸入翼墙的长度不应小于120 mm。

(3)当现浇垫块与梁端浇成整体时(图18-11),垫块可在梁高范围内设置。

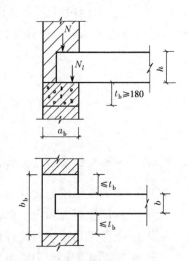

图18-9 刚性垫块的尺寸要求

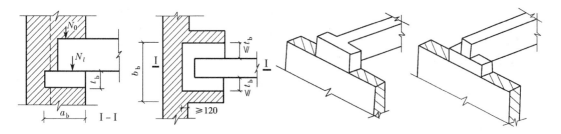

图 18-10 壁柱上设有垫块时梁端局部受压　　图 18-11 设有现浇梁垫时梁端局部受压

梁端设有刚性垫块时,梁端有效支承长度 a_0 应按下列公式确定:

$$a_0 = \delta_1 \sqrt{\frac{h}{f}} \qquad (18-17)$$

式中　δ_1——刚性垫块的影响系数,可按表 18-2 采用。

垫块上 N_l 作用点位置可取 $0.4a_0$ 处。

表 18-2　　　　　　　　　系数 δ_1

σ_0/f	0	0.2	0.4	0.6	0.8
δ_1	5.4	5.7	6.0	6.9	7.8

2）梁端设柔性垫梁时

当支承在墙上的梁端下部有钢筋混凝土圈梁(圈梁可与该梁整浇或不整浇)或其他具有一定长度的钢筋混凝土梁(垫梁高度为 h_b,长度大于 πh_0 此处,h_0 为垫梁的有效高度)通过时,梁端部的集中荷载 N_l 将通过这类垫梁传递到下面一定宽度的墙体上。而上部墙体传来作用在垫梁上的荷载 N_0 则通过垫梁均匀地传递到下面的墙体上。

如果我们将垫梁(垫梁的长度大于 πh_0,这种垫梁可称为柔性垫梁)看作弹性地基梁,取 N_l 在垫梁下墙体上产生的压应力分布宽度为 πh_0,则在 πh_0 范围内的压应力为三角形分布(图 18-12)。根据垫梁下砌体局部受压强度试验的结果,当垫梁长度大于 πh_0 时,垫梁下砌体的局部受压承载力可按下列公式计算：

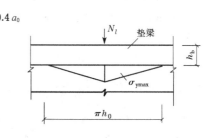

图 18-12　垫梁局部受压

$$N_0 + N_l \leqslant 2.4\delta_2 f b_b h_0 \qquad (18-18)$$

$$N_0 = \pi b_b h_0 \sigma_0 / 2 \qquad (18-19)$$

$$h_0 = 2\sqrt[3]{\frac{E_b I_b}{Eh}} \qquad (18-20)$$

式中　N_0——垫梁上部轴向力设计值；

　　　b_b——垫梁在墙厚方向的宽度(mm)；

　　　δ_2——当荷载沿墙厚方向均匀分布时,δ_2 取 1.0;不均匀分布时,δ_2 可取 0.8；

　　　h_0——垫梁折算高度(mm)；

　　　E_b、I_b——垫梁的混凝土弹性模量和截面惯性矩；

E——砌体的弹性模量；

h——墙厚(mm)。

例题 18-5 有一截面尺寸为 240 mm×370 mm 的钢筋混凝土柱，支承在 370 mm 厚的砖墙上，如图 18-13 所示。墙体采用 MU10 蒸压粉煤灰砖和 M5 水泥砂浆砌筑，柱传到墙上的荷载设计值 $N_l=$ 180 kN，试验算砌体局部受压承载力。

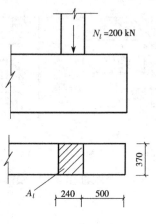

图 18-13 例题 18-5

解 $A_l = 240 \times 370 = 88\,800 \text{ mm}^2$

影响砌体局部抗压强度的计算面积 A_0 可按图 18-6b 求得。

$$A_0 = (b+2h)h = (240+2 \times 370) \times 370 = 362\,600 \text{ mm}^2$$

$$\gamma = 1+0.35\sqrt{\frac{A_0}{A_l}-1} = 1+0.35\sqrt{\frac{362\,600}{88\,800}-1} = 1.61 < 2$$

由附表 27-2 查得 $f = 1.5 \text{ N/mm}^2$。

采用水泥砂浆砌筑，f 应乘以调整系数 0.9。

$N_{lu} = \gamma f A_l = 1.61 \times 1.50 \times 0.9 \times 88\,800 = 193\,000 \text{ N} = 193.0 \text{ kN} > N_l = 180 \text{ kN}$

砌体局部受压承载力满足要求。

例题 18-6 某承重纵墙，窗间墙截面尺寸如图 18-14 所示。采用 MU10 烧结多孔砖和 M2.5 混合砂浆砌筑。墙上支承截面为 200 mm×500 mm 的钢筋混凝土大梁，跨度 5.7 m，大梁传给墙体的压力设计值 $N_l=50$ kN，上部墙体轴向力设计值在局部受压面积上产生的平均压应力 $\sigma_0=0.515 \text{ N/mm}^2$。试验算梁端下砌体的局部受压承载力。

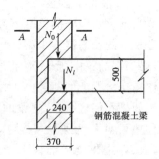

解 $f = 1.30 \text{ N/mm}^2$

梁端有效支承长度近似按公式(18-13)计算。

$$a_0 = 10\sqrt{\frac{h_c}{f}} = 10\sqrt{\frac{500}{1.3}} = 190 \text{ mm}$$

$$A_l = a_0 b = 190 \times 200 = 38\,000 \text{ mm}^2$$

影响砌体局部受压强度的计算面积 A_0 按图(18-6b)求得。

$$A_0 = (b+2h)h = (200+2 \times 370) \times 370 = 347\,800 \text{ mm}^2$$

$$\frac{A_0}{A_l} = \frac{347\,800}{38\,000} = 9.15 > 3, \text{ 取 } \psi = 0$$

$$\gamma = 1+0.35\sqrt{\frac{A_0}{A_l}-1} = 1+0.35\sqrt{9.15-1} = 2$$

$N_{lu} = \eta\gamma f A_l = 0.7 \times 2 \times 1.30 \times 38\,000 = 69\,160 \text{ N}$
$= 69.2 \text{ kN}$

$N_0 = \sigma_0 A_l = 0.515 \times 38\,000 = 19\,570 \text{ N}$

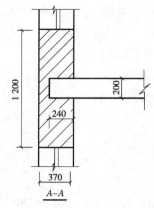

图 18-14 例题 18-6

$$\psi N_0 + N_l = 0 + 50 = 50 \text{ kN} < N_{lu} = 69.2 \text{ kN}$$

梁端支承处砌体局部受压承载力满足要求。

例题 18-7 同上例,但大梁传给墙体的压力设计值改为 $N_l = 80 \text{ kN}$,其他条件不变。试验算梁端砌体局部受压承载力。

解 由上例计算可知,梁端下砌体的局部受压承载力 $N_{lu} = 69.2 \text{ kN}$,现大梁传来 $N_l = 80 \text{ kN}$,显然此时梁端支承处砌体局部受压承载力不满足要求,应在梁端下设置垫块。

按构造设置预制刚性垫块。取 $b_b a_b t_b = 550 \text{ mm} \times 370 \text{ mm} \times 180 \text{ mm}$

用公式(18-14)~(18-16)进行验算。

$$A_b = b_b a_b = 550 \times 370 = 203\,500 \text{ mm}^2$$
$$N_0 = \sigma_0 A_b = 0.515 \times 203\,500 = 104\,800 \text{ N} = 104.8 \text{ kN}$$
$$\frac{\sigma_0}{f} = \frac{0.515}{1.3} = 0.396$$

由表 18-2 查得 $\sigma_1 = 6$

$$a_0 = \sigma_1 \sqrt{\frac{h}{f}} = 6\sqrt{\frac{500}{1.3}} = 118 \text{ mm} \qquad 0.4 a_0 = 0.4 \times 118 = 47.2 \text{ mm}$$

$$e = \frac{M}{N} = \frac{80(\frac{370}{2} - 47.2)}{104.8 + 80} = 59.7 \text{ mm} \qquad \frac{e}{h} = \frac{59.7}{370} = 0.161$$

按构件高厚比 $\beta \leq 3$ 的情况计算 φ,由公式(18-3)可得

$$\varphi = \frac{1}{1 + 12(\frac{e}{h})^2} = \frac{1}{1 + 12 \times 0.161^2} = 0.763$$

φ 也可由附表 32-2 查得。

$$b + 2h = 550 + 2 \times 370 = 1\,290 \text{ mm}$$

已超过窗间墙宽 1 200 mm,则取 $b + 2h = 1\,200 \text{ mm}$。

$$A_0 = (b + 2h)h = 1\,200 \times 370 = 444\,000 \text{ mm}^2$$
$$\gamma = 1 + 0.35\sqrt{\frac{A_0}{A_b} - 1} = 1 + 0.35\sqrt{\frac{444\,000}{203\,500} - 1} = 1.38 < 2$$
$$\gamma_1 = 0.8\gamma = 0.8 \times 1.38 = 1.1$$
$$\varphi \gamma_1 f A_b = 0.763 \times 1.1 \times 1.30 \times 203\,500 = 222\,000 \text{ N}$$
$$= 222.0 \text{ kN} > N_0 + N_l = 104.8 + 80 = 184.8 \text{ kN}$$

局部受压承载力满足要求。

18.3 轴心受拉、受弯和受剪构件的承载力计算

18.3.1 轴心受拉构件承载力计算

在砌体结构中,圆形水池、圆筒料仓结构的壁内只产生环向拉力时,可近似地按照轴心受拉构件计算。

砌体轴心受拉构件的承载力可按下式计算:

$$N_t \leq f_t A \tag{18-21}$$

式中 N_t——轴心拉力设计值;

f_t——砌体轴心抗拉强度设计值,应按附表28采用;

A——砌体垂直于拉力方向的截面面积。

18.3.2 受弯构件承载力计算

砌体受弯破坏的实质是弯曲受拉破坏。常见的受弯构体有砖砌平拱过梁、钢筋砖过梁(图18-15a)和挡土墙(图18-15b)等。在弯矩作用下,砌体可能沿齿缝截面或沿砖和竖向灰缝截面,或沿通缝截面因弯曲受拉而破坏。此外,在支座处还有较大的剪力,因此,受弯构件需要进行抗弯和抗剪计算。

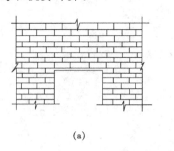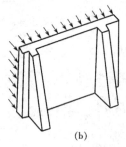

图18-15 受弯构件实例

1) 受弯承载力计算

受弯构件在弯矩作用下应满足下列要求

$$M \leqslant f_{tm}W \tag{18-22}$$

式中 M——弯矩设计值;

f_{tm}——砌体弯曲抗拉强度设计值,应按附表28采用;

W——截面抵抗矩。

2) 受剪承载力计算

受弯构件在剪力作用下应满足下列要求:

$$V \leqslant f_v bz \tag{18-23}$$

$$z = 1/S \tag{18-23a}$$

式中 V——剪力设计值;

f_v——砌体抗剪强度设计值,按附表28采用;

b——截面宽度;

z——内力臂,当截面为矩形时,$z=2h/3$;

I——截面惯性矩;

S——截面面积矩;

h——截面高度。

18.3.3 受剪构件的承载力计算

砌体沿通缝截面(图18-16中的a-a截面)或阶梯形灰缝截面(图18-16中的b-b截面)受剪破坏时,其受剪承载力取决于砌体沿灰缝的受剪承载力和作用在截面上的压力所产生的摩擦力的总和。

沿通缝或阶梯形截面破坏时受剪构件的承载力按下式计算:

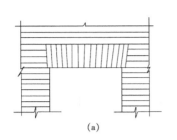 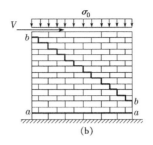

图 18—16 受剪构件

$$V \leqslant (f_v + \alpha\mu\sigma_0)A \tag{18-24}$$

当 $\gamma_G = 1.2$ 时 $\qquad \mu = 0.26 - 0.082\dfrac{\sigma_0}{f} \tag{18-24a}$

当 $\gamma_G = 1.35$ 时 $\qquad \mu = 0.23 - 0.065\dfrac{\sigma_0}{f} \tag{18-24b}$

式中 V——截面剪力设计值;

A——水平截面面积,当墙体有孔洞时,取净截面面积;

f_v——砌体抗剪强度设计值,对灌孔的混凝土砌块砌体取 f_{vg};

σ_0——永久荷载设计值产生的水平截面平均压应力,其值不应大于 $0.8f$;

f——砌体抗压强度设计值;

α——修正系数,当 $\gamma_G = 1.2$ 时,对砖砌体,取 0.60,对混凝土砌块砌体,取 0.64;当 $\gamma_G = 1.35$ 时,对砖砌体,取 0.64,对混凝土砌块砌体,取 0.66;

μ——剪压复合受力影响系数。

α 与 μ 的乘积也可直接按表 18—3 采用。

表 18—3　　　　　　　　　　　$\alpha\mu$ 值

γ_G	σ_0/f	0.1	0.2	0.3	0.4	0.5	0.6	0.7	0.8
1.2	砖砌体	0.15	0.15	0.14	0.14	0.13	0.13	0.12	0.12
	砌块砌体	0.16	0.16	0.15	0.15	0.14	0.13	0.13	0.12
1.35	砖砌体	0.14	0.14	0.13	0.13	0.13	0.12	0.12	0.11
	砌块砌体	0.15	0.14	0.14	0.13	0.13	0.13	0.12	0.12

例题 18—8 砖砌圆形水池,采用 MU10 烧结普通砖和 M5 水泥砂浆砌筑,池壁沿高度方向承受的最大环向拉力 $N_t = 35 \text{ kN/m}$。试确定池壁的最小厚度。

解 查附表 28 得 $f_t = 0.13 \text{ N/mm}^2$,$\gamma_a = 0.8$,则取

$$f_t = 0.13 \times 0.8 = 0.104 \text{ N/mm}^2$$

设池壁厚为 x,则 $A = 1\,000x$(沿高度取 1 m)。

由公式(18—21),$N_t \leqslant f_t A$,可得

$$x \geqslant \dfrac{N_t}{1\,000 f_t} = \dfrac{35\,000}{1\,000 \times 0.10} = 337 \text{ mm}$$

池壁的最小厚度应取 370 mm。

例题 18-9 一片高 2 m,宽 3 m,厚 370 mm 的墙,如图 18-17 所示。采用 MU 的普通砖和 M2.5 的砂浆砌筑,墙面承受水平荷载设计值 0.7 kN/m²。验算该墙的承载力。

解 取 1 m 宽的墙计算,并忽略自重产生的轴力影响。

$$M = \frac{1}{2} \times 0.7 \times 2^2 = 1.4 \text{ kN·m}$$
$$V = 0.7 \times 2 = 1.4 \text{ kN}$$

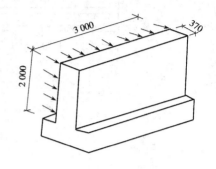

图 18-17 例题 18-9

截面抵抗矩

$$W = \frac{bh^2}{6} = \frac{1\,000 \times 370^2}{6} = 22.8 \times 10^6 \text{ mm}^3$$

截面内力臂

$$z = \frac{2}{3}h = \frac{2}{3} \times 370 = 246.7 \text{ mm}$$

查附表 28,得

$$f_{tm} = 0.08 \text{ N/mm}^2 \qquad f_v = 0.08 \text{ N/mm}^2$$

由公式(18-22)得

$$M_u = f_{tm}W = 0.08 \times 22.8 \times 10^6$$
$$= 1\,824\,000 \text{ N·mm}$$
$$= 1.82 \text{ kN·m} > M = 1.4 \text{ kN·m}$$

由式(18-23)得

$$V_u = f_v bz = 0.08 \times 1\,000 \times 246.7 = 19\,740 \text{ N}$$
$$= 19.74 \text{ kN} > V = 1.4 \text{ kN}$$

墙体的承载力满足要求。

例 18-10 如图 18-18 所示,已知弧拱过梁在拱座处产生的水平推力设计值 $V = 20$ kN,拱座受剪面上恒荷载产生的垂直压力设计值 $N = 48$ kN。墙厚 370 mm,采用 MU10 烧结普通砖和 M2.5 混合砂浆。试验算拱座截面的抗剪承载力是否够。

解 查附表 28 得 $f_v = 0.08 \text{ N/mm}^2$,查附表 27-1 得 $f = 1.30 \text{ N/mm}^2$。

恒荷载垂直压力设计值产生的平均压应力

$$\sigma_0 = \frac{N}{A} = \frac{48\,000}{370 \times 490} = 0.265 \text{ N/mm}^2$$

$$\frac{\sigma_0}{f} = \frac{0.265}{1.30} = 0.204$$

$$\mu = 0.26 - 0.082\frac{\sigma_0}{f} = 0.26 - 0.082 \times 0.204 = 0.243$$

$$\alpha = 0.60$$

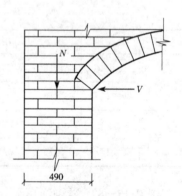

图 18-18 例题 18-10

由式(18-24)得拱座抗剪承载力

$$V_u = (f_v + \alpha\mu\sigma_0)A = (0.08 + 0.60 \times 0.243 \times 0.265) \times 370 \times 490$$
$$= 21\,500\,\text{N} = 21.5\,\text{kN} > V = 20\,\text{kN}$$

拱座截面的受剪承载力满足要求。

*18.4 配筋砖砌体的承载力计算

如前所述,配筋砌体包括横向配筋砌体(也称网状配筋砌体,图18-19)和组合砖砌体。组合砖砌体又分为两种:①砖砌体和钢筋混凝土面层或钢筋砂浆面层的组合砌体构件(见图18-20);②砖砌体和钢筋混凝土构造柱组合墙(见图18-21)。

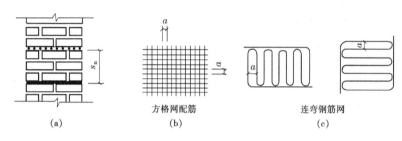

图18-19 网状配筋砖砌体

18.4.1 网状配筋砌体

1) 计算公式

网状配筋砖砌体是在砌体水平灰缝内设置钢筋网片的砌体(图18-19)。在荷载作用下,砌体纵向受压的同时,将产生横向变形,这时,由于钢筋的弹性模量比砌体大,变形很小,它将阻止砌体横向变形的发展,使砌体处于三向受压状态,间接地提高了砌体的抗压强度。网状配筋砖砌体受压构件的承载力可按下列公式计算:

$$N \leqslant \varphi_n f_n A \tag{18-25}$$

式中 N——轴向力设计值;

φ_n——高厚比和配筋率以及轴向力的偏心距对网状配筋砖砌体受压构件承载力的影响系数,按附表33选用;

f_n——网状配筋砖砌体的抗压强度设计值;

A——截面面积。

网状配筋砖砌体的抗压强度设计值可按下式计算确定:

$$f_n = f + 2\left(1 - \frac{2e}{y}\right)\rho f_y \tag{18-26}$$

$$\rho = (V_s/V) \tag{18-26a}$$

式中 f——砖砌体抗压强度设计值,按附表27选用;

e——轴向力的偏心距;

ρ——体积配筋率(体积比),当采用截面面积为A_s的钢筋组成的方格网(图18-19b),网格尺寸为a和钢筋网的间距为s_n时,$\rho = \dfrac{2A_s}{as_n}$;

V_s、V——分别为钢筋和砌体的体积；

f_y——受拉钢筋（钢筋网）的抗拉强度设计值，当 $f_y>320\text{MPa}$ 时，仍采用 320MPa。

当采用连弯钢筋网片时（图 18-19c）网片的钢筋方向应互相垂直，沿砌体高度应交错放置，s_n 取同一方向网片的间距。

2）适用条件

当砖砌体受压构件的截面尺寸受到限制，而提高砖和砂浆的强度等级又不适宜时，可采用网状配筋砌体。但是，当荷载的偏心距较大时，砌体将出现水平裂缝，钢筋和砂浆之间的粘结力遭到破坏，钢筋网片的作用就会减小。另外，在过于细长的构件中，由于纵向弯曲引起的附加偏心也将使构件处在偏心较大的受力状态下。因此，《砌体规范》规定，网状配筋砌体受压构件应符合下列要求：偏心距超过截面核心范围，对于矩形截面即 $e/h>0.17$ 时，或偏心距虽未超过截面核心范围，但构件高厚比 $\beta>16$ 时，不宜采用网状配筋砌体构件。

此外，对网状配筋砌体还应进行下列验算：

(1) 对矩形截面构件，当轴向力偏心方向的截面尺寸大于另一方向的边长时，除按偏心受压计算外，还应对较小边长方向按轴心受压进行验算。

(2) 当网状配筋砖砌体构件下端与无筋砌体交接时，尚应验算交接处无筋砌体的局部受压承载力。

3）构造要求

网状配筋砖砌体构件应符合下列构造要求：

(1) 网状配筋砖砌体中的配筋率 ρ 不应小于 0.1%，并不应大于 1%。因为钢筋配筋率过大时，砌体抗压强度可能接近砖的抗压强度标准值，再提高配筋率，对砌体承载能力的影响将很小。如配筋率过小时，则对砌体承载能力的提高就很有限。

(2) 当采用钢筋网时，钢筋的直径宜采用 $3\sim 4\text{ mm}$；当采用连弯钢筋网时，钢筋直径不应大于 8 mm。因为钢筋网砌筑在灰缝中，钢筋直径过大，使灰缝加厚，对砌体受力不利。

(3) 钢筋网中网格间距不应大于 120 mm（或 $\frac{1}{2}$ 砖），并不应小于 30 mm。因网格间距过小时，灰缝中的砂浆不易密实，如过大时，钢筋网的横向约束效应亦低。

(4) 钢筋网的竖向间距，不应大于 5 皮砖，并不应大于 400 mm。

(5) 网状配筋砌体所用的砂浆强度等级不应低于 M7.5（因采用高强砂浆，可避免钢筋锈蚀和提高钢筋与砖砌体的粘结力）；钢筋网应设置在砌体的水平灰缝中，灰缝厚度应保证钢筋上下至少各有 2 mm 厚的砂浆层。为便于检查钢筋网是否错设或漏放，可在钢筋网中留出标志，每一钢筋网中的钢筋应有一根露在砖砌体外面 5 mm。网的最外边一根钢筋离开砖砌体边缘为 20 mm。

例题 18-11 截面为 $490\text{ mm}\times 490\text{ mm}$ 的砖柱砌体，采用 MU10 烧结普通砖和 M5 混合砂浆砌筑，计算高度 $H_0=4\text{ m}$，承受荷载设计值产生的轴向力 $N=278.74\text{ kN}$，荷载设计值产生的弯矩 $M=11\text{ kN}\cdot\text{m}$，试确定是否需配置钢筋网？如需配置钢筋网，其钢筋网直径、网孔尺寸及网片间距为多少？

解 $e=\dfrac{M}{N}=\dfrac{11\times 10^3}{220}=50\text{ mm}$ $\quad\dfrac{e}{h}=\dfrac{50}{490}=0.102$

$\beta=\gamma_\beta\dfrac{H_0}{h}=1.0\times\dfrac{4\,000}{490}=8.16$

查附表 32-1 得 $\varphi=0.70$

$A = 490 \times 490 = 240\ 100\ \text{mm}^2 = 0.24\ \text{m}^2 < 0.3\ \text{m}^2$

查附表 27-1 得 $f = 1.50\ \text{N/mm}^2$，$\gamma_a = 0.7 + A = 0.7 + 0.24 = 0.94$

$N_u = \gamma_a f \varphi A = 0.94 \times 1.50 \times 0.70 \times 0.24 \times 10^3 = 253.08\ \text{kN}$

$N_u < N$，承载力不满足要求。

改用配筋砌体，采用Φ6钢筋焊接钢筋网片，网孔尺寸 $a = 50\ \text{mm}$，网片间距为五皮砖（$s_n = 320\ \text{mm}$）。

因 $\dfrac{e}{h} = 0.102 < 0.17$，$\beta = 8.16 < 16$，满足网状配筋砌体适用条件。

配筋率 $\rho = \dfrac{2A_s}{as_n} \times 100 = \dfrac{2 \times 28.3}{50 \times 320} \times 100 = 0.354 \begin{matrix}>0.1\\<1\end{matrix}$

由附表 33 可查得 $\varphi_n = 0.60$。

$f_y = 320\ \text{N/mm}^2 \qquad y = 245\ \text{mm}$

$f_n = f + 2\left(1 - \dfrac{2e}{y}\right)\dfrac{\rho}{100}f_y = 1.5 + 2\left(1 - \dfrac{2 \times 50}{245}\right) \times \dfrac{0.354}{100} \times 320$

$\qquad = 1.5 + 1.34 = 2.84\ \text{N/mm}^2$

$A = 0.24\ \text{m}^2 > 0.2\ \text{m}^2 \qquad \gamma_a = 1.0$

由式(18-25)可得配筋砌体的承载力为

$N_u = \varphi_n A f_n = 0.60 \times 0.24 \times 10^6 \times 2.84 = 409\ 000\ \text{N} = 409\ \text{kN} > N = 278.74\ \text{kN}$

砖柱承载力满足要求。

18.4.2 组合砖砌体构件

1) 砖砌体和钢筋混凝土面层或钢筋砂浆面层的组合砌体构件

当荷载偏心距较大（$e > 0.6y$）时，宜采用砖砌体和钢筋混凝土面层或钢筋砂浆面层组成的组合砌体构件（图 18-20）。

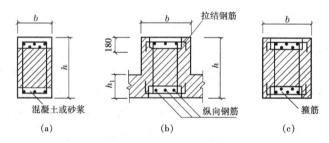

图 18-20　组合砖砌体构件截面

(1) 受压承载力计算

对于砖墙与组合砌体一同砌筑的 T 形截面构件（图 19-20b），可按矩形截面组合砌体构件计算（图 19-20c）。但构件的高厚比 β 仍按 T 形截面考虑，其截面的翼缘宽度的取值与公式(18-1)的规定相同。

① 轴心受压构件的承载力计算

组合砖砌体轴心受压构件承载力按下列公式进行计算：

$$N \leqslant \varphi_{\text{com}}(fA + f_cA_c + \eta_s f_y'A_s') \qquad (18-27)$$

式中 φ_{com}——组合砖砌体构件的稳定系数,可按附表 34 采用;

f_c——混凝土或面层水泥砂浆的轴心抗压强度设计值,砂浆的轴心抗压强度设计值可取为同强度等级混凝土轴心抗压强度设计值的 70%,当砂浆为 M15 时,取 5.2MPa;当砂浆为 M10 时,取 3.5MPa;当砂浆为 M7.5 时,取 2.6MPa;

A_c——混凝土或砂浆面层的截面面积;

η_s——受压钢筋的强度系数,当为混凝土面层时,可取 1.0;当为砂浆面层时可取 0.9;

f'_y——钢筋的抗压强度设计值;

A'_s——受压钢筋的截面面积。

② 偏心受压构件的承载力计算

A. 基本计算公式

组合砖砌体偏心受压构件的承载力按下列公式进行计算:

$$N \leqslant fA' + f_c A'_c + \eta_s f'_y A'_s - \sigma_s A_s \tag{18-28}$$

或

$$N e_N \leqslant f S_s + f_c S_{c,s} + \eta_s f'_y A'_s (h_0 - a'_s) \tag{18-29}$$

此时受压区高度可按下列公式确定:

$$f S_N + f_c S_{c,N} + \eta_s f'_y A'_s e'_N - \sigma_s A_s e_N = 0 \tag{18-30}$$

$$e_N = e + e_a + (h/2 - a_s) \tag{18-31}$$

$$e'_N = e + e_a - (h/2 - a_s) \tag{18-32}$$

$$e_a = \frac{\beta^2 h}{2200}(1 - 0.022\beta) \tag{18-33}$$

式中 σ_s——钢筋 A_s 的应力;

A_s——距轴向力 N 较远侧钢筋的截面面积;

A'_s——受压钢筋的截面面积;

A'——砖砌体受压部分的截面面积;

A'_c——混凝土或砂浆面层受压部分的截面面积;

S_s——砖砌体受压部分的截面面积对钢筋 A_s 重心的面积矩;

$S_{c,s}$——混凝土或砂浆面层受压部分的截面面积对钢筋 A_s 重心的面积矩;

S_N——砖砌体受压部分截面面积对轴向力 N 作用点的面积矩;

$S_{c,N}$——混凝土或砂浆面层受压部分的面积对轴向 N 作用点的面积矩;

e_N, e'_N——分别为钢筋 A_s 和 A'_s 重心至轴向力 N 作用点的距离(图 18-21);

e——轴向力的初始偏心距,按荷载设计值计算,当 $e < 0.05h$ 时,应取 $e = 0.05h$;

e_a——组合砖砌体构件在轴向力作用下的附加偏心距;

h_0——组合砖砌体构件截面的有效高度,取 $h_0 = h - a_s$;

a_s、a'_s——分别为钢筋 A_s 和 A'_s 重心至截面较近边的距离。

B. 破坏形态的判别和钢筋应力的计算

组合砖砌体构件截面的相对界限受压区高度(受压区相对高度的界限值)ξ_b,对于 HRB400 级钢筋,应取 0.36,对于 HRB335 级钢筋,应取 0.425,对于 HPB300 级钢筋,应取 0.47。

对于小偏心受压 $\qquad\qquad\qquad \xi > \xi_b \qquad\qquad\qquad (18-34)$

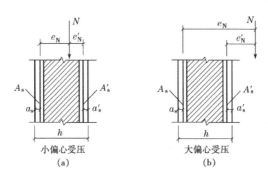

图 18-21 组合砖砌体偏心受压构件

$$\sigma_s = 650 - 800\xi \quad (18-35)$$
$$-f'_y \leqslant \sigma_s \leqslant f_y \quad (18-35a)$$

对于大偏心受压
$$\xi \leqslant \xi_b \quad (18-36)$$
$$\sigma_s = f_y \quad (18-37)$$
$$\xi = x/h_0 \quad (18-38)$$

(2) 构造要求

组合砖砌体构件的构造应符合下列规定：

① 面层混凝土强度等级宜采用 C20，面层水泥砂浆强度等级不宜低于 M10，砌筑砂浆的强度等级不宜低于 M7.5。

② 竖向受力钢筋的混凝土保护层厚度，不应小于表 17-4 中的规定。

③ 砂浆面层的厚度，可采用 30~45 mm。当面层厚度大于 45 mm 时，其面层宜采用混凝土。

④ 竖向受力钢筋宜采用 HPB300 级钢筋，对于混凝土面层，亦可采用 HRB335 级钢筋。受压钢筋一侧的配筋率，对砂浆面层，不宜小于 0.1%，对混凝土面层，不宜小于 0.2%。受拉钢筋的配筋率，不应小于 0.1%。竖向受力钢筋的直径，不应小于 8 mm，钢筋的净间距，不应小于 30 mm。

⑤ 箍筋的直径，不宜小于 4 mm 及 0.2 倍的受压钢筋直径，并不宜大于 6 mm。箍筋的间距，不应大于 20 倍受压钢筋的直径及 500 mm，并不应小于 120 mm。

⑥ 当组合砖砌体构件一侧的竖向受力钢筋多于 4 根时，应设置附加箍筋或拉结钢筋。

⑦ 对于截面长短边相差较大的构件，如墙体等，应采用穿通墙体的拉结钢筋作为箍筋，同时设置水平分布钢筋。水平分布钢筋的竖向间距及拉结钢筋的水平间距，均不应大于 500 mm（图 18-22）。

⑧ 组合砖砌体构件的顶部及底部，以及牛腿部位，必须设置钢筋混凝土垫块。竖向受力钢筋伸入垫块的长度，必须满足锚固要求。

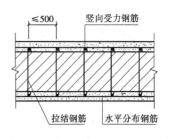

图 18-22 混凝土或砂浆面层组合墙

2) 砖砌体和钢筋混凝土构造柱组合墙

(1) 受压承载力计算

砖砌体和钢筋混凝土构造柱组成的组合墙(图18-23)的轴心受压承载力按下列公式计算：

$$N \leqslant \varphi_{com}[fA_n + \eta(f_cA_c + f'_yA'_s)] \quad (18-39)$$

$$\eta = \left(\frac{1}{l/b_c - 3}\right)^{1/4} \quad (18-40)$$

式中 φ_{com}——组合砖墙的稳定系数，可按附表34采用；

η——强度系数，当$l/b_c <$时，取$l/b_c = 4$；

l——沿墙长方向构造柱的间距；

b_c——沿墙长方向构造柱的宽度；

A_n——砖砌体的净截面面积；

A_c——构造柱的截面面积。

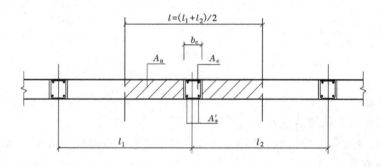

图18-23 砖砌体和构造柱组合墙截面

(2) 构造要求

组合砖墙的材料和构造应符合下列规定：

① 砂浆的强度等级不应低于M5，构造柱的混凝土强度等级不宜低于C20。

② 柱内竖向受力钢筋的混凝土保护层厚度，应符合表17-4的规定。

③ 构造柱的截面尺寸不宜小于240 mm×240 mm，其厚度不应小于墙厚，边柱、角柱的截面宽度宜适当加大。柱内竖向受力钢筋，对于中柱，钢筋数量不宜少于4根，直径不宜小于12 mm；对于边柱、角柱，钢筋数量不宜少于4根，直径不宜小于14 mm。构造柱的竖向受力钢筋的直径也不宜大于16 mm。其箍筋，一般部位宜采用直径6 mm、间距200 mm，楼层上下500 mm范围内宜采用直径6 mm、间距100 mm。构造柱的竖向受力钢筋应在基础梁和楼层圈梁中锚固，并应符合受拉钢筋的锚固要求。

④ 组合砖墙砌体结构房屋，应在纵横墙交接处、墙端部和较大洞口的洞边设置构造柱，其间距不宜大于4 m。各层洞口宜设置在相应位置，并上下对齐。

⑤ 组合砖墙砌体结构房屋应在基础顶面、有组合墙的楼层处设置现浇钢筋混凝土圈梁。圈梁的截面高度不宜小于240 mm；纵向钢筋不宜少于4根，直径不宜小于12 mm，纵向钢筋应伸入构造柱内，并应符合受拉钢筋的锚固要求；圈梁的箍筋直径宜采用6 mm、间距200 mm。

⑥ 砖砌体与构造柱的连接处应砌成马牙槎，并应沿墙高每隔500 mm设2根直径6 mm的拉结钢筋，且每边伸入墙内不宜小于600 mm。

⑦ 构造柱可不单独设置基础,但应伸入室外地坪下 500 mm,或与埋深不小于 500 mm 的基础相连。

⑧ 组合砖墙的施工程序应为先砌墙后浇混凝土构造柱。

思 考 题

18.1 无筋砌体受压构件承载力如何计算?影响系数 φ 的物理意义是什么?它与哪些因素有关?

18.2 无筋砖石砌体受压构件对偏心距 e 有何限制?当超过该限值时怎样处理?

18.3 砌体局部均匀受压承载力如何计算?

18.4 梁端局部受压分哪几种情况?在各种情况下的局部受压承载力应如何计算?它们之间有何异同?

18.5 验算梁端支承处局部受压承载力时,为什么对上部轴向压力设计值要乘以上部荷载折减系数 ψ? ψ 与哪些因素有关?

18.6 当梁端局部受压承载力不满足时,可采取哪些措施?

18.7 轴心受拉、受弯和受剪构件的承载力如何验算?在实际工程中,有哪些建筑物或构件属上述情况?

18.8 配筋砌体有哪几类?它们的受力特点如何?

18.9 网状配筋砌体构件的受压承载力如何计算?它与无筋砌体构件的受压承载力有何不同?

18.10 轴心受压组合砌体构件的承载力如何计算?

18.11 偏心受压组合砌体的承载力如何计算?它与钢筋混凝土偏心受压构件有何不同?

习 题

18.1 柱截面尺寸为 490 mm×620 mm,采用 MU10 蒸压粉煤灰砖和 M5 混合砂浆砌筑,柱在两个主轴方向的计算高度 $H_0=6.8$ m,柱顶承受轴心压力设计值 $N=182$ kN,试验算柱的承载力。

18.2 柱截面尺寸为 490 mm×620 mm,采用 MU10 蒸压粉煤灰砖和 M5 混合砂浆砌筑,柱在两个主轴方向的计算高度 $H_0=5$ m,该柱控制截面承受轴心压力设计值 $N=240$ kN,弯矩设计值 $M=24$ kN·m(作用于长边方向),试验算该柱的承载力。

18.3 某单层单跨无吊车工业厂房窗间墙截面尺寸如图 18-24 所示。柱的计算高度 $H_0=10.2$ m,采用 MU10 烧结多孔砖和 M2.5 混合砂浆砌筑,控制截面承受轴心压力设计值 $N=360$ kN 和弯矩设计值 $M=45$ kN·m(荷载作用点偏向翼缘)。试验算柱的承载力。

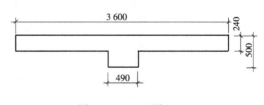

图 18-24 习题 18.3

18.4 柱的截面尺寸和计算高度同习题 18.3。仍采用 MU10 烧结多孔砖,但采用 M5 混合砂浆砌筑。承受 $N=200$ kN,$M=80$ kN·m(荷载偏向肋部)。试验算该柱的承载力。

18.5 截面为 490 mm×490 mm 的砖柱,采用 MU10 蒸压灰砂砖和 M7.5 水泥砂浆砌筑,柱在两个方向的计算高度 $H_0=7.2$ m。承受下列两组内力:(1) $M=28$ kN·m,$N=350$ kN;(2) $M=14.5$ kN·m,$N=47$ kN。试验算该柱的承载力是否满足要求。

18.6 钢筋混凝土梁的截面尺寸为 250 mm×550 mm,支承在具有壁柱的砖墙上(图 18-25),支承长度 $a=370$ mm。承受局部压力设计值 $N_l=100$ kN,上部荷载荷计值产生的平均压应力 $\sigma_0=0.48$ N/mm²。采用 MU10 烧结普通砖和 M2.5 混合砂浆砌筑。试验算梁端局部受压承载力;若承载力不能满足要求,试设计梁垫(取 $a_b=370$ mm)。

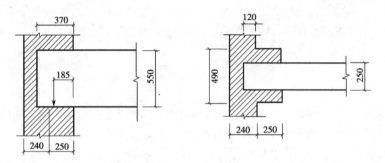

图 18-25 习题 18.6

18.7 有一环形截面砌体如图 18-26 所示,截面厚度为 240 mm,截面中心直径 $D=5$ m。采用 MU10 烧结普通砖和 M5 水泥砂浆砌筑。试求环形截面所能承受的均布内压力设计值 q(提示:取 1 m 高的砌体计算,$N=0.5qD\times 1$ m)。

18.8 网状配筋砖柱的截面尺寸为 490 mm×490 mm,计算长度 $H_0=4.2$ m,用 MU10 烧结普通砖和 M5 混合砂浆砌筑。承受轴向压力设计值 $N=380$ kN。试设计该柱。

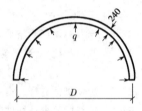

图 18-26 习题 18.7

19 混合结构房屋墙体设计

房屋的主要承重构件,如楼(屋)盖、墙或柱、基础等由不同材料所组成,称为混合结构房屋。我国的一般民用建筑及中小型工业建筑常采用混合结构。

19.1 墙体设计的基本原则

19.1.1 结构的组成及承重墙体的布置

混合结构房屋由水平承重结构和竖向承重结构两部分组成。水平承重结构系指楼盖或屋盖,它一般由板、梁或屋架组成,多采用钢筋混凝土结构。竖向承重结构系指墙、柱或基础等,多采用砌体结构。混合结构房屋承受的荷载大体分为竖向荷载和水平荷载两大类。竖向荷载主要有使用荷载,各种构件和建筑构造加于墙体的恒载,墙体自重以及厂房的吊车荷载等。水平荷载主要有风荷载,厂房的吊车制动力以及地震区的地震作用等。

墙体既是主要的承重结构,也是围护结构,因此墙体设计是混合结构房屋结构设计的重要环节。在进行墙体结构布置、材料选择和确定墙厚时,必须同时考虑建筑和结构两方面的要求。

混合结构房屋墙体的结构布置按其竖向荷载传递路线的不同,大致可分为以下几种类型。

1) 横墙承重体系

当房屋开间较小时,可将预制板直接支承于横墙上。荷载主要通过横墙传递,外纵墙仅起围护作用,内纵墙承受走道板传来的荷载。图19-1所示的宿舍楼结构平面布置就属于横墙承重体系。

对于横墙承重体系,其荷载的主要传递路线为:

楼(屋)面使用荷载→楼板→横墙→基础→地基。

横墙承重体系的主要特点如下:

(1) 横墙是主要承重墙,纵墙主要起围护、隔断和将横墙连成整体的作用,一般情况下,纵墙的承载力有富余,因此在纵墙上开门窗的限制较少。

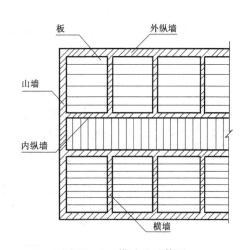

图19-1 横墙承重体系

(2) 横墙间距小,又有纵墙拉结,所以房屋空间刚度大,抵抗水平荷载作用的性能较好。

(3) 楼板直接支承于横墙上,施工简便。

对于横墙承重体系,由于横墙间距往往较密,房间大小固定,一般适用于宿舍、住宅等建筑。

2) 纵墙承重体系

当房屋进深较大,又希望取得较大的使用空间时,常设置大梁或屋架来支承楼、面板,而将大梁或屋架支承于纵墙上,图 19－2a 所示的单层工业厂房屋面结构布置就属于纵墙承重体系。山墙虽然也是承重墙,但荷载主要是由纵墙来承受的。当房屋进深较小,在预制板跨度适当的情况下,也可将预制板直接支承于纵墙上,如图 19－2b 所示。

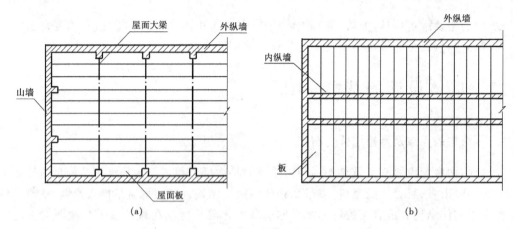

图 19－2　纵墙承重体系

对于纵墙承重体系,其荷载的主要传递路线为:
楼(屋)面使用荷载→楼板→大梁(或屋架)→纵墙→基础→地基。
若采用图 19－2b 所示的布置方案,则楼面荷载直接由板传至纵墙上。
纵墙承重体系的主要特点如下:
(1) 纵墙是主要承重墙,横墙主要起分隔房间的作用,这样,有利于使用上的灵活布置。
(2) 纵墙承受的荷载较大,因此在纵墙上所开的窗的大小和位置都受到一定限制。
(3) 纵墙承重体系的横墙较少,和横墙承重体系相比,房屋的空间刚度稍差。
纵墙承重体系的房屋适用于使用上要求有较大空间的房屋,如单层工业厂房的车间、仓库等。

3) 纵横墙承重体系
对一些房间大小变化较大,平面布置灵活的房屋,很难采用较单一的横墙承重或纵墙承重,而是需要纵横墙同时承重。图 19－3 所示的结构布置就属于纵横墙承重体系。

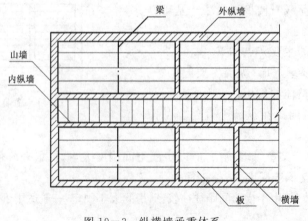

图 19－3　纵横墙承重体系

对于纵横墙承重体系,其荷载的主要传递路线为:

楼(屋)面使用荷载→楼板→⟨横墙→横墙基础 / 大梁→纵墙→纵墙基础⟩→地基

纵横墙承重体系兼有纵墙承重体系和横墙承重体系的优点,既有利于房间的灵活布置,且抗震性能又比纵墙承重体系好。这种体系在多层民用建筑,如教学楼、试验楼、办公楼等房屋中采用较多。

4) 内框架承重体系

对于使用上要求有较大空间的房屋,往往在房屋内部增设钢筋混凝土柱以减小梁或屋架的跨度,使之更为合理(图19—4),在此种体系中,外墙和柱都是主要的承重构件。这种承重方案称为内框架承重体系。

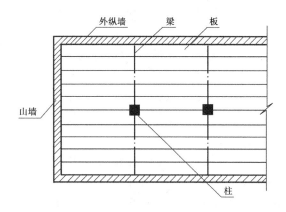

图19—4 内框架承重体系

对于内框架承重体系,其荷载的主要传递路线为:

楼(屋)面使用荷载→楼板→梁→⟨外纵墙→外纵墙基础 / 柱→柱基础⟩→地基

内框架承重体系的主要特点如下:

(1) 墙和柱都是主要承重构件,结构平面布置较为灵活,可取得较大的使用空间。

(2) 墙体和柱所用的材料不同,在荷载作用下,二者产生的压缩变形不同。墙基础和柱基础的沉降量也不易保持一致。这些将使结构产生不均匀的竖向变形,在构件中引起较大的附加应力。

(3) 由于横墙较少,房屋的空间刚度较差。

内框架承重体系一般用于多层工业房屋、商店、旅馆等建筑。

以上是混合结构房屋的几种承重体系,在设计时,究竟采用哪种体系,应根据房屋的使用要求、地质、材料、施工和是否抗震等条件,本着经济合理的原则,对可能的几种承重体系进行综合比较,最后选择出较为合理的方案。对于比较复杂的混合结构,也可以在同一房屋的不同区段采用不同的承重体系。在图19—5所示的房屋中,左边部分采用了纵墙承重体系,而右边部分则采用了内框架承重体系。

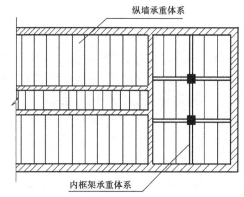

图19—5 多种体系混用的情况

19.1.2 混合结构房屋的静力计算方案

对混合结构房屋的墙体应进行承载力计算和高厚比验算。进行承载力计算时,必须先求出内力。为此,就必须确定房屋的静力计算方案。房屋的静力计算方案不同,墙体的内力计算简图也不同。静力计算方案取决于房屋的空间工作性能。下面以水平荷载作用下的单层单跨混合结构房屋为例来分析其受力特点。图19-6是没有山墙(中部也无横墙)的单层单跨房屋。纵墙承重、屋盖为预制钢筋混凝土屋面板和屋面大梁。纵墙上的窗口均匀规则布置。纵墙可视为底端固定于基础,顶端与屋盖铰接的竖立杆件。纵墙受到风荷载作用时,墙顶产生水平位移。由于无山墙,因而屋盖也将随纵墙平移,各开间屋顶的水平位移相等,屋顶水平位移的大小取决于纵墙本身的刚度。屋盖的刚度只是保证在传递风荷载时使两道纵墙的水平位移相等。作用在墙面上的风荷载直接通过纵墙传到其基础,再传到地基。

由于房屋的结构布置和荷载分布(垂直荷载和水平荷载)沿着纵向都是一样的,因而我们可以通过任意相邻两个窗口的中线取出一个单元,该单元基本上能够代表整个房屋的受力状态,我们称这个单元为"计算单元"。这个单元的受力和变形不受其他单元的影响,可以按平面结构进行分析。如果把计算单元的纵墙比拟为排架立柱,屋盖比拟为横梁,基础视为立柱的固定端支座,屋盖和墙的连接点视为铰接。这样一来,这个单元的受力分析同平面排架完全相同。排架顶端的水平位移量用 u_p 表示。计算简图如图19-6所示。

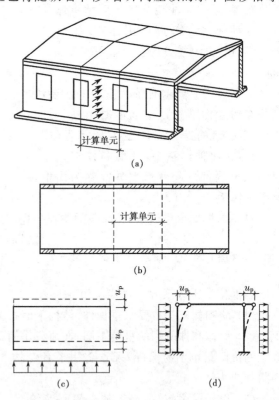

图19-6 无山墙的单层单跨房屋

图19-7所示的房屋基本上与图19-6所示的房屋相同,只是在房屋的两端增加了山墙。由于两端山墙的约束作用,使风荷载的传递途径发生了变化。这时,屋盖犹如两端支承于山墙上的水平深梁(梁的跨度为山墙间距)。山墙好像一根下端固定在基础上的竖立悬臂梁(跨度为房屋高度)。而纵墙仍可视为底端固定于基础,顶端与屋盖铰接的竖立杆件,纵墙受到风荷载作用时,一部分风荷载由纵墙直接传给基础,另一部分则由纵墙传至屋盖。这时,屋盖在受到纵墙传来的水平力后,将在水平方向发生弯曲,并把这部分水平力传给山墙。山墙将在自身平面内受力和变形并将这部分荷载传给山墙基础,再传给地基。由此可见,风荷载的传递路线为:

$$
\text{风荷载} \rightarrow \text{纵墙} \begin{array}{l} \rightarrow \text{纵墙基础} \\ \rightarrow \text{屋盖结构} \rightarrow \text{山墙} \rightarrow \text{山墙基础} \end{array} \rightarrow \text{地基}
$$

由上述可见,在这类房屋中,风荷载的传力体系已不是平面受力体系,即风荷载不只是在纵墙和屋盖组成的平面排架内传递,而且通过屋盖平面和山墙平面进行传递,组成了空间受力体系。这时,纵墙顶部的水平位移不仅与纵墙本身的刚度有关,而且与屋盖结构的水平刚度和山墙的刚度(在平面刚度)有关。同时,由于山墙存在,纵墙顶端的水平位移沿纵向是变化的,与屋盖水平方向位移相同,两端小,中间大。由图19－7可见,在风荷载作用下,纵墙顶端的最大水平位移 u_s 是由两部分组成的。一是屋盖水平梁承受纵墙传来的水平力的作用所产生的最大弯曲变形 u_1,其大小取决于屋盖本身的水平刚度(与屋盖类别有关)以及山墙的间距(水平梁的跨度),二是作为屋盖支座的山墙在其自身平面内的顶点水平位移 u_2,其大小取决于山墙的刚度和高度。一般情况下,山墙作为悬臂梁,在其平面内的抗弯刚度很大,顶点水平位移很小,因此房屋的水平位移主要取决于屋盖水平梁的弯曲变形(水平位移)。当屋盖类型确定以后,屋盖水平梁的跨中水平位移取决于两端山墙间的距离。

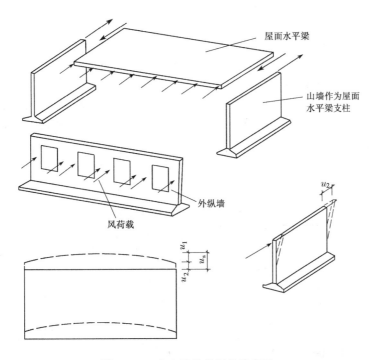

图19－7 有山墙的单层单跨房屋

当两端山墙距离很远时,屋盖水平梁跨度大、刚度差,这一水平位移也大,若 u_s 值和按平面排架分析取的 u_p 值十分接近,即 $u_s/u_p \approx 1$ 时,房屋的空间工作性能较差,这时可略去房屋各部分的空间联系作用,房屋中部单元的计算简图就和单跨平面排架相同。为简化计算,房屋各单元均可按平面排架进行分析。

当两端山墙的距离很短时,屋盖水平梁的跨度较小,刚度增大,水平位移就很小。房屋空间工作性能好,空间刚度大,即抵抗变形的能力增大。在这种情况下,可认为屋盖受风荷载后没有水平位移,亦即 $u_s \approx 0$,于是可将屋盖结构视为外纵墙的不动铰支座,房屋结构各单元的计算简图如图19－8a所示。

当房屋两端山墙的距离介于上述两种情况之间时,屋盖的水平位移比不考虑空间工作的平面排架的水平位移要小,但又不能忽略不计。这时,屋盖受风荷载作用后的水平位移 u_s 在零和 u_p 之间,即 $0 < u_s < u_p$。此时可将屋盖视为外纵墙的弹性支座。房屋结构各单元的计算简图如图19－8b所示。

由以上分析可知,在荷载作用下,混合结构房屋墙柱按何种计算简图进行受力分析,主要取决于房屋的空间工作性能。对于单层房屋,如果令 $\eta = u_s/u_p \leq 1$,则 η 为考虑空间工作

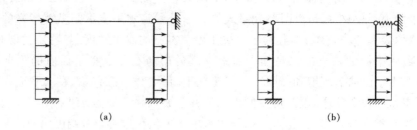

图 19-8 屋盖作为外纵墙的支座

后的侧移（水平位移）折减系数，称为空间性能影响系数，η 值越大，表示房屋空间工作的性能越差，房屋顶点的水平位移与平面排架的柱顶的水平位移越接近；η 值愈小，表示房屋空间工作的性能越好，空间刚度愈大。通过对房屋进行实测，得到了空间性能影响系数 η 值，列于表 19-1。分析表明，对 η 值产生显著影响的因素是屋盖类型和横墙（或山墙）所分隔的房屋长度。《砌体规范》根据房屋的空间工作性能将房屋的静力计算方案分为三种，即刚性方案、弹性方案和刚弹性方案。《砌体规范》根据各种屋盖或楼盖的刚度大小，将其分为三类（表 19-2），设计时根据屋盖或楼盖的类别和横墙间距直接由表 19-2 确定静力计算方案。

表 19-1　　　　　　　　房屋各层的空间性能影响系数 η_i

屋盖或楼盖类别	横墙间距 s/m													
	16	20	24	28	32	36	40	44	48	52	56	60	64	68	72
1	—	—	—	—	0.33	0.39	0.45	0.50	0.55	0.60	0.64	0.68	0.71	0.74	0.77
2	—	0.35	0.45	0.54	0.61	0.68	0.73	0.78	0.82	—	—	—	—	—	—
3	0.37	0.49	0.60	0.68	0.75	0.81	—	—	—	—	—	—	—	—	—

注：i 取 $1 \sim n$，n 为房屋的层数。

表 19-2　　　　　　　房屋的静力计算方案

	屋盖或楼盖类别	刚性方案	刚弹性方案	弹性方案
1	整体式，装配整体和装配式无檩体系钢筋混凝土屋盖或钢筋混凝土楼盖	$s<32$	$32 \leqslant s \leqslant 72$	$s>72$
2	装配式有檩体系钢筋混凝土屋盖，轻钢屋盖和有密铺望板的木屋盖或木楼盖	$s<20$	$20 \leqslant s \leqslant 48$	$s>48$
3	瓦材屋面的木屋盖和石棉水泥瓦轻钢屋盖	$s<16$	$16 \leqslant s \leqslant 36$	$s>36$

注：1. 表中 s 为房屋横墙间距，其长度单位为 m。
　　2. 当屋盖、楼盖类别不同或横墙间距不同时，可按 19.3.3 节的规定确定房屋的静力计算方案。
　　3. 对无山墙或伸缩缝处无横墙的房屋，应按弹性方案考虑。

1）刚性方案

房屋的空间刚度很大，在荷载作用下，墙、柱顶端的相对水平位移很小，可视为零。这时将墙、柱看成上端为不动铰支承于屋盖（楼盖），下端嵌固于基础的竖向构件，按这种方案进行静力计算的房屋称为刚性方案房屋。

2) 弹性方案

房屋的空间刚度较差,在荷载作用下,墙、柱顶端相对水平位移较大,在荷载作用下,可按屋架、大梁与墙(柱)为铰接的,不考虑空间工作的平面排架或框架进行计算。按这种方案进行静力计算的房屋称为弹性方案房屋。

3) 刚弹性方案

房屋的空间刚度介于上述二者之间,在荷载作用下,墙、柱顶端的相对水平位移比弹性方案房屋为小,但又不能忽略不计。这时可按屋架、大梁与墙(柱)为铰接的考虑空间工作的排架或框架计算。按这种方案进行静力计算的房屋称为刚弹性方案房屋。

作为刚性和刚弹性方案房屋中的横墙,必须具备一定的刚度,才能保证屋盖水平梁的支座变位(水平位移)不至于过大。因此,《砌体规范》规定,刚性和刚弹性方案房屋的横墙应符合下列要求:

(1) 横墙中开有洞口时,洞口的水平截面面积不应超过横墙截面面积的50%。

(2) 横墙的厚度不宜小于180 mm。

(3) 单层房屋的横墙长度不宜小于其高度,多层房屋的横墙长度不宜小于$H/2$(H为横墙总高度)。

此外,横墙应与纵墙同时砌筑,如不能同时砌筑时,应采取其他措施,以保证房屋的整体刚度。

当横墙不能同时符合上述要求时,应对横墙的刚度进行验算,如其最大水平位移值u_{max}≤$H/4000$时,仍可视作刚性或刚弹性方案房屋的横墙。符合此刚度要求的一段横墙或其他结构构件(如框架等),也可视作刚性和刚弹性方案房屋的横墙。

19.1.3 墙、柱高厚比验算

混合结构房屋的墙、柱是受压构件,除应进行承载力计算外,还应进行高厚比验算,以保证砌体结构在施工阶段和使用阶段的稳定性。

高厚比β是指墙、柱的计算高度H_0与墙厚或柱边长h的比值H_0/h。《砌体规范》规定,墙、柱的高厚比β必须小于或等于允许高厚比$[\beta]$。

1) 允许高厚比

影响墙、柱稳定性的因素有砂浆强度等级、砌体类型、横墙间距、支承条件、砌体的截面形式以及构件的重要性等。其中砂浆强度等级是重要的因素,因为它直接影响到砌体的弹性模量,而弹性模量又直接影响到砌体的刚度。根据工程经验,《砌体规范》按砌体类型和砂浆强度等级给定的墙、柱允许高厚比列于表19-3。当砌体类型不同时,刚度也不相同,这时$[\beta]$可以根据砌体类型按相应的系数进行调整。当墙体开有门窗洞口时,刚度降低,$[\beta]$可按开洞情况采用系数μ_2进行折减。对非承重墙(仅承受本身自重的墙),允许高厚比应乘以系数μ_1予以提高。支承条件、横墙间距等对墙、柱稳定性的影响则反映在墙、柱的计算高度H_0上,H_0的取值见表19-4,表中的构件高度H按下列规定采用:

(1) 在房屋底层,为支承于构件上的梁或板底到构件下端支点的距离。下端支点的位置,可取在基础顶面。当埋置较深时,则可取在室内地面或室外地面下300~500 mm处。

(2) 在房屋其他层次,为楼板或其他水平支点间的距离。

(3) 对于山墙,可取层高加山墙尖高度的1/2;山墙壁柱则可取壁柱处的山墙高度。

表 19-3　　　　　　　　　　　　　　墙、柱的允许高厚比 [β] 值

砌体类型	砂浆强度等级	墙	柱
无筋砌体	M2.5 或 Mb5、Ms5	22	15
	M5	24	16
	≥M7.5 或 Mb7.5、Ms7.5	26	17
配筋砌块砌体	—	30	21

注：1. 毛石墙、柱允许高厚比应按表中数值降低 20%。
　　2. 带有混凝土或砂浆面层的组合砖砌体构件的允许高厚比，可按表中数值提高 20%，但不得大于 28。
　　3. 验算施工阶段砂浆尚未硬化的新砌砌体高厚比时，允许高厚比对墙取 14，对柱取 11。

表 19-4　　　　　　　　　　　　　　受压构件的计算高度 H_0

房屋类别			柱		带壁柱墙或周边拉结的墙		
			排架方向	垂直排架方向	$s>2H$	$2H \geqslant s \geqslant H$	$s \leqslant H$
有吊车的单层房屋	变截面柱上段	弹性方案	$2.5H_u$	$1.25H_u$	$2.5H_u$		
		刚性、刚弹性方案	$2.0H_u$	$1.25H_u$	$2.0H_u$		
	变截面柱下段		$1.0H_l$	$0.8H_l$	$1.0H_l$		
无吊车的单层和多层房屋	单　跨	弹性方案	$1.5H$	$1.0H$	$1.5H$		
		刚弹性方案	$1.2H$	$1.0H$	$1.2H$		
	多　跨	弹性方案	$1.25H$	$1.0H$	$1.25H$		
		刚弹性方案	$1.10H$	$1.0H$	$1.1H$		
	刚性方案		$1.0H$	$1.0H$	$1.0H$	$0.4s+0.2H$	$0.6s$

注：1. 表中 H_u 为变截面柱的上段高度；H_l 为变截面柱的下段高度。
　　2. 对于上端为自由端的构件，$H_0=2H$。
　　3. 独立砖柱，当无柱间支撑时，柱在垂直排架方向的 H_0 应按表中数值乘以 1.25 后采用。
　　4. s 为房屋横墙间距。
　　5. 自承重墙的计算高度应根据周边支承或拉接条件确定。

2）高厚比验算

（1）墙、柱高厚比验算

墙、柱高厚比按下式进行验算：

$$\beta = \frac{H_0}{h} \leqslant \mu_1 \mu_2 [\beta] \tag{19-1}$$

式中　H_0——墙、柱的计算高度，按表 19-4 采用；
　　　h——墙厚或矩形柱与 H_0 相对应的边长；
　　　$[\beta]$——墙、柱的允许高厚比，按表 19-3 采用；
　　　μ_1——自承重墙允许高厚比的修正系数；
　　　μ_2——有门窗洞口的墙允许高厚比的修正系数。

对厚度 $h \leqslant 240$ mm 的自承重墙，允许高厚比修正系数 μ_1 应按下列规定采用：
$h=240$ mm 时，$\mu_1=1.2$；$h=90$ mm 时，$\mu_1=1.5$；240 mm$>h>$90 mm 时，μ_1 按插入法取值；对上端为自由端墙的允许高厚比，除按上规定提高外，尚可提高 30%；对厚度小于

90 mm 的墙,当双面用不低于 M10 的水泥砂浆抹面,包括抹面层的墙厚不小于 90 mm 时,可按墙厚等于 90 mm 验算高厚比。

有门窗洞口墙允许高厚比的修正系数 μ_2 应按下列公式计算:

$$\mu_2 = 1 - 0.4 \frac{b_s}{s} \tag{19-2}$$

式中 b_s——在宽度 s 范围内的门窗洞口宽度;

s——相邻窗间墙或壁柱之间的距离。

当按公式(19-2)算得的 μ_2 值小于 0.7 时,采用 0.7。当洞口高度等于或小于墙高的 1/5 时,可取 $\mu_2=1.0$。当洞口高度大于或等于墙高的 4/5 时,可按独立墙段验算高厚比。

按公式(19-1)验算墙、柱高厚比时,应注意如下两点:

①当与墙连接的相邻两横墙间的距离 $s \leqslant \mu_1 \mu_2 [\beta] h$ 时,墙的高度可不受公式(19-1)的限制。

②变截面柱的高厚比可按上、下截面分别验算,其计算高度可按表 19-4 采用。验算上柱高厚比时,墙、柱的允许高厚比可按表 19-3 的数值乘以 1.3 后采用。

(2) 带壁柱墙和带构造柱墙的高厚比验算

①整片墙的高厚比验算

A. 按公式(19-1)验算带壁柱墙,此时公式中 h 应改用带壁柱墙截面的折算厚度 h_T,$h_T=3.5i$。在计算带壁柱墙截面的回转半径 i,其计算截面的翼缘宽度 b_f 与公式(18-1)中的规定相同。

确定带壁柱墙的计算高度 H_0 时,s 应取相邻横墙间的间距。

B. 当构造柱截面宽度不小于墙厚时,可按公式(19-1)验算带构造柱墙的高厚比,此时公式中 h 取墙厚;当确定墙的计算高度时,s 应取相邻横墙间的间距;墙的允许高厚比 $[\beta]$ 可乘以提高系数 μ_c。

$$\mu_c = 1 + \gamma \frac{b_c}{l} \tag{19-3}$$

式中 γ——系数,对细料石、半细料石砌体,$\gamma=0$;对混凝土砌块、粗料石、毛粒石及毛石砌体,$\gamma=1.0$;其他砌体,$\gamma=1.5$;

b_c——构造柱沿墙长方向的宽度;

l——构造柱的间距。

当 $b_c/l > 0.25$ 时,取 $b_c/l=0.25$,当 $b_c/l < 0.05$ 时取 $b_c/l=0$。

必须注意,考虑构造柱有利作用的高厚比验算不适用于施工阶段。

②壁柱间墙和构造柱间墙的高厚比验算

按公式(19-1)验算壁柱间墙或构造柱间墙的高厚比,此时 s 应取相邻壁柱间或相邻构造柱间的距离。设有钢筋混凝土圈梁的带壁柱墙或带构造柱墙,当 $b/s \geqslant 1/30$ 时(b 为圈梁宽度),圈梁可视作壁柱间墙或构造柱间墙的不动铰支点

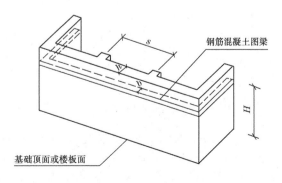

图 19-9 圈梁作为壁柱间墙的不动铰支点

(图19-9)。当不满足上述条件且不允许增加圈梁宽度,可按墙平面外等刚度原则增加圈梁高度,以满足壁柱间墙或构造柱间墙不动铰支点的要求,此时,圈梁仍可视为壁柱间墙或构造柱间墙的不动铰支点。

例题 19-1 某教学楼平面布置如图 19-10,采用装配式钢筋混凝土楼(屋)盖,外墙均为 370 mm 墙,隔断墙为 120 mm,其余均为 240 mm 墙。底层墙高 4.2 m(算至基础顶),M5 砂浆砌筑,隔断墙高 3.5 m,用 M2.5 砂浆砌筑,试验算底层各墙的高厚比。

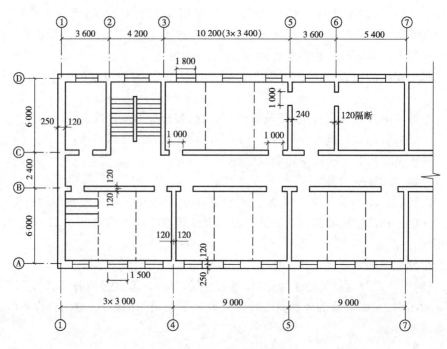

图 19-10 例题 19-1

解 根据最大横墙间距 $s=10.2$ m(③~⑤轴)和楼(屋)盖类别,由表 19-2 可知为刚性方案房屋。

根据砂浆强度等级,由表 19-3 可查得允许高厚比如下:砂浆为 M5 时,$[\beta]=24$;砂浆为 M2.5 时,$[\beta]=22$。

(1) 外纵墙高厚比验算(D 轴上,③~⑤轴间)

$$s=10.2 \text{ m} > 2H=8.4 \text{ m}$$

查表 19-4 得 $H_0=1.0H=4.2$ m

$$\mu_1=1 \qquad \mu_2=1-0.4\frac{b_s}{s}=1-0.4\times\frac{1.8}{3.4}=0.788$$

由公式(19-1)得

$$\beta=\frac{H_0}{h}=\frac{4\,200}{370}=11.35<\mu_1\mu_2[\beta]=1\times0.788\times24=18.9 \qquad (满足要求)$$

(2) 内纵墙高厚比验算(C 轴上,③~⑤轴间)

$$H_0=4.2 \text{ m}$$

$$\mu_1=1 \qquad \mu_2=1-0.4\frac{b_s}{s}=1-0.4\times\frac{2\times1\,000}{10\,200}=0.92$$

$$\beta = \frac{H_0}{h} = \frac{4\,200}{240} = 17.5 < \mu_1\mu_2[\beta] = 1 \times 0.92 \times 24 = 22 \quad \text{(满足要求)}$$

(3) 内横墙高厚比验算(⑤轴上,$C\sim D$轴间)

$$s = 6\text{ m} \quad H = 4.2\text{ m} \quad 2H > s > H$$

由表 19-4 可得

$$H_0 = 0.4s + 0.2H = 0.4 \times 6 + 0.2 \times 4.2 = 3.24\text{ m}$$

$$\mu_1 = 1 \quad \mu_2 = 1 - 0.4\frac{b_s}{s} = 1 - 0.4 \times \frac{1\,000}{6\,000} = 0.93$$

$$\beta = \frac{H_0}{h} = \frac{3\,240}{240} = 13.5 < \mu_1\mu_2[\beta] = 1 \times 0.93 \times 24 = 22.3 \quad \text{(满足要求)}$$

(4) 隔断墙验算

隔断墙两侧往往与纵墙拉结不好,按两侧无拉结考虑,隔断上端砌筑时一般都采取措施顶住楼板,故可按不动铰支座考虑。这样,隔断墙可按两端不动铰支座确定计算高度。取⑥轴隔断墙进行验算。

$$H_0 = H = 3.5\text{ m} \quad h = 120\text{ mm}$$

$$\mu_1 = 1.2 + \frac{240 - 120}{240 - 90} \times (1.5 - 1.2) = 1.44$$

$$\mu_2 = 1 - 0.4\frac{b_s}{s} = 1 - 0.4 \times \frac{1\,000}{6\,000} = 0.93$$

$$\beta = \frac{H_0}{h} = \frac{3\,500}{120} = 29.17 < \mu_1\mu_2[\beta] = 1.44 \times 0.93 \times 22 = 29.5 \quad \text{(满足要求)}$$

例题 19-2 某单层单跨无吊车厂房,柱距 6 m,每开间有 2.8 m 宽的窗口,厂房全长 42 m,宽 12 m,装配式钢筋混凝土屋盖,屋架下弦标高为 6 m,墙厚均为 370 mm,壁柱截面为 490 mm×490 mm,采用 M5 混合砂浆砌筑(图 19-11)。试验算带壁柱墙的高厚比。

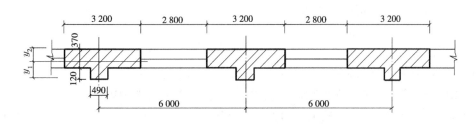

图 19-11 例 19-2 图

解 根据屋盖类别和横墙间距由表 19-2 可知该房屋属刚弹性方案。

(1) 求壁柱截面几何特征值

$$A = 3\,200 \times 370 + 490 \times 120 = 1\,242\,800\text{ mm}^2$$

设截面形心到壁柱边距离为 y_1。

$$y_1 = \frac{3\,200 \times 370 \times \left(\frac{370}{2} + 120\right) + 490 \times 120 \times 60}{1\,242\,800} = 293.4\text{ mm}$$

$$y_2 = 490 - 293.4 = 196.6\text{ mm}$$

$$I = \frac{3\,200 \times 196.6^3}{3} + \frac{(3\,200 - 490) \times 173.4^3}{3} + \frac{490 \times 293.4^3}{3}$$

$$= 81.05 \times 10^8 + 47.6 \times 10^8 + 41.25 \times 10^8 = 169.4 \times 10^8 \text{ mm}^4$$

$$i = \sqrt{\frac{I}{A}} = \sqrt{\frac{169.4 \times 10^8}{124.28 \times 10^4}} = 116.7 \text{ mm}$$

$$h_T = 3.5i = 3.5 \times 116.7 = 408 \text{ mm}$$

(2) 整片墙高厚比验算

因未告知基础埋深等情况,所以墙高直接取至室内地坪下 500 mm,则 $H = 6\,500$ mm。

由表 19-4 查得 $H_0 = 1.2H = 1.2 \times 6\,500 = 7\,800$ mm。

由表 19-3 查得:砂浆为 M5 时,$[\beta] = 24$。

$$\mu_1 = 1 \qquad \mu_2 = 1 - 0.4\frac{b_s}{s} = 1 - 0.4 \times \frac{2\,800}{6\,000} = 0.81$$

$$\beta = \frac{H_0}{h_T} = \frac{7\,800}{408} = 19.1 < \mu_1\mu_2[\beta] = 1 \times 0.81 \times 24 = 19.4 \quad \text{(满足要求)}$$

(3) 壁柱间墙高厚比验算

$$s = 6 \text{ m} < H = 6.5 \text{ m}$$

由表 19-4 中刚性方案一栏查得 $H_0 = 0.6s = 0.6 \times 6.0 = 3.6$ m

$$\beta = \frac{H_0}{h} = \frac{3\,600}{370} = 9.73 < 19.4 \quad \text{(满足要求)}$$

19.2 刚性方案房屋承重墙体的计算

19.2.1 承重纵墙的计算

1) 单层刚性方案房屋承重纵墙的计算

(1) 计算单元

当单层房屋静力分析属于刚性方案时,承重纵墙一般取相当于一个开间宽度的有代表性的墙体作为计算单元(图 19-12)。

(2) 计算简图

计算时可采用下列假定:

①纵墙、柱下端在基础顶面处固接,上端与屋盖大梁(或屋架)铰接。

②屋盖结构可作为纵墙、柱上端的不动铰支座。

于是,可得纵墙、柱的计算简图如图 19-13 所示。

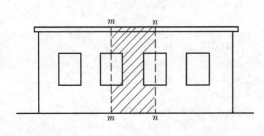
图 19-12 单层房屋承重纵墙的计算单元

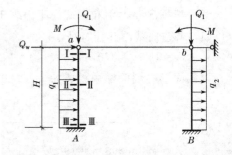
图 19-13 单层刚性方案承重纵墙的计算简图

（3）荷载和内力

作用在纵墙上的荷载及其所引起的内力如下：

①屋盖荷载

屋盖荷载包括屋盖恒荷载及屋面活荷载（屋面均布活荷载或雪荷载）。屋面荷载通过屋架或屋面大梁以集中力 Q_1 作用于纵墙顶部。当采用屋架时，Q_1 位于屋架下弦端部节点中心处，一般距墙定位轴线 150 mm；当采用屋面梁时，Q_1 距墙内边缘的距离为 $0.4a_0$，a_0 为梁端有效支承长度，于是作用于纵墙顶部的荷载 Q_1 对墙体的偏心距 e_1 即可求得。因而，作用于纵墙顶部的荷载除有轴心压力 Q_1 外，还有弯矩 $M=Q_1e_1$。墙体内力如图 19-14 所示。

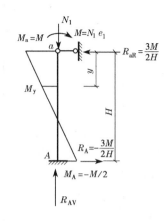

图 19-14 屋面竖向荷载作用下的内力图

$$R_a = -R_A = \frac{3M}{2H} \qquad (19-4)$$

$$M_a = M \qquad (19-5)$$

$$M_A = -\frac{M}{2} \qquad (19-6)$$

$$M_y = \frac{M}{2}\left(2 - \frac{3y}{H}\right) \qquad (19-7)$$

②风荷载

作用在单层房屋纵墙上的风荷载包括作用于墙面上和屋面上的风荷载（包括作用于女儿墙上的风荷载）。作用于屋面上的风荷载可简化为作用于墙顶的集中力 Q_w，它直接通过屋盖传给横墙，由横墙传至基础，再传给地基，对纵墙不产生作用。作用于纵墙面上的风荷载为均布面荷载，可简化为沿墙高度方向的均布线荷载计算（图 19-15）。在均布线荷载 q 作用下，等截面墙体的内力如图 19-15 所示。

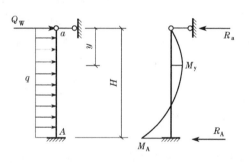

图 19-15 风荷载作用下的内力图

$$R_a = \frac{3qH}{8} \qquad (19-8)$$

$$R_A = \frac{5qH}{8} \qquad (19-9)$$

$$M_A = \frac{qH^2}{8} \qquad (19-10)$$

$$M_y = -\frac{qHy}{8}\left(3 - \frac{4y}{H}\right) \qquad (19-11)$$

当 $y = \frac{3H}{8}$ 时，弯矩最大，$M_{max} = -\frac{9qH^2}{128}$。

③墙体自重

墙体自重作用于墙体截面重心处，按砌体的实际重量计算。当墙体为等截面时，只引起轴力，不产生弯矩。若墙体为变截面时，上阶柱（墙）重量 G_1 对下阶柱（墙）的截面将产生弯

矩 $M=G_1e_1$，e_1 为上下阶柱(墙)轴线间的距离。其内力按上端自由、下端固定的悬臂构件计算(因自重是在屋架未架设之前就已存在，故按悬壁构件计算)。

(3) 控制截面与内力组合

单层房屋承重纵墙一般取Ⅰ—Ⅰ、Ⅱ—Ⅱ、Ⅲ—Ⅲ截面为控制截面(图19—13)。Ⅰ—Ⅰ为梁下截面，此处弯矩 M 较大，既要按偏心受压计算墙体承载力，又要验算梁下砌体局部受压承载力。Ⅱ—Ⅱ截面为风荷载作用下的最大弯矩截面，该截面有可能起控制作用，应根据相应的 M 和 N 进行承载力验算。Ⅲ—Ⅲ截面为底部截面，此处受有最大的轴向力和相应的弯矩，需按偏心受压进行承载力验算。在进行承载力验算时，除局部受压外，截面面积均取窗间墙的截面面积。

控制截面确定以后，应当先求出各种荷载单独作用时控制截面的内力值，然后根据使用中可能同时作用的荷载所产生的内力值进行组合，求出不利内力，再进行截面验算。

一般采用以下三种荷载组合：

(1) 恒荷载＋风荷载。

(2) 恒荷载＋屋面活荷载。

(3) 恒荷载＋0.9(屋面活荷载＋风荷载)。

注意：风荷载分左风和右风，应取不利情况。

2) 多层刚性方案房屋承重纵墙的计算

(1) 计算单元

多层房屋一般是取相邻两侧各 1/2 开间，即 $(s_1+s_2)/2$ 宽的墙段(s_1、s_2 为有代表性的相邻两开间的宽度)作为计算单元(图19—16)。计算截面面积 A，当有门窗洞口时，取窗间墙的截面面积。如无门窗洞时，则取计算单元墙体的截面面积。对于带壁柱墙，当无门窗洞口时，计算截面宽度应取下述二者中的较小值。

$$s=\frac{s_1+s_2}{2} \quad (19-12)$$

$$s=b+\frac{2}{3}H \quad (19-13)$$

式中　b——壁柱宽度；
　　　H——楼层高度。

当有门窗洞口时，可取窗间墙宽度。

(2) 计算简图和内力计算

多层刚性方案房屋承受的荷载有竖向荷载和水平荷载(一般为风荷载)。

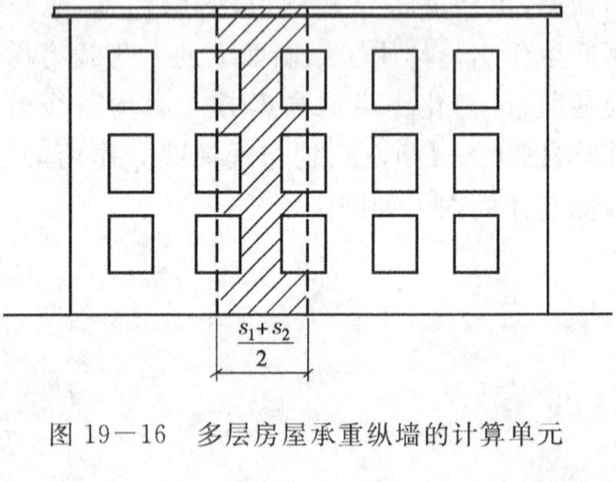

① 竖向荷载作用下

图19—16　多层房屋承重纵墙的计算单元

在竖向荷载作用下，墙体在屋盖和楼盖处的截面所能传递的弯矩很小，其原因是由于梁、板的支承长度往往比较长，使得墙体的连续性遭到削弱。为简化计算，假定墙体在屋盖和楼盖处为铰接。在基础顶面上，对多层房屋来说，轴向力起主导作用，弯矩相对较小，考虑弯矩作用与否对此处截面的承载力影响不大，也假定墙体与基础为铰接(注意：单层房屋不能采用这种假定)。因此，在竖向荷载作用下，墙、柱在每层高度范围内(底层取底层层高加室内地面至基础顶面的高度)，可近似视作两端铰支的竖向受压构件(图19—17a)。对本层楼盖传来的荷载，应考虑梁、板对墙、柱的实际偏心影响。梁端支承压力 N_l 到墙内边的距离,应取 $0.40a_0$。a_0 为梁端有效支承长度,按公式(18-13)计算。由上部墙体传来的荷载 N_u,可视为作用于上一楼层墙、柱的截面重心处。

按照上述假定,上下层墙体在楼盖支承处均为铰接,则在计算某层墙体时,以上各层荷载传至该层墙体顶端支承截面处的弯矩为零。在所计算层墙体顶端截面处,由楼盖传来的竖向力,则按其实际偏心距作用着。实践证明,这种假定既偏于安全,又基本符合实际。

现以图 19-17 所示三层楼房的第二层和第一层砖墙为例,来说明其内力的计算方法。

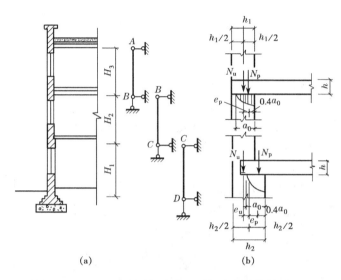

图 19-17 多层刚性方案承重纵墙的计算简图

对第二层墙,其计算简图和内力如图 19-18a 所示。

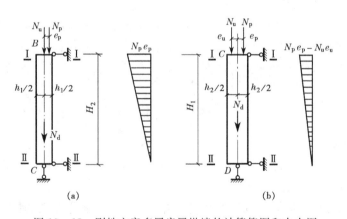

图 19-18 刚性方案多层房屋纵墙的计算简图和内力图

上端截面(Ⅰ-Ⅰ)

$$N_\mathrm{I} = N_u + N_p$$

$$M_\mathrm{I} = N_p e_p$$

下端截面（Ⅱ-Ⅱ）
$$N_\text{Ⅱ}=N_\text{u}+N_\text{p}+N_\text{d}=N_\text{Ⅰ}+N_\text{d}$$
$$M_\text{Ⅱ}=0$$

对底层墙，假定墙体在一侧加厚，则由于上下层墙厚不同，上下层墙轴线偏离 e_u。因此，由上层墙传来的竖向荷载 N_u 将对下层墙产生弯矩（图 19-18b），其计算简图和内力如图 19-18 所示。

上端截面（Ⅰ-Ⅰ）
$$N_\text{Ⅰ}=N_\text{u}+N_\text{p}$$
$$M_\text{Ⅰ}=N_\text{p}e_\text{p}-N_\text{u}e_\text{u}$$

下端截面（Ⅱ-Ⅱ）
$$N_\text{Ⅱ}=N_\text{u}+N_\text{p}+N_\text{d}$$
$$M_\text{Ⅱ}=0$$

式中　N_p——本层墙顶楼盖的梁或板传来的荷载设计值；
　　　e_p——N_p 对墙体截面重心线的偏心距；
　　　N_u——由上层传来的荷载设计值；
　　　e_u——N_u 对本层墙体截面重心线的偏心距；
　　　N_d——本层墙体自重（包括内外粉刷和门窗自重等）设计值。

N_p 对本层墙的偏心距 e_p 可按下列公式计算：
$$e_\text{p}=y-0.4a_0 \tag{19-14}$$

式中　y——墙截面重心到受压最大边缘的距离，对矩形截面墙体，$y=\dfrac{h}{2}$，h 为墙厚。

当墙体在一侧加厚时，上下墙重心线间的距离 e_u 按下列公式计算
$$e_\text{u}=\frac{1}{2}(h_2-h_1) \tag{19-15}$$

式中　h_1、h_2——上、下墙体的厚度。

对于梁跨度大于 9 m 的墙承重的多层房屋，按上述方法计算时，应考虑梁端约束弯矩的影响。可按梁两端固结计算梁端弯矩，再将其乘以修正系数 γ 后，按墙体线性刚度分到上层墙底部和下层墙顶部，修正系数 γ 可按下式计算：
$$\gamma=0.2\sqrt{\frac{a}{h}} \tag{19-16}$$

式中　a——梁端实际支承长度；
　　　h——支承墙体的墙厚，当上下墙厚不同时取下部墙厚，当有壁柱时取 h_T。

②水平荷载作用下

在水平荷载作用下，墙体可视为一个竖向连续梁。为了简化起见，该连续梁在风荷载作用下的弯矩值可近似地取
$$M=\frac{1}{12}wH^2 \tag{19-17}$$

式中　w——计算单元每米高墙体上的风荷载设计值；
　　　H——层高。

计算时应考虑两种风向，而所采用的风向（迎风和背风面）应使竖向荷载算得的弯矩在

该截面组合后的代数和增加,而不是减少。

对于刚性方案多层房屋的外墙,当洞口水平截面面积不超过全截面的 2/3,房屋的层高和总高不超过表 19-5 的规定,且屋面的自重不小于 0.8 kN/m² 时,可不考虑风荷载的影响,仅按竖向荷载进行计算。

表 19-5   外墙不考虑风荷载影响时的最大高度

基本风压值/(kN·m⁻²)	层高/ m	总高/ m
0.4	4.0	28
0.5	4.0	24
0.6	4.0	18
0.7	3.5	18

注:对于多层砌块房屋 190 mm 厚的外墙,当层高不大于 2.8 m,总高不大于 19.6 m,基本风压不大于 0.7 kN/m² 时可不考虑风荷载的影响。

(3) 控制截面和内力组合

墙、柱的内力求出后,就要选择几个控制截面进行内力组合和偏心受压、局部受压等承载力计算。

有门窗洞口的纵墙,其计算截面取窗间墙截面。一般来说,同一计算单元每层墙的上下厚度和砂浆强度等级都是一样的,也即计算截面大小和砌体强度都相同。所以控制截面就取决于组合后内力的数值。

每层墙可取两个控制截面并作相应的简化。上截面可取墙体顶部位于大梁(或板)底的砌体截面 I-I,该截面中弯矩 M 最大,即偏心距 $e = \dfrac{M}{N}$ 最大,对该截面应进行偏心受压和梁下局部受压等承载力计算。下截面可取墙体下部位于大梁(或板)底稍上的砌体截面 II-II,对于底层墙下截面应取基础顶面处墙体的截面,这些截面的 N 最大,弯矩 M 为零。在此假定计算截面面积按窗间墙截面面积采取,并按墙高中部截面考虑纵向弯曲的影响,即按 e/h 或 e/h_T(I-I 截面按 e/h,II-II 截面按 $e/h=0$)在附表 32 中采取 φ(按理论,不动铰支座截面是不产生纵向弯曲的)。这样,每层墙的其他截面一般不起控制作用。

若几层墙体的截面和砂浆强度等级相同,则只需验算其中最下一层即可。若砂浆强度等级有变化,则开始降低砂浆强度等级这一层也应该验算。

19.2.2 承重横墙计算

横墙承重的刚性方案房屋中横墙的间距都比较小,预制板可直接安放在横墙上,因而横墙承受的荷载可化为均布线荷载(单层和多层均如此)。横墙上很少开设洞口,可取 1.0 m 宽的横墙作为计算单元。在竖向荷载作用下,每层高度范围内视作两端铰支的竖向构件。中间层和底层构件的高度 H 同纵墙的取法,但对顶层,若为坡屋顶时,应取层高加山尖的平均高度(图 19-19a)。

内横墙承受两边楼(屋)盖传来的轴向力(图 19-19b),当两边楼盖的构造及开间相同(恒荷载相同),活荷载又不太大时,可以忽略由于活荷载只在一边作用所产生的偏心影响,只要取墙底 II-II 截面按轴压验算承载力即可。如不符合上述情况,则还应对墙体上部 I-I 截面进行承载力验算。若横墙上支承着梁时,还需对梁支承处的墙体进行局部受压承载力验算。

当横墙上有洞口时,应考虑洞口削弱的影响。

山墙承受的是偏心压力,当考虑风荷载时,它还要受到水平荷载的作用,其计算简图及内力计算的方法与承重纵墙相同。

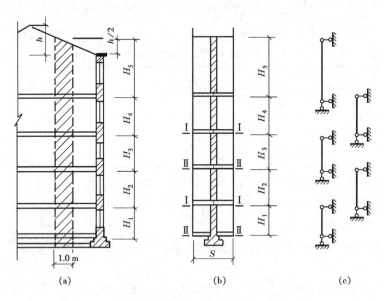

图 19-19 刚性方案多层房屋承重横墙计算简图

例题 19-3 某教学楼,平面布置如图 19-10 所示,外纵墙剖面如图 19-20 所示,采用 MU10 烧结多孔砖,一、二层用 M5 砂浆砌筑,三、四层用 M2.5 的砂浆砌筑。钢筋混凝土大梁在墙上的支承长度为 240 mm,大梁截面为 200 mm×500 mm。学校所处地区基本风压为 0.6 kN/m²,基本雪压为 0.5 kN/m²。试验算(b)轴纵墙的承载力。

解 由例题 19-1 的分析已知,该房屋属刚性方案,根据表 19-5 可知,外墙可不考虑风荷载的影响。

1) 荷载计算

(1) 屋面荷载标准值

恒荷载标准值:二毡三油防水层	0.35 kN/m²
20 厚水泥砂浆找平	20×0.02=0.4 kN/m²
100 厚泡沫混凝土保温	6×0.1=0.6 kN/m²
120 厚空心板(包括灌缝)	2.0 kN/m²
20 厚水泥石灰砂浆抹灰	17×0.02=0.34 kN/m²
小计	3.69 kN/m²
活荷载标准值:屋面均布活荷载 0.7 kN/m² ⎫ 取大值 雪荷载 0.5 kN/m² ⎭	0.7 kN/m²

(2) 楼面荷载标准值

恒荷载标准值:30 厚细石混凝土面层	24×0.03=0.72 kN/m²
120 厚空心板(包括灌缝)	2.0 kN/m²
20 厚水泥石灰砂浆抹灰	0.34 kN/m²
小计	3.06 kN/m²
活荷载标准值:	2 kN/m²

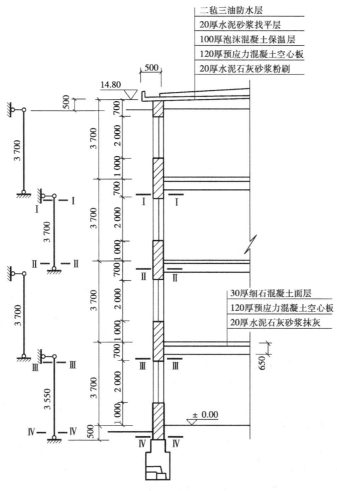

图 19-20 例题 19-3

(3) 其他荷载标准值

大梁自重　　　　　　　　　　　　　　　$25×0.2×0.5=2.5$ kN/m

370厚双面抹灰墙重　　　　　　　　　　$19×0.37+20×0.02×2=7.83$ kN/m²

木窗自重　　　　　　　　　　　　　　　0.3 kN/m²

2) 内力计算

(1) 计算单元

取3m宽的开间为计算单元,则计算单元墙体的受荷范围为 $3×3=9$ m²。

(2) 控制截面

由题意可知,应选第三层的 I—I(大梁底下),II—II(大梁底上)截面和第一层的 III—III(大梁底下),IV—IV(基础顶面)截面进行验算。

(3) 大梁有效支承长度及支承反力偏心距

① 有效支承长度

I—I 截面处　　$a_0=10\sqrt{\dfrac{h_c}{f}}=10\sqrt{\dfrac{500}{1.30}}=196$ mm <240 mm

Ⅲ－Ⅲ截面处 $\quad a_0 = 10\sqrt{\dfrac{h_c}{f}} = 10\sqrt{\dfrac{500}{1.50}} = 183$ mm＜240 mm

② 支承反力偏心距

Ⅰ－Ⅰ截面处 $\quad e_{\text{pⅠ}} = \dfrac{370}{2} - 0.4 \times 196 = 107$ mm

Ⅲ－Ⅲ截面处 $\quad e_{\text{pⅢ}} = \dfrac{370}{2} - 0.4 \times 183 = 112$ mm

(4) 作用在墙体受荷范围内的荷载

① 屋盖传到墙上的荷载(包括大梁重)

   标准值：恒荷载 $3.69 \times 3 \times (3 + 0.5) + 2.5 \times 3 =$ 46.25 kN

      活荷载 $0.7 \times 3 \times (3 + 0.5) =$ 7.35 kN

   设计值：恒荷载 $46.25 \times 1.2 =$ 55.5 kN

      活荷载 $7.35 \times 1.4 =$ 10.29 kN

② 楼盖传到墙上的荷载(包括大梁重)

   标准值：恒荷载 $3.06 \times 3 \times 3 + 2.5 \times 3 =$ 35.04 kN

      活荷载 $2 \times 3 \times 3 =$ 18 kN

   设计值：恒荷载 $35.04 \times 1.2 =$ 42.05 kN

      活荷载 $18 \times 1.4 =$ 25.2 kN

③ 3.7 m 高墙体重(包括窗重)

   标准值：恒荷载 $7.83(3.7 \times 3 - 2 \times 1.5) + 0.3 \times 2 \times 1.5 =$ 64.32 kN

   设计值：恒荷载 $64.32 \times 1.2 =$ 77.18 kN

④ 0.5 m 高墙体重(屋面梁高度范围内的墙)

   标准值：恒荷载 $7.83 \times 0.5 \times 3 =$ 11.75 kN

   设计值：恒荷载 $11.75 \times 1.2 =$ 14.1 kN

⑤ 3.55 m 高墙体重(底层墙和窗,墙高从梁底至基础顶)

   标准值：恒荷载 $7.83 \times (3.55 \times 3 - 2 \times 1.5) + 0.3 \times 2 \times 1.5 =$ 60.8 kN

   设计值：恒荷载 $60.8 \times 1.2 =$ 72.96 kN

(5) 控制截面的内力

① Ⅰ－Ⅰ截面

A. 上部墙体传来(屋盖＋墙$_{3.7}$＋墙$_{0.5}$)

   标准值： $N_{\text{ukⅠ}} = 46.25 + 7.35 + 64.32 + 11.75 = 129.67$ kN

   设计值： $N_{\text{uⅠ}} = 55.5 + 10.29 + 77.18 + 14.1 = 157.07$ kN

B. 本层楼盖传来

   标准值： $N_{\text{pkⅠ}} = 35.04 + 18 = 53.04$ kN

   设计值： $N_{\text{pⅠ}} = 42.05 + 25.2 = 67.25$ kN

C. Ⅰ－Ⅰ截面内力

   标准值： $N_{\text{kⅠ}} = N_{\text{ukⅠ}} + N_{\text{pkⅠ}} = 129.67 + 53.04 = 182.71$ kN

             $M_{\text{kⅠ}} = N_{\text{pkⅠ}} e_{\text{pⅠ}} = 53.04 \times 0.107 =$ 5.67 kN·m

   设计值： $N_{\text{Ⅰ}} = N_{\text{uⅠ}} + N_{\text{pⅠ}} = 157.07 + 67.25 = 224.32$ kN

             $M_{\text{Ⅰ}} = N_{\text{Ⅰ}} e_{\text{pⅠ}} = 67.25 \times 0.107 =$ 7.20 kN·m

② Ⅱ－Ⅱ 截面内力 ($N_Ⅰ$＋墙$_{3.7}$)

标准值： $N_{kⅡ}=182.71+64.32=247.03$ kN

设计值： $N_Ⅱ=224.32+77.18=301.5$ kN

③ Ⅲ－Ⅲ 截面

A. 上部墙体传来[屋盖＋2×楼盖＋3×墙$_{3.7}$＋墙$_{0.5}$]

标准值：$N_{ukⅢ}=46.25+7.35+2\times(35.04+18)+3\times64.32+11.75=364.39$ kN

设计值：$N_{uⅢ}=55.5+10.29+2\times(42.05+25.2)+3\times77.18+14.1=445.93$ kN

B. 本层楼盖传来

标准值： $N_{pkⅢ}=35.04+18=53.04$ kN

设计值： $N_{pⅢ}=42.05+25.2=67.25$ kN

C. Ⅲ－Ⅲ 截面内力

标准值： $N_{kⅢ}=N_{ukⅢ}+N_{pkⅢ}=364.39+53.04=417.43$ kN

$M_{kⅢ}=N_{pkⅢ}e_{pⅢ}=53.04\times0.112=6.04$ kN·m

设计值： $N_Ⅲ=N_{uⅢ}+N_{pⅢ}=445.93+67.25=513.18$ kN

$M_Ⅲ=N_{pⅢ}e_{pⅢ}=67.25\times0.112=7.53$ kN·m

④ Ⅳ－Ⅳ 截面内力 ($N_Ⅲ$＋墙$_{3.55}$)

标准值： $N_{kⅣ}=417.43+60.8=478.23$ kN

设计值： $N_Ⅳ=513.18+72.69=585.87$ kN

3) 承载力验算

(1) 受压承载力验算

计算结果列于表 19－6。

表 19－6　　　　　　　　　　例题 19-3　纵墙承载力验算

计算项目	截面			
	Ⅰ－Ⅰ	Ⅱ－Ⅱ	Ⅲ－Ⅲ	Ⅳ－Ⅳ
N/ kN	224.32	301.5	513.18	585.87
M/ (kN·m)	7.20		7.53	
$e=M/N$/ mm	32		15	
e/h	$\frac{32}{370}=0.0865$		$\frac{15}{370}=0.0405$	
e/y	$\frac{32}{185}=0.173<0.6$		$\frac{15}{185}=0.081<0.6$	
H_0(m)	3.7	3.7	3.55	3.55
$\beta=\gamma_\beta H_0/h$	$1.0\times\frac{3.7}{0.37}=1.0$	$1.0\times\frac{3.7}{0.37}=10$	$1.0\times\frac{3.55}{0.37}=9.6$	$1.0\times\frac{3.55}{0.37}=9.6$
φ	0.64	0.83	0.78	0.88
f/ MPa	1.30	1.30	1.50	1.50
A/ mm²	0.555×10^6	0.555×10^6	0.555×10^6	0.555×10^6
$N_u=\varphi fA$/ kN	461.8	598.8	649.4	732.6
N_u/N	2.06>1	1.99>1	1.27>1	1.25>1

注：$A=1\,500$ mm×370 mm＝555 000 mm²

(2) 梁端下砌体局部受压验算

$A_0=(b+2h)h=(0.2+2\times0.37)\times0.37=0.3478$ m²

$$A_{lI} = 0.196 \times 0.2 = 0.038 \text{ m}^2$$
$$A_{lIII} = 0.183 \times 0.2 = 0.0356 \text{ m}^2$$

由 $A_0/A_{lI} = \dfrac{0.3478}{0.038} = 9.15 > 3$ 取 $\psi = 0$

因为不计上部荷载作用,而楼盖荷载又相同,所以只要验算砌体强度较低的 I—I 截面即可。

$$\gamma = 1 + 0.35 \sqrt{\dfrac{A_0}{A_{lI}} - 1} = 1 + 0.35\sqrt{9.15-1} = 1.999 < 2$$

$$N_{lI} = N_{pI} = 67.25 \text{ kN}$$

$$N_{lu} = \eta\gamma f A_l = 0.7 \times 1.999 \times 1.30 \times 0.038 \times 10^3 = 69.1 \text{ kN} > N_{lI}$$

梁端下砌体局部受压满足要求,但因梁的跨度 $l=6$ m>4.8 m。所以仍应按构造要求在梁端下设置混凝土垫块。

19.3 弹性和刚弹性方案房屋

19.3.1 单层弹性方案房屋

1) 计算简图

单层弹性方案房屋横墙间距较大,其结构布置基本上都属于纵墙承重方案。根据静力计算方案的分析,单层弹性方案房屋可按不考虑空间工作的平面排架计算。其计算单元的选取及纵墙(排架)上所受的荷载与单层刚性方案房屋的承重纵墙相同。

计算时可采用下列假定:

(1) 纵墙、柱下端在基础顶面处固结,上端与屋盖大梁(或屋架)铰接。

(2) 屋盖大梁(或屋架)为刚度无限大的水平杆件,在荷载作用下不产生拉伸或压缩变形。

由此可得,水平荷载(风荷载)作用下的计算简图如图 19-21 所示。排架的计算高度 H 取屋架下弦至基础顶面的距离,当基础埋深较大,基础顶面至室内地面的距离大于 0.5 m 时,可取 0.5 m。

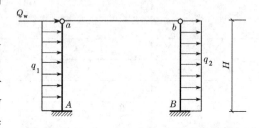

图 19-21 单层弹性方案房屋计算简图

2) 计算方法和步骤

排架内力分析可按以下方法进行(与钢筋混凝土单层厂房类似):

(1) 在排架柱顶附加一水平不动铰支座,以阻止排架侧移,求出排架在荷载作用下的支座反力 R 和相应的各柱内力值。

(2) 撤除不动铰支座,恢复排架的实际受力情况,亦即将 R 反向作用于排架柱顶,用剪力分配法求出各柱的内力值。

(3) 将上述两种情况的内力叠加,即得排架柱的实际内力。

现以两柱均为等截面,且柱高、截面尺寸、材料均相同的单层单跨弹性方案房屋为例,简略说明其内力计算步骤。

①屋盖荷载 对于单层单跨等高房屋,其两边砖墙(柱)的刚度相等,当荷载对称时,柱顶不发生侧移,故墙柱内力计算方法同刚性方案房屋,按公式(19-4)~公式(19-7)计算。

②风荷载 在风荷载作用下(图19-22a),排架产生侧移。其内力计算如下:

A. 在排架上端加一个水平不动铰支座(图19-22b),和刚性方案相同,由图19-22b可得内力为(图19-22d):

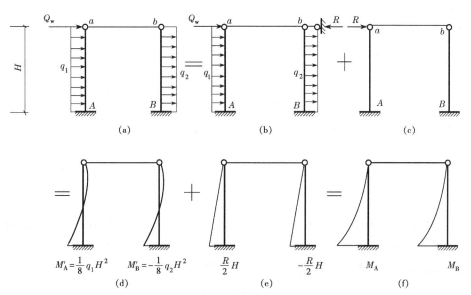

图19-22 单层弹性方案房屋在风荷载作用下的内力计算

$$R = Q_w + \frac{3}{8}(q_1+q_2)H \tag{19-18}$$

$$M'_A = \frac{1}{8}q_1 H^2$$

$$M'_B = -\frac{1}{8}q_2 H^2$$

B. 将 R 反向作用于排架顶端(图19-22c),则可得内力为(图19-22e):

$$M''_A = \frac{R}{2}H = \frac{H}{2}[Q_w + \frac{3}{8}(q_1+q_2)H]$$

即

$$M''_A = \frac{Q_w H}{2} + \frac{3}{16}(q_1+q_2)H^2$$

$$M''_B = -\frac{R}{2}H = -\frac{H}{2}[Q_w + \frac{3}{8}(q_1+q_2)H]$$

即

$$M''_B = -\frac{Q_w H}{2} - \frac{3}{16}(q_1+q_2)H^2$$

C. 将图19-22d 和 e 两种情况叠加,可得

$$M_A = M'_A + M''_A = \frac{Q_w H}{2} + \frac{5}{16}q_1 H^2 + \frac{3}{16}q_2 H^2 \tag{19-19}$$

$$M_B = M'_B + M''_B = -\frac{Q_w H}{2} - \frac{3}{16}q_1 H^2 - \frac{5}{16}q_2 H^2 \tag{19-20}$$

19.3.2 单层刚弹性方案房屋

1) 计算简图

单层刚弹性方案房屋可按考虑空间工作的排架计算。关于排架的计算假定,与弹性方案房屋相同。但是,由于需考虑空间工作,需在排架柱顶处增加一个水平弹性支座,计算简图如图 19—23a 所示。

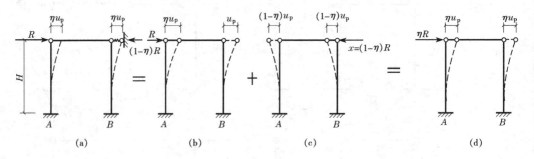

图 19—23 房屋内力分析单层刚弹性方案

对于刚弹性方案房屋,当排架柱顶作用一水平集中力 R 时,由于空间工作的影响,排架柱顶的水平位移为 ηu_p(η 为空间性能影响系数,见表 19—1),它比弹性方案房屋柱顶的水平位移 u_p 小,其差值即为弹性支座阻止的水平位移量。

$$u_p - \eta u_p = (1-\eta) u_p$$

设 R' 为弹性支座反力,根据力与位移成正比的关系,可求得弹性支座水平反力。

$$u_p : (1-\eta) u_p = R : R'$$

则

$$R' = (1-\eta) R$$

由此可见,对于刚弹性方案房屋的内力,可在弹性方案计算的内力的基础上,叠加由于空间性能引起的弹性支座反力 $(1-\eta)R$ 的作用所产生的内力而求得。

2) 计算方法和步骤

内力分析可按以下步骤进行(图 19—23)。

(1) 在排架柱顶附加一个水平不动铰支座,以完全阻止排架的侧移,求出不动铰支座反力 R 以及相应各柱的内力。

(2) 撤除水平铰支座的影响,将支座反力 R 反向作用于排架柱顶,与弹性支座反力 R' 的作用进行叠加,按平面排架求内力。因为 $R - R' = R - (1-\eta)R = \eta R$,所以在实际计算时,只要将第一步求出的不动铰支座反力 R 乘以 η(即 ηR),反向作用于排架柱顶,就可用剪力分配法求出各柱的内力。

(3) 将上面两步计算的结果叠加,即可得到刚弹性方案房屋墙、柱的最后内力。

现以两柱为等截面,且柱高、截面尺寸、材料均相同的单层单跨房屋为例,简要说明单层刚弹性方案房屋内力的计算步骤。

①屋盖荷载:同弹性方案房屋一样,因屋盖荷载为对称荷载,所以排架顶端无水平位移,其内力按公式(19—4)~(19—7)计算。

②风荷载:在风荷载作用(图 19—24)下的内力计算如下。

A. 在排架柱顶附加一不动铰支座,其内力为

$$R = Q_w + \frac{3}{8}(q_1+q_2)H \qquad (19-21)$$

$$M'_A = \frac{1}{8}q_1 H^2$$

$$M'_B = -\frac{1}{8}q_2 H^2$$

B. 将 ηR 反向作用于排架柱顶可得

$$M''_A = \frac{\eta R H}{2} = \frac{\eta [Q_w + \frac{3}{8}(q_1+q_2)H]H}{2}$$

即

$$M''_A = \frac{\eta Q_w H}{2} + \frac{3\eta}{16}(q_1+q_2)H^2$$

$$M''_B = \frac{-\eta R H}{2} - \frac{-\eta [Q_w + \frac{3}{8}(q_1+q_2)H]H}{2}$$

即

$$M''_B = \frac{-\eta Q_w H}{2} - \frac{3\eta}{16}(q_1+q_2)H^2$$

C. 叠加上述两部分内力可得

$$M_A = M'_A + M''_A = \frac{\eta Q_w H}{2} + (\frac{1}{8}+\frac{3\eta}{19})q_1 H^2 + \frac{3\eta}{16}q_2 H^2 \qquad (19-22)$$

$$M_B = M'_B + M''_B = -\frac{\eta Q_w H}{2} - \frac{3\eta}{16}q_1 H^2 - (\frac{1}{8}+\frac{3\eta}{16})q_2 H^2 \qquad (19-23)$$

单层弹性和刚弹性方案房屋控制截面的选取、内力组合等均同单层刚性方案房屋。

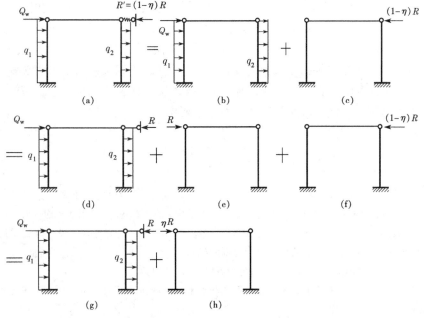

图 19-24 单层刚弹性方案房屋在风荷载作用下的内力计算

19.3.3 多层刚弹性方案房屋

多层房屋的空间工作比单层房屋复杂,多层房屋除了在纵向各开间之间相互制约以外,层与层之间也存在相互联系和制约的空间作用。多层刚弹性方案房屋可按屋架、大梁与墙、柱为铰接的考虑空间工作的框架计算。房屋各层的空间性能影响系数 η_j 可近似按表 19-1 采用(η_j 的下标 j 代表第 j 层)。在水平荷载(风荷载)作用下,墙、柱内力分析可按以下步骤进行(图 19-25):

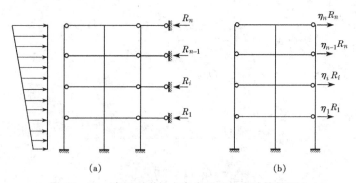

图 19-25 多层刚弹性方案房屋的静力计算简图

(1) 在各层横梁与柱连接处加水平铰支杆,计算其在水平荷载(风荷载)作用下无侧移时的内力与各支杆反力 R_j。

(2) 考虑房屋的空间作用,将各支杆反力 R_j 乘以由表 19-1 查得的相应空间性能系数 η_j,并反向施加于节点上,计算其内力。

(3) 将以上两步计算结果叠加,即得最后内力。

在设计多层房屋时,为了满足多种功能要求,各楼层横墙间距有时相差较大,楼盖和屋盖类型也不一定相同。

有的将下部各层用作办公室、宿舍、住宅,而顶层用作食堂、会议室等。此时下面各层由相应的楼盖类别和横墙间距可以确定为刚性方案房屋,而顶层却因横墙间距较大不符合刚性方案要求。这类房屋称为"上柔下刚"房屋。计算"上柔下刚"多层房屋时,顶层可按单层房屋计算,其空间性能影响系数可根据屋盖类别按表 19-1 采用。下面各层则按刚性方案房屋计算。

有的房屋底层用作商店、食堂、礼堂等,而上面各层用作住宅、办公室等。这时,底层横墙间距虽较大,也应采取措施,使其符合刚性方案要求。

思 考 题

19.1 何谓混合结构房屋?混合结构房屋墙体的结构布置有哪几种方案?各种方案的优缺点如何?

19.2 什么是房屋的空间工作?房屋的空间性能影响系数 η 的含义是什么?其主要影响因素有哪些?

19.3 混合结构房屋的静力计算方案有哪几种?各种计算方案的特点如何?设计时怎样判别?

19.4 刚性和刚弹性方案房屋的横墙应符合哪些要求?

19.5 为什么要验算墙、柱的高厚比?如何验算墙、柱的高厚比?

19.6 刚性方案多层房屋承重纵墙在竖向荷载和水平风荷载作用下的计算简图如何确定?其控制截面如何确定?

19.7 单层弹性方案房屋和刚弹性方案房屋的计算简图如何确定?墙、柱内力如何计算,其控制截面如何确定?

习 题

19.1 有一单层单跨无吊车厂房,全长 40 m,柱距 4 m,每开间有 1.5 m 宽的窗,窗间墙截面尺寸如图 19-26 所示。用 MU10 烧结普通砖和 M5 混合砂浆砌筑。屋架下弦标高为 5.8 m,室内地坪至基础顶面距离为 0.5 m。试确定该房屋的静力计算方案,并验算带壁柱墙的高厚比是否满足要求。

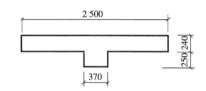

图 19-26 习题 19.1

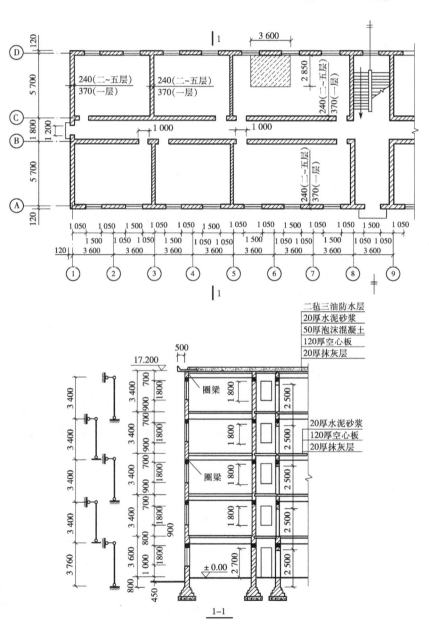

图 19-27 习题 19.2

19.2 某 5 层办公楼,楼(屋)盖采用装配式钢筋混凝土梁板结构,平面图和剖面图如图 19—27 所示。大梁截面尺寸为 200 mm×500 mm,梁端伸入墙内 240 mm,大梁间距 3.6 m,底层墙厚 370 mm,2~5 层墙厚为 240 mm。2 层墙采用 MU10 烧结多孔砖和 M5 混合砂浆砌筑。经计算已知,作用于 2 层外纵墙的荷载为:上层墙体传来的轴向力设计值 $N_{u,2}=407$ kN,本层大梁传来的集中力设计值 $N_{p,2}=69$ kN,本层墙体自重设计值 $N_{G,2}=67$ kN。试验算 2 层外纵墙的承载力(包括确定 $N_{p,2}$ 作用点的位置,并绘制计算简图)。

19.3 条件同习题 19.2,底层墙采用 MU10 烧结多孔砖和 M5 混合砂浆砌筑。经计算已知,作用于底层外纵墙的荷载为:上层墙传来的轴向力设计值 $N_{u,1}=531$ kN,本层大梁传来的集中力设计值 $N_{p,1}=69$ kN,本层墙体自重设计值 $N_{G,1}=100$ kN。试验算底层外纵墙的承载力(包括确定 $N_{p,1}$ 作用点位置,并绘制计算简图)。

20 过梁、墙梁、挑梁及墙体构造措施

20.1 过梁

20.1.1 过梁的种类及构造

在混合结构房屋墙体上开设门窗洞口时,必须在洞口上放置过梁,来承受洞口上部墙体及梁、板的重量。

过梁按所用的材料可分为钢筋混凝土过梁(图20—1a)和砖砌过梁。砖砌过梁又分为砖砌平拱过梁(图20—1b)和钢筋砖过梁(图20—1c)。

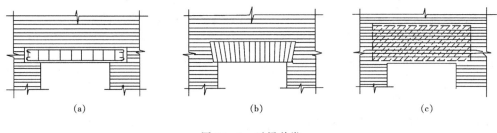

图20—1 过梁种类

1) 砖砌过梁

砖砌过梁对振动荷载和地基不均匀沉降较为敏感,跨度不宜过大。钢筋砖过梁不宜超过1.5 m;砖砌平拱不宜超过1.2 m。

砖砌过梁的构造要求应符合下列规定:

(1) 砖砌过梁截面计算高度内的砂浆不宜低于M5。

(2) 砖砌平拱用竖砖砌筑部分的高度不应小于240 mm。

(3) 钢筋砖过梁底面砂浆层处的钢筋,其直径不应小于5 mm,间距不宜大于120 mm,钢筋伸入支座砌体内的长度不宜小于240 mm,砂浆层的厚度不宜小于30 mm。

2) 钢筋混凝土过梁

对有较大振动荷载,可能产生不均匀沉降的房屋,或砖砌过梁的跨度超过规定时,应采用钢筋混凝土过梁。

20.1.2 过梁上的荷载

作用在过梁上的荷载,根据结构布置的不同,有以下两种情况:一种只有墙体自重;另一种既有墙体自重,还有梁板荷载。试验表明,由于砌体的组合作用,过梁上的荷载不会全部传给过梁,有一部分直接传给支承过梁的墙体。因而过梁上的荷载,可按下列规定采用(图20—2):

1) 梁、板荷载

对砖和砌块砌体,当梁、板下的墙体高度 $h_w < l_n$ 时(l_n 为过梁的净跨),应计入梁、板传来的荷载。当梁、板下的墙体高度 $h_w \geqslant l_n$ 时,可不考虑梁、板荷载(图 20-2a)。

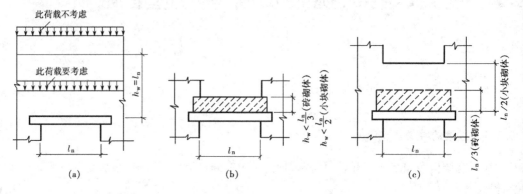

图 20-2 过梁上荷载取值

2) 墙体荷载

(1) 对砖砌体,当过梁上的墙体高度 $h_w < l_n/3$ 时,应按墙体的均布自重采用(图 20-2b)。当墙体高度 $h_w \geqslant l_n/3$ 时,应按高度为 $l_n/3$ 墙体的均布自重采用(图 20-2c)。

(2) 对砌块砌体,当过梁上的墙体高度 $h_w < l_n/2$ 时,应按墙体的均布自重采用。当墙体高度 $h_w \geqslant l_n/2$ 时,应按高度为 $l_n/2$ 墙体的均布自重采用。

20.1.3 过梁的计算

砖砌平拱过梁的受弯和受剪承载力可按公式(18-22)和公式(18-23)并采用沿齿缝截面的弯曲抗拉强度设计值或抗剪强度设计值进行计算。

钢筋砖过梁的受剪承载力可按式(18-23)计算,受弯承载力可按下列公式计算:

$$M \leqslant 0.85 h_0 f_y A_s \tag{20-1}$$

式中 M——按简支梁计算的跨中弯矩设计值;

f_y——受拉钢筋强度设计值;

A_s——受拉钢筋的截面面积;

h_0——过梁截面的有效高度,$h_0 = h - a_s$;

a_s——受拉钢筋重心至过梁截面下边缘的距离;

h——过梁的截面计算高度,取过梁底面以上的墙体高度,但不大于 $l_n/3$;当考虑梁、板传来的荷载时,则按梁、板下的高度采用。

钢筋混凝土过梁应按钢筋混凝土受弯构件计算。验算过梁下砌体局部受压承载力时,可不考虑上层荷载的影响。梁端底面压应力图形完整性系数可取 1.0,梁端有效支承长度可取实际支承长度,但不应大于墙厚。

例题 20-1 已知一砖砌平拱过梁的净跨 $l_n = 1.2$ m,墙厚 370 mm,采用 MU10 烧结多孔砖和 M5 的混合砂浆砌筑。承受均布荷载设计值 $q = 9$ kN/m。试验算该过梁的承载力。

解 (1) 受弯承载力计算,由附表 28 查得砂浆为 M2.5 时的弯曲抗拉强度设计值 $f_{tm} = 0.23$ N/mm²,平拱计算高度 $h = \dfrac{l_n}{3} = \dfrac{1.2}{3} = 0.4$ m $= 400$ mm,由公式(18-22)得

$$M_u = f_{tm}W = 0.23 \times \frac{1}{6} \times 370 \times 400^2 = 2269000 \text{ N·mm} = 2.269 \text{ kN·m}$$

$$M \approx \frac{1}{8}ql_n^2 = \frac{1}{8} \times 9 \times 1.2^2 = 1.62 \text{ kN·m} < M_u = 2.269 \text{ kN·m}$$

受弯承载力满足要求。

(2) 受剪承载力计算

由附表 28 查得砂浆为 M5 时的抗剪强度设计值 $f_v = 0.11 \text{ N/mm}^2$

$$z = \frac{2h}{3} = \frac{2 \times 400}{3} = 267 \text{ mm}$$

由式(18-23)得

$$V_u = f_v bz = 0.11 \times 370 \times 267 = 10900 \text{ N} = 10.9 \text{ kN}$$

$$V = \frac{1}{2}ql_n = \frac{9 \times 1.2}{2} = 5.4 \text{ kN} < V_u = 10.9 \text{ kN}$$

抗剪承载力满足要求。

例 20-2 已知钢筋砖过梁净跨 $l_n = 1.5$ m，采用 MU10 的多孔砖和 M5 的混合砂浆砌筑，在距洞口顶面 0.6 m 高度处作用板传来的荷载标准值为 10 kN/m（其中活荷载标准值为 4 kN/m），墙厚 370 mm。试设计此钢筋砖过梁。

解 (1) 荷载计算

由于 $h_w = 0.6 \text{ m} < l_n = 1.5 \text{ m}$，故必须计入板传来的荷载；又因 370 mm 墙单面抹灰的面荷载为 7.43 kN/m²；于是，过梁上的均布线荷载为

$$q = \left(\frac{1.5}{3} \times 7.43 + 6\right) \times 1.2 + 4 \times 1.4 = 11.6 + 5.6 = 17.26 \text{ kN/m}$$

(2) 受弯承载力计算

因需计算板传来荷载，故取过梁计算高度为板下的高度 600 mm。

$$h_0 = h - a_s = 600 - 15 = 585 \text{ mm}$$

选用 HPB235 级钢，$f_y = 210 \text{ N/mm}^2$

$$M \approx \frac{1}{8}ql_n^2 = \frac{1}{8} \times 17.26 \times 1.5^2 = 4.854 \text{ kN·m}$$

由式(20-1)得

$$A_s = \frac{M}{0.85 f_y h_0} = \frac{4.854 \times 10^6}{0.85 \times 210 \times 585} = 46.48 \text{ mm}^2$$

选 4φ6，$A_s = 113 \text{ mm}^2$。

(3) 受剪承载力验算

查附表 28 得 $f_v = 0.11 \text{ N/mm}^2$

$$z = \frac{2h}{3} = \frac{2 \times 600}{3} = 400 \text{ mm}$$

$$V_u = f_v bz = 0.11 \times 370 \times 400 = 16.3 \text{ kN}$$

支座处荷载产生的剪力为

$$V = \frac{1}{2}ql_n = \frac{1}{2} \times 17.26 \times 1.5 = 12.95 \text{ kN} < V_u = 16.3 \text{ kN} \qquad \text{（满足要求）}$$

20.2 墙梁

20.2.1 墙梁的种类和一般规定

在多层混合结构房屋中,因建筑功能的要求,临街建筑常采用底层为大房间(如商店、餐厅等),上层为小房间(如住宅、客房等)的房屋。这时上层的横墙就不能直接砌筑在基础上,而需在底层设置钢筋混凝土梁(托梁)来承担上部的墙体及传至墙体上的楼盖和屋盖的荷载。托梁上面的砌体作为结构的一部分与托梁共同工作。这种由支承墙体的钢筋混凝土托梁及其以上计算高度范围内的墙体所组成的组合构件称为墙梁。墙梁广泛应用于工业与民用建筑之中,影剧院舞台的台口大梁,工业厂房围护结构的基础梁、连系梁等均属于墙梁结构(图20-3)。

墙梁分为承重墙梁和自承重墙梁,承受托梁及其上部墙体和楼、屋盖重量的墙梁称为承重墙梁;只承受托梁及其上部墙体重量的墙梁称为自承重墙梁。

托梁通常为简支梁(图20-3a),也可和钢筋混凝土柱一起形成框架(图20-3b),也可做成连续梁(图20-3c)。

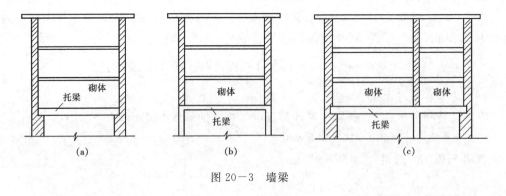

图20-3 墙梁

采用烧结普通砖砌体、混凝土普通砖砌体、混凝土多孔砖砌体和混凝土砌块砌体的墙梁设计应符合下列的规定。

1) 墙梁设计应符合表20-1的规定。

表20-1　　　　　　　　墙梁的一般规定

墙梁类别	墙体总高度/m	跨度/m	墙体高跨比 h_w/l_{0i}	托梁高跨比 h_b/l_{0i}	洞宽比 h_h/l_{0i}	洞高 h_h
承重墙梁	≤18	≤9	≥0.4	≥1/10	≤0.3	≤$5h_w/6$ 且 h_w-h_h≥0.4 m
自承重墙梁	≤18	≤12	≥1/3	≥1/15	≤0.8	—

注:墙体总高度指托梁顶面到檐口的高度,带阁楼的坡屋面应算到山尖墙1/2高度处。

2) 墙梁计算高度范围内每跨允许设置一个洞口,洞口高度,对窗洞取洞顶至托梁顶面距离。对自承重墙梁,洞口至边支座中心的距离不应小于$0.1l_{0i}$,门窗洞上口至墙顶的距离不应小于0.5 m。

3) 洞口边缘至支座中心的距离,距边支座不应小于墙梁计算跨度的 0.15 倍,距中支座不应小于墙梁计算跨度的 0.07 倍。托梁支座处上部墙体设置混凝土构造柱、且构造柱边缘至洞口边缘的距离不小于 240 mm 时,洞口边至支座中心距离的限值可不受本规定限制。

4) 托梁高跨比,对无洞口墙梁不宜大于 1/7,对靠近支座有洞口的墙梁不宜大于 1/6。配筋砌块砌体墙梁的托梁高跨比可适当放宽,但不宜小于 1/14;当墙梁结构中的墙体均为配筋砌块砌体时,墙体总高度可不受本规定限制。

20.2.2 墙梁受力特点及破坏形态

大量试验资料及理论分析表明,墙梁的受力与钢筋混凝土深梁相类似,在顶部荷载作用下,无洞口墙梁及跨中开洞墙梁近似于拉杆拱受力机构,托梁处于小偏心受拉状态(图 20-4a);偏开洞墙梁(图 20-4b)由于洞口切入拱肋内,相当一部分荷载将通过洞口内侧墙体作用在托梁上,托梁内的拉力减小,弯矩增大。偏开洞墙梁为梁-拱组合受力机构,托梁不仅承受墙梁整体抗弯时产生的拉力,而且承受由于偏开洞而产生的局部弯矩。在洞口靠近跨中的边缘,托梁处于大偏心受拉状态。

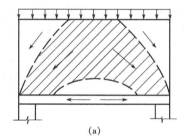
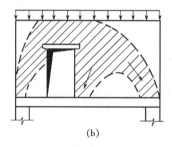

图 20-4 墙梁的受力特点

影响墙梁破坏形态的因素比较复杂,有墙体计算高跨比 h_w/l_0,托梁高跨比 h_b/l_0、砌体和混凝土强度、托梁配筋率 ρ、加荷方式、集中力剪跨比 a_F/l_0(a_F 为集中荷载至支座的水平距离,l_0 为墙梁的计算跨度)、墙体开洞情况以及有无纵向翼缘等。由于影响因素的不同,墙梁在顶部荷载作用下的破坏形态也不同。

对于无洞口及跨中开洞墙梁,其破坏形态主要有如下三种。

(1) 弯曲破坏

发生在托梁的配筋较弱而砌体强度相对较强,同时墙梁的计算高跨比 h_w/l_0 较小时,它是由于跨中或洞口边缘处托梁纵筋达到屈服而产生的正截面受弯破坏(图 20-5a)。

(2) 剪切破坏

当托梁配筋较强,砌体强度相对较弱,而且 $h_w/l_0 < 0.75$ 时,容易在支座上部的砌体中出现因主拉或主压应力过大而引起的斜截面受剪破坏,由于影响因素的变化,受剪破坏又有两种形式。

① 斜拉破坏 当 $h_w/l_0 < 1/3$,砌体的砂浆强度等级又较低,或墙梁所受集中荷载的剪跨比 a_F/l_0 较大时,砌体将因主拉应力过大而发生斜拉破坏(图 20-5b、c)。

② 斜压破坏 当 $h_w/l_0 \geqslant 0.5$,或墙梁所受集中荷载的剪跨比 a_F/l_0 较小时,砌体将因主压应力过大而引起拱肋斜向压坏(图 20-5d)。

(3) 局压破坏

当 $h_w/l_0 > 0.75$，托梁配筋较强，砌体强度相对较弱时，支座上方砌体由于正应力集中，一旦超过砌体的局部抗压强度时，将发生支座上砌体被压碎的局部受压破坏（图 20-5e）。

对于偏开洞墙梁，其破坏形态也有弯曲破坏、剪切破坏和局压破坏三种，但破坏特点与无洞口墙梁有所不同。

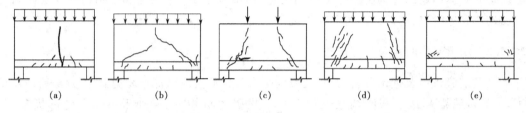

图 20-5 墙梁的破坏形态

20.2.3 墙梁计算要点

《砌体规范》提出的墙梁的设计计算方法只能在符合表 20-1 所规定的范围内使用。其中对墙体计算高跨比 h_w/l_0 的限制是考虑当高跨比过小时，墙梁的组合作用将会有明显的减弱。当 h_w/l_0 不符合要求时，托梁应根据上面传来的全部荷载按受弯构件进行设计。对墙梁上开洞面积和位置的限制也是出于同一个道理。

为了保证墙梁安全可靠地工作，墙梁应分别进行使用阶段正截面受弯承载力、斜截面受剪承载力和托梁支座上部砌体局部受压承载力计算，以及施工阶段托梁的承载力验算。

1) 计算简图

墙梁的计算简图应按图 20-6 采用。各计算参数应按下列规定取用：

(1) 墙梁计算跨度 $l_0(l_{0i})$，对简支墙梁和连续墙梁取 $1.1l_n(1.1l_{ni})$ 或 $l_c(l_{ci})$ 两者的较小值；$l_n(l_{ni})$ 为净跨，$l_c(l_{ci})$ 为支座中心线距离。对框支墙梁，取框架柱中心线间的距离 $l_c(l_{ci})$。

(2) 墙体计算高度 h_w，取托梁顶面上一层墙体（包括顶梁）高度，当 $h_w > l_0$ 时，取 $h_w = l_0$。

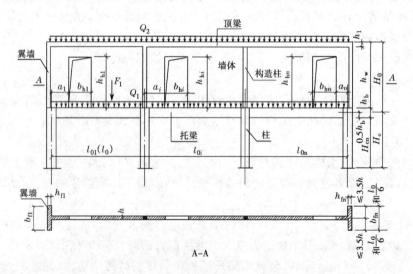

图 20-6 墙梁的计算简图

（对连续墙梁和多跨框支墙梁，l_0 取各跨的平均值）。

(3) 墙梁跨中截面计算高度 H_0，取 $H_0 = h_w + 0.5h_b$。

(4) 翼墙计算宽度 b_f，取窗间墙宽度或横墙间距的 2/3，且每边不大于 $3.5h$（h 为墙体厚度）和 $l_0/6$（l_0 为墙梁计算跨度）。

(5) 框架柱计算高度 H_c，取 $H_c = H_{cn} + 0.5h_b$；H_{cn} 为框架柱的净高，取基础顶面至托梁底面的距离。

2）荷载计算

(1) 使用阶段墙梁上的荷载

① 承重墙梁

A. 托梁顶面的荷载设计值 Q_1、F_1：取托梁自重及本层楼盖的恒荷载和活荷载。

B. 墙梁顶面的荷载设计值 Q_2：取托梁以上各层墙体自重，以及墙梁顶面以上各层楼（屋）盖的恒荷载和活荷载；集中荷载可沿作用的跨度近似化为均布荷载。

② 自承重墙梁

墙梁顶面的荷载设计值 Q_2：即托梁自重及托梁以上墙体自重。

(2) 施工阶段托梁上的荷载

① 托梁自重及本层楼盖的恒荷载。

② 本层楼盖的施工荷载。

③ 墙体自重，可取高度为 $l_{0\max}/3$ 的墙体自重，开洞时尚应按洞顶以下实际分布的墙体自重复核；$l_{0\max}$ 为各计算跨度的最大值。

3）墙梁承载力计算

墙梁应分别进行托梁使用阶段正截面承载力和斜截面受剪承载力计算、墙体受剪承载力和托梁支座上部砌体局部受压承载力计算，以及施工阶段托梁承载力验算。自承重墙梁可不验算墙体受剪承载力和砌体局部受压承载力。

(1) 正截面承载力计算

试验表明，墙梁的正截面破坏通常是由于托梁的纵向受拉钢筋达到屈服而引起的，在所有受弯破坏试件中，均未发现墙体上部砌体受压破坏，故不需验算砌体的抗压强度。

托梁的受力分析按组合工作考虑，对于直接作用于托梁顶面的楼盖荷载，从偏于安全的角度出发，认为由托梁单独承受而不考虑上部墙体的组合使用，托梁的配筋按偏心受拉构件计算。

墙梁的托梁正截面承载力应按下列规定计算（图 20-6）：

① 托梁跨中截面应按钢筋混凝土偏心受拉构件计算，第 i 跨跨中最大弯矩设计值 M_{bi} 及轴心拉力设计值 N_{bti} 可按下列公式计算：

$$M_{bi} = M_{1i} + \alpha_M M_{2i} \tag{20-2}$$

$$N_{bti} = \eta_N \frac{M_{2i}}{H_0} \tag{20-3}$$

对简支墙梁

$$\alpha_M = \psi_M \left(1.7 \frac{h_b}{l_0} - 0.03\right) \tag{20-4}$$

$$\psi_M = 4.5 - 10 \frac{a}{l_0} \tag{20-5}$$

$$\eta_N = 0.44 + 2.1 \frac{h_w}{l_0} \tag{20-6}$$

对连续墙梁和框支墙梁

$$\alpha_M = \psi_N \left(2.7 \frac{h_b}{l_{0i}} - 0.08\right) \tag{20-7}$$

$$\psi_M = 3.8 - 8 \frac{a_i}{l_{0i}} \tag{20-8}$$

$$\eta_N = 0.8 + 2.6 \frac{h_w}{l_{0i}} \tag{20-9}$$

式中 M_{1i}——荷载设计值 Q_1、F_1 作用下的简支梁跨中弯矩或按连续梁或框架分析的托梁各跨跨中最大弯矩；

M_{2i}——荷载设计值 Q_2 作用下的简支梁跨中弯矩或按连续梁、框架分析的托梁第 i 跨跨中最大弯矩；

α_M——考虑墙梁组合作用的托梁跨中弯矩系数,可按公式(20-4)或(20-7)计算,但对自承重简支墙梁应乘以折减系数 0.8,当公式(20-4)中的 $h_b/l_0 > 1/6$ 时,取 $h_b/l_0 = 1/6$；当公式(20-7)中的 $h_b/l_{0i} > 1/7$ 时,取 $h_b/l_{0i} = 1/7$；当 $\alpha_M > 1.0$ 时,取 $\alpha_M = 1.0$；

η_N——考虑墙梁组合作用的托梁跨中轴力系数,可按公式(20-6)或(20-9)计算,但对自承重简支墙梁应乘以折减系数 0.8,式中,当 $h_w/l_{0i} > 1$ 时,取 $h_w/l_{0i} = 1$；

ψ_M——洞口对托梁弯矩的影响系数,对无洞口墙梁取 1.0；对有洞口墙梁可按公式(20-5)或(20-8)计算；

a_i——洞口边至墙梁最近支座的距离,当 $a_i > 0.35 l_{0i}$ 时,取 $a_i = 0.35 l_{0i}$。

② 托梁支座截面应按钢筋混凝土受弯构件计算,第 i 支座的弯矩 M_{bj} 可按下列公式计算：

$$M_{bj} = M_{1j} + \alpha_M M_{2j} \tag{20-10}$$

$$\alpha_M = 0.75 - \frac{a_i}{l_{0i}} \tag{20-11}$$

式中 M_{1j}——荷载设计值 Q_1、F_1 作用下按连续梁或框架分析的托梁第 i 支座截面的弯矩；

M_{2j}——荷载设计值 Q_2 作用下按连续梁或框架分析的托梁第 j 支座截面的弯矩设计值；

α_M——考虑墙梁组合作用的托梁支座弯矩系数,无洞口墙梁取 0.4,有洞口墙梁可按公式(20-11)计算。

(2) 斜截面受剪承载力计算

由墙梁的斜截面抗剪试验表明,墙梁剪切破坏时,一般情况下墙体要先于托梁进入极限状态。因此应对托梁和墙体分别进行抗剪承载力计算。

墙体及托梁的斜截面受剪承载力,应分别按下列规定进行计算。

① 托梁斜截面受剪承载力计算

墙梁的托梁斜截面受剪承载力应按钢筋混凝土受弯构件计算,第 j 支座边缘截面的剪力设计值 V_{bj} 可按下式计算：

$$V_{bj} = V_{1j} + \beta_v V_{2j} \qquad (20-12)$$

式中 V_{1j}——荷载设计值 Q_1、F_1 作用下按简支梁、连续梁或框架分析的托梁第 j 支座边缘截面剪力设计值;

V_{2j}——荷载设计值 Q_2 作用下按简支梁、连续梁或框架分析的托梁第 j 支座边缘截面剪力设计值;

β_v——考虑墙梁组合作用的托梁剪力系数,无洞口墙梁边支座截面取 0.6,中支座截面取 0.7;有洞口墙梁边支座截面取 0.7,中支座截面取 0.8;对自承重墙梁,无洞口时取 0.45,有洞口时取 0.5。

② 墙体受剪承载力计算

墙梁的墙体受剪承载力应按下列公式计算:

$$V_2 \leqslant \xi_1 \xi_2 \left(0.2 + \frac{h_b}{l_{0i}} + \frac{h_t}{l_{0i}}\right) f h h_w \qquad (20-13)$$

式中 V_2——在荷载设计值 Q_2 作用下墙梁支座边剪力的最大值;

ξ_1——翼墙影响系数,对单层墙梁取 1.0,对多层墙梁,当 $b_f/h=3$ 时,取 1.3;当 $b_f/h=7$ 或设置构造柱时,取 1.5;当 $3<b_f/h<7$ 时,按线性插入取值;

ξ_2——洞口影响系数,无洞口墙梁取 1.0,多层有洞口墙梁取 0.9,单层有洞口墙梁取 0.6;

h_t——墙梁顶面圈梁截面高度。

(3) 砌体局部受压承载力计算

根据局部受压破坏试验可知,纵墙翼缘可使支座上部墙体的应力集度降低,从而明显地提高了墙体的局部受压承载力。

托梁支座上部砌体局部受压承载力,应按下列公式验算:

$$Q_2 \leqslant \zeta f h \qquad (20-14)$$

$$\zeta = 0.25 + 0.08 b_f/h \qquad (20-15)$$

式中 ζ——局部受压系数,当 $\zeta>0.81$ 时,取 $\zeta=0.81$。

有适当宽度翼墙的试件一般不发生墙体局压破坏。当 $b_f/h \geqslant 5$ 或墙梁的墙体中设置上、下贯通的落地构造柱,且其截面不小于 240 mm×240 mm 时,可不验算托梁支座上部砌体局部受压承载力。

(4) 施工阶段托梁承载力计算

托梁应按钢筋混凝土受弯构件进行施工阶段的受弯、受剪承载力验算,作用在托梁上的荷载按前面有关规定取用。

20.2.4 墙梁的构造要求

墙梁是组合构件,为了使托梁与墙体保持良好的组合工作状态,除了进行必要的承载力计算外,还要从构造上予以保证。

墙梁应符合下列构造要求:

1) 材料

(1) 托梁和框支柱的混凝土强度等级不应低于 C30。

(2) 纵向钢筋宜采用 HRB335、HRB400 或 RRB400 级钢筋。

(3) 承重墙梁的块体强度等级不应低于 MU10,计算高度范围内墙体的砂浆强度等级不应低于 M10(Mb10)。

2) 墙体

(1) 框支墙梁的上部砌体房屋,以及设有承重的简支墙梁或连续墙梁的房屋,应满足刚性方案房屋的要求。

(2) 墙梁计算高度范围内的墙体厚度,对砖砌体不应小于 240 mm,对混凝土砌块砌体不应小于 190 mm。

(3) 墙梁洞口上方应设置混凝土过梁,其支承长度不应小于 240 mm;洞口范围内不应施加集中荷载。

(4) 承重墙梁的支座处应设置落地翼墙,翼墙厚度,对砖砌体不应小于 240 mm,对混凝土砌块砌体不应小于 190 mm,翼墙宽度不应小于墙梁墙体厚度的 3 倍,并与墙梁墙体同时砌筑。当不能设置翼墙时,应设置落地且上、下贯通的混凝土构造柱。

(5) 当墙梁墙体在靠近支座 $\frac{1}{3}$ 跨度范围内开洞时,支座处应设置落地且上、下贯通的混凝土构造柱,并应与每层圈梁连接。

(6) 墙梁计算高度范围内的墙体,每天可砌高度不应超过 1.5 m,否则,应加设临时支撑。

3) 托梁

(1) 托梁两侧各两个开间的楼盖应采用现浇混凝土楼盖,楼板厚度不宜小于 120 mm,当楼板厚度大于 150 mm 时,宜采用双层双向钢筋网,楼板上应少开洞,洞口尺寸大于 800 mm 时应设洞口边梁。

(2) 托梁每跨底部的纵向受力钢筋应通长设置,不应在跨中弯起或截断。钢筋连接应采用机械连接或焊接。

(3) 托梁跨中截面纵向受力钢筋总配筋率不应小于 0.6%。

(4) 托梁上部通长布置的纵向钢筋面积与跨中下部纵向钢筋面积之比值不应小于 0.4;连续墙梁或多跨框支墙梁的托梁支座上部附加纵向钢筋从支座边算起每边延伸长度不小于 $l_0/4$。

(5) 承重墙梁的托梁在砌体墙、柱上的支承长度不应小于 350 mm。纵向受力钢筋伸入支座的长度应符合受拉钢筋的锚固要求。

(6) 当托梁高度 $h_b \geqslant 500$ mm 时,应沿梁截面高度设置通长水平腰筋,其直径不应小于 12 mm,间距不应大于 200 mm。

(7) 对于洞口偏置的墙梁,其托梁的箍筋加密区范围应延到洞口外,距洞边的距离大于等于托梁截面高度 h_b,箍筋直径不宜小于 8 mm,间距不应大于 100 mm(图 20-7)。

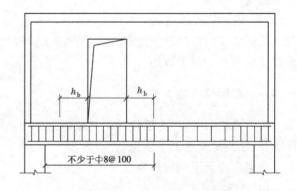

图 20-7 偏开洞时托梁箍筋加密区

20.3 挑梁

混合结构房屋中的阳台、雨篷和外走廊等部分常利用埋入墙内一定长度的钢筋混凝土悬臂梁来承受其荷载。这种一端嵌入墙内,一端挑出的梁称为挑梁或悬挑构件。

20.3.1 挑梁受力特点及破坏形态

挑梁的悬挑部分是钢筋混凝土受弯构件,埋入墙体的部分可看作是以砌体为基础的弹性地基梁,它不但受上部砌体的压应力作用,还受到由于悬挑部分的荷载作用,在支座处所产生的弯矩和剪力的作用。挑梁变形的大小与墙体的刚度以及挑梁埋入端的刚度有关。在悬挑部分荷载作用下,埋入段前段(靠悬挑部分)下的砌体产生压缩变形,变形大小随悬挑部分荷载的增加而加大。当砌体压缩变形增大到一定程度时,在挑梁埋入段前部和尾部的上下表面将先后产生水平裂缝,与砌体脱开(图 20—8),若挑梁本身的强度足够,从砌体结构的角度来看,挑梁埋入段周围砌体可能发生以下两种破坏形态。

1)倾覆破坏

当挑梁埋入段长度 l_1 较小而砌体强度足够时,在挑梁埋入端尾部,由于砌体内主拉应力较大,超过了砌体沿齿缝截面的抗拉强度,而出现沿梁端尾部与梁轴线大致成 45°角斜向发展的阶梯形裂缝(图 20—8),随着裂缝的加宽与发展,斜裂缝以内的墙体及其他抗倾覆荷载不再能够有效地抵抗挑梁的倾覆,产生倾覆破坏。

2)挑梁下砌体的局部受压破坏

当挑梁埋入端较长而砌体强度较低时,可能发生挑梁埋入端前段下部砌体被局部压碎的破坏,即局压破坏。

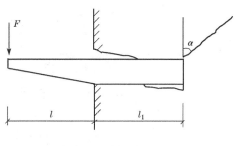

图 20—8 挑梁倾覆破坏

20.3.2 挑梁的计算与构造

1)挑梁的抗倾覆验算

挑梁上砌体的整体作用对抗倾覆能力影响较大。试验证明,斜裂缝以上的砌体重量能共同抵抗倾覆荷载,挑梁在倾覆时其倾覆点不在墙边,而是距墙边距离为 x_0 的 O 点。计算简图如图20—9所示。

砌体墙中钢筋混凝土挑梁的抗倾覆可按下式进行验算:

$$M_{ov} \leqslant M_r \quad (20-16)$$

式中 M_{ov}——挑梁的荷载设计值对计算倾覆点产生的倾覆力矩;

M_r——挑梁的抗倾覆力矩设计值。

挑梁计算倾覆点至墙外边缘的距离可按下列规定采用:

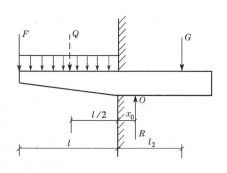

图 20—9 挑梁抗倾覆验算计算简图

(1) 当 $l_1 \geqslant 2.2h_b$ 时

$$x_0 = 0.3h_b \tag{20-17}$$

且不大于 $0.13l_1$。

(2) 当 $l_1 < 2.2h_b$ 时

$$x_0 = 0.13l_1 \tag{20-18}$$

式中 l_1——挑梁埋入砌体墙中的长度(mm)；

x_0——计算倾覆点至墙外边缘的距离(mm)；

h_b——挑梁的截面高度(mm)。

当挑梁下有混凝土构造柱或垫梁时，计算倾覆点至墙外边缘的距离可取 $0.5x_0$。

挑梁的抗倾覆力矩设计值可按下列公式计算：

$$M_r = 0.8G_r(l_2 - x_0) \tag{20-19}$$

式中 G_r——挑梁的抗倾覆荷载，为挑梁尾端上部45°扩角范围(其水平长度为 l_3)内本层的砌体与楼面恒荷载标准值之和(图20-10)；当上部楼层无挑梁时，抗倾覆荷载中可计及上部楼层的楼面永久荷载。

l_2——G_r 作用点至墙外边缘的距离。

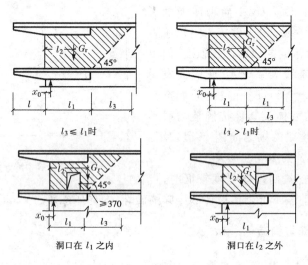

图 20-10 挑梁的抗倾覆荷载

雨篷等悬挑构件的抗倾覆荷载 G_r 可按图 20-11 采用，图中 G_r 距墙外边缘的距离 $l_2 = l_1/2$，$l_3 = l_n/2$。

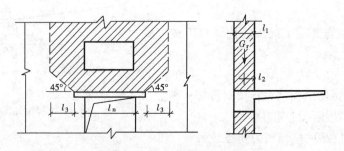

图 20-11 雨篷的抗倾覆荷载

2) 挑梁下砌体局部受压承载力验算

挑梁下砌体的局部受压承载力,可按下式进行验算(图 20-12):

$$N_l \leqslant \eta\gamma f A_l \tag{20-20}$$

式中　N_l——挑梁下的支承压力,可取 $N_l = 2R$,R 为挑梁的倾覆荷载设计值;

　　　η——梁端底面压应力图形的完整系数,可取 0.7;

　　　γ——砌体局部抗压强度提高系数,对挑梁支承在一字墙上(图 20-12a),可取 1.25;对挑梁支承在丁字墙上(图 20-12b),可取 1.5;

　　　A_l——挑梁下砌体局部受压面积,可取 $A_l = 1.2 b h_b$,b 为挑梁的截面宽度,h_b 为挑梁的截面高度。

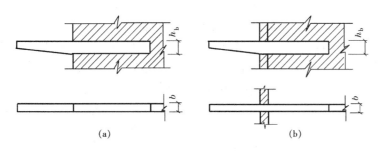

图 20-12　挑梁下砌体局部受压

挑梁的最大弯矩设计值 $M_{\max}$ 与最大剪力设计值 $V_{\max}$,可按下式计算:

$$M_{\max} = M_0 \tag{20-21}$$
$$V_{\max} = V_0 \tag{20-22}$$

式中　M_0——挑梁的荷载设计值对计算倾覆点截面产生的弯矩;

　　　V_0——挑梁的荷载设计值在挑梁墙外边缘处截面产生的剪力。

3) 构造要求

挑梁设计除应符合国家现行《混凝土结构设计规范》(详见第一篇有关内容)外,尚应满足下列要求。

(1) 纵向受力钢筋至少应有 1/2 的钢筋面积伸入梁尾端,且不少于 2Φ12。其余钢筋伸入支座的长度不应小于 $2l_1/3$。

(2) 挑梁埋入砌体长度 l_1 与挑出长度 l 之比宜大于 1.2;当挑梁上无砌体时,l_1 与 l 之比宜大于 2。

20.4　墙体构造措施

混合结构房屋的墙体除承受由各种荷载引起的内力外,还会受到因地基不均匀沉降、温度变化和干缩等复杂因素引起的附加应力。当附加应力超过砌体的抗拉强度时,墙体将产生裂缝。裂缝的出现不仅影响房屋的美观和使用,严重时还会影响到结构的安全。所以对混合结构房屋的墙体,除了进行承载力和稳定性验算外,还必须采取一系列构造措施,以保证房屋的安全和使用。

20.4.1　变形缝和防止墙体开裂的措施

为了减小或消除由于地基不均匀沉降造成的墙体开裂,应在必要的部位设置沉降缝,将房屋从屋盖到基础全部断开,分成若干长高比较小,整体刚性好的单元,使各单元产生独立沉降。

在建筑物墙体内设置钢筋混凝土圈梁或钢筋砖圈梁也是减小因地基不均匀沉降而产生裂缝的一项重要措施,圈梁的构造和设置将在后面讨论。同时还可以采取合理布置纵横墙,以增加房屋的刚度,以及进行正确的基础设计,增强基础的刚度和承载力等措施来减小地基不均匀沉降的影响。

此外,对于混合结构房屋,由于钢筋混凝土材料和砌体的温度线膨胀系数及收缩率不同,在屋盖和楼盖等处也必然会导致温差或干缩变形引起的墙体裂缝。

对于钢筋混凝土屋盖的温度变化和砌体干缩变形引起墙体的裂缝(如顶层墙体的八字缝、水平缝等),可根据具体情况采取适当措施。例如,在屋盖上设置保温层或隔热层;采用装配式有檩体系钢筋混凝土屋盖和瓦材屋盖;对于非烧结硅酸盐砖和砌块房屋,应严格控制块体出厂到砌筑的时间,并应避免现场堆放时块体遭受雨淋。当有实践经验时,也可采取其他措施,如在钢筋混凝土屋面板与墙体的连接面处设置滑动层等。

为了防止房屋在正常使用条件下,由温差和墙体干缩引起的墙体竖向裂缝,应在墙体中设置伸缩缝。伸缩缝应设在因温度和收缩变形可能引起应力集中、砌体产生裂缝可能性最大的地方。温度伸缩缝的间距可按附表35采用。

20.4.2 圈梁的设置和构造要求

1) 圈梁的设置

为了增强房屋的整体刚度,防止由于地基的不均匀沉降或较大振动荷载等对房屋引起的不利影响,可沿房屋的外墙、内纵墙和部分横墙设置现浇钢筋混凝土圈梁。

圈梁可按下列规定设置:

(1) 厂房、仓库、食堂等空旷的单层房屋应按下列规定设置圈梁:对砖砌体房屋,檐口标高为5~8 m时,应在檐口标高处设置圈梁一道,檐口标高大于8 m时,应增加设置数量;对砌块及料石砌体房屋,檐口标高为4~5 m时,应在檐口标高处设置圈梁一道,檐口标高大于5 m时,应增加设置数量;对有吊车或较大振动设备的单层工业房屋,除在檐口或窗顶标高处设置现浇钢筋混凝土圈梁外,尚应增加设置数量。

(2) 住宅、办公楼等多层砖砌体民用房屋,且层数为3层、4层时,应在底层和檐口标高处各设置圈梁一道,当层数超过4层时,除应在底层和檐口标高处各设置一道圈梁外,至少应在所有纵横墙上隔层设置。

多层砌体工业房屋,应每层设置现浇钢筋混凝土圈梁。

设置墙梁的多层砌体结构房屋应在托梁、墙梁顶面和檐口标高处设置钢筋混凝土圈梁。

(3) 建筑在软弱地基或不均匀地基上的砌体结构房屋,除按上述规定设置圈梁外,尚应符合国家现行《建筑地基基础设计规范》GB 50007的有关规定。

2) 圈梁的构造

圈梁的受力情况复杂,目前尚无完整的计算方法,一般按构造要求设计。

圈梁应符合下列构造要求。

(1) 圈梁宜连续地设在同一水平面上,并形成封闭状;当圈梁被门窗洞口截断时,应在洞口上部增设相同截面的附加圈梁。附加圈梁与圈梁的搭接长度不应小于其中到中垂直间距的2倍,且不得小于1 m(图20-13)。

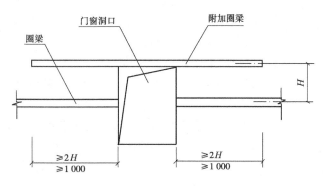

图 20—13 圈梁的搭接

(2) 纵横墙交接处的圈梁应可靠连接。刚弹性和弹性方案房屋,圈梁应与屋架、大梁等构件可靠连接。

(3) 钢筋混凝土圈梁的宽度宜与墙厚相同,当墙厚 $h \geqslant 240$ mm 时,其宽度不宜小于 $2h/3$。圈梁高度不应小于 120 mm,纵向钢筋不应少于 4 根,直径不小于 10 mm,绑扎接头的搭接长度按受拉钢筋考虑,箍筋间距不宜大于 300 mm。

(4) 圈梁兼作过梁时,过梁部分的钢筋应按计算用量另行增配。

20.4.3 墙、柱的一般构造要求

混合结构房屋的墙、柱还应满足下列构造要求:

(1) 承重的独立砖柱的截面尺寸不应小于 240 mm×370 mm。毛石墙的厚度不宜小于 350 mm,毛料石柱截面的较小边长不宜小于 400 mm。

当有振动荷载时,墙、柱不宜采用毛石砌体。

(2) 跨度大于 6 m 的屋架和跨度大于下列数值的梁,应在支承处的砌体上设置混凝土或钢筋混凝土垫块,当墙中设有圈梁时,垫块与圈梁宜浇成整体:对砖砌体为 4.8 m;对砌块和料石砌体为 4.2 m;对毛石砌体为 3.9 m。

(3) 当梁跨度大于或等于下列数值时,其支承处宜加设壁柱,或采取其他加强措施:对 240 mm 厚的砖墙为 6 m;对 180 mm 厚的砖墙为 4.8 m;对砌块和料石墙为 4.8 m。

(4) 预制钢筋混凝土板在混凝土圈梁上的支承长度不应小于 80 mm,板端伸出的钢筋应与圈梁可靠连接,且同时浇筑;预制钢筋混凝土板在墙上的支承长度不应小于 100 mm,并应按下列方法进行连接:

① 板支承于内墙时,板端钢筋伸出长度不应小于 70 mm,且与支座处沿墙配置的纵筋绑扎,用强度等级不低于 C25 的混凝土浇筑成板带;

② 板支承于外墙时,板端钢筋伸出长度不应小于 100 mm,且与支座处沿墙配置的纵筋绑扎,并用强度等级不低于 C25 的混凝土浇筑成板带;

③ 预制钢筋混凝土板与现浇板对接时,预制板端钢筋应伸入现浇板中进行连接后,再浇筑现浇板。

(5) 墙体转角处和纵横墙交接处应沿竖向每隔 400~500 mm 设拉结钢筋,其数量为每 120 mm 墙厚不小于 1 根直径 6 mm 的钢筋;或采用焊接钢筋网片,埋入长度从墙的转角或交接处算起,对实心砖墙每边不小于 500 mm,对多孔砖墙和砌块墙不小于 700 mm。

(6) 支承在墙、柱上的吊车梁、屋架及跨度大于或等于下列数值的预制梁的端部,应采用锚固件与墙、柱上的垫块锚固:对砖砌体为9 m;对砌块和料石砌体为7.2 m。

(7) 填充墙、隔墙应分别采取措施与周边构件可靠连接。

(8) 砌块砌体应分皮错缝搭砌,上下皮搭砌长度不得小于90 mm。当搭砌长度不满足上述要求时,应在水平灰缝内设置不少于2根直径不小于4 mm的钢筋网片(横向钢筋的间距不宜大于200 mm,网片每端均应伸出该垂直缝不小于300 mm)。

(9) 砌块墙与后砌隔墙交接处,应沿墙高每400 mm在水平灰缝内设置不少于2根直径不小于4 mm、横筋间距不应大于200 mm的焊接钢筋网片(图20-14)。

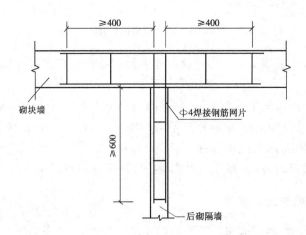

图20-14 砌块墙与后砌隔墙交接处钢筋网片

(10) 混凝土砌块房屋,宜将纵横墙交接处、距墙中心线每边不小于300 mm范围内的孔洞,采用不低于Cb20灌孔混凝土灌实,灌实高度应为墙身全高。

(11) 混凝土砌块墙体的下列部位,如未设圈梁或混凝土垫块,应采用不低于Cb20灌孔混凝土将孔洞灌实:

① 搁栅、檩条和钢筋混凝土楼板的支承面下,高度不应小于200 mm的砌体。

② 屋架、梁等构件的支承面下,长度不应小于600 mm,高度不应小于600 mm的砌体。

③ 挑梁支承面下,距墙中心线每边不应小于300 mm,高度不应小于600 mm的砌体。

(12) 在砌体中留槽洞及埋设管道时,应遵守下列规定:

① 不应在截面长边小于500 mm的承重墙、独立柱内埋设管线。

② 不宜在墙体中穿行暗线或预留、开凿沟槽,无法避免时,应采取必要措施或按削弱后的截面验算墙体的承载力。对受力较小或未灌孔的砖块砌体,允许在墙体竖向孔洞中设置管线。

复 习 题

20.1 过梁有哪些种类?其受力特点如何?承载力如何验算?

20.2 何谓墙梁?哪些情况下采用墙梁?

20.3 墙梁的受力特点和破坏形态如何?设计时应计算哪些内容?

20.4 悬挑构件的受力特点和破坏特征如何?设计时应计算或验算哪些内容?

20.5 挑梁抗倾覆应如何验算？其抗倾覆荷载应如何考虑？

习　题

20.1 钢筋砖过梁净跨度 $l_n=1.5$ m，采用 MU10 蒸压粉煤灰普通砖和 M5 混合砂浆。在离窗口 600 mm（约为 9 皮砖加 30 mm 砂浆层）高度处作用着梁板传来的恒荷载设计值 $g=6$ kN/m 和活荷载设计值 $q=4$ kN/m。试设计该过梁。

20.2 承托阳台的钢筋混凝土挑梁埋置于 T 形截面墙段中，如图 20-15 所示。挑出长度 $l_c=1.5$ m，埋入长度 $l_1=1.65$ m。挑梁截面 $b\times h_b=240$ mm×300 mm，挑梁上墙体净高 2.8 m，墙厚 240 mm，采用 MU10 烧结多孔砖和 M2.5 混合砂浆砌筑。墙体及楼屋盖传给挑梁的荷载标准值为：集中恒荷载 $G_k=4.5$ kN，均布恒荷载 $g_{k1}=4.8$ kN/m，$g_{k2}=9.7$ kN/m，$g_{k3}=15.2$ kN/m，均布活荷载 $q_{k1}=4.1$ kN/m，$q_{k2}=5.0$ N/m，$q_{k3}=1.7$ kN/m。挑梁自重 $g_{k4}=1.3$ kN/m，埋入部分自重 $g_{k5}=2.2$ kN/m。试验算挑梁抗倾覆和挑梁下砌体局部受压承载力是否满足要求。

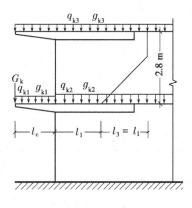

图 20-15　习题 20.1

附 录

附表1　　　　　　　　　　　混凝土强度标准值　　　　　　　　　　单位：N/mm²

强度种类	混凝土强度等级													
	C15	C20	C25	C30	C35	C40	C45	C50	C55	C60	C65	C70	C75	C80
轴心抗压 f_{ck}	10.0	13.4	16.7	20.1	23.4	26.8	29.6	32.4	35.5	38.5	41.5	44.5	47.4	50.2
轴心抗拉 f_{tk}	1.27	1.54	1.78	2.01	2.20	2.39	2.51	2.64	2.74	2.85	2.93	2.99	3.05	3.11

附表2　　　　　　　　　　　混凝土强度设计值　　　　　　　　　　单位：N/mm²

强度种类	混凝土强度等级													
	C15	C20	C25	C30	C35	C40	C45	C50	C55	C60	C65	C70	C75	C80
轴心抗压 f_c	7.2	9.6	11.9	14.3	16.7	19.1	21.1	23.1	25.3	27.5	29.7	31.8	33.8	35.9
轴心抗拉 f_t	0.91	1.10	1.27	1.43	1.57	1.71	1.80	1.89	1.96	2.04	20.9	2.14	2.18	2.22

附表3　　　　　　　　　　　混凝土的弹性模量　　　　　　　　　　单位：×10⁴ N/mm²

混凝土强度等级	C15	C20	C25	C30	C35	C40	C45	C50	C55	C60	C65	C70	C75	C80
E_c	2.20	2.55	2.80	3.00	3.15	3.25	3.35	3.45	3.55	3.60	3.65	3.70	3.75	3.80
E_c^f	—	—	—	1.30	1.40	1.50	1.55	1.60	1.65	1.70	1.75	1.80	1.85	1.90

注：1. 当有可靠试验依据时，弹性模量值也可根据实测数据确定；
　　2. 当混凝土掺有大量矿物掺合料时，弹性模量可按规定龄期根据实测值确定。

附表4　　　　　　　混凝土受压和受拉疲劳强度修正系数 γ_ρ

受压疲劳强度修正	ρ_c^f	$0 \leqslant \rho_c^f < 0.1$	$0.1 \leqslant \rho_c^f < 0.2$	$0.2 \leqslant \rho_c^f < 0.3$	$0.3 \leqslant \rho_c^f < 0.4$	$0.4 \leqslant \rho_c^f < 0.5$	$\rho_c^f \geqslant 0.5$
	γ_ρ	0.68	0.74	0.80	0.86	0.93	1.00
受拉疲劳强度修正	ρ_c^f	$0 < \rho_c^f < 0.1$	$0.1 \leqslant \rho_c^f < 0.2$	$0.2 \leqslant \rho_c^f < 0.3$	$0.3 \leqslant \rho_c^f < 0.4$	$0.4 \leqslant \rho_c^f < 0.5$	
	γ_ρ	0.63	0.66	0.69	0.72	0.74	
	ρ_c^f	$0.5 \leqslant \rho_c^f < 0.6$	$0.6 \leqslant \rho_c^f < 0.7$	$0.7 \leqslant \rho_c^f < 0.8$	$\rho_c^f > 0.8$	—	
	γ_ρ	0.76	0.80	0.90	1.00	—	

注：直接承受疲劳荷载的混凝土构件，当采用蒸汽养护时，养护温度不宜高于60℃。

附表5　　　　　　　　　　　　　普通钢筋强度标准值　　　　　　　　　　单位：N/mm²

牌号	符号	公称直径 d(mm)	屈服强度标准值 f_{yk}	极限强度标准值 f_{stk}
HPB 300	Φ	6～14	300	420
HRB 335	Φ Φ_F	6～14	335	455
HRB 400 HRBF 400 RRB 400	Φ Φ_F Φ_R	6～50	400	540
HRB 500 HRBF500	Φ Φ_F	6～50	500	630

附表6　　　　　　　　　　　　预应力钢筋强度标准值　　　　　　　　　单位：N/mm²

种类		符号	公称直径 d(mm)	屈服强度标准值 f_{pyk}	极限强度标准值 f_{ptk}
中强度预应力钢丝	光面 螺旋肋	Φ^{PM} Φ^{HM}	5、7、9	620 780 980	800 970 1 270
预应力螺纹钢筋	螺纹	Φ^T	18、25、32、40、50	785 930 1 080	980 1 080 1 230
消除应力钢丝	光面 螺旋肋	Φ^P Φ^H	5	—	1 570
				—	1 860
			7	—	1 570
			9	—	1 470
				—	1 570
钢绞线	1×3 (三股)	Φ^S	8.6、10.8、12.9	—	1 570
				—	1 860
				—	1 960
	1×7 (七股)		9.5、12.7、15.2、17.8	—	1 720
				—	1 860
				—	1 960

注：极限强度标准值为1 960 N/mm²的钢绞线作后张预应力配筋时，应有可靠的工程经验。

附表7　　　　　　　　　　普通钢筋强度设计值　　　　　　　　单位:N/mm²

牌号	抗拉强度设计值 f_y	抗压强度设计值 f_y'
HPB 300	270	270
HRB 335	300	300
HRB 400、HRBF 400、RRB 400	360	360
HRB 500、HRBF 500	435	435

附表8　　　　　　　　　预应力钢筋强度设计值　　　　　　　　单位:N/mm²

种类	f_{ptk}	抗拉强度设计值 f_{py}	抗压强度设计值 f_{py}'
中强度预应力钢丝	800	510	410
	970	650	
	1 270	810	
消除应力钢丝	1 470	1 040	410
	1 570	1 110	
	1 860	1 320	
钢绞线	1 570	1 110	390
	1 720	1 220	
	1 860	1 320	
	1 960	1 390	
预应力螺纹钢筋	980	650	400
	1 080	770	
	1 230	900	

注:当预应力筋的强度标准值不符合表中的规定时,其强度设计值应进行相应的比例换算。

附表9　　　　　　　　　　钢筋的弹性模量　　　　　　　　单位:×10⁵ N/mm²

牌号或种类	弹性模量 E_s
HPB 300 钢筋	2.10
HRB 335、HRB 400、HRB 500 钢筋 HRBF 400、HRBF 500 钢筋 RRB 400 钢筋 预应力螺纹钢筋	2.00
消除应力钢丝、中强度预应力钢丝	2.05
钢绞线	1.95

附表 10	普通钢筋疲劳应力幅限值		单位：N/mm²
疲劳应力比值 ρ_s^f	疲劳应力幅限值 Δf_y^f		
	HRB 335	HRB 400	
0	175	175	
0.1	162	162	
0.2	154	156	
0.3	144	149	
0.4	131	137	
0.5	115	123	
0.6	97	106	
0.7	77	85	
0.8	54	60	
0.9	28	31	

注：当纵向受拉钢筋采用闪光接触对焊连接时，其接头处的钢筋疲劳应力幅限值应按表中数值乘以系数 0.80 取用。

附表 11	预应力钢筋疲劳应力幅限值	单位：N/mm²
疲劳应力比值 ρ_p^f	钢绞线 $f_{ptk}=1\,570$	消除应力钢丝 $f_{ptk}=1\,570$
0.7	144	240
0.8	118	168
0.9	70	88

注：1. 当 ρ_{sv}^f 不小于 0.9 时，可不作预应力筋疲劳验算；
2. 当有充分依据时，可对表中规定的疲劳应力幅限值作适当调整。

附表 12	受弯构件的挠度限值	
构 件 类 型		挠度限值
吊车梁	手动吊车	$l_0/500$
	电动吊车	$l_0/600$
屋盖、楼盖及楼梯构件	当 $l_0<7$ m 时	$l_0/200$（$l_0/250$）
	当 7 m≤l_0≤9 m 时	$l_0/250$（$l_0/300$）
	当 $l_0>9$ m 时	$l_0/300$（$l_0/400$）

注：1. 表中 l_0 为构件的计算跨度；计算悬臂构件的挠度限值时，其计算跨度 l_0 按实际悬臂长度的 2 倍取用；
2. 表中括号内的数值适用于使用上对挠度有较高要求的构件；
3. 如果构件制作时预先起拱，且使用上也允许，则在验算挠度时，可将计算所得的挠度值减去起拱值；对预应力混凝土构件，尚可减去预加力所产生的反拱值；
4. 构件制作时的起拱值和预加力所产生的反拱值，不宜超过构件在相应荷载组合作用下的计算挠度值。

附表13　　　　　结构构件的裂缝控制等级及最大裂缝宽度的限值　　　　单位:mm

环境类别	钢筋混凝土结构		预应力混凝土结构	
	裂缝控制等级	$w_{\lim}$	裂缝控制等级	$w_{\lim}$
一	三级	0.30(0.40)	三级	0.20
二 a		0.20		0.10
二 b			二级	—
三 a、三 b			一级	—

注:1. 对处于年平均相对湿度小于60%地区一类环境下的受弯构件,其最大裂缝宽度限值可采用括号内的数值;
　　2. 在一类环境下,对钢筋混凝土屋架、托架及需作疲劳验算的吊车梁,其最大裂缝宽度限值应取为0.20 mm;对钢筋混凝土屋面梁和托梁,其最大裂缝宽度限值应取为0.30 mm;
　　3. 在一类环境下,对预应力混凝土屋架、托架及双向板体系应按二级裂缝控制等级进行验算;对一类环境下的预应力混凝土屋面梁、托梁、单向板,应按表中二 a 级环境的要求进行验算;在一类和二 a 类环境下需作疲劳验算的预应力混凝土吊车梁,应按裂缝控制等级不低于二级的构件进行验算;
　　4. 表中规定的预应力混凝土构件的裂缝控制等级和最大裂缝宽度限值仅适用于正截面的验算;预应力混凝土构件的斜截面裂缝控制验算应符合《规范》第7章(详见本书第十三章)的有关规定;
　　5. 对于烟囱、筒仓和处于液体压力下的结构,其裂缝控制要求应符合专门标准的有关规定;
　　6. 对于处于四、五类环境下的结构构件,其裂缝控制要求应符合专门标准的有关规定;
　　7. 表中的最大裂缝宽度限值为用于验算荷载作用引起的最大裂缝宽度。

附表14　　　　　　　　　混凝土保护层最小厚度 c　　　　　　　　　单位:mm

环境等级	板墙壳	梁柱
一	15	20
二 a	20	25
二 b	25	35
三 a	30	40
三 b	40	50

注:1. 混凝土强度等级不大于 C25 时,表中保护层厚度数值应增加 5 mm;;
　　2. 钢筋混凝土基础宜设置混凝土垫层,基础中钢筋的混凝土保护层厚度应从垫层顶面算起,且不应小于 40 mm。

附表15　　　　　　　　纵向受力钢筋的最小配筋百分率 $\rho_{\min}$　　　　　　　单位:%

受力类型			最小配筋百分率
受压构件	全部纵向钢筋	强度级别 500 MPa	0.50
		强度级别 400 MPa	0.55
		强度级别 300 MPa、335 MPa	0.60
	一侧纵向钢筋		0.20
受弯构件、偏心受拉、轴心受拉构件一侧的受拉钢筋			0.20 和 $45f_t/f_y$ 中的较大值

注:1. 受压构件全部纵向钢筋最小配筋百分率,当采用 C60 及以上强度等级的混凝土时,应按表中规定增加 0.10;
　　2. 板类受弯构件(不包括悬臂板)的受拉钢筋,当采用强度级别 400 MPa、500 MPa 的钢筋时,其最小配筋百分率应允许采用 0.15 和 $45f_t/f_y$ 中的较大值;
　　3. 偏心受拉构件中的受压钢筋,应按受压构件一侧纵向钢筋考虑;
　　4. 受压构件的全部纵向钢筋和一侧纵向钢筋的配筋率以及轴心受拉构件和小偏心受拉构件一侧受拉钢筋的

配筋率均应按构件的全截面面积计算；
5. 受弯构件、大偏心受拉构件一侧受拉钢筋的配筋率应按全截面面积扣除受压翼缘面积$(b'_f-b)h'_f$后的截面面积计算；
6. 当钢筋沿构件截面周边布置时，"一侧纵向钢筋"系指沿受力方向两个对边中的一边布置的纵向钢筋。

附表 16　钢筋混凝土矩形和 T 形截面受弯构件正截面承载力计算系数 ξ、γ_s、α_s

ξ	γ_s	α_s	ξ	γ_s	α_s
0.01	0.995	0.010	0.31	0.845	0.262
0.02	0.990	0.020	0.32	0.840	0.269
0.03	0.985	0.030	0.33	0.835	0.275
0.04	0.980	0.039	0.34	0.830	0.282
0.05	0.975	0.048	0.35	0.825	0.289
0.06	0.970	0.058	0.36	0.820	0.295
0.07	0.965	0.067	0.37	0.815	0.301
0.08	0.960	0.077	0.38	0.810	0.309
0.09	0.955	0.085	0.39	0.805	0.314
0.10	0.950	0.095	0.40	0.800	0.320
0.11	0.945	0.104	0.41	0.795	0.326
0.12	0.940	0.113	0.42	0.780	0.332
0.13	0.935	0.121	0.43	0.785	0.337
0.14	0.930	0.130	0.44	0.780	0.343
0.15	0.925	0.139	0.45	0.775	0.349
0.16	0.920	0.147	0.46	0.770	0.354
0.17	0.915	0.155	0.47	0.765	0.359
0.18	0.910	0.164	0.48	0.760	0.365
0.19	0.905	0.172	0.482	0.759	0.366
0.20	0.900	0.180	0.49	0.755	0.370
0.21	0.895	0.188	0.50	0.750	0.375
0.22	0.890	0.196	0.51	0.745	0.380
0.23	0.885	0.203	0.518	0.741	0.384
0.24	0.880	0.211	0.52	0.740	0.385
0.25	0.875	0.219	0.53	0.735	0.390
0.26	0.870	0.226	0.54	0.730	0.394
0.27	0.865	0.234	0.55	0.725	0.400
0.28	0.860	0.241	0.56	0.720	0.403
0.29	0.855	0.248	0.57	0.715	0.408
0.30	0.850	0.255	0.576	0.712	0.410

注：1. 表中 $M=\alpha_s \alpha_1 f_c b h_0^2$

$$\xi=\frac{x}{h_0}=\frac{f_y A_s}{\alpha_1 f_c b h_0}$$

$$A_s=\frac{M}{f_y \gamma_s h_0} \text{ 或 } A_s=\xi \frac{\alpha_1 f_c}{f_y} b h_0$$

2. 表中 $\xi>0.482$ 的数值不适用于 HRB500 级钢筋；$\xi>0.518$ 的数值不适用于 HRB400 级钢筋；$\xi>0.55$ 的数值不适用于 HRB335 级钢筋。

附表 17　　　　　　　　　　钢筋的计算截面面积及理论重量表

公称直径 /mm	不同根数钢筋的计算截面面积/mm²									单根钢筋理论重量 /(kg·m⁻¹)
	1	2	3	4	5	6	7	8	9	
6	28.3	57	85	113	142	170	198	226	255	0.222
6.5	33.2	66	100	133	166	199	232	265	299	0.260
8	50.3	101	151	201	252	302	352	402	453	0.395
8.2	52.8	106	158	211	264	317	370	423	475	0.432
10	78.5	157	236	314	393	471	550	628	707	0.617
12	113.1	226	339	452	565	678	791	904	1 017	0.888
14	153.9	308	461	615	769	923	1 077	1 231	1 385	1.21
16	201.1	402	603	804	1 005	1 206	1 407	1 608	1 809	1.58
18	254.5	509	763	1 017	1 272	1 527	1 781	2 036	2 290	2.00
20	314.2	628	942	1 256	1 570	1 884	2 199	2 513	2 827	2.47
22	380.1	760	1 140	1 520	1 900	2 281	2 661	3 041	3 421	2.98
25	490.9	982	1 473	1 964	2 454	2 945	3 436	3 927	4 418	3.85
28	615.8	1 232	1 847	2 463	3 079	3 695	4 310	4 926	5 542	4.83
32	804.2	1 609	2 413	3 217	4 021	4 826	5 630	6 434	7 238	6.31
36	1 017.9	2 036	3 054	4 072	5 089	6 107	7 125	8 143	9 161	7.99
40	1 256.6	2 513	3 770	5 027	6 283	7 540	8 796	10 053	11 310	9.87
50	1 964	3 928	5 892	7 856	9 820	11 784	13 748	15 712	17 676	15.42

注：表中直径 $d=8.2$ mm 的计算截面面积及理论重量仅适用于有纵肋的热处理钢筋。

附表 18　　　　　　　　钢绞线公称直径、截面面积及理论重量

种　类	公称直径/mm	公称截面面积/mm²	理论重量/(kg·m⁻¹)
1×3	8.6	37.4	0.295
	10.8	59.3	0.465
	12.9	85.4	0.671
1×7 标准型	9.5	54.8	0.432
	11.1	74.2	0.580
	12.7	98.7	0.774
	15.2	139	1.101

附表 19　　　　　　　　钢丝公称直径、公称截面面积及理论重量

公称直径/mm	公称截面面积/mm²	理论重量/(kg·m⁻¹)
4.0	12.57	0.099
5.0	19.63	0.154
6.0	28.27	0.222
7.0	38.48	0.302
8.0	50.26	0.394
9.0	63.62	0.499

附表 20　　　　　　　钢筋混凝土板每米宽的钢筋截面面积　　　　　　单位：mm²

钢筋间距/mm	钢筋直径/mm											
	3	4	5	6	6/8	8	8/10	10	10/12	12	12/14	14
70	101.0	180	280	404	561	719	920	1 121	1 369	1 616	1 907	2 199
75	94.2	168	262	377	524	671	859	1 047	1 277	1 508	1 780	2 052
80	88.4	157	245	354	491	629	805	981	1 198	1 414	1 669	1 924
85	83.2	148	231	333	462	592	758	924	1 127	1 331	1 571	1 811
90	78.5	140	218	314	437	559	716	872	1 064	1 257	1 438	1 710
95	74.5	132	207	298	414	529	678	826	1 008	1 190	1 405	1 620
100	70.6	126	196	283	393	503	644	785	958	1 131	1 335	1 539
110	64.2	114	178	257	357	457	585	714	871	1 028	1 214	1 399
120	58.9	105	163	236	327	419	537	654	798	942	1 113	1 283
125	56.5	101	157	226	314	402	515	628	766	905	1 068	1 231
130	54.4	96.6	151	218	302	387	495	604	737	870	1 027	1 184
140	50.5	89.8	140	202	281	359	460	561	684	808	954	1 099
150	47.1	83.8	131	189	262	335	429	523	639	754	890	1 026
160	44.1	78.5	123	177	246	314	403	491	599	707	834	962
170	41.5	73.9	115	166	231	296	379	462	564	665	785	905
180	39.2	69.8	109	157	218	279	358	436	532	628	742	855
190	37.2	66.1	103	149	207	265	339	413	504	595	703	810
200	35.3	62.8	98.2	141	196	251	322	393	479	565	668	770
220	32.1	57.1	89.2	129	179	229	293	357	436	514	607	700
240	29.4	52.4	81.8	118	164	210	268	327	399	471	556	641
250	28.3	50.3	78.5	113	157	201	258	314	383	452	534	616
260	27.2	48.3	75.5	109	151	193	248	302	369	435	513	592
280	25.2	44.9	70.1	101	140	180	230	280	342	404	477	550
300	23.6	41.9	65.5	94.2	131	168	215	262	319	377	445	513
320	22.1	39.3	61.4	88.4	123	157	201	245	299	353	417	481

附表 21　　　　　　　　钢筋混凝土轴心受压构件的稳定系数 φ

l_0/b	≤8	10	12	14	16	18	20	22	24	26	28
l_0/d	≤7	8.5	10.5	12	14	15.5	17	19	21	22.5	24
l_0/i	≤28	35	42	48	55	62	69	76	83	90	97
φ	1.0	0.98	0.95	0.92	0.87	0.81	0.75	0.70	0.65	0.60	0.56
l_0/b	30	32	34	36	38	40	42	44	46	48	50
l_0/d	26	28	29.5	31	33	34.5	36.5	38	40	41.5	43
l_0/i	104	111	118	125	132	139	146	153	160	167	174
φ	0.52	0.48	0.44	0.40	0.36	0.32	0.29	0.26	0.23	0.21	0.19

注：表中 l_0 为构件计算长度，对钢筋混凝土柱可按《混凝土结构设计规范》(GB 50010—2010)的规定确定(可参阅本书 14.3.1 节和 15.2.4 节)；b 为矩形截面的短边尺寸；d 为圆形截面的直径；i 为截面最小回转半径。

附表 22　等截面等跨连续梁在均布荷载和集中荷载作用下的内力系数表

说明：

均布荷载　　$M=k_{mg}gl_0^2+k_{mq}ql_2^2$　　$V=k_{vg}gl_0+k_{vq}ql_0$

集中荷载　　$M=k_{mG}Gl_0+k_{mQ}Ql_0$　　$V=k_{vG}G+k_{vQ}Q$

式中　　　　g——单位长度上的均布恒荷载；

　　　　　　q——单位长度上的均布活荷载；

　　　　　　G——集中恒荷载；

　　　　　　Q——集中活荷载；

　　　　　　k_{mg}、k_{mq}、k_{mG}、k_{mQ}——系数，由表中相应栏内查得。

附表 22-1　　　　　　　　　　　两　跨　梁

序号	荷载简图	跨内最大弯矩		支座弯矩	支座剪力			
		M_1	M_2	M_B	V_A	V_{Bl}	V_{Br}	V_C
1		0.070	0.0703	−0.125	0.375	−0.625	0.625	−0.375
2		0.096	−0.025	−0.063	0.437	−0.563	0.063	0.063
3		0.156	0.156	−0.188	0.312	−0.688	0.688	−0.312
4		0.203	−0.047	−0.094	0.406	−0.594	0.094	0.094
5		0.222	0.222	−0.333	0.667	−1.334	1.334	−0.667
6		0.278	−0.056	−0.167	0.833	−1.167	0.167	0.167

注：V_{Bl}、V_{Br} 分别为支座 B 左、右截面的剪力。

附表 22-2　　　　　三 跨 梁

序号	荷载简图	跨内最大弯矩		支座弯矩		支 座 剪 力					
		M_1	M_2	M_B	M_C	V_A	V_{Bl}	V_{Br}	V_{Cl}	V_{Cr}	V_D
1		0.080	0.025	−0.100	−0.100	0.400	−0.600	0.500	−0.500	0.600	−0.400
2		0.101	−0.050	−0.050	−0.050	0.450	−0.550	0.000	0.000	0.550	−0.450
3		−0.025	0.075	−0.050	−0.050	−0.050	−0.050	0.500	−0.500	0.050	0.050
4		0.073	0.054	−0.117	−0.033	0.383	−0.617	0.583	−0.417	0.033	0.033
5		0.094	—	−0.067	0.017	0.433	−0.567	0.083	0.083	−0.017	−0.017
6		0.175	0.100	−0.150	−0.150	0.350	−0.650	0.500	−0.500	0.650	−0.350
7		0.213	−0.075	−0.075	−0.075	0.425	−0.575	0.000	0.000	0.575	−0.425
8		−0.038	0.175	−0.075	−0.075	−0.075	−0.075	0.500	−0.500	0.075	0.075
9		0.162	0.137	−0.175	−0.050	0.325	−0.675	0.625	−0.375	0.050	0.050
10		0.200	—	−0.100	0.025	0.400	−0.600	0.125	0.125	−0.025	−0.025
11		0.244	0.067	−0.267	−0.267	0.733	−1.267	1.000	−1.000	1.267	−0.733
12		0.289	−0.133	−0.133	−0.133	0.866	−1.134	0.000	0.000	1.134	−0.866
13		−0.044	0.200	−0.133	−0.133	−0.133	−0.133	1.000	−1.000	0.133	0.133
14		0.229	0.170	−0.311	−0.089	0.689	−1.311	1.222	−0.778	0.089	0.089
15		0.274	—	−0.178	0.044	0.822	−1.178	0.222	0.222	−0.044	−0.044

注：V_{Bl}、V_{Br} 分别为支座 B 左、右截面的剪力；V_{Cl}、V_{Cr} 分别为支座 C 左、右截面的剪力。

附表 22−3 四 跨 梁

序号	荷载简图	跨内最大弯矩				支座弯矩			支座剪力						
		M_1	M_2	M_3	M_4	M_B	M_C	M_D	V_A	V_{Bl}	V_{Br}	V_{Cl}	V_{Cr}	V_{Dl}	V_{Dr}	V_E
1		0.077	0.036	0.036	0.077	−0.107	−0.071	−0.107	0.393	−0.607	0.536	−0.464	0.464	−0.536	0.607	−0.303
2		0.100	−0.045	0.081	−0.023	−0.054	−0.036	−0.054	0.446	−0.554	0.018	0.018	0.482	−0.518	0.054	0.054
3		0.072	0.061	—	0.098	−0.121	−0.018	−0.058	0.380	−0.620	0.603	−0.397	0.571	−0.429	0.558	−0.442
4		—	0.056	0.056	—	−0.036	−0.107	−0.036	−0.036	−0.036	0.429	−0.571	0.571	−0.040	0.036	0.036
5		0.094	—	—	—	−0.067	0.018	−0.004	0.433	−0.567	0.085	0.085	−0.022	−0.022	0.004	0.004
6		—	0.071	—	—	−0.049	−0.054	0.013	−0.049	−0.049	0.496	−0.504	0.067	0.067	−0.013	−0.013
7		0.169	0.116	0.116	0.169	−0.161	−0.107	−0.161	0.339	−0.661	0.554	−0.446	0.446	−0.554	0.661	−0.339
8		0.210	−0.067	0.183	−0.040	−0.080	−0.054	−0.080	0.420	−0.580	0.027	0.027	0.473	−0.527	0.080	0.080
9		0.159	0.146	—	0.206	−0.181	−0.027	−0.087	0.319	−0.681	0.654	−0.346	−0.060	−0.060	0.587	−0.413

续表 22-3

序号	荷载简图	跨内最大弯矩				支座弯矩			支座剪力						
		M_1	M_2	M_3	M_4	M_B	M_C	M_D	V_A	V_{Bl}	V_{Br}	V_{Cl}	V_{Cr}	V_{Dl}	V_{Dr}	V_E
10		—	0.142	0.142	—	−0.054	−0.161	−0.054	−0.054	−0.054	0.393	−0.607	0.607	−0.393	0.054	0.054
11		0.200	—	—	—	−0.100	0.027	−0.007	0.400	−0.600	0.127	0.127	−0.033	−0.033	0.007	0.007
12		—	0.173	—	—	−0.074	−0.080	0.020	−0.074	−0.074	0.493	−0.507	0.100	0.100	−0.020	−0.020
13		0.238	0.111	0.111	0.238	−0.286	−0.191	−0.286	0.714	−1.286	1.095	−0.905	0.905	−1.095	1.286	−0.714
14		0.286	−0.111	0.222	−0.048	−0.143	−0.095	−0.143	0.857	−1.143	0.048	0.048	0.952	−1.048	0.143	0.143
15		0.226	0.194	—	0.282	−0.321	−0.048	−0.155	0.679	−1.321	1.274	−0.726	−0.107	−0.107	1.155	−0.845
16		—	0.175	0.175	—	−0.095	−0.286	−0.095	−0.095	−0.095	0.810	−1.190	1.190	−0.810	0.095	0.095
17		0.274	—	—	—	−0.178	0.048	−0.012	0.822	−1.178	0.226	0.226	−0.060	−0.060	0.012	0.012
18		—	0.198	—	—	−0.131	−0.143	0.036	−0.131	−0.131	0.988	−1.012	0.178	0.178	−0.036	−0.036

注：V_{Bl}、V_{Br}分别为支座 B 左、右截面的剪力；V_{Cl}、V_{Cr}分别为支座 C 左、右截面剪力；V_{Dl}、V_{Dr}分别为支座 D 左、右截面的剪力。

附表 22-4 五 跨 梁

序号	荷载简图	跨内最大弯矩			支座弯矩				支座剪力								
		M_1	M_2	M_3	M_B	M_C	M_D	M_E	V_A	V_{Bl}	V_{Br}	V_{Cl}	V_{Cr}	V_{Dl}	V_{Dr}	V_{El}	V_{Er}	V_F
1		0.078	0.033	0.046	-0.105	-0.079	-0.079	-0.105	0.394	-0.606	0.526	-0.474	0.500	-0.500	0.474	-0.526	0.606	-0.394
2		0.100	-0.046	0.085	-0.053	-0.040	-0.040	-0.053	0.447	-0.553	0.013	0.013	0.500	-0.500	-0.013	-0.013	0.553	-0.447
3		-0.026	0.079	-0.040	-0.053	-0.040	-0.040	-0.053	-0.053	-0.053	0.513	-0.487	0.000	0.000	0.487	-0.513	0.053	0.053
4		0.073	0.059	—	-0.119	-0.022	-0.044	-0.051	0.380	-0.620	0.598	-0.402	-0.023	-0.023	0.493	-0.507	0.052	0.052
5		—	0.055	0.064	-0.035	-0.111	-0.020	-0.057	-0.035	-0.035	-0.424	-0.576	0.591	-0.409	-0.037	-0.037	0.557	-0.443
6		0.094	—	—	-0.067	0.018	-0.005	0.001	0.433	-0.567	0.495	0.085	-0.023	-0.023	0.006	0.006	-0.001	-0.001
7		—	0.074	—	-0.049	-0.054	0.014	-0.004	-0.019	-0.019	-0.049	0.505	0.068	0.068	-0.018	-0.018	0.004	0.004
8		—	—	0.072	0.013	-0.053	-0.053	0.013	0.013	0.013	-0.066	-0.066	-0.500	-0.500	0.066	0.066	-0.013	-0.013
9		0.171	0.112	0.132	-0.158	-0.118	-0.118	-0.158	0.342	-0.658	0.540	-0.460	0.500	-0.500	0.460	-0.540	0.658	-0.342
10		0.211	-0.069	0.191	-0.079	-0.059	-0.059	-0.079	0.421	-0.579	0.020	0.020	0.500	-0.500	-0.020	-0.020	0.579	-0.421
11		0.039	0.181	-0.059	-0.079	-0.059	-0.059	-0.079	-0.079	-0.079	0.520	-0.480	0.000	0.000	0.480	-0.520	0.079	0.079
12		0.160	0.144	—	-0.179	-0.032	-0.066	-0.077	0.321	-0.679	0.647	-0.353	-0.034	-0.034	0.489	-0.511	0.077	0.077

续表 22-4

序号	荷载简图	跨内最大弯矩			支座弯矩				支座剪力								
		M_1	M_2	M_3	M_B	M_C	M_E	M_E	V_A	V_{Bl}	V_{Br}	V_{Cl}	V_G	V_{Dl}	V_{Dr}	V_{El}	V_{Er}	V_F
13		—	0.140	0.151	−0.052	−0.167	−0.031	−0.086	−0.052	−0.052	0.385	−0.615	0.637	−0.363	−0.056	−0.056	0.586	−0.414
14		0.200	—	—	−0.100	0.027	−0.007	0.002	0.400	−0.600	0.127	0.127	−0.034	−0.034	0.009	0.009	−0.002	−0.002
15		—	0.173	—	−0.073	−0.081	0.022	−0.005	−0.073	−0.073	0.493	−0.507	0.102	0.102	−0.027	−0.027	0.005	0.005
16		—	—	0.171	0.020	−0.079	−0.079	0.020	0.020	0.020	−0.099	−0.099	0.500	−0.500	0.099	0.099	−0.020	−0.020
17		0.240	0.100	0.122	−0.281	−0.211	−0.211	−0.281	0.719	−1.281	1.070	−0.930	1.000	−1.000	0.930	−1.070	1.281	−0.719
18		0.287	−0.117	0.228	−0.140	−0.105	−0.105	−0.140	0.860	−1.140	0.035	0.035	1.000	−1.000	−0.035	−0.035	1.140	−0.860
19		−0.047	0.216	−0.105	−0.140	−0.105	−0.105	−0.140	−0.140	−0.140	1.035	−0.965	0.000	0.000	0.965	−1.035	0.140	0.140
20		0.227	0.189	—	−0.319	−0.057	−0.118	−0.137	0.681	−1.319	1.262	−0.738	−0.061	−0.061	0.981	−1.019	1.153	0.137
21		—	0.172	—	−0.093	−0.297	−0.054	−0.153	−0.093	−0.093	0.796	−1.204	1.243	−0.757	−0.099	−0.099	1.153	−0.847
22		0.274	—	0.198	−0.179	0.048	−0.013	0.003	0.821	−1.179	0.227	0.227	−0.061	−0.061	0.016	0.016	−0.003	−0.003
23		—	0.198	—	0.131	−0.144	0.038	−0.010	−0.131	−0.131	0.987	−1.013	0.182	0.182	−0.048	−0.048	0.010	0.010
24		—	—	0.193	0.035	−0.140	−0.140	0.035	0.035	0.035	−0.175	−0.175	1.000	−1.000	0.175	0.175	−0.035	−0.035

注：V_{Bl}、V_{Br}分别为支座B左、右截面的剪力；V_{Cl}、V_{Cr}分别为支座C左、右截面的剪力；V_{Dl}、V_{Dr}分别为支座D左、右截面的剪力；V_{El}、V_{Er}分别为支座E左、右截面的剪力。

附表 23　双向板在均布荷载作用下的挠度和弯矩系数表

说明：(1)板单位宽度的截面抗弯刚度按下列公式计算(按弹性理论计算方法)：

$$B_c = \frac{Eh^3}{12(1-\mu^2)}$$

式中　B_c——板宽 1 m 的截面抗弯刚度；

　　　E——弹性模量；

　　　h——板厚；

　　　μ——泊松比。

(2)表中符号如下：

f、f_{max}——分别为板中心点的挠度和最大挠度；

M_x、M_{xmax}——分别为平行于 l_x 方向板中心点单位板宽内的弯矩和板跨内最大弯矩；

M_y、M_{ymax}——分别为平行于 l_y 方向板中心点单位板宽内的弯矩和板跨内最大弯矩；

　　M_x^0——固定边中点沿 l_x 方向单位板宽内的弯矩；

　　M_y^0——固定边中点沿 l_y 方向单位板宽内的弯矩。

(3)板支承边的符号为：

　　固定边 ⊥⊥⊥⊥⊥⊥⊥⊥　　简支边 ＝＝＝＝＝＝

(4)弯矩和挠度正负号的规定如下：

弯矩——使板的受荷面受压者为正；

挠度——变位方向与荷载作用方向相同者为正。

(5)附表 23 中各表的弯矩系数系对 $\mu=0$ 算得的，对于钢筋混凝土，μ 一般可取为 1/6，此时，对于挠度、支座中点弯矩，仍可按表中系数计算，对于跨中弯矩，一般也可按表中系数计算(即近似地认为 $\mu=0$)，必要时，可按下式计算：

$$M_x^\mu = M_x + \mu M_y$$
$$M_y^\mu = M_y + \mu M_x$$

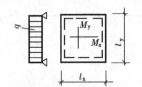

挠度 $=$ 表中系数 $\times \dfrac{q l_0^4}{B_c}$

弯矩 $=$ 表中系数 $\times q l_0^2$

式中 l_0 取用 l_x 和 l_y 中之较小者。

附表 23-1　　　　　　　　　　四边简支双向板

l_x/l_y	f	M_x	M_y	l_x/l_y	f	M_x	M_y
0.50	0.010 13	0.096 5	0.017 4	0.80	0.006 03	0.056 1	0.033 4
0.55	0.009 40	0.089 2	0.021 0	0.85	0.005 47	0.050 6	0.034 9
0.60	0.008 67	0.082 0	0.024 2	0.90	0.004 96	0.045 6	0.035 8
0.65	0.007 96	0.075 0	0.027 1	0.95	0.004 49	0.041 0	0.036 4
0.70	0.007 27	0.068 3	0.029 6	1.00	0.004 06	0.036 8	0.036 8
0.75	0.006 63	0.062 0	0.031 7				

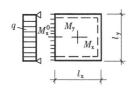

挠度 = 表中系数 × $\dfrac{ql_0^4}{B_c}$

弯矩 = 表中系数 × ql_0^2

式中 l_0 取用 l_x 和 l_y 中之较小者。

附表 23-2　　三边简支、一边固定双向板

l_x/l_y	l_y/l_x	f	f_{max}	M_x	M_{xmax}	M_y	M_{ymax}	M_x^0
0.50		0.004 88	0.005 04	0.058 3	0.064 6	0.006 0	0.006 3	−0.121 2
0.55		0.004 71	0.004 92	0.056 3	0.061 8	0.008 1	0.008 7	−0.118 7
0.60		0.004 53	0.004 72	0.053 9	0.058 9	0.010 4	0.011 1	−0.115 8
0.65		0.004 32	0.004 48	0.051 3	0.055 9	0.012 6	0.013 3	−0.112 4
0.70		0.004 10	0.004 22	0.048 5	0.052 9	0.014 8	0.015 4	−0.108 7
0.75		0.003 88	0.003 99	0.045 7	0.049 6	0.016 8	0.017 4	−0.104 8
0.80		0.003 65	0.003 76	0.042 8	0.046 3	0.018 7	0.019 3	−0.100 7
0.85		0.003 43	0.003 52	0.040 0	0.043 1	0.020 4	0.021 1	−0.096 5
0.90		0.003 21	0.003 29	0.037 2	0.040 0	0.021 9	0.022 6	−0.092 2
0.95		0.002 99	0.003 06	0.034 5	0.036 9	0.023 2	0.023 9	−0.088 0
1.00	1.00	0.002 79	0.002 85	0.031 9	0.034 0	0.024 3	0.024 9	−0.083 9
	0.95	0.003 16	0.003 24	0.032 4	0.034 5	0.028 0	0.028 7	−0.088 2
	0.90	0.003 60	0.003 68	0.032 8	0.034 7	0.032 2	0.033 0	−0.092 6
	0.85	0.004 09	0.004 17	0.032 9	0.034 7	0.037 0	0.037 8	−0.097 0
	0.80	0.004 64	0.004 73	0.032 6	0.034 3	0.042 4	0.043 3	−0.101 4
	0.75	0.005 26	0.005 36	0.031 9	0.033 5	0.048 5	0.049 4	−0.105 6
	0.70	0.005 95	0.006 05	0.030 8	0.032 3	0.055 3	0.056 2	−0.109 6
	0.65	0.006 70	0.006 80	0.029 1	0.030 6	0.062 7	0.063 7	−0.113 3
	0.60	0.007 52	0.007 62	0.026 8	0.028 9	0.070 7	0.071 7	−0.116 6
	0.55	0.008 38	0.008 48	0.023 9	0.027 1	0.079 2	0.080 1	−0.119 3
	0.50	0.009 27	0.009 35	0.020 5	0.024 9	0.088 0	0.088 8	−0.121 5

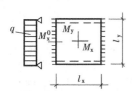

挠度 = 表中系数 × $\dfrac{ql_0^4}{B_c}$

弯矩 = 表中系数 × ql_0^2

式中 l_0 取用 l_x 和 l_y 中之较小者。

附表 23-3　　两对边简支、两对边固定双向板

l_x/l_y	l_y/l_x	f	M_x	M_y	M_x^0	l_x/l_y	l_y/l_x	f	M_x	M_y	M_x^0
0.50		0.002 61	0.041 6	0.001 7	−0.084 3		0.95	0.002 23	0.029 6	0.018 9	−0.074 6
0.55		0.002 59	0.041 0	0.002 8	−0.084 0		0.90	0.002 60	0.030 6	0.022 4	−0.079 7
0.60		0.002 55	0.040 2	0.004 2	−0.083 4		0.85	0.003 03	0.031 4	0.026 6	−0.085 0
0.65		0.002 50	0.039 2	0.005 7	−0.082 6		0.80	0.003 54	0.031 9	0.031 6	−0.090 4
0.70		0.002 43	0.037 9	0.007 2	−0.081 4		0.75	0.004 13	0.032 1	0.037 4	−0.095 9
0.75		0.002 36	0.036 6	0.008 8	−0.079 9		0.70	0.004 82	0.031 8	0.044 1	−0.101 3
0.80		0.002 28	0.035 1	0.010 3	−0.078 2		0.65	0.005 60	0.030 8	0.051 8	−0.106 6
0.85		0.002 20	0.033 5	0.011 8	−0.076 3		0.60	0.006 47	0.029 2	0.060 4	−0.111 4
0.90		0.002 11	0.031 9	0.013 3	−0.074 3		0.55	0.007 43	0.026 7	0.069 8	−0.115 6
0.95		0.002 01	0.030 2	0.014 6	−0.072 1		0.50	0.008 44	0.023 4	0.079 8	−0.119 1
1.00	1.00	0.001 92	0.028 5	0.015 8	−0.069 8						

563

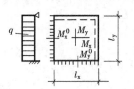

挠度 = 表中系数 × $\dfrac{ql_0^4}{B_c}$

弯矩 = 表中系数 × ql_0^2

式中 l_0 取用 l_x 和 l_y 中之较小者。

附表 23－4　　两邻边简支、两邻边固定双向板

l_x/l_y	f	$f_{\max}$	M_x	$M_{x\max}$	M_y	$M_{y\max}$	M_x^0	M_y^0
0.50	0.004 68	0.004 71	0.055 9	0.056 2	0.007 9	0.013 5	−0.117 9	−0.078 6
0.55	0.004 45	0.004 54	0.052 9	0.053 0	0.010 4	0.015 3	−0.114 0	−0.078 5
0.60	0.004 19	0.004 29	0.049 6	0.049 8	0.012 9	0.016 9	−0.109 5	−0.078 2
0.65	0.003 91	0.003 99	0.046 1	0.046 5	0.015 1	0.018 3	−0.104 5	−0.077 7
0.70	0.003 63	0.003 68	0.042 6	0.043 2	0.017 2	0.019 5	−0.099 2	−0.077 0
0.75	0.003 35	0.003 40	0.039 0	0.039 6	0.018 9	0.020 6	−0.093 8	−0.076 0
0.80	0.003 08	0.003 13	0.035 6	0.036 1	0.020 4	0.021 8	−0.088 3	−0.074 8
0.85	0.002 81	0.002 86	0.032 2	0.032 8	0.021 5	0.022 9	−0.082 9	−0.073 3
0.90	0.002 56	0.002 61	0.029 1	0.029 7	0.022 4	0.023 8	−0.077 6	−0.071 6
0.95	0.002 32	0.002 37	0.026 1	0.026 7	0.023 0	0.024 4	−0.072 6	−0.069 8
1.00	0.002 10	0.002 15	0.023 4	0.024 0	0.023 4	0.024 9	−0.067 7	−0.067 7

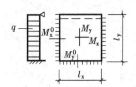

挠度 = 表中系数 × $\dfrac{ql_0^4}{B_c}$

弯矩 = 表中系数 × ql_0^2

式中 l_0 取用 l_x 和 l_y 中之较小者。

附表 23－5　　一边简支、三边固定双向板

l_x/l_y	l_y/l_x	f	$f_{\max}$	M_x	$M_{x\max}$	M_y	$M_{y\max}$	M_x^0	M_y^0
0.50		0.002 57	0.002 58	0.040 8	0.040 9	0.002 8	0.008 9	−0.083 6	−0.056 9
0.55		0.002 52	0.002 55	0.039 8	0.039 9	0.004 2	0.009 3	−0.082 7	−0.057 0
0.60		0.002 45	0.002 49	0.038 4	0.038 6	0.005 9	0.010 5	−0.081 4	−0.057 1
0.65		0.002 37	0.002 40	0.036 8	0.037 1	0.007 6	0.011 6	−0.079 6	−0.057 2
0.70		0.002 27	0.002 29	0.035 0	0.035 4	0.009 3	0.012 7	−0.077 4	−0.057 2
0.75		0.002 16	0.002 19	0.033 1	0.033 5	0.010 9	0.013 7	−0.075 0	−0.057 2
0.80		0.002 05	0.002 08	0.031 0	0.031 4	0.012 4	0.014 7	−0.072 2	−0.057 0
0.85		0.001 93	0.001 96	0.028 9	0.029 3	0.013 8	0.015 5	−0.069 3	−0.056 7
0.90		0.001 81	0.001 84	0.026 8	0.027 3	0.015 9	0.016 3	−0.066 3	−0.056 3
0.95		0.001 69	0.001 72	0.024 7	0.025 2	0.016 0	0.017 2	−0.063 1	−0.055 8
1.00	1.00	0.001 57	0.001 60	0.022 7	0.023 1	0.016 8	0.018 0	−0.060 0	−0.055 0
	0.95	0.001 78	0.001 82	0.022 9	0.023 4	0.019 4	0.020 7	−0.062 9	−0.059 9
	0.90	0.002 01	0.002 06	0.022 8	0.023 4	0.022 3	0.023 8	−0.065 6	−0.065 3
	0.85	0.002 27	0.002 33	0.022 5	0.023 1	0.025 5	0.027 3	−0.068 3	−0.071 1
	0.80	0.002 56	0.002 62	0.021 9	0.022 4	0.029 0	0.031 1	−0.070 7	−0.077 2
	0.75	0.002 86	0.002 94	0.020 8	0.021 4	0.032 9	0.035 4	−0.072 9	−0.083 7
	0.70	0.003 19	0.003 27	0.019 4	0.020 0	0.037 0	0.040 0	−0.074 8	−0.090 3
	0.65	0.003 52	0.003 65	0.017 5	0.018 2	0.041 2	0.044 6	−0.076 2	−0.097 0
	0.60	0.003 86	0.004 03	0.015 3	0.016 0	0.045 4	0.049 3	−0.077 3	−0.103 3
	0.55	0.004 19	0.004 37	0.012 7	0.013 3	0.049 6	0.054 1	−0.078 0	−0.109 3
	0.50	0.004 49	0.004 63	0.009 9	0.010 3	0.053 4	0.058 8	−0.078 4	−0.114 6

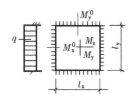

挠度 = 表中系数 × $\dfrac{ql_0^4}{B_c}$

弯矩 = 表中系数 × ql_0^2

式中 l_0 取用 l_x 和 l_y 中之较小者。

附表 23—6　　　　　　　　　　四边固定双向板

l_x/l_y	f	M_x	M_y	M_x^0	M_y^0
0.50	0.002 53	0.040 0	0.003 8	−0.082 9	−0.057 0
0.55	0.002 46	0.038 5	0.005 6	−0.081 4	−0.057 1
0.60	0.002 36	0.036 7	0.007 6	−0.079 3	−0.057 1
0.65	0.002 24	0.034 5	0.009 5	−0.076 6	−0.057 1
0.70	0.002 11	0.032 1	0.011 3	−0.073 5	−0.056 9
0.75	0.001 97	0.029 6	0.013 0	−0.070 1	−0.056 5
0.80	0.001 82	0.027 1	0.014 4	−0.066 4	−0.055 9
0.85	0.001 68	0.024 6	0.015 6	−0.062 6	−0.055 1
0.90	0.001 53	0.022 1	0.016 5	−0.058 8	−0.054 1
0.95	0.001 40	0.019 8	0.017 2	−0.055 0	−0.052 8
1.00	0.001 27	0.017 6	0.017 6	−0.051 3	−0.051 3

附表 24　　　　　　　钢筋混凝土结构伸缩缝最大间距　　　　　　　　　　单位:m

结构类别		室内或土中	露天
排架结构	装配式	100	70
框架结构	装配式	75	50
	现浇式	55	35
剪力墙结构	装配式	65	40
	现浇式	45	30
挡土墙、地下室墙壁等类结构	装配式	40	30
	现浇式	30	20

注:1. 装配整体式结构房屋的伸缩缝间距宜按表中现浇式的数值取用。
2. 框架—剪力墙结构或框架—核心筒结构房屋的伸缩缝间距可根据结构的具体布置情况取表中框架结构与剪力墙结构之间的数值。
3. 当屋面无保温或隔热措施时,框架结构、剪力墙结构的伸缩缝间距宜按表中露天栏的数值取用。
4. 现浇挑檐、雨罩等外露结构的伸缩缝间距不宜大于 12 m。
5. 对下列情况,本表中的伸缩缝最大间距宜适当减小:
(1) 柱高(从基础顶面算起)低于 8 m 的排架结构。
(2) 屋面无保温或隔热措施的排架结构。
(3) 位于气候干燥地区、夏季炎热且暴雨频繁地区的结构或经常处于高温作用下的结构。
(4) 采用滑模类施工工艺的剪力墙结构。
(5) 材料收缩较大、室内结构因施工外露时间较长等。

附表25 单阶柱柱顶反力和位移系数表

附表25—1　　水平集中力作用在柱顶的系数 β_0

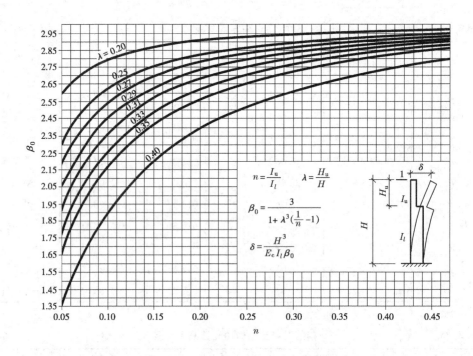

$$n = \frac{I_u}{I_l} \qquad \lambda = \frac{H_u}{H}$$

$$\beta_0 = \frac{3}{1 + \lambda^3 (\frac{1}{n} - 1)}$$

$$\delta = \frac{H^3}{E_c I_l \beta_0}$$

附表25—2　　力矩作用在柱顶的系数 β_1

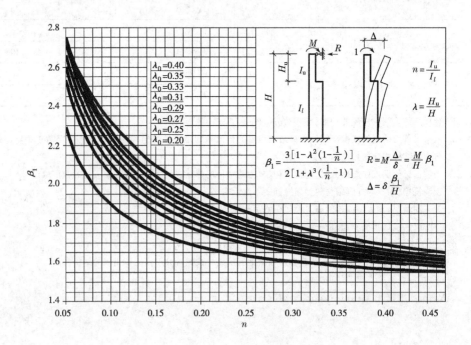

$$n = \frac{I_u}{I_l}$$

$$\lambda = \frac{H_u}{H}$$

$$\beta_1 = \frac{3[1 - \lambda^2 (1 - \frac{1}{n})]}{2[1 + \lambda^3 (\frac{1}{n} - 1)]} \qquad R = M \frac{\Delta}{\delta} = \frac{M}{H} \beta_1$$

$$\Delta = \delta \frac{\beta_1}{H}$$

附表 25—3   力矩作用在牛腿顶面处的系数 β_3

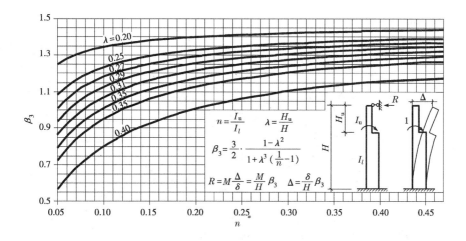

附表 25—4   水平集中力作用在上柱($y=0.6H_u$)的系数 β_5

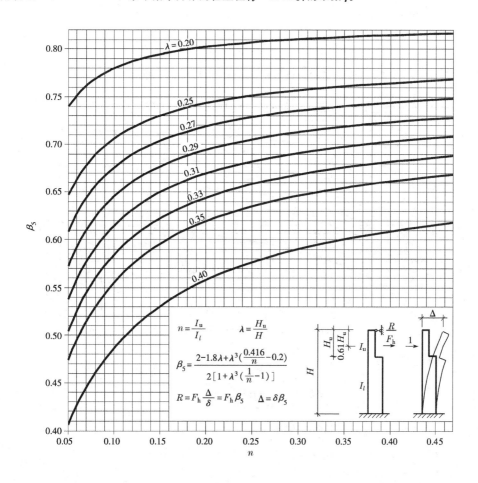

附表 25-5 水平集中力作用在上柱($y=0.7H_u$)的系数 β_5

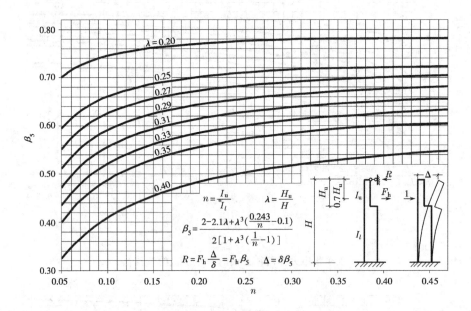

附表 25-6 水平集中力作用在上柱($y=0.8H_u$)的系数 β_5

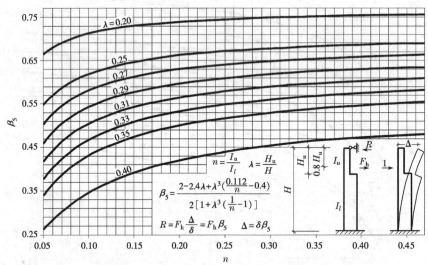

注：β_5 也可按下列近似公式计算：

$$\beta_5 = \frac{(\frac{\gamma^3-3\gamma-2}{n}+3\gamma-2)\lambda^3-3\gamma\lambda+2}{2[1+\lambda^3(\frac{1}{n}-1)]}$$

式中，γ 为水平力 F_h 作用点至柱顶的距离与上柱高度 H_u 的比值。

附表 25—7　　　　　　　　　水平均布荷载作用在上柱的系数 β_9

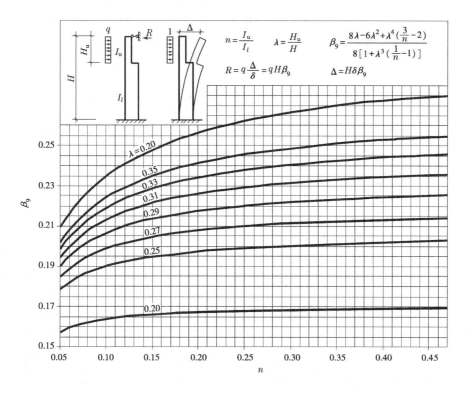

附表 25—8　　　　　　　　　水平均布荷载作用在全柱的系数 β_{11}

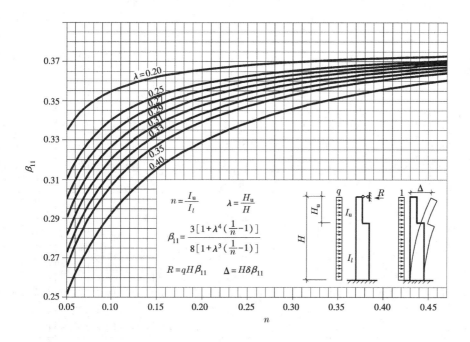

附表 26　规则框架和壁式框架承受均布及倒三角形
分布水平力作用时的反弯点高度比

附表 26-1　规则框架和壁式框架承受均布水平力作用时标准反弯点的高度比 y_0 值

n	m	K（或 K'）													
		0.1	0.2	0.3	0.4	0.5	0.6	0.7	0.8	0.9	1.0	2.0	3.0	4.0	5.0
1	1	0.80	0.75	0.70	0.65	0.65	0.60	0.60	0.60	0.60	0.55	0.55	0.55	0.55	0.55
2	2	0.45	0.40	0.35	0.35	0.35	0.35	0.40	0.40	0.40	0.40	0.45	0.45	0.45	0.45
	1	0.95	0.80	0.75	0.70	0.65	0.65	0.65	0.60	0.60	0.60	0.55	0.55	0.55	0.50
3	3	0.15	0.20	0.20	0.25	0.30	0.30	0.30	0.35	0.35	0.35	0.40	0.45	0.45	0.45
	2	0.55	0.50	0.45	0.45	0.45	0.45	0.45	0.45	0.45	0.45	0.50	0.50	0.50	0.50
	1	1.00	0.85	0.80	0.75	0.70	0.70	0.65	0.65	0.65	0.60	0.55	0.55	0.55	0.55
4	4	-0.05	0.05	0.15	0.20	0.25	0.30	0.30	0.35	0.35	0.35	0.40	0.45	0.45	0.45
	3	0.25	0.30	0.30	0.35	0.35	0.40	0.40	0.40	0.40	0.45	0.45	0.50	0.50	0.50
	2	0.65	0.55	0.50	0.50	0.45	0.45	0.45	0.45	0.45	0.45	0.50	0.50	0.50	0.50
	1	1.10	0.90	0.80	0.75	0.70	0.70	0.65	0.65	0.65	0.60	0.55	0.55	0.55	0.55
5	5	-0.20	0.00	0.15	0.20	0.25	0.30	0.30	0.30	0.35	0.35	0.40	0.45	0.45	0.45
	4	0.10	0.20	0.25	0.30	0.35	0.35	0.40	0.40	0.40	0.40	0.45	0.50	0.50	0.50
	3	0.40	0.40	0.40	0.40	0.40	0.45	0.45	0.45	0.45	0.45	0.50	0.50	0.50	0.50
	2	0.65	0.55	0.50	0.50	0.50	0.50	0.50	0.50	0.50	0.50	0.50	0.50	0.50	0.50
	1	1.20	0.95	0.80	0.75	0.75	0.70	0.70	0.65	0.65	0.65	0.55	0.55	0.55	0.55
6	6	-0.30	0.00	0.10	0.20	0.25	0.30	0.30	0.35	0.35	0.35	0.40	0.45	0.45	0.45
	5	0.00	0.20	0.25	0.30	0.35	0.35	0.40	0.40	0.40	0.40	0.45	0.45	0.50	0.50
	4	0.20	0.30	0.35	0.35	0.40	0.40	0.40	0.45	0.45	0.45	0.45	0.50	0.50	0.50
	3	0.40	0.40	0.40	0.45	0.45	0.45	0.45	0.45	0.45	0.45	0.50	0.50	0.50	0.50
	2	0.70	0.60	0.55	0.50	0.50	0.50	0.50	0.50	0.50	0.50	0.50	0.50	0.50	0.50
	1	1.20	0.95	0.85	0.80	0.75	0.70	0.70	0.65	0.65	0.65	0.55	0.55	0.55	0.55
7	7	-0.35	-0.05	0.10	0.20	0.20	0.25	0.30	0.30	0.35	0.35	0.40	0.45	0.45	0.45
	6	-0.10	0.15	0.25	0.30	0.35	0.35	0.35	0.40	0.40	0.40	0.45	0.45	0.50	0.50
	5	0.10	0.25	0.30	0.35	0.40	0.40	0.40	0.45	0.45	0.45	0.45	0.50	0.50	0.50
	4	0.30	0.35	0.40	0.40	0.40	0.45	0.45	0.45	0.45	0.45	0.50	0.50	0.50	0.50
	3	0.50	0.45	0.45	0.45	0.45	0.45	0.45	0.45	0.45	0.45	0.50	0.50	0.50	0.50
	2	0.75	0.60	0.55	0.50	0.50	0.50	0.50	0.50	0.50	0.50	0.50	0.50	0.50	0.50
	1	1.20	0.95	0.85	0.80	0.75	0.70	0.70	0.65	0.65	0.65	0.55	0.55	0.55	0.55
8	8	-0.35	-0.15	0.10	0.15	0.25	0.25	0.30	0.30	0.35	0.35	0.40	0.45	0.45	0.45
	7	-0.10	0.15	0.25	0.30	0.35	0.35	0.40	0.40	0.40	0.40	0.45	0.50	0.50	0.50
	6	0.05	0.25	0.30	0.35	0.40	0.04	0.40	0.45	0.45	0.45	0.45	0.50	0.50	0.50
	5	0.20	0.30	0.35	0.40	0.40	0.45	0.45	0.45	0.45	0.45	0.50	0.50	0.50	0.50
	4	0.35	0.40	0.40	0.45	0.45	0.45	0.45	0.45	0.45	0.45	0.50	0.50	0.50	0.50
	3	0.50	0.45	0.45	0.45	0.45	0.45	0.45	0.45	0.50	0.50	0.50	0.50	0.50	0.50
	2	0.75	0.60	0.55	0.55	0.50	0.50	0.50	0.50	0.50	0.50	0.50	0.50	0.50	0.50
	1	1.20	1.00	0.85	0.80	0.75	0.70	0.70	0.65	0.65	0.65	0.55	0.55	0.55	0.55

续表 26-1

n	m	K（或 K'）													
		0.1	0.2	0.3	0.4	0.5	0.6	0.7	0.8	0.9	1.0	2.0	3.0	4.0	5.0
9	9	-0.40	-0.05	0.10	0.20	0.25	0.25	0.30	0.30	0.35	0.35	0.45	0.45	0.45	0.45
	8	-0.15	0.15	0.25	0.30	0.35	0.35	0.35	0.40	0.40	0.40	0.45	0.45	0.50	0.50
	7	0.05	0.25	0.30	0.35	0.40	0.40	0.40	0.45	0.45	0.45	0.45	0.50	0.50	0.50
	6	0.15	0.30	0.35	0.40	0.40	0.45	0.45	0.45	0.45	0.45	0.50	0.50	0.50	0.50
	5	0.25	0.35	0.40	0.40	0.45	0.45	0.45	0.45	0.45	0.45	0.50	0.50	0.50	0.50
	4	0.40	0.40	0.40	0.45	0.45	0.45	0.45	0.45	0.45	0.45	0.50	0.50	0.50	0.50
	3	0.55	0.45	0.45	0.45	0.45	0.45	0.45	0.45	0.45	0.50	0.50	0.50	0.50	0.50
	2	0.80	0.65	0.55	0.55	0.50	0.50	0.50	0.50	0.50	0.50	0.50	0.50	0.50	0.50
	1	1.20	1.00	0.85	0.80	0.75	0.70	0.70	0.65	0.65	0.65	0.55	0.55	0.55	0.55
10	10	-0.40	-0.05	0.10	0.20	0.25	0.30	0.30	0.30	0.35	0.35	0.40	0.45	0.45	0.45
	9	-0.15	0.15	0.25	0.30	0.35	0.35	0.40	0.40	0.40	0.40	0.45	0.45	0.50	0.50
	8	0.00	0.25	0.30	0.35	0.40	0.40	0.40	0.45	0.45	0.45	0.45	0.50	0.50	0.50
	7	0.10	0.30	0.35	0.40	0.40	0.45	0.45	0.45	0.45	0.45	0.50	0.50	0.50	0.50
	6	0.20	0.35	0.40	0.40	0.45	0.45	0.45	0.45	0.45	0.45	0.50	0.50	0.50	0.50
	5	0.30	0.40	0.40	0.45	0.45	0.45	0.45	0.45	0.45	0.50	0.50	0.50	0.50	0.50
	4	0.40	0.40	0.45	0.45	0.45	0.45	0.45	0.45	0.45	0.50	0.50	0.50	0.50	0.50
	3	0.55	0.50	0.45	0.45	0.45	0.50	0.50	0.50	0.50	0.50	0.50	0.50	0.50	0.50
	2	0.80	0.65	0.55	0.55	0.55	0.50	0.50	0.50	0.50	0.50	0.50	0.50	0.50	0.50
	1	1.30	1.00	0.85	0.80	0.75	0.70	0.70	0.65	0.65	0.65	0.60	0.55	0.55	0.55
11	11	-0.40	0.05	0.10	0.20	0.25	0.30	0.30	0.30	0.35	0.35	0.40	0.45	0.45	0.45
	10	-0.15	0.15	0.25	0.30	0.35	0.35	0.40	0.40	0.40	0.40	0.45	0.45	0.50	0.50
	9	0.00	0.25	0.30	0.35	0.40	0.40	0.45	0.45	0.45	0.45	0.45	0.50	0.50	0.50
	8	0.10	0.30	0.35	0.40	0.40	0.45	0.45	0.45	0.45	0.45	0.50	0.50	0.50	0.50
	7	0.20	0.35	0.40	0.45	0.45	0.45	0.45	0.45	0.45	0.45	0.50	0.50	0.50	0.50
	6	0.25	0.35	0.40	0.45	0.45	0.45	0.45	0.45	0.45	0.45	0.50	0.50	0.50	0.50
	5	0.35	0.40	0.40	0.45	0.45	0.45	0.45	0.45	0.45	0.50	0.50	0.50	0.50	0.50
	4	0.40	0.45	0.45	0.45	0.45	0.45	0.45	0.50	0.50	0.50	0.50	0.50	0.50	0.50
	3	0.55	0.50	0.50	0.50	0.50	0.50	0.50	0.50	0.50	0.50	0.50	0.50	0.50	0.50
	2	0.80	0.65	0.60	0.55	0.55	0.50	0.50	0.50	0.50	0.50	0.50	0.50	0.50	0.50
	1	0.30	1.00	0.85	0.80	0.75	0.70	0.70	0.65	0.65	0.65	0.60	0.55	0.55	0.55
12以上	1	-0.40	-0.05	0.10	0.20	0.25	0.30	0.30	0.30	0.35	0.35	0.40	0.45	0.45	0.45
	2	-0.15	0.15	0.25	0.30	0.35	0.35	0.40	0.40	0.40	0.40	0.45	0.45	0.50	0.50
	3	0.00	0.25	0.30	0.35	0.40	0.40	0.40	0.45	0.45	0.45	0.45	0.50	0.50	0.50
	4	0.10	0.30	0.35	0.40	0.40	0.45	0.45	0.45	0.45	0.45	0.50	0.50	0.50	0.50
	5	0.20	0.35	0.40	0.40	0.45	0.45	0.45	0.45	0.45	0.45	0.50	0.50	0.50	0.50
	6	0.25	0.35	0.40	0.45	0.45	0.45	0.45	0.45	0.45	0.45	0.50	0.50	0.50	0.50
	7	0.30	0.40	0.40	0.45	0.45	0.45	0.45	0.45	0.45	0.50	0.50	0.50	0.50	0.50
	8	0.35	0.40	0.45	0.45	0.45	0.45	0.45	0.50	0.50	0.50	0.50	0.50	0.50	0.50
	中间	0.40	0.40	0.45	0.45	0.45	0.45	0.50	0.50	0.50	0.50	0.50	0.50	0.50	0.50
	4	0.45	0.45	0.45	0.50	0.50	0.50	0.50	0.50	0.50	0.50	0.50	0.50	0.50	0.50
	3	0.60	0.50	0.50	0.50	0.50	0.50	0.50	0.50	0.50	0.50	0.50	0.50	0.50	0.50
	2	0.80	0.65	0.60	0.55	0.55	0.50	0.50	0.50	0.50	0.50	0.50	0.50	0.50	0.50
	1	1.30	1.00	0.85	0.80	0.75	0.70	0.70	0.65	0.65	0.65	0.55	0.55	0.55	0.55

注：1. 对框架，$K=\dfrac{i_{b1}+i_{b2}+i_{b3}+i_{b4}}{2i_c}$，对壁式框架，$K'=\dfrac{i'_{b1}+i'_{b2}+i'_{b3}+i'_{b4}}{2i_c}\zeta^2$，$\zeta=H_\infty/H_c$。

2. n 为框架或壁式框架的总层数；m 为柱所在层数（自下至上计算）。

附表 26-2　规则框架和壁式框架承受倒三角形分布水平力作用时标准反弯点的高度比 y_0 值

n	m	K(或 K')													
		0.1	0.2	0.3	0.4	0.5	0.6	0.7	0.8	0.9	1.0	2.0	3.0	4.0	5.0
1	1	0.80	0.75	0.70	0.65	0.65	0.60	0.60	0.60	0.60	0.55	0.55	0.55	0.55	0.55
2	2	0.50	0.45	0.40	0.40	0.40	0.40	0.40	0.40	0.40	0.45	0.45	0.45	0.45	0.50
	1	1.00	0.85	0.75	0.70	0.70	0.65	0.65	0.65	0.60	0.60	0.55	0.55	0.55	0.55
3	3	0.25	0.25	0.25	0.30	0.30	0.35	0.35	0.35	0.40	0.40	0.45	0.45	0.45	0.50
	2	0.60	0.50	0.50	0.50	0.50	0.45	0.45	0.45	0.45	0.45	0.50	0.50	0.50	0.50
	1	1.15	0.90	0.80	0.75	0.75	0.70	0.70	0.65	0.65	0.65	0.60	0.55	0.55	0.55
4	4	0.10	0.15	0.20	0.25	0.30	0.30	0.35	0.35	0.35	0.40	0.45	0.45	0.45	0.45
	3	0.35	0.35	0.35	0.40	0.40	0.40	0.40	0.45	0.45	0.45	0.50	0.50	0.50	0.50
	2	0.70	0.60	0.55	0.50	0.50	0.50	0.50	0.50	0.50	0.50	0.50	0.50	0.50	0.50
	1	1.20	0.95	0.85	0.80	0.75	0.70	0.70	0.70	0.65	0.65	0.55	0.55	0.55	0.55
5	5	−0.05	0.10	0.20	0.25	0.30	0.30	0.35	0.35	0.35	0.35	0.40	0.45	0.45	0.45
	4	0.20	0.25	0.35	0.35	0.40	0.40	0.40	0.40	0.40	0.45	0.45	0.50	0.50	0.50
	3	0.45	0.40	0.45	0.45	0.45	0.45	0.45	0.45	0.45	0.50	0.50	0.50	0.50	0.50
	2	0.75	0.60	0.55	0.55	0.50	0.50	0.50	0.50	0.50	0.50	0.50	0.50	0.50	0.50
	1	1.30	1.00	0.85	0.80	0.75	0.70	0.70	0.65	0.65	0.65	0.65	0.55	0.55	0.55
6	6	−0.15	0.05	0.15	0.20	0.25	0.30	0.30	0.35	0.35	0.35	0.40	0.45	0.45	0.45
	5	0.10	0.25	0.30	0.35	0.35	0.40	0.40	0.40	0.45	0.45	0.45	0.50	0.50	0.50
	4	0.30	0.35	0.40	0.40	0.45	0.45	0.45	0.45	0.45	0.45	0.50	0.50	0.50	0.50
	3	0.50	0.45	0.45	0.45	0.45	0.45	0.45	0.45	0.45	0.50	0.50	0.50	0.50	0.50
	2	0.80	0.65	0.55	0.55	0.55	0.55	0.50	0.50	0.50	0.50	0.50	0.50	0.50	0.50
	1	1.30	1.00	0.85	0.80	0.75	0.70	0.70	0.65	0.65	0.65	0.60	0.55	0.55	0.55
7	7	−0.20	0.05	0.15	0.20	0.25	0.30	0.30	0.35	0.35	0.35	0.45	0.45	0.45	0.45
	6	0.05	0.20	0.30	0.35	0.35	0.40	0.40	0.40	0.40	0.45	0.45	0.50	0.50	0.50
	5	0.20	0.30	0.35	0.40	0.40	0.45	0.45	0.45	0.45	0.45	0.50	0.50	0.50	0.50
	4	0.35	0.40	0.40	0.45	0.45	0.45	0.45	0.45	0.45	0.45	0.50	0.50	0.50	0.50
	3	0.55	0.50	0.50	0.50	0.50	0.50	0.50	0.50	0.50	0.50	0.50	0.50	0.50	0.50
	2	0.80	0.65	0.60	0.55	0.55	0.50	0.50	0.50	0.50	0.50	0.50	0.50	0.50	0.50
	1	1.30	1.00	0.90	0.80	0.75	0.70	0.70	0.70	0.65	0.65	0.60	0.55	0.55	0.55
8	8	−0.20	0.50	0.15	0.20	0.25	0.30	0.30	0.35	0.35	0.35	0.45	0.45	0.45	0.45
	7	0.00	0.20	0.30	0.35	0.35	0.40	0.40	0.40	0.40	0.45	0.45	0.50	0.50	0.50
	6	0.15	0.30	0.35	0.40	0.40	0.45	0.45	0.45	0.45	0.45	0.50	0.50	0.50	0.50
	5	0.30	0.45	0.40	0.45	0.45	0.45	0.45	0.45	0.45	0.45	0.50	0.50	0.50	0.50
	4	0.40	0.45	0.45	0.45	0.45	0.45	0.45	0.50	0.50	0.50	0.50	0.50	0.50	0.50
	3	0.60	0.50	0.50	0.50	0.50	0.50	0.50	0.50	0.50	0.50	0.50	0.50	0.50	0.50
	2	0.85	0.65	0.60	0.55	0.55	0.55	0.50	0.50	0.50	0.50	0.50	0.50	0.50	0.50
	1	1.30	1.00	0.90	0.80	0.75	0.70	0.70	0.70	0.65	0.65	0.60	0.55	0.55	0.55

续表 26-2

n	m	K(或 K')													
		0.1	0.2	0.3	0.4	0.5	0.6	0.7	0.8	0.9	1.0	2.0	3.0	4.0	5.0
9	9	−0.25	0.00	0.15	0.20	0.25	0.30	0.30	0.35	0.35	0.40	0.45	0.45	0.45	0.45
	8	−0.00	0.20	0.30	0.35	0.35	0.40	0.40	0.40	0.40	0.45	0.45	0.50	0.50	0.50
	7	0.15	0.30	0.35	0.40	0.40	0.45	0.45	0.45	0.45	0.45	0.50	0.50	0.50	0.50
	7	0.25	0.35	0.40	0.40	0.45	0.45	0.45	0.45	0.45	0.50	0.50	0.50	0.50	0.50
	5	0.35	0.40	0.45	0.45	0.45	0.45	0.45	0.45	0.50	0.50	0.50	0.50	0.50	0.50
	4	0.45	0.45	0.45	0.45	0.45	0.50	0.50	0.50	0.50	0.50	0.50	0.50	0.50	0.50
	3	0.60	0.50	0.50	0.50	0.50	0.50	0.50	0.50	0.50	0.50	0.50	0.50	0.50	0.50
	2	0.85	0.65	0.60	0.55	0.55	0.55	0.55	0.50	0.50	0.50	0.50	0.50	0.50	0.50
	1	1.35	1.00	0.90	0.80	0.75	0.75	0.70	0.70	0.65	0.65	0.60	0.55	0.55	0.55
10	10	−0.25	0.00	0.15	0.20	0.25	0.30	0.30	0.35	0.35	0.40	0.45	0.45	0.45	0.45
	9	−0.05	0.20	0.30	0.35	0.35	0.40	0.40	0.40	0.40	0.45	0.45	0.50	0.50	0.50
	8	0.10	0.30	0.35	0.40	0.40	0.40	0.45	0.45	0.45	0.45	0.50	0.50	0.50	0.50
	7	0.20	0.35	0.40	0.40	0.45	0.45	0.45	0.45	0.45	0.50	0.45	0.45	0.45	0.45
	6	0.30	0.40	0.40	0.45	0.45	0.45	0.45	0.45	0.45	0.50	0.50	0.50	0.50	0.50
	5	0.40	0.45	0.45	0.45	0.45	0.45	0.45	0.50	0.50	0.50	0.50	0.50	0.50	0.50
	4	0.50	0.45	0.45	0.45	0.50	0.50	0.50	0.50	0.50	0.50	0.50	0.50	0.50	0.50
	3	0.60	0.55	0.50	0.50	0.50	0.50	0.50	0.50	0.50	0.50	0.50	0.50	0.50	0.50
	2	0.85	0.65	0.60	0.55	0.55	0.55	0.55	0.50	0.50	0.50	0.50	0.50	0.50	0.50
	1	1.35	1.00	0.90	0.80	0.75	0.75	0.70	0.70	0.65	0.65	0.60	0.55	0.55	0.55
11	11	−0.25	0.00	0.15	0.20	0.25	0.30	0.30	0.30	0.35	0.35	0.45	0.45	0.45	0.45
	10	−0.05	0.20	0.25	0.30	0.35	0.40	0.40	0.40	0.40	0.45	0.45	0.50	0.50	0.50
	9	0.10	0.30	0.35	0.40	0.40	0.40	0.45	0.45	0.45	0.45	0.50	0.50	0.50	0.50
	8	0.20	0.35	0.40	0.40	0.45	0.45	0.45	0.45	0.45	0.45	0.50	0.50	0.50	0.50
	7	0.25	0.40	0.40	0.45	0.45	0.45	0.45	0.45	0.45	0.50	0.50	0.50	0.50	0.50
	6	0.35	0.40	0.45	0.45	0.45	0.45	0.45	0.50	0.50	0.50	0.50	0.50	0.50	0.50
	5	0.40	0.45	0.45	0.45	0.45	0.50	0.50	0.50	0.50	0.50	0.50	0.50	0.50	0.50
	4	0.50	0.50	0.50	0.50	0.50	0.50	0.50	0.50	0.50	0.50	0.50	0.50	0.50	0.50
	3	0.65	0.55	0.50	0.50	0.50	0.50	0.50	0.50	0.50	0.50	0.50	0.50	0.50	0.50
	2	0.85	0.65	0.60	0.55	0.55	0.55	0.55	0.55	0.55	0.55	0.55	0.55	0.55	0.55
	1	1.35	1.05	0.90	0.80	0.75	0.75	0.70	0.70	0.65	0.65	0.60	0.55	0.55	0.55
12 以上	1	−0.30	0.00	0.15	0.20	0.25	0.30	0.30	0.30	0.35	0.35	0.40	0.45	0.45	0.45
	2	−0.10	0.20	0.25	0.30	0.35	0.40	0.40	0.40	0.40	0.40	0.45	0.45	0.45	0.50
	3	0.05	0.25	0.35	0.40	0.40	0.40	0.45	0.45	0.45	0.45	0.45	0.50	0.50	0.50
	4	0.15	0.30	0.40	0.40	0.45	0.45	0.45	0.45	0.45	0.45	0.50	0.50	0.50	0.50
	5	0.25	0.35	0.50	0.45	0.45	0.45	0.45	0.45	0.45	0.45	0.50	0.50	0.50	0.50
	6	0.30	0.40	0.50	0.45	0.45	0.45	0.45	0.50	0.50	0.50	0.50	0.50	0.50	0.50
	7	0.35	0.40	0.55	0.45	0.45	0.45	0.50	0.50	0.50	0.50	0.50	0.50	0.50	0.50
	8	0.35	0.45	0.55	0.45	0.50	0.50	0.50	0.50	0.50	0.50	0.50	0.50	0.50	0.50
	中间	0.45	0.45	0.55	0.45	0.50	0.50	0.50	0.50	0.50	0.50	0.50	0.50	0.50	0.50
	4	0.55	0.50	0.50	0.50	0.50	0.50	0.50	0.50	0.50	0.50	0.50	0.50	0.50	0.50
	3	0.65	0.55	0.50	0.50	0.50	0.50	0.50	0.50	0.50	0.50	0.50	0.50	0.50	0.50
	2	0.70	0.70	0.60	0.55	0.55	0.55	0.55	0.50	0.50	0.50	0.50	0.50	0.50	0.50
	1	1.35	1.05	0.90	0.80	0.75	0.70	0.70	0.70	0.65	0.65	0.60	0.55	0.55	0.55

注：附注内容与附表 26-1 相同。

附表 26-3　　　　　　　上下层横梁线刚度比对 y_0 的修正值 y_1

I (或 I')	K(或 K')													
	0.1	0.2	0.3	0.4	0.5	0.6	0.7	0.8	0.9	1.0	2.0	3.0	4.0	5.0
0.4	0.55	0.40	0.30	0.25	0.20	0.20	0.20	0.15	0.15	0.15	0.05	0.05	0.05	0.05
0.5	0.45	0.30	0.20	0.20	0.15	0.15	0.15	0.10	0.10	0.10	0.05	0.05	0.05	0.05
0.6	0.30	0.20	0.15	0.15	0.10	0.10	0.10	0.10	0.05	0.05	0.05	0.05	0	0
0.7	0.20	0.15	0.10	0.10	0.10	0.10	0.05	0.05	0.05	0.05	0.05	0	0	0
0.8	0.15	0.10	0.05	0.05	0.05	0.05	0.05	0.05	0.05	0	0	0	0	0
0.9	0.05	0.05	0.05	0.05	0	0	0	0	0	0	0	0	0	—

注：对框架，$I=\dfrac{i_1+i_2}{i_3+i_4}$，当 $i_1+i_2>i_3+i_4$ 时，则 I 取倒数，即 $I=\dfrac{i_3+i_4}{i_1+i_2}$，并且 y_1 值取负号"—"；

对壁式框架，$I'=\dfrac{i'_1+i'_2}{i'_3+i'_4}$，当 $i'_1+i'_2>i'_3+i'_4$ 时，则 I' 取倒数，即 $I'=\dfrac{i'_3+i'_4}{i'_1+i'_2}$，并且 y_1 值取负号"—"。

附表 26-4　　　　　　　上下层高变化对 y_0 的修正值 y_2 和 y_3

α_2	α_3	K(或 K')													
		0.1	0.2	0.3	0.4	0.5	0.6	0.7	0.8	0.9	1.0	2.0	3.0	4.0	5.0
2.0		0.25	0.15	0.15	0.10	0.10	0.10	0.10	0.10	0.05	0.05	0.05	0.05	0.0	0.0
1.8		0.20	0.15	0.10	0.10	0.10	0.05	0.05	0.05	0.05	0.05	0.05	0.0	0.0	0.0
1.6	0.4	0.15	0.10	0.10	0.05	0.05	0.05	0.05	0.05	0.05	0.05	0.0	0.0	0.0	0.0
1.4	0.6	0.10	0.05	0.05	0.05	0.05	0.05	0.05	0.05	0.05	0.05	0.0	0.0	0.0	0.0
1.2	0.8	0.05	0.05	0.05	0.0	0.0	0.0	0.0	0.0	0.0	0.0	0.0	0.0	0.0	0.0
1.0	1.0	0.0	0.0	0.0	0.0	0.0	0.0	0.0	0.0	0.0	0.0	0.0	0.0	0.0	0.0
0.8	1.2	−0.05	−0.05	−0.05	0.0	0.0	0.0	0.0	0.0	0.0	0.0	0.0	0.0	0.0	0.0
0.6	1.4	−0.10	−0.05	−0.05	−0.05	−0.05	−0.05	−0.05	−0.05	−0.05	0.0	0.0	0.0	0.0	0.0
0.4	1.6	−0.15	−0.10	−0.10	−0.05	−0.05	−0.05	−0.05	−0.05	−0.05	−0.05	0.0	0.0	0.0	0.0
	1.8	−0.20	−0.15	−0.10	−0.10	−0.10	−0.05	−0.05	−0.05	−0.05	−0.05	−0.05	0.0	0.0	0.0
	2.0	−0.25	−0.15	−0.15	−0.10	−0.10	−0.10	−0.10	−0.05	−0.05	−0.05	−0.05	0.0	0.0	0.0

注：y_2 按照 K 及 α_2 或按照 K' 及 α_2 求得，上层较高时取正值；

y_3 按照 K 及 α_3 或按照 K' 及 α_3 求得。

附表27　砌体抗压强度设计值

附表27－1　烧结普通砖和烧结多孔砖砌体的抗压强度设计值　　　　　　　单位:N/mm²

砖强度等级	砂浆强度等级					砂浆强度
	M15	M10	M7.5	M5	M2.5	0
MU30	3.94	3.27	2.93	2.59	2.26	1.15
MU25	3.60	2.98	2.68	2.37	2.06	1.05
MU20	3.22	2.67	2.39	2.12	1.84	0.94
MU15	2.79	2.31	2.07	1.83	1.60	0.82
MU10	—	1.89	1.69	1.50	1.30	0.67

注：当烧结多孔砖的孔洞率大于30%时，表中数值应乘以0.9。

附表27－2　混凝土普通砖和混凝土多孔砖砌体的抗压强度设计值　　　　　　单位:N/mm²

砖强度等级	砂浆强度等级					砂浆强度
	Mb20	Mb15	Mb10	Mb7.5	Mb5	0
MU30	4.61	3.94	3.27	2.93	2.59	1.15
MU25	4.21	3.60	2.98	2.68	2.37	1.05
MU20	3.77	3.22	2.67	2.39	2.12	0.94
MU15	—	2.79	2.31	2.07	1.83	0.82

附表27－3　蒸压灰砂普通砖和蒸压粉煤灰普通砖砌体的抗压强度设计值　　　单位:N/mm²

砖强度等级	砂浆强度等级				砂浆强度
	M15	M10	M7.5	M5	0
MU25	3.60	2.98	2.68	2.37	1.05
MU20	3.22	2.67	2.39	2.12	0.94
MU15	2.79	2.31	2.07	1.83	0.82

注：当采用专用砂浆砌筑时，其抗压强度设计值按表中数值采用。

附表27－4　单排孔混凝土砌块和轻集料混凝土砌块对孔砌筑砌体的抗压强度设计值　　单位:N/mm²

砌块强度等级	砂浆强度等级					砂浆强度
	Mb20	Mb15	Mb10	Mb7.5	Mb5	0
MU20	6.30	5.68	4.95	4.44	3.94	2.33
MU15	—	4.61	4.02	3.61	3.20	1.89
MU10	—	—	2.79	2.50	2.22	1.31
MU7.5	—	—	—	1.93	1.71	1.01
MU5	—	—	—	—	1.19	0.70

注：1. 对独立柱或厚度为双排组砌的砌块砌体，应按表中数值乘以0.7。
　　2. 对T形截面砌体、柱，应按表中数值乘以0.85。

附表 27-5　　　　　轻集料混凝土砌块砌体的抗压强度设计值　　　　　单位：N/mm²

砌块强度等级	砂浆强度等级			砂浆强度
	Mb10	Mb7.5	Mb5	0
MU10	3.08	2.76	2.45	1.44
MU7.5	—	2.13	1.88	1.12
MU5	—	—	1.31	0.78
MU3.5	—	—	0.95	0.56

注：1. 表中的砌块为火山渣、浮石和陶粒轻骨料混凝土砌块。
　　2. 对厚度方向为双排组砌的轻骨料混凝土砌块砌体的抗压强度设计值，应按表中数值乘以 0.8。

附表 27-6　　　　　毛料石砌体的抗压强度设计值　　　　　单位：N/mm²

毛料石强度等级	砂浆强度等级			砂浆强度
	M7.5	M5	M2.5	0
MU100	5.42	4.80	4.18	2.13
MU80	4.85	4.29	3.73	1.91
MU60	4.20	3.71	3.23	1.65
MU50	3.83	3.39	2.95	1.51
MU40	3.43	3.04	2.64	1.35
MU30	2.97	2.63	2.29	1.17
MU20	2.42	2.15	1.87	0.95

注：对下列各类料石砌体，应按表中数值分别乘以系数：
　　细料石砌体　　　1.4
　　粗料石砌体　　　1.2
　　干砌勾缝石砌体　0.8

附表 27-7　　　　　毛石砌体的抗压强度设计值　　　　　单位：N/mm²

毛石强度等级	砂浆强度等级			砂浆强度
	M7.5	M5	M2.5	0
MU100	1.27	1.12	0.98	0.34
MU80	1.13	1.00	0.87	0.30
MU60	0.98	0.87	0.76	0.26
MU50	0.90	0.80	0.69	0.23
MU40	0.80	0.71	0.62	0.21
MU30	0.69	0.61	0.53	0.18
MU20	0.56	0.51	0.44	0.15

附表 28　　沿砌体灰缝截面破坏时砌体的轴心抗拉强度设计
值、弯曲抗拉强度设计值和抗剪强度设计值　　　　单位：N/mm²

强度类别	破坏特征及砌体种类	砂浆强度等级			
		≥M10	M7.5	M5	M2.5
轴心抗拉（沿齿缝）	烧结普通砖、烧结多孔砖	0.19	0.16	0.13	0.09
	混凝土普通砖、混凝土多孔砖	0.19	0.16	0.13	—
	蒸压灰砂普通砖、蒸压粉煤灰普通砖	0.12	0.10	0.08	—
	混凝土和轻集料混凝土砌块	0.09	0.08	0.07	—
	毛石	—	0.07	0.06	0.04
弯曲抗拉（沿齿缝）	烧结普通砖、烧结多孔砖	0.33	0.29	0.23	0.17
	混凝土普通砖、混凝土多孔砖	0.33	0.29	0.23	—
	蒸压灰砂普通砖、蒸压粉煤灰普通砖	0.24	0.20	0.16	—
	混凝土和轻集料混凝土砌块	0.11	0.09	0.08	—
	毛石	—	0.11	0.09	0.07
弯曲抗拉（沿通缝）	烧结普通砖、烧结多孔砖	0.17	0.14	0.11	0.08
	混凝土普通砖、混凝土多孔砖	0.17	0.14	0.11	—
	蒸压灰砂普通砖、蒸压粉煤灰普通砖	0.12	0.10	0.08	—
	混凝土和轻集料混凝土砌块	0.08	0.06	0.05	—
抗剪	烧结普通砖、烧结多孔砖	0.17	0.14	0.11	0.08
	混凝土普通砖、混凝土多孔砖	0.17	0.14	0.11	—
	蒸压灰砂普通砖、蒸压粉煤灰普通砖	0.12	0.10	0.08	—
	混凝土和轻集料混凝土砌块	0.09	0.08	0.06	—
	毛石	—	0.19	0.16	0.11

注：1. 对于用形状规则的块体砌筑的砌体，当搭接长度与块体高度的比值小于 1 时，其轴心抗拉强度设计值 f_t 和弯曲抗拉强度设计值 f_{tm} 应按表中数值乘以搭接长度与块体高度比值后采用。
2. 表中数值是依据普通砂浆砌筑的砌体确定，采用经研究性试验且通过技术鉴定的专用砂浆砌筑的蒸压灰砂普通砖、蒸压粉煤灰普通砖砌体，其抗剪强度设计值按相应普通砂浆强度等级砌筑的烧结普通砖砌体采用。
3. 对混凝土普通砖、混凝土多孔砖、混凝土和轻集料混凝土砌块砌体，表中的砂浆强度等级分别为：≥Mb10、Mb7.5 及 Mb5。

附表 29　　砌体的弹性模量　　单位：N/mm²

砌体种类	砂浆强度等级			
	≥M10	M7.5	M5	M2.5
烧结普通砖、烧结多孔砖砌体	1600f	1600f	1600f	1390f
混凝土普通砖、混凝土多孔砖砌体	1600f	1600f	1600f	—
蒸压灰砂普通砖、蒸压粉煤灰普通砖砌体	1060f	1060f	1060f	—
非灌孔混凝土砌块砌体	1700f	1600f	1500f	—
粗料石、毛料石、毛石砌体	—	5650	4000	2250
细料石砌体	—	17000	12000	6750

注：1. 轻集料混凝土砌块砌体的弹性模量，可按表中混凝土砌块砌体的弹性模量采用。
2. 表中砌体抗压强度值不乘调整系数 γ_a。
3. 表中砂浆为普通砂浆，采用专用砂浆砖砌的砌体的弹性模量也按此表取值。
4. 对混凝土普通砖、混凝土多孔砖、混凝土和轻集料混凝土砂块砌体，表中的砂浆强度等级分别为：≥Mb10、Mb7.5 及 Mb5。

附表30　　　　　　　　　　　　　摩擦系数

材料类别	摩擦面情况	
	干燥的	潮湿的
砌体沿砌体或混凝土滑动	0.70	0.60
砌体沿木材滑动	0.60	0.50
砌体沿钢滑动	0.45	0.35
砌体沿砂或卵石滑动	0.60	0.50
砌体沿粉土滑动	0.55	0.40
砌体沿粘性土滑动	0.50	0.30

附表31　　　　　　　　　　砌体的线膨胀系数和收缩率

砌体类别	线膨胀系数 $10^{-6}/℃$	收缩率 mm/m
烧结普通砖、烧结多孔砖砌体	5	−0.1
蒸压灰砂普通砖、蒸压粉煤灰普通砖砌体	8	−0.2
混凝土普通砖、混凝土多孔砖、混凝土砌块砌体	10	−0.2
轻集料混凝土砌块砌体	10	−0.3
料石和毛石砌体	8	—

注：表中的收缩率系由达到收缩允许标准的块体砌筑28d的砌体收缩率，当地方有可靠的砌体收缩试验数据时，亦可采用当地的试验数据。

附表32　影响系数 φ

附表32−1　　　　　　　　　影响系数 φ（砂浆强度等级≥M5）

β	$\dfrac{e}{h}$ 或 $\dfrac{e}{h_T}$												
	0	0.025	0.05	0.075	0.1	0.125	0.15	0.175	0.2	0.225	0.25	0.275	0.3
≤3	1	0.99	0.97	0.94	0.89	0.84	0.79	0.73	0.68	0.62	0.57	0.52	0.48
4	0.98	0.95	0.90	0.85	0.80	0.74	0.69	0.64	0.58	0.53	0.49	0.45	0.41
6	0.95	0.91	0.86	0.81	0.75	0.69	0.64	0.59	0.54	0.49	0.45	0.42	0.38
8	0.91	0.86	0.81	0.76	0.70	0.64	0.59	0.54	0.50	0.46	0.42	0.39	0.36
10	0.87	0.82	0.76	0.71	0.65	0.60	0.55	0.50	0.46	0.42	0.39	0.36	0.33
12	0.82	0.77	0.71	0.66	0.60	0.55	0.51	0.47	0.43	0.39	0.36	0.33	0.31
14	0.77	0.72	0.66	0.61	0.56	0.51	0.47	0.43	0.40	0.36	0.34	0.31	0.29
16	0.72	0.67	0.61	0.56	0.52	0.47	0.44	0.40	0.37	0.34	0.31	0.29	0.27
18	0.67	0.62	0.57	0.52	0.48	0.44	0.40	0.37	0.34	0.31	0.29	0.27	0.25
20	0.62	0.57	0.53	0.48	0.44	0.40	0.37	0.34	0.32	0.29	0.27	0.25	0.23
22	0.58	0.53	0.49	0.45	0.41	0.38	0.35	0.32	0.30	0.27	0.25	0.24	0.22
24	0.54	0.49	0.45	0.41	0.38	0.35	0.32	0.30	0.28	0.26	0.24	0.22	0.21
26	0.50	0.46	0.42	0.38	0.35	0.33	0.30	0.28	0.26	0.24	0.22	0.21	0.19
28	0.46	0.42	0.39	0.36	0.33	0.30	0.28	0.26	0.24	0.22	0.21	0.19	0.18
30	0.42	0.39	0.36	0.33	0.31	0.28	0.26	0.24	0.22	0.21	0.20	0.18	0.17

附表32-2　　　　　　　　　影响系数 φ（砂浆强度等级 M2.5）

β	$\dfrac{e}{h}$ 或 $\dfrac{e}{h_T}$												
	0	0.025	0.05	0.075	0.1	0.125	0.15	0.175	0.2	0.225	0.25	0.275	0.3
≤3	1	0.99	0.97	0.94	0.89	0.84	0.79	0.73	0.68	0.62	0.57	0.52	0.48
4	0.97	0.94	0.89	0.84	0.78	0.73	0.67	0.62	0.57	0.52	0.48	0.44	0.40
6	0.93	0.89	0.84	0.78	0.73	0.67	0.62	0.57	0.52	0.48	0.44	0.40	0.37
8	0.89	0.84	0.78	0.72	0.67	0.62	0.57	0.52	0.48	0.44	0.40	0.37	0.34
10	0.83	0.78	0.72	0.67	0.61	0.56	0.52	0.47	0.43	0.40	0.37	0.34	0.31
12	0.78	0.72	0.67	0.61	0.56	0.52	0.47	0.43	0.40	0.37	0.34	0.31	0.29
14	0.72	0.66	0.61	0.56	0.51	0.47	0.43	0.40	0.36	0.34	0.31	0.29	0.27
16	0.66	0.61	0.56	0.51	0.47	0.43	0.40	0.36	0.34	0.31	0.29	0.26	0.25
18	0.61	0.56	0.51	0.47	0.43	0.40	0.36	0.33	0.31	0.29	0.26	0.24	0.23
20	0.56	0.51	0.47	0.43	0.39	0.36	0.33	0.31	0.28	0.26	0.24	0.23	0.21
22	0.51	0.47	0.43	0.39	0.36	0.33	0.31	0.28	0.26	0.24	0.23	0.21	0.20
24	0.46	0.43	0.39	0.36	0.33	0.31	0.28	0.26	0.24	0.23	0.21	0.20	0.18
26	0.42	0.39	0.36	0.33	0.31	0.28	0.26	0.24	0.22	0.21	0.20	0.18	0.17
28	0.39	0.36	0.33	0.30	0.28	0.26	0.24	0.22	0.21	0.20	0.18	0.17	0.16
30	0.36	0.33	0.30	0.28	0.26	0.24	0.22	0.21	0.20	0.18	0.17	0.16	0.15

附表32-3　　　　　　　　　影响系数 φ（砂浆强度 0）

β	$\dfrac{e}{h}$ 或 $\dfrac{e}{h_T}$												
	0	0.025	0.05	0.075	0.1	0.125	0.15	0.175	0.2	0.225	0.25	0.275	0.3
≤3	1	0.99	0.97	0.94	0.89	0.84	0.79	0.73	0.68	0.62	0.57	0.52	0.48
4	0.87	0.82	0.77	0.71	0.66	0.60	0.55	0.51	0.46	0.43	0.39	0.36	0.33
6	0.76	0.70	0.65	0.59	0.54	0.50	0.46	0.42	0.39	0.36	0.33	0.30	0.28
8	0.63	0.58	0.54	0.49	0.45	0.41	0.38	0.35	0.32	0.30	0.28	0.25	0.24
10	0.53	0.48	0.44	0.41	0.37	0.34	0.32	0.29	0.27	0.25	0.23	0.22	0.20
12	0.44	0.40	0.37	0.34	0.31	0.29	0.27	0.25	0.23	0.21	0.20	0.19	0.17
14	0.36	0.33	0.31	0.28	0.26	0.24	0.23	0.21	0.20	0.18	0.17	0.16	0.15
16	0.30	0.28	0.26	0.24	0.22	0.21	0.19	0.18	0.17	0.16	0.15	0.14	0.13
18	0.26	0.24	0.22	0.21	0.19	0.18	0.17	0.16	0.15	0.14	0.13	0.12	0.12
20	0.22	0.20	0.19	0.18	0.17	0.16	0.15	0.14	0.13	0.12	0.12	0.11	0.10
22	0.19	0.18	0.16	0.15	0.14	0.14	0.13	0.12	0.12	0.11	0.10	0.10	0.09
24	0.16	0.15	0.14	0.13	0.13	0.12	0.11	0.11	0.10	0.10	0.09	0.09	0.08
26	0.14	0.13	0.13	0.12	0.11	0.11	0.10	0.10	0.09	0.09	0.08	0.08	0.07
28	0.12	0.12	0.11	0.11	0.10	0.10	0.09	0.09	0.08	0.08	0.08	0.07	0.07
30	0.11	0.10	0.10	0.09	0.09	0.09	0.08	0.08	0.07	0.07	0.07	0.07	0.06

附表 33　　　　　　　　　　　　影响系数 φ_n

ρ	β \ e/h	0	0.05	0.10	0.15	0.17
0.1	4	0.97	0.89	0.78	0.67	0.63
	6	0.93	0.84	0.73	0.62	0.58
	8	0.89	0.78	0.67	0.57	0.53
	10	0.84	0.72	0.62	0.52	0.48
	12	0.78	0.67	0.56	0.48	0.44
	14	0.72	0.61	0.52	0.44	0.41
	16	0.67	0.56	0.47	0.40	0.37
0.3	4	0.96	0.87	0.76	0.65	0.61
	6	0.91	0.80	0.69	0.59	0.55
	8	0.84	0.74	0.62	0.53	0.49
	10	0.78	0.67	0.56	0.47	0.44
	12	0.71	0.60	0.51	0.43	0.40
	14	0.64	0.54	0.46	0.38	0.36
	16	0.58	0.49	0.41	0.35	0.32
0.5	4	0.94	0.85	0.74	0.63	0.59
	6	0.88	0.77	0.66	0.56	0.52
	8	0.81	0.69	0.59	0.50	0.46
	10	0.73	0.62	0.52	0.44	0.41
	12	0.65	0.55	0.46	0.39	0.36
	14	0.58	0.49	0.41	0.35	0.32
	16	0.51	0.43	0.36	0.31	0.29
0.7	4	0.93	0.83	0.72	0.61	0.57
	6	0.86	0.75	0.63	0.53	0.50
	8	0.77	0.66	0.56	0.47	0.43
	10	0.68	0.58	0.49	0.41	0.38
	12	0.60	0.50	0.42	0.36	0.33
	14	0.52	0.44	0.37	0.31	0.30
	16	0.46	0.38	0.33	0.28	0.26
0.9	4	0.92	0.82	0.71	0.60	0.56
	6	0.83	0.72	0.61	0.52	0.48
	8	0.73	0.63	0.53	0.45	0.42
	10	0.64	0.54	0.46	0.38	0.36
	12	0.55	0.47	0.39	0.33	0.31
	14	0.48	0.40	0.34	0.29	0.27
	16	0.41	0.35	0.30	0.25	0.24
1.0	4	0.91	0.81	0.70	0.59	0.55
	6	0.82	0.71	0.60	0.51	0.47
	8	0.72	0.61	0.52	0.43	0.41
	10	0.62	0.53	0.44	0.37	0.35
	12	0.54	0.45	0.38	0.32	0.30
	14	0.46	0.39	0.33	0.28	0.26
	16	0.39	0.34	0.28	0.24	0.23

附表 34　　　　　　　　　　组合砖砌体构件的稳定系数 φ_{com}

高厚比 β	配筋率 ρ / %					
	0	0.2	0.4	0.6	0.8	≥1.0
8	0.91	0.93	0.95	0.97	0.99	1.00
10	0.87	0.90	0.92	0.94	0.96	0.98
12	0.82	0.85	0.88	0.91	0.93	0.95
14	0.77	0.80	0.83	0.86	0.89	0.92
16	0.72	0.75	0.78	0.81	0.84	0.87
18	0.67	0.70	0.73	0.76	0.79	0.81
20	0.62	0.65	0.68	0.71	0.73	0.75
22	0.58	0.61	0.64	0.66	0.68	0.70
24	0.54	0.57	0.59	0.61	0.63	0.65
26	0.50	0.52	0.54	0.56	0.58	0.60
28	0.46	0.48	0.50	0.52	0.54	0.56

注：组合砖砌体构件截面的配筋率 $\rho = \dfrac{A'_s}{bh}$。

附表 35　　　　　　　　　砌体房屋伸缩缝的最大间距　　　　　　　　　　单位：m

屋盖或楼盖类别		间距
整体式或装配整体式钢筋混凝土结构	有保温层或隔热层的屋盖、楼盖	50
	无保温层或隔热层的屋盖	40
装配式无檩体系钢筋混凝土结构	有保温层或隔热层的屋盖、楼盖	60
	无保温层或隔热层的屋盖	50
装配式有檩体系钢筋混凝土结构	有保温层或隔热层的屋盖	75
	无保温层或隔热层的屋盖	60
瓦材屋盖、木屋盖或楼盖、轻钢屋盖		100

注：1. 对烧结普通砖、烧结多孔砖、配筋砌块砌体房屋取表中数值；对石砌体、蒸压灰砂普通砖、蒸压粉煤灰普通砖、混凝土砌块、混凝土普通砖和混凝土多孔砖房屋，取表中数值乘以 0.8 的系数。当有实践经验并采取有效措施时，可不遵守本表规定。
2. 在钢筋混凝土屋面上挂瓦的屋盖应按钢筋混凝土屋盖采用。
3. 层高大于 5 m 的烧结普通砖、烧结多孔砖、配筋砌块砌体结构单层房屋，其伸缩缝间距可按表中数值乘以 1.3。
4. 温差较大且变化频繁地区和严寒地区不采暖的房屋及构筑物墙体的伸缩缝的最大间距，应按表中数值予以适当减小。
5. 墙体的伸缩缝应与结构的其他变形缝相重合，在进行立面处理时，缝宽度应满足各种变形缝的要求，必须保证缝隙的变形作用。

参 考 文 献

[1] 蓝宗建(主编),梁书亭,孟少平.混凝土结构设计原理[M].南京:东南大学出版社,2008
[2] 蓝宗建(主编),刘伟庆,梁书亭,王曙光.混凝土结构(上册)[M].北京:中国电力出版社,2011
[3] 蓝宗建(主编),刘伟庆,梁书亭,王曙光.混凝土结构(下册)[M].北京:中国电力出版社,2012
[4] 蓝宗建(主编),朱万福,黄德富.钢筋混凝土结构[M].南京:江苏科学技术出版社,1988
[5] 丁大钧主编.混凝土结构学(上册)[M].2版.北京:中国铁道出版社,1991
[6] 丁大钧主编.混凝土结构学(中册)[M].2版.北京:中国铁道出版社,1991
[7] 天津大学,同济大学,东南大学.混凝土结构(上册)[M].北京:中国建筑工业出版社,2002
[8] 天津大学,同济大学,东南大学.混凝土结构(下册)[M].北京:中国建筑工业出版社,2002
[9] 王传志,滕智明主编.钢筋混凝土结构理论[M].北京:中国建筑工业出版社,1985
[10] R Park, T Paulay. Reinforced Concrete Structures[M]. New York:John Wiley and Sons, 1975
[11] E G Nawy.钢筋混凝土结构设计原理与计算[M].姚崇德等译.北京:中国建筑工业出版社,1989
[12] 混凝土基本力学性能研究组.混凝土的几个基本力学指标[G]//国家建设委员会建筑科学研究院主编.钢筋混凝土结构研究报告选集.北京:中国建筑工业出版社,1977
[13] H Kupfer, H K Hilsdorf, H Rusch. Behavior of concrete under biaxial stresses[J]. Journal ACI, 1969, 66(8)
[14] 过镇海.钢筋混凝土原理[M].北京:清华大学出版社,2004
[15] Shigeru Morinagu. Prediction of serrice lives of reinforced concrete buildings based on rate of corrosion of reinforcing steel[G]. SHIMIZV Corporation, 1986
[16] 张誉,蒋利学.混凝土结构耐久性概论[M].上海:科学技术出版社,2003
[17] 钢筋混凝土结构安全度组.钢筋混凝土结构的安全度问题[G]//国家建设委员会建筑科学研究院主编.钢筋混凝土结构研究报告选集.大连:大连理工大学出版社,1996
[18] 赵国藩.工程结构可靠性理论及应用[M].北京:人民交通出版社,1989
[19] 钢筋混凝土结构设计规范修订组.混凝土标号的确定原则及试件标准尺寸的修改方案[J].建筑结构,1984(1)
[20] A H Mattock, L B Krin, E Hognestard. Rectangular stress distribution in ultimate strength deisign[J]. Journal ACI, 1961,57(8)
[21] 上海市建筑科学研究所.钢筋混凝土双向受弯构件正截面强度的简化计算[G]//国家建设委员会建筑科学研究院主编.钢筋混凝土结构研究报告选集.北京:中国建筑工业出版社,1977
[22] 偏心受压构件强度专题研究组.钢筋混凝土偏心受压构件正截面强度的试验研究[G]//中国建筑科学研究院主编.钢筋混凝土结构研究报告选集.第2集.北京:中国建筑工业出版社,1981
[23] 国家建设委员会建筑科学研究院建筑结构研究所.钢筋混凝土偏心受压构件的纵向弯曲[G]//国家建设委员会建筑科学研究院主编.钢筋混凝土结构研究报告选集.北京:中国建筑工业出版社,1977
[24] 偏心受力构件专题研究组.钢筋混凝土偏心受压长柱的计算[J].建筑结构,1982(3)
[25] 蓝宗建,蒋永生.钢筋混凝土双向偏心受压构件强度的试验研究和设计计算[J].南京工学院学报,1982(3)
[26] 蓝宗建.钢筋混凝土双向偏心受压构件正截面承载力简捷计算方法[J].工业建筑,1991(3)
[27] 抗剪强度计算研究组.钢筋混凝土梁的抗剪强度计算[G]//国家建设委员会建筑科学研究院主

编.钢筋混凝土结构研究报告选集.北京:中国建筑工业出版社,1977

[28] 吕志涛,周明华,狄志新.轴向力对钢筋混凝土受弯构件抗剪强度的影响[J].南京工学院学报,1979(4)

[29] 王祖华.间接加载钢筋混凝土梁的抗剪强度[J].重庆建筑工程学院学报,1981(1)

[30] 施岚青.钢筋混凝土受弯构件剪切控制区及其下包线[J].建筑结构学报,1983,4(5)

[31] 吴智眉,李珍,王丽研.集中荷载下具有反弯点的钢筋混凝土构件的抗剪强度[J].天津大学学报,1984(2)

[32] 抗剪强度专题研究组.钢筋混凝土受弯构件的截面限制条件及预应力对斜截面抗剪强度的影响[J].建筑结构,1978(4)

[33] 钢筋混凝土结构抗扭专题组.钢筋混凝土纯扭构件抗扭强度的试验研究和计算方法[J].建筑结构学报,1987,8(4)

[34] 钢筋混凝土结构抗扭专题组.弯、剪、扭共同作用下钢筋混凝土构件的强度[J].建筑结构学报,1989,10(5)

[35] 殷芝霖.钢筋混凝土和预应力混凝土的拉弯扭和压弯扭强度[J].建筑结构学报,1981,2(2)

[36] 殷芝霖,张誉,王振东.抗扭[M].北京:中国铁道出版社,1990

[37] Israel Rosenthal. Experimental investigation of flate floors[J]. Journal ACI,1959,59(2)

[38] 基础板冲切专题组.钢筋混凝土柱下独立基础板的冲切承载力[G]//中国建筑科学研究院主编.混凝土结构研究报告选集.第3集.北京:中国建筑工业出版社,1994

[39] 蔡绍怀.混凝土及配筋混凝土局部承压强度[J].土木工程学报,1963(6)

[40] 刘永颐,关建光,王传志.预应力混凝土结构端部锚固区的抗裂验算与配筋设计[J].建筑结构学报,1983,4(5)

[41] 钢筋混凝土结构设计规范修订组.冲切计算的修订建议[J].建筑结构,1984(3)

[42] 局部承压专题研究组.混凝土及钢筋混凝土的局部承压问题[J].建筑结构,1982(4)

[43] 蓝宗建,丁大钧.钢筋混凝土受弯构件裂缝宽度的计算[J].南京工学院学报,1985(2)

[44] Lan Zongjian(蓝宗建),Ding Dajun(丁大钧). Crack width in reinforced concrete members[J]. International Journal of Structures,1992,12(3)

[45] 钢筋混凝土结构设计规范修订组.钢筋混凝土构件裂缝宽度计算[J].建筑结构,1984(3)

[46] 钢筋混凝土结构设计规范修订组.钢筋混凝土和预应力混凝土受弯构件的刚度计算[J].建筑结构,1984(3)

[47] 蓝宗建,张正.混凝土保护层厚度对钢筋混凝土受弯构件裂缝宽度影响的试验研究[J].云南工学院学报,1991,7(1)

[48] 丁大钧,庞同和.钢筋混凝土及预应力混凝土受弯构件在长期荷载作用下的试验研究[J].建筑结构学报,1980,1(3)

[49] T Y Lin. Design of Prestressed Concrete Structures[M]. New York:John Wiley and Sons,1981

[50] 华东预应力中心.现代预应力混凝土工程实践与研究[M].北京:光明日报出版社,1989

[51] A H Nilson. Design of Prestressed Concrete[M]. New York:John Wiley and Sons,1981

[52] 南京工学院,天津大学.预应力混凝土梁的抗剪强度计算[G]//中国建筑科学研究院主编.钢筋混凝土梁结构研究报告选集.第2集.北京:中国建筑工业出版社,1981

[53] 蓝宗建.在使用荷载下出现裂缝的部分预应力混凝土梁裂缝宽度的计算[J].建筑结构学报,1993,14(5)

[54] 王铁梦.工程结构裂缝控制[M].北京:中国建筑工业出版社,1997

[55] 徐金声,薛立红.现代预应力混凝土楼盖结构[M].北京:中国建筑工业出版社,1998

[56] 吕志涛,孟少平.现代预应力设计[M].北京:中国建筑工业出版社,1998

[57] 赵西安.高层建筑结构实用设计方法[M].上海:同济大学出版社,1986

[58] 包世华,方鄂华等.高层建筑结构设计[M].2版.北京:清华大学出版社,1990
[59] 中国建筑科学研究院建设结构研究所主编.高层建筑结构设计[M].北京:科学出版社,1983
[60] 赵西安,李国胜等.高层建筑结构设计与施工问答[M].上海:同济大学出版社,1983
[61] 框架节点专题研究组.低周反复荷载下钢筋混凝土框架节点核心区的受力性能[J].建筑结构,1982,4
[62] 框架顶层边节点专题组(白绍良执笔).钢筋混凝土框架顶层边节点的静力及抗震性能试验研究[G]//中国建筑科学研究院主编.混凝土结构研究报告选集.第3集.北京:中国建筑工业出版社,1994
[63] 全国混凝土结构标准技术委员会节点连接学组与结构抗震学组.混凝土结构节点连接及抗震构造研究与应用论文集[G].北京:中国建筑工业出版社,1996
[64] 唐九如.钢筋混凝土框架节点抗震[M].南京:东南大学出版社,1989
[65] Thomas Paulay, Coupling beams of reinforced concrete shear walls[J]. Proc. ASCE, Journal of the Structural Division, 1971(3)
[66] M Finter. Dustile shear wall in earthquake resistant multistory building[J]. Journal of ACI, 1974,(71)6
[67] 丁大钧,刘忠德.弹性地基梁计算理论和方法[M].南京:南京工学院出版社,1986
[68] 热摩奇金等著.基础实用计算方法[M].顾子聪等译.北京:中国建筑工业出版社,1954
[69] 宰金珉,宰金璋.高层建筑基础分析与设计[M].北京:中国建筑工业出版社,1993
[70] 丁大钧,蓝宗建(主编),刘立新等.砌体结构[M].北京:中国建筑工业出版社,2004
[71] 丁大钧.砌体结构学[M].北京:中国建筑工业出版社,1997
[72] 钱义良.砌体结构构件的偏心受压[G]//钱义良,施楚贤主编.砌体结构研究论文集.长沙:湖南大学出版社,1989
[73] 唐岱新.砌体结构局部受压试验及计算方法[G]//钱义良,施楚贤主编.砌体结构研究论文集.长沙:湖南大学出版社,1989
[74] 唐岱新,孙伟民.砖砌体对梁端的约束[J].哈尔滨建筑工程学院学报,1985
[75] 中华人民共和国建设部.建筑结构可靠性设计统一标准 GB 50153-2008[S].北京:中国建筑工业出版社,2008
[76] 中华人民共和国建设部.建筑结构荷载规范 GB 50009-001(2006版)[S].北京:中国建筑工业出版社,2006
[77] 中华人民共和国住房和城乡建设部.混凝土结构设计规范 GB 50010-2010[S].北京:中国建筑工业出版社,2011
[78] 中华人民共和国住房和城乡建设部.建筑抗震设计规范 GB 50011-2010[S].北京:中国建筑工业出版社,2010
[79] 中华人民共和国建设部.砌体结构设计规范 GB 50003-2011[S].北京:中国建筑工业出版社,2002
[80] 中华人民共和国建设部.建筑地基基础设计规范 GB 50007-2002[S].北京:中国建筑工业出版社,2002
[81] 中国建筑科学研究院.高层建筑混凝土结构技术规程 JGJ 3-2010[S].北京:中国建筑工业出版社,2002
[82] 重庆建筑大学.钢筋混凝土连续梁和框架考虑内力重分布设计规程 CECS 51:93[S].北京:中国计划出版社,1994
[83] 李明顺,徐有邻.混凝土结构设计规范实施手册[M].北京:知识产权出版社,2005